컴퓨터응용선반·밀링
기능사 필기

KB199325

시대에듀

합격에 윙크[Win-Q]하다

Win-Q

[컴퓨터응용선반 · 밀링기능사] 필기

Always with you

사람이 길에서 우연하게 만나거나 함께 살아가는 것만이 인연은 아니라고 생각합니다.
책을 펴내는 출판사와 그 책을 읽는 독자의 만남도 소중한 인연입니다.
시대에듀는 항상 독자의 마음을 헤아리기 위해 노력하고 있습니다.
늘 독자와 함께하겠습니다.

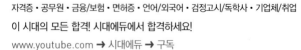

선반 · 밀링 분야의 전문가를 향한 첫 발걸음!

컴퓨터응용선반 · 밀링기능사는 정밀한 부품을 가공하기 위하여 가공 도면을 해독하고 작업계획을 수립하며 적합한 공구를 이용하여 각종 부품을 선반, 밀링, CNC 선반, 머시닝센터 등으로 가공한 후 공작물을 측정하고 필요시 수정하여 장비를 점검, 정비, 관리하는 등의 직무 수행에 필요한 자격증 종목이다.

이 교재는 컴퓨터응용선반 · 밀링기능사를 취득하고자 하는 수험생들이 관련 서적을 참고하지 않고도 필기시험에 합격할 수 있도록 구성되었다.

컴퓨터응용선반 · 밀링기능사 필기시험은 크게 기계재료 및 요소, 기계제도(절삭부분), 기계공작법, CNC 공작 법 및 안전관리의 네 영역으로 구성되는데 한국산업인력공단의 출제기준과 최근 10년간의 기출문제를 철저히 분석하여 핵심이론을 구성하였고 기출문제도 상세히 해설하였다.

문제은행방식으로 출제되는 국가기술자격 필기시험은 기출문제가 반복적으로 출제되기 때문에 기출문제를 분석해서 풀어보고 이와 관련된 이론들을 학습하는 것이 효과적인 학습방법이다.

이 교재는 컴퓨터응용선반 · 밀링기능사라는 분야를 처음 접하는 수험생들이 쉽게 이해할 수 있도록 풀어서 설명하였고, 자주 출제되는 이론들만을 엄선해서 핵심이론을 수록했다.

이 교재를 통해서 한 번에 컴퓨터응용선반 · 밀링기능사 필기시험에 합격하고자 한다면 다음과 같이 교재를 활용하기 바란다.

첫째, 자주 출제되는 핵심이론 부분을 반드시 암기한다.
   국가기술자격 필기시험은 60문제 중에서 최소 36문제를 맞히면 합격되므로 자주 출제되는 핵심이론을 반드시 암기할 필요가 있다.
둘째, 기출문제를 1시간 안에 빠른 속도로 여러 번 반복 학습한다.
   형광펜으로 정답에 밑줄을 쳐서 빠른 시간에 정답과 문제를 학습한다.
셋째, CNC 선반 · 머시닝센터 G코드/M코드는 반드시 암기한다.
   G코드 및 M코드는 많이 출제되며 또한 실기시험에도 필요하니 반드시 암기한다.

위와 같은 방법으로 이 교재를 활용한다면 분명 단기간에 컴퓨터응용선반 · 밀링기능사 필기시험에 합격할 수 있을 것이라고 자신한다. 이 교재가 수험생 여러분의 자격증 취득으로 가는 길에 길잡이가 되길 희망한다. 마지막으로 본 교재를 출간할 수 있도록 도움을 준 아내와 가족에게 깊은 감사를 전하며, 용산철도고등학교 신원장 선생님, 인천기계공업고등학교 홍순규 선생님과 시대에듀에도 감사의 마음을 전한다.

편저자 씀

시험안내

컴퓨터응용선반기능사

개요

정밀한 부품을 가공하기 위하여 가공 도면을 해독하고 작업계획을 수립하며 적합한 공구를 이용하여 내외경 단차, 홈 및 테이퍼, 나사 등을 선반과 CNC 선반을 운용하여 가공한 후 공작물을 측정하여 필요시 수정하고 장비를 점검, 정비, 관리하는 등의 직무 수행을 평가하는 종목이다.

진로 및 전망

주로 각종 기계 제조업체, 금속제품 제조업체, 의료기기 · 계측기기 · 광학기기 제조업체, 조선, 항공, 전기 · 전자기기 제조업체, 자동차 중장비, 운수장비업체, 건설업체 등으로 진출할 수 있다. 이 분야의 기능인력수요는 지속적으로 증가할 전망이다. 이는 기존 범용 공작기계에서부터 수치제어 공작기계로의 빠른 대체가 이루어지고 있고, 수치제어 공작기계를 이용한 각종 제품의 생산 증대에 의해 영향을 받기 때문이다.

시험일정

구분	필기원서접수 (인터넷)	필기시험	필기합격 (예정자)발표	실기원서접수	실기시험	최종 합격자 발표일
제1회	1월 초순	1월 하순	1월 하순	2월 초순	3월 중순	4월 초순
제2회	3월 중순	3월 하순	4월 중순	4월 하순	6월 초순	6월 하순
제3회	5월 하순	6월 중순	6월 하순	7월 중순	8월 중순	9월 중순
제4회	8월 중순	9월 초순	9월 하순	9월 하순	11월 초순	12월 초순

※ 상기 시험일정은 시행처의 사정에 따라 변경될 수 있으니, www.q-net.or.kr에서 확인하시기 바랍니다.

시험요강

❶ 시행처 : 한국산업인력공단
❷ 시험과목
　㉠ 필기 : 도면 해독, 측정 및 선반가공
　㉡ 실기 : 컴퓨터응용선반가공 실무
❸ 검정방법
　㉠ 필기 : 객관식 4지 택일형 60문항(60분)
　㉡ 실기 : 작업형(3시간 정도)
❹ 합격기준(필기 · 실기) : 100점 만점으로 하여 60점 이상

컴퓨터응용밀링기능사

개요

정밀한 부품을 가공하기 위하여 가공 도면을 해독하고 작업계획을 수립하며 적합한 공구를 이용하여 평면, 곡면, 홈, 구멍, 나사 등을 밀링과 머시닝센터를 운용하여 가공한 후 공작물을 측정하여 필요시 수정하고 장비를 점검, 정비, 관리하는 등의 직무 수행을 평가하는 종목이다.

진로 및 전망

주로 각종 기계 제조업체, 금속제품 제조업체, 의료기기 · 계측기기 · 광학기기 제조업체, 조선, 항공, 전기 · 전자기기 제조업체, 자동차 중장비, 운수장비업체, 건설업체 등으로 진출할 수 있다. 이 분야의 기능인력수요는 지속적으로 증가할 전망이다. 이는 기존 범용 공작기계에서부터 CNC 공작기계로의 빠른 대체가 이루어지고 있고, CNC 공작기계를 이용한 각종 제품의 생산증대에 의해 영향을 받기 때문이다.

시험일정

구 분	필기원서접수 (인터넷)	필기시험	필기합격 (예정자)발표	실기원서접수	실기시험	최종 합격자 발표일
제1회	1월 초순	1월 하순	1월 하순	2월 초순	3월 중순	4월 초순
제2회	3월 중순	3월 하순	4월 중순	4월 하순	6월 초순	6월 하순
제3회	5월 하순	6월 중순	6월 하순	7월 중순	8월 중순	9월 중순
제4회	8월 중순	9월 초순	9월 하순	9월 하순	11월 초순	12월 초순

※ 상기 시험일정은 시행처의 사정에 따라 변경될 수 있으니, www.q-net.or.kr에서 확인하시기 바랍니다.

시험요강

❶ 시행처 : 한국산업인력공단
❷ 시험과목
　㉠ 필기 : 도면 해독, 측정 및 밀링가공
　㉡ 실기 : 컴퓨터응용밀링가공 실무
❸ 검정방법
　㉠ 필기 : 객관식 4지 택일형 60문항(60분)
　㉡ 실기 : 작업형(3시간 정도)
❹ 합격기준(필기 · 실기) : 100점 만점으로 하여 60점 이상

시험안내

출제기준(선반)

필기과목명	주요항목	세부항목
도면 해독, 측정 및 선반가공	기계제도	• 도면 파악 • 제도통칙 등 • 기계요소 • 도면 해독
	측정	• 작업계획 파악 • 측정기 선정 • 기본측정기 사용 • 측정 개요 및 기타 측정 등
	선반가공	• 선반의 개요 및 구조 • 선반용 절삭공구, 부속품 및 부속장치 • 선반가공
	CNC 선반	• CNC 선반 조작 준비 • CNC 선반 조작 • CNC 선반 가공프로그램 준비 • CNC 선반 가공프로그램 작성 • CNC 선반프로그램 확인
	기타 기계가공	• 공작기계 일반 • 연삭기 • 기타 기계가공 • 정밀입자가공 및 특수가공 • 손다듬질 가공 • 기계재료
	안전규정 준수	• 안전수칙 확인 • 안전수칙 준수 • 공구 · 장비 정리 • 작업장 정리 • 장비 일상점검 • 작업일지 작성

출제기준(밀링)

필기과목명	주요항목	세부항목
도면 해독, 측정 및 밀링가공	기계제도	• 도면 파악 • 제도통칙 등 • 기계요소 • 도면 해독
	측정	• 작업계획 파악 • 측정기 선정 • 기본측정기 사용 • 측정 개요 및 기타 측정 등
	밀링가공	• 밀링의 종류 및 부속품 • 밀링 절삭공구 및 절삭이론 • 밀링 절삭가공
	CNC 밀링 (머시닝센터)	• CNC 밀링(머시닝센터) 조작 준비 • CNC 밀링(머시닝센터) 조작 • CNC 밀링(머시닝센터) 가공프로그램 작성 준비 • CNC 밀링(머시닝센터) 가공프로그램 작성 • CNC 밀링(머시닝센터) 가공프로그램 확인 • CNC 밀링(머시닝센터) 가공 CAM프로그램 작성 준비 • CNC 밀링(머시닝센터) 가공 CAM프로그램 작성 • CNC 밀링(머시닝센터) 가공 CAM프로그램 확인
	기타 기계가공	• 공작기계 일반 • 연삭기 • 기타 기계가공 • 정밀입자가공 및 특수가공 • 손다듬질 가공 • 기계재료
	안전규정 준수	• 안전수칙 확인 • 안전수칙 준수 • 공구 · 장비 정리 • 작업장 정리 • 장비 일상점검 • 작업일지 작성

CBT 응시 요령

기능사 종목 전면 CBT 시행에 따른
CBT 완전 정복!

"CBT 가상 체험 서비스 제공"

한국산업인력공단
(http://www.q-net.or.kr) 참고

01   수험자 정보 확인

시험장 감독위원이 컴퓨터에 나온 수험자 정보와 신분증이 일치하는지를 확인하는 단계입니다. 수험번호, 성명, 생년월일, 응시종목, 좌석번호를 확인합니다.

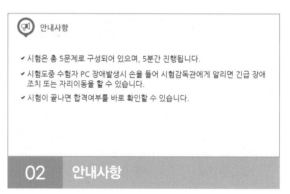

02   안내사항

시험에 관한 안내사항을 확인합니다.

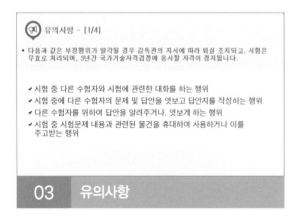

03   유의사항

부정행위에 관한 유의사항이므로 꼼꼼히 확인합니다.

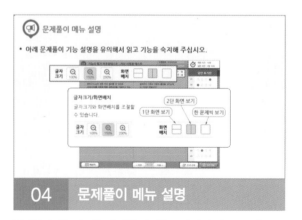

04   문제풀이 메뉴 설명

문제풀이 메뉴의 기능에 관한 설명을 유의해서 읽고 기능을 숙지해 주세요.

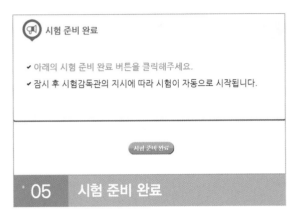

05 시험 준비 완료

시험 안내사항 및 문제풀이 연습까지 모두 마친 수험자는 시험 준비 완료 버튼을 클릭한 후 잠시 대기합니다.

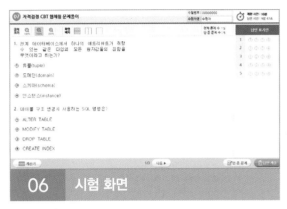

06 시험 화면

시험 화면이 뜨면 수험번호와 수험자명을 확인하고, 글자크기 및 화면배치를 조절한 후 시험을 시작합니다.

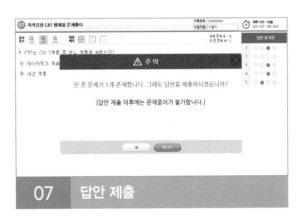

07 답안 제출

[답안 제출] 버튼을 클릭하면 답안 제출 승인 알림창이 나옵니다. 시험을 마치려면 [예] 버튼을 클릭하고 시험을 계속 진행하려면 [아니오] 버튼을 클릭하면 됩니다. 답안 제출은 실수 방지를 위해 두 번의 확인 과정을 거칩니다. [예] 버튼을 누르면 답안 제출이 완료되며 득점 및 합격여부 등을 확인할 수 있습니다.

CBT 완전 정복 Tip

내 시험에만 집중할 것
CBT 시험은 같은 고사장이라도 각기 다른 시험이 진행되고 있으니 자신의 시험에만 집중하면 됩니다.

이상이 있을 경우 조용히 손을 들 것
컴퓨터로 진행되는 시험이기 때문에 프로그램상의 문제가 있을 수 있습니다. 이때 조용히 손을 들어 감독관에게 문제점을 알리며, 큰 소리를 내는 등 다른 사람에게 피해를 주는 일이 없도록 합니다.

연습 용지를 요청할 것
응시자의 요청에 한해 연습 용지를 제공하고 있습니다. 필요시 연습 용지를 요청하며 미리 시험에 관련된 내용을 적어놓지 않도록 합니다. 연습 용지는 시험이 종료되면 회수되므로 들고 나가지 않도록 유의합니다.

답안 제출은 신중하게 할 것
답안은 제한 시간 내에 언제든 제출할 수 있지만 한 번 제출하게 되면 더 이상의 문제풀이가 불가합니다. 안 푼 문제가 있는지 또는 맞게 표기하였는지 다시 한 번 확인합니다.

구성 및 특징

---

01 기계재료 및 요소

제1절 기계재료

핵심이론 01 일반 열처리

① 열처리의 개요

열처리는 금속재료에 필요한 성질을 부여하기 위하여 특정한 온도로 가열하여 냉각하는 조작을 말한다. 철강은 열처리 효과가 가장 큰 재료로, 열처리 조건을 다르게 하여 다른 성질을 얻을 수 있다. 특히 탄소강이 기계 재료로 널리 사용되는 이유는 열처리에 의해서 그 기계적 성질을 매우 다양하게 변화시킬 수 있기 때문이다.

② 열처리의 분류

일반 열처리	항온 열처리	표면경화 열처리
• 담금질(Quenching)	• 마퀜칭	• 침탄법
• 뜨임(Tempering)	• 마템퍼링	• 질화법
• 풀림(Annealing)	• 오스템퍼링	• 화염경화법
• 불림(Normalizing)	• 오스포밍	• 고주파경화법
	• 항온 풀림	• 청화법
	• 항온 뜨임	

③ 일반 열처리

일반 열처리는 재질을 단단하게 하기 위한 담금질, 재료에 인성을 주기 위한 뜨임, 재료의 조직을 연화시키기 위한 풀림, 주조나 단조 후의 편석과 잔류 응력 등의 제거와 균질화를 위한 불림으로 나뉜다.

㉠ 담금질(Quenching) : 재료를 단단하게 할 목적으로 강이 오스테나이트 조직으로 될 때까지 가열한 후 물이나 기름에 급랭하는 조작

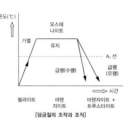

[담금질의 조직과 조직]

㉡ 뜨임 : 재질에 적당한 인성을 부여하기 위해 담금질 온도보다 낮은 온도에서 일정시간 유지 후 냉각시키는 조...

핵심이론 02 표면경화 열처리

① 표면경화 열처리 개요

기계재료에서 상반되는 두 가지 이상의 성질이 동시에 요구될 때 많이 이용된다. 기어, 크랭크축, 캠 등의 기계 부품의 표면을 단단하게 하여 내마멸성을 높이고, 내부는 강인하게 하여 내충격성을 향상시킨 이중 조직을 가지게 하는 열처리를 표면경화법이라 한다.

② 표면경화 열처리 방법

㉠ 고주파경화법 : 고주파 유도 전류를 이용하여 가열 재료의 소요 깊이까지 표면층을 가열한 다음, 급랭하여 경화시키는 방법이다.

㉡ 침탄법 : 연한 강철의 표면에 탄소를 침투시켜 담금질하면 표면은 경강이 되고, 내부는 연강으로 남아 있게 된다. 이와 같이 재료의 표면에 탄소를 침투시키는 방법을 침탄법이라 하며, 고체 침탄법과 가스 침탄법이 있다.

㉢ 질화법 : 강철을 암모니아 가스와 같이 질소를 포함하고 있는 물질 속에서 500℃ 정도로 50~100시간 가열하여 질소 화합물을 만들어 표면을 경화하는 방법이다.

㉣ 청화법 : 침탄과 질화를 동시에 하는 방법이다.

㉤ 화염경화법 : 산소, 아세틸렌가스 등의 화염을 이용하여 국부적으로 가열하여, 공기 제트나 물로 냉각시켜 담금질 효과를 나타내는 방법이다.

③ 침탄법과 질화법의 비교

침탄법	질화법
• 경도가 질화법보다 낮다.	• 경도가 침탄법보다 높다.
• 침탄 후의 열처리가 필요하다.	• 질화 후의 열처리가 필요 없다.
• 경화에 의한 변형이 생긴다.	• 경화에 의한 변형이 적다.
• 침탄층은 질화층보다 여리지 않다.	• 질화층은 여리다.
• 침탄 후 수정이 가능하다.	• 질화 후 수정이 불가능하다.
• 고온 가열 시 뜨임되고 경도는 낮아진다.	• 고온 가열해도 경도는 낮아지지 않는다.

10년간 자주 출제된 문제

2-1. 치차의 표면만 경화하고자 할 경우 적당한 열처리 방법은?

① 고주파 경화법　　② 풀 림
③ 불 림　　④ 뜨 임

2-2. 열처리방법 중에서 표면경화법에 속하지 않는 것은?

① 침탄법　　② 질화법
③ 고주파 경화법　　④ 항온 열처리법

2-3. 침탄법과 질화법의 비교설명으로 틀린 것은?

① 경도가 침탄법이 질화법보다 낮다.
② 침탄법은 침탄 후 열처리가 필요하나 질화법은 필요 없다.
③ 침탄 후는 수정이 불가능하나 질화 후 수정이 가능하다.
④ 질화층은 여리나 침탄층은 여리지 않다.

|해설|

2-1
• 일반 열처리 : 담금질, 뜨임, 풀림, 불림
• 표면경화 열처리 : 고주파경화법, 침탄법, 질화법, 청화법, 화염경화법 등

2-2

일반 열처리	항온 열처리	표면경화 열처리
• 담금질(Quenching)	• 마퀜칭	• 침탄법
• 뜨임(Tempering)	• 마템퍼링	• 질화법
• 풀림(Annealing)	• 오스템퍼링	• 화염경화법
• 불림(Normalizing)	• 오스포밍	• 고주파경화법
	• 항온 풀림	• 청화법
	• 항온 뜨임	

※ 항온 열처리 : 변태점 이상으로 가열한 강을 보통의 열처리와 같이 연속적으로 냉각하지 않고 열욕 중에 담금질하여 그 온도에 일정한 시간 항온으로 유지하였다가 냉각하는 열처리

2-3
침탄 후는 수정이 가능하고 질화 후에는 수정이 불가능하다.

정답 2-1 ① 2-2 ④ 2-3 ③

핵심이론

필수적으로 학습해야 하는 중요한 이론들을 각 과목별로 분류하여 수록하였습니다.
시험과 관계없는 두꺼운 기본서의 복잡한 이론은 이제 그만! 시험에 꼭 나오는 이론을 중심으로 효과적으로 공부하십시오.

10년간 자주 출제된 문제

출제기준을 중심으로 출제 빈도가 높은 기출문제와 필수적으로 풀어보아야 할 문제를 핵심이론당 1~2문제씩 선정했습니다. 각 문제마다 핵심을 찌르는 명쾌한 해설이 수록되어 있습니다.

과년도 기출문제

지금까지 출제된 과년도 기출문제를 수록하였습니다. 각 문제에는 자세한 해설이 추가되어 핵심이론만으로는 아쉬운 내용을 보충 학습하고 출제경향의 변화를 확인할 수 있습니다.

2015년 제1회 과년도 기출문제

01 가단주철의 종류에 해당하지 않는 것은?

① 흑심 가단주철
② 백심 가단주철
③ 오스테나이트 가단주철
④ 펄라이트 가단주철

해설
가단주철 : 주철의 결점인 여리고 약한 인성을 개선하기 위하여 인성 또는 연성을 증가시킨 주철을 말한다.
가단주철의 종류(침탄처리방법에 따라)
• 백심 가단주철 : 파단면이 흰색
• 흑심 가단주철 : 파단면이 검은색
• 펄라이트 가단주철 : 입상펄라이트 조직

02 비자성체로서 Cr과 Ni를 함유하며 일반적으로 18-8 스테인리스강이라 부르는 것은?

① 페라이트계 스테인리스강
② 오스테나이트계 스테인리스강
③ 마텐자이트계 스테인리스강
④ 펄라이트계 스테인리스강

해설
오스테나이트 스테인리스강의 표준 조성 : 크롬18%-니켈8%
18-8 스테인리스강의 입계 부식을 방지하기 위해 고온에서 담금질하여 탄화물을 고용시켜야 한다.
스테인리스강의 종류(Fe-Cr-아)
• 페라이트계 스테인리스강(고크롬계)
• 오스테나이트계 스테인리스강(크롬, 고니켈계)
• 마텐자이트계 스테인리스강(고크롬, 고탄소계)

03 8~12% Sn에 1~2% Zn의 구리합금으로 밸브, 콕, 기어, 베어링, 부시 등에 사용되는 합금은?

① 코르손 합금
② 베릴륨 합금
③ 포 금
④ 규소 청동

해설
포금 : 8~12% Sn에 1~2% Zn을 넣은 것으로 예전에 포신 재료로 많이 사용되었다.
• 용도 : 밸브, 베어링, 프로펠러, 피스톤, 기어, 콕, 플랜지 등
• 애드미럴티 포금 : 88% Cu-10% Sn-2% Zn으로, 수압과 증기압에 잘 견딘다.

04 주철의 여
첨가하는
아닌 것은

① 경도를
② 흑연화
③ 탄화물
④ 내열성

해설
주철 첨가 원
• 흑연화 저
• 경도 증가
• 탄화물 안정
• 내열성과 니

102 ■ PART 02 과년도 + 최근 기출복원문제

2024년 제2회 최근 기출복원문제

01 인장응력을 구하는 식으로 옳은 것은?(단, A는 단면적, W는 인장하중이다)

① $A \times W$
② $A + W$
③ $\dfrac{A}{W}$
④ $\dfrac{W}{A}$

해설
인장응력$(\sigma) = \dfrac{\text{인장하중}(W)}{\text{단면적}(A)}$

02 자동차의 스티어링 장치, 수치제어 공작기계의 공구대, 이송장치 등에 사용되는 나사는?

① 둥근 나사
② 볼나사
③ 유니파이 나사
④ 미터나사

해설
CNC 공작기계에는 높은 정밀도가 필요하다. 일반적인 나사와 너트는 면 접촉이기 때문에 마찰열에 의한 열팽창으로 정밀도가 떨어진다. 이런 단점을 해소하기 위해 볼스크루(볼나사)를 사용한다. 볼스크루는 점 접촉이 이루어지므로 마찰이 작아 정밀하다. 너트를 조정하여 백래시를 거의 0에 가깝게 할 수 있다.
• 둥근 나사 : 먼지, 모래, 등의 이물질이 나사산을 통하여 들어갈 우려가 있을 때 사용한다.
• 유니파이 나사
  – 영국, 미국, 캐나다의 협정에 의해 만든 나사이다.
  – ABC 나사라고도 한다.
  – 나사산의 각이 60°인 인치계 나사이다.

03 다음 중 구름 베어링의 특성이 아닌 것은?

① 감쇠력이 작아 충격 흡수력이 작다.
② 축심의 변동이 작다.
③ 표준형 양산품으로 호환성이 높다.
④ 일반적으로 소음이 작다.

해설
미끄럼 베어링과 구름 베어링의 비교

항 목	미끄럼 베어링	구름 베어링
크 기	지름은 작지만, 폭이 크다.	폭은 작지만, 지름이 크다.
구 조	일반적으로 간단하다.	전동체가 있어서 복잡하다.
충격흡수	유막에 의한 감쇠력이 우수하다.	감쇠력이 작아 충격 흡수력이 작다.
고속회전	일반적으로 저항이 크지만, 고속회전에 유리하다.	윤활유가 비산하고, 전동체가 있어 고속회전에 불리하다.
저속회전	유막 구성력이 낮아 불리하다.	유막의 구성력이 불충분하더라도 유리하다.
소 음	특별한 고속이외는 정숙하다.	일반적으로 소음이 크다.
하 중	추력하중은 받기 힘들다.	추력하중을 용이하게 받는다.
기동 토크	유막 형성이 높은 경우 크다.	작다.
베어링 강성	정압 베어링에서는 축심의 변동 가능성이 있다.	축심의 변동이 작다.
규격화	자체 제작하는 경우가 많다.	표준형 양산품으로 호환성이 높다.

508 ■ PART 02 과년도 + 최근 기출복원문제

1④ 2③ 3④ **정답**

최근 기출복원문제

최근에 출제된 기출문제를 복원하여 가장 최신의 출제경향을 파악하고 새롭게 출제된 문제의 유형을 익혀 처음 보는 문제들도 모두 맞힐 수 있도록 하였습니다.

최신 기출문제 출제경향

컴퓨터응용선반기능사

2023년 1회
- 작용 상태에 따른 분류
- 묻힘키의 특징
- 마이크로미터의 원리
- 선반의 부속장치(면판)
- 하프센터
- 공구의 지름 보정방법
- 선반 인서트 팁의 규격

2023년 2회
- 구멍기준식 끼워맞춤
- 겹판 스프링
- 금긋기 공구의 종류
- 선반의 가공시간 계산
- CNC 선반의 좌표계
- 휴지기능(Dwell)
- 호닝에 대한 특징

2024년 1회
- 스프링의 늘어난 길이
- 블록 브레이크
- 스프링 제도
- 선반의 부속장치
- 보통선반의 이송 단위
- 스핀들 알람(Spindle Alarm)
- CNC의 서보기구(Servo System)의 형식
- 원통 연삭기의 주요 구성 부분
- 래핑의 일반적인 특징
- 스플라인
- 나사의 종류 표시
- 측정오차
- 왕복대의 구성 부분

2023년 2회 (하단)
- 키(Key)의 종류
- 연신율(%) 계산
- 결합용 기계요소(운동용 나사)
- 사인바
- 선반 테이퍼 절삭방법
- 돌림판과 돌리개
- 선반의 부속장치(콜릿척)
- 가공능률에 따른 공작기계 분류
- 칩 브레이커
- 텔레스코핑 게이지
- CNC 선반의 서보기구 특징
- 원숏 G코드
- 슈퍼피니싱의 특징
- 특수강에 첨가되는 합금원소
- 연삭숫돌의 자생작용 순서

2024년 2회 (하단)
- 구름 베어링의 특성
- 스프로킷 휠의 도시방법
- 줄무늬 방향 기호
- 돌림판과 돌리개
- 가공 능률에 따른 공작기계의 분류
- 탭의 파손원인
- 소성가공법
- 인코더(Encoder)
- CNC 공작기계에 사용되는 좌표치의 기준
- M코드
- 숫돌의 자생작용 순서
- 절삭유의 작용
- 플레이너

2023년 1회   2023년 2회   2024년 1회   2024년 2회

컴퓨터응용밀링기능사

- 투상선의 우선순위
- 단면도의 종류
- 측정오차의 종류
- 정반의 크기 표시
- 금긋기용 공구
- 만능밀링머신
- 드라이 런(Dry Run)
- 공간 격자의 종류
- 소성가공의 종류

- 치수 보조기호
- 버니어 캘리퍼스의 측정범위
- 다이얼게이지의 특징
- 정면 밀링커터 구조
- 정삭 사이클(G70)
- 구리의 성질
- 밀링머신 테이블 이송속도
- 가공방법의 기호
- 컴퓨터에 의한 통합생산시스템

- 알루미늄(Al)의 특성
- 피벗 베어링(Pivot Bearing)
- 구멍기준식 끼워맞춤
- 단면도의 종류
- 옵티컬 플랫
- 연삭숫돌의 수정요인
- G코드

- 열가소성 수지
- 핀
- 베어링 안지름 번호
- 기하공차의 종류와 기호
- 절삭온도의 측정법
- 센터리스 연삭의 특징

2023년 1회 | **2023년** 2회 | **2024년** 1회 | **2024년** 2회

- 나사의 기호 표시
- 탭 볼트
- 직접측정의 장점
- 올덤 커플링의 구조
- 금속침투법
- 스프링 지수의 계산
- 래핑의 일반적인 특징
- 볼베어링의 구성요소

- 코일 스프링의 제도
- 회전도시단면도
- 밀링가공 분할법
- 두랄루민
- 기어 절삭방법
- 머시닝센터 원호가공
- 밀링머신 절삭량
- 나사의 유효지름 측정방법

- 형상기억합금의 특징
- 쾌삭강
- 캡 너트
- 사이클로이드 치형과 인벌류트 치형의 비교
- 용도에 따른 선의 종류
- 직렬 치수 기입법
- 대칭 도형의 생략
- 드릴가공의 종류
- 밀링머신의 종류
- 액체호닝(Liquid Honing)의 장점
- 결합도에 따른 경도의 선정 기준
- 백래시(Backlash) 보정기능
- FMC(Flexible Manufacturing Cell)

D-20 스터디 플래너

20일 완성!

D-20
✎ 시험안내 및
빨간키 훑어보기

D-19
✎ CHAPTER 01
기계재료 및 요소
1. 기계재료
01 일반 열처리 ~
12 합성수지(플라스틱)

D-18
✎ CHAPTER 01
기계재료 및 요소
1. 기계재료
13 청열취성과 적열취성 ~
20 재료의 시험과 검사

D-17
✎ CHAPTER 01
기계재료 및 요소
2. 기계요소
01 기계 설계 기초 ~
11 축

D-16
✎ CHAPTER 01
기계재료 및 요소
2. 기계요소
12 축 이음 ~
20 관계 기계요소

D-15
✎ CHAPTER 02
기계제도(절삭부분)
1. 기계제도
01 도면의 크기 및 양식 ~
05 단면도의 종류

D-14
✎ CHAPTER 02
기계제도(절삭부분)
1. 기계제도
06 치수의 표시 방법 ~
11 베어링, 기어

D-13
✎ CHAPTER 03
기계공작법
1. 공작기계일반
01 기계공작법의 분류 ~
13 밀링(1)

D-12
✎ CHAPTER 03
기계공작법
1. 공작기계일반
14 밀링(2) ~
23 측정

D-11
✎ CHAPTER 04
CNC공작법 및 안전관리
1. CNC공작기계

D-10
✎ CHAPTER 04
CNC공작법 및 안전관리
2. 작업안전

D-9
✎ CHAPTER 01~02
이론 복습

D-8
✎ CHAPTER 03~04
이론 복습

D-7
2015년
과년도 기출문제 풀이

D-6
2016년
과년도 기출문제 풀이

D-5
2017년
과년도 기출복원문제 풀이

D-4
2018~2020년
과년도 기출복원문제 풀이

D-3
2021~2023년
과년도 기출복원문제 풀이

D-2
2024년
최근 기출복원문제 풀이

D-1
기출복원문제 오답 정리
및 복습

이번에 한 번에 합격했네요!

저처럼 고생하면서 공부하실 분들을 위해서 몇 글자 적어봅니다.

저 나름대로의 합격수기를 쓰려고 컴퓨터를 켰습니다. 필기를 준비한 한 달 동안의 여정이 조금씩 생각나네요. 그 동안 아주 열심히는 아니었지만 나름대로 열심히 공부한 기간이었습니다. 사실 공부에서 손 놓은지도 좀 되기도 했고 컴퓨터응용선반기능사 필기 합격률이 높지 않은 것을 보고 붙을 수 있을지에 대한 걱정이 생겼습니다. 그렇지만 저를 옆에서 응원해주는 사람들이 있어서 힘을 내어 도전하게 되었습니다.

오랜만에 보는 책이라 쉽지는 않았지만 책 안에 있는 스터디 플래너에 나온 대로 차근차근 공부했습니다. 시간을 계획적으로 하루에 정해놓고 한 건 아니라서 어떤 날은 많이 할 때도 있고 어떤 날은 적게 할 때도 있었습니다. 이론 부분은 스터디 플래너에 나온 스케줄보다 좀 더 빠른 시간에 마무리 하였고 좀 더 남은 시간을 문제의 감각을 익히는데 사용했습니다. 하루에 3회 정도씩 푸는 건데 3회 분량까지 풀려면 집중력이 떨어져서 어떤 날은 2회 풀기도 했고 괜찮은 날은 3회를 풀었습니다. 그렇게 한 달가량 공부하고 나서 성적표에 합격을 보니 노력하면 된다는 것을 알았습니다. 다들 붙을 수 있으니 열심히 도전해보시면 좋을 것 같습니다.

2021년 컴퓨터응용선반기능사 합격자

합격수기라니.. 뭔가 너무 어색하네요.

컴퓨터응용밀링기능사 취득을 위해 Win-Q 책으로 공부했는데 제가 직접 산 책은 아니고 주변에 친한 사람 중에 책은 샀는데 준비 안한다고 해서 그 책을 제가 가져와서 공부하게 되었습니다.

책을 뭘 골라야 될지 너무 망설여지는 분들은 이걸로 보셔도 크게 후회하진 않으실 것 같아요. 제가 공부할 때도 괜찮았고, 열심히만 하면 붙을 수 있습니다. 저는 자격증의 개수는 곧 능력이라고 생각해서 이것저것 많이 준비했었는데요. 이 자격증도 있으면 유용하겠다 싶어서 준비했습니다.

저는 앞에 내용은 안보고 문제부터 풀었는데 앞에 내용을 봐야 될 때만 보고 풀면서 암기하는 식으로 공부했습니다. 확실히 문제은 행방식이라 문제를 많이 접하면 풀기 수월해지더군요. 이런 식으로 문제 위주로 공부하고 문제를 마스터한 다음에 시험장에 갔습니다. 문제를 푸는데 생각보다 새로운 문제도 꽤 나와서 당황했지만 합격선은 넘었습니다. 도움이 되셨을지 모르겠지만 다들 나름의 방법대로 열심히 하셔서 합격하시길 기원합니다.

2022년 컴퓨터응용밀링기능사 합격자

이 책의 목차

빨리보는 간단한 키워드 ──────────

빨간키

#합격비법 핵심 요약집   #최다 빈출키워드   #시험장 필수 아이템

일반 열처리의 분류

일반 열처리	담금질(Quenching), 뜨임(Tempering), 풀림(Annealing), 불림(Normalizing)
항온 열처리	마퀜칭, 마템퍼링, 오스템퍼링, 오스포밍, 항온 풀림, 항온 뜨임
표면경화 열처리	침탄법, 질화법, 화염 경화법, 고주파 경화법, 청화법

일반 열처리 목적 및 냉각방법

열처리	목 적	냉각 방법
담금질	경도와 강도 증가	급랭(유랭)
풀 림	재질의 연화	노 랭
불 림	결정 조직의 균일화(표준화)	공 랭

표면경화 열처리 방법

- 침탄법 : 연한 강철의 표면에 탄소를 침투시켜 담금질을 하면 표면은 경강이 되고, 내부는 연강으로 남아 있게 됨. 이와 같이 재료의 표면에 탄소를 침투시키는 방법을 침탄법이라 하며, 고체 침탄법과 가스 침탄법이 있음
- 질화법 : 강철을 암모니아 가스와 같이 질소를 포함하고 있는 물질 속에서 500℃ 정도로 50~100시간 가열하여 질소 화합물을 만들어 표면을 경화하는 방법
- 청화법 : 침탄과 질화를 동시에 하는 것

침탄법과 질화법

침탄법	질화법
• 경도가 질화법보다 낮다.	• 경도가 침탄법보다 높다.
• 침탄 후의 열처리가 필요하다.	• 질화 후의 열처리가 필요 없다.
• 경화에 의한 변형이 생긴다.	• 경화에 의한 변형이 작다.
• 침탄층은 질화층보다 여리지 않다.	• 질화층은 여리다.
• 침탄 후 수정이 가능하다.	• 질화 후 수정이 불가능하다.
• 고온 가열 시 뜨임되고 경도는 낮아진다.	• 고온 가열해도 경도는 낮아지지 않는다.

알루미늄 합금

- Y합금(알-구-니-마)
  - Al+Cu+Ni+Mg의 합금으로 내연기관 실린더에 사용
  - 내열성이 좋으므로 자동차, 항공기용 엔진의 공랭 실린더 헤드와 피스톤에 사용
- 두랄루민(고강도 Al합금)
  - 단조용 알루미늄 합금으로 Al+Cu+Mg+Mn의 합금(알-구-마-망)
  - 가벼워서 항공기나 자동차 등에 사용되는 고강도 Al합금
- ★ 두랄루민의 표준 조성은 반드시 암기(알-구-마-망)

▌ 황 동

7·3황동	Zn 30% 함유	• 연신율 최대(가공성이 목적) • 열간가공이 곤란
6·4황동	Zn 40% 함유	• 인장강도 최대(강도가 목적) • 열간가공이 가능 • 문쯔메탈이라고도 함
주석황동	–	• 황동의 내식성 개선을 위해 1% Sn을 첨가 • 용도 : 스프링용 및 선박용

※ 7·3황동 + 1% Sn 첨가 : 애드미럴티 황동

6·4황동 + 1% Sn 첨가 : 네이벌 황동

▌ 금속의 비중 및 용융온도

금 속	비 중	용융온도	비 고
마그네슘(Mg)	1.74	650℃	실용금속으로 가장 가볍다.
구리(Cu)	8.96	1,083℃	
텅스텐(W)	19.3	3,410℃	높은 고융점, 전구 필라멘트
니켈(Ni)	8.90	1,453℃	
규소(Si)	2.33	3,280℃	
은(Ag)	10.497	960.5℃	열전도도, 전기전도도 양호
철(Fe)	7.87	1,530℃	
납(Pb)	11.34	327℃	
크롬(Cr)	7.19	1,800℃	

※ 비중 4.6을 기준으로 경금속과 중금속을 나눈다.

• 경금속 : 규소, 마그네슘 등(비중 4.6 이하)

• 중금속 : 구리, 니켈, 철 등(비중 4.6 이상)

▌ 스테인리스강

• 스테인리스강의 종류(조직상)/(페-오-마)

– 페라이트계 스테인리스강(고크롬계)

– 오스테나이트계 스테인리스강(고크롬, 고니켈계)

– 마텐자이트계 스테인리스강(고크롬, 고탄소계)

• 18-8형 스테인리스강

– 조성 : 크롬 18% – 니켈 8%

– 오스테나이트계 스테인리스강(고크롬, 고니켈계)

▌ 합금 원소의 효과 ★ 반드시 암기(자주 출제)

합금원소	효 과
니켈(Ni)	강인성, 내식성, 내마멸성 증가
크롬(Cr)	강도와 경도 증가, 내식성, 내열성 및 자경성 증가, 탄화물의 생성을 용이하게 하여 내마멸성 증가
망간(Mn)	강도·경도·내마멸성 증가, 적열취성 방지
몰리브덴(Mo)	내마멸성 증가, 뜨임취성 방지
규소(Si)	내식성·내마멸성 증가, 전자기적 성질 개선
텅스텐(W)	경도와 내마멸성 증가, 고온 강도와 경도 증가
코발트(Co)	크롬과 함께 사용, 고온강도와 고온경도 증가
바나듐(V)	경화성 증가
구리(Cu)	석출경화가 일어나기 쉽고, 내산화성 증가
타이타늄(Ti)	규소나 바나듐과 비슷한 작용. 탄화물 생성 용이, 결정입자 사이의 부식에 대한 저항 증가

▌ 쾌삭강(특수 목적용 합금강)

절삭성능을 향상시켜 생산의 고능률화를 추구함에 따라 짧은 시간에 재료를 가공하기 위하여 피삭성이 좋은 재료가 필요함

- 황(S) 쾌삭강
  - 탄소강에 황(S)의 첨가량을 0.1~0.25% 정도 증가시켜 쾌삭성 향상
  - 경도는 크게 문제되지 않는 정밀 나사의 작은 부품용
- 납(Pb) 쾌삭강
  - 탄소강에 납(Pb)의 첨가량을 0.10~0.30% 정도 증가시켜 쾌삭성 향상
  - 열처리하여 사용할 수 있음
  - 자동차 등의 주요 부품에 사용

▌ 불변강(특수 목적용 합금강)

주변 온도가 변화하더라도 재료가 가지고 있는 열팽창계수나 탄성계수 등의 특성이 변하지 않는 강

- 인 바
  - 탄소 0.2%, 니켈 35~36%, 망간 0.4% 정도의 조성된 합금
  - 200℃ 이하의 온도에서 열팽창계수가 작음
  - 줄자, 표준자, 시계 추 등
- 엘린바
  - 니켈 36%, 크롬 12%, 나머지 철로 조성된 합금
  - 온도 변화에 따른 탄성률의 변화가 매우 작음
  - 지진계 및 정밀기계의 주요 재료에 사용

▌금속의 재결정온도 변화

재결정온도가 낮아지는 조건	재결정온도가 높아지는 조건
• 가공도가 클수록 • 가공 전의 결정 입자가 미세할수록 • 가열시간이 길수록 • 고순도일수록	• 가공도가 작을수록 • 가공 전의 결정 입자가 클수록 • 가열시간이 짧을수록

▌기계요소의 종류

기계요소는 사용 기능에 따라 다음과 같이 분류할 수 있다.

• 결합용 기계요소 : 나사, 볼트, 너트, 키, 핀, 코터, 스플라인, 리벳 등

• 축계 기계요소 : 축, 축이음, 베어링 등

• 간접전동 기계요소 : 벨트, 로프, 체인 등

• 직접전동 기계요소 : 마찰차, 기어 등

• 제동 및 완충용 기계요소 : 브레이크, 스프링, 플라이휠 등

• 관용 기계요소 : 관, 관 이음쇠, 밸브와 콕 등

▌응력(σ)

단 위	N/mm^2		
종 류	인장응력	압축응력	전단응력
식	$\sigma_t = \dfrac{P_t}{A}$	$\sigma_c = \dfrac{P_c}{A}$	$\tau = \dfrac{P_s}{A}$
조 건	P_t : 인장력(N)	P_c : 압축력(N)	P_s : 전단하중(N)
	A : 단면적(mm^2)		

▌결합용 나사

• 미터 나사

　– 호칭지름과 피치를 mm단위로 나타냄

　– 나사산 각은 60°인 미터계 삼각나사

　– M호칭지름으로 표시(예 M8)

• 미터 가는 나사

　– M호칭지름×피치(예 M8×1)

　– 나사의 지름에 비해 피치가 작아 강도를 필요로 하는 곳, 공작기계의 이완 방지용 등에 사용

• 유니파이 나사(ABC나사)

　– 영국, 미국, 캐나다의 협정에 의해 만들어진 나사

　– 나사산의 각이 60°인 인치계 나사

※ 나사의 호칭지름은 수나사의 바깥지름을 기준으로 함

▌ **볼트 · 너트의 풀림 방지** ★ 반드시 암기(자주 출제)

- 로크 너트에 의한 방법
- 자동 죔 너트에 의한 방법
- 분할 핀에 의한 방법
- 와셔에 의한 방법
- 멈춤 나사에 의한 방법
- 플라스틱 플러그에 의한 방법
- 철사를 이용하는 방법

▌ **볼트의 설계**

종 류	전단 하중만 받을 때	축 하중만 받을 때	축 하중과 비틀림 하중을 동시에 받을 때
식	$d = \sqrt{\dfrac{4P}{\pi\tau_a}} = \sqrt{\dfrac{1.237P}{\tau_a}}$	$d = \sqrt{\dfrac{2P}{\sigma_t}}$	$d = \sqrt{\dfrac{8P}{3\sigma_a}}$
조 건	d : 볼트지름	d : 호칭지름(바깥지름)	
	τ_a : 허용전단응력(N/mm²)	σ_t : 인장응력(N/mm²)	σ_a : 허용인장응력(N/mm²)
	P : 인장하중(N)		

▌ **키(Key)**

- 성크 키(Sunk Key)
  - 가장 널리 사용하는 일반적인 키로, 묻힘 키라고도 함
  - 축과 보스의 양쪽에 모두 키 홈을 가공
  - 종류 : 평행 키(윗면이 평행), 경사 키(윗면에 1/100 정도의 경사를 붙임)
  - 호칭 : 폭×높이($b \times h$)
- 미끄럼 키
  - 페더 키(Feather Key) 또는 안내 키라고도 함
  - 축 방향으로 보스를 미끄럼 운동시킬 필요가 있을 때에 사용
- 반달 키(Woodruff Key)
  - 축에 반달모양의 홈을 만들어 반달모양으로 가공된 키를 끼움
  - 축의 강도가 약해지게 됨
  - 테이퍼 축에 회전체를 결합할 때 편리하며 키가 자동적으로 축과 보스에 조정됨
  - 공작기계, 자동차 등에 많이 쓰임
- 안장 키(Saddle Key)
  - 새들 키라고도 함
  - 축에는 키 홈을 가공하지 않고 보스에만 키 홈을 가공

6

－ 키에는 기울기가 없음

－ 축의 강도 저하가 없음

▌ 축 설계 시 고려되는 사항

강도, 응력집중, 변형(처짐변형, 비틀림변형), 진동, 열응력, 열팽창, 부식

▌ 이의 크기를 나타내는 기준(모듈, 원주피치, 지름피치) ★ 반드시 암기(자주 출제)

재 료	기 호	P를 기준	m을 기준	P_d를 기준
원주피치	P	$\dfrac{\pi D}{Z}$	πm	$\dfrac{25.4\pi}{P_d}$
모 듈	m	$\dfrac{P}{\pi}$	$\dfrac{D}{Z}$	$\dfrac{25.4}{P_d}$
지름피치	P_d	$\dfrac{25.4\pi}{P}$	$\dfrac{25.4}{m}$	$\dfrac{D}{Z}$

★ 모듈을 구하는 문제는 많이 출제되므로 반드시 암기 요망

▌ 표준기어의 중심거리

두 기어의 중심거리$(C) = \dfrac{D_1 + D_2}{2} = \dfrac{m(Z_1 + Z_2)}{2}$

여기서, D_1, D_2 : 피치원지름

$\qquad$ m : 모듈

$\qquad$ Z_1, Z_2 : 잇수

▌ 베어링 안지름 번호 부여 방법 ★ 반드시 암기(자주 출제)

안지름 범위(mm)	안지름 치수	안지름 기호	예
10mm 미만	안지름이 정수인 경우 안지름이 정수 아닌 경우	안지름 /안지름	2mm이면, 2 2.5mm이면, /2.5
10mm 이상 20mm 미만	10mm 12mm 15mm 17mm	00 01 02 03	
20mm 이상 500mm 미만	5의 배수인 경우 5의 배수가 아닌 경우	안지름을 5로 나눈 수 /안지름	40mm이면, 08 28mm이면, /28
500mm 이상		/안지름	560mm이면, /560

❚ 스프링 설계

- 스프링 상수$(K) = \dfrac{W}{\delta}$(N/mm)

  여기서, W : 하중

  　　　δ : 늘어난 길이

- 스프링 지수$(C) = \dfrac{D}{d}$: 소선의 지름에 대한 스프링의 평균 지름의 비

  여기서, D : 스프링 전체의 평균 지름

  　　　d : 소선의 지름

직렬연결	병렬연결
$\dfrac{1}{K} = \dfrac{1}{K_1} + \dfrac{1}{K_2} \rightarrow K = \dfrac{K_1 \cdot K_2}{K_1 + K_2}$	$K = K_1 + K_2 + \cdots + K_n$

❚ 스프링 재질

- 금속 스프링 : 강 스프링, 비철 스프링
- 비금속 스프링 : 고무 스프링, 공기 스프링, 액체 스프링, FRP

❚ 선의 종류에 의한 용도

용도에 의한 명칭	선의 종류		선의 용도
외형선	굵은 실선	———	대상물의 보이는 부분의 모양을 표시하는 데 쓰인다.
치수선	가는 실선	———	치수를 기입하기 위하여 쓰인다.
치수보조선			치수를 기입하기 위하여 도형으로부터 끌어내는 데 쓰인다.
지시선			기술·기호 등을 표시하기 위하여 끌어내는 데 쓰인다.
회전 단면선			도형 내에 그 부분의 끊은 곳을 90° 회전하여 표시하는 데 쓰인다.
중심선			도형의 중심선을 간략하게 표시하는 데 쓰인다.
수준면선			수면, 유면 등의 위치를 표시하는 데 쓰인다.
숨은선	가는 파선 또는 굵은 파선	– – – –	대상물의 보이지 않는 부분의 모양을 표시하는 데 쓰인다.
중심선	가는 1점쇄선	—·—·—	• 도형의 중심을 표시하는 데 쓰인다. • 중심이 이동한 중심궤적을 표시하는 데 쓰인다.
기준선			특히 위치 결정의 근거가 된다는 것을 명시할 때 쓰인다.
피치선			되풀이하는 도형의 피치를 취하는 기준을 표시하는 데 쓰인다.
특수 지정선	굵은 1점쇄선	—·—·—	특수한 가공을 하는 부분 등 요구사항을 적용할 수 있는 범위를 표시하는 데 사용한다(열처리 등).

용도에 의한 명칭	선의 종류		선의 용도
가상선	가는 2점쇄선	—— · · ——	• 인접 부분을 참고로 표시하는 데 사용한다. • 공구, 지그 등의 위치를 참고로 나타내는 데 사용한다. • 가공 부분을 이동 중의 특정한 위치 또는 이동한계의 위치로 표시하는 데 사용한다. • 가공 전 또는 가공 후의 모양을 표시하는 데 사용한다. • 되풀이하는 것을 나타내는 데 사용한다. • 도시된 단면의 앞쪽에 있는 부분을 표시하는 데 사용한다.
무게중심선			단면의 무게중심을 연결한 선을 표시하는 데 사용한다.
파단선	불규칙한 파형의 가는 실선 또는 지그재그선	〰〰	대상물의 일부를 파단한 경계 또는 일부를 떼어낸 경계를 표시하는 데 사용한다.
절단선	가는 1점쇄선으로 끝부분 및 방향이 변하는 부분을 굵게 한 것	▃—·—▔	단면도를 그리는 경우, 그 절단 위치를 대응하는 그림에 표시하는 데 사용한다.
해 칭	가는 실선으로 규칙적으로 줄을 늘어놓은 것	//////////	도형의 한정된 특정 부분을 다른 부분과 구별하는 데 사용한다. 예를 들어 단면도의 절단된 부분을 나타낸다.
특수한 용도의 선	가는 실선	——————	• 외형선 및 숨은선의 연장을 표시하는 데 사용한다. • 평면이란 것을 나타내는 데 사용한다. • 위치를 명시하는 데 사용한다.
	아주 굵은 실선	▬▬▬	얇은 부분의 단선 도시를 명시하는 데 사용한다.

※ 투상선의 우선순위 ★ 반드시 암기(자주 출제)

숫자, 문자, 기호 및 화살표 → 외형선(굵은 실선) → 숨은선(파선) → 절단선 → 중심선 → 무게중심선 → 파단선 → 치수선 또는 치수 보조선 → 해칭선

※ 암기팁 : 외·숨·절·중·무·파·치·해(숫자, 문자, 기호는 제일 우선)

▮ **투상도의 표시 방법(예제 그림과 투상도 명칭을 연결하여 반드시 암기)**

• 보조 투상도 : 경사부가 있는 물체는 그 경사면의 실제 모양을 표시할 필요가 있는데, 이 경우에는 다음과 같이 보이는 부분의 전체 또는 일부분을 보조 투상도로 나타낸다.

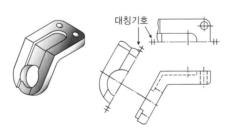

• 부분 투상도 : 그림의 일부를 도시하는 것으로도 충분한 경우에는 필요한 부분만 투상하여 도시한다. 이 경우에는 생략한 부분과의 경계를 다음 그림과 같이 파단선으로 나타내고, 명확한 경우에는 파단선을 생략해도 좋다.

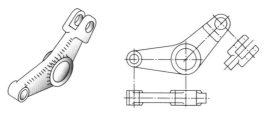

• 국부 투상도 : 대상물의 구멍, 홈 등과 같이 한 부분의 모양을 도시하는 것으로 충분한 경우에는 그 필요한 부분만 다음 그림과 같이 국부 투상도로 도시한다. 또한 투상 관계를 나타내기 위하여 원칙적으로 주투상도에 중심선, 기준선, 치수보조선 등으로 연결한다.

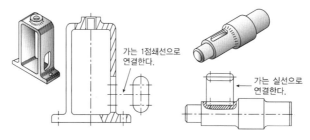

가는 1점쇄선으로 연결한다.

가는 실선으로 연결한다.

• 회전 투상도 : 대상물의 일부가 어느 각도를 가지고 있기 때문에 그 실제 모양을 나타내기 위해서는 그림과 같이 부분을 회전시켜 실제 모양을 나타낸다. 또한 잘못 볼 우려가 있다고 판단될 경우에는 다음 그림과 같이 작도에 사용한 선을 남긴다.

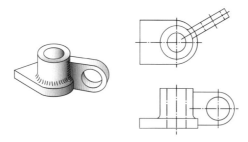

• 부분 확대도 : 특정한 부분의 도형이 작아서 그 부분을 자세하게 나타낼 수 없거나 치수 기입을 할 수 없을 때에는 그 부분을 가는 실선으로 에워싸고 영문의 대문자로 표시함과 동시에 그 해당 부분의 가까운 곳에 확대도를 그림과 같이 나타내고, 확대를 표시하는 문자 기호와 척도를 기입한다.

확대도-A
척도 2:1

A

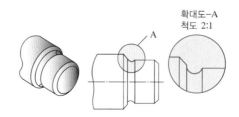

CNC의 제어방식

- 위치결정 제어 : 이동 중에 속도 제어 없이 최종 위치만을 찾아 제어하는 방식으로, 주로 드릴링 머신, 스폿 용접기, 펀치 프레스 등에 적용한다.
- 직선절삭 제어 : 직선으로 이동하면서 절삭이 이루어지는 방식으로, 주로 밀링 머신, 보링 머신, 선반 등에 적용한다.
- 윤곽절삭 제어 : 2개 이상의 서보모터를 연동시켜 위치와 속도를 제어하므로 대각선 경로, S자형 경로, 원형 경로 등 어떠한 경로라도 자유자재로 공구를 이동시켜 연속절삭을 할 수 있는 방식이다. 최근의 CNC공작기계는 대부분 이 방식을 적용한다.

평면의 표시법

도형 내의 특정한 부분이 평면인 것을 표시할 필요가 있을 때는 다음과 같이 가는 실선을 대각선으로 긋는다.

- 반(한쪽) 단면을 한 경우
- 양쪽의 모양을 나타내는 경우

- 평면의 도시

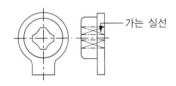

치수 보조기호

구 분	기 호	읽 기	사용법
지 름	ϕ	파 이	지름 치수의 치수 수치 앞에 붙인다.
반지름	R	알	반지름 치수의 치수 수치 앞에 붙인다.
구의 지름	Sϕ	에스파이	구의 지름 치수의 치수 수치 앞에 붙인다.
구의 반지름	SR	에스알	구의 반지름 치수의 치수 수치 앞에 붙인다.
정사각형의 변	□	사 각	정사각형의 한 변 치수의 치수 수치 앞에 붙인다.
판의 두께	t	티	판 두께의 치수 수치 앞에 붙인다.
원호의 길이	⌒	원 호	원호 길이 치수의 치수 위에 붙인다.
45° 모따기	C	시	45° 모따기 치수의 치수 수치 앞에 붙인다.
이론적으로 정확한 치수	☐	테두리	이론적으로 정확한 치수의 치수 수치를 둘러싼다.
참고 치수	( )	괄 호	참고 치수의 치수 수치(치수 보조기호를 포함한다)를 둘러싼다.

▋ 제거가공의 지시방법

㉠ 제거가공의 필요 여부를 문제 삼지 않는다.

㉡ 제거가공을 필요로 한다.

㉢ 제거가공을 해서는 안 된다.

▋ 가공방법의 기호

가공방법	약 호	가공방법	약 호
선반가공	L	호닝가공	GH
드릴가공	D	액체호닝가공	SPLH
보링머신가공	B	배럴연마가공	SPBR
밀링가공	M	버프 다듬질	SPBF
평삭가공	P	블라스트다듬질	SB
형상가공	SH	랩 다듬질	GL
브로칭가공	BR	줄 다듬질	FF
리머가공	SR	스크레이퍼다듬질	FS
연삭가공	G	페이퍼다듬질	FCA
벨트연삭가공	GBL	정밀주조	CP

▋ 줄무늬 방향 기호

줄무늬 방향을 지시하여야 할 때에는 규정하는 기호를 가공면의 지시 기호 오른쪽에 기입한다.

기 호	=	⊥	X	M	C	R
커터의 줄무늬 방향	투상면에 평행	투상면에 직각	투상면에 경사지고 두 방향으로 교차	여러 방향으로 교차 되거나 무방향이 나 타남	중심에 대하여 대략 동심원	중심에 대하여 대략 레이디얼 모양
적 용	셰이핑	선삭, 원통연삭	호 닝	래핑, 슈퍼피니싱, 밀링	끝면 절삭	일반적인 가공
표면형상						

▌ 각 지시 기호의 기입 위치

표면의 결에 과한 지시 기호는 면의 지시 기호에 대하여 표면 거칠기의 값, 컷오프값 또는 기준 길이, 가공방법, 줄무늬 방향의 기호, 표면 파상도 등을 나타내는 위치에 배치하여 나타낸다.

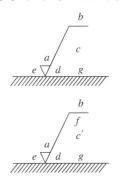

a : 산술 평균 거칠기의 값
b : 가공방법의 문자 또는 기호
c : 컷 오프값
c' : 기준 길이
d : 줄무늬 방향의 기호
e : 다듬질 여유
f : 산술 평균 거칠기 이외의 표면 거칠기값
g : 표면 파상도

▌ 공차와 끼워맞춤

끼워맞춤 상태	구 분	구 멍	축	비 고
헐거운 끼워맞춤	최소 틈새	최소 허용치수	최대 허용치수	틈새만
	최대 틈새	최대 허용치수	최소 허용치수	
억지 끼워맞춤	최소 죔새	최대 허용치수	최소 허용치수	죔새만
	최대 죔새	최소 허용치수	최대 허용치수	

▌ 기하공차의 종류 및 기호 ★ 반드시 암기(자주 출제)

공차의 종류		기 호	데이텀 지시
모양공차	진직도	——	없 음
	평면도	▱	없 음
	진원도	○	없 음
	원통도	⌭	없 음
	선의 윤곽도	⌒	없 음
	면의 윤곽도	⌓	없 음
자세공차	평행도	//	필 요
	직각도	⊥	필 요
	경사도	∠	필 요

공차의 종류		기 호	데이텀 지시
위치공차	위치도	⊕	필요 또는 없음
	동축도(동심도)	◎	필 요
	대칭도	═	필 요
흔들림 공차	원주 흔들림	↗	필 요
	온 흔들림	↗↗	필 요

13

▌ 나사의 종류를 표시하는 기호 및 나사의 호칭에 대한 표시 방법(KS B 0200)

구 분	나사의 종류		나사종류기호	나사의 호칭방법
ISO 표준에 있는 것	미터 보통 나사		M	M8
	미터 가는 나사			M8×1
	미니추어 나사		S	S0.5
	유니파이 보통 나사		UNC	3/8-16UNC
	유니파이 가는 나사		UNF	No.8-36UNF
	미터 사다리꼴 나사		Tr	Tr10×2
	관용테이퍼 나사	테이퍼 수나사	R	R3/4
		테이퍼 암나사	Rc	Rc3/4
		평행 암나사	Rp	Rp3/4

▌ 구성인선(빌트 업 에지, Built-up Edge)의 방지대책 ★ 반드시 암기(자주 출제)

- 절삭 깊이를 작게 할 것
- 경사각을 크게 할 것
- 절삭공구의 인선을 예리하게(날카롭게) 할 것
- 윤활성이 좋은 절삭유제를 사용할 것
- 절삭속도를 크게 할 것

▌ 공구의 수명 판정기준

- 가공면에 광택이 있는 색조 또는 반점이 생길 때
- 공구 인선의 마모가 일정량에 달했을 때
- 절삭저항의 주분력에는 변화가 적어도 이송분력이나 배분력이 급격히 증가할 때
- 완성 치수의 변화량이 일정량에 달했을 때
- 절삭저항의 주분력이 절삭을 시작했을 때와 비교하여 일정량이 증가할 경우 절삭공구의 수명이 종료된 것으로 판정

▌ 선반 주요 부분

주축대, 왕복대, 심압대, 베드

▌ 선반용 부속품 및 부속장치

- 면판 : 척에 고정할 수 없는 불규칙하거나 대형의 가공물 또는 복잡한 가공물을 고정할 때 사용
- 돌림판과 돌리개 : 주축의 회전력을 가공물에 전달하기 위해 사용하는 부속품
- 방진구 : 선반에서 가늘고 긴 가공물을 절삭할 때 사용하는 부속품 ★ 반드시 암기
- 맨드릴 : 기어, 벨트 풀리 등과 같이 구멍과 외경이 동심원이고, 직각이 필요한 경우에 구멍을 먼저 가공하고 구멍에 맨드릴을 끼워 양 센터로 지지하여 외경과 측면을 가공하여 부품을 완성하는 선반의 부속품
- 척 : 선반에서 가공물을 고정하는 역할(연동척, 단동척, 유압척, 콜릿척 등)

▌ 선반과 밀링의 부속품

선 반	밀 링
센터, 센터드릴, 돌림판과 돌리개, 방진구, 맨드릴, 척, 테이퍼 절삭장치	밀링바이스, 분할대, 회전테이블, 슬로팅 장치, 수직밀링장치, 래크절삭장치

▌ 절삭속도(V)

$$V = \frac{\pi DN}{1,000}, \quad N = \frac{1,000\,V}{\pi D}$$

여기서, V : 절삭속도(m/min)

　　　　N : 회전수(rpm)

　　　　D : 공작물지름(mm)

※ 경제적 절삭속도 : 바이트의 수명이 60~120min 정도가 되는 절삭속도

▌ 선반에서 테이퍼 절삭방법

- 복식 공구대를 경사시키는 방법 : 테이퍼 각이 크고 길이가 짧은 가공물
- 심압대를 편위시키는 방법 : 테이퍼가 작고 길이가 길 경우에 사용하는 방법
- 테이퍼 절삭장치를 이용하는 방법 : 넓은 범위의 테이퍼 가공
- 총형 바이트를 이용하는 방법
- 테이퍼 드릴 또는 테이퍼 리머를 이용하는 방법

▌ 밀링머신의 작업 종류

평면가공, 단가공, 홈가공, 드릴, T홈가공, 더브테일가공, 곡면 절삭, 보링

▌ 선반가공과 밀링가공의 종류 비교

선반 가공 종류	밀링 가공 종류
외경 절삭, 단면 절삭, 절단(홈)작업, 테이퍼 절삭, 드릴링, 보링, 수나사 절삭, 암나사 절삭, 정면 절삭, 곡면 절삭, 총형 절삭, 널링	평면가공, 단가공, 홈가공, 드릴, T홈가공, 더브테일가공, 곡면 절삭, 보링

▌ 분할대

테이블에 분할대와 심압대로 가공물을 지지하거나 분할대의 척에 가공물을 고정하여 사용하며, 필요한 등분이나 필요한 각도로 분할할 때 사용하는 밀링 부속품

▌ 슬로팅 장치

주축의 회전운동을 직선 왕복운동으로 변화시키고, 바이트를 사용하여 가공물의 안지름에 키 홈, 스플라인, 세레이션 등을 가공할 수 있다.

▌ 밀링머신에서 절삭속도(V)와 회전수(N) 계산식

$$V = \frac{\pi DN}{1,000}$$

여기서, V : 절삭속도(m/min)

D : 커터의 지름(mm)

N : 커터 회전수(rpm)

▌ 밀링머신에서 테이블의 이송속도(f)

$$f = f_z \times z \times n$$

여기서, f_z : 1개의 날당 이송(mm)

z : 커터의 날수

n : 커터의 회전수(rpm)

▌ 밀링 절삭방법

• 상향절삭 : 커터의 회전 방향과 가공물의 이송이 반대인 가공방법
• 하향절삭 : 커터의 회전 방향과 가공물의 이송이 같은 가공방법

▌ 상향 절삭과 하향 절삭의 차이점 ★ 반드시 암기(자주 출제)

절삭방법 내용	상향 절삭	하향 절삭
백래시	절삭에 지장이 없다.	백래시를 제거해야 한다.
기계의 강성	강성이 낮아도 무관하다.	가공할 때, 충격이 있어 높은 강성이 필요하다.
가공물의 고정	절삭력이 상향으로 작용하여 고정이 불리하다.	절삭력이 하향으로 작용하여 가공물 고정이 유리하다.
인선의 수명	절입할 때 마찰열로 마모가 빠르고, 공구수명이 짧다.	상향 절삭에 비하여 공구수명이 길다.
마찰저항	마찰저항이 커서 절삭공구를 위로 들어 올리는 힘이 작용한다.	절입할 때 마찰력은 작으나 하향으로 충격력이 작용한다.
가공면의 표면거칠기	광택은 있으나 상향에 의한 회전저항으로 전체적으로 하향 절삭보다 나쁘다.	가공 표면에 광택은 적으나 저속 이송에서는 회전저항이 발생하지 않아 표면거칠기가 좋다.

▌ 분할 가공방법

- 직접분할법 : 분할대 주축 앞면에 있는 직접분할판을 이용하여 단순 분할
- 단식분할법 : 직접분할법으로 불가능하거나 분할이 정밀해야 할 경우
- 차동분할법 : 직접·단식분할법으로 분할할 수 없는 분할

▌ 프로그램의 주소(Address)

기 능	주 소			의 미
프로그램 번호	O			프로그램 번호
전개번호	N			전개번호(작업 순서)
준비 기능	G			이동형태(직선, 원호 등)
좌표어	X	Y	Z	각 축의 이동 위치 지정(절대 방식)
	U	V	W	각 축의 이동 거리와 방향 지정(증분 방식)
	A	B	C	부가축의 이동 명령
	I	J	K	원호 중심의 각 축 성분, 모따기 양 등
	R			원호 반지름, 코너 R
이송 기능	F, E			이송속도, 나사 리드
보조 기능	M			기계 각 부위 지령
주축 기능	S			주축속도, 주축 회전수
공구 기능	T			공구번호 및 공구보정번호
휴 지	X, P, U			휴지시간(Dwell)
프로그램번호 지정	P			보조프로그램 호출번호
전개번호 지정	P, Q			복합 반복 사이클에서의 시작과 종료번호
반복 횟수	L			보조프로그램 반복 횟수
매개 변수	D, I, K			주기에서의 파라미터(절입량, 횟수 등)

▌ CNC선반의 준비 기능

G-코드	그 룹	기 능
★G00	01	위치결정(급속 이송)
★G01		직선보간(절삭 이송)
★G02		원호보간(CW : 시계 방향)
★G03		원호보간(CCW : 반시계 방향)
★G04	00	휴지(Dwell)
G10		데이터(Data) 설정
G20	06	Inch 입력
G21		Metric 입력
G22	04	금지영역 설정
G23		금지영역 설정 취소
G25	08	주축속도 변동 검출 OFF
G26		주축속도 변동 검출 ON
★G27	00	원점 복귀 확인
★G28		자동 원점 복귀
G29		원점으로부터 복귀
G30		제2원점, 제3원점, 제4원점 복귀
G32	01	나사 절삭
★G40	07	공구 인선 반지름 보정 취소
★G41		공구 인선 반지름 보정 좌측
★G42		공구 인선 반지름 보정 우측

G-코드	그 룹	기 능
★G50	00	공작물 좌표계 설정, 주축 최고 회전수 설정
★G70	00	다듬 절삭 사이클
★G71		안·바깥지름 거친 절삭 사이클
G72		단면 거친 절삭 사이클
G73		형상 반복 사이클
G74		Z방향 홈 가공 사이클(팩 드릴링)
G75		X방향 홈 가공 사이클
G76		나사 절삭 사이클
G90	01	내·외경 절삭 사이클
G92		나사 절삭 사이클
G94		단면 절삭 사이클
★G96	02	절삭속도(m/min) 일정 제어
★G97		주축 회전수(rpm) 일정 제어
★G98	03	분당 이송 지정(mm/min)
★G99		회전당 이송 지정(mm/rev)

★ : CNC선반에서 자주 출제되는 G-코드

※ 참 고

• 00그룹은 지령된 블록에서만 유효(One Shot G-코드)하다.
• G-코드는 그룹이 서로 다르면 한 블록에 몇 개라도 지령할 수 있다.
• 동일 그룹의 G-코드를 같은 블록에 1개 이상 지령하면, 뒤에 지령한 G-코드만 유효하거나 알람이 발생한다.

▌ M-코드 일람표

M-코드	기 능
M00	프로그램 정지(실행 중 프로그램을 정지시킨다)
M01	선택 프로그램 정지(조작판의 M01 스위치가 ON인 경우 정지)
M02	프로그램 끝
M03	주축 정회전
M04	주축 역회전
M05	주축 정지
M08	절삭유 ON
M09	절삭유 OFF
M30	프로그램 끝 & Rewind
M98	보조프로그램 호출
M99	보조프로그램 종료

▌ 머시닝 센터의 G-코드 일람표

G-코드	그룹	기 능
★G00	01	급속 위치결정
★G01		직선보간(절삭)
★G02		원호보간(시계 방향)
★G03		원호보간(반시계 방향)
★G04	00	휴지(Dwell)
G17	02	X-Y평면
G18		Z-X평면
G19		Y-Z평면
★G27	00	원점 복귀 확인
★G28		자동원점 복귀
★G30		제2원점, 제3원점, 제4원점 복귀
★G40	07	공구경 보정 취소
★G41		공구경 보정 좌측
★G42		공구경 보정 우측
★G43	08	공구길이 보정 "+"
★G44		공구길이 보정 "−"
★G49		공구길이 보정 취소

G-코드	그룹	기 능
G73	09	고속 심공드릴 사이클
G74		왼나사 탭 사이클
G76		정밀 보링 사이클
★G80		고정 사이클 취소
G81		드릴 사이클
G82		카운터 보링 사이클
G83		심공드릴 사이클
G84		탭 사이클
★G90	03	절대지령
★G91		증분지령
★G92	00	공작물좌표계 설정
★G94	05	분당 이송(mm/min)
★G95		회전당 이송(mm/rev)
★G96	13	주축 속도 일정 제어
★G97		주축 회전수 일정 제어
G98		고정 사이클 초기점 복귀
G99		고정 사이클 R점 복귀

★ : 머시닝센터에서 자주 출제되는 G-코드

▌ 단면도의 종류

• 온단면도(전단면도)

물체 전체를 둘로 절단해서 그림 전체를 단면으로 나타낸 것이다.

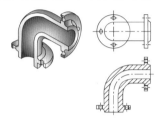

• 한쪽 단면도

그림과 같이 대칭형의 대상물은 외형도의 절반과 온단면도의 절반을 조합하여 표시할 수 있다.

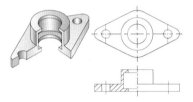

• 부분 단면도

일부분을 잘라 내고 필요한 내부 모양을 그리기 위한 방법으로, 그림과 같이 파단선을 그어서 단면 부분의 경계를 표시한다.

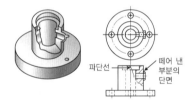

• 회전도시 단면도

핸들, 벨트 풀리, 기어 등과 같은 바퀴의 암, 림, 리브, 훅, 축 구조물의 부재 등의 절단면은 회전시켜서 표시한다.

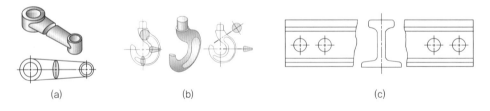

(a)   (b)   (c)

- 계단 단면도

  절단면이 투상면에 평행 또는 수직하게 계단 형태로 절단된 것을 계단 단면도라 한다. 그림과 같이 수직 절단면의
  선은 표시하지 않으며, 절단한 위치는 절단선으로 표시하고 처음과 끝 그리고 방향이 변하는 부분에 굵은선,
  기호를 붙여 단면도 쪽에 기입한다.

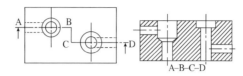

- 조합에 의한 단면도

  2개 이상의 절단면에 의한 단면도를 조합하여 행하는 단면 도시방법으로 그림과 같이 필요에 따라서 단면을
  보는 방향을 나타내는 화살표와 글자 기호를 붙인다.

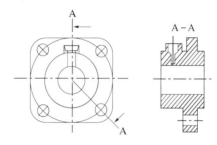

■ **안전사항** ★ 반드시 암기(자주 출제)

안전사항은 반드시 출제된다(안전사항 틀린 것을 확인해 보자).

- 커터 날 끝과 같은 높이에서 절삭 상태를 관찰한다. → 커터 날 끝과 같은 높이에서 절삭 상태를 관찰하는 것은
  칩으로부터 위험하다.
- 절삭 중 가공 상태를 확인하기 위해 앞쪽에 있는 문을 열고 작업을 한다. → 절삭 중 안전문을 열고 작업하면
  칩이 비산되어 매우 위험하다.
- 작업의 편의를 위해 장비 조작은 여러 명이 협력하여 조작한다. → 안전을 위해 장비 조작은 여러 명의 협력이
  아닌 본인이 직접 한다.
- 엔드밀 작업 시 절삭유는 비산하므로 사용하여서는 안 된다. → 엔드밀 작업 시 절삭유를 사용한다. 절삭유를
  사용하지 않으면 절삭저항이 커져 엔드밀이 파손된다.
- 충돌의 위험이 있을 때에는 전원 스위치를 눌러 기계를 정지시킨다. → 충돌의 위험이 있을 때에는 비상정지
  스위치를 눌러 기계를 정지시킨다.
- 급속이송 운전은 항상 고속을 선택한 후 운전한다. → 급속이송 운전은 항상 저속을 선택한 후 운전한다.
- 공구는 공작물과 충분한 거리를 유지하도록 돌출거리를 크게 한다. → 공구는 가능한 한 돌출거리를 짧고 단단하게
  고정한다.
- 공구는 기계나 재료 등의 위에 올려놓고 사용한다. → 기계 위에 공구나 측정기를 올려놓지 않는다.

- 절삭 중에는 면장갑을 착용하고, 측정할 때에는 착용하지 않는다. → 장갑을 착용하면 회전하는 일감에 장갑이 말릴 위험이 있으므로 절대로 착용해서는 안 된다.
- 바이트는 가능한 한 길게 물린다. → 바이트는 가능한 한 짧고 단단하게 고정한다.
- 손 보호를 위하여 면장갑을 착용한다. → 장갑은 착용하지 않는다.
- 선반을 멈추게 할 때는 역회전시켜 멈추게 한다. → 선반을 멈추게 할 때는 브레이크를 밟고 주축이 멈출 때까지 기다린다.

※ "안전사항"은 반드시 1~2문제가 출제된다. 안전사항 관련 잘못된 내용만 암기해도 2문제를 획득할 수 있다.

교육은 우리 자신의 무지를 점차 발견해 가는 과정이다.

– 윌 듀란트 –

PART

01

핵심이론

#출제 포인트 분석   #자주 출제된 문제   #합격 보장 필수이론

기계재료 및 요소

핵심이론 01 │ 일반 열처리

① 열처리의 개요

열처리는 금속재료에 필요한 성질을 부여하기 위하여 특정한 온도로 가열하여 냉각하는 조작을 말한다. 철강은 열처리 효과가 가장 큰 재료로, 열처리 조건을 다르게 하여 다른 성질을 얻을 수 있다. 특히 탄소강이 기계 재료로 널리 사용되는 이유는 열처리에 의해서 그 기계적 성질을 매우 다양하게 변화시킬 수 있기 때문이다.

② 열처리의 분류

일반 열처리	항온 열처리	표면경화 열처리
• 담금질(Quenching) • 뜨임(Tempering) • 풀림(Annealing) • 불림(Normalizing)	• 마퀜칭 • 마템퍼링 • 오스템퍼링 • 오스포밍 • 항온 풀림 • 항온 뜨임	• 침탄법 • 질화법 • 화염경화법 • 고주파경화법 • 청화법

③ 일반 열처리

일반 열처리는 재질을 단단하게 하기 위한 담금질, 재질에 인성을 주기 위한 뜨임, 재료의 조직을 연화시키기 위한 풀림, 주조나 단조 후의 편석과 잔류 응력 등의 제거와 균질화를 위한 불림으로 나뉜다.

㉠ 담금질(Quenching) : 재료를 단단하게 할 목적으로 강이 오스테나이트 조직으로 될 때까지 가열한 후 물이나 기름에 급랭하는 조작

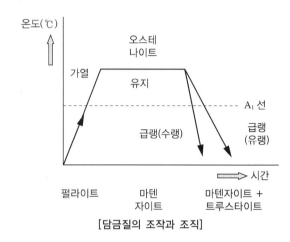

[담금질의 조작과 조직]

㉡ 뜨임 : 재질에 적당한 인성을 부여하기 위해 담금질 온도보다 낮은 온도에서 일정시간 유지 후 냉각시키는 조작

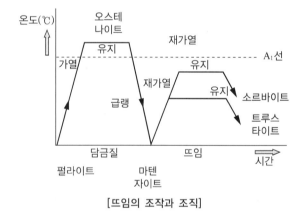

[뜨임의 조작과 조직]

ⓒ 풀림 : 재료를 연하게 하거나 내부응력을 제거할
목적으로 강을 오스테나이트 조직으로 될 때까지
가열한 후 노나 재 속에서 서서히 냉각시키는 조작

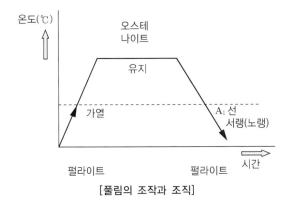

[풀림의 조작과 조직]

ⓓ 불림 : 재료의 내부 응력 제거 및 균일한 결정 조직
을 얻기 위해 높은 온도로 가열하여 균일한 오스테
나이트 조직으로 만든 후 공기 중에서 냉각시키는
조작

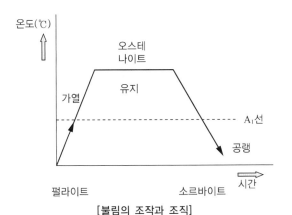

[불림의 조작과 조직]

※ 열처리 목적 및 냉각방법

열처리	목 적	냉각 방법
담금질	경도와 강도를 증가	급랭(유랭)
풀 림	재질의 연화	노 랭
불 림	결정 조직의 균일화(표준화)	공 랭

1-1. 열처리에서 재질을 경화시킬 목적으로 강을 오스테나이트
조직의 영역으로 가열한 후 급랭시키는 열처리는?

① 뜨 임 ② 풀 림
③ 담금질 ④ 불 림

1-2. 열처리 방법 및 목적이 잘못된 것은?

① 노멀라이징 : 소재를 일정온도에서 가열 후 공랭시켜 표준화
한다.
② 풀림 : 재질을 단단하고 균일하게 한다.
③ 담금질 : 급랭시켜 재질을 경화시킨다.
④ 뜨임 : 담금질된 것에 인성(Toughness)을 부여한다.

|해설|

1-1
담금질 : 재료를 단단하게 할 목적으로 강이 오스테나이트 조직으
로 될 때까지 가열한 후 물이나 기름에 급랭하는 조작

1-2
풀림 : 재료를 연하게 하거나 내부응력을 제거할 목적으로 강을
오스테나이트 조직으로 될 때까지 가열한 후 노나 재 속에서 서서
히 냉각시키는 조작

정답 1-1 ③ 1-2 ②

① 표면경화 열처리 개요

기계재료에서 상반되는 두 가지 이상의 성질이 동시에 요구될 때 많이 이용된다. 기어, 크랭크축, 캠 등의 기계 부품의 표면을 단단하게 하여 내마멸성을 높이고, 내부는 강인하게 하여 내충격성을 향상시킨 이중 조직을 가지게 하는 열처리를 표면경화법이라 한다.

② 표면경화 열처리 방법

ㄱ 고주파경화법 : 고주파 유도 전류를 이용하여 가열 재료의 소요 깊이까지 표면층을 가열한 다음, 급랭하여 경화시키는 방법이다.

ㄴ 침탄법 : 연한 강철의 표면에 탄소를 침투시켜 담금질하면 표면은 경강이 되고, 내부는 연강으로 남아 있게 된다. 이와 같이 재료의 표면에 탄소를 침투시키는 방법을 침탄법이라 하며, 고체 침탄법과 가스 침탄법이 있다.

ㄷ 질화법 : 강철을 암모니아 가스와 같이 질소를 포함하고 있는 물질 속에서 500℃ 정도로 50~100시간 가열하여 질소 화합물을 만들어 표면을 경화하는 방법이다.

ㄹ 청화법 : 침탄과 질화를 동시에 하는 방법이다.

ㅁ 화염경화법 : 산소, 아세틸렌가스 등의 화염을 이용하여 국부적으로 가열하여, 공기 제트나 물로 냉각시켜 담금질 효과를 나타내는 방법이다.

③ 침탄법과 질화법의 비교

침탄법	질화법
• 경도가 질화법보다 낮다.	• 경도가 침탄법보다 높다.
• 침탄 후의 열처리가 필요하다.	• 질화 후의 열처리가 필요 없다.
• 경화에 의한 변형이 생긴다.	• 경화에 의한 변형이 적다.
• 침탄층은 질화층보다 여리지 않다.	• 질화층은 여리다.
• 침탄 후 수정이 가능하다.	• 질화 후 수정이 불가능하다.
• 고온 가열 시 뜨임되고 경도는 낮아진다.	• 고온 가열해도 경도는 낮아지지 않는다.

2-1. 치차의 표면만 경화하고자 할 경우 적당한 열처리 방법은?

① 고주파 경화법
② 풀 림
③ 불 림
④ 뜨 임

2-2. 열처리방법 중에서 표면경화법에 속하지 않는 것은?

① 침탄법
② 질화법
③ 고주파 경화법
④ 항온 열처리법

2-3. 침탄법과 질화법의 비교설명으로 틀린 것은?

① 경도가 침탄법이 질화법보다 낮다.
② 침탄법은 침탄 후 열처리가 필요하나 질화법은 필요 없다.
③ 침탄 후는 수정이 불가능하나 질화 후 수정이 가능하다.
④ 질화층은 여리나 침탄층은 여리지 않다.

| 해설 |

2-1
• 일반 열처리 : 담금질, 뜨임, 풀림, 불림
• 표면경화 열처리 : 고주파경화법, 침탄법, 질화법, 청화법, 화염경화법 등

2-2
열처리의 분류

일반 열처리	항온 열처리	표면경화 열처리
• 담금질(Quenching)	• 마퀜칭	• 침탄법
• 뜨임(Tempering)	• 마템퍼링	• 질화법
• 풀림(Annealing)	• 오스템퍼링	• 화염경화법
• 불림(Normalizing)	• 오스포밍	• 고주파경화법
	• 항온 풀림	• 청화법
	• 항온 뜨임	

※ 항온 열처리 : 변태점 이상으로 가열한 강을 보통의 열처리와 같이 연속적으로 냉각하지 않고 열욕 중에 담금질하여 그 온도에 일정한 시간 항온으로 유지하였다가 냉각하는 열처리

2-3
침탄 후는 수정이 가능하고 질화 후에는 수정이 불가능하다.

정답 2-1 ① 2-2 ④ 2-3 ③

핵심이론 03 │ 주 철

① 주철의 탄소량

 ㉠ 순철 : 0.02% C 이하

 ㉡ 강 : 0.02~2.11% C

 ㉢ 주철 : 2.11~6.67% C

② 주철의 장단점

장 점	단 점
• 강보다 용융점이 낮아 유동성이 커 복잡한 형상의 부품도 제작이 쉽다. • 주조성이 우수하다. • 마찰저항이 우수하다. • 절삭성이 우수하다. • 압축강도가 크다. • 주물 표면은 단단하고, 녹이 잘 슬지 않는다.	• 충격에 약하다(취성이 크다). • 인장강도가 작다. • 굽힘강도가 작다. • 소성(변형)가공이 어렵다.

③ 주철의 성장

주철을 600℃ 이상의 온도에서 가열과 냉각을 반복하면 부피가 증가하여 파열되는데, 이와 같은 현상을 주철의 성장이라고 한다.

 ※ 주철 성장의 원인

  • 시멘타이트(Fe_3C)의 흑연화에 의한 팽창

  • 페라이트 중에 고용되어 있는 규소(Si)의 산화에 의한 팽창

  • A_1변태점(723℃) 이상의 온도에서 부피 변화로 인한 팽창

  • 불균일한 가열로 생기는 균열에 의한 팽창

  • 흡수한 가스에 의한 팽창

④ 마우러 조직도

주철의 조직을 지배하는 주요한 요소는 C, Si의 양과 냉각속도이며, 이들의 요소와 조직의 관계를 나타낸 것이 마우러 조직도이다.

 ※ C와 Si량에 따른 주철의 조직 관계를 표시한 것

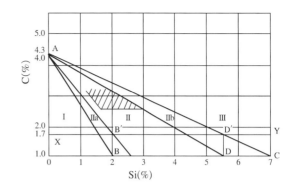

3-1. 주철의 일반적 설명으로 틀린 것은?

① 강에 비하여 취성이 작고 강도가 비교적 높다.

② 주철은 파면상으로 분류하면 회주철, 백주철, 반주철로 구분할 수 있다.

③ 주철 중 탄소의 흑연화를 위해서는 탄소량 및 규소의 함량이 중요하다.

④ 고온에서 소성변형이 곤란하나 주조성이 우수하여 복잡한 형상을 쉽게 생산할 수 있다.

3-2. 주철 성장의 원인 중 틀린 것은?

① 펄라이트 조직 중의 Fe_3C 분해에 따른 흑연화

② 페라이트 조직 중의 Si의 산화

③ A_1 변태의 반복과정에서 오는 체적변화에 기인되는 미세한 균열 발생

④ 흡수된 가스의 팽창에 따른 부피 감소

|해설|

3-1

• 주철은 강에 비하여 충격에 약해 취성이 크고 인장강도는 작다.

• 주철을 파면에 따라 분류하면 회주철, 백주철, 반주철의 세 종류로 나뉜다.

• 주철은 취성이 커서 소성변형이 곤란하나 주조성이 우수하여 복잡한 형상의 부품도 제작이 쉽다.

3-2

④ 흡수된 가스의 팽창에 따른 부피의 증가

※ 핵심이론 03 주철 성장의 원인 참고

정답 3-1 ①   3-2 ④

핵심이론 **04** │ 주철의 종류

① 고급주철

    ㉠ 인장강도 245MPa 이상인 주철

    ㉡ 강력하고 내마멸성이 요구되는 곳에 이용

    ㉢ 조직은 흑연이 미세하고 균일하게 활 모양으로 구
      부러져 분포되어 있음

    ㉣ 바탕은 펄라이트 조직(펄라이트 주철)

    ㉤ 대표적인 주철 : 미하나이트 주철

    ㉥ 미하나이트 주철의 특징

      • 담금질이 가능하다.

      • 흑연의 형상을 미세화한다.

      • 연성과 인성이 아주 크다.

      • 두께의 차에 의한 성질의 변화가 매우 작다.

    ※ 미하나이트 주철 : 약 3% C, 1.5% Si의 쇳물에
      칼슘 실리케이트(Ca-Si)나 페로실리콘(Fe-Si)을
      접종시켜 미세한 흑연을 균일하게 분포시킨 펄라
      이트 주철이다.

② 구상흑연주철

    강도와 연성 등을 개선하기 위하여 용융 상태의 주철
    중에 마그네슘(Mg), 세륨(Ce) 또는 칼슘(Ca) 등을 첨
    가하여 편상흑연을 구상화한 것으로 노듈러 주철, 덕
    타일 주철 등으로 불린다. 열처리에 의하여 조직을
    개선하거나 니켈, 크롬, 몰리브덴, 구리 등을 넣어 합
    금으로 만들어 재질을 개선한다. 강도, 내마멸성, 내
    열성, 내식성 등이 우수하여 자동차용 주물이나 주조
    용 재료로 널리 사용된다.

③ 칠드주철

    보통주철보다 규소(Si) 함유량을 적게 하고 적당량의
    망간을 첨가한 쇳물을 금형 또는 칠드메탈이 붙어 있
    는 모래형에 주입하여 필요한 부분만 급랭시켜 표면만
    단단해지고, 내부는 회주철이 되므로 강인한 성질을
    가지는 주철이다.

10년간 자주 출제된 문제

4-1. 고급주철의 한 종류로 저C, 저Si의 주철을 용해하여 주입하기 전에 Fe-Si 또는 Ca-Si 분말을 첨가하여 흑연의 핵형성을 촉진시켜 만든 것은?

① 에멜주철

② 피워키 주철

③ 미하나이트 주철

④ 라이안쯔 주철

4-2. 니켈, 크롬, 몰리브덴, 구리 등을 첨가하여 재질을 개선한 것으로 노듈러 주철, 덕타일 주철 등으로 불리며 내마멸성, 내열성, 내식성 등이 매우 우수하여 자동차용 주물이나 주조용 재료로 가장 많이 쓰이는 주철은?

① 칠드주철

② 구상흑연주철

③ 보통주철

④ 펄라이트 가단주철

정답 4-1 ③ **4-2** ②

① 알루미늄(Al)의 성질

  ㉠ 비중이 2.7이다.

  ㉡ 주조가 용이하다(복잡한 형상의 제품을 만들기 쉽다).

  ㉢ 다른 금속과 잘 합금되어 상온 및 고온가공이 쉽다.

  ㉣ 전연성이 우수한 전기, 열의 양도체이며 내식성이 강하다.

  ㉤ 전기전도율이 구리의 60% 이상이다.

② 알루미늄 합금의 종류

  ㉠ 합금의 종류

  • 주물용(주조용) Al합금 : Al-Cu계, Al-Si계(실루민), Al-Cu-Si계(라우탈), Y합금, 로엑스합금 등

  • 가공용 Al합금 : 고강도 Al합금(두랄루민, 초두랄루민, 초강두랄루민), 내식성 Al합금(하이드로날륨, 알민, 알드리, 알클래드)

  ㉡ 실루민(Al-Si계)

  Al+Si의 합금으로 주조성은 좋으나 절삭성은 나쁘다.

  ※ 개량처리(Mosification)

    실루민 공정점 부근의 주조 조직은 육각판 모양으로 크고 거칠며 메짐성이 있어 기계적 성질이 좋지 못하다. 따라서 이 합금에 극소량의 Na이나 플루오린화 알칼리, 금속 나트륨, 수산화 나트륨 알칼리염 등을 첨가하면 조직이 미세화되어 강력하게 된다. 이 처리를 개량처리라고 한다.

  ㉢ 라우탈(Al-Cu-Si계)

  주조 균열이 작고 금형 주조에도 적합하여 자동차 및 선박용 피스톤, 분배관 밸브 등에 사용된다.

  ㉣ Y합금

  • Al+Cu+Ni+Mg의 합금으로 내연기관 실린더에 사용한다.

  • 내열성이 좋아 자동차, 항공기용 엔진의 공랭 실린더 헤드와 피스톤에 사용한다.

  ㉤ 두랄루민(고강도 Al합금)

  • 단조용 알루미늄 합금으로 Al+Cu+Mg+Mn(알구마망)의 합금

  • 가벼워서 항공기나 자동차 등에 사용되는 고강도 Al합금

  ★ 두랄루민의 표준 조성은 반드시 암기(알 - 구 - 마 - 망)

10년간 자주 출제된 문제

5-1. 순수 비중이 2.7인 이 금속은 주조가 쉽고 가벼울 뿐만 아니라 대기 중에서 내식성이 강하고 전기와 열의 양도체로 다른 금속과 합금하여 쓰이는 것은?

① 구리(Cu) ② 알루미늄(Al)

③ 마그네슘(Mg) ④ 텅스텐(W)

5-2. 단조용 알루미늄 합금으로 Al-Cu-Mg-Mn계 합금이며 기계적 성질이 우수하여 항공기, 차량부품 등에 많이 쓰이는 재료는?

① Y합금 ② 실루민

③ 두랄루민 ④ 켈밋합금

|해설|

5-1

알루미늄은 비중이 2.7이고 주조가 용이하며, 다른 금속과 잘 합금되어 상온 및 고온 가공이 쉽다. 전연성이 우수한 전기, 열의 양도체이며 내식성이 강하다.

5-2

③ 두랄루민 : Al+Cu+Mg+Mn의 합금으로, 가벼워서 항공기나 자동차 등에 사용된다.

① Y합금 : Al+Cu+Ni+Mg의 합금으로, 내연기관 실린더에 사용한다.

② 실루민 : Al+Si의 합금으로, 주조성은 좋으나 절삭성이 나쁘다.

정답 5-1 ② 5-2 ③

핵심이론 06 | 구 리

① 구리(Cu)의 성질
  ㉠ 비중은 8.96이다.
  ㉡ 용융점은 1,083℃이다.
  ㉢ 비자성체, 내식성이 철강보다 우수하다.
  ㉣ 전기 및 열의 양도체이다(전기전도율과 열전도율
     은 금속 중 Ag 다음으로 높다).
  ㉤ 전연성이 좋아 가공이 용이하다.
  ㉥ 결정격자 : 면심입방격자(FCC)
② 구리의 종류
  ㉠ 전기 구리
  ㉡ 전기 정련 구리
  ㉢ 탈산 구리

10년간 자주 출제된 문제

구리의 일반적 특성에 관한 설명으로 틀린 것은?
① 전연성이 좋아 가공이 용이하다.
② 전기 및 열의 전도성이 우수하다.
③ 화학적 저항력이 작아 부식이 잘된다.
④ Zn, Sn, Ni, Ag 등과는 합금이 잘된다.

|해설|

구리는 화학적 저항력이 커서 철보다 내식성이 우수하다.

정답 ③

핵심이론 07 | 황 동

① 황동의 합금 원소
  ㉠ 황동 : 구리(Cu) + 아연(Zn) ※ 청동(Cu+Sn)
  ㉡ 놋쇠라고도 함
  ㉢ 구리(Cu)에 비해 주조성, 가공성, 내식성이 좋고
     색깔이 아름답다.
  ㉣ 대표적인 황동 : 7·3황동, 6·4황동
② 7·3황동 : Zn 30% 함유
  ㉠ 연신율 최대(가공성이 목적)
  ㉡ 열간가공이 곤란
③ 6·4황동 : Zn 40% 함유
  ㉠ 인장강도 최대(강도가 목적)
  ㉡ 열간가공이 가능
  ㉢ 문쯔메탈이라고도 함
  ㉣ $\alpha + \beta$ 조직
  ㉤ 상온에서 7·3황동에 비하여 전연성이 낮고 인장
     강도가 크다.
  ㉥ 내식성이 다소 낮고 탈아연 부식을 일으키기 쉽다.
  ㉦ 열교환기, 파이프, 대포의 탄피에 사용한다.
④ 황동의 화학적 성질
  ㉠ 탈아연 부식 : 황동의 표면 또는 깊은 곳까지 탈아
     연 되는 현상
  ㉡ 자연균열 : 잔류 응력에 의해 균열을 일으키는 현상
     ※ 방지법
        • 도료나 아연 도금
        • 가공재 180~260℃로 저온풀림(응력제거풀림)
  ㉢ 고온 탈아연 : 높은 온도에서 증발에 의해 황동
     표면으로부터 Zn이 탈출되는 현상
⑤ 톰백(Tombac)
  ㉠ 5~20% Zn의 황동
  ㉡ 강도가 낮고 전연성이 좋아 색깔이 금색에 가까우
     므로 모조금에 사용
  ㉢ 용도 : 동전, 메달

⑥ 납 황동(연 황동)

　　㉠ 황동에 Pb를 첨가하여 절삭성 향상

　　㉡ 쾌삭황동 또는 하드 브래스라 한다.

　　㉢ 용도 : 스크루, 시계용 기어 등 정밀 가공품

⑦ 주석 황동

　　㉠ 황동의 내식성 개선을 위해 1% Sn을 첨가

　　㉡ 용도 : 스프링용 및 선박용

　　　• 7・3 황동 + 1% Sn 첨가 : 애드미럴티 황동

　　　• 6・4 황동 + 1% Sn 첨가 : 네이벌 황동

⑧ 델타메탈(철황동)

　　㉠ 6・4 황동에 Fe을 1~2% 첨가하여 강도가 크고 내식성이 좋다.

　　㉡ 용도 : 광산기계, 선박용 기계

⑨ 양은(양백)

　　㉠ 황동에 10~20% Ni을 넣은 것

　　㉡ Ag와 색깔이 비슷해 Ag 대용품으로 사용

　　㉢ 용도 : 장식, 식기, 악기 등

　　㉣ 조성 : 황동+Ni(Cu+Zn+Ni)

7-1. Cu 60% – Zn 40% 합금으로 상온조직이 $\alpha+\beta$ 상으로 탈아연 부식을 일으키기 쉬우나 강력하기 때문에 기계부품용으로 널리 쓰이는 것은?

① 켈 밋　　　　　　② 문쯔메탈
③ 톰 백　　　　　　④ 하이드로날륨

7-2. 6・4 황동에 주석을 0.75~1% 정도 첨가하여 판, 봉 등으로 가공되어 주로 용접봉, 파이프, 선박용 기계에 사용되는 것은?

① 애드미럴티 황동　　② 네이벌 황동
③ 델타메탈　　　　　④ 듀라나 메탈

|해설|

7-1
6・4 황동은 Cu 60%와 Zn 40%의 합금으로 $\alpha+\beta$ 조직으로 내식성이 다소 낮고 탈아연 부식을 일으키기 쉬우나, 상온에서 7・3 황동에 비하여 전연성이 낮고 인장강도가 크다. 6・4 황동을 문쯔메탈이라고도 한다.

7-2
주석(Sn) 황동 : 황동의 내식성 개선을 위해 1% Sn를 첨가한다.
• 애드미럴티 황동 : 7・3 황동 + 1% Sn 첨가
• 네이벌 황동 : 6・4 황동 + 1% Sn 첨가

정답 7-1 ②　7-2 ②

핵심이론 08 | 청 동

① 청동의 합금 원소
  ㉠ 청동 : 구리(Cu) + 주석(Sn)
    ※ 황동(Cu+Zn)
  ㉡ 넓은 의미에서 황동이 아닌 Cu합금
  ㉢ 좁은 의미에서 Cu-Sn합금

② 포 금
  ㉠ 구리(Cu)에 8~12% Sn과 1~2% Zn을 넣은 것, 포신재료
  ㉡ 강도와 연성이 높고, 내식성과 내마멸성이 우수하다.
  ㉢ 용도 : 프로펠러, 피스톤, 플랜지 등
    ※ 애드미럴티 포금
      • 88% Cu-10% Sn-2% Zn합금
      • 용도 : 선박(수압과 증기압을 잘 견딤)

③ 인청동
  ㉠ 청동에 1% 이하 P 첨가
  ㉡ 탈산제로 0.05~0.5%의 P을 첨가하여 용탕의 유동성 향상
  ㉢ 합금의 경도와 강도 증가, 내마멸성과 탄성이 좋아짐

④ 알루미늄 청동
  ㉠ 12% 이하 Al 첨가
  ㉡ 다른 구리에 비해 강도, 경도, 인성, 내마멸성 등 기계적 성질 우수
  ㉢ 자기풀림현상
  ㉣ 용도 : 선박용 추진기 재료

⑤ 베릴륨 청동
  ㉠ 2~3% Be을 첨가한 Cu합금이다.
  ㉡ 시효경화성이 있으며 Cu합금 중 가장 경도와 강도가 크다.
  ㉢ Be은 값이 비싸고 산화가 쉽고, 경도가 커서 가공이 곤란하다.
  ㉣ 베어링, 고급 스프링, 용접용 전극 등에 사용한다.

10년간 자주 출제된 문제

8-1. 베릴륨 청동 합금에 대한 설명으로 옳지 않은 것은?
① 구리에 2~3%의 Be을 첨가한 석출경화성 합금이다.
② 피로한도, 내열성, 내식성이 우수하다.
③ 베어링, 고급 스프링 재료에 이용된다.
④ 가공이 쉽게 되고 가격이 싸다.

8-2. 청동에 탈산제인 P을 0.05~0.5% 정도 첨가하여 용탕의 유동성을 좋게 하고, 합금의 경도와 강도가 증가하며, 내마멸성과 탄성을 개선시킨 것은?
① 연청동
② 인청동
③ 알루미늄 청동
④ 주석 청동

|해설|

8-1
베릴륨 청동은 시효경화성이 있어 Cu합금 중 가장 경도와 강도가 크다. Be은 경도가 커서 가공이 곤란하다.

8-2
청동에 탈산제인 P을 0.05~0.5% 첨가하면 용탕의 유동성이 좋아지고, 합금의 경도와 강도가 증가한다. 이러한 목적으로 청동에 1% 이하의 P를 첨가한 합금을 인청동이라 한다.

정답 8-1 ④ 8-2 ②

① 금속의 대표적인 결정 구조
- ㉠ 체심입방격자(BCC)
  - 입방체의 각 꼭짓점과 중심에 입자가 위치하는 구조
  - 원자수 : 2개
  - 배위수 : 8개
- ㉡ 면심입방격자(FCC)
  - 입방체의 각 꼭짓점과 각 면의 중심에 입자가 위치하는 구조
  - 원자수 : 4개
  - 배위수 : 12개
- ㉢ 조밀육방격자(HCP)
  - 원자수 : 6개
  - 배위수 : 12개

② 결정구조 금속 원소

결정 구조	금속 원소
체심입방구조(BCC)	바륨, 크롬, 칼륨, 리튬, 몰리브덴, 탄탈, 바나듐
면심입방구조(FCC)	은, 알루미늄, 금, 칼슘, 구리, 이리듐, 니켈, 납, 팔라듐, 백금
조밀육방격자(HCP)	베릴륨, 카드뮴, 코발트, 마그네슘, 타이타늄, 아연

10년간 자주 출제된 문제

면심입방격자 구조로서 전성과 연성이 우수한 금속으로 짝지어진 것은?

① 금, 크롬, 카드뮴
② 금, 알루미늄, 구리
③ 금, 은, 카드뮴
④ 금, 몰리브덴, 코발트

|해설|
금, 알루미늄, 구리는 면심입방격자로 전성과 연성이 우수한 금속이다. 금속의 대표적인 결정격자는 체심입방격자(BCC), 면심입방격자(FCC), 조밀육방격자(HCP)가 있다.

정답 ②

금 속	비 중	용융온도	비 고
구리(Cu)	8.96	1,083℃	
텅스텐(W)	19.3	3,410℃	높은 고용점, 전구 필라멘트
니켈(Ni)	8.90	1,453℃	
규소(Si)	2.33	3,280℃	
은(Ag)	10.497	960.5℃	열전도도, 전기전도도 양호
철(Fe)	7.87	1,530℃	
납(Pb)	11.34	327℃	
크롬(Cr)	7.19	1,800℃	

※ 비중 4.6을 기준으로 경금속과 중금속을 나눈다.
- 경금속 : 규소, 마그네슘 등(비중 4.6 이하)
- 중금속 : 구리, 니켈, 철 등(비중 4.6 이상)

10년간 자주 출제된 문제

10-1. 다음 중 비중이 가장 큰 금속은?

① 철
② 구리
③ 납
④ 크롬

10-2. 용융온도가 3,400℃ 정도로 높은 고용융점 금속으로, 전구의 필라멘트 등에 쓰이는 금속재료는?

① 납
② 금
③ 텅스텐
④ 망간

정답 10-1 ③ 10-2 ③

① 스테인리스강의 개요

금속의 부식현상을 개선하기 위하여 부식에 잘 견디어 내거나 최초 부식에 의해 표면에 보호피막을 형성하여 부식이 내부로 진행하지 않도록 내식성을 부여한 강을 내식강이라 한다. 내식강 중에서 가장 일반적으로 사용되는 것은 스테인리스강이다.

② 스테인리스강의 조직상 종류(페-오-마)

ㄱ 페라이트계 스테인리스강(고크롬계)

ㄴ 오스테나이트계 스테인리스강(고크롬, 고니켈계)

ㄷ 마텐자이트계 스테인리스강(고크롬, 고탄소계)

③ 18-8형 스테인리스강

ㄱ 조성 : 크롬 18%-니켈 8%

ㄴ 오스테나이트계 스테인리스강(고크롬, 고니켈계)

10년간 자주 출제된 문제

스테인리스강을 조직상으로 분류한 것 중 틀린 것은?

① 마텐자이트계
② 오스테나이트계
③ 시멘타이트계
④ 페라이트계

|해설|

스테인리스강의 조직상 분류는 페라이트계, 오스테나이트계, 마텐자이트계이며, 대표적인 오스테나이트계인 스테인리스강으로 18-8형 스테인리스강이 있다.

정답 ③

① 합성수지(플라스틱)의 특징

ㄱ 전기절연성이 좋다.

ㄴ 가볍고 튼튼하다(단단하다).

ㄷ 가공성이 크고 성형이 간단하다.

ㄹ 녹이 슬지 않는다.

ㅁ 장난감 및 생활용품 등 여러 가지 용도로 사용한다.

② 합성수지의 종류

ㄱ 열가소성 수지

• 가열하여 성형한 후에 냉각하면 경화한다.

• 재가열을 하면 녹아서 원상태가 되며, 새로운 모양으로 다시 성형할 수 있다.

• 가열과 냉각을 반복하여도 재료의 성질 변화는 거의 없다.

ㄴ 열경화성 수지

• 가열하면 경화하고, 재용융하여도 다른 모양으로 다시 성형할 수 없다.

• 재생할 수 없다.

※ 합성수지의 종류 및 구분

열가소성 수지	열경화성 수지
• 폴리에틸렌 수지	• 페놀 수지
• 아크릴 수지	• 멜라민 수지
• 염화비닐 수지	• 에폭시 수지
• 폴리스티렌 수지	• 요소 수지
	• 규소 수지

10년간 자주 출제된 문제

12-1. 합성수지의 공통된 성질 중 틀린 것은?

① 가볍고 튼튼하다.
② 전기절연성이 좋다.
③ 단단하며 열에 강하다.
④ 가공성이 크고 성형이 간단하다.

12-2. 열경화성 수지가 아닌 것은?

① 아크릴 수지
② 멜라민 수지
③ 페놀 수지
④ 규소 수지

|해설|

12-1
플라스틱은 열에 약하다.
플라스틱의 특징 : 경량, 절연성 우수, 내식성 우수, 단열, 비자기성 등

정답 12-1 ③ 12-2 ①

핵심이론 13 | 청열취성과 적열취성

① 적열취성

  ㉠ 원인 : 황(S)

  ㉡ 고온에서 물체가 빨갛게 되어 깨지는 것

  ㉢ 방지책 : 망간(Mn) 첨가

② 청열취성

  ㉠ 원인 : 인(P)

  ㉡ 강이 200~300℃로 가열하면 강도가 최대로 되고, 연신율이 줄어들어 깨지는 것

10년간 자주 출제된 문제

13-1. 탄소강에 어떤 원소가 함유되면 강도, 연신율, 충격치를 감소시키며 적열취성의 원인이 되는가?

① Mn
② Si
③ P
④ S

13-2. 탄소강이 200~300℃의 온도에서 취성이 발생되는 현상은?

① 청열취성
② 적열취성
③ 고온취성
④ 상온취성

|해설|

13-1
적열취성의 원인은 S(황)이며, 고온에서 물체가 빨갛게 되어 깨지는 것이다. 적열취성을 감소시키기 위해 망간(Mn)을 첨가한다.

13-2
청열취성의 원인은 P(인)이며, 강이 200~300℃로 가열되면 강도가 최대가 되고 연신율이 줄어들어 깨지는 것이다.

정답 13-1 ④ 13-2 ①

| 핵심이론 **14** | 합금원소의 효과 |

합금원소	효 과
니켈(Ni)	강인성, 내식성, 내마멸성 증가
크롬(Cr)	• 강도와 경도 증가, 내식성, 내열성 및 자경성 증가 • 탄화물의 생성을 용이하게 하여 내마멸성 증가
망간(Mn)	강도, 경도, 내마멸성 증가, 적열취성 방지
몰리브덴(Mo)	내마멸성 증가, 뜨임취성 방지
규소(Si)	내식성·내마멸성 증가, 전자기적 성질 개선
텅스텐(W)	경도와 내마멸성 증가, 고온강도와 경도 증가
코발트(Co)	크롬과 함께 사용하며, 고온강도와 고온경도 증가
바나듐(V)	경화성 증가
구리(Cu)	석출경화가 일어나기 쉽고, 내산화성 증가
타이타늄(Ti)	• 규소나 바나듐과 비슷한 작용 • 탄화물 생성 용이, 결정입자 사이의 부식에 대한 저항 증가

★ 합금원소의 효과는 자주 출제되므로 암기하기 바란다.

10년간 자주 출제된 문제

특수강에 첨가되는 합금원소의 특성을 나타낸 것 중 틀린 것은?

① Ni : 내식성 및 내산성 증가
② Co : 보통 Cu와 함께 사용되며 고온강도 및 고온경도를 저하
③ Ti : Si나 V와 비슷하고 부식에 대한 저항이 매우 큼
④ Mo : 담금질 깊이를 깊게 하고 내식성 증가

|해설|

코발트(Co)는 크롬(Cr)과 함께 사용하며 고온강도와 고온경도를 크게 한다.

정답 ②

| 핵심이론 **15** | 금속재료의 성질 |

① 기계적 성질
  ㉠ 강도 : 재료에 작용하는 힘에 대하여 파괴되지 않고 어느 정도 견디어 낼 수 있는 정도를 나타내는 수치
  ㉡ 경도 : 재료의 표면이 외력에 저항하는 성질(재료의 단단한 정도)
  ㉢ 인성 : 충격이 작용하였을 때 파괴되지 않고 견디는 성질(재료의 질긴 성질) ↔ 취성
  ㉣ 취성(메짐) : 잘 부서지고 깨지는 성질(인성과 반대되는 성질)
  ㉤ 연성 : 가늘게 늘어나는 성질(금 > 은 > 백금 > 철 > 니켈 > 구리 > 알루미늄)
  ㉥ 전성 : 넓게 퍼지는 성질(금 > 은 > 구리 > 알루미늄 > 주석 > 백금 > 철)
  ㉦ 가공경화 : 경도, 인장강도, 항복강도 등이 커지는 반면 연신율과 단면 수축률이 감소되는 현상

② 물리적 성질
  ㉠ 비중 : 질량과 같은 부피를 가지는 표준물질에 대한 질량의 비율
  ㉡ 용융점 : 고체에서 액체로 상태변화가 일어날 때의 온도(용융 온도)
  ㉢ 전기전도율(전기전도도) : 전기가 흐르는 전기적 성질
  ㉣ 자성 : 물질이 나타내는 자기적 성질
    • 강자성체 : 서로 강하게 잡아당기는 물질 → 철(Fe), 코발트(Co), 니켈(Ni)
    • 상자성체 : 약간 잡아당기는 물질 → 알루미늄(Al), 주석(Sn)
    • 반자성체 : 서로 잡아당기지 않는 금속 → 안티몬(Sb)

③ 화학적 성질

　㉠ 부식 : 주위 환경에 따라 화학적 또는 전기 화학적
　　인 작용에 의하여 비금속 화합물을 만들어 점차
　　재료가 소실되는 현상

　㉡ 내식성 : 금속 부식에 대한 저항력

　　※ 이온화 경향이 큰 금속일수록 화합물이 되기 쉬
　　워 부식이 잘된다.

④ 재료의 가공성

　㉠ 주조성 : 금속이나 합금을 녹여 주물을 만들 수
　　있는 성질

　㉡ 소성가공성 : 재료를 소성가공하는 데 용이한 성질
　　(단조성, 압연성, 프레스 성형성)

　　• 탄성 : 가해진 외력을 제거하면 변형 없이 원상
　　태로 돌아오는 성질

　　• 소성 : 변형되어 원래의 형상으로 되돌아오지 않
　　는 성질

　㉢ 절삭성

　㉣ 접합성

10년간 자주 출제된 문제

물체가 변형에 견디지 못하고 파괴되는 성질로 인성에 반대되
는 성질은?

① 탄 성　　　　② 전 성
③ 소 성　　　　④ 취 성

|해설|

• 인성 : 충격이 작용하였을 때 파괴되지 않고 견디는 성질
• 취성 : 잘 부서지고 깨지는 성질

정답 ④

| **핵심이론 16** | 기능성 금속재료 |

① 금속 복합 재료

어떤 목적을 위해 2종 이상의 다른 재료들을 서로 합하
여 하나의 재료로 만든 것

② 형상기억합금

　㉠ 다시 열을 가하면 변형 전의 형상으로 되돌아간다.

　㉡ 마텐자이트 변태를 이용한 초탄성 재료이다.

　㉢ 형상기억합금의 종류

　　니켈-타이타늄계 합금, 구리-알루미늄-니켈계
　　합금, 니켈-타이타늄-구리계 합금, 니켈-타이타
　　늄-철계 합금 등

③ 제진재료

　㉠ 공진, 진폭, 진동 속도를 감소시키는 재료

　㉡ 방진재료 : 진동음을 방지해 주는 재료

　㉢ 흡음재료 : 소음의 대책으로 공기압의 진동을 열에
　　너지로 변환시켜 흡수하는 재료

　㉣ 차음재료 : 공기압 진동의 전파를 차단시키는 재료

④ 비정질 합금 : 원자들의 배열이 불규칙한 상태

　※ 비정질 합금의 제조 방법

　　• 기체 급랭 : 진공증착법, 이온도금법, 화학증착법

　　• 액체 급랭 : 단롤법, 쌍롤법, 원심법 등

　　• 금속 이온 : 전해코팅법, 무전해코팅법

⑤ 초전도 합금

초전도 현상이란 어떤 종류의 금속에서는 일정 온도에
서 갑자기 전기저항이 "0"이 되는 현상이다.

⑥ 자성재료

　㉠ 자성재료 : 자기적 성질을 가지고 있는 재료

　㉡ 자성재료 종류

　　• 경질 자성재료 : 보자력 및 잔류 자속 밀도가 크다.

　　• 연질 자성재료 : 보자력 및 이력손실이 작다.

분 류	재료명
경질 자성재료 (영구자석재료)	희토류-코발트계 자석, 페라이트자석, 자기기록재료, 반경질자석, 알니코자석
연질 자성재료 (고투자율재료)	연질페라이트, 전극연철, 규소강, 45퍼멀로이, 73퍼멀로이

16-1. 재료를 상온에서 다른 형상으로 변형시킨 후 원래 모양으로 회복되는 온도로 가열하면 원래 모양으로 돌아오는 합금은?

① 제진합금　　　　　② 형상기억합금
③ 비정질 합금　　　　④ 초전도 합금

16-2. 금속은 전류를 흘리면 전류가 소모되는데 어떤 금속에서는 어느 일정 온도에서 갑자기 전기저항이 "0"이 된다. 이러한 현상은?

① 초전도 현상　　　　② 임계현상
③ 전기장 현상　　　　④ 자기장 현상

|해설|

16-1
① 제진합금 : 공진, 진폭, 진동속도를 감소시키는 재료
③ 비정질 합금 : 원자배열이 불규칙한 상태
④ 초전도 합금 : 어떤 종류의 금속에서는 일정 온도에서 갑자기 전기저항이 "0"이 되는 현상

정답 16-1 ② 16-2 ①

핵심이론 17 │ 특수 목적용 합금강

① 쾌삭강
  ㉠ 개요 : 절삭성능을 향상시켜 생산의 고능률화를 추구함에 따라 짧은 시간에 재료를 가공하기 위하여 피삭성이 좋은 재료가 필요하다.
  ㉡ 쾌삭강의 특징
    • 가공재료의 피삭성을 높임
    • 절삭공구의 수명을 길게 함
    • 절삭 중 나오는 칩(Chip)처리 능률을 높임
    • 가공면의 정밀도와 표면거칠기 등을 향상
    • 강에 황(S), 납(Pb), 흑연을 첨가하여 절삭성 향상
  ㉢ 황(S) 쾌삭강
    • 탄소강에 황(S)의 첨가량을 0.1~0.25% 정도 증가시켜 쾌삭성 향상
    • 정밀 나사의 작은 부품용
  ㉣ 납(Pb) 쾌삭강
    • 탄소강에 납(Pb)의 첨가량을 0.10~0.30% 정도 증가시켜 쾌삭성 향상
    • 열처리하여 사용할 수 있음
    • 자동차 등의 주요 부품에 사용

② 스프링강
  스프링을 만드는 데 사용되는 재료로, 탄성 한도와 항복점이 높고 충격이나 반복응력에 대해 잘 견디어 낼 수 있는 성질이 필요하다.

③ 베어링강
  ㉠ 내마멸성이 크고, 강성이 커야 한다.
  ㉡ 고탄소-크롬강의 표준 조성 : 1% 탄소, 1.5% 크롬
  ㉢ 베어링 합금 구비 조건
    • 하중에 견딜 수 있는 경도와 인성, 내압력을 가져야 한다.
    • 마찰계수가 작아야 한다.
    • 비열 및 열전도율이 커야 한다.
    • 주조성과 내식성이 우수해야 한다.
    • 소착에 대한 저항력이 커야 한다.

④ 철심재료

　㉠ 투자율과 전기저항이 크고 보자력, 이력현상 등이
　　작아 전동기, 발전기, 변압기 등의 철심재료로 사
　　용된다.

　㉡ 대표적인 철심재료 : 규소강

⑤ 불변강

　㉠ 개요 : 주변 온도가 변화하더라도 재료가 가지고
　　있는 열팽창계수나 탄성계수 등의 특성이 변하지
　　않는 강

　㉡ 불변강의 종류

　　• 인 바

　　　- 탄소 0.2%, 니켈 35~36%, 망간 0.4% 정도로
　　　　조성된 합금

　　　- 200℃ 이하의 온도에서 열팽창계수가 작음

　　　- 줄자, 표준자, 시계추 등

　　• 엘린바

　　　- 철, 니켈 36%, 크롬 12%로 조성된 합금

　　　- 온도 변화에 따른 탄성률의 변화가 매우 작음

　　　- 지진계 및 정밀기계의 주요 재료에 사용

17-1. 강을 절삭할 때 쇳밥(Chip)을 잘게 하고 피삭성을 좋게 하기 위해 황, 납 등의 특수원소를 첨가하는 강은?

① 레일강　　　　　　　② 쾌삭강
③ 다이스강　　　　　　④ 스테인리스강

17-2. 불변강의 종류에 해당되지 않는 것은?

① 인 바　　　　　　　② 엘린바
③ 코엘린바　　　　　　④ 베어링강

|해설|

17-1
쾌삭강은 가공재료의 피삭성을 높이고, 절삭공구의 수명을 길게 하기 위하여 요구되는 성질을 강에 황(S), 납(Pb) 등을 합금하여 만든 것이다.

17-2
불변강은 온도변화에 따라 열팽창계수, 탄성계수 등이 변하지 않는 강으로 인바, 슈퍼인바, 엘린바, 코엘린바, 퍼멀로이 등이 있다. 베어링강은 베어링 재료에 사용되는 내마멸성을 중요시하는 합금강이다.

정답 17-1 ②　17-2 ④

① 재결정

금속을 냉간에서 소성가공하면 내부 변형을 일으켜 가공경화가 일어나는데, 이때 내부 변형을 일으킨 결정입자를 재료에 따라 어느 온도 부근에서 적당한 시간 동안 가열하면 가공에 의해서 변형된 결정 속에서 변형이 없는 새로운 다각형의 결정이 생긴다. 이와 같이 새로 생긴 새로운 결정을 재결정이라 한다.

② 재결정온도

ㄱ 한 시간에 100% 재결정이 끝나는 온도

ㄴ 재결정온도 변화

재결정온도가 낮아지는 조건	재결정온도가 높아지는 조건
• 가공도가 클수록 • 가공 전의 결정입자가 미세할수록 • 가열시간이 길수록 • 고순도일수록	• 가공도가 작을수록 • 가공 전의 결정입자가 클수록 • 가열시간이 짧을수록

10년간 자주 출제된 문제

금속의 재결정온도에 대한 설명으로 맞는 것은?

① 가열시간이 길수록 낮다.
② 가공도가 작을수록 낮다.
③ 가공 전 결정입자 크기가 클수록 낮다.
④ 납(Pb)보다 구리(Cu)가 낮다.

|해설|

금속의 재결정온도는 금속의 종류, 가공도, 가열시간 등에 따라 다르다. 가공도가 클수록, 가공 전의 결정입자가 미세할수록, 가열시간이 길수록 재결정온도가 낮아진다.

정답 ①

① 철강의 분류와 성질

구 분	탄소량	성 질
순 철	0.02% C 이하	• 기계적 성질이 낮음 • 용접, 단접성이 우수
강	0.02~2.11% C	• 강도 및 인성이 우수 • 가공성이 좋음
주 철	2.11~6.67% C	• 인성이 낮아 단조가 곤란함 • 용융점이 낮고 유동성이 좋음

② 철강재료 설명

ㄱ 용광로에서 생산된 철은 선철이다.

ㄴ 탄소강은 탄소함유량이 0.02~2.11%이다.

ㄷ 합금강은 탄소강에 필요한 합금원소를 첨가한 것이다.

ㄹ 탄소강의 기계적 성질에 가장 큰 영향을 끼치는 원소는 탄소(C)이다.

③ 탄소강 설명

ㄱ 탄소강은 철(Fe)과 탄소(C)의 합금으로 가단성을 가지고 있는 2원 합금이다.

ㄴ 공석강, 아공석강, 과공석강으로 분류된다.

ㄷ 모든 강의 기본이 되는 것으로 보통 탄소강으로 부른다.

④ 탄소강 성질

구 분	물리적 성질	기계적 성질
탄소량 증가	• 비열, 전기저항, 보자력 증가 • 비중, 선팽창계수, 내식성 감소	• 강도 경도 증가 • 인성, 충격값 감소

⑤ 탄소강 변태

ㄱ 아공석강

• 0.02~0.77%의 탄소강을 함유한 강

• 페라이트와 펄라이트의 혼합조직

• 탄소량이 많아질수록 펄라이트의 양이 증가하여 강도와 인장강도 증가

ⓛ 공석강
- 0.77%의 탄소를 함유한 강은 723℃ 이하로 냉각할 때, 오스테나이트가 페라이트와 시멘타이트로 동시에 석출되는 공석반응을 일으키는 펄라이트 변태
- 100% 펄라이트 조직
- 인장강도가 가장 큰 탄소강

ⓒ 과공석강
- 0.77~2.11%의 탄소를 함유한 강
- 시멘타이트와 펄라이트의 혼합조직
- 탄소량이 증가할수록 경도가 증가한다. 그러나 인장강도가 감소하고 메짐 성질이 증가하여 깨지기 쉽다.

⑥ 강괴(Steel Ingot)
강괴를 탈산 정도에 따른 분류하면 다음과 같다.
ⓐ 킬드강 : 용강 중에 Fe-Si 또는 Al분말 등의 강한 탈산제를 첨가하여 완전히 탈산한 강
ⓑ 림드강 : 탈산 및 기타 가스 처리가 불충분한 상태의 용강을 그대로 주형에 주입하여 응고한 것
ⓒ 세미킬드강 : 탈산 정도가 킬드강과 림드강의 중간 정도의 것

10년간 자주 출제된 문제

Fe-C상태도에 의한 강의 분류에서 탄소 함유량이 0.0218~0.77%에 해당하는 강은?

① 아공석강　　　　② 공석강
③ 과공석강　　　　④ 정공석강

|해설|
- 아공석강 : 0.02~0.77%의 탄소를 함유하며, 탄소량이 많을수록 경도와 인장강도가 증가한다.
- 공석강 : 0.77%의 탄소를 함유, 100% 펄라이트 조직, 인장강도 가장 큼
- 과공석강 : 0.77~2.11%의 탄소를 함유, 탄소량이 많을수록 경도 증가, 인장강도 감소

정답 ①

핵심이론 20 | 재료의 시험과 검사

① 기계적 시험 방법(파괴시험)
ⓐ 인장시험
- 가장 기본이 되는 시험
- 인장강도, 연신율, 단면 수축률, 항복점, 비례한도, 탄성한도, 응력-변형률곡선을 알 수 있다.
- 인장강도 : 인장시험하는 도중 시험편이 견디는 최대의 하중

$$최대인장강도(\sigma_{max})$$
$$= \frac{최대인장하중(P_{max})}{원\ 단면적(A_0)} \text{N/mm}^2$$

- 연신율 : 인장시험 후 시험편이 파괴되기 직전의 표점거리(L_1)와 시험 전 원표점거리(L_0)와의 차를 변형량이라 한다. 연신율은 이 변형량을 원표점거리로 나누어 백분율(%)로 표시한 것(연성을 나타내는 척도)이다.

$$연신율(\varepsilon) = \frac{L_1 - L_0}{L_0} \times 100(\%)$$

ⓑ 압축시험
- 재료에 압력을 가하여 파괴에 견디는 힘을 구하는 시험
- 주철이나 콘크리트와 같이 내압에 사용되는 재료의 압축강도 알아보는 시험

ⓒ 굽힘시험
- 시험편에 길이 방향의 직각 방향에서 하중을 가함
- 재료의 연성, 전성 및 균열의 발생 유무를 판정하는 시험

ⓓ 경도시험
- 재료의 경도를 알아보는 시험으로, 압입에 대한 저항을 나타냄

- 경도시험의 종류
  - 브리넬 경도시험(HB)

  $$\text{브리넬 경도(HB)} = \frac{P}{A} = \frac{P}{\pi Dh} = \frac{2P}{\pi D(D - \sqrt{D^2 - d^2})}$$

  여기서, P : 하중(kN)

  D : 강구의 지름(mm)

  d : 압입 자국의 지름(mm)

  h : 압입 자국의 깊이(mm)

  A : 압입 자국의 표면적(mm)

  - 로크웰 경도시험(HR) : B스케일, C스케일
  - 비커스 경도시험(HV) : 꼭지각이 136°인 다이아몬드로 된 피라미드 압입자
  - 쇼어경도시험(HS)

  $$\text{쇼어경도(HS)} = \frac{10,000}{65} \times \frac{h}{h_0}$$

  여기서, h : 반발하여 올라간 높이

  h_0 : 낙하 높이

- ⓜ 충격시험
  - 충격에 대한 재료의 저항력을 알아보는 시험
  - 충격시험의 종류
    - 샤르피 충격시험
    - 아이조드 충격시험
- ⓗ 피로시험
② 비파괴시험 방법
  - ㉠ 방사선투과시험(RT)
  - ㉡ 초음파탐상시험(UT)
  - ㉢ 자기탐상시험(MT)
    ※ 자속을 발생시키는 방법
    코일법, 극간법, 프로드법, 축 통전법, 전류 관통법, 자속 관통법

- ㉣ 와전류탐상시험(ET)
- ㉤ 침투탐상시험(PT)
  ※ 침투탐상시험의 과정
  예비 세척 → 침투처리 → 세척처리 → 현상처리
③ 금속의 조직시험
  - ㉠ 매크로 조직시험
    - 파단면 검사 방법
    - 매크로 조직시험 방법
    - 설퍼 프린트 방법
    - 매크로 부식 방법
  - ㉡ 현미경 조직 시험
④ 그 밖의 시험 방법
  - ㉠ 불꽃시험 방법
    - 강재에서 발생하는 불꽃의 색깔과 모양에 의하여 강의 종류 판별
    - 그라인더 불꽃시험 방법, 분말불꽃시험 방법
    - 탄소강의 불꽃은 탄소 함유량에 따라 그 특징이 다름
  - ㉡ 표면경화층 시험
    - 침탄 또는 질화 처리한 후 담금질한 경우의 경화층을 측정하는 방법
    - 경화층 깊이 측정 방법
      - 경도시험
      - 매크로 조직시험
      - 화학분석시험
      - 현미경 조직시험

길이가 50mm인 표준시험편으로 인장시험하여 늘어난 길이가 65mm이었다. 이 시험편의 연신율은?

① 20%   ② 25%

③ 30%   ④ 35%

|해설|

연신율(ε)

$$\varepsilon = \frac{L_1 - L_0}{L_0} \times 100\%$$

$$= \frac{65 - 50}{50} \times 100\%$$

$$= 30\%$$

여기서, L_1 : 늘어난 길이

         L_0 : 표준길이

정답 ③

제2절   **기계요소**

핵심이론 01 | 기계 설계 기초

① 짝과 짝 요소

접촉 형태	짝의 종류	상대운동의 예
면접촉	미끄럼짝	실린더와 피스톤
	회전짝	축받침과 미끄럼 베어링
	나사짝	나선 운동하는 나사
점접촉	점 짝	내연기관의 캠과 태핑
선접촉	선 짝	평기어의 물림

② 기계요소의 종류

기계요소는 사용 기능에 따라 다음과 같이 분류할 수 있다.

㉠ 결합용 기계요소 : 나사, 볼트, 너트, 키, 핀, 코터, 스플라인, 리벳 등

㉡ 축계 기계요소 : 축, 축이음, 베어링 등

㉢ 간접전동 기계요소 : 벨트, 로프, 체인 등

㉣ 직접전동 기계요소 : 마찰차, 기어 등

㉤ 제동 및 완충용 기계요소 : 브레이크, 스프링, 플라이휠 등

㉥ 관용 기계요소 : 관, 관 이음쇠, 밸브와 콕 등

1-1. 짝(Pair)을 선짝과 면짝으로 구분할 때 선짝의 예에 속하는 것은?

① 선반의 베드와 왕복대
② 축과 미끄럼 베어링
③ 암나사와 수나사
④ 한 쌍의 맞물리는 기어

1-2. 다음 중 전동용 기계요소에 해당하는 것은?

① 볼트와 너트　　　　② 리 벳
③ 체 인　　　　　　　④ 핀

|해설|

1-1
선짝의 예로 한 쌍의 맞물리는 기어가 있다.

1-2
• 간접전동 기계요소 : 벨트, 로프, 체인 등
• 직접전동 기계요소 : 마찰차, 기어 등

정답 1-1 ④　1-2 ③

핵심이론 02 │ 응 력

① 하중의 작용 상태에 따른 분류
　㉠ 인장하중 : 재료의 축선 방향으로 늘어나게 하려는 하중
　㉡ 압축하중 : 재료의 축선 방향으로 재료를 누르는 하중
　㉢ 전단하중 : 재료를 가위로 자르려는 것과 같은 형태의 하중
　㉣ 굽힘하중 : 재료를 구부려 휘어지게 하는 형태의 하중
　㉤ 비틀림하중 : 재료를 비트는 형태로 작용하는 하중

② 하중의 작용속도에 따른 분류
　㉠ 정하중 : 시간과 더불어 크기가 변화하지 않는 정지하중
　㉡ 교변하중 : 하중의 크기와 방향이 충격 없이 주기적으로 변화하는 하중
　㉢ 충격하중 : 비교적 단시간에 충격적으로 작용하는 하중
　㉣ 분포하중 : 재료의 어느 범위 내에 분포되어 작용하는 하중

③ 응 력
　㉠ 정의 : 물체의 하중을 작용시키면 물체 내부에는 이에 대응하는 저항력이 발생하여 균형을 이루는데 이 저항력을 응력(Stress)이라 한다. 보통 단위 면적당 힘의 크기로 나타낸다.
　㉡ 응력의 종류 : 인장응력, 압축응력, 전단응력 등
　　• 인장응력

$$\sigma_t = \frac{P_t}{A}(\text{N/mm}^2)$$

여기서, $P_t(\text{N})$: 인장력

　　　　$A(\text{mm}^2)$: 단면적

• 압축응력

$$\sigma_c = \frac{P_c}{A}(\mathrm{N/mm^2})$$

여기서, $P_c(\mathrm{N})$: 압축력

　　　　$A(\mathrm{mm^2})$: 단면적

• 전단응력

$$\tau = \frac{P_s}{A}(\mathrm{N/mm^2})$$

여기서, $P_s(\mathrm{N})$: 전단하중

　　　　$A(\mathrm{mm^2})$: 단면적

10년간 자주 출제된 문제

2-1. 순간적으로 짧은 시간에 작용하는 하중은?

① 정하중　　　　　② 교번하중
③ 충격하중　　　　④ 분포하중

2-2. 지름 4cm의 연강봉에 5,000N의 인장력이 걸려 있을 때 재료에 생기는 응력은?

① 410N/cm²　　　　② 498N/cm²
③ 300N/cm²　　　　④ 398N/cm²

|해설|

2-1
충격하중 : 비교적 단시간에 충격적으로 작용하는 하중

2-2
인장응력(σ_t)

$$\sigma_t = \frac{P_t}{A} = \frac{P_t}{\frac{\pi d^2}{4}} = \frac{5,000\mathrm{N}}{\frac{\pi \times 4^2}{4}} = \frac{5,000\mathrm{N} \times 4}{\pi \times 4^2} \fallingdotseq 398.08\mathrm{N/cm^2}$$

여기서, P_t : 인장력(N)
　　　　A : 연강봉의 단면적(cm²)
　　　　d : 연강봉의 지름(cm)

정답 2-1 ③　2-2 ④

핵심이론 03 │ 안전율

안전율(Safety Ratio)이란 어떤 기계에 적용하는 재료의 설계상 허용응력을 정하기 위한 계수이다. 허용응력을 정하는 기준은 재료의 인장강도, 항복점, 피로강도, 크리프 강도 등인데 이런 재료의 강도들을 기준강도(응력)라 하고, 이 기준강도와 허용응력과의 비율을 안전율이라 한다.

$$안전율(S) = \frac{기준강도}{허용응력} > 1$$

10년간 자주 출제된 문제

일반적으로 사용하는 안전율은 어느 것인가?

① 사용응력/허용응력
② 허용응력/기준강도
③ 기준강도/허용응력
④ 허용응력/사용응력

|해설|

$$안전율 = \frac{(인장강도)기준강도}{허용응력}$$

정답 ③

핵심이론 04 | 결합용 나사

① 호칭지름

　나사의 호칭지름은 수나사의 바깥지름을 기준으로 한다.

② 결합용 나사

　㉠ 미터 나사

　　• 호칭지름과 피치를 mm 단위로 나타낸다.

　　• 나사산 각은 60°인 미터계 삼각나사

　　• M.호칭지름으로 표시(예 M8)

　㉡ 미터 가는 나사

　　• M.호칭지름×피치(예 M8×1)

　　• 나사의 지름에 비해 피치가 작아 강도가 필요로 하는 곳, 공작기계의 이완 방지용 등에 사용된다.

　㉢ 유니파이 나사

　　• 영국, 미국, 캐나다의 협정에 의해 만들어진 나사이다.

　　• ABC나사라고도 한다.

　　• 나사산의 각이 60°인 인치계 나사

③ 운동용 나사

　㉠ 힘을 전달하거나 물체를 움직이게 할 목적으로 사용하는 나사

　㉡ 사각나사, 사다리꼴 나사, 톱니 나사, 볼나사 등

　㉢ 사다리꼴 나사(미터계 : 30°, 인치계 : 29°)

　㉣ 톱니 나사 : 힘을 한 방향으로만 받는 부품에 이용되는 나사

　㉤ 둥근 나사 : 먼지, 모래 등의 이물질이 나사산을 통하여 들어갈 염려가 있을 때 사용

　㉥ 볼나사 : 나사 홈에 강구를 넣을 수 있도록 원호상으로 된 나선 홈이 가공된 나사

4-1. 미터나사에 대한 설명으로 올바른 것은?

① 나사산의 각도는 60°이다.

② ABC 나사라고도 한다.

③ 운동용 나사이다.

④ 피치는 1인치당 나사산의 수로 나타낸다.

4-2. 나사에 관한 설명으로 옳은 것은?

① 1줄 나사와 2줄 나사의 리드(Lead)는 같다.

② 나사의 리드각과 비틀림각의 합은 90°이다.

③ 수나사의 바깥지름은 암나사의 안지름과 같다.

④ 나사의 크기는 수나사의 골지름으로 나타낸다.

|해설|

4-1

② ABC나사는 유니파이 나사이다.

③ 미터나사는 결합용 나사이다.

④ 미터나사는 피치를 mm단위로 나타낸다.

4-2

② 나사의 리드각과 비틀림각의 합은 90°이다.

　$\alpha + \gamma = 90°$

　여기서, α : 리드각, γ : 비틀림각

① 리드 = 줄수×피치이므로 1줄 나사와 2줄 나사의 리드는 2배 차이가 난다.

③ 수나사의 바깥지름은 암나사의 골지름과 같다.

④ 나사의 호칭은 수나사의 바깥지름(골지름)으로 나타난다.

정답 4-1 ① 4-2 ②

핵심이론 05 | 나사의 리드

① 나사의 리드

나사를 1회전시켰을 때 축 방향으로 이동한 거리를 리드(Lead)라 한다.

② 공 식

$$L = n \times p$$

여기서, L : 리드, n : 나사의 줄 수, p : 피치

㉠ 1회전 시 나사의 리드 $L = n \times p$

㉡ 1/10회전의 나사의 리드 $L = n \times p \times \dfrac{1}{10}$

③ 유니파이 나사의 리드

$$L = \dfrac{25.4}{\text{나사산 수}} \times n$$

여기서, L : 리드, n : 나사의 줄 수

10년간 자주 출제된 문제

다음 중 나사의 리드(Lead)가 가장 큰 것은?

① 피치 1mm의 4줄 미터 나사
② 8산 2줄의 유니파이 보통 나사
③ 16산 3줄 유니파이 보통 나사
④ 피치 1.5mm의 1줄 미터 나사

|해설|

② $L = \dfrac{25.4}{8} \times 2 = 6.35\text{mm}$

① $L = 4 \times 1 = 4\text{mm}$

③ $L = \dfrac{25.4}{16} \times 3 = 4.76\text{mm}$

④ $L = 1 \times 1.5 = 1.5\text{mm}$

정답 ②

핵심이론 06 | 볼트의 종류

① 일반 볼트

㉠ 관통 볼트 : 조이려는 부분을 관통하여 볼트 지름보다 약간 큰 구멍을 뚫고, 여기에 머리 부분이 볼트를 끼워 넣은 후 너트로 결합하는 볼트(그림 a)

㉡ 탭 볼트 : 관통 볼트를 사용하기 어려울 때 결합하려는 상대 쪽에 암나사를 내고, 머리붙이 볼트를 조여 부품을 결합하는 볼트(그림 b)

㉢ 스터드 볼트 : 양쪽 끝이 모두 수나사로 되어 있는 나사로 관통하는 구멍을 뚫을 수 없는 경우에 사용(그림 c)

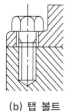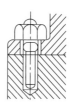

(a) 관통 볼트　　(b) 탭 볼트　　(c) 스터드 볼트

② 특수 볼트

㉠ 아이 볼트 : 볼트의 머리부에 핀을 끼울 구멍이 있어 자주 탈착하는 뚜껑의 결합에 사용된다. 무거운 물체를 달아 올리기 위하여 훅을 걸 수 있는 고리가 있는 볼트이다.

㉡ 나비 볼트 : 스패너 없이 손으로 조이거나 풀 수 있다.

㉢ 간격 유지 볼트(스테이 볼트) : 스패너 없이 손으로 조이거나 풀 수 있다.

㉣ 기초 볼트 : 기계, 구조물 등을 콘크리트 기초에 고정시키기 위하여 사용하는 볼트이다.

㉤ T볼트 : 공작기계 테이블의 T홈에 물체를 용이하게 고정시키는 것이다.

㉥ 리머 볼트 : 볼트 구멍을 리머로 다듬질한 다음, 정밀 가공된 리머 볼트를 끼워 결합한다.

③ 너트의 종류

　　㉠ 육각 너트 : 육각 모양으로 되어 있으며, 가장 널리 사용된다.

　　㉡ 사각 너트 : 주로 목재 결합에 많이 사용한다.

　　㉢ 둥근 너트 : 회전체의 균형을 좋게 하거나 너트를 외부에 돌출시키지 않으려고 할 때 주로 사용하며, 너트를 죄는 데는 특수한 스패너가 필요하다.

　　㉣ 와셔붙이 너트 : 볼트 구멍이 큰 경우 또는 접촉하는 물체와의 접촉면적을 크게 함으로써 접촉압력을 작게 하려고 할 때 주로 사용하며, 너트 하나로 와셔의 역할을 겸한 너트이다.

　　㉤ 캡 너트 : 증기나 기름 등이 누출되는 것을 방지한다.

10년간 자주 출제된 문제

볼트 머리부의 링(Ring)으로 물건을 달아 올리기 위하여 훅(Hook)을 걸 수 있는 고리가 있는 볼트는?

① 아이 볼트
② 나비 볼트
③ 리머 볼트
④ 스테이 볼트

|해설|

나비 볼트 : 스패너 없이 손으로 조이거나 풀 수 있다.

정답 ①

핵심이론 07 | 풀림 방지와 볼트의 설계

① 볼트와 너트의 풀림 방지

　　㉠ 로크너트에 의한 방법(b)

　　㉡ 자동 죔 너트에 의한 방법

　　㉢ 분할 핀에 의한 방법(d)

　　㉣ 와셔에 의한 방법(a)

　　㉤ 멈춤 나사에 의한 방법(c)

　　㉥ 플라스틱 플러그에 의한 방법

　　㉦ 철사를 이용하는 방법(e)

(a) 이붙이 와셔　　(b) 로크너트　　(c) 멈춤 나사

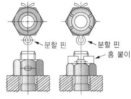

(d) 분할 핀　　　　(e) 철사 이용

② 볼트의 설계

　　㉠ 전단하중만 받을 때

$$d = \sqrt{\frac{4P}{\pi\tau_a}} = \sqrt{\frac{1.237P}{\tau_a}}$$

여기서, P : 인장하중(N)

　　　　　τ_a : 허용전단응력(N/mm^2)

　　　　　d : 볼트지름

　　㉡ 축하중만 받을 때

$$d = \sqrt{\frac{2P}{\sigma_t}}$$

여기서, P : 인장하중(N)

　　　　　σ_t : 인장응력(N/mm^2)

　　　　　d : 호칭지름(바깥지름)

ⓒ 축하중과 비틀림하중을 동시에 받을 때

$$d = \sqrt{\frac{8P}{3\sigma_a}}$$

여기서, P : 인장하중(N)

σ_a : 허용인장응력(N/mm^2)

d : 호칭지름(바깥지름)

7-1. 나사결합부에 진동하중이 작용하거나 심한 하중변화가 있으면 어느 순간에 너트는 풀리기 쉽다. 너트의 풀림 방지법으로 사용하지 않는 것은?

① 나비 너트　　　　　② 분할 핀
③ 로크 너트　　　　　④ 스프링 와셔

7-2. 3kN의 짐을 들어 올리는 데 필요한 볼트의 바깥지름은 약 몇 mm 이상이어야 하는가?(단, 볼트재료의 허용인장응력은 4MPa이다)

① 32.24mm　　　　　② 38.73mm
③ 42.43mm　　　　　④ 48.45mm

|해설|

7-1
나비 너트는 풀림 방지법에 사용되지 않으며 손으로 조이거나 풀 수 있어 별도의 공구 없이 손으로 탈착이 가능하다.

7-2
볼트의 바깥지름

$$d = \sqrt{\frac{2W}{\sigma}} = \sqrt{\frac{2 \times 3,000}{4\text{N/mm}^2}} = 38.73\text{mm}$$

여기서, W : 하중(kN)

σ : 허용인장응력(N/mm^2)

→ 4MPa = 4N/mm^2

정답 7-1 ① **7-2** ②

핵심이론 08 │ 키(Key)

① 성크 키(Sunk Key)

　㉠ 가장 널리 사용하는 일반적인 키로, 묻힘 키라고도 한다.

　㉡ 축과 보스의 양쪽에 모두 키 홈을 가공

　㉢ 종류 : 평행 키(윗면이 평행), 경사 키(윗면에 1/100 정도의 경사를 붙임)

　㉣ 호칭 : 폭 × 높이($b \times h$)

② 미끄럼 키

　㉠ 페더 키(Feather Key) 또는 안내 키라고도 한다.

　㉡ 축 방향으로 보스를 미끄럼 운동을 시킬 필요가 있을 때에 사용한다.

　㉢ 키의 고정 방식에는 키를 축에 고정시키는 방식과 보스에 고정시키는 방식이 있다.

③ 반달 키(Woodruff Key)

　㉠ 축에 반달모양의 홈을 만들어 반달모양으로 가공된 키를 끼운다.

　㉡ 축의 강도가 약하게 된다.

　㉢ 키가 자동적으로 축과 보스에 조정되는 장점이 있다.

　㉣ 테이퍼 축에 회전체를 결합할 때 편리하다.

　㉤ 공작기계, 자동차 등에 많이 쓰인다.

④ 평 키(Flat Key)

　㉠ 납작 키라고도 하며 키에는 기울기가 없다.

　㉡ 키의 너비만큼 축을 평평하게 깎고 보스에 기울기 1/100의 테이퍼진 키 홈을 만들어 때려 박는다.

　㉢ 축 방향으로 이동할 수 없고, 안장키보다 약간 큰 토크 전달이 가능하다.

⑤ 안장 키(Saddle Key)

　㉠ 새들 키라고도 하며 키에는 기울기가 없다.

　㉡ 축에는 키 홈을 가공하지 않고 보스에만 키홈을 가공한다.

　㉢ 축의 강도 저하가 없다.

⑥ 접선 키

ㄱ 매우 큰 회전력을 전달하는 데 적합하다.

ㄴ 회전 방향이 양쪽 방향일 때는 중심각이 120°이다.

⑦ 둥근 키

축과 보스 사이에 구멍을 가공하여 원형 단면의 평행 핀 또는 테이퍼핀을 때려 박은 키다.

⑧ 원뿔 키

축과 보스와의 사이에 2~3곳을 축 방향으로 쪼갠 원 뿔을 때려 박아 축과 보스의 편심이 적다.

10년간 자주 출제된 문제

8-1. 축과 보스사이에 2~3곳을 축 방향으로 쪼갠 원뿔을 때려 박아 축과 보스를 헐거움 없이 고정할 수 있는 키는?

① 안장 키
② 접선 키
③ 둥근 키
④ 원뿔 키

8-2. 묻힘 키(Sunk Key)에 관한 설명으로 틀린 것은?

① 기울기가 없는 평행 성크 키도 있다.
② 머리 달린 경사 키도 성크 키의 일종이다.
③ 축과 보스의 양쪽에 모두 키 홈을 파서 토크를 전달시킨다.
④ 대개 윗면에 1/5 정도의 기울기를 가지고 있는 경우가 많다.

|해설|

8-2
묻힘 키는 1/100 정도의 기울기를 가지고 있는 경우가 많다.
묻힘 키
• 성크 키라고도 한다.
• 축과 보스의 양쪽에 모두 키 홈을 가공한다.
• 종류 : 평행 키(윗면이 평행), 경사 키(윗면에 1/100 정도의 경사를 붙임), 머리 달린 경사 키(때려 박기 위하여 머리를 만든다)

정답 8-1 ④ 8-2 ④

핵심이론 09 │ 핀(Pin)

① 핀의 용도

ㄱ 2개 이상의 부품을 결합한다.

ㄴ 나사 및 너트의 이완을 방지한다.

ㄷ 핸들을 축에 고정하거나 힘이 적게 걸리는 부품을 설치한다.

ㄹ 분해·조립할 부품의 위치를 결정한다.

ㅁ 핀의 재질은 보통 강재이고 황동, 구리, 알루미늄 등으로 만든다.

② 평행 핀

ㄱ 모양에 따라 A형(45° 모따기)과 B형(평형)으로 나눌 수 있다.

ㄴ 용도 : 위치결정이나 막대의 연결용으로 쓰인다.

③ 테이퍼 핀

ㄱ 기울기는 1/50이다.

ㄴ 끝이 갈라진 것과 갈라지지 않은 것이 있다.

ㄷ 호칭은 작은 쪽 지름으로 한다.

④ 분할 핀

ㄱ 한쪽 끝이 두 가닥으로 갈라진 핀이다.

ㄴ 나사 및 너트의 이완을 방지한다.

ㄷ 호칭은 작은 쪽 지름으로 한다.

⑤ 스프링 핀

세로 방향으로 갈라져 있으므로 바깥지름보다 작은 구멍에 끼워 넣고, 스프링 작용한다.

⑥ 너클 핀

한쪽 포크(Fork)에 아이(Eye) 부분을 연결하여 구멍에 수직으로 평행 핀을 끼워 두 부분이 상대적으로 각운동을 할 수 있도록 연결한 것이다.

⑦ 코 터

한쪽 또는 양쪽에 기울기를 갖는 평판 모양의 쐐기로서 인장력이나 압축력을 받는 2개의 축을 연결하는 결합용 기계요소이다.

핀에 대한 설명으로 잘못된 것은?

① 테이퍼 핀의 기울기는 1/50이다.
② 분할 핀은 너트의 풀림 방지에 사용된다.
③ 테이퍼 핀은 굵은 쪽의 지름으로 크기를 표시한다.
④ 핀의 재질은 보통 강재이고 황동, 구리, 알루미늄 등으로 만든다.

|해설|

핀의 호칭은 작은 쪽 지름으로 한다.

정답 ③

|핵심이론 10| 리 벳

① 리벳의 정의

강판 또는 형강 등을 영구적으로 결합하는 데 사용하는 기계요소로서, 비교적 구조가 간단하고 잔류변형이 없기 때문에 응용 범위가 넓다.

② 리벳 이음의 특징

㉠ 잔류 변형이 생기지 않으므로 취약 파괴가 일어나지 않는다.

㉡ 구조물 등에서 조립할 때에는 용접이음보다 쉽다.

㉢ 경합금과 같이 용접이 곤란한 재료에는 신뢰성이 있다.

③ 코킹 및 풀러링

㉠ 코킹 : 기밀을 필요로 할 때 리벳머리의 주위 또는 강판의 가장자리를 정으로 때려 그 부분을 밀착시켜서 틈을 없애는 작업

㉡ 풀러링 : 기밀을 더욱 완전하게 하기 위하여 끝이 넓은 끌로 때려 리벳과 판재의 안쪽 면을 완전히 밀착시키는 작업

④ 용도에 의한 리벳 분류

㉠ 구조용 리벳 : 주로 강도만 필요로 하는 리벳이음으로서 철교, 선박, 차량, 구조물 등에 사용한다.

㉡ 보일러용 리벳 : 압력에 견딜 수 있는 동시에 강도와 기밀을 필요로 하는 리벳이음, 보일러, 고압 탱크 등에 사용한다.

㉢ 용기용 리벳 : 강도보다는 이음의 기밀을 필요로 하는 리벳, 물탱크, 저압탱크 등에 사용한다.

※ 리벳 구멍은 리벳 지름보다 1~1.5mm 정도 크게 한다.

10년간 자주 출제된 문제

리베팅이 끝난 뒤에 리벳머리의 주위 또는 강판의 가장 자리를 정으로 때려 그 부분을 밀착시켜 틈을 없애는 작업은?

① 시 밍
② 코 킹
③ 커플링
④ 해머링

|해설|

코킹 : 리베팅에서 기밀을 유지하기 위한 작업으로 리베팅이 끝난 뒤에 리벳머리의 주위 또는 강판의 가장자리를 정으로 때려 그 부분을 밀착시켜서 틈을 없애는 작업

정답 ②

핵심이론 11 │ 축

① 작용하중에 의한 분류

　㉠ 차축 : 주로 굽힘 모멘트를 받는 축, 철도 차량의 차축(회전축), 자동차의 바퀴축(정지축)

　㉡ 전동축 : 회전에 의해 동력을 전달하는 축, 비틀림과 굽힘 모멘트를 동시에 받는다.

　㉢ 스핀들 : 비틀림 모멘트를 받으며 직접 일을 하는 회전축

② 외부 형태에 의한 분류

　㉠ 직선축 : 길이방향으로 일직선 형태의 축이며, 일반적인 동력전달용으로 사용한다.

　㉡ 플렉시블축(유연축) : 자유롭게 휠 수 있도록 강선을 2중, 3중으로 감은 나사 모양의 축이며, 공간상의 제한으로 일직선 형태의 축을 사용할 수 없을 때 이용한다.

③ 축 설계 시 고려되는 사항

　㉠ 강 도
　㉡ 응력집중
　㉢ 진 동
　㉣ 열응력
　㉤ 열팽창
　㉥ 부 식
　㉦ 변형(처짐변형, 비틀림변형)

10년간 자주 출제된 문제

강선을 나사 모양으로 2중, 3중 감아 만든 축으로 자유로이 휠 수 있는 축은?

① 직선축
② 테이퍼축
③ 크랭크축
④ 플렉시블축

|해설|

• 차축 : 주로 굽힘 모멘트를 받는 축으로, 철도 차량의 차축과 같이 그 자체가 회전하는 회전축과 자동차의 바퀴축과 같이 바퀴는 회전하지만 축은 회전하지 않는 정지축이다.

• 직선축 : 길이방향으로 일직선 형태의 축이며, 일반적인 동력전달용으로 사용한다.

• 크랭크축 : 왕복 운동기관 등에서 직선운동과 회전운동을 상호 변환시키는 축이다.

정답 ④

① 축 이음의 분류
   ㉠ 커플링 : 운전 중 두 축을 분리할 수 없는 기계요소
   ㉡ 클러치 : 운전 중 떼어 놓을 수 있도록 하는 기계요소
② 커플링의 종류
   ㉠ 고정 커플링
     • 두 축이 동일선상에 있도록 한 이음으로 축과 커플링은 볼트나 키를 사용하여 결합
     • 원통 커플링 : 머프 커플링, 마찰 원통 커플링, 셀러 커플링, 클램프 커플링
     • 플랜지 커플링 : 단조 플랜지 커플링, 조립식 플랜지 커플링, 세레이션 커플링
   ㉡ 플렉시블 커플링 : 두 축 사이에 약간의 상호 이동을 허용할 수 있는 축 이음
   ㉢ 올덤 커플링 : 두 축이 평행하고 축의 중심선이 약간 어긋났을 때 각속도의 변동 없이 토크를 전달하는 데 사용하는 축 이음
   ㉣ 유니버설 커플링 : 두 축의 중심선이 어느 각도로 교차되고, 그 사이의 각도가 운전 중 다소 변하여도 자유로이 운동을 전달할 수 있는 축 이음

10년간 자주 출제된 문제

축 이음 중 두 축이 평행하고 각속도의 변동 없이 토크를 전달하는 가장 적합한 것은?

① 올덤 커플링   ② 플렉시블 커플링
③ 유니버설 커플링   ④ 플랜지 커플링

|해설|

① 올덤 커플링 : 두 축이 평행하고 축의 중심선이 약간 어긋났을 때 각속도의 변동 없이 토크를 전달하는 데 사용하는 축 이음
② 플렉시블 커플링 : 두 축 사이에 약간의 상호 이동을 허용할 수 있는 축 이음
③ 유니버설 커플링 : 두 축의 중심선이 어느 각도로 교차되고, 그 사이의 각도가 운전 중 다소 변하여도 자유로이 운동을 전달할 수 있는 축 이음

정답 ①

---

① 기어의 종류
   ㉠ 스퍼기어 : 직선 치형을 가지며 잇줄이 축에 평행한다.
   ㉡ 래크 : 피치원의 반지름이 무한대인 스퍼기어, 회전운동 → 직선운동
   ㉢ 헬리컬기어 : 이의 물림이 좋아서 조용한 운전을 하나 축 방향 하중이 발생
   ㉣ 내접기어 : 원통의 안쪽에 이가 만들어져 있다. 유성기어 장치에 사용
   ㉤ 베벨기어 : 교차하는 두 축의 운동을 전달하기 위하여 원추형으로 만든 기어
     • 직선 베벨기어, 스파이럴 베벨기어, 제롤 베벨기어, 마이터기어 등
   ※ 두 축의 상대 위치에 따라 분류
     − 두 축이 서로 평행 : 스퍼기어, 래크기어, 내접기어, 헬리컬기어, 더블헬리컬기어 등
     − 두 축이 교차 : 직선 베벨기어, 스파이럴 베벨기어, 마이터기어, 크라운기어 등
     − 두 축이 평행하지도 않고 만나지도 않는 축 : 원통 웜기어, 장고형 기어, 나사기어, 하이포이드기어
② 이의 크기
   이의 크기를 나타내는 기준에는 모듈, 원주피치, 지름피치가 있다.
   ㉠ 원주피치 : 피치원의 둘레를 잇수로 나눈 값
   ㉡ 모듈 : 피치원의 지름을 잇수로 나눈 값
   ㉢ 지름피치 : 잇수를 피치원의 지름으로 나눈 값으로 모듈의 역수

재 료	기 호	P를 기준	m을 기준	P_d를 기준
원주피치	P	$\dfrac{\pi D}{Z}$	πm	$\dfrac{25.4\pi}{P_d}$
모 듈	m	$\dfrac{P}{\pi}$	$\dfrac{D}{Z}$	$\dfrac{25.4}{P_d}$
지름피치	P_d	$\dfrac{25.4\pi}{P}$	$\dfrac{25.4}{m}$	$\dfrac{Z}{D}$

★ 모듈을 구하는 문제는 자주 출제되므로 반드시 암기 요망

③ 표준기어의 중심거리

$$\text{두 기어의 중심거리}(C) = \frac{D_1 + D_2}{2} = \frac{m(Z_1 + Z_2)}{2}$$

여기서, D_1, D_2 : 피치원 지름

　　　　m : 모듈

　　　　Z_1, Z_2 : 잇수

④ 전위 기어의 사용 목적

　㉠ 중심거리를 자유로이 조절할 수 있다.

　㉡ 언더컷을 방지할 수 있다.

　㉢ 이의 강도를 증대시킨다.

⑤ 이의 간섭이 발생하지 않도록 방지하기 위한 방법

　㉠ 피니언의 잇수를 최소 치수 이상으로 한다.

　㉡ 기어의 잇수를 한계치수 이하로 한다.

　㉢ 압력각을 크게 한다.

　㉣ 치형 수정을 한다(기어의 이끝면을 깎아내거나 피니언의 이뿌리면을 반경방향으로 파낸다).

　㉤ 기어의 이높이를 줄인다(즉, 낮은 이를 사용한다).

⑥ 웜 기어의 특징

　㉠ 치면에서의 미끄럼이 커서 전동효율이 떨어진다.

　㉡ 중심거리에 오차가 있을 때는 마멸이 심하다.

　㉢ 작은 용량으로 큰 감속비(1/10~1/100)를 얻을 수 있다.

　㉣ 역전을 방지할 수 있고, 소음이 작아 정숙한 회전이 가능하다.

　㉤ 웜과 웜 휠에 스러스트 하중이 생긴다.

13-1. 기어의 이 물림을 순조롭게 하기 위하여, 이(Teeth)를 축에 경사시켜 축 방향으로 하중을 받는 기어는?

① 스퍼기어　　　　② 헬리컬기어

③ 내접기어　　　　④ 래크와 작은 기어

13-2. 평기어에서 피치원의 지름이 132mm, 잇수가 44개인 기어의 모듈은?

① 1　　　　　　　② 3

③ 4　　　　　　　④ 6

|해설|

13-1

헬리컬기어 : 잇줄이 축 방향과 일치하지 않는 기어이다. 이의 물림이 좋아져 조용한 운전을 하나 축 방향 하중이 발생하는 단점이 있다.

13-2

모듈 $m = \dfrac{D}{Z} = \dfrac{132mm}{44} = 3$

$\therefore\ m = 3$

여기서, D : 피치원 지름

　　　　Z : 기어 잇수

정답 13-1 ②　13-2 ②

① 마찰차의 특징
  ㉠ 전달되어야 할 힘이 크지 않으며, 정확한 속도비를 요구하지 않는 경우
  ㉡ 속도비가 매우 커서 보통의 기어로 전동하기 어려운 경우
  ㉢ 두 축 사이의 동력을 빈번히 단속시킬 필요가 있는 경우
  ㉣ 무단 변속이 필요한 경우

② 마찰차의 전달동력

$$전달동력(H) = \frac{\mu F(\text{N}) \cdot \nu(\text{m/s})}{1,000}$$
$$= \frac{\mu F(\text{kgf}) \cdot \nu(\text{m/s})}{102}(\text{kW})$$

여기서, F : 접선력
  ν : 원주속도

③ 마찰차의 종류
  ㉠ 원통 마찰차
  ㉡ 홈 마찰차 : 홈의 각도는 $2\alpha = 30\sim40°$
  ㉢ 원추 마찰차
  ㉣ 무단변속 마찰차

10년간 자주 출제된 문제

다음 중 마찰차를 활용하기에 적합하지 않은 것은?
① 속도비가 중요하지 않을 때
② 전달할 힘이 클 때
③ 회전속도가 클 때
④ 두 축 사이를 단속할 필요가 있을 때

|해설|

마찰차는 일반적으로 전달되어야 할 힘이 크지 않으며, 정확한 속도비를 요구하지 않는 경우, 속도비가 매우 커서 보통의 기어로 전동하기 어려운 경우에 사용한다. 두 축 사이의 동력을 빈번히 단속시킬 필요가 있는 경우, 무단 변속이 필요한 경우에도 사용한다.

정답 ②

---

① 미끄럼베어링과 구름베어링의 비교

구 분	미끄럼 베어링	구름 베어링
크 기	지름은 작으나 폭이 크게 된다.	폭은 작으나 지름이 크게 된다.
충격 흡수	유막에 의한 감쇠력이 우수하다.	감쇠력이 작아 충격 흡수력이 작다.
고속 회전	저항은 일반적으로 크게 되나 고속회전에 유리하다.	윤활유가 비산하고, 전동체가 있어 고속회전에 불리하다.
소 음	특별한 고속 이외는 정숙하다.	일반적으로 소음이 크다.
하 중	추력하중은 받기 힘들다.	추력하중을 용이하게 받는다.
베어링 강성	정압 베어링에서는 축심의 변동 가능성이 있다.	축심의 변동은 적다.
규격화	자체 제작하는 경우가 많다.	표준형 양산품으로 호환성이 높다.

② 미끄럼 베어링의 윤활 방법
  ㉠ 적하 급유법 : 오일 컵을 사용하여 모세관 현상이나 사이펀 작용
  ㉡ 오일링 급유법 : 베어링 아랫부분에 기름을 채우고 축에 오일링을 걸쳐 놓음
  ㉢ 패드 급유법 : 윤활유 통에 모세관 작용을 하는 패드를 넣음
  ㉣ 비말 급유법 : 국자가 오일을 퍼 올려 뿌리는 구조
  ㉤ 순환 급유법 : 펌프의 압력을 이용

③ 볼베어링의 구성요소
  ㉠ 내륜
  ㉡ 외륜
  ㉢ 리테이너 : 베어링의 볼의 간격을 일정하게 유지해 주는 요소

④ 작용하중의 방향에 따른 베어링 분류
  ㉠ 레이디얼 베어링 : 축선에 직각으로 작용하는 하중을 받쳐준다.
  ㉡ 스러스트 베어링 : 축선과 같은 방향으로 작용하는 하중을 받쳐준다.
  ㉢ 테이퍼 베어링 : 레이디얼 하중과 스러스트 하중이 동시에 작용하는 하중을 받쳐준다.

⑤ 니들 롤러 베어링

　　㉠ 지름 5mm 이하의 바늘 모양의 롤러를 사용한다.

　　㉡ 리테이너는 없다.

　　㉢ 내외륜이 있는 것과 내륜이 없고 축에 직접 접촉하는 구조가 있다.

　　㉣ 축지름에 비하여 바깥지름이 작다.

　　㉤ 부하 용량이 크다.

　　㉥ 좁은 장소나 충격하중이 있는 곳에 사용한다.

⑥ 베어링 ★ 반드시 암기(자주 출제)

　　㉠ 자동조심 롤러 베어링 : 자동 조심 작용이 있어 축심의 어긋남을 자동적으로 조절한다. 레이디얼 부하 용량이 크고, 구면을 이용하여 양방향의 스러스트 하중에도 견딜 수 있으므로 중하중 및 충격하중에 적합하다.

　　㉡ 오일리스 베어링 : 금속 분말을 가압·소결하여 성형한 뒤 윤활유를 입자 사이의 공간에 스며들게 한 것으로, 급유가 곤란한 베어링이나 급유를 하지 않는 베어링에 사용한다.

　　㉢ 피벗 베어링(Pivot Bearing) : 절구 베어링이라고도 하며, 세워져 있는 축에 의하여 스러스트 하중을 받을 때 사용한다.

　　㉣ 칼라 베어링 : 수평으로 된 축이 스러스트 하중을 받을 때 사용한다.

　　㉤ 단일체 베어링 : 경하중의 저속용, 구조가 간단하다.

　　㉥ 분할 베어링 : 중하중의 고속용이다.

15-1. 볼 베어링에서 볼을 적당한 간격으로 유지시켜 주는 베어링 부품은?

① 리테이너　　　　　　② 레이스
③ 하우징　　　　　　　④ 부 시

15-2. 니들 롤러 베어링의 설명으로 틀린 것은?

① 지름은 바늘 모양의 롤러를 사용한다.
② 좁은 장소나 충격하중이 있는 곳에 사용할 수 없다.
③ 내·외륜붙이 베어링과 내륜 없는 베어링이 있다.
④ 축지름에 비하여 바깥지름이 작다.

|해설|

15-1
리테이너 : 베어링의 볼의 간격을 일정하게 유지해 주는 요소

15-2
니들 롤러 베어링은 좁은 장소나 충격하중이 있는 곳에 사용한다.

정답 15-1 ①　15-2 ②

핵심이론 16 | 베어링(2)

① 베어링 재료의 구비조건
   ㉠ 충격하중 및 내식성이 강할 것
   ㉡ 가공이 쉽고 내열성을 가질 것
   ㉢ 부식 및 내식성이 강할 것
   ㉣ 융착성이 좋지 않을 것

② 베어링 안지름 번호 부여 방법

안지름 범위(mm)	안지름 치수	안지름 기호	예
10mm 미만	안지름이 정수인 경우 안지름이 정수가 아닌 경우	안지름 /안지름	2mm이면 2 2.5mm이면 /2.5
10mm 이상 20mm 미만	10mm 12mm 15mm 17mm	00 01 02 03	
20mm 이상 500mm 미만	5의 배수인 경우 5의 배수가 아닌 경우	안지름을 5로 나눈 수 /안지름	40mm이면 08 28mm이면 /28
500mm 이상		/안지름	560mm이면 /560

10년간 자주 출제된 문제

구름베어링의 안지름이 140mm일 때, 구름베어링의 호칭번호에서 안지름 번호로 가장 적합한 것은?

① 14   ② 28
③ 70   ④ 140

|해설|

안지름 숫자에 5를 곱한 수가 안지름 치수가 되므로 140을 5로 나누면 안지름 번호가 된다. 140/5=28
• 6205 : 6-형식번호, 2-계열번호, 05-안지름 번호
• 안지름 20mm 이내 : 00-10mm, 01-12mm, 02-15mm, 03-17mm, 04-20mm
• 안지름 20mm 이상 : 안지름 숫자에 5를 곱한 수가 안지름 치수가 된다.
예 5=25mm(5×5=25), 20=100mm(20×5=100)

정답 ②

핵심이론 17 | 벨 트

① 벨트 전동장치의 특성
   ㉠ 회전비가 부정확하여 강력 고속전동이 곤란하다.
   ㉡ 전동효율이 양호하여 각종 기계장치의 운전에 널리 사용된다.
   ㉢ 종동축에 과대하중이 작용할 때에는 벨트와 풀리 부분이 미끄러져서 전동장치의 파손을 방지할 수 있다.
   ㉣ 전동장치가 조작이 간단하고 비용이 싸다.

② V벨트의 특징
   ㉠ 홈의 양면에 밀착되므로 마찰력이 평벨트보다 크고, 미끄럼이 적어 비교적 작은 장력으로 큰 회전력을 전달할 수 있다.
   ㉡ 평벨트와 같이 벗겨지는 경우는 없다.
   ㉢ 이음매가 없어 운전이 정숙하고, 충격을 완화하는 작용을 한다.
   ㉣ 지름이 작은 풀리에도 사용할 수 있다.
   ㉤ 설치 면적이 좁으므로 사용이 편리하다.
   ※ V벨트는 엇걸기를 할 수 없다.

③ V벨트 단면 형상
   ㉠ V벨트의 종류는 KS규격에서 단면의 형상에 따라 6종류로 규정하고 있으며, M형을 제외한 5종류가 동력 전달용으로 사용된다.
   ㉡ 단면적 비교(M<A<B<C<D<E)
   ㉢ M에서 E쪽으로 가면 단면이 커지며 M형이 인장강도가 가장 작다(인장강도 : M<A<B<C<D<E).

※ V벨트의 사이즈 표

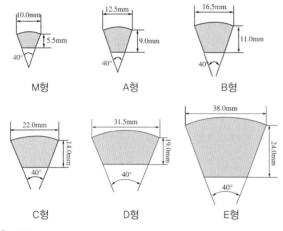

M형   A형   B형

C형   D형   E형

④ 유효장력

$$\text{평벨트의 유효장력}(T_e) = T_t - T_s$$

여기서, T_t : 긴장(이완)측 장력

T_s : 이완측 장력

⑤ 벨트 풀리 설계

벨트 풀리 설계 시 림의 중앙을 높게 한 이유는 벨트가 원추 풀리의 큰 지름 쪽으로 이동하는 경향이 있어 벨트는 풀리의 중앙에 오게 되어 벗겨지지 않는다.

⑥ 벨트 걸기

㉠ 평행걸기(Open Belting) : 벨트 풀리 회전방향이 같음

㉡ 십자걸기(Cross Belting) : 벨트 풀리 회전방향이 반대

17-1. 평벨트 전동과 비교한 V벨트 전동의 특징이 아닌 것은?

① 고속운전이 가능하다.
② 미끄럼이 적고 속도비가 크다.
③ 바로걸기와 엇걸기 모두 가능하다.
④ 접촉 면적이 넓으므로 큰 동력을 전달한다.

17-2. 동력전달용 V벨트의 규격(형)이 아닌 것은?

① B   ② A
③ F   ④ E

| 해설 |

17-1
V벨트 전동의 특징
• 홈의 양면에 밀착되므로 마찰력이 평벨트보다 크다.
• 미끄럼이 적어 비교적 작은 장력으로 큰 회전력을 전달할 수 있다.
• 고속운전이 가능하다.
• 접촉 면적이 넓으므로 큰 동력을 전달한다.
• 지름이 작은 풀리에도 사용할 수 있다.
• 엇걸기는 불가능하다(평벨트는 바로걸기와 엇걸기가 가능하다).

17-2
V벨트의 규격 : M, A, B, C, D, E형

정답 17-1 ③ 17-2 ③

① 스프링의 용도
   ㉠ 완충용(충격 에너지 흡수, 방진) : 차량용 현가장치, 승강기 완충 스프링
   ㉡ 에너지 축적 이용 : 계기용 스프링, 시계의 태엽 등
   ㉢ 무게 측정용 : 저울
   ㉣ 동력용 : 안전밸브, 조속기, 스프링 와셔

② 스프링의 모양에 따른 분류
   ㉠ 코일 스프링 : 압축 코일 스프링, 인장 코일 스프링, 원추형, 장고형, 드럼형 등
   ㉡ 겹판 스프링 : 주로 자동차의 현가장치
   ㉢ 토션바 : 비틀림 변형이 생기는 원리를 이용한 스프링
   ㉣ 태엽 스프링 : 변형 에너지를 저장하였다가 변형이 회복되면서 일을 한다.
   ㉤ 벌류트 스프링 : 태엽 스프링을 축 방향으로 감아 올려 사용하는 것으로 압축용으로 쓰인다. 오토바이 자체 완충용으로 쓰인다.
   ㉥ 와이어 스프링 : 탄성에 의한 복원력을 이용한 스프링

③ 스프링 설계
   ㉠ 스프링 상수 $K = \dfrac{W}{\delta} = \dfrac{하중}{늘어난\ 길이}$(N/mm)
   ㉡ 직렬연결
$$\frac{1}{K} = \frac{1}{K_1} + \frac{1}{K_2} \rightarrow K = \frac{K_1 \cdot K_2}{K_1 + K_2}$$
   ㉢ 병렬연결
$$K = K_1 + K_2 + \cdots + K_n$$
   ㉣ 스프링 지수(C)
     스프링 지수는 소선의 지름에 대한 스프링의 평균지름의 비이다.
$$스프링\ 지수(C) = \frac{스프링\ 전체의\ 평균지름(D)}{소선의\ 지름(d)}$$

④ 스프링 재질
   ㉠ 금속 스프링 : 강 스프링, 비철 스프링
   ㉡ 비금속 스프링 : 고무 스프링, 공기 스프링, 액체 스프링, FRP

⑤ 철강재 스프링 재료가 갖추어야 할 조건
   ㉠ 가공하기 쉬운 재료이어야 한다.
   ㉡ 높은 응력에 견딜 수 있고, 영구변형이 없어야 한다.
   ㉢ 피로강도와 파괴인성치가 높아야 한다.
   ㉣ 열처리가 쉬워야 한다.
   ㉤ 표면 상태가 양호해야 한다.
   ㉥ 부식에 강해야 한다.

18-1. 다음과 같이 접속된 스프링에 100N의 하중이 작용할 때 처짐량은 약 몇 mm인가?(단, 스프링 상수 K_1은 10N/mm, K_2는 50N/mm이다)

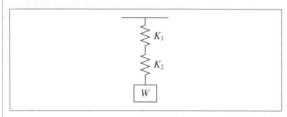

① 1.7   ② 12
③ 15   ④ 18

18-2. 코일스프링의 전체의 평균 지름이 20mm, 소선의 지름이 2mm라면 스프링 지수는?

① 0.1   ② 6
③ 8   ④ 10

| 해설 |

18-1

직렬로 스프링을 연결할 경우의 전체 스프링 상수

$$\frac{1}{K} = \frac{1}{K_1} + \frac{1}{K_2} \rightarrow K = \frac{K_1 \cdot K_2}{K_1 + K_2}$$

$$= \frac{10 \times 50}{10 + 50} = \frac{500}{60} = \frac{25}{3} \text{N/mm}$$

전체 스프링 상수 $K = \dfrac{W}{\delta} = \dfrac{하중}{늘어난 \ 길이}$

$\therefore$ 늘어난 길이 $\delta = \dfrac{W}{K} = \dfrac{100\text{N}}{\frac{25}{3}\text{N/mm}} = 12\text{mm}$

18-2

스프링 지수$(C) = \dfrac{스프링 \ 전체의 \ 평균지름(D)}{소선의 \ 지름(d)} = \dfrac{20}{2} = 10$

$\therefore$ 스프링 지수$(C) = 10$

정답 18-1 ②   **18-2** ④

핵심이론 19 | 브레이크

① 개 요

제동장치에서 가장 널리 사용되고, 기계 부분의 운동에너지를 열에너지나 전기에너지 등으로 바꾸어 흡수함으로써 운동 속도를 감소시키거나 정지시키는 장치이다.

② 브레이크의 종류

　㉠ 블록 브레이크 : 회전하는 브레이크 드럼을 브레이크 블록으로 누르게 한 것으로, 블록의 수에 따라 단식 블록 브레이크와 복식 블록 브레이크로 나눈다.

　㉡ 드럼 브레이크 : 회전운동을 하는 드럼이 바깥쪽에 있고, 두 개의 브레이크 블록이 드럼의 안쪽에서 대칭으로 드럼에 접촉하여 제동한다.

　㉢ 밴드 브레이크 : 레버를 사용하여 브레이크 드럼의 바깥에 감겨 있는 밴드에 장력을 주면 밴드와 브레이크 드럼 사이에 마찰력이 발생한다. 이 마찰력에 의해 제동하는 것을 밴드 브레이크라 한다.

　㉣ 자동하중 브레이크 : 크레인 등으로 하물(荷物)을 올릴 때 제동 작용은 하지 않고 클러치 작용을 하며, 하물을 아래로 내릴 때 하물 자중에 의한 제동 작용으로 화물의 속도를 조절하거나 정지시킨다. 이와 같은 역할에 사용되는 브레이크이다. 자동하중 브레이크의 종류에는 웜브레이크, 나사브레이크, 원심브레이크, 원판브레이크 등이 있다.

③ 브레이크 재료의 마찰계수

　㉠ 주철, 청동, 황동 : 0.1~0.2

　㉡ 석면직물 : 0.35~0.6(마찰계수가 가장 크다)

④ 브레이크 용량 결정

브레이크의 용량을 결정하는 인자는 브레이크 압력, 마찰계수, 드럼의 원주 속도 등이다.

10년간 자주 출제된 문제

브레이크 드럼의 바깥 둘레에 강철 밴드를 감아 놓고, 레버로 밴드를 잡아 당겨 밴드와 드럼 사이에 마찰력을 발생시켜 제동하는 브레이크는?

① 블록 브레이크
② 밴드 브레이크
③ 전자 브레이크
④ 디스크 브레이크

정답 ②

핵심이론 20 | 관계 기계요소

① 관이음의 종류

ㄱ. 나사식 관이음 : 관에 관용 나사나 가는 나사를 깎아서 파이프를 이음한 것이다.

ㄴ. 플랜지 이음 : 지름이 크거나 유체의 압력이 큰 경우에 쓰인다.

ㄷ. 신축 이음 : 배관이 받는 온도차로 생기는 신축의 흡수, 장시간 사용에 의한 배관축의 변위 조정, 진동원과 배관과의 완충을 목적으로 사용한다.

② 밸브의 종류

ㄱ. 스톱 밸브 : 흐름의 방향이 입구와 출구가 같고, 밸브 내에서 밸브가 상하로 변하는 글로브 밸브와 흐름이 직각으로 바뀌는 앵글 밸브가 있다.

ㄴ. 슬루스 밸브 : 흐름에 대한 밸브 중에서 가장 작다.

ㄷ. 체크 밸브 : 유체를 한 방향으로만 흘러가게 하고, 역류하지 않도록 한다.

ㄹ. 감압 밸브 : 고압 유체를 보다 낮은 압력으로 감압하고, 그대로 일정하게 유지하는 경우에 쓰이는 밸브

10년간 자주 출제된 문제

역지 밸브라고도 하며, 유체를 한 방향으로만 흘러가게 하고 역류하지 않도록 하게 하는 밸브는?

① 스톱 밸브　　　　② 슬루스 밸브
③ 체크 밸브　　　　④ 안전 밸브

|해설|

체크 밸브 : 역지 밸브라고도 하며, 유체를 한 방향으로만 흘러가게 하고, 역류하지 않도록 한다. 밸브의 무게와 밸브의 양쪽에 걸리는 압력차에 의해 자동적으로 작동하도록 되어 있다.

정답 ③

제1절 | 기계제도

핵심이론 01 | 도면의 크기 및 양식

① 도면의 크기

ㄱ 제도용지의 세로와 가로의 비 $1 : \sqrt{2}$

ㄴ A0의 넓이 : 약 1m^2

② 도면에 반드시 설정해야 되는 양식

ㄱ 윤곽선 : 도면으로 사용된 용지의 안쪽에 그려진 내용이 확실히 구분되도록 하고, 종이의 가장자리가 찢어져서 도면의 내용을 훼손하지 않도록 하기 위해서 0.5mm 이상의 실선을 사용한다.

ㄴ 표제란 : 표제란은 도면관리에 필요한 사항과 도면 내용에 관한 중요한 사항을 정리하여 기입한다(도면번호, 도면 명칭, 기업명, 책임자의 서명, 도면 작성 연월일, 척도, 투상법 등).

ㄷ 중심마크 : 완성된 도면은 영구적으로 보관하기 위하여 마이크로필름으로 촬영하거나, 복사하고자 할 때 도면의 위치를 알기 쉽도록 하기 위해 0.5mm 굵기의 실선으로 표시한다.

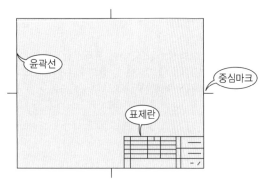

③ 도면에 설정하는 것이 바람직한 양식

비교눈금, 도면의 구역, 재단마크

제도 용지에서 A0 용지의 가로 길이 : 세로 길이의 비와 그 면적으로 옳은 것은?

① $\sqrt{3} : 1$, 약 1m^2

② $\sqrt{2} : 1$, 약 1m^2

③ $\sqrt{3} : 1$, 약 2m^2

④ $\sqrt{2} : 1$, 약 2m^2

|해설|

제도용지의 가로와 세로의 길이 비는 $\sqrt{2} : 1$이고 A0의 넓이는 약 1m^2이다.

정답 ②

① 도면의 척도

도면은 실물과 같은 크기의 현척으로 그리는 것이 원칙이나 축척 또는 배척인 경우에는 척도값을 도면의 표제란에 기입한다.

② 척도의 종류

　　㉠ 현척 : 도형을 실물과 같은 크기로 그리는 경우에 사용한다.

　　㉡ 축척 : 도면에 도형을 실물보다 작게 제도하는 경우에 사용하며, 축척으로 그린 도면의 치수는 실물의 실제 치수를 기입한다.

　　㉢ 배척 : 도면에 도형을 실물보다 크게 제도하는 경우에 사용하며, 치수 기입은 축척과 마찬가지로 실물의 치수를 기입한다.

③ 척도의 표시 방법

척도는 다음과 같이 $A : B$로 표시하여 현척의 경우에는 A와 B를 다같이 1, 축척의 경우에는 A를 1, 배척의 경우에는 B를 1로 하여 나타낸다.

A : B

└── 대상물의 실제 길이

└──── 도면에서의 길이

10년간 자주 출제된 문제

실제 길이가 120mm인 것을 척도가 1 : 2인 도면에 나타내었을 때 치수를 얼마로 기입해야 하는가?

① 30　　　　　　② 60

③ 120　　　　　④ 240

|해설|

• 척도 : 물체의 실제 크기와 도면에서의 크기 비율

• 도면에 기입하는 치수는 척도에 관계없이 모두 실제 치수를 기입한다(실제 길이 120mm).

정답 ③

핵심이론 03 | 선의 종류에 의한 용도

① 선의 종류에 의한 용도

용도에 의한 명칭	선의 종류		선의 용도
외형선	굵은 실선	———	대상물의 보이는 부분의 모양을 표시하는 데 쓰인다.
치수선	가는 실선	———	치수를 기입하기 위하여 쓰인다.
치수 보조선			치수를 기입하기 위하여 도형으로부터 끌어내는 데 쓰인다.
지시선			기술·기호 등을 표시하기 위하여 끌어내는 데 쓰인다.
회전 단면선			도형 내에 그 부분의 끊은 곳을 90° 회전하여 표시하는 데 쓰인다.
중심선			도형의 중심선을 간략하게 표시하는 데 쓰인다.
수준면선			수면, 유면 등의 위치를 표시하는 데 쓰인다.
숨은선	가는 파선 또는 굵은 파선	— — — —	대상물의 보이지 않는 부분의 모양을 표시하는 데 쓰인다.
중심선	가는 1점쇄선	—·——·—	• 도형의 중심을 표시하는 데 쓰인다. • 중심이 이동한 중심궤적을 표시하는 데 쓰인다.
기준선			특히 위치 결정의 근거가 된다는 것을 명시할 때 쓰인다.
피치선			되풀이하는 도형의 피치를 취하는 기준을 표시하는 데 쓰인다.
특수 지정선	굵은 1점쇄선	—·——·—	특수한 가공을 하는 부분 등 요구사항을 적용할 수 있는 범위를 표시하는 데 사용한다(열처리 등).

용도에 의한 명칭	선의 종류		선의 용도
가상선	가는 2점쇄선	—··—	• 인접 부분을 참고로 표시하는 데 사용한다. • 공구, 지그 등의 위치를 참고로 나타내는 데 사용한다. • 가공 부분을 이동 중의 특정한 위치 또는 이동한계의 위치로 표시하는 데 사용한다. • 가공 전 또는 가공 후의 모양을 표시하는 데 사용한다. • 되풀이하는 것을 나타내는 데 사용한다. • 도시된 단면의 앞쪽에 있는 부분을 표시하는 데 사용한다.
무게 중심선			단면의 무게중심을 연결한 선을 표시하는 데 사용한다.
파단선	불규칙한 파형의 가는 실선 또는 지그재그선		대상물의 일부를 파단한 경계 또는 일부를 떼어낸 경계를 표시하는 데 사용한다.
절단선	가는 1점쇄선으로 끝부분 및 방향이 변하는 부분을 굵게 한 것		단면도를 그리는 경우, 그 절단 위치를 대응하는 그림에 표시하는 데 사용한다.
해 칭	가는 실선으로 규칙적으로 줄을 늘어놓은 것		도형의 한정된 특정 부분을 다른 부분과 구별하는 데 사용한다. 예를 들어 단면도의 절단된 부분을 나타낸다.
특수한 용도의 선	가는 실선	——	• 외형선 및 숨은선의 연장을 표시하는 데 사용한다. • 평면이란 것을 나타내는 데 사용한다. • 위치를 명시하는 데 사용한다.
	아주 굵은 실선	▬▬	얇은 부분의 단선 도시를 명시하는 데 사용한다.

3-1. 부품의 면 일부분에 열처리 등 특수한 가공부분을 표시하는데 사용하는 선은?

① 굵은 실선
② 굵은 1점쇄선
③ 굵은 파선
④ 가는 2점쇄선

3-2. 다음 중 가는 2점쇄선을 사용하여 도시하는 경우는?

① 도시된 물체의 단면 앞쪽 형상을 표시
② 다듬질한 형상이 평면임을 표시
③ 수면, 유면 등의 위치를 표시
④ 중심이 이동한 중심 궤적을 표시

|해설|

3-1
특수 지정선 : 특수한 가공을 하는 부분 등 요구사항을 적용할 수 있는 범위를 표시하는 데 사용한다(열처리 등).

3-2
②, ③ : 가는 실선
④ : 가는 1점쇄선

정답 3-1 ② 3-2 ①

① 제1각법과 제3각법을 표시하는 기호

도면의 제도에 사용된 각법의 표시는 '제1각법' 또는 '제3각법'의 문자 기호로 표제란에 기입하거나, 한국산업규격(KS)과 국제표준규격(ISO)으로 각법 기호 표시를 표제란의 각법란 또는 표제란의 가까운 곳에 표시한다.

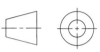

(a) 제1각법의 그림 기호 　　(b) 제3각법의 그림 기호

② 투상도의 종류

㉠ 보조 투상도 : 경사부가 있는 물체는 그 경사면의 실제 모양을 표시할 필요가 있는데, 이 경우에는 다음과 같이 보이는 부분의 전체 또는 일부분을 보조 투상도로 나타낸다.

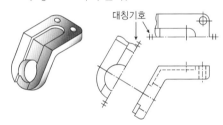

㉡ 부분 투상도 : 그림의 일부를 도시하는 것으로도 충분한 경우에는 필요한 부분만을 투상하여 도시한다. 이 경우에는 생략한 부분과의 경계를 다음 그림과 같이 파단선으로 나타내고, 명확한 경우에는 파단선을 생략해도 좋다.

 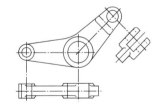

㉢ 국부 투상도 : 대상물의 구멍, 홈 등과 같이 한 부분의 모양을 도시하는 것으로 충분한 경우에는 그 필요한 부분만을 다음 그림과 같이 국부 투상도로 도시한다. 또한, 투상 관계를 나타내기 위하여 원칙적으로 주투상도에 중심선, 기준선, 치수 보조선 등으로 연결한다.

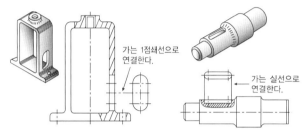

㉣ 회전 투상도 : 대상물의 일부가 어느 각도를 가지고 있기 때문에 그 실제 모양을 나타내기 위해서는 그림과 같이 부분을 회전해서 실제 모양을 나타낸다. 또한, 잘못 볼 우려가 있다고 판단될 경우에는 다음 그림과 같이 작도에 사용한 선을 남긴다.

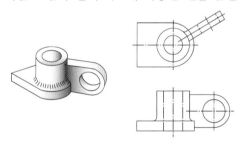

㉤ 부분 확대도 : 특정한 부분의 도형이 작아서 그 부분을 자세하게 나타낼 수 없거나 치수 기입을 할 수 없을 때는 그 부분을 가는 실선으로 에워싸고 영문의 대문자로 표시함과 동시에 그 해당 부분의 가까운 곳에 확대도를 그림과 같이 나타내고, 확대를 표시하는 문자 기호와 척도를 기입한다.

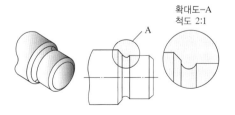

10년간 자주 출제된 문제

다음과 같이 대상물의 구멍, 홈 등 일부분의 모양을 도시하는 것으로 충분한 경우 사용되는 투상도는?

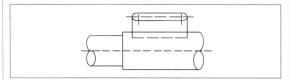

① 보조 투상도 ② 국부 투상도
③ 회전 투상도 ④ 부분 투상도

|해설|

② 국부 투상도 : 대상물의 구멍, 홈 등 한 국부만의 모양을 도시
  하는 것으로 충분한 경우에는 그 필요한 부분만 국부 투상도로
  서 나타낸다.
① 보조 투상도 : 경사면의 실제 모양을 표시할 필요가 있을 때,
  보이는 부분의 전체 또는 일부분을 나타낸다.
③ 회전 투상도 : 대상물의 일부가 각도를 갖고 있을 때, 실제
  모양을 나타내기 위해 그 부분을 회전시켜 실제 모양을 나타
  낸다.
④ 부분 투상도 : 그림의 일부만 도시하는 것으로 충분한 경우에
  는 그 필요 부분만을 투상하여 나타낸다.

정답 ②

핵심이론 05 | 단면도의 종류

① 온단면도

물체 전체를 둘로 절단해서 그림 전체를 단면으로 나
타낸 것이다(전단면도).

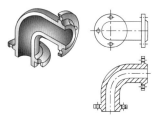

② 한쪽 단면도

그림과 같이 대칭형의 대상물은 외형도의 절반과 온단
면도의 절반을 조합하여 표시할 수 있다.

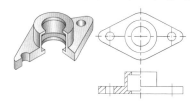

③ 부분 단면도

일부분을 잘라 내고 필요한 내부 모양을 그리기 위한
방법, 그림과 같이 파단선을 그어서 단면 부분의 경계
를 표시한다.

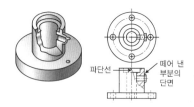

파단선 떼어 낸 부분의 단면

④ 회전도시 단면도

핸들, 벨트 풀리, 기어 등과 같은 바퀴의 암, 림, 리브,
훅, 축 구조물의 부재 등의 절단면은 회전시켜서 표시
한다.

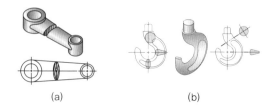

(a) (b)

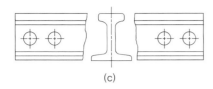

(c)

⑤ 계단 단면도

절단면이 투상면에 평행 또는 수직하게 계단 형태로 절단된 것을 계단 단면도라 한다. 그림과 같이 수직 절단면의 선은 표시하지 않으며, 절단한 위치는 절단선으로 표시하고 처음과 끝 그리고 방향이 변하는 부분에 굵은선, 기호를 붙여 단면도 쪽에 기입한다.

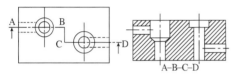

⑥ 조합에 의한 단면도

2개 이상의 절단면에 의한 단면도를 조합하여 행하는 단면 도시 방법으로 그림과 같이 필요에 따라서 단면을 보는 방향을 나타내는 화살표와 글자 기호를 붙인다.

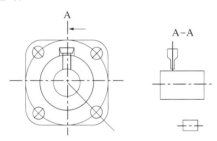

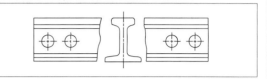

핵심이론 06 | 치수의 표시 방법

① 평면의 표시법

도형 내의 특정한 부분이 평면인 것을 표시할 필요가 있을 때는 그림과 같이 가는 실선을 대각선으로 긋는다.

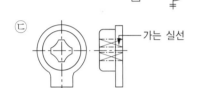

② 치수 보조 기호

구 분	기 호	읽 기	사용법
지름	ϕ	파 이	지름 치수의 치수 수치 앞에 붙인다.
반지름	R	알	반지름 치수의 치수 앞에 붙인다.
구의 지름	Sϕ	에스파이	구의 지름 치수의 치수 수치 앞에 붙인다.
구의 반지름	SR	에스알	구의 반지름 치수의 치수 수치 앞에 붙인다.
정사각형의 변	□	사 각	정사각형의 한 변 치수의 치수 수치 앞에 붙인다.
판의 두께	t	티	판 두께의 치수 수치 앞에 붙인다.
원호의 길이	⌒	원 호	원호 길이 치수의 치수 위에 붙인다.
45° 모따기	C	시	45° 모따기 치수의 치수 수치 앞에 붙인다.
이론적으로 정확한 치수	▭	테두리	이론적으로 정확한 치수의 치수 수치를 둘러싼다.
참고 치수	( )	괄 호	참고 치수의 치수 수치(치수 보조 기호를 포함한다)를 둘러싼다.

③ 치수의 표시 방법

길이의 치수 수치는 원칙적으로 mm의 단위로 기입하고 기호는 붙이지 않는다.

④ 길이 및 각도 치수

치수선은 그림과 같이 원칙적으로 지시하는 길이 또는 각도를 측정하는 방향에 평행하게 긋는다.

변의 길이 치수	현의 길이 치수
호의 길이 치수	각도 치수

10년간 자주 출제된 문제

6-1. 구의 지름을 나타내는 치수 보조 기호는?

① C
② ϕ
③ Sϕ
④ t

6-2. 다음과 같은 기계가공 도면에서 대각선 방향으로 가는 실선으로 교차하여 표시된 X 부분의 설명으로 맞는 것은?

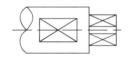

① 현장 끼워맞춤 표시한 곳
② 정밀하게 가공해야 할 곳
③ 평면으로 가공해야 할 곳
④ 사각구멍을 뚫어야 할 곳

|해설|

6-1
① 45° 모따기
② 지름
④ 판의 두께

6-2
도형 내의 특정한 부분이 평면인 것을 표시할 필요가 있을 때는 가는 실선을 대각선으로 긋는다.

정답 6-1 ③ 6-2 ③

| 핵심이론 07 | 표면거칠기의 지시와 다듬질 기호 |

① 제거가공의 지시방법

㉠ 제거가공의 필요 여부를 문제 삼지 않는다.(a)

㉡ 제거가공을 필요로 한다.(b)

㉢ 제거가공을 해서는 안 된다.(c)

　　(a)　　　　　　　(b)　　　　　　　(c)

② 가공방법의 기호

가공방법	약 호	가공방법	약 호
선반가공	L	호닝가공	GH
드릴가공	D	액체호닝가공	SPLH
보링머신가공	B	배럴연마가공	SPBR
밀링가공	M	버프 다듬질	SPBF
평삭가공	P	블라스트 다듬질	SB
형상가공	SH	랩 다듬질	GL
브로칭가공	BR	줄 다듬질	FF
리머가공	SR	스크레이퍼 다듬질	FS
연삭가공	G	페이퍼 다듬질	FCA
벨트연삭가공	GBL	정밀주조	CP

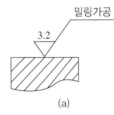　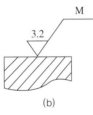
　　(a)　　　　　　　　　(b)

③ 줄무늬 방향 기호

줄무늬 방향을 지시하여야 할 때에는 규정하는 기호를 가공면의 지시 기호 오른쪽에 기입한다.

[줄무늬 방향의 기호]

기 호	커터의 줄무늬 방향	적 용	표면형상
=	투상면에 평행	셰이핑	
⊥	투상면에 직각	선삭, 원통연삭	
X	투상면에 경사지고 두 방향으로 교차	호 닝	
M	여러 방향으로 교차되거나 무방향이 나타남	래핑, 슈퍼피니싱, 밀링	
C	중심에 대하여 대략 동심원	끝면 절삭	
R	중심에 대하여 대략 레이디얼 모양	일반적인 가공	

④ 각 지시 기호의 기입 위치

표면의 결에 관한 지시 기호는 면의 지시 기호에 대하여 표면거칠기의 값, 컷 오프값 또는 기준 길이, 가공방법, 줄무늬 방향의 기호, 표면 파상도 등을 나타내는 위치에 배치하여 나타낸다.

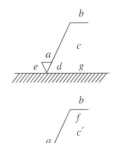

a : 산술 평균 거칠기의 값
b : 가공방법의 문자 또는 기호
c : 컷 오프값
c' : 기준 길이
d : 줄무늬 방향의 기호
e : 다듬질 여유
f : 산술 평균 거칠기 이외의 표면 거칠기값
g : 표면 파상도

7-1. 다음과 같이 표면을 도시할 때의 지시기호 설명으로 가장 적합한 것은?

① 제거가공해서는 안 된다는 것을 지시하는 경우
② 제거가공을 필요로 한다는 것을 지시하는 경우
③ 제거가공의 필요 여부를 문제 삼지 않는 경우
④ 정밀연삭가공을 할 필요가 없다고 지시하는 경우

7-2. 가공에 의한 커터의 줄무늬 방향 모양이 보기와 같을 때 그 줄무늬 방향의 기호에 해당하는 것은?

① =
② X
③ R
④ C

7-3. 다음에서 d의 위치는 무슨 지시사항을 나타내는가?

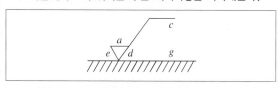

① 가공방법
② 컷 오프 값
③ 기준 길이
④ 줄무늬 방향 기호

|해설|

7-1
• 제거가공의 필요 여부를 문제 삼지 않는다.(a)
• 제거가공을 필요로 한다.(b)
• 제거가공을 해서는 안 된다.(c)

   (a)   (b)   (c)

7-2
C : 가공에 의한 커터의 줄무늬가 기호를 기입한 면의 중심에 대하여 대략 동심원 모양
※ 핵심이론 07 줄무늬 방향의 기호 참조

7-3

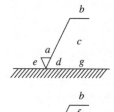

a : 산술 평균 거칠기의 값
b : 가공방법의 문자 또는 기호
c : 컷 오프값
c' : 기준 길이
d : 줄무늬 방향의 기호
e : 다듬질 여유
f : 산술 평균 거칠기 이외의 표면 거칠기값
g : 표면 파상도

정답 **7-1** ② **7-2** ④ **7-3** ④

핵심이론 08 | 공차와 끼워맞춤

① 용 어

ㄱ) 치수공차 : 최대허용치수와 최소허용치수와의 차, 즉 위 치수허용차와 아래 치수허용차의 차

ㄴ) 위 치수허용차 : 최대허용치수와 대응하는 기준치수와의 대수차(최대허용치수)-(기준치수)

ㄷ) 아래 치수허용차 : 최소허용치수와 대응하는 기준치수와의 대수차(최소허용치수)-(기준치수)

ㄹ) 허용한계치수 : 형체의 실제 치수가 그 사이에 들어가도록 정한 허용할 수 있는 2개의 극한 치수, 최대허용치수 및 최소허용치수이다.

ㅁ) 기준치수 : 위 치수허용차 및 아래 치수허용차를 적용하는 데 따라 허용한계치수가 주어지는 기준이 되는 치수를 말하며, 도면에 정치수로 기입된 모든 치수는 기준치수이다.

ㅂ) 공차역 : 치수공차를 도시하였을 때 치수공차의 크기와 기준선에 대한 그 위치에 따라 정해지는 최대 허용치수와 최소 허용치수를 나타내는 두 개의 직선 사이의 영역

ㅅ) 실치수 : 형체의 실측 치수

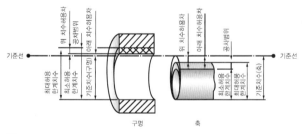

② 끼워맞춤

ㄱ) 끼워맞춤 : 구멍·축의 조립 전 치수의 차이에서 생기는 관계

ㄴ) 틈새 : 구멍의 치수가 축의 치수보다 클 때 구멍과 축과의 치수의 차

ㄷ) 최소 틈새 : 헐거운 끼워맞춤에서 구멍의 최소허용치수와 축의 최대허용치수와의 차 또는 구멍의 아래 치수허용차와 축의 위 치수허용차와의 차

ㄹ) 최대 틈새 : 헐거운 끼워맞춤 또는 중간 끼워맞춤에서의 구멍의 최대허용치수와 축의 최소허용치수와의 차 또는 구멍의 위 치수허용차와 축의 아래 치수허용차와의 차

ㅁ) 죔새 : 구멍의 치수가 축의 치수보다 작을 때의 조립 전의 구멍과 축과의 치수의 차

ㅂ) 최소 죔새 : 억지 끼워맞춤에서 조립 전의 구멍의 최대 허용치수와 축의 최소 허용치수와의 차

ㅅ) 최대 죔새 : 억지 끼워맞춤 또는 중간 끼워맞춤에서 조립하기 전 구멍의 최소허용치수와 축의 최대허용치수와의 차 또는 구멍의 아래 치수허용차와 축의 위 치수허용차와의 차

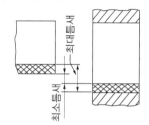

[최소 틈새]

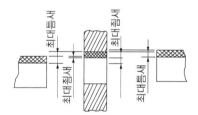

[최대 틈새와 죔새]

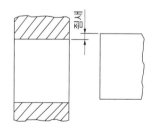

[죔 새]

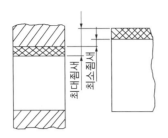

[최대·최소 죔새]

ⓞ 헐거운 끼워맞춤 : 구멍의 최소 치수가 축의 최대 치수보다 큰 경우로서 항상 틈새가 생기는 상태를 말하며, 미끄럼 운동이나 회전운동이 필요한 부품에 적용한다.

ⓩ 억지 끼워맞춤 : 구멍의 최대 치수가 축의 최소치수보다 작은 경우로서 틈새가 없이 항상 죔새가 생기는 끼워맞춤을 말하며, 분해와 조립을 하지 않는 부품에 적용한다.

ⓩ 중간 끼워맞춤 : 부품의 기능과 역할에 따라 틈새 또는 죔새가 생기게 하는 끼워맞춤으로 헐거운 끼워맞춤이나 억지 끼워맞춤으로 얻을 수 없는 부품에 적용한다.

끼워맞춤 상태	구 분	구 멍	축	비 고
헐거운 끼워맞춤	최소 틈새	최소허용치수	최대허용치수	틈새만
	최대 틈새	최대허용치수	최소허용치수	
억지 끼워맞춤	최소 죔새	최대허용치수	최소허용치수	죔새만
	최대 죔새	최소허용치수	최대허용치수	

ⓚ 구멍 기준 끼워맞춤 : 구멍의 아래 치수허용차가 "0"인 끼워맞춤 방식으로 H기호 구멍을 기준 구멍으로 하고, 이에 적당한 축을 선정하여 필요로 하는 죔새나 틈새를 얻는 끼워맞춤 방식이다.

ⓔ 축 기준 끼워맞춤 : 축의 위 치수허용차가 "0"인 끼워맞춤 방식으로 H기호 축을 기준으로 하고, 이에 적당한 구멍을 선정하여 필요한 죔새나 틈새를 얻는 끼워맞춤 방식이다.

8-1. 다음 중 허용한계치수에서 기준치수를 뺀 값을 의미하는 용어로 가장 적합한 것은?

① 치수공차
② 공차역
③ 치수허용차
④ 실치수

8-2. 헐거운 끼워맞춤에서 구멍의 최소허용치수와 축의 최대허용치수와의 차를 무엇이라 하는가?

① 최소 틈새
② 최대 틈새
③ 최소 죔새
④ 최대 죔새

|해설|

8-1
• 치수공차 : 최대 허용한계치수와 최소 허용한계치수의 차
• 치수허용차 : 허용한계치수에서 기준치수를 뺀 값
• 공차역 : 기하학적으로 옳은 모양, 자세 또는 위치로부터 벗어나는 것이 허용된 영역
• 실치수 : mm를 단위로 두 점 사이의 거리를 실제로 측정한 치수
• 허용한계치수 : 실치수가 그 사이에 들어가도록 정한 허용할 수 있는 최대 및 최소의 치수
• 기준치수 : 치수허용한계의 기준이 되는 치수

8-2
헐거운 끼워맞춤 : 구멍과 축이 결합될 때 구멍 지름보다 축 지름이 작으면 틈새가 생겨서 헐겁게 끼워 맞추어진다. 제품의 기능상 구멍과 축이 결합된 상태에서 헐겁게 결합되는 것을 헐거운 끼워맞춤이라 하며, 어떤 경우에도 틈새가 있다.

정답 8-1 ③ 8-2 ①

핵심이론 09 | 기하공차

① 기하공차 및 기호의 종류

공차의 종류		기 호	데이텀 지시
모양공차	진직도	——	없 음
	평면도	▱	없 음
	진원도	◯	없 음
	원통도	⌀̸	없 음
	선의 윤곽도	⌒	없 음
	면의 윤곽도	⌓	없 음
자세공차	평행도	//	필 요
	직각도	⊥	필 요
	경사도	∠	필 요
위치공차	위치도	⊕	필요 또는 없음
	동축도(동심도)	◎	필 요
	대칭도	═	필 요
흔들림 공차	원주 흔들림	↗	필 요
	온 흔들림	↗↗	필 요

② 기하공차 및 기호의 기입방법

기하공차의 종류 기호, 공차값, 데이텀(기준) 기호를 기입하는 직사각형의 틀(공차 기입틀)은 필요에 따라 다음과 같이 구분한다. 규제하는 형체가 단독형체인 경우에는 문자기호를 붙이지 않는다.

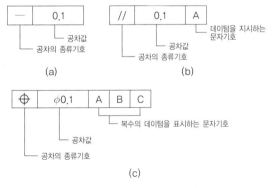

[공차 기입틀과 구획 나누기]

③ 공차값

○ 공차역이 원 또는 원통일 때는 공차값의 앞에 φ를 기입한다. 또한, 구인 경우에는 기호 Sφ를 붙여서 나타낸다.

○ 공차값을 지정된 길이 또는 지정된 넓이에 대하여 지시할 때에는 그림과 같이 공차값 다음에 사선을 긋고, 지정 길이 또는 지정 넓이를 기입한다.

(a) ⎯ φ0.1 : 진직도의 공차역이 원통일 때

(b) // 0.05/100 : 평행도의 공차값이 지정 길이 100mm에 대해 0.05mm

(c) ▱ 0.1/100×100 : 평면도의 공차값이 지정 넓이 100×100mm에 대해 0.01mm

[공차값의 도시법]

○ 공차값이 그 직선의 전체 길이 또는 평면의 전체 면에 대한 것과 지정 길이(지정 넓이)에 대한 것의 2개가 있을 경우에는 그림과 같이 전자를 위쪽에 후자를 아래쪽에 기입하고 가로선을 그어 구분한다.

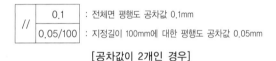

// 0.1 : 전체면 평행도 공차값 0.1mm
0.05/100 : 지정길이 100mm에 대한 평행도 공차값 0.05mm

[공차값이 2개인 경우]

9-1. 기하공차의 종류별 표시 기호가 모두 올바르게 표시된 것은?

① 평면도 : ▬, 진직도 : ⊥, 동심도 : ◎, 진원도 : ⌖
② 평면도 : ▬, 진직도 : ∠, 동심도 : ○, 진원도 : ⌖
③ 평면도 : ▱, 진직도 : ⊥, 동심도 : ⌖, 진원도 : ○
④ 평면도 : ▱, 진직도 : ▬, 동심도 : ◎, 진원도 : ○

9-2. 다음과 같은 기하공차에 대하여 올바르게 설명된 것은?

//	0.1
	0.05/200

① 구분 구간 200mm에 대하여 0.05mm, 전체 길이에 대하여는 0.1mm의 평행도
② 전체 길이 200mm에 대하여는 0.05mm, 구분 구간은 0.1mm의 평행도
③ 구분 구간 200mm에 대하여는 0.1mm, 전체 길이에 대하여는 0.05mm의 평행도
④ 전체 길이 200mm에 대하여는 0.05mm/0.1mm, 구분 구간에 대하여는 0.05mm의 평행도

|해설|

9-1
• 평면도 : ▱
• 진직도 : ▬
• 동심도 : ◎
• 진원도 : ○

9-2
• // : 평행도 공차
• 0.1 : 전체 길이에 대한 평행도 공차 범위
• 0.05/200 : 200mm에 대한 평행도 공차 범위는 0.05mm

정답 9-1 ④ 9-2 ①

핵심이론 10 │ 나사의 제도

① 나사의 종류 및 기호, 호칭에 대한 표시 방법(KS B 0200)

구분	나사의 종류		나사 종류기호	나사의 호칭방법
ISO 표준에 있는 것	미터 보통 나사		M	M8
	미터 가는 나사			M8×1
	미니추어 나사		S	S0.5
	유니파이 보통 나사		UNC	3/8–16UNC
	유니파이 가는 나사		UNF	No.8–36UNF
	미터 사다리꼴 나사		Tr	Tr10×2
	관용 테이퍼 나사	테이퍼 수나사	R	R3/4
		테이퍼 암나사	Rc	Rc3/4
		평행 암나사	Rp	Rp3/4

② 나사의 표시 방법

나사산의 감김 방향	나사산의 줄 수	나사의 호칭	–	나사의 등급

※ 나사의 호칭지름은 수나사의 바깥지름으로 한다.

③ 나사의 도시법
  ㉠ 수나사의 바깥지름과 암나사의 안지름은 굵은 실선으로 그린다.
  ㉡ 수나사의 골지름과 암나사의 골지름은 가는 실선으로 그린다.
  ㉢ 완전 나사부와 불완전 나사부의 경계선은 굵은 실선으로 그린다.
  ㉣ 불완전 나사부의 끝 밑선은 60°의 가는 실선으로 그린다.
  ㉤ 가려서 보이지 않는 나사부는 파선으로 그린다.
  ㉥ 수나사와 암나사의 측면 도시에서의 골지름은 가는 실선으로 그린다.

④ 핀의 용도와 호칭방법

핀의 종류	핀의 모양	핀의 용도	핀의 호칭방법
평행 핀 (KS B ISO 2338)		기계 부품 조립 고정 및 위치결정용으로 사용되며 끝면의 모양에 따라 A형과 B형이 있다.	표준 명칭 또는 표준번호, 호칭지름, 공차, 호칭길이, 재료 예 평행핀(또는 KS B ISO 2338)-6 m6×30-St
테이퍼 핀 (KS B ISO 2339)		축에 보스를 고정시킬 때 주로 사용되며 테이퍼의 허용차에 따라 1급, 2급이 있다.	표준 명칭, 표준번호, 등급, 호칭지름 × 호칭길이, 재료 예 호칭지름 6mm 및 호칭길이 30mm 인 A형 비경화 테이퍼 핀 테이퍼 핀 KS B ISO 2339-A-6× 30-St
분할 테이퍼 핀 (KS B 1323)		축에 보스를 고정시킬 때 사용되며 한쪽 끝이 갈라진 테이퍼 핀을 말한다.	표준번호 또는 표준 명칭, 호칭지름 × 호칭길이, 재료 및 지정사항 예 KS B 1323 6 × 70 St 분할 테이퍼 핀 10 × 80 STS 303 분할 깊이 25
분할 핀 (KS B ISO 1234)		너트의 풀림 방지나 핀이 빠지는 것을 방지하는 데 사용된다.	표준 명칭, 표준번호, 호칭지름 × 호칭길이, 재료 예 강으로 제조한 분할 핀 호칭지름 5mm, 호칭길이 50mm → 분할 핀 KS B ISO1234-5× 50-ST

※ d : 호칭 지름, l : 호칭 길이

※ 테이퍼 핀과 분할 핀의 호칭지름은 가장 가는 쪽의 지름을 사용한다.

10-1. 나사 표시 기호 중 ISO 규정에 있는 유니파이 보통 나사를 표시하는 기호는?

① M   ② UNC
③ PT   ④ E

10-2. 테이퍼 핀의 호칭 지름을 나타내는 부분은?

① 가장 가는 쪽의 지름
② 가장 굵은 쪽의 지름
③ 중간 부분의 지름
④ 핀 구멍 지름

|해설|

10-1
② UNC : 유니파이 보통 나사
① M : 미터나사
③ PT : 관용 테이퍼 나사(ISO표준에 없는 것)
④ E : 전구나사

10-2
테이퍼 핀과 분할 핀의 호칭지름은 가장 가는 쪽의 지름을 사용한다.

정답 10-1 ②   10-2 ①

핵심이론 11 | 베어링, 기어

① 스퍼기어 요목표

스퍼기어		
기어 모양		표 준
공 구	치 형	보통이
	모 듈	3
	압력각	20°
잇 수		36
피치원 지름		108

② 스퍼기어의 제도

ㄱ 이끝원 : 굵은 실선

ㄴ 피치원 : 가는 1점쇄선

ㄷ 이뿌리원 : 가는 실선 또는 굵은 실선

③ 베어링 호칭 번호의 배열

기본번호	베어링 계열기호
	안지름 번호
	접촉각 기호
보조기호	내부치수
	밀봉기호 또는 실드기호
	궤도륜 모양기호
	조합기호
	내부틈새 기호
	정밀도 등급기호

예 6308 Z NR

- 63 : 베어링 계열기호 - 단열 깊은 홈 볼베어링 6, 지름 계열 03
- 08 : 안지름 번호(호칭 베어링 안지름 8×5=40mm)
- Z : 실드 기호(한쪽 실드)
- NR : 궤도륜 모양기호(멈춤링 붙이)

④ 베어링 안지름 번호 부여방법

안지름 범위 (mm)	안지름 치수	안지름 기호	예
10mm 미만	안지름이 정수인 경우 안지름이 정수가 아닌 경우	안지름 /안지름	2mm이면 2 2.5mm이면 /2.5
10mm 이상 20mm 미만	10mm	00	
	12mm	01	
	15mm	02	
	17mm	03	
20mm 이상 500mm 미만	5의 배수인 경우 5의 배수가 아닌 경우	안지름을 5로 나눈 수/안지름	40mm이면 08 28mm이면 /28
500mm 이상		/안지름	560mm이면 /560

11-1. 스퍼 기어의 요목표가 보기와 같을 때, 비어 있는 모듈은 얼마인가?

스퍼기어		
기어모양		표 준
공 구	치 형	보통이
	모 듈	
	압력각	20°
잇 수		36
피치원 지름		108

① 1.5
② 2
③ 3
④ 6

11-2. 레이디얼 볼 베어링의 안지름이 20mm인 것은?

① 6204
② 6201
③ 6200
④ 6310

|해설|

11-1

모듈 $m = \dfrac{D}{Z} = \dfrac{108}{36} = 2$

11-2

- 6 : 형식번호(단열 홈형)
- 2 : 치수 번호(중간 하중형)
- 04 : 안지름 번호(4×5=20mm)

정답 11-1 ③ 11-2 ①

CHAPTER 03 | 기계공작법

제1절 공작기계일반

핵심이론 01 | 기계공작법의 분류

① 기계공작법 종류

비절삭가공	주 조	목형, 주형, 주조, 특수주조, 플라스틱 몰딩, 분말야금
	소성가공	단조, 압연, 프레스가공, 인발, 압출, 판금가공
	용 접	납땜, 단접, 전기용접, 가스용접
	특수 비절삭 가공	전조, 전해연마, 방전가공, 초음파가공, 버니싱
절삭가공	절삭공구 가공	선삭, 평삭, 형삭, 브로칭, 줄작업, 드릴링, 밀링, 보링, 호빙
	연삭공구 가공	연삭, 호닝, 슈퍼피니싱, 버핑, 래핑, 액체호닝, 배럴가공

② 공작기계의 구비조건

　㉠ 높은 정밀도를 가져야 한다.

　㉡ 가공능력이 커야 한다.

　㉢ 내구력이 크고, 사용이 간편해야 한다.

　㉣ 고장이 적고, 기계효율이 좋아야 한다.

　㉤ 가격이 싸고, 운전비용이 저렴해야 한다.

③ 공작기계의 특성

　㉠ 가공된 제품의 정밀도가 높아야 한다.

　㉡ 가공능률이 좋아야 한다.

　㉢ 융통성이 있어야 한다.

　㉣ 강성이 있어야 한다.

④ 가공능률에 따른 공작기계의 분류

　㉠ 범용 공작기계 : 가공할 수 있는 기능이 다양하고, 절삭 및 이송 속도의 범위도 크기 때문에 제품에 맞추어 절삭조건을 선정하여 가공할 수 있다. 부속장치를 사용하면 가공범위를 더욱 넓게 사용할 수 있다.

　㉡ 전용 공작기계 : 특정한 제품을 대량 생산할 때 적합한 공작기계로서, 소량 생산에는 적합하지 않고, 사용범위가 한정되어 있다. 기계의 크기도 가공물에 적합한 크기로 되어 있으며, 구조가 간단하고 조작이 편리하다.

　㉢ 단능 공작기계 : 단순한 기능의 공작기계로서 한 가지 공정만 가능하여 생산성과 능률은 매우 높으나, 융통성이 적다.

　㉣ 만능 공작기계 : 여러 가지 종류의 공작기계에서 할 수 있는 가공을 1대의 공작기계에서 가능하도록 제작한 공작기계이다. 공작기계를 설치할 공간이 좁거나, 여러 가지 기능은 필요하나 가공이 많지 않은 선박의 정비실 등에서 사용하면 매우 편리하다.

가공 능률에 따른 분류	공작기계
범용 공작기계	선반, 드릴링머신, 밀링머신, 셰이퍼, 플레이너, 슬로터, 연삭기
전용 공작기계	트랜스퍼 머신, 차륜 선반, 크랭크축 선반
단능 공작기계	공구연삭기, 센터링머신
만능 공작기계	선반, 드릴링, 밀링 머신 등의 공작기계를 하나의 기계로 조합

⑤ 공구와 공작물의 상대운동 관계

종 류	상대 절삭운동	
	공작물	공 구
밀링작업	고정하고 이송	회전운동
연삭작업	회전, 고정하고 이송	회전운동
선반작업	회전운동	직선운동
드릴작업	고 정	회전운동

1-1. 기계공작은 가공방법에 따라 절삭가공과 비절삭가공으로 나눈다. 다음 중 절삭가공 방법이 아닌 것은?

① 선 삭　　　　　② 밀 링
③ 용 접　　　　　④ 드릴링

1-2. 공작기계를 구성하는 중요한 구비조건이 아닌 것은?

① 가공 능력이 클 것
② 높은 정밀도를 가질 것
③ 내구력이 클 것
④ 기계효율이 작을 것

|해설|

1-1
• 절삭가공 : 칩을 발생하며 가공하는 방식(예 선삭, 밀링, 드릴링, 연삭, 호닝 등)
• 비절삭가공 : 칩의 발생이 없이 가공하는 방식(예 용접, 주조, 소성가공 등)

1-2
공작기계의 구비조건
• 제품의 공작 정밀도가 좋을 것
• 절삭 가공능률이 우수할 것
• 융통성이 풍부하고 기계효율이 클 것
• 조작이 용이하고, 안전성이 높을 것
• 동력 손실이 적고, 기계 강성이 높을 것

정답 1-1 ③　1-2 ④

핵심이론 02 | 칩의 종류

① 유동형 칩

칩이 경사면 위를 연속적으로 원활하게 흘러 나가는 모양으로 연속형 칩이라고도 하며, 가장 이상적인 칩의 형태이다.
• 유동형 칩이 발생하는 조건
　- 연성의 재료(연강, 구리, 알루미늄 등)를 가공할 때
　- 절삭 깊이가 작을 때
　- 절삭속도가 빠를 때
　- 경사각이 클 때
　- 윤활성이 좋은 절삭유제를 사용할 때

② 전단형 칩

칩이 유동형처럼 경사면 위를 원활하게 흐르지 못해서 절삭공구가 칩을 밀어내는 압축력이 커지면서 발생하여 칩이 연속적으로 가공되기는 하나, 분자 사이에 절단이 일어나는 형태의 칩을 전단형 칩이라고 한다. 연성재료를 저속절삭으로 절삭할 때, 절삭 깊이가 클 때, 많이 발생한다.

③ 경작형 칩(열단형 칩)

점성이 큰 가공물을 경사각이 적은 절삭공구로 가공할 때, 절삭 깊이가 클 때 발생하기 쉬운 칩의 형태이다.

④ 균열형 칩

주철과 같이 메진 재료를 저속으로 절삭할 때 발생하는 칩의 형태로서, 순간적인 균열이 발생하여 생기는 칩이다.

유동형 칩	전단형 칩
경작형(열단형) 칩	균열형 칩

2-1. 일감의 재질이 연성이고, 공구의 경사각이 크며, 절삭속도가 빠를 때 주로 발생되는 칩(Chip)의 형태는?

① 유동형 칩
② 전단형 칩
③ 경작형 칩
④ 균열형 칩

2-2. 일반적으로 유동형 칩이 발생되는 경우가 아닌 것은?

① 절삭 깊이가 클 때
② 절삭속도가 빠를 때
③ 윗면 경사각이 클 때
④ 일감의 재질이 연하고 인성이 많을 때

|해설|

2-1
• 유동형 칩 : 칩이 공구의 경사면 위를 유동하는 것과 같이 원활하게 연속적으로 흘러나가는 형태로서 가공면이 깨끗함
• 전단형 칩 : 연한 재질의 공작물을 작은 경사각으로 저속 가공할 때
• 열단형 칩 : 점성이 큰 재질을 작은 경사각의 공구로 절삭할 때
• 균열형 칩 : 주철과 같은 메짐(취성) 재료를 저속 가공할 때

2-2
절삭 깊이가 작을 때 유동형 칩이 발생한다.
유동형 칩 발생 조건
• 연성재료(연강, 구리, 알루미늄 등)를 가공할 때
• 절삭 깊이가 작을 때
• 절삭속도가 빠를 때
• 경사각이 클 때
• 윤활성이 좋은 절삭유를 사용할 때

정답 2-1 ① 2-2 ①

핵심이론 03 | 구성인선(Built-up Edge)

① 구성인선의 발생

연강, 스테인리스 강, 알루미늄 등의 연성 가공물을 절삭할 때 절삭공구에 절삭력과 절삭열에 의한 고온·고압이 작용하여 절삭공구 인선에 매우 경하고 미소한 입자가 압착 또는 융착되어 나타나는 현상이다. 이렇게 절삭공구 인선에 부착된 경한 물질이 절삭공구 인선을 대리하여 절삭하는 현상을 구성인선이라 한다.

② 구성인선의 방지대책 ★ 자주 출제

• 절삭 깊이를 작게 할 것
• 경사각을 크게 할 것
• 절삭공구의 인선을 예리하게(날카롭게) 할 것
• 윤활성이 좋은 절삭유제를 사용할 것
• 절삭속도를 크게 할 것

③ 구성인선의 발생과정

발생 → 성장 → 최대 성장 → 분열 → 탈락

발 생	성 장	최대 성장
분 열	탈 락	

3-1. 구성인선(Built-up Edge)을 감소시키는 방법으로 옳은 것은?

① 절삭속도를 크게 한다.
② 윗면 경사각을 작게 한다.
③ 절삭 깊이를 깊게 한다.
④ 마찰저항이 큰 공구를 사용한다.

3-2. 바이트로 재료를 절삭할 때 칩의 일부가 공구의 날 끝에 달라붙어 절삭날과 같은 작용을 하는 구성인선(Built-up Edge)의 방지법으로 틀린 것은?

① 재료의 절삭 깊이를 크게 한다.
② 절삭속도를 크게 한다.
③ 공구의 윗면 경사각을 크게 한다.
④ 가공 중에 절삭유제를 사용한다.

|해설|

3-2
구성인선의 방지대책
• 절삭깊이를 작게 할 것
• 경사각을 크게 할 것
• 절삭공구의 인선을 예리하게(날카롭게) 할 것
• 윤활성이 좋은 절삭유제를 사용할 것
• 절삭속도를 크게 할 것

정답 **3-1** ① **3-2** ①

핵심이론 **04** | 공구수명

① 공구인선의 파손

　㉠ 크레이터 마모(Crater Wear)-경사면 마멸
　　칩이 처음으로 바이트 경사면에 접촉하는 접촉점은 절삭공구의 인선에서 약간 떨어져서 나타나며, 이 접촉점에서 마찰력이 작용하여 절삭공구의 상면 경사면이 오목하게 파이는 현상을 크레이터 마모라 한다.

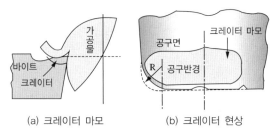

(a) 크레이터 마모　　　(b) 크레이터 현상

　㉡ 플랭크 마모(Flank Wear)-여유면 마멸
　　절삭공구의 절삭면에 평행하게 마모되는 것을 의미하며, 측면과 절삭면과의 마찰에 의하여 발생한다. 주철과 같이 메진 재료를 절삭할 때나 분말상 칩이 발생할 때는 다른 재료를 절삭하는 경우보다 뚜렷하게 나타난다.

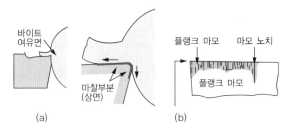

(a)　　　　　　　　(b)

　㉢ 치핑(Chipping)
　　절삭공구 인선의 일부가 미세하게 탈락되는 현상

② **공구의 수명 판정 기준**
　㉠ 가공면에 광택이 있는 색조 또는 반점이 생길 때
　㉡ 공구인선의 마모가 일정량에 달했을 때

ⓒ 절삭저항의 주분력에는 변화가 적어도 이송분력
이나 배분력이 급격히 증가할 때

ⓓ 완성 치수의 변화량이 일정량에 달했을 때

ⓔ 절삭저항의 주분력이 절삭을 시작했을 때와 비교
하여 일정량이 증가할 경우 절삭공구의 수명이 종
료된 것을 판정한다.

**4-1. 공구의 마멸 형태 중 플랭크 마멸이라고 하며 주철과 같이
메짐이 있는 재료를 절삭할 때 생기는 것은?**

① 경사면 마멸
② 여유면 마멸
③ 치핑(Chipping)
④ 공구의 시효 변형

**4-2. 공구의 수명 판정기준에서 수명이 종료된 상태에 해당하
지 않는 것은?**

① 가공면에 광택이 있는 색조 또는 반점이 생길 때
② 공구인선의 마모가 전혀 없을 때
③ 완성 치수의 변화량이 일정량에 달했을 때
④ 절삭저항의 주분력에는 변화가 적어도 이송분력이나 배분력
이 급격하게 증가할 때

|해설|

4-1
공구 마멸 형태
• 경사면 마멸(Crater Wear) : 절삭 공구의 윗면에서 절삭된 칩이
  공구 경사면을 유동할 때 고온, 고압, 마찰 등으로 경사면이
  오목하게 마모 작용이 일어나는 마멸
• 여유면 마멸(Flank Wear) : 가공면과 절삭 공구면의 마찰에
  의한 절삭 공구 여유면 마멸
• 치핑(Chipping) : 절삭 공구에서 절삭 날의 일부분이 미세하게
  탈락되는 것

4-2
공구의 수명 판정
• 가공 후 표면에 광택이 있는 색조, 무늬, 반점이 있을 때
• 공구인선의 마모가 일정량에 달했을 때
• 완성 가공된 치수의 변화가 일정량에 도달했을 때
• 주분력에는 변화가 없더라도 이송분력, 배분력이 급격히 증가
  할 때

정답 4-1 ② 4-2 ②

① 절삭온도
  ㉠ 공구 영향 : 절삭온도가 높아지면 절삭공구의 인선
    에 온도가 상승하여 마모가 증가하고, 공구수명이
    감소한다.
  ㉡ 공작물 영향 : 가공물도 절삭온도의 상승으로 열팽
    창을 하므로 가공 치수가 변해 정밀도에 영향을
    미친다.

② 열의 형태
  ㉠ 전단면에서 전단 변형이 일어날 때 생기는 열 :
    60%
  ㉡ 공구 경사면에서 칩과 마찰할 때 생기는 열 : 30%
  ㉢ 공구 여유면과 공작물 표면이 마찰할 때 생기는
    열 : 10%

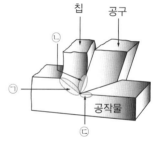

[절삭열의 발생]

③ 절삭온도 측정방법
  ㉠ 칩의 색깔에 의하여 측정하는 방법
  ㉡ 가공물과 절삭공구를 열전대로 하는 방법
  ㉢ 삽입된 열전대에 의한 방법
  ㉣ 칼로리미터에 의한 방법
  ㉤ 복사고온계에 의한 방법
  ㉥ 시온도료를 이용하는 방법
  ㉦ PbS 셀 광전지를 이용하는 방법

5-1. 절삭가공을 할 때에 절삭열의 분포를 나타낸 것이다. 절삭열이 가장 큰 곳은?

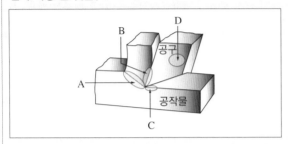

① A   ② B
③ C   ④ D

5-2. 공작물을 가공할 때 절삭열이 발생하면 공구의 경도가 낮아지고 수명이 짧아진다. 다음 중 절삭가공을 할 때 고온의 열이 발생하는 원인이 아닌 것은?

① 절삭유제를 사용하여 가공할 때
② 전단면에서 전단 소성변형이 일어날 때
③ 칩과 공구 경사면이 마찰할 때
④ 공구 여유면과 공작물 표면이 마찰할 때

|해설|

5-1
• A면 : 전단면에서 전단 소성변형이 일어날 때 생기는 열(60%)
• B면 : 칩과 공구 경사면이 마찰할 때 생기는 열(30%)
• C면 : 공구 여유면과 공작물 표면이 마찰할 때 생기는 열(10%)

5-2
절삭열 발생 부분
• 전단면에서 전단 변형이 일어날 때 생기는 열 : 60%
• 공구 경사면에서 칩과 마찰할 때 생기는 열 : 30%
• 공구 여유면과 공작물 표면이 마찰할 때 생기는 열 : 10%

정답 **5-1** ①   **5-2** ①

핵심이론 06 │ 절삭유제

① 절삭유제의 사용목적
  ㉠ 공구의 인선을 냉각시켜 공구의 경도 저하를 방지한다.
  ㉡ 가공물을 냉각시켜 절삭열에 의한 정밀도 저하를 방지한다.
  ㉢ 공구의 마모를 줄이고 윤활 및 세척작용으로 가공 표면을 양호하게 한다.
  ㉣ 칩을 씻어주고 절삭부를 깨끗이 닦아 절삭작용을 쉽게 한다.

② 절삭유의 작용
  ㉠ 냉각작용 : 절삭공구와 일감의 온도 상승을 방지한다.
  ㉡ 윤활작용 : 공구 날의 윗면과 칩 사이의 마찰을 감소시킨다.
  ㉢ 세척작용 : 칩을 씻어 버린다.

③ 절삭유 구비조건
  ㉠ 냉각성, 방청성, 방식성이 우수해야 한다.
  ㉡ 감마성, 윤활성이 좋아야 한다.
  ㉢ 유동성이 좋고, 적하가 쉬워야 한다.
  ㉣ 인화점, 발화점이 높아야 한다.
  ㉤ 인체에 무해하며, 변질되지 않아야 한다.

④ 수용성 절삭유
  ㉠ 광물성유를 화학적으로 처리하여 원액과 물을 혼합하여 사용하며, 표면활성제와 부식방지제를 첨가하여 사용한다.
  ㉡ 점성이 낮고 비열이 커서 냉각효과가 크다.
  ㉢ 고속절삭 및 연삭 가공액으로 많이 사용한다.

10년간 자주 출제된 문제

기계가공에서 절삭성능을 높이기 위하여 절삭유를 사용한다. 절삭유의 사용 목적으로 틀린 것은?

① 절삭공구의 절삭온도를 저하시켜 공구의 경도를 유지시킨다.
② 절삭속도를 높일 수 있어 공구수명을 연장시키는 효과가 있다.
③ 절삭열을 제거하여 가공물의 변형을 감소시키고, 치수 정밀도를 높여 준다.
④ 냉각성과 윤활성이 좋고, 기계적 마모를 크게 한다.

|해설|

절삭유는 냉각성과 윤활성이 좋고, 기계적 마모를 작게 한다.

정답 ④

핵심이론 07 | 윤활제

① 윤활제의 구비조건
  ㉠ 사용 상태에서 충분한 점도를 유지할 것
  ㉡ 한계 윤활상태에서 견딜 수 있는 유성이 있을 것
  ㉢ 산화나 열에 대하여 안전성이 높을 것
  ㉣ 화학적으로 불활성이며 깨끗하고 균질한 것

② 윤활의 목적
  윤활작용, 냉각작용, 밀폐작용, 청정작용, 방청작용 등

③ 윤활방법
  ㉠ 유체 윤활
    완전 윤활 또는 후막 윤활이라고 하며, 유막에 의하여 슬라이딩 면이 완전히 분리되어 균형을 이루게 되는 윤활의 상태를 말한다.
  ㉡ 경계 윤활
    불완전 윤활이라고도 하며, 유체 윤활 상태에서 하중이 증가하거나 윤활제의 온도가 상승하여 점도가 떨어지면서 유막으로 하중을 지탱할 수 없는 상태이다. 경계 윤활은 고하중 저속 상태에서 많이 발생한다.
  ㉢ 극압 윤활
    고체 윤활이라고도 한다. 경계 윤활에서 하중이 더욱 증가하여 마찰온도가 높아지면 유막으로 하중을 지탱하지 못하고, 유막이 파괴되어 슬라이딩 면이 접촉된 상태의 윤활이다.

④ 윤활제의 급유 방법
  ㉠ 핸드 급유법 : 작업자가 급유 위치에 급유하는 방법
  ㉡ 적하 급유법 : 마찰면이 넓거나 시동되는 횟수가 많을 때 급유하는 방법
  ㉢ 오일링 급유법 : 고속 주축에 급유를 균등하게 할 목적으로 사용한다.
  ㉣ 분무 급유법 : 액체 상태의 기름에 압축공기를 이용하여 분무시켜 공급하는 방법

ⓜ 강제 급유법 : 순환펌프를 이용하여 급유하는 방법으로, 고속회전할 때 베어링 냉각효과에 경제적인 방법

ⓗ 담금 급유법 : 마찰 부분 전체가 윤활유 속에 잠기도록 하여 급유하는 방법

ⓢ 패드 급유법 : 무명이나 털 등을 섞어 만든 패드 일부를 오일 통에 담가 저널의 아랫면에 모세관 현상으로 급유하는 방법

ⓞ 비말 급유법 : 커넥팅로드 끝에 달려 있는 국자로부터 기름을 퍼올려, 비산시킴으로 급유하는 방법

10년간 자주 출제된 문제

윤활제가 갖추어야 할 조건에 해당하지 않는 것은?
① 한계 윤활 상태에서 견딜 수 있는 유연성이 있어야 한다.
② 사용 상태에서 충분한 점도를 유지하여야 한다.
③ 산화나 열에 대한 안정성이 낮아야 한다.
④ 화학적으로 불활성이며 균질하여야 한다.

|해설|

윤활제의 구비조건
• 사용 상태에서 충분한 점도를 유지할 것
• 한계 윤활 상태에서 견딜 수 있는 유연성이 있을 것
• 산화나 열에 대하여 안전성이 높을 것
• 화학적으로 불활성이며 깨끗하고 균질할 것
※ 윤활의 목적 : 윤활작용, 냉각작용, 밀폐작용, 청정작용, 방청작용 등

정답 ③

핵심이론 08 | 절삭공구 구비 조건 및 공구재료

① 절삭공구의 구비 조건
  ㉠ 고온경도
  ㉡ 내마모성
  ㉢ 강인성
  ㉣ 저마찰
  ㉤ 성형성
  ㉥ 저렴한 가격

② 고속도강
  ㉠ W, Cr, V, Co 등의 원소를 함유하는 합금강을 뜻하며, 담금질 및 뜨임을 하여 사용하면 600℃ 정도까지는 고온경도를 유지한다. 특징은 고온경도가 높고 내마모성이 우수하며, 1,250℃에서 담금질을 하고, 550~600℃에서 뜨임을 하면 2차 경화가 발생한다.
  ㉡ 표준 고속도강 : W(18%)-Cr(4%)-V(1%)를 함유하는 고속도강(18-4-1 고속도강)

③ 소결 초경합금
  ㉠ W, Ti, Ta, Mo, Zr 등의 경질합금 탄화물 분말을 Co, Ni을 결합제로 하여 1,400℃ 이상의 고온으로 가열하면서 프레스로 소결성형한 절삭공구이다.
  ㉡ 비디아(독일), 카볼로이(미국), 미디아(영국), 텅갈로이(일본), 초경합금(우리나라)

④ 주조 경질합금
  ㉠ 대표적인 것으로는 스텔라이트가 있으며, 주성분은 W, Cr, Co, Fe이며 주조합금이다. 스텔라이트는 상온에서 고속도강보다 경도가 낮으나 고온에서는 오히려 경도가 높아지기 때문에 고속도강보다 고속절삭용으로 사용된다.
  ㉡ 850℃까지 경도와 인성이 유지되며, 단조나 열처리가 되지 않는 특징이 있다.

⑤ 세라믹

　　㉠ 산화알루미늄(Al₂O₃) 분말을 주성분으로 마그네
　　　슘, 규소 등의 산화물과 소량의 다른 원소를 첨가
　　　하여 소결한 절삭공구이다. 고온에서 경도가 높고,
　　　내마모성이 좋아 초경합금보다 빠른 절삭속도로
　　　절삭이 가능하다. 백색, 분홍색, 회색, 흑색 등이
　　　있으며, 초경합금보다 매우 가볍다.

　　㉡ 세라믹은 용접이 곤란하므로 고정용 홀더를 사용
　　　한다.

⑥ 서 멧

　　㉠ 세라믹과 메탈의 복합어로 세라믹의 취성을 보완
　　　하기 위하여 개발된 내화물과 금속 복합체의 총칭
　　　이다.

　　㉡ 고속절삭에서 저속절삭까지 사용범위가 넓고 크
　　　레이터 마모, 플랭크 마모 등이 적고 구성인선이
　　　거의 발생하지 않아 공구수명이 길다.

⑦ 입방정 질화붕소(CBN)

　　㉠ 자연계에는 존재하지 않는 인공합성 재료로서 다
　　　이아몬드의 2/3배의 경도를 가지며, CBN 미소분
　　　말을 초고온(2,000℃), 초고압(5만 기압 이상)의
　　　상태로 소결한 것이며, 현재 많이 사용되는 절삭공
　　　구 재료이다.

　　㉡ 난삭재료, 고속도강, 담금질강, 내열강 등의 절삭
　　　에 많이 사용한다.

8-1. 산화알루미늄(Al₂O₃) 분말을 주성분으로 마그네슘(Mg), 규소(Si) 등의 산화물과 소량의 다른 원소를 첨가하여 소결한 공구재료는?

① 서 멧　　　　　　　② 다이아몬드
③ 스텔라이트　　　　 ④ 세라믹

8-2. 현재 많이 사용되는 인공합성 절삭공구 재료로 고속작업이 가능하며 난삭재료, 고속도강, 담금질강, 내열강 등의 절삭에 적합한 공구재료는?

① 초경합금　　　　　 ② 세라믹
③ 서 멧　　　　　　　④ 입방정 질화붕소(CBN)

|해설|

8-1
세라믹 합금
• 산화알루미늄 가루(Al₂O₃) 분말에 규소 및 마그네슘 등의 산화
　물이나 다른 원소를 첨가하여 소결한 것
• 고속절삭, 고온에서 경도가 높고, 내마멸성이 좋음
• 경질합금보다 인성이 작고 취성이 있어 충격 및 진동에 약함

정답 8-1 ④　8-2 ④

① 선반가공의 종류 ★ 밀링가공과 비교해서 암기

외경 절삭, 단면 절삭, 절단(홈)작업, 테이퍼 절삭, 드릴링, 보링, 수나사 절삭, 암나사 절삭, 정면 절삭, 곡면 절삭, 총형 절삭, 널링작업

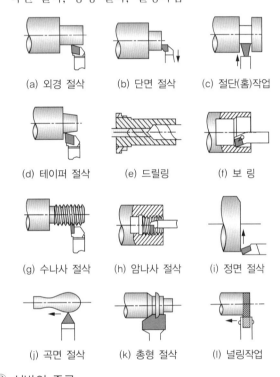

(a) 외경 절삭 (b) 단면 절삭 (c) 절단(홈)작업

(d) 테이퍼 절삭 (e) 드릴링 (f) 보 링

(g) 수나사 절삭 (h) 암나사 절삭 (i) 정면 절삭

(j) 곡면 절삭 (k) 총형 절삭 (l) 널링작업

② 선반의 종류

　㉠ 보통선반 : 각종 선반 중에서 기본이 되고, 가장 많이 사용하는 선반

　㉡ 탁상선반 : 작업대 위에 설치해야 할 만큼의 소형 선반으로 베드의 길이 900mm 이하, 스윙 200mm 이하로서 시계 부품, 재봉틀 부품 등의 소형 부품을 주로 가공하는 선반

　㉢ 정면선반 : 기차바퀴처럼 지름이 크고, 길이가 짧은 가공물을 절삭하기에 편리한 선반

　㉣ 수직선반 : 척을 지면 위에 수직으로 설치하여 가공물의 장착 및 탈착이 편리한 선반

　㉤ 터릿선반 : 보통선반의 심압대 대신에 터릿으로 불리는 회전 공구대를 설치하여 여러 가지 절삭공구를 공정에 맞게 설치하여, 간단한 부품을 대량 생산하는 선반

　㉥ 공구선반 : 보통선반과 같은 구조이나 정밀한 형식으로 되어 있어 주축은 기어 변속장치를 이용하여 여러 가지의 회전수로 변환을 할 수 있으며, 릴리빙 장치와 테이퍼 절삭장치, 모방 절삭장치 등이 부속되어 있다.

　㉦ 자동선반 : 캠이나 유압 기구 등을 이용하여 부품 가공을 자동화한 대량 생산용 선반

　㉧ 모방선반 : 자동모방장치를 이용하여 모형이나 형판 외형에 트레이서가 설치되고 트레이서가 움직이면, 바이트가 함께 움직여 모형이나 형판의 외형과 동일한 형상의 부품을 자동으로 가공하는 선반

　㉨ 차축선반 : 기차의 차축을 주로 가공하는 선반

　㉩ 차륜선반 : 기차의 바퀴를 주로 가공하는 선반

　㉪ 크랭크축 선반 : 크랭크축의 저널과 크랭크 핀을 가공하는 선반

③ 선반의 크기 표시 방법

보통선반 : 스윙 × 양 센터 간의 최대거리

※ 스윙 : 가공할 수 있는 공작물의 최대 지름

10년간 자주 출제된 문제

9-1. 선반의 조작을 캠(Cam)이나 유압기구를 이용하여 자동화한 것으로 대량 생산에 적합하고, 능률적인 선반으로 주로 핀 (Pin), 볼트(Bolt) 및 시계 부품, 자동차 부품을 생산하는 데 사용되는 것은?

① 공구선반   ② 자동선반
③ 터릿선반   ④ 정면선반

9-2. 다음 중 보통선반에서 할 수 없는 작업은?

① 드릴링 작업   ② 보링작업
③ 인덱싱 작업   ④ 널링작업

|해설|

9-1
② 자동선반 : 캠(Cam)이나 유압기구 등을 이용하여 부품 가공을 자동화한 대량 생산용 선반
① 공구선반 : 보통선반과 같은 구조이나 정밀한 형식으로 되어 있음
③ 터릿선반 : 보통선반 심압대 대신에 터릿으로 불리는 회전 공구대를 설치하여 여러 가지 절삭공구를 공정에 맞게 설치하여 가공하는 선반
④ 정면선반 : 기차바퀴처럼 지름이 크고, 길이가 짧은 가공물을 절삭하기 편리한 선반

9-2
인덱싱 작업은 밀링작업이다.
선반의 기본적인 가공방법
외경 절삭, 단면 절삭, 홈작업, 테이퍼 절삭, 드릴링, 보링, 수나사 절삭, 암나사 절삭, 총형 절삭, 널링작업

정답 9-1 ② **9-2** ③

핵심이론 10 | 선반(2)

① 선반의 주요 부분
  ㉠ 주축대 : 공작물을 지지하여 회전을 주는 주축과 변속 장치 및 왕복대의 이송 기구를 내장하고 있다.
  ㉡ 왕복대 : 주축대와 심압대 사이에서 베드의 윗면을 따라 좌우로 미끄러지면서 이동하는 부분으로 에이프런, 새들, 공구대로 구성되어 있다.
  ㉢ 심압대 : 베드 위의 주축 맞은편에 설치하여 공작물을 지지하거나 센터 대신 드릴과 리머 등의 공구를 고정하여 작업을 하며, 조정 나사로 심압대를 편위시켜 테이퍼 절삭을 하는 데 사용한다.
  ㉣ 베드 : 주축대, 왕복대, 심압대와 공작물 등의 하중과 절삭력의 외력에 쉽게 변형되지 않으며, 안내면은 왕복대와 심압대의 이동을 정확하고 원활하게 한다.

② 선반용 부속품 및 부속장치
  ㉠ 센터 : 가공물을 고정할 때, 주축 또는 심압축에 설치한 센터에 의해 가공물을 지지하거나 고정할 때 사용하는 부속품
  ㉡ 센터 드릴 : 센터를 지지할 수 있는 구멍을 가공하는 드릴
  ㉢ 면판 : 척에 고정할 수 없는 불규칙하거나 대형의 가공물 또는 복잡한 가공물을 고정할 때 사용
  ㉣ 돌림판과 돌리개 : 주축의 회전력을 가공물에 전달하기 위해 사용하는 부속품
  ㉤ 방진구 : 선반에서 가늘고 긴 가공물을 절삭할 때 사용하는 부속품 ★ 반드시 암기(자주 출제)
  ㉥ 맨드릴 : 기어, 벨트 풀리 등과 같이 구멍과 외경이 동심원이고, 직각이 필요한 경우에 구멍을 먼저 가공하고 구멍에 맨드릴을 끼워 양 센터로 지지하여 외경과 측면을 가공하여 부품을 완성하는 선반의 부속품

Ⓢ 척 : 선반에서 가공물을 고정하는 역할(연동척, 단
동척, 유압척, 콜릿척 등)

※ 선반과 밀링의 부속품 비교

선 반	밀 링
센터, 센터드릴, 맨드릴, 척, 돌림판과 돌리개, 방진구, 테이퍼 절삭장치	밀링바이스, 래크절삭장치, 분할대, 회전테이블, 슬로팅 장치, 수직밀링장치

③ 척(Chuck)의 종류

㉠ 연동척 : 3개의 조가 120° 간격으로 구성·배치되
어 있으며 1개의 조를 돌리면 3개의 조가 함께,
동일한 방향, 동일한 크기로 이동하기 때문에 원형
이나 또는 3의 배수가 되는 단면의 가공물을 쉽고
편하고, 빠르게 고정할 수 있다. 편심가공을 할 수
없으며, 단동척에 비하여 고정력이 약하다.

㉡ 단동척 : 4개의 조가 90° 간격으로 구성·배치되
어 있으며 4개의 조가 각각 단독으로 이동한다.
고정력이 크고, 불규칙한 가공물, 편심, 중량의 가
공물 등을 정밀하게 고정하여 가공할 수 있으며,
소량 생산에 적합하다.

㉢ 유압척 : 유압을 이용한 척으로 CNC선반에 주로
사용되며, 조는 소프트 조와 하드 조가 있으며 소
프트 조는 가공물의 형상에 따라 또는 조의 마모에
따라 수시로 바이트로 가공하면서 사용하기 때문
에 가공 정밀도를 높일 수 있다.

㉣ 콜릿척 : 지름이 작은 가공물이나 각 봉재를 가공
할 때 편리하며, 주로 터릿선반이나 자동선반에
사용한다.

핵심이론 11 | 선반(3)

① 선반의 절삭조건

    ㉠ 절삭속도

$$V = \frac{\pi DN}{1,000} \, \text{m/min}, \quad N = \frac{1,000 V}{\pi D} \, \text{rpm}$$

    여기서, V : 절삭속도(m/min)

            N : 회전수(rpm)

            D : 공작물 지름(mm)

    ※ 경제적 절삭속도 : 바이트의 수명이 60~120min 정도가 되는 절삭속도

    ㉡ 절삭 깊이 : 바이트로 공작물을 가공하는 깊이, 단위는 mm이며, 선반에서 원통면 절삭 시 절삭 깊이의 2배로 지름이 작아진다.

    ㉢ 이송 : 선반에서 이송은 가공물이 1회전할 때마다 바이트의 이송거리를 나타낸다. 단위는 mm/rev이다.

② 선반에서 테이퍼 절삭 방법

    ㉠ 복식 공구대를 경사시키는 방법 – 테이퍼 각이 크고 길이가 짧은 가공물

    ㉡ 심압대를 편위시키는 방법 – 테이퍼가 작고 길이가 길 경우에 사용하는 방법

    ㉢ 테이퍼 절삭장치를 이용하는 방법 – 넓은 범위의 테이퍼를 가공

    ㉣ 총형 바이트를 이용하는 방법

    ㉤ 테이퍼 드릴 또는 테이퍼 리머를 이용하는 방법

③ 복식 공구대 회전각

$$\tan a = \frac{D - d}{2l}$$

여기서, a : 복식공구대 선회각

       D : 테이퍼에서 큰 지름(mm)

       d : 테이퍼에서 작은 지름(mm)

       l : 테이퍼의 길이(mm)

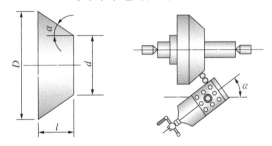

④ 심압대 편위량

$$e = \frac{L(D - d)}{2l}$$

여기서, e : 심압대 편위량

       D : 테이퍼에서 큰 지름(mm)

       d : 테이퍼에서 작은 지름(mm)

       l : 테이퍼의 길이(mm)

       L : 공작물 전체의 길이(mm)

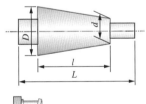

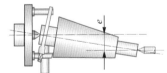

11-1. 다음과 같은 테이퍼를 절삭하고자 할 때 심압대의 편위량으로 적당한 것은?

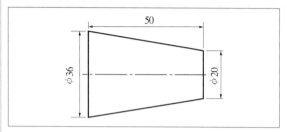

① 8mm

② 10mm

③ 16mm

④ 18mm

11-2. 지름 50mm의 봉재를 절삭속도 15.7m/min으로 절삭하려면 회전수는 약 몇 rpm으로 해야 되는가?

① 75

② 100

③ 125

④ 150

| 해설 |

11-1

테이퍼 길이에 대한 편위량

$$x = \frac{D-d}{2} = \frac{36-20}{2} = 8\,\text{mm}$$

11-2

$$n = \frac{1,000\,V}{\pi d} = \frac{1,000 \times 15.7}{\pi \times 50} = 100\,\text{rpm}$$

정답 11-1 ① 11-2 ②

핵심이론 12 │ 인서트 팁 규격과 고속절삭

① 인서트 팁의 규격(ISO 형번 표기법)

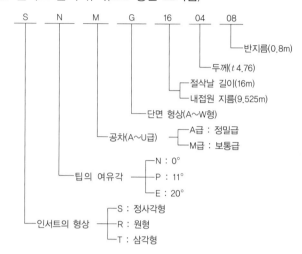

② 고속절삭

　㉠ 절삭속도를 높인다고 해서 반드시 바이트의 수명이 단축되는 것은 아니다. 절삭속도를 높여 가공하면 여러 가지의 이점을 얻을 수 있는데, 이와 같이 상용 절삭속도보다 절삭속도를 빠르게 하는 것을 고속절삭이라 한다.

　㉡ 고속절삭의 장점

　　• 절삭능률의 향상

　　• 표면거칠기의 향상

　　• 가공 변질층의 감소

　　• 구성인선의 억제

③ 선반의 가공 시간

　㉠ 선반에서 제품을 가공하기 위해 소요되는 시간을 산출하는 것은 반드시 필요하다.

　㉡
$$T = \frac{L}{ns} \times i\,(\text{min})$$

　여기서, n : 회전수

　　　　s : 이송(mm/rev)

　　　　i : 가공 횟수

12-1. 선삭용 인서트 형번 표기법(ISO)에서 인서트의 형상이 정사각형에 해당되는 것은?

① C   ② D
③ S   ④ V

12-2. 선반가공에서 외경을 절삭할 경우, 절삭가공 길이 200mm를 1회 가공하려고 한다. 회전수는 1,000rpm, 이송 속도는 0.15mm/rev이면 가공 시간은 약 몇 분인가?

① 0.5   ② 0.91
③ 1.33   ④ 1.48

|해설|

12-1

인서트의 형상

S : 정사각형, R : 원형, T : 삼각형

12-2

$$T = \frac{L}{ns} \times i = \frac{200\text{mm}}{1,000\text{rpm} \times 0.15\text{mm/rev}} \times 1\text{회} = 1.33$$

여기서, T : 가공시간(min)

L : 절삭가공 길이(mm)

n : 회전수(rpm)

s : 이송(mm/rev)

i : 가공 횟수

정답 **12-1** ③   **12-2** ③

핵심이론 13 | 밀링(1)

① 밀링머신의 작업 종류

평면가공, 단가공, 홈가공, 드릴, T홈가공, 더브테일가공, 곡면 절삭, 보링

(a) 평면가공   (b) 단가공   (c) 홈가공   (d) 드 릴

(e) T홈 가공   (f) 더브테일가공   (g) 곡면 절삭   (h) 보 링

※ 선반가공과 밀링가공의 종류 비교

선반가공 종류	밀링가공 종류
외경 절삭, 단면 절삭, 절단(홈)작업, 테이퍼 절삭, 드릴링, 보링, 수나사 절삭, 암나사 절삭, 정면 절삭, 곡면 절삭, 총형 절삭, 널링	평면가공, 단가공, 홈가공, 드릴, T홈가공, 더브테일가공, 곡면 절삭, 보링

② 밀링 바이스

㉠ 밀링 테이블면에 T볼트를 이용하여 고정하고 소형 가공물을 고정하는 데 사용

㉡ 수평 바이스 : 조의 방향이 테이블과 평형 또는 직각으로만 고정

㉢ 회전 바이스 : 테이블과 수평면에서 360° 회전시켜 필요한 각도로 고정

㉣ 만능 바이스 : 회전 바이스의 기능과 상하로 경사시킬 수 있음

㉤ 유압 바이스 : 유압을 이용하여 가공물을 고정시킬 수 있음

③ 분할대

테이블에 분할대와 심압대로 가공물을 지지하거나 분할대의 척에 가공물을 고정하여 사용하며, 필요한 등분이나 필요한 각도로 분할할 때 사용하는 밀링 부속품

④ 회전 테이블

테이블 위에 설치하며, 수동 또는 자동으로 회전시킬 수 있어 밀링에서 바깥 부분을 원형이나 윤곽가공, 간단한 등분을 할 때 사용하는 밀링머신의 부속품(각도 분할 가능)

⑤ 슬로팅 장치

주축의 회전운동을 직선 왕복운동으로 변화시키고, 바이트를 사용하여 가공물의 안지름에 키홈, 스플라인, 세레이션 등을 가공할 수 있다.

⑥ 수직 밀링 장치

수평 밀링머신이나 만능 밀링머신의 칼럼면에 설치하여, 수직 밀링가공을 할 수 있도록 하는 장치

⑦ 래크 절삭 장치

만능 밀링머신이 칼럼에 부착하여 사용하며, 래크 기어를 절삭할 때 사용

10년간 자주 출제된 문제

13-1. 밀링머신에서 일감의 바깥둘레를 필요한 수로 등분하거나 필요한 각도로 분할할 때 사용하는 부속기구는?

① 분할대
② 슬로팅 장치
③ 밀링 바이스
④ 래크 절삭 장치

13-2. 밀링머신에서 주축의 회전운동을 공구대의 직선 왕복운동으로 변화시켜 직선운동 절삭가공을 할 수 있게 하는 부속장치는?

① 슬로팅 장치
② 수직축 장치
③ 래크 절삭 장치
④ 회전 테이블 장치

|해설|

13-1
분할대
원주 및 각도 분할 시 사용, 주축대와 심압대 한 쌍으로 테이블 위에 설치

13-2
슬로팅 장치 : 니형 밀링 머신의 칼럼 앞면에 주축과 연결하여 사용한다. 주축의 회전운동을 공구대 램의 직선 왕복운동으로 변화시키고, 바이트를 사용하여 직선 절삭이 가능하다(키, 스플라인, 세레이션, 기어가공 등).

정답 13-1 ① 13-2 ①

핵심이론 14 │ 밀링(2)

① 밀링 커터의 종류

㉠ 엔드밀 : 원주면과 단면에 날이 있는 형태이며, 일반적으로 가공물의 홈과 좁은 평면, 윤곽가공, 구멍가공 등에 사용한다.

㉡ 정면 밀링 커터 : 외주와 정면에 절삭 날이 있는 커터이며, 주로 수직 밀링에서 사용하는 커터로 평면 가공에 이용된다.

㉢ T홈 밀링 커터 : 주로 T홈을 가공할 때 사용하는 커터로 바닥면과 측면을 가공하여 밀링 테이블 T홈, 원형 테이블의 T홈 등을 가공하는 커터이다.

㉣ 더브테일 커터 : 선반의 가로 이송대 및 세로 이송대의 형상과 같은 더브테일 홈을 가공하는 커터로서 원추면에 60°의 각을 가지고 있으며, 엔드밀과 사이드 커터로 홈을 가공하고, 바닥면과 양쪽 측면을 가공한다.

② 밀링 절삭 이론

㉠ 절삭속도와 회전수 계산식

$$V = \frac{\pi DN}{1,000} \, \text{m/min}$$

여기서, V : 절삭속도

D : 커터의 지름(mm)

N : 커터 회전수(rpm)

㉡ 밀링머신에서 테이블의 이송속도

$$f = f_z \times z \times n$$

여기서, f : 테이블의 이송속도

f_z : 1개의 날당 이송(mm)

z : 커터의 날수

n : 커터 회전수(rpm)

14-1. 밀링머신에서 홈이나 윤곽을 가공하는 데 적합하며 원주면과 단면에 날이 있는 형태의 공구는?

① 엔드밀
② 메탈 소
③ 홈 밀링 커터
④ 리 머

14-2. 밀링가공에서 테이블의 이송속도가 2,880mm/min, 밀링 커터의 날 수가 12개, 밀링 커터의 회전수가 1,200rpm일 때 밀링 커터의 날 1개당 이송은 몇 mm인가?

① 0.1
② 0.15
③ 0.2
④ 0.3

|해설|

14-1

엔드밀 : 밀링머신에서 홈이나 윤곽을 가공하는 절삭공구

14-2

$$f = f_z \times z \times n \rightarrow f_z = \frac{f}{z \times n} = \frac{2,880}{12 \times 1,200} = 0.2\text{mm}$$

여기서, f_z : 1개의 날당 이송(mm)

z : 커터의 날수

n : 커터의 회전수(rpm)

정답 14-1 ① **14-2** ③

핵심이론 15 | 밀링(3)

① 밀링 절삭 방법(상향 절삭, 하향 절삭)

  ㉠ 상향 절삭 : 커터의 회전 방향과 가공물의 이송이 반대인 가공방법

  ㉡ 하향 절삭 : 커터의 회전 방향과 가공물의 이송이 같은 가공방법

 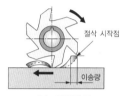

(a) 상향절삭   (b) 하향절삭

② 상향절삭과 하향절삭의 차이점 ★ 자주 출제

절삭방법 \ 내용	상향절삭	하향절삭
백래시	절삭에 별 지장이 없다.	백래시를 제거해야 한다.
기계의 강성	강성이 낮아도 무관하다.	가공할 때, 충격이 있어 높은 강성이 필요하다.
가공물의 고정	절삭력이 상향으로 작용하여 고정이 불리하다.	절삭력이 하향으로 작용하여 가공물 고정이 유리하다.
인선의 수명	절입할 때, 마찰열로 마모가 빠르고 공구수명이 짧다.	상향절삭에 비하여 공구수명이 길다.
마찰저항	마찰저항이 커서 절삭공구를 위로 들어 올리는 힘이 작용한다.	절입할 때, 마찰력은 작으나 하향으로 충격력이 작용한다.
가공면의 표면거칠기	광택은 있으나, 상향에 의한 회전저항으로 전체적으로 하향절삭보다 나쁘다.	가공 표면에 광택은 적으나, 저속 이송에서는 회전저항이 발생하지 않아 표면거칠기가 좋다.

③ 분할 가공 방법

  ㉠ 직접 분할법 : 분할대 주축 앞면에 있는 직접 분할판을 이용하여 단순 분할

  ㉡ 단식 분할법 : 직접 분할법으로 불가능하거나 또는 분할이 정밀해야 할 경우

  ㉢ 차동 분할법 : 직접, 단식 분할법으로 분할할 수 없는 분할

15-1. 밀링머신에 의한 작업 분할법의 종류가 아닌 것은?(단, 브라운 샤프 분할대를 기준으로 함)

① 직접 분할법
② 단식 분할법
③ 차동 분할법
④ 복식 분할법

15-2. 수평 밀링머신의 플레인 커터 작업에서 하향 절삭과 비교한 상향 절삭의 특징은?

① 가공물 고정이 유리하다.
② 절삭날에 작용하는 충격이 적다.
③ 절삭날의 마멸이 적고 수명이 길다.
④ 백래시 제거 장치가 필요하다.

|해설|

15-1
분할법의 종류
• 직접 분할법
• 단식 분할법
• 차동 분할법
• 각도 분할법

15-2
상향 절삭의 특징
• 백래시 제거장치가 필요 없다.
• 절삭날에 작용하는 충격이 작다.
• 마찰열로 마모가 빠르고 공구수명이 짧다.
• 가공물 고정이 불리하다.

정답 15-1 ④ 15-2 ②

핵심이론 16 │ 연삭기(1)

① 연삭가공의 특징

　㉠ 경화된 강과 같은 단단한 재료를 가공할 수 있다.

　㉡ 칩이 미세하여 정밀도가 높고, 표면거칠기가 우수한 다듬질 면을 가공할 수 있다.

　㉢ 연삭 압력 및 연삭저항이 작아 전자석 척으로 가공물을 고정할 수 있다.

　㉣ 연삭점의 온도가 높다.

　㉤ 절삭속도가 매우 빠르다.

　㉥ 자생작용이 있다.

② 센터리스 연삭기

　센터, 척, 자석척 등을 사용하지 않고 가공물의 표면을 조정하는 조정숫돌과 지지대를 이용하여 가공물을 연삭한다. 센터리스 연삭은 가늘고 긴 가공물의 연삭에 적합한 특징이 있다.

③ 센터리스 연삭의 장점

　㉠ 센터가 필요하지 않아 센터 구멍을 가공할 필요가 없고, 중공의 가공물을 연삭할 때 편리하다.

　㉡ 센터리스 연삭은 숙련을 요구하지 않는다.

　㉢ 연삭 여유가 작아도 된다.

　㉣ 가늘고 긴 가공물의 연삭에 적합하다.

　㉤ 연삭숫돌의 폭이 크므로 연삭숫돌 지름의 마멸이 적고, 수명이 길다.

④ 센터리스 연삭의 단점

　㉠ 긴 홈이 있는 가공물의 연삭은 불가능하다.

　㉡ 대형이나 중량물의 연삭은 불가능하다.

　㉢ 연삭숫돌 폭보다 넓은 가공물을 플랜지 컷 방식으로 연삭할 수 없다.

⑤ 센터리스 연삭기의 이송방법

　㉠ 통과 이송법

　　• 지름이 동일한 가공물을 연삭숫돌과 조정숫돌 사이로 자동적으로 이송하여 통과시키면서 연삭하는 방법

• 가공물의 이송속도

$$F = \pi \cdot d \cdot n \cdot \sin a$$

여기서, d : 조정숫돌의 지름(mm)

n : 조정숫돌의 회전수(rpm)

a : 경사각(°)

ⓛ 전후 이송법

연삭숫돌의 폭보다 짧은 가공물의 연삭, 턱붙이, 끝면 플랜지 붙이, 테이퍼, 곡선, 윤곽이 있는 형태의 가공물 등은 이송이 곤란하다.

10년간 자주 출제된 문제

16-1. 다음 중 센터리스 연삭기의 장점이 아닌 것은?

① 중공의 원통을 연삭하는 데 편리하다.
② 연속 작업을 할 수 있어 대량 생산에 적합하다.
③ 대형이나 중량물도 연삭할 수 있다.
④ 연삭 여유가 작아도 된다.

16-2. 연삭가공의 특징이 아닌 것은?

① 경화된 강을 연삭할 수 있다.
② 연삭점의 온도가 낮다.
③ 가공 표면이 매우 매끈하다.
④ 연삭 압력 및 저항이 작다.

|해설|

16-2
연삭가공은 연삭점의 온도가 높다.
★ 연삭가공에서는 불꽃이 발생하는 것으로도 절삭열이 매우 높다는 것을 예측할 수 있다.

정답 16-1 ③ 16-2 ②

---

① 숫돌바퀴의 구성 3요소

ⓐ 숫돌입자 : 절삭공구 날 역할을 하는 입자

ⓑ 결합제 : 입자와 입자를 결합시키는 것

ⓒ 기공 : 입자와 결합제 사이의 빈 공간

② 연삭숫돌의 성능(5가지)

ⓐ 숫돌입자

ⓑ 입 도

ⓒ 조 직

ⓓ 결합도

ⓔ 결합제

③ 인조 숫돌입자의 종류

종 류	기 호	적용범위
• 갈색 알루미나 • 백색 알루미나	A WA	• 보통 탄소강, 합금강, 스테인리스강 등 • 인장강도가 큰 강 계통의 연삭에 적합, 특히 접촉 면적이 큰 연삭이나 발열을 피해야 하는 연삭에 사용
• 탄화규소 • 녹색탄화규소	C GC	• 알루미나보다 단단하나 취성이 커서 인장강도가 낮은 재료 연삭에 적합 • 주철, 황동, 경합금, 초경합금 등을 연삭하는 데 적합

④ 연삭 조건에 따른 입도의 선정 방법

거친 입도의 연삭숫돌	고운 입도의 연삭숫돌
• 거친 연삭, 절삭 깊이와 이송량이 클 때 • 숫돌과 가공물의 접촉 면적이 클 때 • 연하고 연성이 있는 재료의 연삭	• 다듬질 연삭, 공구 연삭할 때 • 숫돌과 가공물의 접촉 면적이 작을 때 • 경도가 크고 메진 가공물의 연삭

⑤ 결합도에 따른 경도의 선정 기준

결합도가 높은 숫돌(단단한 숫돌)	결합도가 낮은 숫돌(연한 숫돌)
• 연질 가공물의 연삭 • 숫돌차의 원주속도가 느릴 때 • 연삭 깊이가 작을 때 • 접촉 면적이 작을 때 • 가공면의 표면이 거칠 때	• 경도가 큰 가공물의 연삭 • 숫돌차의 원주속도가 빠를 때 • 연삭 깊이가 클 때 • 접촉면이 클 때 • 가공물의 표면이 치밀할 때

⑥ 연삭숫돌 표시법

　　㉠ 숫돌입자의 종류, 입도, 결합도, 조직, 결합제의
　　　순서

　　㉡ 모양 및 치수(외경 × 두께 × 안지름)

　　㉢ 원주 속도시험, 사용 원주 속도범위

　　㉣ 제조사명, 제조번호, 제조 연월일

10년간 자주 출제된 문제

17-1. 숫돌바퀴의 구성 3요소는?

① 숫돌입자, 결합제, 기공
② 숫돌입자, 입도, 성분
③ 숫돌입자, 결합도, 입도
④ 숫돌입자, 결합제, 성분

**17-2. 결합도에 따른 숫돌바퀴의 선정 기준에서 결합도가 높은
숫돌을 사용하는 경우가 아닌 것은?**

① 접촉 면적이 클 때
② 가공면의 표면이 거칠 때
③ 연삭 깊이가 작을 때
④ 숫돌바퀴의 원주속도가 느릴 때

|해설|

17-1
숫돌바퀴의 구성 3요소 : 숫돌입자, 결합제, 기공

17-2
결합도가 높은 숫돌(단단한 숫돌)
• 연질 가공물의 연삭
• 숫돌차의 원주속도가 느릴 때
• 연삭 깊이가 작을 때
• 접촉 면적이 작을 때
• 가공면의 표면이 거칠 때

정답 17-1 ① 17-2 ①

핵심이론 18 │ 연삭기(3)

① 무딤(Glazing)

　　㉠ 연삭숫돌의 결합도가 필요 이상으로 높으면, 숫돌
　　　입자가 마모되어 예리하지 못할 때 탈락하지 않고
　　　둔화되는 현상

　　㉡ 무딤의 발생원인

　　　• 연삭숫돌의 결합도가 필요 이상으로 높을 때

　　　• 연삭숫돌의 원주속도가 너무 빠를 때

　　　• 가공물의 재질과 연삭숫돌의 재질이 적합하지
　　　　않을 때

② 눈 메움(Loading)

　　㉠ 결합도가 높은 숫돌에서 알루미늄이나 구리 같이
　　　연한 금속을 연삭하게 되면 연삭숫돌 표면에 기공
　　　이 메워져서 칩을 처리하지 못하여 연삭 성능이
　　　떨어지는 현상

　　㉡ 눈 메움의 발생원인

　　　• 연삭숫돌 입도가 너무 작거나 연삭 깊이가 클 경우

　　　• 조직이 너무 치밀한 경우

　　　• 숫돌의 원주속도가 느리거나 연한 금속을 연삭
　　　　할 경우

③ 입자 탈락

연삭숫돌의 결합도가 진행하는 연삭가공에 비하여 지
나치게 낮으면 숫돌의 입자가 마모되기 전에 입자가
탈락하는 현상

④ 드레싱(Dressing)

　　㉠ 연삭숫돌에 눈 메움이나 무딤 현상이 발생하면 연
　　　삭성이 저하된다. 이때 숫돌 표면에 무디어진 입자
　　　나 기공을 메우고 있는 칩을 제거하여 본래의 형태
　　　로 숫돌을 수정하는 방법

　　㉡ 드레서의 종류 : 성형 드레서, 정밀강철 드레서,
　　　다이아몬드 드레서, 각도 드레서 등

⑤ 트루잉(Truing)

연삭하려는 부품의 형상으로 연삭숫돌을 성형하거나 성형연삭으로 인하여 숫돌 형상이 변화된 것을 부품의 형상으로 바르게 고치는 가공

※ 트루잉을 하면 동시에 드레싱도 된다.

10년간 자주 출제된 문제

연삭하려는 부품의 형상으로 연삭숫돌을 성형하거나 성형연삭으로 인하여 숫돌 형상이 변화된 것을 부품의 형상으로 바르게 고치는 작업을 무엇이라고 하는가?

① 무 딤　　　　　　② 눈 메움
③ 트루잉　　　　　　④ 입자탈락

|해설|

③ 트루잉(Truing) : 연삭숫돌을 성형하거나 성형연삭으로 인하여 숫돌 형상이 변화된 것을 부품의 형상으로 바르게 고치는 가공
① 무딤(Glazing) : 숫돌입자가 마모되어 예리하지 못할 때 탈락하지 않고 둔화되는 현상
② 눈 메움(Loading) : 연한 금속을 연삭하게 되면 연삭숫돌 표면에 기공이 메워져서 칩을 처리하지 못하여, 연삭 성능이 떨어지는 현상
④ 입자탈락 : 숫돌의 입자가 마모되기 전에 입자가 탈락하는 현상

정답 ③

---

① 드릴가공의 종류

　㉠ 드릴링 : 드릴에 회전을 주고 축 방향으로 이송하면서 구멍을 뚫는 절삭방법

　㉡ 리밍 : 뚫어져 있는 구멍을 정밀도가 높고, 가공 표면의 표면거칠기를 좋게 하기 위한 가공

　㉢ 탭가공 : 드릴로 뚫은 구멍에 탭을 이용하여 암나사를 가공하는 방법

　㉣ 보링 : 이미 뚫어져 있는 구멍을 필요한 크기로 넓히거나 정밀도를 높이기 위한 가공

　㉤ 카운터 보링 : 볼트 또는 너트의 머리 부분이 가공물 안으로 묻히도록 드릴과 동심원의 2단 구멍을 절삭하는 방법

　㉥ 카운터 싱킹 : 나사머리가 접시모양일 때 테이퍼 원통형으로 절삭하는 가공

　㉦ 스폿 페이싱 : 볼트나 너트가 닿는 구멍 주위에 부분만을 평탄하게 가공하여 체결이 잘되도록 하는 가공

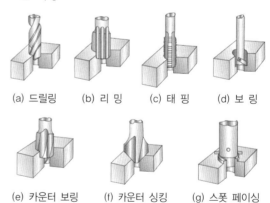

(a) 드릴링　　(b) 리 밍　　(c) 태 핑　　(d) 보 링

(e) 카운터 보링　　(f) 카운터 싱킹　　(g) 스폿 페이싱

② 드릴링 머신의 종류

　㉠ 탁상 드릴링 머신 : 소형 부품 가공에 적합하다.

　　※ 드릴 회전수 변환은 V벨트와 단차를 이용한 유한속도의 변속기구가 가장 많이 사용된다.

  ⓛ 레이디얼 드릴링 머신 : 대형 제품이나 무거운 제품에 구멍가공을 하기 위해서 가공물은 고정시키고, 드릴이 가공 위치로 이동할 수 있도록 제작된 드릴링 머신이다. 수직의 기둥을 중심으로 암을 회전시킬 수 있고, 주축 헤드는 암을 따라 수평으로 이동하여 드릴을 필요한 위치로 이동시킬 수 있도록 제작한 드릴머신이다.

  ⓒ 직립 드릴링 머신 : 비교적 대형 가공물의 구멍 뚫기 가공에 사용된다.

  ⓔ 다축 드릴링 머신 : 1대의 드릴링 머신에 다수의 스핀들을 설치하고 1개의 구동축으로 유니버설 조인트를 이용하여 여러 개의 드릴을 동시에 구동시킨다.

  ⓜ 다두 드릴링 머신 : 직립 드릴링 머신의 상부 기구를 한 대의 드릴머신 베드 위에 여러 개를 설치한 형태의 드릴링 머신

  ⓗ 심공 드릴링 머신 : 깊은 구멍 가공에 적합한 드릴링 머신

③ 드릴의 각도

  드릴의 표준 각도 : 118°

④ 드릴의 파손원인

  ㉠ 절삭날이 규정된 각도와 형상으로 연삭되지 않아 한쪽 부분으로 과대한 절삭력이 작용할 때

  ⓛ 드릴가공 중에 드릴이 외력에 의해 구부러진 상태로 계속 가공할 때

  ⓒ 시닝이 너무 커서 드릴이 약해졌을 때

  ⓔ 구멍에 절삭 칩이 배출되지 못하고 가득 차 있을 때

  ⓜ 이송이 너무 커서 절삭저항이 증가할 때

  ⓗ 드릴이 필요 이상으로 너무 길게 고정되어 이송 중에 드릴이 휘어질 때

19-1. 어느 공작물에 일정한 간격으로 동시에 5개 구멍을 가공 후 탭 가공을 하려고 한다. 적합한 드릴링 머신은?

① 다두 드릴링 머신
② 레이디얼 드릴링 머신
③ 다축 드릴링 머신
④ 직립 드릴링 머신

19-2. 드릴로 뚫은 구멍을 정밀 치수로 가공하기 위해 다듬는 작업은?

① 태 핑   ② 리 밍
③ 카운터 싱킹   ④ 스폿 페이싱

|해설|

19-1

③ 다축 드릴링 머신 : 한 대의 드릴링 머신에 다수의 스핀들을 설치하고 여러 개의 드릴을 동시에 드릴링 가공한다.
① 다두 드릴링 머신 : 나란히 있는 여러 개의 스핀들에 여러 가지 공구를 꽂아 드릴링, 리밍, 태핑 등을 연속적으로 가공한다.
② 레이디얼 드릴링 머신 : 비교적 큰 공작물의 구멍을 뚫을 때 사용된다.

19-2

• 스폿 페이싱 : 볼트 또는 너트 등의 구멍과 직각이 되게 머리부가 접촉되는 부분을 깎아서 만드는 작업
• 카운터 싱킹 : 접시머리 나사의 머리가 묻히게 하기 위해 원뿔자리를 만드는 작업
• 탭핑 : 공작물 내부에 암나사 가공(태핑을 위한 드릴가공은 나사의 외경-피치로 한다)
• 보링 : 뚫린 구멍을 다시 절삭, 구멍을 넓히고 다듬질하는 것
• 리밍 : 구멍의 정밀도를 높이기 위해 구멍을 다듬는 작업

정답 19-1 ③ 19-2 ②

① 래핑의 장점

   ㉠ 가공면이 매끈한 거울면을 얻을 수 있다.

   ㉡ 정밀도가 높은 제품을 가공할 수 있다.

   ㉢ 가공면은 윤활성 및 내마모성이 좋다.

   ㉣ 가공이 간단하고 대량 생산이 가능하다.

   ㉤ 평면도, 진원도, 직선도 등의 이상적인 기하학적 형상을 얻을 수 있다.

② 래핑의 단점

   ㉠ 가공면에 랩제가 잔류하기 쉽고, 제품을 사용할 때 잔류한 랩제가 마모를 촉진시킨다.

   ㉡ 고도의 정밀가공은 숙련이 필요하다.

   ㉢ 작업이 지저분하고 먼지가 많다.

   ㉣ 비산하는 랩제는 다른 기계나 가공물을 마모시킨다.

③ 호닝(Honing)

   ㉠ 호닝은 원통의 내면을 보링, 리밍, 연삭 등의 가공을 한 후에 진원도, 진직도, 표면거칠기 등을 더욱 향상시키기 위한 가공방법이다.

   ㉡ 호닝의 특징

     • 발열이 적고 경제적인 정밀가공이 가능하다.

     • 전 가공에 발생한 진직도, 진원도, 테이퍼 등에 발생한 오차를 수정할 수 있다.

     • 표면거칠기를 좋게 할 수 있다.

     • 정밀한 치수로 가공할 수 있다.

④ 액체호닝

   ㉠ 연마재를 가공액과 혼합하여 가공물 표면에 압축공기를 이용하여 고압과 고속으로 분사시켜 가공물 표면과 충돌시켜 표면을 가공하는 방법이다(피닝효과가 있음).

   ㉡ 액체호닝의 장점

     • 가공시간이 짧다.

     • 가공물의 피로강도를 10% 정도 향상시킨다.

     • 형상이 복잡한 것도 쉽게 가공한다.

     • 가공물 표면에 산화막이나 거스러미를 제거하기 쉽다.

⑤ 슈퍼피니싱

입도가 작고, 연한 숫돌에 작은 압력으로 가압하면서 가공물에 이송을 주고, 동시에 숫돌에 진동을 주어 표면거칠기를 좋게 하는 가공 방법이다. 다듬질된 면은 평활하고 방향성이 없으며, 가공에 의한 표면 변질층이 극히 미세하다.

⑥ 배럴가공

회전하는 통속에 가공물, 숫돌입자, 가공액, 콤파운드 등을 함께 넣고 회전시켜 서로 부딪치며 가공되어 매끈한 가공면을 얻는 가공방법

⑦ 쇼트피닝

쇼트(Shot)을 압축공기나 원심력을 이용하여 가공물의 표면에 분사시켜, 가공물의 표면을 다듬질하고 동시에 피로강도 및 기계적인 성질을 개선하는 방법

⑧ 버니싱

1차로 가공된 가공물의 안지름보다 다소 큰 강철 볼을 압입하여 통과시켜서 가공물의 표면을 소성변형시켜 가공하는 방법

20-1. 다음과 같이 작은 압력으로 숫돌을 진동시켜 압력을 가하여 가공하며, 방향성이 없고 표면 변질부가 매우 적은 가공법은?

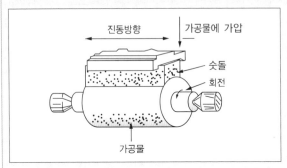

① 호닝(Honing)
② 슈퍼피니싱(Superfinishing)
③ 래핑(Lapping)
④ 버니싱(Burnishing)

20-2. 정밀입자가공법에 대한 설명으로 틀린 것은?

① 호닝 : 내연기관이나 액압장치의 실린더 등의 내면을 다듬질한다.
② 슈퍼피니싱 : 다듬질면은 평활하고 방향성이 없다.
③ 래핑 : 랩의 재질은 일감보다 약간 강한 재질을 사용한다.
④ 액체호닝 : 복잡한 모양의 일감도 다듬질이 가능하다.

| 해설 |

20-1
슈퍼피니싱 : 연삭숫돌을 공작물 표면에 가압하면서 공작물 이송과 진동을 주고 공작물을 회전시켜 균일한 표면을 얻는 방법이다. 저압, 저속도의 가공이므로 발열이 적고 가공 변질층을 제거할 수 있으며 내마모성, 내식성이 우수하고 다듬질 시간이 짧다.

20-2
래핑 : 랩의 재질은 일감보다 약간 약한 재질을 사용한다.

정답 20-1 ② **20-2** ③

핵심이론 21 | 특수가공

① **전해가공**
전극을 음극(−)에, 가공물을 양극(+)으로 연결한다. 전극과 가공물의 간격을 0.02~0.7mm 정도 유지하면서 전해액을 분출하여 전기를 통전하면 가공물이 전극의 형상으로 용해되어 제거되며 필요한 형상으로 가공하는 방법

② **초음파 가공**
공구와 가공물 사이에 연삭입자와 가공액을 주입하고서 작은 압력으로 공구에 초음파 진동을 주어 유리, 세라믹, 다이아몬드, 수정 등 소성변형되지 않고 취성이 큰 재료를 가공할 수 있는 가공 방법으로 금속, 비금속 등의 재료에 관계없이 정밀 가공을 하는 방법

③ **방전가공**
전극과 가공물 사이에 전기를 통전시켜 방전현상의 열에너지를 이용하여, 가공물을 용융 증발시켜 가공을 진행하는 비접촉식 가공 방법

④ **방전가공의 특징**
㉠ 가공물의 경도와 관계없이 가공이 가능하다.
㉡ 무인 가공이 가능하다.
㉢ 숙련을 요하지 않는다.
㉣ 전극의 형상대로 정밀하게 가공할 수 있다.
㉤ 전극 및 가공물에 큰 힘이 가해지지 않는다.
㉥ 전극은 구리나 흑연 등의 연한 재료를 사용하므로 가공이 쉽다.
㉦ 전극이 필요하다.
㉧ 가공 부분에 변질층이 남는다.

⑤ **방전가공용 전극 재료의 조건**
㉠ 방전이 안전하고 가공속도가 클 것
㉡ 가공 정밀도가 높을 것
㉢ 기계가공이 쉬울 것
㉣ 가공전극의 소모가 적을 것
㉤ 구하기 쉽고 값이 저렴할 것

10년간 자주 출제된 문제

물이나 경유 등에 연삭 입자를 혼합한 가공액을 공구의 진동면과 일감 사이에 주입시켜 가며 초음파에 의한 상하 진동으로 표면을 다듬는 가공 방법은?

① 방전가공   ② 초음파 가공
③ 전자빔 가공   ④ 화학적 가공

|해설|

초음파 가공
물이나 경유 등에 연삭입자를 혼합한 가공액을 공구의 진동면과 일감 사이에 주입시켜 가며 초음파 진동으로 표면을 다듬질한다.

정답 ②

핵심이론 22 | 수기가공

① 줄의 사용 순서

황목 → 중목 → 세목 → 유목

② 줄 작업 방법

㉠ 직진법 : 황삭 및 다듬질 작업

㉡ 사진법 : 황삭 및 볼록한 면의 수정 작업

㉢ 병진법 : 폭이 좁고 길이가 긴 가공물의 줄 작업

(a) 직진법   (b) 사진법   (c) 병진법

③ 탭의 파손 원인

㉠ 구멍이 너무 작거나 구부러진 경우

㉡ 탭이 경사지게 들어간 경우

㉢ 탭의 지름에 적합한 핸들을 사용하지 않는 경우

㉣ 너무 무리하게 힘을 가하거나 빠르게 절삭할 경우

㉤ 막힌 구멍의 밑바닥에 탭 선단이 닿았을 경우에는 탭이 파손

※ 탭 가공 시 드릴의 지름

$$d = D - p$$

여기서, D : 수나사 호칭지름, p : 나사피치

④ 탭 및 다이스

㉠ 탭 가공 : 암나사 가공, 1번, 2번, 3번 탭의 3개가 1조(Set)

㉡ 다이스 가공 : 수나사 가공

탭 가공 시 탭이 파손되는 원인 중 틀린 것은?

① 구멍이 너무 작을 경우
② 탭이 경사지게 들어갔을 경우
③ 탭 크기에 맞는 핸들을 사용했을 경우
④ 막힌 구멍의 밑바닥에 탭이 닿았을 경우

|해설|

탭이 파손되지 않기 위해 탭 크기에 맞는 핸들을 사용해야 한다.

정답 ③

핵심이론 23 | 측 정

① 각도 측정기

각도 게이지, NPL식 각도 게이지, 사인바, 수준기, 콤비네이션 세트, 베벨각도기, 광학식 클리노미터, 광학식 각도기, 오토 콜리메이터

② 사인바

길이를 측정하여 직각삼각형의 삼각함수를 이용한 계산에 의하여 임의각의 측정 또는 임의각을 만드는 기구이다.

$$\sin \phi = \frac{H-h}{L}$$

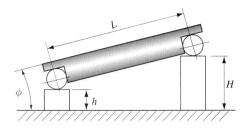

③ 측정방법

　㉠ 비교측정 : 블록 게이지와 다이얼 게이지 등을 사용하여 측정물의 치수를 비교하여 측정하는 방법

　㉡ 직접측정 : 버니어 캘리퍼스, 마이크로 미터와 같이 측정기에 표시된 눈금에 의해 직접 측정물의 치수를 읽는 방법

　㉢ 간접측정 : 나사, 기어 등과 같이 기하학적 관계를 이용하여 측정

④ 나사의 유효지름 측정방법

　㉠ 삼침법에 의한 유효지름 측정 방법

　㉡ 나사 마이크로 미터에 의한 유효지름 측정 방법

　㉢ 광학적인 방법(공구현미경, 투영기 사용)

⑤ 아베의 원리

　㉠ 측정하려는 길이를 표준자로 사용되는 눈금의 연장선상에 놓는다. 이때 피측정물과 표준자와는 측정방향에 있어서 동일 직선상에 배치하여야 한다.

ⓛ 만족 : 외측 마이크로 미터, 측장기 등

ⓒ 불만족 : 버니어 캘리퍼스

⑥ 측정오차

　ⓐ 측정기 오차(계기오차) : 측정기의 구조, 측정 압력, 측정 온도, 측정기의 마모 등에 따른 오차를 말한다.

　ⓑ 시차 : 측정자의 눈의 위치에 따라 눈금의 읽음값에 오차가 생기는 경우

　ⓒ 우연오차 : 기계에서 발생하는 소음이나 진동 등과 같은 주위 환경에서 오는 오차 또는 자연현상의 급변 등으로 생기는 오차

⑦ 다이얼 게이지의 특징

　ⓐ 소형, 경량으로 취급이 용이하다.

　ⓑ 측정 범위가 넓다.

　ⓒ 눈금과 지침에 의해서 읽기 때문에 오차가 작다.

　ⓓ 연속된 변위량의 측정이 가능하다.

　ⓔ 많은 개소의 측정을 동시에 할 수 있다.

　ⓕ 부속품의 사용에 따라 광범위하게 측정할 수 있다.

23-1. 버니어 캘리퍼스, 마이크로 미터 등이 대표적인 측정기로 측정 대상물의 측정기의 눈금을 이용하여 직접 읽는 측정방법은?

① 직접측정　　　　② 간접측정
③ 비교측정　　　　④ 형상측정

23-2. 나사의 유효지름 측정방법에 해당하지 않는 것은?

① 나사마이크로미터에 의한 유효지름 측정 방법
② 삼침법에 의한 유효지름 측정 방법
③ 공구현미경에 의한 유효지름 측정 방법
④ 사인바에 의한 유효지름 측정 방법

|해설|

23-1
① 직접측정 : 버니어 캘리퍼스, 마이크로 미터와 같이 측정기에 표시된 눈금에 의해 직접 측정물의 치수를 읽는 방법이다.
② 간접측정 : 나사, 기어 등과 같이 모양이 복잡한 측정물의 경우에 기하학적 관계를 이용하여 측정하는 방법으로 롤러와 블록 게이지에 의한 테이퍼 측정, 사인바에 의한 각도 측정, 삼침법에 의한 나사의 유효 지름 측정 등이 있다.
③ 비교측정 : 블로 게이지와 다이얼 게이지 등을 사용하여 측정물의 치수를 비교하여 측정하는 방법이다.

23-2
사인바는 각도를 측정하는 데 쓰인다.
나사의 유효지름 측정방법
• 삼침법에 의한 방법
• 나사마이크로미터에 의한 방법
• 광학적인 방법(공구현미경, 투영기 사용)

정답 23-1 ① 23-2 ④

CHAPTER 04 CNC공작법 및 안전관리

제1절 CNC공작기계

핵심이론 01 CNC공작기계 제어방식

① CNC의 제어방식

　㉠ 위치결정 제어 : 이동 중에 속도 제어 없이 최종 위치만 찾아 제어하는 방식으로 주로 드릴링 머신, 스폿 용접기, 펀치 프레스 등에 적용한다.

　㉡ 직선절삭 제어 : 직선으로 이동하면서 절삭이 이루어지는 방식으로 주로 밀링머신, 보링머신, 선반 등에 적용한다.

　㉢ 윤곽절삭 제어 : 2개 이상의 서보모터를 연동시켜 위치와 속도를 제어하므로 대각선 경로, S자형 경로, 원형 경로 등 어떠한 경로라도 자유자재로 공구를 이동시켜 연속절삭을 할 수 있는 방식이다. 최근의 CNC공작기계는 대부분 이 방식을 적용한다.

② 개방회로 방식(Open Loop System)

　개방회로 방식은 피드백 장치 없이 스테핑 모터를 사용한 방식으로 실용화되었으나, 피드백 장치가 없기 때문에(가공 정밀도가 나쁨) 현재는 거의 사용되지 않는다.

③ 반폐쇄회로 방식(Semi-closed Loop System)

　반폐쇄회로 방식은 모터에 내장된 태코제너레이터(펄스제너레이터)에서 속도를 검출하고, 인코더에서 위치를 검출하여 피드백하는 제어방식이다.

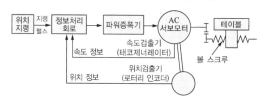

④ 폐쇄회로 방식(Closed Loop System)

　폐쇄회로 방식은 모터에 내장된 태코제너레이터에서 속도를 검출하고, 기계의 테이블에 부착한 스케일에서 위치를 검출하여 피드백시키는 방식이다.

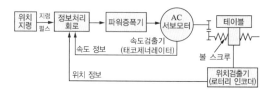

⑤ 복합회로 방식(Hybrid Servo System)

　복합회로 서보방식은 반폐쇄회로 방식과 폐쇄회로 방식을 결합하여 고정밀도로 제어하는 방식으로, 가격이 고가이므로 고정밀도를 요구하는 기계에 사용된다.

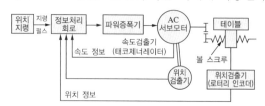

1-1. 위치와 속도를 서보모터의 축이나 볼나사의 회전각도로 검출하여 피드백(Feedback)시키는 서보기구로, 일반 CNC공작기계에서 주로 사용되는 다음과 같은 제어 방식은?

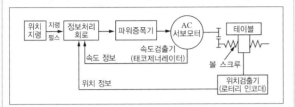

① 개방회로 방식   ② 폐쇄회로 방식
③ 반폐쇄회로 방식   ④ 반개방회로 방식

1-2. CNC공작기계의 3가지 제어 방식에 속하지 않는 것은?

① 위치결정 제어   ② 직선절삭 제어
③ 원호절삭 제어   ④ 윤곽절삭 제어

|해설|

1-1
- 개방회로방식 : 피드백 장치 없이 스테핑 모터를 사용한 방식으로 실용화되었으나, 피드백 장치가 없기 때문에 가공 정밀도에 문제가 있어 현재는 거의 사용되지 않는다.
- 폐쇄회로 방식 : 모터에 내장된 태코제너레이터에서 속도를 검출하고, 기계의 테이블에 부착한 스케일에서 위치를 검출(로터리 인코더)하여 피드백시키는 방식이다.
- 반폐쇄회로 방식 : 모터에 내장된 태코제너레이터(펄스제너레이터)에서 속도를 검출하고, 인코더에서 위치를 검출하여 피드백하는 제어방식이다.
- 복합회로 방식 : 반폐쇄회로 방식과 폐쇄회로 방식을 결합하여 고정밀도로 제어하는 방식으로, 가격이 고가이므로 고정밀도를 요구하는 기계에 사용된다.

1-2
CNC공작기계는 제어방식에 따라 위치결정 제어, 직선절삭 제어, 윤곽절삭 제어의 3가지 방식으로 구분할 수 있다.

정답 1-1 ② 1-2 ③

핵심이론 02 | CNC 프로그래밍 기초

① **기계 좌표계**
기계 제작사가 일정한 위치에 정한 기계의 기준점, 즉 기계원점을 기준으로 하는 좌표계

② **공작물 좌표계**
공작물의 가공을 위하여 설정하는 좌표계, 즉 프로그램을 할 때에는 도면상의 한 점을 원점으로 정하여 프로그램하고, 공작물이 도면과 같이 가공되도록 이 프로그램 원점과 공작물의 한점을 일치시킨 좌표계

③ **구역 좌표계**
공작물 좌표계로 프로그램 되어 있을 때 특정 영역의 프로그램을 쉽게 하기 위하여 특정한 영역에만 적용되는 좌표계를 만들 수 있는 좌표계

④ **프로그램 원점**
프로그램을 편리하게 하기 위하여 도면상의 임의의 점을 프로그램상의 절대좌표의 기준점으로 정한 점을 프로그램 원점이라고 한다. 프로그램은 공구가 도면을 따라 움직인다고 가정하여 프로그래밍한다.

⑤ **지령방법**
  ㉠ 절대지령 방식 : 프로그램 원점을 기준으로 직교 좌표계의 좌표값을 입력하는 방식
     예 CNC선반 : G00 X20.0 Z40.0;
        머시닝센터 : G00 G90 X10.0 Y10.0 Z20.0;
  ㉡ 증분지령 방식 : 현재의 공구위치를 기준으로 끝점까지의 X, Y, Z의 증분값을 입력하는 방식
     예 CNC선반 : G00 U20.0 W40.0;
        머시닝센터 : G00 G91 X10.0 Y10.0 Z20.0;
  ㉢ 혼합지령 방식 : 위의 절대지령 방식과 증분지령 방식을 한 블록 내에 혼합하여 지령하는 방식
     예 CNC선반 : G00 X20.0 W40.0;

2-1. CNC공작기계 좌표계의 이동위치를 지령하는 방식에 해당하지 않는 것은?

① 절대지령 방식
② 증분지령 방식
③ 잔여지령 방식
④ 혼합지령 방식

2-2. 일반적으로 프로그램 작성자가 프로그램을 쉽게 작성하기 위하여 공작물 좌표계 원점과 일치시키는 것은?

① 기계 원점
② 제2원점
③ 제3원점
④ 프로그램 원점

|해설|

2-1

좌표치의 지령방법
• 절대지령 방식 : 프로그램 원점을 기준으로 움직일 방향과 좌표치를 입력하는 방식
• 증분지령 방식 : 현재의 공구위치를 기준으로 끝점까지의 X, Y, Z의 증분값을 입력하는 방식
• 혼합지령 방식 : 절대지령과 증분지령 방식을 한 블록 내에 혼합하여 지령하는 방식

2-2

프로그램 원점 : 일반적으로 프로그램 작성자가 프로그램을 쉽게 작성하기 위하여 공작물 좌표계의 원점과 일치시킨다.

정답 2-1 ③ 2-2 ④

핵심이론 03 | 프로그램의 정의 및 구성

① 주소(Address)

기능	주소			의 미
프로그램 번호	O			프로그램 번호
전개번호	N			전개번호(작업 순서)
준비 기능	G			이동형태(직선, 원호 등)
좌표어	X	Y	Z	각 축의 이동 위치 지정(절대 방식)
	U	V	W	각 축의 이동 거리와 방향 지정(증분 방식)
	A	B	C	부가축의 이동 명령
	I	J	K	원호 중심의 각 축 성분, 모따기 양 등
	R			원호반지름, 코너 R
이송 기능	F, E			이송속도, 나사리드
보조 기능	M			기계 각 부위 지령
주축 기능	S			주축속도, 주축 회전수
공구 기능	T			공구번호 및 공구 보정번호
휴 지	X, P, U			휴지시간(Dwell)
프로그램 번호 지정	P			보조 프로그램 호출번호
전개번호 지정	P, Q			복합 반복 사이클에서의 시작과 종료 번호
반복 횟수	L			보조 프로그램 반복 횟수
매개 변수	D, I, K			주기에서의 파라미터(절입량, 횟수 등)

② 수치의 소수점의 사용

소수점은 거리와 시간 속도의 단위를 갖는 것에 사용되는 주소(X, Y, Z, U, A, B, C, I, J, K, R, F)의 수치에만 가능하다. 단, 파라미터 설정에 따라 소수점 없이 사용할 수도 있다.

예 X100.=100mm, X10.05=10.05mm

　X100=0.1mm, X1005=1.005mm

(최소 지령단위가 0.001mm이므로 소수점이 없으면 뒤쪽에서 3번째에 소수점이 있는 것으로 간주한다)
S2000. : 알람 발생(소수점 입력 에러) – 길이를 나타내는 수치가 아님

③ 단어(Word)

단어는 CNC프로그램의 기본 단위이며, 주소와 수치로 구성된다. 주소는 알파벳(A~Z) 중 1개를 사용하고, 주소 다음에 수치를 지령한다.

예 X 200. → 주소(X) + 수치(200.)=단어(Word)

④ 지령절(Block)

몇 개의 단어가 모여 구성된 한 개의 지령단위를 지령절이라고 하며, 지령절과 지령절은 EOB(End Of Block)으로 구분되며, 제작회사에 따라 ";" 또는 "#"과 같은 부호로 간단히 표시한다. 한 지령절에 사용되는 단어의 수에는 제한이 없다.

N___ G___ X___ Z___ F___ S___ T___ M___ ;

전개번호 준비기능 좌표어 이송기능 주축기능 공구기능 보조기능 EOB

3-1. CNC 프로그램에서 단어(Word)의 구성은 어떻게 되어 있는가?

① 어드레스(Address) + 어드레스(Address)
② 수치(Data) + 수치(Data)
③ 블록(Block) + 수치(Data)
④ 어드레스(Address) + 수치(Data)

3-2. CNC 선반에서 NC 프로그램을 작성할 때 소수점을 사용할 수 있는 어드레스만으로 구성된 것은?

① X, U, R, F
② W, I, K, P
③ Z, G, D, Q
④ P, X, N, E

|해설|

3-1
• 주소(Address) : 영문 대문자(A~Z) 중의 한 개로 표시
• 수치(Data) : 주소(Address)의 기능에 따라 2자리, 4자리 수
• 단어(Word) : 주소(Address)와 수치(Data)로 구성
• 지령절(Block) : 몇 개의 단어(Word)가 모여 구성된 하나의 지령단위

3-2
소수점은 거리와 시간 속도의 단위를 갖는 것에 사용되는 주소(X, Y, Z, A, B, C, I, J, K, R, F)의 수치에만 가능하다. 단, 파라미터 설정에 따라 소수점 없이 사용할 수도 있다.
※ 이들 이외의 주소와 사용되는 수치는 소수점을 사용하면 에러가 발생된다.

정답 3-1 ④ 3-2 ①

① 준비기능(G)

제어장치의 기능을 동작하기 위한 준비를 하는 기능으로, 영문자 "G"와 두 자리의 숫자로 구성되어 있다.
※ 준비기능의 구분

구 분	의 미	G-code	구 별
1회 유효 G코드 (One Shot G-code)	지령된 블록에서만 유효한 기능	G04, G28 G50, G70 등	00 그룹
연속 유효 G코드 (Modal G-code)	동일 그룹의 다른 G 코드가 지령될 때까지의 유효한 기능	G00, G01, G02, G03 등	00 이외 그룹

② 주축기능(S)

주축의 회전속도를 지령하는 기능으로 영문자 "S"를 사용하며, G96(절삭속도 일정제어) 또는 G97(주축 회전수 일정제어)과 함께 지령하여야 한다.

G코드	의 미	예	해 석
G96	주축 속도 일정제어(m/min)	G96 S100 M03	주축속도 100m/min로 일정하게 시계방향 회전
G97	주축 회전수 일정제어(rpm)	G97 S1000 M03	주축 1,000rpm으로 시계방향 회전

③ 이송기능(F)

이송속도를 지령하는 기능으로, 영문자 "F"를 사용하며, 준비기능의 회전당 이송 또는 분당 이송지령과 함께 사용하여야 한다.

※ CNC선반과 머시닝센터의 회전당 이송과 분당 이송

구 분	CNC선반	구 분	머시닝센터
G98	분당 이송(mm/min)	*G94	분당 이송(mm/min)
*G99	회전당 이송(mm/rev)	G95	회전당 이송(mm/rev)

(* : 전원 공급 시 자동으로 설정됨)

④ 공구기능(T)

㉠ 공구를 선택하는 기능으로 영문자 "T"와 2자리의 숫자를 사용한다.

ⓛ CNC선반의 경우

T □□ ▲▲
    └─ 공구보정번호(01~99번) – 00은 보정 취소 기능임
    └── 공구선택번호(01~99번) – 기계사양에 따라 지령 가능한 번호 결정

ⓒ 머시닝센터의 경우

T □□ M06 ---- □□번 공구 선택하여 교환

10년간 자주 출제된 문제

4-1. 다음 중 명령된 블록에 한해서만 유효한 1회 유효 G-코드(One Shot G-code)는?

① G90   ② G40
③ G04   ④ G01

4-2. CNC선반 프로그램에서 주축회전수(rpm) 일정제어 G-코드는?

① G96   ② G97
③ G98   ④ G99

|해설|

4-1

구 분	의 미	G-code	구 별
1회 유효 G코드 (One Shot G-code)	지령된 블록에서만 유효한 기능	G04, G28 G50, G70 등	00 그룹
연속 유효 G코드 (Modal G-code)	동일 그룹의 다른 G코드가 지령될 때까지의 유효한 기능	G00, G01, G02, G03 등	00 이외 그룹

4-2
② G97 : 주축 회전수(rpm) 일정제어
① G96 : 절삭속도(m/min) 일정제어
③ G98 : 분당 이송 지정(mm/min)
④ G99 : 회전당 이송 지정(mm/rev)

정답 4-1 ③ 4-2 ②

핵심이론 05 | CNC선반 프로그래밍

① 좌표계 설정 및 최고 회전수 제한(G50)

  ㉠ G50 X___ Z___ S___;

  ⓛ 사용 공구가 출발하는 임의의 위치를 시작점이라고 하며, 프로그램의 원점과 시작점의 위치 관계를 NC에 알려주어 프로그램의 원점을 절대 좌표의 원점(X0, Z0)으로 설정하여 주는 것을 좌표계 설정이라고 한다.

  예 G50 X150.0 Z150.0 S1200;
    시작점은 공작물의 원점에서 X방향 150mm, Z방향 150mm에 위치한 점이다. 주축의 최고 회전수는 1,200rpm으로 제한된다.

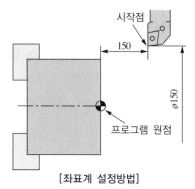

[좌표계 설정방법]

② 자동 원점복귀(G28)

  ㉠ G28 X(U)___ Z(W)___;

  ⓛ 원점복귀를 지령할 때에는 급속이송 속도로 움직이므로 가공물과의 충돌을 피하기 위하여 중간 경유점을 경유하여 복귀하도록 하는 것이 좋다. 중간 경유점의 위치를 지정할 때에는 증분지령(U, W)으로 지령하는 것이 충돌을 피하는 좋은 방법이다.

  예 G28 U0 W0;
    현 지점을 경유하여 X축과 Z축이 원점으로 복귀한다. 가장 많이 사용하는 방법이다.

  ※ G30 : 제2원점, 제3원점, 제4원점 복귀
    G27 : 원점 복귀 확인
    G29 : 원점으로부터 자동 복귀

③ CNC선반의 준비기능

G-코드	그 룹	기 능
★G00	01	위치결정(급속 이송)
★G01		직선보간(절삭 이송)
★G02		원호보간(CW : 시계방향)
★G03		원호보간(CCW : 반시계방향)
★G04	00	휴지(Dwell)
G10		데이터(Data) 설정
G20	06	Inch 입력
G21		Metric 입력
G22	04	금지영역 설정
G23		금지영역 설정 취소
G25	08	주축속도 변동 검출 OFF
G26		주축속도 변동 검출 ON
★G27	00	원점복귀 확인
★G28		자동 원점 복귀
G29		원점으로부터 복귀
G30		제2원점, 제3원점, 제4원점 복귀
G32	01	나사 절삭
★G40	07	공구 인선 반지름 보정 취소
★G41		공구 인선 반지름 보정 좌측
★G42		공구 인선 반지름 보정 우측
★G50	00	공작물 좌표계 설정, 주축 최고 회전수 설정
★G70	00	다듬 절삭 사이클
★G71		안·바깥지름 거친 절삭 사이클
G72		단면 거친 절삭 사이클
G73		형상 반복 사이클
G74		Z방향 홈 가공 사이클(팩 드릴링)
G75		X방향 홈 가공 사이클
G76		나사 절삭 사이클
G90	01	내·외경 절삭 사이클
G92		나사 절삭 사이클
G94		단면 절삭 사이클
★G96	02	절삭속도(m/min) 일정제어
★G97		주축 회전수(rpm) 일정제어
★G98	03	분당 이송 지정(mm/min)
★G99		회전당 이송 지정(mm/rev)

★ : CNC선반에서 자주 출제되는 G-코드

※ 참 고
• 00그룹은 지령된 블록에서만 유효(One Shot G-코드)
• G-코드는 그룹이 서로 다르면 한 블록에 몇 개라도 지령할 수 있다.
• 동일 그룹의 G-코드를 같은 블록에 1개 이상 지령하면, 뒤에 지령한 G-코드만 유효하거나 알람이 발생한다.

④ M-코드 일람표

M-코드	기 능
M00	프로그램 정지(실행 중 프로그램을 정지시킨다)
M01	선택 프로그램 정지(조작판의 M01 스위치가 ON인 경우 정지)
M02	프로그램 끝
M03	주축 정회전
M04	주축 역회전
M05	주축 정지
M08	절삭유 ON
M09	절삭유 OFF
M30	프로그램 끝 & Rewind
M98	보조프로그램 호출
M99	보조프로그램 종료

5-1. CNC공작기계가 가지고 있는 M(보조기능)기능이 아닌 것은?

① 스핀들 정·역회전 기능
② 절삭유 ON/OFF 기능
③ 절삭속도 선택기능
④ 프로그램의 선택적 정지 기능

5-2. CNC 선반에서 주축 최고 회전수를 지정해 주는 기능은?

① G28 S1500;
② G50 S1500;
③ G81 S1500;
④ G92 S1500;

|해설|

5-1
절삭속도 선택기능은 이송 기능(F)이다.

M코드

M코드	기 능	M코드	기 능
M00	프로그램 정지	M08	절삭유 ON
M01	프로그램 선택 정지	M09	절삭유 OFF
M02	프로그램 끝	M30	프로그램 끝 & 리셋
M03	주축 정회전	M98	보조프로그램 호출
M04	주축 역회전	M99	보조프로그램 종료
M05	주축 정지		

5-2
G50 : 공작물 좌표계 설정, 주축 최고 회전수 설정

정답 5-1 ③ 5-2 ②

핵심이론 06 │ 보간기능

① 급속 위치결정(G00)

㉠
```
G00 X(U)___ Z(W)___;
```

㉡ 위치결정은 가공을 하기 위하여 공구를 일정한 위치로 이동하는 지령을 말하며, 파라미터에서 지정된 급속이송속도로 빠르게 움직이므로 공구와 가공물 또는 기계에 충돌하지 않도록 주의해야 한다.

절대지령	G00 X62.0 Z2.0;
증분지령	G00 U62.0 W2.0;
혼합지령	G00 X62.0 W2.0;

② 직선보간(G01)

㉠
```
G01 X(U)___ Z(W)___ F___;
```

㉡ 주로 직선으로 가공할 때 사용하는 기능으로 F에서 지정된 이송속도로 이동한다.

③ 원호보간(G02, G03)

```
G02(G03) X(U)___ Z(W)___ R___ F___;
G02(G03) X(U)___ Z(W)___ I___ K___ F___;
```

㉠ 원호를 가공할 때에 사용하는 기능이며, 시계방향(CW)이면 G02, 반시계방향(CCW)이면 G03을 지령한 후 끝점의 좌표를 지령하고, 반지름값 R을 지령하거나 시작점에서 원호 중심까지의 X축은 어드레스 I와 벡터량, Z축은 어드레스 K와 벡터량을 입력한다.

㉡ CNC선반의 경우 원호가공의 범위는 $\theta \leq 180°$이다.

④ 휴지(G04)

㉠
```
G04 X(U, P)___;
```

㉡ 지령한 시간 동안 이송이 정지되는 기능을 휴지(Dwell : 일시정지)기능이다.

㉢ 홈가공이나 드릴작업 등에서 간헐이송으로 칩을 절단할 때 사용한다.

㉣ 어드레스 X,U 또는 P와 정지하려는 시간을 수치로 입력한다. P는 소수점을 사용할 수 없으며, X와 U는 소수점 이하 세 자리까지 유효하다.

예 1.5초 동안 정지시키려면

　　G04 X1.5;　, G04 U1.5;　, G04 P1500;

※ 정지시간과 스핀들 회전수의 관계

$$정지시간(초) = \frac{60 \times 공회전수(회)}{스핀들\ 회전수(rpm)} = \frac{60 \times n(회)}{N(rpm)}$$

6-1. 1,000rpm으로 회전하는 주축에서 2회전 일시정지 프로그램을 할 때 맞는 것은?

① G04 X1.2;　　　　　② G04 W120;
③ G04 U1.2;　　　　　④ G04 P120;

6-2. 다음과 같이 ㉠→㉡까지 이동하기 위한 프로그램으로 옳은 것은?

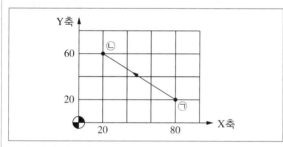

① G90 G00 X-60. Y-40.;
② G91 G00 X20. Y60.;
③ G90 G00 X20. Y60.;
④ G91 G00 X60. Y-40.;

|해설|

6-1
- G04 : 지령한 시간 동안 이송이 정지되는 기능(휴지기능/일시정지)

- $정지시간(초) = \dfrac{60 \times 공회전수(회)}{스핀들\ 회전수(rpm)}$

  $= \dfrac{60 \times n(회)}{N(rpm)} = \dfrac{60 \times 2회}{1,000rpm}$

  $= 0.12초$

0.12초 정지시키려면 G04 X0.12; 또는 G04 U0.12; 또는 G04 P120;

6-2
G90 G00 X20. Y60.; 절대지령, ㉡의 좌표 지령

정답 6-1 ④　6-2 ③

핵심이론 07 | CNC선반프로그램(1)

① 나사절삭 코드(G32)

G32 X(U)___ Z(W)___ (Q___) F___;

여기서, X(U)___ Z(W)___ ; 나사 절삭의 끝지점 좌표
　　　Q : 다줄 나사 가공 시 절입각도(1줄 나사의 경우 Q는 0이므로 생략한다)
　　　F : 나사의 리드

② 단일고정형 나사절삭 사이클(G92)

G92 X(U)___ Z(W)___ F___;　- 평행 나사

여기서, X(U) : 절삭 시 나사 끝지점 X좌표(지름지령)
　　　Z(W) : 절삭 시 나사 끝지점의 Z좌표
　　　F : 나사의 리드

③ 공구기능(T)

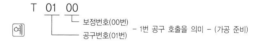

④ 공구 인선반지름 보정 G-코드

G-코드	가공위치	공구 경로
G40	인선반지름 보정 취소	프로그램 경로 위에서 공구 이동
G41	인선 좌측보정	프로그램 경로의 왼쪽에서 공구 이동
G42	인선 우측보정	프로그램 경로의 오른쪽에서 공구 이동

7-1. CNC선반 프로그램에서 나사가공 준비기능이 아닌 것은?

① G32   ② G42

③ G76   ④ G92

7-2. CNC선반 프로그램에서 T0101의 설명 중 틀린 것은?

① T0101에서 T는 공구기능을 나타낸다.

② T0101에서 앞부분 01은 공구교환에 필요하다.

③ T0101에서 뒷부분 01은 공구보정에 필요하다.

④ T0101은 1번 공구로 공구보정 없이 가공한다.

|해설|

7-1

① G32 : 나사 절삭

② G42 : 공구 인선 반지름 보정 우측

③ G76 : 나사 절삭 사이클

④ G92 : 나사 절삭 사이클

7-2

CNC선반의 경우 - T □□△△

• T : 공구기능

• △△ : 공구보정번호(01번~99번) → 00은 보정 취소 기능임

• □□ : 공구선택번호(01번~99번) → 기계 사양에 따라 지령 가능한 번호 결정

• 공구보정 없이 보정 취소를 하려면 T0100으로 지령해야 한다.

정답 7-1 ②   7-2 ④

핵심이론 08 │ CNC선반프로그램(2)

① 안・바깥지름 절삭 사이클(G90)

```
G90 X(U)___ Z(W)___ F__; (직선 절삭)
G90 X(U)___ Z(W)___ I(R)___ F__; (테이퍼 절삭)
```

여기서, X(U)___ Z(W)___ ; 절삭의 끝점 좌표

        I(R) : 테이퍼의 경우 절삭의 끝점과 절삭의 시작점의 상대 좌표값, 반지름 지령

        F : 이송속도

② 단면 절삭 사이클(G94)

```
G90 X(U)___ Z(W)___ F__; (평행 절삭)
G90 X(U)___ Z(W)___ K(R)___ F__; (테이퍼 절삭)
```

여기서, X(U)___ Z(W)___; 절삭의 끝점 좌표

        K(R) : 테이퍼의 경우 절삭의 끝점과 절삭의 시작점의 상대 좌표값

③ 안・바깥지름 거친 절삭 사이클(G71)

```
G71 U(△d) R(e);
G71 P(ns) Q(nf) U(△u) W(△w) F(f);
```

여기서, U(△d) : 1회 가공깊이(절삭깊이)-(반지름 지령, 소수점 지령 가능)

        R(e) : 도피량(절삭 후 간섭 없이 공구가 빠지기 위한 양)

        P(ns) : 다듬 절삭가공 지령절의 첫 번째 전개번호

        Q(nf) : 다듬 절삭가공 지령절의 마지막 전개번호

        U(△u) : X축 방향 다듬 절삭 여유(지름지령)

        W(△w) : Z축 방향 다듬 절삭 여유

        F(f) : 거친절삭 가공 시 이송속도, 즉 P와 Q 사이의 데이터는 무시되고 G71블록에서 지령된 데이터가 유효

④ 다듬 절삭 사이클(G70)

G70 P(ns) Q(nf);

여기서, P(ns) : 다듬 절삭가공 지령절의 첫 번째 전개
번호
Q(nf) : 다듬 절삭가공 지령절의 마지막 전개
번호

8-1. CNC 선반 가공에서 그림과 같이 ㉠~㉣을 가공하는 단일 고정 사이클 프로그램으로 적합한 것은?

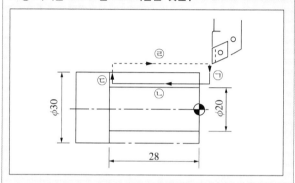

① G92 X20. Z-28. F0.25
② G94 X20. Z28. F0.25
③ G90 X20. Z-28. F0.25
④ G72 X20. W-28. F0.25

8-2. 다음 CNC선반 프로그램의 복합형 고정 사이클의 지령워드에 대한 설명으로 틀린 것은?

G71 U(d) R(r);
G71 P(p) Q(q) U(u) W(w) F(f);

① U(d) : 1회 절삭 깊이(반경 지령값)
② R(r) : 도피량(X축 후퇴량)
③ U(u) : X축 다듬질 여유
④ Q(q) : Z축 다듬질 여유

| 해설 |

8-1
- G92 : 단일고정형 나사절삭 사이클 – 도면상 나사 절삭이 아님
- G94 : 단면 절삭 사이클 – 도면상 단면 절삭이 아님, 단일 고정 사이클
- G90 : 안·바깥지름 절삭 사이클 – 단일 고정 사이클
- G72 : 단면 거친절삭 사이클 – 복합 반복 사이클

8-2
G71 : 안·바깥지름 거친 절삭 사이클(복합 반복 사이클)

G71 U(d) R(r);
G71 P(p) Q(q) U(u) W(w) F(f);

여기서, U(d) : 1회 가공 깊이(절삭 깊이)/반지름 지령, 소수점
지령 가능
R(r) : 도피량(절삭 후 간섭 없이 공구가 빠지기 위한 양)
P(p) : 다듬 절삭가공 지령절의 첫 번째 전개번호
Q(q) : 다듬 절삭가공 지령절의 마지막 전개번호
U(u) : X축 방향 다듬 절삭 여유(지름 지령)
W(w) : Z축 방향 다듬 절삭 여유
F(f) : 거친 절삭가공 시 이송속도(즉, P와 Q 사이의
데이터는 무시되고 G71블록에서 지령된 데이터
가 유효)

정답 8-1 ③ 8-2 ④

핵심이론 09 | 머시닝센터 G-코드

머시닝 센터의 G-코드 일람표

G-코드	그룹	기 능
★G00		급속 위치결정
★G01	01	직선보간(절삭)
★G02		원호보간(시계방향)
★G03		원호보간(반시계방향)
★G04	00	휴지(Dwell)
G17		X-Y평면
G18	02	Z-X평면
G19		Y-Z평면
★G27		원점 복귀 확인
★G28	00	자동원점 복귀
★G30		제2원점, 제3원점, 제4원점 복귀
★G40		공구경 보정 취소
★G41	07	공구경 보정 좌측
★G42		공구경 보정 우측
★G43		공구길이 보정 "+"
★G44	08	공구길이 보정 "-"
★G49		공구길이 보정 취소
G73		고속 심공드릴 사이클
G74		왼나사 탭 사이클
G76		정밀 보링 사이클
★G80		고정사이클 취소
G81	09	드릴 사이클
G82		카운터 보링 사이클
G83		심공드릴 사이클
G84		탭 사이클
★G90	03	절대지령
★G91		증분지령
★G92	00	공작물좌표계 설정
★G94	05	분당 이송(mm/min)
★G95		회전당 이송(mm/rev)
★G96	13	주축 속도 일정제어
★G97		주축 회전수 일정제어
G98		고정사이클 초기점 복귀
G99		고정사이클 R점 복귀

★ : 머시닝센터에서 자주 출제되는 G-코드

10년간 자주 출제된 문제

9-1. 머시닝센터 고정 사이클에서 태핑 사이클로 적당한 G기능은?

① G81 ② G82
③ G83 ④ G84

9-2. 머시닝센터에서 공구경 보정 및 공구길이 보정에 대한 G코드의 설명 중 틀린 것은?

① G40 : 공구지름 우측 보정
② G41 : 공구지름 좌측 보정
③ G43 : 공구길이 보정
④ G49 : 공구길이 보정 취소

|해설|

9-1
④ G84 : 탭 사이클
① G81 : 드릴링 사이클
② G82 : 카운터 보링 사이클
③ G83 : 심공 드릴 사이클

9-2
• G40 : 공구지름 보정 취소
• G42 : 공구지름 우측 보정

정답 9-1 ④ **9-2** ①

① 고정 사이클의 개요

여러 개의 블록으로 지령하는 가공동작을 G기능을 포함한 1개의 블록으로 지령하여 프로그램을 간단히 하는 기능

② 고정 사이클 동작 순서

　㉠ 동작 1 : X, Y축 위치결정

　㉡ 동작 2 : R점까지 급속이송

　㉢ 동작 3 : 구멍가공(절삭이송)

　㉣ 동작 4 : 구멍 바닥에서의 동작

　㉤ 동작 5 : R점 높이까지 복귀(급속이송)

　㉥ 동작 6 : 초기점 높이까지 복귀(급속이송)

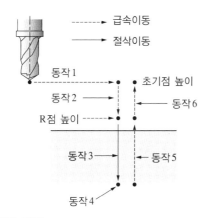

③ 구멍가공 모드

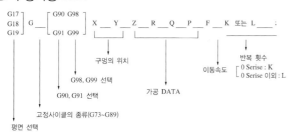

　㉠ Z : R점에서 구멍 바닥까지의 거리를 증분지령 또는 구멍 바닥의 위치를 절대지령으로 지정

　㉡ R : 가공을 시작하는 Z좌표치(Z축 공작물 좌표계 원점에서의 좌표값)

　㉢ Q : G73, G83 코드에서 매회 절입량 또는 G76, G87지령에서 후퇴량(항상 증분지령)

　㉣ P : 구멍 바닥에서 휴지시간

　㉤ F : 절삭 이송속도

　㉥ K 또는 L : 반복 횟수(만일 0을 지정하면 구멍가공 데이터는 기억하지만 구멍가공은 수행하지 않는다)

10년간 자주 출제된 문제

10-1. "G□□ X_ Y_ Z_ R_ Q_ P_ F_ L_;"는 머시닝 센터의 고정사이클 구멍 가공 모드 지령방법이다. 이때 P가 의미하는 것은?

① 절삭 이송 속도를 지정
② 초기점에서부터 거리를 지정
③ 고정사이클 반복 횟수를 지정
④ 구멍 바닥에서 휴지시간을 지정

10-2. 다음은 머시닝센터에서 고정 사이클을 지령하는 방법이다. G_ X_ Y_ R_ Q_ P_ F_ K_ 또는 L_;에서 K0 또는 L0라면 어떤 의미를 나타내는가?

① 고정 사이클을 1번만 반복하라는 뜻이다.
② 구멍 바닥에서 휴지시간을 갖지 말라는 뜻이다.
③ 구멍가공을 수행하지 말라는 뜻이다.
④ 초기점 복귀를 하지 말고 가공하라는 뜻이다.

| 해설 |

10-1
P : 구멍 바닥에서 휴지(Dwell)시간 지정

10-2
K0 또는 L0 : 구멍가공을 수행하지 말라는 뜻

정답 10-1 ④ 10-2 ③

핵심이론 01 | 선반작업의 안전

① 작업 전에 지켜야 할 안전사항
   ㉠ 가동 전에 주유 부분에는 반드시 주유한다.
   ㉡ 반드시 보안경을 착용한다.
   ㉢ 장갑, 반지 등을 착용하지 않도록 한다.
   ㉣ 복장은 간편하고, 활동이 편하며, 청결하게 착용한다.

② 작업 중에 지켜야 할 안전사항
   ㉠ 선반이 가동될 때는 자리를 이탈하지 않는다.
   ㉡ 선반 주위에서는 뛰거나 장난을 하지 않는다.
   ㉢ 척의 회전을 손이나 공구로 정지시키지 않는다.
   ㉣ 항상 공구의 정리정돈, 주변 정리를 깨끗이 한다.
   ㉤ 칩은 손으로 제거하지 않는다.

③ 바이트를 사용할 때 주의할 안전사항
   ㉠ 바이트를 교환할 때는 기계를 정지시키고 한다.
   ㉡ 바이트는 가능한 한 짧고 단단하게 고정한다.
   ㉢ 공구대를 회전시킬 때는 바이트에 유의한다.

④ 측정 및 공구를 사용할 때 안전사항
   ㉠ 측정을 할 때는 반드시 기계를 정지한다.
   ㉡ 회전하는 가공물을 손으로 만져서는 안 된다.
   ㉢ 척 핸들은 사용 후에 반드시 제거한다.
   ㉣ 공구는 항상 정리정돈하며 사용한다.

선반작업 시 안전 사항으로 올바르지 못한 것은?

① 칩이나 절삭유의 비산 방지를 위하여 플라스틱 덮개를 부착한다.
② 절삭 가공을 할 때에는 반드시 보호안경을 착용하여 눈을 보호한다.
③ 절삭 작업을 할 때에는 칩에 손을 베이지 않도록 장갑을 착용한다.
④ 척이 회전하는 도중에 일감이 튀어나오지 않도록 확실히 고정한다.

|해설|

장갑을 착용하는 것은 회전하는 일감에 말릴 위험이 있으므로 절대로 착용해서는 안 된다.

정답 ③

① 작업 전에 지켜야 할 안전사항

  ㉠ 가동 전에 주유할 부분에는 주유를 한다.

  ㉡ 칩이 비산하므로 반드시 보안경을 착용한다.

  ㉢ 장갑이나 반지, 팔찌, 목걸이 등은 착용하지 않는다.

  ㉣ 칩 커버를 설치한다.

② 작업 중에 지켜야 할 안전사항

  ㉠ 기계가공 중에는 자리를 이탈하지 않는다.

  ㉡ 테이블 위에 공구나 측정기 등을 올려놓지 않는다.

  ㉢ 공작물의 거스러미는 매우 날카롭기 때문에 주의해서 제거한다.

  ㉣ 주축속도를 변속시킬 때는 반드시 주축이 정지한 후에 변환한다.

③ 작업 후에 지켜야 할 안전사항

  ㉠ 밀링으로 절삭한 칩은 날카로우므로 주의하여 청소한다.

  ㉡ 습동면이나 주유해야 하는 부분에는 주유를 한다.

  ㉢ 테이블 위에서의 작업 중 상처가 나지 않았는지 살펴본다.

10년간 자주 출제된 문제

밀링작업에서 안전 및 유의사항으로 틀린 것은?

① 정면 밀링 커터 작업 시 칩 커버를 설치한다.
② 측정기와 공구는 기계 테이블 위에 놓고 작업한다.
③ 공작물 설치 시는 반드시 주축을 정지시킨다.
④ 주축 회전 중에는 칩을 제거하지 않는다.

|해설|

밀링작업 시 기계 위에 측정기 및 공구를 올려놓지 않는다.

정답 ②

---

① 연삭 안전

  ㉠ 연삭숫돌은 사용 전에 확인하고 3분 이상 공회전시킬 것

  ㉡ 연삭숫돌은 정확히 고정할 것

  ㉢ 연삭숫돌은 덮개를 설치하여 사용할 것

  ㉣ 무리한 연삭을 하지 말 것

  ㉤ 연삭가공을 할 때 원주 정면에 서지 말 것

  ㉥ 연삭숫돌 측면에서 연삭하지 말 것

② 연삭숫돌의 검사

  ㉠ 음향검사 : 나무해머나 고무해머 등으로 연삭숫돌의 상태를 검사하는 방법

  ㉡ 회전검사 : 사용할 원주 속도의 1.5~2배의 원주 속도로 원심력에 의한 파손 여부를 검사

  ㉢ 균형검사 : 정밀도와 우수한 표면거칠기를 얻기 위해 균형 검사를 한다.

10년간 자주 출제된 문제

연삭작업 시 안전사항으로 틀린 것은?

① 작업의 능률을 고려해 안전 커버(Cover)를 떼고 작업한다.
② 연삭작업을 할 때에는 보안경을 착용한다.
③ 연삭숫돌의 교환은 지정된 공구를 사용한다.
④ 연삭숫돌을 설치 후 3분 정도 공회전시켜 이상 유무를 확인한다.

|해설|

연삭숫돌은 고속으로 회전하여, 원심력에 의하여 파손되면 매우 위험하므로 안전에 유의해야 한다. 연삭숫돌은 안전커버(Cover)를 설치하여 사용해야 한다.

정답 ①

CNC 공작기계, 머시닝센터의 안전

① CNC 공작기계 안전

　㉠ 칩이 비산할 때는 보안경을 착용한다.

　㉡ 기계 위에 공구를 올려놓지 않는다.

　㉢ 절삭공구는 가능한 한 짧게 설치하는 것이 좋다.

　㉣ CNC선반 작업 중에는 문을 닫는다.

　㉤ 칩이 비산하는 재료는 칩 커버를 하거나 보안경을 착용한다.

　㉥ 칩의 제거는 브러시를 사용한다.

② 머시닝센터 안전

　㉠ 작업 전에 일상점검을 하고 부족한 오일을 보충한다.

　㉡ 절삭공구 및 가공물은 정확하고 견고하게 고정한다.

　㉢ 절삭공구는 가능한 한 짧게 설치하는 것이 좋다.

　㉣ 절삭 중에 칩이나 절삭유가 튀어나오지 않도록 문을 닫고 작업한다.

　㉤ 칩이 비산하는 재료는 칩 커버를 하거나 보안경을 착용한다.

　㉥ 칩의 제거는 브러시를 사용한다.

10년간 자주 출제된 문제

CNC 기계가공 중에 지켜야 할 안전 및 유의사항으로 틀린 것은?

① CNC선반 작업 중에는 문을 닫는다.
② 머시닝센터에서 공작물은 가능한 한 깊게 고정한다.
③ 머시닝센터에서 엔드밀은 되도록 길게 나오도록 고정한다.
④ 항상 비상 정지 버튼은 위치를 확인한다.

|해설|

머시닝센터에서 엔드밀은 되도록 짧게 나오도록 고정해야 안전하다.

정답 ③

기어 절삭법

① 형판에 의한 방법

　기어 치형과 같은 형판을 사용하여 공구대를 형판에 따라 미끄럼 안내하여 가공하는 모장 절삭이며 특징은 다음과 같다.

　㉠ 기어가공면이 거칠다.

　㉡ 생산 능률이 낮다.

　㉢ 특수 용도의 기어 제작에 한정적으로 이용한다(저속용 대형 스퍼기어, 직선 베벨기어).

② 총형 공구에 의한 절삭법

　기어 이홈의 모양과 같은 커터를 사용하여 기어소재 1피치만큼씩 회전시켜서 차례로 기어를 절삭하며 특징은 다음과 같다.

　㉠ 치형 곡선과 피치의 정밀도가 나쁘다.

　㉡ 생산 능률이 낮아 소량 생산에 사용된다.

　㉢ 사용기계 : 밀링, 세이퍼, 슬로터

③ 창성에 의한 절삭

　인벌류트 곡선의 성질을 응용한 정확한 기어절삭 공구를 기어의 소재와 함께 회전 운동을 주며 축 방향으로 왕복운동을 시켜 절삭한다. 가공방법은 다음과 같다.

　㉠ 래크커터에 의한 방법

　㉡ 피니언 커터에 의한 방법

　㉢ 호브에 의한 절삭

10년간 자주 출제된 문제

기어 절삭 방법에 해당하지 않는 것은?

① 형판을 이용한 방법　　② 총형 커터를 이용한 방법
③ 복식 공구대를 이용한 방법　　④ 창성법을 이용한 방법

|해설|

기어 절삭법
• 형판에 의한 방법
• 총형 공구에 의한 절삭 방법
• 창성에 의한 절삭법(창성법)
※ 선반에서 테이퍼 가공방법 : 복식 공구대를 경사시키는 방법

정답 ③

핵심이론 06 | CAD/CAM, 점검사항

① CAD/CAM 시스템의 입출력 장치
  - ㉠ 입력장치 : 조이스틱, 라이트 펜, 마우스, 키보드, 태블릿, 스캐너 등
  - ㉡ 출력장치 : 프린터, 플로터, 모니터 등

② CAD/CAM 시스템의 작업 흐름
  도면 → 모델링 → 가공 정의 → CL데이터 생성 → 포스트 프로세싱 → DNC가공 → 검사 및 측정

③ CAD/CAM의 필요성
  - ㉠ 소비자 요구의 다양화
  - ㉡ 신제품 개발 경쟁 치열
  - ㉢ 제품 라이프 사이클(Life Cycle)의 단축
  - ㉣ 다품종 소량 생산

④ CAD/CAM 시스템의 적용 시 장점
  - ㉠ 생산성 향상
  - ㉡ 품질관리의 강화
  - ㉢ 효율적인 생산 체계
  - ㉣ 설계 및 제조시간 단축

⑤ 점검 사항
  - ㉠ 매일 점검 : 외관 점검, 유량 점검, 압력 점검, 각부의 작동 검사
  - ㉡ 매년 점검 : 레벨(수평) 점검, 기계 정밀도 검사, 절연 상태 점검

6-1. CAD/CAM 시스템의 입출력 장치에서 출력장치에 해당하는 것은?

① 프린터   ② 조이스틱
③ 라이트 펜   ④ 마우스

6-2. CAD/CAM 가공을 하기 위한 일반적인 순서로 알맞은 것은?

  - ㉠ 가공의 정의
  - ㉡ CL(Cutting Location) 데이터 생성
  - ㉢ DNC 가공
  - ㉣ 모델링
  - ㉤ 포스트 프로세싱

① ㉠ → ㉡ → ㉢ → ㉣ → ㉤
② ㉣ → ㉠ → ㉡ → ㉤ → ㉢
③ ㉤ → ㉢ → ㉡ → ㉠ → ㉣
④ ㉣ → ㉠ → ㉤ → ㉢ → ㉡

|해설|

6-1
- 입력장치 : 조이스틱, 라이트 펜, 마우스, 키보드 등
- 출력장치 : 프린터, 플로터, 모니터 등

6-2
도면 → 모델링 → 가공 정의 → CL데이터 생성 → 포스트 프로세싱 → DNC가공 → 검사 및 측정

정답 6-1 ① 6-2 ②

PART 02

과년도+최근 기출복원문제

#기출유형 확인   #상세한 해설   #최종점검 테스트

컴퓨터응용선반기능사
과년도 + 최근
기출복원문제

01 가단주철의 종류에 해당하지 않는 것은?

① 흑심 가단주철
② 백심 가단주철
③ 오스테나이트 가단주철
④ 펄라이트 가단주철

해설
가단주철 : 주철의 결점인 여리고 약한 인성을 개선하기 위하여 인성 또는 연성을 증가시킨 주철을 말한다.
가단주철의 종류(침탄처리방법에 따라)
• 백심 가단주철 : 파단면이 흰색
• 흑심 가단주철 : 파단면이 검은색
• 펄라이트 가단주철 : 입상펄라이트 조직

02 비자성체로서 Cr과 Ni를 함유하며 일반적으로 18-8 스테인리스강이라 부르는 것은?

① 페라이트계 스테인리스강
② 오스테나이트계 스테인리스강
③ 마텐자이트계 스테인리스강
④ 펄라이트계 스테인리스강

해설
오스테나이트계 스테인리스강의 표준 조성 : 크롬18%-니켈8%
18-8 스테인리스강의 입계 부식을 방지하기 위해 고온에서 담금질하여 탄화물을 고용시켜야 한다.
스테인리스강의 종류(페-오-마)
• 페라이트계 스테인리스강(고크롬계)
• 오스테나이트계 스테인리스강(고크롬, 고니켈계)
• 마텐자이트계 스테인리스강(고크롬, 고탄소계)

03 8~12% Sn에 1~2% Zn의 구리합금으로 밸브, 콕, 기어, 베어링, 부시 등에 사용되는 합금은?

① 코르손 합금
② 베릴륨 합금
③ 포 금
④ 규소 청동

해설
포금 : 8~12% Sn에 1~2% Zn을 넣은 것으로 예전에 포신 재료로 많이 사용되었다.
• 용도 : 밸브, 베어링, 프로펠러, 피스톤, 기어, 콕, 플랜지 등
• 애드미럴티 포금 : 88% Cu-10% Sn-2% Zn으로, 수압과 증기압에 잘 견딘다.

04 주철의 여러 성질을 개선하기 위하여 합금 주철에 첨가하는 특수원소 중 크롬(Cr)이 미치는 영향이 아닌 것은?

① 경도를 증가시킨다.
② 흑연화를 촉진시킨다.
③ 탄화물을 안정시킨다.
④ 내열성과 내식성을 향상시킨다.

해설
주철 첨가 원소 크롬(Cr)이 미치는 영향
• 흑연화 저해
• 경도 증가
• 탄화물 안정화(탄화철의 안정화 작용)
• 내열성과 내식성 향상

1 ③ 2 ② 3 ③ 4 ② **정답**

05 다이캐스팅 알루미늄 합금으로 요구되는 성질 중 틀린 것은?

① 유동성이 좋을 것
② 금형에 대한 점착성이 좋을 것
③ 열간 취성이 작을 것
④ 응고수축에 대한 용탕 보급성이 좋을 것

해설

다이캐스팅 : 정밀 가공하여 제작된 금형에 용융 상태의 합금을 가압 주입하여 치수가 정밀하고 동일형의 주물을 대량 생산하는 주조 방법이다.
다이캐스팅 합금 요구 성질
• 유동성이 좋을 것
• 열간 메짐(취성)이 작을 것
• 응고수축에 대한 용탕 보충이 잘될 것
• 금형에서 잘 떨어질 수 있을 것

06 탄소강의 경도를 높이기 위하여 실시하는 열처리는?

① 불 림
② 풀 림
③ 담금질
④ 뜨 임

해설

③ 담금질 : 재료를 단단하게 할 목적으로 강을 오스테나이트 조직으로 될 때까지 가열한 후 물이나 기름에 급랭하는 조작
① 불림 : 재료의 내부 응력 제거 및 균일한 결정 조직을 얻기 위해 높은 온도로 가열하여 균일한 오스테나이트 조직으로 한 후 공기 중에서 냉각시키는 조작
② 풀림 : 재료를 연하게 하거나 내부응력을 제거할 목적으로 강을 오스테나이트 조직으로 될 때까지 가열한 후 노나 재 속에서 서서히 냉각시키는 조작
④ 뜨임 : 재질에 적당한 인성을 부여하기 위해 담금질 온도보다 낮은 온도에서 일정시간을 유지한 후 냉각시키는 조작

열처리	목 적	냉각 방법
담금질	경도와 강도를 증가	급랭(유랭)
풀 림	재질의 연화	노 랭
불 림	결정 조직의 균일화(표준화)	공 랭

07 고용체에서 공간격자의 종류가 아닌 것은?

① 치환형
② 침입형
③ 규칙격자형
④ 면심입방격자형

해설

고용체에서 공간격자의 종류 : 치환형, 침입형, 규칙격자형
금속의 대표적인 결정격자
• 면심입방격자 금속 : 금, 구리, 니켈 등
• 체심입방격자 금속 : 크롬, 몰리브덴 등
• 조밀육방격자 금속 : 코발트, 마그네슘, 아연 등

08 브레이크 드럼에서 브레이크 블록에 수직으로 밀어붙이는 힘이 1,000N이고, 마찰계수가 0.45일 때 드럼의 접선방향 제동력은 몇 N인가?

① 150
② 250
③ 350
④ 450

해설

작용반작용의 원리에 의하여 접촉점에서 발생하는 힘은 제동레버와 드럼에서 각각 반대방향으로 작용한다. 드럼의 접선방향 제동력 P는 다음과 같다.
드럼의 접선방향 제동력(P) = μQ = 0.45 × 1,000N = 450N
∴ 제동력(P) = 450N

09 기어 전동의 특징에 대한 설명으로 가장 거리가 먼 것은?

① 큰 동력을 전달한다.

② 큰 감속을 할 수 있다.

③ 넓은 설치장소가 필요하다.

④ 소음과 진동이 발생한다.

해설

기어 전동의 특징

• 큰 동력을 전달한다.

• 큰 감속을 할 수 있다.

• 좁은 설치장소가 필요하다.

• 소음과 진동이 발생한다.

11 축 방향으로 인장하중만을 받는 수나사의 바깥지름(d)과 볼트재료의 허용인장응력(σ_a) 및 인장하중(W)과의 관계가 옳은 것은?(단, 일반적으로 지름 3mm 이상인 미터나사이다)

① $d = \sqrt{\dfrac{2W}{\sigma_a}}$ ② $d = \sqrt{\dfrac{3W}{8\sigma_a}}$

③ $d = \sqrt{\dfrac{8W}{3\sigma_a}}$ ④ $d = \sqrt{\dfrac{10W}{3\sigma_a}}$

해설

• 전단하중만을 받을 때

$$d = \sqrt{\frac{4W}{\pi\tau_\alpha}} = \sqrt{\frac{1.273W}{\tau_\alpha}}$$

• 축 하중만을 받을 때(해당 문제)

$$d = \sqrt{\frac{2W}{\sigma_\alpha}}$$

• 축 하중과 비틀림을 동시에 받을 때

$$d = \sqrt{\frac{8W}{3\sigma_\alpha}}$$

여기서, σ_α : 허용인장응력(N/mm^2)

W : 인장하중(N)

τ_α : 허용전단응력(N/mm^2)

10 미터나사에 관한 설명으로 틀린 것은?

① 기호는 M으로 표기한다.

② 나사산의 각도는 55°이다.

③ 나사의 지름 및 피치를 mm로 표시한다.

④ 부품의 결합 및 위치의 조정 등에 사용된다.

해설

미터나사

• 호칭지름과 피치를 mm단위로 나타낸다.

• 나사산 각은 60°인 미터계 삼각나사

• M호칭지름으로 표시(예 M8)

• 부품의 결합 및 위치의 조정 등에 사용된다.

미터 가는 나사

• M호칭지름 × 피치(예 M8 × 1)

• 나사의 지름에 비해 피치가 작아 강도를 필요로 하는 곳, 공작기계의 이완 방지용 등에 사용된다.

유니파이 나사

• 영국, 미국, 캐나다의 협정에 의해 만들어진 나사이다.

• ABC나사라고도 한다.

12 전단하중에 대한 설명으로 옳은 것은?

① 재료를 축 방향으로 잡아당기도록 작용하는 하중이다.

② 재료를 축 방향으로 누르도록 작용하는 하중이다.

③ 재료를 가로 방향으로 자르도록 작용하는 하중이다.

④ 재료가 비틀어지도록 작용하는 하중이다.

해설

하중의 작용 상태에 따른 분류

• 인장하중 : 재료의 축선 방향으로 늘어나게 하려는 하중

• 압축하중 : 재료의 축선 방향으로 재료를 누르는 하중

• 전단하중 : 재료를 가위로 가로 방향으로 자르려는 것과 같은 형태의 하중

• 굽힘하중 : 재료를 구부려 휘어지게 하는 형태의 하중

• 비틀림하중 : 재료를 비트는 형태로 작용하는 하중

13 평 벨트의 이음방법 중 효율이 가장 높은 것은?

① 이음쇠 이음   ② 가죽 끈 이음

③ 관자 볼트 이음   ④ 접착제 이음

해설

평 벨트의 이음방법(평 벨트는 반드시 연결해서 사용해야 한다) :
접착제 이음, 철사 이음, 가죽끈 이음, 이음쇠 이음

평 벨트 이음 효율

이음 종류	접착제 이음	철사 이음	가죽끈 이음	이음쇠 이음
이음 효율	75~90%	60%	40~50%	40~70%

15 베어링 호칭번호가 6205인 레이디얼 볼 베어링의 안지름은?

① 5mm   ② 25mm

③ 62mm   ④ 205mm

해설

6205 : 6 – 형식번호, 2 – 치수기호, 05 – 안지름 번호

• 안지름 20mm 이내 : 00–10mm, 01–12mm, 02–15mm, 03–17mm, 04–20mm

• 안지름 20mm 이상 : 안지름 숫자에 5를 곱한 수가 안지름 치수가 된다.

예 05=25mm(5×5=25), 20=100mm(20×5=100)

안지름 번호 부여 방법

안지름 범위 (mm)	안지름 치수	안지름 기호	예
10mm 미만	안지름이 정수인 경우 안지름이 정수가 아닌 경우	안지름 /안지름	2mm이면 2 2.5mm이면 /2.5
10mm 이상 20mm 미만	10mm 12mm 15mm 17mm	00 01 02 03	
20mm 이상 500mm 미만	5의 배수인 경우 5의 배수가 아닌 경우	안지름을 5로 나눈 수 /안지름	40mm이면 08 28mm이면 /28
500mm 이상		/안지름	560mm이면 /560

14 지름 $D_1 = 200$mm, $D_2 = 300$mm의 내접 마찰차에서 그 중심거리는 몇 mm인가?

① 50   ② 100

③ 125   ④ 250

해설

마찰차 중심거리(C)

• 내접의 경우($D_1 < D_2$)

$$중심거리(C) = \frac{D_2 - D_1}{2} = \frac{300mm - 200mm}{2} = 50mm$$

∴ 중심거리(C) = 50mm

• 외접의 경우

$$중심거리(C) = \frac{D_1 + D_2}{2}$$

16 다음 그림의 물체에서 화살표 방향을 정면도로 정투상하였을 때 투상도의 명칭과 투상도가 바르게 연결된 것은?

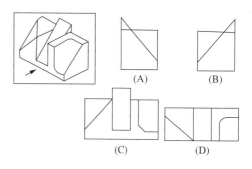

① (A) : 우측면도   ② (B) : 좌측면도

③ (C) : 정면도   ④ (D) : 저면도

17 기계제도에 사용하는 선의 분류에서 가는 실선의 용도가 아닌 것은?

① 치수선
② 치수 보조선
③ 지시선
④ 숨은선

용도에 따른 선의 종류

명 칭	선의 종류	선의 용도
외형선	굵은 실선	대상물이 보이는 부분의 모양을 표시하는 데 사용한다.
치수선	가는 실선	치수를 기입하기 위하여 사용한다.
치수 보조선		치수를 기입하기 위하여 도형으로부터 끌어내는 데 사용한다.
지시선		기술, 기호 등을 표시하기 위하여 끌어내는 데 사용한다.
숨은선	가는 파선	대상물의 보이지 않는 부분의 모양을 표시하는 데 사용한다.
중심선	가는 1점쇄선	도형의 중심을 표시하는 데 사용한다. 중심이 이동한 중심 궤적을 표시하는 데 사용한다.
특수 지정선	굵은 1점쇄선	특수한 가공을 하는 부분 등 특별한 요구 사항을 적용할 수 있는 범위를 표시하는 데 사용한다.

18 다음 중 각도 치수의 허용한계 기입 방법으로 잘못된 것은?

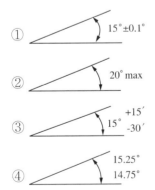

① 15°±0.1′

② 20° max

③ 15° +15′ -30′

④ 15.25° 14.75°

②의 20°max는 각도 치수의 허용한계 기입이 아니다.

19 다음의 기호는 어떤 밸브를 나타낸 것인가?

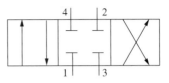

① 4포트 3위치 전환밸브
② 4포트 4위치 전환밸브
③ 3포트 3위치 전환밸브
④ 3포트 4위치 전환밸브

20 기계가공 도면에서 기계가공 방법 기호 중 줄 다듬질 가공기호는?

① FJ
② FP
③ FF
④ JF

기계가공 방법 기호

기 호	가공 방법	기 호	가공 방법
B	보링가공	M	밀링가공
D	드릴가공	SH	셰이퍼가공
L	선삭가공	G	연삭가공
P	플레이너(평삭)가공	FF	줄 다듬질

21 스퍼 기어의 도시법에서 잇봉우리원을 표시하는 선의 종류는?

① 가는 1점쇄선
② 가는 실선
③ 굵은 실선
④ 굵은 2점쇄선

해설
기어의 도시법
• 이끝원(잇봉우리원)은 굵은 실선으로 그린다.
• 피치원은 가는 1점쇄선으로 그린다.
• 이뿌리원(이골원)은 가는 실선으로 그린다.
• 축에 직각인 방향에서 본 단면도일 경우 이뿌리원(이골원)은 굵은 실선으로 그린다.

22 다음 도면에서 "A" 치수는 얼마인가?

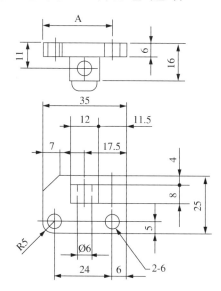

① 17.5
② 23.5
③ 24
④ 29

해설
"A"의 치수는 정면도 맨 위 치수 35mm에서 맨 아래 치수 6mm을 뺀 값으로, 29mm가 된다.

23 조립한 상태에서의 치수의 허용한계 기입이 "85 H6/g5"인 경우 해석으로 틀린 것은?

① 축 기준식 끼워맞춤이다.
② 85는 축과 구멍의 기준 치수이다.
③ 85H6의 구멍과 85g5의 축을 끼워맞춤한 것이다.
④ H6과 g5의 6과 5는 구멍과 축의 IT 기본 공차의 등급을 말한다.

해설
ϕ85 H6/g5 → 구멍 기준식 헐거운 끼워맞춤
기준 구멍 H6에서(구멍) – 구멍 기준식 끼워맞춤
• 헐거운 끼워맞춤 : f, g, h
• 중간 끼워맞춤 : js, k, m
• 억지 끼워맞춤 : n, p, r, s, t, u, k → ϕ100 H6/p6(구멍 기준식 억지 끼워맞춤)
끼워맞춤의 종류
• 구멍 기준식 끼워맞춤 : 아래 치수 허용차가 0인 H 기호 구멍으로 하고, 이에 적합한 축을 선정하여 필요로 하는 죔새나 틈새를 얻는 방식으로 H6~H10의 5가지 구멍을 기준 구멍으로 사용한다.
• 축 기준식 끼워맞춤 : 위 치수 허용차가 0인 h 기호 축을 기준으로 하고, 이에 적합한 구멍을 선정하여 필요로 하는 죔새나 틈새를 얻는 끼워맞춤으로, h5~h9의 5가지 축을 기준으로 사용한다.

24 그림과 같은 단면도의 명칭은?

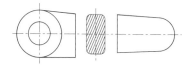

① 온단면도
② 회전도시 단면도
③ 부분 단면도
④ 한쪽 단면도

해설
• 온단면도 : 물체 전체를 둘로 절단해서 그림 전체를 단면으로 나타낸 것(전단면도)이다.
• 한쪽 단면도 : 상하 또는 좌우대칭인 물체는 1/4을 떼어 낸 것으로 보고 기본 중심선을 경계로 1/2은 외형, 1/2은 단면으로 동시에 나타낸다.
• 부분 단면도 : 필요한 일부분만을 파단선에 의해 그 경계를 표시하고 나타낸다.
• 회전도시 단면도 : 핸들, 벨트 풀리, 기어 등과 같은 바퀴의 암, 림, 리브, 훅, 축과 주로 구조물에 사용하는 형강 등의 절단한 모양을 90°로 회전시켜 투상도의 안이나 밖에 그리는 것(문제 그림)이다.

25 치수공차와 기하공차 사이의 호환성을 위한 규칙을 정한 것으로서 생산비용을 줄이는 데 유용한 공차 방식은?

① 형상공차 방식

② 최대허용공차 방식

③ 최대한계공차 방식

④ 최대실체공차 방식

해설

최대실체공차 방식 : 공차가 허용된 형태에 대한 실질 조건이 표기되었다면 기준이 되는 완전한 형태의 최대 재료 조건이 위배되지 말아야 한다는 허용공차의 원리이다. 최대실체공차를 적용하는 경우 도시 방법은 공차 기입란의 공차값 다음에 Ⓜ을 붙인다.

26 보링 작업에서 가장 많이 쓰이는 절삭 공구는?

① 바이트

② 리 머

③ 정면 커터

④ 탭

해설

작업	용도	절삭공구
보 링	뚫린 구멍을 다시 절삭, 구멍을 넓히고 다듬질하는 것	보링 바이트
리 밍	구멍의 정밀도를 높이기 위해 구멍을 다듬는 작업	리 머
탭 핑	공작물 내부에 암나사 가공	탭

27 주철과 같이 메진 재료를 저속으로 절삭할 때 발생하는 칩의 형태는 어느 것인가?

① 전단형 칩

② 경작형 칩

③ 균열형 칩

④ 유동형 칩

해설

칩의 종류

칩의 종류	유동형 칩	전단형 칩
정 의	칩이 경사면 위를 연속적으로 원활하게 흘러 나가는 모양으로 연속형 칩	경사면 위를 원활하게 흐르지 못할 때 발생하는 칩
재 료	연성재료(연강, 구리, 알루미늄) 가공	연성재료(연강, 구리, 알루미늄) 가공
절삭깊이	적을 때	클 때
절삭속도	빠를 때	작을 때
경사각	클 때	작을 때
비 고	가장 이상적인 칩	진동 발생, 표면거칠기 나빠짐

칩의 종류	경작형 칩	균열형 칩
정 의	가공물이 경사면에 점착되어 원활하게 흘러 나가지 못하여 가공재료 일부에 터짐이 일어나는 현상 발생	균열이 발생하는 진동으로 인하여 절삭공구 인선에 치핑이 발생
재 료	점성이 큰 가공물	주철과 같이 메진 재료
절삭깊이	클 때	
절삭속도		작을 때
경사각	작을 때	
비 고		순간적 공구날 끝에 균열 발생

28 연삭조건에 따른 입도의 선정 방법에서 고운 입도의 연삭숫돌을 선정하는 경우는?

① 절삭 깊이와 이송량이 클 때
② 다듬질 연삭 및 공구를 연삭할 때
③ 숫돌과 가공물의 접촉 면적이 클 때
④ 연하고 연성이 있는 재료를 연삭할 때

해설

입도 : 연삭 입자의 크기, 숫자로 표시
연삭조건에 따른 입도의 선정 방법

거친 입도의 연삭숫돌	• 거친 연삭, 절삭 깊이와 이송량이 클 때 • 숫돌과 가공물의 접촉 면적이 클 때 • 연하고 연성이 있는 재료의 연삭
고운 입도의 연삭숫돌	• 다듬질 연삭, 공구를 연삭할 때 • 숫돌과 가공물의 접촉 면적이 작을 때 • 경도가 크고 메진 가공물의 연삭

29 일반적인 윤활방법의 종류가 아닌 것은?

① 유체 윤활
② 경계 윤활
③ 극압 윤활
④ 공압 윤활

해설

윤활방법
• 유체 윤활 : 완전윤활 또는 후막윤활이라고 하며, 유막에 의하여 슬라이딩면이 유막에 의해 완전히 분리되어 균형을 이루게 되는 윤활의 상태를 유체 윤활이라 한다.
• 경계 윤활 : 불완전 윤활이라고도 하며, 유체 윤활 상태에서 하중이 증가하거나 윤활제의 온도가 상승하여 점도가 떨어지면서 유막으로는 하중을 지탱할 수 없는 상태를 뜻하며, 경계 윤활은 고 하중 저속 상태에서 많이 발생한다.
• 극압 윤활 : 고체 윤활이라고도 하며, 경계 윤활에서 하중이 더욱 증가하여, 마찰온도가 높아지면 유막으로는 하중을 지탱하지 못하고, 유막이 파괴되어 슬라이딩면이 접촉된 상태의 윤활이다.

30 선반가공에서 이동식 방진구를 사용할 때 어느 부분에 설치하는가?

① 심압대
② 에이프런
③ 왕복대의 새들
④ 베 드

해설

방진구(Work Rest) : 선반에서 가늘고 긴 가공물의 휨이나 떨림을 방지하기 위해 사용하는 부속품
• 고정식 방진구 : 선반 베드 위에 고정
• 이동식 방진구 : 왕복대의 새들에 고정

31 4개의 조가 각각 단독으로 움직일 수 있으므로 불규칙한 모양의 일감을 고정하는 데 편리한 척은?

① 단동척
② 연동척
③ 콜릿척
④ 마그네틱척

해설

• 연동척 : 3개의 조가 120° 간격으로 구성 배치되어 있으며, 규칙적인 모양 고정
• 단동척 : 4개의 조가 90° 간격으로 구성 배치되어 있으며, 불규칙한 가공물 고정
• 콜릿척 : 지름이 작은 가공물이나 각 봉재를 가공할 때 편리함
• 마그네틱척 : 전자석을 이용하여 얇은 판, 피스톤 링과 같은 가공물을 변형시키지 않고, 고정시켜 가공할 수 있는 자성체 척
• 만능척 : 단동척과 연동척의 기능을 겸비한 척

32 다듬질면의 평면도를 측정하는 데 사용되는 측정기는 무엇인가?

① 옵티컬 플랫
② 한계 게이지
③ 공기 마이크로미터
④ 사인바

해설
• 옵티컬 플랫 : 측정면의 평면도 측정(마이크로미터 측정면의 평면도 검사)
• 각도측정 : 사인바, 오토콜리메이터, 콤비네이션 세트 등

33 선반가공의 경우 절삭속도가 120m/min이고 공작물의 지름이 60mm일 경우, 회전수는 약 몇 rpm인가?

① 637
② 1,637
③ 64
④ 164

해설

$$N = \frac{1,000\,V}{\pi D} = \frac{1,000 \times 120\text{m/min}}{\pi \times 60\text{mm}} \fallingdotseq 636.619$$

$\therefore\ N = 637\text{rpm}$

여기서, V : 절삭속도(m/min)
D : 공작물의 지름(mm)
N : 회전수(rpm)

34 공기 마이크로미터를 원리에 따라 분류할 경우 이에 속하지 않는 것은?

① 유량식
② 배압식
③ 유속식
④ 전기식

해설
• 공기 마이크로미터 : 공기의 흐름을 확대 기구로 하여 길이를 측정하는 방법
• 공기 마이크로미터의 종류 : 유량식, 배압식, 유속식

35 절삭공구의 옆면과 가공물의 마찰에 의하여 절삭공구의 옆면이 평행하게 마모되는 것은?

① 크레이터 마모
② 치 핑
③ 플랭크 마모
④ 온도 파손

해설
① 크레이터 마모(Creater Wear) : 칩이 처음으로 바이트 경사면에 접촉하는 접촉점은 절삭공구의 인선에서 약간 떨어져서 나타나며, 이 접촉점에서 마찰력이 작용하여 절삭공구의 상면 경사면이 오목하게 파이는 현상
② 치핑(Chipping) : 절삭공구 인선의 일부가 미세하게 탈락되는 현상
③ 플랭크 마모(Flank Wear) : 절삭공구의 절삭면에 평행하게 마모되는 것을 의미하며, 측면과 절삭면과의 마찰에 의하여 발생

36 가늘고 긴 공작물을 센터나 척을 사용하여 지지하지 않고, 원통형 공작물의 바깥지름 및 안지름을 연삭하는 것은?

① 척 연삭
② 공구 연삭
③ 수직 평면 연삭
④ 센터리스 연삭

해설
센터리스 연삭기 : 센터, 척, 자석척 등을 사용하지 않고 가공물의 표면을 조정하는 조정숫돌과 지지대를 이용하여 가공물을 연삭한다. 가늘고 긴 가공물의 연삭에 적합하다.

37 기차 바퀴와 같이 지름이 크고, 길이가 짧은 공작물을 절삭하기에 가장 적합한 공작기계는?

① 탁상 선반　　　② 수직 선반
③ 터릿 선반　　　④ 정면 선반

해설
- 정면 선반 : 기차 바퀴처럼 지름이 크고, 길이가 짧은 가공물을 절삭하기에 편리한 선반
- 자동 선반 : 캠(Cam)이나 유압기구 등을 이용하여 부품 가공을 자동화한 대량 생산용 선반
- 공구 선반 : 보통 선반과 같은 구조이나 정밀한 형식으로 되어 있음
- 터릿 선반 : 보통 선반 심압대 대신에 터릿으로 불리는 회전 공구대를 설치하여 여러 가지 절삭공구를 공정에 맞게 설치하여 가공하는 선반
- 탁상 선반 : 작업대 위에 설치해야 할 만큼의 소형 선반으로 베드의 길이 900mm 이하, 스윙 200mm 이하로서 시계부품, 재봉틀부품 등의 소형 부품을 주로 가공하는 선반

38 일반적으로 래핑유로 사용하지 않는 것은?

① 경 유　　　② 휘발유
③ 올리브유　　　④ 물

해설
휘발유는 래핑유로 사용하지 않는다.
래핑유는 경유나 석유 등의 광물유, 물, 점성이 적은 올리브유나 종유 등의 식물성유를 사용한다. 래핑유는 랩제와 섞어 사용하며, 가공물에 윤활을 주어 표면이 긁히는 것을 방지한다.

39 드릴로 뚫은 구멍의 내면을 매끈하고 정밀하게 다듬질하는 가공법은?

① 리머 가공　　　② 탭 가공
③ 줄 가공　　　④ 다이스 가공

해설
- 보링 : 뚫린 구멍을 넓히거나 다듬질하는 작업
- 탭 : 암나사 가공
- 리머 : 구멍을 정밀하게 다듬는 작업
- 다이스 : 수나사 가공

40 공구 날 끝의 구성인선 발생을 방지하는 절삭조건으로 틀린 것은?

① 절삭 깊이를 작게 한다.
② 절삭 속도를 가능한 한 빠르게 한다.
③ 윤활성이 좋은 절삭유제를 사용한다.
④ 경사각을 작게 한다.

해설
구성인선 방지책
- 절삭 깊이를 작게 한다.
- 윗면 경사각을 크게 한다.
- 절삭 속도를 크게 한다.
- 윤활성이 있는 절삭유를 사용한다.

41 밀링 공작기계에서 스핀들의 회전 운동을 수직 왕복 운동으로 변환시켜 주는 부속장치는?

① 수직밀링장치　　② 슬로팅장치
③ 만능밀링장치　　④ 래크밀링장치

해설
슬로팅장치 : 니형 밀링 머신의 칼럼 앞면에 주축과 연결하여 사용하며 주축의 회전운동을 공구대 램의 직선 왕복운동으로 변화시킨다. 바이트를 사용하여 직선 절삭이 가능하다(키, 스플라인, 세레이션, 기어가공 등).

42 밀링머신에서 상향 절삭과 비교한 하향 절삭의 특징으로 옳은 것은?

① 이송 나사의 백래시는 큰 영향이 없다.
② 기계의 강성이 낮아도 무방하다.
③ 절삭 날에 마찰이 작아 수명이 길다.
④ 표면거칠기가 상향 절삭보다 거칠다.

해설
상향 절삭과 하향 절삭의 차이점

구 분	상향 절삭	하향 절삭
백래시	절삭에 별 지장이 없다.	백래시를 제거하여야 한다.
기계의 강성	강성이 낮아도 무방하다.	가공할 때, 충격이 있어 높은 강성이 필요하다.
가공물의 고정	절삭력이 상향으로 작용하여 고정이 불리하다.	절삭력이 하향으로 작용하여 가공물 고정이 유리하다.
인선의 수명	절입할 때, 마찰열로 마모가 빠르고 공구수명이 짧다.	상향 절삭에 비하여 공구수명이 길다.
마찰 저항	마찰저항이 커서 절삭 공구를 위로 들어 올리는 힘이 작용한다.	절입할 때 마찰력은 작으나 하향으로 충격이 작용한다.
가공면의 표면거칠기	광택은 있으나 상향에 의한 회전저항으로 전체적으로 하향 절삭보다 나쁘다.	가공 표면에 광택은 적으나 저속 이송에서는 회전저항이 발생하지 않아 표면거칠기가 좋다.

43 다음 중 머시닝센터의 드릴작업 프로그램에서 사용되지 않는 어드레스는?(단, G81을 사용하는 것으로 가정한다)

① X　　② Z
③ Q　　④ F

해설
Q : G73,G83 코드에서 매회 절입량 또는 G76,G87 지령에서 후퇴량(항상증분지령)
드릴링, 스폿 드릴링 사이클(G81)

```
G81 G90(G91) G98(G99) X_ Y_ Z_ R_ F_;
```

• X,Y : 구멍의 위치
• Z : R점에서 구멍 바닥까지의 거리를 증분지령 또는 구멍 바닥의 위치를 절대지령으로 지정
• R : 가공을 시작하는 Z좌표치(Z축 공작물 좌표계 원점에서의 좌표값)
• F : 절삭 이송속도

44 다음 중 머시닝센터에서 준비기능인 G44 공구길이 보정으로 옳은 것은?(단, 1번 공구길이는 64mm, 2번 공구길이는 127mm이며, 기준공구는 1번 공구이다)

① 63　　② −63
③ 127　　④ −127

해설
기준공구와 길이 차이값은 63이며, G44 공구길이 보정은 −63이다.
• G43 : +방향 공구길이 보정(+방향으로 이동)
• G44 : −방향 공구길이 보정(−방향으로 이동)
• G44 : 공구길이 보정 취소
• 기준 공구와의 길이 차이값을 입력시키는 방법에는 +보정(G43)과 −보정(G44)의 두 가지가 있다. 보통 G43을 많이 사용하며, 기준 공구보다 짧은 경우 보정값 앞에 −부호를 붙여 입력한다.

45 다음 중 CNC 프로그램에서 보조기능에 대한 설명으로 틀린 것은?

① M02는 "프로그램의 정지"를 의미한다.

② M03은 "주축의 역회전"을 의미한다.

③ M05는 "주축의 정지"를 의미한다.

④ M08은 "절삭유 ON(공급)"을 의미한다.

해설

• 보조기능(M) : 스핀들 모터를 비롯한 기계의 각종 기능을 수행하는 데 필요한 보조장치의 ON/OFF를 수행하는 기능

※ 저자의견
   문제 오류 : ①, ②번 모두 틀린 설명/ M02(프로그램 끝), M03
   (주축 정회전)

M코드(보조기능)

M코드	기 능	M코드	기 능
M00	프로그램 정지	M08	절삭유 ON
M01	프로그램 선택 정지	M09	절삭유 OFF
M02	프로그램 끝	M30	프로그램 끝 & 리셋
M03	주축 정회전	M98	보조프로그램 호출
M04	주축 역회전	M99	보조프로그램 종료
M05	주축 정지		

46 다음 중 FMC(Flexible Manufacturing Cell)에 관한 설명으로 틀린 것은?

① FMS의 특징을 살려 소규모화한 가공시스템이다.

② ATC(Automatic Tool Changer)가 장착되어 있다.

③ APC(Automatic Pallet Changer)가 장착되어 있다.

④ 여러 대의 CNC 공작기계를 무인 운전하기 위한
   시스템이다.

해설

• FMC : 복합가공

• DNC : 여러 대의 NC 공작기계를 한 대의 컴퓨터에 결합시켜 제어하는 시스템

• FMS(유연생산시스템), CIMS(컴퓨터 통합 가공시스템)

47 공작물이 도면과 같이 가공되도록 프로그램 원점과 공작물의 한 점을 일치시킨 좌표계를 무엇이라 하는가?

① 구역 좌표계

② 도면 좌표계

③ 공작물 좌표계

④ 기계 좌표계

해설

③ 공작물 좌표계 : 도면을 보고 프로그램을 작성할 때 절대 좌표계의 기준이 되는 점으로서 프로그램 원점 또는 공작물 원점이라고도 한다.

① 구역 좌표계 : 지역좌표계 또는 워크좌표계라고도 하며, G54~G59를 사용하여 각각의 작업영역별로 원점을 부여하여 사용한다.

④ 기계 좌표계 : 기계원점을 기준으로 정한 좌표계이며, 기계 제작자가 파라미터에 의해 정하는 좌표계이다.

48 다음 중 CNC 공작기계의 안전에 관한 사항으로 틀린 것은?

① 절삭 가공 시 절삭 조건을 알맞게 설정한다.

② 공정도와 공구 세팅 시트를 작성 후 검토하고 입력한다.

③ 공구경로 확인은 보조기능(M기능)이 작동(ON)된 상태에서 한다.

④ 기계 가동 전에 비상 정지 버튼의 위치를 반드시 확인한다.

해설

공구 경로 확인은 보조기능(M기능)이 정지(OFF)상태에서 한다.

49 CNC 선반에서 G32 코드를 사용하여 피치가 1.5mm 인 2줄 나사를 가공할 때 이송 F의 값은?

① F1.5　　　　② F2.0
③ F3.0　　　　④ F4.5

해설

이송(F)값은 나사의 리드(피치×줄수)로 한다(피치×줄수=1.5×2 =3.0 → F3.0).

나사절삭(G32)

> G32 X(U)__ Z(W)__ (Q__) F__;

• X(U)__ Z(W)__ : 나사 절삭의 끝지점 좌표
• Q : 다줄 나사 가공 시 절입각도(1줄 나사의 경우 Q00이므로 생략 한다)
• F : 나사의 리드

50 다음 중 CNC 선반에서 증분지령 어드레스는?

① V, X　　　　② Z, W
③ X, Z　　　　④ U, W

해설

• 절대지령 방식 : 프로그램 원점을 기준으로 직교 좌표계의 좌표 값을 입력-X, Z
• 증분지령 방식 : 현재의 공구위치를 기준으로 끝점까지의 X, Z의 증분값을 입력-U, W(공구를 현재 위치에서 어느 방향으로, 얼마만큼 이동할 것인지 명령하는 방식으로 U, W 어드레스를 사용한다) → (G00 U_ W_;)
• 혼합지령 방식 : 절대지령과 증분지령 방식을 한 블록 내에 혼합 하여 지령

51 다음과 같은 선반 도면에서 지름지정으로 C점의 위치 데이터로 옳은 것은?

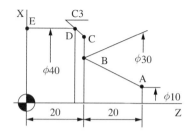

① X34. Z20.　　　　② X37. Z20.
③ X36. Z20.　　　　④ X33. Z20.

해설

• C점의 Z축의 좌표는 +20
• C점의 X축의 좌표는 모따기 C3으로 인해 φ40−6(양쪽 모따기량) = φ34
• C점의 위치데이터 : X34. Z20.

52 다음 중 머시닝센터에서 "공작물 좌표계 설정과 선 택"을 할 때 사용할 수 없는 준비기능은?

① G50　　　　② G54
③ G59　　　　④ G92

해설

• 머시닝센터에서 공작물 좌표계 설정(G92, G57, G58, G59)
 - G92 : 공작물 좌표계 설정
 - G57 : 공작물 좌표계 4번 선택
 - G58 : 공작물 좌표계 5번 선택
 - G59 : 공작물 좌표계 6번 선택
• CNC 선반 공작물 좌표계 설정(G50)
 - G50 : 공작물 좌표계 설정 및 최고 회전수 지정

53 다음 중 간단한 프로그램을 편집과 동시에 시험적으로 실행할 때 사용하는 모드 선택 스위치로 가장 적합한 것은?

① 반자동 운전(MDI)
② 자동운전(AUTO)
③ 수동 이송(JOG)
④ 이송 정지(FEED HOLD)

해설
• MDI : 반자동 모드라고 하며, 1~2개 블록의 짧은 프로그램을 입력하고 바로 실행할 수 있는 모드로 간단한 프로그램을 편집과 동시에 시험적으로 시행할 때 사용
• JOG : JOG버튼으로 공구를 수동으로 이송시킬 때 사용
• EDIT : 새로운 프로그램을 작성하고, 메모리에 등록된 프로그램을 편집(삽입, 수정, 삭제)할 때 사용
• AUTO : 프로그램을 자동운전할 때 사용

54 다음 중 머시닝센터 프로그램에서 G17 평면의 원호보간에 대한 설명으로 틀린 것은?

① R은 원호 반지름값이다.
② R과 I, J는 함께 명령할 수 있다.
③ I, J 값이 0이라면 생략할 수 있다.
④ I는 원호 시작점에서 중심점까지 X축 벡터값이다.

해설
• R과 I, J는 함께 명령할 수 없다.
• I, J, K의 값 중에서 0인 값은 생략할 수 있다.
• I : X축 벡터량, J : Y축 벡터량, K : Z축 벡터량

55 다음 중 DNC의 장점으로 볼 수 없는 것은?

① 유연성과 높은 계산 능력을 가지고 있다.
② 천공테이프를 사용함으로 전송 속도가 빠르다.
③ CNC 프로그램들을 컴퓨터 파일로 저장할 수 있다.
④ 공장에서 생산성과 관련되는 데이터를 수집하고 일괄 처리할 수 있다.

해설
천공테이프가 아닌 LAN 케이블을 통해 전송속도가 빠르다. DNC는 CAD/CAM 시스템과 CNC 기계를 근거리 통신망(LAN)으로 연결하여 1대의 컴퓨에서 여러 대의 CNC 공작기계에 데이터를 분배하여 전송함으로써 동시에 운전할 수 있는 방식을 말한다. 천공테이프는 초기에 CNC 프로그램을 천공테이프에 기억시키고 테이프 리더로 입력하였으나 요즘은 사용하지 않는 외부 기억장치이다.

56 다음 중 가상 날 끝(nose. R) 방향을 결정하는 요소는?

① 공구의 출발 위치
② 공구의 형상이나 방향
③ 공구 날 끝 반지름의 크기
④ 공구의 보정 방향과 정밀도

해설
공구의 형상이나 방향에 따라 가상 날 끝(nose.R) 방향을 결정한다.

57 CNC 선반 프로그램에서 다음과 같은 내용이고 공작물의 직경이 50mm일 때 주축의 회전수는 약 얼마인가?

> G96 S150 M03;

① 650rpm ② 800rpm
③ 955rpm ④ 1,100rpm

• G96 S150 M03 : 절삭속도 150m/min로 일정하게 정회전 유지
• G96(절삭속도 일정제어 m/min), S150(절삭속도 150m/min),

$$N = \frac{1,000\,V}{\pi D} = \frac{1,000 \times 150\text{m/min}}{\pi \times 50\text{mm}} \fallingdotseq 955.414$$

$\therefore N = 955$rpm

여기서, V : 절삭속도(m/min)
  πD : 공작물의 지름(mm)
  N : 회전수(rpm)

58 다음 중 CNC 공작기계의 제어 방법이 아닌 것은?

① 직접 제어방식
② 개방회로 제어방식
③ 폐쇄회로 제어방식
④ 하이브리드 제어방식

서보기구의 형식은 피드백 장치의 유무와 검출위치에 따라 개방회로 방식, 반폐쇄회로 방식, 폐쇄회로 방식, 복합회로(하이브리드) 방식으로 분류된다.
• 개방회로 방식 : 피드백 장치 없이 스테핑 모터를 사용한 방식으로 실용화되었으나, 피드백 장치가 없기 때문에 가공 정밀도에 문제가 있어 현재는 거의 사용되지 않는다.
• 폐쇄회로 방식 : 모터에 내장된 태코제너레이터에서 속도를 검출하고, 기계의 테이블에 부착한 스케일에서 위치를 검출(로터리 인코더)하여 피드백시키는 방식이다.
• 반폐쇄회로 방식 : 모터에 내장된 태코제너레이터(펄스제너레이터)에서 속도를 검출하고, 인코더에서 위치를 검출하여 피드백하는 제어방식이다.
• 복합회로(하이브리드) 방식 : 반폐쇄회로 방식과 폐쇄회로 방식을 결합하여 고정밀도로 제어하는 방식으로, 가격이 고가이므로 고정밀도를 요구하는 기계에 사용된다.

59 다음 중 자동 모드(AUTO MODE)와 반자동 모드(MDI MODE)에서 모두 실행 가능한 복합형 고정 사이클 준비기능(G-코드)으로 틀린 것은?

① G76 ② G75
③ G74 ④ G73

자동 모드(AUTO)와 반자동 모드(MDI) 모두 실행 가능한 복합형 고정 사이클
• G74 : Z방향 홈 가공 사이클(팩 드릴링)
• G75 : X방향 홈 가공 사이클
• G76 : 나사 절삭 사이클

60 다음 중 밀링 가공 시 작업안전에 대한 설명으로 틀린 것은?

① 작업 중에는 긴급 상황이라도 손으로 주축을 정지시키지 않는다.
② 안전화, 보안경 등 작업 안전에 필요한 보호구 등을 반드시 착용한다.
③ 스핀들이 저속 회전 중이라도 변속기어를 조작해서는 안 된다.
④ 가공물의 고정은 반드시 주축이 회전 중에 실시하여야 한다.

밀링 가공 시 가공물의 고정은 반드시 주축이 정지한 후 실시한다.

01 황동의 합금 원소는 무엇인가?

① Cu - Sn   ② Cu - Zn

③ Cu - Al   ④ Cu - Ni

해설
- 황동 : 구리+아연(Cu+Zn)
- 청동 : 구리+주석(Cu+Sn)
- ※ 6-4황동 : Cu(60%)-Zn(40%), 7-3황동 : Cu(70%)-Zn(30%)

02 초경합금에 대한 설명 중 틀린 것은?

① 경도가 HRC 50 이하로 낮다.

② 고온경도 및 강도가 양호하다.

③ 내마모성과 압축강도가 높다.

④ 사용목적, 용도에 따라 재질의 종류가 다양하다.

해설
초경합금의 경도는 HRC 50 이상으로 높다.
초경합금의 특성
- 고온경도 및 내마멸성이 우수하다(마모성이 낮다).
- 내마모성 및 압축강도가 높다.
- 고온에서 변형이 거의 없다.
- 상온의 경도가 고온에서 저하되지 않는다.
- ※ 초경합금(한국)=카볼로이(미국)=미디아(영국)=텅갈로이(일본)

03 특수강에 포함되는 특수원소의 주요 역할 중 틀린 것은?

① 변태속도의 변화

② 기계적, 물리적 성질의 개선

③ 소성가공성의 개량

④ 탈산, 탈황의 방지

해설
특수원소의 주요 역할
- 변태속도의 변화로 강을 경화시킬 수 있는 깊이 증가
- 높은 강도와 연성을 유지하기 위해
- 고온과 저온의 기계적 성질 개선
- 소성가공성의 개량
- 탈산, 탈황 촉진

04 다이캐스팅용 알루미늄(Al)합금이 갖추어야 할 성질로 틀린 것은?

① 유동성이 좋을 것

② 열간취성이 작을 것

③ 금형에 대한 점착성이 좋을 것

④ 응고 수축에 대한 용탕 보급성이 좋을 것

해설
다이캐스팅 : 다이캐스팅은 정밀가공하여 제작된 금형에 용융 상태의 합금을 가압 주입하여 치수가 정밀하고 동일형의 주물을 대량 생산하는 주조 방법이다.
다이캐스팅 합금 요구 성질
- 유동성이 좋을 것
- 열간 메짐(취성)이 작을 것
- 응고 수축에 대한 용탕 보충이 잘될 것
- 금형에서 잘 떨어질 수 있을 것

05 열처리 방법 및 목적으로 틀린 것은?

① 불림 – 소재를 일정온도에 가열 후 공랭시킨다.
② 풀림 – 재질을 단단하고 균일하게 한다.
③ 담금질 – 급랭시켜 재질을 경화시킨다.
④ 뜨임 – 담금질된 것에 인성을 부여한다.

해설
② 풀림 : 재료를 연하게 하거나 내부응력을 제거할 목적으로 강을 오스테나이트 조직으로 될 때까지 가열한 후 노나 재 속에서 서서히 냉각시키는 조작
① 불림 : 재료의 내부 응력 제거 및 균일한 결정 조직을 얻기 위해 높은 온도로 가열하여 균일한 오스테나이트 조직으로 한 후 공기 중에서 냉각시키는 조작
③ 담금질 : 재료를 단단하게 할 목적으로 강을 오스테나이트 조직으로 될 때까지 가열한 후 물이나 기름에 급랭하는 조작
④ 뜨임 : 재질에 적당한 인성을 부여하기 위해 담금질 온도보다 낮은 온도에서 일정시간 유지 후 냉각시키는 조작

06 금속의 결정구조에서 체심입방격자의 금속으로만 이루어진 것은?

① Au, Pb, Ni
② Zn, Ti, Mg
③ Sb, Ag, Sn
④ Ba, V, Mo

해설
금속의 대표적인 결정격자
• 면심입방격자 금속 : 금(Au), 구리(Cu), 니켈(Ni) 등
• 체심입방격자 금속 : 크롬(Cr), 몰리브덴(Mo), 바륨(Ba), 바나듐(V) 등
• 조밀육방격자 금속 : 코발트(Co), 마그네슘(Mg), 아연(Zn) 등

07 경질이고 내열성이 있는 열경화성 수지로서 전기 기구, 기어 및 프로펠러 등에 사용되는 것은?

① 아크릴 수지
② 페놀 수지
③ 스티렌 수지
④ 폴리에틸렌

해설
플라스틱(합성수지)의 종류

열가소성 수지	열경화성 수지
• 폴리에틸렌 수지	• 페놀 수지
• 아크릴 수지	• 멜라민 수지
• 염화비닐 수지	• 에폭시 수지
• 폴리스티렌 수지	• 요소 수지

08 가장 널리 쓰이는 키(Key)로 축과 보스 양쪽에 키 홈을 파서 동력을 전달하는 것은?

① 성크 키
② 반달 키
③ 접선 키
④ 원뿔 키

해설
① 성크 키(묻힘 키) : 축과 보스의 양쪽에 모두 키 홈을 가공한다.
② 반달 키 : 축에 키 홈을 깊게 파기 때문에 축의 강도가 약하게 되는 결점이 있다.
③ 접선 키 : 축의 접선 방향으로 끼우는 키로서 1/100의 기울기를 가진 2개의 키를 한 쌍으로 하여 사용한다.
④ 원뿔 키 : 축과 보스와의 사이에 2~3곳을 축 방향으로 쪼갠 원뿔을 때려 박아 축과 보스를 헐거움 없이 고정할 수 있고 축과 보스의 편심이 적다.

09 길이 100cm의 봉이 압축력을 받고 3mm만큼 줄어들었다. 이때 압축 변형률은 얼마인가?

① 0.001　　　　② 0.003

③ 0.005　　　　④ 0.007

해설

ε(변형률) $= \dfrac{\lambda(줄어든\ 길이)}{l(처음\ 길이)} = \dfrac{3\text{mm}}{100\text{cm}} = \dfrac{3\text{mm}}{1,000\text{mm}} = 0.003$

∴ 압축 변형률 $= 0.003$

11 볼나사의 단점이 아닌 것은?

① 자동체결이 곤란하다.

② 피치를 작게 하는 데 한계가 있다.

③ 너트의 크기가 크다.

④ 나사의 효율이 떨어진다.

해설

볼나사(Ball Screw)의 특징

장 점	단 점
• 나사의 효율이 좋다(90% 이상).	• 자동체결이 곤란하다.
• 백래시를 작게 할 수 있다.	• 피치를 작게 하는 데 한계가 있다.
• 먼지에 의한 마모가 적다.	• 너트의 크기가 크다.
• 고속 정밀 이송이 가능하다.	

※ CNC 공작기계에서는 높은 정밀도가 필요하다. 일반적인 나사와 너트는 면 접촉이기 때문에 마찰열에 의한 열팽창으로 정밀도가 떨어진다. 이런 단점을 해소하기 위해 볼 스크루(볼나사)를 사용한다.

10 물체의 일정 부분에 걸쳐 균일하게 분포하여 작용하는 하중은?

① 집중하중　　　　② 분포하중

③ 반복하중　　　　④ 교번하중

해설

• 분포하중 : 재료의 어느 범위 내에 분포되어 작용하는 하중
• 정하중 : 시간과 더불어 크기가 변화하지 않는 정지하중
• 교번하중 : 하중의 크기와 방향이 충격 없이 주기적으로 변화하는 하중
• 충격하중 : 비교적 단시간에 충격적으로 작용하는 하중

12 각속도(ω, rad/s)를 구하는 식 중 옳은 것은?(단, N : 회전수(rpm), H : 전달마력(PS)이다)

① $\omega = (2\pi N)/60$

② $\omega = 60/(2\pi N)$

③ $\omega = (2\pi N)/(60H)$

④ $\omega = (60H)/(2\pi N)$

해설

ω(각속도) $= \dfrac{2\pi N}{60}(\text{rad/s})$

13 외접하고 있는 원통마찰차의 지름이 각각 240mm, 360mm일 때 마찰차의 중심거리는?

① 60mm

② 300mm

③ 400mm

④ 600mm

> **해설**
>
> 마찰차 중심거리(C)
> • 외접의 경우
>
> $$중심거리(C) = \frac{D_1 + D_2}{2} = \frac{240\text{mm} + 360\text{mm}}{2} = 300\text{mm}$$
>
> • 내접의 경우($D_1 < D_2$)
>
> $$중심거리(C) = \frac{D_2 - D_1}{2}$$

14 국제단위계(SI)의 기본단위에 해당되지 않는 것은?

① 길이 : m

② 질량 : kg

③ 광도 : mol

④ 열역학 온도 : K

> **해설**
>
> SI 기본단위
>
> | 기본량 | 명 칭 | 기 호 |
> |---|---|---|
> | 길 이 | 미 터 | m |
> | 질 량 | 킬로그램 | kg |
> | 시 간 | 초 | s |
> | 전 류 | 암페어 | A |
> | 열역학적 온도 | 켈 빈 | K |
> | 물질량 | 몰 | mol |
> | 광 도 | 칸델라 | cd |

15 축을 설계할 때 고려하지 않아도 되는 것은?

① 축의 강도

② 피로 충격

③ 응력 집중의 영향

④ 축의 표면조도

> **해설**
>
> **축의 설계에 고려되는 사항** : 강도, 응력 집중, 변형, 진동, 영응력, 열팽창, 부식, 피로 충격 등

16 다음 중 표면의 결 도시 기호에서 각 항목이 설명하는 것으로 틀린 것은?

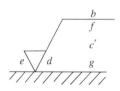

① d : 줄무늬 방향의 기호

② b : 컷 오프값

③ c′ : 기준길이·평가길이

④ g : 표면 파상도

> **해설**
>
>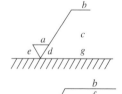
>
> a : 산술 평균 거칠기의 값
> b : 가공 방법의 문자 또는 기호
> c : 컷 오프값
> c' : 기준 길이
> d : 줄무늬 방향의 기호
> e : 다듬질 여유
> f : 산술 평균 거칠기 이외의 표면거칠기값
> g : 표면 파상도

17 도면의 표제란에 제3각법 투상을 나타내는 기호로 옳은 것은?

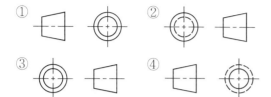

해설
투상법의 기호

제3각법		제1각법	
⊕	⟋⟍	⟋⟍	⊕

해설
치수의 배치 방법
• 직렬 치수 기입(a) : 직렬로 연결된 치수에 주어진 일반 공차가 차례로 누적되어도 좋은 경우에 사용한다(치수를 기입할 때에는 치수 공차가 누적된다).
• 병렬 치수 기입(b) : 기준면을 설정하여 개개별로 기입되는 방법으로, 각 치수의 일반 공차는 다른 치수의 일반 공차에 영향을 주지 않는다.
• 누진 치수 기입(c) : 치수 공차에 관하여 병렬 치수 기입과 완전히 동등한 의미를 가지면서 하나의 연속된 치수선으로 간편하게 표시한다.

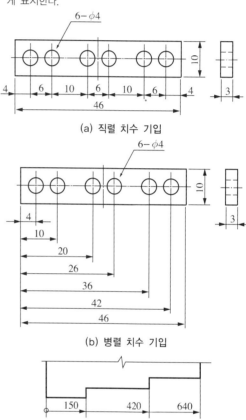

(a) 직렬 치수 기입

(b) 병렬 치수 기입

(c) 누진 치수 기입

18 여러 개의 관련되는 치수에 허용 한계를 지시하는 경우로 틀린 것은?

① 누진 치수 기입은 가격 제한이 있거나 다른 산업 분야에서 특별히 필요한 경우에 사용해도 된다.

② 병렬 치수 기입 방법 또는 누진 치수 기입 방법에서 기입하는 치수 공차는 다른 치수 공차에 영향을 주지 않는다.

③ 직렬 치수 기입 방법으로 치수를 기입할 때에는 치수 공차가 누적된다.

④ 직렬 치수 기입 방법은 공차의 누적이 기능에 관계가 있을 경우에 사용하는 것이 좋다.

19 3각법으로 정투상한 보기와 같은 정면도와 평면도에 적합한 우측면도는?

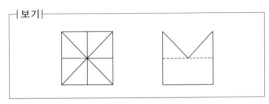

20 기어의 도시 방법 중 선의 사용 방법으로 틀린 것은?

① 잇봉우리원(이끝원)은 굵은 실선으로 그린다.

② 피치원은 가는 2점쇄선으로 그린다.

③ 이골원(이뿌리원)은 가는 실선으로 그린다.

④ 잇줄 방향은 통상 3개의 가는 실선으로 그린다.

해설

기어 도시

• 이끝원(잇봉우리원) : 굵은 실선

• 이골원(이뿌리원) : 가는 실선

• 피치원 : 가는 1점쇄선

• 잇줄 방향은 통상 3개의 선 중에 이골원은 가는 실선, 잇봉우리원은 굵은 실선, 중앙선은 1점쇄선으로 표시한다.

21 ISO 규격에 있는 미터 사다리꼴 나사의 표시 기호는?

① Tr   ② M

③ UNC   ④ R

해설

나사의 종류를 표시하는 기호 및 나사의 호칭에 대한 표시 방법 (KS B 0200)

구분	나사의 종류		나사 종류기호	나사의 호칭방법
ISO 표준에 있는 것	미터 보통 나사		M	M8
	미터 가는 나사			M8×1
	미니추어 나사		S	S0.5
	유니파이 보통 나사		UNC	3/8–16UNC
	유니파이 가는 나사		UNF	No.8 –36UNF
	미터 사다리꼴 나사		Tr	Tr10×2
	관용테이퍼 나사	테이퍼 수나사	R	R3/4
		테이퍼 암나사	Rc	Rc3/4
		평행 암나사	Rp	Rp3/4

22 기계가공 도면에 사용되는 가는 1점쇄선의 용도가 아닌 것은?

① 중심선
② 기준선
③ 피치선
④ 해칭선

23 데이텀을 지시하는 문자기호를 공차 기입틀 안에 기입할 때의 설명으로 틀린 것은?

① 1개를 설정하는 데이텀은 1개의 문자기호로 나타낸다.
② 2개의 공통 데이텀을 설정할 때는 2개의 문자기호를 하이픈(–)으로 연결한다.
③ 여러 개의 데이텀을 지정할 때는 우선순위가 높은 것을 오른쪽에서 왼쪽으로 각각 다른 구획에 기입한다.
④ 2개 이상의 데이텀을 지정할 때, 우선순위가 없을 경우는 문자기호를 같은 구획 내에 나란히 기입한다.

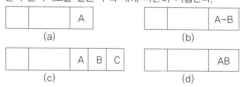
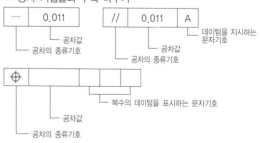

24 관용 테이퍼 나사 종류 중 테이퍼 수나사 R에 대하여만 사용하는 3/4인치 평행 암나사를 표시하는 KS 나사 표시 기호는?

① PT 3/4 ② RP 3/4

③ PF 3/4 ④ RC 3/4

관용 테이퍼 나사 표시방법

나사의 종류		나사 종류기호	나사의 호칭방법
관용테이퍼 나사	테이퍼 수나사	R	R3/4
	테이퍼 암나사	Rc	Rc3/4
	평행 암나사	Rp	Rp3/4

26 알루미나(Al_2O_3) 분말에 규소(Si) 및 마그네슘(Mg) 등의 산화물을 첨가하여 소결시킨 것으로, 고온에서 경도가 높고 내마멸성이 좋으나 충격에 약한 공구재료는?

① 초경합금

② 주조경질합금

③ 합금공구강

④ 세라믹

• 세라믹 : 산화알루미늄(Al_2O_3)분말을 주성분으로 마그네슘(Mg), 규소(Si) 등의 산화물과 소량의 다른 원소를 첨가하여 소결한 절삭공구이다. 고온에서 경도가 높고, 내마모성이 좋아 초경합금보다 빠른 절삭속도로 절삭이 가능하며 백색, 분홍색, 회색, 흑색 등의 색이 있으며, 초경합금보다 가볍다.
• 주조경질합금 : 대표적인 것으로 스텔라이트가 있으며, 주성분 W, Cr, Co, Fe이며, 주조합금이다. 스텔라이트는 상온에서 고속도강보다 경도가 낮으나 고온에서는 오히려 경도가 높아지기 때문에 고속도강보다 고속절삭용으로 사용된다. 850℃까지 경도와 인성이 유지되며, 단조나 열처리가 되지 않는 특징이 있다.

25 축과 구멍의 끼워맞춤에서 축의 치수는 $\phi 50^{-0.012}_{-0.028}$, 구멍의 치수는 $\phi 50^{+0.025}_{0}$일 경우 최소틈새는 몇 mm인가?

① 0.053 ② 0.037

③ 0.028 ④ 0.012

• 최소틈새 = 구멍의 최소허용치수 – 축의 최대허용치수
(50−49.988=0.012)
• 최대틈새 = 구멍의 최대허용치수 – 축의 최소허용치수
(50.025−49.972=0.053)

27 결합도가 높은 숫돌을 선정하는 기준으로 틀린 것은?

① 연질 가공물을 연삭할 때

② 연삭 깊이가 작을 때

③ 접촉 면적이 작을 때

④ 가공면의 표면이 치밀할 때

결합도에 따른 경도의 선정 기준

결합도가 높은 숫돌 (단단한 숫돌)	결합도가 낮은 숫돌 (연한 숫돌)
• 연질 가공물의 연삭	• 경도가 큰 가공물의 연삭
• 숫돌차의 원주속도가 느릴 때	• 숫돌차의 원주속도가 빠를 때
• 연삭 깊이가 작을 때	• 연삭 깊이가 클 때
• 접촉 면적이 작을 때	• 접촉면이 클 때
• 가공면의 표면이 거칠 때	• 가공물의 표면이 치밀할 때

28 센터리스 연삭의 장점에 대한 설명으로 거리가 먼 것은?

① 센터가 필요하지 않아 센터 구멍을 가공할 필요가 없다.

② 연삭 여유가 작아도 된다.

③ 대형 공작물의 연삭에 적합하다.

④ 가늘고 긴 공작물의 연삭에 적합하다.

해설
센터리스 연삭의 특징
• 센터가 필요하지 않아 센터 구멍을 가공할 필요가 없다.
• 중공의 가공물을 연삭할 때 편리하다(중공(中空) : 속이 빈 축).
• 연삭 여유가 작아도 된다.
• 가늘고 긴 가공물의 연삭에 적합하다.
• 긴 홈이 있는 가공물의 연삭은 불가능하다.
• 대형이나 중량물의 연삭은 불가능하다.
• 연속가공이 가능하며 대량 생산에 적합하다.
• 자생작용이 있다.

29 일반적으로 공구의 회전운동과 가공물의 직선운동에 의하여 가공하는 공작기계는?

① 선 반   ② 셰이퍼

③ 슬로터   ④ 밀링머신

해설
• 밀링머신 : 공구의 회전운동, 공작물의 직선운동
• 선반 : 공작물의 회전운동, 공구의 직선운동

30 깊은 구멍가공에 가장 적합한 드릴링 머신은?

① 다두 드릴링 머신

② 레이디얼 드릴링 머신

③ 직립 드릴링 머신

④ 심공 드릴링 머신

해설
드릴링 머신의 종류 및 용도

종 류	설 명	용 도	비 고
탁상 드릴링 머신	드릴머신을 작업대 위에 설치하여 사용하는 소형의 드릴링 머신	소형 부품 가공에 적합	φ13mm 이하의 작은 구멍 뚫기
직립 드릴링 머신	탁상 드릴링 머신과 유사	비교적 대형 가공물 가공	주축 역회전장치로 탭가공 가능
레이디얼 드릴링 머신	구멍가공을 하기 위해 가공물은 고정시키고, 드릴이 가공 위치로 이동할 수 있는 머신(드릴을 필요한 위치로 이동 가능)	대형 제품이나 무거운 제품에 구멍 가공	암(Arm)을 회전, 주축 헤드 암을 따라 수평이동
다축 드릴링 머신	한 대의 드릴링 머신에 다수의 스핀들을 설치하고 여러 개의 구멍을 동시에 가공	1회에 여러 개의 구멍 동시 가공	
다두 드릴링 머신	직립 드릴링 머신의 상부기구를 한 대의 드릴 머신 베드 위에 여러 개를 설치한 형태	드릴가공, 탭 가공, 리머가공 등의 여러 가지의 가공을 순서에 따라 연속가공	
심공 드릴링 머신	깊은 구멍 가공에 적합한 드릴링 머신	총신, 긴 축, 커넥팅 로드 등과 같이 깊은 구멍 가공	

31 선반에서 테이퍼 가공을 하는 방법으로 틀린 것은?

① 심압대의 편위에 의한 방법
② 맨드릴을 편위시키는 방법
③ 복식 공구대를 선회시켜 가공하는 방법
④ 테이퍼 절삭장치에 의한 방법

해설
선반에서 테이퍼 가공방법
• 복식 공구대를 경사시키는 방법
• 심압대를 편위시키는 방법
• 테이퍼 절삭장치를 이용하는 방법
• 총형 바이트를 이용하는 방법

32 다이얼 게이지에 대한 설명으로 틀린 것은?

① 소형이고 가벼워서 취급이 쉽다.
② 외경, 내경, 깊이 등의 측정이 가능하다.
③ 연속된 변위량의 측정이 가능하다.
④ 어태치먼트의 사용방법에 따라 측정 범위가 넓어진다.

해설
다이얼 게이지의 특징
• 소형, 경량으로 취급이 용이하다.
• 측정 범위가 넓다.
• 눈금과 지침에 의해서 읽기 때문에 오차가 작다.
• 연속된 변위량의 측정이 가능하다.
• 많은 개소의 측정을 동시에 할 수 있다.
• 부속품의 사용에 따라 광범위하게 측정할 수 있다.
※ 버니어 캘리퍼스 : 외경, 내경, 깊이 측정 가능

33 절삭 공구재료의 구비조건으로 틀린 것은?

① 마찰계수가 클 것
② 고온경도가 클 것
③ 인성이 클 것
④ 내마모성이 클 것

해설
절삭 공구재료의 구비조건
• 피절삭재보다는 경도와 인성이 클 것
• 고온에서 경도가 감소되지 않을 것
• 내마모성, 내충격성이 클 것
• 절삭저항을 받으므로 강도가 클 것
• 형상을 만들기 용이하고 가격이 저렴할 것
• 마찰계수가 작을 것

34 다수의 절삭 날을 일직선상에 배치한 공구를 사용해서 공작물 구멍의 내면이나 표면을 여러 가지 모양으로 절삭하는 공작기계는?

① 브로칭 머신   ② 슈퍼피니싱
③ 호빙 머신   ④ 슬로터

해설
① 브로칭(Broaching) 머신 : 가늘고 긴 일정한 단면 모양을 가진 공구에 많은 날을 가진 브로치(Broach)라는 절삭 공구를 사용하여 가공물의 내면이나 외경에 필요한 형상의 부품을 가공하는 절삭법(가공방법에 따라 키 홈, 스플라인 홈, 원형이나 다각형의 구멍 등의 내면의 형상을 가공)
② 슈퍼피니싱 : 연한 숫돌에 작은 압력으로 가압하면서 가공물에 이송을 주고 동시에 숫돌에 진동을 주어 표면거칠기를 높이는 가공방법(작은 압력+이송+진동)
③ 호빙 머신 : 호브 공구를 이용하여 기어를 절삭하기 위한 공작기계
④ 슬로터 : 구멍에 키 홈을 가공하는 공작기계

35 선반의 주요 구성 부분이 아닌 것은?

① 주축대 ② 회전 테이블

③ 심압대 ④ 왕복대

해설

선반을 구성하고 있는 주요 구성 부분 : 주축대, 왕복대, 심압대, 베드

선반과 밀링의 부속장치

선반의 부속장치	밀링의 부속장치
센터, 센터드릴, 면판, 돌림판과 돌리개, 방진구, 맨드릴, 척 등	밀링바이스, 분할대, 회전 테이블, 슬로팅장치, 래크절삭장치 등

36 밀링머신에서 분할대를 이용하여 분할하는 방법이 아닌 것은?

① 직접 분할 방법 ② 차동 분할 방법

③ 단식 분할 방법 ④ 복합 분할 방법

해설

밀링 가공 시 분할 방법 : 직접 분할법, 단식 분할법, 차동 분할법

분할 가공 방법

• 직접 분할법 : 분할대 주축 앞면에 있는 직접 분할판을 이용하여 단순 분할(24의 약수, 즉 24, 12, 8, 6, 4, 3, 2등분 가능)

• 단식 분할법 : 직접 분할법으로 불가능하거나 분할이 정밀해야 할 경우(2~60 사이의 모든 정수, 60~120 사이의 2와 5의 배수 등)

• 차동 분할법 : 직접, 단식 분할법으로 분할할 수 없는 분할(단식 분할법으로 분할할 수 없는 61 이상의 소수나 특수한 수의 분할을 2종 운동의 복합운동으로 분할하는 방법이다. 127은 차동 분할법으로 분할 가능)

37 이동식 방진구는 선반의 어느 부위에 설치하는가?

① 주 축 ② 베 드

③ 왕복대 ④ 심압대

해설

방진구(Work Rest) : 선반에서 가늘고 긴 가공물의 휨이나 떨림을 방지하기 위해 사용하는 부속품

• 고정식 방진구 : 선반 베드 위에 고정

• 이동식 방진구 : 왕복대의 새들에 고정

38 줄의 크기 표시방법으로 가장 적합한 것은?

① 줄 눈의 크기를 호칭치수로 한다.

② 줄 폭의 크기를 호칭치수로 한다.

③ 줄 단면적의 크기를 호칭치수로 한다.

④ 자루 부분을 제외한 줄의 전체 길이를 호칭치수로 한다.

해설

줄의 크기는 자루 부분을 제외한 줄의 전체 길이를 호칭한다.

39 선반가공에서 외경을 절삭할 경우, 절삭가공 길이 100mm를 1회 가공하려고 한다. 회전수 1,000rpm, 이송속도 0.15mm/rev이면 가공시간은 약 몇 분(min)인가?

① 0.5   ② 0.67
③ 1.33   ④ 1.48

해설

선반의 가공시간

$$T = \frac{L}{ns} \times i$$

$$= \frac{100\text{mm}}{1,000\text{rpm} \times 0.15\text{mm/rev}} \times 1\text{회} = 0.6666666..$$

$$\therefore \ T = 0.67\text{min}$$

여기서, T : 가공시간(min)

       L : 절삭가공길이(가공물길이)

       n : 회전수(rpm)

       s : 이송속도(mm/rev)

40 그림에서 정반면과 사인바의 윗면이 이루는 각($\sin\theta$)을 구하는 식은?

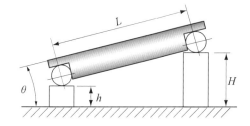

① $\sin\theta = \dfrac{H-h}{L}$ ② $\sin\theta = \dfrac{H+h}{L}$

③ $\sin\theta = \dfrac{L-h}{H}$ ④ $\sin\theta = \dfrac{L-H}{h}$

해설

• 사인바 각도 공식 : $\sin\theta = \dfrac{H-h}{L}$ ★ 반드시 암기(자주 출제)

• 사인바 : 사인바는 블록 게이지와 같이 사용하며, 삼각함수의 사인을 이용하여 임의의 각도를 길이로 계산하여 간접적으로 각도를 구하는 방법으로 크기는 롤러와 롤러 중심 간의 거리로 표시한다.

• 각도 측정에 사용되는 것 : 사인바, 각도 게이지, 수준기, 오토콜리메이터 등

41 다음 재질 중 밀링커터의 절삭속도를 가장 빠르게 할 수 있는 것은?

① 주 철
② 황 동
③ 저탄소강
④ 고탄소강

해설

밀링커터의 절삭속도는 공작물의 재질과 공구의 재질에 영향을 받는다. 그중 공작물의 경도가 작으면 그만큼 절삭속도를 빠르게 할 수 있다. 보기에서 황동의 경도가 가장 작아 절삭속도를 빠르게 할 수 있다.

42 선반가공에서 바이트를 구조에 따라 분류할 때 틀린 것은?

① 단체 바이트
② 팁 바이트
③ 클램프 바이트
④ 분리 바이트

해설

바이트 구조에 따른 분류

• 단체 바이트 : 바이트의 인선과 자루가 같은 재질로 구성된 바이트(고속도강 바이트에 주로 사용됨)

• 팁 바이트 : 섕크에서 날(인선) 부분에만 초경합금이나 용접이 가능한 바이트용 재질을 용접하여 사용하는 바이트(용접 바이트)

• 클램프 바이트(Clamped Bite) : 팁을 용접하지 않고 기계적인 방법으로 클램핑(Clamping)하여 사용하는 바이트(용접이 불가능한 세라믹 바이트도 클램핑하여 사용)

43 머시닝센터의 고정 사이클 중 G코드와 그 용도가 잘못 연결된 것은?

① G76 – 정밀보링 사이클

② G81 – 드릴링 사이클

③ G83 – 보링 사이클

④ G84 – 태핑 사이클

해설

③ G83 : 심공드릴 사이클

① G76 : 정밀보링 사이클

② G81 : 드릴링 사이클

④ G84 : 태핑 사이클

44 다음 중 CNC 선반에서 다음과 같은 공구 보정 화면에 관한 설명으로 틀린 것은?

공구 보정번호	X축	Z축	R	T
01	0.000	0.000	0.8	3
02	0.457	1.321	0.2	2
03	2.765	2.987	0.4	3
04	1.256	−1.234	·	8
05	·	·	·	·
·	·	·	·	·

① X축 : X축 보정량

② R : 공구 날 끝 반경

③ Z축 : Z축 보정량

④ T : 사용공구번호

해설

T : 가상인선(공구형상)번호

※ 가상인선번호는 공구번호와 반드시 일치할 필요는 없다.

45 다음 중 선반 작업 시 안전 사항으로 올바르지 못한 것은?

① 칩이나 절삭유의 비산 방지를 위하여 플라스틱 덮개를 부착한다.

② 절삭 가공을 할 때에는 반드시 보안경을 착용하여 눈을 보호한다.

③ 절삭 작업을 할 때에는 칩에 손을 베이지 않도록 장갑을 착용한다.

④ 척이 회전하는 도중에 소재가 튀어나오지 않도록 확실히 고정한다.

해설

선반 작업 시 장갑을 착용하지 않는다.

46 CNC 선반은 크게 "기계 본체 부분"과 "CNC 장치 부분"으로 구성되는데 다음 중 "CNC 장치 부분"에 해당하는 것은?

① 공구대   ② 위치검출기

③ 척(Chuck)   ④ 헤드스톡

해설

• 기계 본체 부분 : 공구대, 유압척, 헤드스톡(주축대), 심압대 등

• CNC 장치 부분 : 위치검출기(인코더), 속도검출기(태코제너레이터), 서보 구동부 등

47 다음 중 그림과 같은 원호보간 지령을 I, J를 사용하여 표현한 것으로 옳은 것은?

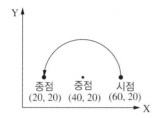

종점 (20, 20)   중점 (40, 20)   시점 (60, 20)

① G03 X20.0 Y20.0 I−20.0;

② G03 X20.0 Y20.0 I−20.0 J−20.0;

③ G03 X20.0 Y20.0 J−20.0;

④ G03 X20.0 Y20.0 I20.0;

해설
문제에서 반시계방향 원호가공이므로 G03이며, 원호가공 시작점에서 원호 중심까지 벡터값은 I−20이 된다[G03 X20.0 Y20.0 I−20.0;].
※ I, J는 원호의 시작점에서 원호 중심까지의 벡터값이다.

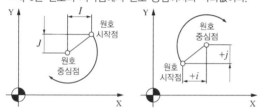

48 다음 중 일반적으로 NC 가공계획에 포함되지 않는 것은?

① 사용 기계 선정

② 가공할 공구 선정

③ 프로그램의 수정 및 편집

④ 공작물 고정 방법 및 치공구 선정

해설
NC 가공 계획
• CNC가공범위와 사용 기계 선정
• 가공물 고정(척킹) 방법 및 치공구 선정
• 가공 순서 결정
• 가공할 공구 선정

49 CNC 선반의 준비기능 중 단일형 고정 사이클로만 짝지어진 것은?

① G28, G75   ② G90, G94

③ G50, G76   ④ G98, G74

해설
CNC 선반 가공에서 거친 절삭 또는 나사 절삭 등은 1회의 절삭으로 불가능하므로 여러 번 반복 동작을 해야 한다. 사이클 가공은 이와 같이 반복되는 동작의 프로그램을 한 블록 또는 두 블록으로 프로그램을 간단히 할 수 있도록 만든 G코드를 말한다.
• 단일형 고정 사이클 : 변경된 수치만 반복하여 지령
  − G90 : 안·바깥지름 절삭 사이클
  − G92 : 나사 절삭 사이클
  − G94 : 단면 절삭 사이클
• 복합형 반복 사이클 : 한 개가 블록으로 지령
  − G74 : Z방향 홈 가공 사이클(팩 드릴링)
  − G75 : X방향 홈 가공 사이클
  − G76 : 나사 절삭 사이클
※ G28 : 자동 원점 복귀, G50 : 공작물 좌표계 설정 / 주축 최고 회전수 설정
  G98 : 분당 이송 지정(mm/min)

50 다음 중 머시닝센터 프로그램에서 "F400"이 의미하는 것은?

G94 G91 G01 X100. F400;

① 0.4mm/rev

② 400mm/min

③ 400mm/rev

④ 0.4mm/min

해설
• G94 : 분당 이송(mm/min)에서 F400의 의미 → 400mm/min
• G95 : 회전당 이송(mm/rev)에서 F400의 의미 → 400mm/rev
※ G90 : 절대지령, G91 : 증분지령

51 다음 중 CNC 공작기계의 매일 점검 사항으로 볼 수 없는 것은?

① 각 부의 유량 점검
② 각 부의 작동 점검
③ 각 부의 압력 점검
④ 각 부의 필터 점검

해설
- 매일 점검 사항 : 외관 점검, 유량 점검, 압력 점검, 각 부의 작동 검사
- 매월 점검 사항 : 필터 점검, 팬(Fan) 점검, 백래시 보정 등
- 매년 점검 사항 : 기계 본체 수평 점검, 기계 정도 검사 등

52 홈 가공이나 드릴 가공을 할 때 일시적으로 공구를 정지시키는 기능(휴지기능)의 CNC 용어를 무엇이라 하는가?

① 드웰(Dwell)
② 드라이 런(Dry Run)
③ 프로그램 정지(Program Stop)
④ 옵셔널 블록 스킵(Optional Block Skip)

해설
휴지(Dwell) : 지령한 시간 동안 이송이 정지되는 기능이다. 이 기능은 홈 가공이나 드릴작업 등에서 간헐이송으로 칩을 절단하거나 목표점에 도달한 후 즉시 후퇴할 때 생기는 이송량만큼의 단차를 제거함으로써 진원도의 향상 및 깨끗한 표면을 얻기 위하여 사용한다.

※ 정지시간(초) $= \dfrac{60 \times 공회전수(회)}{스핀들회전수(rpm)} = \dfrac{60 \times n(회)}{N(rpm)}$

　예 1.5초 동안 정지시키려면 G04 X1.5; , G04 U1.5; , G04 P1500;

※ 드라이 런(Dry Run) : 스위치가 ON되면 프로그램의 이송속도를 무시하고 조작판의 이송속도로 이송한다.

53 다음 중 CAD/CAM 시스템의 NC 인터페이스 과정으로 옳은 것은?

① 파트프로그램 → NC 데이터 → 포스트 프로세싱 → CL 데이터
② 파트프로그램 → CL 데이터 → 포스트 프로세싱 → NC 데이터
③ 포스트 프로세싱 → 파트프로그램 → CL 데이터 → NC 데이터
④ 포스트 프로세싱 → 파트프로그램 → NC 데이터 → CL 데이터

해설
CAD/CAM 작업의 흐름
파트 프로그램 → CL 데이터 → 포스트 프로세싱 → NC 가공
※ 포스트 프로세싱 : 작성된 가공 데이터를 읽어 특정의 CNC 공작기계 컨트롤러에 맞도록 NC 데이터를 만들어 주는 것

54 다음 중 CNC 공작기계에서 속도와 위치를 피드백하는 장치는?

① 서보 모터
② 컨트롤러
③ 주축 모터
④ 인코더

해설
- 인코더 : CNC 기계에서 속도와 위치를 피드백하는 장치
- 리졸버 : CNC 기계의 움직임의 상태를 표시하는 것으로 기계적인 운동을 전기적인 신호로 바꾸는 피드백 장치
- 볼 스크루 : 서보모터의 회전을 받아 테이블을 구동시키는 데 사용되는 나사

55 다음 중 CNC 선반 프로그램에서 기계원점 복귀 체크 기능은?

① G27　　　　② G28

③ G29　　　　④ G30

해설
① G27 : 원점 복귀 확인
② G28 : 자동원점 복귀
③ G29 : 원점으로부터 복귀
④ G30 : 제2원점, 제3원점, 제4원점 복귀

56 다음 중 CNC 선반 작업 시 안전 사항으로 옳지 않은 것은?

① 고정 사이클 가공 시에 공구 경로에 유의한다.
② 칩이 공작물이나 척에 감기지 않도록 주의한다.
③ 가공 상태를 확인하기 위하여 안전문을 열어 놓고 조심하면서 가공한다.
④ 고정 사이클로 가공 시 첫 번째 블록까지는 공작물과 충돌 예방을 위하여 Single Block으로 가공한다.

해설
안전문을 열고 작업하면 칩이 비산되어 매우 위험하다.
★ 안전사항은 1~2문제가 반드시 출제된다. 빨간키를 참고하여 안전사항 관련 잘못된 내용만 암기해도 2문제를 획득할 수 있다.

57 다음 중 보조기능에서 선택적 프로그램 정지(Optional Stop)에 해당되는 것은?

① M00　　　　② M01

③ M05　　　　④ M06

해설
M코드　★ 반드시 암기(자주 출제)

M코드	기 능	M코드	기 능
M00	프로그램 정지	M08	절삭유 ON
M01	프로그램 선택 정지	M09	절삭유 OFF
M02	프로그램 끝	M30	프로그램 끝 & 리셋
M03	주축 정회전	M98	보조프로그램 호출
M04	주축 역회전	M99	보조프로그램 종료
M05	주축 정지		

※ "M코드"는 실기에서도 필요하니 반드시 암기하자(M00~M99 순으로 암기하면 쉽다).

58 다음 중 CNC 공작기계에서 주축의 속도를 일정하게 제어하는 명령어는?

① G96　　　　② G97

③ G98　　　　④ G99

해설
① G96 : 절삭속도(m/min) 일정제어
② G97 : 주축 회전수(rpm) 일정제어
③ G98 : 분당 이송 지정(mm/min)
④ G99 : 회전당 이송 지정(mm/rev)
※ G96 S160 : 절삭속도 일정제어(m/min), 절삭속도 160m/min로 일정하게 유지

59 다음 중 머시닝센터에서 공작물 좌표계 X, Y 원점을 찾는 방법이 아닌 것은?

① 엔드밀을 이용하는 방법

② 터치 센서를 이용하는 방법

③ 인디케이터를 이용하는 방법

④ 하이트 프리세터를 이용하는 방법

해설
- 공작물 좌표계(X,Y) 원점을 찾는 방법
  - 엔드밀을 이용하는 방법
  - 터치 센서를 이용하는 방법
  - 인디케이터를 이용하는 방법
- 공구 길이의 측정 방법
  - 툴 프리세터를 이용하는 방법
  - 하이트 프리세터를 이용하는 방법
※ 툴 프리세터 : 공구 길이나 공구경을 측정하는 장치
※ 하이트 프리세터 : 기계에 공구를 고정하며 길이를 비교하여 그 차이값을 구하고, 보정값 입력란에 입력하는 측정기

60 다음 중 CNC 선반에서 M20 × 1.5의 암나사를 가공하고자 할 때 가공할 안지름(mm)으로 가장 적합한 것은?

① 23.0 ② 21.5

③ 18.5 ④ 17.0

해설
$d = m - p$
$\quad = 20 - 1.5$
$\quad = 18.5mm$
여기서, d : 가공할 안지름
$\qquad m$: 호칭지름
$\qquad p$: 피치

01 열처리의 방법 중 강을 경화시킬 목적으로 실시하는 열처리는?

① 담금질　　　　② 뜨 임
③ 불 림　　　　④ 풀 림

해설
① 담금질 : 재료를 단단하게 할 목적으로 강을 오스테나이트 조직으로 될 때까지 가열한 후 물이나 기름에 급랭시켜 재질을 경화시키는 조작
② 뜨임 : 재질에 적당한 인성을 부여하기 위해 담금질 온도보다 낮은 온도에서 일정시간을 유지 후 냉각시키는 조작
③ 불림 : 재료의 내부 응력 제거 및 균일한 결정 조직을 얻기 위해 높은 온도로 가열하여 균일한 오스테나이트 조직으로 한 후 공기 중에서 냉각시키는 조작
④ 풀림 : 재료를 연하게 하거나 내부응력을 제거할 목적으로 강을 오스테나이트 조직으로 될 때까지 가열한 후 노나 재 속에서 서서히 냉각시키는 조작

열처리	목 적	냉각 방법
담금질	경도와 강도를 증가	급랭(유랭)
풀 림	재질의 연화	노 랭
불 림	결정 조직의 균일화(표준화)	공 랭

02 다음 중 알루미늄 합금이 아닌 것은?

① Y합금　　　　② 실루민
③ 톰백(Tombac)　　　　④ 로엑스(Lo-Ex)합금

해설
톰백(Tombac)은 구리와 아연의 합금, 구리에 아연을 8~20% 첨가하였으며, 금빛을 띠고 늘어나는 성질이 있다. 금의 모조품이나 금박 대용품을 만드는 데 쓴다.
• 고강도 Al합금 : 두랄루민, 초두랄루민, 초강두랄루민
• 주물용 Al합금 : 실루민, 라우탈, Y합금 등
※ 두랄루민 : 단조용 알루미늄 합금으로 Al+Cu+Mg+Mn의 합금. 가벼워서 항공기나 자동차 등에 사용되는 고강도 Al합금

03 탄소 공구강의 구비 조건으로 거리가 먼 것은?

① 내마모성이 클 것
② 저온에서의 경도가 클 것
③ 가공 및 열처리성이 양호할 것
④ 강인성 및 내충격성이 우수할 것

해설
공구강은 높은 온도에서 경도가 유지되어야 한다. 즉, 상온 및 고온경도가 커야 한다.

04 마우러 조직도에 대한 설명으로 옳은 것은?

① 탄소와 규소량에 따른 주철의 조직 관계를 표시한 것
② 탄소와 흑연량에 따른 주철의 조직 관계를 표시한 것
③ 규소와 망간량에 따른 주철의 조직 관계를 표시한 것
④ 규소와 Fe₃C 양에 따른 주철의 조직 관계를 표시한 것

해설
마우러 조직도 : 주철의 조직에 영향을 끼치는 주요한 요소는 탄소 및 규소의 양과 냉각 속도이다. 마우러 조직도는 탄소와 규소량에 따른 주철의 조직 관계를 표시한 것이다.

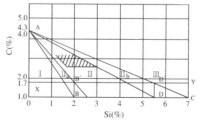

05 베어링으로 사용되는 구리계 합금으로 거리가 먼 것은?

① 켈밋(Kelmet)

② 연청동(Lead Bronze)

③ 문쯔메탈(Muntz Metal)

④ 알루미늄 청동(Al Bronze)

해설
- 구리계 베어링 합금 : Cu–Pb합금(켈밋), 주석청동, 인청동, 연청동(Lead Bronze), 알루미늄 청동(Al Bronze)
- 문쯔메탈(Muntz Metal)은 6-4황동으로 열교환기, 파이프, 밸브, 탄피 등에 사용됨

07 공구용으로 사용되는 비금속 재료로 초내열성 재료, 내마멸성 및 내열성이 높은 세라믹과 강한 금속의 분말을 배열 소결하여 만든 것은?

① 다이아몬드　　　② 고속도강

③ 서 멧　　　　　④ 석 영

해설
서멧(Cermet) : 세라믹과 메탈의 복합어로 세라믹의 취성을 보완하기 위하여 개발된 내화물과 금속 복합체의 총칭이다. 고속절삭에서 저속절삭까지 사용범위가 넓고 크레이터 마모, 플랭크 마모 등이 작고 구성인선이 거의 발생되지 않아 공구수명이 길다.

06 고속도 공구강 강재의 표준형으로 널리 사용되고 있는 18-4-1형에서 텅스텐 함유량은?

① 1%　　　　　　② 4%

③ 18%　　　　　④ 23%

해설
고속도강(High Speed Steel) : W, Cr, V, Co 등의 합금강으로서 담금질 및 뜨임처리하면 600℃ 정도까지 경도를 유지하며 고온경도가 높고 내마모성이 우수하다. 절삭속도가 탄소공구강에 비해 2배 이상이다.
※ 표준 고속도강 조성 : 18% W(텅스텐) – 4% Cr(크롬) – 1% V(바나듐)
★ 고속도강 표준 조성은 자주 출제되므로 반드시 암기

08 피치 4mm인 3줄 나사를 1회전시켰을 때의 리드는 얼마인가?

① 6mm　　　　　② 12mm

③ 16mm　　　　④ 18mm

해설
- 나사의 리드 : 나사 1회전했을 때 나사가 진행한 거리
- $L = p \times n = 4 \times 3 = 12mm$
  여기서, L : 리드
  　　　　p : 피치
  　　　　n : 줄수

09 표점거리 110mm, 지름 20mm의 인장시편에 최대 하중 50kN이 작용하여 늘어난 길이 $\Delta l = 22$mm 일 때, 연신율은?

① 10%   ② 15%

③ 20%   ④ 25%

해설

$$연신율(\varepsilon) = \frac{변형량}{원표점거리} \times 100\%$$

$$= \frac{22\text{mm}}{110\text{mm}} \times 100\%$$

$$= 20\%$$

11 축에 키(Key) 홈을 가공하지 않고 사용하는 것은?

① 묻힘(Sunk) 키   ② 안장(Saddle) 키

③ 반달 키   ④ 스플라인

해설

키(Key)의 종류

키(Key)	정 의	그 림	비 고
새들 키 (안장 키)	축에는 키 홈을 가공하지 않고 보스에 만 테이퍼진 키 홈을 만들어 때려 박는다.		축의 강도 저하가 없다.
원뿔 키	축과 보스와의 사이에 2~3곳을 축 방향으로 쪼갠 원뿔을 때려 박아 고정시킨다.		
반달 키	축에 반달모양의 홈을 만들어 반달 모양으로 가공된 키를 끼운다.		축 강도 약함
스플라인	축에 여러 개의 같은 키 홈을 파서 여기에 맞는 한짝의 보스 부분을 만들어 서로 잘 미끄러져 운동할 수 있게 한 것		키보다 큰 토크 전달

• 묻힘(Sunk) 키 : 축과 보스의 양쪽에 모두 키 홈을 가공

10 벨트전동에 관한 설명으로 틀린 것은?

① 벨트풀리에 벨트를 감는 방식은 크로스벨트 방식과 오픈벨트 방식이 있다.

② 오픈벨트 방식에서는 양 벨트 풀리가 반대 방향으로 회전한다.

③ 벨트가 원동차에 들어가는 측을 인(긴)장측이라고 한다.

④ 벨트가 원동차로부터 풀려 나오는 측을 이완측이라 한다.

해설

• 평행걸기(Open Belting) : 벨트 풀리 회전 방향이 같다.
• 십자걸기(Cross Belting) : 벨트 풀리 회전 방향이 반대이다.

12 원주에 톱니형상의 이가 달려 있으며 폴(Pawl)과 결합하여 한쪽 방향으로 간헐적인 회전운동을 주고 역회전을 방지하기 위하여 사용되는 것은?

① 래칫 휠   ② 플라이 휠

③ 원심 브레이크   ④ 자동 하중 브레이크

해설

① 래칫 휠(Ratchet Wheel) : 폴과 결합하여 사용되며 축의 역전을 방지하기 위한 장치이며, 브레이크 장치의 일부로 사용하기도 한다. 종류에는 외측 래칫 휠, 내측 래칫 휠이 있으며, 외측 래칫 휠이 더 많이 사용된다.

③ 원심 브레이크(Centrifugal Brake) : 정지시키기 위한 제동은 없고, 오로지 물체를 들어 올릴 때 속도를 일정하게 유지시키기 위한 것

④ 자동 하중 브레이크 : 윈치, 크레인 등으로 하물을 올릴 때는 제동 작용은 하지 않고 클러치 작용을 하며, 하물을 아래로 내릴 때는 하물 자중에 의한 제동 작용으로 하물의 속도를 조절하거나 정지시키는 역할을 하는 브레이크

13 기어에서 이(Tooth)의 간섭을 막는 방법으로 틀린 것은?

① 이의 높이를 높인다.

② 압력각을 증가시킨다.

③ 치형의 이끝면을 깎아낸다.

④ 피니언의 반경 방향의 이뿌리면을 파낸다.

해설
이의 간섭이 발생하지 않도록 방지하기 위한 방법
• 피니언의 잇수를 최소치수 이상으로 한다.
• 기어의 잇수를 한계치수 이하로 한다.
• 압력각을 크게 한다.
• 치형 수정을 한다(기어의 이끝면을 깎아내거나 또는 피니언의 이뿌리면을 반경방향으로 파낸다).
• 기어의 이의 높이를 줄인다(즉, 낮은 이를 사용한다).

14 볼트, 너트의 풀림 방지 방법 중 틀린 것은?

① 로크너트에 의한 방법

② 스프링 와셔에 의한 방법

③ 플라스틱 플러그에 의한 방법

④ 아이 볼트에 의한 방법

해설
볼트, 너트의 풀림 방지
• 로크너트에 의한 방법
• 자동 죔 너트에 의한 방법
• 분할 핀에 의한 방법
• 와셔에 의한 방법
• 멈춤 나사에 의한 방법
• 철사를 이용하는 방법
아이 볼트 : 볼트의 머리부에 핀을 끼울 구멍이 있어 자주 탈착하는 뚜껑의 결합에 사용된다. 무거운 물체를 달아 올리기 위하여 훅(Hook)을 걸 수 있는 고리가 있는 볼트이다.

15 전달마력 30kW, 회전수 200rpm인 전동축에서 토크 T는 약 몇 N·m인가?

① 107

② 146

③ 1,070

④ 1,430

해설
동력 $H(\text{kW}) = \dfrac{T(\text{Nm}) \cdot N(\text{rpm})}{9,550} \rightarrow T(\text{N·m})$

$= \dfrac{9,550 \times H(\text{kW})}{N(\text{rpm})} = \dfrac{9,550 \times 30\text{kW}}{200\text{rpm}} \fallingdotseq 1,432.5$

$T(\text{N·m}) = 1,430\text{N·m}$

여기서, T : 토크, H : 동력, N : 회전수
• 동력을 힘×속도로 표시할 때 사용하는 식

$H(\text{kW}) = \dfrac{P(\text{N}) \times v(\text{m/s})}{1,000} = \dfrac{P(\text{kgf}) \times v(\text{m/s})}{102}$

• 동력을 토크×각속도로 표시할 때 쓰는 식

$H(\text{kW}) = \dfrac{T(\text{N·m}) \times w(\text{rad/s})}{1,000}$

$= \dfrac{T(\text{N·m}) \times \dfrac{2\pi}{60} N(\text{rpm})}{1,000}$

$= \dfrac{T(\text{N·m}) \times N(\text{rpm})}{9,550}$

16 스프링의 제도에 관한 설명으로 틀린 것은?

① 코일 스프링의 종류와 모양만을 간략도로 나타내는 경우에는 재료의 중심선만을 굵은 실선으로 도시한다.

② 코일 부분의 양끝을 제외한 동일 모양 부분의 일부를 생략할 때는 생략한 부분의 선지름의 중심선을 굵은 2점쇄선으로 도시한다.

③ 코일 스프링은 일반적으로 무하중인 상태로 그리고 겹판스프링은 일반적으로 스프링 판이 수평인 상태에서 그린다.

④ 그림 안에 기입하기 힘든 사항은 요목표에 표시한다.

해설
코일 부분의 중간 부분을 생략할 때에는 생략한 부분을 가는 1점쇄선으로 표시하거나 가는 2점쇄선으로 표시해도 좋다.

17 보기 도면은 제3각 정투상도로 그려진 정면도와 평면도이다. 우측면도로 가장 적합한 것은?

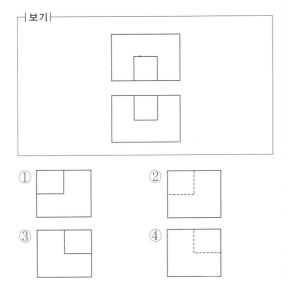

18 구멍과 축의 기호에서 최대허용치수가 기준치수와 일치하는 기호는?

① H

② h

③ G

④ g

해설

h : 최대허용치수가 기준치수와 일치

19 제도에 있어서 치수 기입 요소로 틀린 것은?

① 치수선

② 치수 숫자

③ 가공 기호

④ 치수 보조선

해설

치수 기입 요소 : 치수선, 치수 보조선, 지시선, 치수 숫자, 화살표

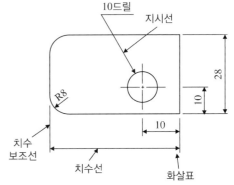

기계 가공 기호

기 호	가공 방법
B	보링가공
D	드릴가공
L	선삭가공
P	플레이너(평삭)가공
M	밀링가공
SH	셰이퍼가공
G	연삭가공
FF	줄다듬질

20 기하공차 기호에서 자세공차를 나타내는 것은?

① —

② ○

③ ◎

④ ∠

기하공차의 종류와 기호 ★ 반드시 암기(자주 출제)

공차의 종류		기 호	데이텀 지시
모양공차	진직도	——	없 음
	평면도	▱	없 음
	진원도	○	없 음
	원통도	⌀	없 음
	선의 윤곽도	⌒	없 음
	면의 윤곽도	⌓	없 음
자세공차	평행도	//	필 요
	직각도	⊥	필 요
	경사도	∠	필 요
위치공차	위치도	⊕	필요 또는 없음
	동축도(동심도)	◎	필 요
	대칭도	═	필 요
흔들림 공차	원주 흔들림	↗	필 요
	온 흔들림	↗↗	필 요

21 KS 나사 표시 방법에서 G 3/4 A로 기입된 기호의 올바른 해독은?

① 가스용 암나사로 인치 단위이다.

② 가스용 수나사로 인치 단위이다.

③ 관용 평행 수나사로 등급이 A급이다.

④ 관용 테이퍼 암나사로 등급이 A급이다.

나사의 종류를 표시하는 기호 및 나사의 호칭에 대한 표시 방법 (KS B 0200)

나사의 종류		나사종류 기호	나사의 호칭방법
미터 보통 나사		M	M8
미터 가는 나사			M8×1
미니추어 나사		S	S0.5
유니파이 보통 나사		UNC	3/8–16UNC
유니파이 가는 나사		UNF	No.8–36UNF
미터 사다리꼴 나사		Tr	Tr10×2
관용 테이퍼 나사	테이퍼 수나사	R	R3/4
	테이퍼 암나사	Rc	Rc3/4
	평행 암나사	Rp	Rp3/4
관용 평행 나사		G	G1/2

※ G 3/4 A → G(관용 평행 수나사), 3/4(외경 3/4인치), A(A급)

22 KS의 부문별 기호로 옳은 것은?

① KS A – 기계

② KS B – 전기

③ KS C – 토건

④ KS D – 금속

KS의 부문별 분류기호

분류기호	KS A	KS B	KS C	KS D	KS E
부 문	기 본	기 계	전기전자	금 속	광 산

23 줄무늬 방향 기호 중에서 가공에 의한 커터의 줄무늬가 기호를 기입한 면의 중심에 대하여 대략 동심원 모양일 때 기입하는 기호는?

① = ② X

③ M ④ C

줄무늬 방향 기호

기 호	커터의 줄무늬 방향	적 용	표면형상
=	투상면에 평행	셰이핑	
⊥	투상면에 직각	선삭, 원통연삭	
X	투상면에 경사지고 두 방향으로 교차	호 닝	
M	여러 방향으로 교차 되거나 무방향이 나타남	래핑, 슈퍼피니싱, 밀링	
C	중심에 대하여 대략 동심원	끝면 절삭	
R	중심에 대하여 대략 레이디얼 모양	일반적인 가공	

24 기어의 제도에서 모듈(m)과 잇수(z)를 알고 있을 때, 피치원의 지름(d)을 구하는 식은?

① $d = \dfrac{m}{z}$ ② $d = \dfrac{z}{m}$

③ $d = \dfrac{1}{2}mz$ ④ $d = mz$

모듈(m) = $\dfrac{\text{피치원지름}(d)}{\text{잇수}(z)}$

피치원지름(d) = 모듈(m) × 잇수(z) = $m \cdot z$

25 도면의 표현 방법 중에서 스머징(Smudging)을 하는 이유는 어떤 경우인가?

① 물체의 표면이 거친 경우

② 물체의 단면을 나타내는 경우

③ 물체의 표면을 열처리하고자 하는 경우

④ 물체의 특정 부위를 비파괴 검사하고자 하는 경우

물체의 단면을 나타내는 표시 : 해칭, 스머징(Smudging)

※ 스머징(Smudging) : 연필 등을 사용하여 단면한 부분을 표시하기 위해 해칭을 대신하여 색칠하는 것이다.

26 주철과 같은 메진 재료를 저속으로 절삭할 때, 주로 생기는 칩으로서 가공면이 좋지 않은 것은?

① 유동형 칩 ② 전단형 칩
③ 열단형 칩 ④ 균열형 칩

해설
칩의 종류

칩의 종류	유동형 칩	전단형 칩	경작형 칩	균열형 칩
정 의	칩이 경사면 위를 연속적으로 원활하게 흘러 나가는 모양으로 연속형 칩	경사면 위를 원활하게 흐르지 못할 때 발생하는 칩	가공물이 경사면에 점착되어 원활하게 흘러 나가지 못하여 가공재료 일부에 터짐이 일어나는 현상 발생	균열이 발생하는 진동으로 인하여 절삭공구 인선에 치핑 발생
재 료	연성재료 (연강, 구리, 알루미늄) 가공	연성재료 (연강, 구리, 알루미늄) 가공	점성이 큰 가공물	주철과 같이 메진 재료
절삭 깊이	적을 때	클 때	클 때	
절삭 속도	빠를 때	작을 때		작을 때
경사각	클 때	작을 때	작을 때	
비 고	가장 이상적인 칩	진동 발생, 표면거칠기 나빠짐		순간적 공구 날 끝에 균열 발생

27 수평 밀링머신과 비교한 수직 밀링머신에 관한 설명으로 틀린 것은?

① 공구는 주로 정면 밀링커터와 엔드밀을 사용한다.
② 평면가공이나 홈 가공, T홈 가공, 더브테일 등을 주로 가공한다.
③ 주축헤드는 고정형, 상하 이동형, 경사형 등이 있다.
④ 공구는 아버를 이용하여 고정한다.

해설
• 수직 밀링머신 : 정면 밀링 커터와 엔드밀을 사용하여 평면 가공, 홈 가공 등을 하는 작업에 가장 적합하다.
• 수평 밀링머신 : 주축에 아버(Arbor)를 고정하고 회전시켜 가공물을 절삭한다.
※ 수평 밀링머신은 아버를 이용해 공구를 고정한다.

밀링머신용 아버

아버 칼라   엔드   아버 칼라   평면커터   너트

[수평 밀링머신 밀링커터의 고정방법]

28 다음 공작기계 중에서 주로 기어를 가공하는 기계는?

① 선 반 ② 플레이너
③ 슬로터 ④ 호빙머신

해설
기어가공 : 호빙머신, 기어 셰이퍼, 밀링 등
• 플레이너 : 테이블 수평 길이 방향 왕복운동과 공구는 테이블의 가로 방향으로 이송하며, 주로 평면을 가공하는 공작기계
• 호빙머신 : 호브 공구를 이용하여 기어를 절삭하기 위한 공작기계

29 비교측정에 사용되는 측정기기는?

① 투영기

② 마이크로미터

③ 다이얼 게이지

④ 버니어 캘리퍼스

해설
- 비교측정 : 블록게이지와 다이얼 게이지 등을 사용하여 측정물의 치수를 비교하여 측정하는 방법
- 직접측정 : 버니어 캘리퍼스, 마이크로미터와 같이 측정기에 표시된 눈금에 의해 직접 측정물의 치수를 읽는 방법
- 간접측정 : 나사, 기어 등과 같이 기하학적 관계를 이용하여 측정하는 방법

31 절삭공구수명에 영향을 주는 요소 중 고속도강의 경사각은 몇 도(°) 이상 되면 강도가 부족하여 치핑(Chipping)의 원인이 되는가?

① 20° 이상   ② 25° 이상

③ 30° 이상   ④ 35° 이상

해설
고속도강과 같이 열에 매우 민감한 절삭공구에서 경사각이 증가하면 절삭온도는 낮아지므로, 경사각이 공구수명에 많은 영향을 미친다. 고속도강은 인선이 크지만 경사각이 30°보다 커지면 공구인선의 강도가 부족하여 치핑(Chipping)의 원인이 되어 공구수명이 짧아진다.

30 미세하고 비교적 연한 숫돌입자를 공작물의 표면에 작은 압력으로 접촉시키면서, 매끈하고 고정밀도의 표면으로 일감을 다듬는 가공법은?

① 호 닝   ② 래 핑

③ 슈퍼피니싱   ④ 전해연삭

해설
③ 슈퍼피니싱 : 연한 숫돌에 작은 압력으로 가압하면서 가공물에 이송을 주고 동시에 숫돌에 진동을 주어 표면거칠기를 높이는 가공방법(작은 압력+이송+진동)
① 호닝 : 혼(Hone)을 회전 및 직선 왕복운동시켜 원통 내면의 진원도, 진직도, 표면거칠기 등을 더욱 향상시키기 위한 가공방법
② 래핑 : 가공물과 랩(Lap) 사이에 랩제를 넣고 가공물에 압력을 가하면서 표면거칠기가 우수한 가공면을 얻는 가공방법
④ 전해연삭 : 숫돌을 적극으로 하여 일감에 접촉시켜 가공하는 방법

32 주로 일감의 평면을 가공하며 기둥의 수에 따라 쌍주식과 단주식으로 구분하는 공작기계는?

① 셰이퍼   ② 슬로터

③ 플레이너   ④ 브로칭 머신

해설
플레이너 : 테이블 수평 길이 방향 왕복운동과 공구는 테이블의 가로 방향으로 이송하며, 주로 평면을 가공하는 공작기계이다. 선반의 베드, 대형 정반 등의 대형물 가공에 적합하다. 플레이너의 크기는 테이블의 크기(길이 × 폭), 공구대의 이송거리, 테이블의 윗면에서 공구대 사이의 최대 높이로 표시한다. 플레이너의 종류는 쌍주식, 단주식, 피트 플레이너 등이 있다.
※ 브로칭 머신 : 공작물 고정된 상태에서 브로치라는 공구가 직선 운동만으로 절삭하는 공작기계

33 밀링 절삭방법에서 상향 절삭과 비교한 하향 절삭에 대한 설명으로 틀린 것은?

① 날 자리의 길이가 짧아 커터의 마모가 적다.
② 절삭된 칩이 이미 가공된 면 위에 쌓인다.
③ 이송기구의 백래시가 자연히 제거된다.
④ 커터 날이 공작물을 누르며 절삭하므로 공작물 고정이 용이하다.

해설
• 상향 절삭 : 백래시가 자연히 제거된다(절삭에 별 지장이 없다).
• 하향 절삭 : 백래시를 제거해야 한다.

34 탭의 파손 원인에 대한 설명으로 거리가 먼 것은?

① 탭이 경사지게 들어간 경우
② 나사 구멍이 너무 크게 가공된 경우
③ 막힌 구멍의 밑바닥에 탭의 선단이 닿았을 경우
④ 탭의 지름에 적합한 핸들을 사용하지 않는 경우

해설
탭의 파손 원인
• 구멍이 너무 작거나 구부러진 경우
• 탭이 경사지게 들어간 경우
• 탭의 지름에 적합한 핸들을 사용하지 않는 경우
• 너무 무리하게 힘을 가하거나 빠르게 절삭할 경우
• 막힌 구멍의 밑바닥에 탭 선단이 닿았을 경우
※ 탭가공 시 드릴의 지름
$d = D - p$ (D : 수나사 지름, p : 나사피치)

35 센터리스 연삭기에 대한 설명으로 틀린 것은?

① 연속작업을 할 수 있어 대량 생산에 적합하다.
② 중공의 원통을 연삭하는 데 편리하다.
③ 대형이나 중량물도 연삭할 수 있다.
④ 연삭 여유가 작아도 된다.

해설
센터리스 연삭의 특징 ★ 반드시 암기(자주 출제)
• 센터가 필요하지 않아 센터 구멍을 가공할 필요가 없다.
• 중공의 가공물을 연삭할 때 편리하다.
  ※ 중공(中空) : 속이 빈 축
• 연삭 여유가 작아도 된다.
• 가늘고 긴 가공물의 연삭에 적합하다.
• 긴 홈이 있는 가공물의 연삭은 불가능하다.
• 대형이나 중량물의 연삭은 불가능하다.
• 연속가공이 가능하며 대량 생산에 적합하다.
• 자생작용이 있다.

36 밀링 분할대의 종류가 아닌 것은?

① 신시내티형   ② 브라운 샤프트형
③ 모르스형   ④ 밀워키형

해설
분할대(Indexing Head)
• 분할대의 크기 표시 : 테이블상의 스윙
• 분할대의 종류 : 단능식(분할수 24), 만능식(각도, 원호, 캠 절삭)
• 분할대의 형태 : 브라운 샤프트형, 신시내티형, 밀워키형, 라이네겔형

37 경유 머신오일, 스핀들 오일, 석유 또는 혼합유로 윤활성은 좋으나 냉각성이 적어 경절삭에 주로 사용되는 절삭유제는?

① 수용성 절삭유　　② 지방질유

③ 광 유　　④ 유화유

> **해설**
> **절삭제의 종류**
> • 광유(Mineral Oil) : 경유, 머신오일, 스핀들 오일, 석유 및 기타의 광유 또는 혼합유로 윤활성은 좋으나 냉각성이 적어 주로 경절삭에 사용한다.
> • 수용성 절삭유(Soluble Oil) : 알칼리성 수용액이나 광물유를 화학적으로 처리하여 물에 용해한 유화제 등으로 다량의 물을 포함하기 때문에 냉각효과가 크고 고속 절삭 연삭용 등에 적합하며, 점성이 낮고 비열이 높으며 냉각작용이 우수하다.
> • 유화유(Emulsion Oil) : 광유에 비눗물을 첨가한 것으로 냉각작용이 비교적 크고, 윤활성도 있으며 값이 저렴하다.

38 밀링머신의 부속장치가 아닌 것은?

① 분할대
② 회전테이블
③ 슬로팅장치
④ 면 판

> **해설**
> **선반과 밀링의 부속장치**
>
> | 선반의 부속장치 | 밀링의 부속장치 |
> | --- | --- |
> | 센터, 센터드릴, 면판, 돌림판과 돌리개, 방진구, 맨드릴, 척 등 | 밀링바이스, 분할대, 회전테이블, 슬로팅장치, 래크절삭장치 등 |

39 보통선반에서 왕복대의 구성 부분이 아닌 것은?

① 에이프런
② 새 들
③ 공구대
④ 베 드

> **해설**
> 왕복대는 베드상에서 공구대에 부착된 바이트에 가로이송 및 세로이송을 하는 구조로 되어 있으며 새들, 에이프런, 공구대로 구성되어 있다.

40 일반적으로 나사의 피치 측정에 사용되는 측정기기는?

① 오토콜리메이터
② 옵티컬 플랫
③ 공구현미경
④ 사인바

> **해설**
> • 공구현미경 : 현미경에 의해 확대 관측하여 제품의 길이, 각도, 형상, 윤곽을 측정하는 측정기로 특히 나사게이지, 나사의 피치 측정에 사용된다.
> • 옵티컬 플랫 : 측정면의 평면도 측정(마이크로미터 측정면의 평면도 검사)
> • 각도 측정 : 사인바, 오토콜리메이터, 콤비네이션 세트 등

41 선반 작업에서 칩이 연속적으로 흘러나오게 될 때 칩을 짧게 끊어 주는 것은?

① 칩 커터   ② 칩 세팅
③ 칩 브레이커   ④ 칩 그라인딩

해설
칩 브레이커(Chip Breaker) : 칩을 적당한 길이로 원활하게 배출시키기 위해 짧게 끊어 주는 것

42 200mm × 200mm × 40mm인 알루미늄 판을 ϕ 20mm인 밀링커터를 사용하여 가공하고자 한다. 이때 절삭속도가 62.8m/min이면 밀링의 회전수는 약 몇 rpm인가?

① 1,000   ② 1,200
③ 1,400   ④ 2,000

해설
$$N = \frac{1,000\,V}{\pi D} = \frac{1,000 \times 62.8\text{m/min}}{\pi \times 20\text{mm}} \fallingdotseq 1,000\,\text{rpm}$$
$$\therefore N = 1,000\,\text{rpm}$$
여기서, N : 밀링커터의 회전수, V : 절삭속도
             D : 밀링커터의 지름

43 다음 중 선반에서 나사작업 시의 안전 및 유의사항으로 적절하지 않은 것은?

① 나사의 피치에 맞게 기어 변환 레버를 조정한다.
② 나사 절삭 중에 주축을 역회전시킬 때에는 바이트를 일감에서 일정거리를 떨어지게 한다.
③ 나사를 절삭할 때에는 절삭유를 충분히 공급해 준다.
④ 나사 절삭이 끝났을 때에는 반드시 하프 너트를 고정시켜 놓아야 한다.

해설
나사 절삭 시 안전 및 유의사항
• 나사 절삭 시에는 회전 속도를 저속으로 하여 접촉 충돌을 예방해야 한다.
• 나사 절삭 중 역회전시킬 때는 바이트를 공작물에서 이격시킨 후 실시한다.
• 나사를 절삭하기 전 충분한 연습을 실시한다.
• 바이트 재연삭 및 나사 절삭이 끝났을 때에는 반드시 하프 너트를 풀어 놓는다.

44 다음 중 CNC 공작기계가 자동운전 도중 충돌 또는 오작동이 발생하였을 경우 조치사항으로 가장 적절하지 않은 것은?

① 화면상의 경보(Alarm) 내용을 확인한 후 원인을 찾는다.
② 강제로 모터를 구동시켜 프로그램을 실행시킨다.
③ 프로그램의 이상 유무를 하나씩 확인하며 원인을 찾는다.
④ 비상정지 버튼을 누른 후 원인을 찾는다.

해설
자동운전 도중에 갑자기 멈추었을 때는 알람을 확인하고 원인을 파악 후 전문가에게 의뢰한다. 모터를 강제로 구동시키면 안 된다.

45 다음 중 주 또는 보조프로그램의 종료를 표시하는 보조기능이 아닌 것은?

① M02
② M05
③ M30
④ M99

M코드 ★ 반드시 암기(자주 출제)

M코드	기 능	M코드	기 능
M00	프로그램 정지	M08	절삭유 ON
M01	프로그램 선택 정지	M09	절삭유 OFF
M02	프로그램 끝	M30	프로그램 끝 & 리셋
M03	주축 정회전	M98	보조프로그램 호출
M04	주축 역회전	M99	보조프로그램 종료
M05	주축 정지		

★ "M코드"는 실기에서도 필요하니 반드시 암기하자(M00~M99 순으로 암기하면 쉽다).

46 다음 중 CNC 기계가공 중에 지켜야 할 안전 및 유의사항으로 틀린 것은?

① CNC선반 작업 중에는 문을 닫는다.
② 항상 비상정지 버튼의 위치를 확인한다.
③ 머시닝센터에서 공작물은 가능한 한 깊게 고정한다.
④ 머시닝센터에서 엔드밀은 되도록 길게 나오도록 고정한다.

머시닝센터 엔드밀은 되도록 짧게 나오도록 고정해야 안전하다.

47 NC기계의 테이블을 직선운동으로 만드는 나사로서 정밀도가 높고 백래시가 거의 없는 것은?

① 볼 스크루
② 사다리꼴 스크루
③ 삼각 스크루
④ 관용평행 스크루

CNC 공작기계에서는 높은 정밀도가 필요하다. 일반적인 나사와 너트는 면 접촉이기 때문에 마찰열에 의한 열팽창으로 정밀도가 떨어진다. 이런 단점을 해소하기 위해 볼 스크루(볼나사)를 사용한다. 볼 스크루(볼나사)는 볼이 이송 나사의 골과 구름 접촉하여 순환하기 때문에 마찰력이 작고 고속으로 정밀 이송 운동을 할 수 있는 장점이 있다. 너트를 조정하여 백래시를 거의 0에 가깝도록 할 수 있다. 나사 효율이 90% 이상이며, 자동체결은 어렵다.

48 그림은 머시닝센터의 가공용 도면이다. 다음 중 절대명령에 의한 이동지령을 올바르게 나타낸 것은?

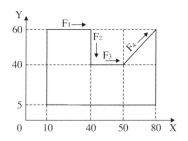

① F_1 : G90 G01 X40. Y60. F100;
② F_2 : G91 G01 X40. Y40. F100;
③ F_3 : G90 G01 X10. Y0 F100;
④ F_4 : G91 G01 X30. Y60. F100;

	절대명령(G90)	증분명령(G91)
F_1	G90 G01 X40. Y60. F100;	G91 G01 X30. Y0. F100;
F_2	G90 G01 X40. Y40. F100;	G91 G01 X0. Y-20. F100;
F_3	G90 G01 X50. Y40. F100;	G91 G01 X10. Y0. F100;
F_4	G90 G01 X80. Y60. F100;	G91 G01 X30. Y20. F100;

49 CNC선반에서 1,000rpm으로 회전하는 스핀들에서 2회전 드웰을 프로그래밍하려면 몇 초간 정지지령을 사용하여야 하는가?

① 0.06초   ② 0.12초

③ 0.18초   ④ 0.24초

해설

휴지(Dwell) : 지령한 시간 동안 이송이 정지되는 기능이다. 이 기능은 홈 가공이나 드릴작업 등에서 간헐이송으로 칩을 절단하거나 목표점에 도달한 후 즉시 후퇴할 때 생기는 이송량만큼의 단차를 제거함으로써 진원도의 향상 및 깨끗한 표면을 얻기 위하여 사용한다.

$$정지시간(초) = \frac{60 \times 공회전수(회)}{스핀들회전수(rpm)}$$

$$= \frac{60 \times n(회)}{N(rpm)}$$

$$= \frac{60 \times 2회}{1,000rpm}$$

$$= 0.12초$$

예 1.5초 동안 정지시키려면 G04 X1.5; G04 U1.5; G04 P1500;

50 다음 그림은 절대 좌표계를 사용하여 A(10, 20)에서 B(25, 5)으로 시계방향 270° 원호가공을 하려고 한다. 머시닝센터 가공 프로그램으로 올바르게 명령한 것은?

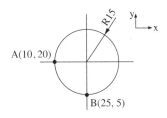

① G02 X25. Y5. R15.;

② G03 X25. Y5. R15.;

③ G02 X25. Y5. R−15.;

④ G03 X25. Y5. R−15.;

해설

• G02 : 시계방향, G03 : 반시계방향
• 문제에서 시계방향으로 270° 원호가공이므로 G02 X25. Y5. R−15.;이다.
※ 머시닝센터 : 180° 이상의 원호를 지령할 때 반지름 R값은 음(−)의 값으로 지령한다.

51 다음 중 CNC선반에서 도면의 P1에서 P2로 직선 절삭하는 프로그램의 지령이 잘못된 것은?

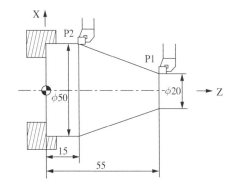

① G01 X50. Z15. F0.2;

② G01 U50. Z15. F0.2;

③ G01 X50. W−40. F0.2;

④ G01 U30. Z15. F0.2;

해설

② G01 U50. Z15. F0.2; → G01 U30. Z15. F0.2;

절삭경로	절대지령 ①	증분지령	혼합지령 ③, ④
P1 → P2	G01 X50. Z15. F0.2;	G01 U30. W−40. F0.2;	G01 X50. W−40. F0.2; G01 U30. Z15. F0.2;

• 절대지령 방식 : 프로그램 원점을 기준으로 직교 좌표계의 좌표값을 입력-X, Z
• 증분지령 방식 : 현재의 공구위치를 기준으로 끝점까지의 X, Z의 증분값을 입력-U, W
  (공구를 현재 위치에서 어느 방향으로, 얼마만큼 이동할 것인지 명령하는 방식으로 U, W 어드레스를 사용한다) → (G00 U_ W_;)
• 혼합지령 방식 : 절대지령과 증분지령방식을 한 블록 내에 혼합하여 지령

52 그림과 같이 프로그램의 원점이 주어져 있을 경우 A점의 좌표로 옳은 것은?

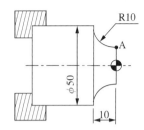

① X40. Z10.
② X10. Z50.
③ X50. Z−10.
④ X30. Z0.

해설
A점의 좌표는 X30. Z0.이다.
• X30. → 도면상 R10으로 선반에서는 φ20이 된다. 즉, φ50−φ20 = φ30
• Z0. → 프로그램 원점의 Z축은 0이다. 프로그램 원점은 X0. Z0. 이다.

53 다음 중 공구 날끝 반경 보정에 관한 설명으로 틀린 것은?

① G41은 공구 날끝 좌측 보정이다.
② G40은 공구 날끝 반경 보정 취소이다.
③ 공구 날끝 반경 보정은 G02, G03 지령블록에서 하여야 한다.
④ 테이퍼 가공 및 원호 가공의 경우 공구 날끝 보정이 필요하다.

해설
• 공구 날끝 반경 보정은 G00, G01과 함께 지령해야 하며, 공구의 진행방향에 따라 3가지의 G−코드(G41, G42, G40)로 분류하며 이 중에서 하나를 선택하여 사용한다.
• G02, G03과 함께 지령하면 알람이 발생한다.
• 직선이나 테이퍼 가공에서는 공구 날끝 보정을 한다.

54 CAM시스템에서 CL(Cutting Location) 데이터를 공작기계가 이해할 수 있는 NC코드로 변환하는 작업을 무엇이라 하는가?

① 포스트 프로세싱
② 포스트 모델링
③ CAM 모델링
④ 인 프로세싱

해설
포스트 프로세싱 : 작성된 가공 데이터를 읽어 특정의 CNC 공작기계 컨트롤러에 맞도록 NC 데이터를 만들어 주는 것
※ CAD/CAM 작업의 흐름 ★ 반드시 암기(자주 출제)
파트 프로그램 → CL 데이터 → 포스트 프로세싱 → NC 가공

55 다음 중 CNC선반 프로그램에서 복합형 고정 사이클인 G71에 대한 설명으로 틀린 것은?

① G71 사이클을 시작하는 최초의 블록에서는 Z를 지정할 수 있다.
② G71은 황삭 사이클이지만 정삭 여유를 지령하지 않으면 완성치수로 가공할 수 있다.
③ 고정사이클 지령 최후의 블록에는 자동 면취지령을 할 수 없다.
④ 고정사이클 실행 도중에 보조프로그램 지령은 할 수 없다.

해설
• G71 : 안 · 바깥지름 거친 절삭 사이클
• 다음 절삭 가공 지령절의 첫 번째 전개번호 블록에 X축 좌표값만 지령하고 Z축은 지령하지 않는다.

56 다음 중 머시닝센터 프로그램에서 공구길이 보정 취소 G코드에 해당하는 것은?

① G43　　　　　② G44

③ G49　　　　　④ G30

③ G49 : 공구길이 보정 취소
① G43 : +방향 공구길이 보정(+방향으로 이동)
② G44 : -방향 공구길이 보정(-방향으로 이동)
④ G30 : 제2원점 복귀
• 기준 공구와의 길이 차이값을 입력시키는 방법에는 +보정(G43)과 -보정(G44)의 두 가지가 있다. 보통 G43을 많이 사용하며, 기준 공구보다 짧은 경우 보정값 앞에 -부호를 기준 공구보다 길 경우 보정값 앞에 +부호를 붙여 입력한다.

57 CNC선반에서 프로그램과 같이 가공을 할 때 주축의 최고회전수로 옳은 것은?

```
G50 X50. Z30. S1800 T0200;
G96 S314 M03;
```

① 314rpm　　　　② 1,000rpm

③ 1,800rpm　　　④ 2,000rpm

• G50 : 공작물 좌표계 설정, 주축 최고 회전수 설정
• G50 X150. Z30. S1800 T0200; → S1800으로 주축 최고 회전수는 1,800rpm

58 다음 중 머시닝센터의 부속장치에 해당하지 않는 것은?

① 칩처리장치

② 자동공구교환장치

③ 자동일감교환장치

④ 좌표계 자동설정장치

• 머시닝센터의 부속장치 : 칩처리장치, 자동공구교환장치(ATC), 자동일감교환장치(APC)
• 자동공구교환장치(ATC) : 공구를 교환하는 ATC 암과 많은 공구가 격납되어 공구 매거진(Tool Magazine)으로 구성되어 있다.
• 자동일감교환장치(자동팰럿교환장치/APC) : 가공물의 고정시간을 줄여 생산성을 높이기 위하여 사용함

59 다음 중 머시닝센터의 G코드 일람표에서 원점 복귀 명령과 관련이 없는 코드는?

① G27　　　　　② G28

③ G29　　　　　④ G30

CNC선반과 머시닝센터 원점 복귀 명령 비교

CNC 선반	머시닝센터
• G27 : 원점 복귀 확인	• G27 : 원점 복귀 확인
• G28 : 자동원점 복귀	• G28 : 자동원점 복귀
• G29 : 원점으로부터 복귀	• G30 : 제2원점, 제3원점, 제4원점 복귀
• G30 : 제2원점, 제3원점, 제4원점 복귀	

60 머시닝센터에서 프로그램 원점을 기준으로 직교좌표계의 좌표값을 입력하는 절대지령의 준비기능은?

① G90　　　　　② G91

③ G92　　　　　④ G89

• 머시닝센터에서 절대지령(G90) / 증분지령(G91)
• 머시닝센터에서 공작물 좌표계 설정(G92)

01 다음 중 청동의 합금 원소는?

① Cu + Fe

② Cu + Sn

③ Cu + Zn

④ Cu + Mg

해설
- 황동 : 구리+아연(Cu+Zn)
- 청동 : 구리+주석(Cu+Sn)
- ※ 참 고
  - 7-3황동 : Cu-70%, Zn-30%, 연신율이 가장 크다.
  - 6-4황동 : Cu(60%)-Zn(40%), 아연(Zn)이 많을수록 인장강도가 증가한다. 아연(Zn)이 45%일 때 인장강도가 가장 크다.

02 탄소공구강의 단점을 보강하기 위해 Cr, W, Mn, Ni, V 등을 첨가하여 경도, 절삭성, 주조성을 개선한 강은?

① 주조경질합금

② 초경합금

③ 합금공구강

④ 스테인리스강

해설
③ 합금공구강 : 탄소공구강의 단점을 보완하기 위해 Cr, W, Mn, Ni, V 등을 첨가하여 경도, 절삭성, 주조성을 개선시킨 것
① 주조경질합금 : 대표적인 것으로 스텔라이트가 있으며, 주성분은 W, Cr, Co, Fe이며, 주조합금이다. 스텔라이트는 상온에서 고속도강보다 경도가 낮으나 고온에서는 오히려 경도가 높아지기 때문에 고속도강보다 고속절삭용으로 사용된다. 850℃까지 경도와 인성이 유지되며, 단조나 열처리가 되지 않는 특징이 있다.
② 초경합금 : W, Ti, Mo, Zr 등의 경질합금 탄화물 분말을 Co, Ni을 결합제로 하여 1,400℃ 이상의 고온으로 가열하면서 프레스로 소결성형한 절삭공구이다.

03 수기가공에서 사용하는 줄, 쇠톱날, 정 등의 절삭가공용 공구에 가장 적합한 금속재료는?

① 주 강

② 스프링강

③ 탄소공구강

④ 쾌삭강

해설
③ 탄소공구강 : 줄, 쇠톱날, 정 등의 절삭공구, 저속 절삭공구, 총형공구나 특수목적용
④ 쾌삭강 : 가공 재료의 피삭성을 높이고, 절삭공구의 수명을 길게 하기 위하여 요구되는 성질을 개선한 구조용 강

04 일반적인 합성수지의 공통된 성질로 가장 거리가 먼 것은?

① 가볍다.

② 착색이 자유롭다.

③ 전기절연성이 좋다.

④ 열에 강하다.

해설
플라스틱(합성수지)의 특징
- 경량, 절연성과 내식성 우수, 단열, 비자기성 등
- 열에 약하며 표면경도는 금속재료에 비해 약하다.
- 내식성이 우수하여 산, 알칼리에 강하다.

05 철-탄소계 상태도에서 공정 주철은?

① 4.3%C   ② 2.1%C

③ 1.3%C   ④ 0.86%C

해설
- 주철 : 2.0%C~6.67%C
- 아공정 주철 : 2.0%C~4.3%C
- 공정 주철 : 4.3%C
- 과공정 주철 : 4.3%C~6.67%C

07 탄소강에 첨가하는 합금원소와 특성과의 관계가 틀린 것은?

① Ni - 인성 증가

② Cr - 내식성 향상

③ Si - 전자기적 특성 개선

④ Mo - 뜨임취성 촉진

해설
합금 원소의 영향
- 니켈(Ni) : 강인성, 내식성, 내마멸성 증가
- 크롬(Cr) : 강도와 경도 증가, 내식성, 내열성 및 자경성 증가, 내마멸성 증가
- 규소(Si) : 전자기적 성질 개선
- 몰리브덴(Mo) : 뜨임취성 방지
- 망간(Mn) : 취성 방지

06 다음 비철 재료 중 비중이 가장 가벼운 것은?

① Cu   ② Ni

③ Al   ④ Mg

해설
- 마그네슘(Mg) : 비중(1.74)로 실용금속으로 가장 가볍다.
- Cu(8.96), Ni(8.90), Al(2.7)

08 나사의 피치가 일정할 때 리드(Lead)가 가장 큰 것은?

① 4줄 나사

② 3줄 나사

③ 2줄 나사

④ 1줄 나사

해설
4줄 나사가 리드가 가장 크다.
- 나사의 리드 : 나사 1회전했을 때 나사가 진행한 거리
- L(리드) $= p$(피치) $\times n$(줄수)

09 직접전동 기계요소인 홈 마찰차에서 홈의 각도(2α)는?

① $2\alpha = 10{\sim}20°$

② $2\alpha = 20{\sim}30°$

③ $2\alpha = 30{\sim}40°$

④ $2\alpha = 40{\sim}50°$

해설
홈 마찰차 홈의 각도는 $2\alpha = 30{\sim}40°$이다.

11 나사의 기호 표시가 틀린 것은?

① 미터계 사다리꼴나사 : TM

② 인치계 사다리꼴나사 : WTC

③ 유니파이보통나사 : UNC

④ 유니파이가는나사 : UNF

해설
나사의 종류를 표시하는 기호 및 나사의 호칭에 대한 표시 방법 (KS B 0200)

구 분	나사의 종류		나사 종류기호	나사의 호칭방법
ISO 표준에 있는 것	미터보통나사		M	M8
	미터가는나사			M8 × 1
	미니추어나사		S	S0.5
	유니파이보통나사		UNC	3/8-16UNC
	유니파이가는나사		UNF	No. 8-36UNF
	미터사다리꼴나사		Tr	Tr10 × 2
관용 테이퍼 나사	테이퍼수나사		R	R3/4
	테이퍼암나사		Rc	Rc3/4
	평행암나사		Rp	Rp3/4

※ 사다리꼴 나사산 각이 미터계(Tr)는 30°, 인치계(TW)는 29°

※ 저자의견 : 문제 오류이다. 기호가 틀린 것은 ①, ②이다. 보기 ①의 TM을 Tr로 수정해야 한다.

10 2kN의 짐을 들어 올리는 데 필요한 볼트의 바깥지름은 몇 mm 이상이어야 하는가?(단, 볼트 재료의 허용인장응력은 400N/cm²이다)

① 20.2   ② 31.6

③ 36.5   ④ 42.2

해설
$1\text{cm} = 10\text{mm}$, $400\text{N/cm}^2 = 400\text{N}/(10\text{mm})^2 = 4\text{N/mm}^2$
볼트의 바깥지름의 단위는 mm이고, 재료의 허용인장응력은 400 N/cm²이므로 단위환산에 주의한다.
$2\text{kN} = 2,000\text{N}$

볼트의 바깥지름$(d) = \sqrt{\dfrac{2W}{\sigma}} = \sqrt{\dfrac{2 \times 2,000\text{N}}{4\text{N/mm}^2}}$

$= \sqrt{1,000\text{mm}^2} = 31.6\text{mm}$

∴ 볼트의 바깥지름 : 31.6mm

12 베어링의 호칭번호가 6308일 때 베어링의 안지름은 몇 mm인가?

① 35
② 40
③ 45
④ 50

6308 : 6–형식번호, 3–차수기호, 08–안지름 번호＝40mm(5×8＝40)
베어링 안지름 번호

안지름 범위 (mm)	안지름 치수	안지름 기호	예
10mm 미만	안지름이 정수인 경우 안지름이 정수 아닌 경우	안지름 /안지름	2mm이면 2 2.5mm이면 /2.5
10mm 이상 20mm 미만	10mm 12mm 15mm 17mm	00 01 02 03	
20mm 이상 500mm 미만	5의 배수인 경우 5의 배수가 아닌 경우	안지름을 5로 나눈 수 /안지름	40mm이면 08 28mm이면 /28
500mm 이상		/안지름	560mm이면 /560

13 테이퍼 핀의 테이퍼 값과 호칭지름을 나타내는 부분은?

① 1/100, 큰 부분의 지름
② 1/100, 작은 부분의 지름
③ 1/50, 큰 부분의 지름
④ 1/50, 작은 부분의 지름

테이퍼핀은 1/50의 테이퍼를 가지며 작은 쪽 지름을 호칭지름으로 한다.

14 원통형 코일의 스프링 지수가 9이고, 코일의 평균 지름이 180mm이면 소선의 지름은 몇 mm인가?

① 9
② 18
③ 20
④ 27

스프링 지수(C) = $\dfrac{\text{스프링 전체의 평균지름(D)}}{\text{소선의 지름(d)}}$

소선의 지름(d) = $\dfrac{\text{스프링 전체의 평균지름(D)}}{\text{스프링 지수(C)}}$

$= \dfrac{180\text{mm}}{9}$

$= 20\text{mm}$

15 간헐운동(Intermittent Motion)을 제공하기 위해서 사용되는 기어는?

① 베벨 기어
② 헬리컬 기어
③ 웜 기어
④ 제네바 기어

제네바 기어
원동차가 회전하면 핀이 종동차의 홈에 점차적으로 맞물려 간헐운동을 하는 간헐 기어의 일종이다.

16 미터 가는 나사의 호칭 표시 "M8×1"에서 "1"이 뜻하는 것은?

① 나사산의 줄 수
② 나사의 호칭지름
③ 나사의 피치
④ 나사의 등급

미터 가는 나사의 호칭

나사의 종류를 표시하는 기호	나사의 호칭지름을 표시하는 숫자	×	피치

예 M8×1 M8 : 나사의 호칭지름, "1" : 나사의 피치
• 미터 보통 나사 호칭 : M8
• 미터 보통 나사 및 미니추어 나사와 같이 동일한 지름에 대하여 피치가 하나만 규정되어 있는 나사에서는 원칙적으로 피치를 생략한다.

18 기어 제도에 관한 설명으로 틀린 것은?

① 피치원은 가는 실선으로 그린다.
② 잇봉우리원은 굵은 실선으로 그린다.
③ 잇줄 방향은 통상 3개의 가는 실선으로 표시한다.
④ 축에 직각인 방향으로 단면 도시할 경우 이골의 선은 굵은 실선으로 그린다.

KS 기어제도의 도시방법
• 이끝원(잇봉우리원)은 굵은 실선으로 그리고 피치원은 가는 1점 쇄선으로 그린다.
• 이뿌리원(이골원)은 가는 실선으로 그린다.
• 잇줄 방향은 보통 3개의 가는 실선으로 그린다.
• 축에 직각인 방향에서 본 단면도일 경우 이뿌리원(이골원)은 굵은 실선으로 그린다.

17 그림과 같은 도면에서 A, B, C, D 선과 선의 용도에 의한 명칭이 틀린 것은?

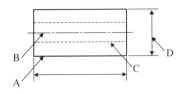

① A : 외형선   ② B : 중심선
③ C : 숨은선   ④ D : 치수 보조선

D : 치수선

19 다음 기하공차 도시기호에서 "AⓂ"이 의미하는 것은?

⊕	φ0.04	AⓂ

① 위치도에 최소 실체 공차방식을 적용한다.
② 데이텀 형체에 최대 실체 공차방식을 적용한다.
③ φ0.04mm의 공차값에 최소 실체 공차방식을 적용한다.
④ φ0.04mm의 공차값에 최대 실체 공차방식을 적용한다.

AⓂ : 데이텀 형체에 최대 실체 공차방식을 적용한다.
• Ⓜ : 최대 실체 공차방식
• Ⓟ : 돌출 공차역

20 도면에서의 치수 배치 방법에 해당하지 않는 것은?

① 직렬 치수 기입법

② 누진 치수 기입법

③ 좌표 치수 기입법

④ 상대 치수 기입법

해설
도면에서 치수 배치 방법
• 직렬 치수 기입법 : 직렬로 나란히 연속되는 개개의 치수가 계속되어도 좋은 경우에 사용하는 방법
• 좌표 치수 기입법 : 여러 종류의 많은 구멍의 위치나 크기 등의 치수를 좌표로 사용하며 별도의 표로 나타내는 방법
• 병렬 치수 기입법 : 한곳을 중심으로 치수를 기입하는 방법
• 누진 치수 기입법 : 치수의 기준점에 기점 기호(O)를 기입하고, 치수 보조선과 만나는 곳마다 화살표를 붙인다.

22 코일 스프링의 제도 방법으로 틀린 것은?

① 코일 스프링의 정면도에서 나선모양 부분은 직선으로 나타내서는 안 된다.

② 코일 스프링은 일반적으로 하중이 걸린 상태에서 도시하지는 않는다.

③ 스프링의 모양만을 간략도로 나타내는 경우에는 스프링 재료의 중심선만을 굵은 실선으로 그린다.

④ 코일 부분의 양끝을 제외한 동일 모양 부분의 일부를 생략할 때는 선지름의 중심선을 가는 1점 쇄선으로 나타낸다.

해설
코일 스프링의 제도 방법
• 코일 스프링의 정면도에서 나선모양 부분은 직선으로 나타낸다.
• 코일 스프링은 일반적으로 무하중인 상태로 그리고 겹판 스프링은 일반적으로 스프링 판이 수평인 상태에서 그린다.
• 코일 스프링의 종류와 모양만 간략도로 나타내는 경우에는 재료의 중심선만 굵은 실선으로 도시한다.
• 코일 부분의 중간 부분을 생략할 때에는 생략한 부분을 가는 1점쇄선으로 표시하거나 가는 2점쇄선으로 표시해도 좋다.

21 축의 치수가 $\phi 300^{-0.05}_{-0.20}$, 구멍의 치수가 $\phi 300^{+0.15}_{0}$ 인 끼워맞춤에서 최소틈새는?

① 0   ② 0.05

③ 0.15   ④ 0.20

해설
• 구멍의 최소허용치수 : 300
• 축의 최대허용치수 : 299.95
• 최소틈새 = 구멍의 최소허용치수 − 축의 최대허용치수
　　　 = 300 − 299.95 = 0.05

틈 새	최소틈새	구멍의 최소허용치수 − 축의 최대허용치수
	최대틈새	구멍의 최대허용치수 − 축의 최소허용치수
죔 새	최소죔새	축의 최소허용치수 − 구멍의 최대허용치수
	최대죔새	축의 최대허용치수 − 구멍의 최소허용치수

23 그림과 같은 입체도에서 화살표 방향을 정면도로 하였을 때 우측면도로 올바른 것은?

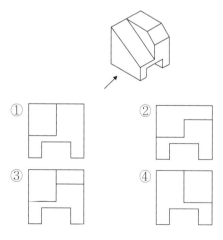

24 정면, 평면, 측면을 하나의 투상면 위에서 동시에 볼 수 있도록 두 개의 옆면 모서리가 수평선에 30°가 되고 3개의 축간 각도가 120°가 되는 투상도는?

① 등각 투상도

② 정면 투상도

③ 입체 투상도

④ 부등각 투상도

해설

투상도의 종류

• 등각 투상도 : 정면, 평면, 측면을 하나의 투상면 위에 동시에 볼 수 있도록 두 개의 옆면 모서리가 수평선과 30°가 되게 하여 세 축이 120°의 등각이 되도록 입체도로 투상한 투상법

• 정투상도 : 투상선이 평행하게 물체를 지나 투상면에 수직으로 닿고 투상된 물체가 투상면에 나란하기 때문에 어떤 물체의 형상도 정확하게 표현할 수 있는 투상법

• 사투상도 : 투상선이 투상면을 사선으로 평행하도록 무한대의 수평 시선으로 얻은 물체의 윤곽을 그리게 되면, 육면체의 세 모서리는 경사 축이 α각을 이루는 입체도가 되는 투상법

25 표면의 결 도시방법에서 가공으로 생긴 커터의 줄무늬가 여러 방향일 때 사용하는 기호는?

① X

② R

③ C

④ M

해설

줄무늬 방향 기호

기 호	기호의 뜻	설명 그림과 도면 기입 보기
=	가공에 의한 커터의 줄무늬 방향이 기호를 기입한 그림의 투상면에 평행 [보기] 셰이핑면	
⊥	가공에 의한 커터의 줄무늬 방향이 기호를 기입한 그림의 투상면에 직각 [보기] 셰이핑면(옆으로부터 보는 상태) 선삭, 원통 연삭면	
X	가공에 의한 커터의 줄무늬 방향이 기호를 기입한 그림의 투상면에 경사지고 두 방향으로 교차 [보기] 호닝 다듬질면	
M	가공에 의한 커터의 줄무늬 방향이 여러 방향으로 교차 또는 무방향 [보기] 래핑 다듬질면, 슈퍼피니싱면, 가로 이송을 한 정면 밀링 또는 엔드밀 절삭면	
C	가공에 의한 커터의 줄무늬가 기호를 기입한 면의 중심에 대하여 대략 동심원 모양 [보기] 끝면 절삭면	
R	가공에 의한 커터의 줄무늬 방향이 기호를 기입한 면의 중심에 대하여 대략 레이디얼 모양	

24 ① 25 ④ **정답**

26 주로 수직 밀링에서 사용하는 커터로 바깥지름과 정면에 절삭 날이 있으며, 밀링커터 축에 수직인 평면을 가공할 때 편리한 커터는?

① 정면 밀링커터　　② 슬래브 밀링커터

③ T홈 밀링커터　　④ 측면 밀링커터

해설

정면 밀링커터

외주와 정면에 절삭 날이 있는 커터이며, 주로 수직 밀링에서 사용하는 커터로 평면 가공에 이용된다. 정면 밀링커터는 절삭능률과 가공면의 표면거칠기가 우수한 초경 밀링커터를 주로 사용하며, 구조적으로 최근에는 스로어웨이(Throw Away) 방식을 많이 사용한다.

정면 밀링커터	더브테일커터
총형 밀링커터	슬래브 밀링커터

27 그림과 같이 작은 나사나 볼트의 머리를 공작물에 묻히게 하기 위하여 단이 있는 구멍 뚫기를 하는 작업은?

① 카운터 보링　　② 카운터 싱킹

③ 스폿 페이싱　　④ 리 밍

해설

드릴가공의 종류

• 카운터 보링 : 볼트의 머리 부분이 돌출되면 곤란한 부분이 있다. 이러한 경우에 볼트 또는 너트의 머리 부분이 가공물 안으로 묻히도록 드릴과 동심원의 2단 구멍을 절삭하는 방법

• 리밍 : 구멍의 정밀도를 높이기 위해 구멍을 다듬는 작업

• 탭핑 : 공작물 내부에 암나사 가공, 태핑을 위한 드릴가공은 나사의 외경−피치로 한다.

• 스폿 페이싱 : 볼트나 너트를 체결하기 곤란한 경우에 볼트나 너트가 닿는 구멍 주위에 부분만 평탄하게 가공하여 체결이 잘되도록 하는 가공 방법

• 카운터 싱킹 : 나사 머리의 모양이 접시모양일 때 테이퍼 원통형으로 절삭하는 가공

• 보링 : 뚫린 구멍을 다시 절삭, 구멍을 넓히고 다듬질하는 것

28 공구의 마멸형태 중에서 주철과 같이 메짐이 있는 재료를 절삭할 때 생기는 것은?

① 경사면 마멸　　② 여유면 마멸

③ 치핑(Chipping)　　④ 확산 마멸

해설

공구 마멸 형태

• 경사면 마멸(Creater Wear) : 절삭공구의 윗면에서 절삭된 칩이 공구 경사면을 유동할 때 고온, 고압, 마찰 등으로 경사면이 오목하게 마모 작용이 일어나는 마멸

• 여유면 마멸(Flank Wear) : 절삭공구의 절삭면에 평행하게 마모되는 것을 의미하며, 측면과 절삭 면과의 마찰에 의하여 발생한다. 주철과 같이 메진 재료를 절삭할 때나 분말상 칩이 발생할 때는 다른 재료를 절삭하는 경우보다 뚜렷하게 나타난다.

• 치핑(Chipping) : 절삭 공구에서 절삭 날의 일부분이 미세하게 탈락되는 것

29 가공물의 회전운동과 절삭공구의 직선운동에 의하여 내·외경 및 나사가공 등을 하는 가공방법은?

① 밀링작업   ② 연삭작업

③ 선반작업   ④ 드릴작업

해설

공구와 공작물의 상대운동 관계

종류	상대 절삭운동	
	공작물	공구
밀링작업	고정하고 이송	회전운동
연삭작업	회전, 고정하고 이송	회전운동
선반작업	회전운동	직선운동
드릴작업	고정	회전운동

30 선반 왕복대의 구성요소로 거리가 먼 것은?

① 공구대

② 새들

③ 에이프런

④ 베드

해설

왕복대는 베드상에서 공구대에 부착된 바이트에 가로이송 및 세로이송을 하는 구조로 되어 있으며 새들, 에이프런, 공구대로 구성되어 있다.

31 선반에서 가늘고 긴 공작물은 절삭력과 자중에 의하여 휘거나 처짐이 일어나기 쉬워 정확한 치수로 가공하기 어렵다. 이와 같은 처짐이나 휨을 방지하는 부속장치는?

① 면 판

② 돌림판과 돌리개

③ 맨드릴

④ 방진구

해설

방진구(Work Rest)

선반에서 가늘고 긴 가공물의 휨이나 떨림을 방지하기 위해 사용하는 부속품이다.

• 고정식 방진구 : 선반 베드 위에 고정

• 이동식 방진구 : 왕복대의 새들에 고정

32 밀링 작업 시 공작물을 고정할 때 사용되는 부속장치로 틀린 것은?

① 마그네트 척   ② 수평 바이스

③ 앵글 플레이트   ④ 공구대

해설

공구대는 선반에서 바이트를 고정할 때 사용되는 부속장치이다.

선반과 밀링의 부속품

선반의 부속품	밀링의 부속품
방진구, 맨드릴, 센터, 면판, 돌림판과 돌리개, 척 등	분할대, 바이스, 회전 테이블, 슬로팅장치 등

33 납, 주석, 알루미늄 등의 연한 금속이나 얇은 판금의 가장자리를 다듬질할 때 가장 적합한 것은?

① 단 목 ② 귀 목
③ 복 목 ④ 파 목

해설
① 단목 : 납, 주석, 알루미늄 등의 연한 금속이나 판금의 가장자리를 다듬질 작업을 할 때 사용한다.
② 귀목 : 펀치나 정으로 날 눈을 하나씩 파서 일으킨 것으로 보통 나무나 가죽 베크라이트 등의 비금속 또는 연한 금속의 거친 절삭에 사용된다.
③ 복목 : 일반적인 다듬질용이며, 먼저 낸 줄눈을 하목(아랫날) 그 위에 교차시켜 낸 줄눈을 상목(윗날)이라 한다.
④ 파목 : 물결 모양으로 날 눈을 세운 것이며, 날 눈의 홈 사이에 칩이 끼지 않으므로 납, 알루미늄, 플라스틱, 목재 등에 사용되나 다듬질면은 좋지 않다.

35 구성인선의 방지대책으로 틀린 것은?

① 절삭 깊이를 작게 할 것
② 절삭 속도를 크게 할 것
③ 경사각을 작게 할 것
④ 절삭공구의 인선을 예리하게 할 것

해설
구성인선(빌트 업 에지/Built-up Edge) 방지책
• 절삭 깊이를 작게 한다.
• 윗면 경사각을 크게 한다.
• 절삭 속도를 크게 한다.
• 윤활성이 있는 절삭유를 사용한다.
• 절삭공구의 인선을 예리하게 할 것

34 주축의 회전운동을 직선 왕복운동으로 변화시키고, 바이트를 사용하여 가공물의 안지름에 키(Key)홈, 스플라인, 세레이션 등을 가공할 수 있는 밀링 부속장치는?

① 분할대 ② 슬로팅장치
③ 수직 밀링장치 ④ 래크절삭장치

해설
② 슬로팅장치 : 니형 밀링 머신의 칼럼 앞면에 주축과 연결하여 사용하며 주축의 회전운동을 공구대 램의 직선 왕복운동으로 변화시킨다. 바이트를 사용하여 직선 절삭이 가능하다(키, 스플라인, 세레이션, 기어가공 등).
① 분할대 : 원주 및 각도 분할 시 사용, 주축대와 심압대 한 쌍으로 테이블 위에 설치

36 시준기와 망원경을 조합한 것으로 미소 각도를 측정하는 광학적 측정기는?

① 오토콜리메이터
② 콤비네이션 세트
③ 사인바
④ 측장기

해설
• 오토콜리메이터 : 시준기와 망원경을 조합한 것으로, 미소 각도를 측정하는 광학적 측정기이다. 평면경 프리즘 등을 이용한 정밀 정반의 평면도, 마이크로미터의 측정면 직각도, 평행도, 공작기계 안내면의 진직도, 직각도, 안내면의 평행도, 그 밖에 작은 각도의 변화 차이 및 흔들림 등의 측정에 사용된다.
• 각도측정 : 사인바, 오토콜리메이터, 콤비네이션 세트 등

37 재질이 연한 금속을 연삭하였을 때, 숫돌 표면의 기공에 칩이 메워져서 생기는 현상은?

① 눈 메움 　　　　② 무 딤
③ 입자탈락 　　　　④ 트루잉

해설

① 눈메움(Loading) : 결합도가 높은 숫돌에서 알루미늄이나 구리 같이 연한 금속을 연삭하게 되면 연삭숫돌 표면에 기공이 메워져서 칩을 처리하지 못하여 연삭 성능이 떨어지는 현상
② 무딤(Glazing) : 숫돌 입자가 마모되어 예리하지 못할 때 탈락하지 않고 둔화되는 현상
③ 입자탈락 : 숫돌의 입자가 마모되기 전에 입자가 탈락하는 현상
④ 트루잉(Truing) : 연삭숫돌을 성형하거나 성형연삭으로 인하여 숫돌 형상이 변화된 것을 부품의 형상으로 바르게 고치는 가공

눈메움(Loading)의 발생원인

• 연삭숫돌 입도가 너무 작거나 연삭 깊이가 클 경우
• 조직이 너무 치밀한 경우
• 숫돌의 원주 속도가 느리거나 연한 금속을 연삭할 경우

38 고속 주축에 균등하게 급유하기 위한 방법은?

① 핸드 급유 　　　　② 담금 급유
③ 오일링 급유 　　　　④ 분패드 급유

해설

윤활제의 급유 방법

• 오일링 급유법(Oiling) : 고속 주축에 급유를 균등하게 할 목적으로 사용한다.
• 강제 급유법(Circulating Oiling) : 순환펌프를 이용하여 급유하는 방법으로, 고속회전할 때 베어링 냉각효과에 경제적인 방법이다.
• 적하 급유법(Drop Feed Oiling) : 마찰면이 넓거나 시동되는 횟수가 많을 때 저속 및 중속 축의 급유에 사용된다.
• 패드 급유법(Pad Oiling) : 무명이나 털 등을 섞어 만든 패드 일부를 오일 통에 담가 저널의 아래면에 모세관 현상으로 급유하는 방법이다.

39 회전하는 통 속에 가공물, 숫돌입자, 가공액, 콤파운드 등을 함께 넣고 회전시켜 서로 부딪치며 가공되어 매끈한 가공면을 얻는 가공법은?

① 롤러 가공 　　　　② 배럴 가공
③ 쇼트피닝 가공 　　　　④ 버니싱 가공

해설

② 배럴 가공 : 충돌가공(주물귀, 돌기 부분, 스케일 제거), 회전하는 상자 속에 공작물과 미디어, 콤파운드(유지+직물), 공작액 등을 넣고 회전과 진동을 주어 표면을 다듬질(회전형, 진동형)
③ 쇼트피닝 가공 : 표면을 타격하는 일종의 냉간가공으로 철강의 작은 볼(Shot)을 공작물 표면에 분사하여 강재의 화학 조성을 변화시키지 않고 표면을 매끈하게 하여 피로강도 및 기계적 성질을 향상시킨다.
④ 버니싱 가공 : 원통형 내면에 강철 볼 형의 공구를 압입해 통과시켜 매끈하고 정도가 높은 면을 얻는 가공법

40 센터리스 연삭기에 대한 설명 중 틀린 것은?

① 가늘고 긴 가공물의 연삭에 적합하다.
② 가공물을 연속적으로 가공할 수 있다.
③ 조정숫돌과 지지대를 이용하여 가공물을 연삭한다.
④ 가공물 고정은 센터, 척, 자석척 등을 이용한다.

해설

센터리스 연삭의 특징 ★ 반드시 암기(자주 출제)

• 센터가 필요하지 않아 센터 구멍을 가공할 필요가 없다(센터가 필요 없다).
• 중공(中空, 속이 빈 축)의 가공물을 연삭할 때 편리하다.
• 연삭 여유가 작아도 된다.
• 가늘고 긴 가공물의 연삭에 적합하다.
• 긴 홈이 있는 가공물의 연삭은 불가능하다.
• 대형이나 중량물의 연삭은 불가능하다.
• 연속가공이 가능하며 대량 생산에 적합하다.
• 자생작용이 있다.

41 측정의 종류에서 비교측정 방법을 이용한 측정기는?

① 전기 마이크로미터
② 버니어 캘리퍼스
③ 측장기
④ 사인바

• 비교측정 : 측정값과 기준 게이지값과의 차이를 비교하여 치수를 계산하는 측정 방법(블록게이지, 다이얼 테스트 인디케이터, 한계 게이지, 공기 마이크로미터, 전기 마이크로미터 등)
• 직접측정 : 측정기에 표시된 눈금에 의해 직접 측정물의 치수를 읽는 방법(버니어 캘리퍼스, 마이크로미터, 측장기 등)
• 간접측정 : 나사, 기어 등과 같이 기하학적 관계를 이용하여 측정(사인바에 의한 각도 측정, 테이퍼 측정, 나사의 유효지름 측정 등)

42 테이퍼를 심압대 편위에 의한 방법으로 절삭할 때, 테이퍼 양끝 지름 중 큰 지름이 12mm, 작은 지름이 8mm, 테이퍼 부분의 길이를 80mm, 공작물 전체 길이가 200mm라 하면 심압대의 편위량 e(mm)는?

① 4
② 5
③ 6
④ 7

해설
심압대를 편위시키는 방법 : 테이퍼가 작고 길이가 길 경우에 사용하는 방법
심압대 편위량 구하는 계산식
$$e = \frac{(D-d) \times L}{2l} = \frac{(12-8) \times 200}{2 \times 80} = 5\text{mm}$$
$\therefore e = 5\text{mm}$
여기서, L : 가공물의 전체길이
$\qquad e$: 심압대의 편위량
$\qquad D$: 테이퍼의 큰 지름
$\qquad d$: 테이퍼의 작은 지름
$\qquad l$: 테이퍼의 길이
선반에서 테이퍼 가공방법
• 복식 공구대를 경사시키는 방법
• 심압대를 편위시키는 방법
• 테이퍼 절삭장치를 이용하는 방법
• 총형 바이트를 이용하는 방법

43 보조 프로그램을 호출하는 보조기능(M)으로 옳은 것은?

① M02
② M30
③ M98
④ M99

해설
M코드

M코드	기 능	M코드	기 능
M00	프로그램 정지	M08	절삭유 ON
M01	프로그램 선택 정지	M09	절삭유 OFF
M02	프로그램 끝	M30	프로그램 끝 & 리셋
M03	주축 정회전	M98	보조프로그램 호출
M04	주축 역회전	M99	보조프로그램 종료
M05	주축 정지		

★ "M코드"는 실기에서도 필요하니 반드시 암기하자(M00~M99 순으로 암기하면 쉽다).

44 보정화면에 X축 보정치가 0.1의 값이 입력된 상태에서 외경을 ϕ60으로 모의가공을 한 후 측정을 한 결과, ϕ59.54가 나왔을 경우 X축 보정치를 얼마로 입력해야 하는가?

① 0.56
② 0.46
③ 0.36
④ 0.3

해설
• 측정값과 지령값의 오차 = ϕ59.54 − ϕ60 = −0.46(0.46만큼 작게 가공된다)
그러므로 공구를 X의 +방향으로 0.46만큼 이동하는 보정을 하여야 한다.
• 공구 보정값 = 기존의 보정값+더해야 할 보정값
$\qquad\qquad$ = 0.1+0.46
$\qquad\qquad$ = 0.56

45 밀링작업 중에 지켜야 할 안전사항으로 틀린 것은?

① 기계 가동 중에 자리를 이탈하지 않는다.
② 테이블 위에 공구나 측정기 등을 올려놓지 않는다.
③ 가공물은 기계를 정지한 상태에서 견고하게 고정한다.
④ 주축속도를 변속시킬 때는 반드시 주축이 회전 중에 변환한다.

해설
주축속도를 변속시킬 때는 반드시 주축이 정지한 상태에서 변환한다.

46 반폐쇄회로 방식의 NC기계가 운동하는 과정에서 오는 운동손실(Lost Motion)에 해당되지 않는 것은?

① 스크루의 백래시 오차
② 비틀림 및 처짐의 오차
③ 열변형에 의한 오차
④ 고강도에 의한 오차

해설
반폐쇄회로 방식은 기계가 운동하는 과정에서 오는 운동손실(Lost Motion)
• 스크루의 백래시 오차
• 비틀림 및 처짐에 의한 오차
• 마찰에 의한 오차
• 열변형에 의한 오차
※ 최근에는 높은 정밀도의 볼스크루가 개발되었기 때문에 정밀도를 충분히 해결할 수 있으므로 일반 CNC공작기계에 가장 많이 사용된다.
NC의 서보기구(Servo System)
• 개방회로 방식(Open Loop System)
• 반폐쇄회로 방식(Semi-closed Loop System)
• 폐쇄회로 방식(Closed Loop System)
• 복합회로 방식(Hybrid Servo System)

47 CAD/CAM 시스템의 적용 시 장점에 대한 설명으로 가장 거리가 먼 것은?

① 생산성 향상
② 품질관리 용이
③ 관리비용의 증대
④ 설계 및 제조시간 단축

해설
CAD/CAM 시스템은 관리비용이 감소한다.

48 다음 그림의 머시닝센터의 원호 가공 경로를 나타낸 것으로 옳은 것은?

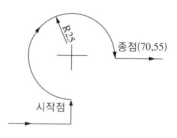

① G90 G02 X70. Y55. R25.
② G90 G03 X70. Y55. R25.
③ G90 G02 X70. Y55. R-25.
④ G90 G03 X70. Y55. R-25.

해설
문제에서 시계방향으로 270° 원호가공이므로 G90 G02 X70. Y55. R-25이다.
• G02 : 시계방향
• G03 : 반시계방향
※ 머시닝센터 : 180° 이상의 원호를 지령할 때 반지름 R값은 음(-)의 값으로 지령한다.

49 CNC 선반 프로그램 G70 P20 Q200 F0.2;에서 P20의 의미는?

① 정삭가공 지령절의 첫 번째 전개번호
② 황삭가공 지령절의 첫 번째 전개번호
③ 정삭가공 지령절의 마지막 전개번호
④ 황상가공 지령절의 마지막 전개번호

해설
• P20 → 정삭가공 지령절의 첫 번째 전개번호
• Q200 → 정삭가공 지령절의 마지막 전개번호
다듬절삭(정삭) 사이클(G70)

> G70 P(ns) Q(nf);

• P(ns) : 다듬절삭(정삭)가공 지령절의 첫 번째 전개번호
• Q(nf) : 다듬절삭(정삭)가공 지령절의 마지막 전개번호

50 머시닝센터에서 공구의 길이를 측정하고자 할 때, 가장 적합한 기구는?

① 다이얼 게이지
② 블록 게이지
③ 하이트 게이지
④ 툴 프리세터

해설
머시닝센터에서 공구 길이의 측정 방법
• 툴 프리세터를 이용하는 방법
• 하이트 프리세터를 이용하는 방법
※ 툴 프리세터 : 공구 길이나 공구경을 측정하는 장치
※ 하이트 프리세터 : 기계에 공구를 고정하며 길이를 비교하여 그 차이값을 구하고, 보정값 입력란에 입력하는 측정기

51 다음의 프로그램에서 절삭속도(m/min)를 일정하게 유지시켜 주는 기능을 나타낸 블록은?

```
N01 G50 X250.0 Z250.0 S2000;
N02 G96 S150 M03;
N03 G00 X70.0 Z0.0;
N04 G01 X-1.0 F0.2;
N05 G97 S700;
N06      X0.0 Z-10.0;
```

① N01   ② N02
③ N03   ④ N04

해설
• N02 G96 S150 M03; → 주축을 정회전으로 150m/min으로 일정하게 유지
• G96 : 절삭속도(m/min) 일정 제어
• G97 : 주축 회전수(rpm) 일정 제어 → N05 블록(700rpm으로 일정하게 유지)
• M03 : 주축 정회전
• G50 : 공작물 좌표계 설정, 주축 최고 회전수 설정 → N01 블록

52 다음 중 NC의 어드레스와 그에 따른 기능을 설명한 것으로 틀린 것은?

① F : 이송기능   ② G : 준비기능
③ M : 주축기능   ④ T : 공구기능

해설
• 보조기능(M) : 스핀들 모터를 비롯한 기계의 각종 기능을 수행하는 데 필요한 보조장치의 ON/OFF를 수행하는 기능(M08 : 절삭유 ON/ M09 : 절삭유 OFF)
• 준비기능(G) : 제어장치의 기능을 동작하기 위한 준비를 하는 기능
• 주축기능(S) : 주축의 회전속도를 지령하는 기능
• 공구기능(T) : 공구를 선택하는 기능
• 이송기능(F) : 이송속도를 지령하는 기능

53 머시닝센터 작업 시 안전 및 유의사항으로 틀린 것은?

① 기계원점 복귀는 급속이송으로 한다.

② 가공하기 전에 공구경로 확인을 반드시 한다.

③ 공구 교환 시 ATC의 작동 영역에 접근하지 않는다.

④ 항상 비상 정지 버튼을 작동시킬 수 있도록 준비한다.

해설
기계원점 복귀는 안전상 급속이송하지 않는다.

54 CNC 공작기계에서 사용되는 좌표계 중 사용자가 임의로 변경해서는 안 되는 좌표계는?

① 공작물 좌표계　　② 기계 좌표계

③ 지역 좌표계　　　④ 상대 좌표계

해설
• 기계 좌표계 : 기계원점을 기준으로 정한 좌표계이며, 기계 제작자가 파라미터에 의해 정하는 좌표계
• 공작물 좌표계 : 도면을 보고 프로그램을 작성할 때 절대 좌표계의 기준이 되는 점으로서 프로그램 원점 또는 공작물 원점이라고도 한다.
• 구역 좌표계 : 지역좌표계 또는 워크좌표계라고도 하며, G54~G59를 사용하여 각각의 작업영역별로 원점을 부여하여 사용한다.
• 상대 좌표계 : 일시적으로 좌표를 0(Zero)으로 설정할 때 사용한다.
• 잔여 좌표계 : 자동 실행 중 블록의 나머지 이동거리를 표시해 준다.

55 다음 그림에서 B→A로 절삭할 때의 CNC선반 프로그램으로 옳은 것은?

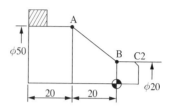

① G01 U30. W−20. ;　② G01 X50. Z20. ;

③ G01 U50. Z−20. ;　④ G01 U30. W20. ;

해설
• B → A : 직선보간 G01코드 사용
• G01 X50. Z−20. ; (절대지령)
• G01 U30. W−20.; (증분지령) → ①
• G01 X50. W−20. ; , G01 U30. Z−20. ; (혼합지령)

56 머시닝센터에서 기준공구(T01번)의 길이가 80mm이고, 또 다른 공구(T02번)의 길이는 120mm이다. G43을 사용하여 길이보정을 사용할 때 T02번 공구의 보정량은?

① 40　　　　　　　② −40

③ 120　　　　　　④ −120

해설
기준공구(T01)보다 T02이 40mm 길어 G43을 사용하고 보정량은 +40이다.
• G43 : +방향 공구길이 보정(+방향으로 이동)
• G44 : −방향 공구길이 보정(−방향으로 이동)
• G49 : 공구길이 보정 취소
※ 기준 공구와의 길이 차이값을 입력시키는 방법에는 +보정(G43)과 −보정(G44)의 두 가지가 있다. 보통 G43을 많이 사용하며, 기준 공구보다 짧은 경우 보정값 앞에 −부호를 붙여 입력한다.

57 1.5초 동안 일시정지(G04)기능의 명령으로 틀린 것은?

① G04 U1.5; ② G04 X1.5;

③ G04 P1.5; ④ G04 P1500;

해설
어드레스 P는 소수점을 사용할 수 없다.
휴지(Dwell)
지령한 시간 동안 이송이 정지되는 기능이다. 이 기능은 홈 가공이나 드릴작업 등에서 간헐이송으로 칩을 절단하거나 목표점에 도달한 후 즉시 후퇴할 때 생기는 이송량 만큼의 단차를 제거함으로써 진원도의 향상 및 깨끗한 표면을 얻기 위하여 사용한다. 어드레스 X, U 또는 P정지하려는 시간을 수치로 입력한다. P는 소수점을 사용할 수 없으며, X, U는 소수점 이하 세 자리까지 유효하다.

$$정지시간(초) = \frac{60 \times 공회전수(회)}{스핀들회전수(rpm)} = \frac{60 \times n(회)}{N(rpm)}$$

예 1.5초 동안 정지시키려면 G04 X1.5; , G04 U1.5; , G04 P1500;

58 CNC 선반에서 작업 안전사항이 아닌 것은?

① 문이 열린 상태에서 작업을 하면 경보가 발생하도록 한다.
② 척에 공작물을 클램핑할 경우에는 장갑을 끼고 작업하지 않는다.
③ 가공상태를 볼 수 있도록 문(Door)에 일반 투명유리를 설치한다.
④ 작업 중 타인은 프로그램을 수정하지 못하도록 옵션을 건다.

해설
일반 투명유리는 칩에 의해 파손되기 쉽다.

59 CNC선반 단일 고정 사이클 프로그램에서 I(R)는 어떤 절삭기능인가?

G90___ X____ I(R)____ F___;

① 원호 가공 ② 직선 절삭

③ 테이퍼 절삭 ④ 나사 가공

해설
• I(R)__ 값은 테이퍼 절삭 시 X축 기울기 양을 지령한다.
안·바깥지름 절삭 사이클(G90)

G90 X(U)___ Z(W)___ F___; (직선 절삭)
G90 X(U)___ Z(W)___ I(R)___ F___; (테이퍼 절삭)

• X(U)___ Z(W)___ : 가공 종점의 좌표 입력
• I(R) : 테이퍼 절삭을 할 때, X축 기울기 양을 지정한다(반지름 지정). (I : 11T에 적용, R : 11T 아닌 경우에 적용)
• F : 이송속도

60 다음 중 CNC선반에서 증분지령으로만 프로그래밍한 것은?

① G01 X20. Z-20.; ② G01 U20. W-20.;

③ G01 X20. W-20.; ④ G01 U20. Z-20.;

해설
② 증분지령 방식 : 현재의 공구 위치를 기준으로 끝점까지의 X, Z의 증분값을 입력-U, W공구를 현재 위치에서 어느 방향으로, 얼마만큼 이동할 것인지 명령하는 방식으로 U, W 어드레스를 사용한다) → (G00 U_ W_;)
① 절대지령 방식 : 프로그램 원점을 기준으로 직교 좌표계의 좌표값을 입력-X, Z
③, ④ 혼합지령 방식 : 절대지령과 증분지령방식을 한 블록 내에 혼합하여 지령

01 접착제, 껌, 전기 절연재료에 이용되는 플라스틱 종류는?

① 폴리초산비닐계　　② 셀룰로스계

③ 아크릴계　　　　　④ 불소계

해설
폴리초산비닐계 : 접착제, 껌, 절연재료에 이용되는 플라스틱
플라스틱(합성수지)의 종류

열가소성 수지	열경화성 수지
• 폴리에틸렌 수지	• 페놀 수지
• 아크릴 수지	• 멜라민 수지
• 염화비닐 수지	• 에폭시 수지
• 폴리스티렌 수지	• 요소 수지

02 다음 중 표면경화법의 종류가 아닌 것은?

① 침탄법　　　　　　② 질화법

③ 고주파경화법　　　④ 심랭처리법

해설
심랭처리는 특수 열처리이다.
심랭처리법(서브제로처리) : 상온에서 담금질된 강을 다시 0℃ 이하의 온도로 냉각하는 작업을 심랭처리라고 한다. 이 처리는 담금질된 강의 잔류 오스테나이트를 마텐자이트로 변태시키는 것을 목적으로 한다. 심랭처리를 하면 공구강의 경도가 증가하여 성능을 향상시킬 수 있고, 측정기기 또는 베어링 등의 정밀기계 부품의 조직을 안정되게 하여 시효에 의한 모양 및 치수의 변화를 방지할 수 있다.
열처리의 분류

일반 열처리	항온 열처리	표면경화열처리
• 담금질(Quenching)	• 마켄칭	• 침탄법
• 뜨임(Tempering)	• 마템퍼링	• 질화법
• 풀림(Annealing)	• 오스템퍼링	• 화염경화법
• 불림(Normalizing)	• 오스포밍	• 고주파경화법
	• 항온풀림	• 청화법
	• 항온뜨임	

03 금속이 탄성한계를 초과한 힘을 받고도 파괴되지 않고 늘어나서 소성변형이 되는 성질은?

① 연 성　　　　　　② 취 성

③ 경 도　　　　　　④ 강 도

해설
① 연성 : 잡아당기면 외력에 의해서 파괴됨이 없이 가늘게 늘어나는 성질
② 취성 : 잘 부서지고 깨지는 성질(인성과 반대)
③ 경도 : 재료의 표면이 외력에 저항하는 성질
④ 강도 : 작용힘에 대하여 파괴되지 않고 어느 정도 견디어 낼 수 있는 정도

04 주철의 결점인 여리고 약한 인성을 개선하기 위하여 먼저 백주철의 주물을 만들고, 이것을 장시간 열처리하여 탄소의 상태를 분해 또는 소실시켜 인성 또는 연성을 증가시킨 주철은?

① 보통 주철　　　　② 합금 주철

③ 고급 주철　　　　④ 가단 주철

해설
가단주철 : 주철의 결점인 여리고 약한 인성을 개선하기 위하여 열처리에 의하여 편상 흑연을 괴상화하여 강도와 연성을 향상시킨 것이다. 먼저 백주철의 주물을 만들고, 이것을 장시간 열처리하여 탄소를 분해시켜 탈탄 또는 흑연화하여 인성 또는 연성을 증가시킨 주철로 단조가 가능하다.
※ 가단주철의 종류(침탄처리방법에 따라)
　• 백심가단주철 : 파단면이 흰색
　• 흑심가단주철 : 파단면이 검은색
　• 펄라이트 가단주철 : 입상펄라이트 조직

05 주철의 특성에 대한 설명으로 틀린 것은?

① 주조성이 우수하다.

② 내마모성이 우수하다.

③ 강보다 인성이 크다.

④ 인장강도보다 압축강도가 크다.

> **해설**
> 주철의 장단점

장점	• 강보다 용융점이 낮아 유동성이 커 복잡한 형상의 부품도 제작이 쉽다. • 주조성이 우수하다. • 마찰저항이 우수하다. • 절삭성이 우수하다. • 압축강도가 크다. • 고온에서 기계적 성질이 우수하다. • 주물표면은 단단하고, 녹이 잘 슬지 않는다.
단점	• 충격에 약하다(취성이 크다). • 인장강도가 작다. • 굽힘강도가 작다. • 소성(변형)가공이 어렵다.

06 Cu와 Pb 합금으로 항공기 및 자동차의 베어링메탈로 사용되는 것은?

① 양은(Nickel Silver)

② 켈밋(Kelmet)

③ 배빗메탈(Babbit Metal)

④ 애드미럴티 포금(Admiralty Gun Metal)

> **해설**
> ② 켈밋(Kelmet) : 70%의 Cu(구리)에 30%의 Pb(납)을 첨가한 대표적인 구리합금으로 화이트메탈보다 내하중성이 커서 고속 · 고하중용 베어링으로 적합하여 자동차, 항공기 등의 주베어링으로 이용된다.
> ① 양은(Nickel Silver) : 황동에 10~20% Ni(니켈)을 넣은 것, 색깔은 Ag(은)과 비슷하므로 예부터 장식, 식기, 악기, 그 밖에 Ag(은) 대용품으로 사용
> ③ 배빗메탈(Babbit Metal) : 베어링합금의 화이트메탈로 Sn–Sb–Cu계
> ④ 애드미럴티 포금(Admiralty Gun Metal) : 88% Cu–10% Sn–2% Zn의 합금으로 수압과 증기압에 잘 견딤

07 주조용 알루미늄합금이 아닌 것은?

① Al–Cu계　　　　② Al–Si계

③ Al–Zn–Mg계　　④ Al–Cu–Si계

> **해설**
> • 주물용(주조용) 알루미늄합금 : Al–Cu계, Al–Si계, Al–Zn계, Al–Cu–Si계 등
> • 가공용 알루미늄합금 : 두랄루민계(Al–Cu–Mg계, Al–Zn–Mg계), 하이드로날륨 등
> ※ 참 고
> 　• Al–Si계 합금 : 실루민(독일), 알팍스(미국)
> 　• 내식성 Al합금 : 하이드로날륨, 알민, 알드리, 알클래드
> 　• Al–Cu–Si계 합금 : 라우탈
> 　• 내열성 Al합금 : Y합금, 로엑스합금, 코비탈륨

08 교차하는 두 축의 운동을 전달하기 위하여 원추형으로 만든 기어는?

① 스퍼 기어　　　② 헬리컬 기어

③ 웜 기어　　　　④ 베벨 기어

> **해설**
> 베벨 기어 : 교차하는 두 축의 운동을 전달하기 위하여 원추형으로 만든 기어
> ※ 참 고
> 　• 두 축이 서로 평행 : 스퍼 기어, 래크, 내접기어, 헬리컬 기어, 더블 헬리컬 기어 등
> 　• 두 축이 교차 : 직선 베벨 기어, 스파이럴 베벨 기어, 마이터 기어, 크라운 기어 등
> 　• 두 축이 평행하지도 않고 만나지도 않는 축 : 원통 웜 기어, 장고형 기어, 나사 기어

09 다음 중 전동용 기계요소에 해당하는 것은?

① 볼트와 너트   ② 리 벳

③ 체 인   ④ 핀

해설

기계요소 분류

• 결합용 기계요소 : 나사, 볼트, 너트, 키, 핀, 코터

• 축용 기계요소 : 축, 커플링, 베어링

• 전동용 기계요소 : 벨트, 로프, 체인, 마찰차, 기어

• 제동 및 완충용 기계요소 : 브레이크, 스프링

• 관용 기계요소 : 압력용기, 파이프, 관 이음쇠, 밸브와 콕

11 나사가 축을 중심으로 한 바퀴 회전할 때 축방향으로 이동한 거리는?

① 피 치   ② 리 드

③ 리드각   ④ 백래시

해설

• 나사의 리드 : 나사 1회전 했을 때 나사가 진행한 거리

• L(리드) $= p$(피치) $\times n$(줄수)

10 나사의 피치와 리드가 같다면 몇 줄 나사에 해당이 되는가?

① 1줄 나사   ② 2줄 나사

③ 3줄 나사   ④ 4줄 나사

해설

1줄 나사가 나사의 피치와 리드가 같다.

• 나사의 리드 : 나사 1회전했을 때 나사가 진행한 거리

• L(리드) $= p$(피치) $\times n$(줄수)

★ 나사의 리드는 자주 출제되므로 반드시 암기 요망

12 압축코일스프링에서 코일의 평균지름이 50mm, 감김수가 10회, 스프링 지수가 5일 때, 스프링 재료의 지름은 약 몇 mm인가?

① 5   ② 10

③ 15   ④ 20

해설

스프링 지수$(C) = \dfrac{\text{스프링 전체의 평균지름}(D)}{\text{소선의 지름}(d)}$

소선의 지름$(d) = \dfrac{\text{스프링 전체의 평균지름}(D)}{\text{스프링 지수}(C)}$

$= \dfrac{50\text{mm}}{5} = 10\text{mm}$

∴ 소선의 지름$(d) = 10\text{mm}$

13 축의 원주에 많은 키를 깎은 것으로 큰 토크를 전달시킬 수 있고, 내구력이 크며 보스와의 중심축을 정확하게 맞출 수 있는 것은?

① 성크 키
② 반달 키
③ 접선 키
④ 스플라인

④ 스플라인 : 키보다 큰 토크(회전력)를 전달, 축에 여러 개의 같은 키 홈을 파서 여기에 맞는 한 짝의 보스 부분을 만들어 서로 잘 미끄러져 운동할 수 있게 한 것
① 성크 키(묻힘키) : 축과 보스의 양쪽에 모두 키 홈을 가공
② 반달 키 : 축에 키 홈을 깊게 파기 때문에 축의 강도가 약하게 되는 결점
③ 접선 키 : 축의 접선 방향으로 끼우는 키로서 1/100의 기울기를 가진 2개의 키를 한 쌍으로 하여 사용한다.

14 인장시험에서 시험편의 절단부 단면적이 14mm²이고, 시험 전 시험편의 초기 단면적이 20mm²일 때 단면수축률은?

① 70% ② 80%
③ 30% ④ 20%

• 단면수축률(Reduction of Area) : 인장시험에 있어서 시험편 절단 후에 생기는 단면적(A')과 그의 초기 단면적(A)과의 차이와 초기 단면적에 대한 백분율을 말함

• 단면수축률 $= \dfrac{A - A'}{A} \times 100\% = \dfrac{20 - 14}{20} \times 100\% = 30\%$

∴ 단면수축률 $= 30\%$

여기서, A : 시험 후 단면적
A' : 시험 전 단면적(초기 단면적)

15 롤러 체인에 대한 설명으로 잘못된 것은?

① 롤러 링크와 판 링크를 서로 교대로 하여 연속적으로 연결한 것을 말한다.
② 링크의 수가 짝수이면 간단히 결합되지만, 홀수이면 오프셋 링크를 사용하여 연결한다.
③ 조립 시에는 체인에 초기장력을 가하여 스프로킷 휠과 조립한다.
④ 체인의 링크를 잇는 핀과 핀 사이의 거리를 피치라고 한다.

• 체인은 초기장력이 없으며 축간거리가 짧아 자중을 무시하며 또한 이완 측의 장력도 무시한다.
• 롤러 체인(Roller Chain) : 일반적으로 널리 사용되는 동력전달용 체인으로 저속회전에서 고속회전까지 넓은 범위에서 사용된다.
※ 롤러 체인의 구조
  • 롤러 링크와 핀 링크를 교대로 연속적으로 연결한 것이다.
  • 링크의 수는 되도록 짝수로 하는 것이 좋으나 홀수일 때는 오프셋 링크(Offset Link)를 사용하여 연결한다.
  • 피치는 체인의 링크를 잇는 핀과 핀 사이의 중심거리를 말한다.

16 대칭형인 대상물을 외형도의 절반과 온단면도의 절반을 조합하여 나타낸 단면도는?

① 한쪽 단면도
② 계단 단면도
③ 부분 단면도
④ 회전 단면도

• 한쪽 단면도 : 대칭형인 대상물을 외형도의 절반과 온단면도의 절반을 조합하여 나타낸 단면도이다.
• 부분 단면도 : 필요한 일부분만을 파단선에 의해 그 경계를 표시하고 나타낸다.
• 회전 단면도 : 핸들, 벨트 풀리, 기어 등과 같은 바퀴의 암, 림, 리브, 훅, 축과 주로 구조물에 사용하는 형강 등의 절단한 모양을 90°로 회전시켜 투상도의 안이나 밖에 그리는 단면도이다.

17 기어를 제도할 때 가는 1점쇄선으로 나타내는 것은?

① 이골원   ② 피치원

③ 잇봉우리원   ④ 잇줄 방향

KS 기어제도의 도시방법
• 이끝원(잇봉우리원)은 굵은 실선으로 그리고 피치원은 가는 1점
  쇄선으로 그린다.
• 이뿌리원(이골원)은 가는 실선으로 그린다.
• 잇줄 방향은 보통 3개의 가는 실선으로 그린다.
• 축에 직각인 방향에서 본 단면도일 경우 이뿌리원(이골원)은 굵
  은 실선으로 그린다.

19 감속기 하우징의 기름 주입구 나사가 PF 1/2-A로 표시되어 있을 때 이 나사는?

① 관용 평행나사, A급

② 관용 평행나사, 바깥지름 1/2인치

③ 관용 테이퍼나사, A급

④ 관용 테이퍼나사, 바깥지름 1/2인치

PF : 관용 평행나사

18 그림과 같이 축에 가공되어 있는 키 홈의 형상을 투상한 투상도의 명칭으로 가장 적합한 것은?

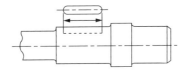

① 회전 투상도   ② 국부 투상도

③ 부분 확대도   ④ 대칭 투상도

국부 투상도 : 대상물의 구멍, 홈 등과 같이 한 부분의 모양을 도시하
는 것으로 충분한 경우에는 그 필요한 부분만을 다음 그림과 같이
국부 투상도로 도시한다. 또한, 투상 관계를 나타내기 위하여 원칙
적으로 주투상도에 중심선, 기준선, 치수 보조선 등으로 연결한다.

[홈과 축의 키홈 국부 투상도]

20 제3각법에 대한 설명 중 틀린 것은?

① 물체를 제3면각 공간에 놓고 투상하는 방법이다.

② 눈 → 물체 → 투상면의 순서로 투상도를 얻는다.

③ 정면도의 우측에는 우측면도가 위치한다.

④ KS에서는 특별한 경우를 제외하고는 제3각법으로 투상하는 것을 원칙으로 하고 있다.

• 제3각법으로 투상도를 얻는 원리(눈 → 투상면 → 물체)
• 제1각법으로 투상도를 얻는 원리(눈 → 물체 → 투상면)

21 치수와 같이 사용될 수 없는 치수 보조기호는?

① t ② ϕ
③ ▯ ④ □

치수 보조기호

기 호	설 명	기 호	설 명
ϕ	지 름	Sϕ	구의 지름
R	반지름	SR	구의 반지름
C	45° 모따기	□	정사각형
P	피 치	t	두 께

22 기하 공차의 종류 중 모양 공차에 해당하는 것은?

① 평행도 공차
② 동심도 공차
③ 원주 흔들림 공차
④ 원통도 공차

기하공차의 종류와 기호 ★ 자주 출제되므로 반드시 암기

공차의 종류		기 호	데이텀 지시
모양공차	진직도	———	없 음
	평면도	▱	없 음
	진원도	◯	없 음
	원통도	⌭	없 음
	선의 윤곽도	⌒	없 음
	면의 윤곽도	⌓	없 음
자세공차	평행도	∥	필 요
	직각도	⊥	필 요
	경사도	∠	필 요
위치공차	위치도	⊕	필요 또는 없음
	동축도(동심도)	◎	필 요
	대칭도	⹀	필 요
흔들림 공차	원주 흔들림	↗	필 요
	온 흔들림	↗↗	필 요

23 그림과 같은 정면도와 좌측면도에 가장 적합한 평면도는?

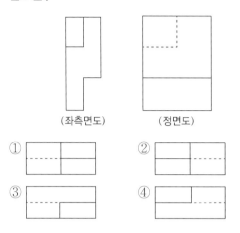

(좌측면도)   (정면도)

① ② ③ ④

24 치수 $\phi24^{+0.041}_{+0.020}$의 IT 공차 등급은?(단, 다음 도표를 참고하시오)

구 분	등 급	IT 5급	IT 6급	IT 7급	IT 8급
초 과	이 하	기본공차(μm)			
10	18	8	11	18	27
18	30	9	13	21	33
30	50	11	16	25	39

① 5급 ② 6급
③ 7급 ④ 8급

$\phi24^{+0.041}_{+0.020}$는 ϕ24이므로 도표에서 18 초과~30 이하이다.
→ 기본공차가 0.041−0.020=0.021mm=21μm이다. 즉, IT 공차는 7급이다.

25 그림과 같은 표면 줄무늬 방향 기호의 설명으로 옳은 것은?

① 가공으로 생긴 선이 방사상
② 가공으로 생긴 선이 거의 동심원
③ 가공으로 생긴 선이 두 방향으로 교차
④ 가공으로 생긴 선이 여러 방향

해설
줄무늬 방향 기호

기 호	기호의 뜻	설명 그림과 도면 기입 보기
=	가공에 의한 커터의 줄무늬 방향이 기호를 기입한 그림의 투상면에 평행	
⊥	가공에 의한 커터의 줄무늬 방향이 기호를 기입한 그림의 투상면에 직각 [보기] 셰이핑면(옆으로부터 보는 상태), 선삭, 원통 연삭면	
×	가공에 의한 커터의 줄무늬 방향이 기호를 기입한 그림의 투상면에 경사지고 두 방향으로 교차 [보기] 호닝 다듬질면	
M	가공에 의한 커터의 줄무늬 방향이 여러 방향으로 교차 또는 무방향 [보기] 래핑 다듬질면, 슈퍼피니싱면, 가로 이송을 한 정면 밀링, 또는 엔드밀 절삭면	
C	가공에 의한 커터의 줄무늬가 기호를 기입한 면의 중심에 대하여 대략 동심원 모양 [보기] 끝면 절삭면	
R	가공에 의한 커터의 줄무늬가 기호를 기입한 면의 중심에 대하여 대략 레이디얼 모양	

26 탭 작업 중 탭의 파손 원인으로 거리가 먼 것은?

① 탭이 경사지게 들어간 경우
② 탭이 구멍 바닥에 부딪혔을 경우
③ 탭이 소재보다 경도가 높은 경우
④ 구멍이 너무 작거나 구부러진 경우

해설
탭의 파손 원인
• 구멍이 너무 작거나 구부러진 경우
• 탭이 경사지게 들어간 경우
• 탭의 지름에 적합한 핸들을 사용하지 않는 경우
• 너무 무리하게 힘을 가하거나 빠르게 절삭할 경우
• 막힌 구멍의 밑바닥에 탭 선단이 닿았을 경우
※ 탭 가공 시 드릴의 지름
   $d = D - p$
   여기서, D : 수나사 지름
          p : 나사피치

27 다음 중 진원도를 측정할 때 가장 적당한 측정기는?

① 게이지 블록
② 한계 게이지
③ 다이얼 게이지
④ 오토콜리메이터

해설
진원도를 측정할 때 다이얼 게이지가 가장 적당하며, 진원도 측정 방법은 지름법(직경법), 3점법, 반지름법(반경법)이 있다. 각도를 측정할 때는 오토콜리메이터가 적당하다.
진원도 측정 방법
• 지름법 : 다이얼 게이지 스탠드에 다이얼 게이지를 고정시켜 각각의 지름을 측정하여 지름의 최댓값과 최솟값의 차이로 진원도를 측정한다.
• 삼점법 : V블록 위에 피측정물을 올려놓고 정점에 다이얼 게이지를 접촉시켜, 피측정물을 회전시켰을 때 흔들림의 최댓값과 최솟값의 차이로 표시된다.
• 반지름법(반경법) : 피측정물을 양 센터 사이에 물려 놓고 다이얼 게이지를 접촉시켜 피측정물을 회전시켰을 때 흔들림의 최댓값과 최솟값의 차이로 표시한다.

28 선반의 주축에 대한 설명으로 틀린 것은?

① 합금강(Ni-Cr강)을 사용하여 제작한다.

② 무게를 감소시키기 위하여 속이 빈 축으로 한다.

③ 끝부분은 자콥 테이퍼(Jacobs Taper)구멍으로 되어 있다.

④ 주축 회전 속도의 변환은 보통 계단식 변속으로 등비 급수 속도열을 이용한다.

> **해설**
> 주축 끝단 구멍은 센터를 고정할 수 있도록 테이퍼로 되어 있으며, 주축에 사용하는 테이퍼는 모스 테이퍼(Morse Taper)로 되어 있다.
> 선반의 주축
> • 합금강(Ni-Cr강)을 사용하여 제작한다.
> • 무게를 감소시켜 베어링에 작용하는 하중을 줄이기 위해 중공축 (中空軸)으로 한다.
> • 끝부분은 모스 테이퍼(Morse Taper)로 되어 있다.
> • 주축 회전 속도의 변환은 보통 계단식 변속으로 등비 급수 속도열을 이용한다.

29 다음 그림은 절삭저항의 3분력을 나타내고 있다. P점에 해당되는 분력은?

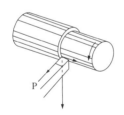

① 배분력　　　　② 주분력
③ 횡분력　　　　④ 이송분력

> **해설**
> 선반에서 발생하는 절삭저항
>
>
>
> • 주분력 : 절삭방향에 평행
> • 이송분력 : 이송방향에 평행
> • 배분력 : 절삭 깊이 방향
> • 절삭저항 크기 비교 : 주분력 > 배분력 > 이송분력

30 선반가공에서 방진구의 주된 사용목적으로 가장 적합한 것은?

① 소재의 중심을 잡기 위해 사용한다.

② 소재의 회전을 원활하게 하기 위해 사용한다.

③ 척에 소재의 고정을 단단히 하기 위해 사용한다.

④ 지름이 작고 길이가 긴 소재를 가공할 때 소재의 휨이나 떨림을 방지하기 위해 사용한다.

> **해설**
> 방진구(Work Rest) : 선반에서 가늘고 긴 가공물의 휨이나 떨림을 방지하기 위해 선반 베드 위에 고정하여 사용하는 고정식 방진구, 왕복대의 새들에 고정하여 사용하는 이동식 방진구가 있다.

31 다음 중 나사의 유효지름을 측정할 때 가장 정밀도가 높은 직접측정법은?

① 삼침법에 의한 측정

② 투영기에 의한 측정

③ 공구현미경에 의한 측정

④ 나사 마이크로미터에 의한 측정

> **해설**
> 나사의 유효지름 가장 정밀한 측정 방법 : 삼침법
> 나사의 유효지름 측정
> • 나사 마이크로미터에 의한 방법
> • 삼침법
> • 광학적인 방법(공구 현미경, 투영기 등)

32 절삭공구에 치핑이 발생하는 원인으로 가장 거리가 먼 것은?

① 충격에 약한 절삭공구를 사용할 때
② 절삭공구 인선에 강한 충격을 받을 경우
③ 절삭공구 인선에 절삭저항의 변화가 큰 경우
④ 고속도강 같이 점성이 큰 재질의 절삭공구를 사용할 경우

해설
• 치핑(Chipping) : 절삭공구 인선의 일부가 미세하게 탈락되는 현상
• 치핑(Chipping)이 발생하는 원인
  - 충격에 약한 절삭공구를 사용할 때
  - 절삭공구 인선에 강한 충격을 받을 경우
  - 절삭공구 인선에 절삭저항의 변화가 큰 경우
  - 주철과 같이 점섬이 큰 재질의 절삭공구를 사용할 경우
※ 공구 마멸 형태 : 경사면 마멸(Creater Wear), 치핑(Chipping)

33 빌트업 에지(Built-up Edge)의 발생을 감소시키기 위한 방법으로 옳은 것은?

① 날끝을 둔하게 한다.
② 절삭 깊이를 크게 한다.
③ 절삭 속도를 느리게 한다.
④ 공구의 경사각을 크게 한다.

해설
공구의 경사각을 크게 하면 빌트업 에지(Bulit-up Edge)가 감소한다.
빌트업 에지(구성인선)의 방지대책
• 절삭깊이를 작게 할 것
• 경사각을 크게 할 것
• 절삭공구의 인선을 예리하게(날카롭게) 할 것
• 윤활성이 좋은 절삭유제를 사용할 것
• 절삭속도를 크게 할 것
★ 자주 출제되므로 암기해두면 좋다.

34 다음 측정기 중 스크라이버(Scriber)를 사용하여 금긋기 작업을 할 수 있는 것은?

① 한계 게이지   ② 마이크로미터
③ 다이얼 게이지   ④ 하이트 게이지

해설
• 하이트 게이지(Height Gauge) : 대형 부품, 복잡한 모양의 부품 등을 정반 위에 올려놓고 정반면을 기준으로 하여 높이를 측정하거나 스크라이버(Scriber) 끝으로 금긋기 작업을 하는 데 사용한다.
• 한계 게이지 : 사용 목적에 따라서 크고 작은 2개의 한계 사이에 들도록 하는 합리적인 측정기로 구멍용은 플러그 게이지, 축용은 스냅 게이지라 한다.
• 다이얼 게이지 : 측정자의 직선 또는 원호 운동을 기계적으로 확대하여 그 움직임을 지침의 회전 변위로 변환시켜 눈금으로 읽을 수 있는 길이 측정기

35 가늘고 긴 일정한 단면 모양의 많은 날을 가진 절삭공구를 사용하여 키 홈, 스플라인 홈, 다각형의 구멍 등 외형과 내면형상을 가공하기에 적합한 절삭방법은?

① 브로칭   ② 방전가공
③ 호빙가공   ④ 스퍼터에칭

해설
① 브로칭(Broaching) : 가늘고 긴 일정한 단면 모양을 가진 공구에 많은 날을 가진 브로치(Broach)라는 절삭 공구를 사용하여 가공물의 내면이나 외경에 필요한 형상의 부품을 가공하는 절삭법(가공방법에 따라 키 홈, 스플라인 홈, 원형이나 다각형의 구멍 등의 내면의 형상을 가공)
② 방전가공 : 전극과 가공물 사이에 전기를 통전시켜 방전현상의 열에너지를 이용하여, 가공물을 용융 증발시켜 가공을 진행하는 비접촉식 가공 방법으로 전극과 재료가 모두 도체이어야 한다.
③ 호빙가공 : 호브 공구를 이용하여 기어를 절삭

36 공작물을 테이블에 고정하고, 절삭 공구를 회전운동시키면서 적당한 이송을 주면서 평면을 가공하는 공작기계는?

① 선 반
② 밀링머신
③ 보링머신
④ 드릴링머신

해설
② 밀링머신 : 공작물을 테이블에 고정하고, 절삭 공구를 회전운동시키면서 적당한 이송을 주면서 평면을 가공하는 공작기계(공구의 회전운동, 공작물의 직선운동)
① 선반 : 공작물의 회전운동, 공구의 직선운동

37 일반적으로 절삭온도를 측정하는 방법이 아닌 것은?

① 방사능에 의한 방법
② 열전대에 의한 방법
③ 칩의 색깔에 의한 방법
④ 칼로리미터에 의한 방법

해설
절삭온도 측정법
• 칩의 색깔에 의한 방법
• 칼로리미터에 의한 방법
• 공구에 열전대를 삽입하는 방법
• 시온 도료를 사용하는 방법
• 공구와 일감을 열전대로 사용하는 방법
• 복사 고온계에 의한 방법

38 성형 연삭작업을 할 때 숫돌바퀴의 형상이 균일하지 못하거나 가공물의 영향을 받아 숫돌바퀴의 형상이 변화될 때, 연삭숫돌의 외형을 수정하여 정확한 형상으로 가공하는 작업은?

① 로 딩   ② 드레싱
③ 트루잉   ④ 그라인딩

해설
• 트루잉(Truing) : 연삭숫돌을 성형하거나 성형연삭으로 인하여 숫돌 형상이 변화된 것을 부품의 형상으로 바르게 고치는 가공
• 눈메움(Loading) : 결합도가 높은 숫돌에서 알루미늄이나 구리 같이 연한 금속을 연삭하게 되면 연삭숫돌 표면에 기공이 메워져서 칩을 처리하지 못하여, 연삭 성능이 떨어지는 현상
• 무딤(Glazing) : 숫돌 입자가 마모되어 예리하지 못할 때 탈락하지 않고 둔화되는 현상
• 드레싱(Dressing) : 숫돌 표면에 무디어진 입자나 기공을 메우고 있는 칩을 제거하여 본래의 형태로, 숫돌을 수정하는 방법

39 여러 가지 부속장치를 사용하여 밀링커터, 엔드밀, 드릴, 바이트, 호브, 리머 등을 연삭할 수 있으며 연삭 정밀도가 높은 연삭기는?

① 만능 공구 연삭기
② 초경 공구 연삭기
③ 특수 공구 연삭기
④ CNC 만능 연삭기

해설
만능 공구 연삭기는 여러 가지 부속장치를 이용하여 밀링커터, 엔드밀, 드릴, 바이트, 호브, 리머 등의 공구를 연삭할 수 있으며, 연삭 정밀도가 높다.

40 소재의 피로강도 및 기계적인 성질을 개선하기 위하여 금속으로 만든 작은 덩어리를 가공물 표면에 고속으로 분사하는 가공법은?

① 쇼트피닝
② 방전가공
③ 배럴가공
④ 슈퍼피니싱

해설
① 쇼트피닝 : 표면을 타격하는 일종의 냉간가공으로 철강의 작은 볼(Shot)을 공작물 표면에 분사하여 강재의 화학조성을 변화시키지 않고 표면을 매끈하게 하여 피로강도 및 기계적 성질을 향상시킨다.
② 방전가공 : 전극과 가공물 사이에 전기를 통전시켜 방전현상의 열에너지를 이용하여, 가공물을 용융 증발시켜 가공을 진행하는 비접촉식 가공 방법으로 전극과 재료가 모두 도체이어야 한다.
③ 배럴가공 : 충돌가공(주물귀, 돌기 부분, 스케일 제거), 회전하는 상자 속에 공작물과 미디어, 콤파운드(유지+직물), 공작액 등을 넣고 회전과 진동을 주어 표면을 다듬질(회전형, 진동형)
④ 슈퍼피니싱 : 연한 숫돌에 작은 압력으로 가압하면서, 가공물에 이송을 주고 동시에 숫돌에 진동을 주어 표면거칠기를 높이는 가공방법(작은 압력+이송+진동)

41 상향절삭과 비교한 하향절삭의 특징으로 틀린 것은?

① 기계의 강성이 낮아도 무방하다.
② 상향절삭에 비하여 인선의 수명이 길다.
③ 이송나사의 백래시를 완전히 제거하여야 한다.
④ 절삭력이 하향으로 작용하여 가공물 고정이 유리하다.

해설
하향절삭은 가공할 때, 충격이 있어 높은 강성이 필요하다.

상향절삭과 하향절삭의 차이점

구 분	상향절삭	하향절삭
방 향	커터 회전방향과 공작물 이송방향 반대	커터 회전방향과 공작물 이송방향 동일
백래시	절삭에 별 지장이 없다.	백래시를 제거해야 한다.
기계의 강성	강성이 낮아도 무관하다.	가공할 때, 충격이 있어 높은 강성이 필요하다.
가공물의 고정	절삭력이 상향으로 작용하여 고정이 불리하다.	절삭력이 하향으로 작용하여 가공물 고정이 유리하다.
인선의 수명	절입할 때, 마찰열로 마모가 빠르고 공구수명이 짧다.	상향절삭에 비하여 공구수명이 길다.
마찰저항	마찰저항이 커서 절삭공구를 위로 들어 올리는 힘이 작용한다.	절입할 때, 마찰력은 작으나 하향으로 충격력이 작용한다.
가공면의 표면 거칠기	광택은 있으나, 상향에 의한 회전저항으로 전체적으로 하향절삭보다 나쁘다.	가공 표면에 광택은 적으나, 저속 이송에서는 회전저항이 발생하지 않아 표면거칠기가 좋다.

42 절삭속도 70m/min, 밀링 커터의 날 수 10, 커터의 지름 140mm, 1날당 이송 0.15mm로 밀링 가공할 때, 테이블의 이송속도는 약 얼마인가?

① 144m/min

② 144mm/min

③ 239m/min

④ 239mm/min

해설

• 밀링 머신에서 테이블 이송속도 : $f = f_z \times z \times n \rightarrow$ 회전수(n)를 계산하여 구하여 공식 적용

• $n = \dfrac{1,000\,V}{\pi D} = \dfrac{1,000 \times 70\text{m/min}}{\pi \times 140\text{mm}} = 159.2\text{rpm}$

• $f = f_z \times n \times z = 0.15 \times 159.2 \times 10$

  $= 238.8\text{mm/min} ≒ 239\text{mm/min}$

∴ 테이블 이송속도 $= 239\text{mm/min}$

여기서, f : 테이블 이송속도, f_z : 1날당 이송량, n : 회전수, z : 커터의 날수, V : 절삭속도, D : 커터직경

43 CNC 선반에서 1초 동안 휴지(Dwell)를 주는 지령으로 틀린 것은?

① G04 U1.0

② G04 X1.0

③ G04 P1000

④ G04 W1000

해설

• G04는 (휴지/Dwell/일시정지)기능이며 어드레스로 X, U, P를 사용한다.

• 휴지(Dwell) : 지령한 시간 동안 이송이 정지되는 기능이다. 이 기능은 홈 가공이나 드릴작업 등에서 간헐이송으로 칩을 절단하거나 목표점에 도달한 후 즉시 후퇴할 때 생기는 이송량 만큼의 단차를 제거함으로써 진원도의 향상 및 깨끗한 표면을 얻기 위하여 사용한다. 어드레스 X, U 또는 P와 정지하려는 시간을 수치로 입력한다. P는 소수점을 사용할 수 없으며, X, U는 소수점 이하 세 자리까지 유효하다.

※ 정지시간(초) $= \dfrac{60 \times \text{공회전수(회)}}{\text{스핀들회전수(rpm)}} = \dfrac{60 \times n(\text{회})}{N(\text{rpm})}$

예 1초 동안 정지시키려면 G04 X1; , G04 U1; , G04 P1000;

44 CNC 기계의 서보기구에서 기계적 운동상태를 전기적 신호로 바꾸는 회전 피드백 장치는?

① 인코더

② 서미스터

③ 압력 센서

④ 초음파 센서

해설

인코더 : CNC 기계의 움직임을 전기적 신호로 변환하여 속도 제어와 위치 검출을 하는 피드백 장치

45 머시닝센터에서 사용되는 자동공구교환장치로 옳은 것은?

① APC   ② AJC

③ ATC   ④ AVC

해설

• 자동공구교환장치(ATC) : 공구를 교환하는 ATC 암과 많은 공구가 격납되어 있는 공구 매거진으로 구성되어 있다. 매거진의 공구를 호출하는 방법에는 순차방식(Sequence Type)과 랜덤방식(Random Type)이 있다.

• 자동일감교환장치(자동팰럿교환장치/APC) : 기계의 효율을 높이기 위하여 테이블을 자동으로 교환하는 장치를 말하며, 가공물의 고정시간을 줄여 생산성을 높이기 위하여 사용한다.

46 머시닝센터 프로그램에서 공작물 좌표계를 설정하는 G코드가 아닌 것은?

① G57 ② G58

③ G59 ④ G60

해설

머시닝센터에서 공작물 좌표계 설정(G92, G57, G58, G59)
- G92 : 공작물 좌표계 설정
- G57 : 공작물좌표계 4번 선택
- G58 : 공작물좌표계 5번 선택
- G59 : 공작물좌표계 6번 선택
※ CNC선반 공작물 좌표계 설정(G50)
  G50 : 공작물 좌표계설정 및 최고회전수 지정

47 CNC 선반 작업을 할 때 안전 및 유의사항으로 틀린 것은?

① 프로그램을 입력할 때 소수점에 유의한다.

② 가공 중에는 안전문을 반드시 닫아야 한다.

③ 가공 중 위급한 상황에 대비하여 항상 비상정지 버튼을 누를 수 있도록 준비한다.

④ 공작물에 칩이 감길 때는 문을 열고 주축이 회전 상태에 있을 때 갈고리를 이용하여 제거한다.

해설

CNC선반 작업에서 공작물에 칩이 감길 때는 주축이 정지된 상태에서 문을 열고 갈고리를 이용하여 제거한다.
★ 안전 및 유의사항은 반드시 출제되니 암기 요망

48 다음 프로그램의 밑줄 친 부분의 의미로 맞는 것은?

G96 S1000;

① 1,000m/sec ② 1,000m/min

③ 1,000m/h ④ 1,000rpm

해설

- G96 S1000; → 절삭속도 1,000m/min로 일정하게 제어
- G96 : 절삭속도(m/min) 일정제어
- G97 : 주축 회전수(rpm) 일정제어

49 다음 그림에서 CNC 선반 공구 인선을 보정할 때 우측 보정(G42)을 나타낸 것끼리 짝지어진 것은?

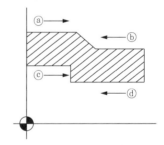

① ⓐ, ⓒ ② ⓐ, ⓓ

③ ⓑ, ⓒ ④ ⓑ, ⓓ

해설

G-코드	가공위치	공구경로
G40	인선반지름 보정 취소	프로그램 경로 위에서 공구이동
G41	인선 좌측보정	프로그램 경로의 왼쪽에서 공구이동 (공구가 진행방향을 기준으로 공작물 좌측에 있다)
G42	인선 우측보정	프로그램 경로의 오른쪽에서 공구이동 (공구가 진행방향을 기준으로 공작물 우측에 있다)

※ G41 : ⓐ, ⓓ
  G42 : ⓑ, ⓒ

50 보호구를 사용할 때의 유의사항으로 틀린 것은?

① 작업에 적절한 보호구를 선정한다.

② 관리자에게만 사용방법을 알려 준다.

③ 작업장에는 필요한 수량의 보호구를 비치한다.

④ 작업을 할 때에 필요한 보호구를 반드시 사용하도록 한다.

해설

관리자뿐만 아니라 작업자 모두에게 사용방법을 알려 준다.

보호구 사용할 때 유의사항

• 작업에 적절한 보호구를 선정한다.

• 작업장에는 필요한 수량의 보호구를 비치한다.

• 작업을 할 때에 필요한 보호구를 반드시 사용하도록 한다.

51 수치제어선반에서 변경되는 치수만 반복하여 명령하는 단일형 고정사이클 준비기능(G-코드)이 아닌 것은?

① G90　　　　② G92

③ G94　　　　④ G96

해설

G96 : 절삭속도(m/min) 일정 제어

※ CNC선반 가공에서 거친 절삭 또는 나사 절삭 등은 1회의 절삭으로 불가능하므로 여러 번 반복 동작을 해야 한다. 사이클 가공은 이와 같이 반복되는 동작의 프로그램을 한 블록 또는 두 블록으로 프로그램을 간단히 할 수 있도록 만든 G-코드를 말한다.

• 단일형 고정 사이클 : 변경된 수치만 반복하여 지령

　– G90 : 안・바깥지름 절삭 사이클

　– G92 : 나사 절삭 사이클

　– G94 : 단면 절삭 사이클

• 복합형 반복 사이클 : 한 개가 블록으로 지령

　– G70 : 정삭 사이클

　– G74 : Z방향 홈 가공 사이클(팩 드릴링)

　– G75 : X방향 홈 가공 사이클

　– G76 : 나사 절삭 사이클

52 다음과 같은 CNC 선반 프로그래밍의 단일 고정형 나사절삭 사이클에서 1줄 나사를 가공할 때 F값이 의미하는 것은?

> G92 X(U) Z(W)　R　F;

① 리드(Lead)

② 바깥지름

③ 테이퍼값

④ Z축 좌표값

해설

단일고정형 나사절삭 사이클(G92)

> G92 X(U)_Z(W)__R_ F_;

• X(U) : 나사 절입량 중 1회 절입할 때의 골지름(지름 명령)

• Z(W) : 나사 가공 길이

• R : 테이퍼 나사를 가공할 때 X축 기울기량을 지정(G90과 같으며 반지름 지정, 평행 나사일 경우는 생략한다)

• F : 나사의 리드

53 다음 NC 프로그램에서 N20 블록을 수행할 때 주축 회전수는 몇 rpm인가?

> N10 G96 S100;
> N20 G00 X60. Z 20.;

① 361　　　　② 451

③ 531　　　　④ 601

해설

• G96 : 절삭속도 일정제어(m/min)

• G96 S100 → 절삭속도 100m/min로 일정하게 유지

• N20 G00 X60. Z20.; → X60.으로 공작물 지름이 60mm이다.

$$※ N = \frac{1,000\,V}{\pi D} = \frac{1,000 \times 100\text{m/min}}{\pi \times 60\text{mm}} ≒ 530.5\,\text{rpm}$$

$$∴ N = 531\,\text{rpm}$$

여기서, V : 절삭속도(m/min)

　　　　D : 공작물의 지름(mm)

　　　　N : 회전수(rpm)

54 선과 점을 이어 단순히 면을 표현하며 뼈대로만 구성되는 모델링 기법은?

① 솔리드 　　　　② 서피스
③ 프랙털 　　　　④ 와이어프레임

해설
④ 와이어프레임 : 점과 선을 이은 뼈대로 만든 모델로, 입체를 구성하는 점과 선의 정보만 있으면 복잡한 구성체라도 간단하게 형상을 그릴 수 있다. 그러나 면의 개념은 인식하지 못한다.
① 솔리드 모델 : 면, 변, 꼭짓점으로 좌표를 인식한 모델로 모델 내부 전체가 꽉 차 있는 형태로 입체를 구현하는 방식이다. 면을 중심으로 모델링하는 것을 개선한 것이다.
② 서피스 모델 : 도면에 표시된 곡면의 3차원 물체를 선으로 표현하는 기법으로 와이어 프레임으로 만든 모델 위에 껍질을 씌워 놓은 형태. 이때 속은 빈 공간으로 인식된다.
③ 프랙털 모델 : 삼각형과 같은 기본적인 도형을 매개점으로 하여 기초 도형들을 계속해서 이어 나가 더 복잡하고 섬세한 모델을 제작하는 방식이다. 기존의 모델링 방식으로는 표현하기 어려운 산이나 구름 같은 불규칙적인 대상물을 그리는 데 유용한 기법이다.

55 머시닝센터에서 공구교환을 지령하는 보조기능은?

① G기능 　　　　② S기능
③ F기능 　　　　④ M기능

해설
• 보조기능(M) : 스핀들 모터를 비롯한 기계의 각종 기능을 수행하는 데 필요한 보조장치의 ON/OFF를 수행하는 기능(M06 : 공구교환, M08 : 절삭유 ON, M09 : 절삭유 OFF)
• 준비기능(G) : 제어장치의 기능을 동작하기 위한 준비를 하는 기능
• 주축기능(S) : 주축의 회전속도를 지령하는 기능
• 공구기능(T) : 공구를 선택하는 기능
• 이송기능(F) : 이송속도를 지령하는 기능

56 CNC 선반의 공구기능 T0304의 내용이 아닌 것은?

① 공구번호 03번을 지령한다.
② 공구보정번호 04번을 지령한다.
③ 공구 보정량이 X3mm이고 Z4mm이다.
④ 공구번호와 보정번호를 다르게 지령해도 관계없다.

해설
• T0304 : 03번 공구를 선택해 공구보정번호 04번을 지령
• 공구번호와 보정번호를 다르게 지령해도 관계없다.
※ CNC선반의 경우 – T □□△△
　• T : 공구기능
　• □□ : 공구선택번호(01번~99번) → 기계 사양에 따라 지령 가능한 번호 결정
　　△△ : 공구보정번호(01번~99번) → 00은 보정 취소 기능이다.
• 공구보정 없이 보정 취소를 하려면 T0100으로 지령해야 한다.

57 CNC 선반에서 A에서 B로 이동할 때의 프로그램으로 맞는 것은?

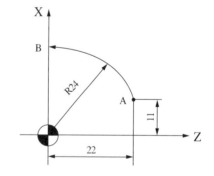

① G02 X0. Z24. I–11. K11. F0.1;
② G02 X0. Z24. I–22. K–11 F0.1;
③ G03 X48. Z0. I–11. K–22. F0.1;
④ G03 X48. Z0. I–22. K–22. F0.1;

해설
• A→B : 원호보간(반시계방향)으로 G03 사용
　G03 X48. Z0. I–11. K–22. F0.1;
• 시작점에서 원호 중심까지의 X축은 어드레스 I와 벡터량, Z축은 어드레스 K와 벡터량을 입력한다.

58 머시닝센터 프로그래밍에서 공구지름 우측보정 G-코드는?

① G40 ② G41
③ G42 ④ G43

공구 인선 반지름 보정 G-코드

G-코드	가공위치	공구경로
G40	인선 반지름 보정 취소	프로그램 경로 위에서 공구이동
G41	인선 좌측보정	프로그램 경로의 왼쪽에서 공구이동
G42	인선 우측보정	프로그램 경로의 오른쪽에서 공구이동

59 준비기능의 모달(Modal) G-코드 설명 중 틀린 것은?

① 모달 G-코드는 그룹별로 나누어져 있다.
② 모달 G-코드 G02가 반복 지령되면 다음 블록의 G02는 생략할 수 있다.
③ 같은 그룹의 모달 G-코드를 한 블록에 지령하여 동시에 실행시킬 수 있다.
④ 모달 G-코드는 같은 그룹의 다른 G-코드가 나올 때까지 다음 블록에 영향을 준다.

같은 그룹의 모달 G-코드를 한 블록에 지령하여 동시에 실행시킬 수 없다.
※ G코드에는 원숏(One Shot) G코드와 모달(Modal) G코드의 두 종류가 있다.

구 분	의 미	그 룹	G코드
원숏 G코드	명령된 블록에 한해서 유효	00그룹	G04, G27, G28, G50 등
모달 G코드	동일 그룹의 다른 G코드가 나올 때까지 유효	00 이외의 그룹	G01, G41, G96 등

60 머시닝센터를 이용하여 SM30C를 절삭속도 70m/min 으로 가공하고자 한다. 공구는 2날-ϕ20 엔드밀을 사용하고 절삭폭과 절삭깊이를 각각 7mm씩 주었을 때, 칩 배출량은 약 몇 cm^3/min인가?(단, 날당 이송은 0.1mm이다)

① 5.5 ② 11
③ 16.5 ④ 20

가장 먼저 회전수(n) 구한다.

$$n = \frac{1,000v}{\pi d} = \frac{1,000 \times 70\text{m/min}}{\pi \times 20\text{mm}} = 1,114.08\,\text{rpm}$$

$$f = f_z \times z \times n = 0.1\text{mm} \times 2 \times 1,114.08\,\text{rpm}$$
$$= 222.816\text{mm/min}$$

절삭량(칩 배출량) $Q = \dfrac{b \times t \times f}{1,000}$

$$= \frac{7\text{mm} \times 7\text{mm} \times 222.816\text{mm/min}}{1,000}$$

$$\fallingdotseq 10.9\text{cm}^3/\text{min}$$

∴ 절삭량(칩 배출량) $Q = 11\text{cm}^3/\text{min}$

여기서, n : 회전수
f : 테이블 이송속도
v : 절삭속도
d : 엔드밀지름
f_z : 1개의 날당 이송
z : 커터의 날수
Q : 절삭량
b : 절삭폭
t : 절삭깊이

01 다음 중 표면을 경화시키기 위한 열처리 방법이 아닌 것은?

① 풀 림　　　　　② 침탄법
③ 질화법　　　　　④ 고주파경화법

해설
열처리 분류

일반 열처리	항온 열처리	표면 경화 열처리
• 담금질(Quenching) • 뜨임(Tempering) • 풀림(Annealing) • 불림(Normalizing)	• 마퀜칭 • 마템퍼링 • 오스템퍼링 • 오스포밍 • 항온풀림 • 항온뜨임	• 침탄법 • 질화법 • 화염경화법 • 고주파경화법 • 청화법 • 시멘테이션

항온 열처리 : 변태점 이상으로 가열한 강을 보통의 열처리와 같이 연속적으로 냉각하지 않고 열욕 중에 담금질하여 그 온도에 일정한 시간 항온으로 유지하였다가 냉각하는 열처리이다.

02 다음 중 합금공구강의 KS 재료 기호는?

① SKH　　　　　② SPS
③ STS　　　　　④ GC

해설
① SKH : 고속도강
② SPS : 스프링강
③ STS : 합금공구강
④ GC : 회주철

03 소결 초경합금 공구강을 구성하는 탄화물이 아닌 것은?

① WC　　　　　② TiC
③ TaC　　　　　④ TMo

해설
TMo는 탄화물이 아니다.
소결 초경합금 : 초경합금은 W, Ti, Ta, Mo, Zr 등의 경질합금 탄화물 분말을 Co, Ni을 결합제로 하여 1,400℃ 이상의 고온으로 가열하면서 프레스로 소결성형한 절삭공구이다.

04 구리에 아연이 5~20% 첨가되어 전연성이 좋고 색깔이 아름다워 장식품에 많이 쓰이는 황동은?

① 포 금　　　　　② 톰 백
③ 문쯔메탈　　　　④ 7·3황동

해설
• 톰백 : 5~20% Zn의 황동을 첨가
• 포금 : 8~12% Sn에 1~2% Zn을 넣은 것
• 문쯔메탈(Muntz Metal) : 6·4황동으로 열교환기, 파이프, 밸브, 탄피 등에 사용된다.

05 구리에 니켈 40~50% 정도를 함유하는 합금으로 서 통신기, 전열선 등의 전기저항 재료로 이용되는 것은?

① 인 바   ② 엘린바
③ 콘스탄탄   ④ 모넬메탈

해설
- 콘스탄탄 : Cu–Ni합금으로 Ni 50% 부근은 전기저항의 최대치와 온도계수의 최소치가 있어 열전대로 널리 사용된다.
- Cu–Ni계 합금 : 콘스탄탄(40~50% Ni), 어드밴스(44% Ni), 모 넬메탈(60~70% Ni, 내식성 우수)
- 엘린바, 인바 : 온도변화에 따라 열팽창계수 및 탄성계수가 변하 지 않는 불변강
- ★ 모넬메탈과 콘스탄탄의 함유량은 암기할 것

06 강재의 크기에 따라 표면이 급랭되어 경화하기 쉬 우나 중심부에 갈수록 냉각속도가 늦어져 경화량 이 적어지는 현상은?

① 경화능   ② 잔류응력
③ 질량효과   ④ 노치효과

해설
- ③ 질량효과 : 강을 담금질할 때 재료의 표면은 급랭에 의해 담금질 이 잘되는 데 반해 재료의 중심에 가까울수록 담금질이 잘되지 않는 현상, 즉 같은 방법으로 담금질해도 재료의 굵기나 두께가 다르면 냉각속도가 다르게 되므로 담금질 깊이가 달라진다. 이와 같이 강재의 크기, 즉 질량의 크기에 따라 담금질효과에 미치는 영향을 질량효과라 한다.
- ① 경화능 : 철 합금에 있어서 담금질함으로써 생기는 경화의 깊이 및 분포의 정도

07 Fe–C 상태도에서 온도가 낮은 것부터 일어나는 순 서가 옳은 것은?

① 포정점 → A_2 변태점 → 공석점 → 공정점
② 공석점 → A_2 변태점 → 공정점 → 포정점
③ 공석점 → 공정점 → A_2 변태점 → 포정점
④ 공정점 → 공석점 → A_2 변태점 → 포정점

해설
공석점 → A_2 변태점 → 공정점 → 포정점
- A_0(시멘타이트 자기변태/210℃)
- A_1(공석점/723℃)   • A_2(철의 자기변태/768℃)
- 공정점(1,148℃)   • 포정점(1,495℃)

철–탄소 평형상태도에서 일어나는 반응구역 및 온도

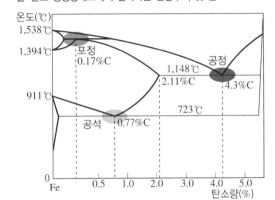

08 모듈이 2이고, 잇수가 각각 36, 74개인 두 기어가 맞물려 있을 때 축간거리는 약 몇 mm인가?

① 100mm   ② 110mm
③ 120mm   ④ 130mm

해설

$$중심거리(C) = \frac{(Z_1 + Z_2)m}{2} = \frac{(36+74) \times 2}{2} = 110mm$$

∴ 중심거리$(C) = 110mm$

09 축에 작용하는 비틀림 토크가 2.5kN이고, 축의 허용전단응력이 49MPa일 때 축 지름은 약 몇 mm 이상이어야 하는가?

① 24 ② 36
③ 48 ④ 64

해설
출제 당시 문제가 잘못되어 전항 정답처리 됨(비틀림 토크 "2.5kN"를 "2.5kN·m"로 수정하여 해설과 같이 풀이하면 ④번이 정답)
비틀림 모멘트만을 받는 축

$$\text{축 지름}(d) = \sqrt[3]{\frac{16T}{\pi \tau_a}} = \sqrt[3]{\frac{5.1T}{\tau_a}} = \sqrt[3]{\frac{5.1 \times 2.5 \times 10^3 \text{N} \cdot \text{m}}{49 \text{N}/\text{mm}^2}}$$

$$= \sqrt[3]{\frac{5.1 \times 2.5 \times 10^3 \times 10^3 \text{N} \cdot \text{mm}}{49 \text{N}/\text{mm}^2}}$$

$$= \sqrt[3]{260,204} \fallingdotseq 64 \text{mm}$$

∴ 축 지름$(d) = 64 \text{mm}$
여기서, T : 토크(N·m), τ_a : 허용전단응력(MPa)
※ 49MPa = 49N/mm^2
※ 단위환산 주의
$2.5 \text{kN} \cdot \text{m} = 2.5 \times 10^3 \times 10^3 \text{N} \cdot \text{mm}$
$(1\text{kN} = 10^3 \text{N}, \ 1\text{m} = 10^3 \text{mm})$

10 외부 이물질이 나사의 접촉면 사이의 틈새나 볼트의 구멍으로 흘러나오는 것을 방지할 필요가 있을 때 사용하는 너트는?

① 홈붙이 너트 ② 플랜지 너트
③ 슬리브 너트 ④ 캡 너트

해설
④ 캡 너트 : 너트의 한쪽을 관통되지 않도록 만든 것으로 나사면을 따라 증기나 기름 등이 누출되는 것을 방지하는 부위 또는 외부로부터 먼지 등의 오염물 침입을 막는 데 주로 사용한다.
① 홈붙이 너트 : 너트의 윗면에 6개의 홈이 파여 있으며 이곳에 분할핀을 끼워 너트가 풀리지 않도록 사용한다.
② 플랜지 너트 : 볼트구멍이 클 때, 접촉면을 거칠게 다듬질했을 때, 큰 면압을 피할 때 주로 사용한다.
③ 슬리브 너트 : 수나사 중심선의 편심을 방지한다.

11 나사에서 리드(Lead)의 정의를 가장 옳게 설명한 것은?

① 나사가 1회전했을 때 축 방향으로 이동한 거리
② 나사가 1회전했을 때 나사산상의 1점이 이동한 원주거리
③ 암나사가 2회전했을 때 축 방향으로 이동한 거리
④ 나사가 1회전했을 때 나사산상의 1점이 이동한 원주각

해설
나사의 리드 : 나사가 1회전했을 때 축 방향으로 이동한 거리
$L(\text{리드}) = p(\text{피치}) \times n(\text{줄수})$

12 다음 중 하중의 크기 및 방향이 주기적으로 변화하는 하중으로서 양진하중을 말하는 것은?

① 집중하중
② 분포하중
③ 교번하중
④ 반복하중

해설
• 교번하중 : 하중의 크기와 방향이 충격 없이 주기적으로 변화하는 하중
• 분포하중 : 재료의 어느 범위 내에 분포되어 작용하는 하중
• 정하중 : 시간과 더불어 크기가 변화하지 않는 정지하중
• 충격하중 : 비교적 단시간에 충격적으로 작용하는 하중

13 리베팅이 끝난 뒤에 리벳머리의 주위 또는 강판의 가장자리를 정으로 때려 그 부분을 밀착시켜 틈을 없애는 작업은?

① 시 밍   ② 코 킹

③ 커플링   ④ 해머링

해설
② 코킹 : 리베팅에서 기밀을 유지하기 위한 작업으로 리베팅이 끝난 뒤에 리벳머리의 주위 또는 강판의 가장자리를 정으로 때려 그 부분을 밀착시켜서 틈을 없애는 작업
③ 커플링 : 운전 중 두 축을 분리할 수 없는 축이음

14 다음 중 축 중심에 직각방향으로 하중이 작용하는 베어링을 말하는 것은?

① 레이디얼 베어링(Radial Bearing)

② 스러스트 베어링(Thrust Bearing)

③ 원뿔 베어링(Cone Bearing)

④ 피벗 베어링(Pivot Bearing)

해설
작용하중의 방향에 따른 베어링 분류
• 레이디얼 베어링(Radial Bearing) : 축선에 직각으로 작용하는 하중을 받쳐준다.
• 스러스트 베어링(Thrust Bearing) : 축선과 같은 방향으로 작용하는 하중을 받쳐준다.
• 테이퍼 베어링 : 레이디얼 하중과 스러스트 하중이 동시에 작용하는 하중을 받쳐준다(원뿔 베어링).

15 다음 중 자동하중 브레이크에 속하지 않는 것은?

① 원추 브레이크   ② 웜 브레이크

③ 캠 브레이크   ④ 원심 브레이크

해설
• 자동하중 브레이크의 기능 : 크레인 등으로 하물(荷物)을 올릴 때는 제동 작용은 하지 않고 클러치 작용을 하며, 하물을 아래로 내릴 때는 하물 자중에 의한 제동작용으로 화물의 속도를 조절하거나 정지시킨다. 즉, 이와 같은 역할에 사용되는 브레이크이다.
• 자동하중 브레이크의 종류 : 웜 브레이크, 나사 브레이크, 원심 브레이크, 원판 브레이크, 캠 브레이크

16 다음 중 밑면에서 수직한 중심선을 포함하는 평면으로 절단했을 때 단면이 사각형인 것은?

① 원 뿔   ② 원기둥

③ 정사면체   ④ 사각뿔

해설
② 원기둥 : 중심선으로 평면 절단 시 단면이 사각형
① 원뿔 : 중심신으로 평면 절단 시 단면이 삼각형

17 기계제도에서 사용하는 다음 선 중 가는 실선으로 표시되는 선은?

① 물체의 보이지 않는 부분의 형상을 나타내는 선
② 물체에 특수한 표면처리 부분을 나타내는 선
③ 단면도를 그릴 경우에 그 절단 위치를 나타내는 선
④ 절단된 단면임을 명시하기 위한 해칭선

해설
• 해칭선은 가는 실선으로 표시한다.
• 가는 실선 : 치수선, 치수보조선, 지시선, 해칭선, 파단선
① 숨은선(파선)
② 특수지정선(굵은 1점쇄선)
④ 절단면 해칭선(가는 실선)
용도에 따른 선의 종류

명 칭	기호명칭	기 호	설 명
외형선	굵은 실선	———	대상물이 보이는 모양을 표시하는 선
치수선	가는 실선	———	치수기입을 위해 사용하는 선
치수보조선		———	치수를 기입하기 위해 도형에서 인출한 선
지시선			지시, 기호를 나타내기 위한 선
숨은선	가는 파선(파선)	— — — —	대상물의 보이지 않는 부분의 모양을 표시
중심선	가는 1점쇄선	—·—·—	도형의 중심을 표시하는 선
특수지정선	굵은 1점쇄선	—·—·—	특수한 가공이나 특수 열처리가 필요한 부분 등 특별한 요구사항을 적용할 범위를 표시할 때 사용하는 선

18 헐거운 끼워맞춤에서 구멍의 최소허용치수와 축의 최대허용치수와의 차를 무엇이라 하는가?

① 최대틈새
② 최소죔새
③ 최소틈새
④ 최대죔새

해설
③ 최소틈새 : 구멍의 최소허용치수 − 축 최대허용치수
• 중간 끼워맞춤 : 틈새와 죔새가 생긴다.
• 억지 끼워맞춤 : 구멍의 최대치수가 축의 최소치수보다 작은 경우이며, 항상 죔새가 생긴다.
• 헐거운 끼워맞춤 : 구멍의 최소치수가 축의 최대치수보다 큰 경우이며, 항상 틈새가 생긴다.

끼워맞춤 상태	구 분	구 멍	축	비 고
헐거운 끼워맞춤	최소틈새	최소허용치수	최대허용치수	틈새만
	최대틈새	최대허용치수	최소허용치수	
억지 끼워맞춤	최소죔새	최대허용치수	최소허용치수	죔새만
	최대죔새	최소허용치수	최대허용치수	

19 다음 중 센터구멍의 간략도시 기호로서 옳지 않은 것은?

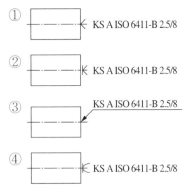

① KS A ISO 6411-B 2.5/8
② KS A ISO 6411-B 2.5/8
③ KS A ISO 6411-B 2.5/8
④ KS A ISO 6411-B 2.5/8

해설
④번은 센터구멍 표시방법으로 옳지 않다.

20 그림과 같은 입체의 투상도를 제3각법으로 나타낸다면 정면도로 옳은 것은?

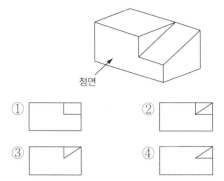

정면

① ② ③ ④

21 나사의 도시법에서 나사 각 부를 표시하는 선의 종류로 틀린 것은?

① 수나사의 바깥지름은 굵은 실선으로 그린다.
② 암나사의 안지름은 굵은 실선으로 그린다.
③ 가려서 보이지 않는 나사부는 가는 실선으로 그린다.
④ 완전 나사부와 불완전 나사부의 경계선은 굵은 실선으로 그린다.

해설
가려서 보이지 않는 나사부는 가는 파선으로 그린다.
나사의 도시법
• 수나사의 바깥지름, 암나사의 안지름은 굵은 실선으로 한다.
• 완전 나사부와 불완전 나사부의 경계선은 굵은 실선으로 한다.
• 수나사의 골지름과 암나사의 골지름은 가는 실선으로 그린다.
• 수나사와 암나사가 조립된 부분은 항상 수나사가 암나사를 감춘 상태에서 표시한다.

22 치수기입 시 사용되는 기호와 그 설명으로 틀린 것은?

① C : 45° 모따기
② φ : 지름
③ SR : 구의 반지름
④ ◇ : 정사각형

해설
치수보조 기호

기 호	구 분	기 호	구 분
φ	지 름	□	정사각형
Sφ	구의 지름	C	45° 모따기
R	반지름	t	두 께
SR	구의 반지름	p	피 치

23 표면거칠기와 관련하여 표면 조직의 파라미터 용어와 그 기호가 잘못 연결된 것은?

① Ra : 평가된 프로파일의 산술평균 높이
② Rq : 평가된 프로파일의 제곱평균 평방근 높이
③ Rc : 프로파일의 평균 높이
④ Rz : 프로파일의 총높이

해설
표면거칠기
• Ra : 산술평균 거칠기
• Ry : 최대높이
• Rm : 요철의 평균 간격
• Rz : 10점 평균 거칠기

24 도면에서 ϕ50H7/g6로 표기된 끼워맞춤에 관한 내용의 설명으로 틀린 것은?

① 억지 끼워맞춤이다.

② 구멍의 치수허용차 등급이 H7이다.

③ 축의 치수허용차 등급이 g6이다.

④ 구멍 기준식 끼워맞춤이다.

해설

ϕ50H7/g6은 헐거운 끼워맞춤이다.

ϕ50H7/g6

• 기준 구멍 H7에서(구멍) – 구멍 기준식 끼워맞춤

• H7 : 구멍의 치수허용차 등급

• g6 : 축의 치수허용차 등급

끼워맞춤 공차역의 위치

• 헐거운 끼워맞춤 : e, f, g, h → ϕ50H7/g6(구멍 기준식 헐거운 끼워맞춤)

• 중간 끼워맞춤 : js, k, m

• 억지 끼워맞춤 : p, r, s, t, u, x

25 KS 기하공차 기호 중 진원도 공차 기호는?

① ⌀ (원통도 기호)   ② ○

③ ◎   ④ ⊕

해설

기하공차의 종류와 기호 ★ 자주 출제되므로 반드시 암기

공차의 종류		기 호	데이텀 지시
모양공차	진직도	——	없 음
	평면도	▱	없 음
	진원도	○	없 음
	원통도	⌀	없 음
	선의 윤곽도	⌒	없 음
	면의 윤곽도	⌓	없 음
자세공차	평행도	//	필 요
	직각도	⊥	필 요
	경사도	∠	필 요
위치공차	위치도	⊕	필요 또는 없음
	동축도(동심도)	◎	필 요
	대칭도	═	필 요
흔들림 공차	원주 흔들림	↗	필 요
	온 흔들림	↗↗	필 요

26 다음 중 구성인선 임계속도에 대한 설명으로 가장 적합한 것은?

① 구성인선이 발생하기 쉬운 속도를 의미한다.

② 구성인선이 최대로 성장할 수 있는 속도를 의미한다.

③ 고속도강 절삭공구를 사용하여 저탄소강재를 120m/min으로 절삭하는 속도이다.

④ 고속도강 절삭공구를 사용하여 저탄소강재를 10~25 m/min으로 절삭하는 속도이다.

해설
- 구성인선 임계속도 : 120m/min
- 일반적으로 구성인선이 발생하기 쉬운 절삭속도는 고속도강 절삭공구를 사용하여 저탄소강재를 절삭할 때 10~25m/min이고, 120m/min 이상이 되면 구성인선이 발생하지 않는다. 따라서 절삭속도 120m/min를 구성인선 임계속도라 한다.

구성인선의 방지대책
- 절삭깊이를 작게 할 것
- 경사각을 크게 할 것
- 절삭공구의 인선을 예리하게(날카롭게) 할 것
- 윤활성이 좋은 절삭유제를 사용할 것
- 절삭속도를 크게 할 것

27 선반에서 테이퍼를 절삭하는 방법이 아닌 것은?

① 복식공구대에 의한 방법

② 분할대 사용에 의한 방법

③ 심압대 편위에 의한 방법

④ 테이퍼 절삭장치에 의한 방법

해설
선반에서 테이퍼 가공방법
- 복식공구대를 경사시키는 방법
- 심압대를 편위시키는 방법
- 테이퍼 절삭장치를 이용하는 방법
- 총형 바이트를 이용하는 방법

28 연삭가공의 특징에 대한 설명으로 거리가 먼 것은?

① 가공면의 치수 정밀도가 매우 우수하다.

② 부품 생산의 첫 공정에 많이 이용되고 있다.

③ 재료가 열처리되어 단단해진 공작물의 가공에 적합하다.

④ 높은 치수 정밀도가 요구되는 부품의 가공에 적합하다.

해설
연삭가공은 정밀가공 방법으로 부품 생산의 마무리 공정에 이용된다.
연삭가공의 특징
- 절삭가공이 곤란한 열처리되어 경화된 강과 같은 단단한 재료를 가공할 수 있다.
- 정밀도가 높고, 표면거칠기가 우수한 다듬질면을 가공할 수 있다.
- 연삭압력 및 연삭저항이 작아 전자석 척으로 가공물을 고정할 수 있다.
- 연삭점의 온도가 높다.
- 절삭속도가 매우 빠르다.
- 자생작용이 있다.

29 다음 중 연삭숫돌이 결합하고 있는 결합도의 세기가 가장 큰 것은?

① F

② H

③ M

④ U

해설
연삭숫돌 결합도에 따른 분류

결합도	호 칭	
E, F, G	극연(Very Soft)	매우 연한 것
H, I, J, K	연(Soft)	연한 것
L, M, N, O	중(Medium)	중간 것
P, Q, R, S	경(Hard)	단단한 것
T, U, V, W, X, Y, Z	극경(Very Hard)	매우 단단한 것

결합도에 따른 경도의 선정 기준

결합도가 높은 숫돌 (단단한 숫돌)	결합도가 낮은 숫돌 (연한 숫돌)
• 연질 가공물의 연삭	• 경도가 큰 가공물의 연삭
• 숫돌차의 원주속도가 느릴 때	• 숫돌차의 원주속도가 빠를 때
• 연삭깊이가 작을 때	• 연삭깊이가 클 때
• 접촉 면적이 작을 때	• 접촉면이 클 때
• 가공면의 표면이 거칠 때	• 가공물의 표면이 치밀할 때

30 절삭온도를 측정하는 방법에 해당하지 않는 것은?

① 열전대에 의한 방법

② 칩의 색깔에 의한 방법

③ 칼로리미터에 의한 방법

④ 초음파 탐지에 의한 방법

해설
절삭온도 측정법
- 칩의 색깔에 의한 방법
- 칼로리미터에 의한 방법
- 공구에 열전대를 삽입하는 방법
- 시온 도료를 사용하는 방법
- 공구와 일감을 열전대로 사용하는 방법
- 복사 고온계에 의한 방법

31 오차의 종류에서 계기오차에 대한 설명으로 옳은 것은?

① 측정자의 눈의 위치에 따른 눈금의 읽음값에 의해 생기는 오차

② 기계에서 발생하는 소음이나 진동 등과 같은 주위 환경에서 오는 오차

③ 측정기의 구조, 측정압력, 측정온도, 측정기의 마모 등에 따른 오차

④ 가늘고 긴 모양의 측정기 또는 피측정물을 정반 위에 놓으면 접촉하는 면의 형상 때문에 생기는 오차

해설
측정기의 오차(계기오차) : 측정기의 구조, 측정압력, 측정온도, 측정기의 마모 등에 따른 오차를 말한다.
- 오차의 종류
  - 시차 : 측정자의 눈의 위치에 따라 눈금의 읽음값에 오차가 생기는 경우
  - 후퇴오차 : 동일한 측정량에 대하여 지침의 측정량이 증가하는 상태에서의 읽음값과 반대로 감소하는 상태에서의 읽음값의 차
  - 우연오차 : 측정기, 측정물 및 환경 등의 원인을 파악할 수 없어 측정자가 보정할 수 없는 오차로 측정하는 과정에서 우발적으로 발생하는 오차를 말한다.

32 직경이 크고 길이가 짧은 공작물을 가공할 때, 사용하는 선반은?

① 보통선반   ② 정면선반

③ 탁상선반   ④ 터릿선반

해설
- 정면선반 : 기차 바퀴처럼 지름이 크고, 길이가 짧은 가공물을 절삭하기에 편리한 선반
- 탁상선반 : 작업대 위에 설치해야 할 만큼의 소형 선반으로 베드의 길이 900mm 이하, 스윙 200mm 이하로서 시계 부품, 재봉틀 부품 등의 소형 부품을 주로 가공하는 선반
- 차륜선반 : 기차의 바퀴를 주로 가공하는 선반으로 주축대 2개를 마주 세운 구조
- 차축선반 : 기차의 차축을 주로 가공하는 선반으로 주축대를 마주 세워 놓은 구조
- 터릿선반 : 보통선반 심압대 대신에 터릿으로 불리는 회전공구대를 설치하여 여러 가지 절삭공구를 공정에 맞게 설치하여 가공하는 선반

33 인공합성 절삭공구재료로 고속작업이 가능하며 난삭재료, 고속도강, 담금질강, 내열강 등의 절삭에 적합한 공구재료는?

① 서 멧

② 세라믹

③ 초경합금

④ 입방정 질화붕소

해설
- 입방정 질화붕소(CBN) : 자연계에는 존재하지 않는 인공합성재료로서 다이아몬드의 2/3배 정도의 경도를 가지며, CBN 미소분말을 초고온(2,000℃), 초고압(5만 기압 이상)의 상태로 소결하여 제작한다. CBN은 난삭재료, 고속도강, 담금질강, 내열강 등의 절삭에 많이 사용한다.
- 세라믹공구 : 산화알루미늄(Al₂O₃) 분말을 주성분으로, 마그네슘(Mg), 규소(Si) 등의 산화물과 미량의 다른 원소를 첨가하여 1,500℃에서 소결한 절삭공구
- 초경합금 : W, Ti, Mo, Zr 등의 경질합금 탄화물 분말을 Co, Ni을 결합제로 하여 1,400℃ 이상의 고온으로 가열하면서 프레스로 소결성형한 절삭공구이다.

34 다음 중 각도측정에 적합하지 않은 측정기는?

① 사인바
② 수준기
③ 오토콜리메이터
④ 삼점식 마이크로미터

해설

삼점식 마이크로미터는 각도측정에 적합하지 않다.

※ 각도측정 : 각도 게이지(요한슨식, NPL식), 사인바, 수준기, 콤비네이션 세트, 베벨각도기, 광학식 클리노미터, 광학식 각도기, 오토콜리메이터 등

36 밀링작업에서 하향절삭과 비교한 상향절삭의 특징으로 옳은 것은?

① 백래시를 제거하여야 한다.
② 절삭날의 마멸이 적고 공구수명이 길다.
③ 가공할 때 충격이 있어 높은 강성이 필요하다.
④ 절삭력이 상향으로 작용하여 고정이 불리하다.

해설

상향절삭은 가공물의 고정에 있어 절삭력이 상향으로 작용하여 고정이 불리하다.

상향절삭과 하향절삭의 차이점

구 분	상향절삭	하향절삭
방 향	커터 회전방향과 공작물 이송방향 반대	커터 회전방향과 공작물 이송방향 동일
백래시	절삭에 별 지장이 없다.	백래시를 제거해야 한다.
기계의 강성	강성이 낮아도 무관하다.	가공할 때, 충격이 있어 높은 강성이 필요하다.
가공물 의 고정	절삭력이 상향으로 작용하여 고정이 불리하다.	절삭력이 하향으로 작용하여 가공물 고정이 유리하다.
인선의 수명	절입할 때, 마찰열로 마모가 빠르고 공구수명이 짧다.	상향절삭에 비하여 공구수명이 길다.
마찰저항	마찰저항이 커서 절삭공구를 위로 들어 올리는 힘이 작용한다.	절입할 때, 마찰력은 작으나 하향으로 충격력이 작용한다.
가공면의 표면거칠기	광택은 있으나, 상향에 의한 회전저항으로 전체적으로 하향절삭보다 나쁘다.	가공 표면에 광택은 적으나, 저속 이송에서는 회전저항이 발생하지 않아 표면거칠기가 좋다.

35 수작업으로 암나사 가공을 할 수 있는 공구는?

① 정   ② 탭
③ 다이스   ④ 스크레이퍼

해설

② 탭 : 암나사 가공
③ 다이스 : 수나사 가공
④ 스크레이퍼 : 공작기계로 가공된 평면, 원통면을 더욱 정밀하게 하는 다듬질 가공

※ 탭가공 시 드릴의 지름

$d = D - p$

여기서, D : 수나사 지름
p : 나사피치

37 전극과 가공물 사이에 전기를 통전시켜, 열에너지를 이용하여 가공물을 용융증발시켜 가공하는 것은?

① 방전가공
② 초음파가공
③ 화학적 가공
④ 쇼트피닝가공

해설
① 방전가공 : 전극과 가공물 사이에 전기를 통전시켜 방전현상의 열에너지를 이용하여, 가공물을 용융증발시켜 가공을 진행하는 비접촉식 가공방법으로 전극과 재료가 모두 도체이어야 한다.
② 초음파가공 : 기계적 에너지로 진동을 하는 공구와 공작물 사이에 연삭 입자와 가공액을 주입하고 작은 압력으로 공구에 초음파 진동을 주어 유리, 세라믹, 다이아몬드, 수정 등 소성변형이 되지 않고 취성이 큰 재료를 가공할 수 있는 가공방법
③ 화학적 가공 : 가공물을 화학가공액 속에 넣고 화학반응을 일으켜 가공물 표면에 필요한 형상으로 가공하는 방법
④ 쇼트피닝가공 : 표면을 타격하는 일종의 냉간가공으로 철강의 작은 볼(Shot)을 공작물 표면에 분사하여 강재의 화학조성을 변화시키지 않고 표면을 매끈하게 하여 피로강도 및 기계적 성질을 향상시킨다.

38 밀링에서 커터의 지름이 100mm, 한 날당 이송이 0.2mm, 커터의 날수 10개, 회전수 478rpm일 때, 절삭속도는 약 m/min인가?

① 100
② 150
③ 200
④ 250

해설
$$v = \frac{\pi dn}{1,000} = \frac{\pi \times 100mm \times 478rpm}{1,000} \fallingdotseq 150.2$$
$$\therefore \ v(절삭속도) = 150m/min$$
여기서, v : 절삭속도(m/min), d : 커터의 지름(mm)
n : 회전수(rpm)

39 공작기계의 기본운동에 속하지 않는 것은?

① 이송운동
② 절삭운동
③ 급송회전운동
④ 위치조정운동

해설
공작기계 기본운동 : 절삭운동, 이송운동, 위치조정운동

40 주조된 구멍이나 이미 뚫은 구멍을 필요한 크기나 정밀한 치수로 넓히는 가공법은?

① 보링(Boring)
② 태핑(Tapping)
③ 스폿 페이싱(Spot Facing)
④ 카운터 보링(Counter Boring)

해설
보링(Boring) : 뚫린 구멍을 다시 절삭하여 구멍을 넓히고 다듬질하는 것
드릴가공의 종류
• 태핑 : 공작물 내부에 암나사 가공, 태핑을 위한 드릴가공은 나사의 외경—피치로 한다.
• 리밍 : 구멍의 정밀도를 높이기 위해 구멍을 다듬는 작업
• 카운터 보링 : 볼트의 머리 부분이 돌출되면 곤란한 부분이 있다. 이러한 경우에 볼트 또는 너트의 머리 부분이 가공물 안으로 묻히도록 드릴과 동심원의 2단 구멍을 절삭하는 방법
• 스폿 페이싱 : 볼트나 너트를 체결하기 곤란한 경우에 볼트나 너트가 닿는 구멍 주위의 부분만 평탄하게 가공하여 체결이 잘되도록 하는 가공방법
• 카운터 싱킹 : 나사 머리의 모양이 접시모양일 때 테이퍼 원통형으로 절삭하는 가공

41 드릴, 탭, 호브 등의 날 여유면을 절삭할 수 있는 선반의 부속장치는?

① 이송장치

② 릴리빙장치

③ 총형 바이트장치

④ 테이퍼 절삭장치

해설

② 릴리빙장치(Relieving Attachment) : 가로 이송대에 캠(Cam) 을 설치하여 가공물이 1회전하는 동안에 바이트가 일정한 거리를 전진, 후퇴하도록 장치하여 드릴, 탭, 호브 등의 날 여유면을 절삭하는 장치이다.

④ 테이퍼 절삭장치 : 선반에서의 테이퍼 가공방법

42 연마제를 가공액과 혼합하여 가공물 표면에 압축 공기로 고압과 고속으로 분사해 가공물 표면과 충돌시켜 표면을 가공하는 방법은?

① 래핑(Lapping)

② 버니싱(Burnishing)

③ 액체호닝(Liquid Honing)

④ 슈퍼피니싱(Super Finishing)

해설

③ 액체호닝(Liquid Honing) : 연마제를 가공액과 혼합하여 가공물 표면에 압축공기를 이용하여 고압과 고속으로 분사시켜 가공물 표면과 충돌시켜 표면을 가공하는 방법

① 래핑(Lapping) : 가공물과 랩(Lap) 사이에 랩제를 넣고 가공물에 압력을 가하면서 표면거칠기가 우수한 가공면을 얻는 가공방법

② 버니싱(Burnishing) : 원통형 내면에 강철 볼 형의 공구를 압입해 통과시켜 매끈하고 정도가 높은 면을 얻는 가공법

④ 슈퍼피니싱(Super Finishing) : 연한 숫돌에 작은 압력으로 가압하면서, 가공물에 이송을 주고 동시에 숫돌에 진동을 주어 표면거칠기를 높이는 가공방법(작은 압력+이송+진동)

43 다음 중 수치제어 공작기계의 일상점검 내용으로 가장 적절하지 않은 것은?

① 습동유의 양 점검

② 주축의 정도 점검

③ 조작판의 작동 점검

④ 비상정지 스위치 작동 점검

해설

• 주축의 정도 점검은 일상점검 내용이 아니다.

• 일상점검 : 유량 점검(습동유의 양 점검), 각 부의 작동검사(조작판의 작동 점검, 비상정지 스위치 작동 점검), 압력 점검, 외관 점검 등

44 다음 CNC선반 프로그램에서 가공해야 될 부분의 지름이 80mm일 때, 주축의 회전수는 약 얼마인가?

```
G50 S1000;
G96 S120;
```

① 209.5rpm

② 477.5rpm

③ 786.8rpm

④ 1000.8rpm

해설

• G96 : 절삭속도 일정제어(m/min)

• G96 S120; → 절삭속도 120m/min로 일정하게 유지

• 공작물 지름 → 80mm

• $N = \dfrac{1,000 \times V}{\pi D} = \dfrac{1,000 \times 120\mathrm{m/min}}{\pi \times 80\mathrm{mm}} \fallingdotseq 477.5\mathrm{rpm}$

∴ $N = 477.5\mathrm{rpm}$

여기서, V : 절삭속도(m/min)

D : 공작물의 지름(mm)

N : 회전수(rpm)

※ G50 S1000; → 공작물 좌표계 설정, 주축 최고회전수 설정 (1,000rpm)

45 다음 CNC선반 프로그램의 설명으로 틀린 것은?

G50 X150.0 Z200.0 S1300 T0100;

① G50 – 좌표계 설정
② X150.0 – X축 좌표값
③ S1300 – 주축 최고회전수
④ T0100 – 공구보정번호 01번

해설

T0100 : 공구보정 없이 보정취소할 때 지령한다.
T □□△△
• T : 공구기능
• □□ : 공구선택번호(01~99번) → 기계 사양에 따라 지령 가능한
  번호 결정
• △△ : 공구보정번호(01~99번) → 00은 보정취소기능이다.
  → 공구보정 없이 보정취소를 하려면 T0100으로 지령해야 한다.

46 CNC선반에서 주축의 최고회전수를 지정해 주는
프로그램으로 옳은 것은?

① G30 S700;   ② G40 S1500;
③ G42 S1500;   ④ G50 S1500;

해설

• G50 : 공작물 좌표계 설정, 주축 최고회전수 설정
• G50 S1500; → 공작물 좌표계 설정 및 주축 최고회전수를
  1,500rpm으로 설정
• G30(제2원점, 제3원점, 제4원점 복귀), G40(공구인선 반지름
  보정취소), G42(공구인선 반지름 보정 우측)

47 다음 그림의 A → B → C 이동지령 머시닝센터 프로
그램에서 ㉠, ㉡, ㉢에 들어갈 내용으로 옳은 것은?

A → B : N01 G01 G91 ㉠ Y10. F120;
B → C : N02 G90 ㉡ ㉢ ;

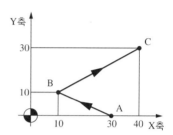

① ㉠ X10. ㉡ X30. ㉢ Y20.
② ㉠ X20. ㉡ X30. ㉢ Y30.
③ ㉠ X-20. ㉡ X30. ㉢ Y20.
④ ㉠ X-20. ㉡ X40. ㉢ Y30.

해설

• A → B는 증분명령(G91)으로 A에서 B점까지의 거리를 명령한다.
  (X-20., Y10.)
• B → C는 절대명령(G90)으로 C점의 위치를 공작물 좌표계 원점
  을 기준으로 명령한다(X40., Y30.).
• 절대명령(G90) : 공구 이동 끝점의 위치를 공작물 좌표계 원점을
  기준으로 명령하는 방법
• 증분명령(G91) : 공구 이동 시작점부터 끝점까지의 이동량(거리)
  으로 명령하는 방법

48 CNC선반의 원호절삭에서 가공방향이 시계방향
(CW)일 경우에 올바른 기능은?

① G00   ② G01
③ G02   ④ G03

해설

③ G02 : 원호가공, 시계방향, CW
① G00 : 급속이송
② G01 : 직선절삭
④ G03 : 원호가공, 반시계방향, CCW

49 다음 중 CNC선반가공 시 연속형 또는 불연속형 칩이 발생하는 황동이나 주철과 같이 절삭저항이 작은 재료류를 가공하기에 가장 적합한 초경공구 재질의 종류는?

① P
② M
③ K
④ S

재질 종류	피삭재
P	강, 주강, 가단주철
M	강, 주강, 스테인리스강, 고망간강, 연질 쾌삭강
K	주철, 칠드주철, 가단주철(비연속성 칩), 비철금속(Cu, Al), 비금속류

51 와이어컷 방전가공기의 사용 시 주의사항으로 틀린 것은?

① 운전 중에는 전극을 만지지 않는다.
② 가공액이 바깥으로 튀어나오지 않도록 안전커버를 설치한다.
③ 와이어의 지름이 매우 작아서 공구경의 보정을 필요로 하지 않는다.
④ 가공물의 낙하방지를 위하여 프로그램 끝 부분에 정지기능(M00)을 사용한다.

와이어컷 방전가공은 와이어 지름의 반과 방전 갭을 더한 양만큼 보정이 필요하다.

50 다음 그림에서 절삭조건 "G96 S157"로 가공할 때 A점에서의 회전수는 약 얼마인가?(단, π는 3.14로 한다)

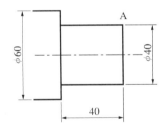

① 200rpm
② 250rpm
③ 1,250rpm
④ 1,500rpm

- G96 : 절삭속도 일정제어(m/min)
- G96 S157; → 절삭속도 157m/min로 일정하게 유지
- A점 공작물 지름 → 40mm
- $N = \dfrac{1,000 \times V}{\pi D} = \dfrac{1,000 \times 157\text{m/min}}{\pi \times 40\text{mm}} \fallingdotseq 1,250\text{rpm}$

$\therefore N = 1,250\text{rpm}$

여기서, V : 절삭속도(m/min)
D : 공작물의 지름(mm)
N : 회전수(rpm)

52 머시닝센터에서 공구길이 보정 시 보정번호를 나타낼 때 사용하는 것은?

① A
② C
③ D
④ H

- ④ H : 공구길이 보정 시 보정번호를 나타낼 때 사용한다(예 G00 G43 Z10. H12;).
- ③ D : 공구지름 보정 시 보정번호를 나타낼 때 사용한다.
- 공구길이 보정 : 머시닝센터에 사용되는 공구는 길이가 각각 다르므로, 기준이 되는 공구와 각각의 공구길이의 차이를 공구길이 보정란(오프셋 화면)에 입력해 두고, 프로그램에서 각 공구의 보정값을 불러들여 보정하여 사용함으로써 공구길이의 차이를 해결할 수 있도록 하는 것이다.
- G43 : +방향 공구길이 보정(기준공구보다 긴 경우 보정값 앞에 +부호를 붙여 입력)
- G44 : −방향 공구길이 보정(기준공구보다 짧은 경우 보정값 앞에 −부호를 붙여 입력)
- G49 : 공구길이 보정 취소

53 서보기구의 위치검출 제어방식이 아닌 것은?

① 폐쇄회로(Closed Loop) 방식

② 패리티체크(Parity Check) 방식

③ 복합회로 서보(Hybrid Servo) 방식

④ 반폐쇄회로(Semi-closed Loop) 방식

해설

서보기구 제어방식 ★ 자주 출제되므로 반드시 암기

• 폐쇄회로 방식 : 모터에 내장된 태코제너레이터에서 속도를 검출하고, 기계의 테이블에 부착한 스케일에서 위치를 검출(로터리 인코더)하여 피드백시키는 방식이다.

• 반폐쇄회로 방식 : 모터에 내장된 태코제너레이터(펄스제너레이터)에서 속도를 검출하고, 인코더에서 위치를 검출하여 피드백하는 제어방식이다.

• 개방회로 방식 : 피드백장치 없이 스테핑 모터를 사용한 방식으로 실용화되었으나, 피드백장치가 없기 때문에 가공 정밀도에 문제가 있어 현재는 거의 사용되지 않는다.

• 복합회로(하이브리드) 방식 : 반폐쇄회로 방식과 폐쇄회로 방식을 결합하여 고정밀도로 제어하는 방식으로, 가격이 고가이므로 고정밀도를 요구하는 기계에 사용된다.

54 CNC공작기계의 정보처리회로에서 서보모터를 구동하기 위하여 출력하는 신호의 형태는?

① 문자신호

② 위상신호

③ 펄스신호

④ 형상신호

해설

• 펄스(Pulse)신호 : 정보처리회로에서 서보모터를 구동하기 위하여 출력하는 신호의 형태

• CNC공작기계는 도면을 보고 가공경로 및 가공조건 등을 CNC프로그램으로 작성하여 입력하면, 제어장치에서 처리하여 결과를 펄스(Pulse)신호로 출력하고, 이 펄스신호에 의하여 서보모터가 구동되며, 서보모터에 결합되어 있는 볼 스크루(Ball Screw)가 회전함으로써 요구한 위치와 속도로 테이블이나 주축헤드를 이동시켜 자동으로 가공이 이루어진다.

55 CNC선반에서 그림과 같이 공작물 원점을 설정할 때 좌표계 설정으로 옳은 것은?(단, 지름지령이다)

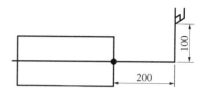

① G50 X100. Z100. ;

② G50 X100. Z200. ;

③ G50 X200. Z100. ;

④ G50 X200. Z200. ;

해설

G50 X200. Z200. → CNC선반에서 X축은 지름값(X200.)으로 지령한다. 문제의 도면상 반지름이 100이므로 지름은 200이 된다.

56 다음 머시닝센터의 고정사이클 지령에서 P의 의미는?

```
G90 G99 G82 X_ Y_ Z_ R_ P_ F_;
```

① 매 절입량을 지정

② 탭가공의 피치를 지정

③ 고정사이클 반복 횟수 지정

④ 구멍 바닥에서 드웰시간을 지정

해설

• G82 : 카운터보링사이클

• X_ Y_ : 구멍의 위치

• Z : R점에서 구멍 바닥까지의 거리를 증분지령 또는 구멍 바닥의 위치를 절대지령으로 지정

• R : 가공을 시작하는 Z좌표치(Z축 공작물 좌표계 원점에서의 좌표값)

• P : 구멍 바닥에서 휴지(Dwell)시간

• 휴지(Dwell) : 지령한 시간 동안 이송이 정지되는 기능이다. 이 기능은 홈가공이나 드릴작업 등에서 간헐이송으로 칩을 절단하거나 목표점에 도달한 후 즉시 후퇴할 때 생기는 이송량만큼의 단차를 제거함으로써 진원도의 향상 및 깨끗한 표면을 얻기 위하여 사용한다.

57 다음 중 반드시 장갑을 착용하고 작업해야 하는 것은?

① 드릴작업　　② 밀링작업

③ 선반작업　　④ 용접작업

해설
용접작업은 반드시 장갑을 착용하고 작업해야 한다. 그 외의 작업은 안전상 장갑을 착용하지 않는다.

58 DNC(Direct Numerical Control) 시스템의 구성 요소가 아닌 것은?

① 컴퓨터와 메모리장치

② 공작물 장·탈착용 로봇

③ 데이터 송·수신용 통신선

④ 실제 작업용 CNC공작기계

해설
DNC 시스템 구성요소 : CNC공작기계, 중앙컴퓨터, 통신선 (RS232C 등)
DNC는 CAD/CAM 시스템과 CNC기계를 근거리 통신망(LAN)으로 연결하여 1대의 컴퓨터에서 여러 대의 CNC공작기계에 데이터를 분배하여 전송함으로써 동시에 운전할 수 있는 방식을 말한다.

59 CNC프로그램에서 보조프로그램(Sub Program)을 호출하는 보조기능은?

① M00　　② M09

③ M98　　④ M99

해설
M코드　★ 반드시 암기(자주 출제)

M코드	기 능	M코드	기 능
M00	프로그램 정지	M08	절삭유 ON
M01	프로그램 선택 정지	M09	절삭유 OFF
M02	프로그램 끝	M30	프로그램 끝 & 리셋
M03	주축 정회전	M98	보조프로그램 호출
M04	주축 역회전	M99	보조프로그램 종료
M05	주축 정지		

60 CNC선반에서 나사절삭 시 이송기능(F)에 사용되는 숫자의 의미는?

① 리 드

② 절입각도

③ 감긴 방향

④ 호칭지름

해설
나사절삭(G32)

$$G32 \ X(U)\_\_ \ Z(W)\_\_ \ (Q\_) \ F\_;$$

• X(U)__ Z(W)__ : 나사절삭의 끝지점 좌표
• Q : 다줄나사 가공 시 절입각도(1줄 나사의 경우 Q0이므로 생략한다)
• F : 나사의 리드

01 6 · 4황동에 철 1~2%를 첨가함으로써 강도와 내식성이 향상되어 광산용 기계, 선박용 기계, 화학용 기계 등에 사용되는 특수황동은?

① 쾌삭메탈
② 델타메탈
③ 네이벌황동
④ 애드미럴티황동

해설
② 델타메탈 : 6 · 4황동에 1~2% Fe(철) 첨가(일명 철황동 = 델타메탈)
① 쾌삭메탈 : 황동에 Pb(납)을 첨가하여 절삭성을 향상시킨 금속
③ 네이벌황동 : 6 · 4황동 + 1%(Sn)
④ 애드미럴티황동 : 7 · 3황동 + 1%(Sn)

02 냉간가공된 황동제품들이 공기 중의 암모니아 및 염류로 인하여 입간부식에 의한 균열이 생기는 것은?

① 저장균열
② 냉간균열
③ 자연균열
④ 열간균열

해설
자연균열
• 황동이 관, 봉 등의 잔류 응력에 의해 균열을 일으키는 현상
• 자연균열 방지법 : 도료 및 아연도금, 180~260℃에서 저온풀림

03 탄소강에 함유되는 원소 중 강도, 연신율, 충격치를 감소시키며 적열취성의 원인이 되는 것은?

① Mn
② Si
③ P
④ S

해설
• 적열취성(적열메짐) : 원인은 S(황)이며, 고온에서 물체가 빨갛게 되어 깨지는 현상이다. 망간(Mn)으로 방지한다.
• 청열취성(청열메짐) : 원인은 P(인)이며, 강이 200~300℃로 가열하면 강도가 최대로 되고 연신율이 줄어들어 깨지는 현상이다.
• 규소(Si) : 전자기적 성질을 개선한다.

04 절삭공구로 사용되는 재료가 아닌 것은?

① 페 놀
② 서 멧
③ 세라믹
④ 초경합금

해설
페놀수지는 절삭공구재료가 아니라 열경화성 합성수지이다.
절삭공구재료 : 탄소공구강, 합금공구강, 고속도강, 초경합금, 주조경질합금, 세라믹, 서멧, 다이아몬드, 입방정 질화붕소(CBN), 피복 초경합금 등

1 ② 2 ③ 3 ④ 4 ① 정답

05 탄소강에 함유된 원소 중 백점이나 헤어크랙의 원인이 되는 원소는?

① 황 　　　　　　② 인
③ 수 소 　　　　　④ 구 리

해설
• 헤어크랙 또는 백점 : 강재의 다듬질의 미세한 균열
• 헤어크랙은 수소(H)에 의해서 발생한다.

06 철강의 열처리 목적으로 틀린 것은?

① 내부의 응력과 변형을 증가시킨다.
② 강도, 연성, 내마모성 등을 향상시킨다.
③ 표면을 경화시키는 등의 성질을 변화시킨다.
④ 조직을 미세화하고 기계적 특성을 향상시킨다.

해설
열처리는 재료의 내부응력과 변형을 감소 또는 제거한다.
일반 열처리 종류 및 목적
• 담금질 : 재료를 단단하게 할 목적으로 강을 오스테나이트 조직으로 될 때까지 가열한 후 물이나 기름에 급랭시켜 재질을 경화시키는 조작이다.
• 뜨임 : 불안정한 마텐자이트 조직에 A_1 변태점 이하의 열을 가하여 원자들을 좀 더 안정적인 위치로 이동시킴으로써 인성을 증대시키고 잔류응력을 제거하고 기계적 성질을 개선하는 열처리이다.
• 풀림 : 재료를 연하게 하거나 내부응력을 제거할 목적으로 강을 오스테나이트 조직으로 될 때까지 가열한 후 노나 재 속에서 서서히 냉각시키는 조작이다.
• 불림 : 재료의 내부응력 제거 및 균일한 결정조직을 얻기 위해 높은 온도로 가열하여 균일한 오스테나이트 조직으로 한 후 공기 중에서 냉각시키는 조작이다.

07 상온이나 고온에서 단조성이 좋아지므로 고온가공이 용이하며 강도를 요하는 부분에 사용하는 황동은?

① 톰 백 　　　　② 6·4황동
③ 7·3황동 　　　④ 함석황동

해설
② 6·4황동 : Cu(60%)−Zn(40%), 아연(Zn)이 많을수록 인장강도가 증가하여 고온가공이 용이하며 강도를 요하는 부분에 사용한다. 아연(Zn) 45%일 때 인장강도가 가장 크다.
① 톰백 : 5~20% Zn의 황동을 첨가한다.
③ 7·3황동 : Cu−70%, Zn−30%, 연신율이 가장 크다.

08 미끄럼베어링의 윤활방법이 아닌 것은?

① 적하급유법
② 패드급유법
③ 오일링급유법
④ 충격급유법

해설
충격급유법은 윤활방법이 아니다.
윤활제의 급유방법
• 적하급유법(Drop Feed Oiling) : 마찰면이 넓거나 시동되는 횟수가 많을 때, 저속 및 중속 축의 급유에 사용된다.
• 패드급유법(Pad Oiling) : 무명이나 털 등을 섞어 만든 패드 일부를 오일통에 담가 저널의 아랫면에 모세관 현상으로 급유하는 방법이다.
• 오일링(Oiling)급유법 : 고속 주축에 급유를 균등하게 할 목적으로 사용한다.
• 강제급유법(Circulating Oiling) : 순환펌프를 이용하여 급유하는 방법으로, 고속회전할 때 베어링 냉각효과에 경제적인 방법이다.

09 일반 스퍼기어와 비교한 헬리컬기어의 특징에 대한 설명으로 틀린 것은?

① 임의의 비틀림 각을 선택할 수 있어서 축 중심거리의 조절이 용이하다.

② 물림 길이가 길고 물림률이 크다.

③ 최소잇수가 적어서 회전비를 크게 할 수가 있다.

④ 추력이 발생하지 않아서 진동과 소음이 작다.

해설
헬리컬기어 : 잇줄이 축 방향과 일치하지 않는 기어이다. 이의 물림이 좋아서 조용한 운전을 하나 축 방향 하중(추력)이 발생하는 단점이 있다.

10 8kN의 인장하중을 받는 정사각봉의 단면에 발생하는 인장응력이 5MPa이다. 이 정사각봉의 한 변의 길이는 약 몇 mm인가?

① 40　　　　　② 60
③ 80　　　　　④ 100

해설
$$응력(\sigma_c) = \frac{P_c}{A} \rightarrow A = \frac{P_c}{\sigma_c} = \frac{8 \times 10^3 \text{N}}{5 \text{N/mm}^2} = 1,600 \text{mm}^2$$
$$l \times l = A \rightarrow l = \sqrt{A} = \sqrt{1,600} = 40 \text{mm}$$
$$\therefore l = 40 \text{mm}$$
여기서, l : 정사각형 한 변의 길이(mm)
　　　　A : 정사각형 면적
　　　　P_c : 하중(N)
　　　　σ_c : 응력(N/mm²)
　　　　5MPa = 5N/mm²

11 기계의 운동에너지를 흡수하여 운동속도를 감속 또는 정지시키는 장치는?

① 기 어　　　　② 커플링
③ 마찰차　　　　④ 브레이크

해설
기계 부분의 운동에너지를 열에너지나 전기에너지 등으로 바꾸어 흡수함으로써 운동속도를 감소시키거나 정지시키는 장치를 제동장치라 한다. 제동장치에서 가장 널리 사용되고 있는 것은 마찰 브레이크이다.

12 핀(Pin)의 종류에 대한 설명으로 틀린 것은?

① 테이퍼 핀은 보통 1/50 정도의 테이퍼를 가지며, 축에 보스를 고정시킬 때 사용할 수 있다.

② 평행 핀은 분해·조립하는 부품의 맞춤면의 관계 위치를 일정하게 할 필요가 있을 때 주로 사용된다.

③ 분할 핀은 한쪽 끝이 2가닥으로 갈라진 핀으로 축에 끼워진 부품이 빠지는 것을 막는 데 사용할 수 있다.

④ 스프링 핀은 2개의 봉을 연결하기 위해 구멍에 수직으로 핀을 끼워 2개의 봉이 상대 각운동을 할 수 있도록 연결한 것이다.

해설
• 스프링 핀(Spring Pin) : 세로 방향으로 갈라져 있으므로 바깥지름보다 작은 구멍에 끼워 넣고, 스프링의 작용을 할 수 있도록 하여 기계 부품을 결합하는 데 사용한다.
• 너클 핀 : 한쪽 포크(Fork)에 아이(Eye) 부분을 연결하여 구멍에 수직으로 평행 핀을 끼워 두 부분이 상대적으로 각운동을 할 수 있도록 연결한 것

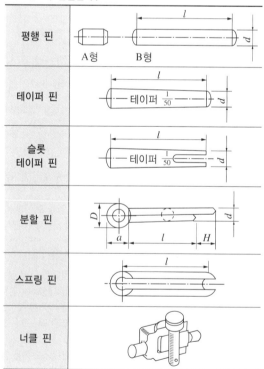

평행 핀	A형　　B형
테이퍼 핀	테이퍼 1/50
슬롯 테이퍼 핀	테이퍼 1/50
분할 핀	
스프링 핀	
너클 핀	

13 체인전동의 일반적인 특징으로 거리가 먼 것은?

① 속도비가 일정하다.

② 유지 및 보수가 용이하다.

③ 내열, 내유, 내습성이 강하다.

④ 진동과 소음이 없다.

해설

체인전동장치의 특성

• 미끄럼 없이 정확한 속도비를 얻을 수 있다.
• 초기 장력을 줄 필요가 없어 베어링 마멸도 작다.
• 소음 및 진동이 일어나기 쉽기 때문에 고속 회전의 전동에는 적합하지 않다.
• 체인은 탄성 등에 의하여 충격 하중을 어느 정도 흡수할 수 있다.
• 축간거리는 2~5m가 적합하다.
• 체인의 길이를 자유롭게 조절할 수 있다.
• 2축이 평행한 경우에만 전동이 가능하다.

14 회전체의 균형을 좋게 하거나 너트를 외부에 돌출시키지 않으려고 할 때 주로 사용하는 너트는?

① 캡 너트

② 둥근 너트

③ 육각 너트

④ 와셔붙이 너트

해설

② 둥근 너트 : 회전체의 균형을 좋게 하거나 너트를 외부에 돌출시키지 않으려고 할 때 사용하는 너트
① 캡 너트 : 너트의 한쪽을 관통되지 않도록 만든 것으로 나사면을 따라 증기나 기름 등이 누출되는 것을 방지하는 부위 또는 외부로부터 먼지 등의 오염물 침입을 막는 데 주로 사용한다.
④ 와셔붙이 너트 : 볼트 구멍이 큰 경우, 와셔의 역할을 겸한 너트

너트의 종류

와셔붙이 너트 　　　 캡 너트 　　　 스프링판 너트

15 한쪽은 오른나사, 다른 한쪽은 왼나사로 되어 양 끝을 서로 당기거나 밀거나 할 때 사용하는 기계요소는?

① 아이 볼트

② 세트 스크루

③ 플레이트 너트

④ 턴 버클

해설

④ 턴 버클 : 양 끝에 왼나사와 오른나사가 있어 양 끝을 서로 당기거나 밀어서 막대나 로프 등을 조이는 데 사용된다.
① 아이 볼트 : 볼트의 머리부에 핀을 끼울 구멍이 있어 자주 탈착하는 뚜껑의 결합에 사용된다. 무거운 물체를 달아 올리기 위하여 훅(Hook)을 걸 수 있는 고리가 있는 볼트이다.
② 세트 스크루(Set Screw, 멈춤나사) : 나사를 밀어 박음으로써 나사 끝에 발생하는 마찰저항으로 두 물체 사이에 회전이나 미끄럼이 생기지 않도록 사용하는 나사로 키(Key)의 대용 역할을 한다. 회전체의 보스 부분을 축에 고정시키는 데 많이 사용한다.

16 가공에 의한 줄무늬 방향의 기호 중 대략 동심원 모양을 나타내는 것은?

①

②

③

④

줄무늬 방향 기호

기 호	커터의 줄무늬 방향	적 용	표면형상
=	투상면에 평행	셰이핑	
⊥	투상면에 직각	셰이핑, 선삭, 원통연삭	
X	투상면에 경사지고 두 방향으로 교차	호 닝	
M	여러 방향으로 교차 되거나 무방향이 나타남	래핑, 슈퍼피니싱, 밀링 또는 엔드밀 절삭면	
C	중심에 대하여 대략 동심원	끝면 절삭	
R	중심에 대하여 대략 레이디얼 모양	일반적인 가공	

17 단면도의 표시방법에서 그림과 같이 도시하는 단면도의 종류 명칭은?

① 전단면도
② 한쪽단면도
③ 부분단면도
④ 회전도시단면도

④ 회전도시단면도 : 핸들, 벨트풀리, 기어 등과 같은 바퀴의 암, 림, 리브, 훅, 축, 구조물의 부재 등의 절단면을 회전시켜 표시한다.

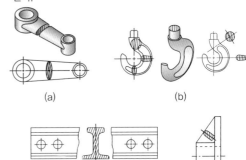

(a) (b)

(c)

[회전도시단면도의 예]

① 온단면도 : 물체 전체를 둘로 절단해서 그림 전체를 단면으로 나타낸 것(전단면도)
② 한쪽단면도 : 상하 또는 좌우대칭인 물체는 1/4을 떼어낸 것으로 보고 기본 중심선을 경계로 1/2은 외형, 1/2은 단면으로 동시에 나타낸다. 외형도의 절반과 온단면도의 절반을 조합하여 표시한 단면도이다.
③ 부분단면도 : 필요한 일부분만 파단선에 의해 그 경계를 표시하고 나타낸다.

18 헐거운 끼워맞춤에서 구멍의 최대허용치수와 축의 최소허용치수와의 차를 의미하는 용어는?

① 최소틈새   ② 최대틈새

③ 최소죔새   ④ 최대죔새

19 다음과 같이 지시된 기하공차 기입틀의 해독으로 옳은 것은?

//	0.07/100	B

① 평행도가 데이텀 B를 기준으로 지정길이 100mm에 대하여 0.07mm의 허용값을 가지는 것

② 평행도가 데이텀 B를 기준으로 지정길이 0.07mm에 대하여 100mm의 허용값을 가지는 것

③ 평행도가 데이텀 B를 기준으로 0.0007mm의 허용값을 가지는 것

④ 평행도가 데이텀 B를 기준으로 0.07~100mm의 허용값을 가지는 것

20 가는 1점쇄선의 용도로 적합하지 않은 것은?

① 도형의 중심을 표시하는 데 사용

② 중심이 이동한 중심궤적을 표시하는 데 사용

③ 위치 결정의 근거가 된다는 것을 명시할 때 사용

④ 단면의 무게중심을 연결한 선을 표시하는 데 사용

21 다음 치수기입 방법 중 호의 길이로 옳은 것은?

①   ②

③   ④

22 도면과 같이 위치도를 규제하기 위하여 B 치수에 이론적으로 정확한 치수를 기입한 것은?

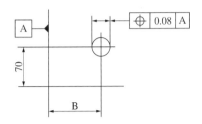

① (100)　　　　② <u>100</u>

③ ~~100~~　　　　④ 100

④ 100 : 이론적으로 정확한 수치
① (100) : 참고치수

24 축의 도시방법에 관한 설명으로 옳은 것은?

① 축은 길이방향으로 온단면 도시한다.
② 길이가 긴 축은 중간을 파단하여 짧게 그릴 수 있다.
③ 축의 끝에는 모따기를 하지 않는다.
④ 축의 키 홈을 나타낼 경우 국부투상도로 나타내어서는 안 된다.

• 축은 일반적으로 길이방향으로 절단하지 않는다.
• 축은 필요에 따라 중간을 파단하여 짧게 그리는 부분 단면만 가능하다.

23 그림과 같은 입체도를 화살표 방향에서 본 투상도로 가장 옳은 것은?(단, 해당 입체는 화살표 방향으로 볼 때 좌우대칭 구조이다)

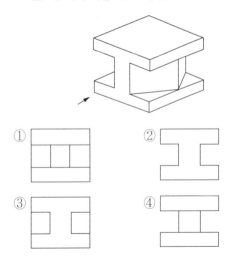

25 도면에 표시된 3/8 - 16UNC - 2A의 해석으로 옳은 것은?

① 피치는 3/8인치이다.
② 산의 수는 1인치당 16개이다.
③ 유니파이 가는 나사이다.
④ 나사부의 길이는 2인치이다.

3/8 - 16UNC - 2A
• 3/8 : 수나사의 외경(숫자 또는 번호)
• 16 : 산의 수(1인치당 16개)
• UNC : 유니파이 보통 나사이다.
• 2A : 나사 등급

26 구동방법에 의한 3차원 측정기의 분류가 아닌 것은?

① 래핑형　　　　② 수동형

③ 자동형　　　　④ 조이스틱형

• 3차원 측정기 : 3개의 축을 가지고 공간에서 한 점의 위치를 직각좌표계의 X, Y, Z 축의 좌표값으로 표시하여 측정물의 치수, 위치, 윤곽, 형상 등을 입체적으로 측정하는 측정기
• 3차원 측정기 분류 : 수동형, 자동형, 조이스틱형 등

27 바깥지름 연삭기의 이송방법에 해당하지 않는 것은?

① 플런지 컷형

② 테이블 왕복형

③ 연삭숫돌대 왕복형

④ 공작물 고정 유성형 연삭

유성형 연삭은 내면 연삭방식(안지름 연삭방식)이다.
원통연삭에서 바깥지름 연삭방식
• 테이블 왕복형
• 숫돌대방식
• 플런지 컷방식

28 선반주축대에 대한 설명으로 틀린 것은?

① 주축과 변속장치를 내장하고 있다.

② 주축 내부는 모스테이퍼로 되어 있다.

③ 절삭저항이나 진동에 견딜 수 있는 특수강을 사용한다.

④ 주축은 강도와 경도를 높이기 위하여 중실축으로 만든다.

선반의 주축은 중공축(中空軸)으로 만든다(중실축 : 속이 찬 축).
선반주축을 중공축(中空軸)으로 하는 이유
• 굽힘과 비틀림 응력에 강하다.
• 중량이 감소되어 베어링에 작용하는 하중을 줄여 준다.
• 긴 가공물 고정이 편리하다.

29 줄작업 시 줄눈의 거친 순서에 따라 작업하는 순서로 옳은 것은?

① 세목 → 황목 → 중목

② 중목 → 세목 → 황목

③ 황목 → 세목 → 중목

④ 황목 → 중목 → 세목

줄의 작업 순서 : 황목 → 중목 → 세목 → 유목 순으로 작업
줄에 관한 설명
• 줄눈의 거친 순서에 따라 황목, 중목, 세목, 유목으로 구분한다.
• 줄의 크기는 자루 부분을 제외한 줄의 전체 길이를 호칭한다.
• 황목은 눈이 거칠어 한 번에 많은 양을 절삭할 때 사용한다.
• 세목과 유목은 다듬질작업에 사용한다.

30 다음 바이트의 각도를 나타낸 그림에서 C는?

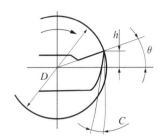

① 경사각　　　　② 날끝각
③ 여유각　　　　④ 중립각

해설
- C : 앞면 여유각
- θ : 윗면 경사각
- 여유각 : 바이트의 옆면 및 앞면과 가공물의 마찰을 줄이기 위한 각으로 여유각이 너무 크면 날끝이 약하게 된다.

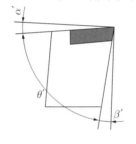 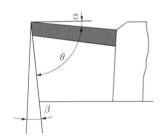

α : 윗면 경사각　　β : 앞면 여유각　　θ : 앞면 공구각
α' : 옆면 경사각　　β' : 옆면 여유각　　θ' : 옆면 공구각

31 연삭숫돌의 표시방법 순서로 옳은 것은?

① 숫돌입자의 종류 → 입도 → 결합제 → 조직 → 결합도
② 숫돌입자의 종류 → 입도 → 결합도 → 조직 → 결합제
③ 숫돌입자의 종류 → 조직 → 결합도 → 입도 → 결합제
④ 숫돌입자의 종류 → 입도 → 조직 → 결합도 → 결합제

해설
일반적인 연삭숫돌의 표시방법

WA	· 60 ·	K	· M ·	V
연삭숫돌입자	· 입도 ·	결합도	· 조직 ·	결합제

32 절삭공구의 구비조건에 대한 설명으로 틀린 것은?

① 성형성이 좋고 가격이 저렴할 것
② 내마모성이 작고 마찰계수가 높을 것
③ 높은 온도에서 경도가 떨어지지 않을 것
④ 공작물보다 단단하고 적당한 인성이 있을 것

해설
절삭공구의 구비조건
- 고온경도 : 고온에서 경도가 저하되지 않고 절삭할 수 있는 고온경도가 필요하다.
- 내마모성 : 절삭공구와 가공재료의 마찰에 의하여 절삭공구의 표면이 미세하게 소모되는 마모에 대한 강도가 필요하다.
- 강인성 : 절삭공구는 외력에 의해 파손되지 않고 잘 견딜 수 있는 강인성이 필요하다.
- 저마찰 : 마찰계수가 작을수록 경제적이고 효율성이 높은 절삭을 할 수 있다.
- 성형성 : 쉽게 원하는 모양으로 제작이 가능할 것
- 경제성 : 가격이 저렴할 것

33 드릴링머신에서 할 수 없는 작업은?

① 리 밍　　　　② 태 핑
③ 카운터 싱킹　　④ 슈퍼피니싱

해설
슈퍼피니싱(Super Finishing) : 연한 숫돌에 작은 압력으로 가압하면서, 가공물에 이송을 주고 동시에 숫돌에 진동을 주어 표면거칠기를 높이는 가공방법(작은 압력 + 이송 + 진동)으로, 드릴링머신에서 할 수 없는 정밀입자가공이다.
드릴가공의 종류
- 카운터 보링 : 볼트의 머리 부분이 돌출되면 곤란한 부분이 있다. 이러한 경우에 볼트 또는 너트의 머리 부분이 가공물 안으로 묻히도록 드릴과 동심원의 2단 구멍을 절삭하는 방법
- 카운터 싱킹 : 나사 머리의 모양이 접시모양일 때 테이퍼 원통형으로 절삭하는 가공
- 리밍 : 구멍의 정밀도를 높이기 위해 구멍을 다듬는 작업
- 태핑 : 공작물 내부에 암나사 가공, 태핑을 위한 드릴가공은 나사의 외경-피치로 한다.
- 스폿 페이싱 : 볼트나 너트를 체결하기 곤란한 경우에 볼트나 너트가 닿는 구멍 주위 부분만 평탄하게 가공하여 체결이 잘되도록 하는 가공방법
- 보링 : 뚫린 구멍을 다시 절삭, 구멍을 넓히고 다듬질하는 것

34 밀링머신의 규격을 나타내는 방법으로 옳은 것은?

① 밀링 본체의 크기

② 전동 마력의 크기

③ 테이블의 이송거리

④ 스핀들의 RPM 크기

해설
밀링머신의 크기는 여러 가지가 있으나 니형 밀링머신의 크기는 일반적으로 Y축의 테이블 이송거리(mm)를 기준으로 호칭번호로 표시한다.

밀링머신의 크기

호칭번호	테이블의 이송거리(mm)		
	전 후	좌 우	상 하
0호	150	450	300
1호	200	550	400
2호	250	700	450
3호	300	850	450
4호	350	1,050	450
5호	400	1,250	500

35 선반에서 테이퍼 절삭방법이 아닌 것은?

① 리드 스크루에 의한 방법

② 복식공구대에 의한 방법

③ 심압대 편위에 의한 방법

④ 테이퍼 절삭장치에 의한 방법

해설
선반에서 테이퍼 가공방법 ★ 반드시 암기(자주 출제)
• 복식공구대를 경사시키는 방법
• 심압대를 편위시키는 방법
• 테이퍼 절삭장치를 이용하는 방법
• 총형 바이트를 이용하는 방법

36 윤활제의 구비조건으로 틀린 것은?

① 열에 대해 안정성이 높아야 한다.

② 산화에 대한 안정성이 높아야 한다.

③ 온도변화에 따른 점도변화가 커야 한다.

④ 화학적으로 불활성이며 깨끗하고 균질해야 한다.

해설
윤활제의 구비조건
• 온도변화에 따른 점도변화가 작아야 한다.
• 사용 상태에서 충분한 점도를 유지할 것
• 한계 윤활상태에서 견딜 수 있는 유성이 있을 것
• 산화나 열에 대하여 안전성이 높을 것(열이나 산성에 강해야 한다)
• 화학적으로 불활성이며 깨끗하고 균질할 것
• 금속의 부식이 없어야 할 것
• 카본 생성이 적어야 할 것
※ 윤활의 목적 : 윤활작용, 냉각작용, 밀폐작용, 청정작용, 방청작용

37 가공방법에 따른 공구와 공작물의 상호운동 관계에서 공구와 공작물이 모두 직선운동을 하는 공작기계로 바르게 짝지어진 것은?

① 셰이퍼, 연삭기

② 밀링머신, 선반

③ 셰이퍼, 플레이너

④ 호닝머신, 래핑머신

해설
공작기계 공구와 공작물의 상호운동 관계

공작기계	공 구	공작물
선 반	직선운동	회전운동
밀 링	회전운동	직선운동
평면 연삭기	회전운동	직선운동
셰이퍼	직선운동	직선운동
플레이너	직선운동	직선운동
호 닝	회전 및 직선운동	고 정

38 측정자의 직선운동을 지침의 회전운동으로 변화시켜 눈금으로 읽을 수 있는 길이 측정기는?

① 드릴 게이지
② 마이크로미터
③ 다이얼 게이지
④ 와이어 게이지

해설

다이얼 게이지 : 측정자의 직선 또는 원호운동을 기계적을 확대하여 그 움직임을 지침의 회전변위로 변환시켜 눈금으로 읽는 게이지로 직접 제품의 치수를 읽는 것이 아니라 블록 게이지 등과 비교 측정한다.

다이얼 게이지의 특징

• 소형, 경량으로 취급이 용이하다.
• 측정 범위가 넓다.
• 눈금과 지침에 의해서 읽기 때문에 오차가 작다.
• 연속된 변위량의 측정이 가능하다.
• 많은 개소의 측정을 동시에 할 수 있다.
• 부속품의 사용에 따라 광범위하게 측정할 수 있다.

39 블록 게이지, 한계 게이지 등의 게이지류, 렌즈, 광학용 유리기구 등을 다듬질하는 가공법은?

① 래 핑
② 호 닝
③ 액체호닝
④ 평면 그라인딩

해설

① 래핑 : 가공물과 랩(Lap) 사이에 랩제를 넣고 가공물에 압력을 가하면서 표면거칠기가 우수한 가공면을 얻는 가공방법으로, 특히 게이지블록의 최종 다듬질공정에 이용된다. 가공액의 사용 유무에 따라 건식법과 습식법으로 구분한다.
② 호닝(Honing) : 직사각형의 숫돌을 스프링으로 축에 방사형으로 부착한 원통형태의 공구, 즉 혼(Hone)을 회전 및 직선왕복운동시켜 공작물을 가공하는 방법, 원통의 내면을 보링, 리밍, 연삭 등의 가공을 한 후에 진원도, 진직도, 표면거칠기 등을 더욱 향상시키기 위한 가공방법이다.
③ 액체호닝(Liquid Honing) : 연마제를 가공액과 혼합하여 가공물 표면에 압축공기를 이용하여 고압과 고속으로 분사시켜 가공물 표면과 충돌시켜 표면을 가공하는 방법

40 다음 설명에 해당하는 칩(Chip)은?

공구가 진행함에 따라 일감이 미세한 간격으로 계속적으로 미끄럼 변형을 하여 칩이 생기며, 연속적으로 공구 윗면으로 흘러 나가는 모양의 칩이다.

① 균열형 칩(Crack Type Chip)
② 유동형 칩(Flow Type Chip)
③ 열단형 칩(Tear Type Chip)
④ 전단형 칩(Shear Type Chip)

해설

• 유동형 칩 : 칩이 경사면 위를 연속적으로 원활하게 흘러 나가는 모양으로 연속형 칩이다.
• 전단형 칩 : 칩이 경사면 위를 원활하게 흐르지 못해서 절삭공구가 칩을 밀어내는 압축력이 커지면서 발생하여, 칩이 연속적으로 가공되기는 하나의 분자 사이에 전단이 일어나는 형태의 칩을 전단형 칩이라고 한다.
• 경작형(열단형) 칩 : 점성이 큰 가공물을 경사각이 작은 절삭공구로 가공할 때, 절삭깊이가 클 때 발생하기 쉬운 칩의 형태이다.
• 균열형 칩 : 주철과 같이 메짐 재료를 저속으로 절삭할 때, 발생하는 칩의 형태로서 순간적인 균열이 발생하여 생기는 칩이다.

유동형 칩	전단형 칩
경작형(열단형) 칩	균열형 칩

41 직접분할법으로 6등분을 할 때, 직접분할판의 크랭크 회전수는?

① 1회전　　　　② 2회전

③ 3회전　　　　④ 4회전

$x = \dfrac{24}{n}$ 에서 $n=6$이므로, $x = \dfrac{24}{6} = 4$

따라서 직접분할판에서 4구멍씩 이동시키면서 가공하면 6등분이 된다(x : 직접분할판에서 이동할 구멍수, n : 등분수).

분할가공 방법

• 직접분할법 : 분할대 주축 앞면에 있는 24구멍의 직접분할판을 이용하여 단순분할(24의 약수, 즉 24, 12, 8, 6, 4, 3, 2등분 가능)
• 단식분할법 : 직접분할법으로 불가능하거나 또는 분할이 정밀해야 할 경우(2~60 사이의 모든 정수, 60~120 사이의 2와 5의 배수 등)
• 차동분할법 : 직접, 단식분할법으로 분할할 수 없는 분할(단식분할법으로 분할할 수 없는 61 이상의 소수나 특수한 수의 분할을 2종 운동의 복합운동으로 분할하는 방법이다. 127은 차동분할법으로 분할 가능)

42 수평밀링머신에서 밀링커터를 고정하는 곳은?

① 아　버　　　　② 칼　럼

③ 바이스　　　　④ 테이블

• 수평밀링머신에서 공구의 고정구 : 아버
• 수직밀링머신에서 공구의 고정구 : 어댑터(Adapter), 콜릿(Collect), 급속 교환 어댑터

수평밀링머신 밀링커터의 고정방법

밀링머신용 아버

아버　엔드　아버 칼라　평면커터　너트
칼라

43 다음 그림에서 자동코너 R가공을 할 때 A점에서 C점까지의 가공프로그램으로 옳은 것은?

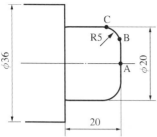

① G01 X10. R5. F0.1;

② G01 X20. R5. F0.1;

③ G01 X10. R-5. F0.1;

④ G01 X20. R-5. F0.1;

• 자동코너 R가공(A → C) : G01 X20. R-5. F0.1;
• 자동코너 R가공 : 직교하는 두 직선 사이의 자동코너 R을 R의 어드레스를 이용하여 쉽게 프로그램할 수 있다. 이는 제조사에서 제공되는 특별주문 사양이므로, 이 기능이 적용되지 않는 기계도 많다.

자동코너 R가공 방법

X축에서 Z축 방향으로	지 령	G01 X(b) R(-r);
	이 동	a → d → c
	지 령	G01 X(b) R(r);
	이 동	a → d → c′

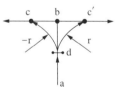 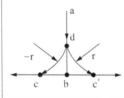

Z축에서 X축 방향으로	지 령	G01 Z(b) R(-r);
	이 동	a → d → c
	지 령	G01 Z(b) R(r);
	이 동	a → d → c′

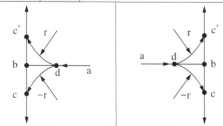

44 머시닝센터 프로그램에서 G코드의 기능이 틀린 것은?

① G90 - 절대명령
② G91 - 증분명령
③ G99 - 회전당 이송
④ G98 - 고정사이클 초기점 복귀

해설
• G99 : 고정사이클 R점 복귀
• G98 : 고정사이클 초기점 복귀
• G95 : 회전당 이송(mm/rev)
• G94 : 분당 이송(mm/min)

45 CNC선반에서 900rpm으로 회전하는 스핀들에 3 회전 동안 이송정지를 하고자 한다. 올바른 지령으로만 짝지어진 것은?

① G04 X0.2; G04 U0.2; G04 P200;
② G04 X1.5; G04 U1.5; G04 P1500;
③ G04 X2.0; G04 U2.0; G04 P2000;
④ G04 X2.7; G04 U2.7; G04 P2700;

해설
• 정지시간(초) $= \dfrac{60 \times 공회전수(회)}{스핀들회전수(rpm)} = \dfrac{60 \times n(회)}{N(rpm)}$

$= \dfrac{60 \times 3회}{900rpm} = 0.2초$

• G04 : 일시정지
• 0.2초 동안 정지시키려면 G04 X0.2; 또는 G04 U0.2; 또는 G04 P200;
※ 휴지(Dwell) : 지령한 시간 동안 이송이 정지되는 기능이다. 이 기능은 홈가공이나 드릴작업 등에서 간헐이송으로 칩을 절단하거나 목표점에 도달한 후 즉시 후퇴할 때 생기는 이송량만큼의 단차를 제거함으로써 진원도의 향상 및 깨끗한 표면을 얻기 위하여 사용한다. 어드레스 X, U 또는 P와 정지하려는 시간을 수치로 입력한다. P는 소수점을 사용할 수 없으며, X, U는 소수점 이하 세 자리까지 유효하다.

46 안전한 작업자의 행동으로 볼 수 없는 것은?

① 기계 위에 공구나 재료를 올려놓지 않는다.
② 기계의 회전을 손이나 공구로 멈추지 않는다.
③ 절삭공구는 길게 장착하여 절삭 시 접촉면을 크게 한다.
④ 칩을 제거할 때는 장갑을 끼고 브러시나 칩클리너를 사용한다.

해설
절삭공구는 가능한 한 짧게 장착한다.

47 공작기계의 핸들 대신에 구동모터를 장치하여 임의의 위치에 필요한 속도로 테이블을 이동시켜 주는 기구의 명칭은?

① 검출기구   ② 서보기구
③ 펀칭기구   ④ 인터페이스 회로

해설
• 서보기구(Servo Unit) : 공작기계의 핸들 대신에 구동모터를 장치하여 임의의 위치에 필요한 속도로 테이블을 이동시켜 주는 기구
• 리졸버(Resolver) : CNC기계의 움직임 상태를 표시하는 것으로 기계적인 운동을 전기적인 신호로 바꾸는 피드백장치
• 볼 스크루(Ball Screw) : CNC공작기계에서 백래시(Back Lash)가 적고 정밀도가 높아 가장 많이 사용하는 기계 부품

48 CNC선반 가공프로그램에서 반드시 전개번호를 사용해야 하는 G-코드는?

① G30   ② G32
③ G70   ④ G90

해설
G70은 다듬절삭(정삭)사이클이므로 반드시 전개번호를 사용해야 한다.
다듬절삭(정삭)사이클(G70)
G70 P(ns) Q(nf);
• P(ns) : 다듬절삭(정삭)가공 지령절의 첫 번째 전개번호
• Q(nf) : 다듬절삭(정삭)가공 지령절의 마지막 전개번호
※ ① G30 : 제2원점, 제3원점, 제4원점 복귀
   ② G32 : 나사절삭
   ④ G90 : 내·외경 절삭사이클

49 도면을 보고 프로그램을 작성할 때 절대좌표계의 기준이 되는 점으로서 프로그램 원점 또는 공작물 원점이라고도 하는 좌표계는?

① 기계좌표계　　② 상대좌표계
③ 공작물좌표계　④ 공구보정좌표계

해설
- 공작물좌표계 : 도면을 보고 프로그램을 작성할 때 절대좌표계의 기준이 되는 점으로서 프로그램 원점 또는 공작물 원점이라고도 한다.
- 기계좌표계 : 기계원점을 기준으로 정한 좌표계이며, 기계제작자가 파라미터에 의해 정하는 좌표계이다.
- 구역좌표계 : 지역좌표계 또는 워크좌표계라고도 하며, G54~G59를 사용하여 각각의 작업영역별로 원점을 부여하여 사용한다.
- 상대좌표계 : 일시적으로 좌표를 0(Zero)으로 설정할 때 사용한다.
- 잔여좌표계 : 자동실행 중 블록의 나머지 이동거리를 표시해 준다.

50 CNC선반에서 날끝 반지름 보정을 하지 않으면 가공치수에 영향을 주는 가공은?

① 나사가공　　② 단면가공
③ 드릴가공　　④ 테이퍼가공

해설
날끝 반지름 보정
공구의 날끝은 둥글기를 가지고 있어, 테이퍼가공이나 원호가공의 경우 날끝 반지름(Nose Radius)에 의한 오차가 발생하게 된다. 이러한 임의의 날끝 반지름을 가지는 공구에 의한 가공경로의 오차를 CNC장치에서 자동으로 보정하는 기능을 말한다.

공구 날끝 반지름 보정경로

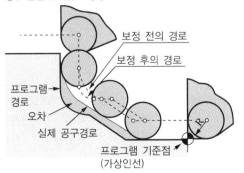

51 여러 대의 CNC공작기계를 한 대의 컴퓨터에 연결해 데이터를 분배하여 전송함으로써 동시에 운전할 수 있는 방식은?

① NC　　　②　CAD
③ CNC　　④ DNC

해설
DNC : CAD/CAM 시스템과 CNC기계를 근거리 통신망(LAN)으로 연결하여 1대의 컴퓨터에서 여러 대의 CNC공작기계에 데이터를 분배하여 전송함으로써 동시에 운전할 수 있는 방식을 말한다.

52 CNC장비에서 공구 장착 및 교환 시 안전을 위하여 필수적으로 점검할 사항이 아닌 것은?

① 공구길이 보정상태를 확인하고 보정값을 삭제한다.
② 윤활유 및 공기의 압력이 규정에 적합한지 확인한다.
③ 툴홀더의 공구 고정볼트가 견고히 고정되어 있는지 확인한다.
④ 기계의 회전 부위나 작동 부위에 신체 접촉이 생기지 않도록 한다.

해설
공구길이 보정상태는 공구 장착 및 교환 시 안전을 위하여 필수적으로 점검할 사항이 아니며 ②, ③, ④는 점검 사항이다.

53 CNC선반에서 G92를 이용하여 나사가공을 할 때, 그림에서 나사를 절삭하는 부분에 해당하는 것은?

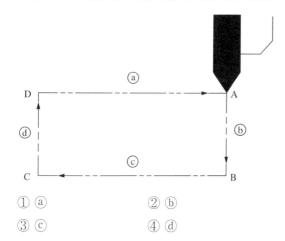

① ⓐ
② ⓑ
③ ⓒ
④ ⓓ

해설
- ⓒ : 절삭이송
- ⓐ, ⓑ, ⓓ : 급속이송

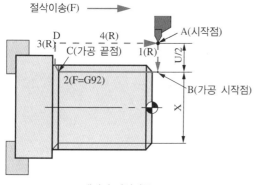

테이퍼 나사가공

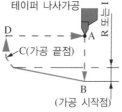

단일고정형 나사절삭 사이클(G92)
- G92 X(U)__ Z(W)__ F__; → 평행나사
- G92 X(U)__ Z(W)__ I__ F__; (11T의 경우) → 테이퍼 나사
- G92 X(U)__ Z(W)__ R__ F__; (11T 아닌 경우) → 테이퍼 나사
여기서, X(U) : 절삭 시 나사 끝지점의 X좌표(지름지령)
　　　　Z(W) : 절삭 시 나사 끝지점의 Z좌표
　　　　F : 나사의 리드
　　　　I 또는 R : 테이퍼나사 절삭 시 나사 끝지점(X좌표)과 나사
　　　　　　　　시작점(X좌표)의 거리(반지름 지령)와 방향

54 CNC선반에서 현재의 위치에서 다른 점을 경유하지 않고 X축만 기계원점으로 복귀하는 것은?

① G28 X0;
② G28 U0;
③ G28 W0;
④ G28 U100.0;

해설
② G28 U0; → 현재의 위치에서 다른 점을 경유하지 않고 X축만 기계원점 복귀
① G28 X0; → 절대좌표의 원점을 경유하여 X축만 기계원점 복귀(충돌할 위험이 있다)
③ G28 W0; → 현재의 위치에서 다른 점을 경유하지 않고 Z축만 기계원점 복귀
④ G28 U100.0; → X축만 현지점에서 100mm 떨어진 점을 경유하여 원점 복귀

55 다음 CNC선반 프로그램에서 N50 블록에 해당되는 주축 회전수는 약 몇 rpm인가?

```
N10 G50 X150. Z150. S1800;
N20 T0100;
N30 G96 S170 M03;
N40 G00 X40. Z3. T0101 M08;
N50 G01 X35. F0.2;
```

① 1,546
② 1,719
③ 1,800
④ 1,865

해설
- N30 G96 S170 M03; → 절삭속도 170m/min으로 일정제어, 정회전
- N50 G01 X35. F0.2; → X35.으로 공작물지름(ϕ35mm)
- 주축회전수(N) $= \dfrac{1,000\,V}{\pi D} = \dfrac{1,000 \times 170\text{m/min}}{\pi \times 35\text{mm}} \fallingdotseq 1,546\text{rpm}$
- $\therefore N = 1,546\,\text{rpm}$

56 CNC선반가공에서 기준 공구인선의 좌표와 해당 공구인선의 좌표 차이를 무엇이라 하는가?

① 공구간섭　　　② 공구보정
③ 공구벡터　　　④ 공구운동

공구보정 : 기준 공구인선(날끝)의 좌표와 해당 공구인선(날끝)의 좌표 차이
※ 문제 50번 해설 참고

57 머시닝센터 이송에 관련된 준비기능의 설명으로 옳은 것은?

① G95는 1분당 이송량이다.
② G94는 1회전당 이송량이다.
③ G95의 값을 변화시키면 가공시간이 변한다.
④ G94의 값을 변화시키면 주축회전수가 변한다.

• G94, G95의 이송을 변화시키면 가공시간이 변한다.
• 밀링가공시간 $T = \dfrac{L}{f}$ (L : 이동거리(mm), f : 이송속도)
• G95 : 1회전당 이송량(mm/rev)
• G94 : 1분당 이송량(mm/min)

58 보조기능(M-기능)에 대한 설명으로 틀린 것은?

① M00 : 프로그램 정지
② M03 : 주축 정회전
③ M08 : 절삭유 ON
④ M99 : 보조프로그램 호출

M코드 ★ 반드시 암기(자주 출제)

M코드	기 능	M코드	기 능
M00	프로그램 정지	M08	절삭유 ON
M01	프로그램 선택 정지	M09	절삭유 OFF
M02	프로그램 끝	M30	프로그램 끝 & 리셋
M03	주축 정회전	M98	보조프로그램 호출
M04	주축 역회전	M99	보조프로그램 종료
M05	주축 정지		

59 드릴작업에 있어 안전사항에 관한 설명으로 틀린 것은?

① 장갑을 끼고 작업하지 않는다.
② 드릴을 회전시킨 후에는 테이블을 조정하지 않도록 한다.
③ 얇은 판에 구멍을 뚫을 때에는 나무판을 밑에 받치고 구멍을 뚫도록 해야 한다.
④ 가공 중 드릴 끝이 마모되어 이상한 소리가 나면 공구의 이송속도를 더욱 빠르게 한다.

드릴작업 안전사항
• 드릴을 고정하거나 풀 때는 주축이 완전히 정지된 후에 한다.
• 드릴이나 드릴 소켓 등을 뽑을 때에는 드릴 뽑기를 사용하며, 해머 등으로 두들겨 뽑지 않는다.
• 구멍 뚫기가 끝날 무렵에는 이송을 천천히 한다.
• 회전하고 있는 주축이나 드릴에 옷자락이나 머리카락이 말려들지 않도록 주의한다.
• 가공 중 드릴 끝이 마모되어 이상한 소리가 나면 공구의 이송속도를 느리게 해야 한다.

60 머시닝센터에서 여러 개의 공작물을 한 번에 가공할 때 사용하는 좌표계 설정 준비기능 코드가 아닌 것은?

① G54   ② G56

③ G59   ④ G92

해설

• G92 : 한 개의 공작물을 가공할 때 사용하는 공작물좌표계 설정 준비기능이다.
  – G92를 이용한 방법 : 공작물 원점에서 시작점까지의 각 축의 거리를 측정하여 G92 G90 X_Y_Z_;와 같이 지령하여 공작물 좌표계를 설정하는 방법이다.
• G54~G59 : 머시닝센터에서 여러 개의 공작물을 한 번에 가공할 때 사용하는 좌표계 설정 준비기능이다.
  – G54~G59 공작물 좌표계를 선택하는 방법 : 각 축의 기계원점에서 각각의 공작물 원점까지의 거리를 공작물 보정화면의 (01)~(06)에 직접 입력 또는 파라미터에 입력하여 공작물 좌표계의 원점을 정해 놓고 G54~G59의 지령으로 선택하여 사용한다.

※ 2016년 5회부터는 CBT(컴퓨터 기반 시험)로 진행되어 수험자의 기억에 의해 문제를 복원하였습니다. 실제 시행문제와 일부 상이할 수 있음을 알려드립니다.

01 밀링머신에서 분할대는 어디에 설치하는가?

① 심압대
② 스핀들
③ 새들 위
④ 테이블 위

해설
밀링머신에서 분할대는 테이블 위에 설치한다.

02 지름 50mm인 원형 단면에 하중 4,500N이 작용할 때 발생되는 응력은 약 몇 N/mm²인가?

① 2.3
② 4.6
③ 23.3
④ 46.6

해설
원형 단면적$(A) = \dfrac{\pi d^2}{4} = \dfrac{3.14 \times 50^2 \text{mm}}{4} = 1,962.5\text{mm}^2$

응력$(\sigma) = \dfrac{P}{A} = \dfrac{4,500\text{N}}{1962.5\text{mm}^2} \fallingdotseq 2.2929\text{N/mm}^2$

∴ 응력$(\sigma) = 2.3\text{N/mm}^2$

여기서, A : 원형 단면적, P : 하중, d : 원형지름

03 납, 주석, 알루미늄 등의 연한 금속이나 얇은 판금의 가장자리를 다듬질할 때, 가장 적합한 것은?

① 단 목
② 귀 목
③ 복 목
④ 파 목

해설
① 단목 : 납, 주석, 알루미늄 등의 연한 금속이나 판금의 가장자리를 다듬질 작업할 때 사용한다.
② 귀목 : 펀치나 정으로 날 눈을 하나씩 파서 일으킨 것으로 보통 나무나 가죽 베이클라이트 등의 비금속 또는 연한 금속의 거친 절삭에 사용된다.
③ 복목 : 일반적인 다듬질용이며, 먼저 낸 줄눈을 하목(아랫날) 그 위에 교차시켜 낸 줄눈을 상목(윗날)이라 한다.
④ 파목 : 물결 모양으로 날 눈을 세운 것이며, 날 눈의 홈 사이에 칩이 끼지 않으므로 납, 알루미늄, 플라스틱, 목재 등에 사용되지만 다듬질면은 좋지 않다.

04 투상도법 중 제1각법과 제3각법이 속하는 투상도법은?

① 정투상법
② 등각투상법
③ 경사투상법
④ 다이메트릭투상법

해설
제1각법과 제3각법이 속하는 투상도법은 정투상이다.

정답 1 ④ 2 ① 3 ① 4 ①

05 서보모터(Servo Motor)에서 위치검출을 수행하는 방식으로서, 백래시(Back Lash)의 오차를 줄이기 위해 볼 스크루(Ball Screw) 등을 활용하여 정밀도 문제를 해결하고 있으며 일반 CNC공작기계에서 가장 많이 사용되는 다음과 같은 서보(Servo)방식은?

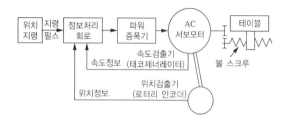

① 개방회로방식(Open Loop System)
② 반폐쇄회로방식(Semi-closed Loop System)
③ 폐쇄회로방식(Closed Loop System)
④ 반개방회로방식(Semi-open Loop System)

해설

그림과 같은 서보기구는 반폐쇄회로방식이다. 특히, 반폐쇄회로 방식의 서보기구 그림은 자주 출제되니 반드시 암기하도록 하자.
CNC의 서보기구를 위치검출방식 ★ 반드시 암기(자주 출제)
• 폐쇄회로방식 : 모터에 내장된 태코제너레이터에서 속도를 검출하고, 기계의 테이블에 부착한 스케일에서 위치를 검출(로터리 인코더)하여 피드백시키는 방식이다.
• 반폐쇄회로방식 : 모터에 내장된 태코제너레이터(펄스제너레이터)에서 속도를 검출하고, 인코더에서 위치를 검출하여 피드백하는 제어방식이다.
• 개방회로방식 : 피드백 장치 없이 스테핑 모터를 사용한 방식으로 실용화되었으나, 피드백 장치가 없기 때문에 가공 정밀도에 문제가 있어 현재는 거의 사용되지 않는다.
• 복합회로(하이브리드) 방식 : 반폐쇄회로방식과 폐쇄회로 방식을 결합하여 고정밀도로 제어하는 방식으로, 가격이 고가이므로 고정밀도를 요구하는 기계에 사용된다.

06 열처리방법 및 목적으로 틀린 것은?

① 불림 – 소재를 일정온도에 가열 후 공랭시킨다.
② 풀림 – 재질을 단단하고 균일하게 한다.
③ 담금질 – 급랭시켜 재질을 경화시킨다.
④ 뜨임 – 담금질된 것에 인성을 부여한다.

해설

② 풀림 : 재료를 연하게 하거나 내부응력을 제거할 목적으로 강을 오스테나이트 조직으로 될 때까지 가열한 후 노나 재 속에서 서서히 냉각시키는 조작
① 불림 : 재료의 내부 응력 제거 및 균일한 결정 조직을 얻기 위해 높은 온도로 가열하여 균일한 오스테나이트 조직으로 한 후 공기 중에서 냉각시키는 조작
③ 담금질 : 재료를 단단하게 할 목적으로 강을 오스테나이트 조직으로 될 때까지 가열한 후 물이나 기름에 급랭하는 조작
④ 뜨임 : 재질에 적당한 인성을 부여하기 위해 담금질 온도보다 낮은 온도에서 일정시간을 유지한 후 냉각시키는 조작

07 태엽 스프링을 축 방향으로 감아올려 사용하는 것으로 압축용, 오토바이 차체 완충용으로 가장 많이 쓰이는 것은?

① 벌류트 스프링
② 접시 스프링
③ 고무 스프링
④ 공기 스프링

08 불규칙한 파형의 가는 실선 또는 지그재그 선을 사용하는 것은?

① 파단선
② 절단선
③ 해칭선
④ 수준면선

해설

① 파단선 : 불규칙한 파형의 가는 실선 또는 지그재그 선을 사용
② 절단선 : 단면도를 그리는 경우 그 절단 위치를 대응하는 도면에 표시하는 데 사용
③ 해칭선 : 도형의 한정된 특정 부분을 다른 부분과 구별하는 데 사용
④ 수준면선 : 수면, 유면 등의 위치를 표시하는 데 사용

09 **강의 표면경화법으로 금속 표면에 탄소(C)를 침입 고용시키는 방법은?**

① 질화법 ② 침탄법
③ 화염경화법 ④ 쇼트피닝

해설

② 침탄법 : 금속 표면에 탄소(C)를 침입 고용시키는 방법
① 질화법 : 암모니아가스를 침투시켜 질화층을 만들어 강의 표면을 경화하는 방법

표면경화 방법

- 물리적 방법 : 화염경화법, 고주파경화법, 금속용사법 등
- 화학적 방법 : 침탄법, 질화법, 침탄질화법 등

10 **왕복운동기관에서 직선운동과 회전운동을 상호 전달할 수 있는 축은?**

① 직선 축 ② 크랭크 축
③ 중공 축 ④ 플렉시블 축

해설

② 크랭크 축 : 왕복운동기관 등에서 직선운동과 회전운동을 상호 변환시키는 축
① 직선 축 : 길이방향으로 일직선 형태의 축이며, 일반적인 동력전달용으로 사용한다.
④ 플렉시블 축(Flexible Shaft) : 자유롭게 휠 수 있도록 강선을 2중, 3중으로 감은 나사 모양의 축이며, 공간상의 제한으로 일직선 형태의 축을 사용할 수 없을 때 이용한다.

11 **입도가 작고 연한 숫돌에 작은 압력으로 가압하면서 가공물에 이송을 주고, 동시에 숫돌에 진동을 주어 표면거칠기를 향상시키는 가공법은?**

① 배럴(Barrel)
② 래핑(Lapping)
③ 버니싱(Burnishing)
④ 슈퍼피니싱(Super Finishing)

해설

④ 슈퍼피니싱(Super Finishing) : 입도가 작고 연한 숫돌에 작은 압력으로 가압하면서, 가공물에 이송을 주고 동시에 숫돌에 진동을 주어 표면거칠기를 높이는 가공방법(작은 압력+이송+진동)
① 배럴가공 : 충돌가공(주물귀, 돌기 부분, 스케일 제거), 회전하는 상자 속에 공작물과 미디어, 콤파운드(유지+직물), 공작액 등을 넣고 회전과 진동을 주어 표면을 다듬질하는 방법(회전형, 진동형)
② 래핑(Lapping) : 가공물과 랩(Lap) 사이에 랩제를 넣고 가공물에 압력을 가하면서 표면거칠기가 우수한 가공면을 얻는 가공방법
③ 버니싱(Burnishing) : 원통형 내면에 강철 볼형의 공구를 압입해 통과시켜 매끈하고 정도가 높은 면을 얻는 가공법

12 **표면거칠기가 가장 좋은 가공은?**

① 밀 링
② 줄 다듬질
③ 래 핑
④ 선 삭

해설

- 보기 중에서 가장 표면거칠기가 좋은 가공방법은 래핑이다.
- 래핑 : 가공물과 랩(Lap) 사이에 랩제를 넣고 가공물에 압력을 가하면서 표면거칠기가 우수한 가공면을 얻는 가공방법

정답 9 ② 10 ② 11 ④ 12 ③

13 나사에 관한 설명으로 틀린 것은?

① 나사에서 피치가 같으면 줄 수가 늘어나도 리드
   는 같다.

② 미터계 사다리꼴 나사산의 각도는 30°이다.

③ 나사에서 리드라 하면 나사축 1회전당 전진하는
   거리를 말한다.

④ 톱니나사는 한 방향으로 힘을 전달시킬 때 사용
   한다.

해설
• 나사의 리드 : 나사 1회전했을 때 나사가 진행한 거리
  L(리드)$= p$(피치)$\times n$(줄수) → 줄 수가 늘어나면 리드가 커
  진다.
• 미터계 사다리꼴 나사산의 각도는 30°이다(삼각나사 : 60°).
• 나사에서 리드는 나사축 1회전당 전진한 거리를 말한다.
• 톱니나사 : 나사는 힘을 한 방향으로만 받는 부품에 이용되는
  나사
• 사각나사 : 축방향의 하중을 받아 운동을 전달하는 데 사용(나사
  프레스)

14 탄소강의 성질에 관한 설명으로 옳지 않은 것은?

① 탄소량이 많아지면 인성과 충격치는 감소한다.

② 탄소량이 증가할수록 내식성은 증가한다.

③ 탄소강의 비중은 탄소량의 증가에 따라 감소
   한다.

④ 비열, 항자력은 탄소량의 증가에 따라 증가한다.

해설
• 탄소강의 물리적 성질 : 탄소량 증가
  – 비중, 선팽창계수, 내식성 감소
  – 비열, 전기저항, 보자력 증가
• 탄소강의 기계적 성질 : 탄소량 증가
  – 강도, 경도 증가
  – 인성, 충격값 감소

15 기하공차 중 자세공차의 종류로만 짝지어진 것은?

① 진직도공차, 진원도공차

② 평행도공차, 경사도공차

③ 원통도공차, 대칭도공차

④ 윤곽도공차, 온흔들림공차

해설
기하공차의 종류와 기호 ★ 반드시 암기(자주 출제)

공차의 종류		기 호	데이텀 지시
모양공차	진직도	——	없음
	평면도	▱	없음
	진원도	○	없음
	원통도	⌀	없음
	선의 윤곽도	⌒	없음
	면의 윤곽도	◠	없음
자세공차	평행도	//	필요
	직각도	⊥	필요
	경사도	∠	필요
위치공차	위치도	⊕	필요 또는 없음
	동축도(동심도)	◎	필요
	대칭도	═	필요
흔들림 공차	원주 흔들림	↗	필요
	온 흔들림	↗↗	필요

16 여러 대의 CNC공작기계를 한 대의 컴퓨터에 연결해 데이터를 분배하여 전송함으로써 동시에 운전할 수 있는 방식은?

① NC   ② CAD

③ CNC   ④ DNC

해설

DNC : CAD/CAM 시스템과 CNC기계를 근거리 통신망(LAN)으로 연결하여 한 대의 컴퓨터에서 여러 대의 CNC공작기계에 데이터를 분배하여 전송함으로써 동시에 운전할 수 있는 방식을 말한다.

17 내식용 Al합금이 아닌 것은?

① 알민(Almin)

② 알드레이(Aldrey)

③ 하이드로날륨(Hydronalium)

④ 코비탈륨(Cobitalium)

해설

• 고강도 Al합금 : 두랄루민, 초두랄루민, 초강두랄루민
• 내식성 Al합금 : 하이드로날륨, 알민, 알드레이
• 가공용 알루미늄 합금 : 내식용 Al합금, 고강도 Al합금, 내열용 Al합금 등

18 연삭숫돌입자에 눈무딤이나 눈메움 현상으로 연삭성이 저하될 때 하는 작업은?

① 시닝(Thining)

② 리밍(Reamming)

③ 드레싱(Dressing)

④ 트루잉(Truing)

해설

③ 드레싱(Dressing) : 눈메움이나 무딤이 발생하여 절삭성이 나빠진 연삭숫돌 표면에 드레서를 사용하여 예리한 절삭날을 숫돌 표면에 생성하여 절삭성을 회복시키는 작업
② 리밍(Reamming) : 구멍의 정밀도를 높이기 위해 구멍을 다듬는 작업
④ 트루잉(Truing) : 연삭숫돌을 성형하거나 성형연삭으로 인하여 숫돌형상이 변화된 것을 부품의 형상으로 바르게 고치는 가공

19 절삭공구의 구비조건으로 틀린 것은?

① 고온경도가 높아야 한다.

② 내마모성이 좋아야 한다.

③ 마찰계수가 작아야 한다.

④ 충격을 받으면 파괴되어야 한다.

해설

절삭공구의 구비조건

• 고온경도 : 고온에서 경도가 저하되지 않고 절삭할 수 있는 고온경도가 필요하다.
• 내마모성 : 절삭공구와 가공재료의 마찰에 의하여 절삭공구의 표면이 미세하게 소모되는 마모에 대한 강도가 필요하다.
• 강인성 : 절삭공구는 외력에 의해 파손되지 않고 잘 견딜 수 있는 강인성이 필요하다.
• 저마찰 : 마찰계수가 작을수록 경제적이고 효율성이 높은 절삭을 할 수 있다.
• 성형성 : 쉽게 원하는 모양으로 제작이 가능할 것
• 경제성 : 가격이 저렴할 것

20 수용성 절삭유에 대한 설명 중 틀린 것은?

① 광물성유를 화학적으로 처리하여 원액과 물을 혼합하여 사용한다.

② 표면활성제와 부식방지제를 첨가하여 사용한다.

③ 점성이 낮고 비열이 커서 냉각효과가 작다.

④ 고속절삭 및 연삭가공액으로 많이 사용한다.

해설
수용성 절삭유 : 알칼리성 수용액이나 광물성유를 화학적으로 처리하여 물에 용해한 유화제 등으로 다량의 물을 포함하기 때문에 냉각효과가 크고 고속절삭 연삭용 등에 적합하며 점성이 낮고 비열이 높으며 냉각효과가 우수하다.

21 4개의 조(Jaw)가 90° 간격으로 구성배치되어 있으며 불규칙한 공작물 고정에 사용되는 척은?

① 연동척   ② 단동척
③ 마그네틱척   ④ 콜릿척

해설
② 단동척 : 4개의 조가 90° 간격으로 구성배치되어 있으며, 불규칙한 가공물 고정
① 연동척 : 3개의 조가 120° 간격으로 구성배치되어 있으며, 규칙적인 모양 고정
③ 마그네틱척 : 전자석을 이용하여 얇은 판, 피스톤 링과 같은 가공물을 변형시키지 않고, 고정시켜 가공할 수 있는 자성체 척이다.
④ 콜릿척 : 지름이 작은 가공물이나 각 봉재를 가공할 때 사용하는 선반의 부속장치

22 버니어 캘리퍼스 측정 시 주의사항으로 잘못된 것은?

① 측정 시 측정면을 검사하고 본척과 부척의 0점이 일치하는가를 확인한다.

② 깨끗한 헝겊으로 닦아서 버니어가 매끄럽게 이동되도록 한다.

③ 측정 시 공작물을 가능한 한 힘있게 밀어붙여 측정한다.

④ 눈금을 읽을 때는 시차를 없애기 위해 눈금면의 직각 방향에서 읽는다.

해설
버니어 캘리퍼스의 측정 시 공작물을 가볍게 밀어붙여 측정한다.

23 그림에서 d의 위치는 무슨 지시사항을 나타내는가?

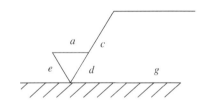

① 가공방법   ② 컷오프값
③ 기준길이   ④ 줄무늬방향 기호

해설

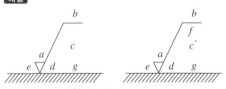

a : 산술평균 거칠기의 값
b : 가공방법의 문자 또는 기호
c : 컷오프값
c' : 기준길이
d : 줄무늬방향의 기호
e : 다듬질 여유 기입
f : 산술평균 거칠기 이외의 표면거칠기값
g : 표면파상도

24 다음과 같은 CNC 선반 프로그램에 대한 설명으로 틀린 것은?

> N08 G71 U1.5 R0.5;
> N09 G71 P10 Q100 U0.4 W0.2 D1500 F0.2;

① P10은 지령절의 첫 번째 전개번호이다.
② Q100은 지령절의 마지막 전개번호이다.
③ W0.2는 Z축 방향의 절삭 여유이다.
④ U1.5는 X축 방향의 절삭 여유이다.

해설
• U1.5는 1회 가공깊이(절삭깊이)로 반지름으로 지령한다.
• U0.4가 X축 방향의 절삭 여유이다(지름지령).

G71 안 · 바깥지름 거친절삭 사이클(복합 반복사이클)

> G71 U($\triangle d$) R($\underline{e}$);
> G71 P($\underline{ns}$) Q($\underline{nf}$) U($\triangle u$) W($\triangle w$) F($\underline{f}$);

여기서, U($\triangle d$) : 1회 가공깊이(절삭깊이)/반지름 지령, 소수점
　　　　　　지령 가능
　　　　R($\underline{e}$) : 도피량(절삭 후 간섭 없이 공구를 빼기 위한 양)
　　　　P($\underline{ns}$) : 다듬 절삭가공 지령절의 첫 번째 전개번호
　　　　Q($\underline{nf}$) : 다듬 절삭가공 지령절의 마지막 전개번호
　　　　U($\triangle u$) : X축 방향 다듬 절삭 여유(지름 지령)
　　　　W($\triangle w$) : Z축 방향 다듬 절삭 여유
　　　　F($\underline{f}$) : 거친절삭 가공 시 이송속도(즉, P와 Q 사이의 데이터
　　　　　　　는 무시되고 G71 블록에서 지령된 데이터가 유효)

25 급속이송으로 중간점을 경유 기계원점까지 자동복귀하게 되는 준비기능은?

① G27　　　　　② G28
③ G32　　　　　④ G96

해설
① G27(원점 복귀 확인)
② G28(자동원점 복귀)
③ G32(나사절삭)
④ G96(절삭속도 일정제어)
※ 자동원점 복귀(G28) : 원점 복귀를 지령할 때에는 급속이송 속도로 움직이므로 가공물과 충돌을 피하기 위하여 중간 경유 점을 경유하여 복귀하도록 하는 것이 좋다.

26 선삭용 인서트의 형번표기법(ISO)에서 밑줄 친 N 이 나타내는 것은?

> T <u>N</u> M G 120408R

① 공 차　　　　　② 노즈 반경
③ 팁의 여유각　　　④ 여유각

해설
인서트 팁의 규격

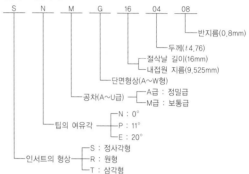

선반 외경용 툴 홀더 형번표기법(ISO)

C S K P R 25 25 M 12
㉠ ㉡ ㉢ ㉣ ㉤ ㉥ ㉦ ㉧ ㉨
㉠ C : 클램프방식　　　㉡ S : 인서트 형상
㉢ K : 홀더의 형상　　　㉣ P : 인서트 여유각
㉤ R : 승수　　　　　　㉥ 25 : 섕크 높이
㉦ 25 : 섕크 폭　　　　㉧ M : 홀더의 길이
㉨ 12 : 인선의 길이

27 연삭작업 시 안전사항으로 틀린 것은?

① 작업의 능률을 고려해 안전커버(Cover)를 떼고 작업한다.
② 연삭작업을 할 때에는 보안경을 착용한다.
③ 연삭숫돌의 교환은 지정된 공구를 사용한다.
④ 연삭숫돌을 설치 후 3분 정도 공회전을 시켜 이상 유무를 확인한다.

해설
연삭숫돌은 고속으로 회전하기 때문에 원심력에 의해 파손되면 매우 위험하므로 안전에 유의해야 한다. 연삭숫돌은 반드시 안전 커버(Cover)를 설치하여 사용해야 한다.
★ 안전사항은 1~2문제가 반드시 출제된다. 빨간키를 참고하여 안전사항 관련 잘못된 내용만 암기해도 2문제를 획득할 수 있다.

28 밀링머신에서 ϕ10mm인 밀링커터로 공작물을 가공할 때 커터의 회전수는 약 몇 rpm인가?(단, 절삭속도는 100m/min이다)

① 185 ② 1,390

③ 2,185 ④ 3,183

해설

$$n = \frac{1,000 \times V}{\pi D} = \frac{1,000 \times 100}{\pi \times 10} = 3,183\text{rpm}$$

여기서, D : 밀링커터지름(mm), V : 절삭속도(m/min)

29 볼트 자리가 평면이 아니거나 구멍과 직각이 되지 않을 때 행하는 작업은?

① 카운터 보링

② 카운터 싱킹

③ 스폿 페이싱

④ 보 링

해설

• 스폿 페이싱 : 볼트나 너트가 닿는 구멍 주위를 평탄하게 가공하여 체결이 잘되도록 하는 가공방법

• 리밍 : 뚫어져 있는 구멍을 정밀도가 높고, 가공 표면의 표면거칠기를 좋게 하기 위한 가공

• 탭가공 : 드릴로 뚫은 구멍에 탭을 이용하여 암나사를 가공하는 방법

• 보링 : 이미 뚫려 있는 구멍을 필요한 크기로 넓히거나 정밀도를 높이기 위하여 보링 바이트를 이용하여 가공하는 방법

• 카운터 보링 : 볼트 또는 너트의 머리 부분이 가공물 안으로 묻히도록 드릴과 동신원의 2단 구멍을 절삭하는 방법

• 카운터 싱킹 : 나사머리의 모양이 접시모양일 때 테이퍼 원통형으로 절삭하는 가공

30 다음 중 그림에서와 같이 P1 → P2로 절삭하고자 할 때 옳은 것은?

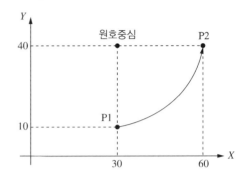

① G90 G02 X60. Y40. I10. J40.;

② G90 G02 X30. Y10. I10. J40.;

③ G90 G03 X60. Y40. I10. J40.;

④ G90 G03 X60. Y40. I0. J30.;

해설

• P1 → P2 : G90 G03 X60. Y40. I0. J30.;

• 문제에서 반시계방향 원호가공이므로 G03이며, 원호가공 시작점(P1)에서 원호중심까지 벡터값은 I0. J30이 된다.

※ I, J는 원호의 시작점에서 원호중심까지의 벡터값이다(I : X축 방향, J : Y축 방향).

I, J, K의 명령의 부호

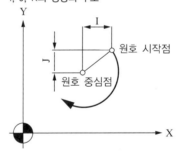

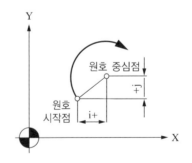

31 다음 그림의 설명 중 맞는 것은?

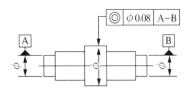

① 지시선의 화살표로 나타낸 축선은 데이텀의 축 직선 A–B를 축선으로 하는 지름 0.08mm인 원통 안에 있어야 한다.
② 지시선의 화살표로 나타내는 원통면의 반지름 방향의 흔들림은 데이텀 축직선 A–B에 관하여 1회전시켰을 때, 데이텀 축직선에 수직한 임의의 측정면 위에서 0.08mm를 초과해서는 안 된다.
③ 지시선의 화살표로 나타내는 면은 데이텀 축 직선 A–B에 대하여 평행하고, 화살표 방향으로 0.08mm만큼 떨어진 두 개의 평면 사이에 있어야 한다.
④ 대상으로 하고 있는 면은 동일 평면 위에서 0.08mm만큼 떨어진 2개의 동심원 사이에 있어야 한다.

해설
도면에 사용된 기하공차는 동심도 공차이다(대상으로 하고 있는 면은 동일 평면 위에서 0.08mm만큼 떨어진 2개의 동심원 사이에 있어야 한다).
※ 14번 해설 참조

32 밀링가공에서 상향절삭과 비교한 하향절삭의 특성 중 틀린 것은?

① 기계의 강성이 낮아도 무방하다.
② 공구의 수명이 길다.
③ 가공 표면의 광택이 적다.
④ 백래시를 제거하여야 한다.

해설
상향절삭과 하향절삭의 차이점

구 분	상향절삭	하향절삭
방 향	커터 회전방향과 공작물 이송방향 반대	커터 회전방향과 공작물 이송방향 동일
백래시	절삭에 별 지장이 없다.	백래시를 제거해야 한다.
기계의 강성	강성이 낮아도 무관하다.	가공할 때, 충격이 있어 높은 강성이 필요하다.
가공물의 고정	절삭력이 상향으로 작용하여 고정이 불리하다.	절삭력이 하향으로 작용하여 가공물 고정이 유리하다.
인선의 수명	절입할 때, 마찰열로 마모가 빠르고 공구수명이 짧다.	상향절삭에 비하여 공구 수명이 길다.
마찰 저항	마찰저항이 커서 절삭공구를 위로 들어 올리는 힘이 작용한다.	절입할 때, 마찰력은 작으나 하향으로 충격력이 작용한다.
가공면의 표면 거칠기	광택은 있으나, 상향에 의한 회전저항으로 전체적으로 하향절삭보다 나쁘다.	가공 표면에 광택은 적으나, 저속이송에서는 회전저항이 발생하지 않아 표면거칠기가 좋다.

33 3차원 측정기에서 피측정물의 측정면에 접촉하여 그 지점의 좌표를 검출하고 컴퓨터에 지시하는 것은?

① 기준구
② 서보모터
③ 프로브
④ 데이텀

해설

프로브 : 3차원 측정기에서 측정물에 접촉하여 위치를 감지하여 데이터를 컴퓨터에 전송하는 기능을 가진 장치(종류 : 접촉식, 터치식, 비접촉식 프로브)

34 보통센터의 선단 일부를 가공하여 단면가공이 가능한 센터는?

① 세공센터
② 베어링센터
③ 하프센터
④ 평센터

해설

③ **하프센터** : 정지센터로 가공물을 지지하고 단면을 가공하면 바이트와 가공물의 간섭으로 가공이 불가능하게 된다. 이때 보통센터의 선단 일부를 가공하여 단면가공이 가능하도록 제작한 센터이다.
② **베어링센터** : 선단 일부가 가공물의 회전에 의하여 함께 회전하도록 설계된 센터이다.

센터의 종류

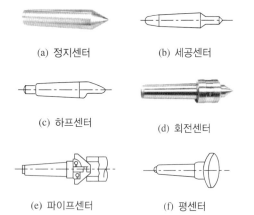

(a) 정지센터 (b) 세공센터

(c) 하프센터 (d) 회전센터

(e) 파이프센터 (f) 평센터

35 어떤 치수가 $\phi 50^{+0.03}_{-0.02}$ 일 때 치수공차는 얼마인가?

① 0.001
② 0.01
③ 0.005
④ 0.05

해설

치수공차 : 최대허용치수와 최소허용치수의 차(위 치수허용차와 아래 치수허용차의 차)

$\phi 50^{+0.03}_{-0.02} \rightarrow 50.03 - 49.98 = 0.05$

36 다음 중 선반의 규격을 가장 잘 나타낸 것은?

① 선반의 총중량과 원동기의 마력
② 깎을 수 있는 일감의 최대지름
③ 선반의 높이와 베드의 길이
④ 주축대의 구조와 베드의 길이

해설

보통선반의 크기를 나타내는 방법

• 베드상의 최대스윙(Swing) : 베드 위에 공작물이 닿지 않고 가공할 수 있는 공작물 최대직경
• 양 센터 간 최대거리 : 가공할 수 있는 공작물의 최대길이
• 왕복대 위의 스윙(Swing) : 왕복대 위에 공작물이 닿지 않고 가공할 수 있는 공작물 최대직경

37 CNC선반에서 지령값 X58.0으로 프로그램하여 외경을 가공한 후 측정한 결과 ϕ57.96mm이었다. 기존의 X축 보정값이 0.005라 하면 보정값을 얼마로 수정해야 하는가?

① 0.075

② 0.065

③ 0.055

④ 0.045

해설
• 측정값과 지령값의 오차 = 57.96 - 58.0 = - 0.04(0.04만큼 작게 가공됨)이다. 그러므로 공구를 X의 +방향으로 0.04만큼 이동하는 보정을 하여야 한다.
• 공구 보정값 = 기존의 보정값 + 더해야 할 보정값
= 0.005 + 0.04
= 0.045

38 다음은 CNC선반에서 나사가공 프로그램을 나타낸 것이다. 나사가공할 때 최초 절입량은 얼마인가?

```
G76 P011060 Q50 R20;
G76 X47.62 Z-32. P1.19 Q350 F2.0;
```

① 0.35mm   ② 0.50mm

③ 1.19mm   ④ 2.0mm

해설
Q350이므로 첫 번째 절입량은 0.35mm이다.
복합고정형 나사절삭 사이클(G76)

```
G76 P(m) (r) (a) Q(△d_min) R(d); 〈11T 아닌 경우〉
G76 X(U)___ Z(W)___ P(k) Q(△d) R(i) F__;
```

• P(m) : 다듬질 횟수(01~99까지 입력 가능)
• (r) : 면취량(00~99까지 입력 가능)
• (a) : 나사의 각도
• Q($\triangle d_{min}$) : 최소절입량(소수점 사용 불가) 생략 가능
• R(d) : 다듬절삭 여유
• X(U), Z(W) : 나사 끝지점 좌표
• P(k) : 나사산 높이(반지름 지령) - 소수점 사용 불가
• Q($\triangle d$) : 첫 번째 절입량(반지름 지령) - 소수점 사용 불가
• R(i) : 테이퍼나사 절삭 시 나사 끝지점 X값과 나사 시작점 X값의 거리(반지름 지령)
• F : 나사의 리드

39 내면연삭기 중 가공물은 회전하지 않고 연삭숫돌이 회전운동과 공전운동을 동시에 진행하며 연삭하는 방식은?

① 보통형   ② 유성형

③ 평면형   ④ 센터리스형

해설
내면연삭기의 내면연삭방식(보통형, 센터리스형, 유성형)
• 보통형 : 가공물과 연삭숫돌에 회전운동을 주어 연삭하는 방식으로 축 방향의 연삭은 연삭숫돌대의 왕복운동으로 한다.
• 센터리스형 : 가공물을 고정하지 않고, 연삭하는 방법(소형 가공물 대량 생산)
• 유성형 : 가공물을 고정시키고, 연삭숫돌이 회전운동 및 공전운동을 동시에 진행하며 연삭하는 방식

40 나사의 도시법에서 나사 각 부를 표시하는 선의 종류로 틀린 것은?

① 수나사의 바깥지름은 굵은 실선으로 그린다.

② 암나사의 안지름은 굵은 실선으로 그린다.

③ 가려서 보이지 않는 나사부는 가는 실선으로 그린다.

④ 완전 나사부와 불완전 나사부의 경계선은 굵은 실선으로 그린다.

해설
나사의 도시법
• 가려서 보이지 않는 나사부는 가는 파선으로 그린다.
• 수나사의 바깥지름, 암나사의 안지름은 굵은 실선으로 한다.
• 완전 나사부와 불완전 나사부의 경계선은 굵은 실선으로 한다.
• 수나사의 골 지름과 암나사의 골 지름은 가는 실선으로 그린다.
• 수나사와 암나사가 조립된 부분은 항상 수나사가 암나사를 감춘 상태에서 표시한다.

41 CNC선반에서 NC프로그램을 작성할 때 소수점을 사용할 수 있는 어드레스만으로 구성된 것은?

① X, U, R, F
② W, I, K, P
③ Z, G, D, Q
④ P, X, N, E

해설
소수점은 거리와 시간 속도의 단위를 갖는 것에 사용되는 주소 (X(U), Y(V), Z(W), A, B, C, I, J, K, R, F)의 수치에만 가능하다. 단, 파라미터 설정에 따라 소수점 없이 사용할 수도 있다.
※ 이들 이외의 주소와 사용되는 수치는 소수점을 사용하면 에러가 발생된다.

42 밀링공작기계에서 스핀들의 회전운동을 수직왕복 운동으로 변환시켜 주는 부속장치는?

① 수직밀링장치
② 슬로팅장치
③ 만능밀링장치
④ 래크밀링장치

해설
슬로팅장치 : 니형 밀링머신의 칼럼 앞면에 주축과 연결하여 사용하며 주축의 회전운동을 공구대 램의 직선 왕복운동으로 변화시킨다. 바이트를 사용하여 직선 절삭이 가능하다(키, 스플라인, 세레이션, 기어가공 등).

43 다음 중 드릴가공에서 휴지기능을 이용하여 바닥면을 다듬질하는 기능은?

① 머신 록
② 싱글블록
③ 오프셋
④ 드 웰

해설
• G04 : 휴지(Dwell, 일시정지)기능, 어드레스 X, U 또는 P와 정지하려는 시간을 수치로 입력한다. P는 소수점을 사용할 수 없으며, X, U는 소수점 이하 세 자리까지 유효하다.
• 0.5초 동안 정지시키기 위한 프로그램
 - G04 X0.5; G04 U0.5; G04 P500.;

44 CNC선반에서 작업 안전사항이 아닌 것은?

① 문이 열린 상태에서 작업을 하면 경보가 발생하도록 한다.
② 척에 공작물을 클램핑할 경우에는 장갑을 끼고 작업하지 않는다.
③ 가공상태를 볼 수 있도록 문(Door)에 일반 투명유리를 설치한다.
④ 작업 중 타인은 프로그램을 수정하지 못하도록 옵션을 건다.

해설
일반 투명유리는 칩에 의해 파손되기 쉽다.

45 CNC공작기계에서 작업 전 일상적인 점검이 아닌 것은?

① 적정 유압압력 확인
② 공작물 고정 및 공구 클램핑 확인
③ 서보모터 구동 확인
④ 습동유 잔유량 확인

해설
습동유 잔유량, 유압압력 확인, 공작물 고정상태 확인 등은 매일 점검사항이다.

46 모따기의 각도가 45°일 때의 치수기입 방법으로 틀린 것은?

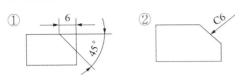

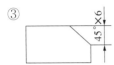
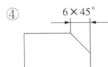

> **해설**
> ③은 45°일 때의 치수기입 방법이 아니다.
> **모따기 치수기입 방법**
> • 45° 이하인 모따기의 치수기입 → 보통 치수기입 방법에 따라 기입

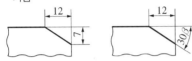

> • 45°인 모따기의 치수 기입

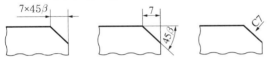

47 스퍼기어의 요목표가 다음과 같을 때, 빈칸의 모듈 값은 얼마인가?

스퍼기어 요목표	
기어 모양	표 준
치 형	보통 이
공 구 모 듈	
압력각	20°
잇 수	36
피치원 지름	108

① 1.5
② 2
③ 3
④ 6

> **해설**
> $$모듈(m) = \frac{피치원지름(D)}{잇수(Z)} = \frac{108}{36} = 3$$

48 CNC선반의 드릴가공이나 나사가공에서 주축 회전수를 일정하게 유지하고자 할 때, 사용하는 준비 기능은?

① G50
② G90
③ G97
④ G98

> **해설**
> ③ G97 : 주축 회전수(rpm) 일정제어
> ① G50 : 공작물 좌표계 설정, 주축 최고회전수 설정
> ② G90 : 내·외경 절삭 사이클
> ④ G98 : 분당 이송지정(mm/min)

49 다음 중 CNC선반 프로그램과 공구보정 화면을 보고, 3번 공구의 날끝(인선) 반경 보정값으로 옳은 것은?

G00 X20. Z0 T0303;

보정번호	X축	Y축	R	T
01	0.000	0.000	0.8	3
02	2.456	4.321	0.2	2
03	5.765	7.987	0.4	2
04	·	·	·	·
05	·	·	·	·
·	·	·	·	·

① 0.2mm
② 0.4mm
③ 0.8mm
④ 3.0mm

> **해설**
> 보정번호 03번의 R값(공구날 끝 반경 보정값)을 읽으면 된다.
> • X축 : X축 보정량
> • Y축 : Y축 보정량
> • R축 : 공구 날끝(인선) 반경
> • T축 : 가상인선(공구형상)번호

50 CNC프로그램에서 보조프로그램(Sub Program)을 호출하는 보조기능은?

① M00
② M09
③ M98
④ M99

해설

M코드 ★ 반드시 암기(자주 출제)

M코드	기 능	M코드	기 능
M00	프로그램 정지	M08	절삭유 ON
M01	프로그램 선택 정지	M09	절삭유 OFF
M02	프로그램 끝	M30	프로그램 끝 & 리셋
M03	주축 정회전	M98	보조프로그램 호출
M04	주축 역회전	M99	보조프로그램 종료
M05	주축 정지	–	–

51 다음 중 축 중심에 직각방향으로 하중이 작용하는 베어링을 말하는 것은?

① 레이디얼 베어링(Radial Bearing)
② 스러스트 베어링(Thrust Bearing)
③ 원뿔 베어링(Cone Bearing)
④ 피벗 베어링(Pivot Bearing)

해설

작용하중의 방향에 따른 베어링 분류
• 레이디얼 베어링(Radial Bearing) : 축선에 직각으로 작용하는 하중을 받쳐준다.
• 스러스트 베어링(Thrust Bearing) : 축선과 같은 방향으로 작용하는 하중을 받쳐준다.
• 테이퍼 베어링 : 레이디얼 하중과 스러스트 하중이 동시에 작용하는 하중을 받쳐준다(원뿔 베어링).

52 머시닝센터에서 원호 보간 시 사용되는 I, J의 의미로 올바른 것은?

① I는 Y축 보간에 사용된다.
② J는 X축 보간에 사용된다.
③ 원호의 시작점에서 원호 끝까지의 벡터값이다.
④ 원호의 시작점에서 원호 중심점까지의 벡터값이다.

해설

I, J의 의미 : 원호의 시작점에서 원호 중심점까지의 벡터값이다.
I : X축 방향, J : Y축 방향(30번 해설 그림 참조)

53 운동용 나사에 해당하는 것은?

① 미터 가는 나사
② 유니파이 나사
③ 볼 나사
④ 관용 나사

해설

• 운동용 나사
  – 힘을 전달하거나 물체를 움직이게 할 목적으로 사용하는 나사
  – 사각 나사, 사다리꼴 나사, 톱니 나사, 볼 나사 등
• 유니파이 나사 : ABC 나사, 나사산의 각이 60°인 인치계 나사
• 미터 가는 나사 : M호칭지름 × 피치(예 M8 × 1), 공작기계의 이완 방지용

54 신소재인 초전도재료의 초전도상태에 대한 설명으로 옳은 것은?

① 상온에서 자화시켜 강한 자기장을 얻을 수 있는 금속이다.

② 알루미나가 주가 되는 재료를 높은 온도에서 잘 견디어 낸다.

③ 비금속의 무기재료(Classical Ceramics)를 고온에서 소결처리하여 만든 것이다.

④ 어떤 종류의 순금속이나 합금을 극저온으로 냉각하면 특정온도에서 갑자기 전기저항이 영(0)이 된다.

해설
초전도재료 : 금속은 전기저항이 있기 때문에 전류를 흐르면 전류가 소모된다. 보통 금속은 온도가 내려갈수록 전기저항이 감소하지만, 절대온도 근방으로 냉각하여도 금속 고유의 전기저항은 남는다. 그러나 초전도재료는 일정온도에서 전기저항이 0이 되는 현상이 나타나는 재료를 말한다.

55 CNC선반 프로그래밍에서 G99에 설명으로 맞는 것은?

① G99는 분당 회전(rev/min)을 의미한다.

② G99는 회전당 분(min/rev)을 의미한다.

③ G99는 회전당 이송거리(mm/rev)를 의미한다.

④ G99는 이송거리당 회전(rev/mm)을 의미한다.

해설
• G98 : 분당 이송지정(mm/min)
• G99 : 회전당 이송지정(mm/rev)

56 그림과 같이 제3각법으로 나타낸 정투상도에서 평면도로 알맞은 것은?

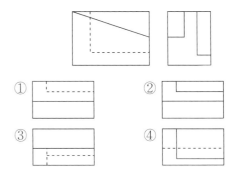

① ② ③ ④

57 2줄 웜이 잇수 30개의 웜기어와 물릴 때의 속도비는?

① 1/10 ② 1/15
③ 1/45 ④ 1/30

해설
웜기어 속도비$(i) = \dfrac{n_g}{n_w} = \dfrac{Z_w}{Z_g} = \dfrac{l}{\pi D_g}$

$\rightarrow i = \dfrac{Z_w}{Z_g} = \dfrac{2}{30} = \dfrac{1}{15}$ ∴ 속도비$(i) = \dfrac{1}{15}$

여기서, Z_w : 웜의 줄수 n_w : 웜의 회전수
     Z_g : 웜휠의 잇수 n_g : 웜휠의 회전수
     l : 웜의 리드 D_g : 웜휠의 피치원 지름

58 다음은 연삭숫돌의 표시법이다. 의미에 따른 순서를 올바르게 나열한 것은?

> WA · 46 · H · 8 · V

① 숫돌입자–입도–결합도–조직–결합제
② 숫돌입자–입도–결합도–결합제–조직
③ 숫돌입자–입도–결합제–조직–결합도
④ 숫돌입자–결합제–조직–결합도–입도

해설
일반적인 연삭숫돌 표시방법

> WA   · 60 · K · M · V
> 연삭숫돌입자 · 입도 · 결합도 · 조직 · 결합제

59 구리의 종류 중 전기 전도도와 가공성이 우수하고 유리에 대한 봉착성 및 전연성이 좋아 진공관용 또는 전자기기용으로 많이 사용되는 것은?

① 전기동   ② 정련동
③ 탈산동   ④ 무산소동

해설
• 무산소동(OFHC ; Oxygn Free High Conductivity Copper) : O$_2$나 탈산제를 함유하지 않은 고순도의 동(Cu)이다. 이것은 진공 또는 CO의 환원 분위기에서 진공용해하여 만든다. O$_2$의 함유량은 0.001~0.002% 정도이고, 성질은 전해성인 Cu와 탈산 Cu의 장점을 모두 가진 우수한 Cu로서, 전도성이 좋고 가공성도 우수하여 수소 메짐이 없어서 주로 전자기기 등에 사용되며, 진공관에 넣는 구리선으로도 사용된다.
• 탈산동 : 가스관, 열교환기, 중유버너용 관 등에 사용된다.

60 다음 설명에 해당하는 칩(Chip)은?

> 공구가 진행함에 따라 일감이 미세한 간격으로 계속적으로 미끄럼 변형을 하여 칩이 생기며, 연속적으로 공구 윗면으로 흘러나가는 모양의 칩이다.

① 균열형 칩(Crack Type Chip)
② 유동형 칩(Flow Type Chip)
③ 열단형 칩(Tear Type Chip)
④ 전단형 칩(Shear Type Chip)

해설
• 유동형 칩 : 칩이 경사면 위를 연속적으로 원활하게 흘러나가는 모양으로 연속형 칩이다.
• 전단형 칩 : 칩이 경사면 위를 원활하게 흐르지 못해서 절삭공구가 칩을 밀어내는 압축력이 커지면서 발생하여, 칩이 연속적으로 가공되지만 분자 사이에 전단이 일어나는 형태의 칩을 전단형 칩이라고 한다.
• 경작형(열단형) 칩 : 점성이 큰 가공물을 경사각이 작은 절삭공구로 가공할 때, 절삭깊이가 클 때 발생하기 쉬운 칩의 형태이다.
• 균열형 칩 : 주철과 같이 메짐 재료를 저속으로 절삭할 때 발생하는 칩의 형태로서 순간적인 균열이 발생하여 생기는 칩이다.

유동형 칩	전단형 칩
경작형(열단형) 칩	균열형 칩

01 다음 중 CNC 선반 프로그램에서 단일형 고정 사이클에 해당되지 않는 것은?

① 내외경 절삭 사이클(G90)

② 나사절삭 사이클(G92)

③ 단면절삭 사이클(G94)

④ 정삭 사이클(G70)

해설

정삭 사이클(G70)은 단일형 고정 사이클이 아니다.

※ CNC 선반가공에서 거친 절삭 또는 나사 절삭 등은 1회의 절삭으로 불가능하므로 여러 번 반복 동작을 해야 한다. 사이클 가공은 이와 같이 반복되는 동작의 프로그램을 한 블록 또는 두 블록으로 프로그램을 간단히 할 수 있도록 만든 G코드를 말한다.

• 단일형 고정 사이클 : 변경된 수치만 반복하여 지령
  - G90 : 안·바깥지름 절삭 사이클
  - G92 : 나사 절삭 사이클
  - G94 : 단면 절삭 사이클
• 복합형 반복 사이클 : 한 개가 블록으로 지령
  - G70 : 정삭 사이클
  - G74 : Z방향 홈 가공 사이클(팩 드릴링)
  - G75 : X방향 홈 가공 사이클
  - G76 : 나사 절삭 사이클

02 치수기입 시 사용되는 기호와 그 설명으로 틀린 것은?

① C : 45° 모따기 ② φ : 지름

③ SR : 구의 반지름 ④ ◇ : 정사각형

해설

치수보조기호

기 호	구 분	기 호	구 분
φ	지 름	Sφ	구의 지름
R	반지름	SR	구의 반지름
C	45° 모따기	□	정사각형
P	피 치	t	두 께

03 머시닝센터 프로그램에서 고정 사이클을 취소하는 준비기능은?

① G76 ② G80

③ G83 ④ G87

해설

② G80 : 고정 사이클 취소

① G76 : 정밀 보링 사이클

③ G83 : 심공 드릴 사이클

④ G87 : 백보링 사이클

04 프로그램을 컴퓨터의 기억장치에 기억시켜 놓고, 통신선을 이용해 한 대의 컴퓨터에서 여러 대의 CNC 공작기계를 직접 제어하는 것은?

① ATC ② CAM

③ DNC ④ FMC

해설

DNC는 CAD/CAM 시스템과 CNC 기계를 근거리 통신망(LAN)으로 연결하여 1대의 컴퓨터에서 여러 대의 CNC 공작기계에 데이터를 분배하여 전송함으로써 동시에 운전할 수 있는 방식을 말한다.

• ATC : 자동공구교환장치

• FMC : 복합가공

• FMS : 유연생산시스템

• CIMS : 컴퓨터 통합 가공시스템

05 CNC 선반에서 지령값 X58.0으로 프로그램하여 외경을 가공한 후 측정한 결과 ϕ57.96mm이었다. 기존의 X축 보정값이 0.005라 하면 보정값을 얼마로 수정해야 하는가?

① 0.075   ② 0.065
③ 0.055   ④ 0.045

해설
• 측정값과 지령값의 오차 = 57.96−58.0 = −0.04(0.04만큼 작게 가공됨)
  그러므로 공구를 X의 +방향으로 0.04만큼 이동하는 보정을 하여야 한다.
• 공구 보정값 = 기존의 보정값 + 더해야 할 보정값
       = 0.005+0.04
       = 0.045

06 초경공구와 비교한 세라믹 공구의 장점 중 옳지 않은 것은?

① 고속 절삭 가공성이 우수하다.
② 고온경도가 높다.
③ 내마멸성이 높다.
④ 충격강도가 높다.

해설
세라믹 공구는 취성이 있어 충격 및 진동에 약해 충격강도가 낮다.
세라믹 합금
• 산화알루미늄 가루(Al_2O_3) 분말에 규소 및 마그네슘 등의 산화물이나 다른 산화물의 첨가물을 넣고 소결한 것이다.
• 고속절삭, 고온에서 경도가 높고, 내마멸성이 좋다.
• 경질합금보다 인성이 작고 취성이 있어 충격 및 진동에 약하다.

07 CNC 프로그램에서 EOB의 뜻은?

① 프로그램의 종료
② 블록의 종료
③ 보조기능의 정지
④ 주축의 정지

해설
몇 개의 단어(Word)가 모여 구성된 한 개의 지령단위를 지령절(Block)이라고 하며, 지령절과 지령절은 EOB(End Of Block)로 구분되며, 제작회사에 따라 ";" 또는 "#"과 같은 부호로 간단히 표시한다. EOB는 블록의 종료를 나타낸다.

08 맞물리는 1쌍의 기어의 간략도에서 보기의 기호는 어느 기어에 해당하는가?

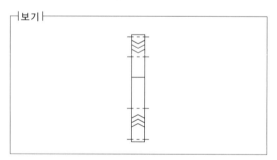

① 하이포이드 기어   ② 이중 헬리컬 기어
③ 스파이럴 베벨기어   ④ 스크루 기어

해설
보기의 간략도는 이중 헬리컬 기어이다.

09 센터리스 연삭기의 특징 설명으로 틀린 것은?

① 긴 홈이 있는 가공물의 연삭에 적합하다.

② 중공(中空)의 가공물 원통 연삭이 가능하다.

③ 가늘고 긴 가공물 연삭이 적합하다.

④ 대형이나 중량물의 연삭은 불가능하다.

센터리스 연삭기의 특징
• 센터가 필요하지 않아 센터 구멍을 가공할 필요가 없다.
• 중공의 가공물을 연삭할 때 편리하다(중공(中空) : 속이 빈 축).
• 연삭 여유가 작아도 된다.
• 가늘고 긴 가공물의 연삭에 적합하다.
• 긴 홈이 있는 가공물의 연삭은 불가능하다.
• 대형이나 중량물의 연삭은 불가능하다.
• 연속가공이 가능하며 대량 생산에 적합하다.
• 자생작용이 있다.

10 다음과 같은 숫돌바퀴의 표시에서 숫돌입자의 종류를 표시한 것은?

WA 60 K m V

① 60

② m

③ WA

④ V

• WA : 숫돌입자
• 60 : 입도
• K : 결합도
• m : 조직
• V : 결합제

11 다음 CNC 선반 프로그램에서 N04 블록을 수행할 때의 회전수는 얼마가 되겠는가?

```
N01 G50 X200.0 Z160.0 S2000 T0100;
N02 G96 S150 M03;
N03 G00 X120.0 Z24.0;
N04 G01 X10. F0.2;
```

① 4,775rpm

② 2,000rpm

③ 2,500rpm

④ 150rpm

• N02 G96 S150 M03; → 절삭속도 150m/min
• N04 G01 X10. F0.2; → 공작물 지름 10mm
• 회전수 $N = \dfrac{1,000\,V}{\pi D} = \dfrac{1,000 \times 150\,\text{m/min}}{\pi \times 10\,\text{mm}} \fallingdotseq 4,774.65\,\text{rpm}$

$\therefore N = 4,775\,\text{rpm}$

계산된 회전수는 4,775rpm이지만, N01 블록에서 주축 최고 회전수가 S2000으로 최고 회전수 2,000rpm을 넘지 못하므로, N04블록의 회전수는 2,000rpm이 된다.

12 다음 그림과 같이 물체의 구멍, 홈 등 특정 부위만의 모양을 도시하는 투상도의 명칭은?

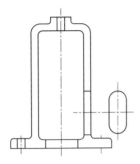

① 보조 투상도   ② 국부 투상도
③ 전개 투상도   ④ 회전 투상도

해설
• 국부 투상도 : 대상물의 구멍, 홈 등 한 국부만의 모양을 도시하는 것으로 충분한 경우에는 그 필요한 부분만 국부 투상도로서 나타낸다.
• 보조 투상도 : 경사면의 실제 모양을 표시할 필요가 있을 때, 보이는 부분의 전체 또는 일부분을 나타낸다.
• 회전 투상도 : 대상물의 일부가 각도를 갖고 있을 때, 실제 모양을 나타내기 위해 그 부분을 회전시켜 실제 모양을 나타낸다.
• 부분 투상도 : 그림의 일부만 도시하는 것으로 충분한 경우에는 그 필요 부분만 투상하여 나타낸다.

13 홈 가공이나 드릴 가공을 할 때 일시적으로 공구를 정지시키는 기능(휴지기능)의 CNC 용어는?

① 드웰(Dwell)
② 드라이 런(Dry Run)
③ 프로그램 정지(Program Stop)
④ 옵셔널 블록 스킵(Optional Block Skip)

해설
① 휴지(Dwell) : 지령한 시간 동안 이송이 정지되는 기능이다. 이 기능은 홈 가공이나 드릴작업 등에서 간헐이송으로 칩을 절단하거나 목표점에 도달한 후 즉시 후퇴할 때 생기는 이송량만큼의 단차를 제거함으로써 진원도의 향상 및 깨끗한 표면을 얻기 위하여 사용한다.

$$정지시간(초) = \frac{60 \times 공회전수(회)}{스핀들회전수(rpm)} = \frac{60 \times n(회)}{N(rpm)}$$

예 1.5초 동안 정지시키려면 G04 X1.5;, G04 U1.5;, G04 P1500;
② 드라이 런(Dry Run) : 스위치가 ON 되면 프로그램의 이송속도를 무시하고 조작판의 이송속도로 이송한다.

14 다음 중 축 중심에 직각방향으로 하중이 작용하는 베어링은?

① 레이디얼 베어링(Radial Bearing)
② 스러스트 베어링(Thrust Bearing)
③ 원뿔 베어링(Cone Bearing)
④ 피벗 베어링(Pivot Bearing)

해설
작용하중의 방향에 따른 베어링 분류
• 레이디얼 베어링 : 축선에 직각으로 작용하는 하중을 받쳐 준다.
• 스러스트 베어링 : 축선과 같은 방향으로 작용하는 하중을 받쳐 준다.
• 테이퍼 베어링 : 레이디얼 하중과 스러스트 하중이 동시에 작용하는 하중을 받쳐 준다(원뿔 베어링).

15 황동의 화학적 성질이 아닌 것은?

① 탈아연 부식   ② 자연균열
③ 인공균열   ④ 고온 탈아연

해설
인공균열은 황동의 화학적 성질이 아니다.
황동의 화학적 성질
• 탈아연 부식 : 황동 표면 또는 깊은 곳까지 탈아연되는 현상
• 자연균열 : 잔류응력에 의한 균열
• 고온 탈아연 : 높은 온도에서 증발에 의해 표면으로 아연 탈출

16 CNC 공작기계의 편집 모드(Edit Mode)에 대한 설명 중 틀린 것은?

① 프로그램을 입력한다.

② 프로그램의 내용을 삽입, 수정, 삭제한다.

③ 메모리된 프로그램 및 워드를 찾을 수 있다.

④ 프로그램을 실행하여 기계가공을 한다.

해설
프로그램을 실행하여 기계가공하는 것은 자동운전 모드(Auto)이다.
• 편집 모드(Edit Mode) : ①, ②, ③
• 자동운전 모드(Auto) : ④

17 고정 원판식 코일에 전류를 통하면 전자력에 의하여 회전 원판이 잡아 당겨져 브레이크가 걸리고, 전류를 끊으면 스프링 작용으로 원판이 떨어져 회전을 계속하는 브레이크는?

① 밴드 브레이크　　② 디스크 브레이크

③ 전자 브레이크　　④ 블록 브레이크

해설
③ 전자 브레이크 : 2장의 마찰 원판을 사용하여 두 원판의 탈착조작이 전자력에 의해 이루어지는 브레이크 단판식 전자 브레이크는 고정 원판측의 코일에 전류를 통하면 전자력에 의해 회전원판이 끌어 당겨져 제동 작용이 일어나고, 전류를 끊으면 스프링 작용으로 원판이 떨어져 회전을 계속한다.
① 밴드 브레이크 : 레버를 사용하여 브레이크 드럼의 바깥에 감겨 있는 밴드에 장력을 주면 밴드와 브레이크 드럼 사이에 마찰력이 발생한다. 이 마찰력에 의해 제동하는 것을 밴드 브레이크라 한다.
④ 블록 브레이크 : 회전하는 브레이크 드럼을 브레이크 블록으로 누르게 한 것으로 브레이크 블록의 수에 따라 단식 블록 브레이크와 복식 블록 브레이크로 나눈다.

18 다이얼 게이지의 일반적인 특징으로 틀린 것은?

① 눈금과 지침에 의해서 읽기 때문에 오차가 작다.

② 소형, 경량으로 취급이 용이하다.

③ 연속된 변위량의 측정이 불가능하다.

④ 많은 개소의 측정을 동시에 할 수 있다.

해설
다이얼 게이지의 특징
• 소형, 경량으로 취급이 용이하다.
• 측정 범위가 넓다.
• 눈금과 지침에 의해서 읽기 때문에 오차가 작다.
• 연속된 변위량의 측정이 가능하다.
• 많은 개소의 측정을 동시에 할 수 있다.
• 부속품의 사용에 따라 광범위하게 측정할 수 있다.

19 줄 작업을 할 때 주의할 사항으로 틀린 것은?

① 줄을 밀 때, 체중을 몸에 가하여 줄을 민다.

② 보통 줄의 사용 순서는 황목 → 세목 → 중목 → 유목 순으로 작업한다.

③ 눈은 항상 가공물을 보면서 작업한다.

④ 줄을 당길 때는 가공물에 압력을 주지 않는다.

해설
줄의 작업 순서 : 황목 → 중목 → 세목 → 유목 순으로 작업한다.

20 밀링 공작기계에서 스핀들의 회전운동을 수직 왕복운동으로 변환시켜 주는 부속장치는?

① 수직 밀링 장치   ② 슬로팅 장치
③ 만능 밀링 장치   ④ 레크 밀링 장치

해설
• 슬로팅 장치 : 니형 밀링 머신의 칼럼 앞면에 주축과 연결하여 사용하며 주축의 회전운동을 공구대 램의 직선 왕복운동으로 변화시킨다. 바이트를 사용하여 직선 절삭이 가능하다(키, 스플라인, 세레이션, 기어가공 등).
• 분할대 : 원주 및 각도 분할 시 사용, 주축대와 심압대 한 쌍으로 테이블 위에 설치

21 다음 중 구멍이 있는 공작물을 고정하여 동심으로 가공할 때 사용하는 선반용 부속장치는?

① 맨드릴   ② 단동척
③ 방진구   ④ 평행판

해설
맨드릴(Mandrel) : 기어, 벨트 풀리 등과 같이 구멍과 외경이 동심원이고, 직각이 필요한 경우에 구멍을 먼저 가공하고 구멍에 맨드릴을 끼워 양 센터로 지지하여 외경과 측면을 가공하여 부품을 완성하는 선반의 부속장치이다.

22 너트의 풀림방지를 위해 주로 사용하는 핀은?

① 테이퍼 핀   ② 스프링 핀
③ 평행 핀   ④ 분할 핀

해설
분할 핀 : 한쪽 끝이 두 가닥으로 갈라진 핀으로, 나사 및 너트의 이완을 방지하거나 축에 끼워진 부품이 빠지는 것을 막고, 핀을 때려 넣은 뒤 끝을 굽혀서 늦춰지는 것을 방지하는 핀이다.

23 단조나 주조품에 볼트 또는 너트를 체결할 때 접촉부가 밀착되게 하기 위하여 구멍 주위를 평탄하게 하는 가공 방법은?

① 스폿 페이싱   ② 카운터 싱킹
③ 카운터 보링   ④ 보 링

해설
스폿 페이싱 : 볼트나 너트를 체결하기 곤란한 경우에 볼트나 너트가 닿는 구멍 주위에 부분만 평탄하게 가공하여 체결이 잘되도록 하는 가공 방법
드릴가공의 종류
• 카운터 싱킹 : 나사 머리의 모양이 접시모양일 때 테이퍼 원통형으로 절삭하는 가공
• 카운터 보링 : 볼트의 머리 부분이 돌출되면 곤란한 부분이 있다. 이러한 경우에 볼트 또는 너트의 머리 부분이 가공물 안으로 묻히도록 드릴과 동심원의 2단 구멍을 절삭하는 방법
• 탭핑 : 공작물 내부에 암나사 가공, 태핑을 위한 드릴가공은 나사의 외경−피치로 함
• 보링 : 뚫린 구멍을 다시 절삭, 구멍을 넓히고 다듬질하는 것
• 리밍 : 구멍의 정밀도를 높이기 위해 구멍을 다듬는 작업

24 CNC 프로그램에서 보조 프로그램(Sub Program)을 호출하는 보조기능은?

① M00   ② M09
③ M98   ④ M99

해설
M코드 ★ 반드시 암기(자주 출제)

M코드	기 능	M코드	기 능
M00	프로그램 정지	M08	절삭유 ON
M01	프로그램 선택 정지	M09	절삭유 OFF
M02	프로그램 끝	M30	프로그램 끝 & 리셋
M03	주축 정회전	M98	보조프로그램 호출
M04	주축 역회전	M99	보조프로그램 종료
M05	주축 정지	–	–

25 주강과 비교한 주철의 장점을 열거한 것 중 틀린 것은?

① 주조성이 우수하다.

② 마찰저항이 우수하나 절삭가공이 어렵다.

③ 인장강도, 굽힘강도는 작으나 압축강도가 크다.

④ 주물의 표면이 굳고 녹이 잘 슬지 않는다.

해설

주철의 장단점

장 점	• 강보다 용융점이 낮아 유동성이 커 복잡한 형상의 부품도 제작이 쉽다. • 주조성이 우수하다. • 마찰저항이 우수하다. • 절삭성이 우수하다. • 압축강도가 크다. • 고온에서 기계적 성질이 우수하다. • 주물 표면은 단단하고, 녹이 잘 슬지 않는다.
단 점	• 충격에 약하다(취성이 크다). • 인장강도가 작다. • 굽힘강도가 작다. • 소성(변형)가공이 어렵다.

26 비절삭 가공법의 종류로만 바르게 짝지어진 것은?

① 선반작업, 줄작업

② 밀링작업, 드릴작업

③ 연삭작업, 탭작업

④ 소성작업, 용접작업

해설

• 절삭가공 : 칩을 발생하며 가공하는 방식(선삭, 밀링, 드릴링, 연삭, 호닝 등)

• 비절삭가공 : 칩의 발생이 없이 가공하는 방식(용접, 주조, 소성가공 등)

27 탄소강의 성질에 관한 설명으로 옳지 않은 것은?

① 탄소량이 많아지면 인성과 충격치는 감소한다.

② 탄소량이 증가할수록 내식성은 증가한다.

③ 탄소강의 비중은 탄소량의 증가에 따라 감소한다.

④ 비열, 항자력은 탄소량의 증가에 따라 증가한다.

해설

탄소량 증가에 따른 탄소강의 성질 변화

• 탄소강의 물리적 성질

  - 비중, 선팽창계수, 내식성 감소

  - 비열, 전기저항, 보자력 증가

• 탄소강의 기계적 성질

  - 강도, 경도 증가

  - 인성, 충격값 감소

28 공업 분야에서 가장 광범위하게 사용되는 강재로 KS규격에서 SS기호로 나타내는 재료는?

① 고장력 강재

② 용접구조용 압연강재

③ 일반구조용 압연강재

④ 기계구조용 탄소강재

해설

③ 일반구조용 압연강재 : SS330

② 용접구조용 압연강재 : SWS400A

④ 기계구조용 탄소강재 : SM10C

29 밀링머신에서 절삭속도 20m/min, 페이스 커터의 날수 8개, 직경 120mm, 1날당 이송량 0.2mm일 때 테이블 이송속도는?

① 약 65mm/min

② 약 75mm/min

③ 약 85mm/min

④ 약 95mm/min

해설

회전수$(n) = \dfrac{1,000v}{\pi d} = \dfrac{1,000 \times 20\text{m/min}}{\pi \times 120\text{mm}} \fallingdotseq 53\text{rpm}$

테이블 이동속도$(f) = f_z \times z \times n$

$\qquad\qquad\qquad = 0.2\text{mm} \times 8 \times 53\text{rpm}$

$\qquad\qquad\qquad \fallingdotseq 85\text{mm/min}$

여기서, f : 테이블 이송속도(mm/min)

$\qquad\ f_z$: 1날당 이송량(mm)

$\qquad\ n$: 회전수(rpm)

$\qquad\ z$: 커터의 날수

30 하중 3,000N이 작용할 때, 정사각형 단면에 응력 30N/cm²이 발생했다면 정사각형 단면 한 변의 길이는 몇 mm인가?

① 10   ② 22

③ 100   ④ 200

해설

응력$(\sigma) = \dfrac{\text{하중}(W)}{\text{단면적}(A)}$

$\rightarrow A = \dfrac{W}{\sigma} = \dfrac{3,000\text{N}}{30\text{N/cm}^2} = 100\text{cm}^2$

$\rightarrow A = a \times a$이므로, 한 변의 길이는 10cm이다.

$\therefore$ 한 변의 길이 = 10cm = 100mm

31 기차바퀴처럼 지름이 크고, 길이가 짧은 가공물의 가공에 가장 적합한 선반은?

① 탁상선반

② 공구선반

③ 터릿선반

④ 정면선반

해설

④ 정면선반 : 기차바퀴처럼 지름이 크고, 길이가 짧은 가공물을 절삭하기 편리한 선반이다.

① 탁상선반 : 작업대 위에 설치해야 할 만큼의 소형 선반으로 베드의 길이 900mm 이하, 스윙 200mm 이하로서 시계 부품, 재봉틀 부품 등의 소형 부품을 주로 가공하는 선반이다.

② 공구선반 : 보통선반과 같은 구조이나 정밀한 형식으로 되어 있다.

③ 터릿선반 : 보통선반의 심압대 위치에 회전 공구대를 설치하여 부품을 능률적으로 가공할 때 쓰이는 선반이다.

32 다음 중 서보모터가 일반적으로 갖추어야 할 특성으로 거리가 먼 것은?

① 큰 출력을 낼 수 있어야 한다.

② 진동이 작고 대형이어야 한다.

③ 온도 상승이 작고 내열성이 좋아야 한다.

④ 높은 회전각 정도를 얻을 수 있어야 한다.

해설

서보모터가 일반적으로 갖추어야 할 특성

• 진동이 작고 소형이어야 한다.

• 빈번한 시동, 정지, 제동, 역전 및 저속 회전의 연속 작동이 가능해야 한다.

• 서보모터 자체의 안전성이 커야 한다.

• 가혹조건에서도 충분히 견딜 수 있어야 한다.

• 감속특성 및 응답성이 우수해야 한다.

• 큰 출력을 낼 수 있어야 한다.

• 온도 상승이 작고 내열성이 좋아야 한다.

• 높은 회전각 정도를 얻을 수 있어야 한다.

33 다음 그림과 같은 표면의 결 도시 기호에서 "B"의 의미로 옳은 것은?

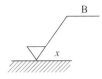

① 보링가공
② 벨트 연삭
③ 블러싱 다듬질
④ 브로칭 가공

가공방법의 기호(KS B 0107)

가공방법	기 호	가공방법	기 호
선반가공	L	호닝가공	GH
드릴가공	D	액체호닝가공	SPLH
보링머신가공	B	배럴연마가공	SPBR
밀링가공	M	버프다듬질	SPBF
평삭(플레이닝)가공	P	블라스트다듬질	SB
형삭(셰이핑)가공	SH	랩다듬질	GL
브로칭가공	BR	줄다듬질	FF
리머가공	DR	스크레이퍼다듬질	FS
연삭가공	G	페이퍼다듬질	FCA
벨트연삭가공	GBL	정밀주조	CP

34 다음 중 다이캐스팅용 알루미늄합금에 해당하는 기호는?

① WM 1
② ALDC 1
③ BC 1
④ ZDC 1

② ALDC 1 : 다이캐스팅용 알루미늄합금, 1종, 자동차 메인 프레임 등에 사용
① WM 1 : 화이트 메탈, 1종, 고속, 고하중용
③ BC 1 : 청동 주물, 1종
④ ZDC 1 : 아연합금 다이캐스팅, 1종, 자동차의 브레이크 피스톤 등에 사용

35 기계제도에서 가는 1점쇄선이 사용되지 않는 것은?

① 중심선
② 피치선
③ 기준선
④ 숨은선

숨은선은 가는 파선 또는 굵은 파선으로 표시한다.
용도에 따른 선의 종류

명 칭	선의 종류	선의 용도
외형선	굵은 실선	대상물이 보이는 부분의 모양을 표시하는 데 사용한다.
치수선		치수를 기입하기 위하여 사용한다.
치수 보조선	가는 실선	치수를 기입하기 위하여 도형으로부터 끌어내는 데 사용한다.
지시선		기술, 기호 등을 표시하기 위하여 끌어내는데 사용한다.
숨은선	가는 파선	대상물의 보이지 않는 부분의 모양을 표시하는 데 사용한다.
중심선	가는 1점쇄선	• 도형의 중심을 표시하는 데 사용한다. • 중심이 이동한 중심 궤적을 표시하는 데 사용한다.
특수 지정선	굵은 1점쇄선	특수한 가공을 하는 부분 등 특별한 요구 사항을 적용할 수 있는 범위를 표시하는 데 사용한다(열처리).

36 다음 동력전달용 기계요소 중 간접전동요소가 아닌 것은?

① 체 인   ② 로 프
③ 벨 트   ④ 기 어

• 직접전동법 : 마찰차, 기어 등
• 간접전동법 : 벨트, 로프, 체인 등

37 공유압 기호에서 동력원의 기호 중 전동기를 나타내는 것은?

① 　　②

③ 　　④

> **해설**
> ② 전동기
> ① 원동기
> ③ 유 압
> ④ 공기압

38 CNC 선반 가공 프로그램에서 반드시 전개 번호를 사용해야 하는 G-코드는?

① G30　　② G32

③ G70　　④ G90

> **해설**
> ③ G70 : 다듬절삭(정삭) 사이클이므로 반드시 전개번호를 사용해야 한다.
>
> > G70 P(ns) Q(nf);
>
> • P(ns) : 다듬절삭(정삭)가공 지령절의 첫 번째 전개번호
> • Q(nf) : 다듬절삭(정삭)가공 지령절의 마지막 전개번호
> ① G30 : 제2원점, 제3원점, 제4원점 복귀
> ② G32 : 나사절삭
> ④ G90 : 내·외경 절삭 사이클

39 다음 중 CNC 공작기계가 자동운전 도중 충돌 또는 오작동이 발생하였을 경우 조치사항으로 가장 적절하지 않은 것은?

① 화면상의 경보(Alarm) 내용을 확인한 후 원인을 찾는다.
② 강제로 모터를 구동시켜 프로그램을 실행시킨다.
③ 프로그램의 이상 유무를 하나씩 확인하며 원인을 찾는다.
④ 비상정지 버튼을 누른 후 원인을 찾는다.

> **해설**
> 자동운전 도중에 갑자기 멈추었을 때는 알람을 확인하고 원인을 파악한 후 전문가에게 의뢰한다. 강제로 모터를 구동시켜서는 안 된다.

40 일반적으로 유동형 칩이 발생하는 조건으로 틀린 것은?

① 절삭 깊이가 작을 때
② 절삭속도가 빠를 때
③ 메진 재료를 저속으로 절삭할 때
④ 공구의 윗면 경사각이 클 때

> **해설**
> 주철과 같이 메진 재료를 저속으로 절삭할 때 발생하는 칩의 형태로서 순간적인 균열이 발생하는 칩은 균열형 칩이다.
> **유동형 칩의 발생 조건**
> • 연성재료(연강, 구리, 알루미늄 등)를 가공할 때
> • 절삭 깊이가 작을 때
> • 절삭속도가 빠를 때
> • 경사각이 클 때
> • 윤활성이 좋은 절삭유를 사용할 때

41 머시닝센터 가공 시 칩이 공구나 일감에 부착되는 경우 처리방법으로 틀린 것은?

① 고압의 압축 공기를 이용하여 불어낸다.
② 가공 중에 수시로 헝겊 등을 이용해서 닦아낸다.
③ 칩이 가루로 배출되는 경우는 집진기로 흡입한다.
④ 많은 양의 절삭유를 공급하여 칩이 흘러내리게 한다.

해설
머시닝센터 가공 시 칩이 공구나 일감에 부착되는 경우 가공 중에 수시로 헝겊 등을 이용해서 칩을 제거해서는 안 된다.

42 일반 스퍼 기어와 비교한 헬리컬 기어의 특징에 대한 설명으로 틀린 것은?

① 임의의 비틀림 각을 선택할 수 있어서 축 중심거리의 조절이 용이하다.
② 물림 길이가 길고 물림률이 크다.
③ 최소 잇수가 적어서 회전비를 크게 할 수 있다.
④ 추력이 발생하지 않아서 진동과 소음이 작다.

해설
헬리컬 기어 : 잇줄이 축 방향과 일치하지 않는 기어이다. 이의 물림이 좋아서 조용한 운전을 하나 축 방향 하중(추력)이 발생하는 단점이 있다.

43 다음 그림과 같이 제3각법으로 나타낸 정투상도에서 평면도로 알맞은 것은?

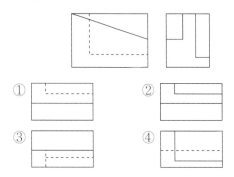

44 드릴작업의 안전사항에 위배되는 경우는?

① 드릴은 사용 전에 점검하고 마모나 균열이 있는 것은 사용하지 않는다.
② 드릴이나 드릴 소켓을 뽑을 때는 전용공구를 사용하고 해머 등으로 두드리지 않는다.
③ 지름이 큰 드릴을 사용할 때는 바이스를 테이블에 고정한다.
④ 드릴작업은 시작할 때보다 끝날 때 이송을 빠르게 한다.

해설
드릴링 머신의 안전사항
• 드릴을 고정하거나 풀 때는 주축이 완전히 정지된 후에 한다.
• 얇은 판의 구멍 뚫기에는 보조판 나무를 사용하는 것이 좋다.
• 장갑을 끼고 작업하지 않는다.
• 가공물을 손으로 잡고 드릴링하지 않는다.
• 드릴이나 드릴 소켓 등을 뽑을 때에는 드릴 뽑기를 사용하며, 해머 등으로 두들겨 뽑지 않는다.
• 드릴작업은 시작할 때보다 구멍 뚫기가 끝날 무렵 이송을 천천히 한다.

45 다음 중 그림과 같은 원호보간 지령을 I, J를 사용하여 표현한 것으로 옳은 것은?

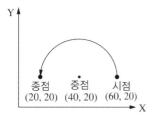

① G03 X20.0 Y20.0 I-20.0;
② G03 X20.0 Y20.0 I-20.0 J-20.0;
③ G03 X20.0 Y20.0 J-20.0;
④ G03 X20.0 Y20.0 I20.0;

해설
문제에서 반시계방향 원호가공이므로 G03이며, 원호가공 시작점에서 원호 중심까지 벡터값은 I-20이 된다.[G03 X20.0 Y20.0 I-20.0;]
※ I, J는 원호의 시작점에서 원호 중심까지의 벡터값이다.

[I, J 명령의 부호]

47 다음과 같은 부품란에 대한 설명 중 틀린 것은?

품 번	품 명	재 질	수 량	중 량	비 고
1	실린더	GC200			
2	육각 너트	SM30C			3×18
3	커넥팅 로드	SF440A			
4	세트 스크루	SM30C	4		M4×0.7

① 실린더의 재질은 회주철이다.
② 육각 너트의 재질은 공구강이다.
③ 커넥팅 로드는 탄소강 단강품이며 최저 인장강도는 440N/mm²이다.
④ 세트 스크루는 호칭지름이 4mm이고, 피치 0.7mm인 미터가는나사이다.

해설
육각 너트는 기계구조용 탄소강강재(SM30C)이다.
• 회주철(GC200)
• M4×0.7 : 호칭지름 4mm, 피치 0.7mm인 미터가는나사

46 10kN의 축하중이 작용하는 볼트에서 볼트 재료의 허용인장응력이 60MPa일 때 축하중을 견디기 위한 볼트의 최소 골지름은 약 몇 mm인가?

① 14.6
② 18.4
③ 22.5
④ 25.7

해설
인장응력$(\sigma_t) = \dfrac{F}{A} = \dfrac{4F}{\pi d^2}$

$\rightarrow d = \sqrt{\dfrac{4F}{\pi \sigma_t}} = \sqrt{\dfrac{4 \times (10 \times 10^3)\,\text{N}}{\pi \times 60\text{N/mm}^2}} \fallingdotseq 14.56\text{mm}$

볼트 최소 골지름$(d) = 14.6\text{mm}$
여기서, F : 축하중(N), A : 단면적(mm²), d : 볼트 골지름(mm)
※ 1MPa = 1N/mm²

48 나사의 호칭이 'L 2줄 M50 × 2-6H'로 표시된 나사에 6H는 무엇을 표시하는가?

① 줄 수
② 암나사의 등급
③ 피 치
④ 나사 방향

해설
나사의 표시방법

나사산의 감김 방향	나사산의 줄 수	나사의 호칭	-	나사의 등급

예 L 2줄 M50 × 2-6H
• 나사산의 감김 방향 : L(왼나사)
• 나사산의 줄수 : 2줄(2줄 나사)
• 나사의 호칭 : M50 × 2(미터가는나사 / 피치 2mm)
• 나사의 등급 : 6H(대문자로 암나사), 6h(소문자로 수나사)

49 밀링커터 날수가 14개, 지름은 100mm, 1개의 날 이송량이 0.2mm이고, 회전수가 600rpm일 때 테이블 이송속도는?

① 1,480mm/min
② 1,585mm/min
③ 1,680mm/min
④ 1,785mm/min

밀링머신에서 테이블 이송속도(f)
$f = f_z \times n \times z = 0.2 \times 600 \times 14 = 1,680 \text{mm/min}$
여기서, f : 테이블 이송속도, f_z : 1날당 이송량, n : 회전수,
z : 커터의 날수

50 다음 그림과 같은 공작물의 테이퍼를 심압대를 이용하여 가공할 때 편위량은 몇 mm인가?

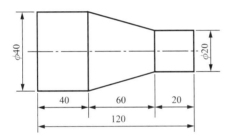

① 20
② 30
③ 40
④ 60

심압대를 편위시키는 방법(테이퍼가 작고 길이가 길 경우에 사용하는 방법)
심압대 편위량 구하는 계산식은 다음과 같다.
$$e = \frac{(D-d) \times L}{2l} = \frac{(40-20) \times 120}{2 \times 60} = 20 \text{mm}$$
$\therefore e = 20 \text{mm}$
여기서, L : 가공물의 전체길이
e : 심압대의 편위량
D : 테이퍼의 큰지름
d : 테이퍼의 작은 지름
l : 테이퍼의 길이
※ 선반에서 테이퍼 가공방법
• 복식 공구대를 경사시키는 방법
• 심압대를 편위시키는 방법
• 테이퍼 절삭장치를 이용하는 방법
• 총형 바이트를 이용하는 방법

51 구멍의 지름 치수가 $50^{+0.035}_{-0.012}$일 때 공차는?

① 0.023mm
② 0.035mm
③ 0.047mm
④ −0.012mm

치수공차 : 최대허용치수와 최소허용치수의 차(위 치수허용차와 아래 치수허용차의 차)
$50^{+0.035}_{-0.012} \rightarrow 50.035 - 49.988 = 0.047$
∴ 치수공차 = 0.047

52 다음 입출력 장치 중 출력장치가 아닌 것은?

① 하드 카피장치(Hard Copier)
② 플로터(Plotter)
③ 프린터(Printer)
④ 디지타이저(Digitizer)

• 입력장치 : 조이스틱, 라이트 펜, 마우스, 스캐너, 디지타이저 등
• 출력장치 : 프린터, 플로터, 모니터 등
• 기억장치 : 하드디스크

53 CNC 선반에서 G92를 이용하여 나사가공할 때, 다음 그림에서 나사를 절삭하는 부분에 해당하는 것은?

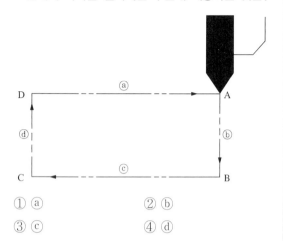

① ⓐ
② ⓑ
③ ⓒ
④ ⓓ

해설
• ⓒ : 절삭이송
• ⓐ, ⓑ, ⓓ : 급속이송

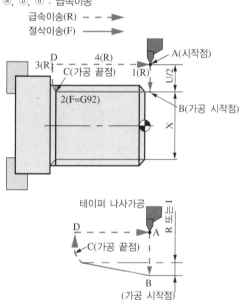

※ 단일고정형 나사절삭 사이클(G92)
  • G92 X(U)__ Z(W)__ F__; → 평행나사
  • G92 X(U)__ Z(W)__ I__ F__; (11T의 경우) → 테이퍼 나사
  • G92 X(U)__ Z(W)__ R__ F__; (11T 아닌 경우) → 테이퍼 나사
  여기서, X(U) : 절삭 시 나사 끝지점의 X좌표(지름지령)
         Z(W) : 절삭 시 나사 끝지점의 Z좌표
         F : 나사의 리드
         I 또는 R : 테이퍼나사 절삭 시 나사 끝지점(X좌표)과
         나사 시작점(X좌표)의 거리(반지름 지령)와 방향

54 헐거운 끼워맞춤에서 구멍의 최대허용치수와 축의 최소허용치수와의 차를 의미하는 용어는?

① 최소 틈새
② 최대 틈새
③ 최소 죔새
④ 최대 죔새

해설
② 최대 틈새 : 구멍의 최대허용치수 − 축의 최소허용치수
• 중간 끼워맞춤 : 틈새와 죔새가 생긴다.
• 억지 끼워맞춤 : 구멍의 최대 치수가 축의 최소 치수보다 작은 경우이며, 항상 죔새가 생긴다.
• 헐거운 끼워맞춤 : 구멍의 최소 치수가 축의 최대 치수보다 큰 경우이며, 항상 틈새가 생긴다.

끼워맞춤 상태	구 분	구 멍	축	비 고
헐거운 끼워맞춤	최소 틈새	최소허용치수	최대허용치수	틈새만
	최대 틈새	최대허용치수	최소허용치수	
억지 끼워맞춤	최소 죔새	최대허용치수	최소허용치수	죔새만
	최대 죔새	최소허용치수	최대허용치수	

55 다음 CNC 선반 프로그램에서 지름이 20mm인 지점에서의 주축 회전수는 몇 rpm인가?

```
G50 X100. S2000 T0100;
G96 S200 M03;
G00 X20. Z3 T0303;
```

① 200
② 1,500
③ 2,000
④ 3,185

해설
• G96 S200 M03; → 절삭속도 200m/min으로 일정제어, 정회전
• 공작물지름(φ20mm) → 문제에서 주어짐
• 주축회전수

$$N = \frac{1,000\,V}{\pi D} = \frac{1,000 \times 200\text{m/min}}{\pi \times 20\text{mm}} = 3,185\text{rpm}$$

$$\therefore N = 3,185\,\text{rpm}$$

• G50 X100. S2000 T0100; → G50 주축 최고 회전수를 2,000rpm으로 제한하였기 때문에 회전수는 계산된 3,185rpm이 아니라 2,000rpm이 된다.

56 다음 중 비절삭 시간을 단축하기 위하여 머시닝센터에 부착되는 장치는?

① 암(Arm)
② 베이스와 칼럼
③ 컨트롤 장치
④ 자동공구교환장치(ATC)

해설
- 자동공구교환장치(ATC) : 머시닝센터에서 여러 가지 가공을 순차적으로 할 수 있도록 자동으로 공구를 교환해 주는 장치로, 공구를 교환하는 ATC 암과 많은 공구가 격납되어 있는 공구 매거진으로 구성되어 있다. 매거진의 공구를 호출하는 방법에는 순차방식(Sequence Type)과 랜덤방식(Random Type)이 있다.
- 자동일감교환장치(자동팰럿교환장치, APC) : 기계의 효율을 높이기 위하여 테이블을 자동으로 교환하는 장치로 가공물의 고정 시간을 줄여 생산성을 높이기 위하여 사용한다.

57 서보모터에서 위치 및 속도를 검출하여 피드백(Feed Back)하는 제어방식은?

① 개방회로 방식
② 하이브리드 방식
③ 반폐쇄회로 방식
④ 폐쇄회로 방식

해설
CNC의 서보기구 위치 검출방식 ★ 반드시 암기(자주 출제)
- 반폐쇄회로 방식 : 모터에 내장된 태코제너레이터(펄스제너레이터)에서 속도를 검출하고, 인코더에서 위치를 검출하여 피드백하는 제어방식이다.
- 폐쇄회로방식 : 모터에 내장된 타코 제너레이터에서 속도를 검출하고, 기계의 테이블에 부착한 스케일에서 위치를 검출(로터리 인코더)하여 피드백시키는 방식이다.
- 개방회로방식 : 피드백 장치 없이 스테핑 모터를 사용한 방식으로 실용화되었으나, 피드백 장치가 없기 때문에 가공 정밀도에 문제가 있어 현재는 거의 사용되지 않는다.
- 복합회로(하이브리드)방식 : 반폐쇄회로 방식과 폐쇄회로 방식을 결합하여 고정밀도로 제어하는 방식으로, 가격이 고가이므로 고정밀도를 요구하는 기계에 사용된다.

58 CNC 공작기계로 자동운전 중 이송만 멈추게 하려면 어느 버튼을 누르는가?

① FEED HOLD
② SINGLE BLOCK
③ DRY RUN
④ Z AXIS LOCK

해설
① 이송정지(FEED HOLD) : 자동 개시의 실행으로 진행 중인 프로그램을 정지시킨다. 이송정지 상태에서 자동 개시 버튼을 누르면 현재 위치에서 재개한다. 이송 정지 상태에서는 주축 정지, 절삭유 등은 이송 정지 직전의 상태로 유지된다. 나사가공(G32, G92, G76) 실행 중에는 이송 정지를 작동시켜도 나사가공 Block은 정지하지 않고 다음 Block에서 정지한다.
② 싱글블록(SINGLE BLOCK) : 자동 개시의 작동으로 프로그램이 연속적으로 실행되지만, 싱글블록 기능이 ON 되면 한 블록씩 실행된다.
③ 드라이 런(DRY RUN) : ON되면 프로그램이 지령된 이송 속도를 무시하고 JOG속도(조작판의 Jog Feed Override)로 이송된다.

59 선반 외경용 툴 홀더 규격에서 밑줄 친 25가 나타내는 의미는?

[C S K P R <u>25</u> 25 M 12]

① 홀더의 높이
② 절삭날 길이
③ 홀더의 길이
④ 홀더의 폭

해설

선반 외경용 툴 홀더 형번 표기법(ISO)

C S K P R 25 25 M 12
㉠ ㉡ ㉢ ㉣ ㉤ ㉥ ㉦ ㉧ ㉨

㉠ C : 클램프방식   ㉡ S : 인서트 형상
㉢ K : 홀더의 형상   ㉣ P : 인서트 여유각
㉤ R : 승수   ㉥ 25 : 생크 높이(홀더의 높이)
㉦ 25 : 생크 폭   ㉧ M : 홀더의 길이
㉨ 12 : 인선의 길이

60 다음 그림은 CNC 선반 가공에서 공구 진행방향을 나타내고 있다. 공구 경로 B의 공구보정 기능으로 맞는 것은?

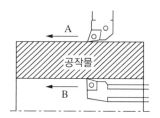

① G40   ② G41
③ G42   ④ G43

해설

공구 인선 반지름 보정 G-코드

G-코드	가공위치	공구경로	비 고
G40	인선반지름 보정 취소	프로그램 경로 위에서 공구이동	–
G41	인선 좌측보정	프로그램 경로의 왼쪽에서 공구이동	공구경로 B
G42	인선 우측보정	프로그램 경로의 오른쪽에서 공구이동	공구경로 A

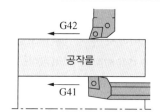

01 강을 절삭할 때 쇳밥(Chip)을 잘게 하고 피삭성을 좋게 하기 위해 황, 납 등의 특수원소를 첨가하는 강은?

① 레일강

② 쾌삭강

③ 다이스강

④ 스테인리스강

해설

쾌삭강 : 가공 재료의 피삭성을 높이고, 절삭 공구의 수명을 길게 하기 위하여 요구되는 성질을 개선한 구조용 강으로 강에 황(S), 납(Pb)을 첨가한 황쾌삭강, 납쾌삭강이 있다.

• 칩(Chip)처리 능률을 높임

• 가공면 정밀도, 표면거칠기 향상

02 저널 베어링에서 저널의 지름이 30mm, 길이가 40mm, 베어링의 하중이 2,400N일 때 베어링의 압력(N/mm^2)은?

① 1

② 2

③ 3

④ 4

해설

베어링 하중(P) = 베어링 압력(P_a) × 지름(d) × 저널길이(l)

베어링 압력(P_a) = $\dfrac{\text{베어링 하중}(P)}{\text{지름}(d) \times \text{저널길이}(l)} = \dfrac{2,400\text{N}}{30\text{mm} \times 40\text{mm}} = 2$

∴ 베어링의 압력(P) = 2N/mm^2

03 황동의 자연균열 방지책이 아닌 것은?

① 온도 180~260℃에서 응력제거 풀림처리

② 도료나 안료를 이용하여 표면처리

③ Zn도금으로 표면처리

④ 물에 침전처리

해설

• 물에 침전처리는 황동의 자연균열 방지책이 아니다.

• 자연균열 방지법 : 도료 및 아연(Zn)도금, 180~260℃에서 저온 풀림(응력제거 풀림)

※ 자연균열 : 황동이 관, 봉 등의 잔류응력에 의해 균열을 일으키는 현상

04 비중이 2.7로서 가볍고 은백색의 금속으로 내식성이 좋으며, 전기전도율이 구리의 60% 이상인 금속은?

① 알루미늄(Al)

② 마그네슘(Mg)

③ 바나듐(V)

④ 안티몬(Sb)

해설

알루미늄(Al)

• 비중이 2.7이다.

• 주조가 용이하다.

• 다른 금속과 잘 합금되어 상온 및 고온가공이 쉽다.

• 전연성이 우수한 전기, 열의 양도체이며 내식성이 강하다.

• 전기전도율은 구리의 60% 이상이다.

05 축 방향으로만 정하중을 받는 경우 50kN을 지탱할 수 있는 훅 나사부의 바깥지름은 약 몇 mm인가? (단, 허용응력은 50N/mm²이다)

① 40mm ② 45mm
③ 50mm ④ 55mm

해설

하중$(W) = \frac{1}{2}d^2 \times \sigma$에서

$\rightarrow d = \sqrt{\dfrac{2 \times W}{\sigma}} = \sqrt{\dfrac{2 \times 50,000\text{N}}{50\text{N/mm}^2}} \fallingdotseq 45\text{mm}$

∴ 훅 나사부의 바깥지름$(d) = 45$mm

여기서, σ : 허용응력(N/mm²), W : 축방향 정하중(N),

$\qquad$ 50kN $= 50 \times 10^3$N

06 WC를 주성분으로 TiC 등의 고융점 경질 탄화물 분말과 Co, Ni 등의 인성이 우수한 분말을 결합재로 하여 소결 성형한 절삭 공구는?

① 세라믹
② 서 멧
③ 주조경질합금
④ 소결초경합금

해설

- 초경합금 : 탄화텅스텐(WC), 타이타늄(Ti), 탄탈(Ta) 등의 분말을 코발트(Co) 또는 니켈(Ni) 분말과 혼합하여 프레스로 성형한 다음 약 1,400℃ 이상의 고온으로 가열하면서 소결한 것으로 고온·고속 절삭에서도 높은 경도를 유지하지만 진동이나 충격을 받으면 부서지기 쉬운 절삭 공구 재료이다.
- 세라믹(Ceramic) : 산화알루미늄(Al₂O₃)분말을 주성분으로 마그네슘, 규소 등의 산화물과 소량의 다른 원소를 첨가하여 소결한 절삭공구이다. 고온에서 경도가 높고, 내마모성이 좋아 초경합금보다 빠른 절삭속도로 절삭이 가능하며 백색, 분홍색, 회색, 흑색 등의 색이 있고, 초경합금보다 가볍다.
- 서멧(Cermet) : 세라믹과 메탈의 복합어로 세라믹의 취성을 보완하기 위하여 개발된 내화물과 금속 복합체의 총칭이다. Al₂O₃분말 약 70%에 TiC 또는 TiN분말을 30% 정도 혼합하여 수소 분위기 속에서 소결하여 제작한다. 고속절삭에서 저속절삭까지 사용범위가 넓고 크레이터 마모, 플랭크 마모 등이 적고 구성인선이 거의 발생하지 않아 공구수명이 길다.

07 강괴를 탈산 정도에 따라 분류할 때 이에 속하지 않는 것은?

① 림드강
② 세미림드강
③ 킬드강
④ 세미킬드강

해설

강괴는 탈산 정도에 따라 분류 : 킬드강, 림드강, 세미킬드강

08 구리에 니켈 40~50% 정도를 함유하는 합금으로서 통신기, 전열선 등의 전기저항 재료로 이용되는 것은?

① 모넬메탈 ② 콘스탄탄
③ 엘린바 ④ 인 바

해설

- Cu-Ni합금으로 Ni 50% 부근은 전기저항의 최대치와 온도계수의 최소치가 있어 열전대로 널리 사용되며 콘스탄탄, 어드밴스 등의 상품명으로 잘 알려져 있다.
- Cu-Ni계 합금
  - 콘스탄탄(40~45% Ni), 어드밴스(44% Ni), 모넬메탈 (60~70% Ni/내식성우수)
- 엘린바, 인바 : 온도변화에 따라 열팽창계수 및 탄성계수가 변하지 않는 불변강
- ★ 모넬메탈과 콘스탄탄의 함유량은 암기할 것

09 모듈이 2이고, 잇수가 각각 36, 74개인 두 기어가 맞물려 있을 때 축간거리는 약 몇 mm인가?

① 100mm 　　② 110mm

③ 120mm 　　④ 130mm

> **해설**
>
> 중심거리$(C) = \dfrac{(Z_1 + Z_2)m}{2} = \dfrac{(36+74) \times 2}{2} = 110\text{mm}$
>
> $\therefore$ 중심거리$(C) = 110\text{mm}$
>
> 여기서, m : 모듈, Z_1, Z_2 : 기어잇수

10 밀링작업에서 상향절삭과 비교한 하향절삭의 특징으로 옳은 것은?

① 날의 마멸이 심하다.

② 공작물의 고정이 불리하다.

③ 칩이 가공할 면 위에 쌓인다.

④ 커터의 이송방향과 절삭방향이 같다.

> **해설**
>
> 상향절삭과 하향절삭의 차이점

구 분	상향절삭	하향절삭
방 향	커터 회전방향과 공작물 이송방향 반대	커터 회전방향과 공작물 이송방향 동일
백래시	절삭에 별 지장이 없다.	백래시를 제거해야 한다.
기계의 강성	강성이 낮아도 무관하다.	가공할 때, 충격이 있어 높은 강성이 필요하다.
가공물의 고정	절삭력이 상향으로 작용하여 고정이 불리하다.	절삭력이 하향으로 작용하여 가공물 고정이 유리하다.
인선의 수명	절입할 때, 마찰열로 마모가 빠르고 공구수명이 짧다.	상향절삭에 비하여 공구 수명이 길다.
마찰 저항	마찰저항이 커서 절삭공구를 위로 들어 올리는 힘이 작용한다.	절입할 때, 마찰력은 작으나 하향으로 충격력이 작용한다.
가공면의 표면 거칠기	광택은 있으나, 상향에 의한 회전저항으로 전체적으로 하향절삭보다 나쁘다.	가공 표면에 광택은 적으나, 저속이송에서는 회전저항이 발생하지 않아 표면거칠기가 좋다.

11 연삭숫돌의 입자 중 천연입자에 해당하는 것은?

① 에머리

② 탄화규소

③ 탄화붕소

④ 산화알루미늄

> **해설**
>
> • 천연입자 : 사암이나 석영, 에머리, 커런덤, 다이아몬드 등
> • 인조입자 : 탄화규소, 산화알루미나, 탄화붕소, 지르코늄 옥시드 등

12 다이얼 게이지의 특징으로 틀린 것은?

① 읽음 오차가 작다.

② 측정 범위가 좁다.

③ 연속된 변위량의 측정이 가능하다.

④ 소형이고 가벼워서 취급이 용이하다.

> **해설**
>
> 다이얼 게이지의 특징
> • 소형, 경량으로 취급이 용이하다.
> • 측정 범위가 넓다.
> • 눈금과 지침에 의해서 읽기 때문에 오차가 작다.
> • 연속된 변위량의 측정이 가능하다.
> • 많은 개소의 측정을 동시에 할 수 있다.
> • 부속품의 사용에 따라 광범위하게 측정할 수 있다.

13 진공관의 격자, 반도체 프린트 회로 등의 가공에 사용되는 화학적 가공의 특징에 해당하지 않는 것은?

① 변형이나 거스러미가 발생하지 않는다.

② 강도나 경도가 높은 재료는 가공하기 곤란하다.

③ 가공경화 또는 표면 변질층이 거의 생기지 않는다.

④ 복잡한 형상의 표면 전체를 한 번에 가공할 수 있다.

해설

화학적 가공의 특징

• 강도나 경도에 관계없이 사용할 수 있다.

• 변형이나 거스러미가 발생하지 않는다.

• 가공경화 또는 표면 변질층이 발생하지 않는다.

• 복잡한 형상과 관계없이 표면 전체를 한 번에 가공할 수 있다.

• 한 번에 여러 개를 가공할 수 있다.

14 선반가공에서 척에 고정할 수 없는 복잡한 가공물을 고정할 때 사용하는 부속품은?

① 면 판   ② 센 터

③ 심 봉   ④ 방진구

해설

① 면판 : 척에 고정할 수 없는 불규칙하거나 대형의 가공물 또는 복잡한 가공물을 고정할 때 척을 떼어내고 면판을 주축에 고정하여 사용한다.

② 센터 : 가공물을 고정할 때, 주축 또는 심압축에 설치한 센터에 의해 가공물을 지지하거나 고정할 때 사용하는 부속품이다.

④ 방진구(Work Rest) : 선반에서 가늘고 긴 가공물의 휨이나 떨림을 방지하기 위해 선반 베드 위에 고정하여 사용하는 고정식 방진구, 왕복대의 새들에 고정하여 사용하는 이동식 방진구가 있다.

15 드릴로 뚫은 구멍은 치수 및 정밀도가 좋지 않으므로 정밀도를 좋게 하기 위하여 가공하는 작업은?

① 탭 가공

② 리머 가공

③ 브로치 가공

④ 슬로터 가공

해설

② 리머 : 구멍을 정밀하게 다듬는 작업

① 탭 : 암나사 가공

③ 브로칭(Broaching) : 가늘고 긴 일정한 단면 모양을 가진 공구에 많은 날을 가진 브로치(Broach)라는 절삭 공구를 사용하여 가공물의 내면이나 외경에 필요한 형상의 부품을 가공하는 절삭 방법

16 일반적인 줄 작업 방법의 종류로 틀린 것은?

① 병진법   ② 사진법

③ 직진법   ④ 하진법

해설

• 줄 작업 종류 및 용도

 – 직진법 : 황삭 및 다듬질 작업

 – 사진법 : 황삭 및 볼록한 면의 수정작업

 – 병진법 : 폭이 좁고 길이가 긴 가공물의 줄 작업

• 줄 작업 방법

(a) 직진법   (b) 사진법   (c) 병진법

13 ② 14 ① 15 ② 16 ④ **정답**

17 기어의 치형을 깎는 방법이 아닌 것은?

① 창성에 의한 방법

② 형판에 의한 방법

③ 엔드밀에 의한 방법

④ 총형커터에 의한 방법

기어 절삭법
- 형판에 의한 방법
- 총형커터에 의한 방법
- 창성법에 의한 방법(래크 커터, 피니언 커터, 호브 사용)

18 쇼트피닝에서 중요 가공조건으로 거리가 먼 것은?

① 분사각도   ② 분사면적

③ 분사속도   ④ 분사시기

쇼트피닝 : 표면을 타격하는 일종의 냉간가공으로 철강의 작은 볼(Shot)을 공작물 표면에 분사하여 강재의 화학조성을 변화시키지 않고 표면을 매끈하게 하여 피로강도 및 기계적 성질을 향상시킨다.
- 쇼트피닝의 가공조건인 분사속도, 분사각도, 분사면적은 중요한 영향을 미친다.
- 분사 각도는 90°의 경우가 가장 크고, 분사 각이 더욱 커지면 피닝 효과는 감소한다.

19 밀링머신에서 브라운 샤프형 분할대를 이용하여 잇수가 60개인 스퍼기어의 이를 깎을 때, 선택하는 구멍열의 종류는?

① 15   ② 16

③ 17   ④ 18

단식 분할법 : 분할 크랭크와 분할판을 사용하여 분할하는 방법으로 분할 크랭크를 40회전시키면 주축은 1회전하므로 주축을 회전시키려면 분할 크랭크를 40/N회전시키면 가능하게 된다.

$$\frac{h}{H} = \frac{40}{N}$$

여기서, N : 가공물의 등분수, H : 분할판의 구멍수
        h : 1회 분할에 필요한 분할판의 구멍수
문제에서 잇수가 60개 → 60등분이므로 N이 60이다.

$$\frac{40}{60} = \frac{h}{H} = \frac{40 \times \frac{1}{4}}{60 \times \frac{1}{4}} = \frac{10}{15}$$

$\dfrac{40 \times \frac{1}{4}}{60 \times \frac{1}{4}}$ → 브라운 샤프형의 15구멍 분할판을 사용하기 위해

분모, 분자에 $\frac{1}{4}$을 곱해준다.

분자와 분모에 $\frac{1}{4}$을 곱하는 이유는 H, 즉 분할판의 구멍의 종류에 맞추기 위한 것

$\dfrac{10}{15}$ → 브라운 샤프 15구멍열에서 분할크랭크를 10구멍씩 전진하면서 가공한다.

20 다음 중 절삭저항 3분력으로 맞는 것은?

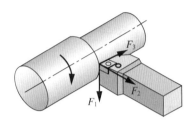

① F_1 : 배분력 > F_2 : 주분력 > F_3 : 이송분력

② F_1 : 주분력 < F_2 : 이송분력 < F_3 : 배분력

③ F_1 : 이송분력 > F_2 : 주분력 > F_3 : 배분력

④ F_1 : 주분력 > F_2 : 배분력 > F_3 : 이송분력

> **해설**
> F_1 : 주분력 > F_2 : 배분력 > F_3 : 이송분력
> **절삭저항 3분력**
> • F_1 : 주분력(절삭방향에 평행)
> • F_2 : 배분력(절삭 깊이 방향)
> • F_3 : 이송분력(이송방향에 평행)

21 공구결함 중 일감과 공구 옆면의 마찰에 의해서 일어나는 마모는?

① 연삭 마모
② 치핑 마모
③ 플랭크 마모
④ 크레이터 마모

> **해설**
> • 플랭크 마모(Flank Wear) : 절삭공구의 절삭면에 평행하게 마모되는 것을 의미하며, 측면과 절삭면과의 마찰에 의하여 발생한다.
> • 크레이터 마모(Creater Wear) : 칩이 처음으로 바이트 경사면에 접촉하는 접촉점은 절삭공구의 인선에서 약간 떨어져서 나타나며, 이 접촉점에서 마찰력이 작용하여 절삭공구의 상면 경사면이 오목하게 파이는 현상
> • 치핑(Chipping) : 절삭공구 인선의 일부가 미세하게 탈락되는 현상

22 다음 그림은 드릴링 머신을 이용한 가공 방법 중 무엇인가?

① 리 밍
② 스폿 페이싱
③ 카운터 보링
④ 카운터 싱킹

> **해설**
> **드릴가공의 종류**
> • 카운터 보링 : 볼트의 머리 부분이 돌출되면 곤란한 부분이 있다. 이러한 경우에 볼트 또는 너트의 머리 부분이 가공물 안으로 묻히도록 드릴과 동심원의 2단 구멍을 절삭하는 방법
> • 카운터 싱킹 : 나사머리의 모양이 접시모양일 때 테이퍼 원통형으로 절삭하는 가공
> • 리밍 : 구멍의 정밀도를 높이기 위해 구멍을 다듬는 작업
> • 태핑 : 공작물 내부에 암나사 가공, 태핑을 위한 드릴가공은 나사의 외경-피치로 한다.
> • 스폿 페이싱 : 볼트나 너트를 체결하기 곤란한 경우에 볼트나 너트가 닿는 구멍 주위에 부분만 평탄하게 가공하여 체결이 잘되도록 하는 가공 방법
> • 보링 : 뚫린 구멍을 다시 절삭, 구멍을 넓히고 다듬질하는 것

23 그림에서 ㉠은 선반의 부속장치 중 무엇인가?

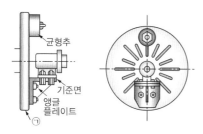

균형추
기준면
앵글
플레이트
㉠

① 면 판
② 센 터
③ 맨드릴
④ 분할대

면판은 척으로 고정할 수 없는 대형 공작물이나 복잡한 형상의 공작물을 T볼트나 클램프 또는 앵글 플레이트 등을 사용하여 고정한다. 공작물이 중심에서 무게에 균형이 맞지 않을 때에는 균형추를 설치하여 사용한다.

선반과 밀링의 부속품

선반의 부속품	밀링의 부속품
방진구, 맨드릴, 센터, 면판, 돌림판과 돌리개, 척 등	분할대, 바이스, 회전 테이블, 슬로팅 장치 등

24 가늘고 긴 일정한 단면 모양을 가진 공구에 많은 날을 가지고 있는 절삭공구를 사용하여 키 홈, 스플라인 홈, 원형 및 다각형 구멍 등을 절삭하는 가공은?

① 밀링 가공
② 호빙 가공
③ 드릴링 가공
④ 브로칭 가공

브로칭(Broaching) : 가늘고 긴 일정한 단면 모양을 가진 공구에 많은 날을 가진 브로치(Broach)라는 절삭공구를 사용하여 가공물의 내면이나 외경에 필요한 형상의 부품을 가공하는 절삭 방법
• 내면 브로칭 머신 : 키 홈, 스플라인 홈, 원형이나 다각형의 구멍 등의 내면의 형상 가공
• 외경 브로칭 머신 : 세그먼트 기어 홈, 특수한 외면의 형상 가공

25 기계가공 후 평면, 원통 면에 정밀 다듬질이 필요로 할 경우 이용되는 가공은?

① 탭 가공
② 리머 가공
③ 다이스 가공
④ 스크레이퍼 가공

• 스크레이퍼 작업(Scraping) : 스크레이퍼는 줄작업 또는 기계가공한 면을 더욱 정밀하게 다듬질할 필요가 있을 때 소량의 금속을 국부적으로 깎아 내는 공구로서, 스크레이퍼로 면을 다듬질하는 작업을 스크레이핑이라고 한다. 열처리된 강철에는 사용하기 어렵다.
• 리머 : 구멍을 정밀하게 다듬는 작업

26 버니어 캘리퍼스의 종류가 아닌 것은?

① M1형
② M2형
③ HT형
④ CM형

KS에 규정된 버니어 캘리퍼스 종류 : M1형, M2형, CB형, CM형

27 전해연마의 특징이 아닌 것은?

① 가공변질층이 있다.

② 가공면에 방향성이 없다.

③ 내부식성이 향상된다.

④ 평활한 가공면을 얻을 수 있다.

29 그림과 같이 물체의 구멍, 홈 등 특정 부위만의 모양을 도시하는 투상도의 명칭은?

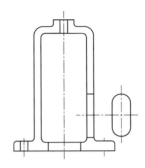

① 보조 투상도   ② 국부 투상도

③ 전개 투상도   ④ 회전 투상도

28 스윙 200mm 이하로서 시계 부품이나 재봉틀 부품과 같은 소형 부품 가공에 적합한 선반은?

① 탁상선반   ② 정면선반

③ 차륜선반   ④ 차축선반

30 표면거칠기 지시방법에서 '제거가공을 허용하지 않는다.'는 것을 지시하는 것은?

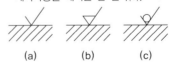

31 그림과 같은 암나사 관련부분의 도시 기호의 설명으로 틀린 것은?

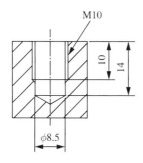

M10
10
14
φ8.5

① 드릴의 지름은 8.5mm
② 암나사의 안지름은 10mm
③ 드릴 구멍의 깊이는 14mm
④ 유효 나사부의 길이는 10mm

해설
암나사의 안지름(드릴지름)은 8.5mm, 암나사의 골지름(수나사의 바깥지름)은 10mm, 탭 깊이(유효 나사부의 길이)는 10mm이다.

32 베어링 호칭번호 '6308 Z NR'로 되어 있을 때 각각의 기호 및 번호에 대한 설명으로 틀린 것은?

① 63 : 베어링 계열 기호
② 08 : 베어링 안지름 번호
③ Z : 레이디얼 내부 틈새 기호
④ NR : 궤도륜 모양 기호

해설
Z : 실드 기호(한쪽 실드), ZZ(양쪽 실드)

33 다음과 같은 숫돌바퀴의 표시에서 숫돌입자의 종류를 표시한 것은?

WA 60 K m V

① 60
② m
③ WA
④ V

해설
WA : 숫돌입자, 60 : 입도, K : 결합도, m : 조직, V : 결합제

34 자동모방장치를 이용하여 모형이나 형판을 따라 절삭하는 선반은?

① 모방선반
② 공구선반
③ 정면선반
④ 터릿선반

해설
① 모방선반 : 자동모방장치를 이용하여 모형이나 형판(Template) 외형에 트레이서(Tracer)가 설치되고 트레이서가 움직이면, 바이트가 함께 움직여 모형이나 형판의 외형과 동일한 형상의 부품을 자동으로 가공하는 선반
② 공구선반 : 보통선반과 같은 구조이나 정밀한 형식으로 되어 있어 주로 밀링커터, 드릴 등 공구를 가공함
③ 정면선반 : 기차바퀴처럼 지름이 크고, 길이가 짧은 가공물을 절삭하기 편리한 선반으로 베드의 길이가 짧고, 심압대가 없는 경우도 많음
④ 터릿선반 : 보통선반의 심압대 대신에 터릿으로 불리는 회전공구대를 설치하여 여러 가지 절삭 공구를 공정에 맞게 설치하여 부품을 대량 생산하는 선반

35 컴퓨터에 의한 통합 생산 시스템으로 설계, 제조, 생산, 관리 등을 통합하여 운영하는 시스템은?

① CAM   ② FMS

③ DNC   ④ CIMS

37 CAD/CAM 시스템에서 입력장치에 해당되는 것은?

① 프린터

② 플로터

③ 모니터

④ 스캐너

> **해설**
> • 입력장치 : 조이스틱, 라이트 펜, 마우스, 스캐너 등
> • 출력장치 : 프린터, 플로터, 모니터 등
> ※ 하드디스크는 기억장치이다.

38 CNC선반에서 점 B에서 점 C까지 가공하는 프로그램을 올바르게 작성한 것은?

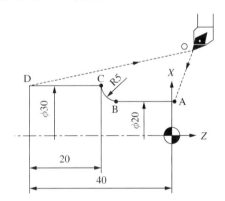

36 CNC선반에서 지령값 X를 ϕ50mm로 가공한 후 측정한 결과 ϕ49.97mm이었다. 기존의 X축 보정값이 0.005라면 보정값을 얼마로 수정해야 하는가?

① 0.035   ② 0.135

③ 0.025   ④ 0.125

> **해설**
> • 측정값과 지령값의 오차 = 49.97 – 50 = –0.03(0.03만큼 작게 가공됨) 그러므로 공구를 X의 +방향으로 0.03만큼 이동하는 보정을 하여야 한다.
> • 공구보정값 = 기존의 보정값 + 더해야 할 보정값
> = 0.005 + 0.03
> = 0.035

① G02 U10. W–5. R5.;

② G02 X10. Z–5. R5.;

③ G03 U10. W–5. R5.;

④ G03 X10. Z–5. R5.;

> **해설**
> B → C 가공은 원호보간(시계방향)으로 G02를 사용한다.
> • G02 X30. Z–20. R5.; (절대지령)
> • G02 U10. W–5. R5.; (증분지령)
> • G02 X30. W–5. R5.; , G02 U10. Z–20. R5.; (혼합지령)

39 선반작업에서 공작물의 가공 길이가 240mm이고, 공작물의 회전수가 1,200rpm, 이송속도가 0.2mm/rev일 때 1회 가공에 필요한 시간은 몇 분(min)인가?

① 0.2   ② 0.5

③ 1.0   ④ 2.0

해설

선반의 가공시간

$$T = \frac{L}{ns} \times i = \frac{240\text{mm}}{1,200\text{rpm} \times 0.2\text{mm/rev}} \times 1\text{회} = 1\text{min}$$

$$\therefore \; T = 1\text{min}$$

여기서, T : 가공시간(min)

        L : 절삭가공길이(가공물 길이, mm)

        n : 회전수(rpm)

        s : 이송(mm/rev)

40 서보기구 중 가장 널리 사용되는 다음과 같은 제어방식은?

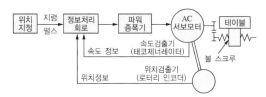

① 반폐쇄회로 방식   ② 하이브리드 서보 방식

③ 개방회로 방식   ④ 폐쇄회로 방식

해설

① 반폐쇄회로 방식 : 모터에 내장된 태코제너레이터(펄스제너레이터)에서 속도를 검출하고, 인코더에서 위치를 검출하여 피드백하는 제어방식이다.

② 복합회로(하이브리드) 방식 : 반폐쇄회로 방식과 폐쇄회로 방식을 결합하여 고정밀도로 제어하는 방식으로, 가격이 고가이므로 고정밀도를 요구하는 기계에 사용된다.

③ 개방회로 방식 : 피드백 장치 없이 스테핑 모터를 사용한 방식으로 실화화되었으나, 피드백 장치가 없기 때문에 가공 정밀도에 문제가 있어 현재는 거의 사용되지 않는다.

④ 폐쇄회로 방식 : 모터에 내장된 태코제너레이터에서 속도를 검출하고, 기계의 테이블에 부착한 스케일에서 위치를 검출(로터리 인코더)하여 피드백시키는 방식이다.

41 CNC공작기계가 가지고 있는 M(보조기능) 기능이 아닌 것은?

① 스핀들 정, 역회전 기능

② 절삭유 ON, OFF 기능

③ 절삭속도 선택 기능

④ 프로그램의 선택적 정지 기능

해설

절삭속도 선택 기능 : 이송 기능(F)

M코드

M코드	기능	M코드	기능
M00	프로그램 정지	M08	절삭유 ON
M01	프로그램 선택 정지	M09	절삭유 OFF
M02	프로그램 끝	M30	프로그램 끝 & 리셋
M03	주축 정회전	M98	보조프로그램 호출
M04	주축 역회전	M99	보조프로그램 종료
M05	주축 정지		

42 CNC선반에서 G71로 황삭가공한 후 정삭가공하려면 G코드는 무엇을 사용해야 하는가?

① G70

② G72

③ G74

④ G76

해설

G71, G72, G73 사이클로 거친 절삭이 마무리되면 G70으로 다듬절삭(정삭)을 한다. G70에서 F는 G71, G72, G73에서 지령된 것은 무시되고 전개번호 ns와 nf 사이에서 지령된 값이 유효하다.

• G70 : 다듬 절삭 사이클

• G72 : 단면 거친 절삭 사이클

• G74 : Z방향 홈 가공 사이클

• G76 : 나사 절삭 사이클

43 다음과 같은 CNC선반의 평행 나사절삭 프로그램에서 F2.0의 설명으로 맞는 것은?

> G92 X48.7 Z-25. F2.0,
> X48.2;

① 나사의 높이 2mm
② 나사의 리드 2mm
③ 나사의 피치 2mm
④ 나사의 줄 수 2줄

해설

F2.0은 나사의 리드 2mm를 나타낸다.
단일고정형 나사절삭 사이클(G92)

> G92 X(U)___Z(W)___ R_ F_;

• X(U) : 나사 절입량 중 1회 절입할 때의 골지름(지름 명령)
• Z(W) : 나사 가공 길이
• R : 테이퍼 나사를 가공할 때 X축 기울기량을 지정(G90과 같으며 반지름 지정, 평행 나사일 경우는 생략한다)
• F : 나사의 리드

44 그림과 같은 입체도에서 화살표 방향 투상도로 가장 적합한 것은?

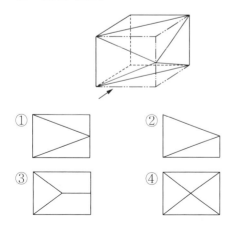

45 CNC선반에서 복합 반복 사이클(G71)로 거친 절삭을 지령하려고 한다. 각 주소(Address)의 설명으로 틀린 것은?

> G71 U($\triangle d$) R(e);
> G71 P(ns) Q(nf) U($\triangle u$) W($\triangle w$) F(f);
> 또는
> G71 P(ns) Q(nf) U($\triangle u$) W($\triangle w$) D($\triangle d$) F(f);

① $\triangle u$: X축 방향 다듬질 여유로 지름값으로 지정
② $\triangle w$: Z축 방향 다듬질 여유
③ $\triangle d$: Z축 1회 절입량으로 지름값으로 지정
④ F : G71 블록에서 지령된 이송속도

해설

$\triangle d$: Z축 1회 절입량으로 반지름값 지정
※ G71 : 안·바깥지름 거친절삭 사이클(복합 반복 사이클)

> G71 U($\triangle d$) R(e);
> G71 P(ns) Q(nf) U($\triangle u$) W($\triangle w$) F(f);

여기서, U($\triangle d$) : 1회 가공깊이(절삭깊이)/반지름지령, 소수점 지령 가능
　　　 R(e) : 도피량(절삭 후 간섭 없이 공구가 빠지기 위한 양)
　　　 P(ns) : 다듬 절삭가공 지령절의 첫 번째 전개번호
　　　 Q(nf) : 다듬 절삭가공 지령절의 마지막 전개번호
　　　 U($\triangle u$) : X축 방향 다듬 절삭 여유(지름 지령)
　　　 W($\triangle w$) : Z축 방향 다듬 절삭 여유
　　　 F(f) : 거친절삭 가공 시 이송속도(즉, P와 Q 사이의 데이터는 무시되고 G71블록에서 지령된 데이터가 유효)

46 기계의 일상 점검 중 매일 점검에 가장 가까운 것은?

① 소음상태 점검
② 기계의 레벨 점검
③ 기계의 정적 정밀도 점검
④ 절연상태 점검

해설

• 매일 점검 : 외관 점검, 유량 점검, 압력 점검, 각부의 작동 검사, 소음상태 검사
• 매년 점검 : 레벨(수평)점검, 기계정도 검사, 절연상태 점검

47 다음 G코드의 성격이 다른 것은?

① G80　　　　　② G40

③ G49　　　　　④ G50

> **해설**
> G80, G40, G49는 취소에 관련된 G코드이며 G50은 좌표계 설정과 관련 있다.
> • G80 : 고정사이클 취소
> • G40 : 공구인선보정 취소
> • G49 : 공구길이보정 취소

48 CNC선반 모드 선택 스위치 중 프로그램의 신규 작성이나 저장된 프로그램을 수정할 수 있는 것은?

① DNC

② EDIT

③ AUTO

④ JOG

> **해설**
> ② EDIT(편집) : 프로그램의 신규 작성이나 저장된 프로그램을 수정할 수 있다.
> ① DNC : 컨트롤러 밖의 메모리에서 프로그램을 공급받아 DNC 운전을 한다.
> ③ AUTO(자동) : 선택한 프로그램을 자동 운전한다.
> ④ JOG(수동) : 공구를 연속적으로 이동한다.

49 CNC선반에서 공구보정(Offset) 번호 6번을 선택하여 1번 공구를 사용하려고 할 때 공구지령으로 옳은 것은?

① T0601

② T0106

③ T1060

④ T6010

> **해설**
> T0106 → 1번공구, 공구보정번호 6
> ※ CNC선반의 경우 − T □□△△
>   • T : 공구기능
>   • □□ : 공구선택번호(01~99번) → 기계 사양에 따라 지령 가능한 번호 결정
>   • △△ : 공구보정번호(01~99번) → 00은 보정 취소 기능임
>   • 공구보정 없이 보정 취소를 하려면 T0100으로 지령해야 함

50 A에서 B점까지 이동하는 프로그램으로 틀린 것은?

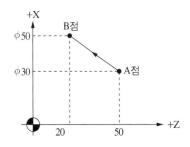

① G01 X50. Z20.;

② G01 U20. W−30.;

③ G01 X50. W−20.;

④ G01 U20. Z20.;

> **해설**
> • 절대명령방식 → G01 X50. Z20.;
> • 증분명령방식 → G01 U20. W−30.;
> • 혼합명령방식 → G01 X50. W−30.;
> • 혼합명령방식 → G01 U20. Z20.;

51 머시닝센터에서 공구의 길이를 측정하고자 할 때, 가장 적합한 기구는?

① 다이얼 게이지
② 블록 게이지
③ 하이트 게이지
④ 툴 프리세터

해설
머시닝센터에서 공구 길이의 측정 방법
• 툴 프리세터를 이용하는 방법
• 하이트 프리세터를 이용하는 방법
※ 툴 프리세터 : 공구 길이나 공구경을 측정하는 장치
   하이트 프리세터 : 기계에 공구를 고정하며 길이를 비교하여 그 차이값을 구하고, 보정값 입력란에 입력하는 측정기

52 다음 중 NC의 어드레스와 그에 따른 기능을 설명한 것으로 틀린 것은?

① F : 이송기능
② G : 준비기능
③ M : 주축기능
④ T : 공구기능

해설
• 보조기능(M) : 스핀들 모터를 비롯한 기계의 각종 기능을 수행하는 데 필요한 보조장치의 ON/OFF를 수행하는 기능(M08 : 절삭유 ON /M09 : 절삭유 OFF)
• 준비기능(G) : 제어장치의 기능을 동작하기 위한 준비를 하는 기능
• 주축기능(S) : 주축의 회전속도를 지령하는 기능
• 공구기능(T) : 공구를 선택하는 기능
• 이송기능(F) : 이송속도를 지령하는 기능

53 CNC 공작기계에서 사용되는 좌표계 중 사용자가 임의로 변경해서는 안 되는 좌표계는?

① 공작물 좌표계
② 기계 좌표계
③ 지역 좌표계
④ 상대 좌표계

해설
• 기계 좌표계 : 기계원점을 기준으로 정한 좌표계이며, 기계 제작자가 파라미터에 의해 정하는 좌표계
• 공작물 좌표계 : 도면을 보고 프로그램을 작성할 때 절대 좌표계의 기준이 되는 점으로서 프로그램 원점 또는 공작물 원점이라고도 한다.
• 구역 좌표계 : 지역 좌표계 또는 워크 좌표계라고도 하며, G54~G59를 사용하여 각각의 작업영역별로 원점을 부여하여 사용한다.
• 상대 좌표계 : 일시적으로 좌표를 0(Zero)으로 설정할 때 사용한다.
• 잔여 좌표계 : 자동 실행 중 블록의 나머지 이동거리를 표시해 준다.

54 1.5초 동안 일시정지(G04)기능의 명령으로 틀린 것은?

① G04 U1.5;
② G04 X1.5;
③ G04 P1.5;
④ G04 P1500;

해설
어드레스 P는 소수점을 사용할 수 없다.
휴지(Dwell) : 지령한 시간 동안 이송이 정지되는 기능이다. 이 기능은 홈 가공이나 드릴작업 등에서 간헐이송으로 칩을 절단하거나 목표점에 도달한 후 즉시 후퇴할 때 생기는 이송량 만큼의 단차를 제거함으로써 진원도의 향상 및 깨끗한 표면을 얻기 위하여 사용한다.
어드레스 X, U 또는 P와 정지하려는 시간을 수치로 입력한다. P는 소수점을 사용할 수 없으며, X, U는 소수점 이하 세 자리까지 유효하다.

$$※ \ 정지시간(초) = \frac{60 \times 공회전수(회)}{스핀들회전수(rpm)} = \frac{60 \times n(회)}{N(rpm)}$$

예 1.5초 동안 정지시키려면 G04 X1.5; , G04 U1.5; , G04 P1500;

55 CNC 선반에서 작업 안전사항이 아닌 것은?

① 문이 열린 상태에서 작업을 하면 경보가 발생하도록 한다.

② 척에 공작물을 클램핑할 경우에는 장갑을 끼고 작업하지 않는다.

③ 가공 상태를 볼 수 있도록 문(Door)에 일반 투명유리를 설치한다.

④ 작업 중 타인은 프로그램을 수정하지 못하도록 옵션을 건다.

해설
일반 투명유리는 칩에 의해 파손되기 쉽다.

56 다음의 프로그램에서 절삭속도(m/min)를 일정하게 유지시켜 주는 기능을 나타낸 블록은?

```
N01 G50 X250.0 Z250.0 S2000;
N02 G96 S150 M03;
N03 G00 X70.0 Z0.0;
N04 G01 X-1.0 F0.2;
N05 G97 S700;
N06     X0.0 Z-10.0;
```

① N01   ② N02

③ N03   ④ N04

해설
• N02 G96 S150 M03; → 주축을 정회전으로 150m/min으로 일정하게 유지
• G96 : 절삭속도(m/min) 일정제어
• G97 : 주축 회전수(rpm) 일정제어 → N05 블록(700rpm으로 일정하게 유지)
• M03 : 주축 정회전
• G50 : 공작물 좌표계 설정, 주축 최고 회전수 설정 → N01 블록

57 센터리스 연삭기에 대한 설명 중 틀린 것은?

① 가늘고 긴 가공물의 연삭에 적합하다.

② 가공물을 연속적으로 가공할 수 있다.

③ 조정숫돌과 지지대를 이용하여 가공물을 연삭한다.

④ 가공물 고정은 센터, 척, 자석척 등을 이용한다.

해설
센터리스 연삭의 특징 ★ 반드시 암기(자주 출제)
• 센터가 필요하지 않아 센터 구멍을 가공할 필요가 없다(센터가 필요 없다).
• 중공(中空, 속이 빈 축)의 가공물을 연삭할 때 편리하다.
• 연삭 여유가 작아도 된다.
• 가늘고 긴 가공물의 연삭에 적합하다.
• 긴 홈이 있는 가공물의 연삭은 불가능하다.
• 대형이나 중량물의 연삭은 불가능하다.
• 연속가공이 가능하며 대량 생산에 적합하다.
• 자생작용이 있다.

58 시준기와 망원경을 조합한 것으로 미소 각도를 측정하는 광학적 측정기는?

① 오토콜리메이터

② 콤비네이션 세트

③ 사인바

④ 측장기

해설
• 오토 콜리메이터 : 시준기와 망원경을 조합한 것으로 미소 각도를 측정하는 광학적 측정기로서 평면경 프리즘 등을 이용한 정밀 정반의 평면도, 마이크로미터의 측정면 직각도, 평행도, 공작기계 안내면의 진직도, 직각도, 안내면의 평행도, 그 밖에 작은 각도의 변화 차이 및 흔들림 등의 측정에 사용된다.
• 각도측정 : 사인바, 오토콜리메이터, 콤비네이션 세트 등

59 다음 그림에서 절삭조건 "G96 S157"로 가공할 때 A점에서의 회전수는 약 얼마인가?(단, π는 3.14로 한다)

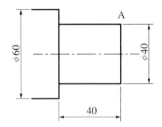

① 200rpm

② 250rpm

③ 1,250rpm

④ 1,500rpm

해설
- G96 : 절삭속도 일정제어(m/min)
- G96 S157; → 절삭속도 157m/min로 일정하게 유지
- A점 공작물 지름 → 40mm

$$N = \frac{1,000\,V}{\pi D} = \frac{1,000 \times 157\text{m/min}}{\pi \times 40\text{mm}} \fallingdotseq 1,250\text{rpm}$$

$$\therefore N = 1,250\,\text{rpm}$$

여기서, V : 절삭속도(m/min)

D : 공작물의 지름(mm)

N : 회전수(rpm)

60 DNC(Direct Numerical Control) 시스템의 구성 요소가 아닌 것은?

① 컴퓨터와 메모리 장치

② 공작물 장·탈착용 로봇

③ 데이터 송·수신용 통신선

④ 실제 작업용 CNC 공작기계

해설
DNC 시스템 구성요소 : CNC공작기계, 중앙컴퓨터, 통신선(RS232C 등)
※ DNC는 CAD/CAM 시스템과 CNC기계를 근거리 통신망(LAN)으로 연결하여 한 대의 컴퓨에서 여러 대의 CNC공작기계에 데이터를 분배하여 전송함으로써 동시에 운전할 수 있는 방식을 말한다.

01 공구강의 구비조건 중 틀린 것은?

① 강인성이 클 것
② 내마모성이 작을 것
③ 고온에서 경도가 클 것
④ 열처리가 쉬울 것

해설
공구강의 구비조건
• 강인성이 클 것, 내마모성이 클 것, 고온에서 경도가 클 것, 열처리가 쉬울 것
• 가격이 저렴할 것, 구입이 간단하고 성형이 쉬울 것

02 Al-Si계 합금인 실루민의 주조 조직에 나타내는 Si의 거친 결정을 미세화시키고 강도를 개선하기 위하여 개량처리를 하는 데 사용되는 것은?

① Na
② Mg
③ Al
④ Mn

해설
개량처리 : 실루민 공정점 부근의 주조 조직은 육각판 모양으로 크고 거칠며 메짐성이 있어 기계적 성질이 좋지 못하다. 그래서 이 합금에 극소량의 Na이나 플루오린화 알칼리, 금속 나트륨, 수산화나트륨 알칼리염 등을 첨가하면 조직이 미세화되어 강력하게 된다. 이 처리를 개량처리라고 한다.
※ 알루미늄 합금의 강도를 향상시키는 주요 방법에는 개량처리, 석출경화, 시효경화 등이 있다.

03 스텔라이트계 주조경질합금에 대한 설명으로 틀린 것은?

① 주성분이 Co이다.
② 단조품이 많이 쓰인다.
③ 800℃까지의 고온에서도 경도가 유지된다.
④ 열처리가 불필요하다.

해설
주조경질합금(스텔라이트) : 주조합금의 대표적인 것으로 주성분은 W, Cr, Co, Fe이며 주조합금이다. 스텔라이트는 상온에서 고속도강보다 경도가 낮으나 고온에서는 오히려 경도가 높아지기 때문에 고속도강보다 고속절삭용으로 사용된다. 800℃까지 경도와 인성이 유지되며, 단조나 열처리가 되지 않는 특징이 있다.
★ 자주 출제되므로 암기 요망!
주조합금(스텔라이트) : 열처리가 되지 않는다.

04 다음 합성수지 중 EP라고도 하며, 현재 이용되고 있는 수지 중 가장 우수한 특성을 지닌 것으로 널리 이용되는 것은?

① 페놀 수지
② 폴리에스테르 수지
③ 에폭시 수지
④ 멜라민 수지

해설
• 에폭시 수지(EP) : 저압, 성형 가능
• 페놀수지(PF) : 압축강도, 절연성, 내열성 우수 / 가전제품, 전열기구
• 멜라민 수지(MF) : 착색 용이, 무색투명
• 요소 수지 : 착색 용이

05 금속을 상온에서 소성변형시켰을 때, 재질이 경화되고 연신율이 감소하는 현상은?

① 재결정 ② 가공경화
③ 고용강화 ④ 열변형

해설
가공경화 : 경도, 인장강도, 항복강도 등이 커지는 반면 연신율과 단면 수축률이 감소되는 현상

06 황동의 자연균열 방지책이 아닌 것은?

① 수 은 ② 아연 도금
③ 도 료 ④ 저온풀림

해설
자연균열
• 황동이 관, 봉 등의 잔류 응력에 의해 균열을 일으키는 현상
• 자연균열 방지법 : 도료 및 아연도금, 180~260℃에서 저온풀림

07 강을 충분히 가열한 후 물이나 기름 속에 급랭시켜 조직변태에 의한 재질의 경화를 주목적으로 하는 것은?

① 담금질
② 뜨 임
③ 풀 림
④ 불 림

해설
열처리 목적 및 냉각방법

열처리	목 적	냉각 방법
담금질	경도와 강도를 증가	급랭(유랭)
풀 림	재질의 연화	노 랭
불 림	결정 조직의 균일화(표준화)	공 랭

08 다음 중 핀(Pin)의 용도가 아닌 것은?

① 핸들의 축과 고정
② 너트의 풀림 방지
③ 볼트의 마모 방지
④ 분해 조립할 때 조립할 부품의 위치결정

해설
핀의 용도
• 2개 이상의 부품을 결합
• 나사 및 너트의 이완 방지
• 핸들을 축에 고정
• 분해 조립할 부품의 위치를 결정할 때

5 ② 6 ① 7 ① 8 ③ **정답**

09 기계요소 부품 중에서 직접전동용 기계요소에 속하는 것은?

① 벨 트　　　　② 기 어
③ 로 프　　　　④ 체 인

• 직접전동용 기계요소 : 기어, 마찰차 등
• 간접전동용 기계요소 : 벨트, 로프, 체인 등

11 다음 중 마찰차를 활용하기 적합하지 않은 것은?

① 속도비가 중요하지 않을 때
② 전달할 힘이 클 때
③ 회전속도가 클 때
④ 두 축 사이를 단속할 필요가 있을 때

마찰차의 특징
• 전달되어야 할 힘이 크지 않으며, 정확한 속도비를 요구하지 않는 경우
• 속도비가 매우 커서 보통의 기어로 전동하기 어려운 경우
• 두 축 사이의 동력을 빈번히 단속시킬 필요가 있는 경우
• 무단 변속이 필요한 경우

12 베어링의 호칭번호가 608일 때, 이 베어링의 안지름은 몇 mm인가?

① 8　　　　　　② 12
③ 15　　　　　④ 40

• 60 : 베어링 계열 번호
• 8 : 안지름 번호 – 뒷자리가 10mm 미만은 뒷자리 정수가 안지름이다. 따라서 608의 안지름은 8mm이다.

베어링 안지름 번호 부여 방법

안지름 범위 (mm)	안지름 치수	안지름 기호	예
10mm 미만	안지름이 정수인 경우 안지름이 정수 아닌 경우	안지름 /안지름	2mm이면 2 2.5mm이면 /2.5
10mm 이상 20mm 미만	10mm 12mm 15mm 17mm	00 01 02 03	
20mm 이상 500mm 미만	5의 배수인 경우 5의 배수가 아닌 경우	안지름을 5로 나눈 수 /안지름	40mm이면 08 28mm이면 /28
500mm 이상		/안지름	560mm이면 /560

10 지름이 6cm인 원형 단면의 봉에 500kN의 인장하중이 작용할 때 이 봉에 발생되는 응력은 약 몇 N/mm²인가?

① 170.8　　　　② 176.8
③ 180.8　　　　④ 200.8

봉의 단면적$(A) = \dfrac{\pi d^2}{4} = \dfrac{3.14 \times 60^2}{4} = 2,826\,\text{mm}^2$

($\because$ 봉의지름 6cm → 60mm)

인장응력$(\sigma_t) = \dfrac{P_t}{A} = \dfrac{500,000\text{N}}{2,826\,\text{mm}^2} = 176.9\text{N/mm}^2$

$\therefore$ 인장응력$(\sigma_t) = 176.9\text{N/mm}^2$

여기서, A : 봉의 단면적, P_t : 인장하중, d : 봉의 지름

13 기계 부분의 운동에너지를 열에너지나 전기에너지 등으로 바꾸어 흡수함으로써 운동 속도를 감소시키거나 정지시키는 장치는?

① 브레이크　　　　② 커플링
③ 캠　　　　　　　④ 마찰차

14 코터이음에서 코터의 너비가 10mm, 평균 높이가 50mm인 코터의 허용전단응력이 20N/mm²일 때, 이 코터이음에 가할 수 있는 최대 하중(kN)은?

① 10　　　　　　② 20
③ 100　　　　　④ 200

15 표준 스퍼기어의 잇수가 40개, 모듈이 3인 소재의 바깥지름(mm)은?

① 120　　　　　　② 126
③ 184　　　　　　④ 204

16 그림과 같은 정면도와 우측면도에 가장 적합한 평면도는?

(정면도)

① 　　　②

③ 　　　④

17 스프링의 도시방법에 관한 설명으로 틀린 것은?

① 그림에 기입하기 힘든 사항은 요목표에 일괄하여 표시한다.

② 조립도, 설명도 등에서 코일 스프링을 도시하는 경우에는 그 단면만을 나타내어도 좋다.

③ 요목표에 단서가 없는 코일 스프링 및 벌류트 스프링은 모두 오른쪽 감는 것을 나타낸다.

④ 코일 스프링, 벌류트 스프링 및 접시 스프링은 일반적으로 무하중 상태에서 그리며, 겹판 스프링 역시 일반적으로 무하중 상태(스프링 판이 휘어진 상태)에서 그린다.

해설
겹판 스프링은 스프링 판이 수평인 하중 상태에서 그린다.

18 다음 그림에서 A~D에 관한 설명으로 가장 타당한 것은?

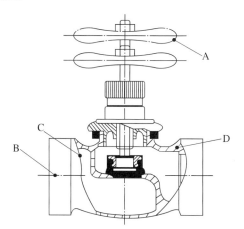

① 선 A는 물체의 이동 한계의 위치를 나타낸다.

② 선 B는 도형의 숨은 부분을 나타낸다.

③ 선 C는 대상의 앞쪽 형상을 가상으로 나타낸다.

④ 선 D는 대상이 평면임을 나타낸다.

해설
① A는 가상선으로 물체의 이동 한계의 위치를 나타낸다.
② B는 물체의 중심선을 나타낸다.
③ C는 부분 단면한 파단선을 나타낸다.
④ D는 단면 부분의 해칭선을 나타낸다.

19 ISO 규격에 있는 미터 사다리꼴 나사의 표시 기호는?

① M
② Tr
③ UNC
④ R

해설
나사의 종류를 표시하는 기호 및 나사의 호칭에 대한 표시 방법 (KS B 0200)

구 분	나사의 종류		나사 종류기호	나사의 호칭방법
ISO 표준에 있는 것	미터 보통 나사		M	M8
	미터 가는 나사			M8×1
	미니추어 나사		S	S0.5
	유니파이 보통 나사		UNC	3/8-16UNC
	유니파이 가는 나사		UNF	No.8-36UNF
	미터 사다리꼴 나사		Tr	Tr10×2
	관용 테이퍼 나사	테이퍼 수나사	R	R3/4
		테이퍼 암나사	Rc	Rc3/4
		평행 암나사	Rp	Rp3/4
ISO 표준에 없는 것	관용 평행나사		G	G1/2

20 그림과 같은 스프링장치에서 $W = 200$N의 하중을 매달면 처짐은 몇 cm가 되는가?(단, 스프링 상수 $k_1 = 15$N/cm, $k_2 = 35$N/cm이다)

① 1.25
② 2.50
③ 4.00
④ 4.50

병렬로 스프링을 연결할 경우의 전체 스프링 상수
$k = k_1 + k_2 = 15$N/cm $+ 35$N/cm $= 50$N/cm

전체 스프링 상수 $k = \dfrac{W}{\delta} = \dfrac{하중}{늘어난 길이}$

늘어난 길이(처짐) $\delta = \dfrac{W}{k} = \dfrac{200\text{N}}{50\text{N/cm}} = 4.00$cm

∴ 늘어난 길이(처짐) = 4.00cm

여기서, k : 전체 스프링 상수(N/cm)
$\quad\quad\quad W$: 하중(N)
$\quad\quad\quad \delta$: 처짐(cm)

※ 전체 스프링 상수 계산(병렬, 직렬)
- 병렬연결 $k = k_1 + k_2 \cdots$
- 직렬연결 $k = \dfrac{1}{k_1} + \dfrac{1}{k_2} \cdots$

21 도면에서 다음 종류의 선이 같은 장소에 겹치게 될 경우 우선순위가 가장 높은 것은?

① 중심선
② 무게중심선
③ 절단선
④ 치수 보조선

절단선 → 중심선 → 무게중심선 → 치수 보조선
투상선의 우선순위
숫자, 문자, 기호 및 화살표 → 외형선(굵은 실선) → 숨은선(파선) → 절단선 → 중심선 → 무게중심선 → 파단선 → 치수선 또는 치수 보조선 → 해칭선
★ 선의 우선순위는 자주 출제되니 반드시 암기
★ 암기팁 : 외 · 숨 · 절 · 중 · 무 · 파 · 치 · 해
  (숫자, 문자, 기호는 제일 우선)

22 가공 모양의 기호 중 가공으로 생긴 컷의 줄무늬가 거의 동심원 모양을 표시하는 기호는?

①
②
③ C
④ R

줄무늬 방향 기호

기호	기호의 뜻	설명 그림과 도면 기입 보기
=	가공에 의한 커터의 줄무늬 방향이 기호를 기입한 그림의 투상면에 평행 예 세이핑면	커터의 줄무늬방향
⊥	가공에 의한 커터의 줄무늬 방향이 기호를 기입한 그림의 투상면에 직각 예 세이핑면(옆으로부터 보는 상태), 선삭, 원통 연삭면	커터의 줄무늬방향
×	가공에 의한 커터의 줄무늬 방향이 기호를 기입한 그림의 투상면에 경사지고 두 방향으로 교차 예 호닝 다듬질면	커터의 줄무늬방향
M	가공에 의한 커터의 줄무늬 방향이 여러 방향으로 교차 또는 무방향 예 래핑 다듬질면, 수퍼 피니싱면, 가로 이송을 한 정면 밀링, 또는 엔드밀 절삭면	
C	가공에 의한 커터의 줄무늬가 기호를 기입한 면의 중심에 대하여 대략 동심원 모양 예 끝면 절삭면	
R	가공에 의한 커터의 줄무늬가 기호를 기입한 면의 중심에 대하여 대략 레이디얼 모양	

23 구름 베어링의 호칭 번호가 6420 C2 P6으로 표시된 경우 베어링 내경은 몇 mm인가?

① 20
② 64
③ 100
④ 420

해설
• 6 : 형식기호(단열 홈형)
• 4 : 치수기호(중간 하중형)
• 20 : 안지름 번호(20 × 5 = 100mm)
※ 문제 12번 해설 참고

24 기하 공차의 종류 중 모양 공차인 것은?

① 원통도 공차
② 위치도 공차
③ 동심도 공차
④ 대칭도 공차

해설
기하공차의 종류와 기호

공차의 종류		기 호	데이텀 지시
모양공차	진직도	——	없 음
	평면도	▱	없 음
	진원도	○	없 음
	원통도	⌭	없 음
	선의 윤곽도	⌒	없 음
	면의 윤곽도	⌓	없 음
자세공차	평행도	//	필 요
	직각도	⊥	필 요
	경사도	∠	필 요
위치공차	위치도	⊕	필요 또는 없음
	동축도(동심도)	◎	필 요
	대칭도	=	필 요
흔들림 공차	원주 흔들림	↗	필 요
	온 흔들림	↗↗	필 요

25 치수 표시에 쓰이는 기호 중 45° 모따기를 의미하는 뜻을 나타낼 때 사용하는 문자 기호는?

① R
② P
③ C
④ t

해설
치수 보조 기호

기 호	구 분	기 호	구 분
ϕ	지 름	Sϕ	구의 지름
R	반지름	SR	구의 반지름
C	45° 모따기	□	정사각형
p	피 치	t	두 께

26 다음 중 절삭 공구용 재료가 가져야 할 기계적 성질 중 맞는 것을 모두 고르면?

> ㉠ 고온경도(Hot Hardness)
> ㉡ 취성(Brittleness)
> ㉢ 내마멸성(Resistance to Wear)
> ㉣ 강인성(Toughness)

① ㉠, ㉡, ㉢
② ㉠, ㉡, ㉣
③ ㉠, ㉢, ㉣
④ ㉡, ㉢, ㉣

해설
절삭 공구 재료의 구비조건
• 피절삭제보다는 경도와 인성이 클 것
• 고온에서 경도가 감소되지 않을 것
• 내마모성이 클 것
• 절삭저항을 받으므로 강도가 클 것
• 형상을 만들기 용이하고 가격이 쌀 것

27 절삭 가공을 할 때에 절삭열의 분포를 나타낸 것이다. 절삭열이 가장 큰 곳은?

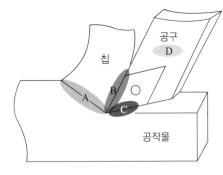

① A   ② B

③ C   ④ D

28 "지름이 같은 일감을 한쪽에서 밀어 넣으면 연삭되면서 자동으로 이송되는 방식"이 설명하는 센터리스 연삭 방법은?

① 직립 이송 방식

② 전후 이송 방식

③ 좌우 이송 방식

④ 통과 이송 방식

센터리스 연삭기 이송 방식

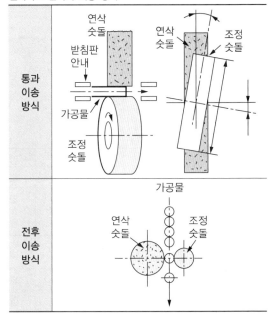

29 어느 공작물에 일정한 간격으로 동시에 5개 구멍을 가공 후 탭 가공을 하려고 한다. 적합한 드릴링 머신은?

① 다두 드릴링 머신
② 레이디얼 드릴링 머신
③ 다축 드릴링 머신
④ 직립 드릴링 머신

해설

드릴링 머신의 종류 및 용도

종류	설명	용도	비고
탁상 드릴링 머신	드릴머신을 작업대 위에 설치하여 사용하는 소형의 드릴링 머신	소형 부품 가공에 적합	φ13mm 이하의 작은 구멍 뚫기
직립 드릴링 머신	탁상 드릴링 머신과 유사	비교적 대형 가공물 가공	주축 역회전장치로 탭가공 가능
레이디얼 드릴링 머신	구멍가공을 하기 위해 가공물은 고정시키고, 드릴이 가공 위치로 이동할 수 있는 머신(드릴을 필요한 위치로 이동 가능)	대형 제품이나 무거운 제품에 구멍 가공	암(Arm)을 회전, 주축 헤드 암을 따라 수평이동
다축 드릴링 머신	한 대의 드릴링 머신에 다수의 스핀들을 설치하고 여러 개의 구멍을 동시에 가공	1회에 여러 개의 구멍 동시 가공	
다두 드릴링 머신	직립 드릴링 머신의 상부기구를 한 대의 드릴 머신 베드 위에 여러 개를 설치한 형태	드릴가공, 탭 가공, 리머가공 등의 여러 가지의 가공을 순서에 따라 연속가공	
심공 드릴링 머신	깊은 구멍 가공에 적합한 드릴링 머신	총신, 긴 축, 커넥팅 로드 등과 같이 깊은 구멍 가공	

30 다이얼 게이지의 일반적인 특징으로 틀린 것은?

① 눈금과 지침에 의해서 읽기 때문에 오차가 작다.
② 소형, 경량으로 취급이 용이하다.
③ 연속된 변위량의 측정이 불가능하다.
④ 많은 개소의 측정을 동시에 할 수 있다.

해설

다이얼 게이지의 특징
• 소형, 경량으로 취급이 용이하다.
• 측정 범위가 넓다.
• 눈금과 지침에 의해서 읽기 때문에 오차가 작다.
• 연속된 변위량의 측정이 가능하다.
• 많은 개소의 측정을 동시에 할 수 있다.
• 부속품의 사용에 따라 광범위하게 측정할 수 있다.

31 선반가공에서 지름이 작고 긴 공작물의 처짐을 방지하기 위하여 사용하는 부속품은?

① 방진구
② 마그네트 척
③ 단동척
④ 심 봉

해설

방진구(Work Rest) : 선반에서 가늘고 긴 가공물의 휨이나 떨림을 방지하기 위해 선반 베드 위에 고정하여 사용하는 고정식 방진구, 왕복대의 새들에 고정하여 사용하는 이동식 방진구가 있다.

32 다음 절삭유제에 대한 설명 중 틀린 것은?

① 공구와 칩 사이의 마찰을 줄여준다.

② 절삭열을 냉각시켜 준다.

③ 공구와 공작물을 씻어준다.

④ 공구와 공작물 사이의 친화력을 크게 한다.

절삭유의 작용
• 냉각작용, 윤활작용, 세척작용
• 절삭공구와 칩 사이에 마찰을 감소
• 절삭 시 열을 감소시켜 공구수명을 연장
• 절삭성능을 높여 준다.
• 칩을 유동형 칩으로 변화시킴
• 구성인선의 발생을 억제
• 표면거칠기 향상

33 칩의 마찰에 의해 바이트의 상면 경사면에 오목하게 파이는 현상은?

① 크레이터 마모　② 플랭크 마모

③ 온도파손　④ 치핑

① 크레이터 마모 : 칩이 처음으로 바이트 경사면에 접촉하는 접촉점은 절삭공구의 인선에서 약간 떨어져서 나타나며, 이 접촉점에서 마찰력이 작용하여 절삭공구의 상면 경사면이 오목하게 파이는 현상을 크레이터 마모라 한다.
② 플랭크 마모 : 절삭공구의 절삭면에 평행하게 마모되는 것을 의미하며, 측면과 절삭면과의 마찰에 의하여 발생한다.
④ 치핑 : 절삭공구 인선의 일부가 미세하게 탈락되는 현상을 치핑이라 한다.

34 절삭 속도와 가공물의 지름 및 회전수와 관계를 설명한 것으로 옳은 것은?

① 절삭 작업이 진행됨에 따라 가공물 지름이 감소하면 경제적인 표준 절삭 속도를 얻기 위하여 회전수를 증가시킨다.

② 절삭 속도가 너무 빠르면 절삭 온도가 낮아져 공구 선단의 경도가 저하되고 공구의 마모가 생긴다.

③ 절삭 속도가 감소하면 가공물의 표면거칠기가 좋아지고 절삭공구수명이 단축된다.

④ 절삭 속도의 단위는 분단 회전수(rpm)로 한다.

절삭 작업이 진행됨에 따라 가공물 지름이 감소하면 경제적인 표준 절삭 속도를 얻기 위하여 회전수를 증가시킨다.

35 엔드밀에 의한 가공에 관한 설명 중 틀린 것은?

① 엔드밀은 홈이나 좁은 평면 등의 절삭에 많이 이용된다.

② 엔드밀은 가능한 한 길게 고정하고 사용한다.

③ 휨을 방지하기 위해 가능한 한 절삭량을 적게 한다.

④ 엔드밀은 가능한 한 지름이 큰 것을 사용한다.

엔드밀은 가능한 한 짧게 고정하고 사용한다.

36 숫돌바퀴의 구성 3요소는?

① 숫돌입자, 결합제, 기공

② 숫돌입자, 입도, 성분

③ 숫돌입자, 결합도, 입도

④ 숫돌입자, 결합제, 성분

해설

숫돌바퀴의 구성 3요소 : 숫돌입자, 결합제, 기공

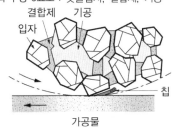

37 주로 수직 밀링에서 사용하며 평면 가공에 이용되는 커터는?

① 슬래브 밀링 커터

② 정면 밀링 커터

③ T홈 밀링 커터

④ 데브테일 밀링 커터

38 센터리스 연삭의 통과 이송 방법에서 공작물을 이송시키는 역할을 하는 구성 요소는?

① 연삭 숫돌바퀴   ② 조정 숫돌바퀴

③ 지지롤   ④ 받침판

해설

② 조정 숫돌바퀴 : 공작물을 이송시키는 역할

• 통과 이송 방법 : 느리게 회전하는 조정 숫돌로 공작물을 회전시키면서 숫돌바퀴로 연삭하는 방식

• 센터리스 연삭기 : 센터, 척, 자석척 등을 사용하지 않고 가공물의 표면을 조정하는 조정숫돌과 지지대를 이용하여 가공물을 연삭한다.

※ 문제 28번 해설 참고

39 밀링 머신의 구성요소로 틀린 것은?

① 니(Knee)   ② 칼럼(Column)

③ 테이블(Table)   ④ 심압대(Tail Stock)

해설

• 밀링 머신의 구성요소 : 니, 칼럼, 테이블, 바이스 등

• 선반의 구성요소 : 주축대, 공구대, 심압대, 베드

40 수나사의 유효지름 측정 방법이 아닌 것은?

① 삼침법에 의한 방법

② 사인바에 의한 방법

③ 공구 현미경에 의한 방법

④ 나사 마이크로미터에 의한 방법

[해설]
유효지름 측정 방법 : 나사 마이크로미터, 삼침법, 광학적 측정방법 (공구 현미경)

41 표준드릴의 여유각으로 가장 적합한 것은?

① 3~5°   ② 5~8°

③ 12~15°   ④ 15~18°

[해설]
표준드릴 각도 : 118°(여유각 : 10~15°, 웨브각 : 135°, 나선각 : 20~32°)

42 밀링의 절삭방식 중 하향절삭과 비교한 상향절삭의 장점으로 올바른 것은?

① 커터 날의 마멸이 작고 수명이 길다.

② 일감의 고정이 간편하다.

③ 날 자리 간격이 짧고, 가공면이 깨끗하다.

④ 이송기구의 백래시가 자연히 제거된다.

[해설]
상향절삭과 하향절삭의 차이점

구 분	상향절삭	하향절삭
백래시	절삭에 별 지장이 없다.	백래시를 제거해야 한다.
기계의 강성	강성이 낮아도 무관하다.	가공할 때, 충격이 있어 높은 강성이 필요하다.
가공물의 고정	절삭력이 상향으로 작용하여 고정이 불리하다.	절삭력이 하향으로 작용하여 가공물 고정이 유리하다.
인선의 수명	절입할 때, 마찰열로 마모가 빠르고 공구수명이 짧다.	상향절삭에 비하여 공구 수명이 길다.
마찰저항	마찰저항이 커서 절삭공구를 위로 들어 올리는 힘이 작용한다.	절입할 때, 마찰력은 작으나 하향으로 충격력이 작용한다.
가공면의 표면 거칠기	광택은 있으나, 상향에 의한 회전저항으로 전체적으로 하향절삭보다 나쁘다.	가공 표면에 광택은 적으나, 저속 이송에서는 회전저항이 발생하지 않아 표면거칠기가 좋다.

43 CNC 서보 기구 중에서 기계의 테이블에 직선자(Scale)를 부착하여 위치를 검출한 후 위치 편차를 피드백(Feed Back)하여 사용하는 그림과 같은 서보기구는?

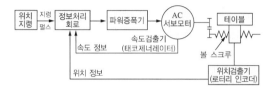

① 개방회로
② 반폐쇄회로
③ 폐쇄회로
④ 반개방회로

• 폐쇄회로 방식 : 모터에 내장된 태코제너레이터에서 속도를 검출하고, 기계의 테이블에 부착한 스케일(Scale)에서 위치를 검출(로터리 인코더)하여 피드백시키는 방식이다.
• 개방회로 방식 : 피드백 장치 없이 스테핑 모터를 사용한 방식으로 실용화되었으나, 피드백 장치가 없기 때문에 가공 정밀도에 문제가 있어 현재는 거의 사용되지 않는다.
• 반폐쇄회로 방식 : 모터에 내장된 태코제너레이터(펄스제너레이터)에서 속도를 검출하고, 인코더에서 위치를 검출하여 피드백하는 제어방식이다.
• 복합회로 방식 : 반폐쇄회로 방식과 폐쇄회로 방식을 결합하여 고정밀도로 제어하는 방식으로, 가격이 고가이므로 고정밀도를 요구하는 기계에 사용된다.

44 CNC 공작기계 작업 시 안전 및 유의사항이 틀린 것은?

① 습동부에 윤활유가 충분히 공급되고 있는지 확인한다.
② 절삭가공은 드라이런 스위치를 ON으로 하고 운전한다.
③ 전원을 투입하고 기계원점 복귀를 한다.
④ 안전을 위해 칩 커버와 문을 닫고 가공한다.

드라이런은 재료 없이 테스트 시 사용한다.

45 CNC선반에서 G01 Z10.0 F0.15;으로 프로그램한 것을 조작 판넬에서 이송속도 조절장치(Feedrate Override)를 80%로 했을 경우 실제 이송속도는?

① 0.1
② 0.12
③ 0.15
④ 0.18

• 이송속도 조절장치(Feedrate Override) : 자동, 반자동 모드에서 지령된 이송속도를 운전 전 또는 운전 중에 변화시킬 수 있다(F0.15 → 0.15mm/rev).
• 이송속도 0.15 × 0.8 = 0.12mm/rev

46 CAD/CAM 시스템의 입출력 장치에서 출력장치에 해당하는 것은?

① 프린터
② 조이스틱
③ 라이트 펜
④ 마우스

• 출력장치 : 프린터, 플로터 등
• 입력장치 : 조이스틱, 라이트 펜, 마우스 등

47 CNC선반에서 축 방향에 비해 단면 방향의 가공 길이가 긴 경우에 사용되는 단면 절삭 사이클은?

① G76 ② G90

③ G92 ④ G94

④ G94 : 단면 절삭 사이클
① G76 : 나사 절삭 사이클
② G90 : 내외경 절삭 사이클
③ G92 : 나사 절삭 사이클

48 머시닝센터에서 주축의 회전수를 일정하게 제어하기 위하여 지령하는 준비기능은?

① G96 ② G97

③ G98 ④ G99

• G96 : 절삭속도 일정 제어(V = m/min)
• G97 : 주축 회전수 일정 제어(n = rpm)

49 머시닝센터에서 지름 10mm인 엔드밀을 사용하여 외측 가공 후 측정값이 ϕ62.04mm가 되었다. 가공 치수를 ϕ61.98mm로 가공하려면 보정값을 얼마로 수정하여야 하는가?(단, 최초 보정은 5.0으로 반지름값을 사용하는 머시닝센터이다)

① 4.90 ② 4.97

③ 5.00 ④ 5.03

가공 시 X축 보정값 = 62.04 − 61.98 = 0.06mm, 반경값은 0.03mm 이므로 5 − 0.03 = 4.97mm이다. 반지름 보정값만큼 지령위치를 기준에서 5mm가 시프트되어 가공한 것으로 안지름이 작게 가공되었으므로 보정값을 작게 해야 한다.

50 CNC공작기계에서 기계상에 고정된 임의의 지점으로 기계 제작 시 기계 제조회사에서 위치를 정하는 고정 위치를 무엇이라고 하는가?

① 프로그램 원점
② 기계 원점
③ 좌표계 원점
④ 공구의 출발점

② 기계 원점 : 기계 제작사가 일정한 위치에 정한 기계의 기준점
① 프로그램 원점 : 도면상의 임의의 점을 프로그램상의 절대좌표의 기준점으로 정한 점

51 CNC선반 가공 전에 육안으로 점검할 사항으로 적합하지 않은 것은?

① 척압력의 적정 유지 상태
② 전자 회로 기판의 작동 상태
③ 윤활유 탱크에 있는 윤활유의 양
④ 절삭유의 유량과 작업 조명등의 밝기

해설
전자 회로 기판의 작동 상태는 육안으로 점검할 사항이 아니다.

52 CNC선반 프로그램에서 시계방향(CW)의 원호를 가공할 때 올바른 G-코드는?

① G02　　　　　② G03
③ G04　　　　　④ G05

해설
① G02 : 원호보간(CW/시계방향)
② G03 : 원호보간(CCW/반시계방향)
③ G04 : 휴지(Dwell)

53 다음 CNC선반 프로그램에서 N40 블록에서의 절삭속도는?

```
N10 G50 X150. Z150. S1000 T0100;
N20 G96 S100 M03;
N30 G00 X80. Z5. T0101;
N40 G01 Z-150. F0. 1 M08;
```

① 100m/min　　　② 398m/min
③ 100rpm　　　　④ 398rpm

해설
N20블록의 G96은 절삭속도(m/min) 일정제어 모달 G코드로 동일 그룹 내 다른 G코드가 나올 때까지 유효하므로 절삭속도 100m/min은 N40블록까지 유효하다. 그러므로 N40블록의 절삭속도는 100m/min이다.

G코드의 종류

구 분	의 미	그 룹	G코드
원숏 G코드	명령된 블록에 한해서 유효	00그룹	G04, G27, G28, G50 등
모달 G코드	동일 그룹의 다른 G코드가 나올 때까지 유효	00이외 의 그룹	G00, G01, G41, G96 등

54 CNC선반에서 나사를 가공하기 위해 주축의 회전수를 일정하게 제어하는 G코드는?

① G94　　　　　② G95
③ G96　　　　　④ G97

해설
④ G97 : 주축 회전수 일정제어(rpm)
① G94 : 단면 절삭 사이클
② G95 : 회전당 이송(머시닝센터 G-코드)
③ G96 : 절삭속도 일정제어(m/min)

55 다음 머시닝센터 프로그램에서 경보(Alarm)가 발생할 수 있는 블록의 전개번호는?

```
N001 G91 G01 X20. Y20.;
N002 G01 Z-5. F85 M08;
N003 G02 X20. Y0 R10.;
N004 Y-20.;
N005 G90 G00 Z10.;
```

① N002   ② N003
③ N004   ④ N005

57 머시닝센터 작업 시 안전 및 유의 사항으로 틀린 것은?

① 비상정지 스위치의 위치를 확인한다.
② 일감은 고정 장치를 이용하여 견고하게 고정한다.
③ 일감에 떨림이 생기면 거칠기가 나빠지고 공구 파손의 원인이 된다.
④ 측정기, 공구 등을 기계의 테이블에 올려놓고 사용하면 편리하다.

56 선반용 툴 홀더 ISO 규격 C S K <u>P</u> R 25 25 M 12에서 밑줄 친 P가 나타내는 것은?

① 클램핑 방식   ② 인서트 형상
③ 인서트 여유각   ④ 공구 방향

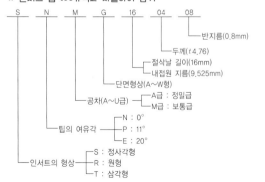

58 다음 CNC선반 프로그램에 대한 설명으로 틀린 것은?

```
G28 U0 W0
      Ⓐ
G50 X150. Z150. S2000 T0100;
      Ⓑ        Ⓒ
G96 S180 M03;
      Ⓓ
```

① Ⓐ : 기계 원점 복귀 시의 경유점 지정
② Ⓑ : X축과 Z축의 좌표계 치수
③ Ⓒ : 주축 회전수 2,000rpm으로 일정하게 유지
④ Ⓓ : 원주 속도를 180m/min로 일정하게 제어

59 CNC공작기계에서 사람의 손과 발에 해당하는 것은?

① 정보처리회로

② 볼 스크루

③ 서보기구

④ 조작반

해설

③ 서보기구 : 사람의 손과 발에 해당되며, 두뇌에 해당하는 정보처리부의 명령에 따라 수치제어 공작기계의 주축, 테이블 등을 움직이는 역할을 한다.

① 정보처리회로 : 외부에서 프로그램되어 입력된 모든 명령 정보를 계산하고, 진행 순서를 주어진 도면과 같이 가공될 수 있도록 처리한다.

※ 수치제어 공작기계는 기계 몸체, 수치제어장치, 프로그램의 3요소로 구성되며, 수치제어장치는 정보처리부와 서보구동부로 분류된다.

60 CNC선반의 공구 기능 중 T□□△△에서 △△의 의미는?

① 공구보정번호

② 공구선택번호

③ 공구교환번호

④ 공구호출번호

해설

※ CNC선반의 경우 : T □□△△

• □□ : 공구선택번호(01~99번) → 기계 사양에 따라 지령 가능한 번호 결정

• △△ : 공구보정번호(01~99번) → 00은 보정 취소 기능임

※ 머시닝센터의 경우 : T □□ M06

• □□ : □□번 공구 선택하여 교환

01

열처리에서 재질을 경화시킬 목적으로 강을 오스테나이트 조직의 영역으로 가열한 후 급랭시키는 열처리는?

① 뜨 임
② 풀 림
③ 담금질
④ 불 림

해설

③ 담금질 : 재료를 단단하게 할 목적으로 강을 오스테나이트 조직으로 될 때까지 가열한 후 물이나 기름에 급랭하는 조작
① 뜨임 : 재질에 적당한 인성을 부여하기 위해 담금질 온도보다 낮은 온도에서 일정시간을 유지 후 냉각시키는 조작
② 풀림 : 재료를 연하게 하거나 내부응력을 제거할 목적으로 강을 오스테나이트 조직으로 될 때까지 가열한 후 노나 재 속에서 서서히 냉각시키는 조작
④ 불림 : 재료의 내부 응력 제거 및 균일한 결정 조직을 얻기 위해 높은 온도로 가열하여 균일한 오스테나이트 조직으로 한 후 공기 중에서 냉각시키는 조작

열처리	목 적	냉각 방법
담금질	경도와 강도를 증가	급랭(유랭)
풀 림	재질의 연화	노 랭
불 림	결정 조직의 균일화(표준화)	공 랭

02

Cu 3.5~4.5%, Mg 1~1.5%, Si 0.5~1.0%, 나머지 Al인 합금으로 무게를 중요시한 항공기나 자동차에 사용되는 고력 Al 합금인 것은?

① 두랄루민
② 하이드로날륨
③ 알드레이
④ 내식 알루미늄

해설

① 두랄루민 : 단조용 알루미늄 합금으로 Al + Cu + Mg + Mn의 합금(알구마망), 가벼워서 항공기나 자동차 등에 사용되는 고강도 Al합금
• 고강도 Al합금 : 두랄루민, 초두랄루민, 초강 두랄루민
• 내식성 Al합금 : 하이드로날륨, 알민, 알드레이

03

미끄럼 베어링과 비교한 구름 베어링의 특징에 대한 설명으로 틀린 것은?

① 마찰계수가 작고 특히 기동 마찰이 작다.
② 규격화되어 있어 표준형 양산품이 있다.
③ 진동하중에 강하고 호환성이 없다.
④ 전동체가 있어서 고속회전에 불리하다.

해설

미끄럼 베어링과 구름 베어링의 비교

항목＼종류	미끄럼 베어링	구름 베어링
크 기	지름은 작으나 폭이 크게 된다.	폭은 작으나 지름이 크게 된다.
구 조	일반적으로 간단하다.	전동체가 있어서 복잡하다.
충격흡수	유막에 의한 감쇠력이 우수하다.	감쇠력이 작아 충격 흡수력이 작다.
고속회전	저항은 일반적으로 크게 되나 고속회전에 유리하다.	윤활유가 비산하고, 전동체가 있어 고속회전에 불리하다.
저속회전	유막 구성력이 낮아 불리하다.	유막의 구성력이 불충분하더라도 유리하다.
소 음	특별한 고속이외는 정숙하다.	일반적으로 소음이 크다.
하 중	추력하중은 받기 힘들다.	추력하중을 용이하게 받는다.
기동토크	유막 형성이 늦은 경우 크다.	작다.
베어링 강성	정압 베어링에서는 축심의 변동 가능성이 있다.	축심의 변동은 작다.
규격화	자체 제작하는 경우가 많다.	표준형 양산품으로 호환성이 높다.

04 다음 그림에서 $W = 300\text{N}$의 하중이 작용하고 있다. 스프링 상수가 $k_1 = 5\text{N/mm}$, $k_2 = 10\text{N/mm}$라면, 늘어난 길이는 몇 mm인가?

① 15   ② 20

③ 25   ④ 30

해설

- 병렬로 스프링을 연결할 경우의 전체 스프링 상수

  $k = k_1 + k_2 = 5 + 10 = 15\text{N/mm}$

- 전체 스프링 상수 $k = \dfrac{W}{\delta} = \dfrac{하중}{늘어난\ 길이}$

- 늘어난 길이 $\delta = \dfrac{W}{k} = \dfrac{300\text{N}}{15\text{N/mm}} = 20\text{mm}$

※ 직렬연결 $\dfrac{1}{k} = \dfrac{1}{k_1} + \dfrac{1}{k_2} \rightarrow k = \dfrac{k_1 \cdot k_2}{k_1 + k_2}$

      병렬연결 $k = k_1 + k_2 + \cdots + k_n$

05 보스와 축의 둘레에 여러 개의 키(Key)를 깎아 붙인 모양으로 큰 동력을 전달할 수 있고 내구력이 크면, 축과 보스의 중심을 정확하게 맞출 수 있는 특징을 가지는 것은?

① 새들 키   ② 원뿔 키

③ 반달 키   ④ 스플라인

해설

키(Key)의 종류

키(Key)	정 의	그 림
새들 키 (안장 키)	축에는 키 홈을 가공하지 않고 보스에만 테이퍼진 키 홈을 만들어 때려 박는다. [비고] 축의 강도 저하가 없다.	
원뿔 키	축과 보스와의 사이에 2~3곳을 축 방향으로 쪼갠 원뿔을 때려 박아 고정시킨다.	
반달 키	축에 반달 모양의 홈을 만들어 반달 모양으로 가공된 키를 끼운다. [비고] 축 강도 약함	
스플라인	축에 여러 개의 같은 키 홈을 파서 여기에 맞는 한짝의 보스 부분을 만들어 서로 잘 미끄러져 운동할 수 있게 한 것 [비고] 키보다 큰 토크 전달	

06 비틀림 각이 30°인 헬리컬기어에서 잇수가 40이고, 축 직각 모듈이 4일 때 피치원의 직경은 몇 mm인가?

① 160
② 170.27
③ 158
④ 184.75

해설

헬리컬기어

- 피치원지름 $D = \dfrac{mZ}{\cos\beta} = \dfrac{4 \times 40}{\cos 30°} = \dfrac{160}{0.866} ≒ 184.75$

  (β : 비틀림 각)

스퍼기어

- 피치원지름 $D = mZ$

07 니켈-크롬강에서 나타나는 뜨임취성을 방지하기 위해 첨가하는 원소는?

① 크롬(Cr)
② 탄소(C)
③ 몰리브덴(Mo)
④ 인(P)

해설

뜨임취성 및 방지

- 담금질 뜨임 후 재료에 나타나는 취성, Ni-Cr강에 나타나는 특이성
- Ni-Cr강에 나타나는 뜨임취성은 소량의 Mo(몰리브덴)을 첨가하여 방지한다.
- Cr : 내마멸성을 증가시키는 원소
- Mo : W효과의 두 배, 뜨임취성방지, 담금질 깊이 증가

08 브레이크의 마찰면이 원판으로 되어 있고 원판의 수에 따라 단판 브레이크와 다판 브레이크로 분류되는 것은?

① 블록 브레이크
② 밴드 브레이크
③ 드럼 브레이크
④ 디스크 브레이크

해설

④ 디스크 브레이크(Disk Brake)/원판 브레이크
  - 캘리퍼형 디스크 브레이크(Caliper Disk Brake) : 회전 운동을 하는 드럼이 안쪽에 있고 바깥에서 양쪽 대칭으로 드럼을 밀어 붙여 마찰력이 발생하도록 한 브레이크 장치
  - 클러치형 디스크 브레이크(Clutch-type Disk Brake) : 축방향 하중에 의하여 발생하는 마찰력으로 제동하는 브레이크로서 마찰면이 원판인 경우, 원판의 수에 따라 단판 브레이크와 다판 브레이크로 분류한다.
③ 블록 브레이크 : 회전하는 브레이크 드럼을 브레이크 블록으로 누르게 한 것으로 브레이크 블록의 수에 따라 단식 블록 브레이크와 복식 블록 브레이크로 나눈다.

09 V벨트는 단면 형상에 따라 구분되는데 가장 단면이 큰 벨트의 형은?

① A
② C
③ E
④ M

해설

- V벨트의 종류는 KS규격에서 단면의 형상에 따라 6종류로 규정하고 있으며, M형을 제외한 5종류가 동력 전달용으로 사용된다. 가장 단면이 큰 벨트는 "E"형이다.
- 단면적 비교 : M < A < B < C < D < E

V벨트의 사이즈 표

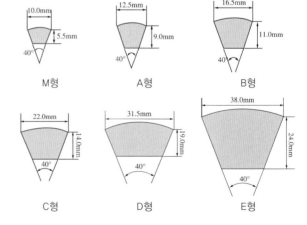

10 Cu에 60~70%의 Ni 함유량을 첨가한 Ni-Cu계의 합금이며, 내식성이 좋으므로 화학 공업용 재료로 많이 쓰이는 재료는?

① Y합금
② 니크롬
③ 모넬메탈
④ 콘스탄탄

해설
③ 모넬메탈 : Cu에 60~70%의 Ni 함유량을 첨가한 Ni-Cu계의 합금이며, 내식성이 좋으므로 화학 공업용 재료로 많이 사용
① Y합금 : Al-Cu-Ni-Mg의 합금으로 대표적인 내열용 합금이다.
④ 콘스탄탄 : Cu에 40~50% Ni을 첨가한 합금으로 전기저항이 크고 온도계수가 낮으므로 저항선, 전열선 등에 사용

11 평벨트 전동에 비하여 V벨트 전동의 특징이 아닌 것은?

① 고속운전이 가능하다.
② 바로걸기와 엇걸기가 모두 가능하다.
③ 미끄럼이 적고 속도비가 크다.
④ 접촉 면적이 넓으므로 큰 동력을 전달한다.

해설
V벨트의 특징
• 홈의 양면에 밀착되므로 마찰력이 평벨트보다 크고, 미끄럼이 적어 비교적 작은 장력으로 큰 회전력을 전달할 수 있다.
• 평벨트와 같이 벗겨지는 일이 없다.
• 이음매가 없어 운전이 정숙하고, 충격을 완화하는 작용을 한다.
• 지름이 작은 풀리에도 사용할 수 있다.
• 설치 면적이 좁으므로 사용이 편리하다.
• V벨트는 엇걸기를 할 수 없다.

12 담금질 시 재료와 두께에 따른 내·외부의 냉각속도가 다르기 때문에 경화된 깊이가 달라져 경도 차이가 생기는데 이를 무엇이라 하는가?

① 질량 효과
② 담금질 균열
③ 담금질 시효
④ 변형 시효

해설
질량 효과 : 재료의 크기에 따라 내·외부의 냉각속도가 달라 경도의 차이가 나는 것

13 구리에 아연을 8~20% 첨가한 합금으로 α 고용체만으로 구성되어 있으므로 냉간가공이 쉽게 되어 단추, 금박, 금 모조품 등으로 사용되는 재료는?

① 톰백(Tombac)
② 델타메탈(Delta Metal)
③ 니켈실버(Nickel Silver)
④ 문쯔메탈(Muntz Metal)

해설
① 톰백 : 구리와 아연의 합금, 구리에 아연을 8~20% 첨가하였으며, 금빛을 띠고 늘어나는 성질이 있다. 금의 모조품이나 금박 대용품을 만드는 데 쓴다.
② 델타메탈 : 6-4황동에 Fe를 1~2% 첨가한 합금으로 철 황동이라고도 하며, 광산, 선박 등에 사용
④ 문쯔메탈 : 6-4황동으로 $\alpha + \beta$ 조직이며, 판재, 선재, 볼트, 너트, 탄피 등에 사용

14 내연기관의 피스톤 등 자동차 부품으로 많이 쓰이는 Al 합금은?

① 실루민
② 화이트 메탈
③ Y합금
④ 두랄루민

③ Y합금 : Al + Cu + Ni + Mg의 합금으로 내연기관 실린더에 사용한다(알구니마).
④ 두랄루민 : Al + Cu + Mg + Mn의 합금으로 가벼워서 항공기나 자동차 등에 사용된다(알구마망).
① 실루민 : Al+Si의 합금으로 주조성은 좋으나 절삭성은 나쁘다.
② 화이트메탈 : 베어링합금으로 주석(Sn)계와 납(Pb)계가 있다.

15 파이프의 연결에서 신축이음을 하는 것은 온도변화에 의해 파이프 내부에 생기는 무엇을 방지하기 위해서인가?

① 열응력
② 전단응력
③ 응력집중
④ 피 로

열응력 : 물질은 온도 변화에 의해 팽창하거나 수축하는데, 어떤 원인으로 팽창·수축이 방해받았을 때 방해받은 변형량만큼 끌어당겨지거나 압축되므로 물체 내부에는 그에 따른 변형력이 발생한다.
신축이음 : 열에 의한 관의 팽창·수축을 적당히 흡수해서 관의 축 방향 변형력을 일으키지 않게 하는 이음

16 가공방법 기호 중 선삭가공을 표시한 기호는?

① B
② D
③ L
④ P

가공 방법의 기호(KS B 0107)

가공 방법	기 호	가공 방법	기 호
선반(선삭)가공	L	호닝가공	GH
드릴가공	D	액체호닝가공	SPLH
보링머신가공	B	배럴연마가공	SPBR
밀링가공	M	버프다듬질	SPBF
평삭(플레이닝)가공	P	블라스트다듬질	SB
형삭(셰이핑)가공	SH	랩다듬질	GL
브로칭가공	BR	줄다듬질	FF
리머가공	FR	스크레이퍼다듬질	FS
연삭가공	G	페이퍼다듬질	FCA
벨트연삭가공	GBL	정밀주조	CP

17 축의 도시 방법 중 옳은 것은?

① 축은 길이방향으로 온단면 도시한다.
② 축의 끝에는 모따기를 하지 않는다.
③ 길이가 긴 축은 중간을 파단하여 짧게 그릴 수 있다.
④ 축의 키 홈을 나타낼 경우 국부 투상도로 나타내어서는 안 된다.

③ 축은 길이가 긴 축은 중간을 파단하여 짧게 그릴 수 있다.
① 축은 길이 방향으로 단면 도시하지 않는다.
② 축의 끝에는 모따기를 한다.
④ 키 홈은 국부 투상도로 나타낸다.

18 현의 길이를 올바르게 표시한 것은?

①

②

③

④

해설
① 현의 길이 치수
② 각도 치수
③ 호의 길이 치수
길이 및 각도 치수

변의 길이 치수	현의 길이 치수
호의 길이 치수	각도 치수

19 보기와 같은 단면도의 명칭은?

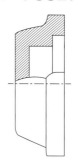

① 온단면도 　　② 한쪽단면도
③ 부분단면도 　　④ 회전단면도

해설
③ 부분단면도 : 필요한 일부분만 파단선에 의해 그 경계를 표시하고 나타낸다.
① 온단면도 : 물체 전체를 둘로 절단해서 그림 전체를 단면으로 나타낸 것(전단면도)
② 한쪽단면도 : 상하 또는 좌우대칭인 물체는 1/4을 떼어 낸 것으로 보고 기본 중심선을 경계로 1/2은 외형, 1/2은 단면으로 동시에 나타낸다.
④ 회전단면도 : 암, 림, 리브, 훅 등의 구조물을 90° 회전하여 표시한다.

20 다음과 같은 기하공차에 대하여 올바르게 설명된 것은?

	0.1
//	0.05 / 200

① 구분 구간 200mm에 대하여 0.05mm, 전체 길이에 대하여는 0.1mm의 평행도

② 전체 길이 200mm에 대하여는 0.05mm, 구분 구간은 0.1mm의 평행도

③ 구분 구간 200mm에 대하여는 0.1mm, 전체 길이에 대하여는 0.05mm의 평행도

④ 전체 길이 200mm에 대하여는 0.05mm/0.1mm, 구분 구간에 대하여는 0.05mm의 평행도

해설
- // : 평행도공차
- 0.1 : 전체 길이에 대한 평행도 공차 범위
- 0.05/200 : 200mm에 대한 평행도 공차 범위는 0.05mm임을 나타낸다.

기하공차의 종류와 기호

공차의 종류		기 호	데이텀 지시
모양공차	진직도	——	없 음
	평면도	▱	없 음
	진원도	○	없 음
	원통도	⌀	없 음
	선의 윤곽도	⌒	없 음
	면의 윤곽도	⌓	없 음
자세공차	평행도	//	필 요
	직각도	⊥	필 요
	경사도	∠	필 요
위치공차	위치도	⊕	필요 또는 없음
	동축도(동심도)	◎	필 요
	대칭도	=	필 요
흔들림 공차	원주 흔들림	↗	필 요
	온 흔들림	↗↗	필 요

21 스퍼 기어의 요목표가 다음과 같을 때, 비어 있는 모듈값은 얼마인가?

스퍼기어 요목표		
기어 모양		표 준
공 구	치 형	보통 이
	모 듈	
	압력각	20°
잇 수		36
피치원 지름		108

① 1.5
② 2
③ 3
④ 6

해설

$$모듈(m) = \frac{피치원\ 지름(D)}{잇수(Z)} = \frac{108}{36} = 3$$

22 구의 지름을 나타내는 치수 보조 기호는?

① C
② ∅
③ S∅
④ t

해설
치수 보조 기호

기 호	구 분	기 호	구 분
∅	지 름	S∅	구의 지름
R	반지름	SR	구의 반지름
C	45° 모따기	□	정사각형
p	피 치	t	두 께

23 보기와 같은 제3각 정투상도에서 누락된 우측면도로 가장 적합한 것은?

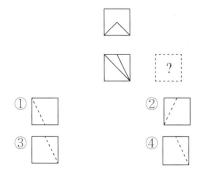

①
②
③
④

24 가공에 의한 커터의 줄무늬 방향 모양이 다음과 같을 때 그 줄무늬 방향의 기호에 해당하는 것은?

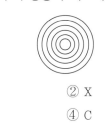

① =
② X
③ R
④ C

해설
줄무늬 방향 기호

기호	기호의 뜻	설명 그림과 도면 기입 보기
=	가공에 의한 커터의 줄무늬 방향이 기호를 기입한 그림의 투상면에 평행 예 세이핑면	커터의 줄무늬방향
⊥	가공에 의한 커터의 줄무늬 방향이 기호를 기입한 그림의 투상면에 직각 예 세이핑면(옆으로부터 보는 상태), 선삭, 원통 연삭면	커터의 줄무늬방향
X	가공에 의한 커터의 줄무늬 방향이 기호를 기입한 그림의 투상면에 경사지고 두 방향으로 교차 예 호닝 다듬질면	커터의 줄무늬방향
M	가공에 의한 커터의 줄무늬 방향이 여러 방향으로 교차 또는 무방향 예 래핑 다듬질면, 수퍼 피니싱면, 가로 이송을 한 정면 밀링, 또는 엔드밀 절삭면	
C	가공에 의한 커터의 줄무늬가 기호를 기입한 면의 중심에 대하여 대략 동심원 모양 예 끝면 절삭면	
R	가공에 의한 커터의 줄무늬가 기호를 기입한 면의 중심에 대하여 대략 레이디얼 모양	

25 좌우대칭인 보기 입체도의 화살표 방향 정면도로 가장 적합한 것은?

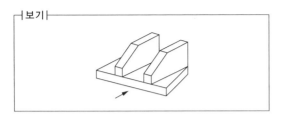

① ② ③ ④

26 공작물의 회전운동과 절삭공구의 직선운동에 의하여 내·외경 및 나사가공 등을 하는 가공방법은?

① 밀링작업　　② 연삭작업
③ 선반작업　　④ 드릴작업

해설

선반작업 : 공작물의 회전운동과 절삭공구(바이트)의 직선운동
공구와 공작물의 상대운동 관계

종 류	상대 절삭운동	
	공작물	공 구
밀링작업	고정하고 이송	회전운동
연삭작업	회전, 고정하고 이송	회전운동
선반작업	회전운동	직선운동
드릴작업	고 정	회전운동

27 일반적으로 유동형 칩이 발생되는 경우가 아닌 것은?

① 절삭 깊이가 클 때
② 절삭 속도가 빠를 때
③ 윗면 경사각이 클 때
④ 일감의 재질이 연하고 인성이 많을 때

해설

절삭조건과 칩의 상태 칩의 구분

칩의 구분	가공물의 재질	절삭공구 경사각	절삭 속도	절삭 깊이
유동형 칩	연하고 점성이 큼	크다.	빠르다.	작다.
전단형 칩	↓	↓	↓	↓
경작형 (열단형)칩	↓	↓	↓	↓
균열형 칩	굳고 취성이 큼	작다.	느리다.	크다.

칩의 종류

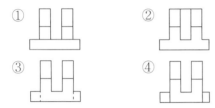

유동형 칩	전단형 칩
경작형(열단형) 칩	균열형 칩

28 다음 중 센터리스 연삭기의 장점이 아닌 것은?

① 중공의 원통을 연삭하는 데 편리하다.

② 연속 작업을 할 수 있어 대량 생산에 적합하다.

③ 대형이나 중량물도 연삭할 수 있다.

④ 연삭 여유가 작아도 된다.

해설

센터리스 연삭의 특징

• 센터가 필요하지 않아 센터 구멍을 가공할 필요가 없다.
• 중공의 가공물을 연삭할 때 편리하다(중공(中空) : 속이 빈 축).
• 연삭 여유가 작아도 된다.
• 가늘고 긴 가공물의 연삭에 적합하다.
• 긴 홈이 있는 가공물의 연삭은 불가능하다.
• 대형이나 중량물의 연삭은 불가능하다.

29 리머의 특징 중 옳지 않은 것은?

① 절삭날의 수가 많은 것이 좋다.

② 절삭날은 홀수보다 짝수가 유리하다.

③ 떨림을 방지하기 위하여 부등 간격으로 한다.

④ 자루의 테이퍼는 모스 테이퍼이다.

해설

리머의 날은 끝에 약간 테이퍼를 주어 구멍에 잘 들어가도록 하고 날은 홀수로 하며 여유각은 3~5°, 표준 윗면 경사각은 0°로 한다. 리머가공을 할 때 떨림을 없애기 위하여 날의 간격은 같지 않게 한다.

30 선반 가공에서 벨트 풀리나 기어 등과 같은 구멍이 뚫린 원통형 소재를 가공할 때 필요한 부속장치는?

① 센터(Center)

② 심봉(Mandrel)

③ 방진구(Work Rest)

④ 돌리개(Lathe Dog)

해설

② 맨드릴(Mandrel) : 기어, 벨트 풀리 등과 같이 구멍과 외경이 동심원이고, 직각이 필요한 경우에 구멍을 먼저 가공하고 구멍에 맨드릴을 끼워 양 센터로 지지하여, 외경과 측면을 가공하여 부품을 완성하는 선반의 부속장치

③ 방진구(Work Rest) : 선반에서 가늘고 긴 가공물의 휨이나 떨림을 방지하기 위해 선반 베드 위에 고정하여 사용하는 고정식 방진구, 왕복대의 새들에 고정하여 사용하는 이동식 방진구가 있다.

④ 돌림판과 돌리개 : 주축의 회전을 공작물에 전달하기 위해 사용하는 선반의 부속품이다.

31 밀링 머신에서 주축의 회전운동을 공구대의 직선 왕복운동으로 변화시켜 직선운동 절삭가공을 할 수 있게 하는 부속 장치는?

① 슬로팅 장치　　　② 수직축 장치

③ 래크 절삭 장치　　④ 회전 테이블 장치

해설

슬로팅 장치 : 니형 밀링 머신의 칼럼 앞면에 주축과 연결하여 사용하며 주축의 회전운동을 공구대 램의 직선 왕복운동으로 변화시킨다. 바이트를 사용하여 직선 절삭이 가능하다(키, 스플라인, 세레이션, 기어가공 등).

32 줄 작업 방법에 해당하지 않는 것은?

① 후진법　　　　② 직진법
③ 병진법　　　　④ 사진법

해설
줄 작업의 종류
• 직진법 : 줄을 길이 방향으로 직진시켜 절삭하는 방법으로 황삭
　및 최종 다듬질 작업에 사용한다.
• 사진법 : 넓은 면 절삭에 적합하며, 절삭량이 많아 황삭 및 모따기
　에 적합하다.
• 횡진법(병진법) : 줄을 길이 방향과 직각 방향으로 움직여 절삭하
　는 방법으로 폭이 좁고 길이가 긴 공작물의 줄 작업에 좋다.

33 원통 연삭기의 주요 구성 부분이 아닌 것은?

① 주축대
② 연삭 숫돌대
③ 테이블과 테이블 이송장치
④ 공구대

해설
원통 연삭기의 주요 구성 부분 : 주축대, 숫돌대, 테이블과 테이블
이송장치, 심압대 등
※ 원통 연삭기의 공구대는 숫돌대이다.

34 래크를 절삭 공구로 하고 피니언을 기어 소재로 하
여 미끄러지지 않도록 고정하여 서로 상대운동을
시켜 절삭하는 방법은?

① 총형 커터에 의한 방법
② 창성에 의한 방법
③ 형판에 의한 방법
④ 기어 셰이빙에 의한 방법

해설
창성에 의한 방법 : 인벌류트 곡선의 성질을 응용한 정확한 기어절
삭 공구를 기어의 소재와 함께 회전운동을 주며 축 방향으로 왕복
운동을 시켜 절삭한다.
• 래크 커터에 의한 방법
• 피니언 커터에 의한 방법
• 호브에 의한 절삭

35 다음과 같은 테이퍼를 절삭하고자 할 때 심압대의
편위량으로 적당한 것은?

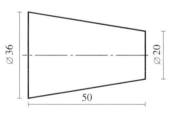

① 8mm　　　　　② 10mm
③ 16mm　　　　　④ 18mm

해설
테이퍼 길이에 대한 편위량
$$x = \frac{D-d}{2} = \frac{36-20}{2} = 8\text{mm}$$

36 회전하는 상자에 공작물과 숫돌입자, 공작액, 콤파운드 등을 함께 넣어 공작물의 입자와 충돌하여 요철을 제거하고 매끈한 가공면을 얻는 가공법은?

① 쇼트피닝　　　　② 배럴가공
③ 슈퍼피니싱　　　④ 폴리싱

해설
- 배럴가공 : 충돌가공(주물귀, 돌기 부분, 스케일 제거), 회전하는 상자 속에 공작물과 미디어, 콤파운드(유지＋직물), 공작액 등을 넣고 회전과 진동을 주어 표면을 다듬질(회전형, 진동형)
- 슈퍼피니싱(Super Finishing) : 연한 숫돌에 적은 압력으로 가압하면서, 가공물에 이송을 주고 동시에 숫돌에 진동을 주어 표면 거칠기를 높이는 가공방법(적은압력＋이송＋진동)
- 래핑(Lapping) : 가공물과 랩(Lap) 사이에 랩제를 넣고 가공물에 압력을 가하면서 표면거칠기가 우수한 가공면을 얻는 가공방법
- 버니싱(Burnishing) : 원통형 내면에 강철 볼형의 공구를 압입해 통과시켜 매끈하고 정도가 높은 면을 얻는 가공법

37 원통 연삭의 종류 중 가늘고 긴 공작물을 센터나 척을 사용하여 지지하지 않고 원통형 공작물의 바깥지름을 연삭하는 것은?

① 척 연삭　　　　　② 공구 연삭
③ 수직 평면 연삭　　④ 센터리스 연삭

해설
센터리스 연삭기 : 센터, 척, 자석척 등을 사용하지 않고 가공물의 표면을 조정하는 조정숫돌과 지지대를 이용하여 가공물을 연삭한다. 가늘고 긴 가공물의 연삭에 적합하다.

38 선반의 조작을 캠(Cam)이나 유압기구를 이용하여 자동화한 것으로 대량 생산에 적합하고, 능률적인 선반으로 주로 핀(Pin), 볼트(Bolt) 및 시계 부품, 자동차 부품을 생산하는 데 사용되는 것은?

① 공구선반　　　　② 자동선반
③ 터릿선반　　　　④ 정면선반

해설
② 자동선반 : 캠(Cam)이나 유압기구 등을 이용하여 부품 가공을 자동화한 대량 생산용 선반
① 공구선반 : 보통선반과 같은 구조이나 정밀한 형식으로 되어 있다.
③ 터릿선반 : 보통선반 심압대 대신에 터릿으로 불리는 회전 공구대를 설치하여 여러 가지 절삭공구를 공정에 맞게 설치하여 가공하는 선반
④ 정면선반 : 기차바퀴처럼 지름이 크고, 길이가 짧은 가공물을 절삭하기에 편리한 선반

39 절삭저항에 관련된 설명으로 맞는 것은?

① 일반적으로 공구의 윗면 경사각이 커지면 절삭저항도 커진다.
② 절삭저항은 주분력, 배분력, 이송분력으로 나눌 수 있다.
③ 절삭저항은 공작물의 재질이 연할수록 크게 나타난다.
④ 배분력이 절삭에 가장 큰 영향을 미치며 주절삭력이라고도 한다.

해설
절삭저항의 3분력
- 크기 비교 : 주분력 ＞ 배분력 ＞ 이송분력
- 주분력 : 절삭 방향으로 작용하는 분력
- 이송분력 : 이송방향으로 작용하는 분력
- 배분력 : 공구의 축 방향으로 작용하는 분력

40 일감의 재질이 연성이고, 공구의 경사각이 크며, 절삭 속도가 빠를 때 주로 발생되는 칩(Chip)의 형태는?

① 유동형 칩
② 전단형 칩
③ 경작형 칩
④ 균열형 칩

해설
① 유동형 칩 : 칩이 공구의 경사면 위를 유동하는 것과 같이 원활하게 연속적으로 흘러 나가는 형태로서 가공면이 깨끗하다.
② 전단형 칩 : 연한 재질의 공작물을 작은 경사각으로 저속 가공할 때 생긴다.
③ 경작형(열단형) 칩 : 점성이 큰 재질을 작은 경사각의 공구로 절삭할 때
④ 균열형 칩 : 주철과 같은 메짐(취성) 재료를 저속 가공할 때
※ 문제 27번 해설 참고

41 공작기계가 구비해야 할 강성(Rigidity)과 관계가 가장 적은 것은?

① 정적 강성(Static Rigidity)
② 동적 강성(Dynamic Rigidity)
③ 열적 강성(Thermal Rigidity)
④ 마찰 강성(Friction Rigidity)

해설
공작기계와 구비해야 할 강성은 정적, 동적, 열적 강성 등이다.

42 나사의 광학적 측정 시 측정 대상이 아닌 것은?

① 유효지름
② 피 치
③ 산의 각도
④ 리드각

해설
광학식 측정 시 측정 대상 : 유효지름, 피치, 산의 각도 등

43 다음 CNC선반의 프로그램에서 설정된 주축 최고 회전수는 몇 rpm인가?

```
G28 U0. W0.;
G50 X150. Z150. S2800 T0100;
G96 S180 M03;
G00 X62. Z2. T0101 M08;
```

① 150   ② 180
③ 1,800   ④ 2,800

해설
G50 → 공작물 좌표계 설정, 주축 최고 회전수 설정
G50 X150. Z150. S2800 T0100; → S2800으로 주축 최고 회전수는 2,800rpm

44 다음 그림과 같이 프로그램 경로의 왼쪽에서 공구가 이동하는 공구 인선 반지름 보정을 할 때 맞는 준비 기능은?

① G40   ② G41

③ G42   ④ G43

해설
② G41 : 공구경 보정 좌측
① G40 : 공구지름 보정 취소
③ G42 : 공구경 보정 우측
④ G43 : 공구길이 보정(+)

45 다음은 원호보간 지령 방법이다. ㉠에 들어갈 어드레스 중 가장 적합한 것은?

> G02 X(U)__ Z(W)__ ㉠__ F__;

① F   ② S

③ T   ④ R

해설
원호보간(G02, G03) 지령 방법

G02(시계방향)	G03(반시계방향)
• G02 X(U)_ Z(W)_ I_ K_ F_;	• G03 X(U)_ Z(W)_ I_ K_ F_;
• G02 X(U)_ Z(W)_ R_ F_;	• G03 X(U)_ Z(W)_ R_ F_;

46 머시닝센터 프로그램에서 공작물 좌표계를 설정하는 G코드가 아닌 것은?

① G57   ② G58

③ G59   ④ G60

해설
④ G60 : 한 방향 위치결정(00그룹)
① G57 : 공작물좌표계 4번 선택
② G58 : 공작물좌표계 5번 선택
③ G59 : 공작물좌표계 6번 선택

47 공작기계 작업에서 안전에 관한 사항으로 틀린 것은?

① 기계 위에 공구나 작업복 등을 올려놓지 않는다.
② 회전하는 기계를 손이나 공구로 멈추지 않는다.
③ 칩이 비산할 때는 손으로 받아서 처리한다.
④ 절삭 중이나 회전 중에는 공작물을 측정하지 않는다.

해설
칩이 비산할 때는 절대 손으로 처리하지 않는다.

48 다음과 같은 CNC선반 프로그램에서 2회전의 휴지(Dwell)시간을 주려고 할 때 (   ) 속에 적합한 단어(Word)는?

```
G50 S1500 T0100;
G97 S80 M03;
G00 X60.0 Z50.0 T0101;
G01 X30.0 F0.1;
G04 (     );
```

① X0.14   ② P0.14

③ X1.5   ④ P1.5

해설
• 정지시간(Dwell Time)과 스핀들 회전수의 관계식으로부터 정지시간은 1.5초이다.

$$\text{정지시간(초)} = \frac{60 \times \text{공회전수(회)}}{\text{스핀들회전수(rpm)}} = \frac{60 \times n}{N(\text{rpm})} = \frac{60 \times 2}{80}$$
$$= 1.5\text{초}$$

• G97 S80 M03; 블록에서 스핀들 회전수가 80rpm임을 알아낸다.
• 정지시간이 1.5초가 되기 위해 G04 X1.5 또는 G04 U1.5 또는 G04 P1500을 지령한다.
  ∴ (   ) 속에 적합한 단어(Word)는 X1.50이다.
※ 휴지(Dwell) : 지령한 시간 동안 이송이 정지되는 기능이다. 이 기능은 홈 가공이나 드릴작업 등에서 간헐이송으로 칩을 절단하거나 목표점에 도달한 후 즉시 후퇴할 때 생기는 이송량만큼의 단차를 제거함으로써 진원도의 향상 및 깨끗한 표면을 얻기 위하여 사용한다.
※ G04 : 휴지(Dwell/일시정지)기능, 어드레스 X, U 또는 P와 정지하려는 시간을 수치로 입력한다. P는 소수점을 사용할 수 없으며, X, U는 소수점 이하 세 자리까지 유효하다.

49 CNC선반에서 안지름과 바깥지름의 거친 가공 사이클을 나타내는 반복 사이클 기능은?

① G70   ② G71

③ G74   ④ G76

해설
② G71 : 안·바깥지름 거친 절삭 사이클
① G70 : 다듬 절삭 사이클
③ G74 : Z방향 홈 가공 사이클(팩 드릴링)
④ G76 : 나사 절삭 사이클

50 CNC선반에서 가공하기 어려운 작업은?

① 테이퍼 작업   ② 나사 작업

③ 드릴 작업   ④ 편심 작업

해설
CNC선반에서는 편심 작업이 어렵다. 편심 작업은 범용 선반에서 가능하다.

51 다음 중 CNC의 서버기구 제어방식이 아닌 것은?

① 위치결정 제어   ② 디지털 제어

③ 직선절삭 제어   ④ 윤곽절삭 제어

해설
서보기구 제어방식
• 위치결정 제어(급속위치결정)
• 직선절삭 제어(직선가공)
• 윤곽절삭 제어(직선 또는 곡면가공)

52 절삭 공구의 날끝 선단을 프로그램 원점에 맞추어 공작물 좌표계를 설정하였다. 옳은 것은?

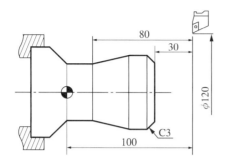

① G50 U60. W100;
② G50 U60. W-100;
③ G50 X120. Z100.;
④ G50 X120. Z-100;

해설
공작물 좌표계 설정 : G50
G50 X120. Z100.;

53 다음과 같이 지령된 CNC선반 프로그램이 있다. N02 블록에서 F0.3의 의미는?

```
N01 G00 G99 X-1.5;
N02 G42 G01 Z0 F0.3 M08;
N03 X0;
N04 G40 U10. W-5.;
```

① 0.3m/min
② 0.3mm/rev
③ 30mm/min
④ 300mm/rev

해설
N01블럭에 G99(회전당 이송 지정(mm/rev))가 지령되어 있어 N02블럭의 F0.3은 0.3mm/rev가 된다.

54 다음은 선반용 인서트 팁의 ISO 표시법이다. M의 의미는 무엇인가?

C N M G 12

① 인서트 공차
② 인서트 단면 형상
③ 공 차
④ 여유각

해설
인서트 팁의 규격(ISO 형번 표기법)

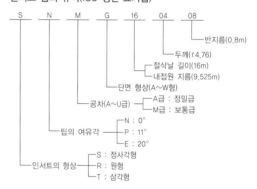

55 CNC선반에서 지령값 X70.0으로 소재를 가공한 후 측정값이 φ69.95이었다. 기존의 X축 보정값이 1.235이었다면 보정값을 얼마로 수정해야 하는가?

① 0.05
② 1.238
③ 1.235
④ 1.285

해설
측정값과 지령값의 오차 = 69.95 - 70.0 = -0.05(0.05만큼 작게 가공됨)
그러므로 공구를 X의 +방향으로 0.05만큼 이동하는 보정을 하여야 한다.
공구보정값 = 기존의 보정값 + 더해야 할 보정값
= 1.235 + 0.05
= 1.285

56 그림의 (A), (B), (C)에 해당하는 공작기계로 적당한 것은?

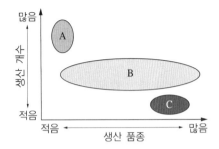

① (A) : 범용기계, (B) : 전용기계, (C) : CNC공작기계
② (A) : 범용기계, (B) : CNC공작기계, (C) : 전용기계
③ (A) : 전용기계, (B) : 범용기계, (C) : CNC공작기계
④ (A) : 전용기계, (B) : CNC공작기계, (C) : 범용기계

해설
(A) : 전용기계, (B) : CNC공작기계, (C) : 범용기계

57 다음의 공구 보정화면 설명으로 옳은 것은?

공구 보정번호	X축	Z축	R	T
01	0.000	0.000	0.8	3
02	2.456	4.321	0.2	2
03	5.765	7.987	0.4	3
04	2.256	−1.234		8
05				

① 공구 보정번호 01번에서의 Z축 보정은 4.321 이다.
② 공구 보정번호 02번에서의 X축 보정은 0.2이다.
③ T는 가상인선 번호로서 공구번호와 반드시 일치 하도록 하여 사용한다.
④ R은 공구의 날끝 반경으로 공구 인선반경 보정에 사용한다.

해설
④ R은 공구의 날끝 반경으로 공구 인선반경 보정에 사용한다.
① 공구 보정번호 01번에서의 Z축 보정은 0.000이다.
② 공구 보정번호 02번에서의 X축 보정은 2.456이다.
③ T는 가상인선 번호로서 공구번호와 반드시 일치할 필요가 없다.

58 다음은 머시닝센터 가공 도면을 나타낸 것이다. B 에서 C로 진행하는 프로그램으로 올바른 것은?

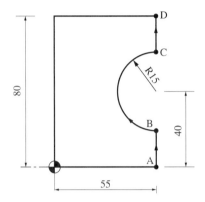

① G02 X55. Y55. R15.;
② G03 X55. Y55. R15.;
③ G02 X55. Y55. I−15.;
④ G03 X55. Y55. J−15.;

해설
B → C : 시계방향
G02 X55. Y55. R15.;

59 CNC선반에서 다음과 같은 복합형 나사가공 사이클에 대한 설명으로 틀린 것은?

> G76 X30.0 Z-32.0 K0.89 D350 F1.5 A60;

① 나사의 시작점 좌표는 X30.0 Z-32.0이다.
② 나사산의 높이는 0.89이다.
③ 나사의 리드는 1.5이다.
④ 나사산의 각도는 60도이다.

해설
나사의 끝지점 좌표는 X30.0 Z-32.0이다.
복합고정형 나사절삭 사이클(G76)

> G76 X_ Z_ I_ K_ D_ F_ A_ P_;

• X_ Z_ : 나사 끝지점 좌표
• I_ : 나사 절삭 시 나사 끝지점 X값과 나사 시작점 X값의 거리(반지름 지령)
  ※ I = 0이면 평행나사이며 생략할 수 있다.
• K_ : 나사산 높이(반지름 지령)
• D_ : 첫 번째 절입량(반지름 지령) – 소수점 사용 불가
• F_ : 나사의 리드
• A_ : 나사의 각도
• P_ : 절삭방법(생략하면 절삭량 일정, 한쪽 날 가공 수행)

60 머시닝센터 작업 시 안전 및 유의 사항으로 틀린 것은?

① 작업 시 장갑을 끼지 않는다.
② 일감을 정확하게 고정하고 확인한다.
③ 가공 도중에 제품의 치수를 측정한다.
④ 프로그램은 충분히 확인한 후 이상이 없을 시 가공을 시작한다.

해설
제품의 치수는 작업을 정지한 후 안전을 확인하고 측정한다.

01 인장강도가 255~340MPa이고 Ca–Si나 Fe–Si 등의 접종제로 접종처리한 것으로, 바탕조직은 펄라이트이며 내마멸설이 요구되는 공작기계의 안내면이나 강도를 요하는 기관의 실린더 등에 사용되는 주철은?

① 칠드 주철

② 미하나이트 주철

③ 흑심가단 주철

④ 구상흑연 주철

해설
미하나이트 주철 : 약 3% C, 1.5% Si의 쇳물에 칼슘 실리케이트(Ca–Si)나 페로실리콘(Fe–Si)을 접종시켜 미세한 흑연을 균일하게 분포시킨 펄라이트 주철이다. 이 주철은 주물의 두께 차나 내외에 상관없이 균일한 조직을 얻을 수 있고, 강인하다.

02 볼트를 결합시킬 때 너트를 2회전하면 축방향으로 10mm, 나사산 수는 4산이 진행한다. 이와 같은 나사의 조건은?

① 피치 2.5mm, 리드 5mm

② 피치 5mm, 리드 5mm

③ 피치 5mm, 리드 10mm

④ 피치 2.5mm, 리드 10mm

해설
리드(L) = 줄수(n) × 피치(p)에서 너트를 2회전 시 축방향으로 10mm 이동하므로, 리드(L)는 5mm가 된다. 너트 2회전 시 나사산수는 4산이 진행하므로 1회전 시 나사산 수는 2산이 된다.

그러므로 리드(L) = 5, 줄수(n) = 2 → 5 = 2 × p → $p = \dfrac{5}{2} = 2.5$

∴ 리드(L) = 5mm, 피치(p) = 2.5

03 다음 중 연삭숫돌의 구성 3요소가 아닌 것은?

① 입 자

② 결합제

③ 형 상

④ 기 공

해설
연삭숫돌의 구성 3요소
• 입자 : 절삭날 역할
• 기공 : 연삭 칩을 운반하는 역할
• 결합제 : 입자와 입자를 결합하는 역할

04 다음 그림에서 B → A로 절삭할 때의 CNC선반 프로그램으로 맞는 것은?

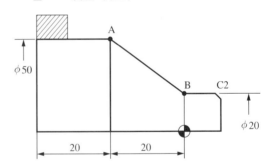

① G01 U30. W–20.;

② G01 X50. Z20.;

③ G01 U50. Z–20.;

④ G01 U30. W20.;

해설
• B → A : 직선보간 G01코드 사용
• G01 X50. Z–20.; (절대지령)
• G01 U30. W–20.; (증분지령)
• G01 X50. W–20.; , G01 U30. Z–20.; (혼합지령)

05 CNC공작기계 작업 시 안전 사항 중 틀린 것은?

① 전원은 순서대로 공급하고 차단한다.

② 칩 제거는 기계를 정지시킨 후에 한다.

③ CNC방전 가공기에서 작업 시 가공액을 채운 후 작업한다.

④ 작업을 빨리하기 위하여 안전문을 열고 작업한다.

해설
안전문을 열고 작업하면 칩이 비산되어 매우 위험하다.

06 선반작업에서 안전 및 유의사항에 대한 설명으로 틀린 것은?

① 일감을 측정할 때는 주축을 정지시킨다.

② 바이트를 연삭할 때는 보안경을 착용한다.

③ 홈 바이트는 가능한 한 길게 고정한다.

④ 바이트는 주축을 정지시킨 다음 설치한다.

해설
홈 바이트는 가능한 한 짧고 단단하게 고정한다.

07 비중이 2.7로서 가볍고 은백색의 금속으로 내식성이 좋으며, 전기전도율이 구리의 60% 이상인 금속은?

① 알루미늄(Al) ② 마그네슘(Mg)

③ 바나듐(V) ④ 안티몬(Sb)

해설
알루미늄(Al)
• 비중 : 2.7
• 주조가 용이하다.
• 다른 금속과 잘 합금되어 상온 및 고온가공이 쉽다.
• 전연성이 우수한 전기, 열의 양도체이며 내식성이 강하다.
• 전기전도율은 구리의 60% 이상

08 가동하는 부분의 이동 중의 특정위치 또는 이동 한계를 표시하는 선으로 사용되는 것은?

① 가상선 ② 해칭선

③ 기준선 ④ 중심선

해설
• 가상선 : 가동 부분을 이동 중 특정한 위치 또는 이동 한계의 위치를 표시
• 지시선 : 기술, 기초 등을 표시하기 위하여 끌어내는 데 사용
• 중심선 : 도형의 중심 표시, 중심이 이동한 중심 궤적을 표시하는 데 사용
• 파단선 : 대상물의 일부를 파단한 경계 또는 일부를 떼어낸 경계 표시에 사용

09 그림과 같이 구멍, 홈 등을 투상한 투상도의 명칭은?

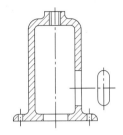

① 보조 투상도
② 부분 투상도
③ 국부 투상도
④ 회전 투상도

해설

③ 국부 투상도 : 대상물의 구멍, 홈 등 한 국부만의 모양을 도시하는 것으로 충분한 경우에는 그 필요한 부분만을 국부 투상도로서 나타낸다.
① 보조 투상도 : 경사면의 실제 모양을 표시할 필요가 있을 때, 보이는 부분의 전체 또는 일부분을 나타낸다.
② 부분 투상도 : 그림의 일부만 도시하는 것으로 충분한 경우에는 그 필요 부분만 투상하여 나타낸다.
④ 회전 투상도 : 대상물의 일부가 각도를 갖고 있을 때, 실제 모양을 나타내기 위해 그 부분을 회전시켜 실제 모양을 나타낸다.

10 수평 밀링 머신의 플레인 커터 작업에서 상향절삭에 대한 하향절삭의 장점은?

① 날의 마멸이 작고 수명이 길다.
② 기계에 무리를 주지 않는다.
③ 절삭열에 의한 치수 정밀도의 변화가 작다.
④ 이송 기구의 백래시가 자연히 제거된다.

해설
상향절삭과 하향절삭의 차이점

구 분	상향절삭	하향절삭
백래시	절삭에 별 지장이 없다.	백래시를 제거해야 한다.
기계의 강성	강성이 낮아도 무관하다.	가공할 때, 충격이 있어 높은 강성이 필요하다.
가공물의 고정	절삭력이 상향으로 작용하여 고정이 불리하다.	절삭력이 하향으로 작용하여 가공물 고정이 유리하다.
인선의 수명	절입할 때, 마찰열로 마모가 빠르고 공구수명이 짧다.	상향절삭에 비하여 공구 수명이 길다.
마찰 저항	마찰저항이 커서 절삭공구를 위로 들어 올리는 힘이 작용한다.	절입할 때, 마찰력은 작으나 하향으로 충격력이 작용한다.
가공면의 표면 거칠기	광택은 있으나, 상향에 의한 회전저항으로 전체적으로 하향절삭보다 나쁘다.	가공 표면에 광택은 적으나, 저속 이송에서는 회전저항이 발생하지 않아 표면거칠기가 좋다.

11 일반적으로 연성 재료를 저속 절삭으로 절삭할 때, 절삭 깊이가 클 때 많이 발생하며 칩의 두께가 수시로 변하게 되어 진동이 발생하기 쉽고 표면거칠기도 나빠지는 칩의 형태는?

① 전단형 칩   ② 경작형 칩

③ 유동형 칩   ④ 균열형 칩

해설

칩의 종류

칩의 종류	유동형칩	전단형칩	경작형칩	균열형칩
정 의	칩이 경사면 위를 연속적으로 원활하게 흘러 나가는 모양으로 연속형 칩	경사면 위를 원활하게 흐르지 못할 때 발생하는 칩	가공물이 경사면에 점착되어 원활하게 흘러 나가지 못하여 가공재료 일부에 터짐이 일어나는 현상 발생	균열이 발생하는 진동으로 인하여 절삭공구 인선에 치핑 발생
재 료	연성재료 (연강, 구리, 알루미늄) 가공	연성재료 (연강, 구리, 알루미늄) 가공	점성이 큰 가공물	주철과 같이 메진 재료
절삭 깊이	작을 때	클 때	클 때	
절삭 속도	빠를 때	작을 때		작을 때
경사각	클 때	작을 때	작을 때	
비 고	가장 이상적인 칩	진동 발생, 표면거칠기 나빠짐		순간적 공구 날 끝에 균열 발생

12 선반에서 주축 회전수를 1,500rpm, 이송속도를 0.3mm/rev으로 절삭하고자 한다. 실제 가공길이가 562.5mm라면 가공에 소요되는 시간은 얼마인가?

① 1분 25초   ② 1분 15초

③ 48초   ④ 40초

해설

선반의 가공시간

$$T = \frac{L}{ns} \times i = \frac{562.5\text{mm}}{1,500\text{rpm} \times 0.3\text{mm/rev}} \times 1\text{회} = 1.25$$

$T = 1.25\text{min} \rightarrow 1.25 \times 60 = 75\text{sec} = 1분 15초$

$\therefore T = 1분 15초$

여기서, T : 가공시간(min)

         L : 절삭가공길이(가공물길이)

         n : 회전수(rpm)

         s : 이송(mm/rev)

13 다음 중 휴지기능의 시간 설정 어드레스만으로 바르게 구성된 것은?

① P, Q, K   ② G, Q, U

③ A, P, Q   ④ P, U, X

해설

• 휴지기능(Dwell) 어드레스 : X, U, P

• P는 소수점을 사용할 수 없으며, X와 U는 소수점 이하 세 자리까지 유효하다.

14 황동의 자연균열 방지책이 아닌 것은?

① 온도 180 ~ 260℃에서 응력제거 풀림처리

② 도료나 안료를 이용하여 표면처리

③ Zn도금으로 표면처리

④ 물에 침전처리

해설

자연균열
• 황동이 관, 봉 등의 잔류응력에 의해 균열을 일으키는 현상
• 자연균열 방지법 : 도료 및 아연도금, 180~260℃에서 저온풀림 (응력제거 풀림)

15 밀링머신에서 생산성을 향상시키기 위한 절삭속도 선정 방법으로 올바른 것은?

① 추천 절삭속도보다 약간 낮게 설정하면 커터의 수명을 연장할 수 있어 좋다.

② 거친 절삭에서는 절삭속도를 빠르게, 이송을 빠르게, 절삭 깊이를 깊게 선정한다.

③ 다듬 절삭에서는 절삭속도를 느리게, 이송을 빠르게, 절삭 깊이를 얇게 선정한다.

④ 가공물의 재질은 절삭속도와 상관없다.

해설

생산성을 향상시키기 위한 절삭속도 선정방법은 추천 절삭속도보다 약간 낮게 설정하는 것이 커터의 수명을 연장할 수 있어 좋다.

16 절삭 공구재료로 사용되며 TiC를 주체로 하고 TiN, TiCN 등의 탄화물을 초미립화하여 소결시킨 합금은?

① 초경합금

② 세라믹(Ceramic)

③ 서멧(Cermet)

④ CBN(Cubic Boron Nitride)

해설

서멧 : 절삭 공구재료로 사용되면 TiC를 주체로 하고 TiN, TiCN 등의 탄화물을 초미립화하여 소결시킨 합금

17 강괴를 탈산 정도에 따라 분류할 때 이에 속하지 않는 것은?

① 림드강
② 세미 림드강
③ 킬드강
④ 세미 킬드강

해설

강괴를 탈산 정도에 따라 분류 : 킬드강, 림드강, 세미킬드강

18 평기어에서 피치원의 지름이 132mm, 잇수가 44개인 기어의 모듈은?

① 1　　　　　　　② 3

③ 4　　　　　　　④ 6

해설

모듈 $m = \dfrac{D}{Z} = \dfrac{132\text{mm}}{44} = 3$

∴ $m = 3$

여기서, D : 피치원 지름, Z : 기어 잇수

19 기계제도 도면에 사용되는 가는 실선의 용도로 틀린 것은?

① 치수보조선　　　② 치수선

③ 지시선　　　　　④ 피치선

해설

피치선 : 가는 1점쇄선

20 일반적으로 밀링머신에서 사용하는 테이블 이송과 커터 회전당 이송으로 가장 적합한 것은?

① mm/min, mm/rev

② mm/min, mm/stroke

③ mm/min, mm/sec

④ mm/sec, mm/stroke

해설

• mm/min : 테이블 이송
• mm/rev : 커터 1회전당 이송

21 선반작업에서 공작물의 가공 길이가 240mm이고, 공작물의 회전수가 1,200rpm, 이송속도가 0.2mm/rev일 때 1회 가공에 필요한 시간은 몇 분(min)인가?

① 0.2　　　　　　② 0.5

③ 1.0　　　　　　④ 2.0

해설

선반의 가공시간

$T = \dfrac{L}{ns} \times i = \dfrac{240\text{mm}}{1200\text{rpm} \times 0.2\text{mm/rev}} \times 1회 = 1\text{min}$

∴ $T = 1\text{min}$

여기서, T : 가공시간(min)

L : 절삭가공길이(가공물길이)

n : 회전수(rpm)

s : 이송(mm/rev)

22 CNC선반 프로그램에서 주축회전수(rpm) 일정제어 G코드는?

① G96　　　　　　② G97

③ G98　　　　　　④ G99

② G97 : 주축 회전수(rpm) 일정제어
① G96 : 절삭속도(m/min) 일정제어
③ G98 : 분당 이송 지정(mm/min)
④ G99 : 회전당 이송 지정(mm/rev)

23 다음과 같은 CNC선반의 평행 나사절삭 프로그램에서 F2.0의 설명으로 맞는 것은?

```
G92 X48.7 Z-25. F2.0;
X48.2;
```

① 나사의 높이 2mm　　② 나사의 리드 2mm

③ 나사의 피치 2mm　　④ 나사의 줄 수 2줄

단일고정형 나사절삭 사이클(G92)

```
G92 X(U)___Z(W)___ R_ F_;
```

• X(U) : 나사 절입량 중 1회 절입할 때의 골지름(지름 명령)
• Z(W) : 나사 가공 길이
• R ; 테이퍼 나사를 가공할 때 X축 기울기량을 지정(G90과 같으며 반지름 지정, 평행 나사일 경우는 생략한다)
• F : 나사의 리드

24 구리에 니켈 40~50% 정도를 함유하는 합금으로서 통신기, 전열선 등의 전기저항 재료로 이용되는 것은?

① 모넬메탈　　　　② 콘스탄탄
③ 엘린바　　　　　④ 인 바

• Cu-Ni 합금으로 Ni 50% 부근은 전기저항의 최대치와 온도계수의 최소치가 있어 열전대로 널리 사용되며 콘스탄탄, 어드밴스 등의 상품명으로 잘 알려져 있다.
• Cu-Ni계 합금 : 콘스탄탄(40~45% Ni), 어드밴스(44% Ni), 모넬메탈(60~70% Ni, 내식성 우수)
※ 모넬메탈과 콘스탄탄의 함유량은 암기할 것
※ 엘린바, 인바 : 온도변화에 따라 열팽창계수 및 탄성계수가 변하지 않는 불변강

25 단면적이 100mm^{2}인 강재에 300N의 전단하중이 작용할 때 전단응력(N/mm^2)은?

① 1　　　　　　② 2

③ 3　　　　　　④ 4

$$전단응력(\tau) = \frac{전단하중(P_s)}{단면적(A)} = \frac{300N}{100mm^2} = 3N/mm^2$$

26 그림과 같은 입체도에서 화살표 방향이 정면일 경우 평면도로 가장 적합한 것은?

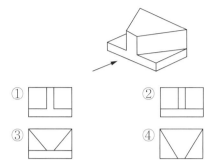

① ② ③ ④

27 칩(Chip)의 형태 중 유동형 칩의 발생조건으로 틀린 것은?

① 연성이 큰 재질을 절삭할 때
② 윗면 경사각이 작은 공구로 절삭할 때
③ 절삭 깊이가 작을 때
④ 절삭속도가 높고 절삭유를 사용하여 가공할 때

> **해설**
> 유동형 칩의 발생 조건
> • 연성재료(연강, 구리, 알루미늄 등)를 가공할 때
> • 절삭 깊이가 작을 때
> • 절삭속도가 빠를 때
> • 경사각이 클 때
> • 윤활성이 좋은 절삭유를 사용할 때

28 CNC선반에서 주축속도 일정제어와 주축속도 일정제어 취소를 지령하기 위한 코드는?

① G30, G31
② G90, G91
③ G96, G97
④ G41, G42

> **해설**
> ③ G96 : 절삭속도(m/min) 일정제어, G97 : 주축회전수(rpm) 일정제어/절삭속도 일정제어 취소
> ④ G41(공구인선 반지름 보정 좌측), G42(공구인선 반지름 보정 우측)

29 다음 그림의 마이크로미터가 지시하는 측정값은?

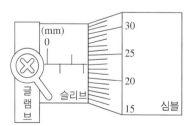

① 1.23mm ② 1.53mm
③ 1.73mm ④ 2.23mm

> **해설**
> 슬리브 읽음 1.5mm
> (+) 심블   읽음 0.23mm
> 측정값 1.73mm

30 지름이 50mm 축에 10mm인 성크 키를 설치했을 때, 일반적으로 전단하중만을 받을 경우 키가 파손되지 않으려면 키의 길이는 몇 mm인가?

① 25mm   ② 75mm

③ 150mm   ④ 200mm

해설
일반적으로 키의 길이는 축지름의 1.5배 또는 보스의 너비와 같게 하여 사용한다.

$l = 1.5d = 1.5 \times 50\text{mm} = 75\text{mm}$

31 도면에서 치수 숫자와 함께 사용되는 기호를 올바르게 연결한 것은?

① 지름 : D   ② 구의 지름 : □

③ 반지름 : R   ④ 45° 모따기 : 45°

해설
치수에 사용되는 기호

기 호	구 분	기 호	구 분
ϕ	지 름	$S\phi$	구의 지름
R	반지름	SR	구의 반지름
C	45° 모따기	□	정사각형
p	피 치	t	두 께

32 가늘고 긴 일감은 절삭력과 자중으로 휘거나 처짐이 일어나 정확한 치수로 깎기 어렵다. 이것을 방지하는 선반의 부속장치는?

① 센 터   ② 방진구

③ 맨드릴   ④ 면 판

해설
② 방진구(Work Rest) : 선반에서 가늘고 긴 가공물의 휨이나 떨림을 방지하기 위해 선반 베드 위에 고정하여 사용하는 고정식 방진구, 왕복대의 새들에 고정하여 사용하는 이동식 방진구가 있다.
③ 맨드릴(Mandrel) : 기어, 벨트 풀리 등과 같이 구멍과 외경이 동심원이고, 직각이 필요한 경우에 구멍을 먼저 가공하고 구멍에 맨드릴을 끼워 양 센터로 지지하여 외경과 측면을 가공하여 부품을 완성하는 선반의 부속장치
④ 면판 : 척에 고정할 수 없는 불규칙하거나 대형의 가공물 또는 복잡한 가공물을 고정할 때 척을 떼어내고 면판을 주축에 고정하여 사용한다.

33 탭 작업 시 탭의 파손 원인으로 가장 적절한 것은?

① 구멍이 너무 큰 경우

② 탭이 경사지게 들어간 경우

③ 탭의 지름에 적합한 핸들을 사용한 경우

④ 구멍이 일직선인 경우

해설
탭의 파손 원인
• 구멍이 너무 작거나 구부러진 경우
• 탭이 경사지게 들어간 경우
• 탭의 지름에 적합한 핸들을 사용하지 않는 경우
• 너무 무리하게 힘을 가하거나 빠르게 절삭할 경우
• 막힌 구멍의 밑바닥에 탭 선단이 닿았을 경우
※ 탭 가공 시 드릴의 지름
    $d = D - p$
    여기서, D : 수나사 지름, p : 나사피치

34 기포의 위치에 의하여 수평면에서 기울기를 측정하는 데 사용하는 액체식 각도 측정기는?

① 사인바
② 수준기
③ NPL식 각도기
④ 콤비네이션 세트

해설
수준기 : 기포관 내의 기포의 위치에 의하여 수평면에서 기울기를 측정하는 데 사용되는 액체식 각도 측정기로서 그 용도는 기계의 조립, 설치 등의 수평, 수직을 조사할 때 사용한다.

35 ∅30 드릴 가공에서 절삭속도가 150m/min, 이송이 0.08mm/rev일 때, 회전수와 이송속도(Feed Rate)는?

① 150rpm, 0.08mm/min
② 300rpm, 0.16mm/min
③ 1,592rpm, 127.4mm/min
④ 3,184rpm, 63.7mm/min

해설
• 회전수$(n) = \dfrac{1,000\,V}{\pi d} = \dfrac{1,000 \times 150}{\pi \times 30} = 1,591.549431$
$\fallingdotseq 1,592\text{rpm}$
∴ 회전수$(n) = 1,592\text{rpm}$
• 이송속도(F) = 이송 × 회전수(n)
$= 0.08\text{mm/rev} \times 1,592\text{rpm} \fallingdotseq 127.4\text{mm/min}$
∴ 이송속도$(F) = 127.4\text{mm/min}$

36 다음 중 CNC공작기계에서 사용되는 좌표치의 기준으로 사용하지 않는 좌표계는?

① 고정 좌표계
② 기계 좌표계
③ 공작물 좌표계
④ 구역 좌표계

해설
CNC공작기계에 사용되는 좌표치의 기준 : 기계 좌표계, 공작물 좌표계, 구역 좌표계

37 다음 중 머시닝센터에서 공구의 길이 차를 측정하는데 가장 적합한 것은?

① R 게이지
② 사인바
③ 한계 게이지
④ 하이트 프리세터

해설
공구 길이의 측정
• 툴 프리세터 : 공구 길이나 공구경을 측정하는 장치
• 하이트 프리세터 : 기계에 공구를 고정하며 길이를 비교하여 그 차이값을 구하고, 보정값 입력란에 입력하는 측정기

38 5~20% Zn의 황동으로 강도는 낮으나 전연성이 좋고 황금색에 가까우며 금박대용, 황동단추 등에 사용되는 구리 합금은?

① 톰 백   ② 문쯔메탈

③ 델타메탈   ④ 주석황동

해설
① 톰백 : 구리와 아연의 합금, 구리에 아연을 8~20% 첨가하였으며, 금빛을 띠고 늘어나는 성질이 있다. 금의 모조품이나 금박대용품을 만드는 데 쓴다.
② 문쯔메탈 : 6-4황동으로, $\alpha+\beta$조직이며 판재, 선재, 볼트, 너트, 탄피 등에 사용
③ 델타메탈 : 6-4황동에 Fe를 1~2% 첨가한 합금으로, 철 황동이라고도 하며 광산, 선박 등에 사용

39 철과 탄소는 약 6.68% 탄소에서 탄화철이라는 화합물을 만드는데 이 탄소강의 표준조직은?

① 펄라이트   ② 오스테나이트

③ 시멘타이트   ④ 솔바이트

해설
③ 시멘타이트 : Fe_3C로 나타내며 6.67%의 C와 Fe의 화합물이다.
① 펄라이트 : 페라이트와 시멘타이트가 층상으로 되어 있는 조직으로 진주 조개에 나타나는 무늬처럼 보임
② 오스테나이트 : $\gamma-Fe$에 C를 고용한 고용체로, 결정 구조는 면심입방격자로서 강을 A_1변태점 이상 가열했을 때 얻을 수 있는 조직

40 스퍼 기어에서 Z는 잇수(개)이고, P가 지름피치(인치)일 때 피치원 지름(D, mm)을 구하는 공식은?

① $D = \dfrac{PZ}{25.4}$ ② $D = \dfrac{25.4}{PZ}$

③ $D = \dfrac{P}{25.4Z}$ ④ $D = \dfrac{25.4Z}{P}$

해설
이의 크기를 나타내는 기준(원주 피치, 모듈, 지름피치)
• 원주피치(P) $= \dfrac{\pi D}{Z}(\text{mm})(D : 피치원지름, Z : 잇수)$
• 모듈(m) $= \dfrac{D}{Z} = \dfrac{P}{\pi}(\text{mm})$
• 지름피치(P_d) $= \dfrac{Z}{D_{인치}} = \dfrac{25.4Z}{D(\text{mm})} = \dfrac{25.4}{m}$
  → 피치원지름(D) $= \dfrac{25.4Z}{P_d}$
∴ 피치원지름(D) $= \dfrac{25.4Z}{P_d}$

41 오른쪽 그림과 같이 절단면에 색칠한 것을 무엇이라고 하는가?

① 해 칭   ② 단 면

③ 투 상   ④ 스머징

해설
절단된 단면을 표시
• 해칭선 : 절단된 단면을 가는 실선으로 규칙적으로 표시한다.
• 스머징 : 연필 등을 사용하여 단면한 부분을 표시하기 위해 해칭을 대신하여 색칠하는 것이다.

42 다음 중 일반적으로 각도 측정에 사용되는 측정기는?

① 사인바(Sine Bar)

② 공기 마이크로미터(Air Micrometer)

③ 하이트 게이지(Height Gauge)

④ 다이얼 게이지(Dial Gauge)

해설
- 사인바 : 각도 측정
- 광선정반 : 간섭 무늬를 이용한 평면도 측정기
- 하이트 게이지 : 높이 측정기
- 다이얼 게이지 : 비교 및 형상 측정기

43 밀링 머신에서 테이블의 이송속도를 나타내는 식은?(단, f : 테이블 이송속도(mm/min), f_z : 커터 날 1개마다의 이송(mm), z : 커터의 날수, n : 커터의 회전수(rpm))

① $f = f_z \times z \times n$

② $f = \dfrac{f_z \times z \times n}{1,000}$

③ $f = \dfrac{f_z \times z}{n}$

④ $f = \dfrac{1,000}{f_z \times z \times n}$

해설
테이블 이송속도(f) = $f_z \times z \times n$
여기서, f : 테이블 이송속도, n : 회전수, z : 커터의 날수

44 다음 중 CNC선반 프로그래밍에서 소수점을 사용할 수 있는 어드레스로 구성된 것은?

① X, U, R, F

② W, I, K, P

③ Z, G, D, Q

④ P, X, N, E

해설
소수점은 거리와 시간 속도의 단위를 갖는 것에 사용되는 주소(X/U, Y/V, Z/W, A, B, C, I, J, K, R, F)의 수치에만 가능하다. 단, 파라미터 설정에 따라 소수점 없이 사용할 수도 있다.
※ 이들 이외의 주소와 사용되는 수치는 소수점을 사용하면 에러가 발생된다.

45 CNC선반에서 복합형 고정사이클 G76을 사용하여 나사가공을 하려고 한다. G76에 사용되는 X의 값은 무엇을 의미하는가?

① 골지름

② 바깥지름

③ 안지름

④ 유효지름

해설
복합고정형 나사절삭 사이클(G76)

G76 X_ Z_ I_ K_ D_ F_ A_ P_;

- X_ Z_ : 나사 끝지점 좌표(골지름)
- I_ : 나사 절삭 시 나사 끝지점 X값과 나사 시작점 X값의 거리(반지름 지령)
  ※ I = 0이면 평행나사이며 생략할 수 있다.
- K_ : 나사산 높이(반지름 지령)
- D_ : 첫 번째 절입량(반지름 지령) - 소수점 사용 불가
- F_ : 나사의 리드
- A_ : 나사의 각도
- P_ : 절삭방법(생략하면 절삭량 일정, 한쪽 날 가공 수행)

46 주로 대칭인 물체의 중심선을 기준으로 내부 모양과 외부 모양을 동시에 표시하는 단면도는?

① 온 단면도
② 부분 단면도
③ 한쪽 단면도
④ 회전도시 단면도

해설

③ 한쪽 단면도 : 상하 또는 좌우대칭인 물체는 1/4을 떼어 낸 것으로 보고 기본 중심선을 경계로 1/2은 외형, 1/2은 단면으로 동시에 나타낸다.
① 온 단면도 : 물체 전체를 둘로 절단해서 그림 전체를 단면으로 나타낸 것(전단면도)
② 부분 단면도 : 필요한 일부분만을 파단선에 의해 그 경계를 표시하고 나타낸다.
④ 회전도시 단면도 : 암, 림, 리브, 훅 등의 구조물을 90° 회전하여 표시한다.

47 기하공차 기입틀에서 B가 의미하는 것은?

//	0.008	B

① 데이텀
② 공차 등급
③ 공차기호
④ 기준 치수

해설

공차 기입틀과 구획 나누기

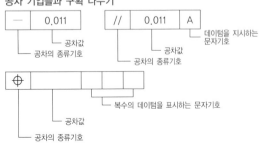

48 다음 중 CNC선반 프로그램에서 이송과 관련된 준비기능과 그 단위가 올바르게 연결된 것은?

① G98 : mm/min, G99 : mm/rev
② G98 : mm/rev, G99 : mm/min
③ G98 : mm/rev, G99 : mm/rev
④ G98 : mm/min, G99 : mm/min

해설

CNC선반과 머시닝센터의 회전당 이송과 분당 이송

구 분	CNC선반	구 분	머시닝센터
G98	분당 이송 (mm/min)	G94	분당 이송 (mm/min)
G99	회전당 이송 (mm/rev)	G95	회전당 이송 (mm/rev)

49 다음 중 좌표치의 지령방법에서 현재의 공구위치를 기준으로 움직일 방향의 좌표치를 입력하는 방식은?

① 증분지령 방식
② 절대지령 방식
③ 혼합지령 방식
④ 구역지령 방식

해설

① 증분지령 방식 : 현재의 공구위치를 기준으로 끝점까지의 증분값을 입력하는 방식
② 절대지령 방식 : 프로그램 원점을 기준으로 직교 좌표계의 좌표값을 입력하는 방식
③ 혼합지령 방식 : 절대지령 방식과 증분지령 방식을 한 블록 내에 혼합하여 지령하는 방식

50 인장스프링에서 하중 100N이 작용할 때의 변형량이 10mm일 때, 스프링 상수는 몇 N/mm인가?

① 0.1　　　　　② 0.2

③ 10　　　　　　④ 20

해설

스프링 상수 $K = \dfrac{W}{\delta} = \dfrac{\text{하중}}{\text{늘어난 길이}} = \dfrac{100\text{N}}{10\text{mm}} = 10\text{N/mm}$

51 다음 중 각도 치수의 허용한계 기입 방법으로 잘못된 것은?

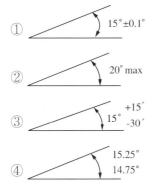

① 15°±0.1°

② 20° max

③ 15° +15′ -30′

④ 15.25° 14.75°

해설

②의 20° max는 각도 치수의 허용한계 기입이 아니다.

52 절삭공구의 옆면과 가공물의 마찰에 의하여 절삭공구의 옆면이 평행하게 마모되는 것은?

① 크레이터 마모　　② 치 핑

③ 플랭크 마모　　　④ 온도 파손

해설

③ 플랭크 마모(Flank Wear) : 절삭공구의 절삭면에 평행하게 마모되는 것을 의미하며, 측면과 절삭면과의 마찰에 의하여 발생한다.

① 크레이터 마모(Crater Wear) : 칩이 처음으로 바이트 경사면에 접촉하는 접촉점은 절삭공구의 인선에서 약간 떨어져서 나타나며, 이 접촉점에서 마찰력이 작용하여 절삭공구의 상면 경사면이 오목하게 파이는 현상

② 치핑(Chipping) : 절삭공구 인선의 일부가 미세하게 탈락되는 현상

53 평 벨트의 이음방법 중 효율이 가장 높은 것은?

① 이음쇠 이음　　② 가죽 끈 이음

③ 관자 볼트 이음　④ 접착제 이음

해설

평 벨트의 이음 방법 : 접착제 이음, 철사 이음, 가죽끈 이음, 이음쇠 이음(평 벨트는 반드시 연결해서 사용해야 한다)

평 벨트 이음 효율

이음 종류	접착제 이음	철사 이음	가죽끈 이음	이음쇠 이음
이음 효율	75~90%	60%	40~50%	40~70%

54 4개의 조가 각각 단독으로 움직일 수 있으므로 불규칙한 모양의 일감을 고정하는 데 편리한 척은?

① 단동척　　　　② 인동척
③ 콜릿척　　　　④ 마그네틱척

해설
- 연동척 : 3개의 조가 120° 간격으로 구성 배치되어 있으며, 규칙적인 모양 고정
- 단동척 : 4개의 조가 90° 간격으로 구성 배치되어 있으며, 불규칙한 가공물 고정
- 콜릿척 : 지름이 작은 가공물이나 각 봉재를 가공할 때 편리함
- 마그네틱척 : 전자석을 이용하여 얇은 판, 피스톤 링과 같은 가공물을 변형시키지 않고, 고정시켜 가공할 수 있는 자성체 척
- 만능척 : 단동척과 연동척의 기능을 겸비한 척

55 CNC선반 프로그램에서 다음과 같은 내용이고, 공작물의 직경이 50mm일 때 주축의 회전수는 약 얼마인가?

> G96 S150 M03;

① 650rpm　　　　② 800rpm
③ 955rpm　　　　④ 1,100rpm

해설
G96 S150 M03 → 절삭속도 150m/min로 일정하게 정회전 유지
G96(절삭속도 일정제어 m/min), S150(절삭속도 150m/min),
$$N = \frac{1,000\,V}{\pi D} = \frac{1,000 \times 150 \text{m/min}}{\pi \times 50 \text{mm}} = 955.414$$
∴ $N = 955$rpm
여기서, V : 절삭속도(m/min)
　　　　D : 공작물의 지름(mm)
　　　　N : 회전수(rpm)

56 수나사의 측면을 도시하고자 할 때, 다음 중 가장 적합하게 나타낸 것은?

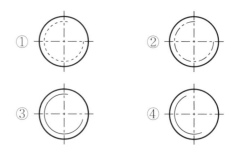

해설

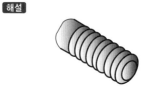

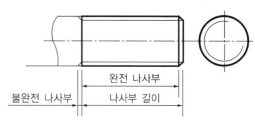

완전 나사부
불완전 나사부　　나사부 길이

[수나사]

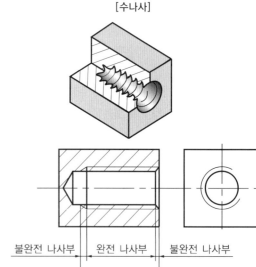

불완전 나사부　완전 나사부　불완전 나사부

[암나사]

57 금속침투에 의한 표면경화법으로 금속 표면에 Al 을 침투시키는 것은?

① 크로마이징
② 칼로라이징
③ 실리콘라이징
④ 보로나이징

해설

금속침투법
• 세라다이징(Sheradizing) – 아연(Zn) 침투
• 칼로라이징(Calorizing) – 알루미늄(Al) 침투
• 크로마이징(Chromizing) – 크롬(Cr) 침투
• 실리코나이징 – 규소(Si) 침투
★ 암기방법 : 아/세. 알/칼. 크/크. 실/규

58 제작 도면에서 제거가공을 해서는 안 된다고 지시 할 때의 표면 결 도시방법은?

① ![symbol]F
② ![symbol]F
③ ![symbol]
④ ![symbol]

해설

종 류	의 미
![symbol]	제거가공의 필요 여부를 문제 삼지 않는다.
![symbol]	제거가공을 필요로 한다.
![symbol]	제거가공을 해서는 안 된다.

59 다음과 같이 연삭숫돌의 표시방법 중 "K"는 무엇을 나타내는가?

WA 60 K 5 V

① 숫돌입자
② 조 직
③ 결합제
④ 결합도

해설

일반적인 연삭숫돌 표시방법

WA · 60 · K · M · V
연삭숫돌입자 · 입도 · 결합도 · 조직 · 결합제

60 보통 센터의 선단 일부를 가공하여 단면가공이 가능한 센터는?

① 세공 센터
② 베어링 센터
③ 하프 센터
④ 평 센터

해설

③ 하프 센터 : 정지 센터로 가공물을 지지하고 단면을 가공하면 바이트와 가공물의 간섭으로 가공이 불가능하게 된다. 이때 보통 센터의 선단 일부를 가공하여 단면가공이 가능하도록 제작한 센터
② 베어링 센터 : 선단 일부가 가공물의 회전에 의하여 함께 회전하도록 설계된 센터

센터의 종류

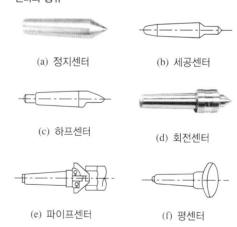

(a) 정지센터   (b) 세공센터
(c) 하프센터   (d) 회전센터
(e) 파이프센터   (f) 평센터

01 스텔라이트계 주조경질합금에 대한 설명으로 틀린 것은?

① 주성분이 Co이다.
② 열처리가 불필요하다.
③ 단조품이 많이 쓰인다.
④ 800℃까지의 고온에서도 경도가 유지된다.

해설
주조경질합금 : 대표적인 것으로 스텔라이트가 있으며, 주성분은 W, Cr, Co, Fe이며, 주조합금이다. 스텔라이트는 상온에서 고속도 강보다 경도가 낮으나 고온에서는 오히려 경도가 높아지기 때문에 고속도강보다 고속절삭용으로 사용된다. 850℃까지 경도와 인성이 유지되며, 단조나 열처리가 되지 않는 특징이 있다.

02 금속이 탄성한계를 초과한 힘을 받고도 파괴되지 않고 늘어나서 소성변형이 되는 성질은?

① 연 성
② 취 성
③ 경 도
④ 강 도

해설
① 연성 : 잡아당기면 외력에 의해서 파괴되지 않고 가늘게 늘어나는 성질
② 취성 : 잘 부서지고 깨지는 성질(인성과 반대)
③ 경도 : 재료의 표면이 외력에 저항하는 성질
④ 강도 : 작용힘에 대하여 파괴되지 않고 어느 정도 견디어 낼수 있는 정도

03 다음 중 청동의 합금원소는?

① Cu + Fe
② Cu + Sn
③ Cu + Zn
④ Cu + Mg

해설
• 황동 : 구리+아연(Cu+Zn)
• 청동 : 구리+주석(Cu+Sn)
• 7-3황동 : Cu(70%)+Zn(30%), 연신율이 가장 크다.
• 6-4황동 : Cu(60%)+Zn(40%), 아연(Zn)이 많을수록 인장강도가 증가한다. 아연(Zn)이 45%일 때 인장강도가 가장 크다.

04 강의 절삭성을 향상시키기 위하여 인(P)이나 황(S)을 첨가시킨 특수강은?

① 쾌삭강
② 내식강
③ 내열강
④ 내마모강

해설
쾌삭강 : 가공재료의 피삭성을 높이고, 절삭공구의 수명을 길게 하기 위하여 요구되는 성질을 개선한 구조용 강
• 칩(Chip)처리 능률을 높임
• 가공면 정밀도, 표면거칠기 향상
• 강에 황(S), 납(Pb) 첨가(황쾌삭강, 납쾌삭강)

05 알루미늄 특징에 대한 설명으로 틀린 것은?

① 전연성이 나쁘며 순수 Al은 주조가 곤란하다.
② 대부분의 Al은 보크사이트로 제조한다.
③ 표면에 생기는 산화피막의 보호성분 때문에 내식성이 좋다.
④ 열처리로 석출경화, 시효경화시켜 성질을 개선한다.

해설
알루미늄(Al)
• 비중 : 2.7
• 주조가 용이하다(복잡한 형상의 제품을 만들기 쉽다).
• 다른 금속과 잘 합금되어 상온 및 고온가공이 쉽다.
• 전연성이 우수한 전기, 열의 양도체이며 내식성이 강하다.
• 전기전도율은 구리의 60% 이상

06 인장강도가 255~340MPa로, Ca-Si나 Fe-Si 등의 접종제로 접종처리한 것으로 바탕조직은 펄라이트이며 내마멸성이 요구되는 공작기계의 안내면이나 강도를 요하는 기관의 실린더 등에 사용되는 주철은?

① 칠드주철
② 미하나이트주철
③ 흑심가단주철
④ 구상흑연주철

해설
미하나이트주철 : 약 3% C, 1.5% Si의 쇳물에 칼슘 실리케이트(Ca-Si)나 페로실리콘(Fe-Si)을 접종시켜 미세한 흑연을 균일하게 분포시킨 펄라이트주철이다. 이 주철은 두께 차나 내외와 상관없이 균일한 조직을 얻을 수 있고, 강인하다.

07 고속도 공구강 강재의 표준형으로 널리 사용되고 있는 18-4-1형에서 텅스텐 함유량은?

① 1%
② 4%
③ 18%
④ 23%

해설
고속도강(High Speed Steel) : W, Cr, V, Co 등의 합금강으로서 담금질 및 뜨임처리를 하면 600℃ 정도까지 경도를 유지하며 고온 경도가 높고 내마모성이 우수하다. 절삭속도가 탄소공구강에 비해 2배 이상이다.
표준 고속도강 조성 : 18% W(텅스텐) – 4% Cr(크롬) – 1% V(바나듐)
★ 고속도강 표준 조성은 자주 출제되므로 반드시 암기

08 다음 중 체결(결합)용 기계요소가 아닌 것은?

① 나 사
② 키
③ 마찰차
④ 핀

해설
용도에 따른 기계요소의 분류

기계요소군	기계요소	용 도
체결(결합)용 기계요소	나 사	임시적 체결
	리벳, 용접	반영구적 체결
	키, 핀, 코터	축과 보스(회전체) 연결
축용 기계요소	축	회전 및 동력 전달
	축이음	축과 축을 연결
	베어링	축 지지
전동용 기계요소	직접전동-마찰차, 기어, 캠	동력 전달
	간접전동-벨트, 체인, 로프	
관용 기계요소	관	기체나 액체 운반
	밸브, 콕	유량 및 압력 제어, 개폐
	관이음	관을 연결, 수송 방향 전환
운동 조정용	제동요소-브레이크	속도 조절
	완충요소-스프링	충격 완화

09 다음 그림과 설명이 나타내는 볼트의 종류는 무엇인가?

> 관통시킬 수 없는 경우 한쪽에만 구멍을 뚫고 다른 한쪽에는 중간 정도까지만 구멍을 뚫은 후 탭으로 나사산을 파고 볼트를 끼우는 것

① 기초볼트　　　　② 관통볼트
③ 탭볼트　　　　　④ 스터드 볼트

해설

볼트의 종류	내 용	비 고
관통볼트 (Through Bolt)	관통볼트는 연결할 두 부분에 구멍을 뚫고 볼트를 끼운 후 반대쪽을 너트로 조이는 것이다.	
탭볼트 (Tap Bolt)	탭볼트는 관통시킬 수 없는 경우 한쪽에만 구멍을 뚫고 다른 한쪽에는 중간 정도까지만 구멍을 뚫은 후 탭으로 나사산을 파고 볼트를 끼우는 것이다.	
스터드 볼트 (Stud Bolt)	스터드 볼트는 봉의 양 끝에 나사가 절삭되어 있는 형태의 볼트이다. 자주 분해 조립하는 부분에 사용하며, 양 끝에 나사산을 파고 나사 구멍에 끼우고 연결할 부품을 관통시켜 합친 후 너트로 조인 것이다. 자동차 엔진 등에서 한쪽은 실린더 블록의 나사구멍에 끼우고, 반대쪽에는 너트를 사용하여 실린더 헤드를 체결하여 사용하는 경우도 있다.	

10 핀 이음에서 한쪽 포크(Fork)에 아이(Eye) 부분을 연결하여 구멍에 수직으로 평행 핀을 끼워 두 부분이 상대적으로 각운동을 할 수 있도록 연결한 것은?

① 코 터　　　　　② 너클 핀
③ 분할 핀　　　　④ 스플라인

해설

- 너클 핀 : 한쪽 포크(Fork)에 아이(Eye) 부분을 연결하여 구멍에 수직으로 평행 핀을 끼워 두 부분이 상대적으로 각운동을 할 수 있도록 연결한 것
- 코터 : 한쪽 또는 양쪽에 기울기를 갖는 평판 모양의 쐐기로서 인장력이나 압축력을 받는 두 개의 축을 연결하는 결합용 기계 요소

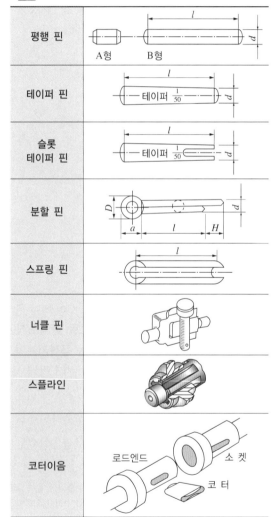

11 동력 전달용 V벨트의 규격(형)이 아닌 것은?

① B
② A
③ F
④ E

해설
- V벨트의 종류는 KS 규격에서 단면의 형상에 따라 6종류(M, A, B, C, D, E)로 규정하고 있으며, M형을 제외한 5종류가 동력 전달용으로 사용된다. 단면이 가장 큰 벨트는 E형이다.
- 단면적 비교 : M<A<B<C<D<E

V벨트의 치수와 인장강도

단면 형상	종류	a [mm]	h [mm]	θ [°]	단면적 [mm²]	인장 강도 [kN]	허용 장력 [N]
	M	10.0	5.5	40	44	1.2 이상	78
	A	12.5	9.0	40	83	2.4 이상	147
	B	16.5	11.0	40	137	3.5 이상	235
	C	22.0	14.0	40	237	5.9 이상	392
	D	31.5	19.0	40	467	10.8 이상	843
	E	38.0	24.0	40	732	14.7 이상	1,176

12 베어링의 호칭번호 6304에서 6이 의미하는 것은?

① 형식기호
② 치수기호
③ 지름번호
④ 등급기준

해설
- 63 : 베어링 계열기호[6-형식기호, 3-치수계열기호(치수기호)]
- 04 : 안지름 번호

베어링 안지름 번호 부여방법

안지름 범위[mm]	안지름 치수	안지름 기호	예
10mm 미만	안지름이 정수인 경우	안지름	2mm이면 2
	안지름이 정수가 아닌 경우	/안지름	2.5mm이면 /2.5
10mm 이상 20mm 미만	10mm	00	
	12mm	01	
	15mm	02	
	17mm	03	
20mm 이상 500mm 미만	5의 배수인 경우	안지름을 5로 나눈 수	40mm이면 08
	5의 배수가 아닌 경우	/안지름	28mm이면 /28
500mm 이상		/안지름	560mm이면 /560

13 도면에서 특수한 가공을 하는 부분 등 특별한 요구 사항을 적용할 범위를 표시하는 특수 지정선은?

① 가는 1점쇄선
② 가는 2점쇄선
③ 굵은 1점쇄선
④ 굵은 실선

해설
용도에 따른 선의 종류

명 칭	선의 종류	선의 용도
외형선	굵은 실선	대상물이 보이는 부분의 모양을 표시하는 데 사용한다.
치수선	가는 실선	치수를 기입하기 위하여 사용한다.
치수 보조선		치수를 기입하기 위하여 도형으로부터 끌어내는 데 사용한다.
지시선		기술, 기호 등을 표시하기 위하여 끌어내는 데 사용한다.
숨은선	가는 파선	대상물의 보이지 않는 부분의 모양을 표시하는 데 사용한다.
중심선	가는 1점쇄선	도형의 중심을 표시하는 데 사용한다. 중심이 이동한 중심 궤적을 표시하는 데 사용한다.
특수 지정선	굵은 1점쇄선	특수한 가공을 하는 부분 등 특별한 요구사항을 적용할 수 있는 범위를 표시하는 데 사용한다.

14 수나사의 크기는 무엇을 기준으로 표시하는가?

① 유효지름
② 수나사의 안지름
③ 수나사의 바깥지름
④ 수나사의 골지름

해설
수나사의 호칭지름은 바깥지름으로 표시한다.
★ 수나사의 호칭지름은 자주 출제되므로 반드시 암기

15 도면을 보고 스퍼기어 잇수와 피치원 지름으로 올바른 것은?

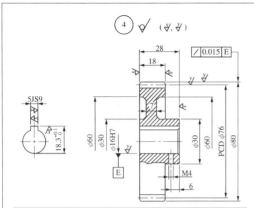

스퍼기어 요목표		
구 분	품 번	4
기어치형		표 준
공 구	치 형	보통이
	모 듈	2
	압력각	20°
잇 수		㉠
피치원 지름		㉡
다듬질방법		호브절삭
정밀도		KS B 1405, 5급

	㉠	㉡
①	30	$\phi 60$
②	40	$\phi 80$
③	30	$\phi 76$
④	38	$\phi 76$

해설
- 도면에서 피치원 지름은 PCD $\phi 76$이다.
- $m(모듈) = \dfrac{D(피치원지름)}{Z(잇수)}$

$Z(잇수) = \dfrac{D}{m} = \dfrac{76}{2} = 38$

∴ $Z(잇수) = 38$

16 치수 숫자와 함께 사용되는 기호로 45° 모따기를 나타내는 기호는?

① C ② R
③ K ④ M

해설
치수 보조기호

기 호	구 분	기 호	구 분
∅	지 름	S∅	구의 지름
R	반지름	SR	구의 반지름
C	45° 모따기	□	정사각형
P	피 치	t	두 께

17 바퀴의 암(Arm)이나 리브(Rib)의 단면 실형을 회전도시 단면도로 도형 내에 그릴 경우 사용하는 선의 종류는?(단, 단면부 전후를 끊지 않고 도형 내에 겹쳐서 그리는 경우)

① 가는 실선 ② 굵은 실선
③ 가상선 ④ 절단면

해설
회전도시 단면도
회전도시 단면도를 도형 내에 그릴 경우에는 가는 실선을 사용하고, 주투상도 밖으로 끌어내어 그릴 경우에는 굵은 실선을 사용한다. 핸들이나 바퀴 등의 암 및 림, 리브, 훅, 축, 구조물 부재 등의 절단면은 90° 회전시켜 표시한다.

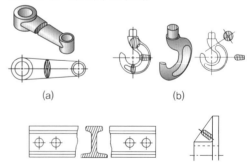

(a) (b)

(c) (d)

- a, b, d와 같이 도형 내에 그릴 경우에는 가는 실선을 사용한다.
- b와 같이 도형 밖에 절단선의 연장선 위에 그릴 경우에는 굵은 실선을 사용한다.

18 표면거칠기 지시방법에서 '제거가공을 허용하지 않는다'는 것을 지시하는 것은?

① ② ③ 6.3 ④ 6.3

20 다음 그림과 같은 도면에서 C부의 치수는?

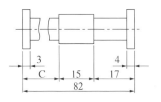

① 43   ② 47

③ 50   ④ 53

해설

• 82−(15+17) = 50
• 중간 부분 생략에 의한 도형의 단축 : 동일 단면형의 부분은 지면을 생략하기 위하여 중간 부분을 잘라내서 그 긴요한 부분만을 가까이 하여 도시할 수 있다. 이 경우 잘라낸 끝부분은 파단선으로 나타낸다.

19 나사의 호칭이 'L 2줄 M50 × 2–6H'로 표시된 나사에 6H는 무엇을 표시하는가?

① 줄 수
② 암나사의 등급
③ 피 치
④ 나사 방향

해설

나사의 표시방법

나사산의 감김 방향	나사산의 줄수	나사의 호칭	–	나사의 등급

예 L 2줄 M50 × 2–6H

• 나사산의 감김 방향 : L(왼나사)
• 나사산의 줄수 : 2줄(2줄 나사)
• 나사의 호칭 : M50 × 2(미터가는나사 / 피치 2mm)
• 나사의 등급 : 6H(대문자로 암나사), 6h(소문자로 수나사)

21 다음 중 대칭도를 나타내는 기호는?

① (기호 이미지)
② (기호 이미지)
③ (기호 이미지)
④ (기호 이미지)

기하공차의 종류와 기호 ★ 자주 출제되므로 반드시 암기

공차의 종류		기 호	데이텀 지시
모양공차	진직도	——	없 음
	평면도	▱	없 음
	진원도	○	없 음
	원통도	(기호)	없 음
	선의 윤곽도	⌒	없 음
	면의 윤곽도	⌓	없 음
자세공차	평행도	//	필 요
	직각도	⊥	필 요
	경사도	∠	필 요
위치공차	위치도	⊕	필요 또는 없음
	동축도(동심도)	◎	필 요
	대칭도	=	필 요
흔들림 공차	원주 흔들림	↗	필 요
	온 흔들림	↗↗	필 요

22 KS 기어 제도의 도시방법 설명으로 올바른 것은?

① 잇봉우리원은 가는 실선으로 그린다.
② 피치원은 가는 1점쇄선으로 그린다.
③ 이골원은 굵은 1점쇄선으로 그린다.
④ 잇줄 방향은 보통 2개의 가는 1점쇄선으로 그린다.

기어 도시
• 이끝원(잇봉우리원) : 굵은 실선
• 이뿌리원(이골원) : 가는 실선
• 피치원 : 가는 1점쇄선
• 잇줄 방향은 일반적으로 3개의 선 중에 이골원은 가는 실선, 잇봉우리원은 굵은 실선, 중앙선은 1점쇄선으로 표시한다.

23 헐거운 끼워맞춤에서 구멍의 최소 허용치수와 축의 최대 허용치수와의 차를 무엇이라고 하는가?

① 최소 틈새
② 최대 틈새
③ 최소 죔새
④ 최대 죔새

• 최소 틈새＝헐거운 끼워맞춤 구멍의 최소 허용치수 － 축의 최대 허용치수
• 헐거운 끼워맞춤 : 구멍과 축이 결합될 때 구멍 지름보다 축 지름이 작으면 틈새가 생겨서 헐겁게 끼워 맞추어진다. 제품의 기능상 구멍과 축이 결합된 상태에서 헐겁게 결합되는 것을 헐거운 끼워맞춤이라 하며, 어떤 경우이든 틈새가 있다.

끼워맞춤 상태	구 분	구 멍	축	비 고
헐거운 끼워맞춤	최소 틈새	최소 허용치수	최대 허용치수	틈새만
	최대 틈새	최대 허용치수	최소 허용치수	
억지 끼워맞춤	최소 죔새	최대 허용치수	최소 허용치수	죔새만
	최대 죔새	최소 허용치수	최대 허용치수	

24 다음 보기의 입체도에서 화살표 방향을 정면으로 할 때, 평면도로 가장 적합한 것은?

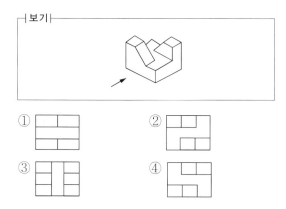

① ② ③ ④

25 공작기계를 가공 능률에 따라 분류할 때 전용 공작기계에 속하는 것은?

① 플레이너
② 드릴링 머신
③ 트랜스퍼 머신
④ 밀링머신

해설

공작기계 가공 능률에 따른 분류

가공 능률	공작기계
범용 공작기계	선반, 드릴링 머신, 밀링머신, 셰이퍼, 플레이너, 슬로터, 연삭기 등
전용 공작기계	트랜스퍼 머신, 차륜 선반, 크랭크축 선반 등
단능 공작기계	공구연삭기, 센터링 머신 등
만능 공작기계	선반, 드릴링, 밀링머신 등의 공작기계를 하나의 기계로 조합한 것

26 선반작업에서 절삭속도 및 바이트 경사각을 크게 하여 연성의 재료를 가공할 때 절삭 깊이가 작은 경우 주로 생기는 칩의 형태는?

① 유동형 칩
② 전단형 칩
③ 균열형 칩
④ 열단형 칩

해설

연성의 재료를 절삭속도 및 바이트 경사각이 크고, 절삭 깊이를 작게 가공할 때 주로 유동형 칩이 발생한다.

칩의 종류

칩의 종류	유동형 칩	전단형 칩	경작형 칩	균열형 칩
정 의	칩이 경사면 위를 연속적으로 원활하게 흘러 나가는 모양의 연속형 칩	경사면 위를 원활하게 흐르지 못할 때 발생하는 칩	가공물이 경사면에 점착되어 원활하게 흘러 나가지 못하여 가공재료 일부에 터짐이 일어나는 현상 발생	균열이 발생하는 진동으로 인하여 절삭공구 인선에 치핑 발생
재 료	연성재료 (연강, 구리, 알루미늄) 가공	연성재료 (연강, 구리, 알루미늄) 가공	점성이 큰 가공물	주철과 같이 메진재료
절삭 깊이	작을 때	클 때	클 때	
절삭 속도	빠를 때	작을 때		작을 때
경사각	클 때	작을 때	작을 때	
비 고	가장 이상적인 칩	진동 발생, 표면거칠기 나빠짐		순간적 공구날 끝에 균열 발생

27 현재 많이 사용되는 인공합성 절삭공구재료로, 고속작업이 가능하며 난삭재료, 고속도강, 담금질강, 내열강 등의 절삭에 적합한 공구재료는?

① 초경합금
② 세라믹
③ 서 멧
④ 입방정 질화붕소(CBN)

해설
④ 입방정 질화붕소(CBN) : 자연계에는 존재하지 않는 인공합성재료로서 다이아몬드의 2/3배 정도의 경도를 가지며, CBN 미소분말을 초고온(2,000℃), 초고압(5만 기압 이상)의 상태로 소결하여 제작한다. CBN은 난삭재료, 고속도강, 담금질강, 내열강 등의 절삭에 많이 사용한다.
① 초경합금 : W, Ti, Mo, Zr 등의 경질합금 탄화물 분말을 Co, Ni을 결합제로 하여 1,400℃ 이상의 고온으로 가열하면서 프레스로 소결성형한 절삭공구이다.
② 세라믹공구 : 산화알루미늄(Al₂O₃) 분말을 주성분으로, 마그네슘(Mg), 규소(Si) 등의 산화물과 미량의 다른 원소를 첨가하여 1,500℃에서 소결한 절삭공구이다.
③ 서멧 : 절삭공구재료로 사용되며 TiC를 주체로 하고 TiN, TiCN 등의 탄화물을 초미립화하여 소결시킨 합금으로, 세라믹(Ceramic)과 금속(Metal)의 합성어이다.

28 절삭가공에서 절삭유제의 사용목적으로 틀린 것은?

① 가공면에 녹이 쉽게 발생되도록 한다.
② 공구의 경도 저하를 발생한다.
③ 절삭열에 의한 공작물의 정밀도 저하를 방지한다.
④ 가공물의 가공 표면을 양호하게 한다.

해설
절삭유제의 사용목적
• 공구의 인선을 냉각시켜 공구의 경도 저하를 방지한다.
• 가공물을 냉각시켜 절삭열에 의한 정밀도 저하를 방지한다.
• 공구의 마모를 줄이고 윤활 및 세척작용으로 가공 표면을 양호하게 한다.
• 칩을 씻어 주고 절삭부를 깨끗이 닦아 절삭작용을 쉽게 한다.
절삭유의 역할(작용) : 윤활작용, 냉각작용, 세척작용

29 다음 중 선반의 규격을 가장 잘 나타낸 것은?

① 선반의 총중량과 원동기의 마력
② 깎을 수 있는 일감의 최대 지름
③ 선반의 높이와 베드의 길이
④ 주축대의 구조와 베드의 길이

해설
보통선반의 크기를 나타내는 방법
• 베드상의 최대 스윙(Swing) : 베드 위에 공작물이 닿지 않고 가공할 수 있는 공작물의 최대 직경
• 양 센터 간 최대 거리 : 가공할 수 있는 공작물의 최대 길이
• 왕복대 위의 스윙(Swing) : 왕복대 위에 공작물이 닿지 않고 가공할 수 있는 공작물의 최대 직경

30 숫돌바퀴의 구성 3요소는?

① 숫돌입자, 결합제, 기공
② 숫돌입자, 입도, 성분
③ 숫돌입자, 결합도, 입도
④ 숫돌입자, 결합제, 성분

해설
숫돌바퀴의 구성 3요소 : 숫돌입자, 기공, 결합제

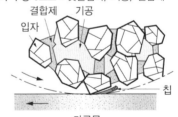

• 숫돌입자 : 절삭공구 날의 역할을 하는 입자
• 결합제 : 입자와 입자를 결합시키는 것
• 기공 : 입자와 결합제 사이의 빈 공간

31 선반 바이트에서 공작물과의 마찰을 줄이기 위하여 주어지는 각도는?

① 옆면 경사각

② 여유각

③ 인선각

④ 윗면 경사각

여유각 : 바이트의 옆면 및 앞면과 가공물의 마찰을 줄이기 위한 각으로, 여유각이 너무 크면 날 끝이 약해진다.

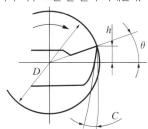

C : 앞면 여유각, θ : 윗면 경사각

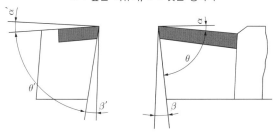

α : 윗면 경사각 β : 앞면 여유각 θ : 앞면 공구각
α' : 옆면 경사각 β' : 옆면 여유각 θ' : 옆면 공구각

32 선반가공에서 절삭 깊이를 1.5mm로 원통 깎기를 할 때 공작물의 지름이 작아지는 양은 몇 mm인가?

① 1.5

② 3.0

③ 0.75

④ 1.55

선반에서는 공작물이 회전을 하며 절삭되므로 절삭 깊이의 2배가 가공된다. 즉, 절삭 깊이 1.5mm로 가공 시 3.0mm가 가공된다.
$1.5 \times 2 = 3.0$mm

33 줄 작업을 할 때 주의할 사항으로 틀린 것은?

① 체중을 몸에 가하여 줄을 민다.

② 보통 줄의 사용 순서는 항목 → 세목 → 중목 → 유목 순으로 작업한다.

③ 눈은 항상 가공물을 보면서 작업한다.

④ 줄을 당길 때는 가공물에 압력을 주지 않는다.

줄의 작업 순서 : 황목 → 중목 → 세목 → 유목
줄에 관한 설명
• 줄눈의 거친 순서에 따라 황목, 중목, 세목, 유목으로 구분한다.
• 줄의 크기는 자루 부분을 제외한 줄의 전체 길이를 호칭한다.
• 황목은 눈이 거칠어 한 번에 많은 양을 절삭할 때 사용한다.
• 세목과 유목은 다듬질작업에 사용한다.

34 다음 그림과 같이 사인바를 사용하여 각도를 측정하는 경우 α는 몇 [°]인가?

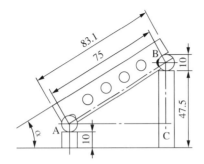

① 20° ② 25°
③ 30° ④ 35°

> 해설

사인바 각도 공식 ★ 중요하므로 반드시 암기

$\sin\theta = \dfrac{H-h}{L}$

$= \dfrac{47.5 - 10}{75} = 0.5$

$\therefore \alpha = \sin^{-1} 0.5 = 30°$

여기서, $H-h$: 블록게이지의 높이차
L : 사인바 롤러 간의 거리

사인바 : 사인바는 블록게이지와 같이 사용하며, 삼각함수의 사인을 이용하여 임의의 각도를 길이로 계산하여 간접적으로 각도를 구하는 방법이다. 크기는 롤러와 롤러 중심 간의 거리로 표시한다.

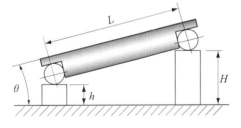

35 연삭가공을 하면 숫돌에 눈메움, 무딤 등이 발생하여 절삭 상태가 나빠진다. 이때 예리한 절삭날을 숫돌 표면에 생성하여 절삭성을 회복시키는 작업은?

① 드레싱 ② 리 밍
③ 보 링 ④ 호 빙

> 해설

- 드레싱(Dressing) : 눈메움이나 무딤이 발생하여 절삭성이 나빠진 연삭숫돌 표면에 드레서를 사용하여 예리한 절삭날을 숫돌 표면에 생성하여 절삭성을 회복시키는 작업
- 눈메움(Loading) : 결합도가 높은 숫돌에 알루미늄이나 구리 같이 연한 금속을 연삭하게 되면 연삭숫돌 표면의 기공이 메워져서 칩을 처리하지 못하여 연삭 성능이 떨어지는 현상
- 무딤(Glazing) : 숫돌입자가 마모되어 예리하지 못할 때 탈락하지 않고 둔화되는 현상
- 리밍 : 뚫려 있는 구멍을 정밀도가 높고, 가공 표면의 표면거칠기를 좋게 하기 위한 가공
- 보링 : 이미 뚫려 있는 구멍을 필요한 크기로 넓히거나 정밀도를 높이기 위하여 보링바(Boring Bar)에 바이트를 설치하여 절삭하는 방법
- 호빙 : 호빙머신에서 호브공구를 이용하여 기어를 절삭하는 가공방법

36 공작물 통과방식의 센터리스 연삭에서 공작물에 이송을 주는 부분은?

① 조정 숫돌바퀴 ② 연삭 숫돌바퀴
③ 받침반 ④ 테이블

> 해설

센터리스 연삭에서 공작물에 이송을 주는 부분은 조정 숫돌바퀴이다.
센터리스 연삭기 이송방식

이송 방식	설 명	비 고
통과 이송 방식	지름이 동일한 가공물을 연삭숫돌과 조정숫돌 사이로 자동적으로 이송하여 통과시키면서 연삭하는 방법	연삭 숫돌 받침판 안내 가공물 조정 숫돌
전후 이송 방식	연삭숫돌의 폭보다 짧은 가공물의 연삭, 턱붙이, 끝면 플랜지붙이, 테이퍼, 곡선, 윤곽이 있는 형태의 가공물 등은 이송이 곤란함	가공물 연삭 숫돌 조정 숫돌

37 비교측정기에 해당하는 것은?

① 버니어 캘리퍼스　② 마이크로미터

③ 다이얼게이지　　④ 하이트게이지

측정의 종류

측정의 종류	내 용	측정기
비교 측정	측정값과 기준 게이지값과의 차이를 비교하여 치수를 계산하는 측정	블록게이지 다이얼게이지 한계게이지 공기 마이크로미터 전기 마이크로미터
직접 측정	측정기에 표시된 눈금에 의해 측정물의 치수를 직접 읽는 방법	버니어 캘리퍼스 마이크로미터 측장기
간접 측정	나사, 기어 등과 같이 기하학적 관계를 이용하여 측정하는 방법	사인바에 의한 각도 측정 테이퍼 측정 나사의 유효지름 측정

38 밀링머신에서 공작물을 가공할 때, 발생하는 떨림(Chattering) 영향으로 관계가 가장 적은 것은?

① 가공면의 표면이 거칠어진다.

② 밀링커터의 수명을 단축시킨다.

③ 생산 능률을 저하시킨다.

④ 가공물의 정밀도가 향상된다.

①, ②, ③은 떨림의 영향이다.
떨림으로 인해 정밀도가 저하되기 때문에 떨림을 줄이기 위해 기계의 강성, 커터의 정밀도, 일감 고정방법, 절삭조건 등을 조정하여야 한다.

39 밀링커터의 절삭속도(V)를 구하는 공식은?(단, V : 절삭속도[m/min], n : 커터의 회전수[rpm], d : 밀링커터의 지름[mm])

① $V = \dfrac{\pi d}{1,000n}$　　② $V = \dfrac{1,000n}{\pi d}$

③ $V = \dfrac{\pi dn}{1,000}$　　④ $V = \dfrac{\pi n}{1,000d}$

• 밀링머신에서 절삭속도는 커터 바깥 둘레의 분당 원주속도로 나타내며, 공작물 및 공구의 재질에 따라 다르다. 절삭속도는 기계 및 절삭공구의 수명, 절삭온도 상승과 가공 정밀도에 영향을 준다.
• 절삭속도 공식

$V = \dfrac{\pi dn}{1,000}$ [m/min]

여기서, V : 절삭속도[m/min]
　　　　d : 커터의 지름[mm]
　　　　n : 커터의 회전수[rpm]

40 분할대(Index Table)에 대한 내용으로 틀린 것은?

① 다이빙 헤드(Diving Head) 또는 스파이럴 헤드(Spiral Head)라고 한다.

② 밀링머신에서 분할작업 및 각도 변위가 요구되는 작업에 사용한다.

③ 밀링커터 제작 등에는 이용하지 않는다.

④ 분할법에는 직접 분할법, 단식 분할법, 차동 분할법이 있다.

분할대 : 필요한 등분이나 필요한 각도로 분할할 때 사용하는 밀링 부속장치이다. 분할대를 이용하면 기어의 잇수 분할, 리머의 홈, 각도의 변위, 밀링커터 제작 등에 이용할 수 있다.

41 호닝(Honing)에 대한 설명으로 틀린 것은?

① 숫돌의 길이는 가공 구멍 길이와 같은 것을 사용한다.

② 냉각액은 등유 또는 경유에 라드(Lard)유를 혼합해 사용한다.

③ 공작물 재질이 강과 주강인 경우는 WA입자의 숫돌재료를 쓴다.

④ 왕복운동과 회전운동에 의한 교차각이 40~50°일 때 다듬질 양이 가장 크다.

호닝숫돌의 길이는 가공 구멍의 길이를 $\frac{1}{2}$ 이하로 하고, 숫돌의 왕복운동 방향은 구멍의 양 끝에서 숫돌 길이의 $\frac{1}{4}$ 정도가 나왔을 때 바꾸도록 한다.

혼의 운동 궤적

혼의 왕복운동과 회전운동의 합성에 의해 숫돌은 다음 그림과 같이 나선운동을 하게 되고, 공작물 내면에 일정한 각도로 교차하는 궤적이 나타난다. 이 궤적을 이루는 각 a를 교차각이라고 하며, 40~50°일 때 다듬질 양이 가장 크다. 따라서 교차각값을 이 정도로 유지하기 위해 혼의 왕복속도는 회전 원주속도의 $\frac{1}{3} \sim \frac{1}{2}$ 정도로 한다.

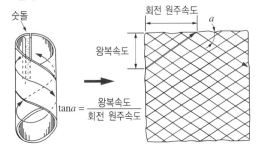

42 CNC 선반에서 다음 그림의 B → C 경로의 가공 프로그램으로 틀린 것은?

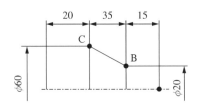

① G01 X60. Z-50.;

② G01 U60. Z-50.;

③ G01 U40. W-35.;

④ G01 X60. W-35.;

② G01 U60. Z-50.; → G01 U40. Z-50.;

B → C 경로는 직선보간으로 G01을 사용하며 지령방식에는 절대지령, 증분지령, 혼합지령이 있다.

지령방식	프로그램	비 고
절대지령	G01 X60. Z-50.;	프로그램 원점을 기준으로 직교 좌표계의 좌표값을 입력
증분지령	G01 U40. W-35.;	현재의 공구 위치를 기준으로 끝점까지의 X, Z의 증분값을 입력-U, W
혼합지령	G01 X60. W-35.; G01 U40. Z-50.;	절대지령과 증분지령을 한 블록 내에 혼합하여 지령

43 황삭 엔드밀의 절삭속도는 31.4m/min, 회전당 이송거리를 0.3mm/rev로 선택하면, 주축 회전수 N[rpm]과 이송속도 F[mm/min]는 각각 얼마인가?(단, 엔드밀 직경은 20mm이고 $\pi = 3.14$이다)

① 500, 180
② 500, 150
③ 550, 180
④ 550, 150

해설

회전속도$(N) = \dfrac{1,000\,V}{\pi D} = \dfrac{1,000 \times 31.4}{3.14 \times 20} = 500\mathrm{rpm}$

$\therefore$ 회전속도$(N) = 500\mathrm{rpm}$

이송속도$(F) = F_z \times N = 0.3\mathrm{mm/rev} \times 500\mathrm{rpm}$
$= 150\mathrm{mm/min}$

$\therefore$ 이송속도$(F) = 150\mathrm{mm/min}$

여기서, N : 회전수[rpm], V : 절삭속도[m/min]
D : 엔드밀 직경[mm], F : 테이블 이송속도[mm/min]
F_z : 회전당 이송[mm/rev]

44 범용 공작기계와 비교한 NC 공작기계의 특징 중 틀린 것은?

① 가공하기 어려웠던 복잡한 형상의 가공을 할 수 있다.
② 한 사람이 여러 대의 NC 공작기계를 관리할 수 있다.
③ 지그와 고정구가 많이 필요하고 품질이 안정된다.
④ 제품의 균일성을 향상시킬 수 있다.

해설

NC 공작기계에서는 지그와 고정구가 별로 필요 없다.

45 다음은 CNC 선반 프로그램의 일부이다. 이 프로그램에서 밑줄 친 'U2.0'이 의미하는 것은?

```
G00 X61.0 Z2.0 T0101;
G71 U2.0 R0.5;
G71 P10 Q20 U0.1 W0.2 F0.3;
G00 X100.0 Z100.0;
```

① X축 1회 절입량
② X축 도피량
③ X축 정삭 여유량
④ Z축 정삭 여유량

해설

• U2.0 : X축 1회 절입량, 1회 가공 깊이(절삭 깊이), 반지름 지령과 소수점 지령 가능
• U0.1 : X축 방향의 다듬절삭 여유이다(지름 지령).
• G71 : 안 · 바깥지름 거친 절삭 사이클(복합 반복 사이클)

```
G71 U(Δd) R(e);
G71 P(ns) Q(nf) U(Δu) W(Δw) F(f);
```

여기서, U(Δd) : 1회 가공 깊이(절삭 깊이), 반지름 지령과 소수점 지령 가능
R(e) : 도피량(절삭 후 간섭 없이 공구가 빠지기 위한 양)
P(ns) : 다듬절삭 가공지령절의 첫 번째 전개번호
Q(nf) : 다듬절삭 가공지령절의 마지막 전개번호
U(Δu) : X축 방향 다듬절삭 여유(지름 지령)
W(Δw) : Z축 방향 다듬절삭 여유
F(f) : 거친절삭 가공 시 이송속도(즉, P와 Q 사이의 데이터는 무시되고 G71 블록에서 지령된 데이터가 유효)
★ 실기시험에 '안 · 바깥지름 거친 절삭 사이클(복합 반복 사이클)/G71'을 사용하여 프로그램을 작성하니 꼭 암기하도록 하자.

46 CNC 공작 기계의 3가지 제어방식에 속하지 않는 것은?

① 위치결정제어
② 직선절삭제어
③ 원호절삭제어
④ 윤곽절삭제어

해설
NC 공작기계제어 방식
• 위치결정제어(급속 위치 결정)
• 직선절삭제어(직선가공)
• 윤곽절삭제어(직선 또는 곡면가공)

47 CNC 공작기계에서 간단한 프로그램을 편집과 동시에 시험적으로 시행해 볼 때 사용하는 모드는?

① MDI 모드
② JOG 모드
③ EDIT 모드
④ AUTO 모드

해설
① MDI 모드 : 반자동모드라고 하며, 1~2개 블록의 짧은 프로그램을 입력하고 바로 실행할 수 있는 모드로, 간단한 프로그램을 편집과 동시에 시험적으로 시행할 때 사용한다.
② JOG 모드 : JOG 버튼으로 축을 수동으로 '+' 또는 '−' 방향으로 이송시킬 때 사용한다.
③ EDIT 모드 : 프로그램을 수정하거나 신규로 작성할 때 사용한다.
④ AUTO 모드 : 프로그램을 자동운전할 때 사용한다.

48 CNC 선반에서 주축의 최고 회전수를 1,500rpm으로 제한하기 위한 지령으로 옳은 것은?

① G28 S1500;
② G30 S1500;
③ G50 S1500;
④ G94 S1500;

해설
• G50 S1500; → 주축 최고 회전수는 1,500rpm으로 제한됨(G50 블록에 S값의 지령이 있으면 지령된 값 이상은 회전하지 않는다. 즉, 공작물의 지름에 따라 변하는 주축 회전수는 최고 회전수 1,500rpm을 넘지 않는다)
• G50 : 공작물 좌표계 설정, 주축 최고 회전수 설정
• G28 : 자동원점 복귀
• G30 : 제2원점 복귀
• G94 : 단면 절삭 사이클

49 CNC 선반에서 주축을 정지시키기 위한 보조기능 M코드는?

① M02
② M03
③ M04
④ M05

해설
M코드 ★ 반드시 암기 자주 출제

M코드	기 능	M코드	기 능
M00	프로그램 정지	M08	절삭유 ON
M01	프로그램 선택 정지	M09	절삭유 OFF
M02	프로그램 끝	M30	프로그램 끝 & 리셋
M03	주축 정회전	M98	보조프로그램 호출
M04	주축 역회전	M99	보조프로그램 종료
M05	주축 정지		

50 CNC 선반에서 나사가공과 관계없는 G코드는?

① G32   ② G75

③ G76   ④ G92

해설
② G75은 X방향 홈 가공 사이클이다.
① G32 : 나사절삭
③ G76 : 나사절삭 사이클
④ G92 : 나사절삭 사이클

51 다음은 머시닝센터 프로그램의 일부를 나타낸 것이다. ( ) 안에 알맞은 것은?

```
G90 G92 X0. Y0. Z100.;
( ① ) 1500 M03;
G00 Z3.;
G42 X25.0 Y20. ( ② )07 M08;
G01 Z-10. ( ③ ) 50;
X90. F160;
( ④ ) X110. Y40. R20.;
X75. Y89. 749 R50;
G01 X30. Y55.;
Y18.;
G00 Z100. M09;
```

① F, M, S, G02   ② S, D, F, G01

③ S, H F, G00   ④ S, D, F, G03

해설
④ 블록은 반지름값 R500이 있으니 원호절삭인 G02 또는 G030이 지령되어야 한다. → G03
① 블록의 M03(주축 정회전) 앞에 주축 회전수 S가 지령되어야 한다. → S1500
② 블록의 G42(공구지름 보정 주축)로 인해 공구보정번호를 나타내는 D가 지령되어야 한다. → D07
③ 블록의 G01(직선보간)로 인해 이송속도 F가 지령되어야 한다. → F50

52 CAD/CAM 시스템의 입출력장치에서 출력장치에 해당하는 것은?

① 프린터   ② 조이스틱

③ 라이트 펜   ④ 마우스

해설
• 입력장치 : 조이스틱, 라이트 펜, 마우스, 키보드 등
• 출력장치 : 프린터, 플로터, 모니터 등

53 CNC 공작기계에서 일상적인 점검사항 중 매일 점검사항이 아닌 것은?

① 외관 점검   ② 압력 점검

③ 기계 정도 점검 ④ 유량 점검

해설
기계 정도 검사는 일상적인 점검보다는 기계에 충격을 주었을 때나 분기별 또는 연간 점검을 한다.
매일 점검사항 : 외관 점검, 유량 점검, 압력 점검, 각부의 작동 검사 등

54 CNC 공작기계를 사용할 때 안전사항으로 틀린 것은?

① 칩을 제거할 때는 시간 절약을 위하여 맨손으로 빨리 처리한다.

② 칩이 비산할 때는 보안경을 착용한다.

③ 기계 위에 공구를 올려놓지 않는다.

④ 절삭공구는 가능한 한 짧게 설치하는 것이 좋다.

해설

칩을 제거할 때는 반드시 주축의 회전을 정지시킨 상태에서 칩 제거도구를 이용하여 제거한다.

55 밀링작업 시 안전 및 유의사항으로 틀린 것은?

① 바이스 및 일감을 단단하게 고정시킨다.

② 정면 밀링커터 작업을 할 때에는 보안경을 착용한다.

③ 주축을 변속할 때는 저속 상태에서 해야 한다.

④ 테이블 위에는 측정기나 공구를 올려놓지 말아야 한다.

해설

주축을 변속할 때는 회전을 정지시킨 상태에서 실시한다.

56 다음 그림에서 B(25, 5)에서, 반시계 360° 원호가공을 하려고 한다. 올바르게 명령한 것은?

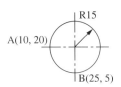

① G02 J15.;

② G02 J-15.;

③ G03 J15.;

④ G03 J-15.;

해설

반시계 방향 원호가공이므로 G03이며, 원호가공 시작점에서 원호 중심까지 벡터값이 J15가 된다. → G03 J15.

• A(시작점)에서 시계 방향 원호가공 → G02 I15.;

• B(시작점)에서 반시계 방향 원호가공 → G03 J15.;

I, J는 원호의 시작점에서 원호 중심까지의 벡터값이다.

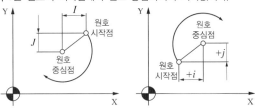

[I, J 명령의 부호]

57 CNC 선반 프로그램에서 이송과 관련된 준비기능과 그 단위가 맞게 연결된 것은?

① G98 : mm/min, G99 : mm/rev

② G98 : mm/rev, G99 : mm/min

③ G98 : mm/rev, G99 : mm/rev

④ G98 : mm/min, G99 : mm/min

해설

CNC 선반과 머시닝센터의 회전당 이송과 분당 이송

구 분	CNC선반	구 분	머시닝센터
G98	분당 이송 (mm/min)	G94	분당 이송 (mm/min)
G99	회전당 이송 (mm/rev)	G95	회전당 이송 (mm/rev)

58 절삭공구와 프로그램 원점까지의 거리가 다음 그림과 같을 경우 좌표계 설정지령으로 맞는 것은?

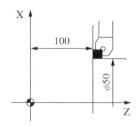

① G50 X25. Z100. T0100;

② G50 X100. Z150. T0100;

③ G50 X50. Z100. T0100;

④ G50 X100. Z100. T0100;

해설
G50은 공작물 좌표계 설정코드이다. 공작물 좌표계 설정 시 원점과 절삭공구의 거리를 절대지령으로 설정한다. 즉, G50 X50. Z100. T0100;으로 지령한다. 선반에서 X값은 지름값으로 지령한다. → X50.

59 CNC 프로그램에서 공구지름 보정과 관계없는 준비기능은?

① G40

② G41

③ G42

④ G43

해설
G43은 공구 길이 보정으로 공구지름 보정과는 관계가 없다.
• G40 : 공구지름 보정 취소
• G41 : 공구지름 보정 왼쪽
• G42 : 공구지름 보정 오른쪽
• G43 : 공구 길이 보정

60 다음 CNC 선반 프로그램에서 지름이 30mm인 지점에서의 주축 회전수는 몇 rpm인가?

```
G50 X100. Z100. S1500 T0100;
G96 S160 M03;
G00 X30. Z3. T0303;
```

① 1,698

② 1,500

③ 1,000

④ 160

해설
• G96 S160 M03 : 절삭속도 160m/min으로 일정하게 정회전
• 회전수 $N = \dfrac{1,000\,V}{\pi D} = \dfrac{1,000 \times 160\text{m/min}}{\pi \times 30\text{mm}} \fallingdotseq 1,697.65\,\text{rpm}$
  $\therefore N = 1,698\,\text{rpm}$
• G50 X100. Z100. S1500 T0100; → G50 주축 최고 회전수를 1,500rpm으로 제한하였기 때문에 지름 30mm에서 회전수는 계산된 1,698rpm이 아니라 1,500rpm이 된다.

01 평벨트 전동과 비교하여 V벨트 전동의 특징이 아닌 것은?

① 고속운전이 가능하다.

② 바로걸기와 엇걸기가 모두 가능하다.

③ 미끄럼이 작고 속도비가 크다.

④ 접촉 면적이 넓어 큰 동력을 전달한다.

해설
V벨트 전동의 특징
• 홈의 양면에 밀착되므로 마찰력이 평벨트보다 크다.
• 미끄럼이 작아 비교적 작은 장력으로 큰 회전력을 전달할 수 있다.
• 고속운전이 가능하다.
• 접촉 면적이 넓어 큰 동력을 전달한다.
• 지름이 작은 풀리에도 사용할 수 있다.
• 엇걸기는 불가능하다.
• 설치 면적이 좁아 사용이 편리하다.

02 변압기용 박판에 사용하는 강으로 가장 적합한 것은?

① 크롬강

② 망간강

③ 니켈강

④ 규소강

해설
• 규소강 : 철에 1~5%의 규소를 첨가한 특수강철이다. 투자율과 전기저항이 높으며, 자기 이력 손실이 작아 발전기, 변압기 등의 박판을 만드는 데 쓰인다.
• 크롬강 : 고급 절삭공구의 날, 볼베어링, 자동차 부속품 등

03 축과 보스 사이 2~3곳에 축 방향으로 쪼갠 원뿔을 때려 박아 축과 보스를 헐거움 없이 고정할 수 있는 키는?

① 안장 키

② 접선 키

③ 둥근 키

④ 원뿔 키

해설
• 원뿔 키 : 축과 보스의 사이 2~3곳에 축 방향으로 쪼갠 원뿔을 때려 박아 축과 보스를 헐거움 없이 고정할 수 있고 축과 보스의 편심이 작다.
• 둥근 키 : 축과 보스 사이의 구멍을 가공하여 원형 단면의 평행 핀 또는 테이퍼 핀으로 때려 박은 키로서 사용법이 간단하다.
• 접선 키 : 축의 접선 방향으로 끼우는 키로서 1/100의 기울기를 가진 2개의 키를 한 쌍으로 하여 사용한다.

키(Key)의 종류

키	정 의	그 림	비 고
새들 키 (안장 키)	축에는 키 홈을 가공하지 않고 보스에만 테이퍼진 키 홈을 만들어 때려 박는다.		축의 강도 저하가 없음
원뿔 키	축과 보스와의 사이 2~3곳에 축 방향으로 쪼갠 원뿔을 때려 박아 고정한다.		
반달 키	축에 반달 모양의 홈을 만들어 반달 모양으로 가공된 키를 끼운다.		축 강도 약함
스플라인	축에 여러 개의 같은 키 홈을 파서 여기에 맞는 한짝의 보스 부분을 만들어 서로 잘 미끄러져 운동할 수 있게 한 것이다.		키보다 큰 토크 전달

※ 묻힘(Sunk) 키 : 축과 보스의 양쪽에 모두 키 홈을 가공

1 ② 2 ④ 3 ④ **정답**

04 볼 베어링에서 볼을 적당한 간격으로 유지시켜 주는 베어링 부품은?

① 리테이너   ② 레이스
③ 하우징   ④ 부 시

해설

볼 베어링의 구조와 명칭

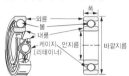

06 냉간가공에 대한 설명으로 옳은 것은?

① 어느 금속이나 모두 상온(20℃) 이하에서 가공함을 말한다.
② 그 금속의 재결정온도 이하에서 가공함을 말한다.
③ 그 금속의 공정점보다 10~20℃ 낮은 온도에서 가공함을 말한다.
④ 빙점(0℃) 이하의 낮은 온도에서 가공함을 말한다.

해설
• 냉간가공 : 재결정온도보다 낮은 온도에서 금속을 가공하는 일
• 열간가공 : 재결정온도보다 높은 온도에서 금속을 가공하는 일

05 피치 4mm인 3줄 나사를 1회전시켰을 때의 리드는?

① 6mm   ② 12mm
③ 16mm   ④ 18mm

해설
$L = n \times p = 3$줄 $\times 4mm = 12mm$
∴ 나사의 리드(L) = 12mm
여기서, L : 나사의 리드
   n : 나사의 줄수
   p : 피치(서로 인접한 나사산과 나사산 사이의 축 방향거리)
※ 나사의 리드(L) : 나사 곡선을 따라 축의 둘레를 한 바퀴 회전하였을 때 축 방향으로 이동하는 거리

07 인장 코일 스프링에 3kgf의 하중을 걸었을 때 변위가 30mm이었다면, 스프링 상수는 얼마인가?

① 0.1kgf/mm   ② 0.2kgf/mm
③ 5kgf/mm   ④ 10kgf/mm

해설
스프링 상수
$k = \dfrac{W(\text{하중})}{\delta(\text{처짐량})} = \dfrac{3kgf}{30mm} = 0.1kgf/mm$

08 황(S)이 적은 선철을 용해하여 주입 전에 Mg, Ce, Ca 등을 첨가하여 제조한 주철은?

① 펄라이트주철
② 구상흑연주철
③ 가단주철
④ 강력주철

해설
• 구상흑연주철 : 강도와 연성 등을 개선하기 위하여 용융 상태의 주철 중에 마그네슘(Mg), 세륨(Ce) 또는 칼슘(Ca) 등을 첨가하여 편상흑연을 구상화한 것으로 노듈러주철, 덕타일주철 등으로 불린다.
• 가단주철 : 주철의 결점인 여리고 약한 인성을 개선하기 위하여 열처리에 의하여 편상흑연을 괴상화하여 강도와 연성을 향상시킨 것이다. 먼저 백주철의 주물을 만들고, 이것을 장시간 열처리하여 탄소를 분해시켜 탈탄 또는 흑연화하여 인성 또는 연성을 증가시킨 주철로 단조가 가능하다.

09 비금속재료에 속하지 않는 것은?

① 합성수지
② 네오프렌
③ 도 료
④ 고속도강

해설
고속도강은 절삭공구 재료로 사용되는 합금강으로 금속재료이다.

구 분		재 료
금속재료	철강재료	탄소강, 합금강, 주철 등
	비철금속 재료	마그네슘, 알루미늄, 동, 니켈, 타이타늄 등
비금속재료	무기재료	도자기, 세라믹, 시멘트, 유리 등
	유기재료	플라스틱, 접착재료, 도료 등

10 고정 원판식 코일에 전류가 통하면 전자력에 의하여 회전 원판이 잡아 당겨져 브레이크가 걸리고, 전류를 끊으면 스프링 작용으로 원판이 떨어져 회전을 계속하는 브레이크는?

① 밴드 브레이크
② 디스크 브레이크
③ 전자 브레이크
④ 블록 브레이크

해설
③ 전자 브레이크 : 2장의 마찰 원판을 사용하여 두 원판의 탈착 조작이 전자력에 의해 이루어지는 브레이크 단판식 전자 브레이크는 고정 원판측의 코일에 전류가 통하면 전자력에 의해 회전 원판이 끌어당겨져 제동작용이 일어나고, 전류를 끊으면 스프링 작용으로 원판이 떨어져 회전을 계속한다.
① 밴드 브레이크 : 레버를 사용하여 브레이크 드럼의 바깥에 감겨 있는 밴드에 장력을 주면 밴드와 브레이크 드럼 사이에 마찰력이 발생한다. 이 마찰력에 의해 제동하는 것을 밴드 브레이크라고 한다.
② 디스크 브레이크(원판 브레이크)
  • 캘리퍼형 디스크 브레이크(Caliper Disk Brake) : 회전운동을 하는 드럼이 안쪽에 있고 바깥에서 양쪽 대칭으로 드럼을 밀어붙여 마찰력이 발생하도록 한 브레이크 장치이다.
  • 클러치형 디스크 브레이크(Clutch-type Disk Brake) : 축 방향 하중에 의하여 발생하는 마찰력으로 제동하는 브레이크로서 마찰면이 원판인 경우, 원판의 수에 따라 단판 브레이크와 다판 브레이크로 분류한다.
④ 블록 브레이크 : 회전하는 브레이크 드럼을 브레이크 블록으로 누르는 것으로 브레이크 블록의 수에 따라 단식 블록 브레이크와 복식 블록 브레이크로 나눈다.

11 전동축에 큰 휨(Deflection)을 주어서 축의 방향을 자유롭게 바꾸거나 충격을 완화시키기 위하여 사용하는 축은?

① 크랭크축
② 플렉시블축
③ 차 축
④ 직선축

해설
• 플렉시블축(Flexible Shaft) : 자유롭게 휠 수 있도록 강선을 2중, 3중으로 감은 나사 모양의 축으로, 공간상의 제한으로 일직선 형태의 축을 사용할 수 없을 때 이용한다.
• 차축 : 주로 굽힘 모멘트를 받는 축으로, 철도 차량의 차축과 같이 그 자체가 회전하는 회전축과 자동차의 바퀴축과 같이 바퀴는 회전하지만 축은 회전하지 않는 정지축이다.
• 직선축 : 길이 방향으로 일직선 형태의 축이며, 일반적인 동력 전달용으로 사용한다.
• 크랭크축 : 왕복 운동기관 등에서 직선운동과 회전운동을 상호 변환시키는 축이다.

12 담금질 시 재료와 두께에 따른 내·외부의 냉각속도가 다르기 때문에 경화된 깊이가 달라져 경도 차이가 생기는데 이를 무엇이라 하는가?

① 질량효과 ② 담금질 균열
③ 담금질 시효 ④ 변형시효

해설
질량효과 : 재료의 크기에 따라 내·외부의 냉각속도가 달라 경도의 차이가 나는 것이다. 강을 담금질할 때 재료의 표면은 급랭에 의해 담금질이 잘되는 데 반해 재료의 중심에 가까울수록 담금질이 잘되지 않는 현상이다. 즉, 같은 방법으로 담금질해도 재료의 굵기나 두께가 다르면 냉각속도가 달라지므로 담금질 깊이도 달라진다. 이와 같이 강재의 크기, 즉 질량의 크기에 따라 담금질 효과에 미치는 영향을 질량효과라고 한다.

13 구리에 아연을 8~20% 첨가한 합금으로, α 고용체만으로 구성되어 있으므로 냉간가공이 쉽게 되어 단추, 금박, 금 모조품 등으로 사용되는 재료는?

① 톰백(Tombac)
② 델타메탈(Delta Metal)
③ 니켈실버(Nickel Silver)
④ 문쯔메탈(Muntz Metal)

해설
• 톰백(Tombac) : 구리와 아연의 합금, 구리에 아연을 8~20% 첨가하였으며, 금빛을 띠고 늘어나는 성질이 있다. 금의 모조품이나 금박 대용품을 만드는 데 쓴다.
• 델타메탈(Delta Metal) : 6-4황동에 Fe를 1~2% 첨가한 합금으로 철 황동이라고도 하며 광산, 선박 등에 사용한다.
• 문쯔메탈(Muntz Metal) : 6-4황동으로 $\alpha+\beta$ 조직이며 판재, 선재, 볼트, 너트, 탄피 등에 사용한다.

14 내연기관의 피스톤 등 자동차 부품으로 많이 쓰이는 Al 합금은?

① 실루민
② 화이트 메탈
③ Y합금
④ 두랄루민

해설
③ Y합금 : Al + Cu + Ni + Mg의 합금으로 내연기관 실린더에 사용한다(알구니마).
① 실루민 : Al + Si의 합금으로 주조성은 좋으나 절삭성은 나쁘다.
② 화이트메탈 : 베어링 합금으로 주석(Sn)계와 납(Pb)계가 있다.
④ 두랄루민 : Al + Cu + Mg + Mn의 합금으로 가벼워서 항공기나 자동차 등에 사용된다(알구마망).

15 금속은 전류를 흘리면 전류가 소모되는데 어떤 종류의 금속에서는 어느 일정 온도에서 갑자기 전기저항이 '0'이 되는 현상은?

① 초전도현상 ② 임계현상
③ 전기장 현상 ④ 자기장 현상

해설
초전도현상 : 금속은 전류를 흘리면 전류가 소모되는데 어떤 종류의 금속에서는 어느 일정 온도에서 갑자기 전기저항이 '0'이 되는 현상

16 다음 그림과 같이 대상물의 구멍, 홈 등 일부분의 모양을 도시하는 것으로 충분한 경우 사용되는 투상도는?

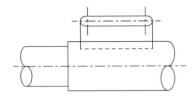

① 보조 투상도   ② 국부 투상도

③ 회전 투상도   ④ 부분 투상도

해설
② 국부 투상도 : 대상물의 구멍, 홈 등 한 국부의 모양만 도시하는 것으로 충분한 경우에는 그 필요한 부분만 국부 투상도로 나타낸다.
① 보조 투상도 : 경사면의 실제 모양을 표시할 필요가 있을 때, 보이는 부분의 전체 또는 일부분을 나타낸다.
③ 회전 투상도 : 대상물의 일부가 각도를 갖고 있을 때, 실제 모양을 나타내기 위해 그 부분을 회전시켜 실제 모양을 나타낸다.
④ 부분 투상도 : 그림의 일부만 도시하는 것으로 충분한 경우에는 그 필요 부분만 투상하여 나타낸다.
★ 투상도의 종류는 한 문제 정도 자주 출제되니 기출문제를 통해 암기 요망

17 조립 전 축이 $\phi 100^{+0.05}_{\ \ 0}$이고, 구멍은 $\phi 100^{-0.02}_{-0.07}$ 인 끼워맞춤에서 최소 죔새는?

① 0.02   ② 0.05

③ 0.07   ④ 0.12

해설
• 구멍의 최대 치수($\phi 99.98$)가 축의 최소 치수($\phi 100$)보다 작으면 억지 끼워맞춤이다.
• 최소 죔새 = 축의 최소 허용치수($\phi 100$)
    − 구멍의 최대 허용치수($\phi 99.98$)
    = $\phi 100 - \phi 99.98 = \phi 0.02$

틈새	최소 틈새	구멍의 최소 허용치수−축의 최대 허용치수
	최대 틈새	구멍의 최대 허용치수−축의 최소 허용치수
죔새	최소 죔새	축의 최소 허용치수−구멍의 최대 허용치수
	최대 죔새	축의 최대 허용치수−구멍의 최소 허용치수

18 표면거칠기 지시방법에서 '제거가공을 허용하지 않는다.'는 것을 지시하는 것은?

①   ②

③ 6.3   ④ 6.3

해설
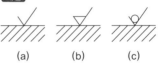

  (a)   (b)   (c)
• (a) : 제거가공의 필요 여부를 문제 삼지 않는다.
• (b) : 제거가공을 필요로 한다.
• (c) : 제거가공을 해서는 안 된다.

19 구름 볼 베어링의 호칭번호 6305의 안지름은 몇 mm인가?

① 5   ② 10

③ 20   ④ 25

해설
• 63 : 베어링 계열번호
  − 6 : 형식번호(단열 홈형)
  − 3 : 치수번호(중간 하중형)
• 05 : 안지름 번호(5×5=25mm), 따라서 베어링 안지름은 25mm이다.
베어링 안지름 번호

안지름 범위 (mm)	안지름 치수	안지름 기호	예
10mm 미만	안지름이 정수인 경우	안지름	2mm이면 2
	안지름이 정수 아닌 경우	/안지름	2.5mm이면 /2.5
10mm 이상 20mm 미만	10mm	00	
	12mm	01	
	15mm	02	
	17mm	03	
20mm 이상 500mm 미만	5의 배수인 경우	안지름을 5로 나눈 수	40mm이면 08
	5의 배수가 아닌 경우	/안지름	28mm이면 /28
500mm 이상		/안지름	560mm이면 /560

20 기하공차의 종류 중 선의 윤곽도를 나타내는 기호는?

① ⌒　　　② ⌀

③ ▱　　　④ ⌓

기하공차의 종류와 기호

공차의 종류		기 호	데이텀 지시
모양공차	진직도	——	없 음
	평면도	▱	없 음
	진원도	○	없 음
	원통도	⌀	없 음
	선의 윤곽도	⌒	없 음
	면의 윤곽도	⌓	없 음
자세공차	평행도	//	필 요
	직각도	⊥	필 요
	경사도	∠	필 요
위치공차	위치도	⊕	필요 또는 없음
	동축도(동심도)	◎	필 요
	대칭도	≡	필 요
흔들림 공차	원주 흔들림	↗	필 요
	온 흔들림	↗↗	필 요

21 스퍼기어의 요목표가 다음과 같을 때 (　) 안의 모듈은 얼마인가?

스퍼기어 요목표		
기어 모양		표 준
공 구	치 형	보통 이
	모 듈	(　)
	압력각	20°
잇 수		36
피치원 지름		108

① 1.5　　　② 2

③ 3　　　④ 6

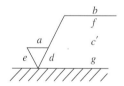

$$모듈(m) = \frac{피치원지름(D)}{잇수(Z)} = \frac{108}{36} = 3$$

∴ 모듈$(m) = 3$

22 다음 그림에서 d의 위치는 무슨 지시사항을 나타내는가?

① 가공방법　　　② 컷 오프값

③ 기준 길이　　　④ 줄무늬 방향기호

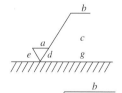

a : 산술 평균 거칠기의 값
b : 가공 방법의 문자 또는 기호
c : 컷 오프값
c' : 기준 길이
d : 줄무늬 방향의 기호
e : 다듬질 여유
f : 산술 평균 거칠기 이외의 표면거칠기값
g : 표면 파상도

23 다음 그림과 같은 입체도에서 화살표 방향이 정면일 경우 평면도로 가장 적합한 것은?

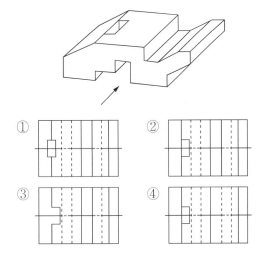

25 재질이 구상흑연주철품인 재료기호의 표시는?

① SC
② KC
③ GC
④ GCD

> **해설**
> • 구상흑연주철 : GCD
> • 탄소주강품 : SC
> • 회주철 : GC
> • 탄소공구강 : STC

26 일반적으로 나사 마이크로미터로 측정하는 것은?

① 나사산의 유효지름
② 나사의 피치
③ 나사산의 각도
④ 나사의 바깥지름

> **해설**
> 일반적으로 나사 마이크로미터로 나사산의 유효지름을 측정한다.
> 나사의 유효지름 측정방법 : 나사 마이크로미터, 삼침법, 광학적 측정방법(공구 현미경 등)

24 도면의 표제란에 제3각법 투상을 나타내는 기호로 옳은 것은?

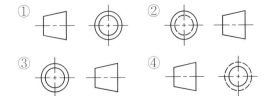

> **해설**
> 투상법의 기호

제3각법	제1각법

27 공작기계를 구성하는 중요한 구비조건이 아닌 것은?

① 가공능력이 클 것
② 높은 정밀도를 가질 것
③ 내구력이 클 것
④ 기계효율이 작을 것

> **해설**
> 공작기계의 구비조건
> • 제품의 공작 정밀도가 좋을 것
> • 절삭가공 능률이 우수할 것
> • 융통성이 풍부하고 기계효율이 클 것
> • 조작이 용이하고, 안전성이 높을 것
> • 동력손실이 작고, 기계 강성이 높을 것

28 다음 마이크로미터 구조의 명칭으로 올바른 것은?

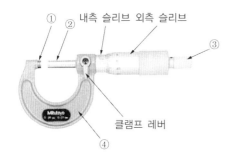

① 앤 빌   ② 래칫스톱
③ 프레임   ④ 스핀들

해설
마이크로미터의 구조

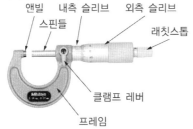

29 밀링머신에서 분할대는 어디에 설치하는가?

① 주축대
② 테이블 위
③ 칼럼(기둥)
④ 오버암

해설
분할대 : 테이블 위에 설치하여 분할대와 심압대로 가공물을 지지하거나 분할대 척으로 가공물을 고정시켜 사용하며, 필요한 등분이나 필요한 각도로 분할할 때 사용하는 밀링 부속장치이다.

30 수평 밀링머신의 플레인 커터작업에서 상향절삭에 대한 특징으로 맞는 것은?

① 날 자리 간격이 짧고, 가공면이 깨끗하다.
② 기계에 무리를 주지만 공작물 고정이 쉽다.
③ 가공할 면을 잘 볼 수 있어 시야 확보가 좋다.
④ 커터의 절삭 방향과 공작물의 이송 방향이 서로 반대이어야 백래시가 없어진다.

해설
상향절삭은 커터의 절삭 방향과 공작물의 이송 방향이 서로 반대로, 백래시가 없다.
상향절삭과 하향절삭의 차이점

구 분	상향절삭	하향절삭
백래시	절삭에 별 지장이 없다.	백래시를 제거해야 한다.
기계의 강성	강성이 낮아도 무관하다.	가공할 때, 충격이 있어 높은 강성이 필요하다.
가공물의 고정	절삭력이 상향으로 작용하여 고정이 불리하다.	절삭력이 하향으로 작용하여 가공물 고정이 유리하다.
인선의 수명	절입할 때, 마찰열로 마모가 빠르고 공구수명이 짧다.	상향절삭에 비하여 공구 수명이 길다.
마찰 저항	마찰저항이 커서 절삭공구를 위로 들어 올리는 힘이 작용한다.	절입할 때, 마찰력은 작으나 하향으로 충격력이 작용한다.
가공면의 표면 거칠기	광택은 있으나, 상향에 의한 회전저항으로 전체적으로 하향절삭보다 나쁘다.	가공 표면에 광택은 적으나, 저속 이송에서는 회전저항이 발생하지 않아 표면거칠기가 좋다.

31 절삭에서 구성인선의 발생 방지대책으로 틀린 것은?

① 절삭 깊이를 작게 한다.
② 윤활성이 좋은 절삭유제를 사용한다.
③ 경사각을 작게 한다.
④ 절삭속도를 크게 한다.

해설
구성인선 방지대책
• 절삭 깊이를 작게 한다.
• 공구 경사각을 크게 한다.
• 절삭공구의 인선을 예리하게(날카롭게) 한다.
• 윤활성이 좋은 절삭유제를 사용한다.
• 절삭속도를 크게 한다.

32 볼트, 작은 나사 및 핀과 같은 다수 공정의 일감을 대량 생산하거나 능률적으로 가공할 때 가장 적합한 선반은?

① 모방선반　　② 범용선반

③ 터릿선반　　④ 차축선반

> **해설**
> ③ 터릿선반(Turret Lathe) : 보통선반의 심압대 대신에 터릿이라는 회전공구대를 설치하고, 여러 가지 절삭공구를 공정에 맞게 설치하여 볼트, 작은 나사 및 핀과 같은 간단한 부품을 대량 생산하는 선반이다.
> ① 모방선반(Copy Lathe) : 자동모방장치를 이용하여 모형이나 형판(Template) 외형에 트레이서가 설치되고, 트레이서가 움직이면 바이트가 함께 움직여 모형이나 형판의 외형과 동일한 형상의 부품을 자동으로 가공하는 선반이다.
> ② 범용선반 : 각종 선반 중에서 기본이 되고, 가장 많이 사용하는 선반이다.
> ④ 차축선반(Axle Lathe) : 기차의 차축을 주로 가공하는 선반으로, 주축대를 마주 세워 놓은 구조이다.

33 밀링커터의 절삭속도 45m/min, 커터의 지름 30mm, 커터의 날수 4개, 밀링 커터의 날당 이송량이 0.1mm일 때 테이블이 이송속도(mm/min)는 얼마인가?

① 122　　② 191

③ 322　　④ 391

> **해설**
> 회전수$(n) = \dfrac{1,000v}{\pi d} = \dfrac{1,000 \times 45\text{m/min}}{\pi \times 30\text{mm}} = 477.5\text{rpm}$
> 테이블 이송속도$(f) = f_z \times z \times n = 0.1\text{mm} \times 4 \times 477.5\text{rpm}$
> $= 191\text{mm/min}$
> ∴ 테이블 이송속도$(f) = 191\text{mm/min}$
> 여기서, f : 테이블 이송속도(mm/min)
> $\quad\quad f_z$: 1개의 날당 이송(mm)
> $\quad\quad z$: 커터의 날수
> $\quad\quad n$: 회전수(rpm)
> $\quad\quad d$: 커터의 지름(mm)
> $\quad\quad v$: 커터의 절삭속도(m/min)

34 일반적으로 연성재료를 저속으로 절삭할 때, 절삭 깊이가 클 때 많이 발생하며 칩의 두께가 수시로 변하게 되어 진동이 발생하기 쉽고 표면거칠기도 나빠지는 칩의 형태는?

① 전단형 칩　　② 경작형 칩

③ 유동형 칩　　④ 균열형 칩

> **해설**
> **칩의 종류**
>
> | 칩의 종류 | 유동형 칩 | 전단형 칩 | 경작형 칩 | 균열형 칩 |
> |---|---|---|---|---|
> | 정 의 | 칩이 경사면 위를 연속적으로 원활하게 흘러 나가는 모양의 연속형 칩 | 경사면 위를 원활하게 흐르지 못할 때 발생하는 칩 | 가공물이 경사면에 점착되어 원활하게 흘러 나가지 못해 가공재료 일부에 터짐이 일어나는 현상 발생 | 균열이 발생하는 진동으로 인하여 절삭공구 인선에 치핑 발생 |
> | 재 료 | 연성재료(연강, 구리, 알루미늄) 가공 | 연성재료(연강, 구리, 알루미늄) 가공 | 점성이 큰 가공물 | 주철과 같이 메진 재료 |
> | 절삭 깊이 | 작을 때 | 클 때 | 클 때 | |
> | 절삭 속도 | 빠를 때 | 작을 때 | | 작을 때 |
> | 경사각 | 클 때 | 작을 때 | 작을 때 | |
> | 비 고 | 가장 이상적인 칩 | 진동 발생, 표면거칠기 나빠짐 | | 순간적 공구 날 끝에 균열 발생 |

35 선반에서 주축 회전수를 1,500rpm, 이송속도 0.3mm/rev으로 절삭하고자 한다. 실제 가공 길이가 562.5mm라면 가공에 소요되는 시간은 얼마인가?

① 1분 25초   ② 1분 15초

③ 48초   ④ 40초

해설
선반 가공시간

$$T = \frac{L}{ns} \times i = \frac{562.5mm}{1,500rpm \times 0.3mm/rev} \times 1회 = 1.25$$

$T = 1.25min \rightarrow 1.25 \times 60 = 75초 = 1분\ 15초$

$\therefore\ T = 1분\ 15초$

여기서, T : 가공시간(min)

        L : 절삭가공 길이(가공물 길이, mm)

        n : 회전수(rpm)

        s : 이송(mm/rev)

        i : 가공 횟수

36 크고 무거워서 이동하기 곤란한 대형 공작물에 구멍을 뚫는 데 적합한 기계는?

① 레이디얼 드릴링 머신

② 직립 드릴링 머신

③ 탁상 드릴링 머신

④ 다축 드릴링 머신

해설
레이디얼 드릴링 머신 : 대형 제품이나 무거운 제품에 구멍가공을 하기 위해서 가공물은 고정시키고, 드릴이 가공 위치로 이동할 수 있도록 제작된 드릴링 머신

드릴링 머신의 종류 및 용도

종 류	설 명	용 도	비 고
탁상 드릴링 머신	드릴머신을 작업대 위에 설치하여 사용하는 소형 드릴링 머신	소형 부품 가공에 적합	ϕ13mm 이하의 작은 구멍 뚫기
직립 드릴링 머신	탁상 드릴링 머신과 유사	비교적 대형 가공물 가공	주축 역회전장치로 탭가공 가능
레이디얼 드릴링 머신	구멍가공을 하기 위해 가공물은 고정시키고, 드릴이 가공 위치로 이동할 수 있는 머신(드릴을 필요한 위치로 이동 가능)	대형 제품이나 무거운 제품에 구멍가공	암(Arm)을 회전, 주축 헤드 암을 따라 수평 이동
다축 드릴링 머신	1대의 드릴링 머신에 다수의 스핀들을 설치하고 여러 개의 구멍을 동시에 가공	1회에 여러 개의 구멍 동시 가공	
다두 드릴링 머신	직립 드릴링 머신의 상부 기구를 한 대의 드릴머신 베드 위에 여러 개를 설치한 형태	드릴가공, 탭가공, 리머가공 등의 여러 가지의 가공을 순서에 따라 연속가공	
심공 드릴링 머신	깊은 구멍 가공에 적합한 드릴링 머신	총신, 긴축, 커넥팅 로드 등과 같이 깊은 구멍가공	

37 길이 측정에 사용되는 공구가 아닌 것은?

① 버니어 캘리퍼스　　② 사인바
③ 마이크로미터　　　④ 측장기

해설
사인바 : 각도측정기

38 밀링머신의 부속장치가 아닌 것은?

① 면 판　　　　　② 분할대
③ 슬로팅 장치　　④ 래크절삭장치

해설
면판 : 선반의 부속장치로, 척으로 고정할 수 없는 대형 공작물이나 복잡한 형상의 공작물을 T볼트나 클램프 또는 앵글 플레이트 등을 사용하여 고정시킨다. 공작물이 중심에서 무게에 균형이 맞지 않을 때에는 균형추를 설치하여 사용한다.
선반과 밀링의 부속품

선반의 부속품	밀링의 부속품
방진구, 맨드릴, 센터, 면판, 돌림판과 돌리개, 척 등	분할대, 바이스, 회전 테이블, 슬로팅장치 등

39 다음 끼워맞춤에서 요철 틈새 0.1mm를 측정할 경우 가장 적당한 것은?

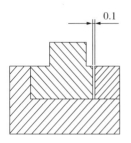

① 내경 마이크로미터
② 다이얼게이지
③ 버니어 캘리퍼스
④ 틈새게이지

해설
틈새게이지 : 요철 틈새 측정에 사용된다.

40 주로 일감의 평면을 가공하며, 기둥의 수에 따라 쌍주식과 단주식으로 구분하는 공작기계는?

① 셰이퍼　　　　② 슬로터
③ 플레이너　　　④ 브로칭 머신

해설
③ 플레이너 : 테이블 수평 길이 방향 왕복운동과 공구는 테이블의 가로 방향으로 이송하며, 주로 평면을 가공하는 공작기계이다. 선반의 베드, 대형 정반 등의 대형물 가공에 적합하다. 플레이너의 크기는 테이블의 크기(길이 × 폭), 공구대의 이송거리, 테이블의 윗면에서 공구대 사이의 최대 높이로 표시한다. 플레이너의 종류는 쌍주식, 단주식, 피트 플레이너 등이 있다.
① 셰이퍼(Shaper) : 구조가 간단하고 사용이 편리하여 평면을 가공하는 공작기계이다. 절삭능률이 나빠 최근에는 절삭능률이 좋은 공작기계를 사용하고, 셰이퍼는 많이 사용하지 않는다. 크기는 일반적으로 램의 최대 행정으로 표시한다.
② 슬로터(Slotter) : 테이블은 수평면에서 직선운동과 회전운동을 하여 주로 키 홈, 스플라인, 세레이션 등의 내경가공을 하는 공작기계이다.
④ 브로칭 머신 : 가늘고 긴 일정한 단면 모양을 가진 공구에 많은 날을 가진 브로치(Broach)라는 절삭공구를 사용하여 가공물의 내면이나 외경에 필요한 형상의 부품을 가공하는 공작기계이다.

41 선반가공에서 가늘고 긴 가공물을 절삭할 때 사용하는 부속장치는?

① 돌리개　　　　② 방진구
③ 콜릿 척　　　　④ 돌림판

42 다음 그림에서 나타내는 드릴링 머신을 이용한 가공방법은?

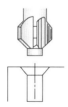

① 리 밍　　　　② 보 링
③ 카운터 보링　　④ 카운터 싱킹

43

CNC 선반에서 지령값 X를 ϕ50mm로 가공한 후 측정한 결과, ϕ49.97mm이었다. 기존의 X축 보정값이 0.005라면 보정값을 얼마로 수정해야 하는가?

① 0.035
② 0.135
③ 0.025
④ 0.125

해설

- 측정값과 지령값의 오차 = 49.97mm − 50mm = −0.03mm (0.03만큼 작게 가공됨)
  그러므로 공구를 X의 +방향으로 0.03만큼 이동하는 보정을 하여야 한다.
- 공구보정값 = 기존의 보정값 + 더해야 할 보정값
  $\qquad\qquad$ = 0.005 + 0.03
  $\qquad\qquad$ = 0.035

예제) 크게 가공되는 경우

> CNC 선반에 지령값 X45.0mm로 프로그램하여 내경을 가공한 후 측정한 결과, ϕ45.16mm였다. 기존의 X축 보정값이 0.025라고 하면 보정값을 얼마로 수정해야 하는가?

- 측정값과 지령값의 오차 = 45.16mm − 45mm = 0.16mm (0.16만큼 크게 가공됨)
  그러므로 공구를 X방향으로 −0.16만큼 +방향으로 이동하는 보정을 하여야 한다(즉, 보정을 0.16만큼 작게 해야 한다).
- 공구보정값 = 기존의 보정값 + 더해야 할 보정값
  $\qquad\qquad$ = 0.025−0.16
  $\qquad\qquad$ = −0.135

예제) 길게 가공되는 경우

> CNC 선반에 Z0인 지점에서 지령값 W−40.0으로 프로그램하여 가공한 후 길이를 측정한 결과, 40.2였다. 기존의 Z축 보정값이 0.02라고 하면 보정값을 얼마로 수정해야 하는가?

- 측정값과 지령값의 오차 = 40.2mm − 40mm = 0.2mm (0.2만큼 길게 가공됨)
  그러므로 공구를 Z방향으로 0.2만큼 +방향으로 이동하는 보정을 하여야 한다(즉, 보정을 0.2만큼 크게 해야 한다).
- 공구보정값 = 기존의 보정값 + 더해야 할 보정값
  $\qquad\qquad$ = 0.02 + 0.2
  $\qquad\qquad$ = 0.22

44

CNC 선반에서 점 B에서 점 C까지 가공하는 프로그램을 바르게 작성한 것은?

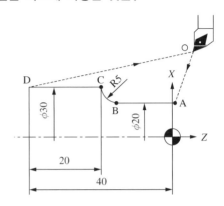

① G02 U10. W−5. R5.;
② G02 X10. Z−5. R5.;
③ G03 U10. W−5. R5.;
④ G03 X10. Z−5. R5.;

해설

- B→C 가공은 원호보간(시계 방향)으로 G02를 사용한다(따라서 ③, ④는 G03이므로 오답).
- G02 X30. Z−20. R5.;(절대지령)
- G02 U10. W−5. R5.;(증분지령)
- ※ X축의 X와 U는 지름값을 지령한다. 즉, 도면상 R5이지만 지름값을 지령하여 U10이 된다.
- G02 X30. W−5. R5.;, G02 U10. Z−20. R5.;(혼합지령)

45

CAD/CAM 시스템에서 입력장치에 해당되는 것은?

① 프린터
② 플로터
③ 모니터
④ 스캐너

해설

- 입력장치 : 조이스틱, 라이트 펜, 마우스, 스캐너 등
- 출력장치 : 프린터, 플로터, 모니터 등
- 기억장치 : 하드디스크

46 다음 도면 (a)→(b)→(c)로 가공하는 CNC 선반가공 프로그램에서 (㉠), (㉡)에 들어갈 내용으로 맞는 것은?

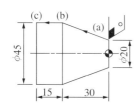

| (a)→(b) : G01 (㉠) Z-30.0 F0.2;
| (b)→(c) : (㉡) |

	㉠	㉡
①	X45.0	W-15.0
②	X45.0	W-45.0
③	X15.0	Z-30.0
④	U15.0	Z-15.0

해설

• (a)→(b) : G01 (X45.0) Z-30.0 F0.2;
• (b)→(c) : (W-15.0)
※ G01은 모달 G코드로 생략 가능

가공경로	절대지령	증분지령	혼합지령
(a)→(b)	G01 X45.0 Z-30.0 F0.2;	G01 U25.0 W-30.0 F0.2;	G01 X45.0 W-30.0 F0.2; G01 U25.0 Z-30.0 F0.2;
(b)→(c)	Z-45.0;	W-15.0;	Z-45.0; W-15.0;

47 다음 나사가공 프로그램에서 [ ] 안에 알맞은 것은?

| G76 P010060 Q50 R30;
| G76 X13.62 Z-32.5 P1190 Q350 F[   ]; |

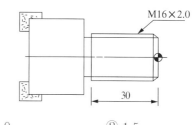

① 1.0 ② 1.5
③ 2.0 ④ 2.5

해설

• 나사가공에서 F로 지령된 값은 나사의 리드이다.
• L(리드) = n(줄수) × P(피치) = 1 × 2 = 2.0
  ∴ F2.0

48 한 대의 컴퓨터에서 여러 대의 CNC 공작기계에 데이터를 분배하여 전송함으로써 동시에 직접 제어, 운전할 수 있는 방식은?

① DNC ② CAM
③ FA ④ FMS

해설

• DNC(Distributed Numerical Control) : CAD/CAM 시스템과 CNC 기계를 근거리 통신망(LAN)으로 연결하여 한 대의 컴퓨터에서 여러 대의 CNC 공작기계에 데이터를 분배하여 전송함으로써 동시에 운전할 수 있는 방식
• FMS(Flexible Manufacturing System) : 유연생산시스템

49 다음 중 CNC 공작기계 운전 중의 안전사항으로 틀린 것은?

① 가공 중에는 측정을 하지 않는다.

② 일감은 견고하게 고정시킨다.

③ 가공 중에 손으로 칩을 제거한다.

④ 옆 사람과 잡담하지 않는다.

해설
칩은 칩 제거 전용도구를 이용하여 주축이 정지한 후 안전하게 제거한다.

51 CNC 프로그램에서 공구 인선 반지름 보정과 관계 없는 G코드는?

① G40   ② G41

③ G42   ④ G43

해설
• G40 : 공구 인선 반지름 보정 취소
• G41 : 공구 인선 반지름 보정 좌측
• G42 : 공구 인선 반지름 보정 우측
• G43 : 공구 길이 보정 '+'
• G44 : 공구 길이 보정 '−'
• G49 : 공구 길이 보정 취소

50 CNC 선반의 프로그램에서 공구의 현재 위치가 시작점일 경우 공작물 좌표계 설정으로 옳은 것은?

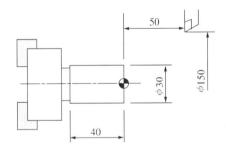

① G50 X75. Z100.;

② G50 X150. Z50.;

③ G50 X30. Z40.;

④ G50 X75. Z−50.;

해설
• CNC 선반에서 X축을 지름으로 지령하므로, G50 X150. Z50.;이다.
• G50 : 공작물 좌표계 설정, 주축 최고 회전수 설정

52 다음 프로그램을 설명한 것으로 틀린 것은?

```
N10 G50 X150.0 S1500 T0300;
N20 G96 S150 M03;
N30 G00 X54.0 Z2.0 T0303;
N40 G01 X15.0 F0.25;
```

① 주축의 최고 회전수는 1,500rpm이다.

② 절삭속도를 150m/min로 일정하게 유지한다.

③ N40 블록의 스핀들 회전수는 3,185rpm이다.

④ 공작물 1회전당 이송속도는 0.25mm이다.

해설
• N40 블록의 공작물 지름 → X15.0으로 15mm이다.
• N20 블록의 G96 S150 → 절삭속도 150m/min로 일정하게 유지

• $N = \dfrac{1,000 \times V}{\pi D} = \dfrac{1,000 \times 150\text{m/min}}{\pi \times 15\text{mm}} \fallingdotseq 3,185\text{rpm}$

• N10 블록의 G50 X150.0 S1500 T0300;로 인해 주축 최고 회전수가 1,500rpm으로 제한된다. 따라서 N40 블록의 스핀들 회전수는 1,500rpm이다.

53 서보 제어방식 중 모터에 내장된 태코제너레이터에서 속도를 검출하고, 기계의 테이블에 부착된 스케일에서 위치를 검출하여 피드백시키는 방식은?

① 개방회로 방식 ② 반폐쇄회로 방식
③ 폐쇄회로 방식 ④ 반개방회로 방식

해설

폐쇄회로 방식(Closed Loop System) : 모터에 내장된 태코제너레이터에서 속도를 검출하고, 기계의 테이블에 부착한 스케일에서 위치를 검출하여 피드백시키는 방식이다.

서보기구

구 분	내용/그림
개방회로 방식	피드백 장치 없이 스테핑 모터를 사용한 방식으로 실용화되었으나, 피드백 장치가 없기 때문에 가공 정밀도에 문제가 있어 현재는 거의 사용되지 않는다.
폐쇄회로 방식	모터에 내장된 태코제너레이터에서 속도를 검출하고, 기계의 테이블에 부착한 스케일(Scale)에서 위치를 검출(로터리 인코더)하여 피드백시키는 방식이다.
반폐쇄회로 방식	모터에 내장된 태코제너레이터(펄스제너레이터)에서 속도를 검출하고, 인코더에서 위치를 검출하여 피드백하는 제어방식이다.
복합회로 방식	반폐쇄회로 방식과 폐쇄회로 방식을 결합하여 고정밀도로 제어하는 방식으로, 가격이 고가이므로 고정밀도를 요구하는 기계에 사용된다.

★ 서보기구는 자주 출제되므로 내용과 그림을 반드시 암기할 것

54 다음 그림은 바깥지름 막깎기 사이클의 공구경로를 나타낸 것이다. 복합형 고정 사이클의 명령어는?

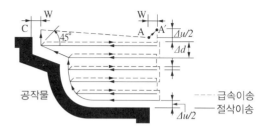

① G70 ② G71
③ G72 ④ G73

해설

② G71(안·바깥지름 거친 절삭 사이클)
① G70(다듬 절삭 사이클),
③ G72(단면 거친 절삭 사이클)
④ G73(형상 반복 사이클)
※ G71 : 안·바깥지름 거친 절삭 사이클(복합 반복 사이클)

> G71 U($\triangle d$) R(e);
> G71 P(ns) Q(nf) U($\triangle u$) W($\triangle w$) F(f);

여기서, U($\triangle d$) : 1회 가공 깊이(절삭 깊이)/반지름 지령, 소수점 지령 가능
R(e) : 도피량(절삭 후 간섭 없이 공구가 빠지기 위한 양)
P(ns) : 다듬 절삭가공 지령절의 첫 번째 전개번호
Q(nf) : 다듬 절삭가공 지령절의 마지막 전개번호
U($\triangle u$) : X축 방향 다듬 절삭 여유(지름지령)
W($\triangle w$) : Z축 방향 다듬 절삭 여유
F(f) : 거친절삭 가공 시 이송속도(즉, P와 Q 사이의 데이터는 무시되고, G71 블록에서 지령된 데이터가 유효)

55 다음은 CNC 프로그램에서 보조 프로그램을 사용하는 방법이다. (A), (B), (C)에 들어갈 어드레스로 적당한 것은?

주프로그램	보조프로그램	보조프로그램
04567;	01004;	00100;
↓	↓	↓
↓	↓	↓
(A) P1004;	(A) P0100;	↓
↓	↓	↓
(C);	(B);	(B);

	(A)	(B)	(C)
①	M98	M02	M99
②	M98	M99	M02
③	M30	M99	M02
④	M30	M02	M99

해설
- (A) : M98 → 보조프로그램 호출(M98 P1004;)
- (B) : M99 → 보조프로그램 종료(보조프로그램에서 주프로그램으로 돌아간다)
- (C) : M02 → 프로그램 종료

56 다음 그림의 (A), (B), (C)에 해당하는 공작기계로 적당한 것은?

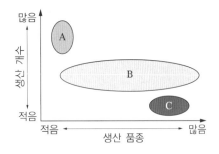

① (A) : 범용기계, (B) : 전용기계, (C) : CNC 공작기계
② (A) : 범용기계, (B) : CNC 공작기계, (C) : 전용기계
③ (A) : 전용기계, (B) : 범용기계, (C) : CNC 공작기계
④ (A) : 전용기계, (B) : CNC 공작기계, (C) : 범용기계

57 CNC 선반 프로그램에서 나사가공에 대한 설명 중 틀린 것은?

```
G76 P011060 Q50 R20;
G76 X47.62 Z-32. P1190 Q350 F2.0;
```

① G76은 복합 사이클을 이용한 나사가공이다.
② 나사산의 각도는 50°이다.
③ 나사가공의 최종 지름은 47.62mm이다.
④ 나사의 리드는 2.0mm이다.

해설
- P011060으로 나사산의 각도는 60°이다.

복합 고정형 나사절삭 사이클(G76)

G76 P(m) (r) (a) Q(Δd_{min}) R(d);	<11T 아닌 경우>
G76 X(U) Z(W) P(k)Q(Δd) R(i) F_;	

- P(m) : 다듬질 횟수(01~99까지 입력 가능)
- (r) : 면취량(00~99까지 입력 가능)
- (a) : 나사의 각도
- Q(Δd_{min}) : 최소 절입량(소수점 사용 불가) 생략 가능
- R(d) : 다듬절삭 여유
- X(U),Z(W) : 나사 끝지점 좌표
- P(k) : 나사산 높이(반지름 지령) – 소수점 사용 불가
- Q(Δd) : 첫 번째 절입량(반지름 지령) – 소수점 사용 불가
- R(i) : 테이퍼 나사 절삭 시 나사 끝지점 X값과 나사 시작점 X값의 거리(반지름 지령)
- F : 나사의 리드

58 CAD/CAM 소프트웨어에서 작성된 가공 데이터를 읽어 특정의 CNC 공작기계 컨트롤러에 맞도록 NC 데이터를 만들어 주는 것은?

① 도형 정의
② 가공조건
③ CL 데이터
④ 포스트 프로세서

해설

포스트 프로세서 : CNC 공작기계에 맞추어 NC 데이터를 생성하는 작업이다.
CAM 작업의 흐름
파트 프로그램 → CL 데이터 → 포스트 프로세싱 → DNC 가공

59 다음 그림에서 A점에서 B점까지 이동하는 CNC 선반 가공 프로그램에서 ( ) 안에 알맞은 준비기능은?

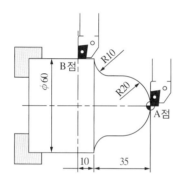

```
G03 X40.0 Z-20.0 R20.0 F0.25;
G01 Z-25.0;
(  ) X60.0 Z-35.0 R10.0;
G01 Z-45.0;
```

① G00
② G01
③ G02
④ G03

해설

• 프로그램의 ( )는 R10의 원호보간 시계 방향으로 G02을 지령한다.
• A → B : 원호보간 반시계 방향(G03) → 직선보간(G01) → 원호보간 시계 방향(G02) → 직선보간(G01)

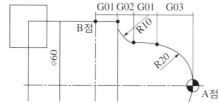

60 ϕ25-4날 초경합금 엔드밀을 이용하여 머시닝센터에 가공할 때 추천된 절삭속도가 50m/min, 이송이 0.1mm/tooth라면 스핀들 회전수와 이송속도(mm/min)를 얼마로 지령해야 하는가?

	스핀들 회전수(rpm)	이송속도(mm/min)
①	640rpm	254.8mm/min
②	255rpm	637.8mm/min
③	637rpm	254.8mm/min
④	255rpm	640mm/min

해설

• 공구의 지름(d) → ϕ25-4날로 25mm
• 스핀들 회전수(n) $= \dfrac{1,000v}{\pi d} = \dfrac{1,000 \times 50\text{m/min}}{3.14 \times 25\text{mm}} = 637\text{rpm}$

∴ 스핀들 회전수(n) $= 637\text{rpm}$
분당 이송속도 $F = f_z \times z \times n = 0.1 \times 4 \times 637$
$= 254.8\text{mm/min}$

∴ 이송속도(F) $= 254.8\text{mm/min}$
여기서, n : 스핀들 회전수(rpm)
v : 절삭속도(m/min)
d : 공구지름(mm)
f_z : 날 하나당 이송(mm/tooth)
F : 이송속도(mm/min)

01 다음 중 아공석강에서 탄소강의 탄소 함유량이 증가할 때 기계적 성질을 설명한 것으로 틀린 것은?

① 인장강도가 증가한다.
② 경도가 증가한다.
③ 항복점이 증가한다.
④ 연신율이 증가한다.

해설

아공석강은 0.02~0.77%의 탄소를 함유한 강이다. 페라이트와 펄라이트의 혼합조직으로, 탄소량이 많아질수록 펄라이트의 양이 증가하여 경도와 인장강도가 증가하고 연신율은 감소한다.

탄소강의 분류

탄소강	탄소 함유량	특징	조직
아공석강	0.02~0.77%	탄소량이 많아질수록 펄라이트의 양이 증가하므로 경도와 인장강도가 증가한다.	페라이트+펄라이트
공석강	0.77%	인장강도가 가장 큰 탄소강이다.	100% 펄라이트
과공석강	0.77~2.11%	탄소량이 증가할수록 경도가 증가한다. 그러나 인장강도가 감소하고 메짐이 증가하여 깨지기 쉽다.	펄라이트+시멘타이트

02 탄소강에 함유된 원소 중 백점이나 헤어크랙의 원인이 되는 원소는?

① 황(S)
② 인(P)
③ 수소(H)
④ 구리(Cu)

해설

헤어크랙 또는 백점 : 강재의 다듬질면에 있어서 미세한 균열로, 수소(H)에 의해서 발생한다.

03 구리 4%, 마그네슘 0.5%, 망간 0.5% 나머지가 알루미늄인 고강도 알루미늄 합금은?

① 실루민
② 두랄루민
③ 라우탈
④ 로우엑스

해설

두랄루민(고강도 Al합금)
• 단조용 알루미늄 합금으로 Al+Cu+Mg+Mn의 합금
• 가벼워서 항공기나 자동차 등에 사용되는 고강도 Al합금
★ 두랄루민의 표준 조성은 반드시 암기한다(알-구-마-망). 실루민은 Al+Si의 합금으로 주조성은 좋으나 절삭성이 나쁘다.

04 금속을 상온에서 소성변형시켰을 때 재질이 경화되고 연신율이 감소하는 현상은?

① 재결정
② 가공경화
③ 고용강화
④ 열변형

해설

가공경화 : 경도, 인장강도, 항복강도 등이 커지는 반면, 연신율과 단면 수축률이 감소되는 현상이다.

1 ④ 2 ③ 3 ② 4 ② **정답**

05 주철에 대한 설명 중 틀린 것은?

① 강에 비하여 인장강도가 작다.

② 강에 비하여 연신율이 작고, 메짐이 있어서 충격에 약하다.

③ 상온에서 소성변형이 잘된다.

④ 절삭가공이 가능하며 주조성이 우수하다.

해설

주철의 장단점

장 점	단 점
• 강보다 용융점이 낮아 유동성이 커서 복잡한 형상의 부품 제작이 쉽다. • 주조성이 우수하다. • 마찰저항이 우수하다. • 절삭성이 우수하다. • 압축강도가 크다. • 주물 표면은 단단하고, 녹이 잘 슬지 않는다.	• 충격에 약하다(취성이 크다). • 인장강도가 작다. • 굽힘강도가 작다. • 소성(변형)가공이 어렵다.

06 공구강이 구비해야 할 조건 중 틀린 것은?

① 내마멸성이 클 것

② 강인성이 클 것

③ 경도가 작을 것

④ 가격이 저렴할 것

해설

공구강의 구비조건

강인성이 클 것, 내마모성이 클 것, 고온에서 경도가 클 것, 열처리가 쉬울 것, 가격이 저렴할 것, 구입이 간단하고 성형이 쉬울 것

07 주조성이 우수한 백선 주물을 만들고, 열처리하여 강인한 조직으로, 단조를 가능하게 한 주철은?

① 가단주철

② 칠드주철

③ 구상흑연주철

④ 보통주철

해설

• 가단주철 : 주철의 결점인 여리고 약한 인성을 개선하기 위하여 열처리에 의하여 편상흑연을 괴상화하여 강도와 연성을 향상시킨 것이다. 먼저 백주철의 주물을 만들고, 이것을 장시간 열처리하여 탄소를 분해시켜 탈탄 또는 흑연화하여 인성 또는 연성을 증가시킨 주철로, 단조가 가능하다.

• 칠드주철 : 보통주철보다 규소(Si)의 함유량을 적게 하고, 적당량의 망간을 첨가한 쇳물을 금형 또는 칠 메탈이 붙어 있는 모래형에 주입하여 필요한 부분만 급랭시키면, 표면은 단단해지고 내부는 회주철이 되어 강인한 성질을 가진다.

• 구상흑연주철 : 강도와 연성 등을 개선하기 위하여 용융 상태의 주철 중 마그네슘(Mg), 세륨(Ce) 또는 칼슘(Ca) 등을 첨가하여 편상흑연을 구상화한 것으로 노듈러주철, 덕타일주철 등으로도 불린다.

08 단면적이 25mm²인 어떤 봉에 10kN의 인장하중이 작용할 때 발생하는 응력은 몇 MPa인가?

① 0.4

② 4

③ 40

④ 400

해설

$$응력(\sigma) = \frac{하중(W)}{단면적(A)} = \frac{10,000N}{25mm^2} = 400N/mm^2$$

※ 1MPa = 1N/mm²

09 지름 4cm의 연강봉에 5,000N의 인장력이 걸려 있을 때 재료에 생기는 응력은?

① 410N/cm^2 ② 498N/cm^2

③ 300N/cm^2 ④ 398N/cm^2

해설

$$인장응력(\sigma_t) = \frac{P_t}{A} = \frac{P_t}{\dfrac{\pi d^2}{4}} = \frac{5,000\text{N}}{\dfrac{\pi \times 4^2}{4}} = \frac{5,000\text{N} \times 4}{\pi \times 4^2}$$

$$≒ 398.08\text{N/cm}^2$$

$$\therefore \ 인장응력(\sigma_t) = 398\text{N/cm}^2$$

여기서, P_t = 인장력(N), A = 단면적(cm^2), d = 지름(cm)

10 다음 중 두 축의 상대 위치가 평행할 때 사용되는 기어는?

① 베벨기어   ② 나사기어

③ 웜과 웜기어   ④ 래크와 피니언

해설

축의 상대적 위치에 따른 기어의 분류

두 축이 서로 평행	두 축이 교차	두 축이 평행하지도 않고 만나지도 않는 축
• 스퍼기어 • 래크와 피니언 • 내접기어 • 헬리컬기어 • 더블 헬리컬기어	• 직선 베벨기어 • 스파이럴 베벨기어 • 크라운기어 • 마이터기어	• 원통 웜기어 • 장고형 기어 • 나사기어 • 하이포이드기어

11 축의 원주에 많은 키를 깎은 것으로, 큰 토크를 전달시킬 수 있고 내구력이 크며 보스와의 중심축을 정확하게 맞출 수 있는 것은?

① 성크 키

② 반달 키

③ 접선 키

④ 스플라인

해설

키(Key)의 종류

키	정 의	그 림	비 고
새들 키 (안장 키)	축에는 키 홈을 가공하지 않고 보스에만 테이퍼진 키 홈을 만들어 때려 박는다.		축의 강도 저하가 없다.
원뿔 키	축과 보스와의 사이에 2~3곳을 축 방향으로 쪼갠 원뿔을 때려 박아 고정한다.		─
반달 키	축에 반달모양의 홈을 만들어 반달 모양으로 가공된 키를 끼운다.		축의 강도가 약하다.
스플라인	축에 여러 개의 같은 키 홈을 파서 여기에 맞는 한짝의 보스 부분을 만들어 서로 잘 미끄러져 운동할 수 있게 한 것이다.		키보다 큰 토크를 전달한다.

※ 묻힘(Sunk) 키 : 축과 보스의 양쪽에 모두 키 홈을 가공

12 황동의 연신율이 가장 클 때 아연(Zn)의 함유량은 몇 % 정도인가?

① 30　　　　　　　② 40

③ 50　　　　　　　④ 60

해설
• 7-3황동 : 연신율이 가장 크다(Cu-70%, Zn-30%).
• 6-4황동 : 아연(Zn)이 많을수록 인장강도가 증가한다. 아연(Zn) 45%일 때 인장강도가 가장 크다.

황동의 기계적 성질

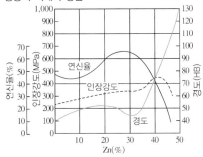

13 스퍼기어의 요목표가 다음과 같을 때, 빈칸의 모듈 값은 얼마인가?

스퍼기어 요목표		
기어 모양		표 준
공 구	치 형	보통 이
	모 듈	
	압력각	20°
잇 수		36
피치원 지름		108

① 1.5　　　　　　② 2

③ 3　　　　　　　④ 6

해설
$$모듈(m) = \frac{\text{피치원 지름}(D)}{\text{잇수}(Z)} = \frac{108}{36} = 3$$
$$\therefore 모듈(m) = 3$$

14 버니어 캘리퍼스의 종류가 아닌 것은?

① M1형　　　　　② M2형

③ HT형　　　　　④ CM형

해설
KS에 규정된 버니어 캘리퍼스 종류 : M1형, M2형, CB형, CM형

15 CNC 선반의 보조기능인 M코드에서 주축 정회전을 나타내는 것은?

① M00　　　　　　② M01

③ M02　　　　　　④ M03

해설
M코드 ★ 반드시 암기(자주 출제)

M코드	기 능	M코드	기 능
M00	프로그램 정지	M08	절삭유 ON
M01	프로그램 선택 정지	M09	절삭유 OFF
M02	프로그램 끝	M30	프로그램 끝 & 리셋
M03	주축 정회전	M98	보조프로그램 호출
M04	주축 역회전	M99	보조프로그램 종료
M05	주축 정지		

16 금긋기에 사용되지 않는 공구는?

① 금긋기 바늘　　② 서피스 게이지

③ 톱　　　　　　　④ 컴퍼스

해설
• 톱은 절단가공 시 사용되는 공구이다.
• 금긋기 가공 및 공구 : 금긋기용 바늘, 서피스 게이지, 펀치, 컴퍼스와 편퍼스, V블록 등

17 절삭에서 구성인선의 발생 방지대책으로 틀린 것은?

① 절삭 깊이를 작게 한다.

② 윤활성이 좋은 절삭유제를 사용한다.

③ 경사각을 작게 한다.

④ 절삭속도를 크게 한다.

해설
구성인선(Built-up Edge) : 연강이나 알루미늄 등과 같은 연한 금속의 공작물을 가공할 때 칩과 공구의 윗면 경사면 사이에 높은 압력과 마찰저항이 발생한다. 이로 인해 높은 절삭열이 발생하고, 칩의 일부가 매우 단단하게 변질된다. 이 칩이 공구날 끝에 달라붙어 절삭날과 같은 작용을 하면서 공작물을 절삭하는데, 이것을 구성인선이라고 한다.
구성인선 방지대책 ★ 반드시 암기(자주 출제)
• 절삭 깊이를 작게 한다.
• 경사각을 크게 한다.
• 절삭공구의 인선을 예리하게(날카롭게) 한다.
• 윤활성이 좋은 절삭유제를 사용한다.
• 절삭속도를 크게 한다.

18 나사의 기호 표시가 틀린 것은?

① 미터계 사다리꼴나사 : TM

② 인치계 사다리꼴나사 : TW

③ 유니파이 보통나사 : UNC

④ 유니파이 가는 나사 : UNF

해설
나사의 종류 및 호칭에 대한 표시방법

구 분	나사의 종류		나사종류 기호	나사의 호칭방법
ISO 표준에 있는 것	미터보통나사		M	M8
	미터가는나사			M8 × 1
	미니추어나사		S	S0.5
	유니파이 보통나사		UNC	3/8-16UNC
	유니파이 가는 나사		UNF	No.8-36UNF
	미터사다리꼴나사		Tr	Tr10 × 2
	관용 테이퍼 나사	테이퍼수나사	R	R3/4
		테이퍼암나사	Rc	Rc3/4
		평행암나사	Rp	Rp3/4

※ 사다리꼴나사산 각이 미터계(Tr)는 30°, 인치계(TW)는 29°

19 철-탄소계 상태도에서 공정 주철은?

① 4.3%C　　　　② 2.1%C

③ 1.3%C　　　　④ 0.86%C

해설
주철 탄소 함유량
• 주철 : 2.0~6.67%C
• 아공정 주철 : 2.0~4.3%C
• 공정 주철 : 4.3%C
• 과공정 주철 : 4.3~6.67%C
철-탄소계 평형상태도

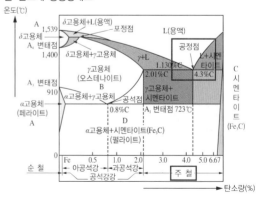

20 접시머리나사의 머리부를 묻히게 하기 위해 원뿔 자리를 만드는 작업은?

① 태핑(Tapping)

② 스폿 페이싱(Spot Facing)

③ 카운터 싱킹(Counter Sinking)

④ 카운터 보링(Counter Boring)

해설

드릴가공의 종류
- 카운터 싱킹 : 나사머리가 접시모양일 때 테이퍼 원통형으로 절삭하는 가공
- 카운터 보링 : 볼트의 머리 부분이 돌출되면 곤란한 경우, 볼트 또는 너트의 머리 부분이 가공물 안으로 묻히도록 드릴과 동심원의 2단 구멍을 절삭하는 방법
- 리밍 : 구멍의 정밀도를 높이기 위해 구멍을 다듬는 작업
- 태핑 : 공작물 내부에 암나사 가공, 태핑을 위한 드릴가공은 나사의 외경−피치로 한다.
- 스폿 페이싱 : 볼트나 너트를 체결하기 곤란한 경우, 볼트나 너트가 닿는 구멍 주위의 부분만 평탄하게 가공하여 체결이 잘되도록 하는 가공방법
- 보링 : 뚫린 구멍을 다시 절삭, 구멍을 넓히고 다듬질하는 것

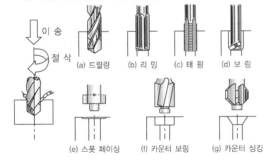

21 선반가공법의 종류로 거리가 먼 것은?

① 외경 절삭가공

② 드릴링 가공

③ 총형 절삭가공

④ 더브테일 가공

해설

선반가공법과 밀링가공법의 종류

선반가공법의 종류
외경, 단면, 절단(홈), 테이퍼, 드릴링, 보링, 수(암)나사, 정면, 곡면, 총형, 널링 등

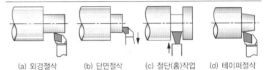

(a) 외경절삭　　(b) 단면절삭　　(c) 절단(홈)작업　　(d) 테이퍼절삭

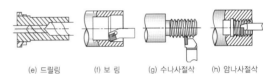

(e) 드릴링　　(f) 보 링　　(g) 수나사절삭　　(h) 암나사절삭

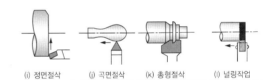

(i) 정면절삭　　(j) 곡면절삭　　(k) 총형절삭　　(l) 널링작업

밀링가공법의 종류
평면, 단가공, 홈가공, 드릴, T홈, 더브테일, 곡면, 보링 등

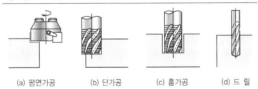

(a) 평면가공　　(b) 단가공　　(c) 홈가공　　(d) 드 릴

(e) T홈가공　　(f) 더브테일가공　　(g) 곡면절삭　　(h) 보 링

22 다음 그림에서 W=300N의 하중이 작용하고 있다. 스프링 상수가 k_1=5N/mm, k_2=10N/mm라면 늘어난 길이는 몇 mm인가?

① 15   ② 20
③ 25   ④ 30

해설

• 병렬로 스프링을 연결할 경우의 전체 스프링 상수
$K = k_1 + k_2 = 5\text{N/mm} + 10\text{N/mm} = 15\text{N/mm}$

• 전체 스프링 상수 $K = \dfrac{W}{\delta} = \dfrac{\text{하중}}{\text{늘어난 길이}}$

• 늘어난 길이 $\delta = \dfrac{W}{K} = \dfrac{300\text{N}}{15\text{N/mm}} = 20\text{mm}$

• 병렬연결 $K_{병렬} = K_1 + K_2 \cdots$

• 직렬연결 $K_{직렬} = \dfrac{1}{K_1} + \dfrac{1}{K_2} \cdots$

23 다음 도면에서 C부의 치수는?

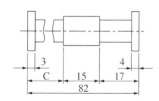

① 43   ② 47
③ 50   ④ 53

해설

• 82−(15+17) = 50
• 중간 부분의 생략에 의한 도형의 단축 : 동일 단면형의 부분은 지면을 생략하기 위하여 중간 부분을 잘라내서 그 긴요한 부분만 가까이 하여 도시할 수 있다. 이 경우 잘라낸 끝부분은 파단선으로 나타낸다.

24 브레이크 드럼의 바깥 둘레에 강철 밴드를 감아 놓고, 레버로 밴드를 잡아당겨 밴드와 드럼 사이에 마찰력을 발생시켜 제동하는 브레이크는?

① 블록 브레이크
② 밴드 브레이크
③ 전자 브레이크
④ 디스크 브레이크

해설

• 밴드 브레이크 : 레버를 사용하여 브레이크 드럼의 바깥에 감겨 있는 밴드에 장력을 주면 밴드와 브레이크 드럼 사이에 마찰력이 발생한다. 이 마찰력에 의해 제동하는 것을 밴드 브레이크라고 한다.
• 블록 브레이크 : 회전하는 브레이크 드럼을 브레이크 블록으로 누르게 한 것으로, 브레이크 블록의 수에 따라 단식 블록 브레이크와 복식 블록 브레이크로 나눈다.
• 디스크 브레이크(Disk Brake)/원판 브레이크
 – 캘리퍼형 디스크 브레이크(Caliper Disk Brake) : 회전운동을 하는 드럼이 안쪽에 있고 바깥에서 양쪽 대칭으로 드럼을 밀어 붙여 마찰이 발생하도록 한 브레이크 장치
 – 클러치형 디스크 브레이크(Clutch–type Disk Brake) : 축방향 하중에 의하여 발생하는 마찰력으로 제동하는 브레이크로서 마찰면이 원판인 경우, 원판의 수에 따라 단판 브레이크와 다판 브레이크로 분류한다.

3가지 형식의 밴드 브레이크

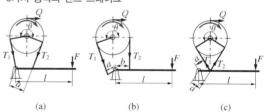

(a)   (b)   (c)

22 ②   23 ③   24 ④ **정답**

25 다음의 입체도에서 화살표 방향을 정면으로 할 때, 평면도로 가장 적합한 것은?

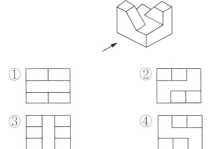

① ② ③ ④

26 밀링커터의 절삭속도(V)를 구하는 공식은?(단, V : 절삭속도(m/min), n : 커터의 회전수(rpm), d : 밀링커터의 지름(mm))

① $V = \dfrac{\pi d}{1,000n}$ ② $V = \dfrac{1,000n}{\pi d}$

③ $V = \dfrac{\pi dn}{1,000}$ ④ $V = \dfrac{\pi n}{1,000d}$

> **해설**
> • 절삭속도 공식
> - $V = \dfrac{1,000n}{\pi d}$
>   여기서, V : 절삭속도[m/min]
> d : 커터의 지름[mm]
> n : 커터의 회전수[rpm]
> - 회전수$(n) = \dfrac{1,000v}{\pi d}$
> • 밀링머신에서 절삭속도는 커터 바깥 둘레의 분당 원주속도로 나타내며, 공작물 및 공구의 재질에 따라 다르다. 절삭속도는 기계 및 절삭공구의 수명, 절삭온도 상승과 가공 정밀도에 영향을 준다.

27 평벨트 전동에 비하여 V벨트 전동의 특징이 아닌 것은?

① 고속운전이 가능하다.

② 바로걸기와 엇걸기가 모두 가능하다.

③ 미끄럼이 작고 속도비가 크다.

④ 접촉 면적이 넓어 큰 동력을 전달한다.

> **해설**
> V벨트는 엇걸기를 할 수 없다.
> **V벨트의 특징**
> • 홈의 양면에 밀착되어 마찰력이 평벨트보다 크고, 미끄럼이 작아 비교적 작은 장력으로 큰 회전력을 전달할 수 있다.
> • 평벨트와 같이 벗겨지는 일이 없다.
> • 이음매가 없어 운전이 정숙하고, 충격을 완화하는 작용을 한다.
> • 지름이 작은 풀리에도 사용할 수 있다.
> • 설치 면적이 좁아 사용하기 편리하다.
> **평벨트 거는 방법**

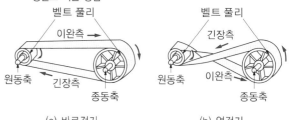

> (a) 바로걸기 (b) 엇걸기

28 내연기관의 피스톤 등 자동차 부품으로 많이 쓰이는 Al 합금은?

① 실루민

② 화이트 메탈

③ Y합금

④ 두랄루민

> **해설**
> • Y합금 : Al+Cu+Ni+Mg의 합금으로, 내연기관 실린더에 사용한다(알-구-니-마).
> • 두랄루민 : Al + Cu + Mg + Mn의 합금으로, 가벼워서 항공기나 자동차 등에 사용된다(알-구-마-망).
> • 실루민 : Al+Si의 합금으로, 주조성은 좋으나 절삭성이 나쁘다.
> • 화이트메탈 : 베어링 합금으로, 주석(Sn)계와 납(Pb)계가 있다.

29 다음 보기와 같은 맞춤핀의 설명으로 옳은 것은?

┌보기┐

맞춤핀 KS B 1310 − 6 × 30 − A − St

① 호칭지름 6mm
② 호칭 길이 10mm
③ 호칭지름 30mm
④ 호칭 길이 13mm

해설

핀의 용도와 호칭방법

종류	핀의 모양	핀의 용도	핀의 호칭방법
평행 핀 (KS B ISO 2338)	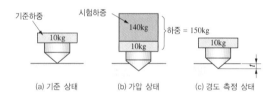	기계 부품 조립, 고정 및 위치결정용으로 사용되며 끝면의 모양에 따라 A형과 B형이 있다.	표준 명칭 또는 표준번호, 호칭지름, 공차, 호칭길이, 재료 예 평행핀(또는 KS B ISO 2338)−6m6×30−St
테이퍼 핀 (KS B ISO 2339)		축에 보스를 고정시킬 때 주로 사용되며 테이퍼의 허용차에 따라 1급, 2급이 있다.	표준 명칭, 표준번호, 등급, 호칭지름 × 호칭길이, 재료 예 호칭지름 6mm 및 호칭길이 30mm 인 A형 비경화 테이퍼 핀 테이퍼 핀 KS B ISO 2339−A−6× 30−St
분할 테이퍼 핀 (KS B 1323)		축에 보스를 고정시킬 때 사용되며 한 쪽 끝이 갈라진 테이퍼 핀을 말한다.	표준번호 또는 표준 명칭, 호칭지름 × 호칭길이, 재료 및 지정사항 예 KS B 1323 6 × 70 St 분할 테이퍼 핀 10 × 80 STS 303 분할 깊이 25
분할 핀 (KS B ISO 1234)		너트의 풀림 방지나 핀이 빠지는 것을 방지하는 데 사용된다.	표준 명칭, 표준번호, 호칭지름×호칭길이, 재료 예 강으로 제조한 분할 핀 호칭지름 5mm, 호칭길이 50mm →분할핀 KS B ISO1234−5× 50−ST

※ d : 호칭 지름, l : 호칭 길이

30 다음 보기에서 설명하는 경도시험은?

┌보기┐

• 처음에는 일정한 기준하중을 주어 시험편을 압입한다.
• 기준하중과 시험하중의 압입 자국의 깊이차로 경도값을 얻는다.
• 일반적으로 B스케일과 C스케일을 가장 많이 사용한다.

① 브리넬 경도시험
② 로크웰 경도시험
③ 쇼어 경도시험
④ 비커스 경도시험

해설

로크웰 경도(HRB/HRC)시험 : 처음에 일정한 기준하중을 주어 시험편을 압입하고, 여기에 다시 시험하중을 가하면 시험편이 압입자의 모양으로 변형을 일으킨다. 이때 시험하중을 제거하여 처음의 기준하중으로 하였을 때 기준하중과 시험하중으로 인하여 생긴 자국의 깊이차로부터 얻은 수치값으로 경도를 나타낸다.

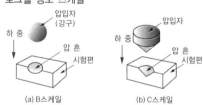

(a) 기준 상태   (b) 가압 상태   (c) 경도 측정 상태

로크웰 경도 스케일

(a) B스케일   (b) C스케일

31 다음 마이크로미터의 측정값은?

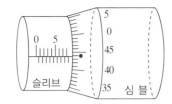

① 8.94mm   ② 80.94mm

③ 8.44mm   ④ 80.44mm

해설

심블의 눈금값은 44 × 0.01mm = 0.44mm이다. 따라서 측정값은 슬리브의 눈금 8.5mm와 심블의 눈금 0.44mm를 더하면 8.5 + 0.44mm = 8.94mm가 된다.

마이크로미터 측정값을 읽는 방법

마이크로미터 측정값을 읽는 방법은 먼저 슬리브의 눈금을 읽고, 심블의 눈금과 기준선이 만나는 심블의 눈금을 읽어 슬리브의 측정값에 더해 준다. 문제의 그림에서 슬리브의 눈금이 8.5mm와 9mm 사이에 있으므로 슬리브의 눈금은 8.5mm가 된다. 슬리브의 기준선과 일치하는 심블의 눈금이 44이므로, 심블의 눈금값은 44 × 0.01mm = 0.44mm이다.

32 일반적으로 나사 마이크로미터로 측정하는 것은?

① 나사산의 유효지름

② 나사의 피치

③ 나사산의 각도

④ 나사의 바깥지름

해설

일반적으로 나사 마이크로미터로 나사산의 유효지름을 측정한다.

• 나사의 유효지름 측정방법 : 나사 마이크로미터, 삼침법, 광학적 측정방법(공구 현미경 등)

• 삼침법 : 나사산의 골에 핀 게이지 3개를 끼우고 외측 마이크로미터나 만능측정기로 측정하여 유효지름을 계산하는 방법으로, 정밀도가 높다.

• 나사 마이크로미터에 의한 나사 측정방법

바깥지름 측정	골지름 측정	유효지름 측정

33 다음 그림의 측정방법은?

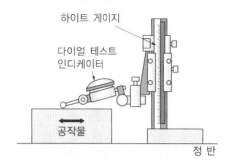

① 진직도 측정   ② 평면도 측정

③ 진원도 측정   ④ 윤곽도 측정

해설

문제의 그림은 정반에서 다이얼 게이지에 의한 평면도 측정방법이다. 평면도의 측정에는 정반과 다이얼 게이지나 다이얼 인디케이터를 주로 사용한다.

34 일반적으로 마찰면의 넓은 부분 또는 시동되는 횟수가 많을 때, 저속 및 중속 축의 급유에 이용되는 방식은?

① 오일링급유법

② 강제급유법

③ 적하급유법

④ 패드급유법

해설

윤활제의 급유방법

• 적하급유법(Drop Feed Oiling) : 마찰면이 넓거나 시동되는 횟수가 많을 때, 저속 및 중속 축의 급유에 사용된다.

• 오일링(Oiling)급유법 : 고속 주축에 균등하게 급유할 목적으로 사용한다.

• 강제급유법(Circulating Oiling) : 순환펌프를 이용하여 급유하는 방법으로, 고속회전할 때와 베어링 냉각효과에 경제적인 방법이다.

• 패드급유법(Pad Oiling) : 무명이나 털 등을 섞어 만든 패드 일부를 오일 통에 담가 저널의 아랫면에 모세관 현상으로 급유하는 방법이다.

35 연삭숫돌의 결합도는 숫돌입자의 결합상태를 나타내는데 결합도 P, Q, R, S와 관련이 있는 것은?

① 연한 것
② 매우 연한 것
③ 단단한 것
④ 매우 단단한 것

연삭숫돌 결합도에 따른 분류

결합도	E, F, G	H, I, J, K	L, M, N, O	P, Q, R, S	T, U, V, W, X, Y, Z
호 칭	극연 (Very Soft)	연(Soft)	중 (Medium)	경 (Hard)	극경 (Very Hard)
	매우 연한 것	연한 것	중간 것	단단한 것	매우 단단한 것

결합도에 따른 경도의 선정 기준

결합도가 높은 숫돌 (단단한 숫돌)	결합도가 낮은 숫돌 (연한 숫돌)
• 연질 가공물의 연삭	• 경도가 큰 가공물의 연삭
• 숫돌차의 원주속도가 느릴 때	• 숫돌차의 원주속도가 빠를 때
• 연삭 깊이가 작을 때	• 연삭 깊이가 클 때
• 접촉 면적이 적을 때	• 접촉면이 클 때
• 가공면의 표면이 거칠 때	• 가공물의 표면이 치밀할 때

36 기계제도 도면에서 치수 앞에 표시하여 치수의 의미를 정확하게 나타내는 데 사용하는 기호가 아닌 것은?

① t
② C
③ □
④ ◇

치수 보조 기호

기 호	설 명	기 호	설 명
ϕ	지 름	$S\phi$	구의 지름
R	반지름	SR	구의 반지름
C	45°모따기	□	정사각형
P	피 치	t	두 께

37 직경 500mm인 마찰차가 350rpm의 회전수로 동력을 전달한다. 이때 바퀴를 밀어붙이는 힘이 1.96kN일 때 몇 kW의 동력을 전달할 수 있는가?(단, 접촉부 마찰계수는 0.35로 하고, 미끄럼은 없다고 가정한다)

① 4.5
② 5.1
③ 5.7
④ 6.3

• 마찰차의 원주속도 : 두 원통 마찰차가 완전한 구름 접촉을 하여 미끄럼이 전혀 없다면 표면속도는 같다.

$$v = \frac{\pi DN}{60 \times 1,000} = \frac{\pi \times 500\text{mm} \times 350\text{rpm}}{60 \times 1,000} \fallingdotseq 9.2\,\text{m/s}$$

• 회전력 : 두 마찰차를 누르는 힘 P를 작용시켜 A차가 회전하면, 접촉점에서 마찰력 Q가 생겨서 B차를 회전시킨다.

$$Q = \mu P$$

• 전달동력 : 전달할 수 있는 최대 전달동력

$$H = \frac{Q(\text{N}) \cdot v(\text{m/s})}{1,000} = \frac{\mu P(\text{N}) \cdot v(\text{m/s})}{1,000}$$

$$= \frac{0.35 \times 1.96\text{kN} \times 9.2\,\text{m/s}}{1,000}$$

$$= \frac{0.35 \times 1.96 \times 10^3\text{N} \times 9.2\,\text{m/s}}{1,000}$$

$$\fallingdotseq 6.3\text{kW}$$

∴ 전달동력(H) = 6.3kW

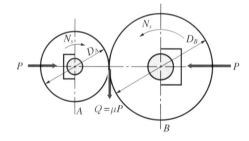

38 판의 두께 12mm, 리벳의 지름 19mm, 피치 50mm인 1줄 겹치기 리벳 이음을 하고자 한다. 이때 한 피치당 12.26kN의 하중이 작용할 때 생기는 인장응력과 리벳 이음의 판의 효율은 각각 얼마인가?

① 32.96MPa, 76%   ② 32.96MPa, 62%

③ 16.98MPa, 76%   ④ 16.98MPa, 62%

해설

• 리벳 판재의 인장응력
 판재는 리벳 구멍 사이의 단면적이 가장 작은 곳에서 인장파괴 되므로

$$P = t(p-d) \cdot \sigma_t$$

$$\sigma_t = \frac{P}{t(p-d)} = \frac{12.26 \times 10^3 \text{N}}{12\text{mm} \times (50-19\text{mm})}$$

$$= 32.96 \text{N/mm}^2$$

$$= 32.96 \text{MPa}$$

∴ 인장응력(σ_t) = 32.96MPa

※ 1MPa = 1N/mm²

• 판의 효율
 판의 효율은 리벳 구멍이 없는 판의 인장강도에 대한 리벳 구멍이 있는 판의 인장강도의 비율이다. 즉, 1피치 내에서 리벳 구멍이 없는 판이 견딜 수 있는 하중에 대한 리벳 구멍이 있는 판이 견딜 수 있는 하중의 비를 의미한다.

$$\eta = \frac{\text{리벳 구멍이 있는 판의 인장강도}}{\text{리벳 구멍이 없는 판의 인장강도}}$$

$$= \frac{t \cdot (p-d) \cdot \sigma_t}{t \cdot p \cdot \sigma_t}$$

$$= \frac{(p-d)}{p} = \frac{(50-19\text{mm})}{50\text{mm}}$$

$$= 0.62$$

∴ 판의 효율(η) = 62%

여기서, P : 1피치마다의 하중(N)
 σ_t : 판재의 허용인장응력(N/mm²)
 t : 판재의 두께(mm)
 d : 리벳의 지름(mm)
 p : 리벳의 피치(mm)

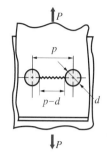

[리벳 이음-인장파괴 상태]

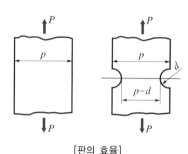

[판의 효율]

39 절삭온도를 측정하는 방법이 아닌 것은?

① 열전대에 의한 방법

② 칩의 색깔에 의한 방법

③ 칼로리미터에 의한 방법

④ 초음파 탐지에 의한 방법

해설

절삭온도 측정법

• 칩의 색깔에 의한 방법
• 칼로리미터에 의한 방법
• 공구에 열전대를 삽입하는 방법
• 시온 도료를 사용하는 방법
• 공구와 일감을 열전대로 사용하는 방법
• 복사 고온계에 의한 방법

40 오차의 종류에서 계기오차에 대한 설명으로 옳은 것은?

① 측정자의 눈의 위치에 따른 눈금의 읽음값에 의해 생기는 오차

② 기계에서 발생하는 소음이나 진동 등과 같은 주위 환경에서 오는 오차

③ 측정기의 구조, 특정압력, 측정온도, 측정기의 마모 등에 따른 오차

④ 가늘고 긴 모양의 측정기 또는 피측정물을 정반 위에 놓으면 접촉하는 면의 형상 때문에 생기는 오차

해설

오차의 종류

- 측정기의 오차(계기오차) : 측정기의 구조, 측정압력, 측정온도, 측정기의 마모 등에 따를 오차
- 시차 : 측정자의 눈의 위치에 따라 눈금의 읽음값에 오차가 생기는 경우
- 후퇴오차 : 동일한 측정량에 대하여 지침의 측정량이 증가하는 상태에서의 읽음값과 반대로 감소하는 상태에서의 읽음값의 차
- 우연오차 : 측정기, 측정물 및 환경 등의 원인을 파악할 수 없어 측정자가 보정할 수 없는 오차로, 측정하는 과정에서 우발적으로 발생하는 오차

41 다음 CNC 선반프로그램에서 가공해야 될 부분의 지름이 80mm일 때 주축의 회전수는 약 얼마인가?

> G50 S1000;
> G96 S120;

① 209.5rpm
② 477.5rpm
③ 786.8rpm
④ 1,000.8rpm

해설

- G96 : 절삭속도 일정제어(m/min)
- G96 S120; : 절삭속도 120m/min로 일정하게 유지
- 공작물 지름 : 80mm(가공해야 될 부분의 지름)
- 회전수(N) $= \dfrac{1,000\,V}{\pi D} = \dfrac{1,000 \times 120\text{m/min}}{\pi \times 80\text{mm}}$

  $\fallingdotseq 477.5\text{rpm}$

∴ $N = 477.5\text{rpm}$

여기서, V : 절삭속도(m/min)

D : 공작물의 지름(mm)

N : 회전수(rpm)

※ G50 S1000; : 공작물 좌표계 설정, 주축 최고 회전수 설정(1,000rpm)

※ 계산한 주축의 회전수가 주축 최고 회전수 1,000rpm보다 크면 80mm를 가공할 때 회전수는 주축 최고 회전수인 1,000rpm이 된다.

42 다음 그림의 A → B → C 이동지령 머시닝센터 프로그램에서 ㉠, ㉡, ㉢에 들어갈 내용으로 옳은 것은?

> A → B : N01 G01 G91 __㉠__ Y10. F120;
> B → C : N02 G90 __㉡__ __㉢__ ;

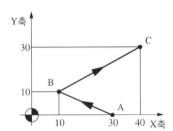

① ㉠ X10. ㉡ X30. ㉢ Y20.
② ㉠ X20. ㉡ X30. ㉢ Y30.
③ ㉠ X-20. ㉡ X30. ㉢ Y20.
④ ㉠ X-20. ㉡ X40. ㉢ Y30.

해설

경 로	설 명	프로그램
A → B	증분명령(G91)으로 A에서 B점까지 거리를 명령한다.	N01 G01 G91 X-20. Y10. F120;
B → C	절대명령(G90)으로 C점의 위치를 공작물 좌표계 원점을 기준으로 명령한다.	N02 G90 X40. Y30.;

- 절대명령(G90) : 공구 이동 끝점의 위치를 공작물 좌표계 원점을 기준으로 명령하는 방법
- 증분명령(G91) : 공구 이동 시작점부터 끝점까지의 이동량(거리)으로 명령하는 방법

43 다음 중 CNC 선반가공 시 연속형 또는 불연속형 칩이 발생하는 황동이나 주철과 같이 절삭저항이 작은 재료류를 가공하기에 가장 적합한 초경공구 재질의 종류는?

① P
② M
③ K
④ S

재질 종류	피삭재
P	강, 주강, 가단주철
M	강, 주강, 스테인리스강, 고망간강, 연질 쾌삭강
K	주철, 칠드주철, 가단주철(비연속성 칩), 비철금속(Cu, Al) 비금속류

44 CNC 공작기계의 정보처리회로에서 서보모터를 구동하기 위하여 출력하는 신호의 형태는?

① 문자신호
② 위상신호
③ 펄스신호
④ 형상신호

• 펄스(Pulse)신호 : 정보처리회로에서 서보모터를 구동하기 위하여 출력하는 신호의 형태
• CNC 공작기계는 도면을 보고 가공경로 및 가공조건 등을 CNC 프로그램으로 작성하여 입력하면, 제어장치에서 처리하여 결과를 펄스(Pulse)신호로 출력하고 이 펄스신호에 의하여 서보모터가 구동되며, 서보모터에 결합되어 있는 볼 스크루(Ball Screw)가 회전함으로써 요구한 위치와 속도로 테이블이나 주축 헤드를 이동시켜 가공이 자동으로 이루어진다.

45 CNC 선반에서 다음 그림과 같이 공작물 원점을 설정할 때 좌표계 설정으로 옳은 것은?(단, 지름지령이다)

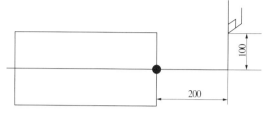

① G50 X100. Z100. ;
② G50 X100. Z200. ;
③ G50 X200. Z100. ;
④ G50 X200. Z200. ;

• G50 X200. Z200. : CNC 선반에서 X축은 지름값(X200.)으로 지령한다. 문제 도면상 반지름이 100이므로, 지름은 200이 된다.
• G50 : 공작물 좌표계 설정 및 주축 최고 회전수 설정

46 다음 중 머시닝센터에서 공구 길이의 차를 측정하는 데 가장 적합한 것은?

① R 게이지
② 사인바
③ 한계 게이지
④ 하이트 프리세터

• 하이트 프리세터 : 기계에 공구를 고정하며 길이를 비교하여 그 차이값을 구하고, 보정값 입력란에 입력하는 측정기이다. 예를 들면, 머시닝센터에서 공구 길이의 차를 측정한다.
• 사인바 : 블록 게이지와 같이 사용한다. 삼각함수의 사인을 이용하여 임의의 각도를 길이로 계산하여 간접적으로 각도를 구하는 방법으로, 크기는 롤러와 롤러 중심 간의 거리로 표시한다.
• 한계 게이지 : 플러그 게이지(구멍), 스냅 게이지(축)

47 일반적으로 CNC 선반에서 절삭동력이 전달되는 스핀들 축으로 주축과 평행한 축은?

① X축 ② Y축
③ Z축 ④ A축

해설
CNC 선반에서 절삭동력이 전달되는 스핀들 축과 평행한 축은 Z축으로 구성된다.
CNC 선반의 좌표계

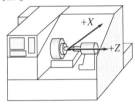

48 CNC 공작기계 작업 시 안전사항 중 틀린 것은?

① 전원은 순서대로 공급하고 차단한다.
② 칩 제거는 기계를 정지한 후에 한다.
③ CNC 방전가공기에서 작업 시 가공액을 채운 후 작업을 한다.
④ 작업을 빨리하기 위하여 안전문을 열고 작업한다.

해설
안전문을 열고 작업하면 칩이 비산되어 매우 위험하다.

49 CNC 선반의 단일형 고정 사이클(G90)에서 테이퍼(기울기)값을 지령하는 어드레스(Address)는?

① O ② P
③ Q ④ R

해설
단일형 고정 사이클(G90)에서 테이퍼(기울기)값은 R이다.
안ㆍ바깥지름 절삭 사이클(G90)

| G90 X(U)___ Z(W)___ F___ ; (직선 절삭) |
| G90 X(U)___ Z(W)___ I(R)___ F___ ; (테이퍼 절삭) |

• X(U)___ Z(W)___ : 가공 종점의 좌표 입력
• I(R) : 테이퍼 절삭을 할 때, X축 기울기 양을 지정한다(반지름 지정).
  ※ I : 11T에 적용, R : 11T가 아닌 경우에 적용
• F : 이송속도
사이클 G90의 움직임(직선 절삭, 테이퍼 절삭)

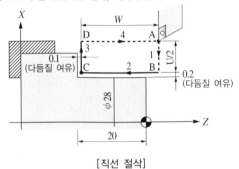

[직선 절삭]

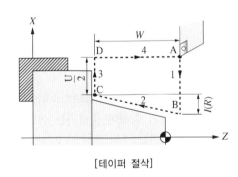

[테이퍼 절삭]

50 다음 그림에서 A점에서 B점까지 이동하는 CNC 선반 가공 프로그램에서 ( ) 안에 알맞은 준비기능은?

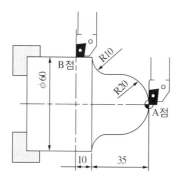

```
G03 X40.0 Z-20.0 R20.0 F0.25;
G01 Z-25.0;
(   ) X60.0 Z-35.0 R10.0;
G01 Z-45.0;
```

① G00　　　　　② G01
③ G02　　　　　④ G03

해설
• 프로그램의 (   )는 R10의 원호보간 시계 방향으로 G02를 지령한다.
• A → B : 원호보간 반시계 방향(G03) → 직선보간(G01) → 원호보간 시계 방향(G02) → 직선보간(G01)

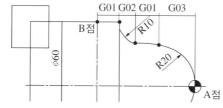

51 CNC 기계 조작반의 모드 선택 스위치 중 새로운 프로그램을 작성하고 등록된 프로그램을 삽입, 수정, 삭제할 수 있는 모드는?

① AUTO　　　　② EDIT
③ JOG　　　　　④ MDI

해설
② EDIT : 새로운 프로그램을 작성하고, 메모리에 등록된 프로그램을 편집(삽입, 수정, 삭제)할 수 있다.
① AUTO : 프로그램을 자동 운전할 때 사용한다.
③ JOG : JOG 버튼으로 공구를 수동으로 이송시킬 때 사용한다.
④ MDI : 반자동모드라고 하며 1~2개 블록의 짧은 프로그램을 입력하고 바로 실행할 수 있는 모드로 간단한 프로그램을 편집과 동시에 시험적으로 시행할 때 사용한다.
모드 선택 스위치

52 머시닝센터에서 작업평면이 Y-Z평면일 때 지령되어야 할 코드는?

① G17　　　　　② G18
③ G19　　　　　④ G20

해설
• G19 : Y-Z평면
• G17 : X-Y평면
• G18 : Z-X평면
머시닝센터의 기본 3축

좌우 방향 : X축
전후 방향 : Y축
상하(주축) 방향 : Z축

53 CNC 선반에서 G71로 황삭가공한 후 정삭가공하려면 G코드는 무엇을 사용해야 하는가?

① G70　　　　② G72
③ G74　　　　④ G76

해설

G71, G72, G73 사이클로 거친 절삭이 마무리되면 G70으로 다듬 절삭(정삭)을 한다. G70에서 F는 G71, G72, G73에서 지령된 것은 무시되고 전개번호 ns와 nf 사이에서 지령된 값이 유효하다.
- G70 : 다듬 절삭 사이클
- G72 : 단면 거친 절삭 사이클
- G74 : Z방향 홈 가공 사이클
- G76 : 나사 절삭 사이클

54 다음 중 CNC 공작기계에서 'P/S—ALARM'이라는 메시지의 원인으로 가장 적합한 것은?

① 프로그램 알람
② 금지영역 침범 알람
③ 주축모터 과열 알람
④ 비상정지스위치 ON 알람

해설

CNC 가공에서 일반적으로 발생하는 알람

순	알람내용	원인	해제방법
1	EMERGENCY STOP SWITCH ON	• 비상정지스위치 ON	• 비상정지스위치를 화살표 방향으로 돌린다.
2	LUB.R. TANK LEVEL LOW ALARM	• 습동유 부족	• 습동유를 보충한다.
3	THERMAL OVERLOAD TRIP ALARM	• 과부하로 인한 OVER LOAD TRIP	• 원인 조치 후 마그네트와 연결된 OVERLOAD를 누른다.
4	P/S___ALARM	• 프로그램 알람	• 알람표를 보고 원인을 찾는다.
5	OT ALARM	• 금지영역 침범	• 이송축을 안전한 위치로 이동한다.
6	EMERGENCY L/S ON	• 비상정지 리밋 스위치 작동	• 행정오버해제스위치를 누른 상태에서 이송축을 안전한 위치로 이동시킨다.
7	SPINDLE ALARM	• 주축모터 과열 • 주축모터 과부하 • 주축모터 과전류	• 해제버튼을 누른다. • 전원을 차단하고 다시 투입한다. • A/S 연락을 한다.
8	TORQUE LIMIT ALARM	• 충돌로 인한 안전핀 파손	• A/S 연락을 한다.
9	AIR PRESSURE ALARM	• 공기압 부족	• 공기압을 높인다.

55 다음 그림과 같이 프로그램의 원점이 주어져 있을 경우 A점의 올바른 좌표는?

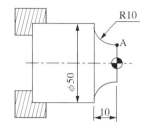

① X40. Z10.

② X10. Z50.

③ X30. Z0.

④ X50. Z-10.

해설
- A점은 X30. Z0.이다.
- X30. : 공작물 지름 ϕ50에서 R10으로 X축은 지름값 지령으로 ϕ50−ϕ20=ϕ30으로 X30.이다.
- Z0. : A점은 프로그램 원점의 Z축에 있으므로 Z0.이다.

56 드릴링 머신으로 구멍 뚫기 작업을 할 때 주의해야 할 사항이다. 틀린 것은?

① 드릴은 흔들리지 않게 정확하게 고정시킨다.

② 장갑을 끼고 작업하지 않는다.

③ 구멍 뚫기가 끝날 무렵에는 이송을 천천히 한다.

④ 드릴이나 드릴 소켓 등을 뽑을 때에는 해머 등으로 두들겨 뽑는다.

해설
드릴링 머신의 안전사항
- 드릴을 고정시키거나 풀 때는 주축이 완전히 정지된 후에 한다.
- 얇은 판의 구멍 뚫기에는 보조판 나무를 사용하는 것이 좋다.
- 구멍 뚫기가 끝날 무렵은 이송을 천천히 한다.
- 장갑을 끼고 작업하지 않는다.
- 가공물을 손으로 잡고 드릴링하지 않는다.
- 드릴이나 드릴 소켓 등을 뽑을 때에는 드릴 뽑기를 사용해야 하며, 해머 등으로 두들겨 뽑으면 안 된다.

57 다음 도면에서 가는 실선으로 표시된 대각선 부분의 의미는?

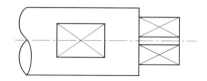

① 홈 부분

② 곡 면

③ 평 면

④ 라운드 부분

해설
도면에서 대각선이 교차하는 가는 실선은 평면을 나타낸다.
평면의 표시법
도형 내의 특정한 부분이 평면인 것을 표시할 필요가 있을 때는 다음 그림과 같이 가는 실선을 대각선으로 긋는다.

58 다음 중 억지 끼워맞춤에 해당하는 것은?

① H7/k6 ② H7/m6

③ H7/n6 ④ H7/p6

해설
- H7/p6 : 억지 끼워맞춤
- H7/k6, H7/m6, H7/n6 : 중간 끼워맞춤
자주 사용하는 구멍 기준 끼워맞춤

기준 구멍	축의 공차역 클래스															
	헐거운 끼워맞춤			중간 끼워맞춤			억지 끼워맞춤									
H6			g5	h5	js5	k5	m5									
		f6	g6	h6	js6	k6	m6	n6	p6							
H7			f6	g6	h6	js6	k6	m6	n6	p6	r6	s6	t6	u6	x6	
		e7	f7		h7	js7										

59 CNC 선반에서 공구기능을 표시할 때 'T0100'에서 01의 의미는?

① 공구선택번호
② 공구보정번호
③ 공구선택번호 취소
④ 공구보정번호 취소

해설
CNC 선반의 경우 : T □□△△
- T : 공구기능
- □□ : 공구선택번호(01~99번) → 기계 사양에 따라 지령 가능한 번호 결정
- △△ : 공구보정번호(01~99번) → 00은 보정 취소기능

60 DNC(Direct Numerical Control) 시스템의 구성요소가 아닌 것은?

① 컴퓨터와 메모리장치
② 공작물 장·탈착용 로봇
③ 데이터 송수신용 통신선
④ 실제 작업용 CNC 공작기계

해설
공작물 장·탈착용 로봇은 DNC(Direct Numerical Control) 시스템의 구성요소가 아니다.
- DNC 시스템의 구성요소 : CNC 공작기계, 중앙컴퓨터, 통신선 (RS232C 등)
- DNC는 CAD/CAM 시스템과 CNC 기계를 근거리 통신망(LAN)으로 연결하여 1대의 컴퓨터에서 여러 대의 CNC 공작기계에 데이터를 분배하여 전송함으로써 동시에 운전할 수 있는 방식이다.

01 냉간가공한 재료를 풀림처리할 때 나타나는 현상으로 틀린 것은?

① 회 복
② 재결정
③ 결정립 성장
④ 응 고

해설
냉간가공한 재료를 풀림(Annealing)처리하면, 회복 → 재결정 → 결정립 성장의 3단계로 진행된다.

02 구리에 아연을 8~20% 첨가한 합금으로, α고용체만으로 구성되어 있으므로 냉간가공이 쉬워 단추, 금박, 금 모조품 등으로 사용되는 재료는?

① 톰백(Tombac)
② 델타메탈(Delta Metal)
③ 니켈실버(Nickel Silver)
④ 문쯔메탈(Muntz Metal)

해설
• 톰백(Tombac) : 구리와 아연의 합금이다. 구리에 아연을 8~20% 첨가한 것으로 금빛을 띠고 늘어나는 성질이 있다. 금의 모조품이나 금박 대용품을 만드는 데 사용한다.
• 델타메탈(Delta Metal) : 6-4 황동에 Fe를 1~2% 첨가한 합금으로, 철 황동이라고도 한다. 광산, 선박 등에 사용한다.
• 문쯔메탈(Muntz Metal) : 6-4 황동으로 $\alpha+\beta$조직이며, 판재, 선재, 볼트, 너트, 탄피 등에 사용한다.

03 황(S)이 적은 선철을 용해하여 주입 전에 Mg, Ce, Ca 등을 첨가하여 제조한 주철은?

① 펄라이트주철
② 구상흑연주철
③ 가단주철
④ 강력주철

해설
• 구상흑연주철 : 강도와 연성 등을 개선하기 위하여 용융 상태의 주철 중에 마그네슘(Mg), 세륨(Ce) 또는 칼슘(Ca) 등을 첨가하여 편상흑연을 구상화한 것으로 노듈러주철, 덕타일주철 등으로 불린다.
• 가단주철 : 주철의 결점인 여리고 약한 인성을 개선하기 위하여 열처리에 의하여 편상흑연을 괴상화하여 강도와 연성을 향상시킨 것이다. 먼저 백주철의 주물을 만들고, 이것을 장시간 열처리 하여 탄소를 분해시켜 탈탄 또는 흑연화하여 인성 또는 연성을 증가시킨 주철로 단조가 가능하다.

04 전동축에 큰 휨(Deflection)을 주어서 축의 방향을 자유롭게 바꾸거나 충격을 완화시키기 위하여 사용하는 축은?

① 크랭크축
② 플렉시블축
③ 차 축
④ 직선축

해설
• 플렉시블축(Flexible Shaft) : 자유롭게 휠 수 있도록 강선을 2중, 3중으로 감은 나사 모양의 축으로, 공간상의 제한으로 일직선 형태의 축을 사용할 수 없을 때 이용한다.
• 차축 : 주로 굽힘 모멘트를 받는 축으로, 철도 차량의 차축과 같이 그 자체가 회전하는 회전축과 자동차의 바퀴축과 같이 바퀴는 회전하지만 축은 회전하지 않는 정지축이다.
• 직선축 : 길이 방향으로 일직선 형태의 축이며, 일반적인 동력 전달용으로 사용한다.
• 크랭크축 : 왕복 운동기관 등에서 직선운동과 회전운동을 상호 변환시키는 축이다.

정답 1 ④ 2 ① 3 ② 4 ②

05 인장 코일 스프링에 3kgf의 하중을 걸었을 때 변위가 30mm이었다면, 스프링 상수는 얼마인가?

① 0.1kgf/mm   ② 0.2kgf/mm

③ 5kgf/mm   ④ 10kgf/mm

해설

스프링 상수

$$k = \frac{W(하중)}{\delta(처짐량)} = \frac{3\text{kgf}}{30\text{mm}} = 0.1\,\text{kgf/mm}$$

07 고강도 알루미늄 합금강으로 항공기용 재료 등에 사용되는 것은?

① 두랄루민   ② 인 바

③ 콘스탄탄   ④ 서 멧

해설

• 두랄루민 : Al+Cu+Mg+Mn의 합금으로, 가벼워서 항공기나 자동차 등에 사용된다(알-구-마-망).
• 엘린바, 인바 : 온도 변화에 따라 열팽창계수 및 탄성계수가 변하지 않는 불변강이다.
• 서멧 : 절삭공구재료로 사용되며, TiC를 주체로 한다. TiN, TiCN 등의 탄화물을 초미립화하여 소결시킨 합금으로 세라믹(Ceramic)+금속(Metal)의 합성어이다.
• 콘스탄탄 : Cu-Ni 합금으로, Ni 50% 부근은 전기저항의 최대치와 온도계수의 최소치가 있어 열전대로 널리 사용된다.

06 주조성이 좋으며 열처리에 의하여 기계적 성질을 개량할 수 있는 라우탈(Lautal)의 대표적인 합금은?

① Al-Cu계 합금

② Al-Si계 합금

③ Al-Cu-Si계 합금

④ Al-Mg-Si계 합금

해설

라우탈 : Al-Cu-Si계 합금으로 자동차 및 선박용 피스톤, 분배관 밸브에 사용한다.

08 재료를 상온에서 다른 형상으로 변형시킨 후 원래 모양으로 회복되는 온도로 가열하면 원래 모양으로 돌아오는 것은?

① 제진 합금   ② 형상기억 합금

③ 비정질 합금   ④ 초전도 합금

해설

• 형상기억 합금 : 다시 열을 가하면 변형 전의 형상으로 되돌아간다.
• 제진 합금 : 공진, 진폭, 진동속도를 감소시키는 재료이다.
• 비정질 합금 : 원자 배열이 규칙한 상태이다.

09 모듈이 2이고, 잇수가 각각 36, 74개인 두 기어가 맞물려 있을 때 축간거리는 약 몇 mm인가?

① 10mm ② 110mm
③ 120mm ④ 130mm

해설

중심거리$(C) = \dfrac{(Z_1+Z_2)m}{2} = \dfrac{(36+74)\times 2}{2} = 110\text{mm}$

∴ 중심거리$(C) = 110\text{mm}$

10 페더 키(Feather Key)라고도 하며, 회전력의 전달과 동시에 축 방향으로 보스를 이동시킬 필요가 있을 때 사용되는 키는?

① 미끄럼 키 ② 반달 키
③ 새들 키 ④ 접선 키

해설

미끄럼 키 : 페더 키 또는 안내 키라고도 하며, 축 방향으로 보스를 미끄럼 운동을 시킬 필요가 있을 때 사용한다.

키(Key)의 종류

키	정 의	그 림	비 고
새들 키 (안장 키)	축에는 키 홈을 가공하지 않고 보스에만 테이퍼진 키 홈을 만들어 때려 박는다.		축의 강도 저하가 없다.
원뿔 키	축과 보스와의 사이에 2~3곳을 축 방향으로 쪼갠 원뿔을 때려 박아 고정시킨다.		
반달 키	축에 반달모양의 홈을 만들어 반달 모양으로 가공된 키를 끼운다.		축 강도 약함
스플라인	축에 여러 개의 같은 키 홈을 파서 여기에 맞는 한 짝의 보스 부분을 만들어 서로 잘 미끄러져 운동할 수 있게 한 것이다.		키보다 큰 토크 전달

※ 묻힘(Sunk) 키 : 축과 보스의 양쪽에 모두 키 홈을 가공

11 절삭가공에서 절삭유제 사용목적으로 틀린 것은?

① 가공면에 녹이 쉽게 발생되도록 한다.
② 공구의 경도 저하를 발생한다.
③ 절삭열에 의한 공작물의 정밀도 저하를 방지한다.
④ 가공물의 가공 표면을 양호하게 한다.

해설

절삭유제의 사용목적
• 공구의 인선을 냉각시켜 공구의 경도 저하를 방지한다.
• 가공물을 냉각시켜 절삭열에 의한 정밀도 저하를 방지한다.
• 공구의 마모를 줄이고 윤활 및 세척작용으로 가공 표면을 양호하게 한다.
• 칩을 씻어 주고 절삭부를 깨끗이 닦아 절삭작용을 쉽게 한다.
절삭유의 역할(작용)
• 윤활작용
• 냉각작용
• 세척작용

12 빌트 업 에지(Built-up Edge)의 발생을 감소시키기 위한 내용 중 틀린 것은?

① 윤활성이 좋은 절삭유제를 사용한다.
② 공구의 윗면 경사각을 크게 한다.
③ 절삭 깊이를 크게 한다.
④ 절삭속도를 크게 한다.

해설

구성인선(Built-up Edge) 방지책
• 절삭 깊이를 작게 한다.
• 공구 경사각을 크게 한다.
• 절삭공구의 인선을 예리하게(날카롭게) 한다.
• 윤활성이 좋은 절삭유제를 사용한다.
• 절삭속도를 크게 한다.

13 선반에서 다음 그림과 같은 가공물의 테이퍼를 가공하려고 한다. 심압대의 편위량(e)은 몇 mm인가?(단, D = 35mm, d = 25mm, L = 400mm, l = 200mm)

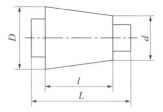

① 5
② 10
③ 20
④ 40

해설

심압대 편위량 구하는 계산식

$$e = \frac{(D-d) \times L}{2l} = \frac{(35-25)\text{mm} \times 400\text{mm}}{2 \times 200\text{mm}} = 10\text{mm}$$

∴ 편위량(e) = 10mm

여기서, L : 가공물의 전체 길이
       e : 심압대의 편위량
       D : 테이퍼의 큰지름
       d : 테이퍼의 작은 지름
       l : 테이퍼의 길이

선반에서 테이퍼 가공방법
• 복식 공구대를 경사시키는 방법
• 심압대를 편위시키는 방법
• 테이퍼 절삭장치를 이용하는 방법
• 총형 바이트를 이용하는 방법

14 두께 50mm의 탄소강판에 절삭속도 30m/min, 드릴의 지름 20mm, 이송 0.2mm/rev로 구멍을 뚫을 때 절삭시간은?(단, 드릴의 원추 높이는 5.8mm, 구멍은 관통하는 것으로 한다)

① 0.552분
② 5.550분
③ 5.840분
④ 0.584분

해설

$$T = \frac{\pi D(t+h)}{1,000 \, Vf}$$

$$= \frac{\pi \times 20(50+5.8)}{1,000 \times 30 \times 0.2} = 0.584 분$$

∴ 절삭 소요시간(T) = 0.584분

여기서, D : 드릴의 지름(mm), f : 이송(mm/rev)
       h : 드릴 원추 높이(mm), t : 구멍의 깊이(mm)
       V : 절삭속도(m/min)

15 와이어 컷 방전가공에서 전극용 와이어의 재질로 사용하지 않는 것은?

① Bs
② Cu
③ Cr
④ W

해설

• 전극용 와이어 재질 : Cu, Bs, W
• 방전으로 인한 와이어의 소모가 있어도 가공면은 깨끗하다.

16 전극과 가공물 사이에 전기를 통전시켜 열에너지를 이용하여 가공물을 용융 증발시켜 가공하는 것은?

① 방전가공
② 초음파 가공
③ 화학적 가공
④ 쇼트피닝 가공

해설

① 방전가공 : 전극과 가공물 사이에 전기를 통전시켜 방전현상의 열에너지를 이용하여 가공물을 용융 증발시켜 가공을 진행하는 비접촉식 가공방법으로, 전극과 재료가 모두 도체이어야 한다.
② 초음파 가공 : 기계적 에너지로 진동을 하는 공구와 공작물 사이에 연삭입자와 가공액을 주입한 후 작은 압력으로 공구에 초음파 진동을 주어 유리, 세라믹, 다이아몬드, 수정 등 소성변형되지 않고 취성이 큰 재료를 가공할 수 있는 가공방법이다.
③ 화학적 가공 : 화학가공액 속에 가공물을 넣고 화학반응을 일으켜 가공물 표면에 필요한 형상으로 가공하는 방법이다.
④ 쇼트피닝 가공 : 표면을 타격하는 일종의 냉간가공으로 철강의 작은 볼(Shot)을 공작물 표면에 분사하여 강재의 화학조성을 변화시키지 않고 표면을 매끈하게 하여 피로강도 및 기계적 성질을 향상시킨다.

17 선반에서 주축 회전수를 1,500rpm, 이송속도 0.3mm/rev으로 절삭하고자 한다. 실제 가공 길이가 562.5mm라면, 가공에 소요되는 시간은?

① 1분 25초　　② 1분 15초

③ 48초　　④ 40초

선반의 가공시간

$$T = \frac{L}{ns} \times i = \frac{562.5\text{mm}}{1,500\text{rpm} \times 0.3\text{mm/rev}} \times 1\text{회} = 1.25$$

$T = 1.25\text{min} = 1.25 \times 60 = 75\text{sec} = 1\text{분 }15\text{초}$

∴ $T = 1$분 15초

여기서,　T : 가공시간(min)

　　　　L : 절삭가공 길이(가공물 길이)

　　　　n : 회전수(rpm)

　　　　s : 이송(mm/rev)

18 너트의 풀림방지를 위해 주로 사용하는 핀은?

① 테이퍼 핀　　② 스프링 핀

③ 평행 핀　　④ 분할 핀

분할 핀
• 한 쪽 끝이 두 가닥으로 갈라진 핀이다. 나사 및 너트의 이완을 방지하거나 축에 끼워진 부품이 빠지는 것을 막고, 핀을 때려 넣은 뒤 끝을 굽혀서 늦춰지는 것을 방지하는 핀이다.
• 분할 핀 호칭지름은 분할 핀 구멍의 지름이다.

분할 핀을 사용한 너트의 풀림 방지

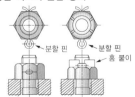

19 나사의 리드가 피치의 2배이면 몇 줄 나사인가?

① 1줄 나사　　② 2줄 나사

③ 3줄 나사　　④ 4줄 나사

L(리드) = n(줄수) × p(피치)에서 나사의 리드가 피치의 2배이면, 줄수가 2로 2줄 나사이다. 예를 들어, p(피치)가 2일 때 나사의 리드가 2배인 4이므로 줄수는 2로 2줄 나사이다.

$L = n \times p \rightarrow 4 = 2 \times 2$

※ 나사의 리드 : 나사 1회전했을 때 나사가 진행한 거리

20 니 칼럼형 밀링머신에서 테이블의 상하 이동거리가 400mm이고, 새들의 전후 이동거리가 200mm라면, 호칭번호는 몇 번에 해당하는가?(단, 테이블의 좌우 이동거리는 550mm이다)

① 1번　　② 2번

③ 3번　　④ 4번

밀링머신의 크기는 여러 가지가 있으나 니형 밀링머신의 크기는 일반적으로 Y축의 테이블 이동거리(mm)를 기준으로 호칭번호로 표시한다.

밀링머신의 크기

호칭번호	테이블의 이송거리(mm)		
	전 후	좌 우	상 하
0호	150	450	300
1호	200	550	400
2호	250	700	450
3호	300	850	450
4호	350	1,050	450
5호	400	1,250	500

21 밀링커터의 지름이 100mm, 한 날당 이송이 0.2mm, 커터의 날수는 10개, 커터의 회전수가 520rpm일 때, 테이블의 이송속도는 약 몇 mm/min인가?

① 640
② 840
③ 940
④ 1,040

해설

밀링머신에서 테이블의 이송속도

$f = f_z \times z \times n$

$= 0.2mm \times 10 \times 520rpm$

$= 1,040mm/min$

∴ 테이블 이송속도 $f = 1,040mm/min$

여기서, f : 테이블 이송속도(mm/min)

f_z : 1날당 이송량

n : 회전수(rpm)

z : 커터의 날수

22 다음 그림이 나타내는 드릴링 머신을 이용한 가공 방법은?

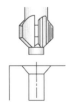

① 리 밍
② 보 링
③ 카운터 보링
④ 카운터 싱킹

해설

드릴가공의 종류

드릴가공의 종류	내 용	비 고
드릴링	드릴에 회전을 주고 축 방향으로 이송하면서 구멍을 뚫는 절삭방법이다.	
리 밍	구멍의 정밀도를 높이기 위해 구멍을 다듬는 작업이다.	
태 핑	공작물 내부에 암나사 가공, 태핑을 위한 드릴가공은 나사의 외경-피치로 한다.	
보 링	뚫린 구멍을 다시 절삭하여 구멍을 넓히고 다듬질하는 작업이다.	
스폿 페이싱	볼트나 너트를 체결하기 곤란한 경우, 볼트나 너트가 닿는 구멍 주위의 부분만 평탄하게 가공하여 체결이 잘되도록 하는 가공방법이다.	
카운터 보링	볼트의 머리 부분이 돌출되면 곤란한 부분에 볼트 또는 너트의 머리 부분이 가공물 안으로 묻히도록 드릴과 동심원의 2단 구멍을 절삭하는 방법이다.	
카운터 싱킹	나사머리가 접시 모양일 때 테이퍼 원통형으로 절삭하는 가공방법	

23 물체의 표면에 기름이나 광명단을 칠하고 그 위에 종이를 대고 눌러서 실제의 모양을 뜨는 스케치 방법은?

① 모양 뜨기 방법　　② 프리핸드법
③ 사진법　　　　　　④ 프린트법

스케치 방법

프리핸드법	• 일반적인 방법으로 척도에 관계없이 적당한 크기로 부품을 그린 후 치수를 측정하여 기입하는 방법 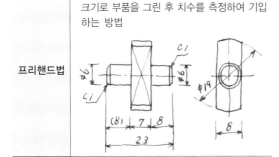
프린트법	• 부품에 면이 평면으로 가공되어 있고, 복잡한 윤곽을 갖는 부품인 경우에 그 면에 광명단 등을 발라 스케치 용지에 찍어 그 면의 실형을 얻는 직접법과 면에 용지를 대고 연필 등으로 문질러서 도형은 얻는 간접법이 있다.
본뜨기법	• 직접 본뜨기법 : 부품을 직접 용지 위에 놓고 윤곽을 본뜨는 방법 • 간접 본뜨기법 : 납선 또는 구리선 등을 부품의 윤곽에 대고 구부린 후 그 선의 커브를 용지에 대고 간접적으로 본뜨는 방법

24 동일한 부위에 중복되는 선의 우선순위가 높은 것부터 낮은 것으로 순서대로 나열한 것은?

① 중심선 → 외형선 → 절단선 → 숨은선
② 외형선 → 중심선 → 숨은선 → 절단선
③ 외형선 → 숨은선 → 중심선 → 절단선
④ 외형선 → 숨은선 → 절단선 → 중심선

투상선의 우선순위
숫자, 문자, 기호 및 화살표 → 외형선(굵은 실선) → 숨은선(파선) → 절단선 → 중심선 → 무게중심선 → 파단선 → 치수선 또는 치수보조선 → 해칭선
★ 암기방법(문자-외-숨-절-중-무-파-치-해)

25 0.05mm 버니어 캘리퍼스의 측정값은?

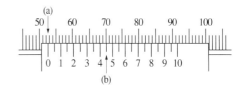

① 52.50mm　　　　② 52.45mm
③ 51.50mm　　　　④ 51.45mm

• 측정값 : 52 + 0.45(= 0.05 × 9) = 52.45mm
• 아들자의 눈금은 어미자 19mm 눈금을 20등분한 것으로 최소 측정값은 1/20mm, 즉 0.05mm까지 읽을 수 있다. 문제에서 아들자의 0눈금이 어미자에서 읽을 수 있는 눈금 52mm(a), 아들자 눈금과 어미자 눈금이 일직선으로 만나는 부분(b)의 아들자 눈금이 4.50이므로 측정값은 52 + 0.45(= 0.05 × 9) = 52.45mm가 된다.

26 다음 마이크로미터 구조의 명칭으로 올바른 것은?

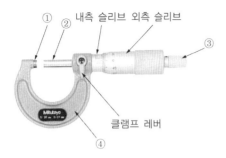

① 내측 슬리브 외측 슬리브 ③

클램프 레버

④

① 앤 빌   ② 래칫스톱
③ 프레임   ④ 스핀들

해설
마이크로미터의 구조

앤빌   내측 슬리브   외측 슬리브
스핀들

래칫스톱

클램프 레버

프레임

27 버니어 캘리퍼스로 측정할 수 없는 것은?

① 바깥지름 측정   ② 안지름 측정
③ 각도 측정   ④ 단차 측정

해설
버니어 캘리퍼스는 공작물의 바깥지름, 안지름, 깊이, 단차(계단) 등을 측정할 때 사용한다.
버니어 캘리퍼스 사용의 예

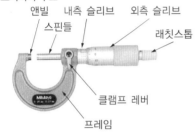

단차 측정	길이 측정
홈 측정	깊이 측정

28 현재 많이 사용되는 인공합성 절삭공구재료로 고속작업이 가능하며 난삭재료, 고속도강, 담금질강, 내열강 등의 절삭에 적합한 공구재료는?

① 초경합금
② 세라믹
③ 서 멧
④ 입방정 질화붕소(CBN)

해설
입방정 질화붕소(CBN)는 다이아몬드의 2/3배 정도의 경도를 가지며, CBN 미소분말을 초고온(2,000℃), 초고압(5만 기압 이상)의 상태로 소결하여 제작한다.

29 선반 바이트에서 공작물과의 마찰을 줄이기 위하여 주어지는 각도는?

① 옆면 경사각   ② 여유각
③ 인선각   ④ 윗면 경사각

해설
여유각 : 공작물과의 마찰을 줄이기 위한 각

30 선반가공에서 절삭 깊이를 1.5mm로 원통 깎기를 할 때 공작물의 지름이 작아지는 양은 몇 mm인가?

① 1.5
② 3.0
③ 0.75
④ 1.55

선반에서는 공작물이 회전을 하며 절삭되므로 절삭 깊이의 2배가 가공된다. 즉, 절삭 깊이가 1.5mm라면 가공 시 3.0mm가 가공된다.
$1.5 \times 2 = 3.0$mm

31 밀링머신에서 공작물을 가공할 때 발생하는 떨림 (Chattering) 영향으로 관계가 가장 적은 것은?

① 가공면의 표면이 거칠어진다.
② 밀링커터의 수명을 단축시킨다.
③ 생산능률을 저하시킨다.
④ 가공물의 정밀도가 향상된다.

밀링머신에서 공작물을 가공할 때 떨림이 발생하면 정밀도가 저하된다. 떨림을 줄이기 위해서는 기계의 강성, 커터의 정밀도, 일감 고정방법, 절삭조건 등을 조정해야 한다.

32 파이프의 연결에서 신축이음을 하는 것은 온도 변화에 의해 파이프 내부에 무엇이 생기는 것을 방지하기 위해서인가?

① 열응력
② 전단응력
③ 응력집중
④ 피 로

• 신축이음 : 열에 의한 관의 팽창·수축을 적당히 흡수해서 관의 축 방향 변형력을 일으키지 않게 하는 이음이다.
• 열응력 : 물질은 온도 변화에 의해 팽창하거나 수축하는데, 어떤 원인으로 팽창·수축이 방해받았을 때 방해받은 변형량만큼 끌어당겨지거나 압축되므로 물체 내부에는 그에 따른 변형력이 발생한다.

33 축의 도시방법 중 옳은 것은?

① 축은 길이 방향으로 온단면 도시한다.
② 축의 끝에는 모따기를 하지 않는다.
③ 길이가 긴 축은 중간을 파단하여 짧게 그릴 수 있다.
④ 축의 키 홈은 국부투상도로 나타내면 안 된다.

• 축은 길이 방향으로 단면 도시하지 않는다.
• 축의 끝에는 모따기를 한다.
• 키 홈은 국부투상도로 나타낸다.

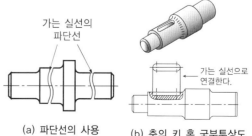

가는 실선의 파단선

가는 실선으로 연결한다.

(a) 파단선의 사용　　(b) 축의 키 홈 국부투상도

34 바퀴의 암(Arm)이나 리브(Rib)의 단면 실형을 회전도시단면도로 도형 내에 그릴 경우 사용하는 선의 종류는?(단, 단면부 전후를 끊지 않고 도형 내에 겹쳐서 그리는 경우)

① 가는 실선
② 굵은 실선
③ 가상선
④ 절단면

해설

회전도시단면도 : 핸들이나 바퀴 등의 암 및 림, 리브, 훅, 축, 구조물의 부재 등의 절단면은 90° 회전하여 표시한다.

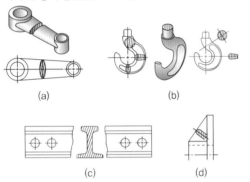

(a)   (b)

(c)   (d)

• a, b, d와 같이 도형 내에 그릴 경우 가는 실선을 사용한다.
• b와 같이 도형 밖 절단선의 연장선 위에 그릴 경우 굵은 실선을 사용한다.

35 단면도의 표시방법에서 다음 그림과 같은 단면도의 명칭은?

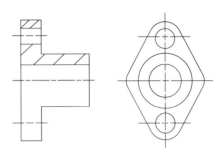

① 전단면도   ② 한쪽단면도
③ 부분단면도   ④ 회전도시단면도

해설

• 한쪽단면도 : 상하 또는 좌우 대칭인 물체는 1/4을 떼어 낸 것으로 보고 기본 중심선을 경계로 1/2은 외형, 1/2은 단면으로 동시에 나타낸다.
• 회전도시단면도 : 암, 림, 리브, 훅 등의 구조물을 90° 회전하여 표시한다.
• 부분단면도 : 필요한 일부분만 파단선에 의해 그 경계를 표시하여 나타낸다.
• 온단면도(전단면도) : 물체 전체를 둘로 절단해서 그림 전체를 단면으로 나타낸다.

36 기하공차 기입틀에서 B가 의미하는 것은?

//	0.005	B

① 데이텀   ② 공차등급
③ 공차기호   ④ 기준 치수

해설

공차 기입틀과 구획 나누기

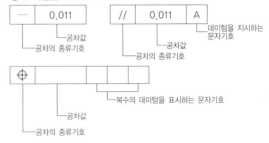

37 연마제를 가공액과 혼합하여 가공물 표면에 압축공기로 고압과 고속으로 분산시켜 가공물 표면과 충돌시켜 표면을 가공하는 방법은?

① 래핑(Lapping)
② 버니싱(Burnishing)
③ 슈퍼피니싱(Superfinishing)
④ 액체호닝(Liquid Honing)

해설
• 액체호닝 : 연마제를 가공액과 혼합하여 가공물 표면에 압축공기를 이용하여 고압과 고속으로 분사시켜 가공물 표면과 충돌시켜 표면을 가공하는 방법

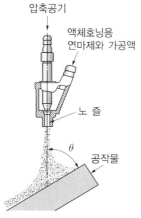

압축공기
액체호닝용 연마제와 가공액
노 즐
θ
공작물

• 슈퍼피니싱 : 연한 숫돌에 작은 압력으로 가압하면서 가공물에 이송을 주고, 동시에 숫돌에 진동을 주어 표면거칠기를 높이는 가공방법(작은 압력 + 이송 + 진동)
• 래핑 : 가공물과 랩(Lap) 사이에 랩제를 넣고 가공물에 압력을 가하면서 표면거칠기가 우수한 가공면을 얻는 가공방법

38 가공물을 화학가공액 속에 넣고 화학반응을 일으켜 가공물의 표면을 필요한 형상으로 가공하는 것을 화학적 가공이라고 한다. 화학적 가공의 특징으로 틀린 것은?

① 강도나 경도에 관계없이 가공할 수 있다.
② 변형이나 거스러미가 발생하지 않는다.
③ 가공경화 또는 표면 변질층이 발생한다.
④ 복잡한 형상과 관계없이 표면 전체를 한 번에 가공할 수 있다.

해설
화학적 가공의 특징
• 강도나 경도에 관계없이 사용할 수 있다.
• 변형이나 거스러미가 발생하지 않는다.
• 가공경화 또는 표면 변질층이 발생하지 않는다.
• 복잡한 형상과 관계없이 표면 전체를 한 번에 가공할 수 있다.
• 한 번에 여러 개를 가공할 수 있다.

39 다음은 연삭숫돌의 표시법이다. 각 항에 대한 설명으로 틀린 것은?

WA · 46 · H · 8 · V

① WA : 연삭숫돌입자
② 46 : 조직
③ H : 결합도
④ V : 결합제

해설
일반적인 연삭숫돌 표시방법

WA	· 60	· K	· M	· V
연삭숫돌입자	· 입도	· 결합도	· 조직	· 결합제

• 연삭숫돌입자(WA : 백색 알루미나)
• 입도(46 : 중간 눈)
• 결합도(H : 연)
• 조직(8 : 거친 조직)
• 결합제(V : 비트리파이드)

40 구멍의 최대 치수가 축의 최소 치수보다 작은 경우로, 항상 죔새가 생기는 끼워맞춤을 무엇이라고 하는가?

① 헐거운 끼워맞춤
② 억지 끼워맞춤
③ 중간 끼워맞춤
④ 조립 끼워맞춤

41 센터리스 연삭기의 특징으로 틀린 것은?

① 긴 홈이 있는 가공물의 연삭에 적합하다.
② 중공(中空)의 가공물 원통 연삭이 가능하다.
③ 가늘고 긴 가공물 연삭이 적합하다.
④ 대형이나 중량물의 연삭은 불가능하다.

해설
센터리스 연삭의 특징
• 센터가 필요하지 않아 센터 구멍을 가공할 필요가 없다.
• 중공의 가공물을 연삭할 때 편리하다. ※ 중공(中空) : 속이 빈 축
• 연삭 여유가 작아도 된다.
• 가늘고 긴 가공물의 연삭에 적합하다.
• 긴 홈이 있는 가공물의 연삭은 불가능하다.
• 대형이나 중량물의 연삭은 불가능하다.
• 연속가공이 가능하며 대량 생산에 적합하다.
• 자생작용이 있다.

42 기어절삭 방법에 해당하지 않는 것은?

① 형판을 이용한 방법
② 총형 커터를 이용한 방법
③ 복식 공구대를 이용한 방법
④ 창성법을 이용한 방법

해설
기어절삭 방법
• 형판을 이용한 방법
• 총형 공구에 의한 방법
• 창성에 의한 절삭 방법
선반에서 테이퍼 가공방법
• 복식 공구대를 경사시키는 방법(테이퍼 각이 크고 길이가 짧은 가공물)
• 심압대를 편위시키는 방법(테이퍼가 작고 길이가 긴 경우 사용)
• 테이퍼 절삭장치를 이용하는 방법(넓은 범위의 테이퍼를 가공)
• 총형 바이트를 이용하는 방법

43 컴퓨터에 의한 통합 생산시스템으로 설계, 제조, 생산, 관리 등을 통합하여 운영하는 시스템은?

① CAM
② FMS
③ DNC
④ CIMS

44 CNC 선반에서 지령값 X를 ϕ50mm로 가공한 후 측정한 결과, ϕ49.97mm이었다. 기존의 X축 보정값이 0.005이라면 보정값을 얼마로 수정해야 하는가?

① 0.035
② 0.135
③ 0.025
④ 0.125

해설
측정값과 지령값의 오차는 49.97 − 50 = −0.03(0.03만큼 작게 가공됨)이다. 그러므로 공구를 X의 +방향으로 0.03만큼 이동하는 보정을 하여야 한다.
공구보정값 = 기존의 보정값 + 더해야 할 보정값
= 0.005 + 0.03
= 0.035

45 CNC 선반에서 점 B에서 점 C까지 가공하는 프로그램을 옳게 작성한 것은?

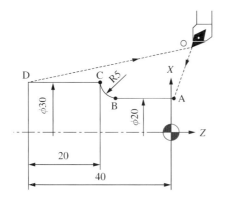

① G02 U10. W−5. R5.;

② G02 X10. Z−5. R5.;

③ G03 U10. W−5. R5.;

④ G03 X10. Z−5. R5.;

B → C 경로가공은 원호보간(시계 방향)으로 G02를 사용한다.

경로	절대지령	증분지령	혼합지령
B → C	G02 X30. Z−20. R5.;	G02 U10. W−5. R5.	G02 X30. W−5. R5.; G02 U10. Z−20. R5.;
정 의	프로그램 원점을 기준으로 직교 좌표계의 좌표값을 입력(X, Z)	현재의 공구 위치를 기준으로 끝점까지의 X, Z의 증분값을 입력 −U,W	절대지령과 증분지령을 한 블록 내에 혼합하여 지령

46 다음은 CNC 선반프로그램의 일부이다. 이 프로그램에서 밑줄 친 'U2.0'이 의미하는 것은?

```
G00 X61.0 Z2.0 T0101;
G71 U2.0 R0.5;
G71 P10 Q20 U0.1 W0.2 F0.3;
G00 X100.0 Z100.0;
```

① X축 1회 절입량

② X축 도피량

③ X축 정삭 여유량

④ Z축 정삭 여유량

• U2.0 : X축 1회 절입량 / 1회 가공 깊이(절삭 깊이) / 반지름 지령, 소수점 지령 가능
• U0.1 : X축 방향의 다듬 절삭 여유이다(지름지령).
• G71 : 안 · 바깥지름 거친 절삭 사이클(복합 반복 사이클)

```
G71 U(△d) R(e);
G71 P(ns) Q(nf) U(△u) W(△w) F(f);
```

여기서, U(△d) : 1회 가공 깊이(절삭 깊이)/반지름 지령, 소수점 지령 가능

R(e) : 도피량(절삭 후 간섭 없이 공구가 빠지기 위한 양)

P(ns) : 다듬 절삭가공 지령절의 첫 번째 전개번호

Q(nf) : 다듬 절삭가공 지령절의 마지막 전개번호

U(△u) : X축 방향 다듬 절삭 여유(지름지령)

W(△w) : Z축 방향 다듬 절삭 여유

F(f) : 거친 절삭가공 시 이송속도(즉, P와 Q 사이의 데이터는 무시되고 G71 블록에서 지령된 데이터가 유효)

47 범용 공작기계와 비교한 NC 공작기계의 특징으로 틀린 것은?

① 가공하기 어려웠던 복잡한 형상의 가공을 할 수 있다.
② 한 사람이 여러 대의 NC 공작기계를 관리할 수 있다.
③ 지그와 고정구가 많이 필요하고 품질이 안정된다.
④ 제품의 균일성을 향상시킬 수 있다.

해설
NC 공작기계에서는 지그와 고정구가 별로 필요 없다.

48 다음은 머시닝센터 프로그램의 일부를 나타낸 것이다. ( ) 안에 들어갈 내용이 순서대로 나열된 것은?

```
G90 G92 X0. Y0. Z100.;
( Ⓐ ) 1500 M03;
G00 Z3.;
G42 X25.0 Y20. ( Ⓑ )07 M08;
G01 Z-10. ( Ⓒ ) 50;
X90. F160;
( Ⓓ ) X110. Y40. R20.;
X75. Y89. 749 R50;
G01 X30. Y55.;
Y18.;
G00 Z100. M09;
```

① F, M, S, G02   ② S, D, F, G01
③ S, H F, G00   ④ S, D, F, G03

해설
• Ⓐ 블록의 M03(주축 정회전)앞에 주축 회전수 S가 지령되어야 한다. : S1500
• Ⓑ 블록의 G42(공구지름 보정 우측)로 인해 공구보정번호를 나타내는 D가 지령되어야 한다. : D07
• Ⓒ 블록의 G01(직선보간)로 인해 이송속도 F가 지령되어야 한다. : F50
• Ⓓ 블록은 반지름값 R500이 있으니 원호절삭인 G02 또는 G030이 지령되어야 한다. : G03

49 다음 그림에서 B(25, 5)에서 반시계 360° 원호가공을 하려고 한다. 옳게 명령한 것은?

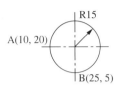

① G02 J15.;   ② G02 J-15.;
③ G03 J15.;   ④ G03 J-15.;

해설
반시계 방향 원호가공이므로 G030이며, 원호가공 시작점에서 원호 중심까지 벡터값이 J15가 된다(G03 J15.).
• A(시작점)에서 시계 방향 원호가공 : G02 I15.;
• B(시작점)에서 반시계 방향 원호가공 : G03 J15.;
I, J는 원호의 시작점에서 원호 중심까지의 벡터값이다.

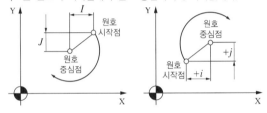

50 다음 그림의 A → B → C 이동지령 머시닝센터 프로그램에서 ㉠, ㉡에 들어갈 내용으로 맞는 것은?

A → B : N01 G01 G91 <u>㉠</u> Y10. F120;
B → C : N02 G90 X40. <u>㉡</u> ;

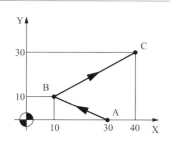

	㉠	㉡
①	X−20.	Y30.
②	X20.	Y20.
③	X20.	Y30.
④	X−20.	Y20.

해설
• A → B : N01 G01 G91 <u>X−20.</u> Y10. F120;
• B → C : N02 G90 X40. <u>Y30.</u> ;

51 절삭공구의 날 끝 선단을 프로그램 원점에 맞추어 공작물 좌표계를 설정하였다. 옳은 것은?

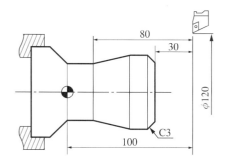

① G50 U60. W100   ② G50 U60. W−100;
③ G50 X120. Z100. ;   ④ G50 X120. Z−100;

해설
• 공작물 좌표계 설정 : G50
• G50 X120. Z100.;

52 다음과 같이 지령된 CNC 선반프로그램이 있다. N02 블록에서 F0.3의 의미는?

N01 G00 G99 X−1.5;
N02 G42 G01 Z0 F0.3 M08;
N03 X0;
N04 G40 U10. W−5.;

① 0.3m/min   ② 0.3mm/rev
③ 30mm/min   ④ 300mm/rev

해설
N01블록에 G99(회전당 이송지정(mm/rev))가 지령되어 있어 N02 블록의 F0.3은 0.3mm/rev가 된다. 만약 N01블록에 G98(분당 이송지정(mm/min))이 지령되어 있으면 N02블록의 F0.3은 0.3mm/min가 된다.
• G98 : 분당 이송지정(mm/min)
• G99 : 회전당 이송지정(mm/rev)

53 CNC 공작기계가 자동운전 도중 알람이 발생하여 정지한 경우 조치사항으로 틀린 것은?

① 프로그램의 이상 유무를 확인한다.
② 비상정지버튼을 누른 후 원인을 찾는다.
③ 발생한 알람의 내용을 확인한 후 원인을 찾는다.
④ 해제버튼을 누른 후 다시 프로그램을 실행시킨다.

해설
CNC 공작기계가 자동운전 도중 알람이 발생하여 정지한 경우 해제버튼을 누른 후 기계원점 복귀부터 시키고 알람내용을 확인하여 조치한다.

54 다음은 선반용 인서트 팁의 ISO 표시법이다. M이 의미하는 것은?

C N M G 12

① 인서트 공차   ② 인서트 단면 형상
③ 공 차   ④ 여유각

인서트 팁의 규격(ISO 형번 표기법)

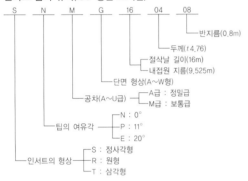

S N M G 16 04 08
- 반지름(0.8m)
- 두께(t 4.76)
- 절삭날 길이(16m)
- 내접원 지름(9.525m)
- 단면 형상(A~W형)
- 공차(A~U급) ┬ A급 : 정밀급
               └ M급 : 보통급
- 팁의 여유각 ┬ N : 0°
              ├ P : 11°
              └ E : 20°
- 인서트의 형상 ┬ S : 정사각형
                ├ R : 원형
                └ T : 삼각형

55 다음의 공구보정 화면 설명으로 옳은 것은?

공구보정번호	X축	Z축	R	T
01	0.000	0.000	0.8	3
02	2.456	4.321	0.2	2
03	5.765	7.987	0.4	3
04	2.256	−1.234		8
05				

① 공구보정번호 01번에서의 Z축 보정은 4.321이다.
② 공구보정번호 02번에서의 X축 보정은 0.2이다.
③ T는 가상인선번호로서 공구번호와 반드시 일치하도록 하여 사용한다.
④ R은 공구의 날 끝 반경으로 공구인선 반경 보정에 사용한다.

① 공구보정번호 01번에서의 Z축 보정은 0.000이다.
② 공구보정번호 02번에서의 X축 보정은 2.456이다.
③ T는 가상인선번호로서 공구번호와 반드시 일치할 필요가 없다(보정 화면에서 일치하지 않음).

56 다음은 머시닝센터 가공도면을 나타낸 것이다. B에서 C로 진행하는 프로그램으로 올바른 것은?

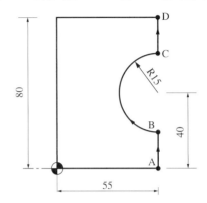

① G02 X55. Y55. R15.;
② G03 X55. Y55. R15.;
③ G02 X55. Y55. I−15.;
④ G03 X55. Y55. J−15.;

B → C : 시계 방향 원호가공으로, G02 X55. Y55. R15.;와 G02 X55. Y55. J15.;이다.
• 시계 방향 원호가공 : G02
• 반시계 방향 원호가공 : G03
※ 49번 해설 참고(I, J는 원호의 시작점에서 원호 중심까지의 벡터값이다)

57 지름이 40mm인 2날 엔드밀을 사용하여 절삭속도 20m/min로 카운터 보링작업을 할 때 구멍 바닥에서 2회전 일시정지(Dwell)를 하려고 한다. 정지시간으로 맞는 것은?

① 0.75초　　　　② 0.75분

③ 0.75시간　　　④ 1.75초

해설

- 휴지(Dwell) : 지령한 시간 동안 이송이 정지되는 기능, 이 기능은 홈 가공이나 드릴작업에서 사용한다.
- 정지시간(Dwell Time)과 스핀들 회전수의 관계식

$$정지시간(초) = \frac{60 \times 공회전수(회)}{스핀들 \ 회전수(rpm)} = \frac{60 \times n(회)}{N(rpm)}$$

$$= \frac{60 \times 2}{159}$$

$$= 0.75초$$

- 스핀들 회전수를 절삭속도(20m/min)와 엔드밀 지름(40mm)으로 알아낸다.

$$V = \frac{\pi DN}{1,000}, \ N = \frac{1,000 \, V}{\pi D} = \frac{1,000 \times 20}{\pi \times 40} ≒ 159rpm$$

여기서, V : 절삭속도, D : 엔드밀 지름, N : 스핀들 회전수

58 CNC 선반에서 공구기능을 표시할 때 T□□△△에서 □□의 의미는?

① 공구선택번호　　② 공구보정번호

③ 공구선택번호 취소　④ 공구보정번호 취소

해설

CNC 선반의 경우 : T □□△△

- T : 공구기능
- □□ : 공구선택번호(01~99번) → 기계 사양에 따라 지령 가능한 번호 결정
- △△ : 공구보정번호(01~99번) → 00은 보정 취소기능
  머시닝센터의 경우 : T □□ M06
- □□ : □□번 공구 선택하여 교환, M06 공구교환 보조기능 M코드

59 머시닝센터에서 공구경 보정 및 공구 길이 보정에 대한 G코드의 설명 중 틀린 것은?

① G40 : 공구지름 우측 보정

② G41 : 공구지름 좌측 보정

③ G43 : 공구 길이 보정

④ G49 : 공구 길이 보정 취소

해설

- G40 : 공구지름 보정 취소
- G42 : 공구지름 우측 보정

60 선반작업에서 유의해야 할 사항으로 옳은 것은?

① 센터 구멍을 뚫을 때는 외경 가공 시보다 공작물 회전수를 느리게 한다.

② 양 센터작업을 할 때는 심압대 센터 끝이 공작물과 마찰이 일어나지 않도록 그리스를 칠한다.

③ 홈 깎기 바이트는 가능한 한 길게 물려야 한다.

④ 홈 깎기 바이트의 길이 방향의 여유각과 옆면 여유각은 양쪽을 다르게 연삭한다.

해설

- 센터 구멍을 뚫을 때는 외경 가공 시보다 공작물 회전수를 빠르게 한다.
- 홈 깎기 바이트는 가능한 한 짧고 단단하게 고정시킨다.
- 홈 깎기 바이트의 길이 방향의 여유각과 옆면 여유각은 동일하게 연삭하는 것이 홈 가공하는 데 좋다.

01 탄소강의 가공에 있어서 고온가공의 장점으로 틀린 것은?

① 강괴 중의 기공이 압착된다.

② 결정립이 미세화되어 강의 성질을 개선시킬 수 있다.

③ 편석에 의한 불균일한 부분이 확산되어서 균일한 재질을 얻을 수 있다.

④ 상온가공에 비해 큰 힘으로 가공도를 높일 수 있다.

해설

고온가공은 상온가공에 비해 작은 힘으로 가공할 수 있다.

02 인장강도가 255~340MPa로 Ca-Si나 Fe-Si 등의 접종제로 접종처리한 것으로, 바탕조직은 펄라이트이며 내마멸성이 요구되는 공작기계의 안내면이나 강도를 요하는 기관의 실린더 등에 사용되는 주철은?

① 칠드주철 ② 미하나이트주철

③ 흑심가단주철 ④ 구상흑연주철

해설

• 미하나이트주철 : 약 3% C, 1.5% Si의 쇳물에 칼슘 실리케이트(Ca-Si)나 페로실리콘(Fe-Si)을 접종시켜 미세한 흑연을 균일하게 분포시킨 펄라이트주철이다. 이 주철은 주물의 두께차나 내외에 상관없이 균일한 조직을 얻을 수 있고, 강인하다.

• 구상흑연주철 : 강도와 연성 등을 개선하기 위하여 용융 상태의 주철 중에 마그네슘(Mg), 세륨(Ce) 또는 칼슘(Ca) 등을 첨가하여 편상흑연을 구상화한 것으로 노듈러주철, 덕타일주철 등으로 불린다.

• 칠드주철 : 보통주철보다 규소(Si) 함유량을 적게 하고 적당량의 망간을 첨가한 쇳물을 금형 또는 칠 메탈이 붙어 있는 모래형에 주입하여 필요한 부분만 급랭시켜 표면만 단단하게 되고 내부는 회주철이 되어 강인한 성질을 가지는 주철이다.

• 가단주철 : 주철의 결점인 여리고 약한 인성을 개선하기 위하여 열처리에 의하여 편상흑연을 괴상화하여 강도와 연성을 향상시킨 주철이다.

03 강재의 크기에 따라 표면이 급랭되어 경화되기 쉬우나 중심부로 갈수록 냉각속도가 늦어져 경화량이 적어지는 현상은?

① 경화능

② 잔류응력

③ 질량효과

④ 노치효과

해설

질량효과 : 강을 담금질할 때 재료의 표면은 급랭에 의해 담금질이 잘되는 데 반해 재료의 중심에 가까울수록 담금질이 잘되지 않는 현상이다. 같은 방법으로 담금질해도 재료의 굵기나 두께가 다르면 냉각속도가 다르게 되므로 담금질 깊이가 달라진다. 이와 같이 강재의 크기, 즉 질량의 크기에 따라 담금질 효과에 미치는 영향을 질량효과라고 한다.

소재의 크기

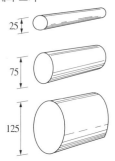

04 열처리방법 및 목적이 잘못된 것은?

① 노멀라이징 : 소재를 일정 온도에서 가열한 후 공랭시켜 표준화한다.
② 풀림 : 재질을 단단하고 균일하게 한다.
③ 담금질 : 급랭시켜 재질을 경화시킨다.
④ 뜨임 : 담금질된 것에 인성(Toughness)을 부여한다.

② 풀림 : 재료를 연하게 하거나 내부응력을 제거할 목적으로 강을 오스테나이트 조직으로 될 때까지 가열한 후 노나 재 속에서 서서히 냉각시키는 조작
① 노멀라이징(불림) : 재료의 내부응력 제거 및 균일한 결정조직을 얻기 위해 높은 온도로 가열하여 균일한 오스테나이트 조직으로 한 후 공기 중에서 냉각시키는 조작
③ 담금질 : 재료를 단단하게 할 목적으로 강을 오스테나이트 조직으로 될 때까지 가열한 후 물이나 기름에 급랭시켜 재질을 경화시키는 조작
④ 뜨임 : 재질에 적당한 인성을 부여하기 위해 담금질 온도보다 낮은 온도에서 일정 시간 유지 후 냉각시키는 조작

열처리	목 적	냉각 방법
담금질	경도와 강도를 증가	급랭(유랭)
풀 림	재질의 연화	노 랭
불 림	결정 조직의 균일화(표준화)	공 랭

05 스테인리스강을 조직상으로 분류한 것 중 틀린 것은?

① 마텐자이트계
② 오스테나이트계
③ 시멘타이트계
④ 페라이트계

스테인리스강의 종류(페-오-마)
• 페라이트계 스테인리스강(고크롬계)
• 오스테나이트계 스테인리스강(고크롬, 고니켈계)
• 마텐자이트계 스테인리스강(고크롬, 고탄소계)

06 심랭처리(Subzero Cooling Treatment)를 하는 주목적은?

① 시효에 의한 치수 변화를 방지한다.
② 조직을 안정하게 하여 취성을 높인다.
③ 마텐자이트를 오스테나이트화하여 경도를 높인다.
④ 오스테나이트를 잔류하도록 한다.

심랭처리 : 실온에서 마텐자이트 변태가 완전히 끝나지 않아 다소의 오스테나이트가 남게 된다. 담금질한 강을 실온까지 냉각한 다음, 다시 계속하여 실온 이하의 마텐자이트 변태 종료 온도까지 냉각하여 잔류 오스테나이트를 마텐자이트로 변화시키는 열처리 방법이다.
※ 심랭처리 주목적 : 치수 변화를 방지하고, 정밀도가 필요한 게이지에 사용한다. 볼베어링은 심랭처리한다.

07 조성은 Al에 Cu와 Mg이 각각 1%, Si가 12%, Ni이 1.8%인 Al합금으로 열팽창계수가 작아 내연기관 피스톤용으로 이용되는 것은?

① Y합금
② 라우탈
③ 실루민
④ Lo-Ex합금

• Y합금 : Al+Cu+Ni+Mg의 합금으로 내연기관 실린더에 사용한다.
• 두랄루민 : Al+Cu+Mg+Mn의 합금으로 가벼워서 항공기나 자동차 등에 사용된다.
• 실루민 : Al+Si의 합금으로 주조성은 좋으나 절삭성은 나쁘다.
• Lo-Ex합금 : 열팽창계수가 작아 내연기관 피스톤용으로 사용한다.

08 시편의 표점거리가 40mm이고, 지름이 15mm일 때 최대하중이 6kN에서 시편이 파단되었다면, 연신율은 몇 %인가?(단, 연신된 길이는 10mm이다)

① 10　　　　　　② 12.5
③ 25　　　　　　④ 30

해설

$$연신율(\varepsilon) = \frac{변형량}{원표점거리} \times 100\% = \frac{10mm}{40mm} \times 100\% = 25\%$$

∴ 연신율$(\varepsilon) = 25\%$

※ 4호 시험편

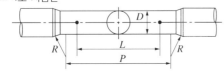

09 너비가 5mm, 단면의 높이가 8mm, 길이가 40mm인 키에 작용하는 전달력은?(단, 키의 허용전단응력은 2MPa이다)

① 200N　　　　　② 400N
③ 800N　　　　　④ 4,000N

해설

전달력$(P) = b \cdot l \cdot \tau = 5mm \times 40mm \times 2N/mm^2 = 400N$

∴ 전달력$(P) = 400N$

여기서, P : 전달력(접선력, N)
　　　　b : 키의 너비(mm)
　　　　l : 키의 유효길이(mm)
　　　　τ : 키의 전단응력(N/mm²)

키의 전달력(접선력)과 전달토크

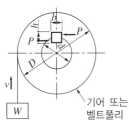 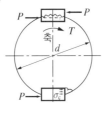

기어 또는 벨트풀리

$$P = bl\tau = \frac{2T}{d}$$

여기서, P : 축과 보스의 경계면에 작용하는 접선력(전달력, N)
　　　　T : 전달토크(N·mm)
　　　　d : 축 지름(mm)

10 나사결합부에 진동하중이 작용하거나 심한 하중 변화가 있으면 어느 순간에 너트는 풀리기 쉽다. 너트의 풀림 방지법으로 사용하지 않는 것은?

① 나비너트
② 분할 핀
③ 로크너트
④ 스프링 와셔

해설

볼트, 너트의 풀림 방지
• 로크너트에 의한 방법
• 자동 죔 너트에 의한 방법
• 분할 핀에 의한 방법
• 와셔에 의한 방법
• 멈춤나사에 의한 방법
• 철사를 이용하는 방법
나사 풀림을 방지하는 방법

(a) 이붙이 와셔　　(b) 로크너트　　(c) 멈춤나사

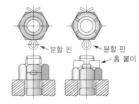

(d) 분할 핀　　　　(e) 철사 이용

11 보스와 축의 둘레에 여러 개의 같은 키(Key)를 깎아 붙인 모양으로 큰 동력을 전달할 수 있고 내구력이 크며, 축과 보스의 중심을 정확하게 맞출 수 있는 특징을 가진 키는?

① 반달 키
② 새들 키
③ 원뿔 키
④ 스플라인

해설

키(Key)의 종류

키	정 의	그 림
새들 키 (안장 키)	축에는 키 홈을 가공하지 않고 보스에만 테이퍼진 키 홈을 만들어 때려 박는다. [비고] 축의 강도 저하가 없다.	
원뿔 키	축과 보스와의 사이에 2~3곳을 축 방향으로 쪼갠 원뿔을 때려 박아 고정시킨다.	
반달 키	축에 반달 모양의 홈을 만들어 반달 모양으로 가공된 키를 끼운다. [비고] 축의 강도 약함	
스플라인	축에 여러 개의 같은 키 홈을 파서 여기에 맞는 한 짝의 보스 부분을 만들어 서로 잘 미끄러져 운동할 수 있게 한 것이다. [비고] 키보다 큰 토크 전달	

※ 묻힘(Sunk) 키 : 축과 보스의 양쪽에 모두 키 홈을 가공

12 다음 그림과 같은 스프링장치에서 $W = 200\text{N}$의 하중을 매달면 처짐은 몇 cm가 되는가?(단, 스프링 상수 $k_1 = 15\text{N/cm}$, $k_2 = 35\text{N/cm}$이다)

① 1.25
② 2.50
③ 4.00
④ 4.50

해설

병렬로 스프링을 연결할 경우의 전체 스프링 상수
$k = k_1 + k_2 = 15\text{N/cm} + 35\text{N/cm} = 50\text{N/cm}$

전체 스프링 상수 $k = \dfrac{W}{\delta} = \dfrac{\text{하중}}{\text{늘어난 길이}}$

늘어난 길이(처짐) $\delta = \dfrac{W}{k} = \dfrac{200\text{N}}{50\text{N/cm}} = 4.00\text{cm}$

∴ 늘어난 길이(처짐) $= 4.00\text{cm}$

여기서, k : 전체 스프링 상수(N/cm)
$\quad\quad W$: 하중(N)
$\quad\quad \delta$: 처짐(cm)

※ 전체 스프링 상수 계산(병렬, 직렬)
- 병렬연결 : $k = k_1 + k_2 \cdots$
- 직렬연결 : $k = \dfrac{1}{k_1} + \dfrac{1}{k_2} \cdots$

13 축 중심에 직각 방향으로 하중이 작용하는 베어링은?

① 레이디얼 베어링(Radial Bearing)
② 스러스트 베어링(Thrust Bearing)
③ 원뿔 베어링(Cone Bearing)
④ 피벗 베어링(Pivot Bearing)

해설
작용하중의 방향에 따른 베어링 분류

베어링 분류	작용하중의 방향	비 고
레이디얼 베어링 (Radial Bearing)	축선에 직각으로 작용하는 하중을 받쳐 준다.	
스러스트 베어링 (Thrust Bearing)	축선과 같은 방향으로 작용하는 하중을 받쳐 준다.	
테이퍼 베어링	레이디얼 하중과 스러스트 하중이 동시에 작용하는 하중을 받쳐 준다(원뿔 베어링).	

14 전동축이 350rpm으로 회전하고 전달토크가 120N · m일 때, 이 축이 전달하는 동력은 약 몇 kW인가?

① 2.2 ② 4.4
③ 6.6 ④ 8.8

해설

$$H(\text{kW}) = \frac{T(\text{N} \cdot \text{m}) \times N(\text{rpm})}{9,550}$$

$$= \frac{120\text{N} \cdot \text{m} \times 350\text{rpm}}{9,550} \fallingdotseq 4.39\text{kW}$$

∴ 전달동력(H) ≒ 4.4kW

※ 동력을 힘 × 속도로 표시할 때 사용하는 식

$$H(\text{kW}) = \frac{P(\text{N}) \times v(\text{m/s})}{1,000} = \frac{P(\text{kgf}) \times v(\text{m/s})}{102}$$

동력을 토크 × 각속도로 표시할 때 쓰는 식

$$H(\text{kW}) = \frac{T(\text{N} \cdot \text{m}) \times \omega(\text{rad/s})}{1,000}$$

$$= \frac{T(\text{N} \cdot \text{m}) \times \frac{2\pi}{60} N(\text{rpm})}{1,000}$$

$$= \frac{T(\text{N} \cdot \text{m}) \times N(\text{rpm})}{9,550}$$

15 표준기어의 피치점에서 이끝까지의 반지름 방향으로 측정한 거리는?

① 이뿌리 높이 ② 이끝 높이
③ 이끝원 ④ 이끝 틈새

해설

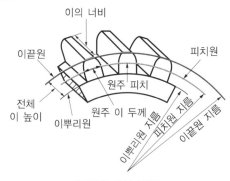

[기어의 각부 명칭]

• 이끝 높이 : 피치원에서 이끝원까지의 거리($h_k = m$)
• 전체 이 높이 : 이뿌리원부터 이끝원까지의 거리($h \geq 2.25m$)
• 이뿌리 높이 : 피치원에서 이뿌리원까지의 거리
 ($h_f = h_k + C_k \geq 1.25m$)

16 도면에서 기술, 기호 등을 따로 기입하기 위하여 도형으로부터 끌어내는 데 쓰이는 선은?

① 피치선
② 치수선
③ 중심선
④ 지시선

해설

용도에 따른 선의 종류

명 칭	선의 종류	선의 용도
외형선	굵은 실선	• 대상물이 보이는 부분의 모양을 표시하는 데 사용한다.
치수선	가는 실선	• 치수를 기입하기 위하여 사용한다.
치수보조선		• 치수를 기입하기 위하여 도형으로부터 끌어내는 데 사용한다.
지시선		• 기술, 기호 등을 표시하기 위하여 끌어내는 데 사용한다.
숨은선	가는 파선	• 대상물의 보이지 않는 부분의 모양을 표시하는 데 사용한다.
중심선	가는 1점쇄선	• 도형의 중심을 표시하는 데 사용한다. • 중심이 이동한 중심 궤적을 표시하는 데 사용한다.
특수지정선	굵은 1점쇄선	• 특수한 가공을 하는 부분 등 특별한 요구사항을 적용할 수 있는 범위를 표시하는 데 사용한다(열처리).

17 다음 도면에서 품번 ⓒ 부품의 명칭으로 알맞은 것은?

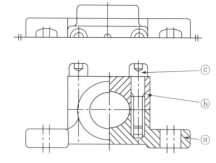

① 육각 볼트
② 육각 구멍붙이 볼트
③ 둥근머리 나사
④ 둥근머리 작은 나사

해설

부품 ⓐ는 베어링 본체, 부품 ⓑ는 베어링 커버, 부품 ⓒ는 육각 구멍붙이 볼트이다.

18 단면도의 표시방법 중 다음 그림과 같이 도시하는 단면도의 명칭은?

① 전단면도
② 한쪽단면도
③ 부분단면도
④ 회전도시단면도

해설

단면도의 종류

단면도	설 명	비 고
전단면도 (온단면도)	물체 전체를 둘로 절단해서 그림 전체를 단면으로 나타낸 단면도이다.	
한쪽단면도	상하 또는 좌우 대칭인 물체는 1/4을 떼어 낸 것으로 보고 기본 중심선을 경계로 1/2은 외형, 1/2은 단면으로 동시에 나타낸다. 외형도의 절반과 온단면도의 절반을 조합하여 표시한 단면도이다.	
부분단면도	필요한 일부분만을 파단선에 의해 그 경계를 표시하고 나타낸 단면도이다.	
회전도시 단면도	핸들, 벨트풀리, 기어 등과 같은 바퀴의 암, 림, 리브, 훅, 축, 구조물의 부재 등의 절단면을 회전시켜 표시한다.	

19 다음 도면을 보고 스퍼기어 잇수와 피치원 지름으로 올바른 것은?

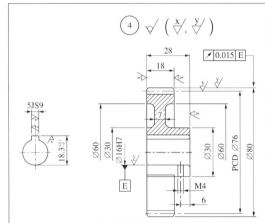

스퍼기어 요목표		
구 분	품 번	4
기어치형		표 준
공 구	치 형	보통이
	모 듈	2
	압력각	20°
잇 수		㉠
피치원 지름		㉡
다듬질방법		호브절삭
정밀도		KS B 1405, 5급

	㉠	㉡
①	30	$\varnothing 60$
②	40	$\varnothing 80$
③	30	$\varnothing 76$
④	38	$\varnothing 76$

해설

- 도면에서 피치원 지름은 PCD $\varnothing 76$이다.

- $m(모듈) = \dfrac{D(피치원\ 지름)}{Z(잇수)}$

  $Z(잇수) = \dfrac{D}{m} = \dfrac{76}{2} = 38$

  $\therefore Z(잇수) = 38$

20 제1각법으로 A를 정면도로 할 때 올바른 것은?

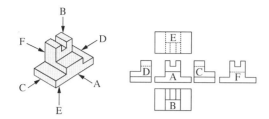

① B : 좌측면도
② C : 우측면도
③ F : 배면도
④ D : 저면도

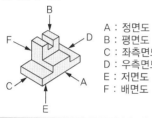
21 제작 도면에서 제거가공을 해서는 안 된다고 지시할 때의 표면 결 도시방법은?

① ~ F
② ~ F
③
④

22 다음 그림과 같은 정면도와 우측면도에 가장 적합한 평면도는?

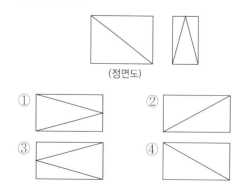

(정면도)

①   ②   ③   ④

23 다음 중 표면의 결 도시기호에서 각 항목에 대한 설명으로 틀린 것은?

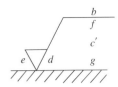

① d : 줄무늬 방향의 기호
② b : 컷 오프값
③ c' : 기준 길이, 평가 길이
④ g : 표면 파상도

해설

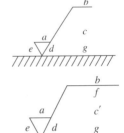

a : 산술 평균 거칠기의 값
b : 가공방법의 문자 또는 기호
c : 컷 오프값
c' : 기준 길이
d : 줄무늬 방향의 기호
e : 다듬질 여유
f : 산술 평균 거칠기 이외의 표면거칠기값
g : 표면 파상도

24 기계제도에서 'C5' 기호를 나타내는 방법으로 옳은 것은?

①
②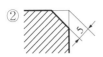
③
④

해설

45° 모따기의 경우 모따기 치수 기입은 'C'기호 다음에 모따기 길이 치수를 기입한다. → 'C5'

모따기 치수 기입방법

• 45° 이하인 모따기의 치수 기입 : 보통 치수 기입방법에 따라 기입

• 45°인 모따기의 치수 기입

25 치수에 사용되는 치수 보조기호의 설명으로 틀린 것은?

① SØ : 원의 지름

② R : 반지름

③ □ : 정사각형의 변

④ C : 45° 모따기

해설

치수 보조기호

기 호	설 명	기 호	설 명
Ø	지 름	SØ	구의 지름
R	반지름	SR	구의 반지름
C	45° 모따기	□	정사각형
P	피 치	t	두 께

26 다음 그림이 나타내는 측정방법은?

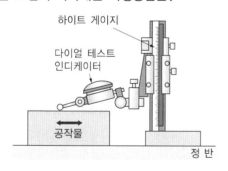

① 진직도 측정   ② 평면도 측정

③ 진원도 측정   ④ 윤곽도 측정

해설

문제의 그림은 정반에서 다이얼 게이지에 의한 평면도 측정방법이다. 평면도의 측정에는 주로 정반과 다이얼 게이지나 다이얼 인디케이터를 사용한다.

27 측정오차에 대한 설명으로 틀린 것은?

① 측정기오차 : 측정기 자체의 오차

② 우연오차 : 외부적 환경요인에 따른 오차

③ 개인오차 : 측정하는 사람에 따라 발생되는 오차

④ 시차(Parallax) : 시간의 경과에 따라 발생되는 오차

해설

측정오차 종류 : 측정기의 오차(계기오차), 시차, 우연오차 등

• 측정기오차(계기오차) : 측정기의 구조, 측정압력, 측정온도, 측정기의 마모 등에 따른 오차

• 우연오차 : 기계에서 발생하는 소음이나 진동 등과 같은 주위 환경에서 오는 오차 또는 자연현상의 급변 등으로 생기는 오차

• 개인오차 : 측정하는 사람에 따라 발생되는 오차

• 시차 : 다음 그림과 같이 측정자의 눈의 위치에 따라 눈금의 읽음값에 오차가 생기는 경우

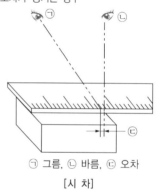

㉠ 그름, ㉡ 바름, ㉢ 오차

[시 차]

28 SI 기본단위 기호가 잘못된 것은?

기본량	명칭	기호
① 길 이	미터(meter)	m
② 질 량	킬로그램(kilogram)	kg
③ 전 류	켈빈(Kelvin)	K
④ 시 간	초(second)	s

해설

SI 기본단위와 유도단위

구 분	기본량	명 칭	기 호
기본단위	길 이	미터(meter)	m
	질 량	킬로그램(kilogram)	kg
	시 간	초(second)	s
	전 류	암페어(Ampere)	A
	열역학적 온도	켈빈(Kelvin)	K
	물질량	몰(mol)	mol
	광 도	칸델라(candela)	cd
유도단위	평면각	라디안(radian)	rad
	입체각	스테라디안(steradian)	sr

29 다음 마이크로미터 측정값은 얼마인가?(외측 슬리브의 눈금선과 눈금선의 간격은 0.01mm이다)

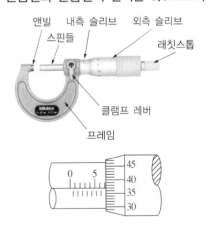

① 7.87mm ② 7.37mm

③ 7.36mm ④ 7.88mm

해설

내측 슬리브의 눈금이 7, 외측 슬리브의 눈금이 0.37이므로 7 + 0.37 = 7.37mm이다.

30 절삭유를 사용하는 목적으로 거리가 먼 것은?

① 공구 상면과 칩(Chip) 사이의 마찰을 줄여 절삭을 원활히 한다.

② 가공물과 공구를 냉각시켜 열에 의한 정밀도 저하를 방지하고 공구의 수명을 증대시킨다.

③ 구성인선의 발생을 촉진하여 표면거칠기를 향상시킨다.

④ 칩을 씻어 주어 절삭을 원활히 한다.

해설

절삭유제의 사용목적

• 구성인선의 발생을 방지한다.
• 공구의 인선을 냉각시켜 공구의 경도 저하를 방지한다.
• 가공물을 냉각시켜 절삭열에 의한 정밀도 저하를 방지한다.
• 공구의 마모를 줄이고 윤활 및 세척작용으로 가공 표면을 양호하게 한다.
• 칩을 씻어 주고 절삭부를 깨끗이 닦아 절삭작용을 쉽게 한다.

구성인선(빌트 업 에지, Built-up Edge) : 연강이나 알루미늄 등과 같은 연한 금속의 공작물을 가공할 때 칩과 공구의 윗면 경사면 사이에 높은 압력과 마찰저항이 발생한다. 이로 인해 높은 절삭열이 발생하고, 칩의 일부가 매우 단단하게 변질된다. 이 칩이 공구날 끝에 달라붙어 절삭 날과 같은 작용을 하면서 공작물을 절삭하는데, 이것을 구성인선이라고 한다.

31 공작기계의 특성으로 틀린 것은?

① 가공된 제품의 정밀도가 높아야 한다.

② 가공능률이 낮아야 한다.

③ 안전성이 있어야 한다.

④ 강성이 있어야 한다.

해설

공작기계는 가공능률이 좋아야 한다. 기계공업이 발달하고 수요자의 요구가 다양화되고, 제품의 수명순환기간이 짧아져서 공작기계의 높은 생산성이 요구되고 있다.

32 선반, 드릴링 머신, 밀링 머신 등의 공작기계를 조합하여 대량 생산에는 적합하지 않으나 소규모의 공장이나 보수 등을 목적으로 하는 공작기계는?

① 범용공작기계
② 단능공작기계
③ 전용공작기계
④ 만능공작기계

해설

만능공작기계 : 여러 가지 종류의 공작기계에서 할 수 있는 가공을 한 대의 공작기계에서 가능하도록 제작한 공작기계이다. 예를 들면 선반, 밀링, 드릴링 머신의 기능을 한 대의 공작기계로 가능하도록 하였으나 대량 생산이나 높은 정밀도의 제품을 가공하는 데는 적합하지 않다. 공작기계를 설치할 공간이 좁거나 여러 가지 기능은 필요하나 가공이 많지 않은 선박의 정비실 등에서 사용하면 매우 편리하다.

공작기계 가공 능률에 따라 분류

가공 능률	설 명	공작기계
범용 공작기계	가공할 수 있는 기능이 다양하고, 절삭 및 이송속도의 범위도 크기 때문에 제품에 맞추어 절삭조건을 선정하여 가공할 수 있다.	선반, 드릴링머신, 밀링머신, 셰이퍼, 플레이너, 슬로터, 연삭기 등
전용 공작기계	특정한 제품을 대량 생산할 때 적합한 공작기계로서 소량 생산에는 적합하지 않고, 사용 범위가 한정되고, 기계의 크기도 가공물에 적합한 크기로 되어 있으며, 구조가 간단하고, 조작이 편리하다.	트랜스퍼 머신, 차륜 선반, 크랭크축 선반 등
단능 공작기계	단순한 기능의 공작기계로서 한 가지 공정만 가능하여 생산성과 능률은 매우 높으나 융통성이 작다.	공구연삭기, 센터링머신 등
만능 공작기계	여러 가지 종류의 공작기계에서 할 수 있는 가공을 한 대의 공작기계에서 가능하도록 제작한 공작기계이다.	선반, 드릴링, 밀링 머신 등의 공작기계를 하나의 기계로 조합

33 절삭 면적을 식으로 나타낸 것은?(단, F : 절삭 면적 (mm^2), s : 이송(mm/rev), t : 절삭 깊이(mm)이다)

① $F = s \times t$
② $F = s \div t$
③ $F = s + t$
④ $F = s - t$

해설

• 절삭 면적(Cutting Area)은 절삭 깊이와 이송의 곱으로 나타낸다. 절삭 면적이 동일하여도 이송과 절삭 깊이의 변화에 따라 절삭저항은 변한다.
• 절삭면적(F) = s(이송) $\times$ t(절삭 깊이)

여기서, F : 절삭 면적(mm^2)
s : 이송(mm/rev)
t : 절삭 깊이(mm)

34 칩(Chip)의 형태 중 유동형 칩의 발생조건으로 틀린 것은?

① 연성이 큰 재질을 절삭할 때
② 윗면 경사각이 작은 공구로 절삭할 때
③ 절삭 깊이가 작을 때
④ 절삭속도가 높고 절삭유를 사용하여 가공할 때

해설

유동형 칩의 발생조건
• 윗면 경사각이 큰 공구로 절삭할 때
• 연성재료(연강, 구리, 알루미늄 등)를 가공할 때
• 절삭 깊이가 작을 때
• 절삭속도가 빠를 때
• 경사각이 클 때
• 윤활성이 좋은 절삭유를 사용할 때

35 선반가공법의 종류로 거리가 먼 것은?

① 외경 절삭가공　　② 드릴링 가공

③ 총형 절삭가공　　④ 더브테일 가공

선반가공과 밀링가공의 종류

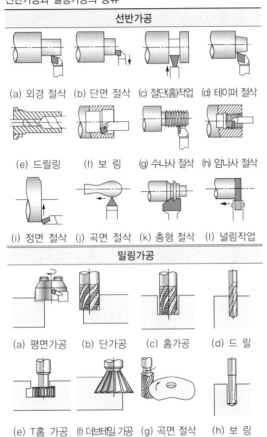

선반가공			
(a) 외경 절삭	(b) 단면 절삭	(c) 절단(홈)작업	(d) 테이퍼 절삭
(e) 드릴링	(f) 보 링	(g) 수나사 절삭	(h) 암나사 절삭
(i) 정면 절삭	(j) 곡면 절삭	(k) 총형 절삭	(l) 널링작업

밀링가공			
(a) 평면가공	(b) 단가공	(c) 홈가공	(d) 드 릴
(e) T홈 가공	(f) 더브테일 가공	(g) 곡면 절삭	(h) 보 링

36 기차 바퀴와 같이 지름이 크고, 길이가 짧은 공작물을 절삭하기 가장 적합한 공작기계는?

① 탁상선반　　② 수직선반

③ 터릿선반　　④ 정면선반

• 정면선반 : 기차 바퀴처럼 지름이 크고, 길이가 짧은 가공물을 절삭하기에 편리한 선반이다.
• 자동선반 : 캠(Cam)이나 유압기구 등을 이용하여 부품가공을 자동화한 대량 생산용 선반이다.
• 공구선반 : 보통선반과 같은 구조이나 정밀한 형식으로 되어 있다.
• 터릿선반 : 보통선반 심압대 대신에 터릿으로 불리는 회전공구대를 설치하여 여러 가지 절삭공구를 공정에 맞게 설치하여 가공하는 선반이다.
• 탁상선반 : 작업대 위에 설치해야 할 만큼의 소형 선반으로 베드의 길이 900mm 이하, 스윙 200mm 이하로서 주로 시계 부품, 재봉틀 부품 등의 소형 부품을 가공하는 선반이다.

37 선반의 주요 구성 부분으로 틀린 것은?

① 주축대　　② 칼럼(Column)

③ 공구대　　④ 심압대(Tail Stock)

• 밀링머신의 구성요소 : 니, 칼럼, 테이블, 바이스 등
• 선반의 구성요소 : 주축대, 공구대, 심압대, 베드

38 바이트에서 칩 브레이커를 붙이는 이유는?

① 선반에서 바이트의 강도를 높이기 위하여

② 절삭속도를 빠르게 하기 위하여

③ 바이트와 공작물의 마찰을 작게 하기 위하여

④ 칩을 짧게 끊기 위하여

칩 브레이커(Chip Breaker) : 가장 바람직한 칩의 형태가 유동형 칩이지만 유동형 칩은 가공물에 휘말려 가공된 표면과 바이트를 상하게 하거나, 작업자의 안전을 위협하거나, 절삭유의 공급, 절삭가공을 방해한다. 즉, 칩이 인위적으로 짧게 끊어지도록 칩 브레이커를 이용한다.

39 선반에서 바이트의 윗면 경사각에 대한 일반적인 설명으로 틀린 것은?

① 경사각이 크면 절삭성이 양호하다.

② 단단한 피삭재는 경사각을 크게 한다.

③ 경사각이 크면 가공 표면거칠기가 양호하다.

④ 경사각이 크면 인선강도가 약해진다.

해설

경사각이 크면 절삭성이 좋아지고, 가공된 면의 표면거칠기도 좋아지지만, 날 끝이 약해져서 바이트의 수명이 단축되므로 절삭조건에 적절한 경사각으로 사용해야 한다. 단단한 피삭재는 경사각을 작게 한다.

40 선반에서 사용되는 맨드릴의 종류가 아닌 것은?

① 팽창식 맨드릴 ② 조립식 맨드릴

③ 방진구식 맨드릴 ④ 표준 맨드릴

해설

선반에 사용되는 맨드릴의 종류 : 표준 맨드릴, 갱 맨드릴, 나사 맨드릴, 테이퍼 맨드릴, 조립식 맨드릴

맨드릴(Mandrel) : 기어, 벨트 풀리 등과 같이 구멍과 외경이 동심원이고, 직각이 필요한 경우에 구멍을 먼저 가공하고 구멍에 맨드릴을 끼워 양 센터로 지지하여 외경과 측면을 가공하여 부품을 완성하는 선반의 부속품이다.

맨드릴의 종류와 사용의 예

종 류	비 고	종 류	비 고
팽창식 맨드릴	맨드릴　슬리브	나사 맨드릴	가공물 고정부
테이퍼 맨드릴	테이퍼 자루	너트(갱) 맨드릴	가공물(너트) 와 셔
조립식 맨드릴	원 추　원 추 가공물(관)	맨드릴 사용의 예	면 판 돌리개 가공물 맨드릴

41 선반에 사용되는 척으로 조가 동시에 움직이므로 원형, 정다각형의 일감을 고정하는 데 편리한 척은?

① 연동척 ② 단동척

③ 마그네틱척 ④ 콜릿척

해설

연동척은 1개의 조를 돌리면 3개의 조가 함께 동일한 방향, 동일한 크기로 이동하기 때문에 원형이나 3의 배수가 되는 단면의 가공물을 쉽고, 편하고, 빠르게, 숙련된 작업자가 아니라도 고정할 수 있다. 그러나 불규칙한 가공물, 단면이 3의 배수가 아닌 가공물, 편심가공을 할 수 없으며, 단동척에 비하여 고정력이 약하다.

선반에 사용하는 척의 종류

척의 종류	내 용	그 림
		비 고
단동척	4개의 조가 90° 간격으로 구성 배치되어 있으며, 보통 4개의 조가 단독적으로 이동하여 공작물을 고정하며, 공작물의 바깥지름이 불규칙하거나 중심을 편심시켜 가공할 때 편리하다.	• 불규칙한 모양 • 편심가공
연동척	3개의 조가 120° 간격으로 구성 배치되어 있으며, 한 개의 조를 척 핸들로 이동시키면 다른 조들도 동시에 같은 거리를 방사상으로 움직이므로 원형, 정삼각형, 정육각형 등의 단면을 가진 공작물을 고정하는 데 편리하다.	• 원형, 정삼각형 • 정육각형
마그네틱척	전자석을 이용하여 얇은 판, 피스톤 링과 같은 가공물을 변형시키지 않고, 고정시켜 가공할 수 있는 자성체 척이다.	• 절삭 깊이를 작게 • 대형 공작물에는 적당하지 않음
유압척	유압의 힘으로 조가 움직이는 척으로 별도의 유압장치가 필요하다. 유압척은 소프트 조를 사용하기 때문에 가공 정밀도를 높일 수 있으며, 주로 수치제어 선반용으로 사용한다.	• 소프트 조 사용 • 가공 정밀도 높음 • 수치제어 선반용
콜릿척	주축의 테이퍼 구멍에 슬리브를 꽂고 여기에 척을 끼워 사용하며, 지름이 가는 원형 봉이나 각 봉재를 빠르고 간편하게 고정할 수 있다.	• 지름이 작은 가공물 • 각 봉재를 가공

42 지름 120mm, 길이 340mm인 중탄소강 둥근 막대를 초경합금 바이트를 사용하여 절삭속도 150m/min으로 절삭하고자 할 때, 그 회전수는?

① 398rpm　　　　② 410rpm

③ 430rpm　　　　④ 458rpm

해설

절삭속도$(v) = \dfrac{\pi dn}{1,000}$ (m/min)

회전수$(n) = \dfrac{1,000v}{\pi d} = \dfrac{1,000 \times 150\text{m/min}}{\pi \times 120\text{mm}} \fallingdotseq 397.88\text{rpm}$

∴ 회전수$(n) \fallingdotseq 398\text{rpm}$

여기서, v : 절삭속도(m/min)

　　　　d : 공작물 지름(mm)

　　　　n : 회전수(rpm)

43 절삭공구를 계속 사용하였을 때 나타나는 현상이 아닌 것은?

① 절삭성이 저하된다.

② 가공 치수의 정밀도가 떨어진다.

③ 표면거칠기가 나빠진다.

④ 소요 절삭동력이 감소한다.

해설

절삭공구를 계속 사용하면 소요 절삭동력이 증가한다.

44 선반에서 ⌀45mm의 연강재료를 노즈 반지름 0.6mm인 초경합금 바이트로 절삭속도 120m/min, 이송을 0.06mm/rev로 하여 다듬질하고자 한다. 이때 이론적인 표면거칠기값은?

① $0.62\mu m$　　　　② $0.68\mu m$

③ $0.75\mu m$　　　　④ $0.81\mu m$

해설

이론적인 표면거칠기값(H)

$H = \dfrac{S^2}{8r} = \dfrac{0.06^2}{8 \times 0.6} = 0.00075\text{mm} = 0.75\mu m$

∴ 이론적인 표면거칠기값$(H) = 0.75\mu m$

여기서, S : 이송(mm/rev)

　　　　r : 노즈 반지름(mm)

※ 표면거칠기를 양호하게 하려면 노즈(Nose) 반지름은 크게, 이송은 느리게 하는 것이 좋다. 그러나 노즈 반지름이 너무 커지면 절삭저항이 증대되고, 바이트와 가공물 사이에 떨림이 발생하여 가공 표면이 더 거칠어지게 되므로 주의해야 한다. 노즈 반지름은 공구수명이나 가공면의 표면거칠기에 많은 영향을 미치므로 일반적으로 이송의 2~3배로 하는 것이 양호하다.

45 다음 그림이 나타내는 선반작업은?

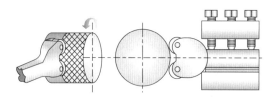

① 테이퍼가공

② 널링가공

③ 나사가공

④ 편심가공

해설

널링(Knurling)은 공작물 표면에 널을 압입하여 사각형, 다이아몬드형 등의 요철을 만드는 가공으로, 미끄럼 방지를 위한 손잡이를 만들기 위한 소성가공이다.

46 선반에서 테이퍼 가공을 하는 방법으로 틀린 것은?

① 심압대의 편위에 의한 방법
② 맨드릴을 편위시키는 방법
③ 복식공구대를 선회시켜 가공하는 방법
④ 테이퍼 절삭장치에 의한 방법

해설

맨드릴을 편위시키는 방법은 선반에서 테이퍼가공하는 방법이 아니다.

선반에서 테이퍼를 가공하는 방법

테이퍼 가공방법	테이퍼가공	관련 공식
복식공구대를 경사 시키는 방법	테이퍼의 각이 크고 길이가 짧은 테이퍼 가공	$\tan\theta = \dfrac{D-d}{2l}$ θ : 복식공구대 선회각
심압대를 편위시키는 방법	테이퍼가 작고 길이가 긴 테이퍼 가공	$X = \dfrac{(D-d)\times L}{2l}$ X : 심압대의 편위량
테이퍼 절삭장치를 이용하는 방법	가공물 테이퍼 길이에 관계없이 동일한 테이퍼로 가공할 수 있다.	–

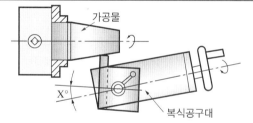

[복식공구대를 경사시키는 방법]

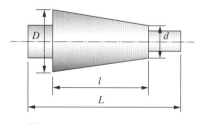

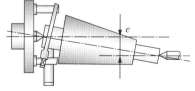

[심압대 편위에 의한 테이퍼가공]

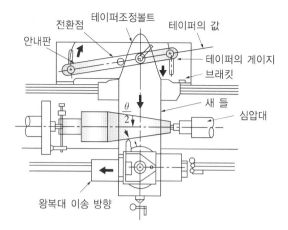

[테이퍼 절삭장치를 이용하는 방법]

47 연삭숫돌에 눈메움이나 무딤현상이 발생되었을 때 이를 해결하는 방법으로 옳은 것은?

① 몰 딩
② 버 핑
③ 황 삭
④ 드레싱

해설

• 드레싱(Dressing) : 숫돌 표면에 무디어진 입자나 기공을 메우고 있는 칩을 제거하여 본래의 형태로 숫돌을 수정하는 방법
• 무딤(글레이징, Glazing) : 연삭숫돌의 결합도가 필요 이상으로 높으면 숫돌입자가 마모되어 예리하지 못할 때 탈락하지 않고 둔화되는 현상
• 눈메움(로딩/Loading) : 결합도가 높은 숫돌에서 알루미늄이나 구리 같이 연한 금속을 연삭하면, 연삭숫돌 표면에 기공이 메워져서 칩을 처리하지 못하여 연삭 성능이 떨어지는 현상
• 트루잉(Truing) : 연삭숫돌을 성형하거나 성형연삭으로 인하여 숫돌 형상이 변화된 것을 부품의 형상으로 바르게 고치는 가공

48 다음 그림은 드릴링머신을 이용한 가공방법 중 무엇인가?

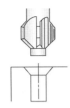

① 리 밍
② 스폿 페이싱
③ 카운터 보링
④ 카운터 싱킹

드릴가공의 종류
• 카운터 보링 : 볼트의 머리 부분이 돌출되면 곤란한 경우, 볼트 또는 너트의 머리 부분이 가공물 안으로 묻히도록 드릴과 동심원의 2단 구멍을 절삭하는 방법이다.
• 카운터 싱킹 : 나사머리의 모양이 접시 모양일 때 테이퍼 원통형으로 절삭하는 가공이다.
• 리밍 : 구멍의 정밀도를 높이기 위해 구멍을 다듬는 작업이다.
• 태핑 : 공작물 내부에 암나사 가공, 태핑을 위한 드릴가공은 나사의 외경-피치로 한다.
• 스폿 페이싱 : 볼트나 너트를 체결하기 곤란한 경우에 볼트나 너트가 닿는 구멍 주위에 부분만을 평탄하게 가공하여 체결이 잘되도록 하는 가공방법이다.
• 보링 : 뚫린 구멍을 다시 절삭, 구멍을 넓히고 다듬질하는 것이다.

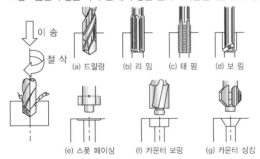

(a) 드릴링　(b) 리 밍　(c) 태 핑　(d) 보 링
(e) 스폿 페이싱　(f) 카운터 보링　(g) 카운터 싱킹

49 입도가 작고 연한 숫돌에 작은 압력으로 가압하면서 가공물에 이송을 주고, 동시에 숫돌에 진동을 주어 표면거칠기를 향상시키는 가공법은?

① 이온가공
② 쇼트피닝
③ 슈퍼피니싱
④ 배럴가공

• 슈퍼피니싱 : 입도가 작고, 연한 숫돌에 작은 압력으로 가압하면서 가공물에 이송을 주고, 동시에 숫돌에 진동을 주어 표면거칠기를 좋게 하는 가공방법이다. 다듬질된 면은 평활하고 방향성이 없으며, 가공에 의한 표면 변질층이 극히 미세하다. 가공시간이 짧다(작은 압력 + 이송 + 진동).

진동 방향　가공물에 가압
숫 돌
회 전
가공물

※ 슈퍼피니싱의 핵심 단어는 작은 압력 + 이송 + 진동이다.
★ 핵심 단어 필히 암기 요망

• 배럴가공(회전 배럴) : 충돌가공(주물귀, 돌기 부분, 스케일 제거), 회전하는 상자 속에 공작물과 미디어, 콤파운드(유지+직물), 공작액 등을 넣고 회전과 진동을 주어 표면을 다듬질(회전형, 진동형)하는 방법이다.

스프레이 노즐
분리 스크린
취출슈트
미디어 취출구
볼
베이스
스프링

• 쇼트피닝 : 표면을 타격하는 일종의 냉간가공으로 철강의 작은 볼(Shot)을 공작물 표면에 분사하여 강재의 화학 조성을 변화시키지 않고 표면을 매끈하게 하여 피로강도 및 기계적 성질을 향상시킨다.

압축공기 쇼 트
코일 스프링

50 CNC 공작기계가 자동운전 중에 갑자기 멈추었을 때의 조치사항으로 잘못된 것은?

① 비상 정지 버튼을 누른 후 원인을 찾는다.
② 프로그램의 이상 유무를 하나씩 확인하여 원인을 찾는다.
③ 강제로 모터를 구동시켜 프로그램을 실행시킨다.
④ 화면상의 경보(Alarm)내용을 확인한 후 원인을 찾는다.

> **해설**
> CNC 공작기계가 자동운전 중에 갑자기 멈추었을 때는 알람을 확인하고, 원인을 파악한 후 전문가에게 의뢰한다. 강제로 모터를 구동시켜서는 안 된다.

51 다음 그림은 바깥지름 막깎기 사이클의 공구경로를 나타낸 것이다. 복합형 고정 사이클의 명령어는?

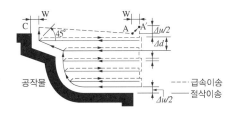

① G70
② G71
③ G72
④ G73

> **해설**
> ② G71(안·바깥지름 거친 절삭 사이클)
> ① G70(다듬 절삭 사이클)
> ③ G72(단면 거친 절삭 사이클)
> ④ G73(형상 반복 사이클)
> ※ G71 : 안·바깥지름 거친절삭 사이클(복합 반복 사이클)
>
> > G71 U(Δd) R($\underline{e}$);
> > G71 P($\underline{ns}$) Q($\underline{nf}$) U(Δu) W(Δw) F($\underline{f}$);
>
> • U(Δd) : 1회 가공깊이(절삭깊이)/반지름 지령, 소수점 지령 가능R($\underline{e}$) : 도피량(절삭 후 간섭 없이 공구가 빠지기 위한 양)
> • P($\underline{ns}$) : 다듬 절삭가공 지령절의 첫 번째 전개번호(고정 사이클 시작 번호)
> • Q($\underline{nf}$) : 다듬 절삭가공 지령절의 마지막 전개번호(고정 사이클 끝 번호)
> • U(Δu) : X축 방향 다듬 절삭 여유(지름 지령)
> • W(Δw) : Z축 방향 다듬 절삭 여유
> • F($\underline{f}$) : 거친 절삭가공 시 이송속도(즉, P와 Q 사이의 데이터는 무시되고 G71 블록에서 지령된 데이터가 유효)

52 다음과 같은 그림에서 A점에서 B점까지 이동하는 CNC 선반가공 프로그램에서 (   ) 안에 알맞은 준비기능은?

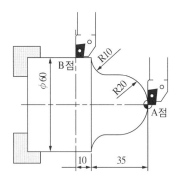

> G03 X40.0 Z−20.0 R20.0 F0.25;
> G01 Z−25.0;
> (   ) X60.0 Z−35.0 R10.0;
> G01 Z−45.0;

① G00
② G01
③ G02
④ G03

> **해설**
> • (   )은 원호보간 시계 방향으로 G02을 지령한다.
> • A → B : 원호보간 반시계 방향(G03) → 직선보간(G01) → 원호보간 시계 방향(G02) → 직선보간(G01)

53 CNC선반의 공구기능 중 T□□△△에서 △△의 의미는?

① 공구보정번호
② 공구선택번호
③ 공구교환번호
④ 공구호출번호

해설

CNC선반의 경우 – T □□△△
- □□ : 공구선택번호(01~99번) → 기계 사양에 따라 지령 가능한 번호 결정
- △△ : 공구보정번호(01~99번) → 00은 보정 취소 기능

머시닝센터의 경우 – T □□ M06
- □□ : □□번 공구 선택하여 교환

54 다음 CNC선반 프로그램에 대한 설명으로 틀린 것은?

```
G28 U0 W0
     Ⓐ
G50 X150. Z150. S2000 T0100;
         Ⓑ        Ⓒ
G96 S180 M03;
     Ⓓ
```

① Ⓐ : 기계 원점 복귀 시의 경유점 지정
② Ⓑ : X축과 Z축의 좌표계 치수
③ Ⓒ : 주축 회전수 2,000rpm으로 일정하게 유지
④ Ⓓ : 원주속도를 180m/min로 일정하게 제어

해설

- G50 : 공작물 좌표계 설정 및 주축 최고 회전수 설정
- Ⓒ : 주축 최고 회전수는 2,000rpm으로 제한됨(G50 블록에 S값의 지령이 있으면 지령된 값의 회전 이상은 회전하지 않는다)

55 다음과 같은 CNC선반 프로그램에서 2회전의 휴지(Dwell)시간을 주려고 할 때 ( ) 안에 적합한 단어(Word)는?

```
G50 S1500 T0100;
G95 S80 M03;
G00 X60.0 Z50.0 T0101;
G01 X30.0 F0.1;
G04 (      );
```

① X0.14
② P0.14
③ X1.5
④ P1.5

해설

- 정지시간(Dwell Time)과 스핀들 회전수의 관계식으로부터 정지시간은 1.5초이다.

$$정지시간(초) = \frac{60 \times 공회전수(회)}{스핀들\ 회전수(rpm)} = \frac{60 \times n}{N(rpm)} = \frac{60 \times 2}{80}$$
$$= 1.5초$$

- G95 S80 M03; 블록에서 스핀들 회전수가 80rpm임을 알아낸다.
- 정지시간이 1.5초가 되기 위해 G04 X1.5 또는 G04 U1.5 또는 G04 P1500을 지령한다.
  ∴ ( ) 안에 적합한 단어(Word)는 X1.50이다.
- ※ 휴지(Dwell) : 지령한 시간 동안 이송이 정지되는 기능으로, 홈가공이나 드릴작업 등에서 간헐이송으로 칩을 절단하거나 목표점에 도달한 후 즉시 후퇴할 때 생기는 이송량만큼의 단차를 제거함으로써 진원도의 향상 및 깨끗한 표면을 얻기 위하여 사용한다.
- ※ G04 : 휴지(Dwell/일시정지)기능, 어드레스 X, U 또는 P와 정지하려는 시간을 수치로 입력한다. P는 소수점을 사용할 수 없으며, X, U는 소수점 이하 세 자리까지 유효하다.

56 CAD/CAM 시스템의 입출력장치에서 출력장치에 해당하는 것은?

① 프린터
② 조이스틱
③ 라이트 펜
④ 마우스

해설
• 입력장치 : 조이스틱, 라이트 펜, 마우스 등
• 출력장치 : 프린터, 플로터 등

57 CNC 공작기계에서 기계상에 고정된 임의의 지점으로 기계 제작 시 기계 제조회사에서 위치를 정하는 고정 위치를 무엇이라고 하는가?

① 프로그램 원점
② 기계 원점
③ 좌표계 원점
④ 공구의 출발점

해설
• 기계원점 : 기계 제작사가 일정한 위치에 정한 기계의 기준점
• 프로그램 원점 : 도면상의 임의의 점을 프로그램상의 절대좌표의 기준점으로 정한 점

58 다음 CNC선반 프로그램에서 N40 블록에서의 절삭속도는?

```
N10 G50 X150. Z150. S1000 T0100;
N20 G96 S100 M03;
N30 G00 X80. Z5. T0101;
N40 G01 Z-150. F0. 1 M08;
```

① 100m/min
② 398m/min
③ 100rpm
④ 398rpm

해설
N20 블록의 G96은 절삭속도(m/min) 일정제어 모달 G코드로 동일 그룹 내 다른 G코드가 나올 때까지 유효함으로 절삭속도 100m/min은 N40 블록까지 유효하다. 그러므로 N40블록의 절삭속도는 100m/min이다.
G코드에는 원 숏(One Shot) G코드와 모달(Modal) G코드의 두 종류가 있다.

구 분	의 미	그 룹	G코드
원숏 G코드	명령된 블록에 한해서 유효	00그룹	G04, G27, G28, G50 등
모달 G코드	동일 그룹의 다른 G코드가 나올 때까지 유효	00 이외의 그룹	G00, G01, G41, G96 등

59 CNC 공작기계에 이용되고 있는 서보기구의 제어 방식이 아닌 것은?

① 개방회로 방식
② 반개방회로 방식
③ 폐쇄회로 방식
④ 반폐쇄회로 방식

해설

서보기구의 형식은 피드백 장치의 유무와 검출 위치에 따라 개방회로 방식, 반폐쇄회로 방식, 폐쇄회로 방식, 복합회로 방식으로 분류된다.

서보기구 방식

구 분	내용/그림
개방회로 방식	피드백 장치 없이 스테핑 모터를 사용한 방식으로 실용화되었으나, 피드백 장치가 없기 때문에 가공 정밀도에 문제가 있어 현재는 거의 사용되지 않는다.
폐쇄회로 방식	모터에 내장된 태코제너레이터에서 속도를 검출하고, 기계의 테이블에 부착한 스케일(Scale)에서 위치를 검출(로터리 인코더)하여 피드백시키는 방식이다.
반폐쇄회로 방식	모터에 내장된 태코제너레이터(펄스제너레이터)에서 속도를 검출하고, 인코더에서 위치를 검출하여 피드백하는 제어방식이다.
복합회로 방식	반폐쇄회로 방식과 폐쇄회로 방식을 결합하여 고정밀도로 제어하는 방식으로, 가격이 고가이므로 고정밀도를 요구하는 기계에 사용된다.

★ 서보기구 방식은 자주 출제되니 그림과 내용을 반드시 암기한다.

60 CNC 공작기계를 사용할 때 안전사항으로 틀린 것은?

① 칩을 제거할 때는 시간 절약을 위하여 맨손으로 빨리 처리한다.
② 칩이 비산할 때는 보안경을 착용한다.
③ 기계 위에 공구를 올려놓지 않는다.
④ 절삭공구는 가능한 한 짧게 설치하는 것이 좋다.

해설

칩을 제거할 때는 반드시 주축의 회전을 정지시킨 상태에서 칩 제거 도구를 이용하여 제거한다.

01 재료의 인장실험 결과 얻어진 응력-변형률 선도에서 응력을 증가시키지 않아도 변형이 연속적으로 갑자기 커지는 현상은?

① 비례한도
② 탄성변형
③ 항복현상
④ 극한강도

03 펄라이트주철이며 흑연을 미세화시켜 인장강도를 245MPa 이상으로 강화시킨 주철로, 피스톤에 가장 적합한 것은?

① 보통주철
② 고급주철
③ 구상흑연주철
④ 가단주철

해설
고급주철 : 인장강도 245MPa 이상인 주철로, 강력하고 내마멸성이 요구되는 곳에 이용한다. 이 주철의 조직은 흑연이 미세하고 균일하게 활 모양으로 구부러져 분포되어 있으며, 바탕은 펄라이트조직으로 되어 있다. 가장 널리 알려져 있는 고급주철에는 미하나이트주철이 있다.

02 다른 구리합금에 비하여 강도, 경도, 인성, 내마멸성, 내열성 및 내식성 등의 기계적 성질 및 내피로성이 우수하여 선박용 추진기 재료로 활용되며, 자기풀림현상이 나타나는 청동은?

① 베릴륨 청동
② 인 청동
③ 납 청동
④ 알루미늄 청동

해설
알루미늄 청동 : 12% 이하의 Al을 첨가한 합금, 내식성, 내열성, 내마멸성이 황동 또는 청동에 비하여 우수하여 선박용 추진기 재료로 활용된다. 주조품이 크면 냉각 중에 공석변화가 일어나 자기풀림이라는 현상이 나타난다.

04 금속 및 경질의 금속간 화합물로 이루어지고, 그 경질상의 주성분이 WC인 것으로 독일의 비디아 제품을 시작으로 미국의 카볼로이, 영국의 미디아, 일본의 텅갈로이 등으로 제품이 소개된 것은?

① 탄화물 합금
② 고속도강
③ 초경합금
④ 주조경질합금

해설
초경합금 : W, Ti, Mo, Zr 등의 경질합금 탄화물 분말을 Co, Ni을 결합제로 하여 1,400℃ 이상의 고온으로 가열하면서 프레스로 소결성형한 절삭공구이다.
※ 초경합금(한국)=카볼로이(미국)=미디아(영국)=텅갈로이(일본)

정답 1 ③ 2 ④ 3 ② 4 ③

05 6 · 4 황동에 주석을 0.75~1% 정도 첨가하여 판, 봉 등으로 가공되어 용접봉, 파이프, 선박용 기계에 주로 사용되는 것은?

① 애드미럴티 황동
② 네이벌 황동
③ 델타메탈
④ 듀라나 메달

해설
주석(Sn) 황동 : 황동의 내식성 개선을 위해 1%(Sn)을 첨가한다.
• 6 · 4황동+1%(Sn) : 네이벌 황동
• 7 · 3황동+1%(Sn) : 애드미럴티 황동

06 탄소강에 S, Pb 및 흑연 등을 첨가하여 가공재료의 피삭성을 높이고 제품의 정밀도와 절삭공구의 수명을 길게 개선한 강은?

① 스프링강
② 베어링강
③ 쾌삭강
④ 고속도강

해설
쾌삭강 : 가공재료의 피삭성을 높이고, 절삭공구의 수명을 길게 하기 위하여 요구되는 성질을 개선한 구조용 강
• 칩(Chip)처리 능률을 높임
• 가공면 정밀도, 표면거칠기 향상
• 강에 황(S), 납(Pb) 첨가(황쾌삭강, 납쾌삭강)

07 아공석강에서 탄소강의 탄소 함유량이 증가할 때 나타나는 기계적 성질에 대한 설명으로 틀린 것은?

① 인장강도가 증가한다.
② 경도가 증가한다.
③ 항복점이 증가한다.
④ 연신율이 증가한다.

해설
아공석강은 0.02~0.77%의 탄소를 함유한 강으로, 페라이트와 펄라이트의 혼합조직이다. 탄소량이 많아질수록 펄라이트의 양이 증가하여 경도와 인장강도가 증가하고 연신율은 감소한다.
탄소강의 분류

탄소강	탄소 함유량	특 징	조 직
아공석강	0.02~0.77%	탄소량이 많아질수록 펄라이트의 양이 증가하므로 경도와 인장강도도 증가한다.	페라이트+펄라이트
공석강	0.77%	인장강도가 가장 큰 탄소강이다.	100% 펄라이트
과공석강	0.77~2.11%	탄소량이 증가할수록 경도가 증가한다. 그러나 인장강도가 감소하고 메짐이 증가하여 깨지기 쉽다.	펄라이트+시멘타이트

08 나사의 용어 중 리드에 대한 설명으로 맞는 것은?

① 1회전 시 작용되는 토크
② 1회전 시 이동한 거리
③ 나사산과 나사산의 거리
④ 1회전 시 원주의 길이

해설
리 드
• 나사가 1회전할 때 축 방향의 이동거리
• 리드(L) = 피치(p) × 나사의 줄수(n)
나 사

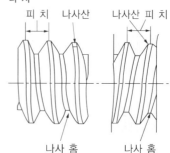

09 축 설계 시 고려해야 할 사항으로 거리가 먼 것은?

① 강 도
② 제동장치
③ 부 식
④ 변 형

해설
축 설계 시 고려해야 할 사항 : 강도, 응력집중, 변형, 진동, 열응력, 열팽창, 부식 등

10 볼트의 머리와 중간재 사이 또는 너트와 중간재 사이에 사용하여 충격을 흡수하는 작용을 하는 것은?

① 와셔 스프링
② 토션바
③ 벌류트 스프링
④ 코일 스프링

해설
① 와셔 스프링 : 볼트의 머리와 중간재 사이 또는 너트와 중간재 사이에 사용하며 충격을 흡수하는 역할을 한다.

[와셔의 종류]

스프링 와셔	접시 와셔	이붙이 와셔
혀붙이 와셔		갈퀴붙이 와셔

② 토션바 : 원형봉에 비틀림 모멘트를 가하면 비틀림 변형이 생기는 원리를 이용한 스프링
③ 벌류트 스프링 : 태엽 스프링을 축 방향으로 감아올려 사용하는 것으로 압축용으로 쓰임
④ 코일 스프링 : 하중의 방향에 따라 압축 코일 스프링과 인장 코일 스프링으로 분류함

11 사용기능에 따라 분류한 기계요소에서 직접 전동 기계요소는?

① 마찰차   ② 로 프
③ 체 인   ④ 벨 트

해설
• 직접전동용 기계요소 : 기어, 마찰차 등
• 간접전동용 기계요소 : 벨트, 로프, 체인 등

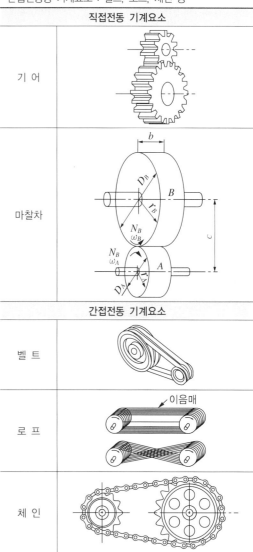

직접전동 기계요소	
기 어	
마찰차	
간접전동 기계요소	
벨 트	
로 프	
체 인	

12 한 변의 길이가 20mm인 정사각형 단면에 4kN의 압축하중이 작용할 때 내부에 발생하는 압축응력은 얼마인가?

① 10N/mm²
② 20N/mm²
③ 100N/mm²
④ 200N/mm²

해설

압축응력$(\sigma_c) = \dfrac{P_c}{A} = \dfrac{4 \times 10^3 \text{N}}{20\text{mm} \times 20\text{mm}} = 10\text{N/mm}^2$

$\therefore \ \sigma_c = 10\text{N/mm}^2$

여기서, σ_c : 압축응력(N/mm²)

P_c : 압축하중(N)

A : 단면적(mm²)

13 다음 그림과 같은 스프링 조합에서 스프링 상수는 몇 kgf/ cm인가?(단, 스프링 상수 $k_1 = 50$kgf/cm, $k_2 = 50$kgf/cm, $k_3 = 100$kgf/cm이다)

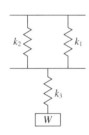

① 300
② 200
③ 150
④ 50

해설

위 문제는 병렬과 직렬이 조합된 스프링이다. k_1과 k_2는 병렬연결이며, 이 병렬과 k_3는 직렬로 조합되어 있다.

• k_1과 k_2의 병렬연결 계산

$k_{병렬} = k_1 + k_2 = 50\text{kgf/cm} + 50\text{kgf/cm} = 100\text{kgf/cm}$

• 병렬연결 스프링 상수 $k_{병렬}$과 k_3의 직렬연결 계산

$\dfrac{1}{k_{조합}} = \dfrac{1}{k_{병렬}} + \dfrac{1}{k_3} = \dfrac{1}{100} + \dfrac{1}{100} = \dfrac{2}{100}$

$\therefore \ k_{조합} = 50\text{kgf/cm}$

14 다음 그림은 기어열에서 잇수가 $Z_A = 30$, $Z_B = 50$, $Z_C = 20$, $Z_D = 40$일 때, Ⅰ축을 1,000rpm으로 회전시키면 Ⅲ축의 회전수는 몇 rpm인가?

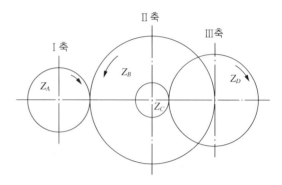

① 150
② 300
③ 600
④ 1,200

해설

$i = \dfrac{N_D}{N_A} = \dfrac{Z_A \cdot Z_C}{Z_B \cdot Z_D}$

$N_D = \dfrac{Z_A \cdot Z_C}{Z_B \cdot Z_D} \times N_A = \dfrac{30 \times 20}{50 \times 40} \times 1,000 = 300$

$\therefore \ N_D = 300$rpm

복합기어열 장치의 각속도비(i)

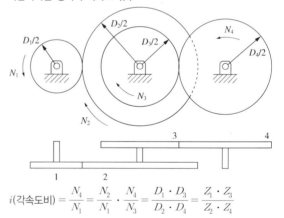

i(각속도비) $= \dfrac{N_4}{N_1} = \dfrac{N_2}{N_1} \cdot \dfrac{N_4}{N_3} = \dfrac{D_1 \cdot D_3}{D_2 \cdot D_4} = \dfrac{Z_1 \cdot Z_3}{Z_2 \cdot Z_4}$

여기서, N : 회전수

D : 피치원 지름

Z : 잇수

15 축 방향의 하중과 비틀림을 동시에 받는 죔용 나사에 600N의 하중이 작용하고 있다. 허용인장응력이 5MPa일 때 나사의 호칭지름으로 가장 적합한 것은?

① M12   ② M14

③ M16   ④ M18

해설

볼트의 바깥지름$(d) = \sqrt{\dfrac{2W}{\sigma}} = \sqrt{\dfrac{2 \times 600N}{5N/mm^2}} = 15.49mm$

∴ 볼트의 바깥지름$(d) = M16$

여기서, W : 하중(N)

σ : 허용인장응력(MPa) = 5MPa = $5N/mm^2$

16 기하공차의 종류 중에서 데이텀 없이 단독 형체로 기입할 수 있는 공차는?

① 위치공차   ② 자세공차

③ 모양공차   ④ 흔들림공차

해설

기하공차의 종류와 기호

공차의 종류		기 호	데이텀 지시
모양공차	진직도	——	없음
	평면도	▱	없음
	진원도	○	없음
	원통도	⌀	없음
	선의 윤곽도	⌒	없음
	면의 윤곽도	◠	없음
자세공차	평행도	//	필요
	직각도	⊥	필요
	경사도	∠	필요
위치공차	위치도	⊕	필요 또는 없음
	동축도(동심도)	◎	필요
	대칭도	=	필요
흔들림 공차	원주 흔들림	↗	필요
	온 흔들림	↗↗	필요

17 미터사다리꼴 나사에서 나사의 호칭지름은?

① 수나사의 골지름   ② 수나사의 유효지름

③ 암나사의 유효지름   ④ 수나사의 바깥지름

해설

나사의 호칭지름은 수나사의 바깥지름으로 나타낸다.

수나사와 암나사

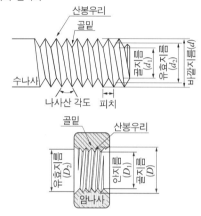

18 오른쪽 그림과 같이 절단면에 색칠한 것을 무엇이라고 하는가?

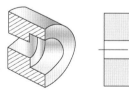

① 해 칭   ② 단 면

③ 투 상   ④ 스머징

해설

• 절단된 단면 표시 : 해칭(Hatching), 스머징

• 해칭선 : 절단된 단면을 가는 실선으로 규칙적으로 표시

• 스머징 : 연필 등을 사용하여 단면한 부분을 표시하기 위해 해칭을 대신하여 색칠하는 것

19 맞물리는 1쌍의 기어의 간략도에서 다음의 기호는 어느 기어에 해당하는가?

① 하이포이드기어   ② 이중 헬리컬기어
③ 스파이럴 베벨기어   ④ 스크루기어

해설

맞물리는 기어의 간략 도시법

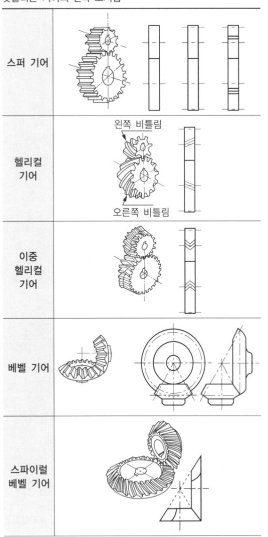

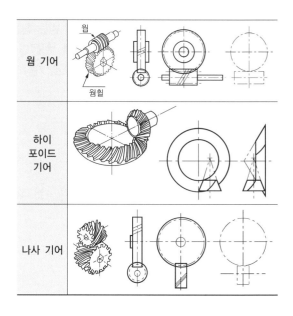

20 다음 그림의 조립도에서 부품 ⓐ의 기능과 조립 및 가공을 고려할 때 가장 적합하게 투상된 부품도는?

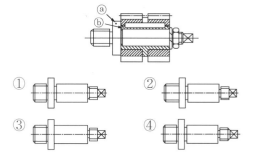

21 다음 그림에서 A~D에 관한 설명으로 가장 옳은 것은?

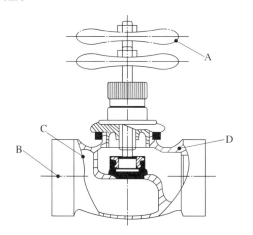

① 선 A는 물체의 이동 한계의 위치를 나타낸다.
② 선 B는 도형의 숨은 부분을 나타낸다.
③ 선 C는 대상의 앞쪽 형상을 가상으로 나타낸다.
④ 선 D는 대상이 평면임을 나타낸다.

해설
• A : 가상선으로 물체의 이동 한계의 위치를 나타낸다.
• B : 물체의 중심선을 나타낸다.
• C : 부분 단면한 파단선을 나타낸다.
• D : 단면 부분의 해칭선을 나타낸다.

22 다음 그림의 투상도는?

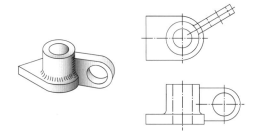

① 보조투상도
② 부분투상도
③ 국부투상도
④ 회전투상도

해설
회전투상도 : 대상물의 일부가 어느 각도를 가지고 있기 때문에 그 실제 모양을 나타내기 위해서는 그 부분을 회전해서 실제 모양을 나타낸다. 또한 잘못 볼 우려가 있다고 판단될 경우에는 작도에 사용한 선을 남긴다.

23 기하공차 기입틀에서 B가 의미하는 것은?

//	0.008	B

① 데이텀
② 공차등급
③ 공차기호
④ 기준 치수

해설
공차 기입틀과 구획 나누기

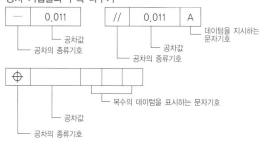

24 치수공차의 범위가 가장 큰 치수는?

① $50^{+0.05}_{-0.03}$

② $60^{+0.03}_{+0.01}$

③ $70^{-0.02}_{-0.05}$

④ 80 ± 0.02

해설
① $50.05 - 49.97 = 0.08$
② $60.03 - 60.01 = 0.02$
③ $69.98 - 69.95 = 0.03$
④ $80.02 - 79.98 = 0.04$

25 도면에서 두 종류 이상의 선이 같은 장소에 겹칠 때 가장 우선하는 것은?

① 절단선
② 숨은선
③ 중심선
④ 무게중심선

해설
투상선의 우선순위
숫자, 문자, 기호 및 화살표 → 외형선(굵은 실선) → 숨은선(파선) → 중심선, 무게중심선 또는 절단선 → 파단선 → 치수선 또는 치수보조선 → 해칭선

26 고속가공의 일반적인 특징이 아닌 것은?

① 가공시간을 단축시켜 가공능률을 향상시킨다.
② 표면조도를 향상시킨다.
③ 버(Burr)의 생산성이 감소한다.
④ 절삭저항이 증가되고 공구수명이 단축된다.

해설
고속가공의 장점
• 가공시간을 단축시켜 가공능률을 향상시킨다.
• 절삭저항이 감소하고, 공구수명이 길어진다.
• 표면거칠기 및 표면 품질을 향상시킨다.
• 칩에 열이 집중되어 가공물은 절삭열 영향이 작다.
• 버(Burr) 생성이 감소한다.
• 칩 처리가 용이하다.
• 난삭재를 가공할 수 있다.
• 경면가공을 할 때는 연삭가공을 최소화할 수 있다.
• 열처리된 가공물의 경도 HRC60 정도는 가공할 수 있다.
• 황삭부터 정삭까지 한 번의 셋업으로 가공이 가능하다.

27 공작기계 가공능률에 따른 분류로 다음 내용이 설명하는 것은?

> 특정한 제품을 대량 생산할 때 적합한 공작기계로서 소량 생산에는 적합하지 않다. 사용범위가 한정되고, 기계의 크기도 가공물에 적합한 크기로 되어 있으며, 구조가 간단하고, 조작이 편리하다.

① 범용공작기계
② 전용공작기계
③ 단능공작기계
④ 만능공작기계

해설
가공능률에 따른 분류

가공능률	설 명
범용공작기계	가공할 수 있는 기능이 다양하고, 절삭 및 이송 속도의 범위도 크기 때문에 제품에 맞추어 절삭 조건을 선정하여 가공할 수 있다.
전용공작기계	특정한 제품을 대량 생산할 때 적합한 공작기계로서 소량 생산에는 적합하지 않고, 사용범위가 한정되고, 기계의 크기도 가공물에 적합한 크기로 되어 있으며, 구조가 간단하고, 조작이 편리하다.
단능공작기계	단순한 기능의 공작기계로서 한 가지 공정만 가능하여 생산성과 능률은 매우 높으나 융통성이 작다.
만능공작기계	여러 가지 종류의 공작기계에서 할 수 있는 가공을 한 대의 공작기계에서 가능하도록 제작한 공작기계이다.

28 공작물의 직경이 ∅40mm에서 절삭속도가 150m/min인 경우 주축 회전수는 몇 rpm인가?

① 1,884
② 1,910
③ 1,256
④ 1,194

해설
주축 회전수
$$N = \frac{1,000\,V}{\pi D} = \frac{1,000 \times 150\text{m/min}}{\pi \times 40\text{mm}} ≒ 1,193.66$$
∴ $N ≒ 1,194$rpm
여기서, N : 주축 회전수(rpm)
V : 절삭속도(m/min)
D : 공작물 지름(mm)

29 다음 그림과 같은 제3각 정투상도에서 누락된 우측 면도로 가장 적합한 것은?

① ②

③ ④

30 일반적으로 절삭온도를 측정하는 방법이 아닌 것은?

① 칩의 색깔에 의한 방법

② 열전대에 의한 방법

③ 칼로리미터에 의한 방법

④ 방사능에 의한 방법

> **해설**
> 절삭온도 측정법
> • 칩의 색깔에 의한 방법
> • 칼로리미터에 의한 방법
> • 공구에 열전대를 삽입하는 방법
> • 시온도료를 사용하는 방법
> • 공구와 일감을 열전대로 사용하는 방법
> • 복사고온계에 의한 방법

31 일반적으로 유동형 칩이 발생되는 경우가 아닌 것은?

① 절삭 깊이가 클 때

② 절삭속도가 빠를 때

③ 윗면 경사각이 클 때

④ 일감의 재질이 연하고 인성이 많을 때

> **해설**
> 유동형 칩이 발생하는 조건
> • 연성의 재료(연강, 구리, 알루미늄 등)를 가공할 때
> • 절삭 깊이가 작을 때
> • 절삭속도가 빠를 때
> • 경사각이 클 때
> • 윤활성이 좋은 절삭유제를 사용할 때
>
> 절삭조건과 칩의 상태 칩의 구분
>
> | 칩의 구분 | 가공물의 재질 | 절삭공구 경사각 | 절삭속도 | 절삭 깊이 |
> |---|---|---|---|---|
> | 유동형 칩 | 연하고 점성이 크다. | 크다. | 빠르다. | 작다. |
> | 전단형 칩 | ↓ | ↓ | ↓ | ↓ |
> | 경작형 (열단형) 칩 | ↓ | ↓ | ↓ | ↓ |
> | 균열형 칩 | 굳고 취성이 크다. | 작다. | 느리다. | 크다. |
>
> 칩의 종류
>
> | 유동형 칩 | 전단형 칩 |
> |---|---|
> | | |
> | 경작형(열단형) 칩 | 균열형 칩 |
> | | |

32 절삭유제의 작용이 아닌 것은?

① 마찰을 줄여 준다.
② 절삭 성능을 높여 준다.
③ 공구수명을 연장시킨다.
④ 절삭열을 상승시킨다.

해설
절삭유의 작용
• 냉각작용, 윤활작용, 세척작용
• 절삭공구와 칩 사이에 마찰 감소
• 절삭 시 열을 감소시켜 공구수명 연장
• 절삭 성능을 높여 줌
• 칩을 유동형 칩으로 변화시킴
• 구성인선의 발생 억제
• 표면거칠기 향상

33 다음 설명에 해당하는 선반은?

> 캠(Cam)이나 유압기구 등을 이용하여 부품가공을
> 자동화한 대량 생산용 선반이다.

① 터릿선반
② 공구선반
③ 자동선반
④ 수직선반

해설
자동선반은 캠(Cam)이나 유압기구 등을 이용하여 부품가공을 자동화한 대량 생산용 선반이다. 선반의 조작을 한 번 조정해 놓으면 부품이 자동으로 가공되는 형식으로, CNC 선반의 전 단계로 볼수 있다. 자동선반은 부품이 자동으로 가공되기 때문에 한 사람이여러 대의 선반을 조작할 수 있어서 능률적이고, 인건비를 절감할수 있는 좋은 점이 있다.

34 보통선반의 주요 부분에서 일감의 길이에 따라 임의의 위치에 고정할 수 있으며 센터작업을 할 때 센터를 끼워 일감을 지지하거나 드릴을 끼워 가공할 수 있는 부분은?

① 베 드   ② 바이스
③ 왕복대   ④ 심압대

해설
④ 심압대(Tail Stock) : 센터작업을 할 때 센터를 끼워 일감을 지지하거나 드릴을 끼워 가공할 수 있는 부분이다. 테이퍼 구멍 안에 부속품을 설치하여 주로 가공물 지지, 드릴가공, 리머가 공, 센터드릴가공을 하며, 심압축에 있는 테이퍼도 주축 테이퍼 와 마찬가지로 모스 테이퍼로 되어 있다.
① 베드(Bed) : 리브(Rib)가 있는 상자형의 주물로서 베드 위에 주축대, 왕복대, 심압대를 지지하며, 절삭운동의 응력과 왕복 대, 심압대의 안내 작용 등을 하는 구조이다.
③ 왕복대(Carriage) : 베드상에서 공구대에 부착된 바이트에 가 로이송 및 세로이송(절삭 깊이 및 이송)을 하는 구조로 되어 있으며, 크게 새들(Saddle)과 에이프런(Apron)으로 나눈다.

[보통선반의 각부 명칭]

35 선반에서 끝면 가공에 쓰이는 센터는?

① 회전센터　　　　② 하프센터

③ 베어링센터　　　④ 45°센터

해설

- 하프센터(Half Center) : 정지센터로 가공물을 지지하고 단면을 가공하면 바이트와 가공물의 간섭으로 가공이 불가능하게 된다. 이때 보통센터의 선단 일부를 가공하여 단면가공이 가능하도록 제작한 센터이다. 보통센터의 원추형 부분을 축 방향으로 반을 제거하여 제작한 모양이라고 하여 하프센터라고 한다.
- 베어링센터(Bearing Center) : 정지센터가 가공물과의 마찰로 인한 손상이 많으므로 정지센터에 베어링을 이용하여 정지센터의 선단 일부가 가공물의 회전에 의하여 함께 회전하도록 제작한 센터이다.

센터의 종류

(a) 정지센터

(b) 세공센터

(c) 하프센터

(d) 회전센터

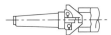
(e) 파이프센터

(f) 평센터

36 선반에서 척에 고정할 수 없는 불규칙하거나 대형 가공물 또는 복잡한 가공물을 고정할 때 사용하는 것은?

① 연동척　　　　　② 콜릿척

③ 벨 척　　　　　④ 면 판

해설

- 면판 : 척에 고정할 수 없는 불규칙하거나 대형 가공물 또는 복잡한 가공물을 고정할 때 척을 떼어내고 면판을 주축에 고정하여 사용한다.
- 연동척 : 3개의 조가 120° 간격으로 구성 배치되어 있으며, 규칙적인 모양 고정
- 단동척 : 4개의 조가 90° 간격으로 구성 배치되어 있으며, 불규칙한 가공물 고정
- 콜릿척 : 지름이 작은 가공물이나 각 봉재를 가공할 때 편리함

37 선반에서 가늘고 긴 공작물은 절삭력과 자중에 의하여 휘거나 처짐이 일어나기 쉬워 정확한 치수로 가공하기 어렵다. 이와 같은 처짐이나 휨을 방지하는 부속장치는?

① 면 판

② 돌림판과 돌리개

③ 맨드릴

④ 방진구

해설

방진구(Work Rest) : 선반에서 가늘고 긴 가공물의 휨이나 떨림을 방지하기 위해 사용하는 부속품
- 고정식 방진구 : 선반 베드 위에 고정
- 이동식 방진구 : 왕복대의 새들에 고정

38 다음은 연삭숫돌의 표시법이다. 각 항에 대한 설명으로 틀린 것은?

> WA 46 H 8 V

① WA : 연삭숫돌 입자
② 46 : 조직
③ H : 결합도
④ V : 결합제

일반적인 연삭숫돌 표시방법

> WA · 60 · K · M · V
> 연삭숫돌 입자·입도·결합도·조직·결합제

• 연삭숫돌 입자(WA : 백색 알루미나)
• 입도(46 : 중간 눈)
• 결합도(H : 연)
• 조직(8 : 거친 조직)
• 결합제(V : 비트리파이드)

39 연삭숫돌의 구성 3요소가 아닌 것은?

① 입 자
② 결합제
③ 형 상
④ 기 공

연삭숫돌의 구성 3요소
• 입자 : 절삭 날 역할
• 기공 : 연삭 칩을 운반하는 역할
• 결합제 : 입자와 입자를 결합하는 역할

40 기어를 절삭하는 방법이 아닌 것은?

① 지그보링머신을 이용한 분할방법
② 총형커터를 이용하는 방법
③ 형판을 이용한 방법
④ 창성법을 이용한 방법

기어 절삭법
• 형판에 의한 방법
• 총형커터에 의한 방법
• 창성법에 의한 방법

41 브로칭머신으로 가공할 수 없는 것은?

① 스플라인 홈
② 다각형의 구멍
③ 둥근 구멍 안의 키홈
④ 베어링용 볼

베어링용 볼은 브로칭 머신으로 가공할 수 없다.
브로칭머신(Broaching Machine) : 가늘고 긴 일정한 단면 모양을 가진 공구에 많은 날을 가진 브로치(Broach)라는 절삭공구를 사용하여 가공물의 내면이나 외경에 필요한 형상의 부품을 가공하는 절삭방법을 브로칭(Broaching)이라고 한다. 가공방법에 따라 키홈, 스플라인 홈, 원형이나 다각형 구멍 등의 내면 형상을 가공하는 내면 브로칭머신과 세그먼트기어, 홈, 특수한 외면 형상을 가공하는 외경 브로칭머신 등이 있다.

42 연마제를 가공액과 혼합하여 가공물 표면에 압축공기로 고압과 고속으로 분산시켜 가공물 표면과 충돌시켜 표면을 가공하는 방법은?

① 래핑(Lapping)

② 버니싱(Burnishing)

③ 슈퍼피니싱(Superfinishing)

④ 액체호닝(Liquid Honing)

해설

④ 액체호닝 : 연마제를 가공액과 혼합하여 가공물 표면에 압축공기를 이용하여 고압과 고속으로 분사시켜 가공물 표면과 충돌시켜 표면을 가공하는 방법

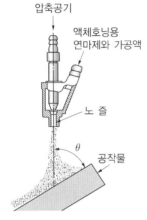

① 래핑 : 가공물과 랩(Lap) 사이에 랩제를 넣고 가공물에 압력을 가하면서 표면거칠기가 우수한 가공면을 얻는 가공방법

③ 슈퍼피니싱 : 연한 숫돌에 작은 압력으로 가압하면서 가공물에 이송을 주고 동시에 숫돌에 진동을 주어 표면거칠기를 높이는 가공방법(작은 압력 + 이송 + 진동)

43 전극과 가공물 사이에 전기를 통전시켜 열에너지를 이용하여 가공물을 용융 증발시켜 가공하는 것은?

① 방전가공   ② 초음파가공

③ 화학적 가공   ④ 쇼트피닝 가공

해설

① 방전가공 : 전극과 가공물 사이에 전기를 통전시켜 방전현상의 열에너지를 이용하여 가공물을 용융 증발시켜 가공을 진행하는 비접촉식 가공방법으로, 전극과 재료 모두 도체이어야 한다.

② 초음파가공 : 기계적 에너지로 진동을 하는 공구와 공작물 사이에 연삭입자와 가공액을 주입하고서 작은 압력으로 공구에 초음파 진동을 주어 유리, 세라믹, 다이아몬드, 수정 등 소성변형되지 않고 취성이 큰 재료를 가공할 수 있는 가공방법이다.

③ 화학가공 : 가공물을 화학가공액 속에 넣고 화학반응을 일으켜 가공물 표면에 필요한 형상으로 가공하는 방법이다.

④ 쇼트피닝 가공 : 표면을 타격하는 일종의 냉간가공으로 철강의 작은 볼(Shot)을 공작물 표면에 분사하여 강재의 화학조성을 변화시키지 않고 표면을 매끈하게 하여 피로강도 및 기계적 성질을 향상시킨다.

44 전기도금의 반대 현상을 이용한 가공으로, 알루미늄 소재 등 거울과 같이 광택 있는 가공면을 비교적 쉽게 가공할 수 있는 것은?

① 방전가공   ② 전해연마

③ 액체호닝   ④ 레이저가공

해설

② 전해연마 : 전기도금의 반대 현상으로 가공물을 양극(+), 전기저항이 작은 구리, 아연을 음극(−)으로 연결하고, 전해액 속에서 $1A/cm^2$ 정도의 전기를 통하면 전기에 의한 화학적인 작용으로 가공물의 표면이 용출되어 필요한 형상으로 가공하는 방법이다. 알루미늄 소재 등 거울과 같이 광택 있는 가공면을 비교적 쉽게 가공할 수 있다.

① 방전가공 : 전극과 가공물 사이에 전기를 통전시켜 방전현상의 열에너지를 이용하여 가공물을 용융 증발시켜 가공을 진행하는 비접촉식 가공방법으로, 전극과 재료가 모두 도체이어야 한다.

③ 액체호닝(Liquid Honing) : 연마제를 가공액과 혼합하여 가공물 표면에 압축공기를 이용하여 고압과 고속으로 분사시켜 가공물 표면과 충돌시켜 표면을 가공하는 방법이다.

④ 레이저가공 : 가공물에 빛을 쏘이면 순간적으로 일부분이 가열되어 용해되거나 증발되는 원리를 이용하여 대기 중에서 비접촉으로 필요한 형상으로 가공하는 방법이다.

45 기계공작에서 비절삭가공에 속하는 것은?

① 밀링머신

② 호빙머신

③ 유압 프레스

④ 플레이너

해설

가공방법에 따른 분류

가공방법	공작기계
절삭가공	선반, 셰이퍼, 플레이너, 브로칭머신, 밀링머신, 보링머신, 호빙머신 등
비절삭가공	단조, 압연, 프레스, 인발, 압출, 판금가공 등
연삭가공	연삭기, 호닝머신, 슈퍼피니싱 머신, 래핑머신 등
특수가공	전해연마기, 방전가공기, 초음파가공기 등

46 연삭숫돌의 입자 중 천연입자가 아닌 것은?

① 석 영

② 커런덤

③ 다이아몬드

④ 알루미나

해설

• 천연입자 : 사암이나 석영, 에머리, 커런덤, 다이아몬드 등

• 인조입자 : 탄화규소, 산화알루미나, 탄화붕소, 지르코늄 옥시드 등

47 CNC 공작기계의 안전에 관한 사항으로 틀린 것은?

① MDI로 프로그램을 입력할 때 입력이 끝나면 반드시 확인하여야 한다.

② 강전반 및 CNC장치는 압축공기를 사용하여 항상 깨끗이 청소한다.

③ 강전반 및 CNC장치는 어떠한 충격도 주지 말아야 한다.

④ 항상 비상 정지 버튼을 누를 수 있는 마음가짐으로 작업한다.

해설

강전반 및 CNC장치는 압축공기를 사용하여 청소하지 않는다.

48 CNC 선반에서 다음 그림과 같이 공작물 원점을 설정할 때 좌표계 설정으로 옳은 것은?(단, 지름지령이다)

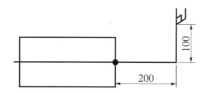

① G50 X100. Z100. ;

② G50 X100. Z200. ;

③ G50 X200. Z100. ;

④ G50 X200. Z200. ;

해설

• G50 X200. Z200. → CNC선반에서 X축은 지름값(X200.)으로 지령한다. 문제 도면상 반지름이 100이므로 지름은 200이 된다.

• G50 : 공작물 좌표계 설정 및 주축 최고 회전수 설정

49 CNC 가공에서 ‘TORQUE LIMIT ALARM’의 원인은?

① 충돌로 인한 안전핀 파손
② 습동유 부족
③ 금지영역 침범
④ 공기압 부족

해설

CNC 가공에서 일반적으로 발생하는 알람

순	알람내용	원 인	해제방법
1	EMERGENCY STOP SWITCH ON	• 비상 정지 스위치 ON	• 비상 정지 스위치를 화살표 방향으로 돌린다.
2	LUB.R. TANK LEVEL LOW ALARM	• 습동유 부족	• 습동유를 보충한다.
3	THERMAL OVERLOAD TRIP ALARM	• 과부하로 인한 OVERLOAD TRIP	• 원인 조치후 마그넷과 연결된 OVERLOAD를 누른다.
4	P/S___ALARM	• 프로그램 알람	• 알람표를 보고 원인을 찾는다.
5	OT ALARM	• 금지영역 침범	• 이송축을 안전한 위치로 이동한다.
6	EMERGENCY L/S ON	• 비상정지 리밋 스위치 작동	• 행정 오버 해제 스위치를 누른 상태에서 이송축을 안전한 위치로 이동시킨다.
7	SPINDLE ALARM	• 주축모터 과열 • 주축모터 과부하 • 주축모터 과전류	• 해제 버튼을 누른다. • 전원을 차단하고 다시 투입한다. • A/S 연락을 한다.
8	TORQUE LIMIT ALARM	• 충돌로 인한 안전핀 파손	• A/S 연락을 한다.
9	AIR PRESSURE ALARM	• 공기압 부족	• 공기압을 높인다.

50 CNC 선반에서 그림의 B→C 경로의 가공프로그램으로 틀린 것은?

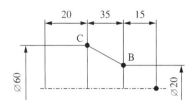

① G01 X60. Z-50;
② G01 U60. Z-50.;
③ G01 U40. W-35.;
④ G01 X60. W-35.;

해설

G01 U60. Z-50.;은 혼합지령으로 G01 U40. Z-50.;으로 지령해야 한다.

B→C 경로의 가공프로그램

구 분	B→C 경로프로그램	비 고
절대지령	G01 X60. Z-50.;	프로그램 원점을 기준으로 좌표값 입력
증분지령	G01 U40. W-35.;	현재의 공구 위치를 기준으로 끝점까지의 증분값 입력
혼합지령	G01 X60. W-35.; G01 U40. Z-50.;	절대지령과 증분지령방식을 혼합하여 지령

51 CNC 공작기계의 3가지 제어방식에 속하지 않는 것은?

① 위치결정 제어
② 직선절삭 제어
③ 원호절삭 제어
④ 윤곽절삭 제어

- 원호절삭 제어는 CNC 공작기계 제어방식에 속하지 않는다.
- NC 공작기계는 제어방식에 따라 위치결정 제어, 직선절삭 제어, 윤곽절삭 제어의 3가지 방식으로 구분할 수 있다.

52 CNC선반에서 공구보정(OFFSET)번호 2번을 선택하여 4번 공구를 사용하려고 할 때 공구지령으로 옳은 것은?

① T2040
② T4020
③ T0204
④ T0402

- T0402 → 4번 공구의 공구보정 2번 선택
- ※ CNC선반의 경우 - T□□△△
  - T : 공구기능
  - □□ : 공구선택번호(01~99번) → 기계 사양에 따라 지령 가능한 번호 결정
  - △△ : 공구보정번호(01~99번) → 00은 보정 취소기능임
- 공구보정 없이 보정 취소를 하려면 T0100으로 지령해야 한다.

53 CNC 공작기계에서 자동원점복귀 시 중간 경유점을 지정하는 이유로 가장 적합한 것은?

① 원점 복귀를 빨리 하기 위해서
② 공구의 충돌을 방지하기 위해서
③ 기계에 무리를 가하지 않기 위해서
④ 작업자의 안전을 위해서

자동원점 복귀(G28) : 원점 복귀를 지령할 때에는 급속이송속도로 움직이므로 가공물과 충돌을 피하기 위하여 중간 경유점을 경유하여 복귀하도록 하는 것이 좋다. 중간 경유점의 위치를 지정할 때에는 증분지령(U, W)으로 지령하는 것이 충돌을 피하는 좋은 방법이다.

54 공구보정(OFFSET) 화면에서 가상인선반경 보정을 수행하기 위하여 노즈반경을 입력하는 곳은?

① R
② Z
③ X
④ T

CNC선반 공구보정(OFFSET) 화면

Tool No (공구번호)	X (X성분)	Z (Z성분)	R (노즈 반경 성분)	T (공구인선 유형)
01	−005.253	052.025	0.4	2
...	...	...	...	...

55 CNC 프로그램에서 사용되는 주요 주소(Address)와 그 기능이 잘못 연결된 것은?

① O : 프로그램 번호
② G : 준비기능
③ S : 주축기능
④ L : 공구기능

해설
프로그램의 주소(Address)

기 능	주 소	의 미
프로그램 번호	O	프로그램 번호
전개번호	N	전개번호(작업 순서)
준비기능	G	이동형태(직선, 원호 등)
좌표어	X, Y, Z	각 축의 이동 위치 지정(절대방식)
이송기능	F	이송속도, 나사 리드
보조기능	M	기계 각 부위 지령
주축기능	S	주축속도, 주축 회전수
공구기능	T	공구번호, 공구보정번호
휴 지	X, P, U	휴지시간(Dwell)
프로그램번호 지정	P	보조프로그램 호출번호

56 지름값으로 지령하는 CNC선반에서 X축을 0.004mm로 보정하고 X60.을 지령하여 가공하였더니 59.94mm이었다. 보정값을 얼마로 수정해야 하는가?

① 0.056
② 0.06
③ 0.064
④ 0.0064

해설
• 측정값과 지령값의 오차 = 59.94 − 60 = −0.06(0.06만큼 작게 가공됨)
  그러므로 공구를 X의 +방향으로 0.06만큼 이동하는 보정을 해야 한다.
• 공구보정값 = 기존의 보정값 + 더해야 할 보정값
  = 0.004 + 0.06
  = 0.064

57 허용한계치수의 해석에서 '통과측에는 모든 치수 또는 결정량이 동시에 검사되고, 정지측에는 각각의 치수가 개개로 검사되어야 한다.'는 무슨 원리인가?

① 아베(Abbe)의 원리
② 테일러(Taylor)의 원리
③ 헤르프(Hertz)의 원리
④ 훅(Hooke)의 원리

해설
② 테일러(Taylor)의 원리 : 통과측에는 모든 치수 또는 결정량이 동시에 검사되고, 정지측에는 각 치수가 개개로 검사되어야 한다는 원리이다. 이것은 부품과 반대형 부품이 완전히 포위하는 모든 끼워맞춤에 해당되는 것이다.
① 아베(Abbe)의 원리 : 측정하려는 길이를 표준자로 사용되는 눈금의 연장선상에 놓는다는 원리인데, 이는 피측정물과 표준자와는 측정방향에 있어서 동일 직선상에 배치하여야 한다.
  • 아베의 원리 만족 : 외측 마이크로미터, 측장기
  • 아베의 원리 불만족 : 버니어 캘리퍼스, 내경 마이크로미터
④ 훅의 법칙(Hooke's Law) : 응력이 작용하면 응력과 변형률은 비례한다. 비례한도 이내에서 응력과 변형률이 비례하는 법칙이다.

58 선반에서 나사작업 시의 안전 및 유의사항으로 적절하지 않은 것은?

① 나사의 피치에 맞게 기어 변환 레버를 조정한다.
② 나사 절삭 중에 주축을 역회전시킬 때에는 바이트를 일감에서 일정거리 떨어지게 한다.
③ 나사를 절삭할 때에는 절삭유를 충분히 공급해 준다.
④ 나사 절삭이 끝났을 때에는 반드시 하프너트를 고정시켜 놓아야 한다.

해설
나사 절삭 시 안전 및 유의사항
• 나사 절삭 시에는 회전속도를 저속으로 하여 접촉 충돌을 예방해야 한다.
• 나사 절삭 중 역회전시킬 때는 바이트를 공작물에서 이격시킨 후 실시한다.
• 나사를 절삭하기 전 충분한 연습을 실시한다.
• 바이트 재연삭 및 나사 절삭이 끝났을 때에는 반드시 하프 너트를 풀어 놓는다.

59 사인바(Sine Bar)에 대한 설명 중 틀린 것은?

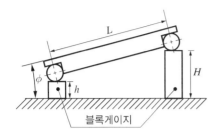

블록게이지

① 블록게이지 등을 병용하고 삼각함수 사인(Sine)을 이용하여 각도를 측정하는 기구이다.
② 사인바의 호칭치수는 보통 100mm 혹은 200mm 이다.
③ 45°보다 큰 각을 측정할 때에는 오차가 작아진다.
④ 정반 위에서 정반면과 사인봉과 이루는 각을 표시하면 $\sin\phi = (H-h)/L$ 식이 성립한다.

해설

사인바를 사용할 때 각도가 45°보다 큰 각을 사용하면 오차가 커지기 때문에 사인바는 기준면에 대하여 45°보다 작게 사용한다.
사인바(Sine Bar) : 길이를 측정하여 직각삼각형의 삼각함수를 이용한 계산에 의하여 임의각의 측정 또는 임의각을 만드는 기구이다. 블록게이지로 양단의 높이를 조절하여 각도를 구하는 것으로 정반 위에서의 높이를 H, h라 하면, 정반면과 사인바의 상면이 이루는 각은 다음 식으로 구한다.

$$\sin\phi = \frac{H-h}{L}$$

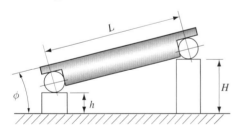

60 CNC 프로그램에서 보조 기능 중 주축의 정회전을 의미하는 것은?

① M00
② M01
③ M02
④ M03

해설

M코드

M코드	기 능	M코드	기 능
M00	프로그램 정지	M08	절삭유 ON
M01	프로그램 선택 정지	M09	절삭유 OFF
M02	프로그램 끝	M30	프로그램 끝 & 리셋
M03	주축 정회전	M98	보조프로그램 호출
M04	주축 역회전	M99	보조프로그램 종료
M05	주축 정지		

★ 'M코드'는 실기에서도 필요하므로 반드시 암기하자(M00~M99 순으로 암기하면 쉽다).

01 도면에 반드시 설정해야 하는 양식이 아닌 것은?

① 윤곽선　　　　② 비교눈금
③ 표제란　　　　④ 중심마크

해설

도면에는 윤곽선, 표제란, 중심마크를 반드시 표기해야 한다.
★ 윤-표-중으로 반드시 암기한다.
도면에 반드시 설정해야 하는 양식

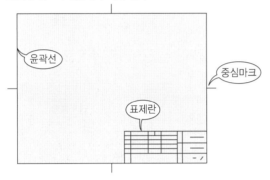

02 와이어 컷 방전가공에서 전극용 와이어의 재질로 일반적으로 사용하지 않는 것은?

① Bs　　　　② Cu
③ Cr　　　　④ W

해설

• 전극용 와이어 재질 : Cu, Bs, W
• 방전으로 인한 와이어의 소모가 있어도 가공면은 깨끗하다.

03 기계제도 도면에서 치수 앞에 표시하여 치수의 의미를 정확하게 나타내는 데 사용하는 기호가 아닌 것은?

① t　　　　② C
③ □　　　　④ ◇

해설

치수 보조기호

기 호	구 분	기 호	구 분
∅	지 름	□	정사각형
S∅	구의 지름	C	45° 모따기
R	반지름	t	두 께
SR	구의 반지름	P	피 치

04 미터 사다리꼴나사에서 나사의 호칭지름은?

① 수나사의 골지름　　② 수나사의 유효지름
③ 암나사의 유효지름　　④ 수나사의 바깥지름

해설

나사의 호칭지름은 수나사의 바깥지름으로 나타낸다.
수나사와 암나사

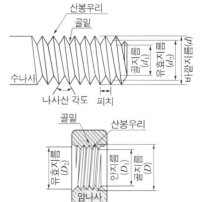

05 나사결합부에 진동하중이 작용하거나 심한 하중 변화가 있으면 어느 순간에 너트는 풀리기 쉽다. 너트의 풀림 방지법으로 사용하지 않는 것은?

① 나비너트
② 분할핀
③ 로크너트
④ 스프링 와셔

해설

볼트, 너트의 풀림 방지법
• 로크너트에 의한 방법
• 자동 죔 너트에 의한 방법
• 분할핀에 의한 방법
• 와셔에 의한 방법
• 멈춤나사에 의한 방법
• 철사를 이용하는 방법
나사 풀림을 방지하는 방법

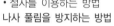

(a) 이붙이 와셔　　(b) 로크너트　　(c) 멈춤나사

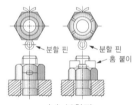

(d) 분할핀　　　　(e) 철사 이용

06 베어링의 호칭번호 6203의 안지름 치수는 몇 mm인가?

① 10
② 12
③ 15
④ 17

해설

6203 : 6-형식번호, 2-치수기호, 03-안지름 번호(03-17mm)
• 안지름 20mm 이내 : 00-10mm, 01-12mm, 02-15mm, 03-17mm, 04-20mm
• 안지름 20mm 이상 : 안지름 숫자에 5를 곱한 수가 안지름 치수가 된다. 예 06 = 30mm(6 × 5 = 30), 20 = 100mm(20 × 5 = 100)
베어링 안지름 번호

안지름 범위	안지름 치수	안지름 기호	예
10mm 미만	안지름이 정수인 경우	안지름	2mm이면 2
	안지름이 정수가 아닌 경우	/안지름	2.5mm이면 /2.5
10mm 이상 20mm 미만	10mm	00	–
	12mm	01	
	15mm	02	
	17mm	03	
20mm 이상 500mm 미만	5의 배수인 경우	안지름을 5로 나눈 수	40mm이면 08
	5의 배수가 아닌 경우	/안지름	28mm이면 /28
500mm 이상	–	/안지름	560mm이면 /560

07 실물 길이가 100mm인 형상을 1 : 2로 축척하여 제도한 경우의 설명으로 옳은 것은?

① 도면에 그려지는 길이는 50mm이고, 치수는 100mm로 기입한다.
② 도면에 그려지는 길이는 100mm이고, 치수는 50mm로 기입한다.
③ 도면에 그려지는 길이는 50mm이고, 치수는 50mm로 기입한다.
④ 도면에 그려지는 길이는 100mm이고, 치수는 100mm로 기입한다.

해설

• 실물 길이가 100mm인 형상을 1 : 2로 축척하면 도면에 그려지는 길이는 50mm이고, 치수는 100mm로 기입한다.
• 도면에 기입하는 치수는 척도에 관계없이 모두 실제 치수를 기입한다(실제 길이 100mm).

08 도면에서의 치수 배치방법에 해당하지 않는 것은?

① 직렬 치수 기입법

② 누진 치수 기입법

③ 좌표 치수 기입법

④ 상대 치수 기입법

해설

도면에서 치수 배치방법

• 직렬 치수 기입법 : 직렬로 나란히 연속되는 개개의 치수가 계속 되어도 좋은 경우에 사용한다.

• 좌표 치수 기입법 : 여러 종류의 많은 구멍의 위치나 크기 등의 치수를 좌표로 사용하며, 별도의 표로 나타내는 방법이다.

• 병렬 치수 기입법 : 한곳을 중심으로 치수를 기입하는 방법이다.

• 누진 치수 기입법 : 치수의 기준점에 기점 기호(O)를 기입하고, 치수보조선과 만나는 곳마다 화살표를 붙인다.

치수 기입법	치수 기입 도면
직렬 치수 기입	
병렬 치수 기입	
누진 치수 기입	
좌표 치수 기입	

09 축의 치수가 $\varnothing 300^{-0.05}_{-0.20}$, 구멍의 치수가 $\varnothing 300^{+0.15}_{0}$ 인 끼워맞춤에서 최소틈새는?

① 0

② 0.05

③ 0.15

④ 0.20

해설

• 구멍의 최소허용치수 : 300

• 축의 최대허용치수 : 299.95

• 최소틈새 = 구멍의 최소허용치수 − 축의 최대허용치수

= 300 − 299.95 = 0.05

틈 새	최소틈새	구멍의 최소허용치수 − 축의 최대허용치수
	최대틈새	구멍의 최대허용치수 − 축의 최소허용치수
죔 새	최소죔새	축의 최소허용치수 − 구멍의 최대허용치수
	최대죔새	축의 최대허용치수 − 구멍의 최소허용치수

10 코일 스프링의 제도방법으로 틀린 것은?

① 코일 스프링의 정면도에서 나선 모양 부분은 직 선으로 나타내면 안 된다.

② 코일 스프링은 일반적으로 하중이 걸린 상태에서 도시하지 않는다.

③ 스프링의 모양만 간략도로 나타내는 경우에는 스 프링 재료의 중심선만 굵은 실선으로 그린다.

④ 코일 부분의 양끝을 제외한 동일 모양 부분의 일부를 생략할 때는 선지름의 중심선을 가는 1점 쇄선으로 나타낸다.

해설

코일 스프링의 제도방법

• 코일 스프링의 정면도에서 나선 모양 부분은 직선으로 나타낸다.

• 코일 스프링은 일반적으로 무하중인 상태로 그리고, 겹판 스프링 은 일반적으로 스프링판이 수평인 상태에서 그린다.

• 코일 스프링의 종류와 모양만 간략도로 나타내는 경우에는 재료 의 중심선만 굵은 실선으로 도시한다.

• 코일 부분의 중간 부분을 생략할 때에는 생략한 부분을 가는 1점쇄선으로 표시하거나 가는 2점쇄선으로 표시해도 좋다.

11 게이지 블록의 부속품 중 내측 및 외측을 측정할 때 홀더에 끼워 사용하는 부속품은?

① 둥근형 조
② 센터 포인트
③ 베이스 블록
④ 나이프 에지

> **해설**
> ① 둥근형 조 : 게이지 블록의 부속품 중 내측 및 외측을 측정할 때 홀더에 끼워 사용하는 부속품이다.
>
>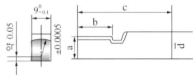
>
> ② 센터 포인트 : 원을 그릴 때 중심을 지지하며, 끝이 60°로 되어 있어 나사산을 검사할 때 사용한다.
> ③ 베이스 블록 : 금긋기 작업이나 높이를 측정할 때 홀더와 함께 사용한다.
> ④ 나이프 에지 : 측정하려는 면에 대고 반대쪽에서 새어 나오는 빛으로 틈새를 판단하여 면의 직각도, 평면도를 검사하는 데 사용한다.

12 측정오차의 종류에 해당하지 않는 것은?

① 측정기의 오차
② 자동오차
③ 개인오차
④ 우연오차

> **해설**
> 측정오차의 종류
>
> | 측정오차의 종류 | 내 용 |
> |---|---|
> | 측정기의 오차(계기오차) | 측정기의 구조, 측정압력, 측정온도, 측정기의 마모 등에 따른 오차 |
> | 시차(개인오차) | 측정기가 정확하게 치수를 지시해도 측정자의 부주의 때문에 생기는 오차로, 측정자 눈의 위치에 따라 눈금의 읽음값에 오차가 생기는 경우 |
> | 우연오차 | 기계에서 발생하는 소음이나 진동 등과 같은 주위 환경에서 오는 오차 또는 자연현상의 급변 등으로 생기는 오차 |

13 일반적인 버니어 캘리퍼스로 측정할 수 없는 것은?

① 나사의 유효지름
② 지름이 30mm인 둥근 봉의 바깥지름
③ 지름이 35mm인 파이프의 안지름
④ 두께가 10mm인 철판의 두께

> **해설**
> 나사의 유효지름 측정 : 나사 마이크로미터, 삼침법, 광학적인 방법 (공구현미경, 투영기) 등
> ※ 일반적인 버니어 캘리퍼스로 나사의 유효지름을 측정할 수 없다.

14 기포의 위치에 의하여 수평면에서 기울기를 측정하는 데 사용하는 액체식 각도 측정기는?

① 사인바
② 수준기
③ NPL식 각도기
④ 콤비네이션 세트

> **해설**
> ② 수준기 : 기포관 내의 기포 위치에 의하여 수평면에서 기울기를 측정하는 데 사용되는 액체식 각도 측정기로서, 그 용도는 기계의 조립·설치 등의 수평·수직을 조사할 때 사용한다.
> ① 사인바 : 길이를 측정하여 직각삼각형의 삼각함수를 이용한 계산에 의하여 임의각 측정 또는 임의각을 만드는 기구이다.
> ③ NPL식 각도기 : 길이 약 90mm, 폭 약 15mm의 측정면을 가진 쐐기형의 열처리된 블록으로 각각 6초, 18초, 1분, 3분, 9분, 27분, 1°, 3°, 9°, 27°, 41°의 각도를 가진 12개의 게이지를 한 조로 한다.
> ④ 콤비네이션 세트 : 2개의 면이 이루는 각도를 측정하거나 높이 측정에 사용하거나, 중심을 내는 금긋기 작업에 사용한다.

15 표면거칠기 측정기가 아닌 것은?

① 촉침식 측정기
② 광절단식 측정기
③ 기초원판식 측정기
④ 광파간섭식 측정기

> **해설**
> 표면거칠기 측정방법 : 촉침식 측정, 광절단식 측정, 광파간섭식 측정

16 선반의 베드를 주조한 후 수행하는 시즈닝의 목적으로 가장 적합한 것은?

① 내부응력 제거
② 내열성 부여
③ 내식성 향상
④ 표면경도 향상

해설
주물재료의 시즈닝 목적은 주조 시 발생한 내부응력을 제거하기 위함이다.

17 다음 그림에서 ㉠은 선반의 부속장치 중 무엇인가?

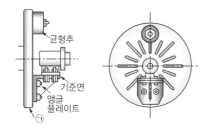

① 면 판
② 센 터
③ 맨드릴
④ 분할대

해설
면판은 척으로 고정할 수 없는 대형 공작물이나 복잡한 형상의 공작물을 T볼트나 클램프 또는 앵글 플레이트 등을 사용하여 고정한다. 공작물이 중심에서 무게에 균형이 맞지 않을 때에는 균형추를 설치하여 사용한다.

선반과 밀링의 부속품

선반의 부속품	밀링의 부속품
방진구, 맨드릴, 센터, 면판, 돌림판과 돌리개, 척 등	분할대, 바이스, 회전 테이블, 슬로팅 장치 등

18 선반의 크기를 나타내는 방법으로 적당하지 않은 것은?

① 베드 위의 스윙
② 왕복대 위의 스윙
③ 양 센터 사이의 최대 거리
④ 공작물을 물릴 수 있는 척의 크기

해설
보통선반의 크기를 나타내는 방법
• 베드상의 최대 스윙(Swing) : 베드 위에 공작물이 닿지 않고 가공할 수 있는 공작물의 최대 직경
• 양 센터 간의 최대 거리 : 가공할 수 있는 공작물의 최대 길이
• 왕복대 위의 스윙(Swing) : 왕복대 위에 공작물이 닿지 않고 가공할 수 있는 공작물의 최대 직경

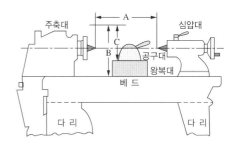

(a) 선반의 크기

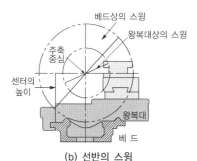

(b) 선반의 스윙

19 다음 중 보통선반의 심압대 대신 회전공구대를 사용하여 여러 가지 절삭공구를 공정에 맞게 설치하여 간단한 부품을 대량 생산하는 데 적합한 선반은?

① 차축선반　　　　② 차륜선반

③ 터릿선반　　　　④ 크랭크축선반

해설
③ 터릿선반 : 보통선반의 심압대 대신 터릿이라는 회전공구대를 설치하여 여러 가지 절삭공구를 공정에 맞게 설치하여, 간단한 부품을 대량 생산하는 선반이다.
① 차축선반 : 주로 기차의 차축을 가공하는 선반으로, 주축대를 마주 세워 놓은 구조이다.
② 차륜선반 : 주로 기차의 바퀴를 가공하는 선반으로, 주축대 2개를 마주 세운 구조이다.
④ 크랭크축선반 : 크랭크축의 저널과 크랭크핀을 가공하는 선반으로, 베드 양쪽에 크랭크핀을 편심시켜 고정하는 주축대가 있다.

20 선반의 종류별 용도에 대한 설명으로 틀린 것은?

① 정면선반 : 길이가 짧고, 지름이 큰 공작물 절삭에 사용한다.

② 보통선반 : 공작기계 중에서 가장 많이 사용되는 범용 선반이다.

③ 탁상선반 : 대형 공작물의 절삭에 사용한다.

④ 수직선반 : 주축이 수직으로 되어 있고, 중량이 큰 공작물 가공에 사용한다.

해설
③ 탁상선반 : 소형 공작물의 절삭에 사용된다. 작업대 위에 설치해야 할 만큼의 소형 선반으로 베드 길이 900mm 이하이어야 한다.
① 정면선반 : 기차 바퀴처럼 지름이 크고, 길이가 짧은 가공물을 절삭하기 편리한 선반으로 베드의 길이가 짧고, 심압대가 없는 경우도 많다.
② 보통선반 : 각종 선반 중에서 기본이 되고, 가장 많이 사용하는 선반이다.
④ 수직선반 : 대형 공작물이나 불규칙한 가공물을 가공하기 편리하도록 척을 지면 위에 수직으로 설치하여 가공물의 장착이나 탈착이 편리하다(중량이 큰 공작물 가공에 사용).

21 다음 중 구성인선(Built-up Edge)의 발생을 줄이는 방법으로 틀린 것은?

① 공구의 경사각을 크게 한다.

② 절삭속도를 크게 한다.

③ 윤활성이 좋은 절삭유제를 사용한다.

④ 공구의 날끝각을 크게 한다.

해설
구성인선(Built-up Edge, 빌트업에지)
연강이나 알루미늄 등과 같은 연한 금속의 공작물을 가공할 때 칩과 공구의 윗면 경사면 사이에 높은 압력과 마찰저항이 발생한다. 이로 인해 높은 절삭열이 발생하고, 칩의 일부가 매우 단단하게 변질된다. 이 칩이 공구 날 끝에 달라붙어 절삭날과 같은 작용을 하면서 공작물을 절삭하는데, 이것을 구성인선이라고 한다.
구성인선의 방지대책
• 절삭 깊이를 작게 한다.
• 경사각을 크게 한다.
• 절삭공구의 인선을 예리하게(날카롭게) 한다.
• 윤활성이 좋은 절삭유제를 사용한다.
• 절삭속도를 크게 한다.

22 절삭온도를 측정하는 방법에 해당하지 않는 것은?

① 열전대에 의한 방법

② 칩의 색깔에 의한 방법

③ 칼로리미터에 의한 방법

④ 초음파 탐지에 의한 방법

해설
절삭온도 측정법
• 칩의 색깔에 의한 방법
• 칼로리미터에 의한 방법
• 공구에 열전대를 삽입하는 방법
• 시온 도료를 사용하는 방법
• 공구와 일감을 열전대로 사용하는 방법
• 복사고온계에 의한 방법

23 절삭공구의 옆면과 가공물의 마찰에 의하여 절삭공구의 옆면이 평행하게 마모되는 것은?

① 크레이터 마모

② 치 핑

③ 플랭크 마모

④ 온도 파손

③ 플랭크 마모(Flank Wear) : 절삭공구의 절삭면에 평행하게 마모되는 것을 의미하며, 측면과 절삭면의 마찰에 의하여 발생한다.
① 크레이터 마모(Creater Wear) : 칩이 처음으로 바이트 경사면에 접촉하는 접촉점은 절삭공구의 인선에서 약간 떨어져서 나타나며, 이 접촉점에서 마찰력이 작용하여 절삭공구의 상면 경사면이 오목하게 파이는 현상이다.
② 치핑(Chipping) : 절삭공구인선의 일부가 미세하게 탈락되는 현상이다.
④ 온도 파손(Temperature Failure) : 절삭속도가 증가하면 절삭온도는 상승하고, 마모도 증가한다. 마모가 증가하면 절삭공구의 날이 약해져서 결국 파손이 발생한다.

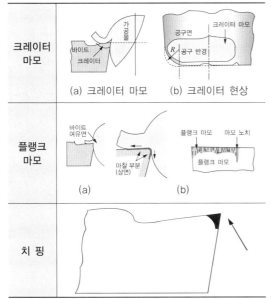

크레이터 마모	(a) 크레이터 마모	(b) 크레이터 현상
플랭크 마모	(a)	(b)
치 핑		

24 일반적으로 마찰면의 넓은 부분 또는 시동되는 횟수가 많을 때, 저속 및 중속 축의 급유에 이용되는 방식은?

① 오일링급유법

② 강제급유법

③ 적하급유법

④ 패드급유법

윤활제의 급유방법
• 적하급유법(Drop Feed Oiling) : 마찰면이 넓거나 시동되는 횟수가 많을 때, 저속 및 중속 축의 급유에 사용된다.
• 오일링(Oiling)급유법 : 고속 주축에 균등하게 급유할 목적으로 사용한다.
• 강제급유법(Circulating Oiling) : 순환펌프를 이용하여 급유하는 방법으로, 고속회전할 때와 베어링 냉각효과에 경제적이다.
• 패드급유법(Pad Oiling) : 무명이나 털 등을 섞어 만든 패드의 일부를 오일 통에 담가 저널의 아랫면에 모세관현상으로 급유하는 방법이다.

25 선반의 주요 부분이 아닌 것은?

① 칼럼(Column)

② 베드(Bed)

③ 주축대(Spindle)

④ 심압대(Tail Stock)

• 선반의 주요 부분 : 베드, 주축대, 심압대, 왕복대
• 밀링의 주요 부분 : 칼럼, 니, 테이블, 아버

26 현재 많이 사용되는 인공합성 절삭공구재료로 고속작업이 가능하며 난삭재료, 고속도강, 담금질강, 내열강 등의 절삭에 적합한 공구재료는?

① 초경합금
② 세라믹
③ 서 멧
④ 입방정 질화붕소(CBN)

<u>해설</u>
④ 입방정 질화붕소(CBN) : 자연계에는 존재하지 않는 인공합성 재료이다. 다이아몬드의 2/3배 정도의 경도를 가지며, CBN 미소분말을 초고온(2,000℃), 초고압(5만 기압 이상)의 상태로 소결하여 제작한다. CBN은 난삭재료, 고속도강, 담금질강, 내열강 등의 절삭에 많이 사용한다.
① 초경합금 : W, Ti, Mo, Zr 등의 경질합금 탄화물 분말을 Co, Ni을 결합제로 하여, 1,400℃ 이상의 고온으로 가열하면서 프레스로 소결성형한 절삭공구이다.
② 세라믹공구 : 산화알루미늄(Al_2O_3) 분말을 주성분으로, 마그네슘(Mg), 규소(Si) 등의 산화물과 미량의 다른 원소를 첨가하여 1,500℃에서 소결한 절삭공구이다.
③ 서멧 : 절삭공구재료로 사용되며, TiC를 주체로 하고 TiN, TiCN 등의 탄화물을 초미립화하여 소결시킨 합금으로, 세라믹 (Ceramic)과 금속(Metal)의 합성어이다.

27 다음 중 절삭공구용 특수강은?

① Ni-Cr강
② 불변강
③ 내열강
④ 고속도강

<u>해설</u>
• 절삭공구용 특수강 : 합금공구강, 고속도강, 주조경질합금, 초경합금, 세라믹, 다이아몬드 등
• 불변강 : 온도 변화에 따라 열팽창계수 및 탄성계수가 변하지 않는 강종(엘린바, 인바 등)

28 선반가공법의 종류로 거리가 먼 것은?

① 외경 절삭가공
② 드릴링 가공
③ 총형 절삭가공
④ 더브테일 가공

<u>해설</u>
선반가공법과 밀링가공법의 종류

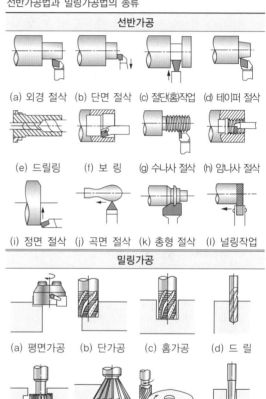

선반가공			
(a) 외경 절삭	(b) 단면 절삭	(c) 절단(홈)작업	(d) 테이퍼 절삭
(e) 드릴링	(f) 보 링	(g) 수나사 절삭	(h) 암나사 절삭
(i) 정면 절삭	(j) 곡면 절삭	(k) 총형 절삭	(l) 널링작업

밀링가공			
(a) 평면가공	(b) 단가공	(c) 홈가공	(d) 드 릴
(e) T홈 가공	(f) 더브테일 가공	(g) 곡면 절삭	(h) 보 링

★ 특히 널링가공·더브테일 가공이 정답으로 많이 출제되므로 반드시 암기한다.

29 선반에서 ∅45mm의 연강재료를 노즈 반지름 0.6mm 인 초경합금 바이트로 절삭속도 120m/min, 이송을 0.06mm/rev로 하여 다듬질하고자 한다. 이때 이론적인 표면거칠기값은?

① $0.62\mu m$ ② $0.68\mu m$

③ $0.75\mu m$ ④ $0.81\mu m$

해설
이론적인 표면거칠기값(H)

$$H = \frac{S^2}{8r} = \frac{0.06^2}{8 \times 0.6} = 0.00075\text{mm} = 0.75\mu m$$

∴ 이론적인 표면거칠기값(H) = $0.75\mu m$
여기서, S : 이송(mm/rev)
   r : 노즈 반지름(mm)

30 선반척 중 불규칙한 일감을 고정하는 데 편리하며 4개 조로 구성되어 있는 것은?

① 단동척 ② 콜릿척

③ 마그네틱척 ④ 연동척

해설
선반에 사용하는 척의 종류

단동척	내 용	4개의 조가 90° 간격으로 구성 배치되어 있으며, 보통 4개의 조가 단독적으로 이동하여 공작물을 고정하며, 공작물의 바깥지름이 불규칙하거나 중심을 편심시켜 가공할 때 편리하다.
	그 림	
	비 고	• 불규칙한 모양 • 편심가공
연동척	내 용	3개의 조가 120° 간격으로 구성 배치되어 있으며, 1개의 조를 척 핸들로 이동시키면 다른 조들도 동시에 같은 거리를 방사상으로 움직이므로 원형, 정삼각형, 정육각형 등의 단면을 가진 공작물을 고정하는 데 편리하다.
	그 림	
	비 고	• 원형, 정삼각형 • 정육각형

마그네틱척	내 용	전자석을 이용하여 얇은 판, 피스톤링과 같은 가공물을 변형시키지 않고, 고정시켜 가공할 수 있는 자성체척이다.
	그 림	
	비 고	• 절삭 깊이를 작게 • 대형 공작물에는 부적당함
유압척	내 용	유압의 힘으로 조가 움직이는 척으로, 별도의 유압장치가 필요하다. 유압척은 소프트 조를 사용하기 때문에 가공 정밀도를 높일 수 있으며, 주로 수치제어 선반용으로 사용한다.
	그 림	
	비 고	• 소프트 조 사용 • 가공 정밀도 높음 • 수치제어 선반용
콜릿척	내 용	주축의 테이퍼 구멍에 슬리브를 꽂고 여기에 척을 끼워 사용한다. 지름이 가는 원형봉이나 각 봉재를 빠르고 간편하게 고정할 수 있다.
	그 림	
	비 고	• 지름이 작은 가공물 • 각 봉재 가공

31 컴퓨터에 의한 통합 생산시스템으로 설계, 제조, 생산, 관리 등을 통합하여 운영하는 시스템은?

① CAM

② FMS

③ DNC

④ CIMS

해설

④ CIMS(Computer Integrated Manufacturing System) : 컴퓨터에 의한 통합 생산시스템으로 설계, 제조, 생산, 관리 등을 통합하여 운영하는 시스템이다.

② FMS(Flexible Manufacturing System) : CNC 공작기계와 핸들링 로봇, APC, ATC, 무인 운반차, 제품을 셀과 셀에 자동으로 이송 및 공급하는 장치, 자동화된 창고 등을 갖추고 있는 제조공정을 중앙 컴퓨터에서 제어하는 유연생산시스템이다.

③ DNC(Direct Numerical Control) : CAD/CAM 시스템과 CNC 기계를 근거리 통신망(LAN)으로 연결하여 한 대의 컴퓨터에서 여러 대의 CNC 공작기계에 데이터를 분배하여 전송함으로써 동시에 운전할 수 있는 방식이다.

32 다음 중 고속가공의 일반적인 특징으로 틀린 것은?

① 가공시간을 단축시켜 가공능률을 향상시킨다.

② 표면조도를 향상시킨다.

③ 버(Burr)의 생산성이 감소한다.

④ 절삭저항이 증가되고, 공구수명이 단축된다.

해설

고속가공의 장점
• 가공시간을 단축시켜 가공능률을 향상시킨다.
• 절삭저항이 저하되고, 공구수명이 길어진다.
• 엔드밀의 경우에는 절삭저항이 저하됨으로써 매우 얇은 가공물도 변형을 주지 않고 정밀도를 유지하면서 가공할 수 있다.
• 표면조도를 향상시킨다.
• 버(Burr) 생성이 감소한다.
• 칩 처리가 용이하다.
• 난삭재 가공이 가능하다.
• 경면가공을 할 때에는 연마작업이 최소화된다.
• 열처리된 소재(HRC60)도 직접 가공할 수 있다.
• 황삭부터 정삭까지 한 번의 셋업으로 가공이 가능하다.

33 CNC 공작기계의 제어방식이 아닌 것은?

① 위치결정제어

② 모방제어

③ 직선절삭제어

④ 윤곽절삭제어

해설

CNC의 제어방식

제어방식	설 명	적 용	그 림
위치결정 제어	이동 중에 속도 제어 없이 최종 위치만 찾아 제어하는 방식이다.	• 드릴링 머신 • 스폿 용접기 • 펀치 프레스	
직선절삭 제어	직선으로 이동하면서 절삭이 이루어지는 방식이다. 단독의 서보모터의 위치와 속도를 함께 제어하며 공구의 보정, 주축속도의 변화, 공구 선택 등의 기능을 추가한 제어방식이다.	• 밀링머신 • 보링머신 • 선 반	
윤곽절삭 제어	2개 이상의 서보모터를 연동시켜 위치와 속도를 제어하므로 대각선 경로, S자형 경로, 원형 경로 등 어떠한 경로라도 자유자재로 공구를 이동시켜 연속 절삭을 할 수 있는 방식이다.	최근 CNC 공작기계의 대부분이 윤곽절삭제어를 적용한다.	

34 CNC 공작기계에 이용되는 서보기구의 제어방식이 아닌 것은?

① 개방회로방식

② 반개방회로방식

③ 폐쇄회로방식

④ 반폐쇄회로방식

해설

서보기구의 형식은 피드백 장치의 유무와 검출 위치에 따라 개방회로방식, 반폐쇄회로방식, 폐쇄회로방식, 복합회로방식으로 분류된다.

서보기구의 방식

구 분	내 용
개방회로방식	피드백 장치 없이 스테핑 모터를 사용한 방식으로 실용화되었으나, 피드백 장치가 없기 때문에 가공 정밀도에 문제가 있어 현재는 거의 사용되지 않는다.
폐쇄회로방식	모터에 내장된 태코제너레이터에서 속도를 검출하고, 기계의 테이블에 부착한 스케일(Scale)에서 위치를 검출(로터리 인코더)하여 피드백시키는 방식이다.
반폐쇄회로방식	모터에 내장된 태코제너레이터(펄스제너레이터)에서 속도를 검출하고, 인코더에서 위치를 검출하여 피드백하는 제어방식이다.
복합회로방식	반폐쇄회로 방식과 폐쇄회로 방식을 결합하여 고정밀도로 제어하는 방식으로, 가격이 고가이므로 고정밀도를 요구하는 기계에 사용된다.

★ 서보기구 방식은 자주 출제되므로 그림과 내용을 반드시 암기한다.

35 CNC 선반가공 시 오차를 수정하는 방법이 아닌 것은?

① 기계 좌표계 좌표값 수정

② 공구 옵셋량 수정

③ 공작물 좌표계 좌표값 수정

④ 프로그램 수정

해설

기계 좌표계(Machine Coordinate System): 기계 제작사가 일정한 위치에 정한 기계의 기준점으로, 기계원점을 기준으로 하는 좌표계를 기계 좌표계라고 한다. 기계 좌표계의 좌표값은 제조사가 정해 놓은 것으로 수정할 수 없다. 이 기준점은 기계가 일정한 위치로 복귀하는 기준점이며, 공작물 좌표계 및 각종 파라미터 설정값의 기준이 될 뿐만 아니라 모든 연산의 기준이 된다. 이 기준점은 공구와 공작물이 가장 멀리 떨어지는 위치, 즉 테이블이나 주축 헤드 동작의 끝점에 설정되는 것이 일반적이지만, 수직형 머시닝센터의 X축의 경우와 같이 테이블의 이동 중심에 기준점을 설정하기도 한다.

36 NC 선반에서 그림의 B → C 경로의 가공프로그램으로 틀린 것은?

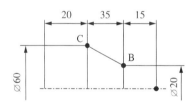

① G01 X60. Z-50.; ② G01 U60. Z-50.;

③ G01 U40. W-35.; ④ G01 X60. W-35.;

해설

G01 U60. Z-50.;은 혼합지령으로 G01 U40. Z-50.;으로 지령해야 한다.

B → C 경로의 가공프로그램

구 분	B → C 경로프로그램	비 고
절대지령	G01 X60. Z-50.;	프로그램 원점을 기준으로 좌표값 입력
증분지령	G01 U40. W-35.;	현재의 공구 위치를 기준으로 끝점까지의 증분값 입력
혼합지령	G01 X60. W-35.; G01 U40. Z-50.;	절대지령과 증분지령방식을 혼합하여 지령

37 다음은 CNC 프로그램에서 보조프로그램을 사용하는 방법이다. (A), (B), (C)에 차례로 들어갈 어드레스로 적당한 것은?

주프로그램	보조프로그램	보조프로그램
O4567;	O1004;	O0100;
↓	↓	↓
↓	↓	↓
(A) P1004;	(A) P0100;	↓
↓	↓	↓
↓	↓	↓
(C);	(B);	(B);

	(A)	(B)	(C)
①	M98	M02	M99
②	M98	M99	M02
③	M30	M99	M02
④	M30	M02	M99

해설
- (A) : M98 → 보조프로그램 호출(M98 P1004;)
- (B) : M99 → 보조프로그램 종류(보조프로그램에서 주프로그램으로 돌아간다)
- (C) : M02 → 프로그램 종료
- ※ M30 : 프로그램 끝 & Rewind

38 CNC 프로그램은 여러 개의 지령절(Block)이 모여 구성된다. 지령절과 지령절의 구분은 무엇으로 표시하는가?

① 블록(Block)

② 워드(Word)

③ 어드레스(Address)

④ EOB(End Of Block)

해설
몇 개의 단어(Word)가 모여 구성된 한 개의 지령단위를 지령절(Block)이라고 하며, 지령절과 지령절은 EOB(End Of Block)으로 구분한다. 제작회사에 따라 ';' 또는 '#'과 같은 부호로 간단히 표시한다. EOB는 블록의 종료를 나타낸다.

블록의 구성

N_	G_	X_	Z_	F_	S_	T_	M_	;
전개번호	준비기능	좌표값		이송기능	주축기능	공구기능	보조기능	EOB

39 다음 중 지령된 블록에서만 유효한 G코드(One Shot G Code)가 아닌 것은?

① G04

② G30

③ G40

④ G50

해설
- G40은 공구인선 보정 취소로 동일 그룹의 다른 G코드가 나올 때까지 유효한 모달 G코드이다.
- G코드에는 원숏(One Shot) G코드와 모달(Modal) G코드의 두 종류가 있다.

구 분	의 미	그 룹	G코드
원숏 G코드	명령된 블록에 한해서 유효	00그룹	G04, G28, G30, G50 등
모달 G코드	동일 그룹의 다른 G코드가 나올 때까지 유효	00 이외의 그룹	G03, G40, G41, G42 등

40 CNC 기계의 움직임을 전기적인 신호로 표시하는 일종의 회전 피드백(Feed Back) 장치는?

① 볼 스크루

② 리졸버

③ 서보기구

④ 컨트롤러

해설
② 리졸버(Resolver) : CNC 기계의 움직임 상태를 표시하는 것으로, 기계적인 운동을 전기적인 신호로 바꾸는 피드백 장치이다.
③ 서보기구(Servo Unit) : 공작기계의 핸들 대신 구동모터를 장치하여 임의의 위치에 필요한 속도로 테이블을 이동시켜 주는 기구이다.
① 볼 스크루(Ball Screw) : CNC 공작기계에서 백래시(Back Lash)가 적고 정밀도가 높아 가장 많이 사용하는 기계 부품이다.

41 지름이 ∅30mm인 재료를 CNC 선반에서 절삭할 때 주축의 회전수가 1,000rpm이면 절삭속도는 약 몇 m/min인가?

① 942m/min

② 94.2m/min

③ 1,884m/min

④ 188.4m/min

해설
$$절삭속도(v) = \frac{\pi dn}{1,000} = \frac{\pi \times 30\text{mm} \times 1,000\text{rpm}}{1,000} = 94.2\text{m/min}$$

42 다음과 같은 CNC 선반프로그램에서 2회전의 휴지(Dwell) 시간을 주려고 할 때 (   ) 안에 적합한 단어(Word)는?

```
G50 S1500 T0100;
G95 S80 M03;
G00 X60.0 Z50.0 T0101;
G01 X30.0 F0.1;
G04 (    );
```

① X0.14
② P0.14
③ X1.5
④ P1.5

해설
- 정지시간(Dwell Time)과 스핀들 회전수의 관계식으로부터 정지 시간은 1.5초이다.

$$정지시간(초) = \frac{60 \times 공회전수(회)}{스핀들\ 회전수(rpm)} = \frac{60 \times n}{N(rpm)} = \frac{60 \times 2}{80}$$
$$= 1.5(초)$$

- G95 S80 M03; 블록에서 스핀들 회전수가 80rpm임을 알아낸다.
- 정지시간이 1.5초가 되기 위해 G04 X1.5 또는 G04 U1.5 또는 G04 P1500을 지령한다.
  ∴ (   ) 안에 적합한 단어(Word)는 X1.50이다.
- ※ 휴지(Dwell/일시 정지) : 지령한 시간 동안 이송이 정지되는 기능으로, 홈가공이나 드릴작업 등에서 간헐이송으로 칩을 절단하거나 목표점에 도달한 후 즉시 후퇴할 때 생기는 이송량만큼의 단차를 제거함으로써 진원도의 향상 및 깨끗한 표면을 얻기 위하여 사용한다.
- ※ G04 : 휴지기능, 어드레스 X, U 또는 P와 정지하려는 시간을 수치로 입력한다. P는 소수점을 사용할 수 없으며, X, U는 소수점 이하 세 자리까지 유효하다.

43 CNC 선반에서의 나사가공(G32)에 대한 설명으로 틀린 것은?

① 이송속도 조절 오버라이드는 100%로 고정하여야 한다.
② 주축 회전수 일정제어(G97)로 지령하여야 한다.
③ 가공 도중에 이송정지(Feed Hold) 스위치를 ON 하면 자동으로 정지한다.
④ 나사가공이 완료되면 자동으로 시작점으로 복귀한다.

해설
나사가공 중에는 나사의 불량 방지를 위하여 이송정지(Feed Hold) 기능이 무효화된다. 그러므로 나사가공 중에 이송정지 버튼을 누르더라도 그 블록의 나사가공이 완료된 후에 정지한다.

44 CNC 선반프로그램에서 G96 S120 M03;의 의미로 옳은 것은?

① 절삭속도 120rpm으로 주축 역회전한다.
② 절삭속도 120m/min으로 주축 역회전한다.
③ 절삭속도 120rpm으로 주축 정회전한다.
④ 절삭속도 120m/min으로 주축 정회전한다.

해설
- G96 S120 M03; → 절삭속도 120m/min으로 일정하게 정회전하도록 제어
- G96 : 절삭속도(m/min) 일정제어
- G97 : 주축 회전수(rpm) 일정제어
- M03 : 주축 정회전

45 CNC 선반에서 안지름과 바깥지름의 거친 가공 사이클을 나타내는 반복 사이클 기능은?

① G70
② G71
③ G74
④ G76

해설
② G71 : 안·바깥지름 거친 절삭 사이클
① G70 : 다듬 절삭 사이클
③ G74 : Z방향 홈가공 사이클(팩 드릴링)
④ G76 : 나사 절삭 사이클
※ G71 : 안·바깥지름 거친 절삭 사이클(복합 반복 사이클)

```
G71 U(△d) R(e);
G71 P(ns) Q(nf) U(△u) W(△w) F(f);
```

여기서, U(△d) : 1회 가공 깊이(절삭 깊이)/반지름 지령, 소수점 지령 가능
R(e) : 도피량(절삭 후 간섭 없이 공구가 빠지기 위한 양)
P(ns) : 다듬 절삭가공 지령절의 첫 번째 전개번호
Q(nf) : 다듬 절삭가공 지령절의 마지막 전개번호
U(△u) : X축 방향 다듬 절삭 여유(지름 지령)
W(△w) : Z축 방향 다듬 절삭 여유
F(f) : 거친 절삭가공 시 이송속도(즉, P와 Q 사이의 데이터는 무시되고 G71 블록에서 지령된 데이터가 유효)

46 연삭숫돌의 결합제 종류에서 주성분이 점토와 장석인 결합제는?

① 비트리파이드 결합제
② 실리케이트 결합제
③ 레지노이드 결합제
④ 셀락 결합제

해설
결합제의 종류
• 비트리파이드(V) : 주성분이 점토와 장석인 무기질 결합제
• 실리케이트(S) : 대형 숫돌에 적합한 무기질 결합제
• 셀락(E) : 절단용, 유기질 결합제
• 레지노이드(B) : 절단용, 유기질 결합제

47 연삭숫돌에 눈메움이나 무딤현상이 발생되었을 때 이를 해결하는 방법으로 옳은 것은?

① 몰 딩
② 버 핑
③ 황 삭
④ 드레싱

해설
드레싱(Dressing) : 눈메움이나 무딤현상이 발생하여 절삭성이 나빠진 연삭숫돌 표면에 드레서를 사용하여 예리한 절삭날을 숫돌 표면에 생성하여 절삭성을 회복시키는 작업

48 다음 그림은 드릴링 머신을 이용한 가공방법 중 무엇인가?

① 리 밍
② 스폿 페이싱
③ 카운터 보링
④ 카운터 싱킹

해설
문제의 그림은 카운터 싱킹을 나타내는 그림이다.
드릴가공의 종류
• 카운터 보링 : 볼트의 머리 부분이 돌출되면 곤란한 부분이 있다. 이러한 경우에 볼트 또는 너트의 머리 부분이 가공물 안으로 묻히도록 드릴과 동심원의 2단 구멍을 절삭하는 방법
• 카운터 싱킹 : 나사머리의 모양이 접시 모양일 때 테이퍼 원통형으로 절삭하는 가공
• 리밍 : 구멍의 정밀도를 높이기 위해 구멍을 다듬는 작업
• 태핑 : 공작물 내부에 암나사 가공, 태핑을 위한 드릴가공은 나사의 외경−피치로 한다.
• 스폿 페이싱 : 볼트나 너트를 체결하기 곤란한 경우에 볼트나 너트가 닿는 구멍 주위에 부분만을 평탄하게 가공하여 체결이 잘되도록 하는 가공방법
• 보링 : 뚫린 구멍을 다시 절삭하고, 구멍을 넓히고 다듬질하는 작업

49 주로 일감의 평면을 가공하며 기둥의 수에 따라 쌍주식과 단주식으로 구분하는 공작기계는?

① 셰이퍼　　　　② 슬로터
③ 플레이너　　　④ 브로칭 머신

해설

③ 플레이너 : 테이블 수평 길이 방향 왕복운동과 공구는 테이블의 가로 방향으로 이송하며, 주로 평면을 가공하는 공작기계이다. 선반의 베드, 대형 정반 등의 대형물 가공에 적합하다. 플레이너의 크기는 테이블의 크기(길이 × 폭), 공구대의 이송거리, 테이블 윗면에서 공구대 사이의 최대 높이로 표시한다. 플레이너의 종류에는 쌍주식, 단주식, 피트 플레이너 등이 있다.

① 셰이퍼(Shaper) : 구조가 간단하고 사용이 편리하여 평면을 가공하는 공작기계이다. 절삭능률이 나빠 최근에는 절삭능률이 좋은 공작기계를 사용하고, 셰이퍼는 많이 사용하지 않는다. 크기는 일반적으로 램의 최대 행정으로 표시한다.

② 슬로터(Slotter) : 테이블은 수평면에서 직선운동과 회전운동을 하여 주로 키 홈, 스플라인, 세레이션 등의 내경가공을 하는 공작기계이다.

④ 브로칭 머신 : 가늘고 긴 일정한 단면 모양을 가진 공구에 많은 날을 가진 브로치(Broach)라는 절삭공구를 사용하여 가공물의 내면이나 외경에 필요한 형상의 부품을 가공하는 공작기계이다.

50 슈퍼피니싱(Super Finishing)의 특징과 거리가 먼 것은?

① 진폭이 수 mm이고, 진동수가 매분 수백에서 수천의 값을 가진다.
② 가공열의 발생이 적고 가공 변질층도 작아 가공면 특성이 양호하다.
③ 다듬질 표면은 마찰계수가 작고, 내마멸성과 내식성이 우수하다.
④ 입도가 비교적 크고, 경한 숫돌에 고압으로 가압하여 연마하는 방법이다.

해설

슈퍼피니싱(Super Finishing) : 입도가 작고, 연한 숫돌에 작은 압력으로 가압하면서 가공물에 이송을 주고, 동시에 숫돌에 진동을 주어 표면거칠기를 높이는 가공방법(작은 압력 + 이송 + 진동)

• 다듬질 가공에서 진폭을 3~5mm, 진동수 600~2,500사이클/초 정도이다.
• 다듬질된 면은 평활하고 방향성이 없으며, 가공에 의한 표면 변질층이 매우 미세하다.
• 다듬질 표면은 마찰계수가 작고, 내마멸성과 내식성이 우수하다.

51 풀림처리의 목적으로 가장 적합한 것은?

① 연화 및 내부응력 제거
② 경도의 증가
③ 조직의 오스테나이트화
④ 표면의 경화

해설

일반 열처리의 종류

• 담금질 : 재료를 단단하게 할 목적으로 강을 오스테나이트 조직으로 될 때까지 가열한 후 물이나 기름에 급랭시켜 재질을 경화시키는 조작
• 뜨임 : 재질에 적당한 인성을 부여하기 위해 담금질 온도보다 낮은 온도에서 일정 시간을 유지한 후 냉각시키는 조작
• 풀림 : 재료를 연하게 하거나 내부응력을 제거할 목적으로 강을 오스테나이트 조직으로 될 때까지 가열한 후 노나 재 속에서 서서히 냉각시키는 조작
• 불림 : 재료의 내부응력 제거 및 균일한 결정조직을 얻기 위해 높은 온도로 가열하여 균일한 오스테나이트 조직으로 한 후 공기 중에서 냉각시키는 조작

52 납, 주석, 알루미늄 등의 연한 금속이나 얇은 판금의 가장자리를 다듬질할 때 가장 적합한 것은?

① 단 목　　　　② 귀 목
③ 복 목　　　　④ 파 목

해설

① 단목 : 납, 주석, 알루미늄 등의 연한 금속이나 판금의 가장자리를 다듬질 작업을 할 때 사용한다.
② 귀목 : 펀치나 정으로 날 눈을 하나씩 파서 일으킨 것으로, 보통 나무나 가죽 베크라이트 등의 비금속 또는 연한 금속의 거친 절삭에 사용된다.
③ 복목 : 일반적인 다듬질용이며, 먼저 낸 줄눈을 하목(아랫날), 그 위에 교차시켜 낸 줄눈을 상목(윗날)이라 한다.
④ 파목 : 물결 모양으로 날 눈을 세운 것으로, 날 눈의 홈 사이에 칩이 끼지 않아 납, 알루미늄, 플라스틱, 목재 등에 사용되지만 다듬질면은 좋지 않다.

53 보통주철에 함유되는 주요 성분이 아닌 것은?

① Si
② Sn
③ P
④ Mn

해설
공업용으로 사용되는 철강재료는 철광석으로부터 직접 또는 간접으로 제조된 것으로, 광석 또는 제조과정으로부터 C, Si, Mn, P, S 등이 섞여 포함되어 있다. 즉, 보통주철에 함유된 주요 성분은 C, Si, Mn, P, S이다.

54 탄소강의 표준조직이 아닌 것은?

① 페라이트
② 트루스타이트
③ 펄라이트
④ 시멘타이트

해설
탄소강의 표준조직 : 오스테나이트, 페라이트, 펄라이트, 시멘타이트
※ 탄소강에 나타나는 조직의 비율은 C의 양에 의해 달라진다.
탄소강의 표준조직이란 강종에 따라 A_3점 또는 A_{cm}보다 30~50℃ 높은 온도로 강을 가열하여 오스테나이트 단일상으로 한 후 대기 중에서 냉각했을 때 나타나는 조직이다.

55 보통 합금보다 회복력과 회복량이 우수하여 센서(Sensor)와 액추에이터(Actuator)를 겸비한 기능성 재료로 사용되는 합금은?

① 비정질 합금
② 초소성 합금
③ 수소 저장 합금
④ 형상 기억 합금

해설
• 형상 기억 합금 : 보통 합금보다 회복력과 회복량이 우수하여 센서(Sensor), 액추에이터(Actuator)를 겸비한 기능성 재료로서 기계, 전기 관련 부품에 광범위하게 이용된다.
• 비정질합금 : 원자 배열이 불규칙한 상태

56 다음 열처리방법 중에서 표면경화법에 속하지 않는 것은?

① 침탄법
② 질화법
③ 고주파경화법
④ 항온열처리법

해설
열처리의 분류

일반 열처리	항온 열처리	표면경화 열처리
• 담금질(Quenching)	• 마퀜칭	• 침탄법
• 뜨임(Tempering)	• 마템퍼링	• 질화법
• 풀림(Annealing)	• 오스템퍼링	• 화염경화법
• 불림(Normalizing)	• 오스포밍	• 고주파경화법
	• 항온풀림	• 청화법
	• 항온뜨임	

항온열처리 : 변태점 이상으로 가열한 강을 보통의 열처리와 같이 연속적으로 냉각하지 않고 열욕 중에 담금질하여 그 온도에 일정한 시간 항온으로 유지하였다가 냉각하는 열처리

57 유도방출에 의한 빛의 증폭작용을 이용한 가공방법으로 구멍 내기, 절단 및 홈 자르기, 용접, 투명체 속 작업 등을 할 수 있는 가공방법은?

① 방전가공
② 플라스마가공
③ 레이저가공
④ 전자빔가공

해설
• 레이저가공 : 가공물에 빛을 쏘면 순간적으로 일부분이 가열되어 용해 또는 증발되는 원리를 이용하여 대기 중에서 비접촉으로 필요한 형상으로 가공하는 방법으로 구멍 뚫기, 절단, 후판용접, 국부적인 열처리 등이 있다.
• 방전가공 : 전극과 가공물 사이에 전기를 통전시켜 방전현상의 열에너지를 이용하여 가공물을 용융 증발시켜 가공을 진행하는 비접촉식 가공방법으로, 전극과 재료가 모두 도체이어야 한다.
• 전자빔가공 : 고열에 의한 재료의 용해 분출, 증발현상을 이용하는 가공법이다.

58 전기화학적 용해작용과 기계적 연삭작용을 중첩시킨 가공법은?

① 전해연마　　　　② 전해연삭
③ 방전가공　　　　④ 화학가공

해설
② 전해연삭 : 연삭숫돌에 의한 접촉방식으로 전해작용과 기계적인 연삭가공을 복합시킨 가공방법이다.
① 전해연마 : 가공물을 양극(+), 전기저항이 작은 구리와 아연을 음극(−)으로 연결하고, 전해액 속에서 1A/cm² 정도의 전기를 통하면 전기에 의한 화학적인 작용으로 가공물의 표면이 용출되어 필요한 형상으로 가공하는 방법이다.
③ 방전가공 : 전극과 가공물 사이에 전기를 통전시켜 방전현상의 열에너지를 이용하여 가공물을 용융 증발시켜 가공을 진행하는 비접촉식 가공방법으로, 전극과 재료가 모두 도체이어야 한다.
④ 화학가공 : 가공물을 화학가공액 속에 넣고 화학반응을 일으켜 가공물 표면에 필요한 형상으로 가공하는 방법이다.

60 선반에서 나사작업을 할 때 안전 및 유의사항으로 적절하지 않은 것은?

① 나사의 피치에 맞게 기어 변환 레버를 조정한다.
② 나사 절삭 중에 주축을 역회전시킬 때에는 바이트를 일감에서 일정거리를 떨어지게 한다.
③ 나사를 절삭할 때에는 절삭유를 충분히 공급해 준다.
④ 나사 절삭이 끝났을 때에는 반드시 하프너트를 고정시켜 놓아야 한다.

해설
나사 절삭 시 안전 및 유의사항
• 나사 절삭 시에는 회전속도를 저속으로 하여 접촉 충돌을 예방해야 한다.
• 나사 절삭 중 역회전시킬 때는 바이트를 공작물에서 이격시킨 후 실시한다.
• 나사를 절삭하기 전 충분한 연습을 실시한다.
• 바이트 재연삭 및 나사 절삭이 끝났을 때에는 반드시 하프너트를 풀어 놓는다.

59 다음 중 CNC 공작기계로 가공할 때의 안전사항으로 틀린 것은?

① 기계가공하기 전에 일상 점검에 유의하고, 윤활유 양이 적으면 보충한다.
② 일감의 재질과 공구의 재질과 종류에 따라 회전수와 절삭속도를 결정하여 프로그램을 작성한다.
③ 절삭공구, 바이스 및 공작물은 정확하게 고정하고 확인한다.
④ 절삭 중 가공 상태를 확인하기 위해 앞쪽에 있는 문을 열고 작업을 한다.

해설
절삭 중 안전문을 열고 작업하면 칩이 비산되어 매우 위험하다.

01 열처리에서 재질을 경화시킬 목적으로 강을 오스테나이트 조직의 영역으로 가열한 후 급랭시키는 열처리는?

① 뜨 임　　　　② 풀 림
③ 담금질　　　　④ 불 림

해설
③ 담금질 : 재료를 단단하게 할 목적으로 강을 오스테나이트 조직으로 될 때까지 가열한 후 물이나 기름에 급랭하는 조작
① 뜨임 : 재질에 적당한 인성을 부여하기 위해 담금질 온도보다 낮은 온도에서 일정 시간을 유지한 후 냉각시키는 조작
② 풀림 : 재료를 연하게 하거나 내부응력을 제거할 목적으로 강을 오스테나이트 조직으로 될 때까지 가열한 후 노나 재 속에서 서서히 냉각시키는 조작
④ 불림 : 재료의 내부응력 제거 및 균일한 결정조직을 얻기 위해 높은 온도로 가열하여 균일한 오스테나이트 조직으로 한 후 공기 중에서 냉각시키는 조작

열처리	목 적	냉각 방법
담금질	경도와 강도를 증가	급랭(유랭)
풀 림	재질의 연화	노 랭
불 림	결정조직의 균일화(표준화)	공 랭

02 Cu 3.5~4.5%, Mg 1~1.5%, Si 0.5~1.0%, 나머지는 Al인 합금으로 무게를 중요시하는 항공기나 자동차에 사용되는 고강도 Al합금은?

① 두랄루민　　　　② 하이드로날륨
③ 알드레이　　　　④ 내식 알루미늄

해설
• 두랄루민 : 단조용 알루미늄 합금으로, 가벼워서 항공기나 자동차 등에 사용되는 고강도 Al합금이다[Al + Cu + Mg + Mn(알구마망)].
• 고강도 Al합금 : 두랄루민, 초두랄루민, 초강 두랄루민
• 내식성 Al합금 : 하이드로날륨, 알민, 알드레이
• Y합금 : Al + Cu + Ni + Mg의 합금으로, 내열성이 좋아 내연기관 실린더에 사용한다(알구니마).

03 미끄럼베어링과 비교한 구름베어링의 특징에 대한 설명으로 틀린 것은?

① 마찰계수가 작고 특히 기동 마찰이 작다.
② 규격화되어 있어 표준형 양산품이 있다.
③ 진동하중에 강하고, 호환성이 없다.
④ 전동체가 있어서 고속회전에 불리하다.

해설
미끄럼베어링과 구름베어링의 비교

항 목 종 류	미끄럼베어링	구름베어링
크 기	지름은 작으나 폭이 크게 된다.	폭은 작으나 지름이 크게 된다.
충격 흡수	유막에 의한 감쇠력이 우수하다.	감쇠력이 작아 충격 흡수력이 작다.
고속회전	저항은 일반적으로 크게 되나 고속회전에 유리하다.	윤활유가 비산하고, 전동체가 있어 고속회전에 불리하다.
소 음	특별한 고속 이외는 정숙하다.	일반적으로 소음이 크다.
하 중	추력하중은 받기 힘들다.	추력하중을 용이하게 받는다.
베어링 강성	정압 베어링에서는 축심의 변동 가능성이 있다.	축심의 변동은 작다.
규격화	자체 제작하는 경우가 많다.	표준형 양산품으로 호환성이 높다.

04 다음 그림에서 $W = 300\text{N}$의 하중이 작용하고 있다. 스프링 상수가 $k_1 = 5\text{N/mm}$, $k_2 = 10\text{N/mm}$라면, 늘어난 길이는 몇 mm인가?

① 15　　　　　　② 20

③ 25　　　　　　④ 30

해설
- 병렬로 스프링을 연결할 경우의 전체 스프링 상수

  $k = k_1 + k_2 = 5 + 10 = 15\text{N/mm}$

- 전체 스프링 상수 $k = \dfrac{W}{\delta} = \dfrac{\text{하중}}{\text{늘어난 길이}}$

- 늘어난 길이 $\delta = \dfrac{W}{k} = \dfrac{300\text{N}}{15\text{N/mm}} = 20\text{mm}$

05 비틀림 각이 30°인 헬리컬 기어에서 잇수가 40이고, 축 직각 모듈이 4일 때 피치원의 직경은 몇 mm인가?

① 160　　　　　② 170.27

③ 158　　　　　④ 184.75

해설
헬리컬기어

- 피치원지름 $D = \dfrac{mZ}{\cos\beta} = \dfrac{4 \times 40}{\cos 30°} = \dfrac{160}{0.866} \fallingdotseq 184.75$

  (β : 비틀림 각)

스퍼기어
- 피치원지름 $D = mZ$

06 보스와 축의 둘레에 여러 개의 키(Key)를 깎아 붙인 모양으로 큰 동력을 전달할 수 있고 내구력이 크면, 축과 보스의 중심을 정확하게 맞출 수 있는 특징을 가지는 것은?

① 새들 키　　　　② 원뿔 키
③ 반달 키　　　　④ 스플라인

해설
키(Key)의 종류

키	정 의	그 림
새들 키 (안장 키)	축에는 키 홈을 가공하지 않고 보스에만 테이퍼진 키 홈을 만들어 때려 박는다. [비고] 축의 강도 저하가 없다.	
원뿔 키	축과 보스와의 사이에 2~3곳을 축 방향으로 쪼갠 원뿔을 때려 박아 고정시킨다.	
반달 키	축에 반달 모양의 홈을 만들어 반달 모양으로 가공된 키를 끼운다. [비고] 축의 강도 약함	
스플라인	축에 여러 개의 같은 키 홈을 파서 여기에 맞는 한짝의 보스 부분을 만들어 서로 잘 미끄러져 운동할 수 있게 한 것이다. [비고] 키보다 큰 토크 전달	

※ 묻힘(Sunk) 키 : 축과 보스의 양쪽에 모두 키 홈을 가공한다.

07 브레이크의 마찰면이 원판으로 되어 있고, 원판의 수에 따라 단판 브레이크와 다판 브레이크로 분류되는 것은?

① 블록 브레이크 ② 밴드 브레이크

③ 드럼 브레이크 ④ 디스크 브레이크

해설
디스크 브레이크(Disk Brake, 원판 브레이크) : 브레이크 마찰면이 원판으로 되어 있고, 크게 캘리퍼형 디스크 브레이크와 클러치형 디스크 브레이크로 나뉜다.
• **캘리퍼형 디스크 브레이크(Caliper Disk Brake)** : 회전운동을 하는 드럼이 안쪽에 있고 바깥에서 양쪽 대칭으로 드럼을 밀어 붙여 마찰력이 발생하도록 한 브레이크 장치이다.
• **클러치형 디스크 브레이크(Clutch-Type Disk Brake)** : 축 방향 하중에 의하여 발생하는 마찰력으로 제동하는 브레이크로서 마찰면이 원판인 경우, 원판의 수에 따라 단판 브레이크와 다판 브레이크로 분류한다.
블록 브레이크 : 회전하는 브레이크 드럼을 브레이크 블록으로 누르게 한 것으로 브레이크 블록의 수에 따라 단식 블록 브레이크와 복식 블록 브레이크로 나눈다.

08 V벨트는 단면 형상에 따라 구분되는데 가장 단면이 큰 벨트의 형은?

① A ② C

③ E ④ M

해설
V벨트의 종류는 KS규격에서 단면의 형상에 따라 6종류로 규정하고 있으며, M형을 제외한 5종류가 동력 전달용으로 사용된다. 가장 단면이 큰 벨트는 E형이다.
V벨트의 사이즈 표

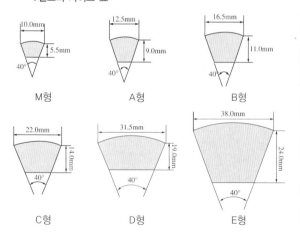

09 Cu에 60~70%의 Ni 함유량을 첨가한 Ni-Cu계의 합금이며, 내식성이 좋아 화학공업용 재료로 많이 쓰이는 재료는?

① Y합금

② 니크롬

③ 모넬메탈

④ 콘스탄탄

해설
③ 모넬메탈 : Cu에 60~70%의 Ni 함유량을 첨가한 Ni-Cu계의 합금으로, 내식성이 좋아 화학공업용 재료로 많이 사용한다.
① Y합금 : Al-Cu-Ni-Mg의 합금으로, 대표적인 내열용 합금이다.
④ 콘스탄탄 : Cu에 40~50% Ni을 첨가한 합금으로, 전기저항이 크고 온도계수가 낮아 저항선, 전열선 등에 사용한다.

10 상온취성(Cold Shortness)의 주된 원인이 되는 물질로 가장 적합한 것은?

① 탄소(C)

② 규소(Si)

③ 인(P)

④ 황(S)

해설
상온취성(Cold Shortness)
• 상온에서 충격치가 현저히 낮고, 취성이 있는 성질
• 인(P)을 많이 함유하는 재료에 나타나는 특수한 성질
탄소강에 함유한 각각의 원소의 영향
• 규소 : 0.2% 정도를 함유시켜 단접성과 냉간가공성을 유지시킨다.
• 인 : 상온취성의 원인, 절삭성이 개선되고, 강도와 경도가 증가한다.
• 황 : 적열취성의 원인이 되며, 절삭성이 향상된다.
• 몰리브덴 : 뜨임취성을 방지한다.

11 미터나사에 대한 설명으로 옳은 것은?

① 나사산의 각도는 60°이다.

② ABC 나사라고도 한다.

③ 운동용 나사이다.

④ 피치는 1인치당 나사산의 수로 나타낸다.

해설
• 미터나사
  – 호칭지름과 피치를 mm 단위로 나타낸다.
  – 나사산의 각이 60°인 미터계 삼각나사이다.
  – M호칭지름으로 표시한다(예 M8).
• 미터가는나사
  – M호칭지름×피치(예 M8×1)
  – 나사의 지름에 비해 피치가 작아 강도가 필요로 하는 곳, 공작기계의 이완방지용 등에 사용한다.
• 유니파이나사
  – 영국, 미국, 캐나다의 협정에 의해 만들어진 나사이다.
  – ABC 나사라고도 한다.
  – 나사산의 각이 60°인 인치계 나사이다.
• 운동용 나사
  – 힘을 전달하거나 물체를 움직이게 할 목적으로 사용하는 나사이다.
  – 사각나사, 사다리꼴나사, 톱니나사, 볼나사 등이 있다.
※ 피치(Pitch) : 서로 인접한 나사산과 나사산 사이의 축 방향의 거리

12 구리에 니켈 40~50% 정도를 함유하는 합금으로서 통신기, 전열선 등의 전기저항 재료로 이용되는 것은?

① 모넬메탈   ② 콘스탄탄

③ 엘린바   ④ 인 바

해설
• Cu–Ni합금으로 Ni 50% 부근은 전기저항의 최대치와 온도계수의 최소치가 있어 열전대로 널리 사용되며 콘스탄탄, 어드밴스 등의 상품명으로 잘 알려져 있다.
• Cu–Ni계 합금 : 콘스탄탄(40~45% Ni), 어드밴스(44% Ni), 모넬메탈(60~70% Ni/내식성 우수)
• 엘린바, 인바 : 온도 변화에 따라 열팽창계수 및 탄성계수가 변하지 않는 불변강

13 가공재료의 단면에 수직 방향으로 작용하는 하중은?

① 전단하중

② 굽힘하중

③ 인장하중

④ 비틀림하중

해설
하중 작용 상태에 따른 분류
• 인장하중 : 재료의 축선 방향으로 늘어나게 하려는 하중(재료의 단면에 수직 방향으로 작용)
• 압축하중 : 재료의 축선 방향으로 재료를 누르는 하중(재료의 단면에 수직 방향으로 작용)
• 전단하중 : 재료를 가위로 자르려는 것과 같은 형태의 하중
• 굽힘하중 : 재료를 구부려 휘어지게 하는 형태의 하중
• 비틀림하중 : 재료를 비트는 형태로 작용하는 하중

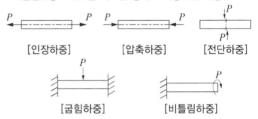

[인장하중]   [압축하중]   [전단하중]

[굽힘하중]   [비틀림하중]

14 강과 비교한 주철의 특성이 아닌 것은?

① 주조성이 우수하다.

② 복잡한 형상을 생산할 수 있다.

③ 주물제품을 값싸게 생산할 수 있다.

④ 강에 비해 강도가 비교적 높다.

해설
주철의 장단점

장 점	단 점
• 강보다 용융점이 낮아 유동성이 커 복잡한 형상의 부품도 제작하기 쉽다. • 주조성이 우수하다. • 마찰저항이 우수하다. • 절삭성이 우수하다. • 압축강도가 크다. • 고온에서 기계적 성질이 우수하다.	• 충격에 약하다(취성이 크다). • 인장강도가 작다. • 굽힘강도가 작다. • 소성(변형)가공이 어렵다.

15 치수 숫자와 함께 사용되는 기호로 45° 모따기를 나타내는 기호는?

① C

② R

③ K

④ M

치수 보조기호

구 분	기 호	읽 기	사용법
지 름	∅	파 이	지름 치수의 치수 수치 앞에 붙인다.
반지름	R	알	반지름 치수의 치수 수치 앞에 붙인다.
구의 지름	S∅	에스파이	구의 지름 치수의 치수 수치 앞에 붙인다.
구의 반지름	SR	에스알	구의 반지름 치수의 치수 수치 앞에 붙인다.
정사각형의 변	□	사 각	정사각형의 한 변 치수의 치수 수치 앞에 붙인다.
판의 두께	t	티	판 두께의 치수 수치 앞에 붙인다.
원호의 길이	⌒	원 호	원호의 길이 치수의 치수 수치 위에 붙인다.
45° 모따기	C	시	45° 모따기 치수의 치수 수치 앞에 붙인다.
이론적으로 정확한 치수	▭	테두리	이론적으로 정확한 치수의 치수 수치를 둘러싼다.
참고 치수	( )	괄 호	참고 치수의 치수 수치(치수 보조기호 포함)를 둘러싼다.

16 바퀴의 암(Arm)이나 리브(Rib)의 단면 실형을 회전도시단면도로 도형 내에 그릴 경우 사용하는 선의 종류는?(단, 단면부 전후를 끊지 않고 도형 내에 겹쳐서 그리는 경우)

① 가는 실선

② 굵은 실선

③ 가상선

④ 절단면

회전도시 단면도

• 핸들, 벨트풀리, 기어 등과 같은 바퀴의 암, 림, 리브, 훅, 축, 구조물의 부재 등의 절단면은 회전시켜 표시한다.
• 도형 내에 그릴 경우 : 가는 실선(a)
• 주투상도 밖으로 끌어내어 그릴 경우 : 굵은 실선(b)

(a) 암의 회전도시 단면도 (투상도 안)　　(b) 훅의 회전도시 단면도 (투상도 밖)

17 표면의 결 도시방법에서 제거가공을 허락하지 않는 것을 지시하고자 할 때 사용하는 제도기호는?

①

②

③

④

제거가공의 지시기호

종 류	의 미
	제거가공의 필요 여부를 문제 삼지 않는다.
	제거가공을 필요로 한다.
	제거가공을 해서는 안 된다.

18 나사의 호칭이 'L 2줄 M50 × 2−6H'로 표시된 나사에 6H가 표시하는 것은?

① 줄 수 ② 암나사의 등급
③ 피 치 ④ 나사 방향

19 다음 등각투상도를 화살표 방향으로 투상한 정면도는?

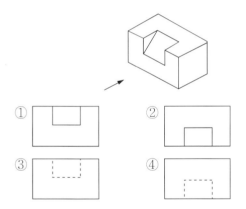

①   ②
③ ④

20 가공에 의한 커터의 줄무늬 방향 모양이 다음 그림과 같을 때 그 줄무늬 방향의 기호에 해당하는 것은?

① = ② X
③ R ④ C

 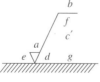

21 다음 그림과 같은 도면에서 C부의 치수는?

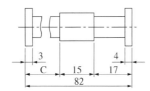

① 43   ② 47
③ 50   ④ 53

해설
- 82 − (15 + 17) = 50
- 중간 부분 생략에 의한 도형의 단축 : 동일한 단면형의 부분은 지면을 생략하기 위하여 중간 부분을 잘라내서 그 긴요한 부분만 가까이 하여 도시할 수 있다. 이 경우 잘라낸 끝부분은 파단선으로 나타낸다.

22 스퍼기어의 요목표가 다음과 같을 때 (   ) 안의 모듈은 얼마인가?

스퍼기어 요목표		
기어 모양		표 준
공 구	치 형	보통 이
	모 듈	( )
	압력각	20°
잇 수		36
피치원 지름		108

① 1.5   ② 2
③ 3   ④ 6

해설
$$모듈(m) = \frac{피치원지름(D)}{잇수(Z)} = \frac{108}{36} = 3$$
$$\therefore 모듈(m) = 3$$

23 한 변의 길이가 12mm인 정사각형 단면 봉에 축선 방향으로 144kgf의 압축하중이 작용할 때 생기는 압축응력의 값은 몇 kgf/mm²인가?

① 4.75   ② 1.0
③ 0.75   ④ 12.1

해설
$$압축응력(\sigma_c) = \frac{P_c}{A} = \frac{144\text{kgf}}{12 \times 12} = 1.0\,\text{kgf/mm}^2$$
여기서, P_c : 압축하중(kgf), A : 단면적(mm²)
$$\therefore \sigma_c = 1.0\,\text{kgf/mm}^2$$

24 다음 치수 기입방법으로 옳은 것은?

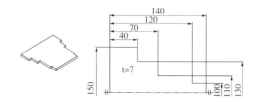

① 직렬 치수 기입   ② 병렬 치수 기입
③ 누진 치수 기입   ④ 좌표 치수 기입

해설
치수 기입법

치수 기입법	설 명	비 고
직렬 치수 기입	직렬로 나란히 연결된 각각의 치수에 주어진 일반 공차가 차례로 누적되어도 상관없는 경우에 사용한다.	
병렬 치수 기입	한곳을 중심으로 치수를 기입하는 방법으로, 각각의 치수공차는 다른 치수의 공차에 영향을 주지 않는다. 기준이 되는 치수보조선 위치는 기능, 가공 등의 조건을 고려하여 알맞게 선택한다.	
누진 치수 기입	치수의 기준점에 기점기호(o)를 기입하고, 한 개의 연속된 치수선에 치수를 기입하는 방법이다. 치수공차와 관련된 내용은 병렬 치수 기입법과 동일하며, 치수보조선과 만나는 곳마다 화살표를 붙인다.	(a) 수평 방향 기입 (b) 수직 방향 기입
좌표 치수 기입	치수를 좌표형식으로 기입하는 방법으로, 프레스 금형 설계와 사출 금형 설계에서 많이 사용하는 방법이다.	

구분	x	y	φ
A	10	40	16
B	40	40	24
C	10	10	10
D	40	10	14

25 일반적으로 유동형 칩이 발생되는 경우가 아닌 것은?

① 절삭 깊이가 클 때

② 절삭속도가 빠를 때

③ 윗면 경사각이 클 때

④ 일감의 재질이 연하고 인성이 많을 때

해설
유동형 칩이 발생하는 조건
• 연성의 재료(연강, 구리, 알루미늄 등)를 가공할 때
• 절삭 깊이가 작을 때
• 절삭속도가 빠를 때
• 경사각이 클 때
• 윤활성이 좋은 절삭유제를 사용할 때

절삭조건과 칩의 상태 및 구분

칩의 구분	가공물의 재질	절삭공구 경사각	절삭속도	절삭 깊이
유동형 칩	연하고 점성이 크다.	크다.	빠르다.	작다.
전단형 칩	↓	↓	↓	↓
경작형 (열단형) 칩	↓	↓	↓	↓
균열형 칩	굳고 취성이 크다.	작다.	느리다.	크다.

칩의 종류

유동형 칩	전단형 칩
경작형(열단형) 칩	균열형 칩

26 공작물의 회전운동과 절삭공구의 직선운동에 의하여 내·외경 및 나사가공 등을 하는 가공방법은?

① 밀링작업 ② 연삭작업

③ 선반작업 ④ 드릴작업

해설
공구와 공작물의 상대운동 관계

종 류	상대 절삭운동	
	공작물	공 구
밀링작업	고정하고 이송	회전운동
연삭작업	회전, 고정하고 이송	회전운동
선반작업	회전운동	직선운동
드릴작업	고 정	회전운동

27 다음 중 센터리스 연삭기의 장점이 아닌 것은?

① 중공의 원통을 연삭하는 데 편리하다.

② 연속작업을 할 수 있어 대량 생산에 적합하다.

③ 대형이나 중량물도 연삭할 수 있다.

④ 연삭 여유가 작아도 된다.

해설
센터리스 연삭의 특징
• 센터가 필요하지 않아 센터 구멍을 가공할 필요가 없다.
• 중공의 가공물을 연삭할 때 편리하다(중공(中空) : 속이 빈 축).
• 연삭 여유가 작아도 된다.
• 가늘고 긴 가공물의 연삭에 적합하다.
• 긴 홈이 있는 가공물의 연삭은 불가능하다.
• 대형이나 중량물의 연삭은 불가능하다.

센터리스 연삭 및 연삭방식

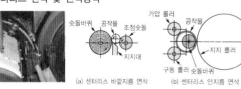

[센터리스 연삭]　　　[센터리스 연삭방식]

28 리머의 특징 중 옳지 않은 것은?

① 절삭날의 수가 많은 것이 좋다.

② 절삭날은 홀수보다 짝수가 유리하다.

③ 떨림을 방지하기 위하여 부등 간격으로 한다.

④ 자루의 테이퍼는 모스 테이퍼이다.

해설
- 절삭날은 짝수보다 홀수가 유리하다.
- 절삭날의 수는 많은 것이 좋지만 절삭저항이 커지고, 짝수 날로 등 간격일 때는 힘을 동시에 받기 때문에 채터링(Chattering, 떨림)이 발생한다.
- 핸드 리머의 자루는 곧은 자루에 끝부분이 사각으로 되어 있으며, 기계 리머는 곧은 것과 테이퍼 자루가 있다. 테이퍼는 모스 테이퍼로 되어 있다.

29 선반가공에서 벨트풀리나 기어 등과 같은 구멍이 뚫린 원통형 소재를 가공할 때 필요한 부속장치는?

① 센터(Center) ② 심봉(Mandrel)

③ 방진구(Work Rest) ④ 돌리개(Lathe Dog)

해설
- 맨드릴(Mandrel) : 기어, 벨트풀리 등과 같이 구멍과 외경이 동심원이고, 직각이 필요한 경우에 구멍을 먼저 가공하고 구멍에 맨드릴을 끼워 양 센터로 지지하여, 외경과 측면을 가공하여 부품을 완성하는 선반의 부속품이다.
- 맨드릴의 종류와 사용 예

종 류	비 고	종 류	비 고
팽창식 맨드릴	맨드릴 슬리브	나사 맨드릴	가공물 고정부
테이퍼 맨드릴	테이퍼 자루 가공물(너트)	갱 맨드릴	가공물 와셔
조립식 맨드릴	원추 원추 가공물(관)	맨드릴 사용의 예	면 판 돌리개 가공물 맨드릴

- 방진구(Work Rest) : 선반에서 가늘고 긴 가공물의 휨이나 떨림을 방지하기 위해 사용하는 부속품이다.
  - 고정식 방진구 : 선반 베드 위에 고정시킨다.
  - 이동식 방진구 : 왕복대의 새들에 고정시킨다.

30 선반에서 주축 맞은편에 설치하여 공작물을 지지하거나 드릴 등의 공구를 고정할 때 사용하는 것은?

① 심압대

② 주축대

③ 베 드

④ 왕복대

해설
① 심압대(Tail Stock) : 센터작업을 할 때 센터를 끼워 일감을 지지하거나 드릴을 끼워 가공할 수 있는 부분으로, 테이퍼 구멍 안에 부속품을 설치하여 주로 가공물 지지, 드릴가공, 리머가공, 센터드릴가공을 한다. 심압축에 있는 테이퍼도 주축 테이퍼와 마찬가지로 모스 테이퍼로 되어 있다.
② 주축대 : 가공물을 지지하고 회전력을 주는 주축대와 주축을 지지하는 베어링, 바이트에 이송을 주기 위한 원동력을 전달시키는 주요 부분이다.
③ 베드(Bed) : 리브(Rib)가 있는 상자형의 주물로서, 베드 위에 주축대, 왕복대, 심압대를 지지하며, 절삭운동의 응력과 왕복대, 심압대의 안내작용 등을 하는 구조이다.
④ 왕복대(Carriage) : 베드(Bed)상에서 공구대에 부착된 바이트에 가로 이송 및 세로 이송(절삭 깊이 및 이송)을 하는 구조로 되어 있으며 크게 새들(Saddle)과 에이프런(Apron)으로 나눈다.

31 니켈-크롬강에서 나타나는 뜨임취성을 방지하기 위해 첨가하는 원소는?

① 크롬(Cr) ② 탄소(C)

③ 몰리브덴(Mo) ④ 인(P)

해설
뜨임취성 및 방지
- 담금질 뜨임 후 재료에 나타나는 취성을 뜨임취성이라 하며, Ni-Cr강에 나타난다. 뜨임취성을 방지하기 위해 소량의 Mo(몰리브덴)을 첨가한다.
- Cr : 내마멸성을 증가시키는 원소
- Mo : W효과의 두 배, 뜨임취성 방지, 담금질 깊이 증가

32 숫돌바퀴에서 눈메움이나 무딤이 일어나면 절삭 상태가 나빠진다. 이와 같은 숫돌입자를 제거하고 새로운 숫돌입자를 생성하는 작업을 무엇이라 하는가?

① 래 핑　　　　　② 드레싱
③ 트루잉　　　　　④ 채터링

드레싱(Dressing) : 연삭숫돌은 눈메움이나 눈무딤이 발생하면 절삭성이 나빠진다. 눈메움이나 눈무딤이 발생한 숫돌입자를 제거하고, 새로운 옷을 입히는 것과 같이 예리한 절삭날을 숫돌 표면에 새롭게 생성하여 절삭성을 회복시키는 작업이다. 이때 사용하는 공구를 드레서라고 한다.

연삭숫돌의 수정 요인

수정 요인	설 명	그 림
눈메움 (Loading)	숫돌 표면의 기공에 칩이 용착되어 메워지는 현상이다.	눈메움 가공면
눈무딤 (Glazing)	연삭입자가 자생작용이 일어나지 않고 무뎌지는 현상으로, 연삭숫돌의 결합도가 지나치게 단단하면 입자의 날이 닳아서 절삭저항이 커져도 입자는 떨어져 나가지 않는다.	눈무딤 가공면
입자 탈락 (Shedding)	연삭숫돌의 결합도가 약할 때 발생한다. 숫돌입자의 파쇄가 충분하게 일어나기 전 결합제가 파쇄되어 숫돌입자가 떨어져 나가는 현상이다.	기공 입자 결합제 입자 탈락 가공면

33 드릴링 머신에서 작업할 수 없는 것은?

① 리 밍　　　　　② 태 핑
③ 카운터 싱킹　　　④ 연 삭

드릴가공의 종류
• 카운터 싱킹 : 나사머리가 접시 모양일 때 테이퍼 원통형으로 절삭하는 가공
• 카운터 보링 : 볼트의 머리 부분이 돌출되면 곤란한 경우, 볼트 또는 너트의 머리 부분이 가공물 안으로 묻히도록 드릴과 동심원의 2단 구멍을 절삭하는 방법
• 리밍 : 구멍의 정밀도를 높이기 위해 구멍을 다듬는 작업
• 태핑 : 공작물 내부에 암나사 가공, 태핑을 위한 드릴가공은 나사의 외경-피치로 한다.
• 스폿 페이싱 : 볼트나 너트를 체결하기 곤란한 경우, 볼트나 너트가 닿는 구멍 주위의 부분만 평탄하게 가공하여 체결이 잘되도록 하는 가공방법
• 보링 : 뚫린 구멍을 다시 절삭하고, 구멍을 넓히고 다듬질하는 가공방법

34 버니어 캘리퍼스의 측정 시 주의사항 중 잘못된 것은?

① 측정 시 측정면을 검사하고 본척과 부척의 0점이 일치하는가를 확인한다.
② 깨끗한 헝겊으로 닦아 버니어가 매끄럽게 이동되도록 한다.
③ 측정 시 공작물을 가능한 한 힘 있게 밀어붙여 측정한다.
④ 눈금을 읽을 때는 시차를 없애기 위해 눈금으로부터 직각의 위치에서 읽는다.

버니어 캘리퍼스 사용 시 주의사항
• 버니어 캘리퍼스는 측정력을 일정하게 하는 정압장치가 없으므로 무리한 측정력을 주지 않는다.
• 눈금을 읽을 때에는 시차가 생기지 않도록 눈금면의 직각 방향에서 읽는다.
• 사용 후에는 각 부분을 깨끗이 닦아 녹이 슬지 않도록 한다.
• 조의 측정면에 돌기가 생겼을 때에는 고운 기름숫돌로 수정한 다음 정도검사를 해야 한다.
• 습기, 먼지가 없고 온도 변화가 작은 곳에 보관한다.

35 산화알루미늄(Al₂O₃) 분말을 주성분으로 마그네슘 (Mg), 규소(Si) 등의 산화물과 소량의 다른 원소를 첨가하여 소결한 공구재료는?

① 서 멧
② 다이아몬드
③ 스텔라이트
④ 세라믹

해설
세라믹 합금의 특징
• 산화알루미늄(Al₂O₃) 분말에 규소 및 마그네슘 등의 산화물이나 다른 산화물의 첨가물을 넣고 소결한 것이다.
• 고속절삭, 고온에서 경도가 높고, 내마멸성이 좋다.
• 경질 합금보다 인성이 작고 취성이 있어 충격 및 진동에 약하다.
※ 서멧 : 절삭공구재료로 사용되면 TIC를 주체로 하고 TiN, TiCN 등의 탄화물을 초미립화하여 소결시킨 합금

36 선반에서 나사가공 시 주축 1회전당 공구 이동량의 기준이 되는 것은?

① 리 드
② 나사산의 높이
③ 나사 유효경
④ 나사골의 높이

해설
• 리드 : 나사가 1회전할 때 축 방향의 이동거리
• 리드 = 피치 × 나사의 줄수

37 나사의 유효지름 측정방법에 해당하지 않는 것은?

① 나사 마이크로미터에 의한 유효지름 측정방법
② 삼침법에 의한 유효지름 측정방법
③ 공구현미경에 의한 유효지름 측정방법
④ 사인바에 의한 유효지름 측정방법

해설
나사의 유효지름 측정방법
• 삼침법에 의한 방법
• 나사 마이크로미터에 의한 방법
• 광학적인 방법(공구현미경, 투영기 사용)
※ 사인바(Sine Bar) : 길이를 측정하여 직각삼각형의 삼각함수를 이용한 계산에 의하여 임의각 측정 또는 임의각을 만드는 기구 이다. 블록게이지로 양단의 높이로 조절하여 각도를 구하는 것으로, 정반 위에서 높이를 H, h라고 하면, 정반면과 사인바의 상면이 이루는 각을 구하는 식은 다음과 같다.

$$\sin\phi = \frac{H-h}{L}$$

38 다음 바깥지름 원통 연삭작업 방식은?

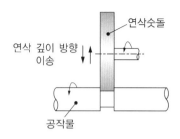

① 테이블 왕복형
② 연삭숫돌 왕복형
③ 플랜지 컷형
④ 센터리스형

해설
바깥지름 원통의 연삭방식

구 분	설 명	비 고
테이블 왕복형	숫돌바퀴를 일정한 위치에서 회전시키고 공작물을 회전시키면서 좌우로 이송시켜 연삭하는 방식	
연삭숫돌 왕복형	공작물을 일정한 위치에서 회전시키고, 회전하는 숫돌바퀴를 왕복운동시켜 연삭하는 방식	
플랜지 컷형	공작물은 그 자리에서 회전시키고, 숫돌바퀴를 공작물의 축에 직각 또는 경사 방향으로 이송하여 공작물의 바깥지름과 측면을 동시에 연삭하는 방식	

39 공구의 수평 판정기준에서 수명이 종료된 상태에 해당하지 않는 것은?

① 가공면에 광택이 있는 색조 또는 반점이 생길 때
② 공구인선의 마모가 전혀 없을 때
③ 완성 치수의 변화량이 일정량에 달했을 때
④ 절삭저항의 주분력에는 변화가 작아도 이송분력이나 배분력이 급격하게 증가할 때

해설
공구의 수명 판정
• 가공면에 광택이 있는 색조 또는 반점이 생길 때
• 공구인선의 마모가 일정량에 달했을 때
• 절삭저항의 주분력에는 변화가 작아도 이송분력이나 배분력이 급격히 증가할 때
• 주분력에 변화가 없어도 이송분력, 배분력이 급격히 증가할 때
• 완성 치수의 변화량이 일정량에 달했을 때
• 절삭저항의 주분력이 절삭을 시작했을 때와 비교하여 일정량이 증가할 경우 절삭공구의 수명이 종료된 것으로 판정한다.

40 기계가공에서 절삭성능을 높이기 위하여 절삭유를 사용한다. 절삭유의 사용목적으로 틀린 것은?

① 절삭공구의 절삭온도를 저하시켜 공구의 경도를 유지시킨다.
② 절삭속도를 높일 수 있어 공구수명을 연장시키는 효과가 있다.
③ 절삭열을 제거하여 가공물의 변형을 감소시키고, 치수 정밀도를 높여 준다.
④ 냉각성과 윤활성이 좋고, 기계적 마모를 크게 한다.

해설
절삭유는 기계적 마모를 작게 한다.

41 일반적으로 고속가공기의 주축에 사용하는 베어링으로 적합하지 않은 것은?

① 마그네틱 베어링　　② 에어 베어링
③ 니들 롤러 베어링　　④ 세라믹 볼 베어링

해설
니들 롤러 베어링 : 지름 5mm 이하의 바늘 모양의 롤러를 사용한 것으로, 좁은 장소나 충격하중이 있는 곳에 사용한다. 일반적으로 고속가공기의 주축에는 사용하지 않는다.

42 절삭공구재료의 구비조건으로 틀린 것은?

① 일감보다 단단하고 인성이 있을 것
② 높은 온도에서 경도 저하가 클 것
③ 내마멸성이 클 것
④ 쉽게 원하는 모양으로 만들 수 있는 것

해설
공구재료의 구비조건
• 고온경도 : 고온에서 경도가 저하되지 않고 절삭할 수 있는 고온경도가 필요하다.
• 내마모성 : 절삭공구와 가공재료의 마찰에 의하여 절삭공구의 표면이 미세하게 소모되는 마모에 대한 강도가 필요하다.
• 강인성 : 절삭공구는 외력에 의해 파손되지 않고 잘 견딜 수 있는 강인성이 필요하다.
• 저마찰 : 마찰계수가 작을수록 경제적이고 효율성이 높은 절삭을 할 수 있다.
• 성형성 : 원하는 모양으로 쉽게 제작이 가능해야 한다.
• 경제성 : 가격이 저렴해야 한다.

43 직경 지령으로 설정된 최소 지령 단위가 0.001mm인 CNC 선반에서 U30.으로 지령한 경우 X축의 이동량은 몇 mm인가?

① 10　　　　　　② 15
③ 30　　　　　　④ 60

해설
• 최소 지령 단위가 0.001mm인 경우 U30. 지령 시 X축 이동량
　→ 30 mm
• 최소 지령 단위가 0.001mm이므로 소수점이 없으면 뒤쪽에서 3번째 소수점이 있는 것으로 간주한다.
• X100. → 100mm　　U30. → 30mm
• X100 → 0.1mm　　U1005 → 1.005mm

44 다음 도면의 (a)→(b)→(c)로 가공하는 CNC 선반 가공 프로그램에서 (㉠), (㉡)에 차례로 들어갈 내용으로 맞는 것은?

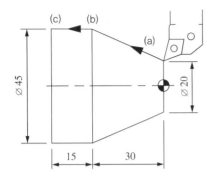

(a) → (b) : G01 (㉠) Z−30.0 F0.2;
(b) → (c) : (㉡)

　　　㉠　　　　㉡
① X45.0，W−15.0
② X45.0，W−45.0
③ X15.0，Z−30.0
④ U15.0，Z−15.0

해설
• (a) → (b) : 직선보간 G01로 (a)에서 (b)를 가공하기 위해 (b)의 X축 좌표를 X45.0을 지령한다.
• (b) → (c) : G01은 모달 G-코드로 생략이 가능하고 (c)점의 X축 좌표는 변함이 없어 생략한다. Z축은 −15만큼 절삭함으로 절대지령으로 Z−45.0 또는 증분지령 W−15.0으로 지령해야 한다. 그러므로 정답은 X45.0, W−15.0인 혼합지령이다.

45 강을 절삭할 때 쇳밥(Chip)을 잘게 하고 피삭성을 좋게 하기 위해 황, 납 등의 특수원소를 첨가하는 강은?

① 레일강
② 쾌삭강
③ 다이스강
④ 스테인리스강

해설
쾌삭강 : 가공재료의 피삭성을 높이고, 절삭공구의 수명을 길게 하기 위하여 요구되는 성질을 개선한 구조용 강으로 강에 황(S), 납(Pb)을 첨가한 황쾌삭강, 납쾌삭강이 있다.
• 칩(Chip)처리 능률을 높인다.
• 가공면 정밀도, 표면거칠기가 향상된다.

46 CNC 프로그램에서 선택적 프로그램(Program) 정지를 나타내는 보조기능은?

① M00
② M01
③ M02
④ M03

해설
M코드

M코드	기 능	M코드	기 능
M00	프로그램 정지	M08	절삭유 ON
M01	프로그램 선택 정지	M09	절삭유 OFF
M02	프로그램 끝	M30	프로그램 끝 & 리셋
M03	주축 정회전	M98	보조프로그램 호출
M04	주축 역회전	M99	보조프로그램 종료
M05	주축 정지		

★ 반드시 암기(자주 출제)

47 CNC 선반에서 스핀들 알람(Spindle Alarm)의 원인이 아닌 것은?

① 금지영역 침범 ② 주축모터의 과열
③ 주축모터의 과부하 ④ 과전류

해설

CNC 가공에서 일반적으로 발생하는 알람

순	알람내용	원 인	해제방법
1	EMERGENCY STOP SWITCH ON	• 비상정지스위치 ON	• 비상정지스위치를 화살표 방향으로 돌린다.
2	LUB.R. TANK LEVEL LOW ALARM	• 습동유 부족	• 습동유를 보충한다.
3	THERMAL OVERLOAD TRIP ALARM	• 과부하로 인한 OVER LOAD TRIP	• 원인 조치 후 마그네트와 연결된 OVERLOAD를 누른다.
4	P/S___ALARM	• 프로그램 알람	• 알람표를 보고 원인을 찾는다.
5	OT ALARM	• 금지영역 침범	• 이송축을 안전한 위치로 이동한다.
6	EMERGENCY L/S ON	• 비상정지 리밋 스위치 작동	• 행정오버해제스위치를 누른 상태에서 이송축을 안전한 위치로 이동시킨다.
7	SPINDLE ALARM	• 주축모터 과열 • 주축모터 과부하 • 주축모터 과전류	• 해제버튼을 누른다. • 전원을 차단하고 다시 투입한다. • A/S 연락을 한다.
8	TORQUE LIMIT ALARM	• 충돌로 인한 안전핀 파손	• A/S 연락을 한다.
9	AIR PRESSURE ALARM	• 공기압 부족	• 공기압을 높인다.

48 CAD/CAM 시스템의 입출력장치에서 출력장치에 해당하는 것은?

① 프린터 ② 조이스틱
③ 라이트 펜 ④ 마우스

해설
• 입력장치 : 조이스틱, 라이트 펜, 마우스 등
• 출력장치 : 프린터, 플로터 등

49 CNC선반에서 제2원점으로 복귀하는 준비기능은?

① G27 ② G28
③ G29 ④ G30

해설
④ G30 : 제2원점, 제3원점, 제4원점 복귀
① G27 : 원점 복귀 확인
② G28 : 자동원점 복귀
③ G29 : 원점으로부터 복귀

50 연삭작업 시 유의사항으로 틀린 것은?

① 연삭숫돌은 사용하기 전에 반드시 결함 유무를 확인한다.
② 테이퍼부는 수시로 고정 상태를 확인한다.
③ 정밀연삭을 하기 위해서는 기계의 열팽창을 막기 위해 전원 투입 후 곧바로 연삭한다.
④ 작업을 할 때에는 분진이 심하므로 마스크와 보안경을 착용한다.

해설
정밀연삭을 하기 위해서는 기계의 열팽창을 막기 위해 전원 투입 후 곧바로 연삭하지 않는다.

51 CNC의 서보기구(Servo System)의 형식이 아닌 것은?

① 개방회로방식 ② 반폐쇄회로방식
③ 대수연산방식 ④ 폐쇄회로방식

해설
서보기구(Servo System)의 종류
• 개방회로제어방식
• 반폐쇄회로방식
• 폐쇄회로방식
• 복합회로제어방식

52 CNC 공작기계 프로그램에서 소수점의 사용이 잘 못되어 경보(Alarm)가 발생하는 것은?

① G90 G00 Z200.0;

② G97 S200.0;

③ G01 X100.0 F200.0;

④ G04 X1.5;

해설
• 스핀들 회전수는 소수점을 사용하지 않는다. → G97 S200;
• 소수점은 거리와 시간, 속도의 단위를 갖는 것에 사용되는 주소 (X, Y, Z, A, B, C, I, J, K, R, F)의 수치에만 가능하다. 단, 파라미터 설정에 따라 소수점 없이 사용할 수도 있다.
• 이들 이외의 주소와 사용되는 수치는 소수점을 사용하면 에러가 발생한다.

53 CNC 공작기계 작업 시 안전사항에 위배되는 것은?

① 공작물 설치 시 절삭공구를 회전시킨 상태에서 해도 무관하다.

② 가공 중에는 얼굴을 기계에 가까이 대지 않는다.

③ 칩이 비산하는 재료는 칩 커버를 하거나 보안경을 착용한다.

④ 칩의 제거 시 브러시를 사용한다.

해설
공작물 설치는 절삭공구를 정지시킨 상태에서 실시한다.

54 CNC 가공에서 홈가공이나 드릴가공을 할 때 일시적으로 이송을 정지시키는 기능의 NC 용어는?

① 프로그램 스톱(Program Stop)

② 드웰(Dwell)

③ 옵셔널 블록 스킵(Optional Block Skip)

④ 옵셔널 스톱(Optional Stop)

해설
드웰(Dwell, 휴지)
CNC가공에서 홈가공이나 드릴가공을 할 때 지령한 시간 동안 이송이 정지되는 기능으로, 홈가공이나 드릴작업 등에서 간헐 이송으로 칩을 절단하거나 목표점에 도달한 후 즉시 후퇴할 때 생기는 이송량만큼의 단차를 제거함으로써 진원도의 향상 및 깨끗한 표면을 얻기 위하여 사용한다.

$$정지시간(초) = \frac{60 \times 공회전수(회)}{스핀들회전수(rpm)} = \frac{60 \times n(회)}{N(rpm)}$$

예 1.5초 동안 정지시키려면 G04 X1.5; , G04 U1.5; , G04 P1500;

55 ∅44 드릴가공에서 절삭속도 150m/min, 이송 0.08mm/rev일 때 회전수와 이송속도(Feed Rate)는?

① 1,085rpm, 86.8mm/min

② 320rpm, 3.52mm/min

③ 200rpm, 3.41mm/min

④ 170rpm, 34.1mm/min

해설
$$n = \frac{1,000\,V}{\pi d} = \frac{1,000 \times 150}{\pi \times 44} = 1,085\text{rpm}$$
∴ 드릴 회전수$(n) = 1,085$rpm
이송속도 $F = f \times n = 0.08 \times 1,085 = 86.8$mm/min
∴ 드릴 이송속도$(F) = 86.8$mm/min
여기서, d : 드릴지름(mm), V : 절삭속도(m/min)
n : 드릴 회전수(rpm), f : 드릴 이송(mm/rev)

56 축의 치수가 $\varnothing 300^{-0.05}_{-0.20}$, 구멍의 치수가 $\varnothing 300^{+0.15}_{0}$ 인 끼워맞춤에서 최소틈새는?

① 0
② 0.05
③ 0.15
④ 0.20

해설
- 구멍의 최소허용치수 : 300
- 축의 최대허용치수 : 299.95
- 최소틈새 = 구멍의 최소허용치수 − 축의 최대허용치수
  = 300 − 299.95 = 0.05

틈 새	최소틈새	구멍의 최소허용치수 − 축의 최대허용치수
	최대틈새	구멍의 최대허용치수 − 축의 최소허용치수
죔 새	최소죔새	축의 최소허용치수 − 구멍의 최대허용치수
	최대죔새	축의 최대허용치수 − 구멍의 최소허용치수

57 코일 스프링의 제도방법으로 틀린 것은?

① 코일 스프링의 정면도에서 나선 모양 부분은 직선으로 나타내면 안 된다.
② 코일 스프링은 일반적으로 하중이 걸린 상태에서 도시하지 않는다.
③ 스프링의 모양만 간략도로 나타내는 경우에는 스프링 재료의 중심선만 굵은 실선으로 그린다.
④ 코일 부분의 양끝을 제외한 동일 모양 부분의 일부를 생략할 때는 선지름의 중심선을 가는 1점쇄선으로 나타낸다.

해설
코일 스프링의 제도방법
- 코일 스프링의 정면도에서 나선 모양 부분은 직선으로 나타낸다.
- 코일 스프링은 일반적으로 무하중인 상태로 그리고, 겹판 스프링은 일반적으로 스프링판이 수평인 상태에서 그린다.
- 코일 스프링의 종류와 모양만 간략도로 나타내는 경우에는 재료의 중심선만 굵은 실선으로 도시한다.
- 코일 부분의 중간 부분을 생략할 때에는 생략한 부분을 가는 1점쇄선으로 표시하거나 가는 2점쇄선으로 표시해도 좋다.

58 CNC 선반의 준비기능에서 G71이 의미하는 것은?

① 내·외경 황삭 사이클
② 드릴링 사이클
③ 나사 절삭 사이클
④ 단면 절삭 사이클

해설
- G71 : 내·외경 황삭 사이클
- G74 : 드릴링 사이클
- G76 : 나사 절삭 사이클
- G72 : 단면 절삭 사이클
※ G71 : 안·바깥지름 거친 절삭 사이클(복합 반복 사이클)

G71 U(Δd) R(e);
G71 P(ns) Q(nf) U(Δu) W(Δw) F(f);

여기서, U(Δd) : 1회 가공 깊이(절삭 깊이)/반지름 지령, 소수점 지령 가능
R(e) : 도피량(절삭 후 간섭 없이 공구가 빠지기 위한 양)
P(ns) : 다듬 절삭가공 지령절의 첫 번째 전개번호
Q(nf) : 다듬 절삭가공 지령절의 마지막 전개번호
U(Δu) : X축 방향 다듬 절삭 여유(지름 지령)
W(Δw) : Z축 방향 다듬 절삭 여유
F(f) : 거친 절삭 가공 시 이송속도(즉, P와 Q 사이의 데이터는 무시되고 G71 블록에서 지령된 데이터가 유효)

59 다음 그림의 경도시험은?

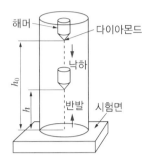 

① 브리넬경도시험　② 로크웰경도시험
③ 비커스경도시험　④ 쇼어경도시험

쇼어경도시험(HS) : 관 속의 끝에 다이아몬드를 부착한 해머를 넣고, 일정한 높이 h_0(mm)에서 시험편 위에 낙하시켜, 반발하여 올라간 높이 h(mm)에 비례하는 값을 경도값으로 나타낸 것이다.

$$쇼어경도(HS) = \frac{10,000}{65} \times \frac{h}{h_0}$$

여기서, h : 일정한 높이(mm), h_0 : 반발 높이(mm)

60 CNC 공작기계의 편집 모드(EDIT Mode)에 대한 설명으로 틀린 것은?

① 프로그램을 입력한다.
② 프로그램의 내용을 삽입, 수정, 삭제한다.
③ 메모리된 프로그램 및 워드를 찾을 수 있다.
④ 프로그램을 실행하여 기계가공을 한다.

모드 선택 스위치

모드 (Mode)	설 명	비 고
편집 (EDIT)	• 프로그램을 입력, 삽입, 수정, 삭제한다. • 메모리된 프로그램 및 워드를 찾는다.	
자동 (AUTO)	• 선택한 프로그램을 자동운전한다.	
반자동 (MDI)	• 한두 줄의 프로그램을 입력하여 기계를 동작시킬 수 있다.	
핸들 (Handle)	• 핸들을 이용하여 공구를 원하는 축 방향으로 이동시킬 수 있다.	
수동 (JOG)	• 공구를 연속적으로 이송시킨다.	
급송 (Rapid)	• 공구를 급속(기계의 최대 속도 G00)으로 이동시킨다.	
원점 (REF)	• 공구를 기계원점으로 복귀시킨다.	

01

외부로부터 작용하는 힘이 재료를 구부려 휘어지게 하는 형태의 하중은?

① 인장하중   ② 압축하중

③ 전단하중   ④ 굽힘하중

해설
① 인장하중 : 재료의 축선 방향으로 늘어나게 하려는 하중
② 압축하중 : 재료의 축선 방향으로 재료를 누르는 하중
③ 전단하중 : 재료를 가위로 자르려는 것과 같은 형태의 하중

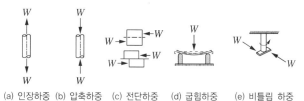

(a) 인장하중 (b) 압축하중 (c) 전단하중 (d) 굽힘하중 (e) 비틀림 하중

02

기계제도 도면에 치수가 50 H7/g6라 표시되어 있을 때의 설명으로 옳은 것은?

① 구멍기준식 헐거운 끼워맞춤
② 축기준식 중간 끼워맞춤
③ 구멍기준식 억지 끼워맞춤
④ 축기준식 억지 끼워맞춤

해설
50 H7/g6
• 구멍기준식 헐거운 끼워맞춤이다.
• 축과 구멍의 호칭 치수가 모두 ∅50인 ∅50H7의 구멍과 ∅50g6 축의 끼워맞춤이다.

자주 사용하는 구멍기준 끼워맞춤

기준구멍	축의 공차역 클래스														
	헐거운 끼워맞춤				중간 끼워맞춤			억지 끼워맞춤							
H6				g5	h5	js5	k5	m5							
			f6	g6	h6	js6	k6	m6	n6	p6					
H7			f6	g6	h6	js6	k6	m6	n6	p6	r6	s6	t6	u6	x6
		e7	f7		h7	js7									

03

KS 나사의 도시법에서 도시 대상과 사용하는 선의 관계가 옳지 않은 것은?

① 수나사의 골 밑은 굵은 실선으로 표시한다.
② 불완전 나사부는 경사된 가는 실선으로 표시한다.
③ 완전 나사부와 불완전 나사부의 경계는 굵은 실선으로 표시한다.
④ 암나사를 단면한 경우 암나사의 골 밑은 가는 실선으로 표시한다.

해설
나사 각부 선의 종류

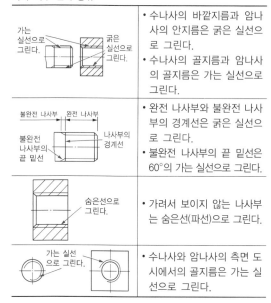

가는 실선으로 그린다. 굵은 실선으로 그린다.	• 수나사의 바깥지름과 암나사의 안지름은 굵은 실선으로 그린다. • 수나사의 골지름과 암나사의 골지름은 가는 실선으로 그린다.
불완전 나사부 완전 나사부 불완전 나사부의 끝 밑선 나사부의 경계선	• 완전 나사부와 불완전 나사부의 경계선은 굵은 실선으로 그린다. • 불완전 나사부의 끝 밑선은 60°의 가는 실선으로 그린다.
숨은선으로 그린다.	• 가려서 보이지 않는 나사부는 숨은선(파선)으로 그린다.
가는 실선으로 그린다.	• 수나사와 암나사의 측면 도시에서의 골지름은 가는 실선으로 그린다.

04 다음 중 가는 2점 쇄선을 사용하여 도시하는 경우는?

① 도시된 물체의 단면 앞쪽 형상을 표시하는 경우
② 다듬질한 형상이 평면임을 표시하는 경우
③ 수면, 유면 등의 위치를 표시하는 경우
④ 중심이 이동한 중심 궤적을 표시하는 경우

해설

선의 종류에 의한 용도(KS B 0001)

용도에 의한 명칭	선의 종류		선의 용도
외형선	굵은 실선	———	• 대상물의 보이는 부분의 모양을 표시하는 데 쓰인다.
치수선	가는 실선	———	• 치수를 기입하기 위해 쓰인다.
치수 보조선			• 치수를 기입하기 위해 도형으로부터 끌어내는 데 쓰인다.
지시선			• 기술·기호 등을 표시하기 위해 끌어내는 데 쓰인다.
회전 단면선			• 도형 내에 그 부분의 끊은 곳을 90° 회전하여 표시하는 데 쓰인다.
중심선			• 도형의 중심선을 간략하게 표시하는 데 쓰인다.
수준면선			• 수면, 유면 등의 위치를 표시하는 데 쓰인다.
숨은선	가는 파선 또는 굵은 파선	– – – –	• 대상물의 보이지 않는 부분의 모양을 표시하는 데 쓰인다.
중심선	가는 1점쇄선	—·—·—	• 도형의 중심을 표시하는 데 쓰인다. • 중심이 이동한 중심 궤적을 표시하는 데 쓰인다.
기준선			• 특히 위치 결정의 근거가 된다는 것을 명시할 때 쓰인다.
피치선			• 되풀이하는 도형의 피치를 취하는 기준을 표시하는 데 쓰인다.
특수 지정선	굵은 1점쇄선	—·—·—	• 특수한 가공을 하는 부분 등 요구사항을 적용할 수 있는 범위를 표시하는 데 사용한다.

용도에 의한 명칭	선의 종류		선의 용도
가상선	가는 2점쇄선	—··—··—	• 인접 부분을 참고로 표시하는 데 사용한다. • 공구, 지그 등의 위치를 참고로 나타내는 데 사용한다. • 가공 부분을 이동 중의 특정한 위치 또는 이동한 계의 위치로 표시하는 데 사용한다. • 가공 전 또는 가공 후의 모양을 표시하는 데 사용한다. • 되풀이하는 것을 나타내는 데 사용한다. • 도시된 단면의 앞쪽에 있는 부분을 표시하는 데 사용한다.
무게 중심선			• 단면의 무게중심을 연결한 선을 표시하는 데 사용한다.
파단선	불규칙한 파형의 가는 실선	∿	• 대상물의 일부를 파단한 경계 또는 일부를 떼어낸 경계를 표시하는 데 사용한다.
	지그재그선	∿	
절단선	가는 1점쇄선으로 끝부분 및 방향이 변하는 부분을 굵게 한 것	—·—¬	• 단면도를 그리는 경우, 그 절단 위치를 대응하는 그림에 표시하는 데 사용한다.
해칭	가는 실선으로 규칙적으로 줄을 늘어놓은 것	/////////	• 도형의 한정된 특정 부분을 다른 부분과 구별하는 데 사용한다. 예를 들어 단면도의 절단된 부분을 나타낸다.
특수한 용도의 선	가는 실선	———	• 외형선 및 숨은선의 연장을 표시하는 데 사용한다. • 평면이란 것을 나타내는 데 사용한다. • 위치를 명시하는 데 사용한다.
	아주 굵은 실선	▬▬▬	• 얇은 부분의 단선 도시를 명시하는 데 사용한다.

05 다음과 같이 3각법에 의한 투상도에 가장 적합한 입체도는?(단, 화살표 방향이 정면이다)

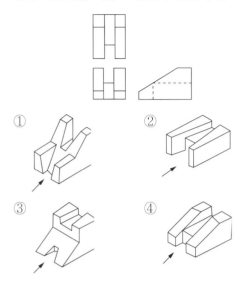

07 묻힘키(Sunk Key)에 관한 설명으로 옳지 않은 것은?

① 기울기가 없는 평행 성크키도 있다.

② 머리 달린 경사키도 성크키의 일종이다.

③ 축과 보스의 양쪽에 모두 키홈을 파서 토크를 전달시킨다.

④ 윗면에 1/5 정도의 기울기를 가지고 있는 경우가 많다.

해설

묻힘 키(Sunk Key)의 특징
• 성크키라고도 한다.
• 축과 보스의 양쪽에 모두 키홈을 가공한다.
• 종류 : 평행키(윗면이 평행), 경사키(윗면에 1/100 정도의 경사를 붙임), 머리 달린 경사키(때려 박기 위하여 머리를 만듦)

키(Key)의 종류

키	정 의	그 림	비 고
새들키 (안장키)	축에는 키홈을 가공하지 않고 보스에만 테이퍼진 키홈을 만들어 때려 박는다.		축의 강도 저하가 없다.
원뿔키	축과 보스와의 사이에 2~3곳을 축 방향으로 쪼갠 원뿔을 때려 박아 고정시킨다.		
반달키	축에 반달 모양의 홈을 만들어 반달 모양으로 가공된 키를 끼운다.		축의 강도 약함
스플라인	축에 여러 개의 같은 키홈을 파서 여기에 맞는 한짝의 보스 부분을 만들어 서로 잘 미끄러져 운동할 수 있게 한다.		키보다 큰 토크 전달

06 나사의 피치가 일정할 때 리드(Lead)가 가장 큰 것은?

① 4줄 나사

② 3줄 나사

③ 2줄 나사

④ 1줄 나사

해설

4줄 나사가 리드가 가장 크다.
• 나사의 리드 : 나사가 1회전했을 때 진행한 거리
• L(리드) $= p$(피치)$\times n$(줄수)

08 단면적이 20mm²인 어떤 봉에 100kgf의 인장하중이 작용할 때 발생하는 응력은?

① 5kgf/mm²

② 20kgf/mm²

③ 50kgf/mm²

④ 2kgf/mm²

해설

$$응력(\sigma) = \frac{F}{A} = \frac{100\text{kgf}}{20\text{mm}^2} = 5\text{kgf/mm}^2$$

$$\therefore 응력(\sigma) = 5\text{kgf/mm}^2$$

여기서, A : 단면적(mm²)

F : 인장하중(kgf)

09 에너지 흡수능력이 크고, 스프링 작용 외에 구조용 부재 기능을 겸하고 있으며, 재료가공이 용이하여 자동차 현가용으로 많이 사용하는 스프링은?

① 공기스프링

② 겹판스프링

③ 코일스프링

④ 태엽스프링

해설

겹판스프링 : 스프링 강을 띠 모양으로 만들어 구부려 포갠 스프링이다. 강판의 탄성 성질을 이용한 것으로 트럭, 철도 차량 등의 현가장치로 쓰인다. 판스프링은 1개의 판으로 구성된 단일 판스프링과 2개 이상의 판을 겹쳐서 만든 겹판스프링으로 구분한다.

10 접촉면의 압력을 p, 속도를 v, 마찰계수가 μ일 때 브레이크 용량(Break Capacity)을 표시하는 것은?

① $\mu p v$

② $\dfrac{1}{\mu p v}$

③ $\dfrac{pv}{\mu}$

④ $\dfrac{\mu}{pv}$

해설

브레이크 용량(Break Capacity)은 단위 마찰면적마다 시간당 발생하는 열량으로, 단위면적당 마찰일(W) = $\mu p v$이다.

11 외측 마이크로미터에서 나사의 피치가 0.5mm, 심블의 원주 눈금이 100등분 되어 있다면 최소 측정값은 얼마인가?

① 0.05mm

② 0.01mm

③ 0.005mm

④ 0.001mm

해설

원주 눈금면의 1눈금 회전한 경우 스핀들의 이동량(M)은

$$M = 0.5 \times \frac{1}{100} = 0.005\text{mm}$$로 최소 측정값은 0.005mm이다.

마이크로미터의 원리

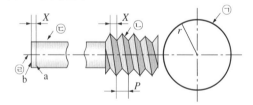

㉠ : 눈금면

㉡ : 나사

㉢ : 스핀들

㉣ : 측정면

X : 회전 방향의 이동량(mm)

P : 나사의 피치(mm)

r : 눈금면의 반지름(mm)

12 둥근 봉의 단면에 금긋기를 할 때 사용되는 공구와 가장 거리가 먼 것은?

① 다이스
② 정 반
③ 서피스 게이지
④ V−블록

① 다이스 : 수나사 가공 시 사용하는 공구이다.
③ 서피스게이지 : 가공물에 중심을 잡거나 정반 위에서 가공물을 이동시켜 평행선을 그을 때 또는 평행면의 검사용 등으로 사용된다.

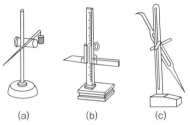

(a)   (b)   (c)

④ V−블록 : 원통형이나 육면체의 금긋기에 사용되고 90°의 V홈을 가지고 있다. 2개가 한 조로 되어 사용할 때도 있다.

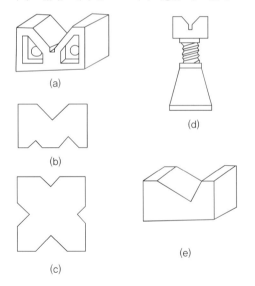

(a)
(b)
(c)
(d)
(e)

13 다음 중 치수 기입을 가장 옳게 나타낸 것은?

①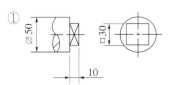

②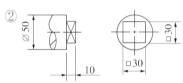

③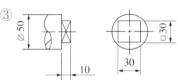

④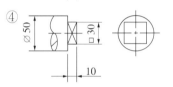

• ②, ③은 정사각형 치수 기입 '□30'가 중복 기재되어 올바르지 않다.
• ④는 정면도에 치수 기입이 편중되어 올바르지 않다.

14 다음 보기에서 설명하는 공작기계 정밀도의 원리는?

┤보기├
공작기계의 정밀도가 가공되는 제품의 정밀도에 영향을 미치는 것

① 모성의 원리(Copying Principle)
② 정밀의 원리(Accurate Principle)
③ 아베의 원리(Abbe's Principle)
④ 파스칼의 원리(Pascal's Principle)

15 지름이 같은 3개의 와이어를 나사산에 대고 와이어의 바깥쪽을 마이크로미터로 측정하여 계산식에 의해 나사의 유효지름을 구하는 측정방법은?

① 나사 마이크로미터에 의한 방법
② 삼침법에 의한 방법
③ 공구현미경에 의한 방법
④ 3차원 측정기에 의한 방법

해설
나사의 유효지름 측정방법
• 삼침법에 의한 방법(가장 정확함)
• 나사 마이크로미터에 의한 방법
• 광학적인 방법(공구현미경, 투영기 사용)

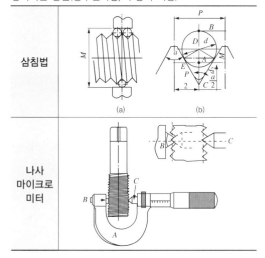

삼침법	(a) (b)
나사 마이크로 미터	

16 선반에서 면판이 설치되는 부분은?

① 주축 선단   ② 왕복대
③ 새 들   ④ 심압대

해설
면판 : 척에 고정할 수 없는 불규칙하거나 대형 가공물 또는 복잡한 가공물을 고정할 때 척을 떼어내고 면판을 주축에 고정시켜 사용한다.
면판을 이용한 가공물의 고정

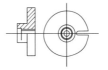

17 수용성 절삭유에 대한 설명으로 옳지 않은 것은?

① 원액과 물을 혼합하여 사용한다.
② 표면활성화제와 부식방지제를 첨가하여 사용한다.
③ 점성이 높고 비열이 작아 냉각효과가 작다.
④ 고속절삭 및 연삭가공액으로 많이 사용한다.

해설
수용성 절삭유 : 알카리성 수용액이나 광물유를 화학적으로 처리하여 물에 용해한 유화제이다. 다량의 물을 포함하기 때문에 냉각효과가 크고 고속 절삭 연삭용 등에 적합하며 점성이 낮고 비열이 높아 냉각작용이 우수하다.
수용성 절삭유와 불수용성 절삭유의 비교

구 분	혼합 여부	냉각성	절 삭
수용성 절삭유	광물성유 원액과 물을 혼합하여 사용한다.	점성이 낮고 비열이 커서 냉각효과가 크다.	고속 절삭 및 연삭가공
불수용성 절삭유	원액만 사용한다.	냉각성이 작다.	경절삭

18 둥근 봉의 외경을 고속으로 가공할 수 있는 공작기계로 가장 적합한 것은?

① 수평 밀링
② 직립드릴머신
③ 선 반
④ 플레이너

해설
• 봉의 외경가공 : 선반
• 평면가공 : 수평 밀링 및 플레이너
• 구멍가공 : 직립드릴머신

19 바이트로 재료를 절삭할 때 칩의 일부가 공구의 날 끝에 달라붙어 절삭날과 같은 작용을 하는 구성인선(Built-up Edge) 방지법으로 옳지 않은 것은?

① 재료의 절삭 깊이를 크게 한다.

② 절삭속도를 크게 한다.

③ 공구의 윗면 경사각을 크게 한다.

④ 가공 중에 절삭유제를 사용한다.

해설
구성인선의 방지대책
• 절삭 깊이를 작게 할 것
• 경사각을 크게 할 것
• 절삭공구의 인선을 예리하게(날카롭게) 할 것
• 윤활성이 좋은 절삭유제를 사용할 것
• 절삭속도를 크게 할 것

20 선반가공에서 외경을 절삭할 경우, 절삭가공 길이 200mm를 1회 가공하려고 한다. 회전수 1,000rpm, 이송속도 0.15mm/rev이면 가공시간은 약 몇 분인가?

① 0.5   ② 0.91

③ 1.33   ④ 1.48

해설
선반의 가공시간

$$T = \frac{L}{ns} \times i = \frac{200\text{mm}}{1{,}000\text{rpm} \times 0.15\text{mm/rev}} \times 1\text{회} = 1.33333\ldots$$

$$\therefore \ T \fallingdotseq 1.33\,\text{min}$$

여기서, T : 가공시간(min)
$\quad\quad\quad L$: 절삭가공 길이(가공물 길이)
$\quad\quad\quad n$: 회전수(rpm)
$\quad\quad\quad s$: 이송(mm/rev)
$\quad\quad\quad i$: 가공 횟수

21 공작물에는 회전을 주고, 바이트에는 절입량과 이송량을 주어 주로 원통형의 공작물을 가공하는 공작기계는?

① 셰이퍼

② 밀 링

③ 선 반

④ 플레이너

해설
선반 : 공작물에 회전을 주고 바이트로 절삭 깊이와 이송을 주어 주로 원통형으로 절삭하는 공작기계
공작기계의 절삭운동

절삭방법		
선반가공		바이트를 이용하여 회전절삭운동과 이송운동의 조합으로, 원통형 공작물 절삭이다.
평면가공		바이트를 이용하여 공작물(공구)의 직선절삭운동과 이송운동이 조합된 평면 절삭이다.
드릴링		드릴을 사용하여 드릴의 회전운동과 이송운동으로 공작물에 구멍을 뚫는 절삭이다.
보 링		이미 뚫어 놓은 공작물의 구멍을 보링바이트로 정밀하게 확대하는 절삭이다.
밀 링		커터의 회전절삭운동과 공작물의 이송운동으로 평면, 홈, 각도 등의 형상을 절삭한다.

절삭방법	주절삭운동	이송운동	위치조정운동
선반가공	공작물 회전	공 구	공 구
평면가공	공작물 직선	공 구	공 구
드릴링	공구 회전	공 구	공 구
보 링	공구 회전	공작물 또는 공구	공구 또는 공작물
밀 링	공구 회전	공작물	공작물

22 선반가공에서 가공면의 표면거칠기를 양호하게 하는 방법은?

① 바이트 노즈 반지름은 크게, 이송은 작게 한다.

② 바이트 노즈 반지름은 작게, 이송은 크게 한다.

③ 바이트 노즈 반지름은 작게, 이송은 작게 한다.

④ 바이트 노즈 반지름은 크게, 이송은 크게 한다.

해설

표면거칠기를 양호하게 하려면 노즈 반지름(r)을 크게, 이송(S)을 작게 하는 것이 좋다.

선반가공면의 표면거칠기 이론값

$$H_{max} = \frac{S^2}{8r} \text{ mm}$$

여기서, H_{max} : 표면거칠기 이론값

S : 이송(mm/rev)

r : 노즈 반지름(mm)

---

24 점성이 큰 재질을 작은 경사각의 공구로 절삭할 때, 절삭 깊이가 클 때 생기기 쉬운 그림과 같은 칩의 형태는?

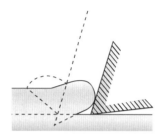

① 유동형 칩 ② 전단형 칩

③ 경작형 칩 ④ 균열형 칩

해설

③ 경작형 칩 : 점성이 큰 가공물을 경사각이 작은 절삭공구로 가공할 때, 절삭 깊이가 클 때 발생하기 쉬운 칩의 형태이다.

① 유동형 칩 : 칩이 경사면 위를 연속적으로 원활하게 흘러 나가는 모양으로 연속형 칩이다.

② 전단형 칩 : 칩이 경사면 위를 원활하게 흐르지 못해서, 절삭공구가 칩을 밀어내는 압축력이 커지면서 발생하여 칩이 연속적으로 가공되기는 하지만, 분자 사이에 전단이 일어나는 형태의 칩이다.

④ 균열형 칩 : 주철과 같이 메진재료를 저속으로 절삭할 때 발생하는 칩의 형태로서 순간적인 균열이 발생하여 생기는 칩이다.

유동형 칩	전단형 칩
경작형(열단형) 칩	균열형 칩

---

23 선반의 주축에 주로 사용되는 테이퍼는?

① 모스 테이퍼

② 내셔널 테이퍼

③ 자르노 테이퍼

④ 브라운 엔드 샤프 테이퍼

해설

주축 끝단 구멍은 센터를 고정할 수 있도록 모스 테이퍼(Morse Taper)로 되어 있다. 일반적으로 모스 테이퍼 No. 3~5를 사용한다.

25 선반의 가로 이송대 리드가 4mm이고, 핸들 둘레에 200등분한 눈금이 매겨져 있을 때 직경 40mm의 공작물을 직경 36mm로 가공하려면 핸들의 몇 눈금을 돌리면 되는가?

① 50눈금　　　　② 100눈금
③ 150눈금　　　　④ 200눈금

해설

선반의 가로 이송 핸들 마이크로칼라 한 눈금은 리드가 4mm를 200등분한 0.02mm가 된다. 문제에서 직경 40mm의 공작물을 직경 36mm로 가공하려면 2mm만 전진하면 되므로 핸들의 눈금은 100눈금만 돌리면 된다(0.02mm × 100눈금 = 2mm).

26 공구재료의 구비조건 중 옳지 않은 것은?

① 마찰계수가 작을 것
② 높은 온도에서는 경도가 낮을 것
③ 내마멸성이 클 것
④ 형상을 만들기 쉽고, 가격이 저렴할 것

해설

공구재료의 구비조건
• 고온경도 : 고온에서 경도가 저하되지 않고 절삭할 수 있는 고온경도가 필요하다.
• 내마모성 : 절삭공구와 가공재료의 마찰에 의하여 절삭공구의 표면이 미세하게 소모되는 마모에 대한 강도가 필요하다.
• 강인성 : 절삭공구는 외력에 의해 파손되지 않고 잘 견딜 수 있는 강인성이 필요하다.
• 저마찰 : 마찰계수가 작을수록 경제적이고, 효율성이 높은 절삭을 할 수 있다.
• 성형성 : 쉽게 원하는 모양으로 제작이 가능해야 한다.
• 경제성 : 가격이 저렴해야 한다.

27 선반작업에서 단면가공이 가능하도록 보통센터의 원추형 부분을 축 방향으로 반을 제거하여 제작한 센터는?

① 하프센터
② 파이프센터
③ 베어링센터
④ 평센터

해설

센터(Center)

센 터	설 명	그 림
보통센터	가장 일반적인 센터로 선단을 초경합금으로 하여 사용한다.	
베어링센터	정지센터에 베어링을 이용하여 정지센터의 선단 일부가 가공물의 회전에 의하여 함께 회전하도록 제작한 센터이다.	
하프센터	보통센터 선단 일부를 가공하여 단면가공이 가능하도록 제작한 센터이다.	
파이프센터	큰 지름의 구멍이 있는 가공물을 지지할 때 사용한다.	
평센터	가공물에 센터구멍을 가공해서는 안 될 경우에 사용한다.	

28 선반에서 심압대에 고정시켜 사용하는 것은?

① 바이트
② 드 릴
③ 이동형 방진구
④ 면 판

해설

② 드릴 : 선반 심압축에 드릴척을 부착하여 드릴가공을 한다.
① 바이트 : 공구대에 고정시킨다.
③ 이동형 방진구 : 왕복대의 새들에 고정시킨다.
④ 면판 : 척을 떼어내고 면판을 주축에 고정시킨다.

29 선반에서 주축의 회전수는 1,000rpm이고, 외경 50mm를 절삭할 때 절삭속도는 약 몇 m/min인가?

① 1.571
② 15.71
③ 157.1
④ 1,571

해설

$$V = \frac{\pi DN}{1,000} = \frac{\pi \times 50\text{mm} \times 1,000\text{rpm}}{1,000} \fallingdotseq 157.07963267....$$

$$\therefore \ V = 157.1\,\text{m/min}$$

여기서, V : 절삭속도(m/min)
D : 공작물의 지름(mm)
N : 회전수(rpm)

30 다음 중 절삭가공 기계에 해당하지 않는 것은?

① 선 반
② 밀링머신
③ 호빙머신
④ 프레스

해설

• 비절삭가공 : 주조, 소성가공(단조, 압연, 프레스가공, 인발 등), 용접, 방전가공 등
• 절삭가공 : 선삭, 평삭, 형삭, 브로칭, 줄작업, 밀링, 드릴링, 연삭, 래핑 등

31 CNC 선반의 좌표계 설정에 대한 설명으로 옳지 않은 것은?

① 좌표계를 설정하는 명령어로 G50을 사용한다.
② 일반적으로 좌표계는 Z축의 직교좌표계를 사용한다.
③ 주축 방향과 직각인 축을 Z축으로 설정한다.
④ 프로그램을 작성할 때 도면 또는 일감의 기준점을 나타낸다.

해설

CNC 선반의 좌표계
• X(U)축 : 주축 방향과 직각
• Z(W)축 : 주축 방향과 평행

좌표축과 부호

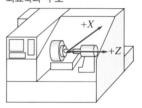

32 프로그램 원점을 기준으로 직교좌표계의 좌표값을 입력하는 방식은?

① 혼합지령방식
② 증분지령방식
③ 절대지령방식
④ 구열지령방식

해설

공작물좌표계의 원점을 기준으로 절대지령값을 사용한다.
B → C 경로의 가공 프로그램

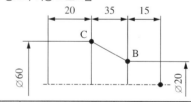

구 분	B → C 경로 프로그램	비 고
절대지령	G01 X60. Z-50.;	프로그램 원점을 기준으로 좌표값 입력
증분지령	G01 U40. W-35.;	현재의 공구 위치를 기준으로 끝점까지의 증분값 입력
혼합지령	G01 X60. W-35.; G01 U40. Z-50.;	절대지령과 증분지령방식을 혼합하여 지령

33 CAD/CAM 주변 기기 중 기억장치는?

① 하드 디스크 　　② 디지타이저
③ 플로터 　　④ 키보드

34 다음 그림의 프로그램 경로에 대한 공구경 보정 지령절로 옳은 것은?

① G40 G01 X___ Y___ D12;
② G41 G01 X___ Y___ D12;
③ G42 G01 X___ Y___ D12;
④ G43 G01 X___ Y___ D12;

35 CNC 선반에서 원호가공의 범위는?

① $\theta \leq 180°$
② $\theta \geq 180°$
③ $\theta \leq 90°$
④ $\theta \geq 90°$

36 CNC 선반가공에서 그림과 같이 ㉠~㉣ 가공하는 단일형 내·외경 절삭 사이클 프로그램으로 적합한 것은?

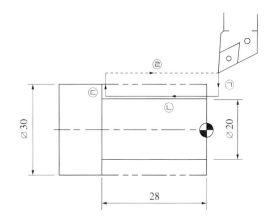

① G92 X20. Z-28. F0.25;
② G94 X20. Z28. F0.25;
③ G90 X20. Z-28. F0.25;
④ G72 X20. W-28. F0.25;

37 다음 CNC 선반 프로그램에서 지름이 40mm일 때 주축 회전수는?

```
G50 S1800;
G96 S280;
```

① 280rpm

② 1,800rpm

③ 2,229rpm

④ 3,516rpm

해설
- G96 S280 : 절삭속도 280m/min으로 일정하게 정회전
- 회전수

$$N = \frac{1,000 \times V}{\pi D} = \frac{1,000 \times 280\,\text{m/min}}{\pi \times 40\,\text{mm}} = 2,228.181\,\text{rpm}$$

$$\therefore N \fallingdotseq 2,229\,\text{rpm}$$

- G50 S1800; → G50 주축 최고 회전수를 1,800rpm으로 제한했기 때문에 지름 40mm에서 회전수는 계산된 2,229rpm이 아니라 1,800rpm이 된다.

38 CNC 선반에서 나사 절삭 시 나사 바이트가 시작점이 동일한 점에서 시작되도록 해 주는 기구는?

① 인코더(Encoder)

② 위치검출기(Position Coder)

③ 리졸버(Resolver)

④ 볼 스크루(Ball Screw)

해설
① 인코더(Encoder) : CNC 기계에서 속도와 위치를 피드백하는 장치
③ 리졸버(Resolver) : CNC 기계의 움직임 상태를 표시하는 것으로 기계적인 운동을 전기적인 신호로 바꾸는 피드백 장치
④ 볼 스크루(Ball Screw) : 서보모터의 회전을 받아 테이블을 구동시키는 데 사용되는 나사

39 CNC 제어에 사용하는 기능 중 주로 ON/OFF 기능을 수행하는 것은?

① G기능

② S기능

③ T기능

④ M기능

해설
- 보조기능(M) : 스핀들 모터를 비롯한 기계의 각종 기능을 수행하는 데 필요한 보조장치의 ON/OFF를 수행하는 기능
- 준비기능(G) : 제어장치의 기능을 동작하기 위한 준비를 하는 기능
- 주축기능(S) : 주축의 회전속도를 지령하는 기능
- 공구기능(T) : 공구를 선택하는 기능

40 컴퓨터통합생산(CIMS) 방식의 특징으로 옳지 않은 것은?

① Life Cycle Time이 긴 경우에 유리하다.

② 품질의 균일성을 향상시킨다.

③ 재고를 줄임으로써 비용이 절감된다.

④ 생산과 경영관리를 효율적으로 하여 제품비용을 낮출 수 있다.

해설
CIMS : 컴퓨터에 의한 통합생산시스템으로 설계, 제조, 생산, 관리 등을 통합하여 운영하는 시스템이다.
- Life Cycle Time이 짧은 경우에 유리하다.
- 품질의 균일성을 향상시킨다.
- 재고를 줄임으로써 비용이 절감된다.
- 생산과 경영관리를 효율적으로 하여 제품비용을 낮출 수 있다.

41 휴지기능의 시간 설정 어드레스만으로 옳게 구성된 것은?

① P, Q, K ② G, Q, U
③ A, P, Q ④ P, U, X

휴지기능
- G04 : 지령한 시간 동안 이송이 정지되는 기능(휴지기능/일시정지)

- 정지시간(초) $= \dfrac{60 \times 공회전수(회)}{스핀들 회전수(rpm)} = \dfrac{60 \times n 회}{N(rpm)}$

$$= \dfrac{60 \times 2회}{1,000rpm} = 0.12초$$

- 0.12초 일시정지 지령방법
  - G04 X0.12;
  - G04 U0.12;
  - G04 P120;
- 0.12초 정지시키려면 G04 X0.12; 또는 G04 U0.12; 또는 G04 P120;
- 휴지(Dwell : 일시정지)시간을 지령하는 데 사용되는 어드레스는 X, U, P를 사용한다. 어드레스 X, U 또는 P와 정지하려는 시간을 수치로 입력한다. P는 소수점을 사용할 수 없으며, X와 U는 소수점 이하 세 자리까지 유효하다.

42 CNC 공작기계는 프로그램의 오류가 생기며 충돌 사고를 유발한다. 프로그램의 오류를 검사하는 방법으로 옳지 않은 것은?

① 수동으로 프로그램을 검사하는 방법
② 프로그램 조작기를 이용하여 모의가공하는 방법
③ 드라이 런 기능을 이용하여 모의가공하는 방법
④ 자동가공기능을 이용하여 가공 중 검사하는 방법

프로그램 오류 검사가 완료되어 이상이 없으면 자동가공기능을 이용하여 가공한다. 자동가공기능을 이용하여 가공 중 검사하는 방법은 프로그램 오류를 검사하는 방법으로 옳지 않다.

43 다음 도면에서 M40×1.5로 나타낸 부분을 CNC 프로그램할 때 [　] 안에 알맞은 내용은?

[　] X39.9 Z-20. F1.5;

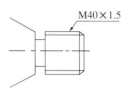

M40×1.5

① G94 ② G92
③ G90 ④ G50

② G92 : 나사 절삭 사이클
① G94 : 단면 절삭 사이클
③ G90 : 내·외경 절삭 사이클
④ G50 : 공작물 좌표계 설정, 주축 최고 회전수 설정
단일형 고정 나사 절삭 사이클(G92)

G92 X(U)___Z(W)___ R_ F_;

- X(U) : 나사 절입량 중 1회 절입할 때의 골지름(지름명령)
- Z(W) : 나사가공 길이
- R : 테이퍼 나사를 가공할 때 X축 기울기량을 지정(G90과 같으며 반지름 지정, 평행 나사일 경우는 생략한다)
- F : 나사의 리드

44 선삭 인서트 팁의 규격이 다음과 같을 때 날 끝의 반지름(Nose R)은 얼마인가?

DNMG 120408

① 0.12mm

② 1.2mm

③ 0.4mm

④ 0.8mm

해설

인서트 팁의 규격(ISO 형번 표기법)

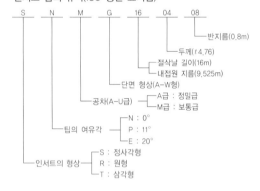

45 CNC 프로그램에서 공구의 인선 반지름(R) 보정 기능이 가장 필요한 CNC 공작기계는?

① CNC 밀링

② CNC 선반

③ CNC 호빙머신

④ CNC 와이어 컷 방전가공기

해설

CNC 선반에서 공구의 인선은 둥글기를 가지고 있어 테이퍼 절삭이나 원호 절삭의 경우 인선 반지름에 의한 오차가 발생한다. 이러한 임의의 인선 반지름을 가지는 공구의 인선 반지름에 의한 가공경로의 오차를 자동으로 보정하는 기능을 인선 반지름 보정이라고 한다.

46 주철의 성장원인이 아닌 것은?

① 흡수한 가스에 의한 팽창

② Fe_3C의 흑연화에 의한 팽창

③ 고용 원소인 Sn의 산화에 의한 팽창

④ 불균일한 가열에 의해 생기는 파열 팽창

해설

주철의 성장원인

• 시멘타이트(Fe_3C)의 흑연화에 의한 팽창

• 페라이트 중에 고용되어 있는 규소(Si)의 산화에 의한 팽창

• A_1 변태점(723℃) 이상의 온도에서 부피 변화로 인한 팽창

• 불균일한 가열로 생기는 균열에 의한 팽창

• 흡수한 가스에 의한 팽창

47 강을 절삭할 때 쇳밥(Chip)을 잘게 하고, 피삭성을 좋게 하기 위해 황, 납 등의 특수원소를 첨가하는 강은?

① 레일강

② 쾌삭강

③ 다이스강

④ 스테인리스강

해설

쾌삭강

• 가공재료의 피삭성을 높이고, 절삭공구의 수명을 길게 하기 위하여 요구되는 성질을 개선한 구조용 강이다.

• 칩(Chip)처리 능률을 높인다.

• 가공면 정밀도, 표면거칠기를 향상시킨다.

• 강에 황(S), 납(Pb)을 첨가한다(황쾌삭강, 납쾌삭강).

48 일반적으로 경금속과 중금속을 구분하는 비중의 경계는?

① 1.6

② 2.6

③ 3.6

④ 4.6

해설

경금속 < 비중 4.6 < 중금속

49 다음 중 표면경화법에 해당하지 않는 열처리방법은?

① 침탄법

② 질화법

③ 고주파경화법

④ 항온열처리법

> **해설**
>
> 항온열처리 : 변태점 이상으로 가열한 강을 보통의 열처리와 같이 연속적으로 냉각하지 않고 열욕 중에 담금질하여 그 온도에 일정한 시간 항온으로 유지하였다가 냉각하는 열처리
>
> 열처리의 분류
>
> | 일반 열처리 | 항온 열처리 | 표면경화 열처리 |
> |---|---|---|
> | • 담금질(Quenching) | • 마퀜칭 | • 침탄법 |
> | • 뜨임(Tempering) | • 마템퍼링 | • 질화법 |
> | • 풀림(Annealing) | • 오스템퍼링 | • 화염경화법 |
> | • 불림(Normalizing) | • 오스포밍 | • 고주파경화법 |
> | | • 항온풀림 | • 청화법 |
> | | • 항온뜨임 | |

50 황동의 자연균열 방지책이 아닌 것은?

① 온도 180~260℃에서 응력제거 풀림처리

② 도료나 안료를 이용하여 표면처리

③ Zn 도금으로 표면처리

④ 물에 침전처리

> **해설**
>
> 자연균열 방지법
> • 황동이 관, 봉 등의 잔류응력에 의해 균열을 일으키는 현상
> • 도료 및 아연(Zn) 도금, 180~260℃에서 저온풀림(응력제거 풀림)

51 다음 중 열경화성 수지가 아닌 것은?

① 아크릴수지

② 멜라민수지

③ 페놀수지

④ 요소수지

> **해설**
>
> 플라스틱(합성수지)의 종류
>
> | 열가소성 수지 | 열경화성 수지 |
> |---|---|
> | • 폴리에틸렌수지 | • 페놀수지 |
> | • 아크릴수지 | • 멜라민수지 |
> | • 염화비닐수지 | • 에폭시수지 |
> | • 폴리스티렌수지 | • 요소수지 |

52 알루미늄의 특성에 대한 설명으로 옳지 않은 것은?

① 내식성이 좋다.

② 열전도성이 좋다.

③ 순도가 높을수록 강하다.

④ 가볍고, 전연성이 우수하다.

> **해설**
>
> 알루미늄은 순도가 높을수록 연성을 가지며, 강도와 경도는 저하된다.

53 스프링을 사용하는 목적이 아닌 것은?

① 힘 축적

② 진동 흡수

③ 동력 전달

④ 충격 완화

> **해설**
>
> 스프링의 사용목적 : 힘 축적, 진동 흡수, 충격 완화

54 저널 베어링에서 저널의 지름이 30mm, 길이가 40mm, 베어링의 하중이 2,400N일 때 베어링의 압력(N/mm²)은?

① 1
② 2
③ 3
④ 4

베어링 하중(P) = 베어링 압력(P_a) × 지름(d) × 저널 길이(l)

베어링 압력(P_a) = $\dfrac{\text{베어링 하중}(P)}{\text{지름}(d) \times \text{저널 길이}(l)}$ = $\dfrac{2,400\text{N}}{30\text{mm} \times 40\text{mm}}$ = 2

∴ 베어링의 압력(P) = 2N/mm²

55 연삭숫돌의 크기(규격) 표시로 옳은 것은?

① 바깥지름 × 구멍지름 × 두께
② 두께 × 바깥지름 × 구멍지름
③ 구멍지름 × 바깥지름 × 두께
④ 바깥지름 × 두께 × 구멍지름

숫돌 크기의 표시방법 : 바깥지름 × 두께 × 구멍지름

56 호닝의 특징에 대한 설명으로 옳지 않은 것은?

① 구멍에 대한 진원도, 진직도 및 표면거칠기를 향상시킨다.
② 숫돌의 길이는 가공 구멍 길이의 1/2 이상으로 한다.
③ 혼은 회전운동과 축 방향 운동을 동시에 시킨다.
④ 치수 정밀도는 3~10 μm로 높일 수 있다.

숫돌의 길이는 공작물 길이(구멍 깊이)의 1/2 이하, 왕복운동은 양 끝에서 숫돌 길이의 1/4 정도 구멍에서 나올 때 정지한다.

57 기계의 일상 점검 중 매일 점검을 해야 하는 것은?

① 소음 상태 점검
② 기계의 레벨 점검
③ 기계의 정적 정밀도 점검
④ 절연 상태 점검

• 매일 점검 : 외관 점검, 유량 점검, 압력 점검, 각부의 작동 검사, 소음 상태 검사
• 매년 점검 : 레벨(수평) 점검, 기계 정도 검사, 절연 상태 점검

58 절삭공구재료로 사용되며, TiC를 주체로 하고 TiN, TiCN 등의 탄화물을 초미립화하여 소결시킨 합금은?

① 초경합금
② 세라믹(Ceramic)
③ 서멧(Cermet)
④ CBN(Cubic Boron Nitride)

① 초경합금 : W, Ti, Mo, Zr 등의 경질합금 탄화물 분말을 Co, Ni을 결합제로 하여 1,400℃ 이상의 고온으로 가열하면서 프레스로 소결성형한 절삭공구이다.
② 세라믹(Ceramic) : 산화알루미늄(Al_2O_3) 분말에 규소 및 마그네슘 등의 산화물이나 다른 산화물의 첨가물을 넣고 소결한 것이다.
④ CBN(Cubic Boron Nitride) : 자연계에는 존재하지 않는 인공합성재료로서 다이아몬드의 2/3배 정도의 경도를 가진다. CBN 미소분말을 초고온(2,000℃), 초고압(5만 기압 이상)의 상태로 소결하여 제작한다. CBN은 난삭재료, 고속도강, 담금질강, 내열강 등의 절삭에 많이 사용한다.

59 선반작업 시 일반적인 안전수칙으로 옳지 않은 것은?

① 작업 중 일감이 튀어나오지 않도록 확실히 고정시킨다.
② 작업 중 회전 공작물에 말려들지 않도록 복장을 단정하게 한다.
③ 절삭가공을 할 때는 반드시 보안경을 착용하여 눈을 보호한다.
④ 바이트는 가공시간의 절약을 위해 가공 중에 교환한다.

해설
• 바이트를 교환할 때는 기계를 정지시키고 한다.
• 바이트는 가능한 한 짧고, 단단하게 고정시킨다.
• 공구대를 회전시킬 때는 바이트에 유의한다.

60 CNC 공작기계 작동 중 이상이 생겼을 때 취할 행동으로 옳지 않은 것은?

① 프로그램에 문제가 없는지를 점검한다.
② 비상정지 버튼을 누른다.
③ 주변 상태(온도, 습도, 먼지, 노이즈)를 점검한다.
④ 파라미터를 지운다.

해설
파라미터 : CNC 공작기계가 최고의 성능을 갖도록 조건을 맞추어 주는 것이다. 파라미터에는 축 제어, 서보 프로그램 등 많은 내용이 있으므로 파마미터의 내용을 모르고 잘못 수정하면 중대한 기계적 결함이 발생할 수 있다. 따라서 파라미터를 지우면 안 된다.

01 축에 키홈을 파지 않고 축과 키 사이의 마찰력만으로 회전력을 전달하는 키는?

① 새들키　　　　② 성크키

③ 반달키　　　　④ 둥근키

해설

키(Key)의 종류

키	정 의	그 림
새들키 (안장키)	축에는 키홈을 가공하지 않고 보스에만 테이퍼진 키홈을 만들어 때려 박는다. [비고] 축의 강도 저하가 없다.	
원뿔키	축과 보스와의 사이에 2~3곳을 축 방향으로 쪼갠 원뿔을 때려 박아 고정시킨다.	
반달키	축에 반달 모양의 홈을 만들어 반달 모양으로 가공된 키를 끼운다. [비고] 축의 강도가 약하다.	
스플라인	축에 여러 개의 같은 키홈을 파서 여기에 맞는 한 짝의 보스 부분을 만들어 서로 잘 미끄러져 운동할 수 있게 한다. [비고] 키보다 큰 토크를 전달한다.	

※ 묻힘(Sunk) 키 : 축과 보스의 양쪽에 모두 키 홈을 가공

02 웜기어에서 웜이 3줄이고, 웜휠의 잇수가 60개일 때의 속도비는?

① $\frac{1}{10}$　　　　② $\frac{1}{20}$

③ $\frac{1}{30}$　　　　④ $\frac{1}{60}$

해설

웜기어속도비$(i) = \frac{n_g}{n_w} = \frac{Z_w}{Z_g} = \frac{l}{\pi D_g} \rightarrow i = \frac{Z_w}{Z_g} = \frac{3}{60} = \frac{1}{20}$

∴ 속도비$(i) = \frac{1}{20}$

여기서, Z_w : 웜의 줄수

n_w : 웜의 회전수

Z_g : 웜 휠의 잇수

n_g : 웜 휠의 회전수

l : 웜의 리드

D_g : 웜 휠의 피치원 지름

03 시편의 표점거리가 40mm이고, 지름이 15mm일 때 최대하중이 6kN에서 시편이 파단되었다면 연신율은 몇 %인가?(단, 연신된 길이는 10mm이다)

① 10　　　　② 12.5

③ 25　　　　④ 30

해설

연신율$(\varepsilon) = \frac{변형량}{원표점거리} \times 100\%$

$= \frac{10\text{mm}}{40\text{mm}} \times 100\% = 25\%$

∴ 연신율$(\varepsilon) = 25\%$

1 ① 2 ② 3 ③ 정답

04 비틀림 모멘트를 받는 회전축으로, 치수가 정밀하고 변형량이 적어 주로 공작기계의 주축에 사용하는 축은?

① 차 축
② 스핀들
③ 플렉시블축
④ 크랭크축

해설
② 스핀들 : 주로 비틀림 모멘트를 받으며 직접 일을 하는 회전축으로 치수가 정밀하고 변형량이 적으며, 길이가 짧아 선반, 밀링머신 등 공작기계의 주축으로 사용한다.
① 차축 : 주로 굽힘 모멘트를 받는 축으로, 철도 차량의 차축으로 사용한다.
③ 플렉시블축 : 공간상 제한으로 일직선 형태의 축을 사용할 수 없을 때 이용한다.
④ 크랭크축 : 직선운동과 회전운동을 상호 변환시키는 축이다.

05 나사를 기능상으로 분류했을 때 운동용 나사에 해당하지 않는 것은?

① 볼나사
② 관용나사
③ 둥근나사
④ 사다리꼴나사

해설
결합용 나사와 운동용 나사

구 분	결합용 나사	운동용 나사
정 의	부품을 결합시키거나 위치를 조정하는 경우에 사용되는 나사	힘을 전달할 목적에 이용되는 나사
나 사	미터나사, 유니파이나사, 관용나사	사각나사, 사다리꼴나사, 톱니나사, 볼나사, 둥근나사

운동용 나사

(a) 사각나사 (b) 사다리꼴나사 (c) 톱니나사 (d) 둥근나사

06 부품의 위치 결정 또는 고정 시에 사용되는 체결요소가 아닌 것은?

① 핀(Pin)
② 너트(Nut)
③ 볼트(Bolt)
④ 기어(Gear)

해설
기어는 직접전동요소이다.

07 기계제도에서 치수 기입 원칙에 관한 설명으로 옳지 않은 것은?

① 기능, 제작, 조립 등을 고려하여 필요한 치수를 명료하게 도면에 기입한다.
② 치수는 되도록 주투상도에 집중한다.
③ 치수는 자릿수가 많은 경우 3자리마다 ',' 표시하여 자릿수를 명료하게 한다.
④ 길이의 치수는 원칙으로 mm 단위로 하고 단위 기호는 붙이지 않는다.

해설
치수 수치의 자릿수가 많은 경우 3자리마다 숫자의 사이를 적당히 띄우고 콤마는 찍지 않는다.

08 다음 그림과 같은 표면의 결 표시기호에서 가공방법은?

① 밀 링
② 면 삭
③ 선 삭
④ 줄다듬질

해설
선삭 : L, 연삭 : G, 밀링 : M, 줄다듬질 : FF

09 다음 그림과 같은 입체도에서 화살표 방향 투상도로 가장 적합한 것은?

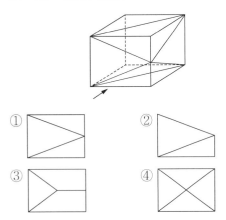

①
②
③
④

10 다음 그림과 같은 도면에서 데이텀 표적 도시기호의 의미로 옳은 것은?

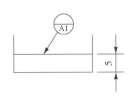

① 두 개의 X를 연결한 선의 데이텀 표적
② 두 개의 점 데이텀 표적
③ 두 개의 X를 연결한 선을 반지름으로 하는 원의 데이텀 표적
④ 10mm 높이의 직사각형 영역의 면 데이텀 표적

해설
도면에서 데이텀 표적 도시기호의 의미는 두 개의 X를 연결한 선의 데이텀 표적이다.

11 길이 측정에 사용되는 공구가 아닌 것은?

① 버니어 캘리퍼스
② 사인바
③ 마이크로미터
④ 측장기

해설
사인바(Sine Bar) : 길이를 측정하여 직각삼각형의 삼각함수를 이용한 계산에 의하여 임의각 측정 또는 임의각을 만드는 기구이다. 블록게이지로 양단의 높이로 조절하여 각도를 구하는 것으로, 정반 위에서 높이를 H, h 라고 하면 정반면과 사인바의 상면이 이루는 각은 다음 식으로 구한다.

$$\sin\alpha = \frac{H-h}{L}$$

12 피측정물을 양 센터에 지지하고, 360° 회전시켜 다이얼게이지의 최댓값과 최솟값의 차이로서 진원도를 측정하는 것은?

① 직경법
② 반경법
③ 3점법
④ 센터법

해설
진원도 측정방법
• 지름법 : 다이얼게이지 스탠드에 다이얼게이지를 고정시켜 각각의 지름을 측정하여 지름의 최댓값과 최솟값의 차이로 진원도를 측정한다.
• 삼점법 : V-블록 위에 피측정물을 올려놓고 정점에 다이얼게이지를 접촉시켜 피측정물을 회전시켰을 때 흔들림의 최댓값과 최솟값의 차이로 표시된다.
• 반지름법(반경법) : 피측정물을 양 센터 사이에 물려 놓고 다이얼게이지를 접촉시켜 피측정물을 회전시켰을 때 흔들림의 최댓값과 최솟값의 차이로 표시한다.

13 다음 끼워맞춤에서 요철 틈새 0.1mm를 측정할 경우 가장 적당한 것은?

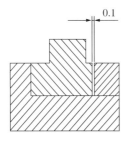

① 내경 마이크로미터
② 다이얼게이지
③ 버니어 캘리퍼스
④ 틈새게이지

14 기포의 위치에 의하여 수평면에서 기울기를 측정하는 데 사용하는 액체식 각도 측정기는?

① 사인바   ② 수준기
③ NPL식 각도기   ④ 콤비네이션 세트

② 수준기 : 기포관 내의 기포 위치에 의하여 수평면에서 기울기를 측정하는 데 사용되는 액체식 각도 측정기로서, 기계의 조립·설치 등의 수평·수직을 조사할 때 사용한다.
① 사인바 : 길이를 측정하여 직각삼각형의 삼각함수를 이용한 계산에 의하여 임의각 측정 또는 임의각을 만드는 기구이다.
③ NPL식 각도기 : 길이 약 90mm, 폭 약 15mm의 측정면을 가진 쐐기형의 열처리된 블록으로 각각 6초, 18초, 1분, 3분, 9분, 27분, 1°, 3°, 9°, 27°, 41°의 각도를 가진 12개의 게이지를 한 조로 한다.
④ 콤비네이션 세트 : 2개의 면이 이루는 각도를 측정하거나, 높이 측정에 사용하거나, 중심을 내는 금긋기 작업에 사용한다.

15 선반가공에서 테이퍼 절삭방법이 아닌 것은?

① 심압대의 편위에 의한 방법
② 단동척의 편심을 이용한 방법
③ 복식공구대의 경사에 의한 방법
④ 테이퍼 절삭장치에 의한 방법

선반에서 테이퍼를 가공하는 방법

테이퍼 가공방법	테이퍼가공	관련 공식
복식공구대를 경사 시키는 방법	테이퍼의 각이 크고 길이가 짧은 테이퍼 가공	$\tan\theta = \dfrac{D-d}{2l}$ θ : 복식공구대 선회각
심압대를 편위시키는 방법	테이퍼가 작고 길이가 긴 테이퍼 가공	$X = \dfrac{(D-d)\times L}{2l}$ X : 심압대의 편위량
테이퍼 절삭장치를 이용하는 방법	가공물 테이퍼 길이에 관계없이 동일한 테이퍼로 가공할 수 있다.	–

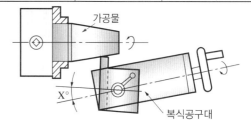

[복식공구대를 경사시키는 방법]

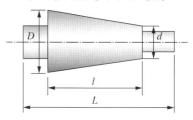

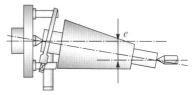

[심압대 편위에 의한 테이퍼가공]

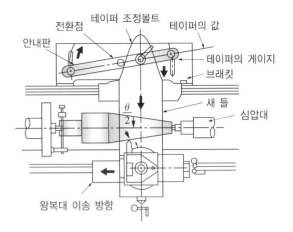

[테이퍼 절삭장치를 이용하는 방법]

16 다음 중 선반의 주요 부분이 아닌 것은?

① 칼 럼
② 왕복대
③ 심압대
④ 주축대

해설
선반을 구성하는 주요 구성 부분 : 주축대, 왕복대, 심압대, 베드

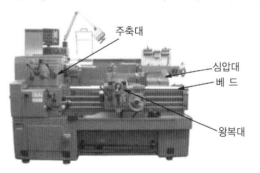

17 선반에서 양 센터 작업을 할 때 주축의 회전력을 가공물에 전달하기 위해 사용하는 부속품은?

① 연동척과 단동척
② 돌림판과 돌리개
③ 면판과 클램프
④ 고정 방진구와 이동 방진구

해설
• 돌림판과 돌리개 : 주축의 회전을 공작물에 전달하기 위해 사용하는 선반의 부속품이다. 주축대와 심압대의 양 센터만으로 공작물을 고정하면 고정력이 약해서 가공이 어려우므로 돌림판을 주축에 설치하고 돌리개로 공작물을 고정하여 돌림판의 홈에 걸어서 사용한다.

• 방진구(Work Rest) : 선반에서 가늘고 긴 가공물의 휨이나 떨림을 방지하기 위해 선반 베드 위에 고정하여 사용하는 고정식 방진구와 왕복대의 새들에 고정하여 사용하는 이동식 방진구가 있다.
• 면판 : 척에 고정할 수 없는 대형 공작물 또는 복잡한 공작물을 고정할 때 사용한다.

18 모듈이 m인 표준 스퍼기어(미터식)에서 총 이 높이는?

① 1.25m
② 1.5708m
③ 2.25m
④ 3.2504m

해설
• 전체 이 높이 = 2.25m
• 이뿌리 높이 = 1.25m
• 이끝 높이 = m

19 선반의 종류 중 볼트, 작은 나사 등을 능률적으로 가공하기 위하여 보통선반의 심압대 대신 회전 공구대를 설치하여 여러 가지 절삭공구를 공정에 맞게 설치한 선반은?

① 자동선반(Automatic Lathe)

② 터릿선반(Turret Lathe)

③ 모방선반(Copying Lathe)

④ 정면선반(Face Lathe)

해설

② 터릿선반 : 보통선반의 심압대 대신 터릿이라는 회전 공구대를 설치하여 여러 가지 절삭공구를 공정에 맞게 설치하여 간단한 부품을 대량 생산하는 선반

① 자동선반 : 캠(Cam)이나 유압기구 등을 이용하여 부품가공을 자동화한 대량 생산용 선반

③ 모방선반 : 자동모방장치를 이용하여 모형이나 형판(Template) 외형에 트레이서(Tracer)가 설치되고, 트레이서가 움직이면 바이트가 함께 움직여 모형이나 형판의 외형과 동일한 형상의 부품을 자동으로 가공하는 선반

④ 정면선반 : 기차 바퀴처럼 지름이 크고, 길이가 짧은 가공물을 절삭하기 편리한 선반

암기 키워드 ★ 다음 단어를 키워드로 암기한다.

선반의 종류	암기 키워드
탁상선반	소형 선반, 시계 부품, 소형 부품
정면선반	기차 바퀴, 지름이 크고, 길이가 짧고
수직선반	중량이 큰 대형 공작물
모방선반	동일한 모양의 형판
터릿선반	심압대 대신에 터릿
자동선반	캠이나 유압기구

20 다음 가공물의 테이퍼 값은 얼마인가?

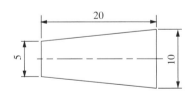

① 0.25

② 0.5

③ 1.5

④ 2

해설

테이퍼 $= \dfrac{D-d}{l} = \dfrac{10-5}{20} = 0.25$

21 ∅50mm SM20C 재질의 가공물을 CNC 선반에서 작업할 때 절삭속도가 80m/min이라면, 적절한 스핀들의 회전수는 약 얼마인가?

① 510rpm

② 1,020rpm

③ 1,600rpm

④ 2,040rpm

해설

$N = \dfrac{1,000\,V}{\pi D} = \dfrac{1,000 \times 80\text{m/min}}{\pi \times 50\text{mm}} = 509.29$

$\therefore\ N \fallingdotseq 510\text{rpm}$

여기서, D : 공작물 지름(mm)

  V : 절삭속도(m/min)

22 지름이 작은 가공물이나 각 봉재를 가공할 때 편리하며, 보통선반에서는 주축 테이퍼 구멍에 슬리브를 끼우고 여기에 척을 끼워 사용하는 것은?

① 단동척

② 연동척

③ 콜릿척

④ 마그네틱척

해설

① 단동척 : 4개의 조가 90° 간격으로 구성 배치되어 있으며, 불규칙한 가공물을 고정시킨다.

② 연동척 : 3개의 조가 120° 간격으로 구성 배치되어 있으며, 1개의 조를 돌리면 3개의 조가 함께 동일한 방향, 동일한 크기로 이동한다.

④ 마그네틱척 : 전자석을 이용하여 두께가 얇은 공작물을 변형시키지 않고 고정할 수 있으나 절삭 깊이를 작게 해야 한다. 공작물의 부착면이 평면이고 자성체이면 가능하지만, 대형 공작물은 부적당하다.

선반에서 사용하는 척의 종류

(a) 단동척   (b) 연동척   (c) 유압척

(d) 마그네틱척   (e) 콜릿척

23 보통선반의 이송 단위로 가장 옳은 것은?

① 1분당 이송(mm/min)

② 1회전당 이송(mm/rev)

③ 1왕복당 이송(mm/stroke)

④ 1회전당 왕복(stroke/rev)

해설
선반에서 이송은 가공물이 1회전할 때마다 바이트의 이송거리를 나타낸다. 단위는 mm/rev로 나타낸다.

24 공작기계를 가공능률에 따라 분류할 때 전용 공작기계에 속하는 것은?

① 플레이너

② 드릴링 머신

③ 트랜스퍼 머신

④ 밀링머신

해설
공작기계 가공능률에 따른 분류

가공능률	공작기계
범용 공작기계	선반, 드릴링 머신, 밀링머신, 셰이퍼, 플레이너, 슬로터, 연삭기 등
전용 공작기계	트랜스퍼 머신, 차륜 선반, 크랭크축 선반 등
단능 공작기계	공구연삭기, 센터링 머신 등
만능 공작기계	선반, 드릴링, 밀링머신 등의 공작기계를 하나의 기계로 조합한 것

25 선반에서 새들과 에이프런으로 구성되어 있는 부분은?

① 베 드   ② 주축대

③ 왕복대   ④ 심압대

해설
왕복대는 베드상에서 공구대에 부착된 바이트에 가로이송 및 세로이송을 하는 구조로 되어 있으며 새들, 에이프런, 공구대로 구성되어 있다.

26 선반을 이용하여 강을 절삭할 때 절삭 칩이 연속적으로 길게 이어져 나와 공작물 표면에 감겨 흠집을 내거나 작업자에게 위험을 주기도 한다. 이때 필요한 조치로 가장 적합한 것은?

① 절삭속도를 높인다.

② 절삭속도를 낮춘다.

③ 바이트에 칩브레이커를 만든다.

④ 여유각을 늘린다.

해설
칩 브레이커(Chip Breaker) : 가장 바람직한 칩의 형태가 유동형 칩이지만, 유동형 칩은 가공물에 휘말려 가공된 표면과 바이트를 상하게 하거나 작업자의 안전을 위협하고, 절삭유의 공급과 절삭가공을 방해한다. 따라서 칩을 인위적으로 짧게 끊어지도록 칩 브레이커를 이용한다.

[칩 브레이커의 여러 가지 형태]

27 선반에서 바이트의 윗면 경사각에 대한 일반적인 설명으로 옳지 않은 것은?

① 경사각이 크면 절삭성이 양호하다.

② 단단한 피삭재는 경사각을 크게 한다.

③ 경사각이 크면 가공 표면거칠기가 양호하다.

④ 경사각이 크면 인선강도가 약해진다.

해설
경사각이 크면 절삭성과 가공된 면의 표면거칠기가 좋아지지만, 날 끝이 약해져서 바이트의 수명이 단축되므로 절삭조건에 적절한 경사각으로 사용해야 한다. 단단한 피삭재는 경사각을 작게 한다.

28 선반에 사용되는 맨드릴의 종류가 아닌 것은?

① 팽창식 맨드릴 　　② 조립식 맨드릴

③ 방진구식 맨드릴 　④ 표준 맨드릴

해설

맨드릴(Mandrel)

기어, 벨트 풀리 등과 같이 구멍과 외경이 동심원이고, 직각이 필요한 경우에 구멍을 먼저 가공하고 구멍에 맨드릴을 끼워 양센터로 지지하여 외경과 측면을 가공하여 부품을 완성하는 선반의 부속품이다.

• 선반에 사용되는 맨드릴의 종류 : 표준 맨드릴, 갱 맨드릴, 나사 맨드릴, 테이퍼 맨드릴, 조립식 맨드릴

• 맨드릴의 종류와 사용의 예

종 류	비 고	종 류	비 고
팽창식 맨드릴	맨드릴　슬리브	나사 맨드릴	가공물 고정부
테이퍼 맨드릴	테이퍼자루　가공물(너트)	너트(갱) 맨드릴	가공물　와 셔
조립식 맨드릴	원추　원추　가공물(관)	맨드릴 사용의 예	면 판 돌리개　가공물　맨드릴

29 텔레스코핑게이지로 측정할 수 있는 것은?

① 진원도 　　② 안지름

③ 높 이 　　④ 깊 이

해설

안지름 측정기의 종류

(a) 실린더 게이지　(b) 스몰홀게이지　(c) 텔레스코핑게이지

30 선반의 나사 절삭작업 시 나사의 각도를 정확히 맞추기 위해 사용하는 것은?

① 플러그게이지

② 나사피치게이지

③ 한계게이지

④ 센터게이지

해설

• 센터게이지 : 선반에서 나사 절삭 시 바이트의 날 끝 중심선은 공작물 중심선에 정확히 직각이 되도록 맞출 때 사용한다.

• 한계게이지 : 플러그게이지(구멍), 스냅게이지(축)

31 다음에서 N11 블록을 실행하여 공구 이동 시 걸린 시간은?

```
N10 G97 S1000;
N11 G99 G01 W-100. F0.2;
```

① 30초 　　② 40초

③ 50초 　　④ 60초

해설

• N10 블록의 G97로 인해 회전수는 1,000rpm(G97 : 주축 회전수 일정제어)

• N11 블록에서 W-100으로 가공 길이는 100mm, 이송은 0.2mm/rev(F0.2)

• 가공시간

$$T = \frac{L}{ns} \times i(\min) = \frac{100\text{mm}}{1{,}000\text{rpm} \times 0.2\text{mm/rev}} \times 1회(\min)$$

$$= 0.5\text{min}$$

$$T = 0.25\text{min} \rightarrow 0.5 \times 60 = 30\text{s}$$

$$\therefore \ T = 30\text{s}$$

여기서, T : 가공시간

n : 회전수(rpm)

L : 가공 길이(mm)

s : 이송(mm/rev)

i : 가공 횟수

32 CNC 선반의 서보기구에 대한 설명으로 옳은 것은?

① 컨트롤러에서 가공데이터를 저장하는 곳이다.

② 디스켓이나 테이프에 기록된 정보를 받아서 펄스화시키는 것이다.

③ CNC 컨트롤러를 작동시키는 기구이다.

④ 공작기계의 테이블 등을 움직이게 하는 기구이다.

해설
서보기구 : 서보기구는 사람의 손과 발에 해당된다. 정보처리부의 명령에 따라 수치제어 공작기계의 주축, 테이블 등을 움직이는 역할을 한다.

33 프로그램을 편리하게 하기 위하여 도면상에 있는 임의의 점을 프로그램상의 절대좌표 기준으로 정한 점은?

① 제2원점

② 제3원점

③ 기계 원점

④ 프로그램 원점

해설
프로그램 원점 : CNC 공작기계는 주로 절대좌표에 의하여 제어가 이루어지고 이 절대좌표의 기준을 원점으로 잡아서 모든 위치의 값을 그 점을 기준으로 프로그램을 작성하는 방식이다. 그 점을 프로그램 원점이라고 하며 그 점을 기준으로 부호를 갖는 수치로 좌표값을 표시하여 프로그램을 입력한다.

34 다음 나사가공 프로그램에서 [ ] 안에 알맞은 것은?

```
G76 P010060 Q50 R30;
G76 X13.62 Z-32.5 P1190 Q350 F[    ];
```

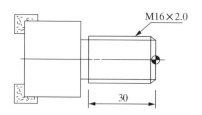

① 1.0

② 1.5

③ 2.0

④ 2.5

해설
• 나사가공에서 F로 지령된 값은 나사의 리드이다.
• L(리드) $= n$(줄수) $\times P$(피치) $= 1 \times 2 = 2.0$
  ∴ F2.0

35 일반적으로 CNC 프로그램으로 준비기능(G기능)에 속하지 않는 것은?

① 원호보간

② 직선보간

③ 기어속도 변환

④ 급속이송

해설
① 원호보간 : G02, G03
② 직선보간 : G01
④ 급속이송 : G00
준비기능 : 주소 G코드에 연속되는 수치를 입력하고, 이 명령에 따라 제어장치는 그 기능을 발휘하기 위한 동작의 준비를 하는 기능이다.

36 CNC 프로그램의 주요 주소(Address) 기능에서 T의 기능은?

① 주축기능

② 공구기능

③ 보조기능

④ 이송기능

해설
① 주축기능 : S
③ 보조기능 : M
④ 이송기능 : F

37 다음 중 프로그램 에러(Error) 정보가 발생하는 경우는?

① G04 P0.5;

② G00 X50000 Z2;

③ G01 X12.0 Z-30. F0.2;

④ G96 S120;

휴지(Dwell) : 지령한 시간 동안 이송이 정지되는 기능으로, 홈가공이나 드릴작업 등에서 사용한다.
- G04 : 휴지(Dwell/일시정지)기능, 에드레스 X, U 또는 P와 정지하려는 시간을 수치로 입력한다. P는 소수점을 사용할 수 없으며, X, U는 소수점 이하 세 자리까지 유효하다.
- 0.5초 동안 정지시키기 위한 프로그램
 - G04 X0.5 ; G04 U0.5 ; G04 P500 ;

38 일반적으로 CNC 선반에서 가공하기 어려운 작업은?

① 원호가공

② 테이퍼가공

③ 편심가공

④ 나사가공

39 CNC 프로그램에서 'G96 S200;'에 대한 설명으로 옳은 것은?

① 주축은 200rpm으로 회전한다.

② 주축속도가 200m/min이다.

③ 주축의 최고 회전수는 200rpm이다.

④ 주축의 최저 회전수는 200rpm이다.

G96	절삭속도(m/min) 일정제어
G96 S200;	주축속도가 200m/min이다.
G97	주축 회전수(rpm) 일정제어
G97 S200;	주축 회전수가 200rpm이다.

40 다음 중 지령된 블록에서만 유효한 G코드(One Shot G Code)가 아닌 것은?

① G04

② G30

③ G40

④ G50

- G40은 공구 인선 보정 취소로 동일 그룹의 다른 G코드가 나올 때까지 유효한 모델 G코드이다.
- G코드에서 원숏(One Shot) G코드와 모달(Modal) G코드의 두 종류가 있다.

구 분	의 미	그 룹	G코드
원숏 G코드	명령된 블록에 한해서 유효	00그룹	G04, G27, G28, G30 등
모델 G코드	동일 그룹의 다른 G코드가 나올 때까지 유효	00 이외의 그룹	G01, G41, G96 등

41 KS 기계제도에서 도면에 기입된 길이 치수는 단위를 표기하지 않으나 실제 단위는?

① μm

② cm

③ mm

④ m

길이의 치수는 원칙적으로 mm의 단위로 기입하고, 단위기호는 붙이지 않는다.

42 다음 그림과 같이 작은 압력으로 숫돌을 진동시켜 압력을 가하여 가공하며, 방향성이 없고 표면 변질부가 매우 적은 가공법은?

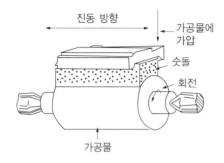

① 호닝(Honing)
② 슈퍼피니싱(Superfinishing)
③ 래핑(Lapping)
④ 버니싱(Burnishing)

해설
슈퍼피니싱(Superfinishing) : 연삭숫돌을 공작물 표면에 가압하면서 공작물 이송과 진동을 주고 공작물을 회전시켜 균일한 표면을 얻는 가공법으로 저압, 저속도의 가공이므로 발열이 적고 가공변질층을 제거할 수 있으며 내마모성, 내식성이 우수하고 다듬질 시간이 짧다.

43 래핑작업에 쓰이는 랩제가 아닌 것은?

① 탄화규소
② 알루미나
③ 산화철
④ 주철가루

해설
랩제 : 탄화규소, 산화알루미늄, 산화철, 산화크롬, 탄화붕소, 다이아몬드 분말 등

44 다음 중 CNC 공작기계에서 정보가 흐르는 과정으로 옳은 것은?

① 도면 → CNC 프로그램 → 정보처리 회로 → 기계 본체 → 서보기구 구동 → 가공물
② 도면 → CNC 프로그램 → 정보처리 회로 → 서보기구 구동 → 기계 본체 → 가공물
③ 도면 → 정보처리 회로 → CNC 프로그램 → 서보기구 구동 → 기계 본체 → 가공물
④ 도면 → CNC 프로그램 → 서보기구 구동 → 정보처리 회로 → 기계 본체 → 가공물

해설
CNC 공작기계 정보 흐름의 과정
도면 → CNC 프로그램 → 정보처리 회로 → 서보기구 구동 → 기계 본체 → 가공물

[수치제어장치의 기본 구성도]

45 CAM 시스템의 곡면가공방법에서 Z축 방향의 높이가 같은 부분을 연결하여 가공하는 방법은?

① 주사선가공
② 등고선가공
③ 펜슬가공
④ 방사형 가공

해설
• 등고선가공 : CAM 시스템의 곡면가공방법에서 Z축 방향의 높이가 같은 부분을 연결하여 가공하는 방법
• 펜슬가공 : 모서리가 있는 제품인 경우에 모서리까지 가공하기 위하여 작은 직격의 엔드밀로 가공하는 방법

46 조성은 Al에 Cu와 Mg이 각각 1%, Si가 12%, Ni이 1.8%인 Al 합금으로 열팽창계수가 작아 내연기관 피스톤용으로 이용되는 것은?

① Y 합금
② 라우탈
③ 실루민
④ Lo-Ex 합금

해설
- Y 합금 : Al + Cu + Ni + Mg의 합금으로, 내연기관 실린더에 사용한다.
- 두랄루민 : Al + Cu + Mg + Mn의 합금으로, 가벼워서 항공기나 자동차 등에 사용된다.
- 실루민 : Al + Si의 합금으로, 주조성은 좋으나 절삭성은 나쁘다.
- Lo-Ex 합금 : 열팽창계수가 작아서 내연기관 피스톤용으로 사용된다.

47 일반적인 합성수지의 장점이 아닌 것은?

① 가공성이 뛰어나다.
② 절연성이 우수하다.
③ 가볍고, 비교적 충격에 강하다.
④ 임의의 색깔로 착색할 수 있다.

해설
합성수지는 플라스틱을 의미한다. 플라스틱은 가볍고 절연성과 내식성이 우수하며 단열과 비자기성 특성이 있지만, 충격에 약하다.

48 한 변의 길이가 2cm인 정사각형 단면의 주철제 각봉에 4,000N의 중량을 가진 물체를 올려놓았을 때 생기는 압축응력(N/mm²)은?

① 10
② 20
③ 30
④ 40

해설
$$압축응력(\sigma_c) = \frac{P_c}{A} = \frac{4,000N}{20 \times 20mm} = 10N/mm^2$$

$$\therefore \sigma_c = 10N/mm^2$$

여기서, A : 단면적, P_c : 압축하중

49 니켈-구리합금 중 Ni의 일부를 Zn으로 치환한 것으로, Ni 8~20%, Zn 20~35%, 나머지가 Cu인 단일 고용체로 식기, 악기 등에 사용되는 합금은?

① 베네딕트 메탈(Benedict Metal)
② 큐프로 니켈(Cupro-Nickel)
③ 양백(Nickel Silver)
④ 콘스탄탄(Constantan)

해설
양백(양은) : 니켈황동으로 황동에 10~20% Ni을 넣은 것으로, 색깔이 Ag과 비슷하여 예전부터 장식, 식기, 악기, 그 밖에 Ag 대용품으로 사용된다.

50 특수강에 첨가되는 합금원소의 특성으로 옳지 않은 것은?

① Ni : 내식성 및 내산성을 증가시킨다.
② Co : 보통 Cu와 함께 사용되며 고온 강도 및 고온 경도를 저하시킨다.
③ Ti : Si 나 V과 비슷하고 부식에 대한 저항이 매우 크다.
④ Mo : 담금질 깊이를 깊게 하고 내식성을 증가시킨다.

해설
코발트(Co) : 크롬과 함께 사용하며 고온 강도와 고온 경도를 크게 한다.

51 물체의 단면에 따라 평행하게 생기는 접선응력은?

① 전단응력

② 인장응력

③ 압축응력

④ 변형응력

전단응력 : 재료의 단면에 평행하게 작용하여 재료를 전단하려고 하는 전단하중에 저항하기 위하여 재료 내부에 발생하는 응력이다.

※ 인장응력과 압축응력은 단면에 수직으로 작용한다.

52 원동차의 지름이 160mm, 종동차의 반지름이 50mm인 경우 원동차의 회전수가 300rpm이라면 종동차의 회전수는 몇 rpm인가?

① 150　　　　② 200

③ 360　　　　④ 480

모듈$(m) = \dfrac{D}{Z} \rightarrow Z = \dfrac{D}{m} \rightarrow \dfrac{Z_\text{종}}{Z_\text{원}} = \dfrac{D_\text{종}}{D_\text{원}}$

속도비$(i) = \dfrac{\text{원동기어측 회전속도}}{\text{종동기어측 회전속도}} = \dfrac{n_\text{원}}{n_\text{종}} = \dfrac{Z_\text{종}}{Z_\text{원}} = \dfrac{D_\text{종}}{D_\text{원}}$

$\rightarrow \dfrac{n_\text{원}}{n_\text{종}} = \dfrac{D_\text{종}}{D_\text{원}} \rightarrow \dfrac{300\text{rpm}}{n_\text{종}} = \dfrac{50 \times 2\text{mm}}{160\text{mm}}$

$\therefore n_\text{종} = 480\text{rpm}$

53 주로 전달토크가 큰 축에 사용되며 회전 방향이 양쪽 방향일 때 일반적으로 중심각이 120° 되도록 한 쌍을 설치하여 사용하는 키(Key)는?

① 드라이빙키

② 스플라인

③ 원뿔키

④ 접선키

① 드라이빙키 : 키 홈에 때려 박아 축과 보스를 체결하는 데 사용하는 키

② 스플라인 : 축에 여러 개의 같은 키홈을 파는 키

③ 원뿔키 : 축 방향으로 쪼갠 원뿔을 때려 박아 축과 보스를 헐거움 없이 고정시키는 키

54 금속의 재결정온도에 대한 설명으로 옳은 것은?

① 가열시간이 길수록 낮다.

② 가공도가 작을수록 낮다.

③ 가공 전 결정입자 크기가 클수록 낮다.

④ 납(Pb)보다 구리(Cu)가 낮다.

재결정 온도가 낮아지는 조건
• 가공도가 클수록
• 가공 전의 결정 입자가 미세할수록
• 가열시간이 길수록

55 나사의 호칭지름을 나타내는 것은?

① 피 치

② 암나사의 안지름

③ 유효지름

④ 수나사의 바깥지름

56 회전에 의한 동력전달장치에서 인장측 장력과 이완측 장력의 차이는?

① 초기장력   ② 인장측 장력
③ 이완측 장력   ④ 유효장력

해설

평벨트의 유효장력
$T_e = T_t - T_s$
여기서, T_t : 인장(긴장)측 장력
   T_s : 이완측 장력

57 연삭숫돌의 자생작용이 일어나는 순서로 옳은 것은?

① 입자의 마멸 → 파쇄 → 탈락 → 생성
② 입자의 탈락 → 마멸 → 파쇄 → 생성
③ 입자의 파쇄 → 마멸 → 생성 → 탈락
④ 입자의 마멸 → 생성 → 파쇄 → 탈락

해설

자생작용 : 연삭 중에 결합제로 결합되어 있는 입자들이 둔화되어 절삭저항이 증대되어 결합제의 강도 이상이 되면, 입자가 탈락한다. 새로 예리한 입자가 생성되어 연삭이 진행되는 작용이다.

58 절삭 시 발생하는 절삭온도에 대한 설명으로 옳은 것은?

① 절삭온도가 높아지면 절삭성이 향상된다.
② 가공물의 경도가 낮을수록 절삭온도는 높아진다.
③ 절삭온도가 높아지면 절삭공구의 마모가 증가된다.
④ 절삭온도가 높아지면 절삭공구의 인선온도는 하강한다.

해설

절삭온도가 높아지면 절삭공구의 마모는 증가한다. 절삭온도가 높아지면 날 끝 온도가 상승하여 공구는 빨리 마멸되고 공구수명이 짧아질 뿐만 아니라 공작물도 온도 상승에 의한 열팽창으로 가공치수가 달라지는 나쁜 영향을 받게 된다.

59 CNC 공작기계 사용 시 안전사항으로 옳지 않은 것은?

① 비상정지 스위치의 위치를 확인한다.
② 칩으로부터 눈을 보호하기 위해 보안경을 착용한다.
③ 그래픽으로 공구경로를 확인한다.
④ 손의 보호를 위해 면장갑을 착용한다.

해설

CNC 선반 및 범용 선반작업 시 면장갑을 착용하지 않는다.

60 CNC 선반프로그램에서 공구의 현재 위치가 시작점일 경우 공작물 좌표계 설정으로 옳은 것은?

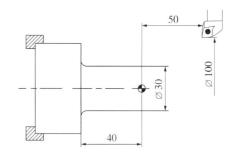

① G50 X50. Z100. ;
② G50 X100. Z50. ;
③ G50 X30. Z40. ;
④ G50 X100. Z-50. ;

해설

• G50 X100. Z50. ; 시작점은 공작물의 원점에서 X방향 100mm, Z방향 50mm에 위치한 점이다.
• 좌표계 설정 및 최고 회전수 제한(G50) : 사용공구가 출발하는 임의의 위치를 시작점이라고 하며, 프로그램의 원점과 시작점의 위치관계를 NC에 알려주어 프로그램의 원점을 절대좌표의 원점(X0, Z0)으로 설정해 주는 것을 좌표계 설정이라고 한다.

01 다음 그림에서 $W = 300$N의 하중이 작용하고 있다. 스프링 상수가 $k_1 = 5$N/mm, $k_2 = 10$N/mm라면, 늘어난 길이는 몇 mm인가?

① 15 ② 20

③ 25 ④ 30

해설
- 병렬로 스프링을 연결할 경우의 전체 스프링 상수 :
  $k = k_1 + k_2 = 5 + 10 = 15$N/mm

- 전체 스프링 상수 : $k = \dfrac{W}{\delta} = \dfrac{\text{하중}}{\text{늘어난 길이}}$

∴ 늘어난 길이 : $\delta = \dfrac{W}{k} = \dfrac{W}{k_1 + k_2} = \dfrac{300\text{N}}{15\text{N/mm}} = 20$mm

스프링의 조합

직렬연결	병렬연결
$k = \dfrac{1}{k_1} + \dfrac{1}{k_2} \cdots$	$k = k_1 + k_2 \cdots$

02 보스와 축의 둘레에 여러 개의 키(Key)를 깎아 붙인 모양으로, 큰 동력을 전달할 수 있고 내구력이 크면 축과 보스의 중심을 정확하게 맞출 수 있는 특징을 가지는 것은?

① 새들키 ② 원뿔키

③ 반달키 ④ 스플라인

해설
키(Key)의 종류

키	정 의	그 림
새들키 (안장키)	축에는 키 홈을 가공하지 않고 보스에만 테이퍼진 키 홈을 만들어 때려 박는다. [비고] 축의 강도 저하가 없다.	
원뿔키	축과 보스의 사이에 2~3곳을 축 방향으로 쪼갠 원뿔을 때려 박아 고정시킨다.	
반달키	축에 반달 모양의 홈을 만들어 반달 모양으로 가공된 키를 끼운다. [비고] 축의 강도가 약하다.	
스플라인	축에 여러 개의 같은 키 홈을 파서 여기에 맞는 한 짝의 보스 부분을 만들어 서로 잘 미끄러져 운동할 수 있게 한 것이다. [비고] 키보다 큰 토크를 전달한다.	

※ 묻힘(Sunk) 키 : 축과 보스의 양쪽에 모두 키 홈을 가공한다.
※ 둥근키 : 축과 보스 사이에 구멍을 가공한다.

03 비틀림 각이 30°인 헬리컬기어에서 잇수가 40이고, 축 직각 모듈이 4일 때 피치원의 직경은 몇 mm 인가?

① 160
② 170.27
③ 158
④ 184.75

해설

헬리컬기어

- 피치원지름$(D) = \dfrac{mZ}{\cos\beta} = \dfrac{4 \times 40}{\cos 30°} = \dfrac{160}{0.866} \fallingdotseq 184.75$

  (여기서, β : 비틀림 각)

스퍼기어

- 피치원지름$(D) = mZ$

04 브레이크의 마찰면이 원판으로 되어 있고, 원판의 수에 따라 단판 브레이크와 다판 브레이크로 분류되는 것은?

① 블록 브레이크
② 밴드 브레이크
③ 드럼 브레이크
④ 디스크 브레이크

해설

④ 디스크 브레이크(Disk Brake)/원판 브레이크
- 캘리퍼형 디스크 브레이크(Caliper Disk Brake) : 회전운동을 하는 드럼이 안쪽에 있고 바깥에서 양쪽 대칭으로 드럼을 밀어붙여 마찰력이 발생하도록 한 브레이크 장치
- 클러치형 디스크 브레이크(Clutch-type Disk Brake) : 축 방향 하중에 의하여 발생하는 마찰력으로 제동하는 브레이크로, 마찰면이 원판인 경우 원판의 수에 따라 단판 브레이크와 다판 브레이크로 분류한다.
③ 블록 브레이크 : 회전하는 브레이크 드럼을 브레이크 블록으로 누르게 한 것으로, 브레이크 블록의 수에 따라 단식 블록 브레이크와 복식 블록 브레이크로 나눈다.

05 볼트 머리부의 링(Ring)으로 물건을 달아 올리기 위하여 훅(Hook)을 걸 수 있는 고리가 있는 볼트는?

① 아이볼트
② 나비볼트
③ 리머볼트
④ 스테이 볼트

해설

① 아이볼트 : 볼트의 머리부에 핀을 끼울 구멍이 있어 자주 탈착하는 뚜껑의 결합에 사용된다. 무거운 물체를 달아 올리기 위하여 훅을 걸 수 있는 고리가 있는 볼트이다.
② 나비볼트 : 스패너 없이 손으로 조이거나 풀 수 있다.
③ 리머볼트 : 볼트 구멍을 리머로 다듬질한 후 정밀가공된 리머볼트를 끼워 결합한다.
④ 스테이볼트 : 간격 유지 볼트, 두 물체 사이의 거리를 일정하게 유지한다.

특수용 볼트

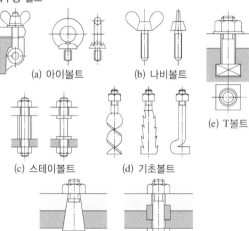

(a) 아이볼트   (b) 나비볼트

(e) T볼트

(c) 스테이볼트   (d) 기초볼트

(f) 리머볼트

06 두 축이 교차할 때 동력을 전달하려는 경우에 사용하는 기어는?

① 스퍼기어 　　② 헬리컬 기어
③ 래크 　　　　④ 베벨기어

해설

④ 베벨기어 : 교차하는 두 축의 운동을 전달하기 위하여 원추형으로 만든 기어이다.
① 스퍼기어 : 직선 치형을 가지며 잇줄이 축에 평행한 기어이다.
② 헬리컬 기어 : 잇줄이 축 방향과 일치하지 않는 기어이다.
③ 래크 : 작은 스퍼기어와 맞물리고 잇줄이 축 방향과 일치하는 기어이다.

기어의 종류

평행축 기어	스퍼기어	래크와 작은 기어	내접기어
	헬리컬기어	헬리컬래크	더블 헬리컬기어
교차축 기어	직선베벨기어	스파이럴 베벨기어	
	제롤 베벨기어	크라운 베벨기어	
엇갈림축 기어	원통 웜기어 (원통 웜 / 원통 웜 휠)	장고형 웜기어 (장고형 웜 / 장고형 웜 휠)	
	나사기어	하이포이드 기어	

07 나사 종류의 표시기호 중 틀린 것은?

① 미터 보통나사 : M
② 유니파이 가는 나사 : UNC
③ 미터 사다리꼴나사 : Tr
④ 관용 평행나사 : G

해설

• 유니파이 가는 나사 : UNF
• 유니파이 보통 나사 : UNC

08 외경이 500mm, 내경이 490mm인 얇은 원통의 내부에 3MPa의 압력이 작용할 때 원주 방향의 응력은 몇 N/mm²인가?

① 75 　　　　② 147
③ 222 　　　　④ 294

해설

원주 방향으로 내압을 받는 경우

원주 방향 응력$(\sigma_1) = \dfrac{p \times D}{2 \times t} = \dfrac{3\text{N/mm}^2 \times 490\text{mm}}{2 \times 5\text{mm}}$
$\qquad\qquad\qquad = 147\text{N/mm}^2$

여기서, p : 내압
　　　　D : 원통의 안지름
　　　　t : 판 두께(500−490/2)
※ 3MPa = 3N/mm²

09 스프링의 제도에 관한 설명으로 틀린 것은?

① 코일 스프링의 종류와 모양만 간략도로 나타내는 경우에는 재료의 중심선만 굵은 실선으로 도시한다.

② 코일 부분의 양끝을 제외한 동일 모양 부분의 일부를 생략할 때는 생략한 부분의 선지름 중심선을 굵은 2점쇄선으로 도시한다.

③ 코일 스프링은 일반적으로 무하중인 상태로 그리고, 겹판 스프링은 일반적으로 스프링판이 수평인 상태에서 그린다.

④ 그림 안에 기입하기 힘든 사항은 요목표에 표시한다.

해설

코일 부분의 중간 부분을 생략할 때에는 생략한 부분을 가는 1점쇄선으로 표시하거나 가는 2점쇄선으로 표시해도 좋다.

10 다음 그림과 같은 입체도에서 화살표 방향이 정면일 경우 평면도로 가장 적합한 것은?

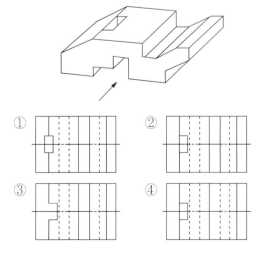

11 축의 치수가 $\varnothing 300^{-0.05}_{-0.20}$, 구멍의 치수가 $\varnothing 300^{+0.15}_{0}$인 끼워맞춤에서 최소틈새는?

① 0   ② 0.05

③ 0.15   ④ 0.20

해설

• 구멍의 최소허용치수 : 300
• 축의 최대허용치수 : 299.95
• 최소틈새 = 구멍의 최소허용치수 – 축의 최대허용치수
　　　　＝ 300 – 299.95 = 0.05

틈 새	최소틈새	구멍의 최소허용치수 – 축의 최대허용치수
	최대틈새	구멍의 최대허용치수 – 축의 최소허용치수
죔 새	최소죔새	축의 최소허용치수 – 구멍의 최대허용치수
	최대죔새	축의 최대허용치수 – 구멍의 최소허용치수

12 나사 마이크로미터로 측정할 수 있는 것은?

① 나사산의 유효지름   ② 나사의 피치

③ 나사산의 각도   ④ 나사의 바깥지름

해설

• 나사의 유효지름 측정방법 : 삼침법, 나사마이크로미터, 광학적인 방법(공구현미경 등)
• 삼침법 : 지름이 같은 3개의 와이어를 나사산에 대고 와이어의 바깥쪽을 마이크로미터로 측정하여 유효지름은 계산하는 방법

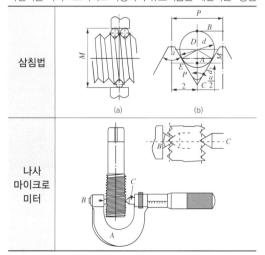

13 외측 마이크로미터에서 측정력을 일정하게 하는 장치는?

① 앤 빌　　　　② 심 블

③ 래칫스톱　　　④ 클램프

래칫스톱은 측정력을 일정하게 하는 역할을 한다.
마이크로미터의 구조

14 측정오차의 종류에 해당하지 않는 것은?

① 측정기의 오차

② 자동오차

③ 개인오차

④ 우연오차

측정오차의 종류

측정오차의 종류	내 용
측정기의 오차(계기오차)	측정기의 구조, 측정압력, 측정온도, 측정기의 마모 등에 따른 오차
시차(개인오차)	측정기가 정확하게 치수를 지시해도 측정자의 부주의 때문에 생기는 오차로, 측정자 눈의 위치에 따라 눈금의 읽음값에 오차가 생기는 경우
우연오차	기계에서 발생하는 소음이나 진동 등과 같은 주위 환경에서 오는 오차 또는 자연현상 급변 등으로 생기는 오차

15 기포의 위치에 의하여 수평면에서 기울기를 측정하는 데 사용하는 액체식 각도측정기는?

① 사인바　　　　② 수준기

③ NPL식 각도기　④ 콤비네이션 세트

② 수준기 : 기포관 내의 기포 위치에 의하여 수평면에서 기울기를 측정하는 데 사용되는 액체식 각도측정기로, 기계의 조립·설치 등의 수평·수직을 조사할 때 사용한다.
① 사인바 : 길이를 측정하여 직각삼각형의 삼각함수를 이용한 계산에 의하여 임의각 측정 또는 임의각을 만드는 기구이다.
③ NPL식 각도기 : 길이 약 90mm, 폭 약 15mm의 측정면을 가진 쐐기형의 열처리된 블록으로 각각 6초, 18초, 1분, 3분, 9분, 27분, 1°, 3°, 9°, 27°, 41°의 각도를 가진 12개의 게이지를 한 조로 한다.
④ 콤비네이션 세트 : 2개의 면이 이루는 각도 측정이나 높이 측정에 사용하며, 중심을 내는 금긋기 작업에 사용한다.

16 표면거칠기 측정기가 아닌 것은?

① 촉침식 측정기

② 광절단식 측정기

③ 기초원판식 측정기

④ 광파간섭식 측정기

표면거칠기 측정기 : 촉침식 측정기, 광절단식 측정기, 광파간섭식 측정기

17 공작기계를 구성하는 중요한 구비조건이 아닌 것은?

① 가공능력이 클 것

② 높은 정밀도를 가질 것

③ 내구력이 클 것

④ 기계효율이 작을 것

해설

공작기계의 구비조건
• 제품의 공작 정밀도가 좋을 것
• 절삭가공 능률이 우수할 것
• 융통성이 풍부하고, 기계효율이 클 것
• 조작이 용이하고, 안전성이 높을 것
• 동력손실이 작고, 기계 강성이 높을 것

18 다음과 같은 테이퍼를 절삭하고자 할 때 심압대의 편위량은?

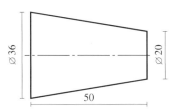

① 8mm

② 10mm

③ 16mm

④ 18mm

해설

심압대 편위량$(e) = \dfrac{36-20}{2} = \dfrac{16}{2} = 8\text{mm}$

여기서, D : 테이퍼의 큰 지름(mm)

d : 테이퍼의 작은 지름(mm)

19 선반의 조작을 캠(Cam)이나 유압기구를 이용하여 자동화한 것으로 대량 생산에 적합하고, 능률적인 선반으로 주로 핀(Pin), 볼트(Bolt) 및 시계 부품, 자동차 부품을 생산하는 데 사용하는 것은?

① 공구선반

② 자동선반

③ 터릿선반

④ 정면선반

해설

선반의 종류
• 자동선반 : 캠(Cam)이나 유압기구 등을 이용하여 부품 가공을 자동화한 대량 생산용 선반이다.
• 공구선반 : 보통선반과 같은 구조지만, 정밀한 형식으로 되어 있는 선반이다.
• 터릿선반 : 보통선반 심압대 대신 터릿이라는 회전공구대를 설치하여 여러 가지 절삭공구를 공정에 맞게 설치하여 가공하는 선반이다.
• 정면선반 : 기차 바퀴처럼 지름이 크고, 길이가 짧은 가공물을 절삭하기 편리한 선반이다.

※ 암기 키워드

선반의 종류	암기 키워드
탁상선반	소형 선반, 시계 부품, 소형 부품
정면선반	기차 바퀴, 지름이 크고, 길이가 짧고
수직선반	중량이 큰 대형 공작물
모방선반	동일한 모양의 형판
터릿선반	심압대 대신에 터릿
자동선반	캠이나 유압기구

20 가늘고 긴 공작물을 가공할 경우 자중 및 절삭력으로 인한 휨을 방지하기 위해 이용되는 선반 부속장치는?

① 분할대   ② 심 봉

③ 방진구   ④ 면 판

해설

③ 방진구 : 선반에서 가늘고 긴 가공물의 휨이나 떨림을 방지하기 위해 선반 베드 위에 고정시켜 사용하는 고정식 방진구와 왕복대의 새들에 고정시켜 사용하는 이동식 방진구가 있다.

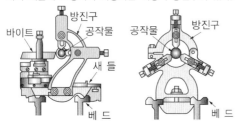

(a) 이동식 방진구   (b) 고정식 방진구

[방진구의 설치]

① 분할대 : 테이블에 분할대와 심압대로 가공물을 지지하거나 분할대의 척에 가공물을 고정하여 사용한다. 필요한 등분이나 필요한 각도로 분할할 때 사용하는 밀링 부속장치이다.

④ 면판 : 척에 고정할 수 없는 불규칙하거나 대형 가공물 또는 복잡한 가공물을 고정할 때 척을 떼어내고 면판을 주축에 고정시켜 사용한다.

※ 선반과 밀링의 부속품

선반의 부속품	밀링의 부속품
방진구, 맨드릴, 센터, 면판, 돌림판과 돌리개, 척 등	분할대, 바이스, 회전 테이블, 슬로팅장치 등

21 선반가공 중 테이퍼 절삭방법이 아닌 것은?

① 심압대의 편위에 의한 방법

② 단동척의 편심을 이용한 방법

③ 복식공구대의 경사에 의한 방법

④ 테이퍼 절삭장치에 의한 방법

해설

선반에서 테이퍼를 가공하는 방법

• 복식공구대를 경사시키는 방법

• 심압대를 편위시키는 방법

• 테이퍼 절삭장치를 이용하는 방법

• 총형 바이트를 이용하는 방법

22 선반에서 4개의 조가 각각 단독으로 이용하며, 불규칙한 모양의 일감을 고정하는 데 편리한 척은?

① 연동척   ② 단동척

③ 콜릿척   ④ 만능척

해설

선반에서 사용하는 척의 종류

• 연동척 : 3개의 조가 120° 간격으로 구성 배치되어 있으며, 규칙적인 모양 고정

• 단동척 : 4개의 조가 90° 간격으로 구성 배치되어 있으며, 불규칙한 가공물 고정

• 콜릿척 : 지름이 작은 가공물이나 각 봉재를 가공할 때 편리한 척

• 만능척 : 단동척과 연동척의 기능을 겸비한 척

(a) 단동척   (b) 연동척   (c) 유압척

(d) 마그네틱척   (e) 콜릿척

23 선반가공 중 심압대의 테이퍼 구멍 안에 부속품을 설치하여 가공하는 것은?

① 드릴가공

② T홈 가공

③ 외경가공

④ 더브테일 가공

• 선반 심압축에 드릴척(Drill Chuck)을 부착하여 드릴가공을 한다.
• T홈 가공, 더브테일 가공은 밀링가공이다.

24 지름 50mm의 봉재를 절삭속도 15.7m/min으로 절삭하려면 회전수는 약 몇 rpm으로 해야 하는가?

① 75

② 100

③ 125

④ 150

회전수$(N) = \dfrac{1,000\,V}{\pi D} = \dfrac{1,000 \times 15.7\text{m/min}}{\pi \times 50\text{mm}} ≒ 100\text{rpm}$

여기서, N : 회전수(rpm)

V : 절삭속도(m/min)

D : 지름(mm)

25 보통선반에서 왕복대의 구성 부분이 아닌 것은?

① 에이프런

② 새 들

③ 공구대

④ 베 드

왕복대는 베드의 윗면에 위치하며, 주축대와 심압대 사이에 있다. 왕복대는 베드의 안내면을 따라 좌우로 미끄러지면서 이동하는 새들, 공구를 고정하고 이송하는 공구대, 이송장치를 내장하고 있는 에이프런으로 구성되어 있다.

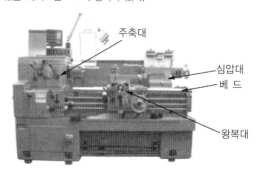

[선반의 구조와 명칭]

26 범용 선반에서 주축에 주로 사용하는 테이퍼는?

① 자콥스 테이퍼

② 내셔널 테이퍼

③ 모스 테이퍼

④ 브라운샤프 테이퍼

범용 선반의 주축은 중공축이며, 내부는 모스 테이퍼로 되어 있어 길이가 긴 봉재를 가공할 수 있다. 주축을 지지하는 베어링에 걸리는 하중을 감소시키며, 센터와 콜릿척을 고정시키는 데 편리하다.

※ 중공축 : 축을 가볍게 하기 위해 축의 중심부에 구멍이 뚫려 있는 것

※ 모스 테이퍼 : 선반의 심압대, 드릴의 섕크, 탁상 및 레이디얼 드릴의 주축, 테이퍼 베어링 등에 사용하는 테이퍼로, 약 1/20 정도의 테이퍼값을 가진다.

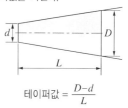

테이퍼값 $= \dfrac{D-d}{L}$

27 주로 철도 차량의 바퀴를 가공하는 전용 공작기계는?

① 드릴링 머신
② 셰이퍼
③ 차륜 선반
④ 플레이너

③ 차륜 선반 : 주로 기차 바퀴를 가공하는 선반으로, 주축대 2개를 마주 세운 구조이다.
① 드릴링 머신 : 구멍을 뚫는 공작기계이다.
② 셰이퍼 : 평면을 가공하는 공작기계이다.
④ 플레이너 : 평면을 가공하는 공작기계 이다.

28 다음 보기에서 설명하는 공작기계 정밀도의 원리는?

┌─보기├─────────────────────
│ 공작기계의 정밀도가 가공되는 제품의 정밀도에 영 │
│ 향을 미치는 것 │
└───────────────────────────

① 모성의 원리(Copying Principle)
② 정밀의 원리(Accurate Principle)
③ 아베의 원리(Abbe's Principle)
④ 파스칼의 원리(Pascal's Principle)

29 선삭용 인서트 형번 표기법(ISO)에서 인서트의 형상이 정사각형을 나타내는 것은?

① C   ② D
③ S   ④ V

인서트 팁의 규격(ISO 형번 표기법)

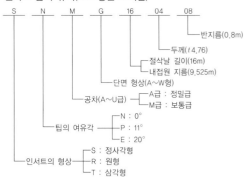

S N M G 16 04 08
- 반지름(0.8m)
- 두께(t 4.76)
- 절삭날 길이(16m)
- 내접원 지름(9.525m)
- 단면 형상(A~W형)
- 공차(A~U급) ─ A급 : 정밀급 / M급 : 보통급
- 팁의 여유각 ─ N : 0° / P : 11° / E : 20°
- 인서트의 형상 ─ S : 정사각형 / R : 원형 / T : 삼각형

30 보통선반의 이송 단위로 가장 옳은 것은?

① 1분당 이송(mm/min)
② 1회전당 이송(mm/rev)
③ 1왕복당 이송(mm/stroke)
④ 1회전당 왕복(stroke/rev)

선반에서 이송은 가공물이 1회전할 때마다 바이트의 이송거리를 나타낸다. 단위는 mm/rev로 나타낸다.

31 직경 지령으로 설정된 최소 지령 단위가 0.001mm 인 CNC 선반에서 U30.으로 지령한 경우 X축의 이동량은 몇 mm인가?

① 10   ② 15

③ 30   ④ 60

해설
• U30.으로 지령한 경우 X축의 이동량은 30mm이다.
• 소수점은 거리와 시간속도의 단위를 갖는 것에 사용되는 주소(X, Y, Z, A, B, C, I, J, K, R, F)의 수치에만 가능하다. 단, 파라미터 설정에 따라 소수점 없이 사용할 수도 있다. 이외의 주소와 사용되는 수치는 소수점을 사용하면 에러가 발생한다.
  – X100. = 100mm   U30. = 30mm
  – X100 = 0.1mm   U1005 = 1.005mm
(최소 지령 단위가 0.001mm이므로 소수점이 없으면 뒤쪽에서 3번째 소수점이 있는 것으로 간주한다)

32 CNC 프로그램에서 선택적 프로그램 정지를 나타내는 보조기능은?

① M00   ② M01

③ M02   ④ M03

해설
M코드

M코드	기 능	M코드	기 능
M00	프로그램 정지	M08	절삭유 ON
M01	프로그램 선택 정지	M09	절삭유 OFF
M02	프로그램 끝	M30	프로그램 끝 & 리셋
M03	주축 정회전	M98	보조프로그램 호출
M04	주축 역회전	M99	보조프로그램 종료
M05	주축 정지		

★ 반드시 암기(자주 출제)

33 다음 도면의 (a)→(b)→(c)로 가공하는 CNC 선반 가공 프로그램에서 (㉠), (㉡)에 들어갈 내용으로 옳은 것은?

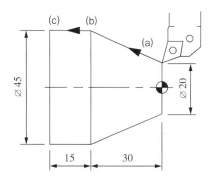

(a) → (b) : G01 (㉠) Z−30.0 F0.2; (b) → (c) : (㉡)

        ㉠   ㉡
① X45.0, W−15.0

② X45.0, W−45.0

③ X15.0, Z−30.0

④ U15.0, Z−15.0

해설
• (a) → (b) : 직선보간 G01로 (a)에서 (b)를 가공하기 위해 (b)의 X축 좌표를 X45.0을 지령한다.
• (b) → (c) : G01은 모달 G코드로 생략 가능하고, (c)점의 X축 좌표는 변함이 없어 생략한다. Z축은 −15만큼 절삭함으로 절대지령으로 Z−45.0 또는 증분지령 W−15.0으로 지령해야 한다. 그러므로 정답은 X45.0, W−15.0인 혼합지령이다.

34 CNC 선반에서 스핀들 알람(Spindle Alarm)의 원인이 아닌 것은?

① 금지영역 침범

② 주축 모터의 과열

③ 주축 모터의 과부하

④ 과전류

해설

CNC 가공에서 일반적으로 발생하는 알람

순	알람내용	원인	해제방법
1	EMERGENCY STOP SWITCH ON	• 비상정지스위치 ON	• 비상정지스위치를 화살표 방향으로 돌린다.
2	LUB.R. TANK LEVEL LOW ALARM	• 습동유 부족	• 습동유를 보충한다.
3	THERMAL OVERLOAD TRIP ALARM	• 과부하로 인한 OVER LOAD TRIP	• 원인 조치 후 마그네트와 연결된 OVERLOAD를 누른다.
4	P/S___ALARM	• 프로그램 알람	• 알람표를 보고 원인을 찾는다.
5	OT ALARM	• 금지영역 침범	• 이송축을 안전한 위치로 이동한다.
6	EMERGENCY L/S ON	• 비상정지 리밋 스위치 작동	• 행정오버해제스위치를 누른 상태에서 이송축을 안전한 위치로 이동시킨다.
7	SPINDLE ALARM	• 주축 모터의 과열 • 주축 모터의 과부하 • 주축 모터의 과전류	• 해제버튼을 누른다. • 전원을 차단하고 다시 투입한다. • A/S 연락을 한다.
8	TORQUE LIMIT ALARM	• 충돌로 인한 안전핀 파손	• A/S 연락을 한다.
9	AIR PRESSURE ALARM	• 공기압 부족	• 공기압을 높인다.

35 CNC 선반에서 제2원점으로 복귀하는 준비기능은?

① G27 ② G28

③ G29 ④ G30

해설

④ G30 : 제2원점, 제3원점, 제4원점 복귀

① G27 : 원점 복귀 확인

② G28 : 자동원점 복귀

③ G29 : 원점으로부터 복귀

36 CNC 선반의 준비기능에서 G71이 의미하는 것은?

① 내·외경 황삭 사이클

② 드릴링 사이클

③ 나사 절삭 사이클

④ 단면 절삭 사이클

해설

② G74

③ G76

④ G72

37 CNC 서보기구(Servo System)의 형식이 아닌 것은?

① 개방회로 방식
② 반폐쇄회로 방식
③ 대수연산 방식
④ 폐쇄회로 방식

해설
서보기구

구 분	내용/그림
개방회로 방식	피드백 장치 없이 스테핑 모터를 사용한 방식으로 실용화되었으나, 피드백 장치가 없기 때문에 가공 정밀도에 문제가 있어 현재는 거의 사용되지 않는다.
폐쇄회로 방식	모터에 내장된 태코제너레이터에서 속도를 검출하고, 기계의 테이블에 부착한 스케일(Scale)에서 위치를 검출(로터리 인코더)하여 피드백시키는 방식이다.
반폐쇄회로 방식	모터에 내장된 태코제너레이터(펄스제너레이터)에서 속도를 검출하고, 인코더에서 위치를 검출하여 피드백하는 제어방식이다.
복합회로 방식	반폐쇄회로 방식과 폐쇄회로 방식을 결합하여 고정밀도로 제어하는 방식으로, 가격이 고가이므로 고정밀도를 요구하는 기계에 사용된다.

★ 서보기구는 자주 출제되므로 내용과 그림을 반드시 암기할 것

38 CNC 공작기계의 편집 모드(Edit Mode)에 대한 설명으로 옳지 않은 것은?

① 프로그램을 입력한다.
② 프로그램의 내용을 삽입, 수정, 삭제한다.
③ 메모리된 프로그램 및 워드를 찾을 수 있다.
④ 프로그램을 실행하여 기계가공을 한다.

해설
프로그램을 실행하여 기계가공하는 것은 자동운전 모드(Auto)이다.

39 치수를 표현하는 기호 중 치수와 병용되어 특수한 의미를 나타내는 기호를 적용하는 경우가 있다. 이 기호에 해당하지 않는 것은?

① S∅7
② C3
③ □5
④ SR15

해설
① S∅7 : 구의 지름이 7mm임을 나타낸다.
② C3 : 45° 모따기가 3mm임을 나타낸다.
④ SR15 : 구의 반지름이 15mm임을 나타낸다.

40 다음 그림과 같이 표면을 도시할 때의 지시기호 설명으로 가장 옳은 것은?

① 제거가공하면 안 된다는 것을 지시하는 경우
② 제거가공이 필요하다는 것을 지시하는 경우
③ 제거가공의 필요 여부를 문제 삼지 않는 경우
④ 정밀연삭가공을 할 필요가 없다고 지시하는 경우

> **해설**
> • 제거가공의 필요 여부를 문제 삼지 않는다(a).
> • 제거가공을 필요로 한다(b).
> • 제거가공을 하면 안 된다(c).

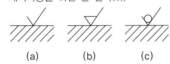

41 다음 CNC 선반프로그램에 설정된 주축 최고회전수는 몇 rpm인가?

```
G28 U0. W0.;
G50 X150. Z150. S2800 T0100;
G96 S180 M03;
G00 X62. Z2. T0101 M08;
```

① 150
② 180
③ 1,800
④ 2,800

> **해설**
> G50 → 공작물 좌표계 설정, 주축 최고 회전수 설정
> G50 X150. Z150. S2800 T0100; → S2800으로 주축 최고 회전수는 2,800rpm

42 다음은 원호보간 지령방법이다. ㉠에 들어갈 어드레스 중 가장 적합한 것은?

G02 X(U)___ Z(W)___ ㉠___ F___;

① F
② S
③ T
④ R

> **해설**
> 원호보간(G02, G03) 지령방법
>
> | G02(시계방향) | G03(반시계방향) |
> | --- | --- |
> | • G02 X(U)_ Z(W)_ I_ K_ F_; | • G03 X(U)_ Z(W)_ I_ K_ F_; |
> | • G02 X(U)_ Z(W)_ R_ F_; | • G03 X(U)_ Z(W)_ R_ F_; |

43 CNC 선반에서 안지름과 바깥지름의 거친 가공 사이클을 나타내는 반복 사이클 기능은?

① G70
② G71
③ G74
④ G76

> **해설**
> ① G70 : 다듬 절삭 사이클
> ③ G74 : Z방향 홈 가공 사이클(펙 드릴링)
> ④ G76 : 나사 절삭 사이클

44 다음과 같은 CNC 선반프로그램에서 2회전의 휴지(Dwell)시간을 주려고 할 때 (   ) 안에 들어갈 단어(Word)는?

```
G50 S1500 T010;
G95 S80 M03;
G00 X60.0 Z50.0 T0101;
G01 X30.0 F0.1;
G04 (    );
```

① X0.14
② P0.14
③ X1.5
④ P1.5

해설
- 2회전의 휴지(Dwell)시간 → G04 X1.5; 또는 G04 U1.5; 또는 G04 P1500;
- 휴지(Dwell/일시정지) : 지령한 시간 동안 이송이 정지되는 기능이다. 이 기능은 홈 가공이나 드릴작업 등에서 간헐이송으로 칩을 절단하거나 목표점에 도달한 후 즉시 후퇴할 때 생기는 이송량만큼의 단차를 제거함으로써 진원도의 향상 및 깨끗한 표면을 얻기 위하여 사용한다.
- G04 : 휴지기능, 에드레스 X, U 또는 P와 정지하려는 시간을 수치로 입력한다. P는 소수점을 사용할 수 없으며, X, U는 소수점 이하 세 자리까지 유효하다.
- 정지시간(Dwell Time)과 스핀들 회전수의 관계식

$$정지시간(초) = \frac{60 \times 공회전수(회)}{스핀들회전수(rpm)} = \frac{60 \times n(회)}{N(rpm)}$$

$$= \frac{60 \times 2}{80} = 1.5초$$

- G95 S80 M03; 블록에서 스핀들 회전수가 80rpm임을 알아낸다.
- 정지시간이 1.5초가 되기 위해 X1.5 또는 U1.5 또는 P1500을 지령한다.

45 CNC 선반에서 가공하기 어려운 작업은?

① 테이퍼 작업
② 나사 작업
③ 드릴 작업
④ 편심 작업

해설
편심작업은 범용 선반에서 가능하다.

46 줄 작업방법에 해당하지 않는 것은?

① 후진법
② 직진법
③ 병진법
④ 사진법

해설
줄 작업의 종류
- 직진법 : 줄을 길이 방향으로 직진시켜 절삭하는 방법으로 황삭 및 최종 다듬질 작업에 사용한다.
- 사진법 : 넓은 면 절삭에 적합하며, 절삭량이 많아 황삭 및 모따기에 사용한다.
- 횡진법(병진법) : 줄을 길이 방향과 직각 방향으로 움직여 절삭하는 방법으로, 폭이 좁고 길이가 긴 공작물의 줄 작업에 사용한다.

47 다음 중 원통 연삭기의 주요 구성 부분이 아닌 것은?

① 주축대
② 연삭 숫돌대
③ 테이블과 테이블 이송장치
④ 공구대

해설
원통 연삭기의 주요 구성 부분 : 주축대, 숫돌대, 테이블과 테이블 이송장치, 심압대 등
※ 원통 연삭기의 공구대는 숫돌대이다.

48 래크를 절삭공구로 하고 피니언을 기어 소재로 하여, 미끄러지지 않도록 고정하여 서로 상대운동을 시켜 절삭하는 방법은?

① 총형 커터에 의한 방법
② 창성에 의한 방법
③ 형판에 의한 방법
④ 기어 셰이빙에 의한 방법

해설
창성에 의한 방법 : 인벌류트 곡선의 성질을 응용한 정확한 기어 절삭공구를 기어의 소재와 함께 회전운동을 주며 축 방향으로 왕복운동을 시켜 절삭한다.
• 래크 커터에 의한 방법
• 피니언 커터에 의한 방법
• 호브에 의한 절삭방법

49 회전하는 상자에 공작물과 숫돌입자, 공작액, 콤파운드 등을 함께 넣어 공작물의 입자와 충돌하여 요철을 제거하고 매끈한 가공면을 얻는 가공법은?

① 쇼트피닝   ② 배럴가공
③ 슈퍼피니싱   ④ 폴리싱

해설
• 배럴가공(회전 배럴) : 충돌가공(주물귀, 돌기 부분, 스케일 제거), 회전하는 상자 속에 공작물과 미디어, 콤파운드(유지 + 직물), 공작액 등을 넣고 회전과 진동을 주어 표면을 다듬질하는 가공법(회전형, 진동형)

• 쇼트피닝 : 표면을 타격하는 일종의 냉간가공으로 철강의 작은 볼(Shot)을 공작물 표면에 분사하여 강재의 화학 조성을 변화시키지 않고 표면을 매끈하게 하여 피로강도 및 기계적 성질을 향상시킨다.

• 슈퍼피니싱(Super Finishing) : 연한 숫돌에 작은 압력으로 가압하면서, 가공물에 이송을 주고 동시에 숫돌에 진동을 주어 표면 거칠기를 높이는 가공방법(적은압력 + 이송 + 진동)

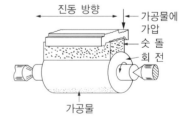

50 원통 연삭의 종류 중 가늘고 긴 공작물을 센터나 척을 사용하여 지지하지 않고, 원통형 공작물의 바깥지름을 연삭하는 것은?

① 척 연삭

② 공구 연삭

③ 수직 평면 연삭

④ 센터리스 연삭

해설

센터리스 연삭기 : 센터, 척, 자석척 등을 사용하지 않고, 가공물의 표면을 조정하는 조정숫돌과 지지대를 이용하여 가공물을 연삭한다.

• 센터가 필요하지 않아 센터 구멍을 가공할 필요가 없다.
• 중공의 가공물을 연삭할 때 편리하다[중공(中空) : 속이 빈 축]
• 연삭 여유가 작아도 된다.
• 가늘고 긴 가공물의 연삭에 적합하다.
• 긴 홈이 있는 가공물의 연삭은 불가능하다.
• 대형이나 중량물의 연삭은 불가능하다.
• 연속가공이 가능하며 대량 생산에 적합하다
• 자생작용이 있다.

51 절삭공구 재료의 구비조건으로 옳지 않은 것은?

① 마찰계수가 클 것

② 고온경도가 클 것

③ 인성이 클 것

④ 내마모성이 클 것

해설

절삭공구 재료의 구비조건

• 피절삭재보다 경도와 인성이 클 것
• 고온에서 경도가 감소되지 않을 것
• 내마모성, 내충격성이 클 것
• 절삭저항을 받으므로 강도가 클 것
• 형상을 만들기 용이하고, 가격이 저렴할 것
• 마찰계수가 작을 것

52 다수의 절삭 날을 일직선상에 배치한 공구를 사용해서 공작물 구멍의 내면이나 표면을 여러 가지 모양으로 절삭하는 공작기계는?

① 브로칭 머신

② 슈퍼피니싱

③ 호빙머신

④ 슬로터

해설

① 브로칭(Broaching) 머신 : 가늘고 긴 일정한 단면 모양을 가진 공구에 많은 날을 가진 브로치(Broach)라는 절삭공구를 사용하여 가공물의 내면이나 외경에 필요한 형상의 부품을 가공하는 절삭법(가공방법에 따라 키 홈, 스플라인 홈, 원형이나 다각형 구멍 등의 내면 형상을 가공)

② 슈퍼피니싱 : 연한 숫돌에 작은 압력으로 가압하면서 가공물에 이송을 주고 동시에 숫돌에 진동을 주어 표면거칠기를 높이는 가공방법(작은 압력+이송+진동)

③ 호빙머신 : 호브공구를 이용하여 기어를 절삭하기 위한 공작기계

④ 슬로터 : 구멍에 키 홈을 가공하는 공작기계

53 줄의 크기를 표시하는 방법으로 가장 적합한 것은?

① 줄 눈의 크기를 호칭치수로 한다.

② 줄 폭의 크기를 호칭치수로 한다.

③ 줄 단면적의 크기를 호칭치수로 한다.

④ 자루 부분을 제외한 줄의 전체 길이를 호칭치수로 한다.

해설

줄의 크기는 자루 부분을 제외한 줄의 전체 길이를 호칭한다.

54 래핑의 일반적인 특징에 대한 설명으로 틀린 것은?

① 가공면이 매끈한 거울면을 얻을 수 있다.
② 정밀도가 높은 제품을 가공할 수 있다.
③ 가공이 복잡하고 대량 생산이 불가능하다.
④ 작업이 지저분하고 먼지가 많다.

해설
래핑가공의 장단점

장 점	단 점
• 가공면이 매끈한 거울면을 얻을 수 있다.	• 작업이 지저분하고 먼지가 많다.
• 가공면은 윤활성 및 내마모성이 좋다.	• 비산하는 랩제는 다른 기계나 가공물을 마모시킨다.
• 가공이 간단하고 대량 생산이 가능하다.	• 가공면에 랩제가 잔류하기 쉽고, 잔류 랩제로 인하여 마모를 촉진한다.
• 평면도, 진원도, 직선도 등의 이상적인 기하학적 형상을 얻을 수 있다.	

55 다음 보기의 설명에 해당하는 좌표계의 종류는?

┌─보기─
상대값을 가지는 좌표로 정확한 거리의 이동이나 공구 보정 시에 사용되며, 현재의 위치가 좌표계의 원점이 되고 필요에 따라 그 위치를 0(Zero)으로 설정할 수 있다.
└─

① 공작물 좌표계
② 극좌표계
③ 상대 좌표계
④ 기계 좌표계

56 CNC 공작기계 작업 시 안전사항으로 옳지 않은 것은?

① 공작물 설치 시 절삭공구를 회전시킨 상태에서 해도 무관하다.
② 가공 중에는 얼굴을 기계에 가까이 대지 않도록 한다.
③ 칩이 비산하는 재료는 칩 커버를 설치하거나 보안경을 착용한다.
④ 칩의 제거는 브러시를 사용한다.

해설
공작물 설치는 절삭공구를 정지시킨 상태에서 실시한다.

57 다음 중 공작기계에서의 안전 및 유의사항으로 옳지 않은 것은?

① 주축 회전 중에는 칩을 제거하지 않는다.
② 정면 밀링커터 작업 시 칩 커버를 설치한다.
③ 공작물 설치시는 반드시 주축을 정지시킨다.
④ 측정기와 공구는 기계 테이블 위에 올려놓고 작업한다.

해설
테이블 위에는 측정기나 공구를 올려놓지 않는다.

58 CNC 선반의 기계 일상 점검 중 매일 점검사항이 아닌 것은?

① 유량 점검
② 압력 점검
③ 수평 점검
④ 외관 점검

해설
매일 점검 : 외관 점검, 유량 점검, 압력 점검, 각부의 작동검사

59 CNC 선반가공 시 주의사항으로 옳지 않은 것은?

① 나사가공 중에는 이동 정지 버튼을 누르지 않는다.
② 절삭 칩의 제거는 반드시 청소용 솔이나 브러시를 이용한다.
③ 홈 바이트로 절단을 할 때는 좌우로 이동하면서 절단한다.
④ 기계의 전원을 켜기 전에 각종 버튼과 스위치의 위치를 확인한다.

해설
CNC 선반가공 시 홈 바이트로 절단을 할 때는 전후로 이동하면서 절단한다.

60 CAD/CAM 시스템의 입출력장치 중 출력장치에 해당하는 것은?

① 프린터
② 조이스틱
③ 라이트 펜
④ 마우스

해설
• 입력장치 : 조이스틱, 라이트 펜, 마우스, 키보드 등
• 출력장치 : 프린터, 플로터, 모니터 등

01 인장응력을 구하는 식으로 옳은 것은?(단, A는 단면적, W는 인장하중이다)

① $A \times W$ ② $A + W$

③ $\dfrac{A}{W}$ ④ $\dfrac{W}{A}$

해설

인장응력$(\sigma) = \dfrac{\text{인장하중}(W)}{\text{단면적}(A)}$

02 자동차의 스티어링 장치, 수치제어 공작기계의 공구대, 이송장치 등에 사용되는 나사는?

① 둥근 나사   ② 볼나사

③ 유니파이 나사   ④ 미터나사

해설

CNC 공작기계에는 높은 정밀도가 필요하다. 일반적인 나사와 너트는 면 접촉이기 때문에 마찰열에 의한 열팽창으로 정밀도가 떨어진다. 이런 단점을 해소하기 위해 볼스크루(볼나사)를 사용한다. 볼스크루는 점 접촉이 이루어지므로 마찰이 작아 정밀하다. 너트를 조정하여 백래시를 거의 0에 가깝도록 할 수 있다.
• 둥근 나사 : 먼지, 모래, 등의 이물질이 나사산을 통하여 들어갈 우려가 있을 때 사용한다.
• 유니파이 나사
  – 영국, 미국, 캐나다의 협정에 의해 만든 나사이다.
  – ABC 나사라고도 한다.
  – 나사산의 각이 60°인 인치계 나사이다.

03 다음 중 구름 베어링의 특성이 아닌 것은?

① 감쇠력이 작아 충격 흡수력이 작다.
② 축심의 변동이 작다.
③ 표준형 양산품으로 호환성이 높다.
④ 일반적으로 소음이 작다.

해설

미끄럼 베어링과 구름 베어링의 비교

종류 / 항목	미끄럼 베어링	구름 베어링
크 기	지름은 작지만, 폭이 크다.	폭은 작지만, 지름이 크다.
구 조	일반적으로 간단하다.	전동체가 있어서 복잡하다.
충격흡수	유막에 의한 감쇠력이 우수하다.	감쇠력이 작아 충격 흡수력이 작다.
고속회전	일반적으로 저항이 크지만, 고속회전에 유리하다.	윤활유가 비산하고, 전동체가 있어 고속회전에 불리하다.
저속회전	유막 구성력이 낮아 불리하다.	유막의 구성력이 불충분하더라도 유리하다.
소 음	특별한 고속이외는 정숙하다.	일반적으로 소음이 크다.
하 중	추력하중은 받기 힘들다.	추력하중을 용이하게 받는다.
기동 토크	유막 형성이 늦은 경우 크다.	작다.
베어링 강성	정압 베어링에서는 축심의 변동 가능성이 있다.	축심의 변동이 작다.
규격화	자체 제작하는 경우가 많다.	표준형 양산품으로 호환성이 높다.

04 다음과 같은 제3각 정투상도에 가장 적합한 입체도는?

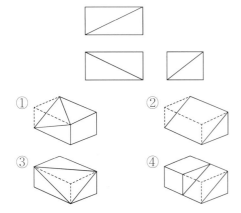

05 원통이나 축 등의 투상도에서 대각선을 그어서 그 면이 평면임을 나타낼 때 사용하는 선은?

① 굵은 실선   ② 가는 파선

③ 가는 실선   ④ 굵은 1점쇄선

평면 표시법

도형 내의 특정한 부분이 평면인 것을 표시할 필요가 있을 때는 다음과 같이 가는 실선을 대각선으로 긋는다.

가는 실선

(a) 반(한쪽) 단면을 하는 경우

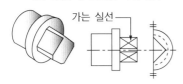

가는 실선

(b) 양쪽의 모양을 나타내는 경우

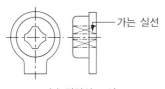

가는 실선

(c) 평면의 도시

06 스프로킷 휠의 도시방법에 대한 내용으로 옳은 것은?

① 바깥지름은 굵은 실선으로 그린다.

② 이뿌리원은 가는 1점쇄선으로 그린다.

③ 피치원은 가는 파선으로 그린다.

④ 요목표는 작성하지 않는다.

스프로킷 휠 도시법

• 바깥지름(이끝원)은 굵은 실선으로 그린다.

• 피치원은 가는 1점쇄선으로 그린다.

• 이뿌리원은 가는 실선으로 그린다.

스프로킷의 제도

스프로킷의 제도에서 우측면도의 바깥지름은 굵은 실선, 피치원은 가는 1점쇄선, 이골원은 가는 실선 또는 굵은 파선으로 표시하지만 이골원은 기입을 생략할 수 있다. 또한, 축에 직각인 방향에서 본 그림을 단면으로 도시할 때는 이골의 선은 굵은 실선으로 기입한다.

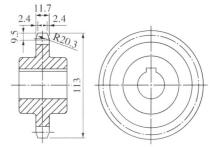

스프로킷 60N17S   (단위 : m)

롤러체인	피 치	19.05	비 고
	롤러 바깥지름	11.91	
스프로킷	D_P	103.67	기계 이 절삭
	D_O	113	
	D_B	91.76	
	D_C	91.32	

07 다음 도면에 대한 설명으로 잘못된 것은?

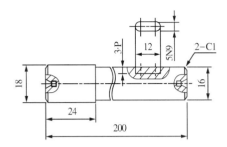

① 긴 축은 중간을 파단하여 짧게 그렸고, 치수는 실제 치수를 기입하였다.
② 평행키 홈의 깊이 부분을 회전도시단면도로 나타내었다.
③ 평행키 홈의 폭 부분을 국부투상도로 나타내었다.
④ 축의 양 끝을 1×45°로 모따기하도록 지시하였다.

해설
문제의 도면에서 평행키 홈의 깊이 부분을 부분단면도로 나타내었다.
• 부분단면도 : 필요한 일부분만 파단선에 의해 그 경계를 표시하고 나타낸다.
• 국부투상도 : 대상물의 구멍, 홈 등과 같이 한 부분의 모양을 도시하는 것으로 충분한 경우에는 그 필요한 부분만 국부투상도로 도시한다. 또한, 투상관계를 나타내기 위하여 원칙적으로 주투상도에 중심선, 기준선, 치수보조선 등으로 연결한다.

08 다음 중 나사의 표시를 옳게 나타낸 것은?

① 왼 M25×2 − 2줄
② 왼 M25− 2− 2 − 6줄
③ 2줄 왼 M25×2 − 2A
④ 왼 2줄 M25×2 − 6H

해설
나사의 표시방법
예 왼 2줄 M25×2 − 6H

나사산의 감김 방향	나사산의 줄 수	나사의 호칭	−	나사의 등급

• 나사산의 감김 방향 : 왼(왼나사)
• 나사산의 줄수 : 2줄(2줄 나사)
• 나사의 호칭 : M25×2(미터 가는 나사/피치 2mm)
• 나사의 등급 : 6H(대문자로 암나사)

09 표면의 결 도시기호에서 가공에 의한 컷의 줄무늬가 여러 방향으로 교차 또는 무방향으로 도시된 기호는?

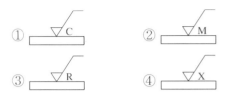

해설
줄무늬 방향의 기호

기 호	커터의 줄무늬 방향	적 용	표면 형상
=	투상면에 평행	셰이핑	
⊥	투상면에 직각	선삭, 원통연삭	
X	투상면에 경사지고 두 방향으로 교차	호 닝	
M	여러 방향으로 교차 되거나 무방향이 나타남	래핑, 슈퍼피니싱, 밀링	
C	중심에 대하여 대략 동심원	끝면 절삭	
R	중심에 대하여 대략 레이디얼 모양	일반적인 가공	

10 부품의 기능과 역할에 따라 틈새 또는 죔새가 생기는 끼워맞춤은?

① 헐거운 끼워맞춤　② 억지 끼워맞춤

③ 표준 끼워맞춤　④ 중간 끼워맞춤

> **해설**
> • 중간 끼워맞춤 : 틈새와 죔새가 생긴다.
> • 억지 끼워맞춤 : 구멍의 최대치수가 축의 최소치수보다 작은 경우이며, 항상 죔새가 생긴다.
> • 헐거운 끼워맞춤 : 구멍의 최소치수가 축의 최대치수보다 큰 경우이며, 항상 틈새가 생긴다.

끼워맞춤 상태	구 분	구 멍	축	비 고
헐거운 끼워맞춤	최소틈새	최소허용치수	최대허용치수	틈새만
	최대틈새	최대허용치수	최소허용치수	
억지 끼워맞춤	최소죔새	최대허용치수	최소허용치수	죔새만
	최대죔새	최소허용치수	최대허용치수	

11 버니어 캘리퍼스의 측정 시 주의사항 중 틀린 것은?

① M형 버니어 캘리퍼스로 특히 작은 구멍의 안지름을 측정할 때는 실제 치수보다 작게 측정됨을 유의해야 한다.

② 사용하기 전 각 부분을 깨끗이 닦아서 먼지, 기름 등을 제거한다.

③ 측정 시 공작물을 가능한 한 힘 있게 밀어붙여 측정한다.

④ 눈금을 읽을 때는 시차를 없애기 위해 눈금면의 직각 방향에서 읽는다.

> **해설**
> 버니어 캘리퍼스 측정 시 주의사항
> • 대부분의 버니어 캘리퍼스에는 측정력을 일정하게 하는 정압 장치가 없으므로 무리한 측정력을 주지 않는다.
> • 사용 전후에는 각 부분을 깨끗이 닦아 녹이 슬지 않도록 한다.
> • 측정 시 조 또는 깊이 바의 측정면은 피측정물에 정확히 접촉하도록 한다.

12 다음 중 일반적으로 각도 측정에 사용되는 측정기는?

① 사인바(Sine Bar)

② 공기 마이크로미터(Air Micrometer)

③ 하이트게이지(Height Gauge)

④ 다이얼게이지(Dial Gauge)

> **해설**
> ② 광선정반 : 간섭 무늬를 이용한 평면도 측정기
> ③ 하이트게이지 : 높이 측정기
> ④ 다이얼게이지 : 비교 및 형상 측정기

13 다음 중 비교측정기에 해당하는 것은?

① 버니어 캘리퍼스

② 마이크로미터

③ 다이얼게이지

④ 하이트게이지

> **해설**
> • 비교 측정 : 블록게이지와 다이얼게이지 등을 사용하여 측정물의 치수를 비교하여 측정하는 방법이다.
> • 직접 측정 : 버니어 캘리퍼스, 마이크로미터와 같이 측정기에 표시된 눈금에 의해 직접 측정물의 치수를 읽는 방법이다.
> • 간접 측정 : 나사, 기어 등과 같이 기하학적 관계를 이용하여 측정한다.

14 다음 가공물의 테이퍼값은 얼마인가?

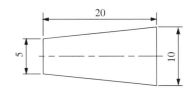

① 0.25
② 0.5
③ 1.5
④ 2

해설

테이퍼값 $= \dfrac{D-d}{l} = \dfrac{10-5}{20} = 0.25$

15 3줄 나사에서 피치가 2mm일 때 나사를 6회전시키면 이동하는 거리는 몇 mm인가?

① 6
② 12
③ 18
④ 36

해설

나사의 리드(나사 1회전했을 때 나사가 진행한 거리)
$L = p \times n$
여기서, L : 리드
　　　　p : 피치
　　　　n : 줄 수
∴ 6회전 시 나사의 리드(L) $= 2 \times 3 \times 6 = 36\text{mm}$

16 다음 중 선반의 주요 부분이 아닌 것은?

① 칼 럼
② 왕복대
③ 심압대
④ 주축대

해설

칼럼은 밀링의 주요 부분이다.
선반의 구조와 명칭

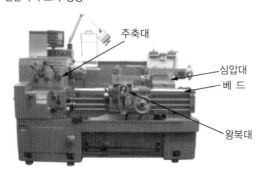

17 선반에서 양 센터작업을 할 때 주축의 회전력을 가공물에 전달하기 위해 사용하는 부속품은?

① 연동척과 단동척
② 돌림판과 돌리개
③ 면판과 클램프
④ 고정 방진구와 이동 방진구

해설

• 돌림판과 돌리개 : 주축의 회전을 공작물에 전달하기 위해 사용하는 선반의 부속품이다. 주축대와 심압대의 양 센터만으로 공작물을 고정하면 고정력이 약해서 가공이 어려우므로 돌림판을 주축에 설치하고 돌리개로 공작물을 고정하여 돌림판의 홈에 걸어서 사용한다.
• 방진구(Work Rest) : 선반에서 가늘고 긴 가공물의 휨이나 떨림을 방지하기 위해 선반 베드 위에 고정시켜 사용하는 고정식 방진구와 왕복대의 새들에 고정시켜 사용하는 이동식 방진구가 있다.
• 면판 : 척에 고정할 수 없는 대형 공작물 또는 복잡한 공작물을 고정할 때 사용한다.

14 ① 15 ④ 16 ① 17 ② 정답

18 선반가공에서 기어, 벨트풀리 등의 소재와 같이 구멍이 뚫린 일감의 바깥 원통면이나 옆면을 가공할 때 구멍에 조립하여 센터작업으로 사용하는 부속품은?

① 맨드릴　　　　　② 면 판
③ 방진구　　　　　④ 돌림판

해설
맨드릴(Mandrel) : 기어, 벨트풀리 등과 같이 구멍과 외경이 동심원이고, 직각이 필요한 경우에 구멍을 먼저 가공하고 구멍에 맨드릴을 끼워 양 센터로 지지하여 외경과 측면을 가공하여 부품을 완성하는 선반 부속장치이다.

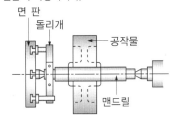

(a) 맨드릴

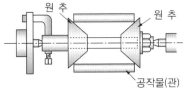

(b) 원추 맨드릴

[맨드릴을 이용한 공작물 고정]

19 절삭을 목적으로 하는 금속 공작기계에 해당하지 않는 것은?

① 밀링가공　　　　② 연삭가공
③ 프레스가공　　　④ 선반가공

해설
• 비절삭가공 : 주조, 소성가공(단조, 압연, 프레스가공, 인발 등), 용접, 방전가공 등
• 절삭가공 : 선삭, 평삭, 형삭, 브로칭, 줄작업, 밀링, 드릴링, 연삭, 래핑 등

20 선반가공의 경우 절삭속도가 100m/min이고, 공작물 지름이 50mm일 경우 회전수는 약 몇 rpm으로 하여야 하는가?

① 526　　　　　　② 534
③ 625　　　　　　④ 637

해설
$$N = \frac{1,000\,V}{\pi D} = \frac{1,000 \times 100}{\pi \times 50} = 637\,\text{rpm}$$
여기서, V : 절삭속도(m/min)
　　　　D : 공작물의 지름(mm)
　　　　N : 회전수(rpm)

21 선반을 이용하여 가공할 수 없는 것은?

① 홈가공　　　　　② 단면가공
③ 기어가공　　　　④ 나사가공

해설
기어가공은 밀링 및 호빙머신 등으로 가공할 수 있다.
선반의 기본적인 가공방법
외경 절삭, 단면 절삭, 홈작업, 테이퍼 절삭, 드릴링, 보링, 수나사 절삭, 암나사 절삭, 총형 절삭, 널링작업

22 특정한 모양이나 같은 치수의 제품을 대량 생산할 때 적합한 것으로, 구조가 간단하고 조작이 편리한 공작기계는?

① 범용 공작기계　　② 전용 공작기계
③ 단능 공작기계　　④ 만능 공작기계

해설

생산양식에 따른 공작기계의 분류

분 류	공작기계	설 명
범용 공작기계	선반, 밀링, 드릴링머신, 셰이퍼, 플레이너, 슬로터, 연삭기 등	가공기능이 다양하고 용도가 보편적인 공작기계이다.
전용 공작기계	트랜스퍼 머신, 크랭크축 선반, 차륜 선반 등	특정한 모양이나 치수의 제품을 대량 생산한다.
단능 공작기계	공구연삭기, 센터링 머신 등	한 가지 가공만 할 수 있는 공작기계이다.
만능 공작기계	선반, 드릴링, 밀링머신 등의 공작기계를 하나의 기계로 조합	여러 가지 가공을 할 수 있는 공작기계이다.

23 다음 그림과 같이 물체의 구멍, 홈 등 특정 부위만의 모양을 도시하는 투상도의 명칭은?

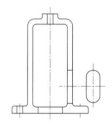

① 보조투상도　　② 국부투상도
③ 전개투상도　　④ 회전투상도

해설

• 국부투상도 : 대상물의 구멍, 홈 등 한 국부만의 모양을 도시하는 것으로 충분한 경우에는 그 필요한 부분만 국부투상도로 나타낸다.
• 보조투상도 : 경사면의 실제 모양을 표시할 필요가 있을 때, 보이는 부분의 전체 또는 일부분을 나타낸다.
• 회전투상도 : 대상물의 일부가 각도를 갖고 있을 때, 실제 모양을 나타내기 위해 그 부분을 회전시켜 실제 모양을 나타낸다.
• 부분투상도 : 그림의 일부만 도시하는 것으로 충분한 경우에는 그 필요한 부분만 투상하여 나타낸다.

24 선반작업에서 공작물의 가공 길이가 240mm이고, 공작물의 회전수가 1,200rpm, 이송속도가 0.2mm/rev일 때 1회 가공에 필요한 시간은 몇 분(min)인가?

① 0.2　　② 0.5
③ 1.0　　④ 2.0

해설

선반의 가공시간

$$T = \frac{L}{ns} \times i$$

$$= \frac{240\text{mm}}{1,200\text{rpm} \times 0.2\text{mm/rev}} \times 1\text{회}$$

$$= 1\text{min}$$

여기서, T : 가공시간(min)
　　　　L : 절삭가공 길이(가공물 길이, mm)
　　　　n : 회전수(rpm)
　　　　s : 이송(mm/rev)

25 다음 중 탭의 파손원인이 아닌 것은?

① 구멍이 너무 작거나 구부러진 경우
② 탭이 경사지게 들어간 경우
③ 너무 느리게 절삭한 경우
④ 막힌 구멍의 밑바닥에 탭의 선단이 닿았을 경우

해설

탭의 파손원인
• 구멍이 너무 작거나 구부러진 경우
• 탭이 경사지게 들어간 경우
• 탭의 지름에 적합한 핸들을 사용하지 않는 경우
• 너무 무리하게 힘을 가하거나 빠르게 절삭할 경우
• 막힌 구멍의 밑바닥에 탭 선단이 닿았을 경우
※ 탭가공 시 드릴의 지름
　　$d = D - p$
　　여기서, D : 수나사 지름
　　　　　　p : 나사피치

26 다음 중 공구 재질이 일정할 때 공구수명에 가장 큰 영향을 미치는 것은?

① 이송량　　　　　② 절삭 깊이
③ 절삭속도　　　　④ 공작물의 두께

해설
절삭속도, 이송량, 절삭 깊이의 순으로 공구수명에 영향을 미친다.

27 다음 중 선반에서 절삭속도에 대한 설명으로 옳은 것은?

① 바이트가 일감의 회전당 길이 방향으로 이동되는 거리이다.
② 바이트에 대한 일감의 원둘레 또는 표면속도이다.
③ 일감의 회전수이다.
④ 바이트의 회전수이다.

해설
• 절삭속도 : 바이트에 대한 일감의 원둘레 또는 표면속도로, 단위 시간에 바이트의 날 끝을 지나가는 거리(mm/min)이다.
• 절삭깊이 : 바이트로 공작물을 가공하는 깊이이다.
• 이송 : 바이트가 일감의 회전당 길이 방향으로 이동되는 거리로, 가공물이 1회전할 때마다 바이트의 이송거리(mm/rev)이다.

28 기계공작법 중 재료에 열, 압축력, 충격력 등의 하중을 가하여 모양을 변형시켜 제품을 만드는 가공법은?

① 접합가공법　　　② 절삭가공법
③ 소성가공법　　　④ 분말야금법

해설
소성가공법 : 재료에 하중을 가하여 재료를 영구 변형시켜 원하는 형상을 얻는 가공법

29 다음 그림의 마이크로미터가 지시하는 측정값은?

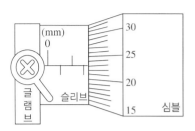

① 1.23mm　　　　② 1.53mm
③ 1.73mm　　　　④ 2.23mm

해설

	슬리브 읽음	1.5mm
(+)	심블 읽음	0.23mm
	측정값	1.73mm

30 이송 절삭력은 다음 그림과 같이 서로 직각으로 된 세 가지 분력으로 나누어서 생각할 수 있다. 그림에서 ㉠은 어떤 분력인가?

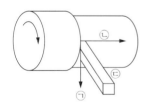

① 주분력　　　　　② 배분력
③ 이송분력　　　　④ 황분력

해설
• 주분력 : 절삭 방향에 평행(㉠)
• 이송분력 : 이송 방향에 평행(㉡)
• 배분력 : 절삭 깊이 방향(㉢)
※ 크기 비교 : 주분력 > 배분력 > 이송분력

31 CNC 프로그램에서 주축의 회전수를 350rpm으로 직접 지정하는 블록은?

① G50 S350;   ② G96 S350;

③ G97 S350;   ④ G99 S350;

32 조작판의 급속 오버라이드 스위치가 다음과 같이 급속위치결정(G00) 동작을 실행할 경우 실제 이송속도는 얼마인가?(단, 기계의 급속이송속도는 1,000mm/min이다)

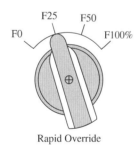

Rapid Override

① 100mm/min   ② 150mm/min

③ 200mm/min   ④ 250mm/min

33 다음 중 나사가공 프로그램에 관한 설명으로 가장 적절하지 않은 것은?

① 주축의 회전은 G97로 지령한다.

② 이송속도는 나사의 피치값으로 지령한다.

③ 나사의 절입 횟수는 절입표를 참조하여 여러 번 나누어 가공한다.

④ 복합, 고정형 나사 절삭 사이클은 G76이다.

34 ∅30 드릴가공에서 절삭속도가 150m/min, 이송이 0.08mm/rev일 때, 회전수와 이송속도(Feed Rate)는?

① 150rpm, 0.08mm/min

② 300rpm, 0.16mm/min

③ 1,592rpm, 127.4mm/min

④ 3,184rpm, 63.7mm/min

35 다음 중 지령된 블록에서만 유효한 G코드(One Shot G Code)가 아닌 것은?

① G04
② G30
③ G40
④ G50

구 분	의 미	그 룹	G코드
원숏 G코드	명령된 블록에 한해서 유효	00그룹	G04, G28, G30, G50 등
모달 G코드	동일 그룹의 다른 G코드가 나올 때까지 유효	00 이외의 그룹	G03, G40, G41, G42 등

36 CNC 기계의 움직임을 전기식 신호로 변환하여 속도제어와 위치 검출을 하는 일종의 피드백 장치는?

① 인코더(Encoder)
② 컨트롤러(Controller)
③ 서보모터(Servo Motor)
④ 볼 스크루(Ball Screw)

① 인코더 : CNC 기계에서 속도와 위치를 피드백하는 장치
④ 볼 스크루 : 서보모터의 회전을 받아 테이블을 구동시키는 데 사용되는 나사

37 다음 프로그램에서 'P_'가 의미하는 것은?

```
G71 U_ R_;
G71 P_ Q_ U_ W_ F_;
```

① X축 방향의 도피량
② 고정 사이클 시작번호
③ X축 방향의 1회 절입량
④ 고정 사이클 끝번호

G71 : 안·바깥지름 거친 절삭 사이클(복합 반복 사이클)

```
G71 U(△d) R(e);
G71 P(ns) Q(nf)  U(△u) W(△w) F(f);
```

- U(△d) : 1회 가공 깊이(절삭 깊이)/반지름 지령, 소수점 지령 가능
- R(e) : 도피량(절삭 후 간섭 없이 공구가 빠지기 위한 양)
- P(ns) : 다듬 절삭가공 지령절의 첫 번째 전개번호(고정 사이클 시작번호)
- Q(nf) : 다듬 절삭가공 지령절의 마지막 전개번호(고정 사이클 끝 번호)
- U(△u) : X축 방향 다듬 절삭 여유(지름 지령)
- W(△w) : Z축 방향 다듬 절삭 여유
- F(f) : 거친 절삭가공 시 이송속도(즉, P와 Q 사이의 데이터는 무시되고, G71 블록에서 지령된 데이터가 유효)

38 다음 중 CNC 선반작업에서 전원 투입 전에 확인해야 하는 사항이 아닌 것은?

① 전장(NC) 박스 및 외관 상태를 점검한다.
② 공기압력이 적당한지 점검한다.
③ 윤활유의 급유탱크를 점검한다.
④ X축, Z축의 백래시(Back Lash)를 점검한다.

39 다음 중 CNC 선반에서 원호가공을 하는 데 적합하지 않은 단어(WORD)는?

① R-8.   ② I-3. K-5.
③ G02   ④ R8.

해설
CNC 선반의 경우 원호가공의 범위는 $\theta \leq 180°$이다. 그러므로 180°를 초과하면 R값을 지령할 수 없으므로 R-8.은 CNC 선반에서 원호가공 시 적합하지 않은 단어이다. 머시닝센터는 180° 이상의 원호를 지령할 때 반지름 R값은 음(-)의 값으로 지령한다.

40 다음 중 CNC 공작기계에서 사용되는 좌표치의 기준이 아닌 것은?

① 고정 좌표계   ② 기계 좌표계
③ 공작물 좌표계   ④ 구역 좌표계

해설
좌표계의 종류
• 공작물 좌표계 : 도면을 보고 프로그램을 작성할 때 절대 좌표계의 기준이 되는 점으로서, 프로그램 원점 또는 공작물 원점이라고도 한다.
• 기계 좌표계 : 기계원점을 기준으로 정한 좌표계로, 기계 제작자가 파라미터에 의해 정하는 좌표계이다.
• 구역 좌표계 : 지역 좌표계 또는 워크 좌표계라고도 하며, G54~G59를 사용하여 각각의 작업 영역별로 원점을 부여하여 사용한다.
• 상대(증분) 좌표계 : 일시적으로 좌표를 0(Zero)으로 설정할 때 사용한다.
• 잔여 좌표계 : 자동 실행 중 블록의 나머지 이동거리를 표시해 준다.

41 다음 중 CNC 선반프로그램과 공구보정 화면을 보고, 3번 공구의 날끝(인선) 반경 보정값으로 옳은 것은?

G00 X20. Z0 T0303;

보정번호	X축	Y축	R	T
01	0.000	0.000	0.8	3
02	2.456	4.321	0.2	2
03	5.765	7.987	0.4	3
04	·	·	·	·
05	·	·	·	·
·	·	·	·	·

① 0.2mm   ② 0.4mm
③ 0.8mm   ④ 3.0mm

해설
보정번호 03번의 R값(공구 날 끝 반경 보정값)을 읽으면 된다.
T0303 → 3번 공구의 공구보정 3번 선택
• X축 : X축 보정량
• Y축 : Y축 보정량
• R : 공구 날 끝(인선) 반경
• T : 가상인선(공구형상) 번호
※ CNC선반의 경우 – T□□△△
    • T : 공구기능
    • □□ : 공구선택번호(01~99번) → 기계 사양에 따라 지령 가능한 번호 결정
    • △△ : 공구보정번호(01~99번) → 00은 보정 취소 기능
• 공구보정 없이 보정 취소를 하려면 T0100으로 지령해야 한다.

42 CAD/CAM 시스템에서 입출력장치에 해당하지 않는 것은?

① 메모리   ② 프린터
③ 키보드   ④ 모니터

해설
하드 디스크, 메모리는 기억장치이다.
• 입력장치 : 조이스틱, 라이트 펜, 마우스, 스캐너, 디지타이저, 키보드 등
• 출력장치 : 프린터, 플로터, 모니터 등

43 다음 보조기능 중 'M02' 대신 쓸 수 있는 것은?

① M00   ② M05

③ M09   ④ M30

M코드

M코드	기 능	M코드	기 능
M00	프로그램 정지	M08	절삭유 ON
M01	프로그램 선택 정지	M09	절삭유 OFF
M02	프로그램 끝	M30	프로그램 끝 & 리셋
M03	주축 정회전	M98	보조프로그램 호출
M04	주축 역회전	M99	보조프로그램 종료
M05	주축 정지		

44 다음은 CNC 프로그램의 일부분이다. 여기에서 'L4'가 의미하는 것으로 가장 옳은 것은?

> N0034 M98 P2345 L4;

① 보조프로그램 호출번호 명령이 4번임을 뜻한다.
② 보조프로그램의 반복 횟수를 4회 실행하라는 뜻이다.
③ 나사가공 프로그램에서 나사의 리드가 4mm임을 뜻한다.
④ 보조프로그램 호출 후 다른 보조프로그램을 4번 호출한다는 뜻이다.

L4는 보조프로그램의 반복 횟수를 4회 실행하라는 뜻이다.
• M98 : 보조프로그램 호출
• M99 : 보조프로그램 종료(보조프로그램에서 주프로그램으로 돌아간다)

45 CNC 공작기계에서 이송속도에 대한 설명으로 옳지 않은 것은?

① CNC 선반의 경우 가공물이 1회전할 때 주로 공구의 가로 방향 이송을 사용한다.
② CNC 선반의 경우 회전당 이송인 G98이 전원 공급 시 설정된다.
③ 날이 2개 이상인 공구를 사용하는 머시닝센터의 경우 주로 분당 이송을 사용한다.
④ 머시닝센터의 경우 분당 이송거리는 '날당 이송거리×공구의 날수×회전수'로 계산한다.

CNC 선반의 경우 회전당 이송인 G99이 전원 공급 시 설정된다.
CNC선반과 머시닝센터의 회전당 이송과 분당 이송

구 분	CNC 선반	구 분	머시닝센터
G98	분당 이송(mm/min)	*G94	분당 이송(mm/min)
*G99	회전당 이송(mm/rev)	G95	회전당 이송(mm/rev)

* : 전원 공급 시 자동으로 설정됨

46 기계재료의 단단한 정도를 측정하는 가장 적합한 시험법은?

① 경도시험   ② 수축시험
③ 파괴시험   ④ 굽힘시험

• 경도시험 : 재료의 단단함을 측정한다.
• 압축시험 : 압력을 가하여 파괴에 견디는 힘을 측정한다.
• 충격시험 : 힘이 작용할 때 취성(파괴되기 쉬운 성질)과 인성(파괴되지 않는 성질)을 측정한다.

47 연삭숫돌의 자생작용이 일어나는 순서로 옳은 것은?

① 입자의 마멸 → 생성 → 파쇄 → 탈락

② 입자의 탈락 → 마멸 → 파쇄 → 생성

③ 입자의 파쇄 → 마멸 → 생성 → 탈락

④ 입자의 마멸 → 파쇄 → 탈락 → 생성

해설
자생작용 : 연삭 중에 숫돌입자가 탈락하는 현상은 결합제로 결합되어 있는 입자들이 둔화되어 절삭저항이 증대되어 결합제의 강도 이상이 되면, 입자가 탈락한다. 새로 예리한 입자가 생성되어 연삭이 진행되는 작용이다.

48 다음 중 내면 연삭기 형식의 종류에 해당하지 않는 것은?

① 보통형　　　　② 유성형

③ 센터리스형　　④ 플랜지 컷형

해설
플랜지 컷형
공작물은 그 자리에서 회전시키고, 숫돌바퀴를 공작물의 축에 직각 또는 경사 방향으로 이송하여 공작물의 바깥지름과 축면을 동시에 연삭하는 방법으로, 외면 연삭 방식이다.

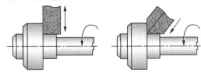

내면 연삭기의 연삭 방식
• 보통형 : 가공물과 연삭숫돌에 회전운동을 주어 연삭하는 방식으로, 축 방향의 연삭은 연삭숫돌대의 왕복운동으로 한다.
• 센터리스형 : 가공물을 고정하지 않고 연삭하는 방법이다(소형 가공물, 대량 생산).
• 유성형 : 가공물을 고정시키고, 연삭숫돌이 회전운동 및 공전운동을 동시에 진행하며 연삭하는 방식이다.

49 다음 중 절삭유제의 작용이 아닌 것은?

① 마찰을 줄여 준다.

② 절삭성능을 높여 준다.

③ 공구수명을 연장시킨다.

④ 절삭열을 상승시킨다.

해설
절삭유제의 작용
• 냉각작용, 윤활작용, 세척작용을 한다.
• 절삭공구와 칩 사이의 마찰을 감소시킨다.
• 절삭 시 열을 감소시켜 공구수명을 연장시킨다.
• 절삭 성능을 높여 준다.
• 칩을 유동형 칩으로 변화시킨다.
• 구성인선의 발생을 억제한다.
• 표면거칠기를 향상시킨다.

50 드릴에서 절삭 날의 웹(Web)이 커지면 드릴작업 시 나타나는 현상은?

① 공작물에 파고 들어갈 염려가 있다.

② 전진하지 못하게 하는 힘이 증가한다.

③ 절삭성능은 증가하나 드릴의 수명이 줄어든다.

④ 절삭저항을 감소시킨다.

해설
웹(Web)은 트위스트 드릴 홈 사이의 좁은 단면 부분으로, 웹이 커지면 전진을 못하게 하는 힘이 증가한다.

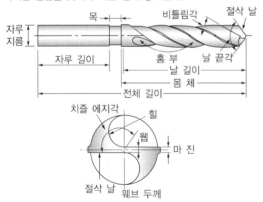

[드릴의 구조와 명칭 및 날끝 형상]

51 입도가 작고, 연한 숫돌을 작은 압력으로 가공물의 표면에 가압하면서 가공물에 이송을 주고, 동시에 숫돌에 진동을 주어 표면거칠기를 높이는 가공방법은?

① 슈퍼피니싱　　② 호 닝
③ 래 핑　　　　　④ 배럴 가공

해설
- 슈퍼피니싱 : 입도가 작고, 연한 숫돌에 작은 압력으로 가압하면서 가공물에 이송을 주고, 동시에 숫돌에 진동을 주어 표면거칠기를 좋게 하는 가공방법이다. 다듬질된 면은 평활하고 방향성이 없으며, 가공에 의한 표면 변질층이 매우 미세하다.
- 배럴 다듬질 : 충돌가공(주물귀, 돌기 부분, 스케일 제거), 회전하는 상자 속에 공작물과 미디어, 콤파운드(유지＋직물), 공작액 등을 넣고 회전과 진동을 주어 표면을 다듬질한다(회전형, 진동형).
- 호닝 : 혼(Hone)을 회전 및 직선 왕복운동시켜 원통 내면의 진원도, 진직도, 표면거칠기 등을 더욱 향상시키기 위한 가공방법이다.
- 래핑 : 가공물과 랩(Lap) 사이에 랩제를 넣고 가공물에 압력을 가하면서 표면거칠기가 우수한 가공면을 얻는 가공방법이다.

52 연성재료를 절삭할 때 유동형 칩이 발생하는 조건으로 가장 알맞은 것은?

① 절삭 깊이가 작으며 절삭속도가 빠를 때
② 저속 절삭으로 절삭 깊이가 클 때
③ 점성이 큰 가공물을 경사각이 작은 공구로 가공할 때
④ 주철과 같이 메진재료를 저속으로 절삭할 때

해설
유동형 칩의 발생조건
- 연성재료(연강, 구리, 알루미늄 등)를 가공할 때
- 절삭 깊이가 작을 때
- 절삭속도가 빠를 때
- 경사각이 클 때
- 윤활성이 좋은 절삭유를 사용할 때

53 절삭공구를 재연삭하거나 새로운 절삭공구로 바꾸기 위한 공구수명 판정기준이 아닌 것은?

① 가공면에 광택이 있는 색조 또는 반점이 생길 때
② 공구인선의 마모가 일정량에 도달했을 때
③ 완성 치수의 변화량이 일정량에 도달했을 때
④ 주철과 같은 메진재료를 저속으로 절삭했을 시 균열형 칩이 발생할 때

해설
④는 칩의 종류 중 균열형 칩에 대한 설명이다.
공구수명의 판정
- 가공면에 광택이 있는 색조 또는 반점이 생길 때
- 공구인선의 마모가 일정량에 달했을 때
- 절삭저항의 주분력에는 변화가 적어도 이송분력이나 배분력이 급격히 증가할 때
- 완성 치수의 변화량이 일정량에 달했을 때
- 절삭저항의 주분력이 절삭을 시작했을 때와 비교하여 일정량이 증가할 경우 절삭공구의 수명이 종료된 것으로 판정한다.

54 일반 드릴에 대한 설명으로 틀린 것은?

① 사심(Dead Center)은 드릴 날 끝에서 만나는 부분이다.
② 표준 드릴의 날끝각은 118°이다.
③ 마진(Margin)은 드릴을 안내하는 역할을 한다.
④ 드릴의 지름이 13mm 이상의 것은 곧은 자루 형태이다.

해설
- 드릴의 지름 13mm 이하 : 곧은 자루
- 드릴의 지름 13mm 이상 : 테이퍼 자루

55 주로 대형 공작물이 테이블 위에 고정되어 수평 왕복운동을 하고 바이트를 공작물의 운동 방향과 직각 방향으로 이송시켜서 평면, 수직면, 홈, 경사면 등을 가공하는 공작기계는?

① 플레이너　　　② 호빙머신

③ 보링머신　　　④ 슬로터

해설

① 플레이너 : 테이블 수평 길이 방향 왕복운동과 공구는 테이블의 가로 방향으로 이송하며, 주로 평면을 가공하는 공작기계이다. 선반의 베드, 대형 정반 등의 대형물 가공에 적합하다. 플레이너의 크기는 테이블의 크기(길이×폭), 공구대의 이송거리, 테이블의 윗면에서 공구대 사이의 최대 높이로 표시한다. 플레이너의 종류에는 쌍주식, 단주식, 피트 플레이너 등이 있다.

② 호빙머신 : 호브 공구를 이용하여 기어를 절삭하기 위한 공작기계

③ 보링머신 : 이미 뚫어져 있는 구멍을 필요한 크기로 넓히거나 정밀도 높이기 위한 공작기계

56 다음 중 CNC 공작기계 사용 시 비경제적인 작업은?

① 작업이 단순하고, 수량이 1~2개인 수리용 부품

② 항공기 부품과 같이 정밀한 부품

③ 곡면이 많이 포함되어 있는 부품

④ 다품종이며 로트당 생산 수량이 비교적 적은 부품

해설

작업이 단순하고, 수량이 1~2개인 수리용 부품은 CNC 공작기계를 사용하면 비경제적이므로, 범용 공작기계를 이용한다.

57 다음 중 선반작업에서 방호조치로 적합하지 않은 것은?

① 긴 일감 가공 시 덮개를 부착한다.

② 작업 중 급정지를 위해 역회전 스위치를 설치한다.

③ 칩이 짧게 끊어지도록 칩브레이커를 둔 바이트를 사용한다.

④ 칩이나 절삭유 등의 비산으로부터 보호를 위해 이동용 쉴드를 설치한다.

해설

작업 중 급정지를 위해서는 비상 스위치를 누른다.

58 다음 중 CNC 공작기계의 점검 시 매일 실시하여야 하는 사항이 아닌 것은?

① ATC 작동 점검

② 주축의 회전 점검

③ 기계의 정도검사

④ 습동유 공급 상태 점검

해설

기계의 정도검사는 매일 실시하는 점검사항이 아니다.

59 수용성 절삭유제의 특징에 관한 설명으로 옳은 것은?

① 윤활성은 좋으나 냉각성이 적어 경절삭용으로 사용한다.
② 윤활성과 냉각성이 떨어져 잘 사용하지 않는다.
③ 점성이 낮고 비열이 커서 냉각효과가 크다.
④ 광유에 비눗물을 첨가하여 사용하며 비교적 냉각효과가 크다.

해설
수용성 절삭유 : 알칼리성 수용액이나 광물유를 화학적으로 처리하여 물에 용해한 유화제 등으로 다량의 물을 포함하기 때문에 냉각효과가 크다. 또한, 고속 절삭 연삭용 등에 적합하며, 점성이 낮고 비열이 높으며 냉각작용이 우수하다.

60 한 대의 컴퓨터에서 여러 대의 CNC 공작기계에 데이터를 분배하여 전송함으로써 동시에 직접 제어, 운전할 수 있는 방식은?

① DNC   ② CAM
③ FA   ④ FMS

해설
① DNC(Distributed Numerical Control) : CAD/CAM 시스템과 CNC 기계를 근거리 통신망(LAN)으로 연결하여 한 대의 컴퓨터에서 여러 대의 CNC 공작기계에 데이터를 분배하여 전송함으로써 동시에 운전할 수 있는 방식
④ FMS(Flexible Manufacturing System) : 유연생산시스템

Win-Q

컴퓨터응용밀링기능사
과년도 + 최근
기출복원문제

01 백주철을 고온으로 장시간 풀림해서 시멘타이트를 분해 또는 감소시키고 인성이나 연성을 증가시킨 주철로, 대량 생산품에 사용되는 흑심, 백심, 펄라이트계로 구분되는 것은?

① 칠드주철 ② 회주철
③ 가단주철 ④ 구상흑연주철

해설
가단주철 : 주철의 결점인 여리고 약한 인성을 개선하기 위하여 열처리에 의하여 편상 흑연을 괴상화하여 강도와 연성을 향상시킨 것이다. 먼저 백주철의 주물을 만들고, 이것을 장시간 열처리하여 탄소를 분해시켜 탈탄 또는 흑연화하여 인성 또는 연성을 증가시킨 주철로 단조가 가능하다.
가단주철의 종류(침탄처리방법에 따라)
• 백심가단주철 : 파단면이 흰색
• 흑심가단주철 : 파단면이 검은색
• 펄라이트 가단주철 : 입상펄라이트 조직

02 강의 담금질 조직에 따라 분류한 것 중 틀린 것은?

① 시멘타이트 ② 오스테나이트
③ 마텐자이트 ④ 트루스타이트

해설
• 강의 담금질 조직 : 마텐자이트, 트루스타이트, 소르바이트, 오스테나이트 등
• 탄소강의 표준 조직 : 시멘타이트
강의 담금질 조직 경도 크기
마텐자이트 > 트루스타이트 > 소르바이트 > 펄라이트 > 오스테나이트 > 페라이트

03 구리에 대한 설명 중 옳지 않은 것은?

① 전연성이 좋아 가공이 쉽다.
② 화학적 저항력이 작아 부식이 잘된다.
③ 전기 및 열의 전도성이 우수하다.
④ 광택이 아름답고 귀금속적 성질이 우수하다.

해설
구리의 성질
• 비중 : 8.96
• 용융점 : 1,083℃
• 비자성체, 내식성이 철강보다 우수하다.
• 전기 및 열의 양도체(전기전도율과 열전도율은 금속 중 Ag 다음)
• 전연성이 좋아 가공이 용이하다.
• 화학적 저항력이 커서 부식이 잘 되지 않는다.

04 철강의 5대 원소에 포함되지 않는 것은?

① 탄 소 ② 규 소
③ 아 연 ④ 망 간

해설
탄소강에 함유된 5대 원소 : 탄소(C), 규소(Si), 망간(Mn), 인(P), 황(S)

1 ③ 2 ① 3 ② 4 ③ **정답**

05 열경화성 수지에 해당되지 않는 것은?

① 페놀 수지　　　② 요소 수지

③ 멜라민 수지　　④ 아크릴 수지

해설

플라스틱(합성 수지)의 종류

열가소성 수지	열경화성 수지
• 폴리에틸렌 수지	• 페놀 수지
• 아크릴 수지	• 멜라민 수지
• 염화비닐 수지	• 에폭시 수지
• 폴리스티렌 수지	• 요소 수지

06 순철에 대한 설명으로 옳은 것은?

① 각 변태점에서 연속적으로 변화한다.

② 저온에서 산화작용이 심하다.

③ 온도에 따라 자성의 세기가 변화한다.

④ 알칼리에는 부식성이 크나 강산에는 부식성이 작다.

해설

순철의 성질

• 각 변태점에서 단계적으로 변화한다(α–Fe → γ–Fe → δ–Fe).

• 고온에서 산화작용이 심하다.

• 습기와 산소가 없으면 상온에서도 부식된다.

• 강산과 약산에는 침식되나 알칼리에는 침식되지 않는다.

• 온도에 따라 자성의 세기가 변화한다. – A_2 (768℃)자기변태점 이상 온도로 가열 시 자기의 강도가 저하된다.

• 순철은 연성이 풍부하나 기계적 강도가 작아 주로 전기 재료, 강재의 성질 연구에 사용된다.

07 금속 중 Cu–Sn 합금으로 부식에 강한 밸브, 동상, 베어링 합금 등에 널리 쓰이는 재료는?

① 황 동　　　② 청 동

③ 합금강　　④ 세라믹

해설

• 황동 : 구리+아연(Cu+Zn)

• 청동 : 구리+주석(Cu+Sn)

※ 참 고

• 6·4황동 : Cu(60%)–Zn(40%)

• 7·3황동 : Cu(70%)–Zn(30%)

08 진동이나 충격으로 일어나는 나사의 풀림 현상을 방지하기 위하여 사용하는 기계요소가 아닌 것은?

① 태핑 나사　　② 로크 너트

③ 스프링 와셔　④ 자동 죔 너트

해설

볼트·너트의 풀림방지

• 로크 너트에 의한 방법

• 멈춤 나사에 의한 방법

• 와셔에 의한 방법

• 자동 죔 너트에 의한 방법

• 분할 핀에 의한 방법

• 스프링 와셔에 의한 방법

09 소선의 지름 8mm, 스프링의 지름 80mm인 압축코일 스프링에서 하중이 200N 작용하였을 때 처짐이 10mm가 되었다. 이때 스프링 상수는 몇 N/mm인가?

① 5
② 10
③ 15
④ 20

> **해설**
> 스프링 상수
> $k = \dfrac{W(\text{하중})}{\delta(\text{처짐량})} = \dfrac{200\text{N}}{10\text{mm}} = 20\text{N/mm}$
> ∴ 스프링 상수 = 20N/mm

10 기준 래크 공구의 기준 피치선이 기어의 기준 피치원에 접하지 않는 기어는?

① 웜 기어
② 표준 기어
③ 전위 기어
④ 베벨 기어

> **해설**
> 전위 기어 : 기준 래크 공구의 기준 피치선을 기어의 피치원으로부터 적당량만큼 이동하여 창성 절삭한 기어

11 길이가 50mm인 표준시험편으로 인장시험하여 늘어난 길이가 65mm이었다. 이 시험편의 연신율은?

① 20%
② 25%
③ 30%
④ 35%

> **해설**
> 연신율$(\varepsilon) = \dfrac{L_1 - L_0}{L_0} \times 100\%$
> $\quad\quad = \dfrac{65 - 50}{50} \times 100\% = 30\%$
> ∴ 연신율$(\varepsilon) = 30\%$
> 여기서, L_1 : 늘어난 길이
> $\quad\quad\quad\; L_0$: 표준길이

12 피치가 2mm인 2줄 나사를 180° 회전시키면 나사가 축 방향으로 움직인 거리는 몇 mm인가?

① 1
② 2
③ 3
④ 4

> **해설**
> 리드(L) = 줄수$(n) \times$ 피치$(p) \times$ 회전수
> $\quad\quad\quad\;\; = 2 \times 2 \times 0.5 = 2\text{mm}$
> ※ 180° 회전 : 0.5 회전

13 운동용 나사에 해당하는 것은?

① 미터 가는 나사
② 유니파이 나사
③ 볼 나사
④ 관용 나사

> **해설**
> ① 미터 가는 나사 : M호칭지름 × 피치(예 M8 × 1), 공작기계의 이완 방지용
> ② 유니파이 나사 : ABC나사, 나사산의 각이 60°인 인치계 나사
> 운동용 나사
> • 힘을 전달하거나 물체를 움직이게 할 목적으로 사용하는 나사
> • 사각 나사, 사다리꼴 나사, 톱니 나사, 볼 나사 등

14 막대의 양 끝에 나사를 깎은 머리 없는 볼트로서 한쪽 끝을 본체에 튼튼하게 박고, 다른 끝에는 너트를 끼워서 조일 수 있도록 한 볼트는?

① 관통 볼트　　　　② 탭 볼트
③ 스터드 볼트　　　④ T 볼트

해설
③ 스터드 볼트 : 양쪽 끝 모두 수나사로 가공한 머리 없는 볼트로, 태핑하여 암나사를 낸 몸체에 죄어 놓고 다른 쪽에는 결합할 부품을 대고 너트로 죔
① 관통 볼트 : 조이려는 부분을 관통하여 볼트 지름보다 약간 큰 구멍을 뚫고, 여기에 머리 부분의 볼트를 끼워 넣은 후 너트로 결합하는 볼트
② 탭 볼트 : 관통 볼트를 사용하기 어려울 때 결합하려는 상대쪽에 암나사를 내고, 머리붙이 볼트를 조여 부품을 결합하는 볼트
④ T 볼트 : 공작기계 테이블의 T홈에 물체를 용이하게 고정시키는 볼트

15 축이음을 차단시킬 수 있는 장치인 클러치의 종류가 아닌 것은?

① 맞물림 클러치　　② 마찰 클러치
③ 유체 클러치　　　④ 유니버설 클러치

해설
축이음의 분류
• 클러치 : 운전 중 두 축을 떼어 놓는 장치
 － 클러치 종류 : 맞물림 클러치, 마찰 클러치, 유체 클러치, 원심 클러치, 전자 클러치 등
• 커플링 : 운전 중 두 축을 분리할 수 없는 축이음
 － 커플링 종류 : 원통 커플링, 플랜지 커플링, 올덤 커플링, 유니버설 커플링, 플렉시블 커플링 등

16 다음 기하공차의 종류 중 선의 윤곽도를 나타내는 기호는?

①　⌒　　　　　②　⌀ (빗금 원)
③　▱　　　　　④　⌢

해설
기하공차의 종류와 기호

공차의 종류		기 호	데이텀 지시
모양공차	진직도	——	없 음
	평면도	▱	없 음
	진원도	○	없 음
	원통도	⌀	없 음
	선의 윤곽도	⌒	없 음
	면의 윤곽도	⌢	없 음
자세공차	평행도	//	필 요
	직각도	⊥	필 요
	경사도	∠	필 요
위치공차	위치도	⊕	필요 또는 없음
	동축도(동심도)	◎	필 요
	대칭도	≐	필 요
흔들림 공차	원주 흔들림	↗	필 요
	온 흔들림	↗↗	필 요

17 ∅50H7/g6은 어떤 종류의 끼워맞춤인가?

① 축 기준식 억지 끼워맞춤

② 구멍 기준식 중간 끼워맞춤

③ 축 기준식 헐거운 끼워맞춤

④ 구멍 기준식 헐거운 끼워맞춤

해설

기준 구멍 H7에서(구멍) – 구멍 기준식 끼워맞춤

• 헐거운 끼워맞춤 : e, f, g, h → ∅50H7/g6(구멍 기준식 헐거운 끼워맞춤)

• 중간 끼워맞춤 : js, k, m

• 억지 끼워맞춤 : p, r, s, t, u, x

18 면의 지시기호에서 가공방법을 지시할 때의 기호로 맞는 것은?

①   ②

③   ④

해설

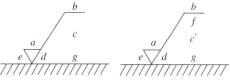

a : 산술 평균 거칠기의 값

b : 가공 방법의 문자 또는 기호

c : 컷 오프값

c' : 기준 길이

d : 줄무늬 방향의 기호

e : 다듬질 여유

f : 산술 평균 거칠기 이외의 표면거칠기값

g : 표면 파상도

19 구름 베어링의 호칭 번호가 6405일 때, 베어링 안지름은 몇 mm인가?

① 20   ② 25

③ 30   ④ 405

해설

6405 : 6-형식번호, 4-치수기호, 05-안지름 번호 → 05 = 25mm
(5 × 5 = 25)

베어링 안지름 번호

안지름 범위 (mm)	안지름 치수	안지름 기호	예
10mm 미만	안지름이 정수인 경우 안지름이 정수가 아닌 경우	안지름 /안지름	2mm이면 2 2.5mm이면 /2.5
10mm 이상 20mm 미만	10mm 12mm 15mm 17mm	00 01 02 03	
20mm 이상 500mm 미만	5의 배수인 경우 5의 배수가 아닌 경우	안지름을 5로 나눈 수 /안지름	40mm이면 08 28mm이면 /28
500mm 이상		/안지름	560mm이면 /560

20 수나사의 측면을 도시하고자 할 때, 다음 중 가장 적합하게 나타낸 것은?

①
②
③
④

① 수나사

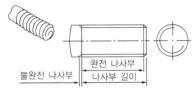

불완전 나사부　완전 나사부　나사부 길이

② 암나사

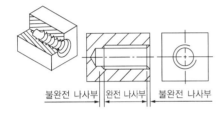

불완전 나사부　완전 나사부　불완전 나사부

21 도형의 중심을 표시하거나 중심이 이동한 중심 궤적을 표시하는 데 쓰이는 선의 명칭은?

① 지시선　　　② 기준선
③ 중심선　　　④ 가상선

용도에 따른 선의 종류

명칭	선의 종류	선의 용도
외형선	굵은 실선	대상물이 보이는 부분의 모양을 표시하는 데 사용한다.
치수선		치수를 기입하기 위하여 사용한다.
치수 보조선	가는 실선	치수를 기입하기 위하여 도형으로부터 끌어내는 데 사용한다.
지시선		기술, 기호 등을 표시하기 위하여 끌어내는 데 사용한다.
숨은선	가는 파선	대상물의 보이지 않는 부분의 모양을 표시하는 데 사용한다.
중심선	가는 1점쇄선	도형의 중심을 표시하는 데 사용한다. 중심이 이동한 중심 궤적을 표시하는 데 사용한다.
특수 지정선	굵은 1점쇄선	특수한 가공을 하는 부분 등 특별한 요구 사항을 적용할 수 있는 범위를 표시하는 데 사용한다.

22 투상법에서 그림과 같이 경사진 부분의 실제 모양을 도시하기 위하여 사용하는 투상도의 명칭은?

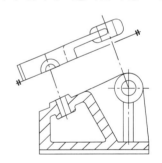

① 부분 투상도　　② 국부 투상도
③ 회전 투상도　　④ 보조 투상도

④ 보조 투상도 : 경사면의 실제 모양을 표시할 필요가 있을 때, 보이는 부분의 전체 또는 일부분을 나타낸다.
① 부분 투상도 : 그림의 일부만 도시하는 것으로 충분한 경우에는 그 필요 부분만을 투상하여 나타낸다.
② 국부 투상도 : 대상물의 구멍, 홈 등 한 국부만의 모양을 도시하는 것으로 충분한 경우에는 그 필요한 부분을 국부 투상도로서 나타낸다.
③ 회전 투상도 : 대상물의 일부가 각도를 갖고 있을 때, 실제 모양을 나타내기 위해 그 부분을 회전시켜 실제 모양을 나타낸다.
★ 투상도에 관련된 예시 도면은 반드시 그림으로 암기한다.

23 그림과 같은 입체도에서 화살표 방향을 정면으로 할 경우 평면도로 옳은 것은?

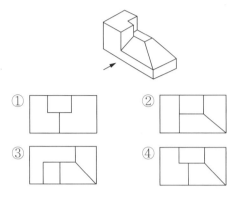

① ② ③ ④

24 그림과 같이 축의 치수가 주어졌을 때 편심량 A는 얼마인가?

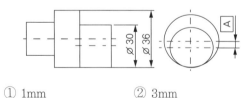

① 1mm ② 3mm
③ 6mm ④ 9mm

해설
편심량 = $\phi36 - \phi30 \times 1/2 = 3mm$
편심량 측정 방법
• 벤치 센터에 다이얼 게이지를 설치하여 측정한다.
• 다이얼 게이지의 이동량은 편심량의 2배로 한다.

25 길이 치수의 허용 한계를 지시한 것 중 잘못 나타낸 것은?

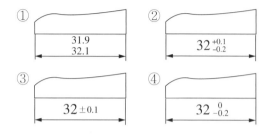

① $\dfrac{31.9}{32.1}$ ② $32^{+0.1}_{-0.2}$

③ 32 ± 0.1 ④ $32^{\ 0}_{-0.2}$

해설
치수의 허용 한계를 수치에 의하여 지시하는 경우 위 치수 허용차는 위의 위치에, 아래 치수 허용차는 아래의 위치에 쓴다.
①은 32.1이 위의 위치에 써야 한다.

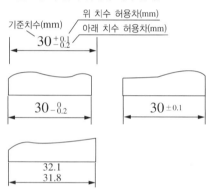

기준치수(mm)
위 치수 허용차(mm)
아래 치수 허용차(mm)
$30^{+0.1}_{-0.2}$

$30^{\ 0}_{-0.2}$ 30 ± 0.1

$\dfrac{32.1}{31.8}$

26 수직 밀링머신의 장치 중 일반적인 운동 관계가 옳지 않은 것은?

① 테이블 – 수직 이동
② 주축 스핀들 – 회전
③ 니 – 상하 이동
④ 새들 – 전후 이동

해설
테이블 : 좌우 이동

27 수용성 절삭유에 대한 설명 중 틀린 것은?

① 광물성유를 화학적으로 처리하여 원액과 물을 혼합하여 사용한다.

② 표면 활성제와 부식 방지제를 첨가하여 사용한다.

③ 점성이 낮고 비열이 커서 냉각효과가 작다.

④ 고속 절삭 및 연삭 가공액으로 많이 사용한다.

해설

수용성 절삭유 : 알칼리성 수용액이나 광물유를 화학적으로 처리하여 물에 용해한 유화제 등으로 다량의 물을 포함하기 때문에 냉각효과가 크고 고속 절삭 연삭용 등에 적합하며 점성이 낮고 비열이 높으며 냉각작용이 우수하다.

28 선반을 이용한 가공의 종류 중 거리가 먼 것은?

① 널링 가공   ② 원통 가공

③ 더브테일 가공   ④ 테이퍼 가공

해설

• 선반 가공 종류 : 외경(원통), 단면, 홈, 테이퍼, 드릴링, 보링, 수나사, 암나사, 정면, 곡면, 총형, 널링 작업

• 밀링 가공 종류 : 평면 가공, 단 가공, 홈 가공, 드릴 가공, T홈 가공, 더브테일 가공, 곡면절삭, 보링 등

29 줄의 작업 방법이 아닌 것은?

① 직진법   ② 사진법

③ 후진법   ④ 병진법

해설

줄 작업의 종류

• 직진법 : 줄을 길이 방향으로 직진시켜 절삭하는 방법으로 황삭 및 최종 다듬질 작업에 사용한다.

• 사진법 : 넓은 면 절삭에 적합하며, 절삭량이 많아 황삭 및 모따기에 적합하다.

• 횡진법(병진법) : 줄을 길이 방향과 직각 방향으로 움직여 절삭하는 방법으로 폭이 좁고 길이가 긴 공작물의 줄 작업에 좋다.

30 지름이 60mm인 연삭숫돌이 원주속도 1,200m/min로 ϕ20mm인 공작물을 연삭할 때 숫돌차의 회전수는 약 몇 rpm인가?

① 16   ② 23

③ 6,370   ④ 62,800

해설

$N = \dfrac{1,000\,V}{\pi D} = \dfrac{1,000 \times 1,200\text{m/min}}{\pi \times 60\text{mm}} \fallingdotseq 6,366.2\text{rpm}$

$\therefore\ N = 6,370\text{rpm}$

여기서, N : 숫돌바퀴의 회전수

$\quad\quad\quad V$: 숫돌바퀴 원주속도

$\quad\quad\quad D$: 숫돌바퀴의 지름

31 다음 중 왕복대를 이루고 있는 것은?

① 공구대와 심압대
② 새들과 에이프런
③ 주축과 공구대
④ 주축과 새들

해설
왕복대는 베드상에서 공구대에 부착된 바이트에 가로이송 및 세로이송을 하는 구조로 되어 있으며 새들, 에이프런, 공구대로 구성되어 있다.
※ 선반의 주요 구성 부분 : 주축대, 왕복대, 심압대, 베드

32 밀링 절삭 방법에서 하향 절삭에 대한 설명이 아닌 것은?

① 백래시를 제거해야 한다.
② 기계의 강성이 낮아도 무방하다.
③ 상향 절삭에 비하여 공구의 수명이 길다.
④ 상향 절삭에 비하여 가공면의 표면거칠기가 좋다.

해설
상향 절삭과 하향 절삭의 차이점

구 분	상향 절삭	하향 절삭
백래시	절삭에 별 지장이 없다.	백래시를 제거하여야 한다.
기계의 강성	강성이 낮아도 무방하다.	가공할 때, 충격이 있어 높은 강성이 필요하다.
가공물의 고정	절삭력이 상향으로 작용하여 고정이 불리하다.	절삭력이 하향으로 작용하여 가공물 고정이 유리하다.
인선의 수명	절입할 때, 마찰열로 마모가 빠르고 공구수명이 짧다.	상향 절삭에 비하여 공구수명이 길다.
마찰 저항	마찰저항이 커서 절삭 공구를 위로 들어 올리는 힘이 작용한다.	절입할 때, 마찰력은 작으나 하향으로 충격이 작용한다.
가공면의 표면거칠기	광택은 있으나, 상향에 의한 회전저항으로 전체적으로 하향 절삭보다 나쁘다.	가공 표면에 광택은 적으나, 저속 이송에서는 회전저항이 발생하지 않아 표면거칠기가 좋다.

33 단조나 주조품에 볼트 또는 너트를 체결할 때 접촉부가 밀착되게 하기 위하여 구멍 주위를 평탄하게 하는 가공 방법은?

① 스폿 페이싱
② 카운터 싱킹
③ 카운터 보링
④ 보 링

해설
드릴 가공의 종류
• 스폿 페이싱 : 볼트나 너트를 체결하기 곤란한 경우에 볼트나 너트가 닿는 구멍 주위에 부분만을 평탄하게 가공하여 체결이 잘되도록 하는 가공 방법
• 카운터 싱킹 : 나사 머리의 모양이 접시모양일 때 테이퍼 원통형으로 절삭하는 가공
• 카운터 보링 : 볼트의 머리 부분이 돌출되면 곤란한 부분이 있다. 이러한 경우에 볼트 또는 너트의 머리 부분이 가공물 안으로 묻히도록 드릴과 동심원의 2단 구멍을 절삭하는 방법
• 태핑 : 공작물 내부에 암나사 가공, 태핑을 위한 드릴 가공은 나사의 외경-피치로 한다.
• 보링 : 뚫린 구멍을 다시 절삭, 구멍을 넓히고 다듬질하는 것
• 리머 : 구멍의 정밀도를 높이기 위해 구멍을 다듬는 작업

34 주조할 때 뚫린 구멍이나 드릴로 뚫은 구멍을 깎아서 크게 하거나, 정밀도를 높게 하기 위한 가공에 사용되는 공작기계는?

① 플레이너
② 슬로터
③ 보링 머신
④ 호빙 머신

해설
• 보링 머신 : 이미 뚫어져 있는 구멍을 필요한 크기로 넓히거나 정밀도를 높이기 위한 공작기계
• 플레이너 : 테이블 수평 길이 방향 왕복운동과 공구는 테이블의 가로 방향으로 이송하며, 주로 평면을 가공하는 공작기계
• 호빙 머신 : 호브 공구를 이용하여 기어를 절삭하기 위한 공작기계
• 슬로터 : 구멍에 키 홈을 가공하는 공작기계

35 밀링 머신에서 이송의 단위는?

① $F = \text{mm/stroke}$

② $F = \text{rpm}$

③ $F = \text{mm/min}$

④ $F = \text{rpm} \cdot \text{mm}$

해설
밀링 머신에서 테이블 이송 속도의 단위 : mm/min
$F(\text{mm/min}) = F_z \times N$
여기서, N : 회전수(rpm)
 F : 테이블 이송속도(mm/min)
 F_z : 회전당 이송(mm/rev)

36 소성 가공의 종류가 아닌 것은?

① 단 조 　　　② 호 빙

③ 압 연 　　　④ 인 발

해설
• 소성 가공의 종류 : 단조, 압연, 프레스 가공, 인발 등
• 비절삭 가공 : 주조, 소성 가공, 용접, 방전 가공 등
• 절삭 가공 : 선삭, 평삭, 형삭, 브로칭, 줄작업, 밀링, 드릴링, 연삭, 래핑, 호빙 등

37 측정량이 증가 또는 감소하는 방향이 다름으로써 생기는 동일치수에 대한 지시량의 차를 무엇이라 하는가?

① 개인 오차 　　　② 우연 오차

③ 후퇴 오차 　　　④ 접촉 오차

해설
• 후퇴 오차 : 동일한 측정량에 대하여 지침의 측정량이 증가하는 상태에서의 읽음값과 반대로 감소하는 상태에서의 읽음값의 차를 말한다.
• 우연오차 : 측정기, 측정물 및 환경 등의 원인을 파악할 수 없어 측정자가 보정할 수 없는 오차로 측정하는 과정에서 우발적으로 발생하는 오차를 말한다.
• 측정기의 오차(계기 오차) : 측정기의 구조, 측정 압력, 측정 온도, 측정기의 마모 등에 따를 오차를 말한다.

38 연성의 재료를 가공할 때 자주 발생되며, 연속되는 긴 칩으로 두께가 일정하고 가공표면이 양호하여 공구수명을 길게(연장) 할 수 있는 것은?

① 유동형 칩 　　　② 전단형 칩

③ 열단형 칩 　　　④ 균열형 칩

해설
① 유동형 칩 : 연성재료를 경사각이 큰 절삭공구를 사용하여 절삭 깊이를 얇게 하고, 고속 절삭할 때 발생하기 쉽다(가장 이상적인 칩).
② 전단형 칩 : 절삭 깊이가 크고 경사각이 작으면 발생되기 쉬운 칩이다.
③ 열단형 칩 : 연성이 큰 재료를 절삭할 때 경사면의 마찰이 심하여 칩이 응착하기 쉬운 조건에서 발생하는 칩이다.
④ 균열형 칩 : 주철과 같은 단단하고 부스러지기 쉬운 재료를 저속으로 절삭할 때 순간적으로 공구 날끝 앞에서 균열이 발생한다.

39 선반가공에서 바이트의 날 부분과 공작물의 가공면 사이에 마찰로 인한 열이 많이 발생되어 정밀가공에 어려움이 생긴다. 이때 생기는 열을 측정하는 방법으로 거리가 먼 것은?

① 발생되는 칩의 색깔에 의한 측정 방법

② 칼로리미터에 의한 측정 방법

③ 열전대에 의한 측정 방법

④ 수은 온도계에 의한 측정 방법

해설
절삭온도 측정법
• 칩의 색깔에 의한 방법
• 칼로리미터에 의한 방법
• 공구에 열전대를 삽입하는 방법
• 시온 도료를 사용하는 방법
• 공구와 일감을 열전대로 사용하는 방법
• 복사 고온계에 의한 방법

40 피니언 커터를 이용하여 상하 왕복운동과 회전운동을 하는 창성식 기어절삭을 할 수 있는 기계는?

① 마그 기어 셰이퍼

② 브로칭 기어 셰이퍼

③ 펠로스 기어 셰이퍼

④ 호브 기어 셰이퍼

해설
③ 펠로스 기어 셰이퍼(Fellows Gear Shaper) : 피니언 커터를 이용하여 상하 왕복운동과 회전운동을 하는 창성식 기어절삭을 할 수 있는 기계이다(헬리컬 기어 가공).
① 마그 기어 셰이퍼(Maag Gear Shaper) : 래크형 공구를 사용하여 절삭하는 것으로 필요한 관계 운동은 변환기어에 연결된 나사 봉으로 조절한다.

41 선반에서 척에 고정할 수 없는 불규칙하거나 대형의 가공물 또는 복잡한 가공물을 고정할 때 사용하는 것은?

① 연동척

② 콜릿척

③ 벨 척

④ 면 판

해설
• 면판 : 척에 고정할 수 없는 불규칙하거나 대형의 가공물 또는 복잡한 가공물을 고정할 때 척을 떼어내고 면판을 주축에 고정하여 사용
• 연동척 : 3개의 조가 120° 간격으로 구성 배치되어 있으며, 규칙적인 모양 고정
• 단동척 : 4개의 조가 90° 간격으로 구성 배치되어 있으며, 불규칙한 가공물 고정
• 콜릿척 : 지름이 작은 가공물이나, 각 봉재를 가공할 때 편리함

42 금속으로 만든 작은 덩어리를 공작물 표면에 고속으로 분사하여 피로 강도를 증가시키기 위한 냉간가공법으로 반복 하중을 받는 스프링, 기어, 축 등에 사용하는 가공법은?

① 래 핑

② 호 닝

③ 쇼트피닝

④ 슈퍼 피니싱

해설
쇼트피닝 : 표면을 타격하는 일종의 냉간 가공으로 철강의 작은 볼(Shot)을 공작물 표면에 분사하여 강재의 화학조성을 변화시키지 않고 표면을 매끈하게 하여 피로강도 및 기계적 성질을 향상시킨다.

43 다음과 같은 CNC 선반 프로그램에서 일감의 직경이 φ34mm일 때의 주축 회전수는 약 몇 rpm인가?

```
G50 X__ Z__ S1800 T0100;
G96 S160 M03;
```

① 160
② 1,000
③ 1,500
④ 1,800

해설
- G50 X__ Z__ S1800 : 공작물 좌표계 설정, 주축 최고 회전수 1,800rpm
- G96 S160 : 절삭속도 일정제어(m/min), 절삭속도 160m/min로 일정하게 유지

$$N = \frac{1,000\,V}{\pi D} = \frac{1,000 \times 160\text{m/min}}{\pi \times 34\text{mm}} \fallingdotseq 1,498.127$$

∴ N = 1,500rpm

여기서, V : 절삭속도(m/min)
　　　　 D : 공작물의 지름(mm)
　　　　 N : 회전수(rpm)

44 다음 중 CNC 시스템의 제어방법이 아닌 것은?

① 위치결정 제어
② 직선절삭 제어
③ 윤곽절삭 제어
④ 복합절삭 제어

해설
CNC 시스템의 제어방법은 제어방식에 따라 위치결정 제어, 직선절삭 제어, 윤곽절삭 제어의 3가지 방식으로 구분할 수 있다.

45 다음 중 CNC 공작기계 좌표계의 이동위치를 지령하는 방식에 해당하지 않는 것은?

① 절대지령 방식
② 증분지령 방식
③ 혼합지령 방식
④ 잔여지령 방식

해설
좌표치의 지령방법
- 절대지령 방식 : 프로그램 원점을 기준으로 움직일 방향과 좌표치를 입력하는 방식
- 증분지령 방식 : 현재의 공구위치를 기준으로 끝점까지의 X, Y, Z의 증분값을 입력하는 방식
- 혼합지령 방식 : 절대지령 방식과 증분지령 방식을 한 블록 내에 혼합하여 지령하는 방식

46 다음 중 공작기계에서의 안전 및 유의사항으로 틀린 것은?

① 주축 회전 중에는 칩을 제거하지 않는다.
② 정면 밀링 커터 작업 시 칩 커버를 설치한다.
③ 공작물 설치 시는 반드시 주축을 정지시킨다.
④ 측정기와 공구는 기계 테이블 위에 놓고 작업한다.

해설
테이블 위에는 측정기나 공구를 올려놓지 않는다.

47 다음 CNC 선반 프로그램에서 나사가공에 사용된 고정 사이클은?

```
G28 U0. W0.;
G50 X150. Z150. T0700;
G97 S600 M03;
G00 X26. Z3. T0707 M08;
G92 X23.2 Z-20. F2.;
      X22.7;
               :
```

① G28　　　　　② G50

③ G92　　　　　④ G97

해설
③ G92 : 나사 절삭 사이클
① G28 : 자동원점 복귀
② G50 : 공작물 좌표계 설정, 주축 최고 회전수 설정
④ G97 : 주축 회전수(rpm) 일정 제어

48 다음 중 CNC 선반에서 공구기능 "T0303"의 의미로 가장 올바른 것은?

① 3번 공구 선택
② 3번 공구의 공구보정 3번 선택
③ 3번 공구의 공구보정 3번 취소
④ 3번 공구의 공구보정 3회 반복 수행

해설
CNC 선반의 경우 − T □□△△
• T : 공구기능
• □□ : 공구선택번호(01~99번) → 기계 사양에 따라 지령 가능한 번호를 결정한다.
• △△ : 공구보정번호(01~99번) → 00은 보정 취소 기능이다.
• 공구보정 없이 보정 취소를 하려면 T0100으로 지령해야 한다.

49 머시닝센터에서 ϕ10 엔드밀로 40 × 40 정사각형 외곽 가공 후 측정하였더니 41 × 41로 가공되었다. 공구지름 보정량이 5일 때 얼마로 수정하여야 하는가?(단, 보정량은 공구의 반지름 값을 입력한다)

① 5　　　　　② 4.5

③ 5.5　　　　④ 6

해설
• 보정값(D)=엔드밀의 반지름−(공차/4)−외측 양쪽 가공
• 보정값(D)=5−(2/4)=4.5

50 다음 중 CNC 공작기계에 사용되는 외부 기억장치에 해당하는 것은?

① 램(RAM)　　　② 디지타이저

③ 플로터　　　　④ USB플래시메모리

해설
• 외부 기억 장치 : USB플래시메모리, 플로피 디스켓, 하드디스크
• 내부 기억 장치 : 램(RAM), 롬(ROM)
• 입력장치 : 조이스틱, 라이트 펜, 마우스, 스캐너, 디지타이저 등
• 출력장치 : 프린터, 플로터, 모니터 등

51 다음 중 CNC 선반에서 스핀들 알람(Spindle Alarm)의 원인이 아닌 것은?

① 과전류
② 금지영역 침범
③ 주축모터의 과열
④ 주축모터의 과부하

해설
• 금지영역 침범 알람 : 테이블이 정해진 범위 이상으로 이동 시 나타남
• 스핀들 알람의 원인 : 주축모터의 과열 및 과부하, 과전류

52 다음 프로그램의 (   ) 부분에 생략된 연속 유효(Modal) G코드(Code)는?

```
N01 G01 X30. F0.25;
N02 (    ) Z-35.;
N03 G00 X100. Z100.;
```

① G00
② G01
③ G02
④ G04

해설
N01블록의 G01코드가 N02블록까지 유효하고, N03블록에서는 동일 그룹의 다른 G코드 G00코드가 나와 유효하지 않다. 즉, (   )에 생략된 G코드는 G01(직선보간)이다. G코드에는 원숏(One Shot)G코드와 모달(Modal)G코드의 두 종류가 있다.

구 분	의 미	그 룹	G코드
원숏 G코드	명령된 블록에 한해서 유효	00그룹	G04, G27, G28, G30 등
모달 G코드	동일 그룹의 다른 G코드가 나올 때까지 유효	00이외의 그룹	G01, G41, G96 등

53 머시닝센터 작업 중 회전하는 엔드밀 공구에 칩이 부착되어 있다. 다음 중 이를 제거하기 위한 방법으로 옳은 것은?

① 입으로 불어서 제거한다.
② 장갑을 끼고 손으로 제거한다.
③ 기계를 정지시키고 칩제거 도구를 사용하여 제거한다.
④ 계속하여 작업을 수행하고 가공이 끝난 후에 제거한다.

해설
칩은 칩제거 도구를 사용하여 제거한다.
★ 자주 출제되는 안전사항이다.

54 다음 중 CNC 선반에서 다음의 단일형 고정 사이클에 대한 설명으로 틀린 것은?

```
G90 X(U)___ Z(W)___ I___ F___;
```

① I___ 값은 직경값으로 지령한다.
② 가공 후 시작점의 위치로 되돌아온다.
③ X(U)___ 의 좌표값은 X축의 절삭 끝점 좌표이다.
④ Z(W)___ 의 좌표값은 Z축의 절삭 끝점 좌표이다.

해설
• I___ 값은 테이퍼 절삭 시 X축 기울기량을 지령한다.
• X(U)___ Z(W)___ : 가공 종점의 좌표를 입력한다.
• I(R) : 테이퍼 절삭을 할 때, X축 기울기양을 지정한다(반지름 지정). (I : 11T에 적용, R : 11T가 아닌 경우에 적용)
• F : 이송속도
안·바깥지름 절삭 사이클(G90)

```
G90 X(U)___ Z(W)___ F___; (직선 절삭)
G90 X(U)___ Z(W)___I(R)___ F___; (테이퍼 절삭)
```

55 다음 중 머시닝센터의 주소(Address) 중 일반적으로 소수점을 사용할 수 있는 것으로만 나열한 것은?

① 보조기능, 공구기능
② 원호반경지령, 좌표값
③ 주축기능, 공구보정번호
④ 준비기능, 보조기능

해설
머시닝센터에서 소수점을 사용할 수 있는 주소(Address) : 원호반경지령, 좌표값

56 다음 중 CNC 공작기계의 특징으로 옳지 않은 것은?

① 공작기계가 공작물을 가공하는 중에도 파트 프로그램 수정이 가능하다.
② 품질이 균일한 생산품을 얻을 수 있으나 고장 발생 시 자가 진단이 어렵다.
③ 인치 단위의 프로그램을 쉽게 미터 단위로 자동 변환할 수 있다.
④ 파트 프로그램을 매크로 형태로 저장시켜 필요할 때 불러 사용할 수 있다.

해설
CNC 공작기계는 고장 발생 시 자가 진단이 가능하다(Alarm 발생).

57 머시닝센터에서 ϕ12−2날 초경합금 엔드밀을 이용하여 절삭속도 35m/min, 이송 0.05mm/날, 절삭깊이 7mm의 절삭조건으로 가공하고자 할 때 다음 프로그램의 (   )에 적합한 데이터는?

G01 G91 X200.0 F(   );

① 12.25
② 35.0
③ 92.8
④ 928.0

해설
$$f = f_z \times z \times n = 0.05 \times 2 \times \frac{1,000 \times 35}{\pi \times 12} = 92.8\,\mathrm{mm/min}$$

58 다음 중 CNC 선반에서 원호보간을 지령하는 코드는?

① G02, G03
② G20, G21
③ G41, G42
④ G98, G99

해설
• 원호보간 : G02(시계방향), G03(반시계방향)
• G20(inch 입력), G21(mm 입력)
• G41(공구인선 반지름 보정 좌측), G42(공구인선 반지름 보정 우측)
• G98(분당 이송지정 mm/min), G99(회전당 이송지정 mm/rev)

59 머시닝센터에서 주축 회전수를 100rpm으로 피치 3mm인 나사를 가공하고자 한다. 이때 이송속도는 몇 mm/min으로 지령해야 하는가?

① 100   ② 200

③ 300   ④ 400

해설

탭 사이클의 이송속도는 회전수 × 피치이다.

회전수 × 피치 = 100rpm × 3 = 300mm/min

60 기계상에 고정된 임의의 점으로 기계 제작 시 제조사에서 위치를 정하는 점이며, 사용자가 임의로 변경해서는 안되는 점을 무엇이라 하는가?

① 기계 원점   ② 공작물 원점

③ 상대 원점   ④ 프로그램 원점

해설

• 기계 원점 : 기계 제작사가 일정한 위치에 정한 기계의 기준점

• 프로그램 원점 : 도면상의 임의의 점을 프로그램상의 절대좌표의 기준점으로 정한 점

01 면심입방격자 구조로서 전성과 연성이 우수한 금속으로 짝지어진 것은?

① 금, 크롬, 카드뮴

② 금, 알루미늄, 구리

③ 금, 은, 카드뮴

④ 금, 몰리브덴, 코발트

해설

금속의 대표적인 결정격자 ★ 반드시 암기(자주 출제)

• 면심입방격자 금속 : 금(Au), 구리(Cu), 니켈(Ni), 알루미늄(Al) 등

• 체심입방격자 금속 : 크롬(Cr), 몰리브덴(Mo), 바륨(Ba), 바나듐(V) 등

• 조밀육방격자 금속 : 코발트(Co), 마그네슘(Mg), 아연(Zn) 등

02 탄소강에 함유된 원소 중에서 상온취성의 원인이 되는 것은?

① 망 간 ② 규 소

③ 인 ④ 황

해설

상온취성(Cold Shortness) : 상온에서 충격치가 현저히 낮고, 취성이 있는 성질, 인(P)을 많이 함유하는 재료에 나타나는 특수한 성질

탄소강에 함유한 각각의 원소의 영향

• 규소 : 0.2% 정도를 함유시켜 단접성과 냉간 가공성을 유지시킴

• 인 : 상온취성의 원인, 절삭성을 개선시키며, 강도, 경도를 증가

• 황 : 적열취성의 원인, 절삭성 향상

• 몰리브덴 : 뜨임취성을 방지

03 고강도 Al합금으로 Al-Cu-Mg-Mn의 합금은?

① 두랄루민 ② 라우탈

③ 실루민 ④ Y합금

해설

• 고강도 Al합금 : 두랄루민, 초두랄루민, 초강두랄루민

• 주물용 Al합금 : 실루민, 라우탈, Y합금 등

두랄루민

• 단조용 알루미늄 합금으로 Al+Cu+Mg+Mn의 합금

• 가벼워서 항공기나 자동차 등에 사용되는 고강도 Al합금

★ 반드시 암기(자주 출제)

※ 두랄루민 합금의 조성(알구마망)

04 산화물계 세라믹의 주재료는?

① SiO_2 ② SiC

③ TiC ④ TiN

해설

• 산화물계 : Al_2O_3, MgO, ZrO_2, SiO_2

• 탄화물계 : SiC, TiC, B_4C

• 질화물계 : Si_3N_4

05 반도체 재료의 정제에서 고순도의 실리콘(Si)을 얻을 수 있는 정제법은?

① 인상법
② 대역정제법
③ 존 레벨링법
④ 플로팅 존법

해설
플로팅 존법 : 반도체 재료의 정제에서 고순도의 실리콘(Si)을 얻을 수 있는 정제법

06 금속침투에 의한 표면경화법으로 금속 표면에 Al을 침투시키는 것은?

① 크로마이징
② 칼로라이징
③ 실리콘라이징
④ 보로나이징

해설
금속침투법
• 세라다이징(Sheradizing) : 아연(Zn)침투
• 칼로라이징(Calorizing) : 알루미늄(Al)침투
• 크로마이징(Chromizing) : 크롬(Cr)침투
• 실리콘라이징 : 규소(Si)침투
★ 암기방법 : 아/세. 알/칼. 크/크. 실/규

07 열처리 방법에 대한 설명 중 틀린 것은?

① 불림 – 가열 후 공랭시켜 표준화한다.
② 풀림 – 재질을 연하고 균일하게 한다.
③ 담금질 – 가열 후 서랭시켜 재질을 연화시킨다.
④ 뜨임 – 담금질 후 인성을 부여한다.

해설
• 담금질 : 재료를 단단하게 할 목적으로 강을 오스테나이트 조직으로 될 때까지 가열한 후 물이나 기름에 급랭시켜 재질을 경화시키는 조작
• 뜨임 : 재질에 적당한 인성을 부여하기 위해 담금질 온도보다 낮은 온도에서 일정시간을 유지 후 냉각시키는 조작
• 풀림 : 재료를 연하게 하거나 내부응력을 제거할 목적으로 강을 오스테나이트 조직으로 될 때까지 가열한 후 노나 재 속에서 서서히 냉각시키는 조작
• 불림 : 재료의 내부 응력 제거 및 균일한 결정 조직을 얻기 위해 높은 온도로 가열하여 균일한 오스테나이트 조직으로 한 후 공기 중에서 냉각시키는 조작

열처리	목 적	냉각 방법
담금질	경도와 강도를 증가	급랭(유랭)
풀 림	재질의 연화	노 랭
불 림	결정 조직의 균일화(표준화)	공 랭

08 평 벨트와 비교한 V벨트 전동의 특성이 아닌 것은?

① 설치면적이 넓어 큰 공간이 필요하다.
② 비교적 작은 장력으로 큰 회전력을 전달할 수 있다.
③ 운전이 정숙하다.
④ 마찰력이 평 벨트보다 크고 미끄럼이 적다.

해설
V벨트 전동의 특징
• 홈의 양면에 밀착되므로 마찰력이 평 벨트보다 크다.
• 미끄럼이 적어 비교적 작은 장력으로 큰 회전력을 전달할 수 있다.
• 평 벨트와 같이 벗겨지는 일이 없다.
• 이음매가 없어 운전이 정숙하고, 충격을 완화하는 작용을 한다.
• 고속운전이 가능하다.
• 설치 면적이 좁으므로 사용이 편리하다.
• 접촉 면적이 넓으므로 큰 동력을 전달한다.
• 지름이 작은 풀리에도 사용할 수 있다.
• 엇걸기는 불가능하다.

09 기계요소 부품 중에서 직접전동용 기계요소에 속하는 것은?

① 벨 트   ② 기 어

③ 로 프   ④ 체 인

해설
- 직접전동법 : 마찰차, 기어 등
- 간접전동법 : 벨트, 로프, 체인 등

10 너트의 밑면에 넓은 원형 플랜지가 붙어 있는 너트는?

① 와셔붙이 너트   ② 육각 너트

③ 판 너트   ④ 캡 너트

해설
- 와셔붙이 너트 : 너트의 밑면에 원형 플랜지가 붙어 있는 와셔붙이 너트는 구멍이 큰 경우 또는 접촉하는 물체와의 접촉면을 크게 함으로써 접촉 압력을 작게 하려고 할 때 주로 사용하며, 너트 하나로 와셔의 역할을 겸한 너트이다.
- 캡 너트 : 증기나 기름 등이 누출되는 것을 방지

너트의 종류

와셔붙이 너트	캡 너트	스프링판 너트

11 지름 50mm인 원형단면에 하중 4,500N이 작용할 때 발생되는 응력은 약 몇 N/mm²인가?

① 2.3   ② 4.6

③ 23.3   ④ 46.6

해설

$$원형단면적(A) = \frac{\pi d^2}{4} = \frac{3.14 \times 50^2 \text{mm}}{4} = 1962.5\text{mm}^2$$

$$인장응력(\sigma_t) = \frac{P_t}{A} = \frac{4,500\text{N}}{1962.5\text{mm}^2} \fallingdotseq 2.2929\text{N/mm}^2$$

$$\therefore \ 인장응력(\sigma_t) = 2.3\text{N/mm}^2$$

여기서, A : 원형단면적

P_t : 인장하중

d : 원형지름

12 시험 전 단면적이 6mm², 시험 후 단면적이 1.5mm²일 때 단면수축률은?

① 25%   ② 45%

③ 55%   ④ 75%

해설
단면수축률(Reduction of Area) : 인장시험에 있어서 시험편 절단 후에 생기는 최소 단면적(A')과 그의 처음 단면적(A)과의 차이와 처음 단면적에 대한 백분율

- 단면수축률 $= \dfrac{A - A'}{A} \times 100\% = \dfrac{6 - 1.5}{6} \times 100\% = 75\%$

$\therefore$ 단면수축률 = 75%

- A : 시험 전 단면적(처음 단면적), A' : 시험 후 단면적

13 두 물체 사이의 거리를 일정하게 유지시키면서 결합하는 데 사용하는 볼트는?

① 기초볼트　　　　② 아이볼트

③ 나비볼트　　　　④ 스테이볼트

해설

④ 스테이볼트 : 간격 유지 볼트, 두 물체 사이의 거리를 일정하게 유지

① 기초볼트 : 기계, 구조물 등을 콘크리트 기초에 고정시키기 위하여 사용하는 볼트

② 아이볼트 : 볼트의 머리부에 핀을 끼울 구멍이 있어 자주 탈착하는 뚜껑의 결합에 사용된다. 무거운 물체를 달아 올리기 위하여 훅(Hook)을 걸 수 있는 고리가 있는 볼트이다.

③ 나비볼트 : 스패너 없이 손으로 조이거나 풀 수 있다.

15 고정 원판식 코일에 전류를 통하면, 전자력에 의하여 회전 원판이 잡아 당겨져 브레이크가 걸리고, 전류를 끊으면 스프링 작용으로 원판이 떨어져 회전을 계속하는 브레이크는?

① 밴드 브레이크

② 디스크 브레이크

③ 전자 브레이크

④ 블록 브레이크

해설

③ 전자 브레이크 : 두 장의 마찰 원판을 사용하여 두 원판의 탈착 조작이 전자력에 의해 이루어지는 브레이크 단판식 전자 브레이크는 고정 원판측의 코일에 전류를 통하면 전자력에 의해 회전 원판이 끌어 당겨져 제동 작용이 일어나고, 전류를 끊으면 스프링 작용으로 원판이 떨어져 회전을 계속한다.

① 밴드 브레이크 : 레버를 사용하여 브레이크 드럼의 바깥에 감겨 있는 밴드에 장력을 주면 밴드와 브레이크 드럼 사이에 마찰력이 발생한다. 이 마찰력에 의해 제동하는 것을 밴드 브레이크라 한다.

④ 블록 브레이크 : 회전하는 브레이크 드럼을 브레이크 블록으로 누르게 한 것으로 브레이크 블록의 수에 따라 단식 블록 브레이크와 복식 블록 브레이크로 나눈다.

14 축이 회전하는 중에 임의로 회전력을 차단할 수 있는 것은?

① 커플링　　　　② 스플라인

③ 크랭크　　　　④ 클러치

해설

축 이음의 분류

• 클러치 : 운전 중 두 축을 떼어 놓는 장치

　－ 클러치 종류 : 맞물림 클러치, 마찰 클러치, 유체 클러치, 원심 클러치, 전자 클러치 등

• 커플링 : 운전 중 두 축을 분리할 수 없는 축 이음

　－ 커플링 종류 : 원통 커플링, 플랜지 커플링, 올덤 커플링, 유니버설 커플링, 플렉시블 커플링 등

16 기하공차 기호 중 자세공차 기호는?

① ◎   ② ○

③ ∥   ④ ◠

기하공차의 종류와 기호

공차의 종류		기 호	데이텀 지시
모양공차	진직도	——	없음
	평면도	▱	없음
	진원도	○	없음
	원통도	⌭	없음
	선의 윤곽도	◠	없음
	면의 윤곽도	◠	없음
자세공차	평행도	∥	필요
	직각도	⊥	필요
	경사도	∠	필요
위치공차	위치도	⊕	필요 또는 없음
	동축도(동심도)	◎	필요
	대칭도	═	필요
흔들림 공차	원주 흔들림	↗	필요
	온 흔들림	↗↗	필요

17 다음과 같은 입체도에서 화살표 방향이 정면도 방향일 경우 올바르게 투상된 평면도는?

┌ 보기
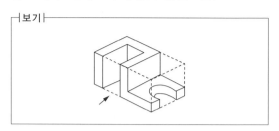

①   ②

③   ④

18 그림에서 기준 치수 φ50 구멍의 최대실체치수(MMS)는 얼마인가?

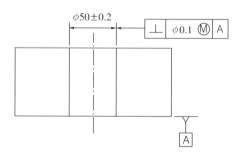

① φ49.7   ② φ49.8

③ φ50   ④ φ50.2

구멍(내측형체)은 최대실체치수(MMS)가 하한 치수로 φ49.80이다.
최대실체 공차방식

부품 형체	상한 치수	하한 치수	비 고
외측형체	최대실체치수 (MMS)	최소실체치수 (LMS)	축, 핀
내측형체	최소실체치수 (LMS)	최대실체치수 (MMS)	구멍, 홈

• 축은 큰 것이 MMS이고, 구멍은 작은 것이 MMS이다.
• 최대실체치수 = 최대실체조건 = 최대재료치수
• 최소실체치수 = 최소실체조건 = 최소재료치수

19 스프링을 제도하는 내용으로 틀린 것은?

① 특별한 단서가 없는 한 왼쪽 감기로 도시

② 원칙적으로 하중이 걸리지 않은 상태로 제도

③ 간략도로 표시하고 필요한 사항은 요목표에 기입

④ 코일의 중간 부분을 생략할 때는 가는 1점쇄선으로 도시

해설

스프링 제도 방법

• 스프링은 일반적으로 하중이 걸리지 않은 상태로 도시한다.

• 요목표에 단서가 없는 코일 스프링은 오른쪽으로 감은 것을 나타낸다.

• 코일 부분의 양 끝을 제외한 동일 모양 부분의 일부를 생략할 때에는 생략하는 부분의 선지름의 중심선을 가는 1점쇄선으로 표시한다.

• 스프링의 종류 및 모양만을 간략도로 도시할 때에는 재료의 중심선만을 굵은 실선으로 그린다.

• 그림에 기입하기 힘든 사항은 요목표에 일괄하여 표시한다.

20 도면에 사용하는 치수보조기호를 설명한 것으로 틀린 것은?

① R : 반지름

② C : 30° 모따기

③ Sφ : 구의 지름

④ □ : 정사각형 한 변의 길이

해설

치수보조기호

기 호	설 명	기 호	설 명
φ	지 름	Sφ	구의 지름
R	반지름	SR	구의 반지름
C	45° 모따기	□	정사각형
P	피 치	t	두 께

21 그림과 같은 도면에 지시한 기하공차의 설명으로 가장 옳은 것은?

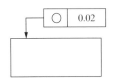

① 원통의 축선은 지름 0.02mm의 원통 내에 있어야 한다.

② 지시한 표면은 0.02mm만큼 떨어진 2개의 평면 사이에 있어야 한다.

③ 임의의 축직각 단면에 있어서의 바깥둘레는 동일 평면 위에서 0.02mm만큼 떨어진 두 개의 동심원 사이에 있어야 한다.

④ 대상으로 하고 있는 면은 0.02mm만큼 떨어진 2개의 직선 사이에 있어야 한다.

해설

그림의 기하공차는 진원도이다.

진원도 : 해당 모양에서 기하학적으로 정확한 원을 기준으로 설정하고 이 원으로부터 벗어나는 어긋남의 크기를 측정한다. 공차값은 아래 그림과 같이 공차를 주는 원형모양(C)을 동심인 2개의 원 사이에 끼웠을 때 원 사이의 간격이 최소가 되는 경우, 그 동심원의 반지름의 차(f)로 표시한다.

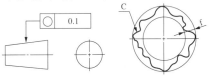

22 맞물리는 한 쌍 기어의 도시에서 맞물림부의 이끝원을 그리는 선은?

① 굵은 실선　　② 가는 실선

③ 2점쇄선　　④ 숨은 선

해설

기어제도의 도시방법

• 이끝원(잇봉우리원)은 굵은 실선으로 그리고 피치원은 가는 1점쇄선으로 그린다.

• 이뿌리원(이골원)은 가는 실선으로 그린다.

• 잇줄 방향은 보통 3개의 가는 실선으로 그린다.

• 축에 직각인 방향에서 본 단면도일 경우 이뿌리원(이골원)은 굵은 실선으로 그린다.

23 다음 그림과 같이 실제 형상을 찍어내어 나타내는 스케치 방법을 무엇이라 하는가?

① 프리핸드법
② 프린트법
③ 직접 본뜨기법
④ 간접 본뜨기법

스케치 방법 : 프리핸드법, 프린트법, 본뜨기법, 사진촬영법 등

스케치 방법	시진 및 설명
프리 핸드법	일반적인 방법으로 척도에 관계없이 적당한 크기로 부품을 그린 후 치수를 측정하여 기입하는 방법
프린트법	부품에 면이 평면으로 가공되어 있고, 복잡한 윤곽을 갖는 부품인 경우에 그 면에 광명단 등을 발라 스케치 용지에 찍어 그 면의 실형을 얻는 직접법과 면에 용지를 대고 연필 등으로 문질러서 도형을 얻는 간접법이 있다.
본뜨기법	• 직접 본뜨기법 : 부품을 직접 용지 위에 놓고 윤곽을 본뜨는 방법 • 간접 본뜨기법 : 납선 또는 구리선 등을 부품의 윤곽에 대고 구부린 후 그 선의 커브를 용지에 대고 간접적으로 본뜨는 방법

24 동일 부위에 중복되는 선의 우선순위가 높은 것부터 낮은 것으로 순서대로 나열한 것은?

① 중심선 → 외형선 → 절단선 → 숨은선
② 외형선 → 중심선 → 숨은선 → 절단선
③ 외형선 → 숨은선 → 중심선 → 절단선
④ 외형선 → 숨은선 → 절단선 → 중심선

투상선의 우선순위 ★ 반드시 암기(자주 출제)
숫자, 문자, 기호 및 화살표 → 외형선(굵은 실선) → 숨은선(파선) → 절단선 → 중심선 → 무게중심선 → 파단선 → 치수선 또는 치수 보조선 → 해칭선
★ 암기팁 : 외·숨·절·중·무·파·치·해. 숫자. 문자. 기호는 제일 우선

25 제작 도면에서 제거가공을 해서는 안 된다고 지시할 때의 표면 결 도시방법은?

①
②
③
④

종류	의 미
	제거가공을 하든, 하지 않든 상관없다.
	제거가공을 해야 한다.
	제거가공을 해서는 안 된다.

26 선반가공 중 테이퍼를 가공하는 방법이 아닌 것은?

① 회전 센터에 의한 방법

② 심압대 편위에 의한 방법

③ 테이퍼 절삭 장치에 의한 방법

④ 복식 공구대를 선회시켜 가공하는 방법

해설

선반에서 테이퍼 가공방법 ★ 반드시 암기(자주 출제)

• 복식 공구대를 경사시키는 방법

• 심압대를 편위시키는 방법

• 테이퍼 절삭장치를 이용하는 방법

• 총형 바이트를 이용하는 방법

27 빌트업 에지(Built-up Edge)의 발생과정으로 옳은 것은?

① 성장 → 분열 → 탈락 → 발생

② 분열 → 성장 → 발생 → 탈락

③ 탈락 → 발생 → 성장 → 분열

④ 발생 → 성장 → 분열 → 탈락

해설

빌트업 에지(Built-up Edge) 발생 과정 : 발생 → 성장 → 최대성장 → 분열 → 탈락

빌트업 에지(구성인선) : 연성 가공물을 절삭할 때, 절삭공구에 절삭력과 절삭열에 의한 고온, 고압이 작용하여 절삭공구 인선에 매우 경하고 미소한 입자가 압착 또는 융착되어 나타나는 현상이다.

빌트업 에지(구성인선)의 방지대책

• 절삭깊이를 작게 할 것

• 경사각을 크게 할 것

• 절삭공구의 인선을 예리하게(날카롭게) 할 것

• 윤활성이 좋은 절삭유제를 사용할 것

• 절삭속도를 크게 할 것

28 절삭 깊이가 작고, 절삭속도가 빠르며 경사각이 큰 바이트로 연성의 재료를 가공할 때 발생하는 칩의 형태는?

① 유동형 칩   ② 전단형 칩

③ 경작형 칩   ④ 균열형 칩

해설

칩의 종류

종류	유동형 칩	전단형 칩	경작형 칩	균열형 칩
정의	칩이 경사면 위를 연속적으로 원활하게 흘러 나가는 모양으로 연속형 칩	경사면 위를 원활하게 흐르지 못할 때 발생하는 칩	가공물이 경사면에 점착되어 원활하게 흘러 나가지 못하여 가공재료 일부에 터짐이 일어나는 현상 발생	균열이 발생하는 진동으로 인하여 절삭공구 인선에 치핑 발생
재료	연성재료 (연강, 구리, 알루미늄) 가공	연성재료 (연강, 구리, 알루미늄) 가공	점성이 큰 가공물	주철과 같이 메진 재료
절삭 깊이	적을 때	클 때	클 때	
절삭 속도	빠를 때	작을 때		작을 때
경사각	클 때	작을 때	작을 때	
비고	가장 이상적인 칩	진동 발생, 표면거칠기 나빠짐		순간적 공구날 끝에 균열 발생

29 다음과 같이 연삭숫돌의 표시방법 중 "K"는 무엇을 나타내는가?

WA 60 K 5 V

① 숫돌입자   ② 조 직

③ 결합제   ④ 결합도

해설

일반적인 연삭숫돌 표시 방법

WA   · 60 ·   K   · M ·   V
연삭숫돌입자 · 입도 · 결합도 · 조직 · 결합제

30 보통선반에서 할 수 없는 작업은?

① 드릴링 작업　　② 보링 작업
③ 인덱싱 작업　　④ 널링 작업

해설
- 선반의 기본적인 가공방법 : 외경(원통), 단면, 홈, 테이퍼, 드릴링, 보링, 수나사, 암나사, 정면, 곡면, 총형, 널링 작업
- 밀링의 기본적인 가공방법 : 평면가공, 단가공, 홈가공, 드릴가공, T홈 가공, 더브테일 가공, 곡면절삭, 보링, 인덱싱 작업 등

31 필요한 형상의 부품이나 제품을 연삭하는 연삭방법은?

① 경면 연삭　　　② 성형 연삭
③ 센터리스 연삭　④ 크립 피드 연삭

해설
② 성형 연삭 : 필요한 형상의 부품이나 제품을 성형 연삭기를 통해 가공하는 방법이다.
① 경면 연삭(Mirror Grinding) : 표면거칠기 $H_{max} = 0.1 \sim 0.5 \mu m$ 정도의 거울면으로 연삭한다.
③ 센터리스 연삭기 : 센터, 척, 자석척 등을 사용하지 않고 가공물의 표면을 조정하는 조정숫돌과 지지대를 이용하여 가공물을 연삭한다(가늘고 긴 가공물 연삭).
④ 크립 피드 연삭(Creep Feed Grinding) : 일반적인 연삭은 연삭 깊이가 매우 작은 데 비하여 크립 피드 연삭은 한 번에 연삭 깊이를 크게 하여 가공하는 연삭법이다.

32 특정한 제품을 대량 생산할 때 가장 적합한 공작기계는?

① 범용 공작기계　　② 만능 공작기계
③ 전용 공작기계　　④ 단능 공작기계

해설
전용 공작기계 : 특정한 모양이나 같은 치수의 제품을 대량 생산할 때 적합한 것으로 구조가 간단하고 조작이 편리하다.
가공 능률에 따른 분류
- 범용 공작기계 : 선반, 드릴링머신, 밀링머신, 셰이퍼, 플레이너, 슬로터, 연삭기
- 전용 공작기계 : 트랜스퍼 머신, 차륜 선반, 크랭크축 선반
- 단능 공작기계 : 공구연삭기, 센터링 머신
- 만능 공작기계 : 선반, 드릴링, 밀링 머신 등의 공작기계를 하나의 기계로 조합

33 외주와 정면에 절삭 날이 있고 주로 수직밀링에서 사용하는 커터로 절삭능력과 가공면의 표면거칠기가 우수한 초경 밀링커터는?

① 슬래브 밀링커터　② 총형 밀링커터
③ 더브테일 커터　　④ 정면 밀링커터

해설
정면 밀링커터 : 외주와 정면에 절삭 날이 있는 커터이며, 주로 수직 밀링에서 사용하는 커터로 평면 가공에 이용된다. 정면 밀링커터는 절삭능률과 가공면의 표면거칠기가 우수한 초경 밀링커터를 주로 사용하며 구조적으로 최근에는 스로어웨이(Throw Away) 방식을 많이 사용한다.

정면 밀링커터	더브테일 커터
총형 밀링커터	슬래브 밀링커터

34 주조할 때 뚫린 구멍 또는 드릴로 뚫은 구멍을 크게 확대하거나, 정밀도 높은 제품으로 가공하는 것은?

① 셰이퍼　　　　② 브로칭머신
③ 보링머신　　　④ 호빙머신

해설
③ 보링머신 : 이미 뚫어져 있는 구멍을 필요한 크기로 넓히거나 정밀도 높이기 위한 공작기계
① 셰이퍼 : 평면을 가공하는 공작기계
② 브로칭머신 : 다수의 절삭 날을 일직선상에 배치한 공구를 사용해서 공작물 구멍의 내면이나 표면을 여러 가지 모양으로 절삭하는 공작기계
④ 호빙머신 : 호브 공구를 이용하여 기어를 절삭하기 위한 공작기계

35 래핑가공의 단점에 대한 설명으로 틀린 것은?

① 작업이 지저분하고 먼지가 많다.
② 가공이 복잡하고 대량 생산이 어렵다.
③ 비산하는 랩제는 다른 기계나 가공물을 마모시킨다.
④ 가공면에 랩제가 잔류하기 쉽고, 잔류 랩제로 인하여 마모를 촉진시킨다.

해설
래핑의 작업 방법은 습식 래핑으로 거친 가공 후 건식 래핑으로 다듬질 작업을 한다. 즉 초기 래핑 작업에는 습식 래핑을 사용한다.
래핑가공의 장단점

장 점	단 점
• 가공면이 매끈한 거울면을 얻을 수 있다.	• 작업이 지저분하고 먼지가 많다.
• 가공면은 윤활성 및 내마모성이 좋다.	• 비산하는 랩제는 다른 기계나 가공물을 마모시킨다.
• 가공이 간단하고 대량 생산이 가능하다.	• 가공면에 랩제가 잔류하기 쉽고, 잔류 랩제로 인하여 마모를 촉진한다.
• 평면도, 진원도, 직선도 등의 이상적인 기하학적 형상을 얻을 수 있다.	

36 3차원 측정기에서 피측정물의 측정면에 접촉하여 그 지점의 좌표를 검출하고 컴퓨터에 지시하는 것은?

① 기준구　　　　② 서보모터
③ 프로브　　　　④ 데이텀

해설
프로브 : 3차원 측정기에서 측정물에 접촉하여 위치를 감지하여 데이터를 컴퓨터에 전송하는 기능을 가진 장치(종류 : 접촉식, 터치식, 비접촉식 프로브)

37 측정자의 직선 또는 원호 운동을 기계적으로 확대하여 그 움직임을 지침의 회전 변위로 변환시켜 눈금으로 읽는 게이지는?

① 한계 게이지　　② 게이지 블록
③ 하이트 게이지　④ 다이얼 게이지

해설
다이얼 게이지 : 측정자의 직선 또는 원호 운동을 기계적으로 확대하여 그 움직임을 지침의 회전 변위로 변환시켜 눈금으로 읽는 게이지
다이얼 게이지의 특징
• 소형, 경량으로 취급이 용이하다.
• 측정 범위가 넓다.
• 눈금과 지침에 의해서 읽기 때문에 오차가 적다.
• 연속된 변량량의 측정이 가능하다.
• 많은 개소의 측정을 동시에 할 수 있다.
• 부속품의 사용에 따라 광범위하게 측정할 수 있다.

38 W, Cr, V, Mo 등을 함유하고 고온경도 및 내마모성이 우수하여 고온절삭이 가능한 절삭공구 재료는?

① 탄소공구강　　② 고속도강

③ 다이아몬드　　④ 세라믹 공구

해설

고속도강(High Speed Steel) : W, Cr, V, Co 등의 합금강으로서 담금질 및 뜨임 처리하면 600℃ 정도까지 경도를 유지하며 고온경도가 높고 내마모성이 우수하다. 절삭속도가 탄소공구강에 비해 2배 이상이다.

★ 반드시 암기(자주 출제)

• 표준 고속도강 조성 : 18% W − 4% Cr − 1% V
• 탄소공구강 : 저속 절삭공구, 총형공구나 특수목적용
• 세라믹 공구 : 산화알루미늄(Al₂O₃) 분말을 주성분으로, 마그네슘(Mg), 규소(Si) 등의 산화물과 미량의 다른 원소를 첨가하여 1,500℃에서 소결한 절삭공구

39 밀링머신의 부속장치에 해당하는 것은?

① 맨드릴　　② 돌리개

③ 슬리브　　④ 분할대

해설

선반과 밀링의 부속장치

선반의 부속장치	밀링의 부속장치
센터, 센터드릴, 면판, 돌림판과 돌리개, 방진구, 맨드릴, 척 등	밀링바이스, 분할대, 회전 테이블, 슬로팅장치, 래크절삭장치 등

40 보통 센터의 선단 일부를 가공하여, 단면가공이 가능한 센터는?

① 세공 센터　　② 베어링 센터

③ 하프 센터　　④ 평 센터

해설

• 하프 센터 : 정지 센터로 가공물을 지지하고 단면을 가공하면 바이트와 가공물의 간섭으로 가공이 불가능하게 된다. 이때 보통 센터의 선단 일부를 가공하여 단면가공이 가능하도록 제작한 센터
• 베어링 센터 : 선단 일부가 가공물의 회전에 의하여 함께 회전하도록 설계된 센터

센터의 종류

(a) 정지 센터　　(b) 세공 센터　　(c) 하프 센터

(d) 회전 센터　　(e) 파이프 센터　　(f) 평 센터

41 밀링가공에서 상향절삭과 비교한 하향절삭의 특성 중 틀린 것은?

① 기계의 강성이 낮아도 무방하다.

② 공구의 수명이 길다.

③ 가공 표면의 광택이 적다.

④ 백래시를 제거하여야 한다.

해설

상향절삭과 하향절삭의 차이점

구 분	상향절삭	하향절삭
백래시	절삭에 별 지장이 없다.	백래시를 제거해야 한다.
기계의 강성	강성이 낮아도 무관하다.	가공할 때, 충격이 있어 높은 강성이 필요하다.
가공물의 고정	절삭력이 상향으로 작용하여 고정이 불리하다.	절삭력이 하향으로 작용하여 가공물 고정이 유리하다.
인선의 수명	절입할 때, 마찰열로 마모가 빠르고 공구수명이 짧다.	상향절삭에 비하여 공구수명이 길다.
마찰 저항	마찰저항이 커서 절삭공구를 위로 들어 올리는 힘이 작용한다.	절입할 때, 마찰력은 작으나 하향으로 충격력이 작용한다.
가공면의 표면 거칠기	광택은 있으나, 상향에 의한 회전저항으로 전체적으로 하향절삭보다 나쁘다.	가공 표면에 광택은 적으나, 저속 이송에서는 회전저항이 발생하지 않아 표면거칠기가 좋다.

42 다음과 같은 테이퍼를 절삭하고자 할 때 심압대의 편위량은 약 몇 mm인가?

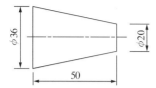

① 8mm   ② 10mm

③ 16mm   ④ 18mm

테이퍼 길이에 대한 편위량

$$x = \frac{D-d}{2} = \frac{36-20}{2} = 8mm$$

선반에서 테이퍼 가공방법
• 복식 공구대를 경사시키는 방법
• 심압대를 편위시키는 방법
• 테이퍼 절삭장치를 이용하는 방법
• 총형 바이트를 이용하는 방법

43 다음 중 CNC 선반에서 공구 날끝 보정에 관한 설명으로 틀린 것은?

① G42 명령은 모달 명령이다.

② G41은 공구인선 우측 반지름 보정이다.

③ G40 명령은 공구 날끝 보정 취소 기능이다.

④ 공구 날끝 보정은 가공이 시작되기 전에 이루어져야 한다.

CNC 선반에서 공구 날끝 보정
• 공구 날끝 보정은 가공이 시작되기 전 블록에서 이루어져야 하고, 가공물의 바깥쪽에서 시작되어야 언더컷을 방지할 수 있다. 또한 보정취소 지령도 가공이 끝난 후 이동 지령과 함께 수행한다.
• G41과 G42 명령은 모달 명령이다.
• G41(공구인선 반지름 보정 좌측), G42(공구인선 반지름 보정 우측), G40(공구인선 반지름 보정 취소)
※ G코드에는 원숏(One Shot) G코드와 모달(Modal) G코드의 두 종류가 있다.

구 분	의 미	그 룹	G코드
원숏 G코드	명령된 블록에 한해서 유효	00그룹	G04, G27, G28, G30 등
모달 G코드	동일 그룹의 다른 G코드가 나올 때까지 유효	00 이외의 그룹	G01, G41, G42, G96 등

44 머시닝센터에서 G43 기능을 이용하여 공구길이 보정을 하려고 한다. 다음 설명 중 틀린 것은?

공구 번호	길이 보정 번호	게이지 라인으로부터 공구 길이(mm)	비 고
T01	H01	100	
T02	H02	90	기준공구
T03	H03	120	
T04	H04	50	
T05	H05	150	
T06	H06	80	

① 1번 공구의 길이 보정값은 10mm이다.

② 3번 공구의 길이 보정값은 30mm이다.

③ 4번 공구의 길이 보정값은 40mm이다.

④ 5번 공구의 길이 보정값은 60mm이다.

4번 공구는 기준 공구보다 짧아 보정값은 −40mm이다.
• G43 : +방향 공구길이 보정(+방향으로 이동)
• G44 : −방향 공구길이 보정(−방향으로 이동)
• G49 : 공구길이 보정 취소
• 기준 공구와의 길이 차이값을 입력시키는 방법에는 +보정(G43)과 −보정(G44)의 두 가지가 있다. 보통 G43을 많이 사용하며, 기준 공구보다 짧은 경우 보정값 앞에 −부호를, 기준 공구보다 길 경우 보정값 앞에 +부호를 붙여 입력한다.

45 다음 중 주프로그램(Main Program)과 보조 프로그램(Sub Program)에 관한 설명으로 틀린 것은?

① 보조 프로그램에서는 좌표계 설정을 할 수 없다.
② 보조 프로그램의 마지막에는 M99를 지령한다.
③ 보조 프로그램 호출은 M98 기능으로 보조 프로그램번호를 지정하여 호출한다.
④ 보조 프로그램은 반복되는 형상을 간단하게 프로그램하기 위하여 많이 사용한다.

해설
보조 프로그램에서도 좌표계 설정을 할 수 있다.
• 보조 프로그램 : 프로그램 중에 어떤 고정된 형태나 계속 반복되는 패턴이 있을 때 이것을 미리 보조 프로그램으로 작성하여 메모리에 등록하여 두고 필요시 호출하여 사용하여 프로그램을 간단히 할 수 있다.
• M98 : 보조 프로그램 호출
• M99 : 보조 프로그램 종료(보조 프로그램에서 주프로그램으로 돌아간다)
• 보조 프로그램은 주프로그램과 같으나 마지막에 M99로 프로그램을 종료한다.
• 보조 프로그램은 자동운전에서만 호출하여 사용한다.
• 보조 프로그램에서는 좌표계 설정을 할 수 있다.

46 다음 중 CNC 선반에서 드라이 런 기능에 관한 설명으로 옳은 것은?

① 드라이 런 스위치가 ON 되면 이송속도가 빨라진다.
② 드라이 런 스위치가 ON 되면 프로그램에서 지정된 이송 속도를 무시하고 조작판에서 이송속도를 조절할 수 있다.
③ 드라이 런 스위치가 ON 되면 이송속도의 단위가 회전당 이송속도로 변한다.
④ 드라이 런 스위치가 ON 되면 급속속도가 최고속도로 바뀐다.

해설
드라이 런(Dry Run) : 스위치가 ON 되면 프로그램의 이송속도를 무시하고 조작판의 이송속도로 이송한다. 이 기능을 이용하여 모의 가공을 할 수 있다.

47 머시닝센터의 자동공구교환장치에서 지정한 공구 번호에 의해 임의로 공구를 주축에 장착하는 방식을 무엇이라 하는가?

① 랜덤 방식
② 팰릿 방식
③ 시퀀스 방식
④ 컬립형 방식

해설
랜덤 방식(Random Type) : 지정한 공구번호에 의해 임의로 공구를 주축에 장착하는 방식
자동 공구교환장치(ATC) : 공구를 교환하는 ATC 암과 많은 공구가 격납되어 있는 공구 매거진으로 구성되어 있다. 매거진의 공구를 호출하는 방법에는 순차방식(Sequence Type)과 랜덤방식(Random Type)이 있다.
• 순차방식(Sequence Type) : 매거진의 포트번호와 공구번호가 일치하는 방식
• 랜덤방식(Random Type) : 지정한 공구번호와 교환된 공구번호를 기억할 수 있도록 하여, 매거진의 공구와 스핀들의 공구가 동시에 맞교환되므로, 매거진 포트번호에 있는 공구와 사용자가 지정한 공구번호가 다를 수 있다.

48 다음 중 기계원점에 관한 설명으로 틀린 것은?

① 기계상의 고정된 임의의 지점으로 기계조작 시 기준이 된다.
② 프로그램 작성 시 기준이 되는 공작물 좌표의 원점을 말한다.
③ 조작판상의 원점 복귀 스위치를 이용하여 수동으로 원점복귀 할 수 있다.
④ G28을 이용하여 프로그램상에서 자동원점 복귀 시킬 수 있다.

해설
프로그램 작성 시 기준이 되는 공작물 좌표의 원점은 프로그램 원점이다. 도면상의 임의의 점을 프로그램상의 절대좌표의 기준점으로 정한 점이다.
• 기계원점 : 기계 제작사가 일정한 위치에 정한 기계의 기준점
• G28 : 기계원점으로 자동원점 복귀

49 다음 중 머시닝센터 작업 시 발생하는 알람 메시지의 내용으로 틀린 것은?

① LUBR TANK LEVEL LOW ALARM → 절삭유 부족

② EMERGENCY STOP SWITCH ON → 비상정지 스위치 ON

③ P/S___ ALARM → 프로그램 알람

④ AIR PRESSURE ALARM → 공기압 부족

해설
- LUBR TANK LEVEL LOW ALARM → 유압유 부족 알람
- TOOL LARGE PFFSET NO → 공구 보정 번호가 너무 크다.
- +OVERTRAVEL → +방향 이동 중에 금지 영역으로 이동

50 다음은 머시닝센터 프로그램이다. 프로그램에서 사용된 평면은 어느 것인가?

```
G17 G40 G49 G80;
G91 G28 Z0.;
        G28 X0. Y0.;
G90 G92 X400. Y250. Z500.;
T01 M06;
    :
```

① Z-Z 평면

② Y-Z 평면

③ Z-X 평면

④ X-Y 평면

해설
프로그램에서 G17를 지령으로 X-Y 평면을 사용
- G17 : X-Y 평명
- G18 : Z-X 평면
- G19 : Y-Z 평면

51 컴퓨터에 의한 통합 가공시스템(CIMS)으로 생산 관리 시스템을 자동화할 경우의 이점이 아닌 것은?

① 짧은 제품 수명주기와 시장 수요에 즉시 대응할 수 있다.

② 더 좋은 공정 제어를 통하여 품질의 균일성을 향상시킬 수 있다.

③ 재료, 기계, 인원 등의 효율적인 관리로 재고량을 증가시킬 수 있다.

④ 생산과 경영관리를 잘할 수 있으므로 제품 비용을 낮출 수 있다.

해설
CIMS : 컴퓨터에 의한 통합 생산 시스템으로 설계, 제조, 생산, 관리 등을 통합하여 운영하는 시스템이다.
컴퓨터 통합 가공시스템(CIMS)의 특징
- Life Cycle Time이 짧은 경우에 유리하다.
- 품질의 균일성을 향상시킨다.
- 재고를 줄임으로써 비용이 절감된다.
- 생산과 경영관리를 효율적으로 하여 제품비용을 낮출 수 있다.

52 다음은 CNC 선반에서 나사가공 프로그램을 나타낸 것이다. 나사 가공할 때 최초 절입량은 얼마인가?

```
G76 P011060 Q50 R20;
G76 X47.62 Z-32. P1.19 Q350 F2.0;
```

① 0.35mm
② 0.50mm
③ 1.19mm
④ 2.0mm

Q350 → 첫 번째 절입량은 0.35mm이다.
복합 고정형 나사절삭 사이클(G76)

```
G76 P(m) (r) (a) Q(△d_min) R(d); ⟨11T 아닌 경우⟩
G76 X(U)    Z(W)    P(k)Q(△d) R(i) F_;
```

- P(m) : 다듬질 횟수(01~99까지 입력 가능)
- (r) : 면취량(00~99까지 입력 가능)
- (a) : 나사의 각도
- Q($\triangle d_{min}$) : 최소 절입량(소수점 사용 불가) 생략 가능
- R(d) : 다듬절삭 여유
- X(U), Z(W) : 나사 끝지점 좌표
- P(k) : 나사산 높이(반지름 지령) – 소수점 사용 불가
- Q(△d) : 첫 번째 절입량(반지름 지령) – 소수점 사용 불가
- R(i) : 테이퍼 나사 절삭 시 나사 끝지점 X값과 나사 시작점 X값의 거리(반지름 지령)
- F : 나사의 리드

53 다음 중 CNC 공작기계에 사용되는 서보모터가 구비하여야 할 조건으로 틀린 것은?

① 빈번한 시동, 정지, 제동, 역전 및 저속회전의 연속작동이 가능해야 한다.
② 모터 자체의 안정성이 작아야 한다.
③ 가혹 조건에서도 충분히 견딜 수 있어야 한다.
④ 감속 특성 및 응답성이 우수해야 한다.

서보모터 자체의 안전성이 커야 한다.

54 다음 중 주축 회전수를 1,000rpm으로 지령하는 블록은?

① G28 S1000;
② G50 S1000;
③ G96 S1000;
④ G97 S1000;

G97 S1000; → 주축 회전수를 1,000rpm으로 일정하게 유지
- G28 : 자동원점 복귀
- G50 : 공작물 좌표계 설정, 주축 최고 회전수 설정
- G96 : 절삭속도(m/min) 일정제어
- G97 : 주축 회전수(rpm) 일정제어

55 다음 중 NC 프로그램의 준비 기능으로 그 기능이 전혀 다른 것은?

① G01
② G02
③ G03
④ G04

- 가공 기능 : G01(직선가공), G02(원호가공/시계방향), G03(원호가공/반시계방향)
- 휴지(Dwell/일시정지)기능 : G04

56 CNC 공작기계의 준비기능 중 1회 지령으로 같은 그룹의 준비 기능이 나올 때까지 계속 유효한 G코드는?

① G01
② G04
③ G28
④ G50

G코드에는 원숏(One Shot) G코드와 모달(Modal) G코드의 두 종류가 있다.

구 분	의 미	그 룹	G코드
원숏 G코드	명령된 블록에 한해서 유효	00그룹	G04, G27, G28, G50 등
모달 G코드	동일 그룹의 다른 G코드가 나올 때까지 유효	00 이외의 그룹	G01, G41, G96 등

57 다음 중 CNC 제어시스템의 기능이 아닌 것은?

① 통신 기능

② CNC 기능

③ AUTOCAD 기능

④ 데이터 입출력제어 기능

> **해설**
> AUTOCAD 기능은 CNC 제어시스템이 아니다.

58 다음 중 CNC 선반 프로그램에서 단일형 고정 사이클에 해당되지 않는 것은?

① 내외경 황삭 사이클(G90)

② 나사 절삭 사이클(G92)

③ 단면 절삭 사이클(G94)

④ 정삭 사이클(G70)

> **해설**
> CNC선반 가공에서 거친 절삭 또는 나사 절삭 등은 1회의 절삭으로 불가능하므로 여러 번 반복 동작을 해야 한다. 사이클 가공은 이와 같이 반복되는 동작의 프로그램을 한 블록 또는 두 블록으로 프로그램을 간단히 할 수 있도록 만든 G코드를 말한다.
> • 단일형 고정 사이클 : 변경된 수치만 반복하여 지령
> – G90 : 안·바깥지름 절삭 사이클
> – G92 : 나사 절삭 사이클
> – G94 : 단면 절삭 사이클
> • 복합형 반복 사이클 : 한 개가 블록으로 지령
> – G70 : 정삭 사이클
> – G74 : Z방향 홈 가공 사이클(팩 드릴링)
> – G75 : X방향 홈 가공 사이클
> – G76 : 나사 절삭 사이클

59 다음 중 CNC 프로그램을 작성할 때 소수점을 사용할 수 없는 어드레스는?

① F   ② R

③ K   ④ S

> **해설**
> • 소수점은 거리와 시간 속도의 단위를 갖는 것에 사용되는 주소(X, Y, Z, A, B, C, I, J, K, R, F)의 수치에만 가능하다. 단, 파라미터 설정에 따라 소수점 없이 사용할 수도 있다.
> • S에는 소수점을 사용할 수 없다.
> • 이들 이외의 주소와 사용되는 수치는 소수점을 사용하면 에러가 발생된다.

60 다음 중 선반작업 시 안전사항으로 틀린 것은?

① 작업자의 안전을 위해 장갑은 착용하지 않는다.

② 작업자의 안전을 위해 작업복, 안전화, 보안경 등은 착용하고 작업한다.

③ 장비 사용 전 정상 구동상태 및 이상 여부를 확인한다.

④ 작업의 편의를 위해 장비 조작은 여러 명이 협력하여 조작한다.

> **해설**
> 안전을 위해 장비조작은 여러 명의 협력이 아닌 본인이 직접한다.

01 다음 금속 중에서 용융점이 가장 낮은 것은?

① 백 금   ② 코발트
③ 니 켈   ④ 주 석

해설
- 백금(Au) : 1,063℃
- 코발트(Co) : 1,490℃
- 니켈(Ni) : 1,455℃
- 주석(Sn) : 232℃

03 FRP로 불리며 항공기, 선박, 자동차 등에 쓰이는 복합재료는?

① 옵티컬 화이버
② 세라믹
③ 섬유강화 플라스틱
④ 초전도체

해설
섬유강화 플라스틱(FRP ; Fiber Reinforced Plastic) : 유리섬유를 강화재로 하여, 불포화 폴리에스테르의 매트릭스를 강화시킨 복합재료로, 동일 중량으로 기계적 강도가 강철보다 강력한 재질이다.

04 7 : 3황동에 대한 설명으로 옳은 것은?

① 구리 70%, 주석 30%의 합금이다.
② 구리 70%, 아연 30%의 합금이다.
③ 구리 70%, 니켈 30%의 합금이다.
④ 구리 70%, 규소 30%의 합금이다.

해설
- 황동 : 구리+아연(Cu+Zn)
- 청동 : 구리+주석(Cu+Sn)
- 7-3황동 : Cu-70%, Zn-30%, 연신율이 가장 크다.
- 6-4황동 : Cu(60%)-Zn(40%), 아연(Zn)이 많을수록 인장강도가 증가한다. 아연(Zn) 45%일 때 인장강도가 가장 크다.

02 다음 중 정지상태의 냉각수 냉각속도를 1로 했을 때, 냉각속도가 가장 빠른 것은?

① 물   ② 공 기
③ 기 름   ④ 소금물

해설
냉각속도 : 소금물 > 물 > 기름 > 공기

05 다음 중 퀴리점(Curie Point)에 대한 설명으로 옳은 것은?

① 결정격자가 변하는 점
② 입방격자가 변하는 점
③ 자기변태가 일어나는 온도
④ 동소변태가 일어나는 온도

해설

A_2변태(768℃) : 결정 구조의 변화를 동반하지 않고 다만 전자의 스핀 작용에 의해서 강자성체인 α-Fe이 상자성체인 α-Fe로 바뀌는 자기변태점으로 퀴리점(Curie Point)이라고 한다.

06 강력한 흑연화 촉진 원소로서 탄소량을 증가시키는 것과 같은 효과를 가지며 주철의 응고 수축을 작게 하는 원소는?

① Si
② Mn
③ P
④ S

해설

Si 영향 : 주철에 함유되는 Si은 Fe에 고용되어 경도를 높이는 작용도 하지만 그것보다도 가장 큰 Si의 영향은 화합탄소를 분해하여 흑연화 작용을 한다는 것이다. 즉 다른 조건이 같을 때 Si가 많을수록 화합탄소가 감소하여 흑연화가 촉진된다.
• 흑연화 촉진 원소 : Si, Ni, Al 등
• 흑연화 저해 원소 : Mn, V, Cr, S 등

07 주철의 일반적 설명으로 틀린 것은?

① 강에 비하여 취성이 작고 강도가 비교적 높다.
② 주철은 파면상으로 분류하면 회주철, 백주철, 반주철로 구분할 수 있다.
③ 주철 중 탄소의 흑연화를 위해서는 탄소량 및 규소의 함량이 중요하다.
④ 고온에서 소성변형이 곤란하나 주조성이 우수하여 복잡한 형상을 쉽게 생산할 수 있다.

해설

주철의 장단점

장 점	단 점
• 강보다 용융점이 낮아 유동성이 크고 복잡한 형상의 부품도 제작이 쉽다. • 주조성이 우수하다. • 마찰저항이 우수하다. • 절삭성이 우수하다. • 압축강도가 크다. • 고온에서 기계적 성질이 우수하다. • 주물 표면은 단단하고, 녹이 잘 슬지 않는다.	• 충격에 약하다(취성이 크다). • 인장강도가 작다. • 굽힘강도가 작다. • 소성(변형)가공이 어렵다.

08 나사에 관한 설명으로 틀린 것은?

① 나사에서 피치가 같으면 줄 수가 늘어나도 리드는 같다.
② 미터계 사다리꼴 나사산의 각도는 30°이다.
③ 나사에서 리드라 하면 나사축 1회전당 전진하는 거리를 말한다.
④ 톱니나사는 한방향으로 힘을 전달시킬 때 사용한다.

해설

• 나사의 리드 : 나사 1회전했을 때 나사가 진행한 거리
• 공식 : L(리드) $= p$(피치) $\times n$(줄수) → 줄 수가 늘어나면 리드가 커짐
• 미터계 사다리꼴 나사산의 각도는 30°이다(삼각나사 : 60°).
• 나사에서 리드는 나사축 1회전당 전진한 거리를 말한다.
• 톱니나사 : 힘을 한 방향으로만 받는 부품에 이용되는 나사
• 사각나사 : 축방향의 하중을 받아 운동을 전달하는 데 사용(나사 프레스)

09 너트 위쪽에 분할 핀을 끼워 풀리지 않도록 하는 너트는?

① 원형 너트
② 플랜지 너트
③ 홈붙이 너트
④ 슬리브 너트

해설
- 홈붙이 너트 : 너트의 윗면에 6개의 홈이 파여 있으며 이곳에 분할 핀을 끼워 너트가 풀리지 않도록 사용한다.
- 플랜지 너트 : 볼트 구멍이 클 때, 접촉면을 거칠게 다듬질했을 때, 큰 면압을 피할 때 사용한다.
- 슬리브 너트 : 수나사 중심선의 편심을 방지한다.
- 캡 너트 : 너트의 한쪽을 관통되지 않도록 만든 것으로, 나사면을 따라 증기나 기름 등이 누출되는 것을 방지하는 부위 또는 외부로부터 먼지 등의 오염물 침입을 막는 데 주로 사용한다.

10 저널 베어링에서 저널의 지름이 30mm, 길이가 40mm, 베어링의 하중이 2,400N일 때, 베어링의 압력은 몇 MPa인가?

① 1
② 2
③ 3
④ 4

해설
베어링 하중(P) = 베어링압력(P_a)×지름(d)×저널길이(l)

베어링압력(P_a) = $\dfrac{\text{베어링하중}(P)}{\text{지름}(d) \times \text{저널길이}(l)}$

$= \dfrac{2,400\text{N}}{30\text{mm}\times 40\text{mm}} = 2\text{N/mm}^2$

∴ 베어링의 압력(P) = 2N/mm^2

11 한 변의 길이가 30mm인 정사각형 단면의 강재에 4,500N 의 압축하중이 작용할 때 강재의 내부에 발생하는 압축응력은 몇 N/mm²인가?

① 2
② 4
③ 5
④ 10

해설
압축응력$(\sigma_c) = \dfrac{P_c}{A} = \dfrac{4,500\text{N}}{30\text{mm}\times 30\text{mm}} = 5\text{N/mm}^2$

∴ $\sigma_c = 5\text{N/mm}^2$

여기서, σ_c : 압축응력(N/mm^2)
$\qquad\quad P_c$: 압축하중(N)
$\qquad\quad A$: 단면적(mm^2)

12 42,500kgf · mm의 굽힘 모멘트가 작용하는 연강 축 지름은 약 몇 mm인가?(단, 허용 굽힘 응력은 5kgf/mm²이다)

① 21
② 36
③ 44
④ 92

해설
$d = \sqrt[3]{\dfrac{32\times M}{\pi\times\sigma}} = \sqrt[3]{\dfrac{32\times 42,500}{3.14\times 5}} ≒ 44\,\text{mm}$

∴ $d = 44\,\text{mm}$

여기서, M : 굽힘 모멘트, d : 축의 지름, σ : 허용 굽힘 응력

13 두 축이 나란하지도 교차하지도 않으며, 베벨기어의 축을 엇갈리게 한 것으로, 자동차의 차동기어 장치의 감속기어로 사용되는 것은?

① 베벨기어

② 웜기어

③ 베벨헬리컬 기어

④ 하이포이드 기어

해설

하이포이드 기어(Hypoid Gear) : 서로 교차하지도 않고 두 축 사이의 운동을 전달하는 스파이럴 베벨기어이다. 베벨기어의 축을 엇갈리게 한 것으로 일반 스파이럴 베벨기어에 비하여 피니언의 위치가 이동된다. 자동차의 차동기어 장치의 감속기어로 사용된다.

• 두 축이 서로 평행 : 스퍼기어, 래크, 내접기어, 헬리컬기어, 더블 헬리컬 기어 등

• 두 축이 교차 : 직선 베벨기어, 스파이럴 베벨기어, 마이터 기어, 크라운 기어 등

• 두 축이 평행하지도 않고 만나지도 않는 축 : 원통 웜 기어, 장고형 기어, 나사 기어, 하이포이드 기어

14 원형나사 또는 둥근 나사라고도 하며, 나사산의 각(α)은 30°로 산마루와 골이 둥근 나사는?

① 톱니나사   ② 너클나사

③ 볼나사   ④ 세트 스크루

해설

• 볼나사 : 나사 홈에 강구를 넣을 수 있도록 원호상으로 된 나선 홈이 가공된 나사

• 톱니나사 : 축 하중의 방향이 한쪽으로만 작용되는 경우에 사용되는 것

• 너클나사(둥근 나사) : 나사산과 골을 반지름이 같은 원호로 연결한 모양, 먼지와 모래 및 녹 가루 등이 들어가기 쉬운 곳에 사용

• 사다리꼴나사 : 축 방향의 힘이 전달되는 나사

15 다음 제동장치 중 회전하는 브레이크 드럼을 브레이크 블록으로 누르게 한 것은?

① 밴드 브레이크

② 원판 브레이크

③ 블록 브레이크

④ 원추 브레이크

해설

• 블록 브레이크 : 회전하는 브레이크 드럼을 브레이크 블록으로 누르게 한 것으로 브레이크 블록의 수에 따라 단식 블록 브레이크와 복식 블록 브레이크로 나눈다.

• 밴드 브레이크 : 레버를 사용하여 브레이크 드럼의 바깥에 감겨있는 밴드에 장력을 주면 밴드와 브레이크 드럼 사이에 마찰력이 발생한다. 이 마찰력에 의해 제동하는 것을 밴드 브레이크라 한다.

16 표면의 줄무늬 방향의 기호 중 "R"의 설명으로 맞는 것은?

① 가공에 의한 커터의 줄무늬 방향이 기호를 기입한 그림의 투상면에 직각
② 가공에 의한 커터의 줄무늬 방향이 기호를 기입한 그림의 투상면에 평행
③ 가공에 의한 커터의 줄무늬 방향이 여러 방향으로 교차 또는 무방향
④ 가공에 의한 커터의 줄무늬 방향이 기호를 기입한 면의 중심에 대하여 대략 레이디얼 모양

해설

줄무늬 방향 기호

기 호	커터의 줄무늬 방향	적 용	표면형상
=	투상면에 평행	셰이핑	
⊥	투상면에 직각	선삭, 원통연삭	
X	투상면에 경사지고 두 방향으로 교차	호닝	
M	여러 방향으로 교차 되거나 무방향이 나타남	래핑, 슈퍼피니싱, 밀링	
C	중심에 대하여 대략 동심원	끝면 절삭	
R	중심에 대하여 대략 레이디얼 모양	일반적인 가공	

17 베어링의 상세한 간략 도시방법 중 다음과 같은 기호가 적용되는 베어링은?

① 단열 앵귤러 콘택트 분리형 볼 베어링
② 단열 깊은 홈 볼 베어링 또는 단열 원통 롤러 베어링
③ 복렬 깊은 홈 볼 베어링 또는 복렬 원통 롤러 베어링
④ 복렬 자동조심 볼 베어링 또는 복렬 구형 롤러 베어링

해설

보기의 간략도는 복렬 자동조심 볼 베어링이다.

18 투상선이 평행하게 물체를 지나 투상면에 수직으로 닿고 투상된 물체가 투상면에 나란하기 때문에 어떤 물체의 형상도 정확하게 표현할 수 있는 투상도는?

① 사투상도
② 등각 투상도
③ 정투상도
④ 부등각 투상도

해설

투상도의 종류
• 정투상도 : 투상선이 평행하게 물체를 지나 투상면에 수직으로 닿고 투상된 물체가 투상면에 나란하기 때문에 어떤 물체의 형상도 정확하게 표현할 수 있는 투상법
• 등각 투상도 : 정면, 평면, 측면을 하나의 투상면 위에 동시에 볼 수 있도록 두 개의 옆면 모서리가 수평선과 30°가 되게 하여 세 축이 120°의 등각이 되도록 입체도로 투상한 투상법
• 사투상도 : 투상선이 투상면을 사선으로 평행하도록 무한대의 수평 시선으로 얻은 물체의 윤곽을 그리게 되면, 육면체의 세 모서리는 경사 축이 α각을 이루는 입체도가 되는 투상법

19 구멍 치수가 $\phi 50^{+0.005}_{0}$ 이고, 축 치수가 $\phi 50^{0}_{-0.004}$ 일 때, 최대틈새는?

① 0
② 0.004
③ 0.005
④ 0.009

해설
- 구멍의 최소허용치수(50) / 구멍의 최대허용치수(50.005)
- 축의 최소허용치수(49.996) / 축의 최대허용치수(50)
- 최소틈새 = 구멍의 최소허용치수 − 축의 최대허용치수(50−50=0)
- 최대틈새 = 구멍의 최대허용치수 − 축의 최소허용치수
  (50.005−49.996=0.009)

20 완전 나사부와 불완전 나사부의 경계를 나타내는 선은?

① 가는 실선
② 굵은 실선
③ 가는 1점쇄선
④ 굵은 1점쇄선

해설
나사의 도시법
- 수나사의 바깥지름, 암나사의 안지름은 굵은 실선으로 그린다.
- 완전 나사부와 불완전 나사부의 경계선은 굵은 실선으로 그린다.
- 수나사의 골 지름과 암나사의 골 지름은 가는 실선으로 그린다.
- 수나사와 암나사가 조립된 부분은 항상 수나사가 암나사를 감춘 상태에서 표시한다.

21 기계제도 도면에서 치수 앞에 표시하여 치수의 의미를 정확하게 나타내는 데 사용하는 기호가 아닌 것은?

① t
② C
③ □
④ ◇

해설
치수 보조 기호

기 호	구 분	기 호	구 분
ϕ	지 름	□	정사각형
$S\phi$	구의 지름	C	45° 모따기
R	반지름	t	두 께
SR	구의 반지름	P	피 치

22 다음과 같이 3각법에 의한 투상도에 가장 적합한 입체도는?(단, 화살표 방향이 정면이다)

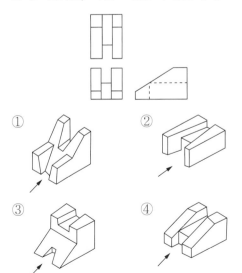

① ② ③ ④

23 다음 그림에 대한 설명으로 옳은 것은?

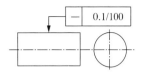

① 지시한 면의 진직도가 임의의 100mm 길이에 대해서 0.1mm만큼 떨어진 2개의 평행면 사이에 있어야 한다.

② 지시한 면의 진직도가 임의의 구분 구간 길이에 대해서 0.1mm만큼 떨어진 2개의 평행 직선 사이에 있어야 한다.

③ 지시한 원통면의 진직도가 임의의 모선 위에서 임의의 구분 구간 길이에 대해서 0.1mm만큼 떨어진 2개의 평행면 사이에 있어야 한다.

④ 지시한 원통면의 진직도가 임의의 모선 위에서 임의로 선택한 100mm 길이에 대해, 축선을 포함한 평면 내에 있어 0.1mm만큼 떨어진 2개의 평행한 직선 사이에 있어야 한다.

해설

진직도의 공차값이 임의로 선택한 100mm 길이에 대해, 축선을 포함한 평면 내에 있어 0.1mm만큼 떨어진 2개의 평행한 직선 사이에 있어야 한다.

진직도 : 해당 모양에서 기하학적으로 정확한 직선을 기준으로 설정하고 이 직선으로부터 벗어나는 어긋남의 크기를 측정한다. 공차값은 2개의 평행면의 간격이 최소가 되는 경우의 간격(f)으로 표시한다.

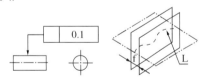

24 다음 기하공차에 대한 설명으로 틀린 것은?

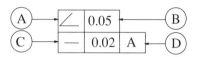

① Ⓐ : 경사도 공차

② Ⓑ : 공차값

③ Ⓒ : 직각도 공차

④ Ⓓ : 데이텀을 지시하는 문자기호

해설

기하공차의 종류와 기호 ★ 반드시 암기(자주 출제)

공차의 종류		기 호	데이텀 지시
모양공차	진직도	——	없 음
	평면도	▱	없 음
	진원도	○	없 음
	원통도	⌭	없 음
	선의 윤곽도	⌒	없 음
	면의 윤곽도	⌓	없 음
자세공차	평행도	//	필 요
	직각도	⊥	필 요
	경사도	∠	필 요
위치공차	위치도	⊕	필요 또는 없음
	동축도(동심도)	◎	필 요
	대칭도	═	필 요
흔들림 공차	원주 흔들림	↗	필 요
	온 흔들림	↗↗	필 요

공차 기입틀과 구획 나누기

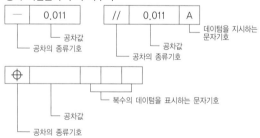

25 도형의 한정된 특정 부분을 다른 부분과 구별하기 위해 사용하는 선으로 단면도의 절단된 면을 표시하는 선을 무엇이라고 하는가?

① 가상선
② 파단선
③ 해칭선
④ 절단선

해설

해칭선 : 도형의 한정된 특정부분을 다른 부분과 구별하는 데 사용되며 절단된 단면을 가는 실선으로 규칙적으로 표시

※ 절단된 단면 표시 : 해칭(Hatching), 스머징

• 스머징 : 연필 등을 사용하여 단면 한 부분을 표시하기 위해 해칭을 대신하여 색칠하는 것이다.
• 파단선 : 불규칙한 파형의 가는 실선 또는 지그재그 선을 사용
• 절단선 : 단면도를 그리는 경우 그 절단 위치를 대응하는 도면에 표시하는 데 사용

26 센터나 척 등을 사용하지 않고, 가늘고 긴 가공물의 연삭에 적합한 연삭기는?

① 평면 연삭기
② 센터리스 연삭기
③ 만능공구 연삭기
④ 원통 연삭기

해설

센터리스 연삭의 특징 ★ 반드시 암기(자주 출제)

• 센터가 필요하지 않아 센터 구멍을 가공할 필요가 없다.
• 중공(속이 빈 축)의 가공물을 연삭할 때 편리하다.
• 연삭 여유가 작아도 된다.
• 가늘고 긴 가공물의 연삭에 적합하다.
• 긴 홈이 있는 가공물의 연삭은 불가능하다.
• 대형이나 중량물의 연삭은 불가능하다.
• 연속가공이 가능하며 대량 생산에 적합하다.
• 자생작용이 있다.

27 구성 인선의 방지책으로 틀린 것은?

① 절삭 깊이를 적게 한다.
② 공구의 경사각을 크게 한다.
③ 윤활성이 좋은 절삭유를 사용한다.
④ 절삭속도를 작게 한다.

해설

빌트업 에지(구성인선)의 방지대책

• 절삭 깊이를 작게 할 것
• 경사각을 크게 할 것
• 절삭공구의 인선을 예리하게(날카롭게) 할 것
• 윤활성이 좋은 절삭유제를 사용할 것
• 절삭속도를 크게 할 것

28 일반적으로 마찰면의 넓은 부분 또는 시동되는 횟수가 많을 때, 저속 및 중속 축의 급유에 이용되는 방식은?

① 오일링 급유법
② 강제 급유법
③ 적하 급유법
④ 패드 급유법

해설

윤활제의 급유 방법

• 오일링(Oiling) 급유법 : 고속 주축에 급유를 균등하게 할 목적으로 사용한다.
• 강제 급유법(Circulating Oiling) : 순환펌프를 이용하여 급유하는 방법으로, 고속회전할 때 베어링 냉각효과에 경제적인 방법이다.
• 적하 급유법(Drop Feed Oiling) : 마찰면이 넓거나 시동되는 횟수가 많을 때, 저속 및 중속 축의 급유에 사용된다.
• 패드 급유법(Pad Oiling) : 무명이나 털 등을 섞어 만든 패드 일부를 오일 통에 담가 저널의 아랫면에 모세관 현상으로 급유하는 방법이다.

29 연삭숫돌의 결합도는 숫돌입자의 결합상태를 나타내는데, 결합도 P, Q, R, S와 관련이 있는 것은?

① 연한 것　　　　　② 매우 연한 것
③ 단단한 것　　　　④ 매우 단단한 것

해설

연삭숫돌 결합도에 따른 분류

결합도	E, F, G	H, I, J, K	L, M, N, O	P, Q, R, S	T, U, V, W, X, Y, Z
호칭	극연 (Very Soft)	연(Soft)	중 (Medium)	경 (Hard)	극경 (Very Hard)
	매우 연한 것	연한 것	중간 것	단단한것	매우 단단한 것

결합도에 따른 경도의 선정 기준

결합도가 높은 숫돌 (단단한 숫돌)	결합도가 낮은 숫돌 (연한 숫돌)
• 연질 가공물의 연삭	• 경도가 큰 가공물의 연삭
• 숫돌차의 원주속도가 느릴 때	• 숫돌차의 원주속도가 빠를 때
• 연삭 깊이가 작을 때	• 연삭 깊이가 클 때
• 접촉 면적이 적을 때	• 접촉면이 클 때
• 가공면의 표면이 거칠 때	• 가공물의 표면이 치밀할 때

30 구멍의 내면을 암나사로 가공하는 작업은?

① 리 밍　　　　　② 널 링
③ 태 핑　　　　　④ 스폿 페이싱

해설

드릴가공의 종류
• 리밍 : 구멍의 정밀도를 높이기 위해 구멍을 다듬는 작업
• 태핑 : 공작물 내부에 암나사 가공, 태핑을 위한 드릴가공은 나사의 외경−피치로 한다.
• 스폿 페이싱 : 볼트나 너트를 체결하기 곤란한 경우에 볼트나 너트가 닿는 구멍 주위의 부분만 평탄하게 가공하여 체결이 잘되도록 하는 가공 방법
• 카운터 싱킹 : 나사 머리의 모양이 접시모양일 때 테이퍼 원통형으로 절삭하는 가공
• 카운터 보링 : 볼트의 머리 부분이 돌출되면 곤란한 부분이 있다. 이러한 경우에 볼트 또는 너트의 머리 부분이 가공물 안으로 묻히도록 드릴과 동심원의 2단 구멍을 절삭하는 방법
• 보링 : 뚫린 구멍을 다시 절삭, 구멍을 넓히고 다듬질하는 것

31 표면거칠기가 가장 좋은 가공은?

① 밀 링　　　　　② 줄 다듬질
③ 래 핑　　　　　④ 선 삭

해설

래핑 : 가공물과 랩(Lap) 사이에 랩제를 넣고 가공물에 압력을 가하면서 표면거칠기가 우수한 가공면을 얻는 가공방법

32 선반의 부속장치가 아닌 것은?

① 방진구　　　　　② 면 판
③ 분할대　　　　　④ 돌림판

해설

선반과 밀링의 부속장치

선반의 부속장치	밀링의 부속장치
센터, 센터드릴, 면판, 돌림판과 돌리개, 방진구, 맨드릴, 척 등	밀링바이스, 분할대, 회전 테이블, 슬로팅장치, 래크절삭장치 등

33 연마제를 가공액과 혼합하여 압축공기와 함께 분사하여 가공하는 것은?

① 래 핑

② 슈퍼피니싱

③ 액체 호닝

④ 배럴 가공

③ 액체 호닝(Liquid Honing) : 연마제를 가공액과 혼합하여 가공물 표면에 압축 공기를 이용하여 고압과 고속으로 분사시켜 가공물 표면과 충돌시켜 표면을 가공하는 방법
① 래핑 : 가공물과 랩(Lap) 사이에 랩제를 넣고 가공물에 압력을 가하면서 표면거칠기가 우수한 가공면을 얻는 가공방법
② 슈퍼피니싱 : 연한 숫돌에 적은 압력으로 가압하면서 가공물에 이송을 주고, 동시에 숫돌에 진동을 주어 표면거칠기를 높이는 가공방법(적은 압력 + 이송 + 진동)
④ 배럴 가공 : 충돌가공(주물귀, 돌기 부분, 스케일 제거), 회전하는 상자 속에 공작물과 미디어, 콤파운드(유지 + 직물), 공작액 등을 넣고 회전과 진동을 주어 표면을 다듬질(회전형, 진동형)

34 지름이 40mm인 연강을 주축 회전수가 500rpm인 선반으로 절삭할 때, 절삭속도는 약 몇 m/min인가?

① 12.5

② 20.0

③ 31.4

④ 62.8

절삭속도를 구하는 공식

$$v = \frac{\pi dn}{1,000} = \frac{\pi \times 40mm \times 500rpm}{1,000} = 62.83\,m/min$$

∴ 절삭속도$(v) \fallingdotseq 62.8\,m/min$

여기서, v : 절삭속도(m/min)

　　　　 d : 공작물 지름(mm)

　　　　 n : 주축 회전수(rpm)

35 각도 측정용 게이지가 아닌 것은?

① 옵티컬 플랫

② 사인바

③ 콤비네이션 세트

④ 오토콜리메이터

• 각도 측정 : 각도 게이지(요한슨식, NPL식), 사인바, 수준기, 콤비네이션 세트, 베벨각도기, 광학식 클리노미터, 광학식 각도기, 오토콜리메이터 등
• 옵티컬 플랫 : 측정면의 평면도 측정(마이크로미터 측정면의 평면도 검사)

36 선반작업에서 테이퍼 부분의 길이가 짧고 경사각이 큰 일감의 테이퍼 가공에 사용되는 방법은?

① 심압대 편위에 의한 방법

② 복식 공구대에 의한 방법

③ 체이싱 다이얼에 의한 방법

④ 방진구에 의한 방법

선반에서 테이퍼 가공방법
• 복식 공구대를 경사시키는 방법(테이퍼 각이 크고 길이가 짧은 가공물)
• 심압대를 편위시키는 방법(테이퍼가 작고 길이가 길 경우 사용)
• 테이퍼 절삭장치를 이용하는 방법(넓은 범위의 테이퍼를 가공)
• 총형 바이트를 이용하는 방법

37 공구 마멸의 형태에서 윗면 경사각과 가장 밀접한 관계를 가지고 있는 것은?

① 플랭크 마멸(Flank Wear)

② 크레이터 마멸(Crater Wear)

③ 치핑(Chipping)

④ 섕크 마멸(Shank Wear)

해설

크레이터 마멸(Crater Wear) : 윗면 경사각과 가장 밀접한 관계를 가지고 있으며 마찰력이 작용하여 절삭공구의 윗면 경사면이 오목하게 파이는 현상

38 밀링머신에서 하지 않는 가공은?

① 홈 가공   ② 평면 가공

③ 널링 가공   ④ 각도 가공

해설

선반 가공 종류	밀링 가공 종류
외경, 단면, 홈, 테이퍼, 드릴링, 보링, 수나사, 암나사, 정면, 곡면, 총형, 널링 작업	평면가공, 단가공, 홈가공, 드릴가공, T홈 가공, 더브테일 가공(각도가공), 곡면 절삭, 보링 등

39 범용 선반에서 새들과 에이프런으로 구성되어 있는 부분은?

① 주축대   ② 심압대

③ 왕복대   ④ 베 드

해설

왕복대 ★ 반드시 암기(자주 출제)

베드상에서 공구대에 부착된 바이트에 가로이송 및 세로이송을 하는 구조로 되어 있으며 새들, 에이프런, 공구대로 구성되어 있다.

40 일반적으로 고속 가공기의 주축에 사용하는 베어링으로 적합하지 않은 것은?

① 마그네틱 베어링

② 에어 베어링

③ 니들 롤러 베어링

④ 세라믹 볼 베어링

해설

일반적으로 고속 가공기의 주축에 니들 롤러 베어링을 사용하지 않는다.

41 선반작업에서 지름이 작은 공작물을 고정하기에 가장 용이한 척은?

① 콜릿척　　　　　② 마그네틱척
③ 연동척　　　　　④ 압축공기척

해설
- 연동척 : 3개의 조가 120° 간격으로 구성 배치되어 있으며, 규칙적인 모양 고정
- 단동척 : 4개의 조가 90° 간격으로 구성 배치되어 있으며, 불규칙한 가공물 고정
- 콜릿척 : 지름이 작은 가공물이나, 각 봉재를 가공할 때 편리함
- 만능척 : 단동척과 연동척의 기능을 겸비한 척
- 마그네틱척 : 전자석을 이용하여 얇은 판, 피스톤 링과 같은 가공물을 변형시키지 않고, 고정시켜 가공할 수 있는 자성체 척이다.

42 사인바를 사용할 때 각도가 몇 도 이상이 되면 오차가 커지는가?

① 30°　　　　　② 35°
③ 40°　　　　　④ 45°

해설
사인바를 사용할 때는 각도가 45°보다 큰 각을 쓸 때는 오차가 커지기 때문에 사인바는 기준면에 대하여 45°보다 작게 사용한다.

43 다음 중 CNC 공작기계를 사용하기 전에 매일 점검해야 할 내용과 가장 거리가 먼 것은?

① 외관 점검
② 유량 및 공기압력 점검
③ 기계의 수평상태 점검
④ 기계 각 부의 작동상태 점검

해설
- 매일 점검 사항 : 외관 점검, 유량 점검, 압력 점검, 각부의 작동검사
- 매월 점검 사항 : 필터 점검, 팬(Fan) 점검, 백래시 보정 등
- 매년 점검 사항 : 기계 본체 수평 점검, 기계정도 검사 등

44 CNC 선반의 지령 중 어드레스 F가 분당 이송(mm/min)으로 옳은 코드는?

① G32_ F_;　　　　　② G98_ F_;
③ G76_ F_;　　　　　④ G92_ F_;

해설
- G98(분당 이송지정 mm/min), G99(회전당 이송지정 mm/rev)
- G32(나사 절삭), G76(나사 절삭 사이클-복합형), G92(나사 절삭 사이클-단일형)

45 머시닝센터의 공구가 일정한 번호를 가지고 매거진에 격납되어 있어서 임의대로 필요한 공구의 번호만 지정하면 원하는 공구가 선택되는 방식을 무슨 방식이라고 하는가?

① 랜덤 방식
② 시퀀스 방식
③ 단순 방식
④ 조합 방식

해설
랜덤 방식(Random Type) : 지정한 공구번호에 의해 임의로 공구를 주축에 장착하는 방식
자동 공구교환장치(ATC) : 공구를 교환하는 ATC 암과 많은 공구가 격납되어 있는 공구 매거진으로 구성되어 있다. 매거진의 공구를 호출하는 방법에는 순차 방식(Sequence Type)과 랜덤 방식(Random Type)이 있다.
• 순차 방식(Sequence Type) : 매거진의 포트번호와 공구번호가 일치하는 방식
• 랜덤 방식(Random Type) : 지정한 공구번호와 교환된 공구번호를 기억할 수 있도록 하여, 매거진의 공구와 스핀들의 공구가 동시에 맞교환되므로, 매거진 포트번호에 있는 공구와 사용자가 지정한 공구번호가 다를 수 있다.

46 다음 중 가공하여야 할 부분의 길이가 짧고 직경이 큰 외경의 단면을 가공할 때 사용되는 복합 반복 사이클 기능으로 가장 적당한 것은?

① G71
② G72
③ G73
④ G75

해설
• G71 : 안·바깥지름 거친 절삭 사이클(황삭용 사이클)
• G72 : 단면 거친 절삭 사이클
• G73 : 형상 반복 사이클
• G75 : X방향 홈 가공 사이클

47 머시닝센터에 X축과 평행하게 놓여 있으며 회전하는 축을 무엇이라고 하는가?

① U축
② A축
③ B축
④ P축

해설
일반적으로 좌표축은 기준축으로 X, Y, Z축을 사용하고 보조축을 사용한다. X, Y, Z축 주위에 대한 회전운동은 각각 A, B, C의 세 회전축을 사용한다.

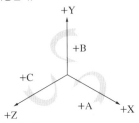

CNC공작기계에 사용되는 좌표축

구 분 기준축	보조축 (1차)	보조축 (2차)	회전축	기준축의 결정 방법
X축	U축	P축	A축	가공의 기준이 되는 축
Y축	V축	Q축	B축	X축과 직각을 이루는 이송축
Z축	W축	R축	C축	절삭동력이 전달되는 스핀들축

48 CNC 선반에서 지령값 X58.0으로 프로그램하여 외경을 가공한 후 측정한 결과 ϕ57.96mm이었다. 기존의 X축 보정값이 0.005라 하면 보정값을 얼마로 수정해야 하는가?

① 0.075
② 0.065
③ 0.055
④ 0.045

해설
• 측정값과 지령값의 오차 = 57.96−58.0 = −0.04(0.04만큼 작게 가공됨)
그러므로 공구를 X의 +방향으로 0.04만큼 이동하는 보정을 하여야 한다.
• 공구 보정값 = 기존의 보정값 + 더해야 할 보정값
= 0.005 + 0.04
= 0.045

49 다음 중 밀링 가공을 할 때의 유의사항으로 틀린 것은?

① 기계를 사용하기 전에 구동 부분의 윤활상태를 점검한다.

② 측정기 및 공구를 작업자가 쉽게 찾을 수 있도록 밀링 머신 테이블 위에 올려놓아야 한다.

③ 밀링 칩은 예리하므로 직접 손을 대지 말고 청소용 솔 등으로 제거한다.

④ 정면커터로 가공할 때는 칩이 작업자의 반대쪽으로 날아가도록 공작물을 이송한다.

해설
측정기 및 공구는 밀링 머신의 테이블 위에 올려놓지 않는다.

50 CNC 프로그램에서 피치가 1.5인 2줄 나사를 가공하려면 회전당 이송속도를 얼마로 명령하여야 하는가?

① F0.15
② F0.3
③ F1.5
④ F3.0

해설
이송(F)값은 나사의 리드(피치 × 줄수)로 한다(리드 = 피치 × 줄수 = 1.5 × 2 = 3.0 → F3.0).

나사 절삭(G32)

G32 X(U)__ Z(W)__ (Q__) F__;

• X(U)__ Z(W)__ : 나사 절삭의 끝지점 좌표
• Q : 다줄 나사 가공 시 절입각도(1줄 나사의 경우 Q0이므로 생략한다)
• F : 나사의 리드

51 그림과 같이 M10 × 1.5 탭 가공을 위한 프로그램을 완성시키고자 한다. ( ) 안에 들어갈 내용으로 옳은 것은?

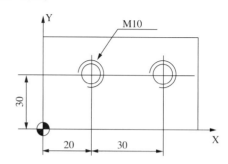

N10 G90 G92 X0. Y0. Z100.;
N20 (ⓐ) M03;
N30 G00 G43 H01 Z30.;
N40 (ⓑ) G90 G99 X20. Y30.
　　　 Z-25. R10. F300;
N50 G91 X30.;
N60 G00 G49 G80 Z300. M05;
N70 M02;

① ⓐ S200, ⓑ G84　　② ⓐ S300, ⓑ G88

③ ⓐ S400, ⓑ G84　　④ ⓐ S600, ⓑ G88

해설
탭사이클의 회전수

$n(회전수) = \dfrac{v(이송속도)}{p(피치)} = \dfrac{300\text{mm/min}}{1.5} = 200\,\text{rpm}$

∴ $n = 200\,\text{rpm}$

• 200rpm : ⓐ = S200
• N40블록에서 G99(분당이송) : F300 = 300mm/min
• G84 : 태핑 사이클(ⓑ)

52 CNC 선반의 프로그래밍에서 Dwell 기능에 대한 설명으로 틀린 것은?

① 홈 가공 시 회전당 이송에 의한 단차량이 없는 진원가공을 할 때 지령한다.

② 홈 가공이나 드릴가공 등에서 간헐이송에 의해 칩을 절단할 때 사용한다.

③ 자동원점 복귀를 하기 위한 프로그램 정지 기능이다.

④ 주소는 기종에 따라 U, X, P를 사용한다.

해설
휴지(Dwell) : 지령한 시간 동안 이송이 정지되는 기능이다. 이 기능은 홈 가공이나 드릴작업 등에서 간헐이송으로 칩을 절단하거나, 목표점에 도달한 후 즉시 후퇴할 때 생기는 이송량만큼의 단차를 제거함으로써 진원도의 향상 및 깨끗한 표면을 얻기 위하여 사용한다. 어드레스 X, U 또는 P와 정지하려는 시간을 수치로 입력한다. P는 소수점을 사용할 수 없으며, X, U는 소수점 이하세 자리까지 유효하다.

- 정지시간(초) $= \dfrac{60 \times \text{공회전수(회)}}{\text{스핀들회전수(rpm)}} = \dfrac{60 \times n(\text{회})}{N(\text{rpm})}$

예 1.5초 동안 정지시키려면 G04 X1.5; , G04 U1.5; , G04 P1500;

53 서보기구의 제어방식에서 폐쇄회로 방식의 속도검출 및 위치검출에 대하여 올바르게 설명한 것은?

① 속도검출 및 위치검출을 모두 서보모터에서 한다.

② 속도검출 및 위치검출을 모두 테이블에서 한다.

③ 속도검출은 서보모터에서 위치검출은 테이블에서 한다.

④ 속도검출은 테이블에서 위치검출은 서보모터에서 한다.

해설
• 폐쇄회로 방식 : 모터에 내장된 태코제너레이터에서 속도를 검출하고, 기계의 테이블에 부착한 스케일에서 위치를 검출(로터리 인코더)하여 피드백시키는 방식이다.

폐쇄회로 방식

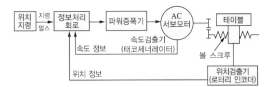

• 반폐쇄회로 방식 : 모터에 내장된 태코제너레이터(펄스제너레이터)에서 속도를 검출하고, 인코더에서 위치를 검출하여 피드백하는 제어방식이다.
• 개방회로방식 : 피드백 장치 없이 스테핑 모터를 사용한 방식으로 실용화되었으나, 피드백 장치가 없기 때문에 가공 정밀도에 문제가 있어 현재는 거의 사용되지 않는다.
• 복합회로(하이브리드) 방식 : 반폐쇄회로 방식과 폐쇄회로 방식을 결합하여 고정밀도로 제어하는 방식으로, 가격이 고가이므로 고정밀도를 요구하는 기계에 사용된다.

54 다음 중 CNC 공작기계의 구성요소가 아닌 것은?

① 서보기구
② 펜 플로터
③ 제어용 컴퓨터
④ 위치 속도 검출기구

해설
• CNC 공작기계 구성요소 : 정보처리회로(CNC장치), 데이터의 입출력장치, 강전 제어반, 유압유닛, 서보 모터, 기계 본체 등
• 펜 플로터는 CAD/CAM시스템의 출력장치이다.

55 다음 중 기계원점(Reference Point)에 관한 설명으로 틀린 것은?

① 기계원점은 기계상에 고정된 임의의 지점으로 프로그램 및 기계를 조작할 때 기준이 되는 위치이다.

② 모드 스위치를 자동 또는 반자동에 위치시키고 G28을 이용하여 각 축을 자동으로 기계원점까지 복귀시킬 수 있다.

③ 수동원점 복귀를 할 때는 속도조절스위치를 최고 속도에 위치시키고, 조그(Jog) 버튼을 이용하여 기계원점으로 복귀시킨다.

④ CNC 선반에서 전원을 켰을 때에는 기계원점 복귀를 가장 먼저 실행하는 것이 좋다.

해설
• 조작판상의 원점 복귀 스위치를 이용하여 수동으로 원점 복귀할 수 있다(조그 버튼 아님).
• 기계원점 : 기계 제작사가 일정한 위치에 정한 기계의 기준점
• G28 : 기계원점으로 자동원점 복귀

56 다음 중 CAD/CAM시스템의 출력장치에 해당하는 것은?

① 모니터　　　　② 키보드
③ 마우스　　　　④ 스캐너

해설
• 입력장치 : 조이스틱, 라이트 펜, 마우스, 스캐너, 디지타이저 등
• 출력장치 : 프린터, 플로터, 모니터 등

57 다음 중 CNC 공작기계로 가공할 때의 안전사항으로 틀린 것은?

① 기계 가공하기 전에 일상 점검에 유의하고 윤활유 양이 적으면 보충한다.

② 일감의 재질과 공구의 재질과 종류에 따라 회전수와 절삭속도를 결정하여 프로그램을 작성한다.

③ 절삭 공구, 바이스 및 공작물은 정확하게 고정하고 확인한다.

④ 절삭 중 가공 상태를 확인하기 위해 앞쪽에 있는 문을 열고 작업을 한다.

해설
절삭 중 안전문을 열고 작업하는 것은 칩이 비산되어 매우 위험하다.
★ 안전사항은 1~2문제가 반드시 출제된다. 빨간키를 참고하여 안전사항 관련 잘못된 내용만 암기해도 2문제를 획득할 수 있다.

58 CNC 선반에서 주속 일정제어의 기능이 있는 경우 주축 최고 속도를 설정하는 방법으로 옳은 것은?

① G50 S2000;　　　② G30 S2000;
③ G28 S2000;　　　④ G90 S2000;

해설
• G50 : 공작물 좌표계 설정, 주축 최고 회전수 설정
• G50 S2000; → S2000으로 주축 최고 회전수는 2,000rpm
※ G30(제2원점 복귀), G28(자동원점 복귀), G90(안·바깥지름 절삭 사이클)

59 CNC 프로그래밍에서 시계방향 원호보간 지령을 하고자 할 때의 준비기능은?

① G01   ② G02

③ G03   ④ G04

해설

G01(직선가공), G02(원호가공/시계방향), G03(원호가공/반시계방향), G04(휴지/Dwell/일시정지) 기능

60 CNC 프로그램에서 보조 기능 중 주축의 정회전을 의미하는 것은?

① M00   ② M01

③ M02   ④ M03

해설

M코드 ★ 반드시 암기(자주 출제)

M코드	기 능	M코드	기 능
M00	프로그램 정지	M08	절삭유 ON
M01	프로그램 선택 정지	M09	절삭유 OFF
M02	프로그램 끝	M30	프로그램 끝 & 리셋
M03	주축 정회전	M98	보조프로그램 호출
M04	주축 역회전	M99	보조프로그램 종료
M05	주축 정지		

★ M코드는 실기에서도 필요하니 반드시 암기하자(M00~M99 순으로 암기하면 쉽다).

01 다음 열처리방법 중에서 표면경화법에 속하지 않는 것은?

① 침탄법
② 질화법
③ 고주파 경화법
④ 항온 열처리법

해설

열처리의 분류

일반 열처리	항온 열처리	표면 경화 열처리
• 담금질(Quenching)	• 마퀜칭	• 침탄법
• 뜨임(Tempering)	• 마템퍼링	• 질화법
• 풀림(Annealing)	• 오스템퍼링	• 화염경화법
• 불림(Normalizing)	• 오스포밍	• 고주파 경화법
	• 항온 풀림	• 청화법
	• 항온 뜨임	

※ 항온 열처리 : 변태점 이상으로 가열한 강을 보통의 열처리와 같이 연속적으로 냉각하지 않고 열욕 중에 담금질하여 그 온도에 일정한 시간 항온으로 유지하였다가 냉각하는 열처리

02 같은 조성의 강재를 동일한 조건하에서 담금질하여도 그 재료의 굵기, 두께 등이 다르면 냉각속도가 다르게 되므로 담금질 결과가 달라지게 된다. 이러한 것을 담금질의 무엇이라 하는가?

① 경화능
② 밴 드
③ 질량효과
④ 냉각능

해설

질량효과

강을 담금질할 때 재료의 표면은 급랭에 의해 담금질이 잘되는 반면, 재료의 중심에 가까울수록 담금질이 잘되지 않는 현상, 즉 같은 방법으로 담금질을 해도 재료의 굵기나 두께가 다르면 냉각속도가 다르게 되므로 담금질의 깊이가 달라진다. 이와 같이 강재의 크기, 즉 질량의 크기에 따라 담금질 효과에 미치는 영향을 질량효과라 한다.

03 보통주철에 함유되는 주요 성분이 아닌 것은?

① Si
② Sn
③ P
④ Mn

해설

공업용으로 사용되는 철강 재료는 철광석으로부터 직접 또는 간접으로 제조된 것으로 광석 또는 제조 과정으로부터 C, Si, Mn, P, S 등이 섞여 포함되어 있다. 즉 보통주철에 함유된 주요 성분은 C, Si, Mn, P, S이다.

04 구리의 원자기호와 비중과의 관계가 옳은 것은? (단, 비중은 20℃, 무산소동이다)

① Al − 6.86
② Ag − 6.96
③ Mg − 9.86
④ Cu − 8.96

해설

구리(Cu)의 성질

• 비중 : 8.96
• 용융점 : 1,083℃
• 비자성체, 내식성이 철강보다 우수하다.
• 전기 및 열의 양도체(전기전도율과 열전도율은 금속 중 Ag 다음)
• 전연성이 좋아 가공이 용이하다.
※ Al(알루미늄), Ag(은), Mg(마그네슘)

05 탄소강의 표준조직이 아닌 것은?

① 페라이트　　　　② 트루스타이트
③ 펄라이트　　　　④ 시멘타이트

탄소강의 표준조직 : 오스테나이트, 페라이트, 펄라이트, 시멘타이트
※ 탄소강에 나타나는 조직의 비율은 C의 양에 의해 달라진다.
탄소강의 표준 조직이란 강종에 따라 A_3점 또는 A_{cm}보다
30~50℃ 높은 온도로 강을 가열하여 오스테나이트 단일상으
로 한 후, 대기 중에서 냉각했을 때 나타나는 조직을 말한다.

06 단일 금속에 비해 합금의 특성이 아닌 것은?

① 용융점이 낮아진다.
② 전도율이 낮아진다.
③ 강도와 경도가 커진다.
④ 전성과 연성이 커진다.

합금의 일반적인 성질
• 용융점이 낮아진다.
• 전기 및 열의 전도도가 낮아진다.
• 강도와 경도가 커진다.
• 전성과 연성이 낮아진다.

07 보통 합금보다 회복력과 회복량이 우수하여 센서 (Sensor) 와 액추에이터(Actuator)를 겸비한 기능성 재료로 사용되는 합금은?

① 비정질 합금
② 초소성 합금
③ 수소저장 합금
④ 형상 기억 합금

④ 형상 기억 합금 : 보통 합금보다 회복력과 회복량이 우수하여
센서(Sensor), 액추에이터(Actuator)를 겸비한 기능성 재료로
서 기계, 전기 관련 부품에 광범위하게 이용되고 있다.
① 비정질 합금 : 원자 배열이 불규칙한 상태

08 체결하려는 부분이 두꺼워서 관통 구멍을 뚫을 수 없을 때 사용되는 볼트는?

① 탭볼트　　　　② T홈볼트
③ 아이볼트　　　　④ 스테이볼트

① 탭볼트 : 관통볼트를 사용하기 어려울 때 결합하려는 상대 쪽에
암나사를 내고, 머리붙이 볼트를 조여 부품을 결합하는 볼트(관
통 구멍을 뚫을 수 없을 때)
② T홈 볼트 : 공작기계 테이블의 T홈에 물체를 용이하게 고정시키
는 볼트
③ 아이볼트 : 볼트의 머리부에 핀을 끼울 구멍이 있어 자주 탈착하
는 뚜껑의 결합에 사용된다. 무거운 물체를 달아 올리기 위하여
훅을 걸 수 있는 고리가 있는 볼트이다.
④ 스테이볼트 : 간격 유지 볼트, 두 물체 사이의 거리를 일정하게
유지

09 다음 중 가장 큰 회전력을 전달할 수 있는 것은?

① 안장 키
② 평 키
③ 묻힘 키
④ 스플라인

해설
스플라인
키보다 큰 토크(회전력)를 전달, 축에 여러 개의 같은 키 홈을 파서 여기에 맞는 한짝의 보스 부분을 만들어 서로 잘 미끄러져 운동할 수 있게 한 것

11 나사에서 리드(L), 피치(p), 나사 줄 수(n)와의 관계식으로 옳은 것은?

① $L = p$ ② $L = 2p$
③ $L = np$ ④ $L = n$

해설
• 나사의 리드 : 나사가 1회전했을 때 진행한 거리
• $L = p \times n$
여기서, L : 리드
p : 피치
n : 줄수

10 양 끝을 고정한 단면적 2cm²인 사각봉이 온도 −10℃에서 가열되어 50℃가 되었을 때, 재료에 발생하는 열응력은?(단, 사각봉의 탄성계수는 21GPa, 선팽창계수는 12×10^{-6}/℃이다)

① 15.1MPa   ② 25.2MPa
③ 29.9MPa   ④ 35.8MPa

해설
열응력$(\sigma) = E \cdot \alpha \cdot (t_2 - t_1)$
$\qquad = 21,000\text{MPa} \times 0.000012/℃ \times [50 - (-10)]$
$\qquad = 15.1\text{MPa}$
∴ 열응력$(\sigma) = 15.1\text{MPa}$
(21GPa = 21,000MPa, 12×10^{-6}/℃ = 0.000012/℃, 정답의 단위가 MPa이므로 단위 변환에 주의)
여기서, σ : 열응력
E : 탄성계수
v : 선팽창계수
t_1 : 처음온도
t_2 : 나중온도

12 강도와 기밀을 필요로 하는 압력용기에 쓰이는 리벳은?

① 접시머리 리벳
② 둥근머리 리벳
③ 납작머리 리벳
④ 얇은 납작머리 리벳

해설
둥근머리 리벳 : 보일러용 리벳(강도와 기밀을 필요로 하는 리벳 이음)
용도에 의한 리벳 분류
• 구조용 리벳 : 주로 강도만을 필요로 하는 리벳 이음으로서 철교, 선박, 차량, 구조물 등에 사용한다.
• 보일러용 리벳 : 압력에 견딜 수 있는 동시에 강도와 기밀을 필요로 하는 리벳 이음, 보일러, 고압탱크 등에 사용한다.
• 용기용 리벳 : 강도보다는 이음의 기밀을 필요로 하는 리벳, 물탱크, 저압탱크 등에 사용한다.

13 표준기어의 피치점에서 이끝까지의 반지름 방향으로 측정한 거리는?

① 이뿌리 높이　　② 이끝 높이

③ 이끝 원　　　　④ 이끝 틈새

해설

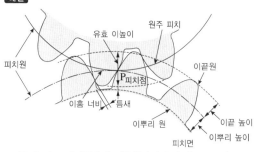

- 이끝 높이 : 피치원에서 이끝원까지의 거리($h_k = m$)
- 전체 이높이 : 이뿌리원부터 이끝원까지의 거리($h \geq 2.25m$)
- 이뿌리 높이 : 피치원에서 이뿌리원까지의 거리
  $$(h_f = h_k + C_k \geq 1.25m)$$

14 다음 중 V벨트의 단면 형상에서 단면이 가장 큰 벨트는?

① A　　　　② C

③ E　　　　④ M

해설

V벨트의 종류는 KS규격에서 단면의 형상에 따라 6종류로 규정하고 있으며, M형을 제외한 5종류가 동력 전달용으로 사용된다. 가장 단면이 큰 벨트는 E형이다.

단면적 비교

M < A < B < C < D < E

V벨트의 사이즈 표

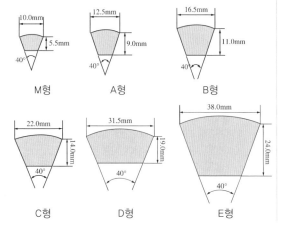

15 풀리의 지름 200mm, 회전수 900rpm인 평벨트 풀리가 있다. 벨트의 속도는 약 몇 m/s인가?

① 9.42　　　　② 10.42

③ 11.42　　　　④ 12.42

해설

벨트의 속도

벨트의 속도는 풀리의 원주 속도와 같으며 다음 식으로 계산한다.

$$v = \frac{\pi \times D_p \times N}{1,000 \times 60} = \frac{\pi \times 200\text{mm} \times 900\text{rpm}}{1,000 \times 60} = 9.42\text{m/s}$$

∴ 벨트 속도 = 9.42m/s

v : 벨트의 속도(m/s)

D_p : 풀리의 지름(mm)

N : 풀리의 회전수(rpm)

속도를 구하는 공식

$$v(\text{m/min}) = \frac{\pi DN}{1,000} \rightarrow \text{속도 단위가 m/min일 때 사용한다.}$$

$$v(\text{m/s}) = \frac{\pi DN}{1,000 \times 60} \rightarrow \text{속도 단위가 m/s일 때 사용한다.}$$

16 도면에서 2종류 이상의 선이 같은 장소에서 중복되는 경우 우선순위를 옳게 나타낸 것은?

① 외형선 > 절단선 > 숨은선 > 치수 보조선 > 중심선 > 무게중심선

② 외형선 > 숨은선 > 절단선 > 중심선 > 무게중심선 > 치수 보조선

③ 숨은선 > 절단선 > 외형선 > 중심선 > 무게중심선 > 치수 보조선

④ 숨은선 > 절단선 > 외형선 > 치수 보조선 > 중심선 > 무게중심선

해설

투상선의 우선순위 ★ 반드시 암기(자주 출제)

숫자, 문자, 기호 및 화살표 → 외형선(굵은 실선) → 숨은선(파선) → 절단선 → 중심선 → 무게중심선 → 파단선 → 치수선 또는 치수 보조선 → 해칭선

※ 선의 우선순위는 자주 출제되므로 반드시 암기

※ 암기팁 : 외・숨・절・중・무・파・치・해, 숫자, 문자, 기호는 제일 우선

17 다음 중 기하공차 기호와 그 의미의 연결이 틀린 것은?

① ▱ : 평면도

② ◎ : 동축도

③ ∠ : 경사도

④ ○ : 원통도

해설

기하공차의 종류와 기호 ★ 반드시 암기(자주 출제)

공차의 종류		기 호	데이텀 지시
모양공차	진직도	—	없 음
	평면도	▱	없 음
	진원도	○	없 음
	원통도	⌀	없 음
	선의 윤곽도	⌒	없 음
	면의 윤곽도	⌓	없 음
자세공차	평행도	∥	필 요
	직각도	⊥	필 요
	경사도	∠	필 요
위치공차	위치도	⊕	필요 또는 없음
	동축도(동심도)	◎	필 요
	대칭도	⟰	필 요
흔들림 공차	원주 흔들림	↗	필 요
	온 흔들림	↗↗	필 요

18 다음 도면에 대한 설명으로 옳은 것은?

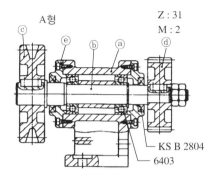

① 품번 ⓒ에서 사용하는 V벨트는 KS 규격품 중에서 그 두께가 가장 작은 것이다.

② 품번 ⓓ는 스퍼기어로서 피치원 지름은 62mm 이다.

③ 롤러베어링이 사용되었으며 안지름치수는 15 mm이다.

④ 축과 스퍼기어는 묻힘 핀으로 고정되어 있다.

해설

② 모듈$(M) = \dfrac{D}{Z}$

피치원지름$(D) = M \cdot Z = 31 \times 2 = 62\mathrm{mm}$

∴ 피치원지름$(D) = 62\mathrm{mm}$

① V벨트는 KS규격에서 단면의 형상에 따라 여섯 종류로 규정하고 있으며, M형을 제외한 다섯 종류가 동력 전달용으로 사용된다. 가장 단면이 큰 벨트는 "E"형이다.

단면적 비교 : M < A < B < C < D < E

〈14번 해설 참고 – V벨트의 사이즈 표〉

③ 6403 : 6–형식번호, 4– 치수기호, 03–안지름 번호–03 = 17mm

안지름 범위(mm)	안지름 치수	안지름 기호
10mm 이상 20mm 미만	10mm	00
	12mm	01
	15mm	02
	17mm	03

④ 축과 스퍼기어는 묻힘 키로 고정되어 있다.

19 치수 보조 기호 중 구의 반지름 기호는?

① SR ② Sϕ

③ ϕ ④ R

치수 보조 기호

기 호	설 명	기 호	설 명
ϕ	지름	Sϕ	구의 지름
R	반지름	SR	구의 반지름
C	45°모따기	□	정사각형
P	피치	t	두께

20 "ϕ20 h7"의 공차 표시에서 "7"의 의미로 가장 적합한 것은?

① 기준 치수 ② 공차역의 위치

③ 공차의 등급 ④ 틈새의 크기

• ϕ20 : 기준 치수
• h : 축의 공차역의 위치(대문자 : 구멍, 소문자 : 축)
• 7 : 공차의 등급

21 다음 나사 중 리드가 가장 큰 것은?

① 피치가 2.5mm인 2줄 나사

② 피치가 2.0mm인 3줄 나사

③ 피치가 3.5mm인 2줄 나사

④ 피치가 6.5mm인 1줄 나사

나사의 리드 : 나사 1회전했을 때 나사가 진행한 거리
L(리드) $= p$(피치)$\times n$(줄수)
• $L = p \times n = 2.5mm \times 2 = 1mm$
• $L = p \times n = 2.0mm \times 3 = 6mm$
• $L = p \times n = 3.5mm \times 2 = 7mm$
• $L = p \times n = 6.5mm \times 1 = 6.5mm$

22 국부 투상도를 나타낼 때 주된 투상도에서 국부 투상도로 연결하는 선의 종류에 해당하지 않는 것은?

① 치수선 ② 중심선

③ 기준선 ④ 치수 보조선

국부 투상도
대상물의 구멍, 홈과 같이 한 부분의 모양을 도시하는 것으로 충분한 경우에는 그 필요한 부분만 다음 그림과 같이 국부 투상도로 도시한다. 또한, 투상 관계를 나타내기 위하여 원칙적으로 주투상도에 중심선, 기준선, 치수 보조선 등으로 연결한다.

가는 1점쇄선으로 연결한다.

가는 실선으로 연결한다.

[홈과 축의 국부 투상도]

23 그림과 같이 벨트 풀리의 암 부분을 투상한 단면도 법은?

① 부분 단면도   ② 국부 단면도

③ 회전도시 단면도   ④ 한쪽 단면도

해설

회전도시 단면도

핸들, 벨트풀리, 기어 등과 같은 바퀴의 암, 림, 리브, 훅, 축, 구조물의 부재 등의 절단면을 회전시켜 표시한다.

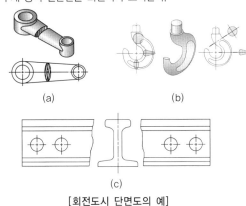

(a)   (b)

(c)

[회전도시 단면도의 예]

24 표면의 결 도시기호가 그림과 같이 나타날 때 설명으로 틀린 것은?

$$\overset{\displaystyle \text{ground}}{\underset{\perp}{\bigtriangledown}} R_a 1.6 / 2.5 / R_y\ 6.3\text{max}.$$

① 표면의 결은 연삭으로 제작

② $R_a = 1.6\mu m$에서 최대 $R_y = 6.3\mu m$까지로 제한

③ 투상면에 대략 수직인 줄무늬 방향

④ 샘플링 길이는 $2.5\mu m$

해설

• 가공 방법의 기호 : 선반가공(L), 드릴가공(D), 연삭가공(G), 호닝가공(GH)

• 특정한 가공 방법을 지시할 경우는 기호가 아니라 문자를 기입한다(ground−연삭).

• 줄무늬 방향 : 투상면에 평행(=), 투상면에 수직(⊥), 두방향 교차(X) 등

• $R_a = 1.6\mu m$에서 최대 $R_y = 6.3\mu m$까지로 제한

• 기준길이는 $2.5\mu m$이다.

25 그림과 같은 입체도에서 화살표 방향에서 본 것을 정면도로 할 때 가장 적합한 정면도는?

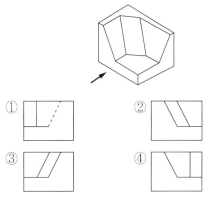

26 기어가공에서 창성법에 의한 가공이 아닌 것은?

① 호브에 의한 가공

② 형판에 의한 가공

③ 래크 커터에 의한 가공

④ 피니언 커터에 의한 가공

해설

창성에 의한 방법

인벌류트 곡선의 성질을 응용한 정확한 기어절삭 공구를 기어의 소재와 함께 회전운동을 주며 축 방향으로 왕복 운동을 시켜 절삭한다.

창성에 의한 가공 방법

• 래크 커터에 의한 방법

• 피니언 커터에 의한 방법

• 호브에 의한 절삭

27 선반작업에서 3개의 조가 120° 간격으로 구성 배치되어 있는 척은?

① 단동척   ② 콜릿척

③ 연동척   ④ 마그네틱척

해설

• 단동척 : 4개의 조가 90° 간격으로 구성 배치되어 있으며, 불규칙한 가공물 고정

• 연동척 : 3개의 조가 120° 간격으로 구성 배치되어 있으며, 규칙적인 모양 고정

• 콜릿척 : 지름이 작은 가공물이나 각 봉재를 가공할 때 편리함

• 마그네틱척 : 전자석을 이용하여 얇은 판, 피스톤 링과 같은 가공물을 변형시키지 않고, 고정시켜 가공할 수 있는 자성체 척이다.

• 복동척(만능척) : 단동척과 연동척의 기능을 겸비한 척

28 일반적으로 드릴링 머신에서 가공하기 곤란한 작업은?

① 카운터 싱킹

② 스플라인 홈

③ 스폿 페이싱

④ 리밍

해설

드릴가공의 종류

• 리밍 : 구멍의 정밀도를 높이기 위해 구멍을 다듬는 작업

• 태핑 : 공작물 내부에 암나사 가공, 태핑을 위한 드릴가공은 나사의 외경−피치로 한다.

• 스폿 페이싱 : 볼트나 너트를 체결하기 곤란한 경우 볼트나 너트가 닿는 구멍 주위의 부분만 평탄하게 가공하여 체결이 잘되도록하는 가공 방법

• 카운터 싱킹 : 나사머리의 모양이 접시모양일 때 테이퍼 원통형으로 절삭하는 가공

• 카운터 보링 : 볼트의 머리 부분이 돌출되면 곤란한 부분이 있다. 이러한 경우에 볼트 또는 너트의 머리 부분이 가공물 안으로 묻히도록 드릴과 동심원의 2단 구멍을 절삭하는 방법

• 보링 : 뚫린 구멍을 다시 절삭, 구멍을 넓히고 다듬질하는 것

※ 스플라인 홈 가공 : 브로칭(Broaching) 머신

29 테이블 위에 설치하며 원형이나 윤곽 가공, 간단한 등분을 할 때 사용하는 밀링 부속장치는?

① 슬로팅장치

② 회전 테이블

③ 밀링 바이스

④ 래크 절삭 장치

해설

② 회전 테이블 : 테이블 위에 설치하며, 수동 또는 자동으로 회전시킬 수 있어, 밀링에서 바깥 부분을 원형이나 윤곽가공, 간단한 등분을 할 때 사용하는 밀링 머신의 부속품이다. 핸들에는 마이크로 칼라가 부착되어 간단한 각도 분할에도 사용한다.

① 슬로팅장치 : 니형 밀링 머신의 칼럼 앞면에 주축과 연결하여 사용하며 주축의 회전운동을 공구대 램의 직선 왕복운동으로 변화시킨다. 바이트를 사용하여 직선 절삭이 가능하다(키, 스플라인, 세레이션, 기어가공 등).

30 재질이 연한 금속을 가공할 때 칩이 공구의 윗면 경사면 위를 연속적으로 흘러 나가는 형태의 칩은?

① 전단형 칩   ② 열단형 칩
③ 유동형 칩   ④ 균열형 칩

해설
칩의 종류

종 류	유동형 칩	전단형 칩	경작형 칩	균열형 칩
정 의	칩이 경사면 위를 연속적으로 원활하게 흘러 나가는 모양으로 연속형 칩	경사면 위를 원활하게 흐르지 못할 때 발생하는 칩	가공물이 경사면에 점착되어 원활하게 흘러 나가지 못하여 가공재료 일부에 터짐이 일어나는 현상 발생	균열이 발생하는 진동으로 인하여 절삭공구 인선에 치핑 발생
재 료	연성재료 (연강, 구리, 알루미늄) 가공	연성재료 (연강, 구리, 알루미늄) 가공	점성이 큰 가공물	주철과 같이 메진 재료
절삭 깊이	작을 때	클 때	클 때	
절삭 속도	빠를 때	작을 때		작을 때
경사각	클 때	작을 때	작을 때	
비 고	가장 이상적인 칩	진동 발생, 표면거칠기나 빠짐		순간적 공구날 끝에 균열 발생

31 다음 중 수나사를 가공하는 공구는?

① 탭
② 리 머
③ 다이스
④ 스크레이퍼

해설
③ 다이스 : 수나사 가공
① 탭 : 암나사 가공
② 리머 : 구멍을 정밀하게 다듬는 작업

32 빌트 업 에지(Built Up Edge)의 발생을 감소시키기 위한 내용 중 틀린 것은?

① 윤활성이 좋은 절삭유제를 사용한다.
② 공구의 윗면 경사각을 크게 한다.
③ 절삭 깊이를 크게 한다.
④ 절삭 속도를 크게 한다.

해설
구성인선(Built Up Edge) 방지책
• 절삭 깊이를 작게 한다.
• 윗면 경사각을 크게 한다.
• 절삭 속도를 크게 한다.
• 윤활성이 있는 절삭유를 사용한다.

33 지름이 50mm인 연강을 선반에서 절삭할 때, 주축을 200rpm으로 회전시키면 절삭속도는 약 몇 m/min인가?

① 21.4   ② 31.4
③ 41.4   ④ 51.4

해설
절삭속도$(V) = \dfrac{\pi D N}{1,000} = \dfrac{\pi \times 50\text{mm} \times 200\text{rpm}}{1,000} \fallingdotseq 31.4\text{m/min}$

∴ 절삭속도$(V) = 31.4\text{m/min}$

여기서, V : 절삭속도(m/min)

　　　　　D : 공작물의 지름(mm)

　　　　　N : 회전수(rpm)

34 다음 연삭숫돌의 표시 방법 중 "60"은 무엇을 나타내는가?

WA·60·K·5·V

① 숫돌입자   ② 입 도
③ 결합도   ④ 결합제

해설
일반적인 연삭숫돌 표시 방법

WA   ·60·   K   · M · V
연삭숫돌입자·입도·결합도·조직·결합제

35 일반적으로 오토콜리메이터를 이용하여 측정하는 것으로 거리가 먼 것은?

① 진직도   ② 직각도
③ 평행도   ④ 구멍의 위치

해설
• 오토콜리메이터 : 시준기와 망원경을 조합한 것으로 미소 각도를 측정하는 광학적 측정기로서 평면경 프리즘 등을 이용한 정밀 정반의 평면도, 마이크로미터의 측정면 직각도, 평행도, 공작기계 안내면의 진직도, 직각도, 안내면의 평행도, 그 밖에 작은 각도의 변화 차이 및 흔들림 등의 측정에 사용된다.
• 각도 측정 : 각도 게이지(요한슨식, NPL식), 사인바, 수준기, 콤비네이션 세트, 베벨각도기, 광학식 클리노미터, 광학식 각도기, 오토콜리메이터 등
• 옵티컬 플랫 : 측정면의 평면도 측정(마이크로미터 측정면의 평면도 검사)

36 연마제를 가공액과 혼합한 것을 압축공기를 이용하여 가공물의 표면에 분사시켜 매끈한 다듬면을 얻는 가공법은?

① 슈퍼피니싱   ② 액체 호닝
③ 폴리싱   ④ 버 핑

해설
② 액체 호닝(Liquid Honing) : 연마제를 가공액과 혼합하여 가공물 표면에 압축 공기를 이용하여 고압과 고속으로 분사시켜 가공물 표면과 충돌시켜 표면을 가공하는 방법
① 슈퍼피니싱 : 연한 숫돌에 작은 압력으로 가압하면서, 가공물에 이송을 주고 동시에 숫돌에 진동을 주어 표면거칠기를 높이는 가공방법(작은 압력+이송+진동)

37 일반적으로 선반작업에서 가공할 수 없는 가공법은?

① 외경 가공
② 테이퍼 가공
③ 나사 가공
④ 기어 가공

해설

선반 가공 종류	밀링 가공 종류
외경, 단면, 홈, 테이퍼, 드릴링, 보링, 수나사, 암나사, 정면, 곡면, 총형, 널링 작업	평면가공, 단가공, 홈가공, 드릴가공, T홈 가공, 더브테일 가공(각도가공), 곡면 절삭, 보링 등

38 산화알루미늄 분말을 주성분으로 마그네슘, 규소 등의 산화물과 소량의 다른 원소를 첨가하여 소결한 절삭공구 재료는?

① 세라믹   ② 다이아몬드

③ 초경합금   ④ 고속도강

해설
- 세라믹 공구 : 산화 알루미늄(Al_2O_3) 분말을 주성분으로, 마그네슘(Mg), 규소(Si) 등의 산화물과 미량의 다른 원소를 첨가하여 1,500℃에서 소결한 절삭공구
- 고속도강(High Speed Steel) : W, Cr, V, Co 등의 합금강으로서 담금질 및 뜨임처리하면 600℃ 정도까지 경도를 유지하며 고온경도가 높고 내마모성이 우수하다. 절삭속도가 탄소공구강에 비해 2배 이상이다.
- 표준 고속도강 조성 : 18% W – 4% Cr – 1% V ★ 자주 출제
- 초경합금 : W, Ti, Mo, Zr 등의 경질합금 탄화물 분말을 Co, Ni을 결합제로 하여 1,400℃ 이상의 고온으로 가열하면서 프레스로 소결 성형한 절삭공구이다.
  ※ 초경합금(한국) = 카볼로이(미국) = 미디아(영국) = 텅갈로이(일본)

39 절삭면적을 나타낼 때 절삭깊이와 이송량과의 관계는?

① 절삭면적 = 이송량 / 절삭깊이

② 절삭면적 = 절삭깊이 / 이송량

③ 절삭면적 = 절삭깊이 × 이송량

④ 절삭면적 = $\dfrac{이송량 × 절삭깊이}{2}$

해설
절삭면적 : $F = s$(이송량) $× t$(절삭깊이)

40 일반적으로 절삭가공에서 절삭유제로 사용하는 것으로 가장 거리가 먼 것은?

① 유화유

② 다이나모유

③ 광 유

④ 지방질유

해설
절삭제의 종류
- 광유(Mineral Oil) : 경유, 머신오일, 스핀들 오일, 석유 및 기타의 광유 또는 혼합유로 윤활성은 좋으나 냉각성이 적어 주로 경절삭에 사용한다.
- 수용성 절삭유(Soluble Oil) : 알칼리성 수용액이나 광물유를 화학적으로 처리하여 물에 용해한 유화제 등으로 다량의 물을 포함하기 때문에 냉각효과가 크다. 또한, 고속 절삭 연삭용 등에 적합하고 점성이 낮고 비열이 높으며 냉각작용이 우수하다.
- 유화유(Emulsion Oil) : 광유에 비눗물을 첨가한 것으로 냉각작용이 비교적 크고, 윤활성도 있으며 값이 저렴하다.
- 지방질유 : 지방질유는 동물성유, 식물성유, 어유를 포함한다.

41 밀링머신의 분할 가공방법 중에서 분할 크랭크를 40회전하면, 주축이 1회전하는 방법을 이용한 분할법은?

① 직접 분할법   ② 단식 분할법

③ 차동 분할법   ④ 각도 분할

해설
단식 분할법
분할 크랭크와 분할판을 사용하여 분할하는 방법으로 분할 크랭크를 40회전시키면 주축은 1회전하므로 주축을 회전시키려면 분할크랭크를 40/N회전시키면 된다.
분할 가공 방법
① 직접 분할법 : 분할대 주축 앞면에 있는 직접 분할판을 이용하여 단순분할(24의 약수, 즉 24, 12, 8, 6, 4, 3, 2등분 가능)
② 단식 분할법 : 직접 분할법으로 불가능하거나 분할이 정밀해야 할 경우(2~60 사이의 모든 정수, 60~120 사이의 2와 5의 배수 등)
③ 차동 분할법 : 직접, 단식 분할법으로 분할할 수 없는 분할(단식 분할법으로 분할할 수 없는 61 이상의 소수나 특수한 수의 분할을 2종 운동의 복합운동으로 분할하는 방법이다. 127은 차동분할법으로 분할 가능)

42 게이지 블록의 부속품 중 내측 및 외측을 측정할 때 홀더에 끼워 사용하는 부속품은?

① 둥근형 조
② 센터 포인트
③ 베이스 블록
④ 나이프 에지

해설

둥근형 조

게이지 블록의 부속품 중 내측 및 외측을 측정할 때 홀더에 끼워 사용하는 부속품이다.

43 다음 중 서보모터가 일반적으로 갖추어야 할 특성으로 거리가 먼 것은?

① 큰 출력을 낼 수 있어야 한다.
② 진동이 작고 대형이어야 한다.
③ 온도 상승이 작고 내열성이 좋아야 한다.
④ 높은 회전각 정도를 얻을 수 있어야 한다.

해설

서보모터의 일반적으로 갖추어야 할 특성

• 빈번한 시동, 정지, 제동, 역전 및 저속회전의 연속작동이 가능해야 한다.
• 서보모터 자체의 안전성이 커야 한다.
• 가혹한 조건에서도 충분히 견딜 수 있어야 한다.
• 감속 특성 및 응답성이 우수해야 한다.
• 큰 출력을 낼 수 있어야 한다.
• 진동이 작고 소형이어야 한다.
• 온도 상승이 작고 내열성이 좋아야 한다.
• 높은 회전각 정도를 얻을 수 있어야 한다.

44 CNC의 서보기구를 위치 검출방식에 따라 분류할 때 해당하지 않는 것은?

① 폐쇄회로 방식(Closed Loop System)
② 반폐쇄회로 방식(Semi-closed Loop System)
③ 반개방회로 방식(Semi-open Loop System)
④ 복합회로 방식(Hybrid Servo System)

해설

CNC의 서보기구를 위치 검출방식

• 폐쇄회로 방식 : 모터에 내장된 태코제너레이터에서 속도를 검출하고, 기계의 테이블에 부착한 스케일에서 위치를 검출(로터리 인코더)하여 피드백시키는 방식이다.
• 반폐쇄회로 방식 : 모터에 내장된 태코제너레이터(펄스제너레이터)에서 속도를 검출하고, 인코더에서 위치를 검출하여 피드백하는 제어방식이다.
• 개방회로 방식 : 피드백 장치 없이 스테핑 모터를 사용한 방식으로 실용화되었으나, 피드백 장치가 없기 때문에 가공 정밀도에 문제가 있어 현재는 거의 사용되지 않는다.
• 복합회로(하이브리드) 방식 : 반폐쇄회로 방식과 폐쇄회로 방식을 결합하여 고정밀도로 제어하는 방식으로, 가격이 고가이므로 고정밀도를 요구하는 기계에 사용된다.

45 CNC선반에서 드릴 작업 시 사용되는 기능은?

① G74
② G90
③ G92
④ G94

해설

① G74 : Z방향 홈 가공 사이클/팩 드릴링
② G90 : 안·바깥지름 절삭 사이클
③ G92 : 나사 절삭 사이클-단일형
④ G94 : 단면 절삭 사이클-단일형

46 CNC선반에서 증분 지령 어드레스는?

① V, X

② U, W

③ X, Z

④ Z, W

해설
- 절대 지령 방식 : 프로그램 원점을 기준으로 직교 좌표계의 좌표값을 입력-X, Z
- 증분 지령 방식 : 현재의 공구 위치를 기준으로 끝점까지의 X, Z의 증분값을 입력-U, W (공구를 현재 위치에서 어느 방향으로, 얼마만큼 이동할 것인지 명령하는 방식으로 U, W 어드레스를 사용한다) → (G00 U_ W_;)
- 혼합지령 방식 : 절대지령과 증분지령방식을 한 블록 내에 혼합하여 지령

47 다음 CNC선반의 프로그램에서 자동원점 복귀를 나타내는 준비기능은?

```
G28 U0. W0.;
G50 X150. Z150. S2800 T0100;
G96 S180 M03;
G00 X62. Z2. T0101 M08;
```

① G00

② G28

③ G50

④ G96

해설
② G28 : 자동원점 복귀
① G00 : 급속 위치 결정
③ G50 : 공작물 좌표계 설정, 주축 최고 회전수 설정
④ G96 : 절삭속도(m/min) 일정제어

48 다음 보조기능의 설명으로 틀린 것은?

① M00 – 프로그램 정지

② M02 – 프로그램 종료

③ M03 – 주축 시계방향 회전

④ M05 – 주축 반시계방향 회전

해설
M코드

M코드	기 능	M코드	기 능
M00	프로그램 정지	M08	절삭유 ON
M01	프로그램 선택 정지	M09	절삭유 OFF
M02	프로그램 끝	M30	프로그램 끝 & 리셋
M03	주축 정회전	M98	보조프로그램 호출
M04	주축 역회전	M99	보조프로그램 종료
M05	주축 정지		

★ "M코드"는 실기에서도 필요하니 반드시 암기하자(M00~M99 순으로 암기하면 쉽다).

49 일반적으로 CNC선반에서 절삭동력이 전달되는 스핀들축으로, 주축과 평행한 축은?

① X축   ② Y축
③ Z축   ④ A축

해설
• CNC선반에서는 일반적으로 X, Z축을 사용한다.
• Z축 : CNC선반에서 절삭동력이 전달되는 스핀들축(주축과 평행)
• X축 : CNC선반에서 가공의 기준이 되는 축(주축과 수직)
• 일반적으로 좌표축은 기준축으로 X, Y, Z축을 사용하고 보조축을 사용한다. X, Y, Z축 주위에 대한 회전운동은 각각 A, B, C의 세 회전축을 사용한다.

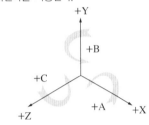

CNC공작기계에 사용되는 좌표축

구 분 / 기준축	보조축 (1차)	보조축 (2차)	회전축	기준축의 결정 방법
X축	U축	P축	A축	가공의 기준이 되는 축
Y축	V축	Q축	B축	X축과 직각을 이루는 이송축
Z축	W축	R축	C축	절삭동력이 전달되는 스핀들축

50 밀링작업에 대한 안전사항으로 거리가 먼 것은?

① 전기의 누전 여부를 작업 전에 점검한다.
② 가공물은 기계를 정지한 상태에서 견고하게 고정한다.
③ 커터 날 끝과 같은 높이에서 절삭상태를 관찰한다.
④ 기계 가동 중에는 자리를 이탈하지 않는다.

해설
커터 날 끝과 같은 높이에서 절삭상태를 관찰하면 칩으로부터 위험하다.

51 CNC선반의 프로그램이다. ( ) 안에 들어갈 G-코드로 적합한 것은?

( ) X110.0 Z120.0 S1300 T0100 M42;

① G60   ② G50
③ G40   ④ G30

해설
공작물 좌표계 설정과 주축 최고 회전수를 1,300rpm으로 설정하기 위해 G50이 들어간다.
② G50 : 공작물 좌표계 설정, 주축 최고 회전수 설정
③ G40 : 공구인선 반지름 보정 취소
④ G30 : 제2원점 복귀

52 머시닝센터에서 지름 10mm인 엔드밀을 사용하여 외측 가공 후 측정값이 ϕ62.0mm가 되었다. 가공 치수를 ϕ61.5mm로 가공하려면 보정값을 얼마로 수정하여야 하는가?(단, 최초 보정은 5.0으로 반지름값을 사용하는 머시닝센터이다)

① 4.5   ② 4.75
③ 5.5   ④ 5.75

해설
• 가공 시 보정값 ϕ61.5 − ϕ62.0 = 0.5 → 0.5/2 = 0.25
• 기존 보정값 : 5.0mm
• 공구보정값 5.0 − 0.25 = 4.75mm

53 CNC 프로그램에서 EOB의 뜻은?

① 프로그램의 종료 ② 블록의 종료
③ 보조기능의 정지 ④ 주축의 정지

해설
몇 개의 단어(Word)가 모여 구성된 한 개의 지령단위를 지령절
(Block)이라고 하며, 지령절과 지령절은 EOB(End Of block)으로
구분된다. 제작회사에 따라 ";" 또는 "#"과 같은 부호로 간단히
표시하며, EOB는 블록의 종료를 나타낸다.

54 다음 그림에서 A에서 B로 가공하는 CNC선반 프로
그램으로 옳은 것은?

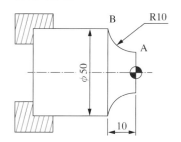

① G02 X50.0 Z-10.0 R-10.0 F0.1;
② G02 X50.0 Z-10.0 R10.0 F0.1;
③ G03 X50.0 Z-10.0 R10.0 F0.1;
④ G04 X50.0 Z-10.0 I10.0 F0.1;

해설
• A → B : G02 X50.0 Z-10.0 R10.0 F0.1; - 시계방향으로 가공
• CNC선반의 경우 원호가공의 범위는 $\theta \leq 180°$이다. 그러므로
  180°가 초과하면 R값을 지령할 수 없으므로 보기 ①의 R-10.0은
  CNC선반에서 원호가공 시 적합하지 않은 단어이다.
• G04 : 휴지(Dwell, 일시정지) 기능
• G02 : 시계방향 원호가공
• G03 : 반시계방향 원호가공
※ 머시닝센터에서 180° 이상의 원호를 지령할 때 반지름 R값은
  음(-)의 값으로 지령한다.

55 CNC 공작기계의 조작반 버튼 중 한 블록씩 실행시
키는 데 사용되는 버튼은?

① 드라이 런(Dry Run)
② 피드 홀드(Feed Hold)
③ 싱글 블록(Single Block)
④ 옵셔널 블록 스킵(Optional Block Skip)

해설
③ 싱글 블록(Single Block) : 한 블록씩 운전한다.
① 드라이 런(Dry Run) : 프로그램 선택 정지, ON한 상태에서 운전할
  경우 프로그램 지령절 중에 M01을 만나면 프로그램 진행이
  정지된다.
④ 옵셔널 블록 스킵(Optional Block Skip) : 선택 블록 통과(선택
  방법 : 블록 앞에 / 한다)

56 휴지(Dwell)시간 지정을 의미하는 어드레스가 아
닌 것은?

① X   ② P
③ U   ④ K

해설
휴지(Dwell)
지령한 시간 동안 이송이 정지되는 기능이다. 이 기능은 홈 가공이
나 드릴작업 등에서 간헐이송으로 칩을 절단하거나, 목표점에 도
달한 후 즉시 후퇴할 때 생기는 이송량만큼의 단차를 제거함으로써
진원도의 향상 및 깨끗한 표면을 얻기 위하여 사용한다.
어드레스 X, U 또는 P와 정지하려는 시간을 수치로 입력한다.
P는 소수점을 사용할 수 없으며, X, U는 소수점 이하 세 자리까지
유효하다.

※ 정지시간(초) = $\dfrac{60 \times 공회전수(회)}{스핀들\ 회전수(rpm)} = \dfrac{60 \times n(회)}{N(rpm)}$

예 1.5초 동안 정지시키려면 G04 X1.5; , G04 U1.5; , G04
P1500;

57 다음 프로그램에서 N90 블록을 실행할 때 주축의 회전수는 몇 rpm인가?

```
N70 G96 S157 MO3;
N80 G00 X50. Z60.;
N90 G01 Z10. F0.1;
```

① 950　　　　　　　② 1,000
③ 1,050　　　　　　④ 1,100

• G96 : 절삭속도 일정제어(m/min), M03 : 주축 정회전
• G96 S157 MO3; → 절삭속도 157m/min로 일정하게 정회전 유지
• N80 G00 X50. Z60.; → X50.으로 공작물 지름이 50mm이다.

$$※ \quad N = \frac{1,000\,V}{\pi D} = \frac{1,000 \times 157\text{m/min}}{\pi \times 50\text{mm}} = 1,000\text{rpm}$$

$$∴ \quad N = 1,000\text{rpm}$$

여기서, V : 절삭속도(m/min)
　　　　　D : 공작물의 지름(mm)
　　　　　N : 회전수(rpm)

58 CNC 공작기계에서 정보 흐름의 순서가 옳은 것은?

① 지령펄스열 → 서보구동 → 수치정보 → 가공물
② 지령펄스열 → 수치정보 → 서보구동 → 가공물
③ 수치정보 → 지령펄스열 → 서보구동 → 가공물
④ 수치정보 → 서보구동 → 지령펄스열 → 가공물

정보의 흐름 순서
수치정보 → 지령펄스열 → 서보구동 → 가공물

59 머시닝센터에서 작업평면이 Y-Z평면일 때 지령되어야 할 코드는?

① G17　　　　　　　② G18
③ G19　　　　　　　④ G20

③ G19 : Y-Z평면
① G17 : X-Y평면
② G18 : Z-X평면

60 수치제어 공작기계에서 수치제어가 뜻하는 것은?

① 수치와 부호로써 구성된 정보로 기계의 운전을 자동으로 제어하는 것
② 사람이 기계의 손잡이를 조작하여 공구 및 공작물을 이동 제어하는 것
③ 한 사람이 여러 대의 공작 기계를 운전, 조작 제어하며 작업하는 것
④ 소재의 투입부터 가공, 출고까지 관리하는 것으로 공장 전체 시스템을 무인화하는 것

• 수치제어 : 수치와 부호로써 구성된 정보로 기계의 운전을 자동으로 제어하는 것
• DNC : 한 사람이 여러 대의 공작 기계를 운전, 조작 제어하며 작업하는 것

01 강의 5대 원소에 속하지 않는 것은?

① 황(S)

② 마그네슘(Mg)

③ 탄소(C)

④ 규소(Si)

해설

탄소강에 함유된 5대 원소 : 탄소(C), 규소(Si), 망간(Mn), 인(P), 황(S)

03 원자의 배열이 불규칙한 상태의 합금은?

① 비정질합금

② 제진합금

③ 형상기억합금

④ 초소성합금

해설

• 비정질합금 : 원자 배열이 불규칙한 상태

• 형상기억합금 : 다시 열을 가하면 변형 전의 형상으로 되돌아간다.

• 제진합금 : 공진, 진폭, 진동속도를 감소시키는 재료

04 구리의 일반적인 특징으로 틀린 것은?

① 전연성이 좋다.

② 가공성이 우수하다.

③ 전기 및 열의 전도성이 우수하다.

④ 화학 저항력이 작아 부식이 잘된다.

해설

구리의 일반적인 성질

• 비중 : 8.96

• 용융점 : 1,083℃

• 비자성체, 내식성이 철강보다 우수하다.

• 전기 및 열의 양도체(전기전도율과 열전도율은 금속 중 Ag 다음)

• 전연성이 좋아 가공이 용이하다.

• 화학적 저항력이 커서 부식이 잘되지 않는다.

02 합금공구강 강재의 종류 기호에 STS 11로 표시된 기호의 주된 용도는?

① 냉간 금형용

② 열간 금형용

③ 절삭 공구강용

④ 내충격 공구강용

해설

• STS : 절삭 공구강용

• SKT : 열간 금형용

• SKS : 내충격 공구강용

05 구상흑연주철에서 구상화 처리 시 주물 두께에 따른 영향으로 틀린 것은?

① 두께가 얇으면 백선화가 커진다.

② 두께가 얇으면 구상흑연 정출이 되기 쉽다.

③ 두께가 두꺼우면 냉각속도가 느리다.

④ 두께가 두꺼우면 구상흑연이 되기 쉽다.

해설
주물 두께가 두꺼우면 구상흑연이 되기 어렵다.
구상흑연주철 : 강도와 연성 등을 개선하기 위하여 용융 상태의 주철 중에 마그네슘(Mg), 세슘(Ce) 또는 칼슘(Ca) 등을 첨가하여 편상흑연을 구상화한 것으로 노듈러 주철, 덕타일 주철 등으로 불린다. 열처리에 의하여 조직을 개선하거나 니켈, 크롬, 몰리브덴, 구리 등을 넣어 합금으로 만들어 재질을 개선하며 강도, 내마멸성, 내열성, 내식성 등이 우수하여 자동차용 주물이나 구조용 재료로 널리 사용된다.

06 기계부품이나 자동차부품 등에 내마모성, 인성, 기계적 성질을 개선하기 위한 표면경화법은?

① 침탄법   ② 항온풀림

③ 저온풀림   ④ 고온뜨임

해설
열처리의 분류

일반 열처리	항온 열처리	표면경화열처리
• 담금질(Quenching) • 뜨임(Tempering) • 풀림(Annealing) • 불림(Normalizing)	• 마켄칭 • 마템퍼링 • 오스템퍼링 • 오스포밍 • 항온풀림 • 항온뜨임	• 침탄법 • 질화법 • 화염경화법 • 고주파경화법 • 청화법

항온열처리 : 변태점 이상으로 가열한 강을 보통의 열처리와 같이 연속적으로 냉각하지 않고 열욕 중에 담금질하여 그 온도에 일정한 시간 항온으로 유지하였다가 냉각하는 열처리

07 부식을 방지하는 방법에서 알루미늄의 방식법에 속하지 않는 것은?

① 수산법   ② 황산법

③ 니켈산법   ④ 크롬산법

해설
• 니켈산법은 알루미늄의 방식법이 아니다.
• 알루미늄 표면을 적당한 전해액 중에서 양극 산화 처리하면 산화물계의 피막이 생기고, 이것을 고온 수증기 중에서 가열하여 다공성을 없게 하면 방식성이 우수한 아름다운 피막이 얻어진다. 이 방법에는 수산법, 황산법, 크롬산법 등이 있다.

08 축과 보스에 동일 간격의 홈을 만들어서 토크를 전달하는 것으로, 축방향으로 이동이 가능하고 축과 보스의 중심을 맞추기가 쉬운 기계요소는?

① 반달 키
② 접선 키
③ 원뿔 키
④ 스플라인

해설

스플라인 : 축에 여러 개의 같은 키 홈을 파서 여기에 맞는 한짝의 보스 부분을 만들어 서로 잘 미끄러져 운동할 수 있게 하고 축방향으로 이동이 가능하고 축과 보스의 중심을 맞추기가 쉬운 기계요소

키(Key)의 종류

키	정 의	그 림	비 고
새들 키 (안장 키)	축에는 키 홈을 가공하지 않고 보스에만 테이퍼진 키 홈을 만들어 때려 박는다.		축의 강도 저하가 없다.
원뿔 키	축과 보스와의 사이에 2~3곳을 축방향으로 쪼갠 원뿔을 때려 박아 고정시킨다.		–
반달 키	축에 반달모양의 홈을 만들어 반달모양으로 가공된 키를 끼운다.		축 강도 약함
스플라인	축에 여러 개의 같은 키 홈을 파서 여기에 맞는 한짝의 보스 부분을 만들어 서로 잘 미끄러져 운동할 수 있게 한 것		키보다 큰 토크 전달

※ 묻힘(Sunk) 키 : 축과 보스의 양쪽에 모두 키 홈을 가공

09 브레이크 블록의 길이와 너비가 60mm×20mm이고, 브레이크 블록을 미는 힘이 900N일 때 브레이크 블록의 평균 압력은?

① 0.75N/mm^2
② 7.5N/mm^2
③ 10.8N/mm^2
④ 108N/mm^2

해설

$$\text{블록의 평균압력(제동압력)} = \frac{\text{힘}}{\text{면적}} = \frac{900\text{N}}{60\text{mm} \times 20\text{mm}}$$
$$= 0.75\text{N/mm}^2$$

10 지름 5mm 이하의 바늘 모양 롤러를 사용하는 베어링으로서, 단위면적당 부하용량이 커서 협소한 장소에서 고속의 강한 하중이 작용하는 곳에 주로 사용하는 베어링은?

① 스러스트 롤러 베어링
② 자동 조심형 롤러 베어링
③ 니들 롤러 베어링
④ 테이퍼 롤러 베어링

해설

• 니들 롤러 베어링 : 지름 5mm 이하의 바늘 모양의 롤러를 사용한 것으로서 좁은 장소나 충격하중이 있는 곳에 사용한다.
• 자동조심 롤러 베어링 : 자동 조심 작용이 있어 축심의 어긋남을 자동적으로 조절한다. 레이디얼 부하 용량이 크고, 구면을 이용하여 양 방향의 스러스트 하중에도 견딜 수 있으므로 중하중 및 충격 하중에 적합하다.
※ 니들 롤러 베어링의 특징
  • 지름 5mm 이하의 바늘 모양의 롤러를 사용한 것
  • 리테이너는 없음
  • 내외륜이 있는 것과 내륜이 없고 축에 직접 접촉하는 구조
  • 축지름에 비하여 바깥지름이 작다.
  • 부하 용량이 크다.
  • 좁은 장소나 충격하중이 있는 곳에 사용한다.

11 전동축이 350rpm으로 회전하고, 전달 토크가 120 N·m일 때 이 축이 전달하는 동력은 약 몇 kW인가?

① 2.2   ② 4.4

③ 6.6   ④ 8.8

해설

$$H(\text{kW}) = \frac{T(\text{N} \cdot \text{m}) \times N(\text{rpm})}{9,550}$$

$$= \frac{120\text{N} \cdot \text{m} \times 350\text{rpm}}{9,550} \fallingdotseq 4.39\text{kW}$$

∴ 전달동력$(H) = 4.4\text{kW}$

※ 동력을 힘×속도로 표시할 때 사용하는 식

$$H(\text{kW}) = \frac{P(\text{N}) \times v(\text{m/s})}{1,000} = \frac{P(\text{kgf}) \times v(\text{m/s})}{102}$$

동력을 토크×각속도로 표시할 때 쓰는 식

$$H(\text{kW}) = \frac{T(\text{N} \cdot \text{m}) \times \omega(\text{rad/s})}{1,000}$$

$$= \frac{T(\text{N} \cdot \text{m}) \times \frac{2\pi}{60}N(\text{rpm})}{1,000}$$

$$= \frac{T(\text{N} \cdot \text{m}) \times N(\text{rpm})}{9,550}$$

12 두 축이 평행하지도 교차하지도 않으며 나사모양을 가진 기어로 주로 큰 감속비를 얻고자 할 때 사용하는 기어 장치는?

① 웜 기어   ② 제롤 베벨기어

③ 래크와 피니언   ④ 내접기어

해설

웜 기어 : 두 축이 평행하지도 교차하지도 않으며 주로 웜이 구동기어가 되고 웜휠은 피동기어가 되며 감속된다.

• 두 축이 서로 평행 : 스퍼기어, 래크, 내접기어, 헬리컬 기어, 더블 헬리컬 기어 등
• 두 축이 교차 : 직선 베벨기어, 스파이럴 베벨기어, 마이터 기어, 크라운 기어 등
• 두 축이 평행하지도 않고 만나지도 않는 축 : 원통 웜 기어, 장고형 기어, 나사 기어, 하이포이드 기어

13 축 방향에 큰 하중을 받아 운동을 전달하는 데 적합하도록 나사산을 사각모양으로 만들었으며, 하중의 방향이 일정하지 않고 교번하중을 받는 곳에 사용하기에 적합한 나사는?

① 볼나사   ② 사각나사

③ 톱니나사   ④ 너클나사

해설

사각나사 : 축방향의 하중을 받아 운동을 전달하는 데 적합한 나사 (나사 프레스 등 사용)

14 두 물체 사이의 거리를 일정하게 유지시키는 데 사용하는 볼트는?

① 스터드 볼트   ② 탭 볼트

③ 리머 볼트   ④ 스테이 볼트

해설

④ 스테이 볼트 : 간격 유지 볼트, 두 물체 사이의 거리를 일정하게 유지
① 스터드 볼트 : 양쪽 끝 모두 수나사로 가공한 머리 없는 볼트로, 태핑하여 암나사를 낸 몸체에 죄어 놓고 다른 쪽에는 결합할 부품을 대고 너트로 죈다.
② 탭 볼트 : 관통 볼트를 사용하기 어려울 때 결합하려는 상대쪽에 암나사를 내고, 머리붙이 볼트를 조여 부품을 결합하는 볼트(관통 구멍을 뚫을 수 없을 때)
③ 리머 볼트 : 볼트 구멍을 리머로 다듬질한 다음, 정밀 가공된 리머 볼트를 끼워 결합한다.

15 바깥지름이 500mm, 안지름이 490mm인 얇은 원통의 내부에 3MPa의 압력이 작용할 때 원주방향의 응력은 약 몇 MPa인가?

① 75 ② 147

③ 222 ④ 294

원주 방향으로 내압을 받는 경우

원주방향응력$(\sigma_1) = \dfrac{p \cdot D}{2 \cdot t} = \dfrac{3\text{N/mm}^2 \times 490\text{mm}}{2 \times 5\text{mm}}$

$\qquad\qquad\qquad = 147\text{N/mm}^2$

∴ 원주방향응력$(\sigma_1) = 147\text{N/mm}^2 = 147\text{MPa}$

여기서, p : 내압, D : 원통의 안지름, t : 판두께(500−490/2)

※ $1\text{N/mm}^2 = 1\text{MPa}$

16 다음 그림에서 A~D에 관한 설명으로 가장 옳은 것은?

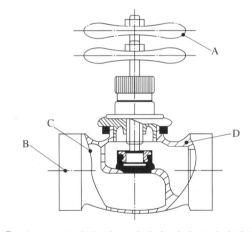

① 선 A는 물체의 이동 한계의 위치를 나타낸다.
② 선 B는 도형의 숨은 부분을 나타낸다.
③ 선 C는 대상의 앞쪽 형상을 가상으로 나타낸다.
④ 선 D는 대상이 평면임을 나타낸다.

① 가상선으로 물체의 이동 한계의 위치를 나타낸다.
② B는 물체의 중심선을 나타낸다.
③ C는 부분 단면한 파단선을 나타낸다.
④ D는 단면 부분의 해칭선을 나타낸다.

17 그림의 조립도에서 부품 ⓐ의 기능과 조립 및 가공을 고려할 때, 가장 적합하게 투상된 부품도는?

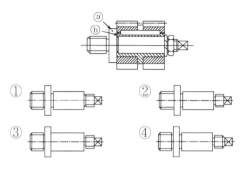

① 　 ②
③ 　 ④

18 KS 기계제도에서 도면에 기입된 길이 치수는 단위를 표기하지 않으나 실제 단위는?

① μm ② cm

③ mm ④ m

길이의 치수는 원칙적으로 mm의 단위로 기입하고, 단위 기호는 붙이지 않는다.

19 대칭형인 대상물을 외형도의 절반과 온단면도의 절반을 조합하여 표시한 단면도는?

① 계단 단면도
② 한쪽 단면도
③ 부분 단면도
④ 회전도시 단면도

해설
② 한쪽 단면 : 상하 또는 좌우 대칭인 물체는 1/4을 떼어 낸 것으로 보고 기본 중심선을 경계로 1/2은 외형, 1/2은 단면으로 동시에 나타낸다. 외형도의 절반과 온단면도의 절반을 조합하여 표시한 단면도
③ 부분 단면 : 필요한 일부분만을 파단선에 의해 그 경계를 표시하고 나타낸다.
④ 회전도시 단면 : 핸들, 벨트 풀리, 기어 등과 같은 바퀴의 암, 림, 리브, 훅, 축과 주로 구조물에 사용하는 형강 등의 절단한 모양을 90°로 회전시켜 투상도의 안이나 밖에 그리는 것

20 일반적으로 무하중 상태에서 그리는 스프링이 아닌 것은?

① 겹판 스프링
② 코일 스프링
③ 벌류트 스프링
④ 스파이럴 스프링

해설
코일 스프링은 일반적으로 무하중인 상태로 그리고, 겹판 스프링은 일반적으로 스프링 판이 수평인 상태에서 그린다.

21 그림과 같은 정투상도에서 제3각법으로 나타낼 때 평면도로 가장 옳은 것은?

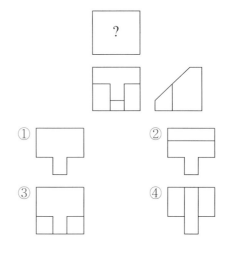

22 나사 표시 기호가 Tr10×2 로 표시된 경우 이는 어떤 나사인가?

① 미터 사다리꼴 나사
② 미니추어 나사
③ 관용 테이퍼 암나사
④ 유니파이 가는 나사

해설
나사의 종류를 표시하는 기호 및 나사의 호칭에 대한 표시 방법 (KS B 0200)

구 분	나사의 종류		나사종류 기호	나사의 호칭방법
ISO 표준에 있는 것	미터 보통 나사		M	M8
	미터 가는 나사			M8×1
	미니추어 나사		S	S0.5
	유니파이 보통 나사		UNC	3/8-16UNC
	유니파이 가는 나사		UNF	No.8-36UNF
	미터 사다리꼴 나사		Tr	Tr10×2
	관용테이퍼 나사	테이퍼 수나사	R	R3/4
		테이퍼 암나사	Rc	Rc3/4
		평행 암나사	Rp	Rp3/4

※ 사다리꼴 나사산 각이 미터계(Tr)는 30°, 인치계(TW)는 29°

23 축과 구멍의 끼워맞춤 도시 기호를 옳게 나타낸 것은?

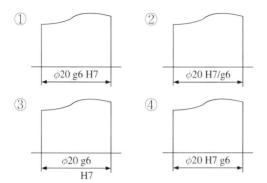

① $\phi20\ g6\ H7$

② $\phi20\ H7/g6$

③ $\phi20\ g6$
　 H7

④ $\phi20\ H7\ g6$

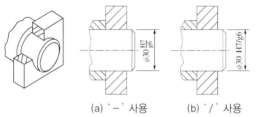
24 그림과 같은 표면의 결 도시기호의 설명으로 옳은 것은?

25

① 10점 평균 거칠기 하한값이 $25\mu\mathrm{m}$인 표면
② 10점 평균 거칠기 상한값이 $25\mu\mathrm{m}$인 표면
③ 산술 평균 거칠기 하한값이 $25\mu\mathrm{m}$인 표면
④ 산술 평균 거칠기 상한값이 $25\mu\mathrm{m}$인 표면

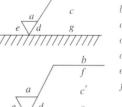
25 지정 넓이 100mm×100mm에서 평면도 허용값이 0.02mm인 것을 옳게 나타낸 것은?

① ▱ 0.02×□100
② ▱ 0.02×□10000
③ ▱ 0.02/100×100
④ ▱ 0.02×100×100

26 다음 중 바이트, 밀링 커터 및 드릴의 연삭에 가장 적합한 것은?

① 공구 연삭기 ② 성형 연삭기
③ 원통 연삭기 ④ 평면 연삭기

해설
공구 연삭기 : 바이트, 드릴, 엔드밀, 커터 등의 각종 절삭공구를 연삭하며 공구 연삭은 원통 연삭과 평면 연삭을 응용하여 연삭하는 것이다.

27 버니어 캘리퍼스의 종류가 아닌 것은?

① B형 ② M형
③ CB형 ④ CM형

해설
KS에 규정된 버니어 캘리퍼스 종류 : M1형, M2형, CB형, CM형

28 줄에 관한 설명으로 틀린 것은?

① 줄의 단면에 따라 황목, 중목, 세목, 유목으로 나눈다.
② 줄 작업을 할 때는 두 손의 절삭 하중은 서로 균형이 맞아야 정밀한 평면가공이 된다.
③ 줄 작업을 할 때 양 손은 줄의 전후 운동을 조절하고, 눈은 가공물의 윗면을 주시한다.
④ 줄의 수명은 황동, 구리합금 등에 사용할 때가 가장 길고 연강, 경강, 주철의 순서가 된다.

해설
줄눈의 거친 순서에 따라 황목, 중목, 세목, 유목으로 구분한다.
줄에 관한 설명
• 줄의 크기는 자루 부분을 제외한 줄의 전체 길이를 호칭한다.
• 황목은 눈이 거칠어 한 번에 많은 양을 절삭할 때 사용한다.
• 세목과 유목은 다듬질 작업에 사용한다.

29 공작물에 일정한 간격으로 동시에 5개의 구멍을 가공 후, 탭 가공을 하려고 할 때 가장 적합한 드릴링 머신은?

① 다두 드릴링 머신 ② 다축 드릴링 머신
③ 직립 드릴링 머신 ④ 레이디얼 드릴링 머신

해설
드릴링 머신의 종류 및 용도

종류	설명	용도	비고
탁상 드릴링 머신	드릴머신을 작업대 위에 설치하여 사용하는 소형의 드릴링 머신	소형 부품 가공에 적합	φ13mm 이하의 작은 구멍 뚫기
직립 드릴링 머신	탁상 드릴링 머신과 유사	비교적 대형 가공물 가공	주축 역회전장치로 탭가공 가능
레이디얼 드릴링 머신	구멍가공을 하기 위해 가공물은 고정시키고, 드릴이 가공 위치로 이동할 수 있는 머신 (드릴을 필요한 위치로 이동 가능)	대형 제품이나 무거운 제품에 구멍 가공	암(Arm)을 회전, 주축 헤드 암을 따라 수평 이동
다축 드릴링 머신	1대의 드릴링 머신에 다수의 스핀들을 설치하고 여러 개의 구멍을 동시에 가공	1회에 여러 개의 구멍 동시 가공	
다두 드릴링 머신	직립 드릴링 머신의 상부기구를 한 대의 드릴 머신 베드위에 여러 개를 설치한 형태	드릴가공, 탭 가공, 리머가공 등의 여러 가지 가공을 순서에 따라 연속가공	
심공 드릴링 머신	깊은 구멍 가공에 적합한 드릴링 머신	총신, 긴 축, 커넥팅 로드 등과 같이 깊은 구멍 가공	

30 결합도가 높은 숫돌을 사용하는 경우로 적합하지 않은 것은?

① 접촉면이 클 때
② 연삭깊이가 얕을 때
③ 재료 표면이 거칠 때
④ 숫돌차의 원주속도가 느릴 때

해설
결합도에 따른 경도의 선정 기준

결합도가 높은 숫돌 (단단한 숫돌)	결합도가 낮은 숫돌 (연한 숫돌)
• 연질 가공물의 연삭	• 경도가 큰 가공물의 연삭
• 숫돌차의 원주속도가 느릴 때	• 숫돌차의 원주속도가 빠를 때
• 연삭 깊이가 작을 때	• 연삭 깊이가 클 때
• 접촉 면적이 작을 때	• 접촉면이 클 때
• 가공면의 표면이 거칠 때	• 가공물의 표면이 치밀할 때

31 밀링 커터의 지름이 100mm, 한 날당 이송이 0.2mm, 커터의 날수는 10개, 커터의 회전수가 520rpm일 때, 테이블의 이송속도는 약 몇 mm/min인가?

① 640
② 840
③ 940
④ 1,040

해설
밀링 머신에서 테이블 이송속도 : $f = f_z \times z \times n$

$f = f_z \times z \times n = 0.2 \times 520 \times 10 = 1{,}040\text{mm/min}$

∴ 테이블 이송속도 $f = 1{,}040\text{mm/min}$

여기서, f : 테이블 이송속도

f_z : 1날당 이송량

n : 회전수

z : 커터의 날수

32 절삭공구의 절삭면에 평행하게 마모되는 것으로 측면과 절삭면과의 마찰에 의해 발생하는 것은?

① 치 핑
② 온도 파손
③ 플랭크 마모
④ 크레이터 마모

해설
③ 플랭크 마모(Flank Wear) : 절삭공구의 절삭면에 평행하게 마모되는 것을 의미하며, 측면과 절삭면과의 마찰에 의하여 발생한다.
① 치핑(Chipping) : 절삭공구 인선의 일부가 미세하게 탈락되는 현상이다.
④ 크레이터 마모(Crater Wear) : 칩이 처음으로 바이트 경사면에 접촉하는 접촉점은 절삭공구의 인선에서 약간 떨어져서 나타나며, 이 접촉점에서 마찰력이 작용하여 절삭공구의 상면 경사면이 오목하게 파이는 현상이다.

33 마이크로미터 및 게이지 등의 핸들에 이용되는 널링작업에 대한 설명으로 옳은 것은?

① 널링가공은 절삭가공이 아닌 소성가공법이다.
② 널링작업을 할 때는 절삭유를 공급해서는 절대 안 된다.
③ 널링을 하면 다듬질 치수보다 지름이 작아지는 것을 고려하여야 한다.
④ 널이 2개인 경우 널이 가공물의 중심선에 대하여 비대칭적으로 위치하여야 한다.

해설
널링가공의 특징
• 소성가공이기 때문에 가공물의 외경이 커지므로 커지는 만큼 외경을 미리 작게 가공한 후 널링가공하여 요구하는 치수가 되도록 가공
• 높은 압력이 작용하므로 꼭 센터로 지지하고, 절삭유를 충분히 공급하면서 가공
• 널이 2개일 경우 가공물 중심선에 대칭으로 위치시켜 가공

34 절삭공구 선단부에서 전단응력을 받으며, 항상 미끄럼이 생기면서 절삭작용이 이루어지며 진동이 작고, 가공 표면이 매끄러운 면을 얻을 수 있는 가장 이상적인 칩의 형태는?

① 균열형 칩   ② 유동형 칩
③ 열단형 칩   ④ 전단형 칩

해설

칩의 종류

종 류	유동형 칩	전단형 칩	경작형 칩	균열형 칩
정 의	칩이 경사면 위를 연속적으로 원활하게 흘러 나가는 모양으로 연속형 칩	경사면 위를 원활하게 흐르지 못할 때 발생하는 칩	가공물이 경사면에 점착되어 원활하게 흘러 나가지 못하여 가공재료 일부에 터짐이 일어나는 현상 발생	균열이 발생하는 진동으로 인하여 절삭공구 인선에 치핑 발생
재 료	연성재료 (연강, 구리, 알루미늄) 가공	연성재료 (연강, 구리, 알루미늄) 가공	점성이 큰 가공물	주철과 같이 메진 재료
절삭 깊이	작을 때	클 때	클 때	
절삭 속도	빠를 때	작을 때		작을 때
경사각	클 때	작을 때	작을 때	
비 고	가장 이상적인 칩	진동 발생, 표면거칠기 나빠짐		순간적 공구날 끝에 균열 발생

★ 칩의 종류는 자주 출제되므로 반드시 암기한다.

35 각도를 측정하는 기기가 아닌 것은?

① 사인바   ② 분도기
③ 각도 게이지   ④ 하이트 게이지

해설
- 하이트 게이지 : 높이 측정기
- 각도 측정 : 사인바, 분도기, 각도 게이지, 오토콜리메이터, 콤비네이션 세트 등

36 선반 바이트의 윗면 경사각에 대한 설명으로 틀린 것은?

① 직접 절삭저항에 영향을 준다.
② 윗면 경사각이 크면 절삭성이 좋다.
③ 공구의 끝과 일감의 마찰을 줄이기 위한 것이다.
④ 윗면 경사각이 크면 일감 표면이 깨끗하게 다듬어지지만 날 끝은 약하게 된다.

해설
- 공구의 끝과 일감의 마찰을 줄이기 위한 것은 여유각이다(너무 크면 날 끝이 약하게 된다).
- 윗면 경사각 : 절인과 경사면이 평면과 이루는 각도이다. 경사각이 크면 절삭성이 좋아지고, 가공된 면의 표면거칠기도 좋아지지만 날 끝이 약해져서 바이트의 수명이 단축된다.
- 공구의 윗면 경사각이 커지면 절삭저항은 감소한다.

37 공작기계의 급유법 중 마찰면이 넓거나 시동되는 횟수가 많을 때 저속 및 중속 축의 급유에 사용되는 급유법은?

① 강제 급유법   ② 담금 급유법
③ 분무 급유법   ④ 적하 급유법

해설
윤활제의 급유 방법
- 적하 급유법(Drop Feed Oiling) : 마찰면이 넓거나 시동되는 횟수가 많을 때, 저속 및 중속 축의 급유에 사용된다.
- 오일링(Oiling) 급유법 : 고속 주축에 급유를 균등하게 할 목적으로 사용한다.
- 강제 급유법(Circulating Oiling) : 순환펌프를 이용하여 급유하는 방법으로, 고속회전할 때 베어링 냉각효과에 경제적인 방법이다.
- 패드 급유법(Pad Oiling) : 무명이나 털 등을 섞어 만든 패드 일부를 오일 통에 담가 저널의 아랫면에 모세관 현상으로 급유하는 방법이다.

38 방전 가공용 전극 재료의 조건으로 틀린 것은?

① 가공 정밀도가 높을 것
② 가공 전극의 소모가 많을 것
③ 구하기 쉽고 값이 저렴할 것
④ 방전이 안전하고 가공속도가 클 것

해설

전극 재료의 조건

- 가공 전극의 소모가 적을 것
- 방전이 안전하고 가공속도가 클 것
- 가공 정밀도가 높을 것
- 기계가공이 쉬울 것
- 구하기 쉽고 값이 저렴할 것

39 탄화물 분말인 W, Ti, Ta 등을 Co나 Ni분말과 혼합하여 고온에서 소결한 것으로 고온 · 고속 절삭에도 높은 경도를 유지하는 절삭공구 재료는?

① 세라믹
② 고속도강
③ 주조합금
④ 초경합금

해설

④ 초경합금 : W, Ti, Mo, Zr 등의 경질합금 탄화물 분말을 Co, Ni을 결합제로 하여 1,400℃ 이상의 고온으로 가열하면서 프레스로 소결성형한 절삭공구이다.

① 세라믹 : 산화알루미늄(Al_2O_3) 분말을 주성분으로, 마그네슘(Mg), 규소(Si) 등의 산화물과 미량의 다른 원소를 첨가하여 1,500℃에서 소결한 절삭공구이다.

② 고속도강(High Speed Steel) : W, Cr, V, Co 등의 합금강으로서 담금질 및 뜨임처리하면 600℃ 정도까지 경도를 유지하며 고온 경도가 높고 내마모성이 우수하다. 절삭속도가 탄소공구강에 비해 2배 이상이다.

③ 주조경질합금 : 대표적인 것으로 스텔라이트가 있으며, 주성분은 W, Cr, Co, Fe이며, 주조합금이다. 스텔라이트는 상온에서 고속도강보다 경도가 낮으나 고온에서는 오히려 경도가 높아지기 때문에 고속도강보다 고속절삭용으로 사용된다. 850℃까지 경도와 인성이 유지되며, 단조나 열처리가 되지 않는 특징이 있다.

40 다음 중 밀링작업에서 분할대를 이용하여 직접 분할이 가능한 가장 큰 분할수는?

① 40 ② 32
③ 24 ④ 15

해설

직접 분할이 가능한 수 : 24, 12, 8, 6, 4, 3, 2

분할 가공 방법

- 직접 분할법 : 분할대 주축 앞면에 있는 직접 분할판을 이용하여 단순분할(24의 약수, 즉 24, 12, 8, 6, 4, 3, 2등분 가능)
- 단식 분할법 : 직접 분할법으로 불가능하거나 또는 분할이 정밀해야 할 경우(2~60 사이의 모든 정수, 60~120 사이의 2와 5의 배수 등)
- 차동 분할법 : 직접, 단식 분할법으로 분할할 수 없는 분할(단식 분할법으로 분할할 수 없는 61 이상의 소수나 특수한 수의 분할을 2종 운동의 복합운동으로 분할하는 방법이다. 127은 차동 분할법으로 분할 가능)

41 밀링머신의 부속장치에 속하는 것은?

① 돌리개 ② 맨드릴
③ 방진구 ④ 분할대

해설

선반과 밀링의 부속품

선반의 부속품	밀링의 부속품
방진구, 맨드릴, 센터, 면판, 돌림판과 돌리개, 척 등	분할대, 바이스, 회전 테이블, 슬로팅장치 등

정답 38 ② 39 ④ 40 ③ 41 ④

42 선반 주축대 내부의 테이퍼로 적합한 것은?

① 모스 테이퍼(Morse Taper)

② 내셔널 테이퍼(National Taper)

③ 보틀그립 테이퍼(Bottle Grip Taper)

④ 브라운샤프 테이퍼(Brown & Sharpe Taper)

해설
주축 끝단 구멍에는 센터를 고정할 수 있도록 테이퍼로 되어 있으며, 주축에 사용하는 테이퍼는 모스 테이퍼(Morse Taper)이다.

43 다음은 원 가공을 위한 머시닝센터 가공도면 및 프로그램을 나타낸 것이다. ( ) 안에 들어갈 내용으로 옳은 것은?

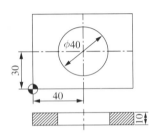

```
G00 G90 X40. Y30.;
G01 Z-10. F90;
G41 Y50. D01;
G03 (   );
G40 G01 Y30.;
G00 Z100.;
```

① I-20.

② I20.

③ J-20.

④ J20.

해설
문제에서 반시계방향(G03) 원호가공이며, 원호가공 시작점(Y50)에서 원호 중심(Y30)까지 벡터값은 J-20이 된다.
※ I, J는 원호의 시작점에서 원호 중심까지의 벡터값이다.

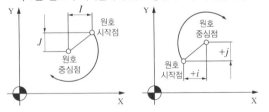

44 머시닝센터에서 "G03 X_Z_R_F_;"로 가공하고자 한다. 알맞은 평면지정은?

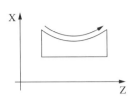

① G17

② G18

③ G19

④ G20

해설
G17 : X-Y평면, G18 : Z-X평면, G19 : Y-Z평면

45 다음과 같이 CNC 선반에 사용되는 휴지(Dwell) 기능을 나타낸 명령에서 밑줄 친 곳에 사용할 수 없는 어드레스는?

G04 ___;

① G

② P

③ U

④ X

해설
• 휴지(Dwell) : 지령한 시간 동안 이송이 정지되는 기능이다. 이 기능은 홈 가공이나 드릴작업 등에서 간헐이송으로 칩을 절단하거나, 목표점에 도달한 후 즉시 후퇴할 때 생기는 이송량만큼의 단차를 제거함으로써 진원도의 향상 및 깨끗한 표면을 얻기 위하여 사용한다.
• 어드레스 X, U 또는 P와 정지하려는 시간을 수치로 입력한다. P는 소수점을 사용할 수 없으며, X, U는 소수점 이하 세 자리까지 유효하다.

$$정지시간(초) = \frac{60 \times 공회전수(회)}{스핀들\ 회전수(rpm)} = \frac{60 \times n(회)}{N(rpm)}$$

예 1.5초 동안 정지시키려면 G04 X1.5; , G04 U1.5; , G04 P1500;

46 CNC 선반에서 나사가공과 관계없는 G코드는?

① G32　　　　　② G75

③ G76　　　　　④ G92

해설
- G75(X방향 홈 가공 사이클)
- G32(나사절삭), G76(나사절삭 사이클-복합형), G92(나사절삭 사이클-단일형)

47 CNC 공작기계의 구성과 인체를 비교하였을 때 가장 적절하지 않은 것은?

① CNC 장치 – 눈

② 유압유닛 – 심장

③ 기계 본체 – 몸체

④ 서보모터 – 손과 발

해설
- CNC 장치 : 머리
- CNC 공작기계 구성요소 : 정보처리회로(CNC 장치), 데이터의 입출력장치, 강전 제어반, 유압유닛, 서보모터, 기계 본체 등
- ※ 서보구동부 : 사람의 손과 발에 해당되며, 두뇌에 해당하는 정보처리부의 명령에 따라 수치제어 공작기계의 주축, 테이블 등을 움직이는 역할을 한다.

48 CNC 공작기계에 주로 사용되는 방식으로, 모터에 내장된 태코제너레이터에서 속도를 검출하고, 인코더에서 위치를 검출하여 피드백하는 NC 서보기구의 제어방식은?

① 개방회로 방식(Open Loop System)

② 폐쇄회로 방식(Closed Loop System)

③ 반개방회로 방식(Semi-open Loop System)

④ 반폐쇄회로 방식(Semi-closed Loop System)

해설
CNC의 서보기구를 위치 검출방식 ★ 자주 출제되니 반드시 암기
- 폐쇄회로 방식 : 모터에 내장된 태코제너레이터에서 속도를 검출하고, 기계의 테이블에 부착한 스케일에서 위치를 검출(로터리 인코더)하여 피드백시키는 방식이다.
- 반폐쇄회로 방식 : 모터에 내장된 태코제너레이터(펄스제너레이터)에서 속도를 검출하고, 인코더에서 위치를 검출하여 피드백하는 제어방식이다.
- 개방회로방식 : 피드백 장치 없이 스테핑 모터를 사용한 방식으로 실용화되었으나, 피드백 장치가 없기 때문에 가공 정밀도에 문제가 있어 현재는 거의 사용되지 않는다.
- 복합회로(하이브리드) 방식 : 반폐쇄회로 방식과 폐쇄회로 방식을 결합하여 고정밀도로 제어하는 방식으로, 가격이 고가이므로 고정밀도를 요구하는 기계에 사용된다.

49 CNC 선반 프로그램에서 G50의 기능에 대한 설명으로 틀린 것은?

① 주축 최고 회전수 제한기능을 포함한다.

② One Shot 코드로서 지령된 블록에서만 유효하다.

③ 좌표계 설정기능으로 머시닝센터에서 G92(공작물좌표계 설정)의 기능과 같다.

④ 비상 정지 시 기계원점 복귀나 원점 복귀를 지령할 때의 중간 경유 지점을 지정할 때에도 사용한다.

해설
- G28 : 비상 정지 시 기계원점 복귀나 원점 복귀를 지령할 때의 중간 경유 지점을 지정할 때 사용한다.
- G50 : 공작물 좌표계와 주축 최고회전수를 설정한다.
- G50 S2000; → S2000으로 주축 최고회전수는 2,000rpm으로 제한한다.
- G50은 One Shot 코드로 지령된 블록에서만 유효하다.

50 머시닝센터 작업 중 절삭 칩이 공구나 일감에 부착되는 경우의 해결 방법으로 잘못된 것은?

① 장갑을 끼고 수시로 제거한다.
② 고압의 압축 공기를 이용하여 불어 낸다.
③ 칩이 가루로 배출되는 경우는 집진기로 흡입한다.
④ 많은 양의 절삭유를 공급하여 칩이 흘러내리게 한다.

해설

범용공작기계(선반, 밀링, 연삭 등) 및 CNC 선반, 머시닝센터 작업 시에는 절대로 장갑을 착용하지 않는다.
★ 안전사항 문제에서 "장갑을 착용한다."는 정답일 가능성이 많다. 안전 사항은 반드시 1~2문제 정도 나오니 여러 유형의 안전사항 문제를 풀어보도록 한다.

51 머시닝센터에서 공구길이 보정량이 −20이고, 보정번호 12번에 설정되어 있을 때 공구길이 보정을 올바르게 지령한 것은?

① G41 D12;   ② G42 D20;
③ G44 H12;   ④ G49 H−20;

해설

G44 H12; : 공구길이 보정량이 −20이고, 보정번호가 12번으로 설정
• G43 : +방향 공구길이 보정(+방향으로 이동)
• G44 : −방향 공구길이 보정(−방향으로 이동)
• G49 : 공구길이 보정 취소
• 기준 공구와의 길이 차이값을 입력시키는 방법에는 +보정(G43)과 −보정(G44)의 두 가지가 있다. 보통 G43을 많이 사용하며, 기준 공구보다 짧은 경우 보정값 앞에 −부호를 붙여 입력한다.

52 다음 중 CNC프로그램에서 워드(Word)의 구성으로 옳은 것은?

① 데이터(Data) + 데이터(Data)
② 블록(Block) + 어드레스(Address)
③ 어드레스(Address) + 데이터(Data)
④ 어드레스(Address) + 어드레스(Address)

해설

워드(Word) : 어드레스(Address) + 데이터(Data)

53 다음과 같은 사이클 가공에서 지령워드의 설명이 틀린 것은?

```
G90 X(U)__Z(W)__I(R)__F__;
```

① F : 나사의 피치(리드) 지령값
② I(R) : 테이퍼 지령 X축 반경값
③ Z(W) : Z축 방향의 절삭 지령값
④ X(U) : X축 방향의 직경 지령값

해설

안·바깥지름 절삭 사이클(G90)

```
G90 X(U)___ Z(W)___ F__; (직선 절삭)
G90 X(U)___ Z(W)___ I(R)___ F__; (테이퍼 절삭)
```

• X(U)___ Z(W)___ : 가공 종점의 좌표를 입력한다.
• I(R) : 테이퍼 절삭을 할 때, X축 기울기 양을 지정한다(반지름 지정). I는 11T에 적용하고, R은 11T가 아닌 경우에 적용한다.
• F : 이송속도를 나타낸다.

54 다음은 CNC 선반 프로그램의 설명이다. Ⓐ와 Ⓑ에 들어갈 코드로 옳은 것은?

> Ⓐ X160.0 Z160.0 S1500 T0100;
> // 설명 : 좌표계 설정
> Ⓑ S150 M03;
> // 설명 : 절삭속도 150m/min로 주축 정회전

① Ⓐ : G03, Ⓑ : G97

② Ⓐ : G30, Ⓑ : G96

③ Ⓐ : G50, Ⓑ : G96

④ Ⓐ : G50, Ⓑ : G98

해설

G50 : 공작물 좌표계 설정, 주축 최고회전수 설정
• G50 X160.0 Z160.0 S1500 T0100; → S1500으로 주축 최고회 전수는 1,500rpm으로 설정
G96 : 절삭속도(m/min)를 일정하게 제어
• G96 S150 M03; → 주축을 정회전으로 150m/min으로 일정하게 유지
G97 : 주축 회전수(rpm) 일정 제어
M03 : 주축 정회전

55 CNC 프로그램에서 보조 프로그램에 대한 설명으로 틀린 것은?

① 보조 프로그램의 마지막에는 M99가 필요하다.

② 보조 프로그램을 호출할 때는 M98을 사용한다.

③ 보조 프로그램은 다른 보조 프로그램을 가질 수 있다.

④ 주프로그램은 오직 하나의 보조 프로그램만 가질 수 있다.

해설

주프로그램은 여러 개의 보조 프로그램을 가질 수 있다.
보조 프로그램 : 프로그램 중에 어떤 고정된 형태나 계속 반복되는 패턴이 있을 때 이것을 미리 보조 프로그램으로 작성하여 메모리에 등록하여 두고 필요시 호출하여 사용함으로써 프로그램을 간단히 할 수 있다.
• M98 : 보조 프로그램을 호출한다.
• M99 : 보조 프로그램을 종료(보조 프로그램에서 주프로그램으로 돌아간다)한다.
• 보조 프로그램은 주프로그램과 같으나 마지막에 M99로 프로그램을 종료한다.
• 보조 프로그램은 자동운전에서만 호출하여 사용한다.
• 보조 프로그램에서는 좌표계 설정을 할 수 있다.

56 CNC 선반 프로그램에서 사용되는 공구보정 중 주로 외경에 사용되는 우측 보정 준비 기능의 G코드는?

① G40

② G41

③ G42

④ G43

해설

③ G42 : 공구 반경 보정(우측)
① G40 : 공구 반경 보정 취소
② G41 : 공구 반경 보정(좌측)

57 프로그램을 컴퓨터의 기억장치에 기억시켜 놓고, 통신선을 이용해 1대의 컴퓨터에서 여러 대의 CNC 공작기계를 직접 제어하는 것을 무엇이라 하는가?

① ATC   ② CAM

③ DNC   ④ FMC

해설
- DNC는 CAD/CAM 시스템과 CNC 기계를 근거리 통신망(LAN)으로 연결하여 1대의 컴퓨터에서 여러 대의 CNC 공작기계에 데이터를 분배하여 전송함으로써 동시에 운전할 수 있는 방식을 말한다.
- ATC : 자동공구교환장치
- FMC : 복합가공
- FMS(유연생산시스템), CIMS(컴퓨터 통합 가공시스템)

58 CNC 기계 조작반의 모드 선택 스위치 중 새로운 프로그램을 작성하고 등록된 프로그램을 삽입, 수정, 삭제할 수 있는 모드는?

① AUTO   ② EDIT

③ JOG   ④ MDI

해설
② EDIT : 새로운 프로그램을 작성하고, 메모리에 등록된 프로그램을 편집(삽입, 수정, 삭제)할 수 있다.
① AUTO : 프로그램을 자동운전할 때 사용한다.
③ JOG : JOG버튼으로 공구를 수동으로 이송시킬 때 사용한다.
④ MDI : 반자동모드라고 하며 1~2개 블록의 짧은 프로그램을 입력하고 바로 실행할 수 있는 모드로, 간단한 프로그램을 편집과 동시에 시험적으로 시행할 때 사용한다.

59 밀링 작업을 할 때의 안전수칙으로 가장 적합한 것은?

① 가공 중 절삭면의 표면 조도는 손을 이용하여 확인하면서 작업한다.

② 절삭 칩의 비산 방향을 마주 보고 보안경을 착용하여 작업한다.

③ 밀링 커터나 아버를 설치하거나 제거할 때는 전원 스위치를 킨 상태에서 작업한다.

④ 절삭 날은 양호한 것을 사용하며, 마모된 것은 재연삭 또는 교환하여야 한다.

해설
① 가공 후 기계가 완전히 정지하면 절삭면의 표면 조도를 손을 이용하여 확인한다.
② 절삭 칩의 비산 방향을 마주 보지 않고 절삭 시 안전을 위해 보안경을 착용하고 작업한다.
③ 밀링 커터나 아버를 설치하거나 제거할 때는 전원 스위치를 끈 상태에서 작업한다.

60 CNC 공작기계의 안전에 관한 사항으로 틀린 것은?

① 비상 정지 버튼의 위치를 숙지한 후 작업한다.

② 강전반 및 CNC 장치는 어떠한 충격도 주지 말아야 한다.

③ 강전반 및 CNC 장치는 압축 공기를 사용하여 항상 깨끗이 청소한다.

④ MDI로 프로그램을 입력할 때 입력이 끝나면 반드시 확인하여야 한다.

해설
강전반 및 NC 유닛은 압축 공기를 사용하여 청소하지 않는다.

01 보통주철에 비하여 규소가 적은 용선에 적당량의 망간을 첨가하여 금형에 주입하면 금형에 접촉된 부분은 급랭되어 아주 가벼운 백주철로 되는데 이러한 주철을 무엇이라고 하는가?

① 가단주철
② 칠드주철
③ 고급주철
④ 합금주철

해설
② 칠드주철 : 보통주철보다 규소(Si) 함유량을 적게 하고 적당량의 망간을 첨가한 쇳물을 금형 또는 칠드 메탈이 붙어 있는 모래형에 주입한 후 필요한 부분만 급랭시키면 표면만 단단하게 되고 내부는 회주철이 되므로 강인한 성질을 가지는 주철이 된다.
① 가단주철 : 주철의 결점인 여리고 약한 인성을 개선하기 위하여 열처리에 의하여 편상흑연을 괴상화하여 강도와 연성을 향상시킨 것이다. 먼저 백주철의 주물을 만들고, 이것을 장시간 열처리하여 탄소를 분해시켜 탈탄 또는 흑연화하여 인성 또는 연성을 증가시킨 주철로 단조가 가능하다.

02 연신율과 단면 수축률을 시험할 수 있는 재료시험기는?

① 피로시험기
② 충격시험기
③ 인장시험기
④ 크리프시험기

해설
③ 인장시험기 : 재료의 항복점, 탄성한도, 인장강도, 연신율, 단면 수축률 등을 측정
※ 만능재료시험기로는 인장시험뿐만 아니라 압축, 굽힘 항복 등의 시험을 할 수 있다.
※ 크리프(Creep) : 재료에 높은 온도로 큰 하중을 일정하게 적용시키면 재료 내의 응력이 일정함에도 불구하고 시간의 경과에 따라 변형률이 점차 증가하는 현상

03 베어링재료의 구비조건이 아닌 것은?

① 융착성이 좋을 것
② 피로강도가 클 것
③ 내식성이 강할 것
④ 내열성을 가질 것

해설
베어링재료의 구비조건
• 충격하중 및 내식성이 강할 것
• 가공이 쉽고 내열성을 가질 것
• 부식 및 내식성이 강할 것
• 마모가 적고 피로강도가 클 것
• 융착성이 좋지 않을 것

04 스테인리스강의 종류에 해당되지 않는 것은?

① 페라이트계 스테인리스강
② 펄라이트계 스테인리스강
③ 마텐자이트계 스테인리스강
④ 오스테나이트계 스테인리스강

해설
스테인리스강의 종류(페-오-마)
• 페라이트계 스테인리스강(고크롬계)
• 오스테나이트계 스테인리스강(고크롬, 고니켈계)
• 마텐자이트계 스테인리스강(고크롬, 고탄소계)

05 펄라이트주철이며 흑연을 미세화시켜 인장강도를 245MPa 이상으로 강화시킨 주철로서 피스톤에 가장 적합한 주철은?

① 보통주철 ② 고급주철
③ 구상흑연주철 ④ 가단주철

해설
• 고급주철 : 인장강도 245MPa 이상인 주철, 강력하고 내마멸성이 요구되는 곳에 이용된다. 이 주철의 조직은 흑연이 미세하고 균일하게 활 모양으로 구부러져 분포되어 있으며, 바탕은 펄라이트조직으로 되어 있다.
• 미하나이트주철 : 가장 널리 알려져 있는 고급주철
• 가단주철 : 1번 해설 참고

06 주석(Sn), 아연(Zn), 납(Pb), 안티몬(Sb)의 합금으로, 주석계 메탈을 배빗메탈이라 하며 내연기관을 비롯한 각종 기계의 베어링에 가장 널리 사용되는 것은?

① 켈 밋 ② 합성수지
③ 트리메탈 ④ 화이트메탈

해설
• 베어링 합금의 화이트메탈에는 Sn계와 Pb계가 있는데, Sn-Sb-Cu계의 배빗메탈이라고도 한다.
• Cu-Pb합금(켈밋) : 구리계 베어링 합금

07 표준조성이 Cu-4%, Ni-2%, Mg-1.5% 함유하고 있는 Al-Cu-Ni-Mg계의 알루미늄합금은?

① Y합금 ② 문쯔메탈
③ 활자합금 ④ 엘린바

해설
Y합금(알-구-니-마)
• 표준조성 : 4%Cu + 2%Ni + 1.5%Mg
• 내열성이 좋아 자동차, 항공기용 엔진의 공랭 실린더 헤드와 피스톤에 사용된다.
두랄루민(알-구-마-망) : Al + Cu + Mg + Mn의 합금으로 가벼워서 항공기나 자동차 등에 사용된다.
문쯔메탈(Muntz Metal) : 6·4황동으로 열교환기, 파이프, 밸브, 탄피 등에 사용된다.

08 평벨트 전동장치와 비교하여 V벨트 전동장치의 장점에 대한 설명으로 틀린 것은?

① 엇걸기로도 사용이 가능하다.
② 미끄럼이 적고 속도비를 크게 할 수 있다.
③ 운전이 정숙하고 충격을 완화하는 작용을 한다.
④ 비교적 작은 장력으로 큰 회전력을 전달할 수 있다.

해설
V벨트 전동의 특징
• 홈의 양면에 밀착되므로 마찰력이 평벨트보다 크다.
• 미끄럼이 적어 비교적 작은 장력으로 큰 회전력을 전달할 수 있다.
• 평벨트와 같이 벗겨지는 일이 없다.
• 이음매가 없어 운전이 정숙하고, 충격을 완화하는 작용을 한다.
• 고속운전이 가능하다.
• 설치 면적이 좁으므로 사용이 편리하다.
• 접촉 면적이 넓으므로 큰 동력을 전달한다.
• 지름이 작은 풀리에도 사용할 수 있다.
• 엇걸기는 불가능하다.

09 12kN · m의 토크를 받는 축의 지름은 약 몇 mm 이상이어야 하는가?(단, 허용 비틀림 응력은 50 MPa이라 한다)

① 84   ② 107

③ 126   ④ 145

해설

축 지름$(d) = \sqrt[3]{\dfrac{16T}{\pi \tau_a}} = \sqrt[3]{\dfrac{5.1\,T}{\tau_a}} = \sqrt[3]{\dfrac{5.1 \times 12 \times 10^3 \text{N} \cdot \text{m}}{50 \text{N/mm}^2}}$

$= \sqrt[3]{\dfrac{5.1 \times 12 \times 10^3 \times 10^3 \text{N} \cdot \text{mm}}{50 \text{N/mm}^2}}$

$= \sqrt[3]{1,224,000} \fallingdotseq 107 \text{mm}$

∴ 축지름$(d) = 107\text{mm}$

여기서, T : 토크(N · m), τ_a : 허용비틀림응력(MPa)

※ $50\text{MPa} = 50\text{N/mm}^2$

10 나사의 풀림방지법에 속하지 않는 것은?

① 스프링 와셔를 사용하는 방법

② 로크 너트를 사용하는 방법

③ 부시를 사용하는 방법

④ 자동조임 너트를 사용하는 방법

해설

부시는 나사의 풀림방지에 사용되지 않는다.

볼트, 너트의 풀림방지

• 로크 너트에 의한 방법

• 자동조임 너트에 의한 방법

• 분할 핀에 의한 방법

• 와셔에 의한 방법

• 멈춤 나사에 의한 방법

• 철사를 이용하는 방법

11 둥근 봉을 비틀 때 생기는 비틀림 변형을 이용하여 만드는 스프링은?

① 코일 스프링   ② 벌류트 스프링

③ 접시 스프링   ④ 토션바

해설

④ 토션바 : 원형봉에 비틀림 모멘트를 가하면 비틀림 변형이 생기는 원리를 이용한 스프링

① 코일 스프링 : 하중의 방향에 따라 압축 코일 스프링과 인장 코일 스프링으로 분류

② 벌류트 스프링 : 태엽 스프링을 축방향으로 감아올려 사용하는 것으로 압축용으로 쓰임

12 애크미 나사라고도 하며 나사산의 각도가 인치계에서는 29°이고, 미터계에서는 30°인 나사는?

① 사다리꼴 나사   ② 미터 나사

③ 유니파이 나사   ④ 너클 나사

해설

① 사다리꼴 나사 : 애크미 나사라고도 하며, 이 나사는 스러스트를 전달하는 부품에 적합하며, 사각 나사보다 강도가 높고 나사 봉우리와 골 사이에 틈새가 있으므로 물림이 좋으며 마모가 되어도 어느 정도 조정할 수가 있어 공작기계의 이송 나사, 밸브의 개폐용, 잭, 프레스 등의 축력을 전달하는 운동용 나사로 사용된다. 사다리꼴 나사산 각은 미터계(Tr)에서 30°, 인치계(TW)에서 29°이다.

④ 너클 나사 : 둥근 나사라고도 하며, 먼지, 모래 등의 이물질이 나사산을 통하여 들어갈 염려가 있을 때 사용한다.

13 모듈 5이고, 잇수가 각각 40개와 60개인 한 쌍의 표준스퍼기어에서 두 축의 중심거리는?

① 100mm   ② 150mm
③ 200mm   ④ 250mm

해설

두 기어의 중심거리 $(C) = \dfrac{D_1 + D_2}{2} = \dfrac{m(Z_1 + Z_2)}{2}$

$= \dfrac{5(40 + 60)}{2} = 250\,\mathrm{mm}$

∴ 중심거리 $(C) = 250\,\mathrm{mm}$

여기서, m : 모듈, Z_1, Z_2 : 잇수

14 고압탱크나 보일러의 리벳이음 주위에 코킹(Caulking)을 하는 주목적은?

① 강도를 보강하기 위해서
② 기밀을 유지하기 위해서
③ 표면을 깨끗하게 유지하기 위해서
④ 이음 부위의 파손을 방지하기 위해서

해설

코킹 : 리베팅에서 기밀을 유지하기 위한 작업으로 리베팅이 끝난 뒤에 리벳머리의 주위 또는 강판의 가장자리를 정으로 때려 그 부분을 밀착시켜서 틈을 없애는 작업이다.

15 SI단위계의 물리량과 단위가 틀린 것은?

① 힘-N
② 압력-Pa
③ 에너지-dyne
④ 일률-W

해설

에너지 - J(줄)

16 기계제도에서 사용되는 재료 기호 SM20C의 의미는?

① 기계 구조용 탄소강재
② 합금공구강강재
③ 일반 구조용 압연강재
④ 탄소공구강강재

해설

• 기계 구조용 탄소강재(SM20C)
• 일반 구조용 압연강재(SS330)
• 탄소공구강강재(STC)
• 합금공구강강재(STS)

17 투상법을 나타내는 기호 중 제3각법을 의미하는 기호는?

①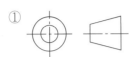

②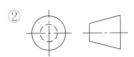

③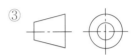

④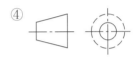

18 제3각법에 의한 그림과 같은 정투상도의 입체도로 가장 적합한 것은?

19 다음 중 스퍼기어의 도시법으로 옳은 것은?

① 잇봉우리원은 가는 실선으로 그린다.

② 잇봉우리원은 굵은 실선으로 그린다.

③ 이골원은 가는 1점쇄선으로 그린다.

④ 이골원은 가는 2점쇄선으로 그린다.

20 면의 지시 기호에 대한 각 지시 기호의 위치에서 가공 방법을 표시하는 위치로 옳은 것은?

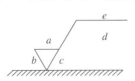

① a ② c

③ d ④ e

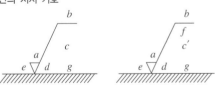

21 다음 그림에 대한 설명으로 옳은 것은?

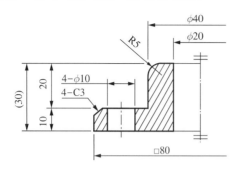

① 참고치수로 기입한 곳이 2곳이 있다.

② 45° 모따기의 크기는 4mm이다.

③ 지름이 10mm인 구멍이 한 개 있다.

④ □80은 한 변의 길이가 80mm인 정사각형이다.

① 참고치수로 기입한 곳은 1개소이다. → (30)
② 45° 모따기의 크기는 3mm이다. → 4-C3
③ 지름이 10mm인 구멍이 4개이다. → 4-ϕ10

22 30° 사다리꼴 나사의 종류를 표시하는 기호는?

① Rc   ② Rp

③ TW   ④ Tr

사다리꼴 나사산 각이 미터계(Tr)는 30°, 인치계(TW)는 29°이다.
① Rc : 관용 테이퍼 나사(테이퍼 암나사)
② Rp : 관용 테이퍼 나사(평행 암나사)

23 그림과 같은 치수기입법의 명칭은?

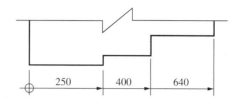

① 직렬치수기입법   ② 누진치수기입법

③ 좌표치수기입법   ④ 병렬치수기입법

치수의 배치방법
• 직렬치수기입(a) : 직렬로 연결된 치수에 주어진 일반공차가 차례로 누적되어도 좋은 경우에 사용(치수를 기입할 때에는 치수공차가 누적된다)
• 병렬치수기입(b) : 기준면을 설정하여 개개별로 기입되는 방법으로, 각 치수의 일반공차는 다른 치수의 일반공차에 영향을 주지 않는다.
• 누진치수기입(c) : 치수공차에 관하여 병렬치수기입과 완전히 동등한 의미를 가지면서, 하나의 연속된 치수선으로 간편하게 표시한다.

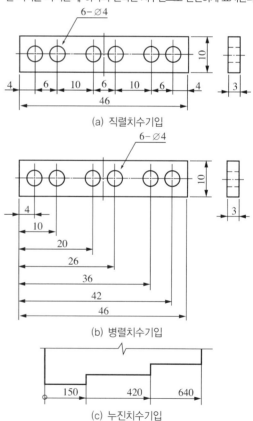

(a) 직렬치수기입

(b) 병렬치수기입

(c) 누진치수기입

24 그림과 같이 키 홈, 구멍 등 해당 부분 모양만을 도시하는 것으로 충분한 경우 사용하는 투상도로 투상관계를 나타내기 위하여 주된 그림에 중심선, 기준선, 치수 보조선 등을 연결하여 나타내는 투상도는?

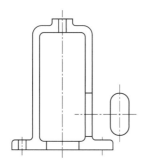

① 가상투상도
② 요점투상도
③ 국부투상도
④ 회전투상도

③ 국부투상도 : 대상물의 구멍, 홈 등과 같이 한 부분의 모양을 도시하는 것으로 충분한 경우에는 그 필요한 부분만을 국부투상도로 도시한다. 또한, 투상관계를 나타내기 위하여 원칙적으로 주투상도에 중심선, 기준선, 치수보조선 등으로 연결한다.
④ 회전투상도 : 대상물의 일부가 각도를 갖고 있을 때, 실제 모양을 나타내기 위해 그 부분을 회전시켜 실제 모양을 나타낸다.

25 기계부품을 조립하는 데 있어서 치수공차와 기하공차의 호환성과 관련한 용어 설명 중 옳지 않은 것은?

① 최대실체조건(MMC)은 한계치수에서 최소구멍 지름과 최대축지름과 같이 몸체의 형체의 실체가 최대인 조건
② 최대실체가상크기(MMVS)는 같은 몸체 형체의 유도 형체에 대해 주어진 몸체 형체와 기하공차의 최대실체 크기의 집합적 효과에 의해서 만들어진 크기
③ 최대실체요구사항(MMR)은 LMVS와 같은 본질적 특성(치수)에 대해 주어진 값을 가지고 있으며, 같은 형식과 완전한 형상의 기하학적 형체를 정의하는 몸체 형체에 대한 요구사항으로 실체의 내부에 비이상적 형체를 제한
④ 상호요구사항(RPR)은 최대실체요구사항(MMR) 또는 최소실체요구사항(LMR)에 부가함으로써 사용되는 몸체 형체에 대한 부가적 요구사항

최대실체요구사항(MMR)은 MMVS와 같은 본질적 특성(치수)에 대해 주어진 값을 가지고 있으며, 같은 형식과 완전한 형상의 기하학적 형체를 정의하는 몸체 형체에 대한 요구사항으로 실체의 내부에 비이상적 형체를 제한한다.

26 다음 중 한계 게이지에 속하는 것은?

① 사인바   ② 마이크로미터
③ 플러그 게이지   ④ 버니어 캘리퍼스

• 한계 게이지 : 구멍용(플러그 게이지), 축용(스냅 게이지)
• 각도측정 : 사인바, 오토콜리메이터, 콤비네이션 세트, 수준기 등

27 다음 그림과 같은 공작물의 테이퍼를 심압대를 이용하여 가공할 때 편위량은 몇 mm인가?

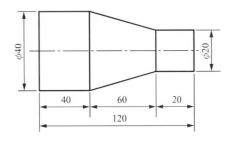

① 20

② 30

③ 40

④ 60

해설
- 심압대를 편위시키는 방법(테이퍼가 작고 길이가 길 경우에 사용하는 방법)
- 심압대 편위량 구하는 계산식

$$e = \frac{(D-d) \times L}{2 \times l} = \frac{(40-20) \times 120}{2 \times 60} = 20mm$$

$$\therefore e = 20mm$$

여기서, L : 가공물의 전체 길이, e : 심압대의 편위량
D : 테이퍼의 큰 지름, d : 테이퍼의 작은 지름
l : 테이퍼의 길이

선반에서 테이퍼 가공방법
- 복식공구대를 경사시키는 방법
- 심압대를 편위시키는 방법
- 테이퍼 절삭장치를 이용하는 방법
- 총형 바이트를 이용하는 방법

28 밀링머신에서 소형 공작물을 고정할 때 주로 사용하는 부속품은?

① 바이스

② 어댑터

③ 마그네틱 척

④ 슬로팅장치

해설
① 바이스 : 밀링머신에서 소형 공작물 고정 시 사용하는 부속품
③ 마그네틱 척 : 전자석을 이용하여 얇은 판, 피스톤 링과 같은 가공물을 변형시키지 않고, 고정시켜 가공할 수 있는 자성체 척이다.
④ 슬로팅장치 : 니형 밀링 머신의 칼럼 앞면에 주축과 연결하여 사용하며 주축의 회전운동을 공구대 램의 직선 왕복운동으로 변화시킨다. 바이트를 사용하여 직선 절삭이 가능하다(키, 스플라인, 세레이션, 기어가공 등).

29 마찰면이 넓거나 시동되는 횟수가 많을 때 저속, 중속 축에 사용되는 급유법은?

① 담금 급유법

② 적하 급유법

③ 패드 급유법

④ 핸드 급유법

해설
윤활제의 급유방법
- 적하 급유법(Drop Feed Oiling) : 마찰면이 넓거나 시동되는 횟수가 많을 때 저속 및 중속축의 급유에 사용된다.
- 패드 급유법(Pad Oiling) : 무명이나 털 등을 섞어 만든 패드 일부를 오일 통에 담가 저널의 아랫면에 모세관 현상으로 급유하는 방법
- 오일링(Oiling) 급유법 : 고속 주축에 급유를 균등하게 할 목적으로 사용한다.
- 강제 급유법(Circulating Oiling) : 순환펌프를 이용하여 급유하는 방법으로, 고속회전할 때 베어링 냉각효과에 경제적인 방법이다.

30 다음 밀링커터 형상에 대한 설명 중 옳은 것은?

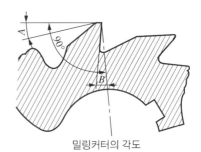

밀링커터의 각도

① A각을 크게 하면 마멸은 감소한다.

② B각을 크게 하면 날이 강하게 된다.

③ B각을 크게 하면 절삭저항은 증가한다.

④ A각은 단단한 일감은 크게 하고, 연한 일감은 작게 한다.

해설
- A : 레이디얼 여유각, B : 레이디얼 경사각
- A(레이디얼 여유각)를 크게 하면 마멸은 감소한다. 여유각은 공구와 공작물이 서로 닿아 마찰이 일어나는 것을 방지하는 역할을 하며, 공작물의 경도가 낮을수록 여유각을 크게 만든다.
- B(레이디얼 경사각)를 크게 하면 절삭저항은 감소하나 날이 약해지는 단점이 있다.
- A(레이디얼 여유각)는 단단한 일감은 작게 하고, 연한 일감은 크게 한다.

31 연삭숫돌입자에 눈무딤이나 눈메움 현상으로 연삭성이 저하될 때 하는 작업은?

① 시닝(Thinning)　　② 리밍(Reaming)
③ 드레싱(Dressing)　④ 트루잉(Truing)

③ 드레싱(Dressing) : 눈메움이나 무딤이 발생하여 절삭성이 나빠진 연삭숫돌 표면에 드레서를 사용하여 예리한 절삭날을 숫돌 표면에 생성하여 절삭성을 회복시키는 작업
② 리밍(Reaming) : 구멍의 정밀도를 높이기 위해 구멍을 다듬는 작업
④ 트루잉(Truing) : 연삭숫돌을 성형하거나, 성형연삭으로 인하여 숫돌형상이 변화된 것을 부품의 형상으로 바르게 고치는 가공

32 밀링머신에 의한 가공에서 상향절삭과 하향절삭을 비교한 설명으로 옳은 것은?

① 상향절삭 시 가공면이 하향절삭 가공면보다 깨끗하다.
② 상향절삭 시 커터 날이 공작물을 향하여 누르므로 고정이 쉽다.
③ 하향절삭 시 커터날의 마찰작용이 작으므로 날의 마멸이 작고 수명이 길다.
④ 하향절삭은 커터날의 절삭방향과 공작물의 이송방향의 관계상 이송기구의 백래시가 자연히 제거된다.

• 상향절삭은 광택은 있으나 상향에 의한 회전저항으로 전체적으로 하향절삭보다 나쁘다.
• 상향절삭은 절삭력이 상향으로 작용하여 고정이 불리하다.
• 하향절삭은 상향절삭에 비하여 공구수명이 길다.
• 하향절삭은 커터 회전방향과 공작물 이송방향이 동일해서 백래시를 제거해야 한다.

33 다음 중 나사의 피치를 측정할 수 있는 것은?

① 사인바　　　　　② 게이지 블록
③ 공구 현미경　　　④ 서피스 게이지

공구 현미경 : 현미경에 의해 확대 관측하여 제품의 길이, 각도, 형상, 윤곽을 측정하는 측정기로, 특히 나사 게이지, 나사의 피치 측정에 사용된다.
※ 각도측정기 : 사인바, 오토콜리메이터, 콤비네이션 세트 등

34 공구 마모의 종류 중 주로 유동형 칩이 공구 경사면 위를 미끄러질 때, 공구 윗면에 오목하게 파진 부분이 생기는 현상은?

① 치 핑　　　　　　② 여유면 마모
③ 플랭크 마모　　　④ 크레이터 마모

④ 크레이터 마모(Crater Wear) : 칩이 처음으로 바이트 경사면에 접촉하는 접촉점은 절삭공구의 인선에서 약간 떨어져서 나타나며, 이 접촉점에서 마찰력이 작용하여 절삭공구의 상면 경사면이 오목하게 파이는 현상
① 치핑(Chipping) : 절삭공구 인선의 일부가 미세하게 탈락되는 현상
③ 플랭크 마모(Flank Wear) : 절삭공구의 절삭면에 평행하게 마모되는 것을 의미하며, 측면과 절삭면과의 마찰에 의하여 발생한다.

35 다음 중 M10×1.5 탭작업을 위한 기초구멍 가공용 드릴의 지름으로 가장 적합한 것은?

① 7mm   ② 7.5mm

③ 8mm   ④ 8.5mm

해설

탭가공 시 드릴의 지름

$d = D - p$

$\quad = 10\text{mm} - 1.5\text{mm}$

$\quad = 8.5\text{mm}$

∴ 드릴구멍의 지름은 8.5mm로 한다.

여기서, D : 수나사 지름, p : 나사피치

36 다음 기계공작법의 분류에서 절삭가공에 속하지 않는 가공법은?

① 래 핑   ② 인 발

③ 호 빙   ④ 슈퍼피니싱

해설

• 절삭가공 : 칩을 발생하며 가공하는 방식(선삭, 밀링, 드릴링, 연삭, 호닝, 래핑, 호닝, 슈퍼피니싱 등)

• 비절삭가공 : 칩의 발생이 없이 가공하는 방식(용접, 주조, 소성 가공-단조, 압연, 인발 등)

37 다음 중 연강과 같은 연질의 공작물을 초경합금 바이트로서 고속절삭을 할 때에는 칩(Chip)이 연속적으로 흘러나오게 되어 위험하므로 칩을 짧게 끊기 위한 방법으로 가장 적합한 것은?

① 절삭유를 주입한다.

② 절삭속도를 높인다.

③ 칩을 손으로 긁어낸다.

④ 칩 브레이커를 사용한다.

해설

칩 브레이커(Chip Breaker) : 칩을 적당한 길이로 원활하게 배출시키기 위해 짧게 끊어 주는 것

38 센터리스 연삭기의 특징으로 틀린 것은?

① 대량 생산에 적합하다.

② 연삭 여유가 작아도 된다.

③ 속이 빈 원통을 연삭할 때 적합하다.

④ 공작물의 지름이 크거나 무거운 경우에는 연삭가공이 쉽다.

해설

센터리스 연삭기 : 센터, 척, 자석척 등을 사용하지 않고 가공물의 표면을 조정하는 조정숫돌과 지지대를 이용하여 가공물을 연삭한다(가늘고 긴 가공물 연삭).

센터리스 연삭의 특징 ★ 자주 출제

• 센터가 필요하지 않아 센터 구멍을 가공할 필요가 없다.

• 중공의 가공물을 연삭할 때 편리하다(중공(中空) : 속이 빈 축).

• 연삭 여유가 작아도 된다.

• 가늘고 긴 가공물의 연삭에 적합하다.

• 긴 홈이 있는 가공물의 연삭은 불가능하다.

• 대형이나 중량물의 연삭은 불가능하다.

• 연속가공이 가능하며, 대량 생산에 적합하다.

• 자생작용이 있다.

39 공구는 상하 직선왕복운동을 하고 테이블은 수평면에서 직선운동과 회전운동을 하여 키 홈, 스플라인, 세레이션 등의 내경가공을 주로 하는 공작기계는?

① 슬로터　　　　② 플레이너
③ 호빙머신　　　④ 브로칭머신

해설

① 슬로터(Slotter) : 테이블은 수평면에서 직선운동과 회전운동을 하여 키 홈, 스플라인, 세레이션 등의 내경가공을 주로 하는 공작기계이다.
③ 호빙머신 : 호브공구를 이용하여 기어를 절삭하기 위한 공작기계이다.

40 다음 중 디스크, 플랜지 등 길이가 짧고 지름이 큰 공작물 가공에 가장 적합한 선반은?

① 공구선반　　　② 정면선반
③ 탁상선반　　　④ 터릿선반

해설

② 정면선반 : 기차 바퀴처럼 지름이 크고, 길이가 짧은 가공물을 절삭하기에 편리한 선반
① 공구선반 : 보통선반과 같은 구조이나 정밀한 형식으로 되어 있다.
③ 탁상선반 : 작업대 위에 설치해야 할 만큼의 소형선반으로 베드의 길이 900mm 이하, 스윙 200mm 이하로서 시계 부품, 재봉틀 부품 등의 소형 부품을 주로 가공하는 선반
④ 터릿선반 : 보통선반 심압대 대신에 터릿으로 불리는 회전공구대를 설치하여 여러 가지 절삭공구를 공정에 맞게 설치하여 가공하는 선반

41 다음 중 구성인선(Built-up Edge)의 방지대책으로 옳은 것은?

① 절삭깊이를 작게 한다.
② 윗면 경사각을 작게 한다.
③ 절삭유제를 사용하지 않는다.
④ 재결정온도 이하에서만 가공한다.

해설

구성인선의 방지대책　★ 반드시 암기(자주 출제)
• 절삭깊이를 작게 할 것
• 경사각을 크게 할 것
• 절삭공구의 인선을 예리하게(날카롭게) 할 것
• 윤활성이 좋은 절삭유제를 사용할 것
• 절삭속도를 크게 할 것

42 직사각형의 숫돌을 스프링으로 축에 방사형으로 부착한 원통형태의 공구로 회전운동과 동시에 왕복운동을 시켜 원통의 내면을 가공하는 가공법은?

① 래 핑　　　　② 호 닝
③ 쇼트피닝　　　④ 배럴 가공

해설

② 호닝(Honing) : 직사각형의 숫돌을 스프링으로 축에 방사형으로 부착한 원통형태의 공구, 즉 혼(Hone)을 회전 및 직선왕복운동시켜 공작물을 가공하는 방법이다. 원통의 내면을 보링, 리밍, 연삭 등의 가공을 한 후에 진원도, 진직도, 표면거칠기 등을 더욱 향상시키기 위한 가공방법이다.
① 래핑(Lapping) : 가공물과 랩(Lap) 사이에 랩제를 넣고 가공물에 압력을 가하면서 표면거칠기가 우수한 가공면을 얻는 가공방법이다.
③ 쇼트피닝 : 표면을 타격하는 일종의 냉간가공으로 철강의 작은 볼(Shot)을 공작물 표면에 분사하여 강재의 화학조성을 변화시키지 않고 표면을 매끈하게 하여 피로강도 및 기계적 성질을 향상시킨다.
④ 배럴 가공 : 충돌가공(주물귀, 돌기 부분, 스케일 제거), 회전하는 상자 속에 공작물과 미디어, 콤파운드(유지+직물), 공작액 등을 넣고 회전과 진동을 주어 표면을 다듬질한다(회전형, 진동형).

43 CNC공작기계에서 입력된 정보를 펄스화시켜 서보기구에 보내어 여러 가지 제어역할을 하는 것은?

① 리졸버 ② 서보모터
③ 컨트롤러 ④ 볼 스크루

해설

③ 제어장치(컨트롤러) : 공작기계에 입력된 정보를 펄스화시켜 서보기구에 보내어 여러 가지 제어역할을 한다.
※ CNC공작기계는 도면을 보고 가공경로 및 가공조건 등을 CNC 프로그램으로 작성하여 입력하면, 제어장치(컨트롤러)에서 처리하여 결과를 펄스(Pulse)신호로 출력하고, 이 펄스신호에 의하여 서보모터가 구동되며, 서보모터에 결합되어 있는 볼 스크루(Ball Screw)가 회전함으로써 요구한 위치와 속도로 테이블이나 주축헤드를 이동시켜 자동으로 가공이 이루어진다.

44 다음 중 CNC선반에서 다음과 같이 절삭할 때, 단차 제거를 위해 사용하는 기능은?

> • 홈가공을 할 때 회전당 이송으로 생기는 단차
> • 드릴가공을 할 때 간헐이송에 의해 생기는 단차

① M00 ② M02
③ G00 ④ G04

해설

휴지(Dwell, G04) : 지령한 시간 동안 이송이 정지되는 기능이다. 이 기능은 홈가공이나 드릴작업 등에서 간헐이송으로 칩을 절단하거나, 목표점에 도달한 후 즉시 후퇴할 때 생기는 이송량만큼의 단차를 제거함으로써 진원도의 향상 및 깨끗한 표면을 얻기 위하여 사용한다.
※ M00(프로그램 정지), M02(프로그램 끝), G00(급속이송)

45 CNC공작기계에서 일반적으로 많이 발생하는 알람해제 방법이 잘못 연결된 것은?

① 습동유 부족 – 습동유 보충 후 알람 해제
② 금지영역 침범 – 이송축을 안전위치로 이동
③ 프로그램 알람 – 알람 일람표의 원인 확인 후 수정
④ 충돌로 인한 안전핀 파손 – 강도가 강한 안전핀으로 교환

해설

CNC에서 일반적으로 발생하는 알람

순	알람내용	원 인	해제방법
1	EMERGENCY STOP SWITCH ON	비상정지 스위치 NO	비상정지 스위치를 화살표 방향으로 돌린다.
2	LUBR TANK LEVEL LOW ALARM	습동유 부족	습동유를 보충한다 (기계 제작사에서 지정하는 규격품을 사용한다).
3	THERMAL OVERLOAD TRIP ALARM	과부하로 인한 OVER LOAD TRIP	원인 조치 후 마그네트와 연결된 OVERLOAD를 누른다.
4	P/S ALARM	프로그램 알람	알람표를 보고 원인을 찾는다.
5	OT ALARM	금지영역 침범	이송축을 안전한 위치로 이동한다.
6	TORQUE LIMIT ALARM	충돌로 인한 안전핀 파손	A/S 연락
7	AIR PRESSURE ALARM	공기압 부족	공기압을 높인다.

46 작업장 안전에 대한 내용으로서 틀린 것은?

① 방전가공 작업자의 발판을 고무 매트로 만들었다.
② 로봇의 회전 반경을 작업장 바닥에 페인트로 표시하였다.
③ 무인반송차(AGV) 이동 통로를 황색 테이프로 표시하여 주의하도록 하였다.
④ 레이저가공 시 안경이나 콘택트 렌즈 착용자를 제외하고 전원에게 보안경을 착용하도록 하였다.

해설
레이저가공 시 전원 모두 보안경을 착용하도록 한다.

47 머시닝센터에서 보링으로 가공한 내측 원의 중심을 공작물의 원점으로 세팅하려고 한다. 다음 중 원의 내측 중심을 찾는 데 적합하지 않은 것은?

① 아큐센터
② 센터 게이지
③ 인디케이터
④ 터치센서(Touch Sensor)

해설
• 머시닝센터에서 원의 내측 중심을 찾는 데 사용되는 것 : 아큐센터, 인디케이터, 터치센서
• 센터 게이지 : 나사절삭 시 나사바이트의 각도를 측정하는 것이다.
• 터치센서(Touch Sensor) : 터치센서를 스핀들에 고정하고 X, Y, Z축 단면에 터치하여 위치를 구한다.

48 CNC공작기계에 사용되는 서보모터가 구비하여야 할 조건 중 틀린 것은?

① 모터 자체의 안정성이 작아야 한다.
② 가·감속 특성 및 응답성이 우수해야 한다.
③ 빈번한 시동, 정지, 제동, 역전 및 저속회전의 연속작동이 가능해야 한다.
④ 큰 출력을 낼 수 있어야 하며, 설치 위치나 사용 환경에 적합해야 한다.

해설
서보모터의 일반적으로 갖추어야 할 특성
• 빈번한 시동, 정지, 제동, 역전 및 저속회전의 연속작동이 가능해야 한다.
• 서보모터 자체의 안정성이 커야 한다.
• 가혹한 조건에서도 충분히 견딜 수 있어야 한다.
• 감속 특성 및 응답성이 우수해야 한다.
• 큰 출력을 낼 수 있어야 한다.
• 진동이 적고 소형이어야 한다.
• 온도 상승이 작고 내열성이 좋아야 한다.
• 높은 회전각 정도를 얻을 수 있어야 한다.

49 고정사이클을 이용한 프로그램의 설명 중 틀린 것은?

① 다품종 소량생산에 적합하다.
② 메모리 용량을 적게 사용한다.
③ 프로그램을 간단히 작성할 수 있다.
④ 공구경로를 임의적으로 변경할 수 있다.

해설
고정사이클은 공구경로를 임의적으로 변경할 수 없다.
고정사이클 : 여러 개의 블록으로 지령하는 가공동작을 G기능을 포함한 1개의 블록으로 지령하여 프로그램을 간단히 하고 메모리 용량을 적게 한다.

50 선반작업을 할 때 지켜야 할 안전수칙으로 틀린 것은?

① 돌리개는 가급적 큰 것을 사용한다.
② 편심된 가공물은 균형추를 부착시킨다.
③ 가공물을 설치할 때는 전원을 끄고 장착한다.
④ 바이트는 기계를 정지시킨 다음에 설치한다.

해설
돌리개는 안전을 위해 가급적 작은 것을 사용한다.

51 머시닝센터에서 그림과 같이 1번 공구를 기준공구로 하고 G43을 이용하여 길이보정을 하였을 때 옳은 것은?

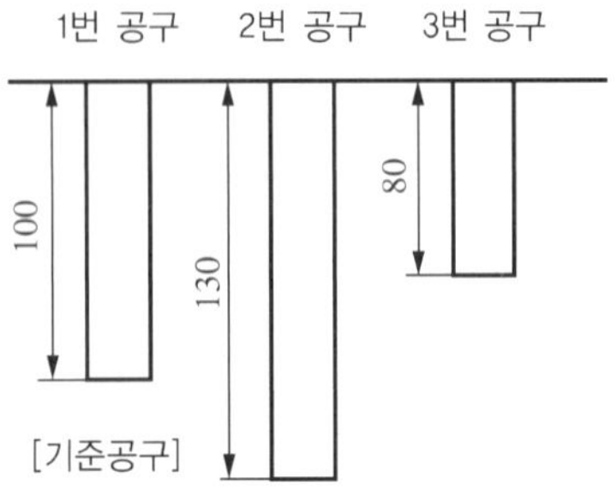

① 2번 공구의 길이 보정값은 30이다.
② 2번 공구의 길이 보정값은 −30이다.
③ 3번 공구의 길이 보정값은 20이다.
④ 3번 공구의 길이 보정값은 80이다.

해설
• 2번 공구는 기준공구와의 길이 차이값은 30으로 길이 보정값은 30이다. → G43을 이용
• 3번 공구는 기준공구와의 길이 차이값은 −20으로 길이 보정값은 −20이다. → G44을 이용
※ 기준공구와의 길이 차이값을 입력시키는 방법에는 +보정(G43) 과 −보정(G44)의 두 가지가 있다.
• G43 : +방향 공구길이 보정(기준공구보다 긴 경우 보정값 앞에 +부호를 붙여 입력)
• G44 : −방향 공구길이 보정(기준공구보다 짧은 경우 보정값 앞에 −부호를 붙여 입력)
• G49 : 공구길이 보정 취소

52 CAD의 기본적인 명령 설명으로 올바른 것은?

잘못 그려졌거나 불필요한 요소를 없애는 기능으로 명령을 내린 후 없앨 요소를 선택하여 실행한다.

① 모따기(Chamfer)
② 지우기(Erase)
③ 복사하기(Copy)
④ 선 그리기(Line)

해설
② 지우기(Erase) : 불필요한 요소를 없애는 기능
① 모따기(Chamfer) : 객체의 모서리를 경사지도록 절단
③ 복사하기(Copy) : 객체를 지정된 방향과 거리로 복사
④ 선 그리기(Line) : 점과 점을 잇는 연속된 직선 선분을 작성

53 그림과 같이 실제공구위치에서 좌표지정위치로 공구를 보정하고자 할 때 공구 보정량의 값은?(단, 기존의 보정치는 X0.4, Z0.2이며 X축은 직경 지령방식을 사용한다)

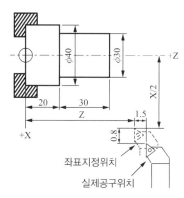

좌표지정위치
실제공구위치

① X-1.2, Z-1.3
② X2.0, Z-1.3
③ X-1.2, Z1.7
④ X-2.0, Z1.7

해설
X축
• 측정값(실제공구위치)과 지령값(좌표지정위치)의 오차 = 0.8 = ϕ1.6(1.6만큼 크게 가공됨)이므로 공구를 X의 −방향으로 1.6 만큼 이동하는 보정을 하여야 한다.
• 공구 보정값 = 기존의 보정값 − 더해야 할 보정값
  = 0.4 − 1.6
  = −1.2

Z축
• 측정값(실제공구위치)과 지령값(좌표지정위치)의 오차 = 1.5(1.5 만큼 크게 가공됨)이므로 공구를 Z의 −방향으로 1.5만큼 이동하는 보정을 하여야 한다.
• 공구 보정값 = 기존의 보정값 − 더해야 할 보정값
  = 0.2 − 1.5
  = −1.3

54 다음 G-코드 중 메트릭(Metric) 입력방식을 나타내는 것은?

① G20
② G21
③ G22
④ G23

해설
② G21 : Metric 입력
① G20 : Inch 입력
③ G22 : 금지영역 설정
④ G23 : 금지영역 설정 취소

55 머시닝센터로 가공할 경우 고정사이클을 취소하고 다음 블록부터 정상적인 동작을 하도록 하는 것은?

① G80
② G81
③ G98
④ G99

해설
① G80 : 고정사이클 취소
② G81 : 드릴사이클
③ G98 : 고정사이클 초기점 복귀
④ G99 : 고정사이클 R점 복귀

56 다음 CNC선반 프로그램에서 지름이 20mm인 지점에서의 주축 회전수는 몇 rpm인가?

```
G50 X100. Z100. S2000 T0100;
G96 S200 M03;
G00 X20. Z3 T0303;
```

① 200
② 1,500
③ 2,000
④ 3,185

해설
• G96 S200 M03; → 절삭속도 200m/min으로 일정제어, 정회전
• 공작물지름(ϕ20mm) → 문제에서 주어짐
• 주축 회전수
$$N = \frac{1,000\,V}{\pi D} = \frac{1,000 \times 200\text{m/min}}{\pi \times 20\text{mm}} \fallingdotseq 3,185\text{rpm}$$
∴ $N = 3,185\,\text{rpm}$
• G50 X100. S2000 T0100; → G50 주축 최고회전수를 2,000rpm 으로 제한하였기 때문에 회전수는 계산된 3,185rpm이 아니라 2,000rpm이 된다.

57 CNC선반에서 G76과 동일한 가공을 할 수 있는 G-코드는?

① G90　　　　　　② G92

③ G94　　　　　　④ G96

해설
- G76 : 나사 절삭사이클
- G90 : 내·외경 절삭사이클
- G92 : 나사 절삭사이클
- G94 : 단면 절삭사이클
- G96 : 절삭속도 일정제어(m/min)

58 CNC선반에서 일반적으로 기계원점 복귀(Reference Point Return)를 실시하여야 하는 경우가 아닌 것은?

① 비상정지 버튼을 눌렀을 때
② CNC선반의 전원을 켰을 때
③ 정전 후 전원을 다시 공급하였을 때
④ 이송정지 버튼을 눌렀다가 다시 가공을 할 때

해설
이송정지 버튼을 눌렀다가 다시 가공할 때는 기계원점 복귀를 할 필요가 없다.
※ CNC공작기계는 각 이송축마다 고유의 원점을 가지고 있고, 이 점은 기계의 기준점으로 공구교환 위치나 프로그램에서 지시하는 모든 수치를 결정하는 기준이 된다. 일반적으로 CNC선반이나 머시닝센터는 전원을 공급하고 조작반의 전원 스위치 또는 비상정지 스위치를 눌렀을 때에는 반드시 기계원점 복귀를 시켜야 한다. 원점 복귀 방법은 조작반의 원점 복귀 모드에서 각 축을 지정하는 수동원점 복귀 방법과 프로그램에서 지령하여 원점 복귀하는 자동원점 복귀 방법이 있다.

59 머시닝센터 프로그램에서 그림과 같은 운동경로의 원호보간은?

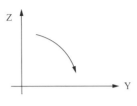

① G16 G02　　　　② G17 G02

③ G18 G02　　　　④ G19 G02

해설
- G17 : X-Y평면
- G18 : Z-X평면
- G19 : Y-Z평면
※ G02(원호가공-시계방향), G03(원호가공-반시계방향)

60 다음은 프로그램 일부분을 나타낸 것이다. 준비기능 중 실행되는 유효한 G기능은?

> G01 G02 G00 G03 X100. Y250. R100. F200;

① G01　　　　　　② G00

③ G03　　　　　　④ G02

해설
- 문제의 블록에서 뒤에 지령한 G03만 유효하다(G01, G02, G03은 동일 그룹이다).
- 동일 그룹의 G-코드를 같은 블록에 1개 이상 지령하면 뒤에 지령한 G-코드만 유효하거나 알람이 발생한다(※ 이론 CNC공작법 및 안전관리 중 핵심이론 05 CNC선반 프로그래밍 ③ CNC선반의 준비기능 참조).
- G-코드는 그룹이 서로 다르면 한 블록에 몇 개라도 지령할 수 있다.

01 구리의 종류 중 전기 전도도와 가공성이 우수하고 유리에 대한 봉착성 및 전연성이 좋아 진공관용 또는 전자기기용으로 많이 사용되는 것은?

① 전기동
② 정련동
③ 탈산동
④ 무산소동

해설
• 무산소동(OFHC ; Oxygen Free High Conductivity Copper) : O_2나 탈산제를 함유하지 않은 고순도의 동이다. 이것은 진공 또는 CO의 환원 분위기에서 진공용해하여 만든다. O_2의 함유량은 0.001~0.002% 정도이고, 성질은 전해성인 Cu와 탈산 Cu의 장점을 모두 가진 우수한 Cu이다. 전도성이 좋고 가공성도 우수하여 수소메짐이 없어서 주로 전자기기 등에 사용되며, 진공관에 넣는 구리선으로도 사용된다.
• 탈산동 : 가스관, 열교환기, 중유버너용 관 등에 사용된다.

02 일반적인 합성수지의 공통적인 성질에 대한 설명으로 틀린 것은?

① 가볍고 튼튼하다.
② 전기절연성이 나쁘다.
③ 비강도는 비교적 높다.
④ 가공성이 크고 성형이 간단하다.

해설
플라스틱(합성수지)의 특징
• 경량, 전기절연성이 우수, 단열, 비자기성 등
• 열에 약하며 표면경도는 금속재료에 비해 약하다.
• 내식성이 우수하여 산, 알칼리에 강하다.

03 외력의 크기가 탄성한도 이상이 되면 외력을 제거하여도 재료가 원형으로 복귀되지 않고 영구변형이 잔류하는 변형을 무엇이라 하는가?

① 소성변형
② 탄성변형
③ 인성변형
④ 취성변형

해설
• 소성(Plasticity)변형 : 재료에 가한 외력을 제거했을 때 원래의 모양으로 돌아가지 않고 영구적인 변형을 하는 성질을 소성이라고 하고, 그 변형을 소성변형이라고 한다. 이와 같은 재료의 소성을 이용한 가공을 소성가공이라고 한다.
• 탄성(Elasticity)변형 : 재료에 가한 외력을 제거하였을 때 원래의 모양으로 돌아가는 성질을 탄성이라고 하고, 그 변형을 탄성변형이라고 한다.
• 취성 : 잘 부서지고 깨지는 성질(인성과 반대)을 말한다.

04 주철에 대한 설명 중 틀린 것은?

① 주조성이 우수하다.
② 강에 비해 취성이 크다.
③ 비교적 강에 비해 강도가 높다.
④ 고온에서 소성변형이 곤란하다.

해설
주철은 강에 비해 인장강도가 낮다.

05 공구용 특수강 중 고속도강의 기본 성분(W – Cr – V) 함유량(%)은?

① 4% W – 18% Cr – 1% V

② 18% W – 4% Cr – 1% V

③ 4% W – 1% Cr – 18% V

④ 18% W – 4% Cr – 4% V

해설

★ 반드시 암기(자주 출제)
- 표준 고속도강 조성 : 18% W – 4% Cr – 1% V
- 고속도강(High Speed Steel) : W, Cr, V, Co 등의 합금강으로서 담금질 및 뜨임처리하면 600℃ 정도까지 경도를 유지하며 고온 경도가 높고 내마모성이 우수하다. 절삭속도가 탄소공구강에 비해 2배 이상이다.

06 스테인리스강의 주성분 중 틀린 것은?

① Cr   ② Fe

③ Ni   ④ Al

해설

Al은 내식강인 스테인리스강의 주성분이 아니다.
스테인리스강의 종류(페-오-마)
- 페라이트계 스테인리스강(고크롬계) : Cr 13%, Cr 18%인 것이 대표적
- 오스테나이트계 스테인리스강(고크롬, 고니켈계) : 18-8강(Cr 18%-Ni 8%)인 것이 대표적
- 마텐자이트계 스테인리스강(고크롬, 고탄소계) : 12~17% Cr + 충분한 C

07 스텔라이트계 주조경질합금에 대한 설명으로 틀린 것은?

① 주성분이 Co이다.

② 열처리가 불필요하다.

③ 단조품이 많이 쓰인다.

④ 800℃까지의 고온에서도 경도가 유지된다.

해설

주조경질합금 : 주성분은 W, Cr, Co, Fe이고 주조합금으로, 대표적으로 스텔라이트가 있다. 스텔라이트는 상온에서 고속도강보다 경도가 낮으나 고온에서는 오히려 경도가 높아지기 때문에 고속도강보다 고속절삭용으로 사용된다. 850℃까지 경도와 인성이 유지되며, 단조나 열처리가 되지 않는 특징이 있다.

08 페더 키(Feather Key)라고도 하며, 축 방향으로 보스를 슬라이딩 운동을 시킬 필요가 있을 때 사용하는 키는?

① 성크 키   ② 접선 키

③ 미끄럼 키   ④ 원뿔 키

해설

- 미끄럼 키 : 축 방향으로 보스를 미끄럼 운동을 시킬 필요가 있을 때 사용한다.
- 접선 키 : 축의 접선 방향으로 끼우는 키로서 1/100의 기울기를 가진 2개의 키를 한 쌍으로 하여 사용한다.
- 원뿔 키 : 축과 보스와의 사이에 2~3곳을 축 방향으로 쪼갠 원뿔을 때려 박아 축과 보스를 헐거움 없이 고정할 수 있고 축과 보스의 편심이 작다.
- 둥근 키 : 축과 보스 사이에 구멍을 가공하여 원형 단면의 평행핀 또는 테이퍼핀으로 때려 박은 키로서 사용법이 간단하다.
- 성크 키(묻힘 키) : 축과 보스의 양쪽에 모두 키 홈을 가공한다.

09 나사의 풀림을 방지하는 용도로 사용되지 않는 것은?

① 스프링 와셔 ② 캡 너트
③ 분할 핀 ④ 로크 너트

캡 너트 : 너트의 한쪽을 관통되지 않도록 만든 것으로 나사면을 따라 증기나 기름 등이 누출되는 것을 방지하는 부위 또는 외부로부터 먼지 등의 오염물 침입을 막는 데 주로 사용한다.
볼트, 너트의 풀림 방지
• 로크 너트에 의한 방법
• 자동 죔 너트에 의한 방법
• 분할 핀에 의한 방법
• 와셔에 의한 방법
• 멈춤 나사에 의한 방법
• 철사를 이용하는 방법

10 그림과 같은 스프링에서 스프링 상수가 $K_1 = 10\text{N/mm}$, $K_2 = 15\text{N/mm}$라면 합성 스프링 상수값은 약 몇 N/mm 인가?

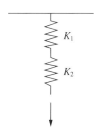

① 3 ② 6
③ 9 ④ 25

직렬로 스프링을 연결할 경우의 합성 스프링 상수(K)

$$\frac{1}{K} = \frac{1}{K_1} + \frac{1}{K_2} \rightarrow K = \frac{K_1 \times K_2}{K_1 + K_2} = \frac{10 \times 15}{10 + 15}$$

$$= \frac{150}{25} = 6\text{N/mm}$$

11 다음 중 V-벨트의 단면적이 가장 작은 형식은?

① A ② B
③ E ④ M

V벨트는 KS규격에서 단면의 형상에 따라 여섯 종류로 규정하고 있으며, M형을 제외한 다섯 종류가 동력 전달용으로 사용된다. 가장 단면이 작은 벨트는 "M"형이다.
단면적 비교(M < A < B < C < D < E)
V벨트의 사이즈 표

M형

A형

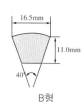

B형

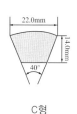

C형

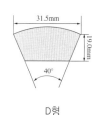

D형

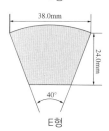

E형

12 지름 15mm, 표점거리 100mm인 인장시험편을 인장시켰더니 110mm가 되었다면 길이 방향의 변형률은?

① 9.1% ② 10%
③ 11% ④ 15%

$$\varepsilon(\text{변형률}) = \frac{\lambda(\text{늘어난 길이})}{l(\text{처음길이})} = \frac{10\text{mm}}{100\text{mm}} = 0.1 = 10\%$$

∴ 인장변형률 : 10%

13 동력전달을 직접전동법과 간접전동법으로 구분할 때, 직접전동법으로 분류되는 것은?

① 체인 전동   ② 벨트 전동

③ 마찰차 전동   ④ 로프 전동

해설
- 직접전동법 : 마찰차, 기어 등
- 간접전동법 : 벨트, 로프, 체인 등

14 축 방향 및 축과 직각인 방향으로 하중을 동시에 받는 베어링은?

① 레이디얼 베어링   ② 테이퍼 베어링

③ 스러스트 베어링   ④ 슬라이딩 베어링

해설
작용하중의 방향에 따른 베어링 분류
- 테이퍼 베어링 : 레이디얼 하중과 스러스트 하중이 동시에 작용하는 하중을 받쳐 준다(원뿔 베어링).
- 레이디얼 베어링(Radial Bearing) : 축선에 직각으로 작용하는 하중을 받쳐 준다.
- 스러스트 베어링(Thrust Bearing) : 축선과 같은 방향으로 작용하는 하중을 받쳐 준다.

15 양 끝에 수나사를 깎은 머리 없는 볼트로 한쪽은 본체에 조립한 상태에서, 다른 한쪽에는 결합할 부품을 대고 너트를 조립하는 볼트는?

① 탭 볼트   ② 관통 볼트

③ 기초 볼트   ④ 스터드 볼트

해설
④ 스터드 볼트 : 양쪽 끝 모두 수나사로 가공한 머리 없는 볼트로, 태핑하여 암나사를 낸 몸체에 죄어 놓고 다른 쪽에는 결합할 부품을 대고 너트로 죈다.
① 탭 볼트 : 관통 볼트를 사용하기 어려울 때 결합하려는 상대쪽에 암나사를 내고, 머리붙이 볼트를 조여 부품을 결합하는 볼트(관통구멍을 뚫을 수 없을 때)
② 관통 볼트 : 조이려는 부분을 관통하여 볼트 지름보다 약간 큰 구멍을 뚫고, 여기에 머리 부분의 볼트를 끼워 넣은 후 너트로 결합하는 볼트
③ 기초 볼트 : 기계, 구조물 등을 콘크리트 기초에 고정시키기 위하여 사용하는 볼트

16 보기는 입체도형을 제3각법으로 도시한 것이다. 완성된 평면도, 우측면도를 보고 미완성된 정면도를 옳게 도시한 것은?

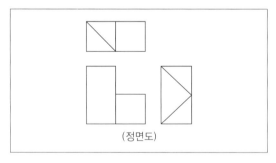

(정면도)

①

②

③

④

17 다음 도시된 내용은 리벳작업을 위한 도면내용이다. 바르게 설명한 것은?

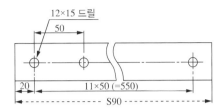

① 양끝 20mm 띄어서 50mm의 피치로 지름 15mm의 구멍을 12개 뚫는다.

② 양끝 20mm 띄어서 50mm의 피치로 지름 12mm의 구멍을 15개 뚫는다.

③ 양끝 20mm 띄어서 12mm의 피치로 지름 15mm의 구멍을 50개 뚫는다.

④ 양끝 20mm 띄어서 15mm의 피치로 지름 50mm의 구멍을 12개 뚫는다.

해설

위 도면은 '양끝 20mm 띄어서 50mm의 피치로 지름 15mm의 구멍을 12개 뚫는다.'로 해석한다.

18 기어의 도시에 있어서 피치원을 나타내는 선은?

① 굵은 실선

② 가는 실선

③ 가는 1점쇄선

④ 가는 2점쇄선

해설

기어의 도시법

• 이끝원(잇봉우리원)은 굵은 실선으로 그린다.

• 피치원은 가는 1점쇄선으로 그린다.

• 이뿌리원(이골원)은 가는 실선으로 그린다.

• 축에 직각인 방향에서 본 단면도일 경우 이뿌리원(이골원)은 굵은 실선으로 그린다.

19 파단선의 용도 설명으로 가장 적합한 것은?

① 단면도를 그릴 경우 그 절단 위치를 표시하는 선

② 대상물의 일부를 떼어낸 경계를 표시하는 선

③ 물체의 보이지 않는 부분의 형상을 표시하는 선

④ 도형의 중심을 표시하는 선

해설

• 파단선 : 대상물의 일부를 떼어낸 경계를 표시하는 선으로 불규칙한 파형의 가는 실선 또는 지그재그 선을 사용한다.

• 절단선 : 단면도를 그리는 경우 그 절단 위치를 대응하는 도면에 표시하는 데 사용한다.

• 중심선 : 도형의 중심을 표시하는 선이다.

• 숨은선 : 물체의 보이지 않는 부분의 형상을 표시하는 선이다.

20 표면의 줄무늬 방향기호에 대한 설명으로 맞는 것은?

① X : 가공에 의한 컷의 줄무늬 방향이 투상면에 직각

② M : 가공에 의한 컷의 줄무늬 방향이 투상면에 평행

③ C : 가공에 의한 컷의 줄무늬 방향이 중심에 동심원 모양

④ R : 가공에 의한 컷의 줄무늬 방향이 투상면에 교차 또는 경사

해설

줄무늬 방향기호

기 호	커터의 줄무늬 방향	적 용	표면형상
=	투상면에 평행	셰이핑	
⊥	투상면에 직각	선삭, 원통연삭	
X	투상면에 경사지고 두 방향으로 교차	호 닝	
M	여러 방향으로 교차 되거나 무방향이 나타남	래핑, 슈퍼피니싱, 밀링	
C	중심에 대하여 대략 동심원	끝면 절삭	
R	중심에 대하여 대략 레이디얼 모양	일반적인 가공	

21 그림과 같은 도면에서 ' K '의 치수 크기는?

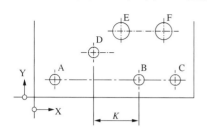

구 분	X	Y	ϕ
A	20	20	13.5
B	140	20	13.5
C	200	20	13.5
D	60	60	13.5
E	100	90	26
F	180	90	26

① 50   ② 60

③ 70   ④ 80

해설

D의 X좌표값이 60, B의 X좌표값이 140
140 − 60 = 80

22 투상도법 중 제1각법과 제3각법이 속하는 투상도법은?

① 경사투상법

② 등각투상법

③ 다이메트릭투상법

④ 정투상법

해설

제1각법과 제3각법이 속하는 투상법은 정투상법이다.

23 공유압 기호에서 동력원의 기호 중 전동기를 나타내는 것은?

① M
② M
③ ▶
④ ▷

24 헐거운 끼워맞춤인 경우 구멍의 최소허용치수에서 축의 최대허용치수를 뺀 값은?

① 최소틈새
② 최대틈새
③ 최소죔새
④ 최대죔새

25 기하 공차 기입틀의 설명으로 옳은 것은?

//	0.02	A

① 표준길이 100mm에 대하여 0.02mm의 평행도를 나타낸다.
② 구분 구간에 대하여 0.02mm의 평면도를 나타낸다.
③ 전체 길이에 대하여 0.02mm의 평행도를 나타낸다.
④ 전체 길이에 대하여 0.02mm의 평면도를 나타낸다.

26 다음 그림은 선반가공의 종류를 나타낸 것이다. 각 그림에 대한 명칭의 연결이 틀린 것은?

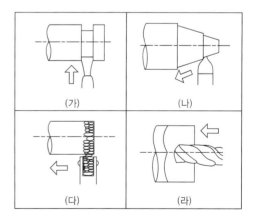

① (가) – 홈가공
② (나) – 테이퍼가공
③ (다) – 보링가공
④ (라) – 구멍가공

27 기계가공에서 절삭성능을 향상시키기 위하여 사용되는 절삭유제의 대표작용이 아닌 것은?

① 냉각작용　　　　② 방온작용
③ 세척작용　　　　④ 윤활작용

해설
절삭유의 작용
- 냉각작용, 윤활작용, 세척작용을 한다.
- 절삭공구와 칩 사이에 마찰을 감소시킨다.
- 절삭 시 열을 감소시켜 공구수명을 연장시킨다.
- 절삭성능도 높여 준다.
- 칩을 유동형 칩으로 변화시킨다.
- 구성인선의 발생을 억제시킨다.
- 표면거칠기를 향상시킨다.

28 연삭숫돌의 표시방법에 대한 각각의 설명으로 틀린 것은?

> GC - 240 - T - w - V

① GC : 숫돌 입자의 종류
② 240 : 입도
③ T : 결합도
④ V : 조직

해설
- V : 결합제
- w : 조직

일반적인 연삭숫돌 표시 방법 ★ 반드시 암기(자주 출제)

> WA　·60·　K · M · V
> 연삭숫돌입자·입도·결합도·조직·결합제

29 밀링머신에서 밀링커터의 회전방향이 공작물의 이송방향과 서로 반대방향이 되도록 가공하는 방법은?

① 상향절삭　　　　② 정면절삭
③ 평면절삭　　　　④ 하향절삭

해설
상향절삭과 하향절삭의 차이점

구 분	상향절삭	하향절삭
방 향	커터 회전방향과 공작물 이송방향 반대	커터 회전방향과 공작물 이송방향 동일
백래시	절삭에 별 지장이 없다.	백래시를 제거해야 한다.
기계의 강성	강성이 낮아도 무관하다.	가공할 때, 충격이 있어 높은 강성이 필요하다.
가공물의 고정	절삭력이 상향으로 작용하여 고정이 불리하다.	절삭력이 하향으로 작용하여 가공물 고정이 유리하다.
인선의 수명	절입할 때, 마찰열로 마모가 빠르고 공구수명이 짧다.	상향절삭에 비하여 공구수명이 길다.
마찰저항	마찰저항이 커서 절삭공구를 위로 들어 올리는 힘이 작용한다.	절입할 때, 마찰력은 작으나 하향으로 충격력이 작용한다.
가공면의 표면거칠기	광택은 있으나, 상향에 의한 회전저항으로 전체적으로 하향절삭보다 나쁘다.	가공 표면에 광택은 적으나, 저속이송에서는 회전저항이 발생하지 않아 표면거칠기가 좋다.

30 밀링머신에서 둥근 단면의 공작물을 사각, 육각 등으로 가공할 때 사용하면 편리하며, 변환 기어를 테이블과 연결하여 비틀림 홈 가공에 사용하는 부속품은?

① 분할대　　　　② 밀링 바이스
③ 회전 테이블　　④ 슬로팅장치

해설
① 분할대 : 원주 및 각도 분할 시 사용, 주축대와 심압대 한 쌍으로 테이블 위에 설치
③ 회전 테이블 : 테이블 위에 설치하며, 수동 또는 자동으로 회전시킬 수 있어 밀링에서 바깥부분을 원형이나 윤곽가공, 간단한 등분을 할 때 사용하는 밀링머신의 부속품이다. 핸들에는 마이크로 칼라가 부착되어 간단한 각도 분할에도 사용한다.
④ 슬로팅장치 : 니형 밀링머신의 칼럼 앞면에 주축과 연결하여 사용하며 주축의 회전운동을 공구대 램의 직선 왕복운동으로 변화시킨다. 바이트를 사용하여 직선 절삭이 가능하다(키, 스플라인, 세레이션, 기어가공 등).

31 φ0.02~0.3mm 정도의 금속선 전극을 이용하여 공작물을 잘라내는 가공방법은?

① 레이저 가공　　② 워터젯 가공
③ 전자빔 가공　　④ 와이어컷 방전가공

> **해설**
> ④ 와이어컷 방전가공(Wire Cut Electric Discharge Machining) : 지름 0.02~0.3mm 정도의 금속선의 전극(Wire)을 이용하여 NC로 필요한 형상을 가공하는 방법이다. 가공액은 일반적으로 물(이온수)을 사용함으로서 취급이 쉽고, 화재 위험이 적으며, 냉각성이 좋고 칩의 배출이 용이하다.
> ① 레이저 가공 : 가공물에 빛을 쏘이면 순간적으로 일부분이 가열되어, 용해되거나 증발되는 원리를 이용하여 대기 중에서 비접촉으로 필요한 형상으로 가공하는 방법
> ※ 레이저 가공 방법 : 구멍 뚫기, 절단, 후판 용접, 국부적인 열처리 등
> ③ 전자빔 가공 : 고열에 의한 재료의 용해 분출, 증발 현상을 이용하는 가공법

32 기계에서 발생하는 소음이나 진동 등과 같은 주위 환경 요인에 의해 생기는 측정오차는?

① 시 차
② 개인오차
③ 우연오차
④ 측정압력오차

> **해설**
> **측정오차 종류** : 측정기의 오차(계기오차), 시차, 우연오차 등
> • 시차 : 측정자의 눈의 위치에 따라 눈금의 읽음값에 오차가 생기는 경우
> • 개인오차 : 측정하는 사람에 따라 발생되는 오차
> • 측정기오차(계기오차) : 측정기의 구조, 측정압력, 측정온도, 측정기의 마모 등에 따른 오차
> • 우연오차 : 기계에서 발생하는 소음이나 진동 등과 같은 주위 환경에서 오는 오차 또는 자연현상의 급변 등으로 생기는 오차

33 다음 중 구성인선의 발생이 없어지는 임계절삭속도로 가장 적합한 것은?

① 5~10m/min
② 20~30m/min
③ 40~70m/min
④ 120~150m/min

> **해설**
> 일반적으로 구성인선이 발생하기 쉬운 절삭속도는 고속도강 절삭공구를 사용하여 저탄소강재를 절삭할 때 10~25m/min이고, 120m/min 이상이 되면 구성인선이 발생하지 않는다. 따라서 절삭속도 120m/min를 구성인선 임계속도라 한다.
> **구성인선의 방지대책 ★ 반드시 암기(자주 출제)**
> • 절삭깊이를 작게 할 것
> • 경사각을 크게 할 것
> • 절삭공구의 인선을 예리하게(날카롭게) 할 것
> • 윤활성이 좋은 절삭유제를 사용할 것
> • 절삭속도를 크게 할 것

34 선반의 구조 중 왕복대(Carriage)에는 새들(Saddle)과 에이프런(Apron)으로 나뉜다. 이때 새들 위에 위치하지 않는 것은?

① 심압대
② 회전대
③ 공구이송대
④ 복식공구대

> **해설**
> 왕복대(Carriage)는 베드상에서 공구대에 부착된 바이트에 가로이송 및 세로이송을 하는 구조로 되어 있으며 크게 나누어 새들(Saddle)과 에이프런(Apron)으로 나눈다. 새들(Saddle) 위에는 복식공구대가 있으며, 회전대, 공구이송대, 공구대 등으로 구성된다.
> **심압대(Tail Stock)**
> 주축대와 마주보는 구조로서, 작업자를 기준으로 오른쪽 베드 위에 위치하며, 심압축을 포함한다.

35 센터리스(Centerless) 연삭의 특징으로 틀린 것은?

① 대량 생산에 적합하다.

② 연속적인 가공이 가능하다.

③ 가늘고 긴 공작물의 연삭이 가능하다.

④ 지름이 크거나 무거운 공작물 연삭에 적합하다.

해설

센터리스 연삭의 특징 ★ 반드시 암기(자주 출제)
• 센터가 필요하지 않아 센터 구멍을 가공할 필요가 없다.
• 중공(中空, 속이 빈 축)의 가공물을 연삭할 때 편리하다.
• 연삭 여유가 작아도 된다.
• 가늘고 긴 가공물의 연삭에 적합하다.
• 긴 홈이 있는 가공물의 연삭은 불가능하다.
• 대형이나 중량물의 연삭은 불가능하다.
• 연속가공이 가능하며, 대량 생산에 적합하다.
• 자생작용이 있다.

36 절삭공구재료의 구비조건으로 틀린 것은?

① 내마멸성이 클 것

② 원하는 형상으로 만들기 쉬울 것

③ 공작물보다 연하고 인성이 있을 것

④ 높은 온도에서도 경도가 떨어지지 않을 것

해설

절삭공구재료는 공작물보다 강하고 강인성이 있어야 한다.
절삭공구의 구비조건
• 고온경도 : 고온에서 경도가 저하되지 않고 절삭할 수 있는 고온 경도가 필요하다.
• 내마모성 : 절삭공구와 가공재료의 마찰에 의하여 절삭공구의 표면이 미세하게 소모되는 마모에 대한 강도가 필요하다.
• 강인성 : 절삭공구는 외력에 의해 파손되지 않고 잘 견딜 수 있는 강인성이 필요하다.
• 저마찰 : 마찰계수가 작을수록 경제적이고 효율성이 높은 절삭을 할 수 있다.
• 성형성 : 쉽게 원하는 모양으로 제작이 가능할 것
• 경제성 : 가격이 저렴할 것

37 연동척에 대한 설명으로 틀린 것은?

① 스크롤척이라고도 한다.

② 3개의 조가 동시에 움직인다.

③ 고정력이 단동척보다 강하다.

④ 원형이나 정삼각형 일감을 고정하기 편리하다.

해설

연동척(Universal Chuck, Scroll Chuck)
• 3개의 조가 120° 간격으로 구성 배치되어 있으며, 3번 척 또는 연동척, 만능척, 스크롤척이라고 한다.
• 1개의 조를 돌리면 3개의 조가 함께 동일한 방향, 동일한 크기로 이동한다.
• 원형이나 3의 배수가 되는 단면의 가공물(예 정삼각형)을 쉽고, 편하고, 빠르게 고정할 수 있다.
• 조가 마모되면 정밀도가 저하되는 단점이 있으며, 외측 및 내측 조가 따로 사용된다.
• 단동척에 비하여 고정력이 약하다.
선반에서 사용되는 척(Chuck)
• 단동척 : 4개의 조가 90° 간격으로 구성 배치되어 있으며, 불규칙한 가공물 고정
• 연동척 : 3개의 조가 120° 간격으로 구성 배치되어 있으며, 규칙적인 모양 고정
• 마그네틱척 : 전자석을 이용하여 얇은 판, 피스톤 링과 같은 가공물을 변형시키지 않고, 고정시켜 가공할 수 있는 자성체 척이다.
• 콜릿척 : 지름이 작은 가공물이나 각 봉재를 가공할 때 사용하는 선반의 부속장치

38 다음 중 밀링머신에서 공구의 떨림현상을 발생하게 하는 요소와 가장 관련이 없는 것은?

① 가공의 절삭 조건

② 밀링머신의 크기

③ 밀링커터의 정밀도

④ 공작물의 고정 방법

해설

밀링머신에서 공구의 떨림 원인
• 기계의 강성 부족
• 커터의 정밀도 부족
• 공작물 고정의 부적절
• 절삭조건의 부적절

39 절삭공구 중 밀링커터와 같은 회전공구로 래크를 나선 모양으로 감고, 스파이럴에 직각이 되도록 축 방향으로 여러 개의 홈을 파서 절삭날을 형성하여 기어를 가공할 수 있는 공구는?

① 호 브   ② 엔드밀
③ 플레이너   ④ 총형 커터

해설
- 호브(Hob) : 회전공구로 래크를 나선 모양으로 감고, 스파이럴에 직각이 되도록 축 방향으로 여러 개의 홈을 파서 절삭날을 형성하여 기어를 가공할 수 있는 공구
- 창성에 의한 방법 : 래크를 절삭 공구로 하고 피니언을 기어 소재로 하여 미끄러지지 않도록 고정한 후 서로 상대운동을 시켜 기어를 절삭하는 방법
  - 래크 커터에 의한 방법
  - 피니언 커터에 의한 방법
  - 호브에 의한 절삭

41 NPL식 각도게이지를 사용하여 그림과 같이 조립하였다. 조립된 게이지의 각도는?

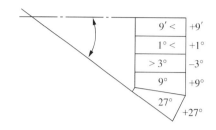

9′ <	+9′
1° <	+1°
> 3°	−3°
9°	+9°
27°	+27°

① 40°9′   ② 34°9′
③ 37°9′   ④ 39°9′

해설
$27° + 9° + 1° − 3° + 9′ = 34°9′$

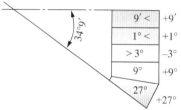

9′ <	+9′
1° <	+1°
> 3°	−3°
9°	+9°
27°	+27°

NPL식 각도게이지 : 길이 약 90mm, 폭 약 15mm의 측정면을 가진 쐐기형의 열처리된 블록으로 각각 6초, 18초, 30초, 1분, 9분, 27분, 1°, 3°, 9°, 27°, 41°의 각도를 가진 12개의 게이지를 한조로 한다. 이들 게이지를 2개 이상 조합해서 6초부터 81°사이를 임의로 6초 간격으로 만들 수 있다.

40 칩을 발생시켜 불필요한 부분을 제거하여 필요한 제품의 형상으로 가공하는 방법은?

① 소성가공법
② 절삭가공법
③ 접합가공법
④ 탄성가공법

해설
- 절삭가공법 : 절삭공구와 가공물의 상대적 운동을 이용하여 칩을 발생시켜, 불필요한 부분을 제거하여 필요한 제품의 형상으로 가공하는 방법
- 비절삭가공법 : 칩을 발생시키지 않고 필요한 제품형상으로 가공하는 방법으로 주조, 소성가공 등이 비절삭 분야에 속한다.

42 접시머리 나사의 머리가 들어갈 부분을 원추형으로 절삭하는 가공법은?

① 리 밍   ② 스폿 페이싱
③ 카운터 보링   ④ 카운터 싱킹

해설

드릴가공의 종류
- 카운터 보링 : 볼트의 머리 부분이 돌출되면 곤란한 부분이 있다. 이러한 경우에 볼트 또는 너트의 머리 부분이 가공물 안으로 묻히도록 드릴과 동심원의 2단 구멍을 절삭하는 방법이다.
- 카운터 싱킹 : 나사머리가 접시모양일 때 테이퍼 원통형으로 절삭하는 가공
- 리밍 : 구멍의 정밀도를 높이기 위해 구멍을 다듬는 작업이다.
- 태핑 : 공작물 내부에 암나사 가공, 태핑을 위한 드릴가공은 나사의 외경-피치로 한다.
- 스폿 페이싱 : 볼트나 너트를 체결하기 곤란한 경우에 볼트나 너트가 닿는 구멍 주위의 부분만 평탄하게 가공하여 체결이 잘되도록 하는 가공 방법이다.
- 보링 : 뚫린 구멍을 다시 절삭, 구멍을 넓히고 다듬질하는 것이다.

43 공장자동화의 주요설비로 사람의 손과 팔의 동작에 해당하는 일을 담당하고, 프로그램에 의해 동작하는 것은?

① PLC   ② 무인 운반차
③ 터치 스크린   ④ 산업용 로봇

해설

산업용 로봇 : 사람의 손과 팔의 동작에 해당하는 일을 담당하고, 프로그램에 의해 동작하는 것

44 머시닝센터에서 M10×1.5의 탭가공을 위하여 주축 회전수를 300rpm으로 지령할 경우 탭사이클의 이동 속도는?

① 150mm/min   ② 200mm/min
③ 300mm/min   ④ 450mm/min

해설

탭사이클의 이송속도는 회전수 × 피치이다.
∴ 300rpm × 1.5 = 450mm/min

45 다음 NC공작기계의 서보기구 중 가장 높은 정밀도로 제어가 가능한 방식은?

① 개방회로방식
② 폐쇄회로방식
③ 복합회로방식
④ 반폐쇄회로방식

해설

CNC의 서보기구를 위치검출방식 ★ 반드시 암기(자주 출제)
- 개방회로방식 : 피드백 장치 없이 스테핑 모터를 사용한 방식으로 실용화되었으나, 피드백 장치가 없기 때문에 가공 정밀도에 문제가 있어 현재는 거의 사용되지 않는다.
- 폐쇄회로방식 : 모터에 내장된 태코제너레이터에서 속도를 검출하고, 기계의 테이블에 부착한 스케일에서 위치를 검출(로터리 인코더)하여 피드백시키는 방식이다.
- 반폐쇄회로방식 : 모터에 내장된 태코제너레이터(펄스제너레이터)에서 속도를 검출하고, 인코더에서 위치를 검출하여 피드백하는 제어방식이다.
- 복합회로방식(Hybrid Servo System) : 반폐쇄회로방식과 폐쇄회로방식을 결합하여 고정밀도로 제어하는 방식으로, 가격이 고가이므로 고정밀도를 요구하는 기계에 사용된다.

46 머시닝센터에서 엔드밀이 정회전하고 있을 때, 하향절삭을 하는 G기능은?

① G40　　　　② G41

③ G42　　　　④ G43

• 엔드밀이 정회전 : G41(하향절삭), G42(상향절삭)
• 엔드밀이 역회전 : G41(상향절삭), G42(하향절삭)

47 머시닝센터에서 기계원점 복귀 G-코드는?

① G22　　　　② G28

③ G30　　　　④ G33

① G22 : 금지영역 설정
② G28 : 자동원점 복귀
③ G30 : 제2원점 복귀

48 CNC선반에서 보조기능 중 주축을 정지시키기 위한 M코드는?

① M01　　　　② M03

③ M04　　　　④ M05

M코드　★ 반드시 암기(자주 출제)

M코드	기 능	M코드	기 능
M00	프로그램 정지	M08	절삭유 ON
M01	프로그램 선택 정지	M09	절삭유 OFF
M02	프로그램 끝	M30	프로그램 끝 & 리셋
M03	주축 정회전	M98	보조프로그램 호출
M04	주축 역회전	M99	보조프로그램 종료
M05	주축 정지		

49 다음 CNC프로그램의 설명으로 옳은 것은?

G04 X2.0

① 2초간 정지

② 2분간 정지

③ 2/100만큼 전진

④ 2/100만큼 후퇴

• G04 X2.0 → 2초간 정지　• G04 : 일시정지
• 2초 동안 정지시키려면 G04 X2.0; 또는 G04 U2.0; 또는 G04 P2000;
• 휴지(Dwell) : 지령한 시간 동안 이송이 정지되는 기능이다. 이 기능은 홈가공이나 드릴작업 등에서 간헐이송으로 칩을 절단하거나, 목표점에 도달한 후 즉시 후퇴할 때 생기는 이송량만큼의 단차를 제거함으로써 진원도의 향상 및 깨끗한 표면을 얻기 위하여 사용한다.
어드레스 X, U 또는 P와 정지하려는 시간을 수치로 입력한다. P는 소수점을 사용할 수 없으며, X, U는 소수점 이하 세 자리까지 유효하다.

$$정지시간(초) = \frac{60 \times 공회전수(회)}{스핀들 회전수(rpm)} = \frac{60 \times n(회)}{N(rpm)}$$

$$= \frac{60 \times 3회}{900\,rpm} = 0.2초$$

50 다음 CNC선반 프로그램의 설명으로 틀린 것은?

> G92 X(U)__ Z(W)__ R__ F__;

① 단일형 내・외경 가공사이클이다.
② F는 나사의 리드를 지정하는 기능이다.
③ X(U), Z(W)는 고정사이클의 시작점이다.
④ R은 테이퍼나사 절삭 시 X축 기울기 양이다.

해설
- G92는 단일고정형 나사절삭사이클이다.
- G90 : 단일형 내・외경 가공사이클
- ※ 단일고정형 나사절삭사이클(G92)
- G92 X(U)__ Z(W)__ F__; → 평행나사
- G92 X(U)__ Z(W)__ I__ F__; (11T의 경우) → 테이퍼 나사
- G92 X(U)__ Z(W)__ R__ F__; (11T 아닌 경우) → 테이퍼 나사
  여기서, X(U) : 절삭 시 나사 끝지점 X좌표(지름지령), 사이클 시작점
  　　　 Z(W) : 절삭 시 나사 끝지점의 Z좌표, 사이클 시작점
  　　　 F : 나사의 리드
  　　　 I 또는 R : 테이퍼나사 절삭 시 X축 기울기 양

51 다음 중 머시닝센터에서 가공 전에 공구의 길이보정을 하기 위해 사용하는 기기는?

① 수준기
② 사인바
③ 오토콜리메이터
④ 하이트 프리세터

해설
공구길이의 측정은 툴 프리세터 또는 하이트 프리세터를 이용하면 정확하고 쉽게 측정할 수 있다.
- 하이트 프리세터 : 기계에 공구를 고정하며 길이를 비교하여 그 차이값을 구하고, 보정값을 입력하는 측정기이다.
- 툴 프리세터 : 공구길이나 공구경을 측정하는 장치이며, 측정치를 읽는 방법에 따라 마이크로미터식, 다이얼 게이지식, 광학식 등이 있다. 최

[하이트 프리세터]

근에는 컴퓨터를 접속시켜 공구길이나 공구경, 공구수명, 절삭조건, 사용 실적 등 각종 공구데이터 관리를 병용하는 툴 프리세터도 있다.

52 TiC를 주체로 하고 TiN, TiCN 등의 탄화물을 초미립화하여 소결시킨 합금으로 경도가 높은 반면 항절력이 낮은 절삭공구 재료는?

① 서 멧
② 세라믹
③ 초경합금
④ 코티드 초경합금

해설
- 서멧(Cermet) : 세라믹과 메탈의 복합어로 세라믹의 취성을 보완하기 위하여 개발된 내화물과 금속 복합체의 총칭이다. Al_2O_3분말 약 70%에 TiC 또는 TiN분말을 30% 정도 혼합하여 수소 분위기 속에서 소결하여 제작한다. 고속절삭에서 저속절삭까지 사용 범위가 넓고 크레이터 마모, 플랭크 마모 등이 작고 구성인선이 거의 발생하지 않아 공구수명이 길다.
- 세라믹(Ceramic) : 산화알루미늄(Al_2O_3)분말을 주성분으로 마그네슘, 규소 등의 산화물과 소량의 다른 원소를 첨가하여 소결한 절삭공구이다. 고온에서 경도가 높고, 내마모성이 좋아 초경합금보다 빠른 절삭속도로 절삭이 가능하다. 백색, 분홍색, 회색, 흑색 등이 있으며, 초경합금보다 가볍다.

53 머시닝센터에서 공구의 측면날을 이용하여 형상을 절삭할 경우 공구 중심과 프로그램 경로가 일치할 때 공구 반지름만큼 발생하는 편차를 보정해 주는 기능은?

① 공구간섭 보정　　　② 공구길이 보정
③ 공구지름 보정　　　④ 공구좌표계 보정

해설
공구지름 보정 : 공작물을 반지름 R의 공구로 절삭할 경우, 공구 중심의 통로는 공구 반지름(R)만큼 떨어진 점선 부분으로 된다. 이 경우 공구 중심으로부터 떨어진 거리를 오프셋이라고 한다. 이와 같이 공구를 가공형상으로부터 일정 거리만큼 떨어지게 하는 것을 공구지름 보정이라고 한다.
공구인선 반지름 보정 G-코드

G-코드	가공위치
G40	공구지름 보정 취소
G41	공구지름 좌측 보정
G42	공구지름 우측 보정

54 CNC선반에서 나사의 호칭지름이 30mm이고, 피치가 2mm인 3줄 나사를 가공할 때의 이송량(F값)으로 옳은 것은?

① 2.0   ② 3.0

③ 4.0   ④ 6.0

> **해설**
> • 나사가공에서 F로 지령된 값은 나사의 리드이다.
> • 리드 = 피치 × 줄수 = 2 × 3 = 6 → F6.0

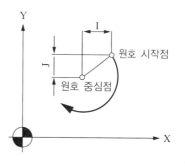

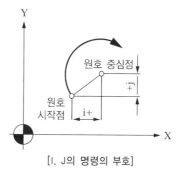

[I, J의 명령의 부호]

55 머시닝센터에서 다음 그림과 같이 X15, Y0인 위치(A)부터 반시계방향(CCW)으로 원호를 가공하고자 할 때 옳은 것은?

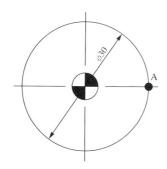

① G02 I-15. ;

② G03 I-15. ;

③ G02 X15. Y0. R-15. ;

④ G03 X15. Y0. R-15. ;

> **해설**
> • 위치(A)부터 반시계방향(CCW)으로 원호가공 → G03 I-15. ;
> • 문제에서 반시계방향 원호가공이므로 G03이며, 원호가공 시작점(A)에서 원호 중심까지 벡터값은 I-15. 가 된다.
> ※ I, J는 원호의 시작점에서 원호 중심까지의 벡터값이다(I : X축 방향, J : Y축 방향).

56 머시닝센터 프로그램에서 X-Y 작업평면 선택 지령은?

① G17   ② G18

③ G19   ④ G29

> **해설**
> • G17 : X-Y 평면
> • G18 : Z-X 평면
> • G19 : Y-Z 평면

57 다음 CNC선반 프로그램에서 G50 기능 설명이 옳은 것은?

> G50 X250.0 Z250.0 S1500;

① 분당 이송속도 : 1,500mm/min
② 회전수당 이송 : 1,500mm/rev
③ 주축의 절삭속도 : 1,500m/min
④ 주축의 최고회전수 : 1,500rpm

해설
• G50 : 공작물 좌표계 설정, 주축 최고회전수 설정
• G50에서의 S는 주축 최고회전수를 지정한다(S1500 → 주축의 최고회전수 : 1,500rpm).

58 머시닝센터 베드면과 주축의 직각도 검사용 측정기로 적합한 것은?

① 수평계
② 마이크로미터
③ 버니어 캘리퍼스
④ 다이얼인디케이터

해설
• 다이얼인디케이터 : 베드면과 주축의 직각도 검사
• 길이 측정 : 버니어 캘리퍼스, 마이크로미터 등

59 데이터 입출력기기의 종류별 인터페이스 방법이 잘못 연결된 것은?

① FA 카드 – LAN
② 테이프 리더 – RS232C
③ 플로피 디스크 드라이버 – RS232C
④ 프로그램 파일 메이트(Program File Mate) – RS442

해설
• FA 카드 – FA 카드 포트
• 통신케이블의 연결은 기계의 측면에 있는 RS232C 시리얼 포트를 이용한다.

60 기계가공 작업장에서 일반적인 작업 시작 전 점검 사항으로 적절하지 않은 것은?

① 주변에 위험물의 유무
② 전기장치의 이상 유무
③ 냉 · 난방설비 설치 유무
④ 작업장 조명의 정상 유무

해설
냉 · 난방설비 설치 유무는 일반적인 작업 시작 전 점검사항으로 보기 어렵다.

※ 2017년부터는 CBT(컴퓨터 기반 시험)로 진행되어 수험자의 기억에 의해 문제를 복원하였습니다. 실제 시행문제와 일부 상이할 수 있음을 알려드립니다.

01
Cu 3.5~4.5%, Mg 1~1.5%, Si 0.5~1.0%, 나머지 Al인 합금으로 무게를 중요시한 항공기나 자동차에 사용되는 고력 Al합금인 것은?

① 두랄루민
② 하이드로날륨
③ 알드레이
④ 내식 알루미늄

해설
두랄루민 : 단조용 알루미늄 합금으로 Al+Cu+Mg+Mn의 합금(알구마망)으로 가벼워서 항공기나 자동차 등에 사용되는 고강도 Al합금이다.
• 고강도 Al합금 : 두랄루민, 초두랄루민, 초강 두랄루민
• 내식성 Al합금 : 하이드로날륨, 알민, 알드레이

02
다음 중 절삭 공구용 재료가 가져야 할 기계적 성질 중 맞는 것을 모두 고르면?

> ㉠ 고온경도(Hot Hardness)
> ㉡ 취성(Brittleness)
> ㉢ 내마멸성(Resistance to Wear)
> ㉣ 강인성(Toughness)

① ㉠, ㉡, ㉢
② ㉠, ㉡, ㉣
③ ㉠, ㉢, ㉣
④ ㉡, ㉢, ㉣

해설
절삭 공구재료의 구비조건
• 피절삭제보다는 경도와 인성이 클 것
• 고온에서 경도가 감소되지 않을 것
• 내마모성이 클 것
• 절삭저항을 받으므로 강도가 클 것
• 형상을 만들기 용이하고 가격이 저렴할 것

03
금속재료가 일정한 온도 영역과 변형속도의 영역에서 유리질처럼 늘어나는 특수한 현상은?

① 형상기억
② 초소성
③ 초탄성
④ 초전도

해설
초소성 : 금속을 어떤 특정한 온도, 변형 조건하에서 인장변형하면 국부적인 수축을 일으키지 않고, 커다란 연성을 보이는 현상이다. 변형 속도가 변형 응력에 민감하기 때문에 형상이 복잡한 재료는 가공이 용이하지 않으며, 초소성 가공은 표면의 산화 또는 열수축 등에 의하여 치수 정밀도가 떨어진다. 초소성 형상은 소성 가공이 어려운 내열 합금 또는 분산 강화 합금을 분말 야금법으로 제조하여 소성 가공 및 확산 접합할 때 응용할 수 있다.

04
합성수지의 공통된 성질 중 틀린 것은?

① 가볍고 튼튼하다.
② 전기절연성이 좋다.
③ 단단하며 열에 강하다.
④ 가공성이 크고 성형이 간단하다.

해설
합성수지는 플라스틱을 의미하는데 플라스틱은 열에 약하다.
※ 플라스틱의 특징 : 경량, 절연성 우수, 내식성 우수, 단열, 비자기성 등

05 Cu에 60~70%의 Ni 함유량을 첨가한 Ni-Cu계의 합금이며, 내식성이 좋으므로 화학 공업용 재료로 많이 쓰이는 재료는?

① Y합금
② 니크롬
③ 모넬메탈
④ 콘스탄탄

해설
• 모넬메탈 : Cu에 60~70%의 Ni 함유량을 첨가한 Ni-Cu계의 합금이며, 내식성이 좋으므로 화학 공업용 재료로 많이 사용된다.
• 콘스탄탄 : Cu에 40~50% Ni을 첨가한 합금으로, 전기저항이 크고 온도계수가 낮아 저항선, 전열선 등에 사용된다.
• Y합금 : Al-Cu-Ni-Mg의 합금으로 대표적인 내열용 합금이다.

06 탄화텅스텐(WC), 타이타늄(Ti), 탄탈(Ta) 등의 분말을 코발트(Co) 또는 니켈(Ni) 분말과 섞어서 프레스로 성형 후 약 1,400℃ 이상의 고온에서 소결한 공구 재료는?

① 주조 경질 합금
② 초경합금
③ 고속도강
④ 시효경화 합금

해설
초경합금 : WC-Ti-Ta 등의 탄화물 분말을 Co 또는 Ni과 결합하여 1,400℃ 이상에서 소결시킨 것

07 뜨임의 목적이 아닌 것은?

① 탄화물의 고용 강화
② 인성 부여
③ 담금질할 때 생긴 내부응력 감소
④ 내마모성의 향상

해설
뜨임의 목적
• 담금질할 때 생긴 내부응력 제거
• 인성 부여
• 내마모성 향상

08 다음 중 자동하중 브레이크에 속하지 않는 것은?

① 원추 브레이크
② 웜 브레이크
③ 캠 브레이크
④ 원심 브레이크

해설
• 자동하중 브레이크 : 크레인 등으로 하물(荷物)을 올릴 때는 제동 작용은 하지 않고 클러치 작용을 하며, 하물을 아래로 내릴 때는 하물 자중에 의한 제동 작용으로 화물의 속도를 조절하거나 정지시키는 역할을 하는 브레이크
• 자동하중 브레이크의 종류 : 웜 브레이크, 나사 브레이크, 원심 브레이크, 원판 브레이크, 캠 브레이크

09 너비가 5mm이고, 단면의 높이가 8mm, 길이가 40mm인 키에 작용하는 전달력은?(단, 키의 허용전단응력은 2MPa이다)

① 200N

② 400N

③ 800N

④ 4,000N

전달력$(P) = b \cdot l \cdot \tau = 5\mathrm{mm} \times 40\mathrm{mm} \times 2\mathrm{N/mm^2} = 400\mathrm{N}$

∴ 전달력$(P) = 400\mathrm{N}$, ※ $2\mathrm{MPa} = 2\mathrm{N/mm^2}$

여기서, P : 전달력(접선력)

b : 키의 너비

l : 키의 유효길이

τ : 키의 전단응력

10 다음 중 축 중심선에 직각 방향과 축 방향의 힘을 동시에 받는 데 쓰이는 베어링으로 가장 적합한 것은?

① 앵귤러 볼 베어링

② 원통 롤러 베어링

③ 스러스트 볼 베어링

④ 레이디얼 볼 베어링

앵귤러 볼 베어링(Angular Contact Ball Bearing) : 볼과 내외륜과의 접촉점을 잇는 직선이 레이디얼 방향에 대해서 어느 각도를 이루고 있기 때문에 앵귤러 볼 베어링이라 하며, 이 각도를 접촉각이라 한다. 구조상 레이디얼 하중 외에 한 방향의 스러스트 하중을 받는 경우에 적합하고, 접촉각이 클수록 스러스트 부하 능력이 증가한다(축 중심선에 직각 방향과 축 방향의 힘을 동시에 받는 데 쓰임).

11 전단하중 W(N)를 받는 볼트에 생기는 전단응력 τ(N/mm²)를 구하는 식으로 옳은 것은?(단, 볼트 전단면적을 A mm²이라고 한다)

① $\tau = \dfrac{\pi A^2/4}{W}$

② $\tau = \dfrac{A}{W}$

③ $\tau = \dfrac{W}{\pi A^2/4}$

④ $\tau = \dfrac{W}{A}$

전단응력$(\tau) = \dfrac{W(\text{하중})}{A(\text{단면적})}$

12 일반 스퍼 기어와 비교한 헬리컬 기어의 특징에 대한 설명으로 틀린 것은?

① 임의의 비틀림 각을 선택할 수 있어서 축 중심거리의 조절이 용이하다.

② 물림 길이가 길고 물림률이 크다.

③ 최소 잇수가 적어서 회전비를 크게 할 수 있다.

④ 추력이 발생하지 않아서 진동과 소음이 작다.

헬리컬 기어 : 잇줄이 축 방향과 일치하지 않는 기어이다. 이의 물림이 좋아서 조용한 운전을 하나 축 방향 하중(추력)이 발생하는 단점이 있다.

13 다음 나사산의 각도 중 틀린 것은?

① 미터보통나사 : 60°

② 관용평행나사 : 55°

③ 유니파이보통나사 : 60°

④ 미터사다리꼴나사 : 35°

해설

• 미터계 사다리꼴나사 : $\alpha=30°$

• 인치계 사다리꼴나사 : $\alpha=29°$

14 인장 코일 스프링에 3kgf의 하중을 걸었을 때 변위가 30mm이었다면, 스프링 상수는 얼마인가?

① 0.1kgf/mm

② 0.2kgf/mm

③ 5kgf/mm

④ 10kgf/mm

해설

스프링 상수 $k = \dfrac{W(하중)}{\delta(처짐량)} = \dfrac{3\,kgf}{30\,mm} = 0.1\,kgf/mm$

15 축선에서 약간의 어긋남을 허용하면서 충격과 진동을 감소시키는 축이음은?

① 유니버설 조인트

② 플렉시블 커플링

③ 클램프 커플링

④ 올덤 커플링

해설

• 플렉시블 커플링 : 두 축이 동일선 상에 있으며, 두 축 사이에 약간의 상호 이동을 허용할 수 있는 축이음

• 올덤 커플링 : 두 축이 평행하고 축의 중심선이 약간 어긋났을 때 각 속도의 변동 없이 토크를 전달하는 데 사용하는 축 이음

• 유니버설 조인트 : 훅 조인트라고도 하며, 두 축이 같은 평면 내에 있으면서 그 중심선이 어느 각도로서 교차하고 있을 때 사용하는 축 이음으로 자동차, 공작기계, 압연롤러, 전달기구 등에 많이 사용한다.

16 제3각법으로 나타낸 그림과 같은 투상도에 적합한 입체도는?

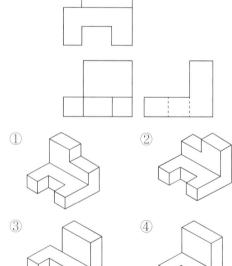

① 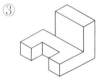 ②

③   ④

17 다음 중 도면의 내용에 따른 분류가 아닌 것은?

① 부품도

② 전개도

③ 조립도

④ 부분조립도

해설
- 내용에 따른 분류 : 스케치도, 부품도, 조립도, 공정도, 상세도, 전기 회로도, 전자 회로도, 배선도 등
- 사용 목적에 따른 분류 : 주문도, 계획도, 견적도, 승인도, 제작도, 설명도, 전개도 등
- 작성 방법에 따른 분류 : 연필도, 먹물 제도, 착색도 등
- 성격에 따른 분류 : 원도, 트레이스도, 복사도 등

18 치수 보조기호 중 구(Sphere)의 지름 기호는?

① R   ② SR

③ ϕ ④ Sϕ

해설
치수 보조기호

기 호	설 명	기 호	설 명
ϕ	지 름	Sϕ	구의 지름
R	반지름	SR	구의 반지름
C	45°모따기	□	정사각형
P	피 치	t	두 께

19 기계 제도에서 굵은 1점쇄선을 사용하는 경우로 가장 적합한 것은?

① 대상물의 보이는 부분의 겉모양을 표시하기 위하여 사용한다.

② 치수를 기입하기 위하여 사용한다.

③ 도형의 중심을 표시하기 위하여 사용한다.

④ 특수한 가공 부위를 표시하기 위하여 사용한다.

해설
용도에 따른 선의 종류

명 칭	선의 종류	선의 용도
외형선	굵은 실선	대상물이 보이는 부분의 모양을 표시하는 데 사용한다.
치수선		치수를 기입하기 위하여 사용한다.
치수 보조선	가는 실선	치수를 기입하기 위하여 도형으로부터 끌어내는 데 사용한다.
지시선		기술, 기호 등을 표시하기 위하여 끌어 내는 데 사용한다.
숨은선	가는 파선	대상물의 보이지 않는 부분의 모양을 표시하는 데 사용한다.
중심선	가는 1점쇄선	도형의 중심과 중심이 이동한 중심 궤적을 표시하는 데 사용한다.
특수 지정선	굵은 1점쇄선	특수한 가공을 하는 부분 등 특별한 요구 사항을 적용할 수 있는 범위를 표시하는데 사용한다.

20 표면의 결 도시방법에서 가공으로 생긴 커터의 줄무늬가 여러 방향일 때 사용하는 기호는?

① X ② R
③ C ④ M

줄무늬 방향 기호

기 호	기호의 뜻	설명 그림과 도면 기입 보기
=	가공에 의한 커터의 줄무늬 방향이 기호를 기입한 그림의 투상면에 평행 [보기] 셰이핑면	커터의 줄무늬 방향
⊥	가공에 의한 커터의 줄무늬 방향이 기호를 기입한 그림의 투상면에 직각 [보기] 셰이핑면(옆으로부터 보는 상태) 선삭, 원통 연삭면	커터의 줄무늬 방향
X	가공에 의한 커터의 줄무늬 방향이 기호를 기입한 그림의 투상면에 경사지고 두 방향으로 교차 [보기] 호닝 다듬질면	커터의 줄무늬 방향
M	가공에 의한 커터의 줄무늬 방향이 여러 방향으로 교차 또는 무방향 [보기] 래핑 다듬질면, 슈퍼피니싱면, 가로 이송을 한 정면 밀링, 또는 엔드밀 절삭면	√M
C	가공에 의한 커터의 줄무늬가 기호를 기입한 면의 중심에 대하여 대략 동심원 모양 [보기] 끝면 절삭면	√C
R	가공에 의한 커터의 줄무늬 방향이 기호를 기입한 면의 중심에 대하여 대략 레이디얼 모양	√R

21 단면도의 표시 방법에서 그림과 같이 도시하는 단면도의 종류 명칭은?

① 전단면도
② 한쪽 단면도
③ 부분 단면도
④ 회전도시 단면도

• 회전도시 단면도 : 핸들, 벨트풀리, 기어 등과 같은 바퀴의 암, 림, 리브, 훅, 축, 구조물의 부재 등의 절단면을 회전시켜 표시한다.
• 온단면도 : 물체 전체를 둘로 절단해서 그림 전체를 단면으로 나타낸 것이다(전단면도).
• 부분 단면도 : 필요한 일부분만을 파단선에 의해 그 경계를 표시하고 나타낸다.
• 한쪽 단면도 : 상하 또는 좌우대칭인 물체는 1/4을 떼어 낸 것으로 보고 기본 중심선을 경계로 1/2은 외형, 1/2은 단면으로 동시에 나타낸다. 외형도의 절반과 온단면도의 절반을 조합하여 표시한 단면도이다.

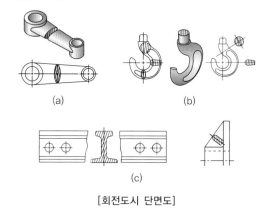

(a)　　　(b)

(c)

[회전도시 단면도]

22 기하공차 기입틀에서 B가 의미하는 것은?

//	0.008	B

① 데이텀 ② 공차 등급
③ 공차기호 ④ 기준치수

해설
공차 기입틀과 구획 나누기

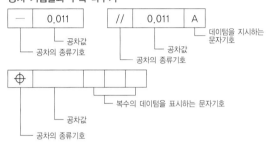

23 KS 기어 제도의 도시방법 설명으로 올바른 것은?

① 잇봉우리원은 가는 실선으로 그린다.
② 피치원은 가는 1점쇄선으로 그린다.
③ 이골원은 굵은 1점쇄선으로 그린다.
④ 잇줄 방향은 보통 2개의 가는 1점쇄선으로 그린다.

해설
① 잇봉우리원은 굵은 실선으로 그린다.
③ 이골원은 가는 실선으로 그린다.
④ 잇줄 방향은 보통 3개의 가는 실선으로 그린다.
기어의 도시법
• 이끝원(잇봉우리원)은 굵은 실선으로 그린다.
• 피치원은 가는 1점쇄선으로 그린다.
• 이뿌리원(이골원)은 가는 실선으로 그린다.

24 끼워맞춤 공차 ϕ50H7/g6에 대한 설명으로 틀린 것은?

① ϕ50H7의 구멍과 ϕ50g6 축의 끼워맞춤이다.
② 축과 구멍의 호칭 치수는 모두 ϕ50이다.
③ 구멍 기준식 끼워맞춤이다.
④ 중간 끼워맞춤의 형태이다.

해설
ϕ50H7/g6
• 구멍기준식 헐거운 끼워맞춤이다.
• 축과 구멍의 호칭 치수가 모두 ϕ50인 ϕ50H7의 구멍과 ϕ50g6 축의 끼워맞춤이다.
자주 사용하는 구멍 기준 끼워 맞춤

기준 구멍		H6		H7	
축의 공차 범위 클래스	헐거운 끼워 맞춤				
					e7
			f6	f6	f7
		g5	g6	g6	
		h5	h6	h6	h7
	중간 끼워 맞춤	js5	js6	js6	js7
		k5	k6	k6	
		m5	m6	m6	
	억지 끼워 맞춤		n6	n6	
			p6	p6	
				r6	
				s6	
				t6	
				u6	
				x6	

25 회전하는 상자에 공작물과 숫돌입자, 공작액, 콤파운드 등을 함께 넣어 공작물의 입자와 충돌하여 요철을 제거하고 매끈한 가공면을 얻는 가공법은?

① 쇼트 피닝
② 배럴 가공
③ 슈퍼피니싱
④ 폴리싱

해설

배럴 다듬질 : 충돌가공(주물귀, 돌기 부분, 스케일 제거)으로 회전하는 상자 속에 공작물과 미디어, 콤파운드(유지+직물), 공작액 등을 넣고 회전과 진동을 주어 표면을 다듬질(회전형, 진동형)한다.

26 밀링에서 상향절삭과 하향절삭의 비교 설명으로 맞는 것은?

① 상향절삭은 절삭력이 상향으로 작용하여 가공물 고정이 유리하다.
② 상향절삭은 기계의 강성이 낮아도 무방하다.
③ 하향절삭은 상향절삭에 비하여 공구 마모가 빠르다.
④ 하향절삭은 백래시(Back Lash)를 제거할 필요가 없다.

해설

상향절삭과 하향절삭의 차이점

구 분	상향절삭	하향절삭
방 향	커터 회전방향과 공작물 이송방향 반대	커터 회전방향과 공작물 이송방향 동일
백래시	절삭에 별 지장이 없다.	백래시를 제거해야 한다.
기계의 강성	강성이 낮아도 무관하다.	가공할 때, 충격이 있어 높은 강성이 필요하다.
가공물의 고정	절삭력이 상향으로 작용하여 고정이 불리하다.	절삭력이 하향으로 작용하여 가공물 고정이 유리하다.
인선의 수명	절입할 때, 마찰열로 마모가 빠르고 공구수명이 짧다.	상향절삭에 비하여 공구 수명이 길다.
마찰저항	마찰저항이 커서 절삭공구를 위로 들어 올리는 힘이 작용한다.	절입할 때, 마찰력은 작으나 하향으로 충격력이 작용한다.
가공면의 표면 거칠기	광택은 있으나, 상향에 의한 회전저항으로 전체적으로 하향절삭보다 나쁘다.	가공 표면에 광택은 적으나, 저속 이송에서는 회전저항이 발생하지 않아 표면거칠기가 좋다.

27 일반적으로 선반의 크기 표시 방법으로 사용되지 않는 것은?

① 베드(Bed)상의 최대 스윙(Swing)
② 왕복대상의 스윙
③ 베드의 중량
④ 양 센터 사이의 최대거리

해설

보통선반의 크기를 나타내는 방법
• 스윙(Swing, 가공할 수 있는 공작물의 최대직경) × 양 센터 간에 최대거리(가공할 수 있는 공작물의 최대길이)
• 베드의 중량으로는 크기를 나타내지 않는다.

28 100mm의 사인바에 공작물을 올려놓고 피측정물의 경사면과 사인바의 측정면이 일치되었을 때 블록게이지의 높이가 35mm였다. 이때 각도는 약 얼마인가?

① 15°29′
② 20°29′
③ 25°29′
④ 30°29′

해설

사인바 각도 공식 : $\sin\phi = \dfrac{H-h}{L}$

$\sin\phi = \dfrac{H-h}{L}$ 에서

$\phi = \sin^{-1}\dfrac{H-h}{L} = \sin^{-1}\dfrac{35}{100} = 20.48° = 20°29′$

∴ 사인바 각도(ϕ) = 20°29′

여기서, $H-h$: 블록게이지의 높이(mm)
　　　　　L : 사인바롤러의 중심거리(mm)

※ 10진법의 각(20.48°)을 도, 분, 초(60진법/20°29′)의 각으로 변환하는 방법은 공학용 계산기의 사용법 참고

例 *SHARP* 공학용 계산기 : 20.48 → [*MATH*] → [▼]3번 → [2 → *dms*] → [*ENTER*](계산기 사양에 따라 다름)

29 마이크로미터에서 측정압을 일정하게 하기 위한 장치는?

① 스핀들   ② 프레임
③ 심 블   ④ 래칫스톱

해설
래칫스톱 : 마이크로미터에서 측정압을 일정하게 하는 장치

30 절삭 공구재료 중 CBN의 미소분말을 고온, 고압으로 소결한 것으로 난삭재료, 고속도강, 내열강의 절삭이 가능한 것은?

① 세라믹
② 다이아몬드
③ 피복 초경합금
④ 입방정 질화붕소

해설
• 입방정 질화붕소(CBN) : 자연계에는 존재하지 않는 인공합성 재료로서 다이아몬드의 2/3배 정도의 경도를 가지며, CBN 미소분말을 초고온(2,000℃), 초고압(5만 기압 이상)의 상태로 소결하여 제작한다. CBN은 난삭재료, 고속도강, 담금질강, 내열강 등의 절삭에 많이 사용한다.
• 세라믹 공구 : 산화알루미늄(Al₂O₃) 분말을 주성분으로, 마그네슘(Mg), 규소(Si) 등의 산화물과 미량의 다른 원소를 첨가하여 1,500℃에서 소결한 절삭공구이다.
• 초경합금 : W, Ti, Mo, Zr 등의 경질합금 탄화물 분말을 Co, Ni을 결합제로 하여 1,400℃ 이상의 고온으로 가열하면서 프레스로 소결 성형한 절삭공구이다.

31 다음 가공물의 테이퍼 값은 얼마인가?

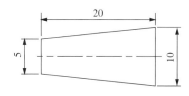

① 0.25   ② 0.5
③ 1.5   ④ 2

해설
$$\text{테이퍼} = \frac{D-d}{l} = \frac{10-5}{20} = 0.25$$

32 제품의 치수가 공차 내에 있는지 없는지를 간단히 검사할 수 있는 게이지는?

① 틈새 게이지   ② 한계 게이지
③ 측장기   ④ 블록 게이지

해설
한계 게이지 : 기계 부품이 허용 공차 안에 들어 있는지를 검사하는 측정기기
• 구멍용 한계 게이지 : 플러그 게이지, 봉 게이지, 테보(Tebo) 게이지
• 축용 한계 게이지 : 링 게이지, 스냅 게이지

33 다음 중 디스크, 플랜지 등 길이가 짧고 지름이 큰 공작물 가공에 가장 적합한 선반은?

① 공구 선반
② 정면 선반
③ 탁상 선반
④ 터릿 선반

해설
② 정면 선반 : 기차바퀴처럼 지름이 크고, 길이가 짧은 가공물을 절삭하기에 편리한 선반
① 공구 선반 : 보통선반과 같은 구조이나 정밀한 형식으로 되어 있다.
③ 탁상 선반 : 작업대 위에 설치해야 할 만큼의 소형 선반으로 베드의 길이 900mm 이하, 스윙 200mm 이하로서 시계부품, 재봉틀부품 등의 소형 부품을 주로 가공하는 선반
④ 터릿 선반 : 보통선반 심압대 대신에 터릿으로 불리는 회전 공구대를 설치하여 여러 가지 절삭공구를 공정에 맞게 설치하여 가공하는 선반

34 가공 방법에 따른 공구와 공작물의 상호 운동 관계에서 공구와 공작물이 모두 직선 운동을 하는 공작기계로 바르게 짝지어진 것은?

① 셰이퍼, 연삭기
② 밀링머신, 선반
③ 셰이퍼, 플레이너
④ 호닝머신, 래핑머신

해설
공작기계 공구와 공작물의 상호 운동 관계

공작기계	공 구	공작물
선 반	직선운동	회전운동
밀 링	회전운동	직선운동
평면 연삭기	회전운동	직선운동
셰이퍼	직선운동	직선운동
플레이너	직선운동	직선운동
호 닝	회전 및 직선운동	고 정

35 접시머리 나사의 머리부를 묻히게 하기 위해 원뿔 자리를 만드는 작업은?

① 태핑(Tapping)
② 스폿 페이싱(Spot Facing)
③ 카운터 싱킹(Counter Sinking)
④ 카운터 보링(Counter Boring)

해설
드릴가공의 종류
• 카운터 싱킹 : 나사 머리의 모양이 접시모양일 때 테이퍼 원통형으로 절삭하는 가공
• 카운터 보링 : 볼트의 머리 부분이 돌출되면 곤란한 부분이 있다. 이러한 경우에 볼트 또는 너트의 머리 부분이 가공물 안으로 묻히도록 드릴과 동심원의 2단 구멍을 절삭하는 방법
• 리밍 : 구멍의 정밀도를 높이기 위해 구멍을 다듬는 작업
• 태핑 : 공작물 내부에 암나사 가공(태핑을 위한 드릴가공은 나사의 외경−피치로 한다)
• 스폿 페이싱 : 볼트나 너트를 체결하기 곤란한 경우에 볼트나 너트가 닿는 구멍 주위의 부분만 평탄하게 가공하여 체결이 잘되도록 하는 가공 방법
• 보링 : 뚫린 구멍을 다시 절삭하여 구멍을 넓히고 다듬질하는 것

36 공작기계를 가공능률에 따라 분류할 때 전용 공작기계에 속하는 것은?

① 플레이너
② 드릴링 머신
③ 트랜스퍼 머신
④ 밀링 머신

해설
• 전용 공작 기계 : 트랜스퍼 머신, 차륜 선반, 크랭크축 선반
• 범용 공작 기계 : 선반, 드릴링머신, 밀링머신, 셰이퍼, 플레이너, 슬로터, 연삭기
• 단능 공작 기계 : 공구연삭기, 센터링머신
• 만능 공작 기계 : 선반, 드릴링, 밀링 머신 등의 공작기계를 하나의 기계로 조합

37 가공물이 대형이거나 무거운 중량 제품을 드릴 가공할 때 가공물을 고정시키고 드릴 스핀들을 암 위에서 수평으로 이동시키면서 가공할 수 있는 것은?

① 직립 드릴링 머신
② 레이디얼 드릴링 머신
③ 터릿 드릴링 머신
④ 만능 포터블 드릴링 머신

해설
레이디얼 드릴링머신 : 대형 제품이나 무거운 제품에 구멍가공을 하기 위해 가공물은 고정시키고, 드릴링 헤드를 수평방향으로 이동하여 가공할 수 있는 머신(드릴을 필요한 위치로 이동 가능)

드릴링 머신의 종류 및 용도

종 류	설 명	용 도	비 고
탁상 드릴링 머신	드릴머신을 작업대 위에 설치하여 사용하는 소형의 드릴링 머신	소형 부품 가공에 적합	ϕ13mm 이하의 작은 구멍 뚫기
직립 드릴링 머신	탁상 드릴링 머신과 유사	비교적 대형 가공물 가공	주축 역회전 장치로 탭가공 가능
레이디얼 드릴링 머신	구멍가공을 하기 위해 가공물은 고정시키고, 드릴이 가공 위치로 이동할 수 있는 머신(드릴을 필요한 위치로 이동 가능)	대형 제품이나 무거운 제품에 구멍가공	암(Arm)을 회전, 주축 헤드 암을 따라 수평이동
다축 드릴링 머신	한 대의 드릴링 머신에 다수의 스핀들을 설치하고 여러 개의 구멍을 동시에 가공	1회에 여러개의 구멍을 동시 가공	–
다두 드릴링 머신	직립 드릴링 머신의 상부기구를 한 대의 드릴 머신 베드 위에 여러 개를 설치한 형태	드릴가공, 탭 가공, 리머가공 등의 여러 가지의 가공을 순서에 따라 연속가공	–
심공 드릴링 머신	깊은 구멍 가공에 적합한 드릴링 머신	총신, 긴 축, 커넥팅 로드 등과 같이 깊은 구멍 가공	–

38 다음 중 구성인선(Built-up Edge)의 방지대책으로 옳은 것은?

① 절삭깊이를 작게 한다.
② 윗면 경사각을 작게 한다.
③ 절삭유제를 사용하지 않는다.
④ 재결정 온도 이하에서만 가공한다.

해설
구성인선의 방지대책 ★ 반드시 암기(자주 출제)
• 절삭깊이를 작게 할 것
• 경사각을 크게 할 것
• 절삭공구의 인선을 예리하게(날카롭게) 할 것
• 윤활성이 좋은 절삭 유제를 사용할 것
• 절삭속도를 빠르게 할 것

39 기계가공에서 절삭성능을 높이기 위하여 절삭유를 사용한다. 절삭유의 사용 목적으로 틀린 것은?

① 절삭공구의 절삭온도를 저하시켜 공구의 경도를 유지시킨다.
② 절삭속도를 높일 수 있어 공구수명을 연장시키는 효과가 있다.
③ 절삭 열을 제거하여 가공물의 변형을 감소시키고, 치수 정밀도를 높여 준다.
④ 냉각성과 윤활성이 좋고, 기계적 마모를 크게 한다.

해설
냉각성과 윤활성이 좋고, 기계적 마모를 작게 한다.

40 절삭 깊이가 작고, 절삭속도가 빠르며 경사각이 큰 바이트로 연성의 재료를 가공할 때 발생하는 칩의 형태는?

① 유동형 칩
② 전단형 칩
③ 경작형 칩
④ 균열형 칩

해설
칩의 종류 및 특징

종 류	유동형 칩	전단형 칩	경작형 칩	균열형 칩
정 의	칩이 경사면 위를 연속적으로 원활하게 흘러 나가는 모양으로 연속형 칩	경사면 위를 원활하게 흐르지 못할 때 발생하는 칩	가공물이 경사면에 점착되어 원활하게 흘러 나가지 못하여 가공재료 일부에 터짐이 일어나는 현상 발생	균열이 발생하는 진동으로 인하여 절삭공구 인선에 치핑 발생
재 료	연성재료(연강, 구리, 알루미늄) 가공	연성재료(연강, 구리, 알루미늄) 가공	점성이 큰 가공물	주철과 같이 메진 재료
절삭 깊이	작을 때	클 때	클 때	–
절삭 속도	빠를 때	작을 때	–	작을 때
경사각	클 때	작을 때	작을 때	–
비 고	가장 이상적인 칩	진동이 발생하고, 표면 거칠기가 나빠짐	–	순간적으로 공구날 끝에 균열이 발생

41 밀링머신에서 공작물을 가공할 때, 발생하는 떨림(Chattering) 영향으로 관계가 가장 적은 것은?

① 가공면의 표면이 거칠어진다.
② 밀링 커터의 수명을 단축시킨다.
③ 생산능률을 저하시킨다.
④ 가공물의 정밀도가 향상된다.

해설
①, ②, ③은 떨림의 영향이다. 떨림으로 인해 정밀도가 저하되며, 떨림을 줄이기 위해 기계의 강성, 커터의 정밀도, 일감 고정 방법, 절삭 조건 등을 조정하여야 한다.

42 다음 중 머시닝센터의 G코드 일람표에서 원점 복귀 명령과 관련이 없는 코드는?

① G27
② G28
③ G29
④ G30

해설
CNC선반과 머시닝센터 원점 복귀 명령 비교

CNC 선반	머시닝센터
• G27 : 원점 복귀 확인 • G28 : 자동원점 복귀 • G29 : 원점으로부터 복귀 • G30 : 제2원점, 제3원점, 제4원점 복귀	• G27 : 원점 복귀 확인 • G28 : 자동원점 복귀 • G30 : 제2원점, 제3원점, 제4원점 복귀

43 다음 머시닝 센터 프로그램에서 고정 사이클의 기능 중 G98의 의미는?

> G81 G90 G98 X50. Y50. Z100. R5.;

① R점 복귀   ② 초기점 복귀

③ 절대지령   ④ 증분지령

해설
- G98 : 고정사이클 초기점 복귀
- G99 : 고정사이클 R점 복귀
- G90 : 절대지령
- G91 : 증분지령
- G81 : 드릴 사이클
- G80 : 고정사이클 취소

44 CNC 선반에서 나사 가공 시 이송속도(F코드)에 무엇을 지령해야 하는가?

① 줄 수   ② 피 치

③ 리 드   ④ 호 칭

해설
나사절삭 코드(G32)

> G32 X(U)＿＿ Z(W)＿＿ F ＿＿;

- X(U)＿＿ Z(W)＿＿ : 나사절삭의 끝지점 좌표
- F : 나사의 리드(Lead)

45 CNC 공작 기계의 3가지 제어 방식에 속하지 않는 것은?

① 위치결정 제어

② 직선절삭 제어

③ 원호절삭 제어

④ 윤곽절삭 제어

해설
CNC공작기계는 제어방식에 따라 위치결정 제어, 직선절삭 제어, 윤곽절삭 제어의 3가지 방식으로 구분할 수 있다.

46 A점에서 B점으로 그림과 같이 원호가공하는 프로그램으로 맞는 것은?

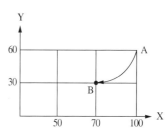

① G90 G02 X70.0 Y30.0 R30.0;

② G90 G03 X70.0 Y30.0 R30.0;

③ G91 G02 X70.0 Y30.0 R30.0;

④ G91 G03 X70.0 Y30.0 R30.0;

해설
A → B로 가공하는 방법은 절대지령과 증분지령의 2가지가 있다.
- 절대지령 : G90 G02 X70.0 Y30.0 R30.0;
- 증분지령 : G91 G02 X-30.0 Y-30.0 R30.0;
- ※ G02 : 원호가공(시계방향), G03 : 원호가공(반시계방향)

47 다음 그림의 A→B→C 이동지령 머시닝센터 프로그램에서 ㉠, ㉡, ㉢에 들어갈 내용으로 옳은 것은?

> A → B : N01 G01 G91 ㉠ Y10. F120;
> B → C : N02 G90 ㉡ ㉢ ;

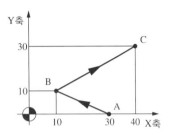

① ㉠ X10. ㉡ X30. ㉢ Y20.

② ㉠ X20. ㉡ X30. ㉢ Y30.

③ ㉠ X-20. ㉡ X30. ㉢ Y20.

④ ㉠ X-20. ㉡ X40. ㉢ Y30.

해설
• A → B는 증분명령(G91)으로 A에서 B점까지의 거리를 명령한다 (X-20. Y10.).
• B → C는 절대명령(G90)으로 C점의 위치를 공작물 좌표계 원점을 기준으로 명령한다(X40. Y30.).
※ 참 고
• 절대명령(G90) : 공구 이동 끝점의 위치를 공작물 좌표계 원점을 기준으로 명령하는 방법이다.
• 증분명령(G91) : 공구 이동 시작점부터 끝점까지의 이동량(거리)으로 명령하는 방법이다.

48 머시닝센터에서 G43 기능을 이용하여 공구길이 보정을 하려고 한다. 다음 설명 중 틀린 것은?

공구 번호	길이 보정 번호	게이지 라인으로부터 공구 길이(mm)	비 고
T01	H01	100	
T02	H02	90	기준공구
T03	H03	120	
T04	H04	50	
T05	H05	150	
T06	H06	80	

① 1번 공구의 길이 보정값은 10mm이다.

② 3번 공구의 길이 보정값은 30mm이다.

③ 4번 공구의 길이 보정값은 40mm이다.

④ 5번 공구의 길이 보정값은 60mm이다.

해설
4번 공구는 기준 공구보다 짧아 보정값은 -40mm이다.
• G43 : +방향 공구길이 보정(+방향으로 이동)
• G44 : -방향 공구길이 보정(-방향으로 이동)
• G49 : 공구길이 보정 취소
• 기준 공구와의 길이 차이값을 입력시키는 방법에는 +보정(G43)과 -보정(G44)의 두 가지가 있다. 보통 G43을 많이 사용하며, 기준 공구보다 짧은 경우 보정값 앞에 -부호를, 기준 공구보다 길 경우 보정값 앞에 +부호를 붙여 입력한다.

49 CNC공작기계의 구성과 인체를 비교하였을 때 가장 적절하지 않은 것은?

① CNC장치 - 눈

② 유압유닛 - 심장

③ 기계 본체 - 몸체

④ 서보 모터 - 손과 발

해설
CNC장치 - 머리
CNC 공작기계 구성요소 : 정보처리회로(CNC장치), 데이터의 입출력장치, 강전 제어반, 유압유닛, 서보 모터, 기계 본체 등
※ 서보구동부 : 사람의 손과 발에 해당되며, 두뇌에 해당하는 정보 처리부의 명령에 따라 수치제어 공작기계의 주축, 테이블 등을 움직이는 역할을 한다.

50 도면에서의 치수 배치 방법에 해당하지 않는 것은?

① 직렬 치수 기입법

② 누진 치수 기입법

③ 좌표 치수 기입법

④ 상대 치수 기입법

해설
도면에서 치수 배치 방법
- 직렬치수 기입법 : 직렬로 나란히 연속되는 개개의 치수가 계속 되어도 좋은 경우에 사용
- 좌표치수 기입법 : 여러 종류의 많은 구멍의 위치나 크기 등의 치수를 좌표로 사용하며 별도의 표로 나타내는 방법
- 병렬치수 기입법 : 한 곳을 중심으로 치수를 기입하는 방법
- 누진치수 기입법 : 치수의 기준점에 기점 기호(O)를 기입하고, 치수 보조선과 만나는 곳마다 화살표를 붙인다.

52 머시닝센터 작업 중 절삭 칩이 공구나 일감에 부착 되는 경우의 해결 방법으로 잘못된 것은?

① 장갑을 끼고 수시로 제거한다.

② 고압의 압축 공기를 이용하여 불어 낸다.

③ 칩이 가루로 배출되는 경우는 집진기로 흡입한다.

④ 많은 양의 절삭유를 공급하여 칩이 흘러내리게 한다.

해설
범용공작기계(선반, 밀링, 연삭 등) 및 CNC선반, 머시닝센터 작업 시에는 절대로 장갑을 착용하지 않는다.

★ 안전사항 문제에서 "장갑을 착용한다"는 정답일 가능성이 많다. 또한 안전사항은 반드시 1~2문제 정도 나오니 여러 유형의 안전사항 문제 를 풀어보도록 한다.

51 다음 그림과 같이 A점에서 화살표 방향으로 360° 원호가공하는 머시닝센터 프로그램으로 맞는 것은?

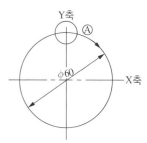

① G17 G02 G90 I30. F100;

② G17 G02 G90 J-30 F100;

③ G17 G03 G90 I30. F100;

④ G17 G03 G90 J-30. F100;

해설
시계방향으로 G02를 지령하고 I, J, K의 부호는 시점에서 원호의 중심이 (+)방향인가, (-)방향인가에 따라 결정하며, 값은 원호 시점에서 원호 중심까지의 거리값이다(G17 G02 G90 J-30. F100;).

53 선반에서 절삭속도가 18.7m/min, 공작물의 지름이 300mm일 때, 스핀들의 회전수는 약 몇 rpm인가?

① 70   ② 65

③ 40   ④ 20

해설
회전수를 구하는 공식

$$n = \frac{1,000v}{\pi d} = \frac{1,000 \times 18.7\text{m/min}}{\pi \times 300\text{mm}} \fallingdotseq 19.84\,\text{rpm}$$

∴ 회전수(rpm) ≒ 20rpm

여기서, v : 절삭속도(m/min)

d : 공작물의 지름(mm)

n : 스핀들의 회전수(rpm)

54 다음 머시닝센터 프로그램에서 공구지름 보정에 사용된 보정번호는?

```
G17 G40 G49 G80;
G91 G28 Z0;
G28 X0. Y.;
G90 G92 X400. Y250. Z500.T01 M06;
G00 X-15. Y-15. S1000 M03;
G43 Z50. H01;
    Z3.;
G01 Z-5. F100 M08;
G41 X0. D11;
```

① D11
② T01
③ M06
④ H01

• 공구지름 보정에 사용된 보정번호 : D11
• 공구길이 보정에 사용된 보정번호 : H01

55 CNC선반의 공구 기능 중 T□□△△에서 △△의 의미는?

① 공구보정번호
② 공구선택번호
③ 공구교환번호
④ 공구호출번호

해설
CNC선반의 경우 – T□□△△
• □□ : 공구선택번호(01~99번) – 기계 사양에 따라 지령 가능한 번호 결정
• △△ : 공구보정번호(01~99번) – 00은 보정 취소 기능
머시닝센터의 경우 – T□□ M06
□□ : □□번 공구 선택하여 교환

56 다음 중 기계원점에 관한 설명으로 틀린 것은?

① 기계상의 고정된 임의의 지점으로 기계조작 시 기준이 된다.
② 프로그램 작성 시 기준이 되는 공작물 좌표의 원점을 말한다.
③ 조작판상의 원점 복귀 스위치를 이용하여 수동으로 원점 복귀할 수 있다.
④ G28을 이용하여 프로그램상에서 자동원점 복귀시킬 수 있다.

해설
프로그램 작성 시 기준이 되는 공작물 좌표의 원점은 프로그램 원점이다. 도면상의 임의의 점을 프로그램상의 절대좌표의 기준점으로 정한 점이다.
• 기계원점 : 기계 제작사가 일정한 위치에 정한 기계의 기준점
• G28 : 기계원점으로 자동원점 복귀

57 CNC 공작기계의 준비기능 중 1회 지령으로 같은 그룹의 준비 기능이 나올 때까지 계속 유효한 G코드는?

① G01
② G04
③ G28
④ G50

해설
G코드에는 원숏(One Shot) G코드와 모달(Modal) G코드의 두 종류가 있다.

구 분	의 미	그 룹	G코드
원숏 G코드	명령된 블록에 한 해서 유효	00그룹	G04, G27, G28, G50 등
모달 G코드	동일 그룹의 다른 G 코드가 나올 때까지 유효	00 이외의 그룹	G01, G41, G96 등

654 ■ PART 02 과년도 + 최근 기출복원문제

54 ① 55 ① 56 ② 57 ① **정답**

58 다음 중 주 또는 보조프로그램의 종료를 표시하는 보조기능이 아닌 것은?

① M02 ② M05
③ M30 ④ M99

M코드

M코드	기 능	M코드	기 능
M00	프로그램 정지	M08	절삭유 ON
M01	프로그램 선택 정지	M09	절삭유 OFF
M02	프로그램 끝	M30	프로그램 끝 & 리셋
M03	주축 정회전	M98	보조프로그램 호출
M04	주축 역회전	M99	보조프로그램 종료
M05	주축 정지	–	–

★ "M코드"는 실기에서도 필요하니 반드시 암기하자(M00~M99 순으로 암기하면 쉽다).

59 다음 중 머시닝센터의 부속장치에 해당하지 않는 것은?

① 칩처리장치
② 자동공구교환장치
③ 자동일감교환장치
④ 좌표계 자동설정장치

머시닝센터의 부속장치 : 칩처리장치, 자동공구교환장치(ATC), 자동일감교환장치(APC)
• 자동공구교환장치(ATC) : 공구를 교환하는 ATC 암과 많은 공구가 격납되어 공구 매거진(Tool Magazine)으로 구성되어 있다.
• 자동일감교환장치(자동팰릿교환장치/APC) : 가공물의 고정시간을 줄여 생산성을 높이기 위하여 사용함

60 머시닝센터에서 프로그램 원점을 기준으로 직교좌표계의 좌푯값을 입력하는 절대지령의 준비기능은?

① G90 ② G91
③ G92 ④ G89

• 머시닝센터에서 절대지령(G90)/증분지령(G91)
• 머시닝센터에서 공작물 좌표계 설정(G92)

01 공구용 재료에 요구되는 성질이 아닌 것은?

① 내마멸성과 내충격성이 클 것
② 열처리에 의한 변형이 클 것
③ 가열에 의한 경도변화가 작을 것
④ 제조 및 취급이 쉽고 가격이 저렴할 것

해설
공구용 재료는 열처리에 의한 변형이 작고 양호할 것

02 순철의 개략적인 비중과 용융온도를 각각 나타낸 것은?

① 8.96, 1,083℃
② 7.87, 1,538℃
③ 8.85, 1,455℃
④ 19.26, 3,410℃

해설
순철 : 비중(7.876), 용융온도(1,538℃)

03 강의 표면경화법에서 화학적 방법이 아닌 것은?

① 침탄법
② 질화법
③ 침탄질화법
④ 고주파경화법

해설
표면경화법
• 물리적 방법 : 화염경화법, 고주파경화법, 금속용사법 등
• 화학적 방법 : 침탄법, 질화법, 침탄질화법 등

04 원통 마찰차의 접선력을 F(kgf), 원주속도 v(m/s)라 할 때, 전달동력 H(kW)를 구하는 식은?(단, 마찰계수는 μ이다)

① $H = \dfrac{\mu Fv}{102}$ ② $H = \dfrac{Fv}{102\mu}$

③ $H = \dfrac{\mu Fv}{75}$ ④ $H = \dfrac{Fv}{75\mu}$

해설
전달동력$(H) = \dfrac{\mu F(\text{N}) \cdot v(\text{m/s})}{1,000} = \dfrac{\mu F(\text{kgf}) \cdot v(\text{m/s})}{102}$ (kW)

여기서, F : 접선력
v : 원주속도

05 금속 중 항공기 계통에 가장 많이 사용하는 금속은 어느 것인가?

① 고속도강
② 두랄루민
③ 스테인리스강
④ 인 청동

해설

- 두랄루민 : 단조용 알루미늄 합금으로 Al+Cu+Mg+Mn의 합금이며, 가벼워서 항공기나 자동차 등에 사용되는 고강도 Al합금이다(※ 두랄루민의 합금 조성은 시험에 많이 나온다-〈알구마망〉).
- 고속도강(High Speed Steel) : W, Cr, V, Co 등의 합금강으로서 담금질 및 뜨임처리하면 600℃ 정도까지 경도를 유지하며 고온 경도가 높고 내마모성이 우수하다. 절삭속도가 탄소공구강에 비해 2배 이상이다.

06 심랭처리(Subzero Cooling Treatment)를 하는 주목적은?

① 시효에 의한 치수 변화를 방지한다.
② 조직을 안정하게 하여 취성을 높인다.
③ 마텐자이트를 오스테나이트화하여 경도를 높인다.
④ 오스테나이트를 잔류하도록 한다.

해설

- 심랭처리(Subzero Cooling Treatment) : 실온에서 마텐자이트 변태가 완전히 끝나지 않아 다소의 오스테나이트가 남게 된다. 담금질한 강을 실온까지 냉각한 다음, 다시 계속하여 실온 이하의 마텐자이트 변태 종료 온도까지 냉각하면 잔류 오스테나이트를 마텐자이트로 변화시키는 열처리이다.
- 심랭처리(Subzero Cooling Treatment)의 주목적 : 치수변화를 방지하고 정밀도가 필요한 게이지에 사용한다. 볼베어링은 심랭처리한다.

07 스프링 상수 6N/mm인 코일 스프링에서 30N의 하중을 걸면 처짐은 몇 mm인가?

① 3
② 4
③ 5
④ 6

해설

늘어난 길이(처짐) $\delta = \dfrac{\text{하중}(W)}{\text{스프링 상수}(K)} = \dfrac{30N}{6N/mm} = 5mm$

∴ 늘어난 길이 = 5mm

08 강의 절삭성을 향상시키기 위하여 인(P)이나 황(S)을 첨가시킨 특수강은?

① 쾌삭강
② 내식강
③ 내열강
④ 내마모강

해설

쾌삭강 : 가공 재료의 피삭성을 높이고, 절삭 공구의 수명을 길게 하기 위하여 요구되는 성질을 개선한 구조용 강으로 강에 황(S), 납(Pb)을 첨가한 황쾌삭강, 납쾌삭강이 있다.

쾌삭강의 특징

- 칩(Chip)처리 능률을 높임
- 가공면 정밀도, 표면거칠기 향상
- 강에 황(S), 납(Pb) 첨가(황쾌삭강, 납쾌삭강)

09 다음 중 전동용 기계요소에 해당하는 것은?

① 볼트와 너트
② 리 벳
③ 체 인
④ 핀

기계요소의 종류
• 결합용 기계요소 : 나사, 볼트, 너트, 키, 핀, 코터
• 축용 기계요소 : 축, 커플링, 베어링
• 전동용 기계요소 : 벨트, 로프, 체인, 마찰차, 기어
• 제동 및 완충용 기계요소 : 브레이크, 스프링
• 관용 기계요소 : 압력용기, 파이프, 관 이음쇠, 밸브와 콕

11 축방향의 하중과 비틀림을 동시에 받는 죔용 나사에 600N의 하중이 작용하고 있다. 허용인장응력이 5MPa일 때, 나사의 호칭 지름으로 가장 적합한 것은?

① M12　　　　② M14
③ M16　　　　④ M18

볼트의 바깥지름$(d) = \sqrt{\dfrac{2W}{\sigma}} = \sqrt{\dfrac{2 \times 600\text{N}}{5\text{N/mm}^2}} = 15.49\text{mm}$

∴ 볼트의 바깥지름$(d) =$ M16
여기서, W : 하중(N)
　　　　σ : 허용인장응력(MPa) = 5MPa = 5N/mm^2

10 재료의 전단 탄성계수를 바르게 나타낸 것은?

① 굽힘 응력 / 전단 변형률
② 전단응력 / 수직 변형률
③ 전단응력 / 전단 변형률
④ 수직 응력 / 전단 변형률

재료의 전단 탄성계수 $= \dfrac{\text{전단응력}}{\text{전단 변형률}}$

12 볼트너트의 풀림 방지 방법 중 틀린 것은?

① 로크너트에 의한 방법
② 스프링 와셔에 의한 방법
③ 플라스틱 플러그에 의한 방법
④ 아이볼트에 의한 방법

아이볼트에 의한 볼트, 너트 풀림방지 방법은 없다.
볼트 · 너트의 풀림방지
• 로크너트에 의한 방법
• 자동 죔 너트에 의한 방법
• 분할 핀에 의한 방법
• 스프링 와셔에 의한 방법
• 멈춤나사에 의한 방법
• 플라스틱 플러그에 의한 방법
• 철사를 이용하는 방법

13 평기어에서 잇수가 40개, 모듈이 2.5인 기어의 피치원지름은 몇 mm인가?

① 100 ② 125

③ 150 ④ 250

모듈$(m) = \dfrac{D}{Z} \rightarrow D = mZ = 2.5 \times 40 = 100mm$

∴ $D = 100mm$

여기서, m : 모듈

D : 피치원지름(mm)

Z : 기어의 잇수

15 베어링 번호표시가 6815일 때 안지름 치수는 몇 mm인가?

① 15mm ② 65mm

③ 75mm ④ 315mm

• 6815 : 6–형식번호, 8–계열번호, 15–안지름 번호
• 15=75mm(15×5=75)

베어링 안지름 번호

안지름 범위 (mm)	안지름 치수	안지름 기호	예
10mm 미만	안지름이 정수인 경우 안지름이 정수가 아닌 경우	안지름 /안지름	2mm이면 2 2.5mm이면 /2.5
10mm 이상 20mm 미만	10mm 12mm 15mm 17mm	00 01 02 03	
20mm 이상 500mm 미만	5의 배수인 경우 5의 배수가 아닌 경우	안지름을 5로 나눈 수 /안지름	40mm이면 08 28mm이면 /28
500mm 이상		/안지름	560mm이면 /560

14 우드러프 키라고도 하며, 일반적으로 60mm 이하의 작은 축에 사용되고, 특히 테이퍼축에 편리한 키는?

① 평 키 ② 반달 키

③ 성크 키 ④ 원뿔 키

• 반달 키(Woodruff Key) : 우드러프 키라고 하며 축에 반달모양의 홈을 만들어 반달모양으로 가공된 키를 끼운다. 축에 키 홈을 깊게 파기 때문에 축의 강도가 약하게 되는 결점이 있으나, 키가 홈 속에서 자유로이 기울어질 수가 있어 키가 자동적으로 축과 보스에 조정되는 장점이 있다. 테이퍼축에 회전체를 결합할 때 편리하다.
• 원뿔 키 : 축과 보스와의 사이에 2~3곳을 축 방향으로 쪼갠 원뿔을 때려 박아 축과 보스를 헐거움 없이 고정할 수 있고 축과 보스의 편심이 적다.
• 성크 키(묻힘 키) : 축과 보스의 양쪽에 모두 키 홈을 가공한다.

16 다음 공차역의 위치 기호 중 아래 치수 허용차가 0인 기호는?

① H ② h

③ G ④ g

아래 치수 허용차가 0인 기호는 H이고, 위 치수 허용차가 0인 기호는 h이다.

17 다음 그림과 같이 대상물의 구멍, 홈 등 일부분의 모양을 도시하는 것으로 충분한 경우 사용되는 투상도는?

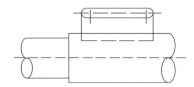

① 보조 투상도
② 국부 투상도
③ 회전 투상도
④ 부분 투상도

해설
② 국부 투상도 : 대상물의 구멍, 홈 등 한 국부만의 모양을 도시하는 것으로 충분한 경우에는 그 필요한 부분만 국부 투상도로 나타낸다.
① 보조 투상도 : 경사면을 지니고 있는 물체를 정투상도로 그리면 그 물체의 실제 모형을 나타낼 수 없는데, 이 경우에는 보이는 부분의 전체 또는 일부분을 보조 투상도로 나타낸다.
③ 회전 투상도 : 대상물의 일부가 각도를 갖고 있을 때, 실제 모양을 나타내기 위해 그 부분을 회전시켜 실제 모양을 나타낸다.
★ 기출문제에 나오는 투상도의 그림을 암기하자.

18 나사에서 리드(Lead)란?

① 나사가 1회전했을 때 축 방향으로 이동한 거리
② 나사가 1회전했을 때 나사산상의 1점이 이동한 원주거리
③ 암나사가 2회전했을 때 축 방향으로 이동한 거리
④ 나사가 1회전했을 때 나사산상의 1점이 이동한 원주각

해설
• 나사에서 리드(Lead)란 나사 1회전했을 때 나사가 진행한 거리이다.
• $L = p \times n$
여기서, L : 리드, p : 피치, n : 줄수

19 기계제도에서 굵은 1점쇄선이 사용되는 용도에 해당하는 것은?

① 숨은선
② 파단선
③ 특수 지정선
④ 무게중심선

해설
굵은 1점쇄선은 특수한 가공을 하는 부분 등 특별한 요구 사항을 적용할 수 있는 범위를 표시하는 데 사용한다(예 열처리 등).
용도에 따른 선의 종류

명 칭	선의 종류	선의 용도
외형선	굵은 실선	대상물이 보이는 부분의 모양을 표시하는 데 사용한다.
치수선		치수를 기입하기 위하여 사용한다.
치수 보조선	가는 실선	치수를 기입하기 위하여 도형으로부터 끌어내는 데 사용한다.
지시선		기술, 기호 등을 표시하기 위하여 끌어내는 데 사용한다.
숨은선	가는 파선	대상물의 보이지 않는 부분의 모양을 표시하는 데 사용한다.
중심선	가는 1점쇄선	도형의 중심을 표시하는 데 사용한다. 중심이 이동한 중심 궤적을 표시하는 데 사용한다.
특수 지정선	굵은 1점쇄선	특수한 가공을 하는 부분 등 특별한 요구 사항을 적용할 수 있는 범위를 표시하는 데 사용한다.

20 그림과 같은 입체도를 화살표 방향에서 본 투상도로 가장 옳은 것은?(단, 해당 입체는 화살표 방향으로 볼 때 좌우대칭 구조이다)

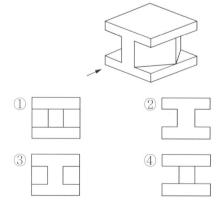

① ② ③ ④

21 단면도의 표시방법에서 그림과 같은 단면도의 종류는?

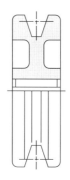

① 온단면도   ② 한쪽 단면도
③ 부분 단면도   ④ 회전도시 단면도

22 제거가공을 허락하지 않는 것을 의미하는 표면의 결 도시기호는?

①   ②

③   ④

23 다음 기하공차를 나타내는 데 있어서 데이텀이 반드시 필요한 것은?

① 원통도   ② 평행도
③ 진직도   ④ 진원도

24 다음 중 기계제도에서 각도 치수를 나타내는 치수 선과 치수 보조선의 사용 방법으로 올바른 것은?

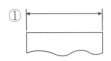 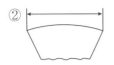

해설
④ 각도의 치수
① 변의 길이치수
② 현의 길이치수
③ 호의 길이치수

25 가공 방법의 표시방법 중 M은 어떤 가공 방법인가?

① 선반가공
② 밀링가공
③ 평삭가공
④ 주 조

해설
가공 방법의 기호(KS B 0107)

가공방법	기 호	가공방법	기 호
선반가공	L	호닝가공	GH
드릴가공	D	액체호닝가공	SPLH
보링머신가공	B	배럴연마가공	SPBR
밀링가공	M	버프다듬질	SPBF
평삭(플레이닝)가공	P	블라스트다듬질	SB
형삭(셰이핑)가공	SH	랩다듬질	GL
브로칭가공	BR	줄다듬질	FF
리머가공	FR	스크레이퍼다듬질	FS
연삭가공	G	페이퍼다듬질	FCA
벨트연삭가공	GBL	정밀주조	CP

26 탄소강의 상태도에서 공정점에서 발생하는 조직은?

① Pearlite, Cementite
② Cementite, Austenite
③ Ferrite, Cementite
④ Austenite, Pearlite

해설
• 공정점 : 4.3% C, 오스테나이트(γ)+시멘타이트(Fe_3C)
• 공석점 : 0.77% C, 페라이트(α)+시멘타이트(Fe_3C)

27 담금질한 강을 재가열할 때 600℃ 부근에서의 조직은?

① 소르바이트   ② 마텐자이트
③ 트루스타이트   ④ 오스테나이트

해설
담금질한 강을 재가열할 때 600℃ 부근에서는 소르바이트 조직이 생긴다.
※ 담금질한 강철을 적당한 온도로서 A₁변태점 이하에서 인성을 증가시키는 방법
• 저온뜨임 : 400℃ 부근, 경도(마텐자이트 → 트루스타이트)
• 고온뜨임 : 600℃ 부근, 강인성(트루스타이트 → 소르바이트)

28 다음 그림의 연강을 절삭할 때 일반적인 칩 형태의 범위를 나타낸 것이다. (A), (B), (C)에 해당하는 칩 형태를 바르게 짝지은 것은?

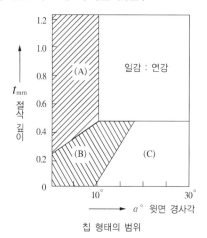

칩 형태의 범위

① (A) : 경작형, (B) : 유동형, (C) : 전단형
② (A) : 경작형, (B) : 전단형, (C) : 유동형
③ (A) : 전단형, (B) : 유동형, (C) : 균열형
④ (A) : 유동형, (B) : 균열형, (C) : 전단형

해설
(A) : 경작형, (B) : 전단형, (C) : 유동형
칩의 종류
• 유동형 칩 : 칩이 경사면 위를 연속적으로 원활하게 흘러 나가는 모양으로 연속형 칩이다.
• 전단형 칩 : 칩이 경사면 위를 원활하게 흐르지 못해서, 절삭공구가 칩을 밀어내는 압축력이 커지면서 발생하여 칩이 연속적으로 가공되기는 하나 분자 사이에 전단이 일어나는 형태의 칩을 전단형 칩이라고 한다.
• 경작형(열단형) 칩 : 점성이 큰 가공물을 경사각이 작은 절삭공구로 가공할 때, 절삭 깊이가 클 때 발생하기 쉬운 칩의 형태이다.
• 균열형칩 : 주철과 같이 메진 재료를 저속으로 절삭할 때, 발생하는 칩의 형태로서 순간적인 균열이 발생하여 생기는 칩이다.

유동형 칩	전단형 칩
경작형(열단형) 칩	균열형 칩

29 3개의 조가 120° 간격으로 구성 배치되어 있는 척은?

① 콜릿척   ② 단동척
③ 복동척   ④ 연동척

해설
• 연동척 : 3개의 조가 120° 간격으로 구성 배치되어 있으며, 규칙적인 모양 고정
• 콜릿척 : 자동선반에서 많이 사용되는 척으로 지름이 작은 가공물이나 각 봉재를 가공할 때 편리함
• 단동척 : 4개의 조가 90° 간격으로 구성 배치되어 있으며, 불규칙한 가공물 고정
• 복동척(만능척) : 단동척과 연동척의 기능을 겸비한 척
• 마그네틱척 : 전자석을 이용하여 얇은 판, 피스톤 링과 같은 가공물을 변형시키지 않고, 고정시켜 가공할 수 있는 자성체 척

30 다음은 버니어 캘리퍼스의 구조 명칭을 나타낸 그림이다. 구조 명칭이 바르게 짝지어진 것은?

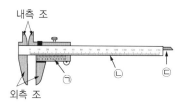

① ㉠ 깊이바 ㉡ 어미자 ㉢ 아들자
② ㉠ 깊이바 ㉡ 아들자 ㉢ 어미자
③ ㉠ 아들자 ㉡ 어미자 ㉢ 고정나사
④ ㉠ 아들자 ㉡ 어미자 ㉢ 깊이바

31 초경합금 모재에 TiC, TiCN, TiN, Al₂O₃ 등을 2~15μm의 두께로 증착하여 내마모성과 내열성을 향상시킨 절삭공구는?

① 세라믹(Ceramic)

② 입방정질화붕소(CBN)

③ 피복 초경합금

④ 서멧(Cermet)

> **해설**
> • 초경합금 : 탄화텅스텐(WC), 타이타늄(Ti), 탄탈럼(Ta) 등의 분말을 코발트(Co) 또는 니켈(Ni) 분말과 혼합하여 프레스로 성형한 다음 약 1,400℃ 이상의 고온으로 가열하면서 소결한 것으로 고온, 고속 절삭에서도 높은 경도를 유지하지만 진동이나 충격을 받으면 부서지기 쉬운 절삭공구 재료이다.
> • 세라믹(Ceramic) : 산화알루미늄(Al₂O₃) 분말을 주성분으로 마그네슘, 규소 등의 산화물과 소량의 다른 원소를 첨가하여 소결한 절삭공구이다. 고온에서 경도가 높고, 내마모성이 좋아 초경합금보다 빠른 절삭속도로 절삭이 가능하며, 백색, 분홍색, 회색, 흑색 등의 색이 있으며, 초경합금보다 가볍다.
> • 서멧(Cermet) : 세라믹과 메탈의 복합어로 세라믹의 취성을 보완하기 위하여 개발된 내화물과 금속 복합체의 총칭이다. Al₂O₃ 분말 약 70%에 TiC 또는 TiN분말을 30% 정도 혼합하여 수소 분위기 속에서 소결하여 제작한다. 고속절삭에서 저속절삭까지 사용범위가 넓고 크레이터 마모, 플랭크 마모 등이 적고 구성인선이 거의 발생하지 않아 공구수명이 길다.

32 물이나 경유 등에 연삭 입자를 혼합한 가공액을 공구의 진동면과 일감 사이에 주입시켜 가며 기계적으로 진동을 주어 표면을 다듬는 가공 방법은?

① 방전가공

② 화학적 가공

③ 전자빔 가공

④ 초음파 가공

> **해설**
> • 초음파 가공 : 기계적 에너지로 진동을 하는 공구와 공작물 사이에 연삭 입자와 가공액을 주입하고서 작은 압력으로 공구에 초음파 진동을 주어 유리, 세라믹, 다이아몬드, 수정 등 소성변형되지 않고 취성이 큰 재료를 가공할 수 있는 가공방법
> • 방전가공 : 전극과 가공물 사이에 전기를 통전시켜 방전현상의 열에너지를 이용하여, 가공물을 용융 증발시켜 가공을 진행하는 비접촉식 가공 방법으로 전극과 재료가 모두 도체이어야 한다.

33 척에 고정할 수 없으며 불규칙하거나 대형 또는 복잡한 가공물을 고정할 때 사용하는 선반 부속품은?

① 면판(Face Plate)

② 맨드릴(Mandrel)

③ 방진구(Work Rest)

④ 돌리개(Dog)

> **해설**
> • 면판(Face Plate) : 척에 고정할 수 없는 불규칙하거나 대형의 가공물 또는 복잡한 가공물을 고정할 때 척을 떼어내고 면판을 주축에 고정하여 사용한다.
> • 방진구(Work Rest) : 선반에서 가늘고 긴 가공물의 휨이나 떨림을 방지하기 위해 선반 베드 위에 고정하여 사용하는 고정식 방진구, 왕복대의 새들에 고정하여 사용하는 이동식 방진구가 있다.
> • 돌림판과 돌리개 : 주축의 회전을 공작물에 전달하기 위해 사용하는 선반의 부속품이다.
> • 맨드릴(Mandrel) : 기어, 벨트 풀리 등과 같이 구멍과 외경이 동심원이고, 직각이 필요한 경우에 구멍을 먼저 가공하고 구멍에 맨드릴을 끼워 양 센터로 지지하여 외경과 측면을 가공하여 부품을 완성하는 선반의 부속장치이다.

34 연삭 숫돌에서 결합도가 높은 숫돌을 사용하는 조건에 해당하지 않는 것은?

① 경도가 큰 가공물을 연삭할 때

② 숫돌차의 원주속도가 느릴 때

③ 연삭 깊이가 작을 때

④ 접촉 면적이 작을 때

> **해설**
> 결합도에 따른 경도의 선정 기준
>
> | 결합도가 높은 숫돌
(단단한 숫돌) | 결합도가 낮은 숫돌
(연한 숫돌) |
> |---|---|
> | • 연질 가공물의 연삭 | • 경도가 큰 가공물의 연삭 |
> | • 숫돌차의 원주속도가 느릴 때 | • 숫돌차의 원주속도가 빠를 때 |
> | • 연삭 깊이가 작을 때 | • 연삭 깊이가 클 때 |
> | • 접촉 면적이 작을 때 | • 접촉면이 클 때 |
> | • 가공면의 표면이 거칠 때 | • 가공물의 표면이 치밀할 때 |

35 밀링 커터 중 절단 또는 좁은 홈파기에 가장 적합한 것은?

① 총형 커터(Formed Cutter)
② 엔드밀(End Mill)
③ 메탈 슬리팅 소(Metal Slitting Saw)
④ 정면 밀링 커터(Face Milling Cutter)

해설
메탈 슬리팅 소(Metal Slitting Saw) : 절단 또는 좁은 홈파기에 적합

36 다음 공작기계 중 일반적으로 가공물이 고정된 상태에서 공구가 직선운동만 하여 절삭하는 공작기계는?

① 호빙 머신
② 보링 머신
③ 드릴링 머신
④ 브로칭 머신

해설
• 브로칭 머신 : 가늘고 긴 일정한 단면 모양을 가진 공구에 많은 날을 가진 브로치(Broach)라는 절삭 공구를 사용하여 가공물의 내면이나 외경에 필요한 형상의 부품을 가공하는 절삭 방법으로 공작물이 고정된 상태에서 브로치(Broach)라는 공구가 직선운동만으로 절삭하는 공작기계
• 내면 브로칭 머신 : 키 홈, 스플라인 홈, 원형이나 다각형의 구멍 등의 내면의 형상 가공
• 외경 브로칭 머신 : 세그먼트 기어 홈, 특수한 외면의 형상 가공
• 호빙머신 : 호브(Hob)라고 하는 공구를 사용하여 기어를 절삭하는 방법으로 스퍼기어, 헬리컬기어, 웜기어를 절삭할 수 있다.

37 선반에서 주축회전수를 1,200rpm, 이송속도 0.25mm/rev으로 절삭하고자 한다. 실제 가공길이가 500mm 라면 가공에 소요되는 시간은 얼마인가?

① 1분 20초
② 1분 30초
③ 1분 40초
④ 1분 50초

해설
선반의 가공시간

$$T = \frac{L}{ns} \times i = \frac{500mm}{1,200rpm \times 0.25mm/rev} \times 1회 ≒ 1.6666666..$$

$$T = 1.6666666\,min \rightarrow 1.6666666.. \times 60 ≒ 100sec ≒ 1분\ 40초$$

$\therefore\ T = 1분\ 40초$

여기서, T : 가공시간(min)
L : 절삭가공길이(가공물길이)
n : 회전수(rpm)
s : 이송속도(mm/rev)

38 나사 머리의 모양이 접시모양일 때, 테이퍼 원통형으로 절삭가공하는 것은?

① 리밍(Reaming)
② 카운터 보링(Counter Boring)
③ 카운터 싱킹(Counter Sinking)
④ 스폿 페이싱(Spot Facing)

해설
• 카운터 싱킹(Counter Sinking) : 나사 머리의 모양이 접시모양일 때 테이퍼 원통형으로 절삭하는 가공
• 리밍(Reaming) : 뚫어져 있는 구멍을 정밀도가 높고, 가공 표면의 표면거칠기를 좋게 하기 위한 가공
• 탭 가공 : 드릴로 뚫은 구멍에 탭을 이용하여 암나사를 가공하는 방법
• 보링 : 이미 뚫어져 있는 구멍을 필요한 크기로 넓히거나 정밀도를 높이기 위하여 보링 바를 이용하여 가공하는 방법
• 카운터 보링(Counter Boring) : 볼트 또는 너트의 머리 부분이 가공물 안으로 묻히도록 드릴과 동심원의 2단 구멍을 절삭하는 방법
• 스폿 페이싱(Spot Facing) : 볼트나 너트가 닿는 구멍 주위에 부분만을 평탄하게 가공하여 체결이 잘되도록 하는 가공방법

39 다음 중 선반(Lathe)을 구성하고 있는 주요 구성 부분에 속하지 않는 것은?

① 분할대 ② 왕복대
③ 주축대 ④ 베 드

해설
선반을 구성하고 있는 주요 구성 부분으로는 주축대, 왕복대, 심압대, 베드로 구성되어 있다.

41 연삭숫돌의 입자가 탈락되지 않고 마모에 의해서 납작하게 둔화된 상태를 글레이징(Glazing)이라고 한다. 어떤 경우에 글레이징이 많이 발생하는가?

① 숫돌의 원주속도가 너무 작다.
② 숫돌의 결합도가 너무 높다.
③ 숫돌 재료가 공작물 재료에 적합하다.
④ 공작물의 재질이 너무 연질이다.

해설
무딤(Glazing) : 연삭숫돌의 결합도가 필요 이상으로 높으면 숫돌 입자가 마모되어 예리하지 못할 때 탈락하지 않고 둔화되는 현상
무딤(Glazing)의 원인
• 연삭숫돌의 결합도가 필요 이상으로 높을 때
• 연삭숫돌의 원주 속도가 너무 빠를 때
• 가공물의 재질과 연삭숫돌의 재질이 적합하지 않을 때

42 연삭가공의 특징에 대한 설명으로 옳은 것은?

① 칩의 연속적인 배출로 칩 브레이커가 필요하다.
② 열처리되지 않은 공작물만 가공할 수 있다.
③ 높은 치수 정밀도와 양호한 표면거칠기를 얻는다.
④ 절삭날의 자생작용이 없어 가공시간이 많이 걸린다.

해설
연삭가공의 특징
• 경화된 강과 같은 단단한 재료를 가공할 수 있다.
• 칩이 미세하여 정밀도가 높고, 표면거칠기가 우수한 다듬질면을 가공할 수 있다.
• 연삭압력 및 연삭저항이 작아 전자석 척으로 가공물을 고정할 수 있다.
• 연삭점의 온도가 높다.
• 절삭속도가 매우 빠르다.
• 자생작용이 있다.

40 축에 키 홈 작업을 하려고 할 때 가장 적합한 공작기계는?

① 밀링머신
② CNC 선반
③ CNC Wire Cut 방전가공기
④ 플레이너

해설
밀링머신 : 축에 키(Key) 홈을 가공할 수 있다.

43 마이크로미터에서 나사의 피치가 0.5mm, 심블의 원주 눈금이 50등분 되어 있다면 최소 측정값은 얼마인가?

① 0.001mm ② 0.01mm

③ 0.05mm ④ 0.50mm

> **해설**
> 원주 눈금면의 1눈금 회전한 경우 스핀들의 이동량(M)은
> $$M = 0.5 \times \frac{1}{50} = 0.01\text{mm}$$
> 즉, 심블의 1눈금은 0.01mm가 나타나게 된다.

44 다음 최솟값이 1/50mm인 버니어 캘리퍼스 측정값은 무엇인가?

① 4.70mm ② 4.72mm

③ 4.73mm ④ 4.74mm

> **해설**
> • 최솟값이 1/50mm인 버니어 캘리퍼스로
> $4.5 + (0.02 \times 11) = 4.5 + 0.22 = 4.72\text{mm}$
> • 최솟값이 1/50mm, 즉 간격이 0.02mm이다.

45 ϕ50mm SM20C 재질의 가공물을 CNC 선반에서 작업할 때 절삭속도가 80m/min이라면, 적절한 스핀들의 회전수는 약 얼마인가?

① 510rpm ② 1,020rpm

③ 1,600rpm ④ 2,040rpm

> **해설**
> $$N = \frac{1,000\,V}{\pi D} = \frac{1,000 \times 80\text{m/min}}{\pi \times 50\text{mm}} = 509.2958179$$
> $\therefore$ $N \fallingdotseq 510\text{rpm}$
> 여기서, D : 공작물지름(mm), V : 절삭속도(m/min)

46 다음 중 드릴가공에서 휴지기능을 이용하여 바닥면을 다듬질하는 기능은?

① 머신 록 ② 싱글블록

③ 오프셋 ④ 드 웰

> **해설**
> • G04 : 휴지(Dwell/일시정지)기능, 어드레스 X, U 또는 P와 정지하려는 시간을 수치로 입력한다. P는 소수점을 사용할 수 없으며, X, U는 소수점 이하 세 자리까지 유효하다.
> • 0.5초 동안 정지시키기 위한 프로그램
> (G04 X0.5;, G04 U0.5;, G04 P500.;)

47 다음 중 CNC 프로그램에서 주축의 회전수를 350rpm으로 직접 지정하는 블록은?

① G50 S350;
② G96 S350;
③ G97 S350;
④ G99 S350;

> **해설**
> • G97 S350; → 주축 회전수를 350rpm으로 지정
> • G50 : 공작물 좌표계 설정 및 주축 최고 회전수 설정
> • G96 : 주축속도 일정제어(m/min)
> • G97 : 주축속도 일정제어 취소/주축 회전수 일정제어(rpm)
> • G99 : 회전당 이송 지정(mm/rev)

48 다음 중 지령된 블록에서만 유효한 G 코드(One Shot G Code)가 아닌 것은?

① G04
② G30
③ G40
④ G50

> **해설**
> • G40은 공구인선보정 취소로 동일 그룹의 다른 G코드가 나올 때까지 유효한 모달 G코드이다.
> • G코드에는 원숏(One Shot) G코드와 모달(Modal) G코드의 두 종류가 있다.
>
> | 구 분 | 의 미 | 그 룹 | G코드 |
> |---|---|---|---|
> | 원숏 G코드 | 명령된 블록에 한해서 유효 | 00그룹 | G04, G28, G30, G50 등 |
> | 모달 G코드 | 동일 그룹의 다른 G코드가 나올 때까지 유효 | 00 이외의 그룹 | G03, G40, G41, G42 등 |

49 다음과 같이 ㉠→㉡까지 이동하기 위한 프로그램으로 옳은 것은?

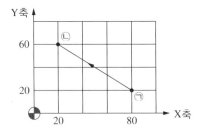

① G90 G00 X-60. Y-40.;
② G91 G00 X20. Y60.;
③ G90 G00 X20. Y60.;
④ G91 G00 X60. Y-40.;

> **해설**
> • ㉠ → ㉡ 프로그램(절대지령) : G90 G00 X20. Y60.;
> • ㉠ → ㉡ 프로그램(증분지령) : G91 G00 X-60. Y40.;

50 다음과 같은 CNC 선반 프로그램에서 N03블록 끝에서 주축의 회전수는 얼마인가?

```
N01 G50 X100.0 Z100.0 S1000 T0100 M41;
N02 G96 S100 M03;
N03 G00 X10.0 Z5.0 T0101 M08;
```

① 100rpm
② 1,000rpm
③ 2,000rpm
④ 3,183rpm

> **해설**
> • G96 S100 M03 : 절삭속도 100m/min으로 일정하게 정회전
> • 회전수 $N = \dfrac{1,000\,V}{\pi D} = \dfrac{1,000 \times 100\text{m/min}}{\pi \times 10\text{mm}} ≒ 3,183.19\,\text{rpm}$
> ∴ $N = 3,183\,\text{rpm}$
> • G50 X100.0 Z100.0 S1000 T0100 M41; - G50 주축 최고회전수를 1,000rpm으로 제한하였기 때문에 N03블록에서 회전수는 계산된 3,183rpm이 아니라 1,000rpm이 된다.

51 머시닝센터에서 X-Y 평면을 지정하는 G코드는?

① G17 　　　　　　② G18

③ G19 　　　　　　④ G20

G17 : X-Y 평면, G18 : Z-X 평면, G19 : Y-Z 평면

52 CNC선반 원호보간 프로그램에 대한 설명으로 틀린 것은?

```
G02(G03) X(U)_ Z(W)_ R_ F_;
G02(G03) X(U)_ Z(W)_ I_ K_ F_;
```

① G03 : 반시계방향 원호보간

② I, K : 원호 시작점에서 끝점까지의 벡터량

③ X, Z : 끝점의 위치(절대지령)

④ R : 반지름값

• I, K : 원호 시작점에서 중심까지의 벡터량
• F : 이송속도
• G02(시계방향/CW), G03(반시계방향/CCW)

53 머시닝센터에서 지름 10mm인 엔드밀을 사용하여 외측가공 후 측정값이 ϕ62.0mm가 되었다. 가공 치수를 ϕ61.5mm로 가공하려면 보정값을 얼마로 수정하여야 하는가?(단, 최초 보정은 5.0으로 반지름값을 사용하는 머시닝 센터이다)

① 4.5 　　　　　　② 4.75

③ 5.5 　　　　　　④ 5.75

• 가공 시 보정값 : ϕ61.5 - ϕ62.0 = 0.5 → 0.5/2 = 0.25
• 기존 보정값 : 5.0mm
• 공구보정값 : 5.0 - 0.25 = 4.75mm

54 CNC선반에서 안전을 고려하여 프로그램을 테스트할 때 축 이동을 하지 않게 하기 위해 사용하는 조작판은?

① 옵셔널 프로그램 스톱(Optional Program Stop)

② 머신 록(Machine Lock)

③ 옵셔널 블록 스킵(Optional Block Skip)

④ 싱글 블록(Single Block)

• 머신 록(Machine Lock)스위치 : 프로그램 테스트와 기계 점검을 할 때 축 이동을 하지 않고 데이터를 확인한다.
• 급속 오버라이드(Rapid Override) : 자동, 반자동, 급속 이송 Mode에서 G00의 속도를 가감하는 기능으로 절삭속도에 영향을 미친다.
• 스핀들 오버라이드(Spindle Override) : Mode에 관계없이 주축 속도(rpm)를 가감하는 기능이다.
• 싱글 블록(Single Block) : 자동 개시의 작동으로 프로그램이 연속적으로 실행되지만, 싱글 블록 기능이 ON되면 한 블록씩 실행된다.
• 옵셔널 블록 스킵(Optional Block Skip) : 선택적으로 프로그램에 지령된 "/"에서 ";"(EOB)까지를 건너뛰게 할 수 있다. 스위치가 ON되면 "/"에서 ";"까지를 건너뛰고 OFF일 때는 "/"가 없는 것으로 간주한다.

55 조작판의 급속 오버라이드 스위치가 다음과 같이 급속위치 결정(G00) 동작을 실행할 경우 실제 이송속도는 얼마인가?(단, 기계의 급속 이동 속도는 1,000mm/min이다)

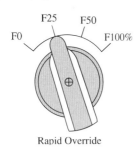

Rapid Override

① 100mm/min
② 150mm/min
③ 200mm/min
④ 250mm/min

해설
이송 속도 조절(Feed Override) 스위치는 자동, 반자동 모드에서 명령된 이송 속도를 외부에서 변화시키는 기능이다. 이송 속도 조절 스위치를 이용하여 이송 속도를 증가시키거나 감소시켜 최적의 조건이 되도록 조절하면 된다. 프로그램 이송 속도로 가공하려면 100%를 적용하면 된다.
• 25% → 1,000m/min × 0.25 = 250m/min
• 50% → 1,000m/min × 0.5 = 500m/min
• 100% → 1,000m/min × 1 = 1,000m/min

56 다음 중 그림과 같은 원호보간 지령을 I, J를 사용하여 표현한 것으로 옳은 것은?

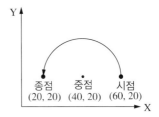

종점   중점   시점
(20, 20)   (40, 20)   (60, 20)

① G03 X20.0 Y20.0 I−20.0;
② G03 X20.0 Y20.0 I−20.0 J−20.0;
③ G03 X20.0 Y20.0 J−20.0;
④ G03 X20.0 Y20.0 I20.0;

해설
문제에서 반시계방향 원호가공이므로 G03이며, 원호 가공 시작점에서 원호중심까지 벡터값은 I−20이 된다[G03 X20.0 Y20.0 I−20.0;].
※ I, J는 원호의 시작점에서 원호 중심까지의 벡터값이다.

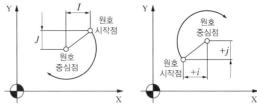

[I, J 명령의 부호]

57 다음 중 머시닝센터 프로그램에서 "F400"이 의미하는 것은?

> G94 G91 G01 X100. F400;

① 0.4mm/rev
② 400mm/min
③ 400mm/rev
④ 0.4mm/min

해설
• G94 : 분당 이송(mm/min)에서 F400의 의미 → 400mm/min
• G95 : 회전당 이송(mm/rev)에서 F400의 의미 → 400mm/rev
※ G90 : 절대지령, G91 : 증분지령

58 머시닝센터에서 ϕ12−2날 초경합금 엔드밀을 이용하여 절삭속도 35m/min, 이송 0.05mm/날, 절삭깊이 7mm의 절삭조건으로 가공하고자 할 때 다음 프로그램의 (   )에 적합한 데이터는?

> G01 G91 X200.0 F(   );

① 12.25

② 35.0

③ 92.8

④ 928.0

해설

$$f = f_z \times z \times n = 0.05 \times 2 \times \frac{1,000 \times 35}{\pi \times 12} = 92.8 \text{mm/min}$$

∴ 테이블 이송속도(f) = 92.8mm/min → F 92.8

여기서, f : 테이블 이송속도(mm/min)

f_z : 1날당 이송(mm/날)

z : 엔드밀 날수

n : 엔드밀 회전수(rpm)

59 다음 중 CNC선반에서 공구기능 "T0303"의 의미로 가장 올바른 것은?

① 3번 공구 선택

② 3번 공구의 공구보정 3번 선택

③ 3번 공구의 공구보정 3번 취소

④ 3번 공구의 공구보정 3회 반복수행

해설

T0303 → 3번 공구의 공구보정 3번 선택

※ CNC선반의 경우 − T□□△△

• T : 공구기능

• □□ : 공구선택번호(01~99번) → 기계 사양에 따라 지령 가능한 번호 결정

• △△ : 공구보정번호(01~99번) → 00은 보정 취소 기능

• 공구보정 없이 보정 취소를 하려면 T0100으로 지령해야 함

60 CNC 공작 기계에서 자동 원점 복귀 시 중간 경유점을 지정하는 이유 중 가장 적합한 것은?

① 원점 복귀를 빨리하기 위해서

② 공구의 충돌을 방지하기 위해서

③ 기계에 무리를 가하지 않기 위해서

④ 작업자의 안전을 위해서

해설

자동원점 복귀(G28) : 원점 복귀를 지령할 때에는 급속이송 속도로 움직이므로 가공물과 충돌을 피하기 위하여 중간 경유점을 경유하여 복귀하도록 하는 것이 좋다. 중간 경유점의 위치를 지정할 때에는 증분지령(U, W)으로 지령하는 것이 충돌을 피하는 좋은 방법이다.

01 탄소 공구강 및 일반 공구재료의 구비조건이 아닌 것은?

① 열처리성이 양호할 것
② 내마모성이 클 것
③ 고온 경도가 클 것
④ 부식성이 클 것

해설
일반 공구재료는 절삭유를 사용하기 때문에 부식성이 작아야 한다(내식성 클 것).
절삭 공구재료의 구비조건
• 피절삭제보다는 경도와 인성이 클 것
• 고온에서 경도가 감소되지 않을 것
• 내마모성, 내충격성이 클 것
• 절삭저항을 받으므로 강도가 클 것
• 형상을 만들기 용이하고 가격이 쌀 것

02 단위를 단면적에 대한 힘의 크기로 나타내는 것은?

① 응 력
② 변형률
③ 연신율
④ 단면 수축

해설
응력은 내부에 생기는 저항력으로 단위 면적당 크기로 표시한다.

$$응력(\sigma) = \frac{하중(W)}{단면적(A)}$$

03 스테인리스강을 조직상으로 분류한 것 중 틀린 것은?

① 마텐자이트계
② 오스테나이트계
③ 시멘타이트계
④ 페라이트계

해설
시멘타이트계는 스테인리스강의 조직상 분류가 아니다.
스테인리스강의 종류(★ 페-오-마)
• 페라이트계 스테인리스강(고크롬계)
• 오스테나이트계 스테인리스강(고크롬, 고니켈계)
• 마텐자이트계 스테인리스강(고크롬, 고탄소계)

04 다음 그림과 같은 스프링에서 스프링 상수는?(단, $k_1 = 3$kgf/cm, $k_2 = 2$kgf/cm, $k_3 = 5$kgf/cm이다)

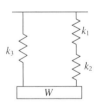

① 8.5kgf/cm
② 5kgf/cm
③ 6.2kgf/cm
④ 5.83kgf/cm

해설
k_1, k_2 : 직렬연결, $k_{1 \cdot 2}$, k_3 : 병렬연결

직렬연결 $\dfrac{1}{k_{1 \cdot 2}} = \dfrac{1}{k_1} + \dfrac{1}{k_2} = \dfrac{1}{3} + \dfrac{1}{2} = \dfrac{1}{0.83} \rightarrow k_0 = 1.2$kgf/cm

병렬연결 $k = k_{1 \cdot 2} + k_3 = 1.2 + 5 = 6.2$kgf/cm

∴ 스프링 상수 = 6.2kgf/cm

05 피치 × 나사의 줄수 = (   )의 공식에서, (   )에 들어갈 적합한 용어는?

① 리 드   ② 유효지름

③ 호 칭   ④ 지름피치

해설

리드(L) = 줄수(n) × 피치(p)
- 리드(L) : 나사 곡선을 따라 축의 둘레를 한 바퀴 회전하였을 때 축 방향으로 이동하는 거리
- 피치(p) : 서로 인접한 나사산과 나사산 사이의 축 방향 거리
- n : 나사의 줄수

06 베어링 합금으로서 구비조건으로 틀린 것은?

① 녹아 붙지 않아야 한다.

② 열전도율이 커야 한다.

③ 내식성이 있고 충분한 인성이 있어야 한다.

④ 마찰계수가 크고 저항력이 작아야 한다.

해설

베어링 합금 구비조건
- 하중에 견딜 수 있는 경도와 인성, 내압력을 가져야 한다.
- 마찰계수가 작아야 한다.
- 비열 및 열전도율이 커야 한다.
- 주조성과 내식성이 우수해야 한다.
- 소착에 대한 저항력이 커야 한다.

07 핀의 용도 중 틀린 것은?

① 2개 이상의 부품을 결합하는 데 사용

② 나사 및 너트의 이완 방지

③ 분해 조립할 부품의 위치 결정

④ 핸들을 축에 고정하는 등 큰 힘이 걸리는 부품을 설치할 때

해설

핀은 핸들을 축에 고정하는 등 작은 힘이 걸리는 부품을 설치할 때 사용한다.

08 알루미늄(Al)에 특성에 관한 설명으로 틀린 것은?

① 내식성이 우수하다.

② 합금이 어려운 재료의 특성이 있다.

③ 압접이나 단접이 비교적 용이하다.

④ 전연성이 우수하고 복잡한 형상의 제품을 만들기 쉽다.

해설

알루미늄(Al)
- 비중 : 2.7
- 주조가 용이(복잡한 형상의 제품 만들기 쉽다)
- 다른 금속과 잘 합금되어 상온 및 고온가공이 쉽다.
- 전연성이 우수한 전기, 열의 양도체이며 내식성이 강하다.
- 전기전도율은 구리의 60% 이상

09 평 벨트의 이음 방법 중 이음 효율이 가장 좋은 것은?

① 이음쇠 이음   ② 가죽끈 이음

③ 철사 이음   ④ 접착제 이음

해설

평 벨트 이음 효율

이음 종류	접착제 이음	철사 이음	가죽끈 이음	이음쇠 이음
이음 효율	75~90%	60%	40~50%	40~70%

11 길이가 200mm인 스프링의 한 끝을 천장에 고정하고 다른 한 끝에 무게 100N의 물체를 달았더니 스프링의 길이가 240mm로 늘어났다. 스프링 상수 (N/mm)는?

① 1   ② 2

③ 2.5   ④ 4

해설

스프링 상수 $K = \dfrac{W}{\delta} = \dfrac{하중}{늘어난\ 길이} = \dfrac{100N}{40mm} = 2.5N/mm$

∴ 2.5N/mm

10 청동에 탈산제인 P을 1% 이하로 첨가하여 용탕의 유동성을 좋게 하고 합금의 경도, 강도가 증가하며 또 내마멸성과 탄성을 개선시킨 것은?

① 망간 청동   ② 인 청동

③ 알루미늄 청동   ④ 규소 청동

해설

② 인 청동 : 청동에 탈산제인 P을 0.05~0.5% 첨가하면 용탕의 유동성이 좋아지고 합금의 경도와 강도가 증가한다. 이러한 목적으로 청동에 1% 이하의 P을 첨가한 합금을 인 청동이라 한다.

③ 알루미늄 청동 : 12% 이하의 Al을 첨가한 합금, 내식성, 내열성, 내마멸성이 황동 또는 청동에 비하여 우수하여 선박용 추진기 재료로 활용, 큰 주조품은 냉각 중에 공석변화가 일어나므로 자기풀림이라는 현상이 일어난다.

12 핀에 대한 설명으로 잘못된 것은?

① 테이퍼 핀의 기울기는 1/50이다.

② 분할 핀은 너트의 풀림방지에 사용된다.

③ 테이퍼 핀은 굵은 쪽의 지름으로 크기를 표시한다.

④ 핀의 재질은 보통 강재이고 황동, 구리, 알루미늄 등으로 만든다.

해설

테이퍼 핀은 작은 쪽의 지름으로 크기를 표시한다.

13 기계운동을 정지 또는 감속 조절하여 위험을 방지하는 장치는?

① 기 어 　　　　　② 커플링
③ 마찰차 　　　　　④ 브레이크

④ 브레이크 : 제동장치에서 가장 널리 사용되며, 기계 부분의 운동에너지를 열에너지나 전기에너지 등으로 바꾸어 흡수함으로써 운동속도를 감소시키거나 정지시키는 장치
② 커플링 : 운전 중 두 축을 분리할 수 없는 축 이음
※ 기계 부분의 운동에너지를 열에너지나 전기에너지 등으로 바꾸어 흡수함으로써 운동 속도를 감소시키거나 정지시키는 장치를 제동장치라 한다. 제동장치에서 가장 널리 사용되고 있는 것은 마찰 브레이크이다.

14 리베팅이 끝난 뒤에 리벳머리의 주위 또는 강판의 가장 자리를 정으로 때려 그 부분을 밀착시켜 틈을 없애는 작업은?

① 시 밍 　　　　　② 코 킹
③ 커플링 　　　　　④ 해머링

코킹(Caulking) : 리베팅에서 기밀을 유지하기 위한 작업으로 리베팅이 끝난 뒤에 리벳머리의 주위 또는 강판의 가장자리를 정으로 때려 그 부분을 밀착시켜서 틈을 없애는 작업

15 분말합금으로 제작된 소결 마찰부품 중 브레이크 마찰재료의 구비조건으로 틀린 것은?

① 가격이 저렴할 것
② 내마모성, 내열성이 클 것
③ 열전도성, 내유성이 좋을 것
④ 마찰계수가 작고 안정적일 것

브레이크 마찰재료의 구비조건
• 가격이 저렴할 것
• 내마모성, 내열성이 클 것
• 열전도성, 내유성이 좋을 것
• 마찰계수가 클 것

16 도면에서 두 종류 이상의 선이 같은 장소에 겹치게 될 경우 우선순위로 맞는 것은?

① 외형선, 숨은선, 절단선, 중심선, 무게중심선
② 외형선, 중심선, 절단선, 숨은선, 무게중심선
③ 외형선, 중심선, 숨은선, 무게중심선, 절단선
④ 외형선, 절단선, 숨은선, 무게중심선, 중심선

투상선의 우선순위
숫자, 문자, 기호 및 화살표 → 외형선(굵은 실선) → 숨은선(파선) → 중심선, 무게중심선 또는 절단선 → 파단선 → 치수선 또는 치수 보조선 → 해칭선

17 KS 기하공차 기호 중 원통도의 표시 기호는?

① ◯   ②

③   ④ ∅

기하공차의 종류와 기호

공차의 종류		기 호	데이텀 지시
모양공차	진직도	——	없 음
	평면도	▱	없 음
	진원도	◯	없 음
	원통도	⌭	없 음
	선의 윤곽도	⌒	없 음
	면의 윤곽도	◠	없 음
자세공차	평행도	∥	필 요
	직각도	⊥	필 요
	경사도	∠	필 요
위치공차	위치도	⊕	필요 또는 없음
	동축도(동심도)	◎	필 요
	대칭도	═	필 요
흔들림 공차	원주 흔들림	↗	필 요
	온 흔들림	↗↗	필 요

18 기계제도 도면에서 치수가 50 H7/g6라 표시되어 있을 때의 설명으로 올바른 것은?

① 구멍기준식 헐거운 끼워맞춤
② 축기준식 중간 끼워맞춤
③ 구멍기준식 억지 끼워맞춤
④ 축기준식 억지 끼워맞춤

50 H7/g6
• 구멍기준식 헐거운 끼워맞춤이다.
• 축과 구멍의 호칭 치수가 모두 ∅50인 ∅50H7의 구멍과 ∅50g6 축의 끼워맞춤이다.
자주 사용하는 구멍 기준 끼워맞춤

기준 구멍	축의 공차역 클래스																
	헐거운 끼워맞춤					중간 끼워맞춤			억지 끼워맞춤								
H6					g5	h5	js5	k5	m5								
			f6	g6	h6	js6	k6	m6	n6	p6							
H7			f6	g6	h6	js6	k6	m6	n6	p6	r6	s6	t6	u6	x6		
		e7	f7		h7	js7											

19 일반적인 버니어 캘리퍼스로 측정할 수 없는 것은?

① 나사의 유효지름
② 지름이 30mm인 둥근 봉의 바깥지름
③ 안지름이 35mm인 파이프의 안지름
④ 두께가 10mm인 철판의 두께

• 버니어 캘리퍼스 측정 범위 : 바깥지름, 안지름, 깊이, 두께, 계단 측정
• 나사의 유효지름 측정 : 나사 마이크로미터, 삼침법, 광학적인 방법(공구현미경 등)

20 3줄 나사의 피치가 3mm일 때, 리드는 얼마인가?

① 1mm ② 3mm

③ 6mm ④ 9mm

해설

리드(L) = 줄수(n) × 피치(p) = 3 × 3 = 9mm

22 그림과 같은 도면의 단면도 명칭으로 가장 적합한 것은?

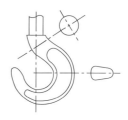

① 한쪽 단면도

② 회전도시 단면도

③ 부분 단면도

④ 조합에 의한 단면도

해설

② 회전도시 단면도 : 핸들, 벨트 풀리, 기어 등과 같은 바퀴의 암, 림, 리브, 훅, 축과 주로 구조물에 사용하는 형강 등의 절단한 모양을 90°로 회전시켜서 투상도의 안이나 밖에 그리는 것

① 한쪽 단면도 : 상하 또는 좌우대칭인 물체는 1/4을 떼어 낸 것으로 보고 기본 중심선을 경계로 1/2은 외형, 1/2은 단면으로 동시에 나타낸다. 외형도의 절반과 온단면도의 절반을 조합하여 표시한 단면도

④ 조합에 의한 단면도 : 복잡한 물체의 투상도 수를 줄일 목적으로 사용하는 단면도로서, 절단면을 여러 개 설치하여 1개의 단면도로 조합하여 그린 것

③ 부분 단면도 : 필요한 일부분만을 파단선에 의해 그 경계를 표시하고 나타낸다.

21 제3각 투상법으로 제도한 보기의 평면도와 좌측면도에 가장 적합한 정면도는?

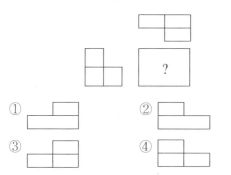

23 용접 기호 중 현장 용접의 의미를 나타내는 것은?

① ○ ② ╱

③ ∨ ④ ▶

해설

④ ▶ : 현장 용접

① ○ : 온둘레 용접

24 감속기 하우징의 기름 주입구 나사가 PF 1/2 – A로 표시되어 있었다. 올바르게 설명한 것은?

① 관용 평행나사 A급
② 관용 평행나사 호칭경 "1"
③ 관용 테이퍼나사 A급
④ 관용 가는 나사 호칭경 "1"

해설
• PF 1/2 – A : 관용 평행나사 A급
• PT : 관용 테이퍼 나사

25 끼워 맞춤 기호의 치수 기입에 관한 것이다. 바르게 기입된 것은?

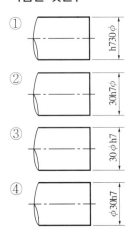

해설
ϕ30h7

26 탭 작업 중 탭의 파손 원인으로 가장 관계가 먼 것은?

① 구멍이 너무 작거나 구부러진 경우
② 탭이 소재보다 경도가 높은 경우
③ 탭이 구멍 바닥에 부딪혔을 경우
④ 탭이 경사지게 들어간 경우

해설
탭이 소재보다 경도가 높은 경우는 탭의 파손 원인과 거리가 멀다.
탭의 파손 원인
• 구멍이 너무 작거나 구부러진 경우
• 탭이 경사지게 들어간 경우
• 탭의 지름에 적합한 핸들을 사용하지 않는 경우
• 너무 무리하게 힘을 가하거나 빠르게 절삭할 경우
• 막힌 구멍의 밑바닥에 탭 선단이 닿았을 경우
※ 탭가공 시 드릴의 지름
　$d = D - p$(D : 수나사 지름, p : 나사피치)

27 밀링 머신의 부속품과 부속 장치 중 원주를 분할하는 데 사용되는 것은?

① 슬로팅 장치　　　② 분할대
③ 수직축 장치　　　④ 래크 절삭 장치

해설
분할대 : 테이블에 분할대와 심압대로 가공물을 지지하거나 분할대의 척에 가공물을 고정하여 사용하며, 필요한 등분이나 필요한 각도로 분할할 때 사용하는 밀링 부속장치이다.
분할 가공 방법
• 직접 분할법 : 분할대 주축 앞면에 있는 24구멍의 직접 분할판을 이용하여 단순분할(24의 약수, 즉 24, 12, 8, 6, 4, 3, 2등분 가능)
• 단식 분할법 : 직접 분할법으로 불가능하거나 분할이 정밀해야 할 경우(2~60 사이의 모든 정수, 60~120 사이의 2와 5의 배수 등)
• 차동 분할법 : 직접, 단식 분할법으로 분할할 수 없는 분할(단식 분할법으로 분할할 수 없는 61 이상의 소수나 특수한 수의 분할을 2종 운동의 복합운동으로 분할하는 방법이다. 127은 차동 분할법으로 분할 가능)

28 다음 중 바이트에 관한 설명으로 틀린 것은?

① 윗면 경사각이 크면 절삭성이 좋다.
② 여유각은 공구의 앞면이나 옆면이 공작물과 마찰을 줄이기 위한 각이다.
③ 칩(Chip)을 연속적으로 길게 흐르게 하기 위해 칩브레이커를 붙인다.
④ 바이트의 종류에는 단체 바이트와 클램프 바이트 등이 있다.

해설
칩브레이커(Chip Breaker) : 칩을 인위적으로 짧게 끊어지도록 한 것으로, 칩이 가공물에 휘말려 가공된 면과 바이트를 상하게 하는 것을 방지한다.

29 연삭 가공의 일반적인 특징으로 적합하지 않은 것은?

① 치수 정밀도가 높다.
② 칩의 크기가 매우 작다.
③ 가공면의 표면거칠기가 불량하다.
④ 경화된 강과 같은 단단한 재료를 가공할 수 있다.

해설
연삭가공은 정밀도가 높고, 표면거칠기가 우수한 다듬질면을 가공할 수 있다.

30 다음 중 각도 측정용 게이지가 아닌 것은?

① 옵티컬 플랫
② 사인바
③ 콤비네이션 세트
④ 오토 콜리메이터

해설
옵티컬 플랫은 각도 측정용 게이지가 아니다.
• 각도 측정 : 각도 게이지(요한슨식, NPL식), 사인바, 수준기, 콤비네이션 세트, 베벨각도기, 광학식 클리노미터, 광학식 각도기, 오토 콜리미터 등
• 옵티컬 플랫(Optical Flat/광선정반) : 마이크로미터 측정면의 평면도 측정 및 검사

31 다음 중 수나사를 가공하는 가구는?

① 탭
② 줄
③ 리 머
④ 다이스

해설
• 다이스 : 수나사 가공
• 탭 : 암나사 가공

32 센터리스 연삭기의 장점이 아닌 것은?

① 연삭 여유가 작아도 된다.

② 대형이나 중량물의 연삭에 적합하다.

③ 대량 생산에 적합하다.

④ 긴 축 재료의 연삭이 가능하다.

해설

센터리스 연삭의 특징
• 센터가 필요하지 않아 센터 구멍을 가공할 필요가 없다.
• 중공의 가공물을 연삭할 때 편리하다(중공(中空) : 속이 빈 축).
• 연삭 여유가 작아도 된다.
• 가늘고 긴 가공물의 연삭에 적합하다.
• 긴 홈이 있는 가공물의 연삭은 불가능하다.
• 대형이나 중량물의 연삭은 불가능하다.
• 연속가공이 가능하며 대량 생산에 적합하다.
• 자생작용이 있다.

33 윤활제의 사용 목적이 아닌 것은?

① 냉각작용   ② 마모작용

③ 방청작용   ④ 청정작용

해설

윤활제의 사용 목적 : 윤활작용, 냉각작용, 밀폐작용, 청정작용, 방청작용

34 피측정물을 측정한 후 그 측정량을 기준 게이지와 비교한 후 차이 값을 계산하여 실제치수를 인식할 수 있는 측정법은?

① 직접 측정   ② 간접 측정

③ 비교 측정   ④ 합계 측정

해설

③ 비교 측정 : 측정값과 기준 게이지 값과의 차이를 비교하여 치수를 계산하는 측정 방법(블록 게이지, 다이얼 테스트 인디케이터, 한계 게이지 등)
① 직접 측정 : 측정기에 표시된 눈금에 의해 직접 측정물의 치수를 읽는 방법(버니어캘리퍼스, 마이크로미터, 측장기 등)
② 간접 측정 : 나사, 기어 등과 같이 기하학적 관계를 이용하여 측정(사인바에 의한 각도 측정, 테이퍼 측정, 나사의 유효지름 측정 등)

35 선반에서 다음과 같은 테이퍼를 절삭하려고 할 때, 심압대의 편위량은 몇 mm인가?

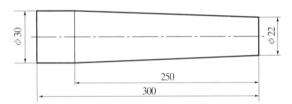

① 4.8mm   ② 5.6mm

③ 6.8mm   ④ 7.2mm

해설

심압대 편위량

$$e = \frac{(D-d) \times L}{2l} = \frac{(30-22) \times 300}{2 \times 250} = 4.8\text{mm}$$

∴ $e = 4.8$mm

여기서, e : 심압대의 편위량
　　　　D : 테이퍼의 큰 지름
　　　　d : 테이퍼의 작은 지름
　　　　L : 가공물의 전체길이
　　　　l : 테이퍼의 길이

선반에서 테이퍼 가공방법
• 복식 공구대를 경사시키는 방법
• 심압대를 편위시키는 방법(테이퍼가 작고 길이가 길 경우에 사용하는 방법)
• 테이퍼 절삭장치를 이용하는 방법
• 총형 바이트를 이용하는 방법

36 다음 재질 중 밀링 커터의 절삭 속도를 가장 빠르게 할 수 있는 것은?

① 주 철
② 황 동
③ 저탄소강
④ 고탄소강

해설

절삭속도 : 황동 > 주철 > 저탄소강 > 고탄소강

37 수평 밀링 머신의 플레인 커터 작업에서 하향절삭과 비교하여 상향절삭의 장점이 아닌 것은?

① 칩이 절삭날을 방해하지 않는다.
② 날의 마멸이 작고 수명이 길다.
③ 이송기구의 백래시가 절삭에 별 지장이 없다.
④ 절삭열에 의한 치수 정밀도의 변화가 작다.

해설

상향절삭과 하향절삭의 차이점

구 분	상향절삭	하향절삭
백래시	절삭에 별 지장이 없다.	백래시를 제거해야 한다.
기계의 강성	강성이 낮아도 무관하다.	가공할 때, 충격이 있어 높은 강성이 필요하다.
가공물의 고정	절삭력이 상향으로 작용하여 고정이 불리하다.	절삭력이 하향으로 작용하여 가공물 고정이 유리하다.
인선의 수명	절입할 때, 마찰열로 마모가 빠르고 공구수명이 짧다.	상향절삭에 비하여 공구수명이 길다.
마찰저항	마찰저항이 커서 절삭공구를 위로 들어 올리는 힘이 작용한다.	절입할 때, 마찰력은 작으나 하향으로 충격력이 작용한다.
가공면의 표면거칠기	광택은 있으나, 상향에 의한 회전저항으로 전체적으로 하향절삭보다 나쁘다.	가공 표면에 광택은 적으나, 저속 이송에서는 회전저항이 발생하지 않아 표면거칠기가 좋다.

38 래핑(Lapping)에 대한 설명으로 틀린 것은?

① 표면을 매끄럽게 하는 가공법이다.
② 가공 방식은 건식 래핑과 습식 래핑이 있다.
③ 건식 래핑은 랩제만을 사용하고, 습식 래핑은 랩제와 래핑액을 사용한다.
④ 일반적인 작업 방법은 건식으로 거친 가공 후 습식으로 다듬질한다.

해설

래핑 : 가공물과 랩(Lap) 사이에 랩제를 넣고 가공물에 압력을 가하면서 표면거칠기가 우수한 가공면을 얻는 가공방법이다. 일반적인 작업 방법은 습식으로 거친 가공 후 건식으로 다듬질한다.

39 주물품에서 볼트, 너트 등이 닿는 부분을 가공하여 자리를 만드는 작업은?

① 보 링
② 스폿 페이싱
③ 카운터 싱킹
④ 리 밍

해설

② 스폿 페이싱 : 볼트나 너트가 닿는 구멍 주위의 부분만 평탄하게 가공하여 체결이 잘되도록 하는 가공방법
① 보링 : 이미 뚫어져 있는 구멍을 필요한 크기로 넓히거나 정밀도를 높이기 위하여, 보링 바이를 이용하여 가공하는 방법
③ 카운터 싱킹 : 나사머리가 접시모양일 때 테이퍼 원통형으로 절삭하는 가공
④ 리밍 : 뚫어져 있는 구멍을 정밀도가 높고, 가공 표면의 표면거칠기를 좋게 하기 위한 가공

40 다음 중 구성인선(Built-up Edge)의 발생을 줄이는 방법으로 틀린 것은?

① 공구의 경사각을 크게 한다.
② 절삭 속도를 크게 한다.
③ 윤활성이 좋은 절삭유제를 사용한다.
④ 공구의 날끝각을 크게 한다.

해설
구성인선의 방지대책
• 절삭깊이를 작게 할 것
• 경사각을 크게 할 것
• 절삭공구의 인선을 예리하게(날카롭게) 할 것
• 윤활성이 좋은 절삭유제를 사용할 것
• 절삭속도를 크게 할 것

41 기계공작은 가공 방법에 따라 절삭가공과 비절삭가공으로 나눈다. 다음 중 절삭가공 방법이 아닌 것은?

① 선 삭   ② 밀 링
③ 용 접   ④ 드릴형

해설
• 절삭가공 : 선삭, 평삭, 브로칭, 밀링, 드릴링, 보링, 호빙 등
• 비절삭가공 : 주조, 소성가공(단조, 프레스 가공, 압연, 인발), 용접, 전조, 방전가공 등

42 니형 밀링머신의 칼럼면에 설치하는 것으로, 주축의 회전운동을 수직 왕복운동으로 변환시켜 주는 장치는?

① 원형테이블
② 분할대
③ 래크 절삭 장치
④ 슬로팅 장치

해설
④ 슬로팅 장치 : 주축의 회전운동을 직선 왕복운동으로 변화시키고, 바이트를 사용하여 가공물의 안지름에 키홈, 스플라인, 세레이션 등을 가공하는 밀링머신의 부속장치
① 원형테이블 : 테이블 위에 설치하며, 수동 또는 자동으로 회전시킬 수 있어 밀링에서 바깥부분을 원형이나 윤곽가공, 간단한 등분을 할 때 사용하는 밀링 머신의 부속품이다. 핸들에는 마이크로 칼라가 부착되어 간단한 각도 분할에도 사용한다.
② 분할대 : 원주 및 각도 분할 시 사용, 주축대와 심압대 한 쌍으로 테이블 위에 설치

43 CNC 기계 조작반의 모드 선택 스위치 중 새로운 프로그램을 작성하고 등록된 프로그램을 삽입, 수정, 삭제할 수 있는 모드는?

① JOG   ② AUTO
③ MDI   ④ EDIT

해설
④ EDIT : 새로운 프로그램을 작성하고, 메모리에 등록된 프로그램을 편집(삽입, 수정, 삭제)할 수 있다.
① JOG : JOG버튼으로 공구를 수동으로 이송시킬 때 사용
② AUTO : 프로그램을 자동운전할 때 사용
③ MDI : 반자동모드라고 하며 1~2개 블록의 짧은 프로그램을 입력하고 바로 실행할 수 있는 모드로 간단한 프로그램을 편집과 동시에 시험적으로 시행할 때 사용

44 CNC 공작기계의 조작판에서 선택적 프로그램 정지 (Optional Program Stop)를 나타내는 M기능은?

① M00　　　　　② M01

③ M02　　　　　④ M05

M01 : 선택적 프로그램 정지(Optional Program Stop)/조작판의 M01 스위치가 ON인 경우 정지

M코드　★ 반드시 암기(자주 출제)

M코드	기 능	M코드	기 능
M00	프로그램 정지	M08	절삭유 ON
M01	프로그램 선택 정지	M09	절삭유 OFF
M02	프로그램 끝	M30	프로그램 끝 & 리셋
M03	주축 정회전	M98	보조프로그램 호출
M04	주축 역회전	M99	보조프로그램 종료
M05	주축 정지		

45 CNC 공작기계의 특징에 해당하지 않는 것은?

① 제품의 균일성을 유지할 수 없다.

② 생산성을 향상시킬 수 있다.

③ 제조원가 및 인건비를 절감할 수 있다.

④ 특수 공구 제작의 불필요로 공구 관리비를 절감할 수 있다.

CNC 공작기계를 사용하면 제품의 균일성을 유지할 수 있다.

46 CNC 기계의 동력 전달 방법에 속하지 않는 것은?

① 기어(Gear)

② 타이밍 벨트(Timing Belt)

③ 커플링(Coupling)

④ 로프(Rope)

CNC 기계의 동력 전달 방법 : 기어, 타이밍 벨트, 커플링, 볼 스크루 등

47 CNC 선반의 원점 복귀 기능 중 자동원점 복귀를 나타내는 것은?

① G27　　　　　② G28

③ G29　　　　　④ G30

② G28(자동원점 복귀)

① G27(원점 복귀 확인)

③ G29(원점으로부터 복귀)

④ G30(제2원점 복귀)

48 CNC 공작기계에서 전원을 투입한 후, 일반적으로 제일 처음하는 것은?

① 좌표계 설정
② 기계원점 복귀
③ 제2원점 복귀
④ 자동 공구 교환

해설
CNC 공작기계에 전원을 투입한 후 일반적으로 제일 처음 하는 것은 기계원점 복귀이다.

49 CNC 선반에서의 나사가공(G32)에 대한 설명으로 틀린 것은?

① 이송속도 조절 오버라이드는 100%로 고정하여야 한다.
② 주축 회전수 일정제어(G97)로 지령하여야 한다.
③ 가공 도중에 이송정지(Feed Hold) 스위치를 ON 하면 자동으로 정지한다.
④ 나사가공이 완료되면 자동으로 시작점으로 복귀한다.

해설
나사가공 중에는 나사의 불량 방지를 위하여 이송정지(Feed Hold) 기능이 무효화된다. 그러므로 나사가공 중에 이송정지 버튼을 누르더라도 그 블록의 나사가공이 완료된 후에 정지한다.

50 CNC 선반에서 NC 프로그램을 작성할 때 소수점을 사용할 수 있는 어드레스만으로 구성된 것은?

① X, U, R, F
② W, I, K, P
③ Z, G, D, Q
④ P, X, N, E

해설
소수점은 거리와 시간 속도의 단위를 갖는 것에 사용되는 주소(X(U), Y(V), Z(W), A, B, C, I, J, K, R, F)의 수치에만 가능하다. 단, 파라미터 설정에 따라 소수점 없이 사용할 수도 있다. 이들 이외의 주소와 사용되는 수치는 소수점을 사용하면 에러가 발생된다.

51 머시닝센터 프로그램에서 고정 사이클을 취소하는 준비기능은?

① G76
② G80
③ G83
④ G87

해설
① G76 : 정밀 보링 사이클
③ G83 : 심공 드릴 사이클
④ G87 : 백보링 사이클
머시닝센터 프로그램 취소 준비기능
• G40 : 공구경 보정 취소
• G49 : 공구 길이 보정 취소
• G80 : 고정 사이클 취소

52 공작기계 작업 안전에 대한 설명 중 잘못된 것은?

① 표면거칠기는 가공 중에 손으로 검사한다.
② 회전 중에는 측정하지 않는다.
③ 칩이 비산할 때는 보안경을 사용한다.
④ 칩은 솔로 제거한다.

해설
표면거칠기는 가공을 정지하고 간단하게 육안이나 손톱으로 검사할 수 있다.

53 CNC 프로그램에서 EOB의 뜻은?

① 블록의 종료   ② 프로그램이 종료
③ 주축의 정지   ④ 보조기능의 정지

해설
EOB(End Of Block) : 블록의 종료
※ 몇 개의 단어(Word)가 모여 구성된 한 개의 지령단위를 지령절(Block)이라고 하며, 지령절과 지령절은 EOB(End Of Block)으로 구분되며, 제작회사에 따라 ";" 또는 "#"과 같은 부호로 간단히 표시한다.

54 CNC선반 프로그램에서 G96 S120 M03;의 의미로 옳은 것은?

① 절삭속도 120rpm으로 주축 역회전한다.
② 절삭속도 120m/min으로 주축 역회전한다.
③ 절삭속도 120rpm으로 주축 정회전한다.
④ 절삭속도 120m/min으로 주축 정회전한다.

해설
• G96 S120 M03; → 절삭속도 120m/min으로 일정하게 정회전하도록 제어
• G96 : 절삭속(m/min) 일정제어
• G97 : 주축 회전수(rpm) 일정제어
• M03 : 주축 정회전

55 기계의 테이블에 직접 스케일을 부착하여 위치를 검출하고, 서보모터에서 속도를 검출하는 그림과 같은 서보 기구는?

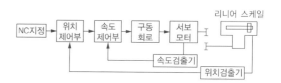

① 개방회로 방식   ② 반폐쇄회로 방식
③ 폐쇄회로 방식   ④ 반개방회로 방식

해설
CNC의 서보기구 위치 검출방식
★ 자주 출제되니 반드시 그림과 함께 암기
• 반폐쇄회로 방식(Semi-closed Loop System) : 모터에 내장된 태코제너레이터에서 속도를 검출하고, 인코더에서 위치를 검출하여 피드백하는 제어방식으로 최근에는 높은 정밀도의 볼스크루가 개발되었기 때문에 정밀도를 충분히 해결할 수 있으므로 일반 CNC공작기계에 가장 많이 사용된다.
• 개방회로 방식 : 피드백 장치 없이 스테핑 모터를 사용한 방식으로 실용화되었으나, 피드백 장치가 없기 때문에 가공 정밀도에 문제가 있어 현재는 거의 사용되지 않는다.
• 폐쇄회로 방식 : 모터에 내장된 태코제너레이터에서 속도를 검출하고, 기계의 테이블에 부착한 스케일에서 위치를 검출(로터리 인코더)하여 피드백시키는 방식이다.
• 복합회로(하이브리드) 방식 : 반폐쇄회로 방식과 폐쇄회로 방식을 결합하여 고정밀도로 제어하는 방식으로, 가격이 고가이므로 고정밀도를 요구하는 기계에 사용된다.

56 머시닝 센터 프로그램에서 원호 가공 시 I, J의 의미는?

① 원호의 시작점에서 원호의 끝점까지의 벡터량

② 원호의 중심점에서 원호의 시작점까지의 벡터량

③ 원호의 끝점에서 원호의 시작점까지의 벡터량

④ 원호의 시작점에서 원호의 중심점까지의 벡터량

해설

I, J는 원호의 시작점에서 원호 중심까지의 벡터값이다(I : X축 방향, J : Y축 방향).

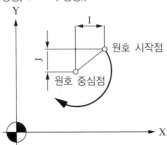

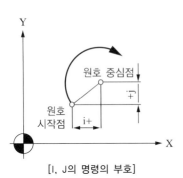

[I, J의 명령의 부호]

57 G코드 중 공구의 최후 위치만 제어하는 것으로 도중의 경로는 무시되는 것은?

① G00   ② G01

③ G02   ④ G03

해설

G00(급속 위치 결정) : 공구의 최후 위치만 제어

58 CNC 장비의 점검내용 중 매일 점검사항이 아닌 것은?

① 외관 점검

② 유량 점검

③ 압력 점검

④ 기계 본체 수평 점검

해설

• 매일 점검사항 : 외관 점검, 유량 점검, 압력 점검 등
• 매년 점검사항 : 기계 본체 수평 점검, 기계 정도 검사 등

59 다음 CNC 선반 프로그램에서 분당 이송(mm/min)의 값은?

```
G30 U0. W0.;
G50 X150. Z100. T0200;
G97 S1000 M03;
G00 G42 X60. Z0. T0202 M08;
G01 Z-20. F0.2;
```

① 100   ② 200
③ 300   ④ 400

해설
- G96 – 절삭속도(m/min) 일정제어, G97 – 주축 회전수(rpm) 일정제어
- G98 – 분당 이송 지정(mm/min), G99 – 회전당 이송 지정(mm/rev)
- G97 S1000 M03; → 회전수 1,000rpm
- $F = f \times N = 0.2 \times 1,000rpm = 200mm/min$
  여기서, F : 분당 이송(mm/min)
  f : 회전당 이송(mm/rev)
  N : 회전수(rpm)

60 보조프로그램이 종료되면 보조프로그램에서 주프로그램으로 돌아가는 M코드는?

① M98   ② M99
③ M30   ④ M00

해설
M99 : 보조 프로그램 종료(보조프로그램에서 주프로그램으로 돌아간다)

M코드 ★ 반드시 암기(자주 출제)

M코드	기 능	M코드	기 능
M00	프로그램 정지	M08	절삭유 ON
M01	프로그램 선택 정지	M09	절삭유 OFF
M02	프로그램 끝	M30	프로그램 끝 & 리셋
M03	주축 정회전	M98	보조 프로그램 호출
M04	주축 역회전	M99	보조 프로그램 종료
M05	주축 정지		

01 피치가 2mm인 2줄 나사를 180° 회전시키면 나사가 축 방향으로 움직인 거리는 몇 mm인가?

① 1   ② 2

③ 3   ④ 4

해설

리드(L) = 줄수(n)×피치(p)×회전수
= $2 \times 2 \times 0.5$ = 2mm(180° 회전 : 0.5회전)

∴ 2mm

02 강의 잔류응력 제거를 주목적으로, 탄소강을 적당한 온도까지 가열한 후 그 온도를 어느 정도 유지한 다음 열처리로 내어서 서서히 냉각시켜 열처리하는 방법은?

① 담금질   ② 풀 림

③ 뜨 임   ④ 심랭처리

해설

② 풀림 : 재료를 연하게 하거나 내부응력을 제거할 목적으로 강을 오스테나이트 조직으로 될 때까지 가열한 후 노나 재 속에서 서서히 냉각시키는 조작

① 담금질 : 재료를 단단하게 할 목적으로 강을 오스테나이트 조직으로 될 때까지 가열한 후 물이나 기름에 급랭하는 조작

③ 뜨임 : 재질에 적당한 인성을 부여하기 위해 담금질 온도보다 낮은 온도에서 일정시간을 유지 후 냉각시키는 조작

• 불림 : 재료의 내부 응력 제거 및 균일한 결정 조직을 얻기 위해 높은 온도로 가열하여 균일한 오스테나이트 조직으로 한 후 공기 중에서 냉각시키는 조작

열처리 목적 및 냉각방법

열처리	목 적	냉각 방법	비 고
담금질	경도와 강도를 증가	급랭(유랭)	
풀 림	재질의 연화	노 랭	열처리로 내에서 서서히 냉각
불 림	결정 조직의 균일화(표준화)	공 랭	공기 중 냉각

03 재료의 인장실험 결과 얻어진 응력-변형률 선도에서 응력을 증가시키지 않아도 변형이 연속적으로 갑자기 커지는 것을 무엇이라 하는가?

① 비례한도   ② 탄성변형

③ 항복현상   ④ 극한강도

해설

항복현상 : 응력-변형률 선도에서 응력을 증가시키지 않아도 변형이 연속적으로 갑자기 커지는 현상

04 그림과 같은 스프링 조합에서 스프링 상수는 몇 kgf/cm인가?(단, 스프링 상수 k_1 = 50kgf/cm, k_2 = 50kgf/cm, k_3 = 100kgf/cm이다)

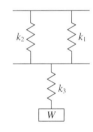

① 300   ② 200

③ 150   ④ 50

해설

이 문제는 병렬과 직렬이 조합된 스프링이다. k_1과 k_2는 병렬연결이며 이 병렬과 k_3는 직렬로 조합되어 있다.

• 병렬연결 $k = k_1 + k_2$ ……

• 직렬연결 $k = \dfrac{1}{k_1} + \dfrac{1}{k_2}$ ……

• $k_{병렬} = k_1 + k_2 = 50 + 50 = 100$kgf/cm(우선 k_1과 k_2의 병렬연결 계산)

• $\dfrac{1}{k_{조합}} = \dfrac{1}{k_{병렬}} + \dfrac{1}{k_3} = \dfrac{1}{100} + \dfrac{1}{100} = \dfrac{2}{100}$

∴ $k_{조합}$ = 50kgf/cm(위쪽 병렬연결 스프링 상수 $k_{병렬}$와 k_3의 직렬연결 계산)

     1 ②   2 ②   3 ③   4 ④ **정답**

05 두 축이 같은 평면 내에 있으면서 그 중심선이 어느 각도로 교차하고 있을 때, 사용하는 축 이음으로 자동차, 공작기계 등에 사용되는 것은?

① 플렉시블 커플링

② 플랜지 커플링

③ 유니버설 조인트

④ 셀러 커플링

유니버설 조인트(훅 조인트)

• 두 축이 동일 평면 내에 있고 그 중심선이 α각도(α≤30°)로 교차하는 경우의 전동장치

• 교각 α는 30° 이하에서 사용한다. 특히 5° 이하가 바람직하며, 45° 이상은 사용이 불가능하다.

• 두 축단의 요크 사이에 십자형 핀을 넣어서 연결한다.

• 자동차, 공작기계, 압연롤러, 전달기구 등에 많이 사용된다.

06 벨트를 걸었을 때 이완측에 설치하여 벨트와 벨트 풀리의 접촉각을 크게 해 주는 것은?

① 긴장차   ② 안내차

③ 공전차   ④ 단 차

07 우드러프 키라고도 하며, 일반적으로 60mm 이하의 작은 축에 사용되고 특히 테이퍼 축에 편리한 키는?

① 원뿔 키   ② 성크 키

③ 반달 키   ④ 평 키

반달 키(Woodruff Key) : 반월상의 키로서 축의 홈이 깊게 되어 축의 강도가 약하게 되기는 하나 축과 키 홈의 가공이 쉽고, 키가 자동적으로 축과 보스 사이에 자리를 잡을 수 있어 자동차, 공작기계 등의 60mm 이하의 작은 축이나 테이퍼 축에 사용된다.

키(Key)의 종류

키(Key)	정 의	그 림
새들 키 (안장 키)	축에는 키 홈을 가공하지 않고 보스에만 테이퍼진 키 홈을 만들어 때려 박는다. [비고] 축의 강도 저하가 없다.	
원뿔 키	축과 보스와의 사이에 2~3곳을 축 방향으로 쪼갠 원뿔을 때려 박아 고정시킨다.	
반달 키	축에 반달모양의 홈을 만들어 반달 모양으로 가공된 키를 끼운다. [비고] 축의 강도 약함	
스플라인	축에 여러 개의 같은 키 홈을 파서 여기에 맞는 한 짝의 보스 부분을 만들어 서로 잘 미끄러져 운동할 수 있게 한 것 [비고] 키보다 큰 토크 전달	

※ 묻힘(Sunk) 키 : 축과 보스의 양쪽에 모두 키 홈을 가공

08 베어링의 호칭번호 6203의 안지름 치수는 몇 mm 인가?

① 10　　　　　　　② 12

③ 15　　　　　　　④ 17

해설
• 안지름 번호 03으로 안지름 치수는 17mm이다.
• 6203 : 6-형식번호, 2- 치수기호, 03-안지름 번호(03-17mm)
베어링 안지름 번호

안지름 범위 (mm)	안지름 치수	안지름 기호	예
10mm 미만	안지름이 정수인 경우 안지름이 정수 아닌 경우	안지름 /안지름	2mm이면 2 2.5mm이면 /2.5
10mm 이상 20mm 미만	10mm 12mm 15mm 17mm	00 01 02 03	
20mm 이상 500mm 미만	5의 배수인 경우 5의 배수가 아닌 경우	안지름을 5로 나눈 수 /안지름	40mm이면 08 28mm이면 /28
500mm 이상		/안지름	560mm이면 /560

09 브레이크 재료로 사용 시 마찰계수가 가장 큰 것은?(단, 마찰조건은 건조 상태이다)

① 주 철　　　　　　② 가 죽

③ 연 강　　　　　　④ 석 면

해설
석면 : 마찰계수가 가장 크며, 브레이크 재질로 많이 사용된다.

10 다이캐스팅 합금으로 요구되는 성질이 아닌 것은?

① 유동성이 좋을 것

② 금형에 대한 정착성이 좋을 것

③ 응고수축에 대한 용탕 보급성이 좋을 것

④ 열간취성이 적을 것

해설
다이캐스팅 합금 요구 성질
• 유동성이 좋을 것
• 열간메짐이 적을 것
• 응고수축에 대한 용탕 보충이 잘될 것
• 금형에서 잘 떨어질 수 있을 것

11 절삭공구 중 비금속 재료에 해당하는 것은?

① 고속 도강

② 탄소공구강

③ 합금공구강

④ 세라믹

12 일반적인 제동 장치의 제동부 조작에 이용되는 에너지가 아닌 것은?

① 유 압
② 전자력
③ 압축 공기
④ 빛 에너지

해설
제동장치에 사용되는 에너지는 유압, 공압, 전자력이다.

13 주조용 알루미늄 합금의 종류가 아닌 것은?

① 라우탈
② 실루민
③ 하이드로날륨
④ 델타메탈

해설
• 주조용 알루미늄 합금 : 라우탈, Y합금, 로엑스합금, 실루민, 델타메탈 등
• 가공용 알루미늄 합금 : 두랄루민, 하이드로날륨, 알민 등

14 태엽스프링을 축 방향으로 감아 올려 사용하는 것으로 압축용, 오토바이 차체 완충용으로 가장 많이 쓰이는 것은?

① 벌류트 스프링
② 접시 스프링
③ 고무 스프링
④ 공기 스프링

해설
벌류트 스프링 : 태엽 스프링을 축 방향으로 감아올려 사용하는 것으로 압축용으로 쓰인다. 오토바이 차체 완충용으로 쓰인다.

15 하중의 크기가 방향의 충격 없이 주기적으로 변화하는 하중은?

① 변동 하중
② 교번 하중
③ 충격 하중
④ 이동 하중

해설
• 교번 하중 : 하중의 크기와 방향이 충격 없이 주기적으로 변화하는 하중
• 정 하중 : 시간과 더불어 크기가 변화하지 않는 정지하중
• 충격 하중 : 비교적 단시간에 충격적으로 작용하는 하중
• 분포 하중 : 재료의 어느 범위 내에 분포되어 작용하는 하중

16 선의 종류에 따른 용도 중 기술 또는 기호 등을 표시하기 위하여 끌어내는 데 쓰이는 선은?

① 치수선
② 치수보조선
③ 지시선
④ 가상선

해설
용도에 따른 선의 종류

명 칭	선의 종류	선의 용도
외형선	굵은 실선	대상물이 보이는 부분의 모양을 표시하는 데 사용한다.
치수선		치수를 기입하기 위하여 사용한다.
치수보조선	가는 실선	치수를 기입하기 위하여 도형으로부터 끌어내는 데 사용한다.
지시선		기술, 기호 등을 표시하기 위하여 끌어내는 데 사용한다.
숨은선	가는 파선	대상물의 보이지 않는 부분의 모양을 표시하는 데 사용한다.
중심선	가는 1점쇄선	도형의 중심을 표시하는 데 사용한다. 중심이 이동한 중심 궤적을 표시하는 데 사용한다.
특수 지정선	굵은 1점쇄선	특수한 가공을 하는 부분 등 특별한 요구 사항을 적용할 수 있는 범위를 표시하는 데 사용한다.

17 구멍의 지름 치수가 $50^{+0.035}_{-0.012}$일 때 공차는?

① 0.023mm ② 0.035mm

③ 0.047mm ④ −0.012mm

0.035 + 0.012 = 0.047

18 맞물리는 1쌍의 기어 간략도에서 보기의 기호는 어느 기어에 해당하는가?

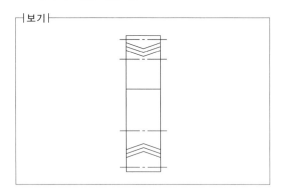

┌보기┐

① 하이포이드기어
② 이중 헬리컬 기어
③ 스파이럴 베벨기어
④ 스크루 기어

보기의 간략도는 이중 헬리컬 기어이다.
맞물리는 기어의 간략 도시법

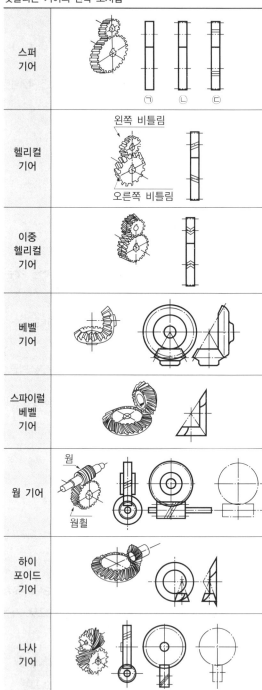

스퍼 기어	
헬리컬 기어	왼쪽 비틀림 / 오른쪽 비틀림
이중 헬리컬 기어	
베벨 기어	
스파이럴 베벨 기어	
웜 기어	웜 / 웜휠
하이 포이드 기어	
나사 기어	

19 물체의 모서리를 비스듬히 잘라내는 것을 모따기라 한다. 모따기의 각도가 45°일 때 치수 앞에 넣는 모따기 기호는?

① D

② C

③ R

④ ϕ

치수 보조 기호

구 분	기 호	읽 기	사용법
지 름	ϕ	파 이	지름 치수의 치수 수치 앞에 붙인다.
반지름	R	알	반지름 치수의 치수 앞에 붙인다.
구의 지름	Sϕ	에스파이	구의 지름 치수의 치수 수치 앞에 붙인다.
구의 반지름	SR	에스알	구의 반지름 치수의 치수 수치 앞에 붙인다.
정사각형의 변	□	사 각	정사각형의 한 변 치수의 치수 수치 앞에 붙인다.
판의 두께	t	티	판 두께의 치수 수치 앞에 붙인다.
원호의 길이	⌒	원 호	원호 길이 치수의 치수 위에 붙인다.
45° 모따기	C	시	45° 모따기 치수의 치수 수치 앞에 붙인다.
이론적으로 정확한 치수	▭	테두리	이론적으로 정확한 치수의 치수 수치를 둘러싼다.
참고 치수	( )	괄 호	참고 치수의 치수 수치(치수 보조 기호를 포함한다)를 둘러싼다.

20 M10 – 6H/6g로 표시된 나사의 설명으로 틀린 것은?

① M : 미터 보통나사

② 10 : 나사의 호칭 지름

③ 6H : 암나사의 등급

④ 6g : 나사의 줄수

6g : 수나사의 등급(대문자 – 암나사, 소문자 – 수나사)

21 스퍼 기어의 피치원은 무슨 선으로 도시하는가?

① 굵은 실선

② 가는 실선

③ 가는 파선

④ 가는 1점쇄선

기어 도시
• 이끝원 : 굵은 실선
• 이뿌리원 : 가는 실선
• 피치원 : 가는 1점쇄선
• 헬리컬 기어의 잇줄 방향 : 가는 2점쇄선

22 ISO 규격에 있는 미터 사다리꼴 나사의 표시기호는?

① M

② Tr

③ UNC

④ R

나사의 종류를 표시하는 기호 및 나사의 호칭에 대한 표시 방법 (KS B 0200)

구 분	나사의 종류		나사종류 기호	나사의 호칭방법
ISO 표준에 있는 것	미터 보통 나사		M	M8
	미터 가는 나사			M8×1
	미니추어 나사		S	S0.5
	유니파이 보통 나사		UNC	3/8–16UNC
	유니파이 가는 나사		UNF	No.8–36UNF
	미터 사다리꼴 나사		Tr	Tr10×2
	관용 테이퍼 나사	테이퍼 수나사	R	R3/4
		테이퍼 암나사	Rc	Rc3/4
		평행 암나사	Rp	Rp3/4
	관용 평행나사		G	G1/2

23 그림과 같은 입체도의 화살표 방향이 정면일 때 정면도로 가장 적합한 것은?

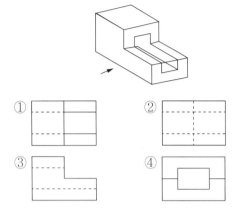

① [도면] ② [도면]
③ [도면] ④ [도면]

24 기계제도에서 가는 2점쇄선을 사용하여 도면에 표시하는 경우인 것은?

① 대상물의 일부를 판단하는 경계를 표시할 경우
② 인접하는 부분이나 공구, 지그 등의 위치를 참고로 표시할 경우
③ 특수한 가공 부분 등 특별한 요구사항을 적용할 범위를 표시할 경우
④ 회전도시 단면도를 절단한 곳의 전후를 판단하여 그 사이에 그릴 경우

해설
가상선(가는 2점쇄선)의 용도
• 인접 부분을 참고로 표시
• 공구, 지그의 위치를 참고로 표시
• 가동부분을 이동 중의 특정한 위치 또는 이동 한계의 위치를 표시
• 가공 전 또는 가공 후의 형상을 표시
• 되풀이하는 것을 표시
• 도시된 단면의 앞쪽에 있는 부분을 표시

25 KS 나사 표시 방법에서 G 1/2로 기입된 기호의 올바른 해독은?

① 가스용 암나사로 인치 단위이다.
② 관용 평행 암나사로 등급이 A급이다.
③ 관용 평행 수나사로 등급이 A급이다.
④ 가스용 수나사로 인치 단위이다.

해설
• G : 관용 평행 수나사
• 1/2 : 외경 1/2인치
• A : A급

26 수직 밀링머신에서 공작물을 전후로 이송시키는 부위는?

① 테이블   ② 새 들
③ 니   ④ 칼 럼

해설
② 새들 : 수직 밀링머신에서 공작물을 전후로 이송
① 테이블 : 좌우로 이송
③ 니 : 기둥의 슬라이드면을 따라 상하로 이송

27 주어진 절삭속도가 40m/min이고, 주축회전수가 70rpm이면 절삭되는 일감의 지름은 약 몇 mm인가?

① 82   ② 182

③ 282   ④ 382

해설

$$V = \frac{\pi DN}{1,000}$$

$$D = \frac{1,000\,V}{\pi N} = \frac{1,000 \times 40\text{m/min}}{\pi \times 70\text{rpm}} = 181.9 \approx 182\text{mm}$$

$$\therefore D = 182\text{mm}$$

28 공작물이 회전하면서 바깥지름, 안지름, 절단, 단사, 테이퍼가공 등을 주로 할 수 있는 대표적인 공작 기계는?

① 선 반   ② 플레이너

③ 밀링 머신   ④ 드릴링 머신

해설

선반 : 주축 끝단에 부착된 척에 가공물을 고정하여 회전시키고, 공구대에 설치된 바이트로 절삭 깊이와 이송을 주어 가공물을 주로 원통형으로 절삭하는 공작기계

29 센터리스 연삭의 장점으로 옳은 것은?

① 공작물이 무거운 경우에도 연삭이 용이하다.

② 공작물의 지름이 큰 경우에도 연삭할 수 있다.

③ 공작물에 별도의 센터 구멍을 뚫을 필요가 없다.

④ 긴 홈이 있는 공작물도 연삭할 수 있다.

해설

센터리스 연삭의 특징

• 센터가 필요하지 않아 센터 구멍을 가공할 필요가 없다.

• 중공의 가공물을 연삭할 때 편리하다(중공(中空) : 속이 빈 축).

• 연삭 여유가 작아도 된다.

• 가늘고 긴 가공물의 연삭에 적합하다.

• 긴 홈이 있는 가공물의 연삭은 불가능하다.

• 대형이나 중량물의 연삭은 불가능하다.

• 연속가공이 가능하며 대량 생산에 적합하다.

• 자생작용이 있다.

30 다음은 연삭숫돌의 표시법이다. 각 항에 대한 설명 중 틀린 것은?

> WA 46 H 8 V

① WA : 연삭숫돌입자

② 46 : 조직

③ H : 결합도

④ V : 결합제

해설

일반적인 연삭숫돌 표시 방법

WA	· 60 ·	K ·	M ·	V
연삭숫돌입자 ·	입도 ·	결합도 ·	조직 ·	결합제

• 연삭숫돌입자(WA : 백색 알루미나)

• 입도(46 : 중간 눈)

• 결합도(H : 연)

• 조직(8 : 거친 조직)

• 결합제(V : 비트리파이드)

31 선반에서 바이트의 윗면 경사각에 대한 일반적인 설명으로 틀린 것은?

① 경사각이 크면 절삭성이 양호하다.

② 단단한 피삭재는 경사각을 크게 한다.

③ 경사각이 크면 가공 표면거칠기가 양호하다.

④ 경사각이 크면 인선강도가 약해진다.

해설
경사각이 크면 절삭성이 좋아지고, 가공된 면의 표면거칠기도 좋아지지만 날 끝이 약해져서 바이트의 수명이 단축되므로, 절삭조건에 적절한 경사각으로 사용해야 한다. 단단한 피삭재는 경사각을 작게 한다.

32 줄 작업 방법에 대한 설명 중 잘못된 것은?

① 줄 작업 자세는 오른발은 75° 정도, 왼발은 30° 정도 바이스 중심을 향해 반우향한다.

② 오른손 팔꿈치를 옆구리에 밀착시키고 팔꿈치가 줄과 수평이 되게 한다.

③ 눈은 항상 가공물을 보며 작업한다.

④ 줄을 당길 때 체중을 가하여 압력을 준다.

해설
줄 작업 시 줄을 밀 때 체중을 가하여 압력을 준다.

33 다음 설명에 해당되는 공구 재료는?

> • 산화알루미늄(Al_2O_3) 분말에 규소(Si) 및 마그네슘(Mg) 등의 산화물과 그 밖에 다른 원소를 첨가하여 소결한 절삭공구이다.
> • 고온에서도 경도가 높고, 내마멸성이 좋으며, 다듬질 가공에는 적합하나 충격에는 약하다.

① 탄소 공구강

② 초경합금

③ 다이아몬드

④ 세라믹

해설
세라믹 : 산화알루미늄(Al_2O_3) 분말을 주성분으로 마그네슘, 규소 등의 산화물과 소량의 다른 원소를 첨가하여 소결한 절삭공구이다. 고온에서 경도가 높고, 내마모성이 좋아 초경합금보다 빠른 절삭속도로 절삭이 가능하다. 백색, 분홍색, 회색, 흑색 등이 있으며 초경합금보다 가볍다.

34 일반적으로 절삭온도를 측정하는 방법이 아닌 것은?

① 칩의 색깔에 의한 방법

② 열전대에 의한 방법

③ 칼로리미터에 의한 방법

④ 방사능에 의한 방법

해설
절삭온도 측정법
• 칩의 색깔에 의한 방법
• 칼로리미터에 의한 방법
• 공구에 열전대를 삽입하는 방법
• 시온 도료를 사용하는 방법
• 공구와 일감을 열전대로 사용하는 방법
• 복사 고온계에 의한 방법

35 시준기와 망원경을 조합한 것으로 미소 각도를 측정하는 광학적 측정기는?

① 오토 콜리메이터
② 사인바
③ 콤비네이션 세트
④ 측장기

해설
오토 콜리메이터 : 시준기와 망원경을 조합한 것으로 미소 각도를 측정하는 광학적 측정기로서 평면경 프리즘 등을 이용한 정밀 정반의 평면도, 마이크로미터의 측정면 직각도, 평행도, 공작기계 안내면의 진직도, 직각도, 안내면의 평행도, 그 밖에 작은 각도의 변화 차이 및 흔들림 등의 측정에 사용된다.
각도측정 : 사인바, 오토 콜리메이터, 콤비네이션 세트 등

36 밀링 작업에서 분할법 종류가 아닌 것은?

① 직접 분할법
② 간접 분할법
③ 단식 분할법
④ 차동 분할법

해설
분할 가공 방법
• 직접 분할법 : 분할대 주축 앞면에 있는 24구멍의 직접 분할판을 이용하여 단순 분할(24의 약수, 즉 24, 12, 8, 6, 4, 3, 2등분 가능)
• 단식 분할법 : 직접 분할법으로 불가능하거나 분할이 정밀해야 할 경우(2~60 사이의 모든 정수, 60~120 사이의 2와 5의 배수 등)
• 차동 분할법 : 직접, 단식 분할법으로 분할할 수 없는 분할(단식 분할법으로 분할할 수 없는 61 이상의 소수나 특수한 수의 분할을 2종 운동의 복합운동으로 분할하는 방법이다. 127은 차동 분할법으로 분할 가능)

37 밀링머신에서 절삭량 Q[cm³/min]를 나타내는 식은?(단, 절삭폭 : b[mm], 절삭깊이 : t[mm], 이송 : f[mm/min])

① $Q = \dfrac{b \times t \times f}{10}$ 　② $Q = \dfrac{b \times t \times f}{100}$

③ $Q = \dfrac{b \times t \times f}{1,000}$ 　④ $Q = \dfrac{b \times t \times f}{10,000}$

해설
절삭량$(Q) = \dfrac{b \times t \times f}{1,000}$ cm³/min

38 선반에서 주축을 중공축으로 제작하는 가장 큰 이유는?

① 가공물을 지지하여 정밀한 회전을 얻기 위함
② 무게를 감소시키고 긴 재료를 가공하기 위함
③ 축에 작용하는 절삭력을 충분히 분산하기 위함
④ 나사식, 플랜지식 등의 척을 쉽게 조립하기 위함

해설
선반에서 주축을 중공축으로 제작하는 가장 큰 이유는 무게를 감소시키고 긴 재료를 가공하기 위함이다.
주축을 중공축으로 하는 이유
• 굽힘과 비틀림 응력에 강하다.
• 중량이 감소되어 베어링에 작용하는 하중을 줄여 준다.
• 긴 가공물(재료) 고정이 편리하다.
• 센터를 쉽게 분리할 수 있다.
※ 중공(中空) : 속이 빈 축

39 밀링 머신의 부속품에 해당하는 것은?

① 면 판
② 방진구
③ 맨드릴
④ 분할대

• 밀링 머신 부속품 : 분할대, 바이스, 분할대, 회전 테이블, 슬로팅 장치 등
• 선반 부속품 : 방진구, 맨드릴, 센터, 면판, 돌림판과 돌리개, 척 등

40 공구가 회전운동과 직선운동을 함께하면서 절삭하는 공작기계는?

① 선 반
② 셰이퍼
③ 브로칭 머신
④ 드릴링 머신

드릴링 머신 : 공구가 회전운동과 직선운동을 함께하면서 절삭
공구와 공작물의 상대운동 관계

종 류	상대 절삭운동	
	공작물	공 구
밀링작업	고정하고 이송	회전운동
연삭작업	회전, 고정하고 이송	회전운동
선반작업	회전운동	직선운동
드릴작업	고 정	회전운동

41 공작기계가 갖추어야 할 구비조건으로 틀린 것은?

① 높은 정밀도를 가질 것
② 가공능력이 클 것
③ 내구력이 작을 것
④ 기계효율이 좋을 것

공작기계의 구비조건 및 특징
• 높은 정밀도를 가질 것
• 가공능력이 클 것
• 내구력이 크며 사용이 간편할 것
• 가격이 싸고 운전비용이 저렴할 것

42 선반에서 공작물의 편심 가공과 불규칙한 모양의 공작물을 고정하는 데 편리한 척(Chuck)은?

① 단동 척
② 연동 척
③ 콜릿 척
④ 유압 척

선반에서 공작물의 편심 가공과 불규칙한 모양의 공작물을 고정하
는 데는 단동 척을 사용한다.
① 단동 척 : 4개의 조가 90° 간격으로 구성 배치되어 있으며,
불규칙한 가공물 고정, 편심가공
② 연동 척 : 3개의 조가 120° 간격으로 구성 배치되어 있으며,
규칙적인 모양 고정
③ 콜릿 척 : 지름이 작은 가공물이나 각 봉재를 가공할 때 편리함
④ 유압 척 : 조의 이동, 즉 가공물의 고정 및 해체 시 유압을
이용하는 척

43 CNC 공작기계의 안전에 관한 사항으로 틀린 것은?

① MDI로 프로그램을 입력할 때 입력이 끝나면 반드시 확인하여야 한다.

② 강전반 및 CNC 장치는 압축 공기를 사용하여 항상 깨끗이 청소한다.

③ 강전반 및 CNC 장치는 어떠한 충격도 주지 말아야 한다.

④ 항상 비상 정지 버튼을 누를 수 있는 마음가짐으로 작업한다.

해설
강전반 및 CNC장치는 압축 공기를 사용하여 청소하지 않는다.

44 CNC 선반 프로그램에서 원호 보간에 사용하는 좌표어 I, K는 무엇을 뜻하는가?

① 원호 끝점이 위치

② 원호 시작점의 위치

③ 원호의 시작점에서 끝점까지의 벡터량

④ 원호의 시작점에서 중심점까지의 벡터량

해설
CNC 선반 프로그램에서 원호 보간에 사용하는 좌표어 I, K는 원호 시작점에서 중심까지의 벡터량이다.

```
G02(G03) X(U)__ Z(W)__ I__ K__ F__;
```

• I, K : 원호 시작점에서 중심까지의 벡터량
• F : 이송속도
• G02(시계방향/CW), G03(반시계방향/CCW)

45 지름값으로 지령하는 CNC 선반에서 X축을 0.004 mm로 보정하고, X60.을 지령하여 가공하였더니 59.94mm이었다. 보정값을 얼마로 수정해야 하는가?

① 0.056   ② 0.06

③ 0.064   ④ 0.0064

해설
측정값과 지령값의 오차 = 59.94 − 60 = −0.06(0.06만큼 작게 가공됨)
그러므로 공구를 X의 +방향으로 0.06만큼 이동하는 보정을 하여야 한다.
• 공구 보정값 = 기존의 보정값 + 더해야 할 보정값
$$= 0.004 + 0.06$$
$$= 0.064$$

46 CNC 선반 프로그래밍에서 G99에 설명으로 맞는 것은?

① G99는 분당 회전(rev/min)을 의미한다.

② G99는 회전당 분(min/rev)을 의미한다.

③ G99는 회전당 이송거리(mm/rev)를 의미한다.

④ G99는 이송거리당 회전(rev/mm)을 의미한다.

해설
• G99 : 회전당 이송 지정(mm/rev)
• G98 : 분당 이송 지정(mm/min)

47 그림과 같이 이동하는 머시닝센터 프로그램에서 증분방식으로 지령할 경우 올바른 지령은?

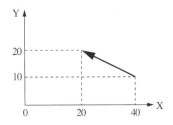

① G00 G90 X20. Y20. ;
② G00 G90 X-20. Y10. ;
③ G00 G91 X-20. Y10. ;
④ G00 G91 X20. Y20. ;

해설
• 증분지령(G91) : G00 G91 X-20. Y10. ;
• 절대지령(G90) : G00 G90 X20. Y20. ;

48 CNC 선반 프로그래밍에서 복합형 고정 사이클에 대한 일반적인 설명으로 틀린 것은?

① 복합형 고정 사이클의 구역 안(P부터 Q 블록까지)에 명령된 F, S, T는 막깎기 사이클 실행 중에는 무시되고 다듬질 사이클에서만 실행된다.
② 고정 사이클 실행 도중에 보조프로그램(Sub-program) 명령을 할 수 있다.
③ 고정 사이클 명령의 마지막 블록에는 자동 면취 및 코너 R 명령을 사용할 수 없다.
④ G71, G7는 막깎기 사이클이지만, 다듬질 여유를 (U0, W0)로 명령하면 완성치수로 가공할 수 있다.

해설
고정 사이클 실행 도중에 보조프로그램 명령을 할 수 없다.

49 CNC 공작기계가 한 번의 동작을 하는 데 필요한 정보가 담긴 지령 단위는?

① 어드레스(Address)
② 데이터(Data)
③ 블록(Block)
④ 프로그램(Program)

해설
블록(Block) : 한 개의 지령단위를 블록이라 하며 각각의 블록은 기계가 한 번의 동작을 한다.

50 CNC 공작기계가 자동 운전 도중에 갑자기 멈추었을 때의 조치사항으로 잘못된 것은?

① 비상 정지 버튼을 누른 후 원인을 찾는다.
② 프로그램의 이상 유무를 하나씩 확인하여 원인을 찾는다.
③ 강제로 모터를 구동시켜 프로그램을 실행시킨다.
④ 화면상의 경보(Alarm) 내용을 확인한 후 원인을 찾는다.

해설
모터를 강제로 구동시키지 않는다.

51 CNC 공작기계에서 이용되고 있는 서보기구의 제어 방식이 아닌 것은?

① 개방회로 방식
② 반개방회로 방식
③ 폐쇄회로 방식
④ 반폐쇄회로 방식

해설
CNC의 서보기구를 위치 검출방식 ★ 자주 출제되니 반드시 암기
• 반폐쇄회로 방식(Semi-closed Loop System) : 모터에 내장된 태코제너레이터에서 속도를 검출하고, 인코더에서 위치를 검출하여 피드백하는 제어방식으로 최근에는 높은 정밀도의 볼스크루가 개발되었기 때문에 정밀도를 충분히 해결할 수 있으므로 일반 CNC 공작기계에 가장 많이 사용된다.
• 개방회로 방식 : 피드백 장치 없이 스테핑 모터를 사용한 방식으로 실용화되었으나, 피드백 장치가 없기 때문에 가공 정밀도에 문제가 있어 현재는 거의 사용되지 않는다.
• 폐쇄회로 방식 : 모터에 내장된 태코제너레이터에서 속도를 검출하고, 기계의 테이블에 부착한 스케일에서 위치를 검출(로터리 인코더)하여 피드백시키는 방식이다.
• 복합회로(하이브리드) 방식 : 반폐쇄회로 방식과 폐쇄회로 방식을 결합하여 고정밀도로 제어하는 방식으로, 가격이 고가이므로 고정밀도를 요구하는 기계에 사용된다.

52 CNC 공작기계의 운전 시 일상 점검사항이 아닌 것은?

① 공구의 파손이나 마모상태 확인
② 가공할 재료의 성분분석
③ 공기압이나 유압상태 확인
④ 각종 계기의 상태 확인

해설
재료의 성분분석은 일상 점검사항이 아니다.

53 CNC 선반에서 나사 절삭 사이클을 이용하여 그림과 같은 나사를 가공하려고 한다. ( )에 알맞은 것은?

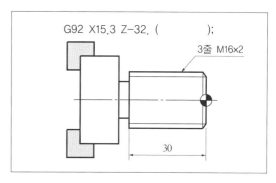

G92 X15.3 Z-32. ( );
3줄 M16×2
30

① F1.6
② F2.0
③ F4.0
④ F6.0

해설
( )은 F값으로 나사의 리드로 도면을 보고 계산하면 (리드 = 피치 × 줄수 = 2 × 3 = 6 → F6.0) 즉, F6.0이다.
단일고정형 나사절삭 사이클(G92)
• G92 X(U)__ Z(W)__ F_; → 평행나사
• G92 X(U)__ Z(W)__ I_ F_; (11T의 경우) → 테이퍼 나사
• G92 X(U)__ Z(W)__ R_ F_; (11T 아닌 경우) → 테이퍼 나사
여기서, X(U) : 절삭 시 나사 끝지점 X좌표(지름지령), 사이클 시작점
　　　　 Z(W) : 절삭 시 나사 끝지점의 Z좌표, 사이클 시작점
　　　　 F : 나사의 리드
　　　　 I 또는 R : 테이퍼나사 절삭 시 X축 기울기 양

54 보조기능을 프로그램을 제어하는 보조기능과 기계 보조 장치를 제어하는 보조기능으로 나눌 때 프로그램을 제어하는 보조기능은?

① M03　　　　　② M05
③ M08　　　　　④ M30

M코드 ★ 반드시 암기(자주 출제)

M코드	기 능	M코드	기 능
M00	프로그램 정지	M08	절삭유 ON
M01	프로그램 선택 정지	M09	절삭유 OFF
M02	프로그램 끝	M30	프로그램 끝 & 리셋
M03	주축 정회전	M98	보조프로그램 호출
M04	주축 역회전	M99	보조프로그램 종료
M05	주축 정지		

55 머시닝센터에서 테이블에 고정된 공작물의 높이를 측정하고자 할 때 가장 적당한 것은?

① 다이얼 게이지
② 한계 게이지
③ 하이트 게이지
④ 사인바

하이트 게이지(Height Gauge)
• 대형 부품, 복잡한 모양의 부품 등을 정반 위에 올려 놓고 정반면을 기준으로 하여 높이를 측정하거나 스크라이버 끝으로 금긋기 작업을 하는 데 사용한다.
• 기본 구조는 스케일과 베이스 및 서피스 게이지를 한데 묶은 구조이다.
• HM형, HB형, HT형의 3종류가 대표적이다.

56 사업장에서 사업주가 지켜야 할 질병 예방 대책이 아닌 것은?

① 건강에 관한 정기 교육을 실시한다.
② 근로자의 건강진단을 빠짐없이 실시한다.
③ 사업장 환경 개선을 통한 쾌적한 작업환경을 조성한다.
④ 작업복을 청결히 하는 등 개인위생을 철저히 지킨다.

작업복을 청결히 하고 개인위생은 작업자 본인이 지켜야 할 일이다.

57 CNC 프로그램에서 공구 길이 보정과 관계없는 준비기능은?

① G42　　　　　② G43
③ G44　　　　　④ G49

① G42는 공구 인선 반지름 우측 보정으로 공구 길이 보정과 관계가 없다.
② G43 : 공구 길이 보정(+)
③ G44 : 공구 길이 보정(-)
④ G49 : 공구 길이 보정 취소

58 CNC 선반 프로그램에서 나사가공 준비기능이 아닌 것은?

① G32   ② G42

③ G76   ④ G92

> **해설**
> ② G42 : 공구 인선 반지름 보정 우측
> ① G32 : 나사절삭
> ③ G76 : 나사 절삭 사이클
> ④ G92 : 나사 절삭 사이클

59 다음 CNC 프로그램의 N005 블록에서 주축 회전수는?

```
N001 G50 X150. Z150. S2000 T0100;
N002 G96 S200 M03;
N003 G00 X-2.;
N004 G01 Z0;
N005 X30.;
```

① 200rpm

② 212rpm

③ 2,000rpm

④ 2,123rpm

> **해설**
> • N002 G96 S200 M03; → 절삭속도 200m/min으로 일정제어, 정회전
> • N005 X30.; → 공작물지름(∅30mm)
> • 주축회전수 $N = \dfrac{1,000\,V}{\pi D} = \dfrac{1,000 \times 200\text{m/min}}{\pi \times 30\text{mm}} = 2,123\text{rpm}$
> ∴ $N = 2,123\text{rpm}$
> • N001 G50 X150. Z150. S2000 T0100; → G50 주축 최고 회전수를 2,000rpm으로 제한하였기 때문에 N005블록에서 회전수는 계산된 2,123rpm이 아니라 2,000rpm이 된다.

60 CNC 프로그램에서 G96 S200 M03; 지령에서 S200이 뜻하는 것은?

① 1분당 공구의 이송량이 200mm로 일정제어된다.
② 1회전당 공구의 이송량이 200mm로 일정제어된다.
③ 주축의 원주속도가 200m/min로 일정제어된다.
④ 주축 회전수가 200rpm으로 일정제어된다.

> **해설**
> • G96 : 절삭속도(m/min) 일정제어
> • G96 S200 M03; → 주축의 원주속도가 200m/min으로 정회전하며 일정하게 제어

01 열처리 방법 및 목적이 잘못된 것은?

① 노멀라이징 : 소재를 일정 온도에서 가열 후 공랭시켜 표준화한다.

② 풀림 : 재질을 단단하고 균일하게 한다.

③ 담금질 : 급랭시켜 재질을 경화시킨다.

④ 뜨임 : 담금질된 것에 인성(Toughness)을 부여한다.

해설

② 풀림 : 재료를 연하게 하거나 내부응력을 제거할 목적으로, 강을 오스테나이트 조직이 될 때까지 가열한 후 노나 재 속에서 서서히 냉각시키는 조작

① 노멀라이징(불림) : 재료의 내부응력 제거 및 균일한 결정조직을 얻기 위해 높은 온도로 가열시켜 균일한 오스테나이트 조직으로 한 후 공기 중에서 냉각시키는 조작

③ 담금질 : 재료를 단단하게 할 목적으로, 강을 오스테나이트 조직이 될 때까지 가열한 후 물이나 기름에 급랭시켜 재질을 경화시키는 조작

④ 뜨임 : 재질에 적당한 인성을 부여하기 위해 담금질 온도보다 낮은 온도에서 일정시간 유지 후 냉각시키는 조작

열처리	목 적	냉각방법
담금질	경도와 강도를 증가	급랭(유랭)
풀 림	재질의 연화	노 랭
불 림	결정 조직의 균일화(표준화)	공 랭

02 다음 그림과 같은 스프링 조합에서 스프링 상수는 몇 kgf/cm인가?(단, 스프링 상수 $k_1 = 50$kgf/cm, $k_2 = 50$kgf/cm, $k_3 = 100$kgf/cm이다)

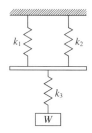

① 300　　　　② 200

③ 150　　　　④ 50

해설

병렬과 직렬이 조합된 스프링에 관한 문제이다. k_1과 k_2는 병렬연결이며 이 병렬과 k_3는 직렬로 조합되어 있다.

• 병렬연결 $k_{병렬} = k_1 + k_2$ ·········

• 직렬연결 $k_{직렬} = \dfrac{1}{k_1} + \dfrac{1}{k_2}$ ·········

• $k_{병렬} = k_1 + k_2 = 50\text{kgf/cm} + 50\text{kgf/cm} = 100\text{kgf/cm} \rightarrow$ 우선 k_1과 k_2의 병렬연결 계산

• $\dfrac{1}{k_{조합}} = \dfrac{1}{k_{병렬}} + \dfrac{1}{k_3} = \dfrac{1}{100\text{kgf/cm}} + \dfrac{1}{100\text{kgf/cm}}$

$= \dfrac{2}{100\text{kgf/cm}} \rightarrow \therefore k_{조합} = 50\text{kgf/cm}$

(위쪽 병렬연결 스프링 상수 $k_{병렬}$과 k_3의 직렬연결 계산)

03 우드러프 키라고도 하며, 일반적으로 60mm 이하의 작은 축에 사용되고, 특히 테이퍼 축에 편리한 키는?

① 원뿔 키   ② 성크 키

③ 반달 키   ④ 평 키

해설

반달 키(Woodruff Key) : 반월상의 키로서 축의 홈이 깊게 되어 축의 강도가 약해진다. 그러나 축과 키 홈의 가공이 쉽고, 키가 자동적으로 축과 보스 사이에 자리를 잡을 수 있어 자동차, 공작기계 등의 60mm 이하의 작은 축이나 테이퍼 축에 사용된다.

키(Key)의 종류

키	정 의	그 림	비 고
새들 키 (안장 키)	축에는 키 홈을 가공하지 않고 보스에만 테이퍼진 키 홈을 만들어 때려 박는다.		축의 강도 저하가 없다.
원뿔 키	축과 보스의 사이 2~3곳에 축 방향으로 쪼갠 원뿔을 때려 박아 고정시킨다.		-
반달 키	축에 반달 모양의 홈을 만들어 반달 모양으로 가공된 키를 끼운다.		축의 강도 약함
스플라인	축에 여러 개의 같은 키 홈을 파서 여기에 맞는 한 짝의 보스 부분을 만들어 서로 잘 미끄러져 운동할 수 있게 한 것		키보다 큰 토크 전달

※ 묻힘(Sunk) 키 : 축과 보스의 양쪽에 모두 키 홈을 가공

04 다이캐스팅 합금으로 요구되는 성질이 아닌 것은?

① 유동성이 좋을 것

② 금형에 대한 정착성이 좋을 것

③ 응고 수축에 대한 용탕 보급성이 좋을 것

④ 열간취성이 작을 것

해설

다이캐스팅 합금에 요구되는 성질
• 유동성이 좋을 것
• 열간메짐이 작을 것
• 응고 수축에 대한 용탕 보충이 잘될 것
• 금형에서 잘 떨어질 수 있을 것

05 다음은 어떤 경도시험을 설명한 것인가?

• 처음에는 일정한 기준 하중을 주어 시험편을 압입한다.
• 기준 하중과 시험 하중의 압입 자국의 깊이차로 경도값을 얻는다.
• 일반적으로 B스케일과 C스케일을 가장 많이 사용한다.

① 브리넬 경도시험   ② 로크웰 경도시험

③ 쇼어 경도시험   ④ 비커스 경도시험

해설

로크웰 경도(HRB/HRC)시험 : 처음에 일정한 기준 하중을 주어 시험편을 압입하고, 여기에 다시 시험 하중을 가하면 시험편이 압입자의 모양으로 변형을 일으킨다. 이때 시험 하중을 제거하여 처음의 기준 하중으로 하였을 때, 기준 하중과 시험 하중으로 인하여 생긴 자국의 깊이 차로부터 얻은 수치값으로 경도를 나타낸다.

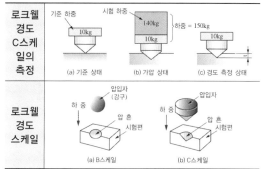

06 주철의 성장원인 중 틀린 것은?

① 펄라이트 조직 중 Fe₃C 분해에 따른 흑연화
② 페라이트 조직 중 Si의 산화
③ A₁ 변태의 반복과정에서 오는 체적 변화에 기인되는 미세한 균열 발생
④ 흡수된 가스 팽창에 따른 부피 감소

해설

주철의 성장원인
• 시멘타이트(Fe_3C)의 흑연화에 의한 팽창
• 페라이트 중에 고용되어 있는 규소(Si)의 산화에 의한 팽창
• A₁ 변태점(723℃) 이상의 온도에서 부피 변화로 인한 팽창
• 불균일한 가열로 생기는 균열에 의한 팽창
• 흡수한 가스에 의한 팽창(부피 증가)

07 황동의 연신율이 가장 클 때 아연(Zn) 함유량은 몇 % 정도인가?

① 30   ② 40
③ 50   ④ 60

해설

• 7-3황동 : 연신율이 가장 크다(Cu-70%, Zn-30%).
• 6-4황동 : 아연(Zn)이 많을수록 인장강도가 증가한다. 아연(Zn) 45%일 때 인장강도가 가장 크다.

황동의 기계적 성질

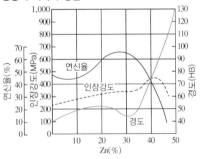

08 충격시험으로 알 수 있는 재료의 기계적 성질로 가장 적합한 것은?

① 취 성   ② 비례한도
③ 경 도   ④ 단면 수축률

해설

충격시험
충격력에 대한 재료의 저항력을 알아보는 시험으로, 재료의 인성이나 취성을 알 수 있다. 금속재료에 충격적인 힘이 작용하였을 때 잘 파괴되지 않는 질긴 성질을 인성이라고 하고, 파괴되기 쉬운 여린 성질을 취성이라고 한다.

충격시험 방법
• 샤르피 충격시험
• 아이조드 충격시험

09 불꽃시험을 통하여 일반적으로 알 수 있는 것은?

① 금속의 내부 균열   ② 파단면의 상태
③ 금속재료의 종류   ④ 결정입자의 크기

해설

불꽃시험 방법은 강재에서 발생하는 불꽃의 색깔과 모양에 의하여 금속재료의 종류를 판정하는 방법이다. 생산현장에서 철강재를 감별할 때 많이 사용하고 있으며, 그라인더 불꽃시험 방법과 분말 불꽃시험 방법이 있다.

탄소강의 불꽃 명칭

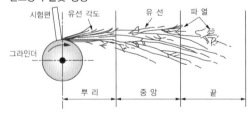

10 절삭공구류에서 초경합금의 특성이 아닌 것은?

① 경도가 높다.

② 마모성이 좋다.

③ 압축강도가 높다.

④ 고온경도가 양호하다.

11 인장응력을 구하는 식으로 옳은 것은?(단, A 는 단면적, W 는 인장하중이다)

① $A \times W$

② $A + W$

③ A / W

④ W / A

12 다음 그림과 같이 절단면에 색칠한 것을 무엇이라고 하는가?

① 해 칭

② 단 면

③ 투 상

④ 스머징

13 머시닝센터에서 M10×1.5 탭가공을 하기 위한 다음 프로그램에서 이송속도는 얼마인가?

```
G43 Z50. H03 S300 M03;
G84 G99 Z-10. R5. F;
```

① 150mm/min

② 300mm/min

③ 450mm/min

④ 600mm/min

14 둥근 축 또는 원뿔축과 보스의 둘레에 같은 간격으로 가공된 나사산 모양을 갖는 수많은 작은 삼각형의 스플라인은?

① 코 터   ② 반달 키
③ 묻힘 키   ④ 세레이션

해설
세레이션(Serration) : 스플라인축에 사용하는 홈형 단면이나 사다리꼴 단면을 삼각형 톱니 단면으로 개조한 것으로 원뿔축과 보스의 둘레에 좁은 간격으로 가공된 나사산 모양을 갖는 수많은 작은 삼각형의 스플라인이다.

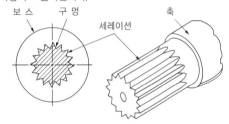

15 물체 일부분의 생략 또는 단면의 경계를 나타내는 선으로 불규칙한 파형의 가는 실선의 명칭은?

① 파단선   ② 지지선
③ 가상선   ④ 절단선

해설
파단선 : 물체의 일부분 생략 또는 단면의 경계를 나타내는 선으로 불규칙한 파형의 가는 실선으로 나타낸다.
용도에 따른 선의 종류

명 칭	선의 종류	선의 용도
외형선	굵은 실선	대상물이 보이는 부분의 모양을 표시하는 데 사용한다.
치수선		치수를 기입하기 위하여 사용한다.
치수보조선	가는 실선	치수를 기입하기 위하여 도형으로부터 끌어내는 데 사용한다.
지시선		기술, 기호 등을 표시하기 위하여 끌어내는 데 사용한다.
숨은선	가는 파선	대상물의 보이지 않는 부분의 모양을 표시하는 데 사용한다.
중심선	가는 1점쇄선	도형의 중심 표시와 중심이 이동한 중심 궤적을 표시하는 데 사용한다.
특수 지정선	굵은 1점쇄선	특수한 가공을 하는 부분 등 특별한 요구 사항을 적용할 수 있는 범위를 표시하는 데 사용한다.

16 다음 그림의 도면은 제3각법으로 그려진 평면도와 우측면도이다. 누락된 정면도로 가장 적합한 것은?

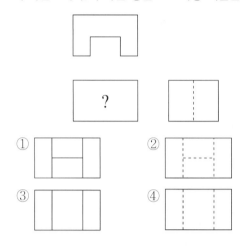

17 너트의 풀림 방지를 위해 주로 사용하는 핀은?

① 테이퍼 핀   ② 스프링 핀
③ 평행 핀   ④ 분할 핀

해설
분할 핀 : 한쪽 끝이 두 가닥으로 갈라진 핀으로, 나사 및 너트의 이완을 방지하거나 축에 끼워진 부품이 빠지는 것을 막고, 핀을 때려 넣은 뒤 끝을 굽혀서 늦춰지는 것을 방지하는 핀이다.
• 분할 핀 호칭지름은 분할 핀 구멍의 지름이다.
• 분할 핀을 사용한 너트의 풀림 방지

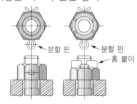

18 나사의 리드가 피치의 2배이면 몇 줄 나사인가?

① 1줄 나사　　　　② 2줄 나사

③ 3줄 나사　　　　④ 4줄 나사

L(리드) $= n$(줄수)$\times p$(피치)에서 나사의 리드가 피치의 2배이면, 줄수가 2로 2줄 나사이다. 예를 들어, p(피치)가 2일 때 나사의 리드가 2배인 4이므로, 줄수는 2로 2줄 나사이다.

$L = n \times p \rightarrow 4 = 2 \times 2$

※ 나사의 리드 : 나사 1회전했을 때 나사가 진행한 거리

19 레이디얼 엔드 저널 베어링에서 저널의 지름이 d (mm)이고, 레이디얼 하중이 W(N)일 때 저널의 깊이 l(mm)를 구하는 식으로 옳은 것은?(단, 베어링 압력은 p(N/mm^2)이다)

① $l = \dfrac{pd}{2W}$　　　　② $l = \dfrac{pd}{W}$

③ $l = \dfrac{2W}{pd}$　　　　④ $l = \dfrac{W}{pd}$

• 레이디얼 엔드 저널 베어링에서 저널의 길이를 구하는 식은 $l = \dfrac{W}{pd}$ 이다.

• 다음 그림과 같이 엔드 저널에 작용하는 하중 W가 저널면에 작용하는 압력을 p라고 하면, 하중 W가 작용할 때 압력 p는 저널의 투상면적에 일정하므로

$p = \dfrac{W}{dl}$ (N/mm^2) $\rightarrow l = \dfrac{W}{pd}$

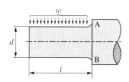 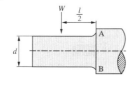

20 다음 끼워맞춤에 관계된 치수 중 헐거운 끼워맞춤을 나타낸 것은?

① $\phi 45$　H7/p6　　　② $\phi 45$　H7/js6

③ $\phi 45$　H7/m6　　　④ $\phi 45$　H7/g6

④ $\phi 45$ H7/g6 → 구멍 기준식 헐거운 끼워맞춤
① $\phi 45$ H7/p6 → 구멍 기준식 억지 끼워맞춤
② $\phi 45$ H7/js6 → 구멍 기준식 중간 끼워맞춤
③ $\phi 45$ H7/m6 → 구멍 기준식 중간 끼워맞춤

상용하는 구멍 기준식 끼워맞춤

기준 구멍	축의 공차역 클래스																					
	헐거운 끼워맞춤						중간 끼워맞춤				억지 끼워맞춤							
	b	c	d	e	f	g	h	js	k	m	n	p	r	s	t	u	x
H6						g5	h5	js5	k5	m5							
					f6	g6	h6	js6	k6	m6	n6	p6					
H7					f6	g6	h6	js6	k6	m6	n6	p6	r6	s6	t6	u6	x6
				e7	f7		h7	js7									
H8					f7		h7										
				e8	f8		h8										
H9			d9	e9													
			d8	e8			h8										
H10		c9	d9	e9			h9										
	b9	c9	d9														

21 단면도의 표시방법에서 다음 그림과 같은 단면도의 명칭은?

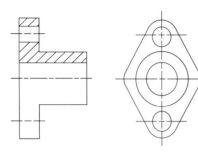

① 전단면도　　　② 한쪽 단면도
③ 부분 단면도　　④ 회전도시 단면도

해설

② 한쪽 단면도 : 상하 또는 좌우대칭인 물체의 1/4을 떼어 낸 것으로 보고 기본 중심선을 경계로 1/2은 외형, 1/2은 단면으로 동시에 나타낸다.
③ 부분단면도 : 필요한 일부분만 파단선에 의해 그 경계를 표시하여 나타낸다.
④ 회전도시 단면도 : 암, 림, 리브, 훅 등의 구조물을 90° 회전시켜 표시한다.

22 도면에서 특수한 가공(고주파 담금질 등)을 실시하는 부분을 표시할 때 사용하는 선의 종류는?

① 굵은 실선　　　② 가는 1점쇄선
③ 가는 실선　　　④ 굵은 1점쇄선

해설

굵은 1점쇄선 : 도면에서 특수한 가공(고주파 담금질, 열처리 등)을 실시하는 부분을 표시할 때 사용하는 선이다.
※ 15번 해설 참고

23 선반을 구성하는 4대 주요부로 짝지어진 것은?

① 주축대, 심압대, 왕복대, 베드
② 회전센터, 면판, 심압축, 정지센터
③ 복식공구대, 공구대, 새들, 에이프런
④ 리드스크루, 이송축, 기어상자, 다리

해설

선반을 구성하고 있는 주요 구성 부분 : 주축대, 왕복대, 심압대, 베드

24 실제 길이가 50mm인 것을 1 : 2로 축적하여 그린 도면에서 치수 기입은 얼마로 해야 하는가?

① 25　　　　　② 50
③ 100　　　　④ 150

해설

도면에 기입하는 치수는 척도에 관계없이 모두 실제 치수를 기입한다(실제 길이 50mm).

25 표면의 결 도시기호에서 가공에 의한 컷의 줄무늬가 기호를 기입한 면의 중심에 대하여 거의 동심원 모양이 될 때 사용하는 기호는?

① M ② C

③ R ④ X

해설

줄무늬 방향 기호

기 호	기호의 뜻	설명 그림과 도면 기입 보기
=	가공에 의한 커터의 줄무늬 방향이 기호를 기입한 그림의 투상면에 평행 [보기] 셰이핑면	커터의 줄무늬 방향
⊥	가공에 의한 커터의 줄무늬 방향이 기호를 기입한 그림의 투상면에 직각 [보기] 셰이핑면(옆으로부터 보는 상태) 선삭, 원통 연삭면	커터의 줄무늬 방향
X	가공에 의한 커터의 줄무늬 방향이 기호를 기입한 그림의 투상면에 경사지고 두 방향으로 교차 [보기] 호닝 다듬질면	커터의 줄무늬 방향
M	가공에 의한 커터의 줄무늬 방향이 여러 방향으로 교차 또는 무방향 [보기] 래핑 다듬질면, 슈퍼피니싱면, 가로 이송을 한 정면 밀링, 또는 엔드밀 절삭면	M
C	가공에 의한 커터의 줄무늬가 기호를 기입한 면의 중심에 대하여 대략 동심원 모양 [보기] 끝면 절삭면	C
R	가공에 의한 커터의 줄무늬 방향이 기호를 기입한 면의 중심에 대하여 대략 레이디얼 모양	R

26 탭의 파손원인으로 관계가 먼 것은?

① 탭이 경사지게 들어간 경우

② 막힌 구멍의 밑바닥에 탭의 선단이 닿았을 경우

③ 나사 구멍이 너무 크게 가공된 경우

④ 탭의 지름에 적합한 핸들을 사용하지 않는 경우

해설

나사 구멍이 너무 크게 가공된 경우는 탭의 파손원인과 관계없다.

탭의 파손원인

• 구멍이 너무 작거나 구부러진 경우

• 탭이 경사지게 들어간 경우

• 탭의 지름에 적합한 핸들을 사용하지 않는 경우

• 너무 무리하게 힘을 가하거나 빠르게 절삭할 경우

• 막힌 구멍의 밑바닥에 탭 선단이 닿았을 경우

※ 탭 가공할 때 드릴의 지름

$d = D - p(D : 수나사 지름, p : 나사 피치)$

27 물체의 모서리를 비스듬히 잘라내는 것을 모따기라 한다. 모따기의 각도가 45°일 때 치수 앞에 넣는 모따기 기호는?

① D ② C

③ R ④ ϕ

해설

기 호	구 분	기 호	구 분
ϕ	지 름	□	정사각형
$S\phi$	구의 지름	C	45° 모따기
R	반지름	t	두 께
SR	구의 반지름	p	피 치

28 일반적으로 선반의 크기 표시방법으로 사용하지
않는 것은?

① 베드(Bed)상의 최대 스윙(Swing)

② 왕복대상의 스윙

③ 베드의 중량

④ 양 센터 사이의 최대 거리

해설

베드의 중량은 일반적인 선반의 크기 표시방법으로 사용하지
않는다.

보통선반의 크기 나타내는 방법

• A : 양 센터 사이의 최대 거리(가공할 수 있는 공작물의 최대
  길이)

• B : 베드(Bed)상의 최대 스윙(Swing)

• C : 왕복대 위의 높이 스윙

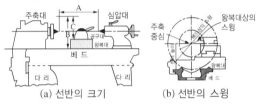

(a) 선반의 크기   (b) 선반의 스윙

29 절삭가공을 할 때 열이 발생하는 이유와 가장 관계
가 적은 것은?

① 칩과 공구의 경사면이 마찰할 때

② 공구의 여유면을 따라 칩이 일어날 때

③ 전단면에서 전단 소성 변형이 일어날 때

④ 공구 여유면과 공작물 표면이 마찰할 때

해설

공구의 여유면을 따라 칩이 일어나는 것은 열이 발생하는 이유와
관계가 적다.

절삭열의 발생원인과 분포

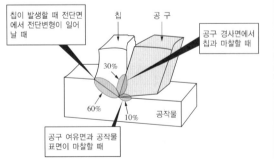

30 다음 설명과 그림이 나타내는 볼트의 종류는?

관통시킬 수 없는 경우 한쪽에만 구멍을 뚫고 다른 한쪽에는 중간 정도까지만 구멍을 뚫은 후 탭으로 나사산을 파고 볼트를 끼우는 것	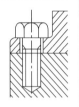

① 기초 볼트   ② 관통 볼트

③ 탭 볼트   ④ 스터드 볼트

해설

볼트의 종류	내 용	비 고
관통 볼트 (Through Bolt)	관통 볼트는 연결할 두 부분에 구멍을 뚫고 볼트를 끼운 후 반대쪽에 너트로 조이는 것이다.	
탭 볼트 (Tap Bolt)	탭 볼트는 관통을 시킬 수 없는 경우 한쪽에만 구멍을 뚫고 다른 한쪽에는 중간 정도까지만 구멍을 뚫은 후 탭으로 나사산을 파고 볼트를 끼우는 것이다.	
스터드 볼트 (Stud Bolt)	스터드 볼트는 봉의 양 끝에 나사가 절삭되어 있는 형태의 볼트이다. 자주 분해·조립하는 부분에 사용하며, 양 끝에 나사산을 파고 나사 구멍에 끼우고 연결할 부품을 관통시켜 합친 후 너트로 조인 것이다. 자동차 엔진 등에서 한쪽은 실린더 블록의 나사 구멍에 끼우고 반대쪽에는 실린더 헤드를 너트로 사용하여 체결하여 사용하는 경우도 있다.	

31 다음 도면을 보고 스퍼기어 잇수와 피치원지름으로 올바른 것은?

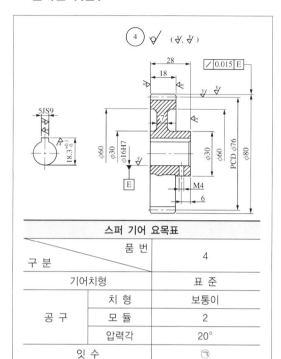

스퍼 기어 요목표		
품 번 구 분		4
기어치형		표 준
공 구	치 형	보통이
	모 듈	2
	압력각	20°
잇 수		㉠
피치원지름		㉡
다듬질방법		호브절삭
정밀도		KS B 1405, 5급

    ㉠   ㉡
① 30 $\phi60$
② 40 $\phi80$
③ 30 $\phi76$
④ 38 $\phi76$

해설
• 도면에서 피치원지름은 PCD $\phi76$이다.
• $m(모듈) = \dfrac{D(피치원지름)}{Z(잇수)}$

   $Z(잇수) = \dfrac{D}{m} = \dfrac{76}{2} = 38$

   ∴ $Z(잇수) = 38$

32 손 다듬질 가공에서 수나사는 무엇으로 가공하는가?

① 탭   ② 스크레이퍼
③ 다이스   ④ 리 머

해설
• 탭 : 암나사 가공
• 다이스 : 수나사 가공

33 절삭온도를 측정하는 방법에 해당하지 않는 것은?

① 칩의 색깔에 의한 방법
② 열전대에 의한 방법
③ 칼로리미터에 의한 방법
④ 초음파 탐지에 의한 방법

해설
절삭온도 측정법
• 칩의 색깔에 의한 방법
• 칼로리미터에 의한 방법
• 공구에 열전대를 삽입하는 방법
• 시온 도료를 사용하는 방법
• 공구와 일감을 열전대로 사용하는 방법
• 복사고온계에 의한 방법

34 절삭공구에서 구성인선의 방지대책이 아닌 것은?

① 절삭 깊이를 크게 한다.

② 경사각을 크게 한다.

③ 윤활성이 좋은 절삭유제를 사용한다.

④ 절삭속도를 크게 한다.

해설

구성인선 방지대책

• 절삭 깊이를 작게 할 것

• 경사각을 크게 할 것

• 절삭공구의 인선을 예리하게(날카롭게) 할 것

• 윤활성이 좋은 절삭유제를 사용할 것

• 절삭속도를 크게 할 것

35 선반에서 다음 그림과 같은 가공물의 테이퍼를 가공하려고 한다. 심압대의 편위량(e)은 몇 mm인가?(단, D=35mm, d=25mm, L=400mm, l=200mm)

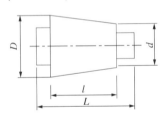

① 5 　　　　　② 10

③ 20 　　　　　④ 40

해설

심압대를 편위시키는 방법(테이퍼가 작고 길이가 긴 경우에 사용하는 방법)

• 심압대 편위량 구하는 계산식

$$e = \frac{(D-d) \times L}{2l} = \frac{(35-25) \times 400\text{mm}}{2 \times 200\text{mm}} = 10\text{mm}$$

∴ $e = 10$mm

　여기서, L : 가공물의 전체 길이, e : 심압대의 편위량

　　　　　D : 테이퍼의 큰 지름, d : 테이퍼의 작은 지름

　　　　　l : 테이퍼의 길이

선반에서 테이퍼를 가공하는 방법

• 복식 공구대를 경사시키는 방법

• 심압대를 편위시키는 방법

• 테이퍼 절삭장치를 이용하는 방법

• 총형 바이트를 이용하는 방법

36 밀링머신에서 절삭량 Q[cm³/min]를 나타내는 식은?(단, 절삭 폭 : b[mm], 절삭 깊이 : t[mm], 이송 : f[mm/min])

① $Q = \dfrac{b \times t \times f}{10}$

② $Q = \dfrac{b \times t \times f}{100}$

③ $Q = \dfrac{b \times t \times f}{1,000}$

④ $Q = \dfrac{b \times t \times f}{10,000}$

해설

절삭량(Q) $= \dfrac{b \times t \times f}{1,000}$[cm³/min]

37 공구가 회전운동과 직선운동을 함께하면서 절삭하는 공작기계는?

① 선 반 　　　　　② 셰이퍼

③ 브로칭 머신 　　　　　④ 드릴링 머신

해설

드릴링 머신 : 공구가 회전운동과 직선운동을 함께하면서 절삭하는 공작기계

공구와 공작물의 상대운동 관계

종 류	상대 절삭운동	
	공작물	공구
밀링작업	고정하고 이송	회전운동
연삭작업	회전, 고정하고 이송	회전운동
선반작업	회전운동	직선운동
드릴작업	고 정	회전운동

38 소선의 지름이 8mm, 스프링 전체의 평균 지름이 80mm인 압축코일 스프링이 있다. 이 스프링의 스프링 지수는?

① 10   ② 40

③ 64   ④ 72

해설

$$스프링\ 지수(C) = \frac{스프링\ 전체의\ 평균\ 지름(D)}{소선의\ 지름(d)}$$

$$= \frac{80mm}{8mm} = 10mm$$

∴ 스프링 지수$(C) = 10mm$

39 길이가 200mm인 스프링의 한 끝을 천장에 고정하고 다른 한 끝에 무게 100N의 물체를 달았더니 스프링의 길이가 240mm로 늘어났다. 스프링 상수(N/mm)는?

① 1   ② 2

③ 2.5   ④ 4

해설

$$스프링\ 상수\ K = \frac{W}{\delta} = \frac{하중}{늘어난\ 길이} = \frac{100N}{40mm} = 2.5N/mm$$

40 리베팅이 끝난 뒤에 리벳머리의 주위 또는 강판의 가장 자리를 정으로 때려 그 부분을 밀착시켜 틈을 없애는 작업은?

① 시 밍   ② 코 킹

③ 커플링   ④ 해머링

해설

• 코킹 : 리베팅에서 기밀을 유지하기 위한 작업으로 리베팅이 끝난 뒤에 리벳머리의 주위 또는 강판의 가장자리를 정으로 때려 그 부분을 밀착시켜서 틈을 없애는 작업
• 커플링 : 운전 중 두 축을 분리할 수 없는 축이음

41 선반에서 공작물의 편심가공과 불규칙한 모양의 공작물을 고정하는 데 편리한 척(Chuck)은?

① 단동 척   ② 연동 척

③ 콜릿 척   ④ 유압 척

해설

① 단동 척 : 4개의 조가 90° 간격으로 구성 배치되어 있다. 단독적으로 이동하여 공작물을 고정하며, 공작물의 바깥지름이 불규칙하거나 중심을 편심시켜 가공할 때 편리하다.
② 연동 척 : 3개의 조가 120° 간격으로 구성 배치되어 있다. 한 개의 조를 척 핸들로 이동시키면 다른 조들도 동시에 같은 거리를 방사상으로 움직이므로 원형, 정삼각형, 정육각형 등의 단면을 가진 공작물을 고정시키는 데 편리하다.
③ 콜릿 척 : 지름이 작은 가공물이나 각 봉재를 가공할 때 편리하다.
④ 유압 척 : 유압의 힘으로 조가 움직이는 척으로 별도의 유압장치가 필요하다. 유압 척은 소프트 조를 사용하기 때문에 가공 정밀도를 높일 수 있으며, 주로 수치제어 선반용으로 사용한다.

42 다음 그림과 같이 이동하는 머시닝센터 프로그램에서 증분방식으로 지령할 경우 올바른 지령은?

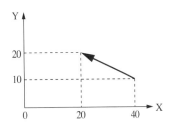

① G00 G90 X20. Y20. ;

② G00 G90 X-20. Y10. ;

③ G00 G91 X-20. Y10. ;

④ G00 G91 X20. Y20. ;

• 증분지령 → G00 G91 X-20. Y10. ;
• 절대지령 → G00 G90 X20. Y20. ;

43 다음은 CNC 프로그램에서 일반적인 명령절의 구성 순서를 나타낸 것이다. M 기능에 해당되는 것은?

```
N_ G_ X_ Z_ F_ S_ T_ M_ ;
```

① 준비기능　　　　② 보조기능

③ 이송기능　　　　④ 주축기능

• 보조기능(M) : 스핀들 모터를 비롯한 기계의 각종 기능을 수행하는 데 필요한 보조장치의 ON/OFF를 수행하는 기능
• 준비기능(G) : 제어장치의 기능을 동작하기 위한 준비를 하는 기능
• 주축기능(S) : 주축의 회전속도를 지령하는 기능
• 공구기능(T) : 공구를 선택하는 기능
• 이송기능(F) : 이송속도를 지령하는 기능

44 다음은 리벳작업을 위해 도시된 내용이다. 바르게 설명한 것은?

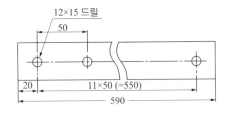

① 양 끝 20mm 띄워서 50mm의 피치로 지름 15mm의 구멍을 12개 뚫는다.

② 양 끝 20mm 띄워서 50mm의 피치로 지름 12mm의 구멍을 15개 뚫는다.

③ 양 끝 20mm 띄워서 12mm의 피치로 지름 15mm의 구멍을 50개 뚫는다.

④ 양 끝 20mm 띄워서 15mm의 피치로 지름 50mm의 구멍을 12개 뚫는다.

문제 도면의 해석 : 양 끝 20mm 띄워서 50mm의 피치로 지름 15mm의 구멍 12개를 뚫는다.

45 드릴링, 보링, 리밍 등 1차 가공한 것을 더욱 정밀하게 연삭가공하는 것으로 구멍의 진원도, 진직도 및 표면거칠기 등을 향상시키기 위한 가공법은?

① 래 핑　　　　　② 슈퍼피니싱

③ 호 닝　　　　　④ 방전가공

③ 호닝 : 혼(Hone)을 회전 및 직선 왕복운동시켜 원통 내면의 진원도, 진직도, 표면거칠기 등을 더욱 향상시키기 위한 가공방법
① 래핑 : 가공물과 랩(Lap) 사이에 랩제를 넣고 가공물에 압력을 가하면서 표면거칠기가 우수한 가공면을 얻는 가공방법
② 슈퍼피니싱 : 연한 숫돌에 작은 압력을 가압하면서 가공물에 이송을 주고, 동시에 숫돌에 진동을 주어 표면거칠기를 높이는 가공방법(작은 압력+이송+진동)
④ 방전가공 : 전극과 가공물 사이에 전기를 통전시켜 방전현상의 열에너지를 이용하여 가공물을 용용 증발시켜 가공을 진행하는 비접촉식 가공방법

46 다음은 머시닝센터의 절대좌표를 나타낸 화면이다. 공구의 현재 위치가 다음과 같이 표시될 수 있도록 반자동(MDI) 모드에서 공작물좌표계의 원점을 설정하고자 할 때 입력할 내용으로 적당한 것은?

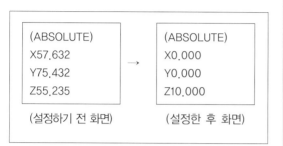

(ABSOLUTE)
X57.632
Y75.432
Z55.235

→

(ABSOLUTE)
X0.000
Y0.000
Z10.000

(설정하기 전 화면)　　(설정한 후 화면)

① G89 X0. Y0. Z10.;

② G90 X0. Y0. Z10.;

③ G91 X0. Y0. Z10.;

④ G92 G90 X0. Y0. Z10.;

해설
절대좌표를 나타낸 화면에서 공작물좌표계의 원점 설정 : G92 G90 X0. Y0. Z10.;

47 A점에서 B점으로 다음 그림과 같이 원호가공하는 프로그램으로 맞는 것은?

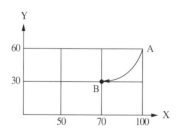

① G90 G02 X70.0 Y30.0 R30.0;

② G90 G03 X70.0 Y30.0 R30.0;

③ G91 G02 X70.0 Y30.0 R30.0;

④ G91 G03 X70.0 Y30.0 R30.0;

해설
• 우선 A → B는 시계 방향으로 G02를 사용한다.
• A → B : G90 G02 X70.0 Y30.0 R30.0 - 절대지령 시계 방향으로 가공
• A → B : G91 G02 X-30.0 Y-30.0 R30.0 - 증분지령 시계 방향으로 가공

48 다음은 공구 길이 보정 프로그램이다. 빈칸에 알맞은 것은?

⋮
G90 G00 G43 Z100. ＿＿；
⋮

① D01

② H01

③ S01

④ M01

해설
G43 : 공구 길이 보정으로 지령 시 공구 길이 보정번호(H01)와 함께 지령한다.

49 다음 선의 종류 중에서 선이 중복되는 경우 가장 우선하여 그려야 하는 선은?

① 외형선

② 중심선

③ 숨은선

④ 치수보조선

해설
투상선의 우선순위
숫자, 문자, 기호 및 화살표 → 외형선(굵은 실선) → 숨은선(파선) → 중심선, 무게중심선 또는 절단선 → 파단선 → 치수선 또는 치수 보조선 → 해칭선
★ 암기방법(외 → 숨 → 절 → 중 → 무 → 파 → 치 → 해)

50 다음 그림은 연강을 절삭할 때 일반적인 칩 형태의 범위를 나타낸 것이다. (A), (B), (C)에 해당하는 칩 형태를 바르게 짝지은 것은?

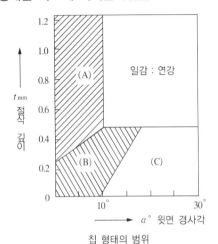

칩 형태의 범위

① (A) : 경작형, (B) : 유동형, (C) : 전단형
② (A) : 경작형, (B) : 전단형, (C) : 유동형
③ (A) : 전단형, (B) : 유동형, (C) : 균열형
④ (A) : 유동형, (B) : 균열형, (C) : 전단형

해설
• (A) : 경작형, (B) : 전단형, (C) : 유동형
• 유동형 칩 : 칩이 경사면 위를 연속적으로 원활하게 흘러 나가는 모양의 연속형 칩이다.
• 전단형 칩 : 칩이 경사면 위를 원활하게 흐르지 못해서 절삭공구가 칩을 밀어내는 압축력이 커지면서 발생하여 칩이 연속적으로 가공되기는 하나 분자 사이에 전단이 일어나는 형태의 칩이다.
• 경작형 칩 : 점성이 큰 가공물을 경사각이 작은 절삭공구로 가공할 때, 절삭 깊이가 클 때 발생하기 쉬운 칩의 형태이다.
• 균열형 칩 : 주철과 같이 메진 재료를 저속으로 절삭할 때 발생하는 칩의 형태로서, 순간적인 균열이 발생하여 생기는 칩이다.

유동형 칩	전단형 칩
경작형(열단형) 칩	균열형 칩

51 다음 중 절삭공구용 재료가 가져야 할 기계적 성질 중 맞는 것을 모두 고르면?

ㄱ 고온경도(Hot Hardness)
ㄴ 취성(Brittleness)
ㄷ 내마멸성(Resistance to Wear)
ㄹ 강인성(Toughness)

① ㄱ, ㄴ, ㄷ
② ㄱ, ㄴ, ㄹ
③ ㄱ, ㄷ, ㄹ
④ ㄴ, ㄷ, ㄹ

해설
절삭공구의 구비조건
• 고온경도 : 고온에서 경도가 저하되지 않고 절삭할 수 있는 고온 경도가 필요하다.
• 내마모성 : 절삭공구와 가공재료의 마찰에 의하여 절삭공구의 표면이 미세하게 소모되는 마모에 대한 강도가 필요하다.
• 강인성 : 절삭공구는 외력에 의해 파손되지 않고 잘 견딜 수 있는 강인성이 필요하다.
• 저마찰 : 마찰계수가 작을수록 경제적이고 효율성이 높은 절삭을 할 수 있다.
• 성형성 : 쉽게 원하는 모양으로 제작이 가능해야 한다.
• 경제성 : 가격이 저렴해야 한다.

52 CNC 선반작업에서 공구 인선 반지름을 인선의 좌측으로 보정하고, 프로그램의 경로 왼쪽에서 공구가 이동하여 가공하는 것은?

① G40
② G41
③ G42
④ G43

해설
공구 인선 반지름 보정 G-코드

G-코드	의 미	공구경로 설명
G40	인선 반지름 보정 취소	프로그램 경로 위에서 공구 이동
G41	인선 좌측 보정	프로그램 경로의 왼쪽에서 공구 이동
G42	인선 우측 보정	프로그램 경로의 오른쪽에서 공구 이동

53 CNC 프로그램은 여러 개의 지령절(Block)이 모여 구성된다. 지령절과 지령절의 구분은 무엇으로 표시하는가?

① 블록(Block)

② 워드(Word)

③ 어드레스(Address)

④ EOB(End Of Block)

해설

몇 개의 단어(Word)가 모여 구성된 한 개의 지령단위를 지령절(Block)이라고 하며, 지령절과 지령절은 EOB(End Of Block)으로 구분되며, 제작회사에 따라 ';' 또는 '#'과 같은 부호로 간단히 표시한다. EOB는 블록의 종료를 나타낸다.

블록의 구성

N_	G_	X_	Z_	F_	S_	T_	M_	;
전개 번호	준비 기능	좌표값		이송 기능	주축 기능	공구 기능	보조 기능	EOB

54 CNC 선반에서 공구 보정(Offset) 번호 2번을 선택하여 4번 공구를 사용하려고 할 때, 공구지령으로 옳은 것은?

① T2040

② T4020

③ T0204

④ T0402

해설

T0402 → 4번 공구의 공구보정 2번 선택

CNC 선반의 경우 − T□□△△

• T : 공구기능

• □□ : 공구 선택번호(01~99번) → 기계 사양에 따라 지령 가능한 번호 결정

• △△ : 공구 보정번호(01~99번) → 00은 보정 취소기능

• 공구 보정 없이 보정 취소를 하려면 T0100으로 지령해야 한다.

55 CNC 공작기계에서 자동원점 복귀 시 중간 경유점을 지정하는 이유 중 가장 적합한 것은?

① 원점 복귀를 빨리 하기 위해서

② 공구의 충돌을 방지하기 위해서

③ 기계에 무리를 가하지 않기 위해서

④ 작업자의 안전을 위해서

해설

자동원점 복귀(G28) : 원점 복귀를 지령할 때에는 급속 이송속도로 움직이므로 가공물과 충돌을 피하기 위하여 중간 경유점을 경유하여 복귀하도록 하는 것이 좋다. 중간 경유점의 위치를 지정할 때에는 증분지령(U, W)으로 지령하는 것이 충돌을 피하는 좋은 방법이다.

56 CNC 선반의 홈가공 프로그램에서 회전하는 주축에 홈 바이트를 2회전 일시정지하고자 한다. [   ]에 맞는 것은?

```
G50 X100. Z100. S2000 T0100;
G97 S1200 M03;
G00 X62. Z−25. T0101;
G01 X50. F0.05;
G04 [    ];
```

① P1200

② P100

③ P60

④ P600

해설

• G97 S1200 M03; 블록에서 스핀들 회전수 1,200rpm(G97 : 주축 회전수 일정 제어)

• 정지시간(초) $= \dfrac{60 \times 공회전수(회)}{스핀들\ 회전수(rpm)} = \dfrac{60 \times n\,회}{N(rpm)}$

$= \dfrac{60 \times 2회}{1,200rpm} = 0.1초$

• 0.1초 일시정지 지령방법

− G04 X0.1;

− G04 U0.1;

− G04 P100;

G04 : 지령한 시간 동안 이송이 정지되는 기능을 휴지(Dwell, 일시정지)기능이라고 한다. 어드레스 X, U 또는 P와 정지하려는 시간을 수치로 입력한다. P는 소수점을 사용할 수 없으며, X와 U는 소수점 이하 세 자리까지 유효하다.

57 다음 그림과 같은 원리로 원통형 내면에 강철 볼형의 공구를 압입해 통과시켜 매끈하고 정도가 높은 면을 얻는 가공법은?

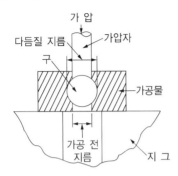

① 버니싱(Burnishing)
② 폴리싱(Polishing)
③ 쇼트피닝(Shot Peening)
④ 버핑(Buffing)

해설
• 버니싱(Burnishing) : 원통형 내면에 강철 볼형의 공구를 압입해 통과시켜 매끈하고 정도가 높은 면을 얻는 가공법
• 쇼트피닝(Shot Peening) : 표면을 타격하는 일종의 냉간가공으로 철강의 작은 볼(Shot)을 공작물 표면에 분사하여 강재의 화학 조성을 변화시키지 않고 표면을 매끈하게 하여 피로강도 및 기계적 성질을 향상시킨다.

58 밀링작업 시 안전 및 유의사항으로 틀린 것은?

① 작업 전에 기계 상태를 사전 점검한다.
② 가공 후 거스러미를 반드시 제거한다.
③ 공작물을 측정할 때는 반드시 주축을 정지한다.
④ 주축의 회전속도를 바꿀 때는 주축이 회전하는 상태에서 한다.

해설
주축의 회전속도를 바꿀 때는 주축이 완전히 정지된 후에 실시한다.

59 다음 중 지령된 블록에서만 유효한 G코드(One Shot G Code)가 아닌 것은?

① G04
② G30
③ G40
④ G50

해설
• G40은 공구 인선 보정 취소로 동일 그룹의 다른 G코드가 나올 때까지 유효한 모델 G코드이다.
• G코드에서 원숏(One Shot) G코드와 모달(Modal) G코드의 두 종류가 있다.

구 분	의 미	그 룹	G코드
원숏 G코드	명령된 블록에 한해서 유효	00그룹	G04, G27, G28, G30 등
모델 G코드	동일 그룹의 다른 G코드가 나올 때까지 유효	00 이외의 그룹	G01, G41, G96 등

60 공구보정(Offset) 화면에서 가상 인선 반경 보정을 수행하기 위하여 노즈 반경을 입력하는 곳은?

① R
② Z
③ X
④ T

해설
CNC 선반 공구보정(Offset) 화면

Tool No (공구번호)	X (X성분)	Z (Z성분)	R (노즈 반경 성분)	T (공구 인선 유형)
01	−005.253	052.025	0.4	2
...	...	...	...	...

01 다음 금속 중 비중이 가장 큰 것은?

① 철　　　　　　　② 구 리
③ 납　　　　　　　④ 크 롬

해설

납(Pb)의 비중은 11.34로 가장 크다.
• 철(Fe) : 7.87, 구리(Cu) : 8.96, 납(Pb) : 11.34, 크롬(Cr) : 7.19
• 마그네슘(Mg)의 비중은 1.74로 실용금속으로 가장 가볍다.

02 나사 종류의 표시기호 중 틀린 것은?

① 미터보통나사 : M
② 유니파이 가는나사 : UNC
③ 미터 사다리꼴나사 : Tr
④ 관용 평형나사 : G

해설

나사의 종류를 표시하는 기호 및 나사의 호칭에 대한 표시 방법 (KS B 0200)

구 분	나사의 종류		나사 종류기호	나사의 호칭방법
ISO 표준에 있는 것	미터보통나사		M	M8
	미터가는나사			M8×1
	미니추어 나사		S	S0.5
	유니파이 보통나사		UNC	3/8-16UNC
	유니파이 가는나사		UNF	No.8-36UNF
	미터 사다리꼴나사		Tr	Tr10×2
	관용 테이퍼 나사	테이퍼 수나사	R	R3/4
		테이퍼 암나사	Rc	Rc3/4
		평행 암나사	Rp	Rp3/4

03 외경이 500mm, 내경이 490mm인 얇은 원통의 내부에 3MPa의 압력이 작용할 때 원주 방향의 응력은 몇 N/mm²인가?

① 75　　　　　　　② 147
③ 222　　　　　　④ 294

해설

원주 방향으로 내압을 받는 경우

원주 방향 응력$(\sigma_1) = \dfrac{p \times D}{2 \times t} = \dfrac{3\text{N/mm}^2 \times 490\text{mm}}{2 \times 5\text{mm}}$
$= 147\text{N/mm}^2$

∴ 원주 방향 응력$(\sigma_1) = 147\text{N/mm}^2$

여기서, p : 내압
　　　　D : 원통의 안지름
　　　　t : 판 두께(500-490/2)

※ 3MPa = 3N/mm²

04 스테인리스강의 종류에 해당되지 않는 것은?

① 페라이트계 스테인리스강
② 펄라이트계 스테인리스강
③ 마텐자이트계 스테인리스강
④ 오스테나이트계 스테인리스강

해설

스테인리스강의 종류(페-오-마)
• 페라이트계 스테인리스강(고크롬계)
• 오스테나이트계 스테인리스강(고크롬, 고니켈계)
• 마텐자이트계 스테인리스강(고크롬, 고탄소계)

05 길이가 50mm인 표준시험편으로 인장시험하여 늘어난 길이가 65mm이었다. 이 시험편의 연신율은?

① 20% ② 25%

③ 30% ④ 35%

해설

연신율$(\varepsilon) = \dfrac{L_1 - L_0}{L_0} \times 100\% = \dfrac{65-50}{50} \times 100\% = 30\%$

∴ 연신율$(\varepsilon) = 30\%$

여기서, L_1 : 늘어난 길이, L_0 : 표준 길이

06 수나사의 크기는 무엇을 기준으로 표시하는가?

① 유효지름

② 수나사의 안지름

③ 수나사의 바깥지름

④ 수나사의 골지름

해설

수나사의 호칭지름은 바깥지름으로 표시한다.

★ 자주 출제되므로 필히 암기

07 다음 동력 전달용 기계요소 중 간접전동요소가 아닌 것은?

① 체 인 ② 로 프

③ 벨 트 ④ 기 어

해설

• 직접전동법 : 마찰차, 기어 등
• 간접전동법 : 벨트, 로프, 체인 등

08 다음 중 가장 큰 하중이 걸리는 데 사용되는 키(Key)는?

① 새들 키 ② 묻힘 키

③ 둥근 키 ④ 평 키

해설

묻힘 키 : 성크 키라고도 하며, 큰 하중 전달에 적당하도록 축과 보스에 모두 키 홈을 판다. 평행 키와 경사 키가 있다.

하중의 크기 순서

세레이션 > 스플라인 > 접선 키 > 묻힘 키 > 평 키 > 새들 키 > 둥근 키

09 순간적으로 짧은 시간에 작용하는 하중은?

① 정하중 ② 교번하중

③ 충격하중 ④ 분포하중

해설

• 정하중 : 시간과 더불어 크기가 변화하지 않는 정지하중
• 교번하중 : 하중의 크기와 방향이 충격 없이 주기적으로 변화하는 하중
• 충격하중 : 비교적 단시간에 충격적으로 작용하는 하중
• 분포하중 : 재료의 어느 범위 내에 분포되어 작용하는 하중

10 TTT 곡선도에서 TTT가 의미하는 것 중 틀린 것은?

① 시간(Time)

② 뜨임(Tempering)

③ 온도(Temperature)

④ 변태(Transformation)

해설
• TTT 처리(시간-등온-변태처리)
• CCT 처리(연속-냉각-변태처리)

11 표면경도를 필요로 하는 부분만 급랭하여 경화시키고 내부는 본래의 연한 조직으로 남게 하는 주철은?

① 칠드주철　　　② 가단주철

③ 구상흑연주철　④ 내열주철

해설
① 칠드주철 : 보통 주철보다 규소(Si) 함유량을 적게 하고 적당량의 망간을 첨가한 쇳물을 금형 또는 칠 메탈이 붙어 있는 모래형에 주입시켜 필요한 부분만 급랭시키면 표면만 단단해지고, 내부는 회주철이 되어 강인한 성질을 갖는 주철이다.
② 가단주철 : 주철의 결점인 여리고 약한 인성을 개선하기 위하여 열처리에 의하여 편상흑연을 괴상화하여 강도와 연성을 향상시킨 것이다.
③ 구상흑연주철 : 강도와 연성 등을 개선하기 위하여 용융 상태의 주철 중의 마그네슘(Mg), 세륨(Ce) 또는 칼슘(Ca) 등을 첨가하여 편상흑연을 구상화한 것으로 노듈러 주철, 덕타일 주철 등으로 불린다.

12 철강재 스프링 재료가 갖추어야 할 조건이 아닌 것은?

① 가공하기 쉬운 재료이어야 한다.

② 높은 응력에 견딜 수 있고, 영구변형이 작아야 한다.

③ 피로강도와 파괴인성치가 낮아야 한다.

④ 부식에 강해야 한다.

해설
철강재 스프링 재료가 갖추어야 할 조건
• 가공하기 쉬운 재료이어야 한다.
• 높은 응력에 견딜 수 있고, 영구변형이 없어야 한다.
• 피로강도와 파괴인성치가 높아야 한다.
• 열처리가 쉬워야 한다.
• 표면 상태가 양호해야 한다.
• 부식에 강해야 한다.

13 탄성한도 및 피로한도가 높아 스프링을 만드는 재료로 가장 적합한 것은?

① SPS6　　　② SKH4

③ STC4　　　④ SS330

해설
SPS6 : 탄성한도 및 피로한도가 높아 스프링재료로 가장 적합하다.

14 분할 핀의 호칭법으로 알맞은 것은?

① 분할 핀 KS B ISO 1234 – 등급 – 형식

② 분할 핀 KS B ISO 1234 – 호칭지름 × 길이, 지정사항

③ 분할 핀 KS B ISO 1234 – 호칭지름 × 길이 – 재료

④ 분할 핀 KS B ISO 1234 – 길이 – 재료

해설

핀의 용도와 호칭 방법

핀의 종류	핀의 모양	핀의 용도	핀의 호칭방법
평행 핀 (KS B ISO 2338)	l	기계 부품 조립, 고정 및 위치결정용으로 사용되며 끝면의 모양에 따라 A형과 B형이 있다.	표준 명칭 또는 표준 번호, 호칭지름, 공차, 호칭길이, 재료 예 평행핀(또는 KS B ISO 2338)–6 m6×30–St
테이퍼 핀 (KS B ISO 2339)	l	축에 보스를 고정 시킬 때 주로 사용되며 테이퍼의 허용차에 따라 1급, 2급이 있다.	표준 명칭, 표준번호, 등급, 호칭지름 × 호칭길이, 재료 예 호칭지름 6mm 및 호칭길이 30mm 인 A형 비경화 테이퍼 핀 테이퍼 핀 KS B ISO 2339–A–6× 30–St
분할 테이퍼 핀 (KS B 1323)	l	축에 보스를 고정시킬 때 사용되며 한쪽 끝이 갈라진 테이퍼 핀을 말한다.	표준번호 또는 표준 명칭, 호칭지름 × 호칭길이, 재료 및 지정사항 예 KS B 1323 6 × 70 St 분할 테이퍼 핀 10 × 80 STS 303 분할 깊이 25
분할 핀 (KS B ISO 1234)	D a l H	너트의 풀림 방지나 핀이 빠지는 것을 방지하는 데 사용된다.	표준 명칭, 표준번호, 호칭지름 × 호칭길이, 재료 예 강으로 제조한 분할 핀 호칭지름 5mm, 호칭길이 50mm →분할핀 KS B ISO1234–5× 50–ST

※ d : 호칭 지름, l : 호칭 길이

15 다음 그림과 같은 표면의 결 도시기호 해독으로 틀린 것은?

① G는 연삭가공을 의미한다.

② M은 커터의 줄무늬 방향기호이다.

③ 최대 높이거칠기값은 25μm이다.

④ 표면거칠기 구분값의 하한은 6.3μm이다.

해설

문제의 표면 결 도시기호는 상한 및 하한을 지시하는 경우이다. 상한은 위에, 하한은 아래에 나열하여 기입한다. 문제에서 표면거칠기 구분값의 상한은 25μm이고 하한은 6.3μm이다.

각 지시기호의 기입 위치

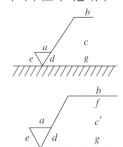

a : 산술 평균 거칠기의 값

b : 가공 방법의 문자 또는 기호

c : 컷 오프값

c' : 기준 길이

d : 줄무늬 방향의 기호

e : 다듬질 여유

f : 산술 평균 거칠기 이외의 표면거칠기값

g : 표면 파상도

16 다음 보기의 입체도에서 화살표 방향이 정면도일 경우 평면도로 가장 적합한 것은?

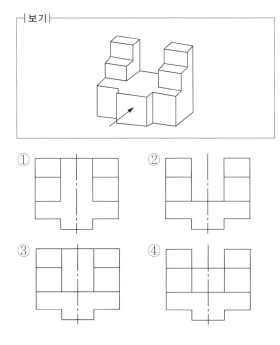

① ② ③ ④

17 실물 길이가 100mm인 형상을 1 : 2로 축척하여 제도한 경우에 대한 설명으로 올바른 것은?

① 도면에 그려지는 길이는 50mm이고, 치수는 100으로 기입한다.

② 도면에 그려지는 길이는 100mm이고, 치수는 50으로 기입한다.

③ 도면에 그려지는 길이는 50mm이고, 치수는 50으로 기입한다.

④ 도면에 그려지는 길이는 100mm이고, 치수는 100으로 기입한다.

> **해설**
> 도면에 기입하는 치수는 척도에 관계없이 모두 실제 치수를 기입한다.

18 KS 나사표시법에서 '왼 2줄 M20 × 1.5 − 6H'로 표시된 경우 '1.5'는 나사의 무엇을 나타낸 것인가?

① 피 치   ② 1인치당 나사산의 수

③ 등 급   ④ 산의 높이

> **해설**
> 1.5는 나사의 피치이다.
> 나사의 표시방법 : 왼 2줄 M20 × 1.5 − 6H

나사산의 감김 방향	나사산의 줄수	나사의 호칭	나사의 등급

> • 나사산의 감김 방향 : 왼(왼나사)
> • 나사산의 줄수 : 2줄(2줄 나사)
> • 나사의 호칭 : M20 × 1.5 (미터가는나사 / 피치 1.5mm)
> • 나사의 등급 : 6H(대문자로 암나사)

19 선의 종류에 따른 용도 중 기술 또는 기호 등을 표시하기 위하여 끌어내는 데 쓰는 선은?

① 치수선   ② 치수보조선

③ 지시선   ④ 가상선

> **해설**
> 선의 종류에 의한 용도(KS B 0001)

명 칭	선의 종류	선의 용도
외형선	굵은 실선	대상물이 보이는 부분의 모양을 표시하는 데 사용한다.
치수선	가는 실선	치수를 기입하기 위하여 사용한다.
치수보조선		치수를 기입하기 위하여 도형으로부터 끌어내는 데 사용한다.
지시선		기술, 기호 등을 표시하기 위하여 끌어내는 데 사용한다.
숨은선	가는 파선	대상물의 보이지 않는 부분의 모양을 표시하는 데 사용한다.
중심선	가는 1점쇄선	도형의 중심과 중심이 이동한 중심 궤적을 표시하는 데 사용한다.
특수 지정선	굵은 1점쇄선	특수한 가공을 하는 부분 등 특별한 요구 사항을 적용할 수 있는 범위를 표시하는 데 사용한다.

20 구멍의 지름 치수가 $50^{+0.035}_{-0.012}$일 때 공차는?

① 0.023mm　　② 0.035mm

③ 0.047mm　　④ −0.012mm

0.035 + 0.012 = 0.047

21 맞물리는 1쌍의 기어 간략도에서 다음의 기호는 어느 기어에 해당하는가?

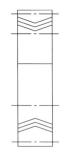

① 하이포이드기어

② 이중 헬리컬기어

③ 스파이럴 베벨기어

④ 스크루기어

문제의 간략도는 이중 헬리컬기어이다.
맞물리는 기어의 간략 도시법

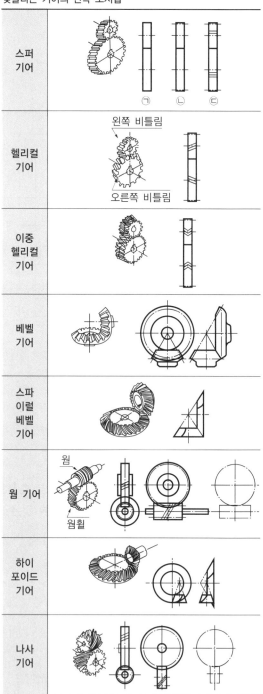

22 물체의 모서리를 비스듬히 잘라내는 것을 모따기라고 한다. 모따기의 각도가 45°일 때 치수 앞에 넣는 모따기 기호는?

① D   ② C
③ R   ④ ϕ

해설

치수 보조기호

기 호	설 명	기 호	설 명
ϕ	지 름	Sϕ	구의 지름
R	반지름	SR	구의 반지름
C	45° 모따기	□	정사각형
P	피 치	t	두 께

23 길이 측정 시 오차를 최소로 줄이기 위해서 '표준자와 피측정물은 동일 축선상에 위치하여야 한다.'는 원리는?

① 아베의 원리   ② 테일러의 원리
③ 요한슨의 원리   ④ NPL식 원리

해설

아베의 원리 : 표준자와 측정물은 동일 축선상에 있어야 한다.

24 지름이 작은 가공물이나 각 봉재를 가공할 때 편리하며, 보통 선반에서 사용할 경우에는 주축의 테이퍼 구멍에 슬리브를 끼우고 여기에 부착하여 사용하는 척은?

① 유압척   ② 콜릿척
③ 마그네틱척   ④ 연동척

해설

② 콜릿척(Collet Chuck) : 지름이 작은 가공물이나 각 봉재를 가공할 때 편리하며, 주로 터릿선반이나 자동선반에 사용한다. 보통선반에서 사용할 경우에는 주축 테이퍼 구멍에 슬리브(Sleeve)를 끼우고 슬리브에 콜릿척을 부착하여 사용한다.
① 유압척 : 조의 이동, 즉 가공물의 고정 및 해체를 유압을 이용하는 척(주로 CNC 선반에 사용)
③ 마그네틱척 : 전자석을 이용하여 얇은 판, 피스톤 링과 같은 가공물을 변형시키지 않고, 고정시켜 가공할 수 있는 자성체 척이다.
④ 연동척 : 3개의 조가 120° 간격으로 구성 배치되어 있다. 1개의 조를 돌리면 3개의 조가 함께 동일한 방향, 동일한 크기로 이동하기 때문에 원형이나 3의 배수가 되는 단면의 가공물을 쉽고, 편하고, 빠르게 고정시킬 수 있고, 숙련된 작업자가 아니라도 고정할 수 있다.

25 정밀도가 매우 높은 공작기계로 항온실에 설치하며, 주로 공구나 지그가공을 목적으로 사용되는 보링머신은?

① 수평형 보링머신
② 수직형 보링머신
③ 지그보링머신
④ 정밀보링머신

해설

지그보링머신 : 높은 정밀도를 요구하는 가공물, 각종 지그, 정밀기계의 구멍가공 등에 사용하는 보링머신이다. 가공물의 오차는 ±2~5μm 정도이며, 온도 변화에 따른 영향을 받지 않도록 항온항습실에 설치하여야 한다.

26 주어진 절삭속도가 40m/min이고, 주축 회전수가 70rpm이면 절삭되는 일감의 지름은 약 몇 mm인가?

① 82 ② 182

③ 282 ④ 382

해설

$V = \dfrac{\pi D N}{1,000}$

$D = \dfrac{1,000\,V}{\pi N} = \dfrac{1,000 \times 40\text{m/min}}{\pi \times 70\text{rpm}}$

$= 181.9 \fallingdotseq 182\text{mm}$

∴ 일감의 지름$(D) = 182\text{mm}$

여기서, V : 절삭속도(m/min), N : 주축 회전수(rpm)

D : 일감의 지름(mm)

27 센터리스 연삭의 장점으로 옳은 것은?

① 공작물이 무거운 경우에도 연삭이 용이하다.

② 공작물의 지름이 큰 경우에도 연삭할 수 있다.

③ 공작물에 별도의 센터 구멍을 뚫을 필요가 없다.

④ 긴 홈이 있는 공작물도 연삭할 수 있다.

해설

센터리스 연삭의 특징

• 센터가 필요하지 않아 센터 구멍을 가공할 필요가 없다.

• 중공의 가공물을 연삭할 때 편리하다.

  ※ 중공(中空) : 속이 빈축

• 연삭 여유가 작아도 된다.

• 가늘고 긴 가공물의 연삭에 적합하다.

• 긴 홈이 있는 가공물의 연삭은 불가능하다.

• 대형이나 중량물의 연삭은 불가능하다.

• 연속가공이 가능하며 대량 생산에 적합하다.

• 자생작용이 있다.

28 다음은 연삭숫돌의 표시법이다. 각 항에 대한 설명 중 틀린 것은?

$$\boxed{\text{WA 46 H 8 V}}$$

① WA : 연삭숫돌입자

② 46 : 조직

③ H : 결합도

④ V : 결합제

해설

일반적인 연삭숫돌 표시방법

$$\boxed{\begin{array}{cccccc} \text{WA} & \cdot\ 60 & \cdot\ \text{K} & \cdot\ \text{M} & \cdot\ \text{V} \\ \text{연삭숫돌입자} \cdot & \text{입도} \cdot & \text{결합도} \cdot & \text{조직} \cdot & \text{결합제} \end{array}}$$

• 연삭숫돌입자(WA : 백색 알루미나)

• 입도(46 : 중간 눈)

• 결합도(H : 연)

• 조직(8 : 거친 조직)

• 결합제(V : 비트리파이드)

29 래핑(Lapping)의 특징 설명으로 틀린 것은?

① 가공면은 윤활성이 좋다.

② 가공면은 내마모성이 좋다.

③ 정밀도가 높은 제품을 가공할 수 있다.

④ 가공이 복잡하여 소량 생산을 한다.

해설

래핑의 장점

• 가공면이 매끈한 거울면을 얻을 수 있다.

• 정밀도가 높은 제품을 가공할 수 있다.

• 가공면은 윤활성 및 내마모성이 좋다.

• 가공이 간단하고 대량 생산이 가능하다.

• 평면도, 진원도, 직선도 등의 이상적인 기하학적 형상을 얻을 수 있다.

30 선반은 주축대, 심압대, 베드, 이송기구 및 왕복대 등으로 구성되어 있다. 에이프런(Apron)은 어느 부분에 장치되어 있는가?

① 왕복대
② 이송기구
③ 주축대
④ 심압대

해설
왕복대는 베드상에서 공구대에 부착된 바이트에 가로 이송 및 세로 이송을 하는 구조로 되어 있으며 새들, 에이프런, 공구대로 구성되어 있다.

31 마이크로미터 측정면의 평면도를 검사하는 데 사용하는 것은?

① 옵티미터
② 오토콜리메이터
③ 옵티컬 플랫
④ 사인바

해설
③ 옵티컬 플랫 : 마이크로미터 측정면의 평면도를 검사하는 데 사용한다.
② 오토콜리메이터 : 시준기와 망원경을 조합한 것으로 미소 각도를 측정하는 광학적 측정기로서 평면경 프리즘 등을 이용한 정밀 정반의 평면도, 마이크로미터의 측정면 직각도, 평행도, 공작기계 안내면의 진직도, 직각동, 안내면의 평행도, 그 밖에 작은 각도의 변화 차이 및 흔들림 등의 측정에 사용된다.
④ 사인바 : 블록게이지와 같이 사용하며, 삼각함수의 사인을 이용하여 임의의 각도를 길이로 계산하여 간접적으로 각도를 구하는 방법으로 크기는 롤러와 롤러 중심 간의 거리로 표시한다.

32 공구의 마모를 나타내는 것 중 공구 인선의 일부가 미세하게 탈락하는 것은?

① 플랭크 마모(Flank Wear)
② 크레이터 마모(Crater Wear)
③ 치핑(Chipping)
④ 글레이징(Glazing)

해설
③ 치핑(Chipping) : 절삭공구 인선의 일부가 미세하게 탈락되는 현상
① 플랭크 마모(Flank Wear) : 절삭공구의 절삭면에 평행하게 마모되는 것을 의미하며, 측면과 절삭면과의 마찰에 의하여 발생한다.
② 크레이터 마모(Crater Wear) : 칩이 처음으로 바이트 경사면에 접촉하는 접촉점은 절삭공구의 인선에서 약간 떨어져서 나타나며, 이 접촉점에서 마찰력이 작용하여 절삭공구의 상면 경사면이 오목하게 파이는 현상

33 밀링 절삭공구가 아닌 것은?

① 엔드밀(Endmill)
② 맨드릴(Mandrel)
③ 메탈 소(Metal Saw)
④ 슬래브 밀(Slab Mill)

해설
• 선반 절삭공구 및 부속장치 : 바이트, 방진구, 맨드릴 등
• 밀링 절삭공구 및 부속장치 : 엔드밀, 메탈 소, 슬래브 밀, 분할대 등

34 일반적으로 절삭온도를 측정하는 방법이 아닌 것은?

① 칩의 색깔에 의한 방법

② 열전대에 의한 방법

③ 칼로리미터에 의한 방법

④ 방사능에 의한 방법

해설
절삭온도 측정법
• 칩의 색깔에 의한 방법
• 칼로리미터에 의한 방법
• 공구에 열전대를 삽입하는 방법
• 시온 도료를 사용하는 방법
• 공구와 일감을 열전대로 사용하는 방법
• 복사고온계에 의한 방법
★ 암기 tip : 키워드만 암기해라(칩의 색깔, 칼로리미터, 열전대, 시온 도료, 복사고온계 등)

35 밀링작업에서 분할법 종류가 아닌 것은?

① 직접 분할법　　② 간접 분할법

③ 단식 분할법　　④ 차동 분할법

해설
분할 가공방법
• 직접 분할법 : 분할대 주축 앞면에 있는 직접 분할판을 이용하여 단순 분할(24의 약수, 즉 24, 12, 8, 6, 4, 3, 2등분 가능)
• 단식 분할법 : 직접 분할법으로 불가능하거나 분할이 정밀해야 할 경우(2~60 사이의 모든 정수, 60~120 사이의 2와 5의 배수 등)
• 차동 분할법 : 직접, 단식 분할법으로 분할할 수 없는 분할(단식 분할법으로 분할할 수 없는 61 이상의 소수나 특수한 수의 분할을 2종 운동의 복합운동으로 분할하는 방법이다. 127은 차동 분할법으로 분할 가능)

36 연삭숫돌의 입자는 크게 천연입자와 인조입자로 구분하는데, 천연입자에 속하는 것?

① 탄화규소

② 커런덤

③ 지르코늄 옥사이드

④ 산화알루미늄

해설

연삭숫돌입자	종 류
천연입자	사암이나 석영, 에머리, 커런덤, 다이아몬드 등
인조입자	탄화규소, 산화알루미늄, 탄화붕소, 지르코늄 옥사이드 등

37 기계공작에서 비절삭가공에 속하는 것은?

① 밀링머신

② 호빙머신

③ 유압 프레스

④ 플레이너

해설
유압 프레스는 비절삭가공이다.
가공방법에 따른 분류

가공방법	공작기계
절삭가공	선반, 셰이퍼, 플레이너, 브로칭머신, 밀링머신, 보링머신, 호빙머신 등
비절삭가공	단조, 압연, 프레스, 인발, 압출, 판금가공 등
연삭가공	연삭기, 호닝머신, 슈퍼피니싱 머신, 래핑머신 등
특수가공	전해연마기, 방전가공기, 초음파 가공기 등

38 주철과 같은 메진재료를 저속으로 절삭할 때 주로 생기는 칩으로서 가공면이 좋지 않은 것은?

① 유동형 칩 ② 전단형 칩

③ 열단형 칩 ④ 균열형 칩

해설

칩의 종류

종류	유동형 칩	전단형 칩	경작형 칩	균열형 칩
정 의	칩이 경사면 위를 연속적으로 원활하게 흘러 나가는 모양의 연속형 칩	경사면 위를 원활하게 흐르지 못할 때 발생하는 칩	가공물이 경사면에 점착되어 원활하게 흘러 나가지 못하여 가공재료 일부에 터짐이 일어나는 현상 발생	균열이 발생하는 진동으로 인하여 절삭공구 인선에 치핑 발생
재 료	연성재료 (연강, 구리, 알루미늄) 가공	연성재료 (연강, 구리, 알루미늄) 가공	점성이 큰 가공물	주철과 같이 메진 재료
절삭 깊이	작을 때	클 때	클 때	
절삭 속도	빠를 때	작을 때		작을 때
경사각	클 때	작을 때	작을 때	
비 고	가장 이상적인 칩	진동 발생, 표면거칠기 나빠짐		순간적 공구날 끝에 균열 발생

39 비교 측정에 사용되는 측정기는?

① 투영기 ② 마이크로미터

③ 다이얼게이지 ④ 버니어 캘리퍼스

해설

• 비교 측정 : 블록게이지와 다이얼게이지 등을 사용하여 측정물의 치수를 비교하여 측정하는 방법
• 직접 측정 : 버니어 캘리퍼스, 마이크로미터와 같이 측정기에 표시된 눈금에 의해 직접 측정물의 치수를 읽는 방법
• 간접 측정 : 나사, 기어 등과 같이 기하학적 관계를 이용하여 측정

40 다음 공작기계 중에서 주로 기어를 가공하는 기계는?

① 선 반 ② 플레이너

③ 슬로터 ④ 호빙머신

해설

• 기어가공 : 호빙머신, 기어, 셰이퍼, 밀링 등
• 플레이너 : 테이블 수평 길이 방향 왕복운동과 공구는 테이블의 가로 방향으로 이송하며, 주로 평면을 가공하는 공작기계
• 호빙머신 : 호브공구를 이용하여 기어를 절삭하기 위한 공작기계

41 수평 밀링머신과 비교한 수직 밀링머신에 관한 설명으로 틀린 것은?

① 공구는 주로 정면 밀링커터와 엔드밀을 사용한다.

② 주로 평면가공이나 홈가공, T홈 가공, 더브테일 등을 가공한다.

③ 주축헤드는 고정형, 상하 이동형, 경사형 등이 있다.

④ 공구는 아버를 이용하여 고정한다.

해설

• 수직 밀링머신 : 정면 밀링커터와 엔드밀을 사용하여 평면가공, 홈가공 등을 하는 작업에 가장 적합하다.
• 수평 밀링머신 : 주축에 아버(Arbor)를 고정하고 회전시켜 가공물을 절삭한다.

밀링머신용 아버

아버 엔드 아버 칼라 평면커터 너트
칼라

[수평 밀링머신 밀링커터의 고정방법]

42 밀링 분할대의 종류가 아닌 것은?

① 신시내티형

② 브라운 샤프트형

③ 모스형

④ 밀워키형

분할대(Indexing Head)
• 분할대의 크기 표시 : 테이블의 스윙
• 분할대의 종류 : 단능식(분할수 24), 만능식(각도, 원호, 캠 절삭)
• 분할대의 형태 : 브라운 샤프트형, 신시내티형, 밀워키형, 라이네겔형

43 CNC 공작기계에서 피드백 장치의 유무와 검출 위치에 따른 서보기구 형식이 아닌 것은?

① 반폐쇄회로 제어방식

② 개방회로 제어방식

③ 하이브리드회로 제어방식

④ 다이오드회로 제어방식

서보기구 제어방식 ★ 자주 출제되므로 반드시 암기
서보기구의 형식은 피드백 장치의 유무와 검출 위치에 따라 개방회로방식, 반폐쇄회로방식, 폐쇄회로방식, 복합 회로(하이브리드회로)방식으로 분류된다.
• 폐쇄회로방식 : 모터에 내장된 태코제너레이터에서 속도를 검출하고, 기계의 테이블에 부착한 스케일에서 위치를 검출(로터리 인코더)하여 피드백시키는 방식이다.
• 반폐쇄회로방식 : 모터에 내장된 태코제너레이터(펄스제너레이터)에서 속도를 검출하고, 인코더에서 위치를 검출하여 피드백하는 제어방식이다.
• 개방회로방식 : 피드백 장치 없이 스테핑 모터를 사용한 방식으로 실용화되었으나, 피드백 장치가 없기 때문에 가공 정밀도에 문제가 있어 현재는 거의 사용되지 않는다.
• 복합 회로(하이브리드)방식 : 반폐쇄회로방식과 폐쇄회로방식을 결합하여 고정밀도로 제어하는 방식으로, 가격이 고가이므로 고정밀도를 요구하는 기계에 사용된다.

44 다음 밀링작업의 안전 및 유의사항 중 틀린 것은?

① 기계를 사용하기 전에 윤활 부분에 적당량의 윤활유를 주입한다.

② 측정기 및 공구 등을 밀링머신 테이블 위에 올려 놓고 가공한다.

③ 밀링 칩은 예리하여 위험하므로 손을 대지 말고 청소 솔 등으로 제거한다.

④ 정면커터로 평면을 가공할 때 칩이 작업자 반대쪽으로 날아가도록 공작물을 이송시킨다.

측정기 및 공구 등은 기계 위에 올려놓지 않는다.

45 CNC 선반에서 홈 가공 시 진원도 향상을 위하여 휴지시간을 지령하는 데 사용되는 어드레스가 아닌 것은?

① X   ② U

③ P   ④ Q

• 휴지(Dwell : 일시 정지) 시간을 지령하는 데 사용되는 어드레스는 X, U, P 사용한다.
• G04 : 지령한 시간 동안 이송이 정지되는 기능을 휴지기능이라고 한다. 어드레스 X, U 또는 P와 정지하려는 시간을 수치로 입력한다. P는 소수점을 사용할 수 없으며, X와 U는 소수점 이하 세 자리까지 유효하다.

46 다음 도면의 (a) → (b) → (c)로 가공하는 CNC 선반가공 프로그램에서 ㉠, ㉡에 차례대로 들어갈 내용으로 맞는 것은?

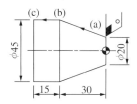

(a) → (b) : G01 (㉠) Z−30.0 F0.2;
(b) → (c) : (㉡);

① X45.0, W−15.0　　② X45.0, W−45.0

③ X15.0, Z−30.0　　④ U15.0, Z−15.0

해설
- (a) → (b) : G01 X45.0 Z−30.0 F0.2; 또는 G01 U15.0 Z−30.0 F0.2;
- (b) → (c) : Z−45.0; 또는 W−15.0;

47 다음과 같이 지령된 CNC 선반 프로그램이 있다. N02 블록에서 F0.3의 의미는?

N01 G00 G99 X−1.5;
N02 G42 G01 Z0 F0.3 M08;
N03 X0;
N04 G40 U10. W−5;

① 0.3m/min　　② 0.3mm/rev

③ 30mm/min　　④ 300mm/rev

해설
N01 블록의 G99로 회전당 이송 지정(mm/rev)되었다. 그러므로 N02 블록의 F0.3은 0.3mm/rev이다.
- G98 : 분당 이송 지정(mm/min)
- G99 : 회전당 이송 지정(mm/rev)

48 CNC 공작기계가 자동 운전 도중 알람이 발생하여 정지하였을 경우 조치사항으로 틀린 것은?

① 프로그램의 이상 유무를 확인한다.

② 비상 정지 버튼을 누른 후 원인을 찾는다.

③ 발생한 알람의 내용을 확인한 후 원인을 찾는다.

④ 해제 버튼을 누른 후 다시 프로그램을 실행시킨다.

해설
해제 버튼을 누른 후 먼저 기계원점 복귀를 시키고 알람내용을 확인하여 조치한다.

49 복합형 고정 사이클 기능에서 다듬질(정삭) 가공으로 G70을 사용할 수 없으며, 피드 홀드(Feed Hold) 스위치를 누를 때, 바로 정지하지 않는 기능은?

① G76　　　　　② G73

③ G72　　　　　④ G71

해설
- G71, G72, G73 사이클로 거친 절삭이 마무리되면 G70으로 다듬질(정삭)가공을 한다. G76(나사절삭 사이클)은 G70을 사용할 수 없다.
- G76 : 나사절삭 사이클
- G73 : 형상 반복 사이클
- G72 : 단면 거친 절삭 사이클
- G71 : 안·바깥지름 거친 절삭 사이클

50 컴퓨터에 의한 통합 가공시스템(CIMS)으로 생산관리 시스템을 자동화할 경우의 이점이 아닌 것은?

① 짧은 제품 수명주기와 시장 수요에 즉시 대응할 수 있다.
② 더 좋은 공정제어를 통하여 품질의 균일성을 향상시킬 수 있다.
③ 재료, 기계, 인원 등의 효율적인 관리로 재고량을 증가시킬 수 있다.
④ 생산과 경영관리를 잘할 수 있으므로 제품비용을 낮출 수 있다.

해설
컴퓨터 통합 가공시스템(CIMS) : 컴퓨터에 의한 통합 생산시스템으로 설계, 제조, 생산, 관리 등을 통합하여 운영하는 시스템
컴퓨터 통합 가공시스템(CIMS)의 특징
• Life Cycle Time이 짧은 경우에 유리하다.
• 품질의 균일성을 향상시킨다.
• 재고를 줄임으로써 비용이 절감된다.
• 생산과 경영관리를 효율적으로 하여 제품비용을 낮출 수 있다.

51 CNC 공작기계의 준비기능 중 1회 지령으로 같은 그룹의 준비기능이 나올 때까지 계속 유효한 G코드는?

① G01   ② G04
③ G28   ④ G50

해설
G01은 모달 G코드로 1회 지령으로 같은 그룹의 준비기능이 나올 때까지 계속 유효하다.

구 분	의 미	그 룹	G코드
원숏 G코드	명령된 블록에 한해서 유효	00그룹	G04, G27, G28, G50 등
모달 G코드	동일 그룹의 다른 G코드가 나올 때까지 유효	00 이외의 그룹	G01, G41, G96 등

52 다음은 CNC 선반에서 나사가공 프로그램을 나타낸 것이다. 나사가공할 때 최초 절입량은 얼마인가?

```
G76 P011060 Q50 R20;
G76 X47.62 Z-32. P1.19 Q350 F2.0;
```

① 0.35mm   ② 0.50mm
③ 1.19mm   ④ 2.0mm

해설
Q350 → 첫 번째 절입량은 0.35mm이다.
복합 고정형 나사절삭 사이클(G76)

```
G76 P(m) (r) (a) Q(Δd_min) R(d);     〈11T 아닌 경우〉
G76 X(U)    Z(W)    P(k)Q(Δd) R(i) F_;
```

• P(m) : 다듬질 횟수(01~99까지 입력 가능)
• (r) : 면취량(00~99까지 입력 가능)
• (a) : 나사의 각도
• Q(Δd_min) : 최소 절입량(소수점 사용 불가) 생략 가능
• R(d) : 다듬절삭 여유
• X(U), Z(W) : 나사 끝지점 좌표
• P(k) : 나사산 높이(반지름지령) – 소수점 사용 불가
• Q(Δd) : 첫 번째 절입량(반지름지령) – 소수점 사용 불가
• R(i) : 테이퍼 나사절삭 시 나사 끝지점 X값과 나사 시작점 X값의 거리(반지름지령)
• F : 나사의 리드

53 다음 중 NC 프로그램의 준비기능으로 그 기능이 전혀 다른 것은?

① G01   ② G02
③ G03   ④ G04

해설
• G04는 휴지(Dwell, 일시 정지)기능으로 나머지 3개와 기능이 전혀 다르다.
• G01(직선가공), G02(원호가공/시계 방향), G03(원호가공/반시계 방향)으로 가공기능이다.

54 CNC 프로그램에서 피치가 1.5인 2줄 나사를 가공 하려면 회전당 이송속도를 얼마로 명령하여야 하는가?

① F0.15 ② F0.3
③ F1.5 ④ F3.0

해설
• 이송(F)값은 나사의 리드(피치×줄수)로 한다.
• 리드 = 피치×줄수 = 1.5×2 = 3.0 → F3.0

나사절삭(G32)

> G32 X(U)__ Z(W)__ (Q__) F__;

• X(U)__ Z(W)__ : 나사 절삭의 끝지점 좌표
• Q : 다줄 나사 가공 시 절입각도(1줄 나사의 경우 Q0이므로 생략한다)
• F : 나사의 리드

55 다음 중 CAD/CAM시스템의 출력장치에 해당하는 것은?

① 모니터 ② 키보드
③ 마우스 ④ 스캐너

해설
• 입력장치 : 조이스틱, 라이트펜, 마우스, 스캐너, 디지타이저 등
• 출력장치 : 프린터, 플로터, 모니터 등

56 다음 그림과 같이 M10×1.5 탭가공을 위한 프로그램을 완성시키고자 한다. ( ) 안에 들어갈 내용으로 옳은 것은?

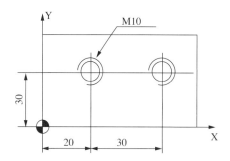

> N10 G90 G92 X0. Y0. Z100.;
> N20 (ⓐ) M03;
> N30 G00 G43 H01 Z30.;
> N40 (ⓑ) G90 G99 X20. Y30.
>   Z−25. R10. F300;
> N50 G91 X30.;
> N60 G00 G49 G80 Z300. M05;
> N70 M02;

① ⓐ S200, ⓑ G84
② ⓐ S300, ⓑ G88
③ ⓐ S400, ⓑ G84
④ ⓐ S600, ⓑ G88

해설
• 탭 사이클의 회전수

$$n(회전수) = \frac{v(이송속도)}{p(피치)} = \frac{300mm/min}{1.5} = 200rpm$$

$n = 200rpm$

• 200rpm → ⓐ = S200
• N40 블록에서 G99(분당 이송) → F300 = 300mm/min
• 태핑 사이클 ⓑ = G84

57 CNC 프로그램에서 보조기능 중 주축의 정회전을 의미하는 것은?

① M00   ② M01

③ M02   ④ M03

해설

M코드(보조기능) ★ 반드시 암기(자주 출제)

M코드	기 능	M코드	기 능
M00	프로그램 정지	M08	절삭유 ON
M01	프로그램 선택 정지	M09	절삭유 OFF
M02	프로그램 끝	M30	프로그램 끝 & 리셋
M03	주축 정회전	M98	보조프로그램 호출
M04	주축 역회전	M99	보조프로그램 종료
M05	주축 정지		

★ M코드는 실기에서도 필요하니 반드시 암기하자(M00~M99 순으로 암기하면 쉽다).

58 CNC 공작기계에서 정보 흐름의 순서가 옳은 것은?

① 지령 펄스열 → 서보 구동 → 수치 정보 → 가공물

② 지령 펄스열 → 수치 정보 → 서보 구동 → 가공물

③ 수치 정보 → 지령 펄스열 → 서보 구동 → 가공물

④ 수치 정보 → 서보 구동 → 지령 펄스열 → 가공물

해설

CNC공작기계 정보 흐름 순서

수치정보 → 지령 펄스열 → 서보 구동 → 가공물

59 머시닝센터에서 작업 평면이 Y–Z평면일 때 지령되어야 할 코드는?

① G17   ② G18

③ G19   ④ G20

해설

• G19 : Y–Z평면
• G17 : X–Y평면
• G18 : Z–X평면

60 CNC 기계 조작반의 모드 선택 스위치 중 새로운 프로그램을 작성하고 등록된 프로그램을 삽입, 수정, 삭제할 수 있는 모드는?

① AUTO   ② EDIT

③ JOG   ④ MDI

해설

② EDIT : 새로운 프로그램을 작성하고, 메모리에 등록된 프로그램을 편집(삽입, 수정, 삭제)할 수 있다.
① AUTO : 프로그램을 자동 운전할 때 사용한다.
③ JOG : JOG 버튼으로 공구를 수동으로 이송시킬 때 사용한다.
④ MDI : 반자동모드라고 하며 1~2개 블록의 짧은 프로그램을 입력하고 바로 실행할 수 있는 모드로 간단한 프로그램을 편집과 동시에 시험적으로 시행할 때 사용한다.

[모드 선택 스위치]

01 일반적으로 경금속과 중금속을 구분하는 비중의 경계는?

① 1.6
② 2.6
③ 3.6
④ 4.6

해설

일반적인 금속의 비중

금 속	비 중	비 고
철(Fe)	7.87	중금속
구리(Cu)	8.96	중금속
크롬(Cr)	7.19	중금속
마그네슘(Mg)	1.74	경금속 (실용금속 중 가장 가벼움)
알루미늄(Al)	2.7	경금속

02 탄소강에 함유된 원소 중 백점이나 헤어크랙의 원인이 되는 원소는?

① 황(S)
② 인(P)
③ 수소(H)
④ 구리(Cu)

해설

헤어크랙 또는 백점 : 강재의 다듬질면에 있어서 미세한 균열로, 수소(H)에 의해서 발생한다.

03 비중이 2.7로서 가볍고 은백색의 금속으로 내식성이 좋으며, 전기전도율이 구리의 60% 이상인 금속은?

① 알루미늄(Al)
② 마그네슘(Mg)
③ 바나듐(V)
④ 안티몬(Sb)

해설

알루미늄(Al)

• 비중 : 2.7
• 은백색의 가벼운 금속이다.
• 주조가 용이하다.
• 다른 금속과 잘 합금되어 상온 및 고온가공이 쉽다.
• 전연성이 우수한 전기, 열의 양도체이며 내식성이 강하다.
• 전기전도율은 구리의 60% 이상이다.

04 황동은 어떤 원소의 2원 합금인가?

① 구리와 주석
② 구리와 망간
③ 구리와 납
④ 구리와 아연

해설

• 황동 : 구리+아연(Cu+Zn)
• 청동 : 구리+주석(Cu+Sn)

정답 1 ④ 2 ③ 3 ① 4 ④

05 유리섬유에 합침(含浸)시키는 것이 가능하기 때문에 FRP(Fiber Reinforced Plastic)용으로 사용되는 열경화성 플라스틱은?

① 폴리에틸렌계
② 불포화 폴리에스테르계
③ 아크릴계
④ 폴리염화비닐계

해설
FRP(Fiber Reinforced Plastic) : 유리섬유를 강화재로 하여 불포화 폴리에스테르의 매트릭스를 강화시킨 복합재료이다.

06 현재 많이 사용되는 인공합성 절삭공구재료로 고속작업이 가능하며 난삭재료, 고속도강, 담금질강, 내열강 등의 절삭에 적합한 공구재료는?

① 초경합금
② 세라믹
③ 서 멧
④ 입방정 질화붕소(CBN)

해설
④ 입방정 질화붕소(CBN) : 자연계에는 존재하지 않는 인공합성 재료이다. 다이아몬드의 2/3배 정도의 경도를 가지며, CBN 미소분말을 초고온(2,000℃), 초고압(5만 기압 이상)의 상태로 소결하여 제작한다. CBN은 난삭재료, 고속도강, 담금질강, 내열강 등의 절삭에 많이 사용한다.
① 초경합금 : W, Ti, Mo, Zr 등의 경질합금 탄화물 분말을 Co, Ni를 결합제로 하여 1,400℃ 이상의 고온으로 가열하면서 프레스로 소결성형한 절삭공구이다.
② 세라믹공구 : 산화알루미늄(Al_2O_3) 분말을 주성분으로 마그네슘(Mg), 규소(Si) 등의 산화물과 미량의 다른 원소를 첨가하여 1,500℃에서 소결한 절삭공구
③ 서멧 : 절삭공구재료로 사용되며 TiC를 주체로 하고 TiN, TiCN 등의 탄화물을 초미립화하여 소결시킨 합금으로 세라믹(Ceramic) + 금속(Metal)의 합성어이다.

07 강재의 크기에 따라 표면이 급랭되어 경화되기 쉬우나 중심부에 갈수록 냉각속도가 늦어져 경화량이 적어지는 현상은?

① 경화능
② 잔류응력
③ 질량효과
④ 노치효과

해설
질량효과
강을 담금질할 때 재료의 표면은 급랭에 의해 담금질이 잘되는 데 반해, 재료의 중심에 가까울수록 담금질이 잘되지 않는 현상이다. 즉, 같은 방법으로 담금질해도 재료의 굵기나 두께가 다르면 냉각속도가 달라 담금질의 깊이가 달라진다. 이와 같이 강재의 크기, 즉 질량의 크기에 따라 담금질 효과에 미치는 영향을 질량효과라고 한다.

담금질한 강의 경도 분포 및 소재의 크기

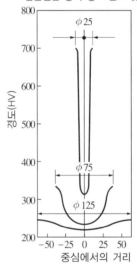

[탄소강]

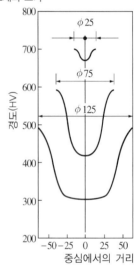

[Cr-V강]

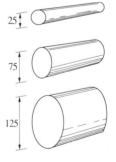

08 다음 중 훅의 법칙에서 늘어난 길이를 구하는 공식은?(단, λ : 변형량, W : 인장하중, A : 단면적, E : 탄성계수, l : 길이이다)

① $\lambda = \dfrac{Wl}{AE}$　　② $\lambda = \dfrac{AE}{W}$

③ $\lambda = \dfrac{AE}{Wl}$　　④ $\lambda = \dfrac{Al}{WE}$

해설

수직응력 $(\sigma) = \dfrac{W(하중)}{A(단면적)}$, 세로 변형률 $(\varepsilon) = \dfrac{\lambda(변형량)}{l(길이)}$,

탄성계수 $(E) = \dfrac{\sigma}{\varepsilon}$ 에서

$E = \dfrac{\sigma}{\varepsilon} = \dfrac{\dfrac{W}{A}}{\dfrac{\lambda}{l}} = \dfrac{W \times l}{A \times \lambda} \rightarrow \lambda = \dfrac{Wl}{AE}$

∴ 늘어난 길이 $(\lambda) = \dfrac{Wl}{AE}$

09 단면적이 100mm²인 강재에 300N의 전단하중이 작용할 때 전단응력(N/mm²)은?

① 1　　② 2

③ 3　　④ 4

해설

전단응력 $(\tau) = \dfrac{전단하중(P_s)}{단면적(A)} = \dfrac{300\text{N}}{100\text{mm}^2} = 3\text{N/mm}^2$

10 시편의 표점거리가 40mm이고, 지름이 15mm일 때 최대 하중이 6kN에서 시편이 파단되었다면 연신율은 몇 %인가?(단, 연신된 길이는 10mm이다)

① 10　　② 12.5

③ 25　　④ 30

해설

연신율 (ε)

$\varepsilon = \dfrac{변형량}{원표점거리} \times 100\%$

$= \dfrac{10\text{mm}}{40\text{mm}} \times 100\% = 25\%$

∴ 연신율 $(\varepsilon) = 25\%$

11 24산 3줄 유니파이 보통 나사의 리드는 몇 mm인가?

① 1.175　　② 2.175

③ 3.175　　④ 4.175

해설

리드 $(L) = 줄수(n) \times 피치(p) = 3 \times 1.0583 = 3.175$

여기서, 24산 유니파이 보통나사의 피치 : 1.0583

12 홈붙이 육각너트의 윗면에 파인 홈의 개수는?

① 2개　　　　　② 4개
③ 6개　　　　　④ 8개

홈붙이 육각너트
너트의 윗면에 6개의 홈이 파여 있으며, 이곳에 분할핀을 끼워 너트가 풀리지 않도록 사용한다.

13 직선운동을 회전운동으로 변환하거나 회전운동을 직선운동으로 변환하는 데 사용되는 기어는?

① 스퍼기어
② 베벨기어
③ 헬리컬기어
④ 래크와 피니언

축의 상대적 위치에 따른 기어의 분류

두 축이 서로 평행	두 축이 교차	두 축이 평행하지도 않고 만나지도 않는 축
• 스퍼기어 • 래크와 피니언 • 내접기어 • 헬리컬기어 • 더블 헬리컬기어	• 직선 베벨기어 • 스파이럴 베벨기어 • 크라운기어 • 마이터기어	• 원통 웜기어 • 장고형 기어 • 나사기어 • 하이포이드기어

14 구름베어링 중에서 볼베어링의 구성요소와 관련 없는 것은?

① 외 륜　　　　② 내 륜
③ 니 들　　　　④ 리테이너

볼베어링의 구성요소 : 내륜, 외륜, 리테이너
볼베어링의 구조와 명칭

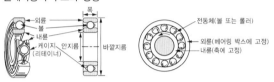

15 나사에 관한 설명으로 틀린 것은?

① 나사에서 피치가 같으면 줄 수가 늘어나도 리드는 같다.
② 미터계 사다리꼴 나사산의 각도는 30°이다.
③ 나사에서 리드란 나사축 1회전당 전진하는 거리이다.
④ 톱니나사는 한 방향으로 힘을 전달시킬 때 사용한다.

• 나사의 리드 : 나사를 1회전했을 때 나사가 진행한 거리
　L(리드)$= p$(피치)$\times n$(줄수) → 줄 수가 늘어나면 리드가 커진다.
• 미터계 사다리꼴 나사산의 각도는 30°이다(삼각나사 : 60°).
• 나사에서 리드는 나사축 1회전당 전진한 거리이다.
• 톱니나사 : 힘을 한 방향으로만 받는 부품에 이용되는 나사이다.
• 사각나사 : 축 방향의 하중을 받아 운동을 전달하는 데 사용한다(나사 프레스).

16 제도에서 치수 기입 요소가 아닌 것은?

① 치수선

② 치수 숫자

③ 가공기호

④ 치수보조선

치수 기입 요소 : 치수선, 치수보조선, 지시선, 치수 숫자, 화살표

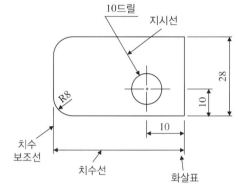

기계 가공기호

기 호	가공 방법
B	보링가공
D	드릴가공
L	선삭가공
P	플레이너(평삭)가공
M	밀링가공
SH	셰이퍼가공
G	연삭가공
FF	줄다듬질

17 물체의 모서리를 비스듬히 잘라내는 것을 모따기라고 한다. 모따기의 각도가 45°일 때 치수 앞에 넣는 모따기 기호는?

① D   ② C

③ R   ④ ϕ

치수 보조기호

기 호	설 명	기 호	설 명
ϕ	지 름	Sϕ	구의 지름
R	반지름	SR	구의 반지름
C	45°모따기	□	정사각형
P	피 치	t	두 께

18 도면에 반드시 설정해야 하는 양식이 아닌 것은?

① 윤곽선   ② 비교눈금

③ 표제란   ④ 중심마크

도면에는 반드시 윤곽선, 표제란, 중심마크를 표기해야 한다.

★ 윤-표-중으로 반드시 암기한다.

도면에 반드시 설정해야 하는 양식

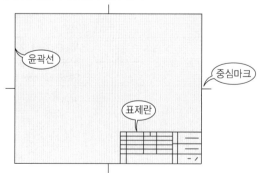

19 기계제도 도면에 사용되는 가는 실선의 용도로 틀린 것은?

① 치수보조선   ② 치수선

③ 지시선   ④ 피치선

해설
- 피치선 : 가는 1점쇄선
- 가는 실선 : 치수선, 치수보조선, 지시선, 회전단면선, 해칭선, 파단선, 수준면선

선의 종류에 의한 용도(KS B 0001)

용도에 의한 명칭	선의 종류		선의 용도
외형선	굵은 실선	——	• 대상물의 보이는 부분의 모양을 표시하는 데 쓰인다.
치수선	가는 실선	——	• 치수를 기입하기 위해 쓰인다.
치수 보조선			• 치수를 기입하기 위해 도형으로부터 끌어내는 데 쓰인다.
지시선			• 기술·기호 등을 표시하기 위해 끌어내는 데 쓰인다.
회전 단면선			• 도형 내에 그 부분의 끊은 곳을 90° 회전하여 표시하는 데 쓰인다.
중심선			• 도형의 중심선을 간략하게 표시하는 데 쓰인다.
수준면선			• 수면, 유면 등의 위치를 표시하는 데 쓰인다.
숨은선	가는 파선 또는 굵은 파선	– – – –	• 대상물의 보이지 않는 부분의 모양을 표시하는 데 쓰인다.
중심선	가는 1점쇄선	—·—·—	• 도형의 중심을 표시하는 데 쓰인다. • 중심이 이동한 중심궤적을 표시하는 데 쓰인다.
기준선			• 특히 위치 결정의 근거가 된다는 것을 명시할 때 쓰인다.
피치선			• 되풀이하는 도형의 피치를 취하는 기준을 표시하는 데 쓰인다.
특수 지정선	굵은 1점쇄선	—·—·—	• 특수한 가공을 하는 부분 등 요구사항을 적용할 수 있는 범위를 표시하는 데 사용한다.

용도에 의한 명칭	선의 종류		선의 용도
가상선	가는 2점쇄선	—··—	• 인접 부분을 참고로 표시하는 데 사용한다. • 공구, 지그 등의 위치를 참고로 나타내는 데 사용한다. • 가공 부분을 이동 중의 특정한 위치 또는 이동한 계의 위치로 표시하는 데 사용한다. • 가공 전 또는 가공 후의 모양을 표시하는 데 사용한다. • 되풀이하는 것을 나타내는 데 사용한다. • 도시된 단면의 앞쪽에 있는 부분을 표시하는 데 사용한다.
무게 중심선			• 단면의 무게중심을 연결한 선을 표시하는 데 사용한다.
파단선	불규칙한 파형의 가는 실선	〜〜	• 대상물의 일부를 파단한 경계 또는 일부를 떼어낸 경계를 표시하는 데 사용한다.
	지그재그선	～∨∿	
절단선	가는 1점쇄선으로 끝부분 및 방향이 변하는 부분을 굵게 한 것	⌐·¬	• 단면도를 그리는 경우, 그 절단 위치를 대응하는 그림에 표시하는 데 사용한다.
해 칭	가는 실선으로 규칙적으로 줄을 늘어놓은 것	/////	• 도형의 한정된 특정 부분을 다른 부분과 구별하는 데 사용한다. 예를 들어 단면도의 절단된 부분을 나타낸다.
특수한 용도의 선	가는 실선	——	• 외형선 및 숨은선의 연장을 표시하는 데 사용한다. • 평면이란 것을 나타내는 데 사용한다. • 위치를 명시하는 데 사용한다.
	아주 굵은 실선	▬▬	• 얇은 부분의 단선 도시를 명시하는 데 사용한다.

20 대상물의 일부가 어느 각도를 가지고 있기 때문에 그 실제 모양을 나타내기 위해서 다음 그림과 같이 도시하는 투상도의 명칭은?

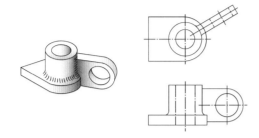

① 보조투상도
② 국부투상도
③ 전개투상도
④ 회전투상도

해설
• 회전투상도 : 대상물의 일부가 각도를 갖고 있을 때, 실제 모양을 나타내기 위해 그 부분을 회전시켜 실제 모양을 나타낸다.
• 국부투상도 : 대상물의 구멍, 홈 등 한 국부만의 모양을 도시하는 것으로 충분한 경우에는 그 필요한 부분만 국부투상도로서 나타낸다.
• 보조투상도 : 경사면의 실제 모양을 표시할 필요가 있을 때, 보이는 부분의 전체 또는 일부분을 나타낸다.
• 부분투상도 : 그림의 일부만 도시하는 것으로 충분한 경우에는 그 필요 부분만 투상하여 나타낸다.
★ 투상도의 종류는 1문제 정도 자주 출제되니 기출문제를 통해 반드시 암기한다(특히 투상도 그림과 명칭 암기).

21 다음 그림과 같은 입체도에서 화살표 방향이 정면도일 경우 평면도로 가장 적합한 것은?

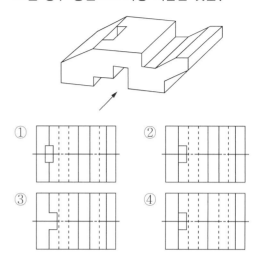

22 공작기계를 구성하는 중요한 구비조건이 아닌 것은?

① 가공능력이 클 것
② 높은 정밀도를 가질 것
③ 내구력이 클 것
④ 기계효율이 작을 것

해설
공작기계의 구비조건
• 제품의 공작 정밀도가 좋을 것
• 절삭가공 능률이 우수할 것
• 융통성이 풍부하고 기계효율이 클 것
• 조작이 용이하고, 안전성이 높을 것
• 동력손실이 작고, 기계 강성이 높을 것

23 일반적으로 연성재료를 저속으로 절삭할 때, 절삭 깊이가 클 때 많이 발생하며 칩의 두께가 수시로 변하게 되어 진동이 발생하기 쉽고 표면거칠기도 나빠지는 칩의 형태는?

① 전단형 칩
② 경작형 칩
③ 유동형 칩
④ 균열형 칩

연성재료를 저속으로 절삭할 때, 절삭 깊이가 클 때 많이 발생하는 칩은 전단형 칩이다.

칩의 종류

종 류	유동형 칩	전단형 칩	경작형 칩	균열형 칩
정 의	칩이 경사면 위를 연속적으로 원활하게 흘러 나가는 모양의 연속형 칩	경사면 위를 원활하게 흐르지 못할 때 발생하는 칩	가공물이 경사면에 점착되어 원활하게 흘러 나가지 못하여 가공재료 일부에 터짐이 일어나는 현상 발생	균열이 발생하는 진동으로 인하여 절삭공구 인선에 치핑이 발생
재 료	연성재료 (연강, 구리, 알루미늄) 가공	연성재료 (연강, 구리, 알루미늄) 가공	점성이 큰 가공물	주철과 같이 메진 재료
절삭 깊이	적을 때	클 때	클 때	
절삭 속도	빠를 때	작을 때		작을 때
경사각	클 때	작을 때	작을 때	
비 고	가장 이상적인 칩	진동 발생, 표면거칠기 나빠짐		순간적 공구날 끝에 균열 발생

칩의 형태

유동형 칩	전단형 칩
경작형(열단형) 칩	균열형 칩

24 다음 중 선반의 규격을 가장 잘 나타낸 것은?

① 선반의 총중량과 원동기의 마력
② 깎을 수 있는 일감의 최대 지름
③ 선반의 높이와 베드의 길이
④ 주축대의 구조와 베드의 길이

베드상의 최대 스윙(Swing) : 베드 위에 공작물이 닿지 않고 가공할 수 있는 공작물의 최대 직경

선반의 크기
선반의 크기를 나타내는 방법은 각종 선반에 따라 약간 다르지만, 보통 다음 그림과 같이 베드 위에 공작물을 최대로 물릴 수 있는 공작물 지름의 스윙(B), 양 센터 사이의 최대 거리(A), 왕복대 위의 높이 스윙(C)으로 선반의 크기를 나타낸다.

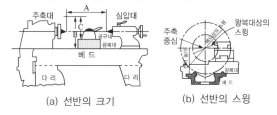

(a) 선반의 크기　　(b) 선반의 스윙

25 다음 그림이 나타내는 선반작업은?

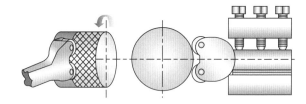

① 테이퍼가공
② 널링가공
③ 나사가공
④ 편심가공

널링(Knurling) : 공작물 표면에 널을 압입하여 사각형, 다이아몬드형 등의 요철을 만드는 가공으로, 미끄럼 방지를 위한 손잡이를 만들기 위한 소성가공이다.

26 다음 선반의 부속장치에 대한 설명이 틀린 것은?

① 단동척 : 보통 4개의 조가 단독으로 이동하여 공작물을 고정하며, 공작물의 바깥지름이 불규칙하거나 중심을 편심시켜 가공할 때 편리하다.

② 연동척 : 보통 3개의 조를 갖고 있으며, 한 개의 조를 척 핸들로 이동시키면 다른 조들도 동시에 거리를 방사상으로 움직이므로 원형, 정삼각형, 정육각형 등의 단면을 가진 공작물을 고정하는 데 편리하다.

③ 유압척 : 주축의 테이퍼 구멍에 슬리브를 꽂고 여기에 척을 끼워 지름이 가는 원형 봉이나 각 봉재를 빠르고 간편하게 고정시킬 수 있다.

④ 마그네틱척 : 두께가 얇은 공작물을 변형시키지 않고 고정할 수 있으나 절삭 깊이를 작게 해야 한다. 공작물의 부착면이 평면이고 자성체이면 가능하지만, 대형 공작물에는 부적당하다.

해설
• 유압척 : 유압의 힘으로 조가 움직이는 척으로, 별도의 유압장치가 필요하다. 소프트 조를 사용하기 때문에 가공 정밀도를 높일 수 있으며, 주로 수치제어 선반용으로 사용한다.
• 콜릿척 : 주축의 테이퍼 구멍에 슬리브를 꽂고 여기에 척을 끼워 지름이 가는 원형 봉이나 각 봉재를 빠르고 간편하게 고정시킬 수 있다.

27 절삭에서 구성인선의 발생 방지대책으로 틀린 것은?

① 절삭 깊이를 작게 한다.
② 윤활성이 좋은 절삭유제를 사용한다.
③ 경사각을 작게 한다.
④ 절삭속도를 크게 한다.

해설
구성인선 방지대책
• 절삭 깊이를 작게 한다.
• 공구 경사각을 크게 한다.
• 절삭공구의 인선을 예리하게(날카롭게) 한다.
• 윤활성이 좋은 절삭유제를 사용한다.
• 절삭속도를 크게 한다.

28 V벨트는 단면 형상에 따라 구분되는데 단면이 가장 큰 벨트의 유형은?

① A   ② C
③ E   ④ M

해설
V벨트의 사이즈
• V벨트는 KS규격에서 단면의 형상에 따라 여섯 종류로 규정하고 있으며, M형을 제외한 다섯 종류가 동력 전달용으로 사용된다. 가장 단면이 큰 벨트는 E형이다.
• 단면적 비교(M < A < B < C < D < E)

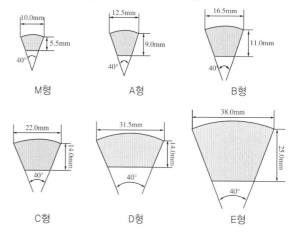

M형   A형   B형

C형   D형   E형

29 공작기계를 가공 능률에 따라 분류할 때 전용 공작기계에 속하는 것은?

① 플레이너   ② 드릴링 머신
③ 트랜스퍼 머신   ④ 밀링머신

해설
생산양식에 따른 공작기계의 분류

분류	공작기계	설명
범용 공작기계	선반, 밀링, 드릴링머신, 셰이퍼, 플레이너, 슬로터, 연삭기 등	가공기능이 다양하고 용도가 보편적인 공작기계이다.
전용 공작기계	트랜스퍼 머신, 크랭크축 선반, 차륜 선반 등	특정한 모양이나 치수의 제품을 대량 생산한다.
단능 공작기계	공구연삭기, 센터링 머신 등	한 가지 가공만 할 수 있는 공작기계이다.
만능 공작기계	선반, 드릴링, 밀링머신 등의 공작기계를 하나의 기계로 조합	여러 가지 가공을 할 수 있는 공작기계이다.

30 선반가공에서 절삭 깊이를 1.5mm로 원통 깎기를 할 때 공작물의 지름이 작아지는 양은 몇 mm인가?

① 1.5   ② 3.0
③ 0.75   ④ 1.55

해설

선반에서는 공작물이 회전을 하며 절삭되므로 절삭 깊이의 2배가 가공된다. 즉, 절삭 깊이가 1.5mm이면, 가공 시 3.0mm가 가공된다.
$1.5 \times 2 = 3.0$mm

31 다음 그림의 구조 명칭이 틀린 것은?

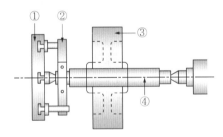

① 면 판   ② 돌리개
③ 공작물   ④ 센 터

해설

④는 맨드릴이다. 맨드릴은 구멍이 뚫린 공작물의 측면이나 바깥지름을 가공할 때 사용하는 고정구로 문제의 그림과 같이 양 센터로 지지하거나 주축의 테이퍼 구멍에 끼워 사용한다.

32 작업대 위에 설치해야 할 만큼의 소형 선반으로 시계 부품, 재봉틀 부품 등의 소형물을 주로 가공하는 선반은?

① 탁상선반   ② 정면선반
③ 터릿선반   ④ 공구선반

해설

① 탁상선반 : 작업대 위에 설치해야 할 만큼의 소형 선반이다. 베드의 길이 900mm 이하, 스윙 200mm 이하로서 시계 부품, 재봉틀 부품 등의 소형 부품을 주로 가공한다.

② 정면선반 : 기차바퀴처럼 지름이 크고, 길이가 짧은 가공물을 절삭하기 편리한 선반으로, 베드의 길이가 짧고 심압대가 없는 경우도 많다.
③ 터릿선반 : 보통선반의 심압대 대신에 터릿으로 불리는 회전공구대를 설치하여 여러 가지 절삭공구를 공정에 맞게 설치하여 부품을 대량 생산하는 선반이다.
④ 공구선반 : 보통선반과 같은 구조이나 정밀한 형식으로 되어 있어 주로 밀링커터, 드릴 등 공구를 가공한다.

암기 키워드 ★ 다음 단어를 키워드로 암기한다.

선반의 종류	암기 키워드
탁상선반	소형 선반, 시계 부품, 소형 부품
정면선반	기차바퀴, 지름이 크고, 길이가 짧고
수직선반	중량이 큰 대형 공작물
모방선반	동일한 모양의 형판
터릿선반	심압대 대신에 터릿
자동선반	캠이나 유압기구

33 선반의 구조는 크게 4부분으로 구분하는데 이에 해당하지 않는 것은?

① 공구대   ② 심압대
③ 주축대   ④ 베 드

해설
선반의 구조와 명칭
선반은 주축대, 왕복대, 심압대, 베드로 구성되어 있다.

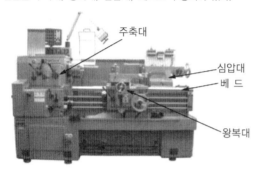

34 선반가공에서 방진구의 사용목적은?

① 척에 소재의 고정을 단단히 하기 위해 사용한다.
② 소재의 회전을 원활하게 하기 위해 사용한다.
③ 소재의 중심을 잡기 위해 사용한다.
④ 지름이 작고 길이가 긴 소재의 가공 시 소재의 휨이나 떨림을 방지하기 위해 사용한다.

해설
방진구(Work Rest) : 선반에서 가늘고 긴 가공물의 휨이나 떨림을 방지하기 위해 선반 베드 위에 고정하여 사용하는 고정식 방진구, 왕복대의 새들에 고정하여 사용하는 이동식 방진구가 있다.
방진구의 설치

 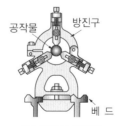

(a) 이동식 방진구   (b) 고정식 방진구

35 선반작업에서 단면가공이 가능하도록 보통센터의 원추형 부분을 축 방향으로 반을 제거하여 제작한 센터는?

① 하프센터   ② 파이프센터
③ 베어링센터   ④ 평센터

해설
하프센터 : 정지센터로 가공물을 지지하고 단면을 가공하면 바이트와 가공물의 간섭으로 가공이 불가능하게 된다. 이때 보통센터의 선단 일부를 가공하여 단면가공이 가능하도록 제작한 센터
센터(Center)

센 터	설 명	그 림
보통센터	가장 일반적인 센터로 선단을 초경합금으로 하여 사용한다.	
베어링센터	정지센터에 베어링을 이용하여 정지센터의 선단 일부가 가공물의 회전에 의하여 함께 회전하도록 제작한 센터이다.	
하프센터	보통센터 선단 일부를 가공하여 단면가공이 가능하도록 제작한 센터이다.	
파이프센터	큰 지름의 구멍이 있는 가공물을 지지할 때 사용한다.	
평센터	가공물에 센터구멍을 가공해서는 안 될 경우에 사용한다.	

36 ϕ25-4날 초경합금 엔드밀을 이용하여 머시닝센터에 가공할 때 추천된 절삭속도가 50m/min, 이송이 0.1mm/tooth라면 스핀들의 회전수와 이송속도(mm/min)를 얼마로 지령해야 하는가?

	스핀들 회전수(rpm)	이송속도(mm/min)
①	640rpm	254.8mm/min
②	255rpm	637.8mm/min
③	637rpm	254.8mm/min
④	255rpm	640mm/min

해설

- 공구의 지름(d) → ϕ25-4날로 25mm
- 스핀들 회전수(n) $= \dfrac{1,000v}{\pi d} = \dfrac{1,000 \times 50\text{m/min}}{3.14 \times 25\text{mm}} = 637\text{rpm}$

  ∴ 스핀들 회전수(n) $= 637\text{rpm}$
- 분당 이송속도 $F = f_z \times z \times n = 0.1\text{mm}$

  여기서, n : 스핀들 회전수(rpm)

  v : 절삭속도(m/min)

  d : 공구지름(mm)

  f_z : 날 하나당 이송(mm/min)

37 숫돌바퀴의 구성 3요소는?

① 숫돌입자, 결합제, 기공

② 숫돌입자, 입도, 성분

③ 숫돌입자, 결합도, 입도

④ 숫돌입자, 결합제, 성분

해설

숫돌바퀴의 구성요소
- 숫돌입자 : 절삭공구날 역할을 하는 입자
- 결합제 : 입자와 입자를 결합시키는 것
- 기공 : 입자와 결합제 사이의 빈 공간

연삭숫돌의 구성요소

38 구름 볼 베어링의 호칭번호 6305의 안지름은 몇 mm인가?

① 5   ② 10

③ 20   ④ 25

해설

- 63 : 베어링 계열번호
  - 6 : 형식번호(단열 홈형)
  - 3 : 치수번호(중간 하중형)
- 05 : 안지름 번호(5×5=25mm), 따라서 베어링 안지름은 25mm이다.

베어링 안지름 번호 부여

안지름 범위 (mm)	안지름 치수	안지름 기호	예
10mm 미만	안지름이 정수인 경우	안지름	2mm이면 2
	안지름이 정수 아닌 경우	/안지름	2.5mm이면 /2.5
10mm 이상 20mm 미만	10mm	00	–
	12mm	01	
	15mm	02	
	17mm	03	
20mm 이상 500mm 미만	5의 배수인 경우	안지름을 5로 나눈 수	40mm이면 08
	5의 배수가 아닌 경우	/안지름	28mm이면 /28
500mm 이상	–	/안지름	560mm이면 /560

39 다음 끼워맞춤에서 요철 틈새 0.1mm를 측정할 경우 가장 적당한 것은?

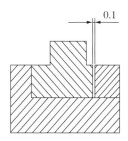

① 내경 마이크로미터   ② 다이얼 게이지
③ 버니어 캘리퍼스   ④ 틈새 게이지

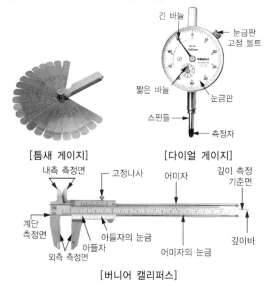

[틈새 게이지]   [다이얼 게이지]

[버니어 캘리퍼스]

40 다음 그림과 같이 사인바를 사용하여 각도를 측정하는 경우, α는 몇 도인가?

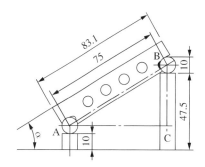

① 20°   ② 25°
③ 30°   ④ 35°

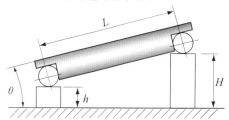

★ 사인바 각도 공식은 반드시 암기한다.

41 호닝(Honing)에 대한 설명으로 틀린 것은?

① 숫돌의 길이는 가공 구멍 길이와 같은 것을 사용한다.

② 냉각액은 등유 또는 경우에 라드(Lard)유를 혼합해 사용한다.

③ 공작물 재질이 강과 주강인 경우는 WA입자의 숫돌재료를 쓴다.

④ 왕복운동과 회전운동에 의한 교차각이 40~50° 일 때 다듬질 양이 가장 크다.

해설

호닝의 조건

숫돌의 길이는 가공 구멍 길이의 $\frac{1}{2}$ 이하로 하고, 숫돌의 왕복운동 방향은 구멍의 양 끝에서 숫돌 길이의 $\frac{1}{4}$ 정도가 나왔을 때 바꾸도록 한다. 혼의 왕복운동과 회전운동의 합성에 의해 숫돌은 다음 그림과 같이 나선운동을 하게 되고, 공작물 내면에 일정한 각도로 교차하는 궤적이 나타난다. 이 궤적을 이루는 각 a를 교차각이라고 하며, 40~50°일 때 다듬질의 양이 가장 크다. 따라서 교차각값을 이 정도로 유지하기 위해 혼의 왕복속도는 회전 원주속도의 $\frac{1}{2}$ ~ $\frac{1}{3}$ 정도로 한다.

혼의 운동 궤적

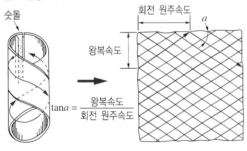

$$\tan a = \frac{왕복속도}{회전 \ 원주속도}$$

42 CNC 선반에서 그림의 B → C 경로의 가공프로그램으로 틀린 것은?

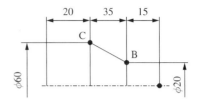

① G01 X60. Z-50.;

② G01 U60. Z-50.;

③ G01 U40. W-35.;

④ G01 X60. W-35.;

해설

G01 U60. Z-50.; → 혼합지령인 G01 U40. Z-50.;으로 지령해야 한다.

B → C 경로의 가공프로그램

구 분	B → C 경로프로그램	비 고
절대지령	G01 X60. Z-50.;	프로그램 원점을 기준으로 좌표값 입력
증분지령	G01 U40. W-35.;	현재의 공구 위치를 기준으로 끝점까지의 증분값 입력
혼합지령	G01 X60. W-35.; G01 U40. Z-50.;	절대지령과 증분지령방식을 혼합하여 지령

43 CNC 공작기계의 3가지 제어방식에 속하지 않는 것은?

① 위치결정제어

② 직선절삭제어

③ 원호절삭제어

④ 윤곽절삭제어

해설

원호절삭제어는 CNC 공작기계 제어방식에 속하지 않는다. CNC 공작기계는 제어방식에 따라 위치결정제어, 직선절삭제어, 윤곽절삭제어의 3가지 방식으로 구분할 수 있다.

44 다음은 머시닝센터 프로그램의 일부를 나타낸 것이다. ( ) 안에 알맞은 것은?

G90 G92 X0. Y0. Z100.;
(㉠)1500 M03;
G00 Z3.;
G42 X25.0 Y20. (㉡)07 M08;
G01 Z-10. (㉢)50;
X90. F160;
(㉣) X110. Y40. R20.;
X75. Y89. 749 R50;
G01 X30. Y55.;
Y18.;
G00 Z100. M09;

	㉠	㉡	㉢	㉣
①	F	M	S	G02
②	S	D	F	G01
③	S	H	F	G00
④	S	D	F	G03

해설
• ㉠ 블록의 M03(주축 정회전) 앞에 주축 회전수 S가 지령되어야 한다.
• ㉡ 블록의 G42(공구지름 보정 우측)로 인해 공구보정번호를 나타내는 D가 지령되어야 한다.
• ㉢ 블록의 G01(직선보간)로 인해 이송속도 F가 지령되어야 한다.
• ㉣ 블록은 반지름값 R50이 있으므로 원호절삭인 G02 또는 G03이 지령되어야 한다.

45 다음과 같은 CNC 선반프로그램에서 S200의 가장 올바른 의미는?

G50 X150. Z150. S2000 T0100;
G96 S200 M03;

① 주축 회전수 : 200rpm
② 절삭속도 : 200m/min
③ 절삭속도 : 200mm/rev
④ 주축 최고 회전수 : 200rpm

해설
• G96 S200 M03; → 이 블록에서 S200은 G96(절삭속도 일정제어)으로, 절삭속도 200m/min로 일정하게 유지하며 정회전(M03)한다.
• G50 X150. Z150. S2000 T0100; → 이 블록에서 S2000은 G50으로 인해 주축 최고 회전수를 2,000rpm으로 설정한다.
※ • G50 : 공작물 좌표계 설정, 주축 최고 회전수 설정
  • G96 : 절삭속도 일정제어(m/min)

46 모터에서 속도를 검출하고, 기계의 테이블에서 위치를 검출하여 피드백시키는 다음 그림과 같은 서보기구 방식은?

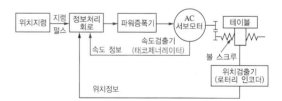

① 하이브리드 방식
② 폐쇄회로 방식
③ 반폐쇄회로 방식
④ 개방회로 방식

서보기구

구 분	내용/그림
개방회로 방식	피드백 장치 없이 스테핑 모터를 사용한 방식으로 실용화되었으나, 피드백 장치가 없기 때문에 가공 정밀도에 문제가 있어 현재는 거의 사용되지 않는다.
폐쇄회로 방식	모터에 내장된 태코제너레이터에서 속도를 검출하고, 기계의 테이블에 부착한 스케일(Scale)에서 위치를 검출(로터리 인코더)하여 피드백시키는 방식이다.
반폐쇄회로 방식	모터에 내장된 태코제너레이터(펄스제너레이터)에서 속도를 검출하고, 인코더에서 위치를 검출하여 피드백하는 제어방식이다.
복합회로 방식	반폐쇄회로 방식과 폐쇄회로 방식을 결합하여 고정밀도로 제어하는 방식으로, 가격이 고가이므로 고정밀도를 요구하는 기계에 사용된다.

★ 서보기구는 자주 출제되므로 내용과 그림을 반드시 암기할 것

---

47 다음 CNC 선반프로그램에서 나사가공에 사용된 고정 사이클은?

```
G28 U0. W0.;
G50 X150. Z150. T0700;
G97 S600 M03;
G00 X26. Z3. T0707 M08;
G92 X23.2 Z-20. F2.;
X22.7
```

① G28 ② G50

③ G92 ④ G97

③ G92 : 나사절삭 사이클
① G28 : 자동원점 복귀
② G50 : 공작물 좌표계 설정, 주축 최고 회전수 설정
④ G97 : 주축 회전수(rpm) 일정 제어

48 다음 중 지령된 블록에서만 유효한 G코드(One Shot G Code)가 아닌 것은?

① G04 ② G30

③ G40 ④ G50

• G40은 공구인선 보정 취소로 동일 그룹의 다른 G코드가 나올 때까지 유효한 모달 G코드이다.
• G코드에는 숏(One Shot) G코드와 모달(Modal) G코드의 두 종류가 있다.

구 분	의 미	그 룹	G코드
원숏 G코드	명령된 블록에 한해서 유효	00그룹	G04, G27, G28, G30 등
모델 G코드	동일 그룹의 다른 G코드가 나올 때까지 유효	00 이외의 그룹	G01, G41, G96 등

49 다음 CNC 프로그램의 N005 블록에서 주축 회전수는?

```
N001 G50 X150. Z150. S2000 T0100;
N002 G96 S200 M03;
N003 G00 X-2.;
N004 G01 Z0;
N005 X30.;
```

① 200rpm ② 212rpm

③ 2,000rpm ④ 2,123rpm

해설
- N002 G96 S200 M03; → 절삭속도 200m/min으로 일정제어, 정회전
- N005 X30.; → 공작물 지름(ϕ30mm)
- 주축 회전수 $N = \dfrac{1,000\,V}{\pi D} = \dfrac{1,000 \times 200\text{m/min}}{\pi \times 30\text{mm}} = 2,123\text{rpm}$

  $\therefore N = 2,123\text{rpm}$
- N001 G50 X150. Z150. S2000 T0100; → G50 주축 최고 회전수를 2,000rpm으로 제한하였기 때문에 N005 블록에서 회전수는 계산된 2,123rpm이 아니라 주축 최고 회전수 2,000rpm이 된다.
- ※ 단순히 주축 회전수를 계산해서 정답을 선택하면 안 된다. 계산된 주축 회전수가 주축 최고 회전수보다 많으면 주축 최고 회전수를 선택한다.

50 CNC 프로그램에서 공구 길이 보정과 관계없는 준비기능은?

① G42 ② G43

③ G44 ④ G49

해설
G42는 공구 길이 보정과 관계없다.
- G42 : 공구인선 반지름 보정 우측
- G43 : 공구 길이 보정 '+'
- G44 : 공구 길이 보정 '−'
- G49 : 공구 길이 보정 취소

51 CNC 선반에서 나사절삭 사이클을 이용하여 다음 그림과 같은 나사를 가공하려고 한다. ( ) 안에 들어갈 내용으로 알맞은 것은?

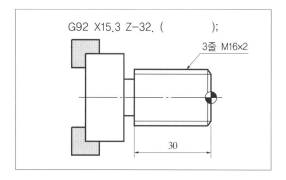

① F1.6 ② F2.0

③ F4.0 ④ F6.0

해설
- 3줄 M16×2 : 피치는 2이다.
- 나사가공에서 F로 지령된 값은 나사의 리드이다.
- 리드 = 피치 × 줄수 = 2 × 3 = 6 → F6.0

52 CNC 공작기계가 자동운전 중에 갑자기 멈추었을 때의 조치사항으로 잘못된 것은?

① 비상정지버튼을 누른 후 원인을 찾는다.
② 프로그램의 이상 유무를 하나씩 확인하여 원인을 찾는다.
③ 강제로 모터를 구동시켜 프로그램을 실행시킨다.
④ 화면상의 경보(Alarm)내용을 확인한 후 원인을 찾는다.

해설
CNC 공작기계가 자동운전 중에 갑자기 멈춘 경우, 알람을 확인하고 원인을 파악한 후 전문가에게 의뢰한다. 모터를 강제로 구동시키면 안 된다.

53 다음은 CNC 프로그램에서 일반적인 명령절의 구성 순서를 나타낸 것이다. M 기능에 해당되는 것은?

```
N_ G_ X_ Z_ F_ S_ T_ M_ ;
```

① 준비기능
② 보조기능
③ 이송기능
④ 주축기능

해설
- 보조기능(M) : 스핀들 모터를 비롯한 기계의 각종 기능을 수행하는 데 필요한 보조장치의 ON/OFF를 수행하는 기능
- 준비기능(G) : 제어장치의 기능을 동작하기 위한 준비를 하는 기능
- 주축기능(S) : 주축의 회전속도를 지령하는 기능
- 공구기능(T) : 공구를 선택하는 기능
- 이송기능(F) : 이송속도를 지령하는 기능

55 일반적인 CAM 시스템의 정보처리 흐름의 순서로 맞는 것은?

① 곡선 정의 → 곡면 정의 → 공구경로 생성 → NC코드 생성
② 곡면 정의 → 곡선 정의 → NC코드 생성 → 공구경로 생성
③ 곡선 정의 → 공구경로 생성 → NC코드 생성 → 곡면 정의
④ 공구경로 생성 → 곡선 정의 → 곡면 정의 → NC코드 생성

54 밀링작업 시 안전 및 유의사항이 잘못된 것은?

① 기계를 가동하기 전에 각 부분의 작동 상태를 점검한다.
② 유창을 통하여 기름의 양을 확인하고 부족 시 보충한다.
③ 주축 회전수의 변환은 주축이 완전히 정지된 후에 실시한다.
④ 절삭되어 나온 칩은 손으로 털어서 제거해야 한다.

해설
밀링작업 시 절삭되어 나온 칩은 주축을 정지시킨 상태에서 칩 제거 도구를 이용하여 제거한다.

56 CNC 선반프로그램에서 G28 U10. W10.;의 블록을 바르게 설명한 것은?

① 자동원점 복귀 명령문이다.
② 중간점을 경유할 필요가 없다.
③ 제2원점 복귀 명령문이다.
④ G28 블록에서 U, W 대신 X, Z는 사용할 수 없다.

해설
자동원점 복귀(G28) : 원점 복귀를 지령할 때에는 급속이송속도로 움직이므로 가공물과 충돌을 피하기 위하여 중간 경유점을 경유하여 복귀하도록 하는 것이 좋다. 중간 경유점의 위치를 지정할 때에는 증분지령(U, W)으로 지령하는 것이 충돌을 피하는 좋은 방법이다.
※ G30 : 제2원점 복귀

53 ② 54 ④ 55 ① 56 ① **정답**

57 다음 조작판에서 화살표가 지시하는 기능은?

① 선택한 프로그램을 자동운전한다.
② 돌발적인 충돌이나 위급한 상황에서 누른다.
③ 공구를 급속(G00 속도)으로 이동시킨다.
④ 공구를 원하는 축 방향으로 이동시킬 수 있다.

해설

비상정지버튼 : 돌발적인 충돌이나 위급한 상황에서 누르면 움직이는 장치들은 모두 비상 정지하고, 주전원을 차단하는 효과가 나타난다. 해제하려면 버튼을 시계 방향으로 돌린다.

58 CNC 기계의 일상점검 중 매일 점검해야 할 사항은?

① 유량점검
② 각부의 필터(Filter)점검
③ 기계 정도검사
④ 기계 레벨(수평)점검

해설

매일 점검사항 : 외관점검, 유량점검, 압력점검, 각부의 작동검사

59 1,000rpm으로 회전하는 주축에서 2회전 일시정지 프로그램을 할 때 맞는 것은?

① G04 X1.2;
② G04 W120;
③ G04 U1.2;
④ G04 P120;

해설

• G04 : 지령한 시간 동안 이송이 정지되는 기능(휴지기능/일시정지)

• 정지시간(초) $= \dfrac{60 \times 공회전수(회)}{스핀들\ 회전수(rpm)} = \dfrac{60 \times n회}{N(rpm)}$

$$= \dfrac{60 \times 2회}{1,000rpm} = 0.12초$$

• 0.12초 일시정지 지령방법
  - G04 X0.12;
  - G04 U0.12;
  - G04 P120;

• 0.12초 정지시키려면 G04 X0.12; 또는 G04 U0.12; 또는 G04 P120;

• 휴지(Dwell : 일시정지)시간을 지령하는 데 사용되는 어드레스는 X, U, P를 사용한다. 어드레스 X, U 또는 P와 정지하려는 시간을 수치로 입력한다. P는 소수점을 사용할 수 없으며, X와 U는 소수점 이하 세 자리까지 유효하다.

60 공구보정(Offset) 화면에서 가상 인선 반경 보정을 수행하기 위하여 노즈 반경을 입력하는 곳은?

① R   ② Z
③ X   ④ T

해설

CNC 선반 공구보정(Offset) 화면

Tool No (공구번호)	X (X성분)	Z (Z성분)	R (노즈 반경 성분)	T (공구 인선 유형)
01	−005.253	052.025	0.4	2
...	...	...	...	...

정답 57 ② 58 ① 59 ④ 60 ①

01 일반적인 합성수지의 공통된 성질로 거리가 가장 먼 것은?

① 가볍다.
② 착색이 자유롭다.
③ 전기절연성이 좋다.
④ 열에 강하다.

해설
플라스틱(합성수지)
석탄, 석유, 천연가스와 같은 원료를 인공적으로 합성하여 얻은 고분자 물질로, 금속에 비해 값이 싸고 가볍다. 또한, 특정 온도에서 가소성이 있어 성형이 쉬우므로 생활에 널리 사용된다. 합성수지에는 열경화성 수지와 열가소성 수지가 있다. 합성수지의 특징은 다음과 같다.
• 경량, 절연성이 우수, 내식성 우수, 단열, 비자기성 등
• 열에 약하며 표면경도는 금속재료에 비해 약하다.
• 내식성이 우수하여 산, 알칼리에 강하다.

02 조성은 Al에 Cu와 Mg이 각각 1%, Si가 12%, Ni이 1.8%인 Al 합금으로 열팽창계수가 작아 내연기관 피스톤용으로 이용되는 것은?

① Y 합금
② 라우탈
③ 실루민
④ Lo-Ex 합금

해설
• Y 합금 : Al+Cu+Ni+Mg의 합금으로, 내연기관 실린더에 사용한다.
• 두랄루민 : Al+Cu+Mg+Mn의 합금으로, 가벼워서 항공기나 자동차 등에 사용된다.
• 실루민 : Al+Si의 합금으로, 주조성은 좋으나 절삭성은 나쁘다.
• Lo-Ex 합금 : 열팽창계수가 작아 내연기관 피스톤용으로 사용된다.

03 한 변의 길이가 2cm인 정사각형 단면의 주철제 각봉에 4,000N의 중량을 가진 물체를 올려놓았을 때 생기는 압축응력(N/mm²)은?

① 10
② 20
③ 30
④ 40

해설

$$압축응력(\sigma_c) = \frac{P_c}{A} = \frac{4,000\text{N}}{20 \times 20\text{mm}} = 10\text{N/mm}^2$$

$$\therefore \ \sigma_c = 10\text{N/mm}^2$$

여기서, A : 단면적, P_c : 압축하중

04 공작기계의 기본운동에 해당되지 않는 것은?

① 절삭운동
② 치핑운동
③ 이송운동
④ 위치조정운동

해설
공작기계 기본운동
• 절삭운동
• 이송운동
• 위치조정운동

05 지름이 120mm, 길이 340mm인 중탄소강 둥근 막대를 초경합금 바이트를 사용하여 절삭속도 150m/min으로 절삭하고자 할 때, 그 회전수는?

① 398rpm ② 410rpm

③ 430rpm ④ 458rpm

해설

절삭속도$(v) = \dfrac{\pi dn}{1,000}\,(\text{m/min})$

회전수$(n) = \dfrac{1,000v}{\pi d} = \dfrac{1,000 \times 150\text{m/min}}{\pi \times 120\text{mm}} ≒ 397.88\text{rpm}$

∴ 회전수$(n) = 398\text{rpm}$

여기서, v : 절삭속도(m/min), d : 공작물 지름(mm), n : 회전수(rpm)

06 선반에서 사용되는 맨드릴의 종류가 아닌 것은?

① 팽창식 맨드릴 ② 조립식 맨드릴

③ 방진구식 맨드릴 ④ 표준 맨드릴

해설

• 방진구식 맨드릴은 선반에서 사용되는 맨드릴의 종류가 아니다.
• 선반에서 사용되는 맨드릴의 종류 : 표준 맨드릴, 갱 맨드릴, 나사 맨드릴, 테이퍼 맨드릴, 조립식 맨드릴
• 맨드릴(Mandrel) : 기어, 벨트 풀리 등과 같이 구멍과 외경이 동심원이고, 직각이 필요한 경우에 구멍을 먼저 가공하고 구멍에 맨드릴을 끼워 양 센터로 지지하여, 외경과 측면을 가공하여 부품을 완성하는 선반의 부속품이다.

맨드릴의 종류와 사용의 예

종 류	비 고	종 류	비 고
팽창식 맨드릴	맨드릴 슬리브	나사 맨드릴	가공물 고정부
테이퍼 맨드릴	테이퍼자루 가공물(너트)	너트(갱) 맨드릴	와 셔 가공물
조립식 맨드릴	원 추 원 추 가공물(관)	맨드릴 사용의 예	면 판 돌리개 가공물 맨드릴

07 연삭숫돌의 입도를 선택하는 조건 중 틀린 것은?

① 거칠게 연삭할 때에는 거친 입도

② 접촉면이 클 때에는 거친 입도

③ 경도가 높은 일감에는 거친 입도

④ 연성재료에는 거친 입도

해설

연삭조건에 따른 입도의 선정방법

거친 입도의 연삭숫돌	고운 입도의 연삭숫돌
• 거친 연삭, 절삭 깊이와 이송량이 클 때 • 숫돌과 가공물의 접촉 면적이 클 때 • 연하고 연성이 있는 재료를 연삭할 때	• 다듬질 연삭, 공구 연삭 • 숫돌과 가공물의 접촉 면적이 작을 때 • 경도가 크고 메진 가공물을 연삭할 때

08 브로칭 머신으로 가공할 수 없는 것은?

① 스플라인 홈

② 다각형의 구멍

③ 둥근 구멍 안의 키 홈

④ 베어링용 볼

해설

브로칭 머신(Broaching Machine)

가늘고 긴 일정한 단면 모양을 가진 공구에 많은 날을 가진 브로치(Broach)라는 절삭공구를 사용하여 가공물의 내면이나 외경에 필요한 형상의 부품을 가공하는 절삭방법을 브로칭(Broaching)이라고 한다. 가공방법에 따라 키 홈, 스플라인 홈, 원형이나 다각형의 구멍 등의 내면의 형상을 가공하는 내면 브로칭 머신과 세그먼트 기어, 홈, 특수한 외면의 형상을 가공하는 외경 브로칭 머신 등이 있다.

09 일반적으로 바이스의 크기를 나타내는 것은?

① 바이스 전체의 중량

② 물건을 물릴 수 있는 조의 폭

③ 물건을 물릴 수 있는 최대의 거리

④ 바이스의 최대 높이

해설

일반적인 바이스의 크기는 물건을 물릴 수 있는 조의 폭이다.
밀링바이스

밀링바이스	설 명	그 림
수평바이스	조의 방향이 테이블의 이송 방향과 평행하거나 직각 방향이 되도록 설치한다.	
회전바이스	회전대의 고정 볼트를 풀고 수평 방향으로 회전하여 임의의 각도로 공작물을 고정한다.	
유압바이스	공작물을 유압으로 고정한다.	
만능바이스	공작물을 자유로운 각도로 조정하여 고정한다.	

10 다음 중 광학적으로 길이의 미소범위를 확대하여 측정하는 것은?

① 버니어 캘리퍼스

② 옵티미터

③ 마이크로인디케이터

④ 사인바

해설

옵티미터(Optimeter) : 광학적 방법으로 측정물의 치수를 확대해서 이것과 기준게이지를 비교하여 길이를 측정하는 기구

11 밀링머신의 부속장치가 아닌 것은?

① 분할대

② 래크절삭장치

③ 아 버

④ 에이프런

해설

에이프런(Apron)은 선반의 부속장치로, 왕복대는 크게 새들(Saddle)과 에이프런(Apron)으로 나눈다.

선반의 부속장치	밀링의 부속장치
센터, 면판, 돌림판과 돌리개, 방진구, 맨드릴, 척 등	바이스, 분할대, 회전테이블, 슬로팅장치, 수직밀링장치, 래크절삭장치, 아버 등

12 수기가공 시 금긋기용 공구에 해당되지 않는 것은?

① V-블록

② 서피스 게이지

③ 직각자

④ 스크레이퍼

해설

스크레이퍼(Scraper) : 공작기계로 가공된 평면, 원통면을 스크레이퍼로 더욱 정밀하게 다듬질하는 가공을 스크레이핑(Scraping)이라고 한다. 공작기계의 베드, 미끄럼면, 측정용 정밀정반 등 최종적인 마무리 가공에 사용된다.

금긋기용 공구 : 금긋기용 정반, 금긋기용 바늘, 서피스 게이지, 펀치, 컴퍼스와 편퍼스, V-블록, 직각자, 평해대 등

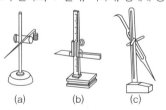

(a)　　　(b)　　　(c)

[서피스 게이지]

13 사인바(Sine Bar)에 대한 설명 중 틀린 것은?

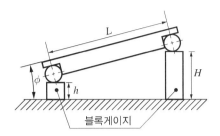

블록게이지

① 블록 게이지 등을 병용하고 삼각함수 사인(Sine)을 이용하여 각도를 측정하는 기구이다.

② 사인바의 호칭치수는 보통 100mm 또는 200mm 이다.

③ 45°보다 큰 각을 측정할 때에는 오차가 작아진다.

④ 정반 위에서 정반면과 사인봉과 이루는 각을 표시하면 $\sin\phi = (H-h)/L$ 식이 성립한다.

사인바(Sine Bar) : 길이를 측정하여 직각삼각형의 삼각함수를 이용한 계산에 의하여 임의각의 측정 또는 임의각을 만드는 기구이다. 블록게이지로 양단의 높이로 조절하여 각도를 구하는 것으로 정반 위에서의 높이를 H, h라고 하면, 정반면과 사인바의 상면이 이루는 각을 구하는 식은 다음과 같다.

$$\sin\phi = \frac{H-h}{L}$$

사인바를 사용할 때 각도가 45°보다 큰 각을 사용하면 오차가 커지기 때문에 사인바는 기준면에 대하여 45°보다 작게 사용한다.

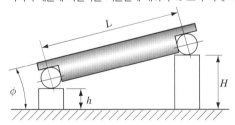

14 드릴(Drill)에 대한 설명이 맞는 것은?

① 웨브(Web)는 드릴 끝쪽으로 갈수록 두꺼워진다.

② 드릴의 외경은 자루쪽으로 갈수록 커진다.

③ 표준 드릴의 날끝각은 100°, 웨브각은 145°, 여유각은 8°이다.

④ ϕ13mm 이상의 드릴은 슬리브(Sleeve)나 소켓(Socket)에 끼워 사용한다.

ϕ13mm 이상의 드릴은 슬리브(Sleeve)나 소켓(Socket)에 끼워 사용한다. 드릴의 지름이 ϕ13mm 이상이면 드릴의 자루부는 테이퍼로 제작된다. 드릴의 테이퍼 자루와 주축 테이퍼 구멍의 크기가 같을 경우에는 드릴머신의 주축에 직접 고정하여 사용한다. 드릴 자루의 크기가 주축 테이퍼 구멍보다 작을 때는 슬리브와 드릴척 섕크를 드릴 자루에 먼저 조립하여 주축의 테이퍼 구멍과 같은 크기로 하여, 주축 테이퍼 구멍에 고정하여 사용한다. ϕ13mm 이하의 작은 드릴은 자루가 직선으로 이루어져 주축 테이퍼 구멍에 고정하여 사용할 수 없으므로 드릴척(Drill Chuck)을 먼저 주축 테이퍼 구멍에 고정하고, 주축에 고정된 드릴척에 드릴을 고정하여 사용한다.

드릴의 고정방법

드릴척에 고정하는 방법	소켓 또는 슬리브에 고정하는 방법
드릴척 / 척 핸들 / 드 릴	돌림 홈 / 스핀들 / 드리프트 / 탱 / 테이퍼 섕크

15 선반에서 사용되는 척으로, 조가 동시에 움직이므로 원형, 정다각형의 일감을 고정하는 데 편리한 척은?

① 연동척   ② 단동척

③ 마그네틱척   ④ 콜릿척

해설

연동척은 1개의 조를 돌리면 3개의 조가 함께 동일한 방향, 동일한 크기로 이동하기 때문에 원형이나 3의 배수가 되는 단면의 가공물을 쉽고, 편하고, 빠르게, 숙련된 작업자가 아니라도 고정할 수 있다. 그러나 불규칙한 가공물, 단면이 3의 배수가 아닌 가공물, 편심가공을 할 수 없으며, 단동척에 비하여 고정력이 약하다.

선반에 사용하는 척의 종류

단동척	내 용	4개의 조가 90° 간격으로 구성 배치되어 있으며, 보통 4개의 조가 단독적으로 이동하여 공작물을 고정하며, 공작물의 바깥지름이 불규칙하거나 중심을 편심시켜 가공할 때 편리하다.
	그 림	
	비 고	• 불규칙한 모양 • 편심가공
연동척	내 용	3개의 조가 120° 간격으로 구성 배치되어 있으며, 1개의 조를 척 핸들로 이동시키면 다른 조들도 동시에 같은 거리를 방사상으로 움직이므로 원형, 정삼각형, 정육각형 등의 단면을 가진 공작물을 고정하는 데 편리하다.
	그 림	
	비 고	• 원형, 정삼각형 • 정육각형
마그네틱 척	내 용	전자석을 이용하여 얇은 판, 피스톤링과 같은 가공물을 변형시키지 않고, 고정시켜 가공할 수 있는 자성체 척이다.
	그 림	
	비 고	• 절삭 깊이를 작게 • 대형 공작물 부적당

유압척	내 용	유압의 힘으로 조가 움직이는 척으로, 별도의 유압장치가 필요하다. 유압척은 소프트 조를 사용하기 때문에 가공 정밀도를 높일 수 있으며, 주로 수치제어 선반용으로 사용한다.
	그 림	
	비 고	• 소프트 조 사용 • 가공 정밀도 높음 • 수치제어 선반용
콜릿척	내 용	주축의 테이퍼 구멍에 슬리브를 꽂고 여기에 척을 끼워 사용하며, 지름이 가는 원형 봉이나 각 봉재를 빠르고 간편하게 고정할 수 있다.
	그 림	
	비 고	• 지름이 작은 가공물 • 각 봉재를 가공

16 바이트에서 칩브레이커를 붙이는 이유는?

① 선반에서 바이트의 강도를 높이기 위하여

② 절삭속도를 빠르게 하기 위하여

③ 바이트와 공작물의 마찰을 작게 하기 위하여

④ 칩을 짧게 끊기 위하여

해설

칩브레이커(Chip Breaker) : 가장 바람직한 칩의 형태가 유동형 칩이다. 그러나 유동형 칩은 가공물에 휘말려 가공된 표면과 바이트를 상하게 하거나, 작업자의 안전을 위협하거나, 절삭유의 공급과 절삭가공을 방해한다. 즉, 칩을 인위적으로 짧게 끊기 위해 칩브레이커를 이용한다.

[칩브레이커의 여러 가지 형태]

17 마이크로미터 및 게이지 등의 핸들에 이용되는 널링작업에 대한 설명으로 옳은 것은?

① 널링가공은 절삭가공이 아닌 소성가공법이다.
② 널링작업을 할 때는 절대 절삭유를 공급하면 안 된다.
③ 널링을 하면 다듬질 치수보다 지름이 작아지는 것을 고려해야 한다.
④ 널이 2개인 경우 널이 가공물의 중심선에 대하여 비대칭으로 위치하여야 한다.

> **해설**
> 널링(Knurling)가공
> 가공물의 표면에 널(Knurl)을 압입하여 가공물 원주면에 사각형, 다이아몬드형, 평형 등의 요철 형태로 가공하는 방법으로, 선반가공법 중에서 절삭가공이 아닌 유일한 소성가공법이다.

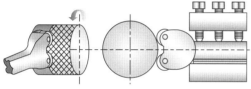

> 널링가공의 특징
> • 널링가공은 소성가공이기 때문에 가공물의 외경이 커진다.
> • 따라서 커지는 만큼 외경을 미리 작게 가공한 후 널링가공하여 요구하는 치수가 되도록 가공한다.
> • 널링가공을 위한 가공치수 = 널링 도면 치수 − 0.5×피치
> • 널링가공은 높은 압력이 작용하므로, 반드시 센터로 지지하고 널을 공구대에 단단히 고정시키고 절삭유를 충분히 공급하면서 가공한다.
> • 널이 1개인 경우에는 널과 가공물의 중심이 일치하고, 널이 2개일 경우에는 가공물 중심선에 대칭으로 위치시켜 가공한다.

18 드릴의 소재로 사용되지 않는 것은?

① 탄소공구강
② 합금공구강
③ 고속도강
④ 세라믹

> **해설**
> 드릴의 소재로 세라믹은 사용되지 않는다. 드릴의 소재로 합금공구강, 고속도강, 초경합금 등이 사용된다.

19 표면을 매끈하게 다듬은 공구를 일감 구멍에 압입하여 구멍 내면을 매끈하게 다듬는 방법은?

① 버 핑
② 블라스팅
③ 버니싱
④ 텀블링

> **해설**
> 버니싱 : 원통형 내면에 강철 볼형의 공구를 압입해 통과시켜 매끈하고 정도가 높은 면을 얻는 가공법

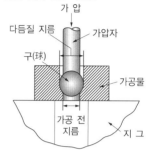

20 선반에서 끝면 가공에 쓰이는 센터는?

① 회전센터
② 하프센터
③ 베어링센터
④ 45° 센터

> **해설**
> ② 하프센터(Half Center) : 정지센터로 가공물을 지지하고 단면을 가공하면 바이트와 가공물의 간섭으로 가공이 불가능하게 된다. 이때 보통센터의 선단 일부를 가공하여 단면가공이 가능하도록 제작한 센터이다. 보통센터의 원추형 부분을 축 방향으로 반을 제거하여 제작한 모양이라 하프센터라고 한다.
> ③ 베어링센터(Bearing Center) : 정지센터가 가공물과의 마찰로 인한 손상이 많으므로 정지센터에 베어링을 이용하여 정지센터의 선단 일부가 가공물의 회전에 의하여 함께 회전하도록 제작한 센터이다.
> 센터의 종류

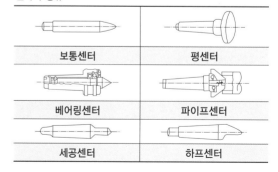

보통센터	평센터
베어링센터	파이프센터
세공센터	하프센터

21 선반의 크기를 나타내는 방법으로 적당하지 않은 것은?

① 베드 위의 스윙
② 왕복대 위의 스윙
③ 양 센터 사이의 최대 거리
④ 공작물을 물릴 수 있는 척의 크기

> **해설**
>
> **보통선반의 크기를 나타내는 방법**
> • 베드상의 최대 스윙(Swing) : 베드 위에 공작물이 닿지 않고 가공할 수 있는 공작물의 최대 직경
> • 양 센터 간의 최대 거리 : 가공할 수 있는 공작물의 최대 길이
> • 왕복대 위의 스윙(Swing) : 왕복대 위에 공작물이 닿지 않고 가공할 수 있는 공작물의 최대 직경

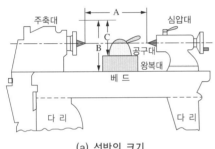

(a) 선반의 크기

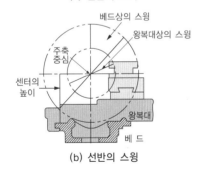

(b) 선반의 스윙

22 선반가공에서 바이트의 설치와 관련된 설명으로 틀린 것은?

① 바이트 날 끝의 높이는 공작물의 중심과 일치시켜 고정한다.
② 바이트의 돌출 길이는 가능하면 짧게 설치한다.
③ 돌출 길이는 고속도강은 자루 높이의 2배, 초경합금 공구는 1.5배 이내로 설치한다.
④ 바이트의 설치는 공작물의 중심축과 90°보다 크게 한다.

> **해설**
>
> **바이트의 설치**
> 바이트는 공작물의 중심축과 90°로 하여 설치한다. 90°보다 크면 공구대가 회전하거나 바이트가 밀려 과절삭의 원인이 된다.

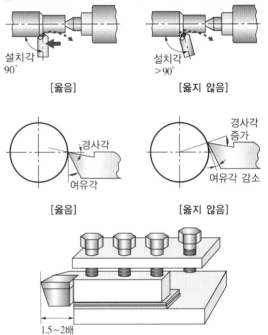

23 공작기계에서 일감을 회전운동시켜서 가공하는 것은?

① 선 반   ② 드릴링
③ 플레이너   ④ 밀 링

선반은 일감을 회전운동시키고, 공구는 직선운동을 한다.
공작기계의 절삭운동

절삭방법	
선반가공	바이트를 이용하여 회전절삭운동과 이송운동의 조합으로 원통형 공작물 절삭이다.
평면가공	바이트를 이용하여 공작물(공구)의 직선절삭운동과 이송운동이 조합된 평면 절삭이다.
드릴링	드릴을 사용하여 드릴의 회전운동과 이송운동으로 공작물에 구멍을 뚫는 절삭이다.
보 링	이미 뚫어 놓은 공작물의 구멍을 보링바이트로 정밀하게 확대하는 절삭이다.
밀 링	커터의 회전절삭운동과 공작물의 이송운동으로 평면, 홈, 각도 등의 형상을 절삭한다.

절삭방법	주절삭운동	이송운동	위치조정운동
선반가공	공작물 회전	공 구	공 구
평면가공	공작물 직선	공 구	공 구
드릴링	공구 회전	공 구	공 구
보 링	공구 회전	공작물 또는 공구	공구 또는 공작물
밀 링	공구 회전	공작물	공작물

24 밀링에서 날 1개당의 이송을 $f_z = 0.01$mm, 날수 $z = 6$, 회전수 $n = 500$rpm일 때, 이송속도 f(mm/min)는?

① 3,000mm/min

② 1,200mm/min

③ 120mm/min

④ 30mm/min

테이블 이송속도$(f) = f_z \times z \times n$
$\qquad\qquad\qquad = 0.01\text{mm} \times 6 \times 500\text{rpm}$
$\qquad\qquad\qquad = 30\text{mm/min}$
여기서, f_z : 1개의 날당 이송(mm), z : 커터의 날수
$\qquad\quad n$: 커터의 회전수(rpm)

25 CNC 선반의 보조기능(Miscellaneous Function) 중 스핀들 정지를 나타내는 것은?

① M02   ② M03
③ M04   ④ M05

M코드(보조기능)

M코드	기 능	M코드	기 능
M00	프로그램 정지	M08	절삭유 ON
M01	프로그램 선택 정지	M09	절삭유 OFF
M02	프로그램 끝	M30	프로그램 끝 & 리셋
M03	주축 정회전	M98	보조프로그램 호출
M04	주축 역회전	M99	보조프로그램 종료
M05	주축 정지		

26 선반, 드릴링 머신, 밀링 머신 등의 공작기계를 조합하여 대량 생산에는 적합하지 않으나 소규모의 공장이나 보수 등을 목적으로 하는 공작기계는?

① 범용 공작기계
② 단능 공작기계
③ 전용 공작기계
④ 만능 공작기계

해설

공작기계 가공 능률에 따른 분류

가공 능률	내 용	공작기계
범용 공작기계	가공할 수 있는 기능이 다양하고, 절삭 및 이송속도의 범위도 크기 때문에 제품에 맞추어 절삭조건을 선정하여 가공할 수 있다.	선반, 드릴링 머신, 밀링머신, 셰이퍼, 플레이너, 슬로터, 연삭기 등
전용 공작기계	특정한 제품을 대량 생산할 때 적합한 공작기계로서 소량 생산에는 적합하지 않고, 사용범위가 한정되고, 기계의 크기도 가공물에 적합한 크기로 되어 있으며, 구조가 간단하고, 조작이 편리하다.	트랜스퍼 머신, 차륜 선반, 크랭크축 선반 등
단능 공작기계	단순한 기능의 공작기계로서 한 가지 공정만 가능하여 생산성과 능률은 매우 높으나, 융통성이 작다.	공구연삭기, 센터링 머신 등
만능 공작기계	여러 가지 종류의 공작기계에서 할 수 있는 가공을 한 대의 공작기계에서 가능하도록 제작한 공작기계이다. 예를 들면 선반, 밀링, 드릴링 머신의 기능을 한 대의 공작기계로 가능하도록 하였으나, 대량 생산이나 높은 정밀도의 제품을 가공하는 데는 적합하지 않다. 공작기계를 설치할 공간이 좁거나 여러 가지 기능은 필요하지만 가공이 많지 않은 선박의 정비실 등에서 사용하면 매우 편리하다.	선반, 드릴링, 밀링머신 등의 공작기계를 하나의 기계로 조합

27 선삭가공에서 대형 일감을 지지할 때 사용되는 심압대측 센터 끝의 각도는?

① 60°
② 65°
③ 70°
④ 90°

해설

가공물이 크거나 중량일 때는 75°, 90°의 센터를 사용한다. 센터의 선단은 일반적으로 60°로 제작되어 정밀가공, 중소형의 부품가공에 사용된다. 주축, 심압축은 모스 테이퍼의 구멍을 가지고 있으며, 센터의 자루도 모스 테이퍼로 제작하여 사용한다.

28 큰 일감을 고정시키고 주축의 드릴 부분을 움직여서 드릴링의 위치를 결정하고 구멍을 뚫는 드릴머신의 종류는?

① 직접 드릴링 머신
② 탁상 드릴링 머신
③ 다축 드릴링 머신
④ 레이디얼 드릴링 머신

해설

드릴링 머신의 종류

종류	설 명	용 도	비 고
탁상 드릴링 머신	드릴머신을 작업대 위에 설치하여 사용하는 소형 드릴링 머신이다.	• 소형 부품 가공 • ϕ13mm 이하 작은 구멍	ϕ13mm 이하의 작은 구멍 뚫기
직립 드릴링 머신	탁상 드릴링 머신과 유사하나, 비교적 대형 가공물의 구멍 뚫기 가공에 사용된다.	대형 가공물	주축 역회전장치로 탭가공이 가능
레이디얼 드릴링 머신	대형 제품이나 무거운 제품에 구멍가공을 하기 위해 가공물은 고정시키고, 드릴링 헤드를 수평 방향으로 이동하여 가공할 수 있는 머신이다 (드릴을 필요한 위치로 이동 가능).	• 대형 가공물 • 무거운 제품 • 크기 표시(드릴 가공이 가능한 최대 지름 또는 기둥의 표면에서 주축 중심까지의 최대 거리)	암(Arm)을 회전, 주축 헤드 암을 따라 수평 이동
다축 드릴링 머신	한 대의 드릴링 머신에 다수의 스핀들을 설치하고 여러 개의 구멍을 동시에 가공한다.	대량 생산에 적합	

[탁상 드릴링머신]

[직립 드릴링머신]

[레이디얼 드릴링머신]

[다축 드릴링머신]

29 마이크로미터의 원리에 대한 설명으로 옳은 것은?

① 어떤 길이의 변화를 나사의 회전각과 지름에 의해 확대시켜 만든 것이다.

② 어떤 길이의 변화를 롤러 및 게이지 블록을 이용하여 만든 것이다.

③ 어떤 길이의 변화를 기포관 내의 기포 위치를 확대시켜 만든 것이다.

④ 어떤 길이의 변화를 광파장에 의해 확대시켜 만든 것이다.

해설

마이크로미터는 길이 변화를 나사의 회전각과 지름에 의해 확대시켜 만든 것으로 나사의 피치가 0.5mm, 심블의 원주 눈금이 50등분되어 있으므로, 스핀들 이동량(M)은

$M = 0.5 \times \dfrac{1}{50} = 0.01mm$로 최소 측정값은 0.01mm이다.

마이크로미터의 원리

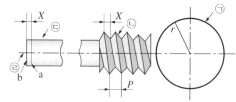

㉠ : 눈금면
㉡ : 나사
㉢ : 스핀들
㉣ : 측정면
X : 회전 방향의 이동량(mm)
P : 나사의 피치(mm)
r : 눈금면의 반지름(mm)

30 래핑작업에 대한 설명으로 틀린 것은?

① 가공면이 매끈한 거울면을 얻을 수 있다.

② 정밀도가 높은 제품을 가공할 수 있다.

③ 가공면은 윤활성 및 내마모성이 좋다.

④ 작업이 깨끗하고 먼지가 적다.

해설

래핑가공의 장단점

장 점	단 점
• 가공면이 매끈한 거울면을 얻을 수 있다.	• 가공면에 랩제가 잔류하기 쉽고, 제품을 사용할 때 잔류한 랩제가 마모를 촉진시킨다.
• 정밀도가 높은 제품을 가공할 수 있다.	
• 가공면은 윤활성 및 내마모성이 좋다.	• 고도의 정밀가공은 숙련이 필요하다.
• 가공이 간단하고 대량 생산이 가능하다.	• 작업이 지저분하고 먼지가 많다.
• 평면도, 진원도, 직선도 등의 이상적인 기하학적 형상을 얻을 수 있다.	• 비산하는 랩제는 다른 기계나 가공물을 마모시킨다.

래핑(Lapping)의 원리

31 절삭날과 자루가 분리되고, 엔드밀의 지름이 큰 경우에 사용되는 엔드밀은?

① 평 엔드밀　　　　② 라프 엔드밀

③ 볼 엔드밀　　　　④ 셸 엔드밀

해설

• 셸 엔드밀 : 엔드밀의 지름이 큰 경우에는 절삭날과 자루가 분리되고, 사용할 때 조립하여 사용한다.

• 라프 엔드밀 : 거친 절삭에 사용한다.

• 볼 엔드밀 : R가공이나 구멍가공에 편리하다.

32 절삭저항의 3분력에 포함되지 않는 것은?

① 표면분력　　　　② 주분력

③ 이송분력　　　　④ 배분력

해설

절삭저항 3분력

절삭저항 3분력	설 명	3분력의 크기
주분력(F_1)	칩이 발생하면서 바이트 윗면을 누르는 힘에 의해 받는 저항으로, 가장 크게 나타난다.	10
배분력(F_2)	바이트의 앞면이 받는 저항으로 공작물과 여유면의 마찰에 의하여 발생한다.	2~4
이송분력(F_3)	바이트의 옆면이 받는 저항으로 공작물과 여유면의 마찰에 의해 발생한다.	1~2

선반가공에서 발생하는 절삭저항의 3분력

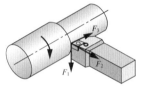

• 이송분력(F_3) : 이송 방향에서 작용하는 절삭저항

• 주분력(F_1) : 절삭 진행 방향에서 작용하는 절삭저항

• 배분력(F_2) : 절삭 깊이 방향에서 작용하는 절삭저항

33 다음 중 경금속이라고 할 수 없는 것은?

① 알루미늄　　　　② 마그네슘

③ 베릴륨　　　　　④ 주 석

해설

• 주석은 비중이 5.8로 중금속이다.

• 비중 4.6을 기준으로 경금속과 중금속으로 구분한다.

• 알루미늄(2.7), 마그네슘(1.74), 베릴륨(1.73)은 모두 경금속이다.

• 납(11.34), 철(7.87), 구리(8.96), 크롬(7.19), 주석(5.8)은 중금속이다.

• 마그네슘(Mg) : 비중 1.74로 실용금속으로 가장 가벼운 금속이다.

34 무거운 기계와 전동기 등을 달아 올릴 때 로프, 체인 또는 훅 등을 거는 데 적합한 볼트는?

① 스테이 볼트　　　② 전단볼트

③ 아이볼트　　　　④ T볼트

해설

- 아이볼트 : 볼트의 머리부에 핀을 끼우는 구멍이 있어 자주 탈착하는 뚜껑의 결합에 사용된다. 무거운 물체를 달아 올리기 위하여 훅(Hook)을 걸 수 있는 고리가 있는 볼트이다.
- 스테이 볼트 : 간격 유지 볼트로, 두 물체 사이의 거리를 일정하게 유지한다.
- T볼트 : 공작기계 테이블의 T홈에 물체를 용이하게 고정시키는 볼트이다.
- 나비볼트 : 스패너 없이 손으로 조이거나 풀 수 있다.
- 기초볼트 : 기계, 구조물 등을 콘크리트 기초에 고정시키기 위하여 사용하는 볼트이다.

특수용 볼트

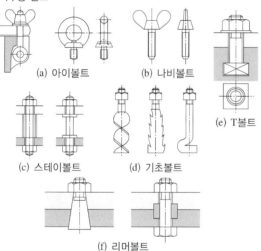

(a) 아이볼트　　(b) 나비볼트

(e) T볼트

(c) 스테이볼트　　(d) 기초볼트

(f) 리머볼트

35 물체의 일부분 생략 또는 단면의 경계를 나타내는 선으로 자를 쓰지 않고 자유롭게 긋는 선의 명칭은?

① 파단선　　　　　② 지시선

③ 가상선　　　　　④ 절단선

해설

파단선 : 물체의 일부분 생략 또는 단면의 경계를 나타내는 선으로, 불규칙한 파형의 가는 실선으로 나타낸다.

용도에 따른 선의 종류

명 칭	기호명칭	기 호	설 명
외형선	굵은 실선	——————	대상물이 보이는 모양을 표시하는 선
치수선	가는 실선	———	치수 기입을 위해 사용하는 선
치수 보조선			치수를 기입하기 위해 도형에서 인출한 선
지시선			지시, 기호를 나타내기 위한 선
숨은선	가는 파선(파선)	— — — —	대상물의 보이지 않는 부분의 모양을 표시
중심선	가는 1점쇄선	—·—·—·—	도형의 중심을 표시하는 선
특수 지정선	굵은 1점쇄선	—·—·—·—	특수한 가공이나 특수 열처리가 필요한 부분 등 특별한 요구사항을 적용할 범위를 표시할 때 사용하는 선

36 현의 길이를 표시하는 치수선은?

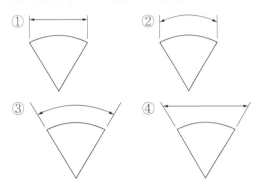

현의 길이	호의 길이 치수	각도 치수

37 다음 끼워맞춤 치수공차 기호 중 헐거운 끼워맞춤은?

① $\phi 50H7/p6$ ② $\phi 50H7/g6$

③ $\phi 50H7/js6$ ④ $\phi 50H7/m6$

해설
• $\phi 50H7/g6$: 구멍 기준식 헐거운 끼워맞춤
• $\phi 50H7/p6$: 구멍 기준식 억지 끼워맞춤
• $\phi 50H7/js6$: 구멍 기준식 중간 끼워맞춤
• $\phi 50H7/m6$: 구멍 기준식 중간 끼워맞춤
상용하는 구멍 기준식 끼워맞춤

기준 구멍	축의 공차역 클래스																
	헐거운 끼워맞춤						중간 끼워맞춤					억지 끼워맞춤					
	b	c	d	e	f	g	h	js	k	m	n	p	r	s	t	u	x
H6						g5	h5	js5	k5	m5							
					f6	g6	h6	js6	k6	m6	n6	p6					
H7					f6	g6	h6	js6	k6	m6	n6	p6	r6	s6	t6	u6	x6
				e7	f7		h7	js7									
H8					f7		h7										
				e8	f8		h8										
H9			d9	e9													
			d8	e8			h8										
H10		c9	d9	e9			h9										
	b9	c9	d9														

38 다음 입체도의 정면도로 가장 적합한 것은?

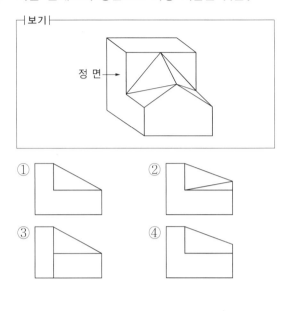

39 표면거칠기 지시방법에서 '제거가공을 허용하지 않는다.'는 것을 지시하는 것은?

해설

종 류	의 미
	제거가공의 필요 여부를 문제 삼지 않는다.
	제거가공을 필요로 한다.
	제거가공을 해서는 안 된다.

40 대칭도를 나타내는 기호는?

①
② //
③ ↗↗
④ ＝

해설

기하공차의 종류와 기호 ★ 자주 출제되므로 반드시 암기

공차의 종류		기 호	데이텀 지시
모양공차	진직도	—	없 음
	평면도	▱	없 음
	진원도	○	없 음
	원통도	⌭	없 음
	선의 윤곽도	⌒	없 음
	면의 윤곽도	◠	없 음
자세공차	평행도	//	필 요
	직각도	⊥	필 요
	경사도	∠	필 요
위치공차	위치도	⊕	필요 또는 없음
	동축도(동심도)	◎	필 요
	대칭도	＝	필 요
흔들림 공차	원주 흔들림	↗	필 요
	온 흔들림	↗↗	필 요

41 다음 그림에 대한 설명으로 맞지 않는 것은?

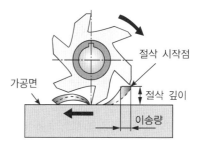

① 그림의 절삭방법은 하향절삭이다.
② 그림의 절삭방법은 가공면이 깨끗하다.
③ 그림의 절삭방법은 기계에 무리를 주지 않는다.
④ 그림의 절삭방법은 백래시가 발생한다.

해설

상향절삭과 하향절삭의 특징

구 분	상향절삭	하향절삭
특 징	• 공작물을 들어 올리는 가 공으로 기계에 무리를 주 지 않는다. • 칩의 두께는 얇게 시작하 여 점점 두꺼워진다. • 칩이 커터날의 절삭을 방 해하지 않고, 가공면에 쌓 이지 않는다. • 절삭력과 이송력이 반대로 작용하므로 백래시가 제거 된다.	• 칩은 두껍게 시작하여 점 점 얇게 발생한다. • 절삭된 칩이 가공면에 쌓 이므로 가공할 면이 잘 보 인다. • 칩이 커터날을 방해하지 않는다. • 절삭력과 이송력이 같은 방 향으로 작용하여 백래시가 발생한다.
장 점	• 칩이 절삭을 방해하지 않 는다. • 백래시가 제거된다. • 날이 부러질 염려가 작다. • 기계에 무리를 주지 않는다.	• 공작물 고정이 간단하다. • 커터의 마모와 동력 소비 가 적다. • 가공면이 깨끗하다. • 가공할 면을 잘 볼 수 있다.
단 점	• 공작물을 견고하게 고정 해야 한다. • 커터의 마모와 동력 소비 가 많다. • 가공면이 매끈하지 못하다. • 가공할 면의 시야 확보가 좋지 않다.	• 칩이 절삭을 방해한다. • 백래시 제거장치가 없으 면 가공이 어렵다. • 커터날이 부러질 염려가 있다. • 기계에 무리를 줄 수 있다.
그 림	(상향절삭 그림)	(하향절삭 그림)

42 입도가 작고 연한 숫돌에 작은 압력으로 가압하면서 가공물에 이송을 주고, 동시에 숫돌에 진동을 주어 표면거칠기를 향상시키는 가공법은?

① 이온가공　　② 쇼트피닝
③ 슈퍼피니싱　　④ 배럴가공

> **해설**
> • 슈퍼피니싱 : 입도가 작고, 연한 숫돌에 작은 압력으로 가압하면서 가공물에 이송을 주고, 동시에 숫돌에 진동을 주어 표면거칠기를 좋게 하는 가공방법이다. 다듬질된 면은 평활하고, 방향성이 없으며, 가공에 의한 표면 변질층이 극히 미세하다. 가공시간이 짧다(작은 압력 + 이송 + 진동).

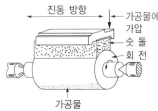

> ★ 슈퍼피니싱의 핵심 단어는 작은 압력 + 이송 + 진동이다. 핵심 단어는 반드시 암기할 것
> • 배럴가공 : 충돌가공(주물귀, 돌기 부분, 스케일 제거), 회전하는 상자 속에 공작물과 미디어, 콤파운드(유지 + 직물), 공작액 등을 넣고 회전과 진동을 주어 표면을 다듬질한다(회전형, 진동형).

> • 쇼트피닝 : 표면을 타격하는 일종의 냉간가공으로 철강의 작은 볼(Shot)을 공작물 표면에 분사하여 강재의 화학 조성을 변화시키지 않고 표면을 매끈하게 하여 피로강도 및 기계적 성질을 향상시킨다.

43 CNC 선반프로그램에서 원호 보간에 사용하는 좌표어 I, K가 뜻하는 것은?

① 원호 끝점이 위치
② 원호 시작점의 위치
③ 원호의 시작점에서 끝점까지의 벡터량
④ 원호의 시작점에서 중심점까지의 벡터량

> **해설**
> CNC 선반프로그램에서 원호 보간에 사용하는 좌표어 I, K는 원호 시작점에서 중심까지의 벡터량이다.
>
> | G02(G03) X(U)__ Z(W)__ I__ K__ F__; |
> |---|
>
> • I, K : 원호 시작점에서 중심까지의 벡터량
> • F : 이송속도
> • G02(시계 방향/CW), G03(반시계 방향/CCW)

44 CNC 선반프로그래밍에서 G99에 설명으로 맞는 것은?

① G99는 분당 회전(rev/min)을 의미한다.
② G99는 회전당 분(min/rev)을 의미한다.
③ G99는 회전당 이송거리(mm/rev)를 의미한다.
④ G99는 이송거리당 회전(rev/mm)을 의미한다.

> **해설**
> • G99 : 회전당 이송 지정(mm/rev)
> • G98 : 분당 이송 지정(mm/min)

45 다음 CNC 프로그램의 N005 블록에서 주축 회전수는?

```
N001 G50 X150. Z150. S2000 T0100;
N002 G96 S200 M03;
N003 G00 X-2.;
N004 G01 Z0;
N005 X30.;
```

① 200rpm
② 212rpm
③ 2,000rpm
④ 2,123rpm

해설
- N002 G96 S200 M03; : 절삭속도 200m/min으로 일정제어, 정회전
- N005 X30.; : 공작물지름(∅30mm)
- 주축 회전수

$$N = \frac{1,000V}{\pi D} = \frac{1,000 \times 200\text{m/min}}{\pi \times 30\text{mm}} = 2,123\text{rpm}$$

$$\therefore N = 2,123\text{rpm}$$

- N001 G50 X150. Z150. S2000 T0100; : G50 주축 최고 회전수를 2,000rpm으로 제한하였기 때문에 N005블록에서 회전수는 계산된 2,123rpm이 아니라 2,000rpm이 된다.

46 CNC 프로그램에서 G96 S200 M03; 지령에서 S200이 뜻하는 것은?

① 1분당 공구의 이송량이 200mm로 일정제어된다.
② 1회전당 공구의 이송량이 200mm로 일정제어된다.
③ 주축의 원주속도가 200m/min로 일정제어된다.
④ 주축 회전수가 200rpm으로 일정제어된다.

해설
- G96 : 절삭속도(m/min) 일정제어
- G96 S200 M03; : 주축의 원주속도가 200m/min으로 정회전하며 일정하게 제어

47 기계의 테이블에 직접 스케일을 부착하여 위치를 검출하고, 서보모터에서 속도를 검출하는 다음 그림과 같은 서보기구는?

① 개방회로 방식
② 반폐쇄회로 방식
③ 폐쇄회로 방식
④ 반개방회로 방식

해설

구 분	내용/그림
개방회로 방식	피드백 장치 없이 스테핑 모터를 사용한 방식으로 실용화되었으나, 피드백 장치가 없기 때문에 가공 정밀도에 문제가 있어 현재는 거의 사용되지 않는다.
폐쇄회로 방식	모터에 내장된 태코제너레이터에서 속도를 검출하고, 기계의 테이블에 부착한 스케일(Scale)에서 위치를 검출(로터리 인코더)하여 피드백시키는 방식이다. 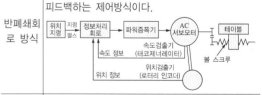
반폐쇄회로 방식	모터에 내장된 태코제너레이터(펄스제너레이터)에서 속도를 검출하고, 인코더에서 위치를 검출하여 피드백하는 제어방식이다.
복합회로 방식	반폐쇄회로 방식과 폐쇄회로 방식을 결합하여 고정밀도로 제어하는 방식으로, 가격이 고가이므로 고정밀도를 요구하는 기계에 사용된다. 

48 다음 CNC 선반프로그램에서 나사가공에 사용된 고정 사이클은?

```
G28 U0. W0.;
G50 X150. Z150. T0700;
G97 S600 M03;
G00 X26. Z3. T0707 M08;
G92 X23.2 Z-20. F2.;
    X22.7;
        :
```

① G28　　　　　② G50

③ G92　　　　　④ G97

해설
① G28 : 자동원점 복귀
② G50 : 공작물 좌표계 설정, 주축 최고 회전수 설정
③ G92 : 나사절삭 사이클
④ G97 : 주축 회전수(rpm) 일정제어

49 다음 중 지령된 블록에서만 유효한 G코드(One Shot G Code)가 아닌 것은?

① G04　　　　　② G30

③ G40　　　　　④ G50

해설
• G40은 공구인선 보정 취소로 동일 그룹의 다른 G코드가 나올 때까지 유효한 모달 G코드이다.
• G코드에서 원숏(One Shot) G코드와 모달(Modal) G코드의 두 종류가 있다.

구 분	의 미	그 룹	G코드
원숏 G코드	명령된 블록에 한해서 유효	00그룹	G04, G28, G30, G50 등
모달 G코드	동일 그룹의 다른 G코드가 나올 때까지 유효	00 이외의 그룹	G03, G40, G41, G42 등

50 CNC 프로그램에서 공구 길이 보정과 관계없는 준비기능은?

① G42　　　　　② G43

③ G44　　　　　④ G49

해설
• G42는 공구 길이 보정과 관계없고, 공구인선 반지름과 관계있다.
• G42 : 공구인선 반지름 보정 우측
• G43 : 공구 길이 보정 '+'
• G44 : 공구 길이 보정 '-'
• G49 : 공구 길이 보정 취소

51 다음 중 CAD/CAM시스템의 출력장치에 해당하는 것은?

① 모니터　　　　② 키보드

③ 마우스　　　　④ 스캐너

해설
• 입력장치 : 조이스틱, 라이트펜, 마우스, 스캐너, 디지타이저 등
• 출력장치 : 프린터, 플로터, 모니터 등

52 다음 그림과 같이 M10×1.5 탭가공을 위한 프로그램을 완성시키고자 한다. ( ) 안에 들어갈 내용으로 옳은 것은?

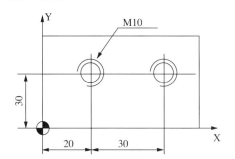

```
N10 G90 G92 X0. Y0. Z100.;
N20 ( ⓐ ) M03;
N30 G00 G43 H01 Z30.;
N40 ( ⓑ ) G90 G99 X20. Y30.
     Z-25. R10. F300;
N50 G91 X30.;
N60 G00 G49 G80 Z300. M05;
N70 M02;
```

① ⓐ S200, ⓑ G84

② ⓐ S300, ⓑ G88

③ ⓐ S400, ⓑ G84

④ ⓐ S600, ⓑ G88

• 탭 사이클의 회전수

$$n(회전수) = \frac{v(이송속도)}{p(피치)} = \frac{300\text{mm/min}}{1.5} = 200\text{rpm}$$

$n = 200\text{rpm}$

• 200rpm → ⓐ = S200
• N40 블록에서 G99(분당 이송) → F300 = 300mm/min
• 태핑 사이클 ⓑ = G84

53 다음은 CNC 선반에서 나사가공 프로그램을 나타낸 것이다. 나사 가공할 때 최초 절입량은 얼마인가?

```
G76 P011060 Q50 R20;
G76 X47.62 Z-32. P1.19 Q350 F2.0;
```

① 0.35mm   ② 0.50mm

③ 1.19mm   ④ 2.0mm

Q350 : 첫 번째 절입량은 0.35mm이다.
복합 고정형 나사절삭 사이클(G76)

```
G76 P(m) (r) (a) Q(Δd_min) R(d); ⟨11T 아닌 경우⟩
G76 X(U)  Z(W)   P(k)Q(Δd) R(i) F__;
```

• P(m) : 다듬질 횟수(01~99까지 입력 가능)
• (r) : 면취량(00~99까지 입력 가능)
• (a) : 나사의 각도
• $Q(\Delta d_{min})$: 최소 절입량(소수점 사용 불가) 생략 가능
• R(d) : 다듬절삭 여유
• X(U), Z(W) : 나사 끝지점 좌표
• P(k) : 나사산 높이(반지름 지령) – 소수점 사용 불가
• Q(Δd) : 첫 번째 절입량(반지름 지령) – 소수점 사용 불가
• R(i) : 테이퍼 나사 절삭 시 나사 끝지점 X값과 나사 시작점 X값의 거리(반지름 지령)
• F : 나사의 리드

54 CNC 공작기계를 사용할 때 안전사항으로 틀린 것은?

① 칩을 제거할 때는 시간을 절약하기 위하여 맨손으로 빨리 처리한다.

② 칩이 비산할 때는 보안경을 착용한다.

③ 기계 위에 공구를 올려놓지 않는다.

④ 절삭공구는 가능한 한 짧게 설치하는 것이 좋다.

칩을 제거할 때는 반드시 주축의 회전을 정지시킨 상태에서 칩 제거도구를 이용하여 제거해야 한다.

55 머시닝센터에서 다음 그림과 같이 1번 공구를 기준 공구로 하고, G43을 이용하여 길이 보정을 하였을 때, 옳은 것은?

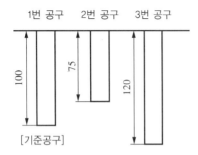

① 2번 공구의 길이 보정값은 75이다.

② 2번 공구의 길이 보정값은 −25이다.

③ 3번 공구의 길이 보정값은 120이다.

④ 3번 공구의 길이 보정값은 −45이다.

해설
G43을 이용할 경우 2번 공구의 길이 보정값은 −25이고, 3번 공구의 길이 보정값은 20이다.

56 다음 그림에서 시작점에서 종점까지 각 경로(A−D)를 따라 가공하는 머시닝센터 프로그램으로 틀린 것은?

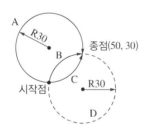

① A → G90 G02 X50. Y30. R30. F80;

② B → G90 G02 X50. Y30. R30. F80;

③ C → G90 G03 X50. Y30. R30. F80;

④ D → G90 G03 X50. Y30. R−30. F80;

해설
원호보간 시 180°가 넘으면 R값에 (−)을 지령해야 하므로, A → G90 G02 X50. Y30. R−30. F80;이다.

57 CNC 프로그램은 여러 개의 지령절(Block)이 모여 구성된다. 지령절과 지령절의 구분은 무엇으로 표시하는가?

① 블록(Block)

② 워드(Word)

③ 어드레스(Address)

④ EOB(End Of Block)

해설
몇 개의 단어(Word)가 모여 구성된 한 개의 지령단위를 지령절(Block)이라고 한다. 지령절과 지령절은 EOB(End Of Block)로 구분되며, 제작회사에 따라 ';' 또는 '#'과 같은 부호로 간단히 표시한다. EOB는 블록의 종료를 나타낸다.

58 다음 그림에서 ㉠ → ㉡으로 이동하는 지령방법으로 잘못된 것은?

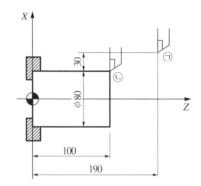

① G00 U−60. Z100.;

② G00 U−60. W−90.;

③ G00 X80. W−90.;

④ G00 X100. Z80.;

해설
④번은 절대지령으로 G00 X100. Z80.; → G00 X80. Z100.;
㉠ → ㉡ 경로가공 프로그램

경 로	절대지령	증분지령	혼합지령
㉠ → ㉡	G00 X80. Z100.;	G00 U−60. W−90.;	G00 X80. W−90.; G00 U−60. Z100.;
정 의	프로그램 원점을 기준으로 직교좌표계의 좌표값을 입력(X, Z)	현재의 공구 위치를 기준으로 끝 점까지의 X, Z의 증분값을 입력(U, W)	절대지령과 증분지령을 한 블록 내에 혼합하여 지령력(U, W)

• 절대지령 : G00 X80. Z100.;

• 증분지령 : G00 U−60. W−90.;

• 혼합지령 : G00 X80. W−90.; 또는 G00 U−60. Z100.;

59 한 대의 컴퓨터에 여러 대의 CNC 공작기계를 연결하고, 가공 데이터를 분배 전송하여 동시에 운전하는 방식은?

① FMS
② FMC
③ DNC
④ CIMS

해설
• DNC : 여러 대의 CNC 공작기계를 한 대의 컴퓨터에 결합시켜 제어하는 시스템
• FMS(유연생산시스템)
• CIMS(컴퓨터 통합 가공시스템)

60 범용 공작기계와 CNC 공작기계를 비교하였을 때, CNC 공작기계가 유리한 점이 아닌 것은?

① 복잡한 형상의 부품가공에 성능을 발휘한다.
② 품질이 균일화되어 제품의 호환성을 유지할 수 있다.
③ 장시간 자동운전이 가능하다.
④ 숙련에 오랜 시간과 경험이 필요하다.

해설
CNC 공작기계는 범용 공작기계에 비하여 숙련에 오랜 시간과 경험이 필요하지 않다.

01 브레이크 재료 사용 시 마찰계수가 가장 큰 것은? (단, 마찰조건은 건조 상태이다)

① 주 철　　　　② 가 죽
③ 연 강　　　　④ 석 면

해설
마찰계수가 가장 큰 것은 석면이며, 브레이크 재질로 많이 사용된다.

03 비중이 10.497, 용융점이 960℃인 금속으로 열전도도 및 전기전도도가 양호한 것은?

① 은(Ag)　　　② 구리(Cu)
③ 금(Au)　　　④ 마그네슘(Mg)

해설
은(Ag) : 비중 10.497, 용융온도 960.5℃

02 다이캐스팅 합금으로 요구되는 성질이 아닌 것은?

① 유동성이 좋을 것
② 금형에 대한 정착성이 좋을 것
③ 응고 수축에 대한 용탕 보급성이 좋을 것
④ 열간취성이 작을 것

해설
다이캐스팅 합금으로 요구되는 성질
• 유동성이 좋을 것
• 열간메짐이 작을 것
• 응고 수축에 대한 용탕 보충이 잘될 것
• 금형에 대한 정착성이 나빠 금형에서 잘 떨어질 수 있을 것

04 탄소강을 변태점 이상으로 가열한 후에 수중 담금질 속도를 매우 빠르게 냉각시킬 때 생성되는 조직은?

① 솔바이트
② 펄라이트
③ 트루스타이트
④ 마텐자이트

해설
마텐자이트 : 탄소강을 물속에서 담금질할 때 얻어지는 조직

05 알루미늄 청동에 관한 설명으로 맞는 것은?

① 알루미늄 8~12%를 함유하는 구리-알루미늄 합금이다.
② 구리, 주석 등이 주성분으로 주조, 단조, 용접성이 좋다.
③ 청동에 탄산제로 인을 첨가한 후 알루미늄을 첨가한 것으로 상온에서 $\alpha+\beta$ 공정조직을 갖고 있다.
④ 자기풀림현상이 없어 딱딱하고 매우 강한 성질로 된다.

해설
알루미늄 청동 : 12% 이하의 알루미늄을 함유하는 구리-알루미늄 합금이다. 주조성, 가공성, 용접성은 나쁘지만 내식성, 내열성, 내마멸성이 황동 또는 다른 청동에 비하여 우수하다. 큰 주조품은 냉각 중에 공석변화가 일어나 자기풀림현상이 나타난다.

06 1,600℃ 이상에서 점토를 소결하여 만들어진 공구로, 성분의 대부분은 산화알루미늄으로 절삭 중에는 열을 흡수하지 않아 공구를 과열시키지 않는다. 고속 정밀가공에 적합한 것은?

① 탄소 공구강
② 합금 공구강
③ 고속도강
④ 세라믹 공구강

해설
세라믹 : 주성분은 산화알루미늄(Al_2O_3) 분말이며 마그네슘, 규소 등의 산화물과 소량의 다른 원소를 첨가하여 소결한 절삭공구이다. 고온에서 경도가 높고, 내마모성이 좋아 초경합금보다 빠른 절삭속도로 절삭이 가능하다. 백색, 분홍색, 회색, 흑색 등이 있으며, 초경합금보다 가볍다.

07 스테인리스강을 조직상으로 분류한 것 중 틀린 것은?

① 마텐자이트계
② 오스테나이트계
③ 시멘타이트계
④ 페라이트계

해설
스테인리스강의 종류(페-오-마)
• 페라이트계 스테인리스강(고크롬계)
• 오스테나이트계 스테인리스강(고크롬, 고니켈계)
• 마텐자이트계 스테인리스강(고크롬, 고탄소계)

08 피치가 2mm인 2줄 나사를 180° 회전시켰을 때 나사가 축 방향으로 움직인 거리는 몇 mm인가?

① 1 ② 2
③ 3 ④ 4

해설
리드(L) = 줄수(n) × 피치(p) × 회전수
= 2 × 2 × 0.5 = 2mm
※ 나사의 리드는 1회전했을 때 나사가 진행한 거리이므로 180° 회전은 0.5회전이다.

정답 5 ① 6 ④ 7 ③ 8 ②

09 두 축이 같은 평면 내에 있으면서 그 중심선이 어느 각도로 교차하고 있을 때 사용하는 축 이음으로 자동차, 공작기계 등에 사용되는 것은?

① 플렉시블 커플링

② 플랜지 커플링

③ 유니버설 조인트

④ 셀러 커플링

③ 유니버설 조인트(훅 조인트)
- 두 축이 동일한 평면 내에 있고 그 중심선이 α각도($\alpha \leq 30°$)로 교차하는 경우의 전동장치이다.
- 교각 α는 30° 이하에서 사용하고, 특히 5° 이하가 바람직하며, 45° 이상이면 사용 불가능하다.
- 두 축단의 요크 사이에 십자형 핀을 넣어서 연결한다.
- 자동차, 공작기계, 압연롤러, 전달기구 등에 많이 사용된다.

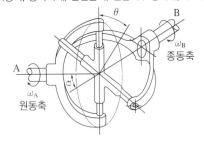

① 플렉시블 커플링 : 두 축이 동일선상에 있으며, 두 축 사이에 약간의 상호 이동을 허용할 수 있는 축이음이다.
② 플랜지 커플링(Flange Coupling) : 주철 또는 주강제의 플랜지를 축에 억지끼워맞춤하거나 키로 결합시킨 후 두 플랜지를 볼트로 체결한 커플링이다.
④ 셀러 커플링(Seller Coupling) : 주철제 원통은 내면이 원추면으로 되어 있다. 여기에 두 축을 끼우고, 바깥면이 원추면으로 되어 있는 원추통을 양쪽에서 끼워 넣은 다음, 3개의 볼트로 죄어 축을 고정시킨 커플링이다.

10 베어링의 호칭번호 6203의 안지름 치수는 몇 mm인가?

① 10

② 12

③ 15

④ 17

6203 : 6-형식번호, 2-치수기호, 03-안지름 번호(03-17mm)
- 안지름 20mm 이내 : 00-10mm, 01-12mm, 02-15mm, 03-17mm, 04-20mm
- 안지름 20mm 이상 : 안지름 숫자에 5를 곱한 수가 안지름 치수가 된다.

예 06 = 30mm(6 × 5 = 30), 20 = 100mm(20 × 5 = 100)

베어링 안지름 번호

안지름 범위 (mm)	안지름 치수	안지름 기호	예
10mm 미만	안지름이 정수인 경우	안지름	2mm이면 2
	안지름이 정수가 아닌 경우	/안지름	2.5mm이면 /2.5
10mm 이상 20mm 미만	10mm	00	–
	12mm	01	
	15mm	02	
	17mm	03	
20mm 이상 500mm 미만	5의 배수인 경우	안지름을 5로 나눈 수	40mm이면 08
	5의 배수가 아닌 경우	/안지름	28mm이면 /28
500mm 이상	–	/안지름	560mm이면 /560

11 표준 평기어의 잇수가 48개, 모듈이 4일 때 피치원 지름은 몇 mm인가?

① 12

② 100

③ 162

④ 192

$$m = \frac{D}{Z}$$

$D = m \times Z = 4 \times 48 = 192\text{mm}$

∴ 피치원지름(D) = 192mm

여기서, m : 모듈

Z : 잇수

D : 피치원지름(mm)

12 전단력 1,000kgf가 작용하는 볼트를 설계 시 허용 볼트 최소 호칭지름은?(단, 미터보통나사로 허용 전단응력 6kgf/mm²이다)

① M10

② M12

③ M16

④ M20

해설

$$d = \sqrt{\frac{4W}{\pi \tau_a}} = \sqrt{\frac{4 \times 1,000}{\pi \times 6}} = 14.5mm = M16$$

여기서, τ_a : 허용전단응력

W : 전단력

13 벨트가 회전하기 시작하여 동력을 전달하게 되면 긴장측의 장력은 커지고, 이완측의 장력은 작아지게 되는데, 이 차이를 무엇이라고 하는가?

① 이완장력

② 허용장력

③ 초기장력

④ 유효장력

해설

유효장력 : 긴장측 장력은 커지고 이완측 장력은 작아지면서 이 장력 차이로 종동 풀리가 회전하게 된다. 이 장력의 차이를 유효장력(Effective Tension)이라고 한다.

유효장력(T_e) = 긴장측 장력(T_t) - 이완측 장력(T_s)

14 태엽 스프링을 축 방향으로 감아올려 사용하는 것으로 압축용, 오토바이 차체 완충용으로 가장 많이 쓰이는 것은?

① 벌류트 스프링

② 접시 스프링

③ 고무 스프링

④ 공기 스프링

해설

• 벌류트 스프링 : 태엽 스프링을 축 방향으로 감아올려 사용하는 것으로 압축용, 오토바이 자체 완충용으로 쓰인다.

• 접시 스프링 : 원판 스프링이라고도 한다. 중앙에 구멍이 있고 원추형 모양이다. 스프링을 병렬 또는 직렬로 조합하여 강성을 쉽게 조정할 수 있다. 프레스의 완충장치, 공작기계 등에 쓰인다.

• 비금속 스프링 : 공기 스프링, 고무 스프링, 액체 스프링

벌류트 스프링	접시 스프링
와이어 스프링	와셔 스프링

15 길이가 100mm인 스프링의 한 끝을 고정하고, 다른 끝에 무게 40N의 추를 달았더니 스프링의 전체 길이가 120mm로 늘어났다. 이때의 스프링 상수 (N/mm)는?

① 0.5

② 1

③ 2

④ 4

해설

$$\text{전체 스프링 상수 } k = \frac{W}{\delta} = \frac{\text{하중}}{\text{늘어난 길이}} = \frac{40N}{20mm} = 2N/mm$$

16 재료기호가 'SF340A'로 표시되었을 때 이 재료는?

① 탄소강 단강품　　② 고속도 공구강
③ 합금 공구강　　　④ 소결 합금강

해설
SF340A : 탄소강 단강품이며, 최저 인장강도는 340N/mm²이다.

17 2개의 너트를 사용하여 너트가 풀리는 것을 방지하는 너트의 풀림 방지법은?

① 와셔에 의한 방법
② 로크너트에 의한 방법
③ 자동 죔 너트에 의한 방법
④ 멈춤나사에 의한 방법

해설
로크너트 : 2개의 너트를 사용하여 너트의 풀림 방지

로크너트
너트

볼트 · 너트의 풀림 방지
• 로크너트에 의한 방법
• 멈춤나사에 의한 방법
• 와셔에 의한 방법
• 자동 죔 너트에 의한 방법
• 분할 핀에 의한 방법

18 다음 그림과 같은 치수기입법의 명칭으로 가장 적합한 것은?

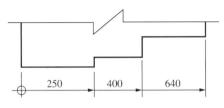

① 직렬 치수기입법　　② 누진 치수기입법
③ 좌표 치수기입법　　④ 병렬 치수기입법

해설
치수의 배치방법
• 직렬 치수 기입(a) : 직렬로 연결된 치수에 주어진 일반공차가 차례로 누적되어도 좋은 경우에 사용한다(치수를 기입할 때에는 치수공차가 누적된다).
• 병렬 치수 기입(b) : 기준면을 설정하여 개개별로 기입되는 방법으로, 각 치수의 일반공차는 다른 치수의 일반공차에 영향을 주지 않는다.
• 누진 치수 기입(c) : 치수공차에 관하여 병렬 치수 기입과 완전히 동등한 의미를 가지면서, 하나의 연속된 치수선으로 간편하게 표시한다.

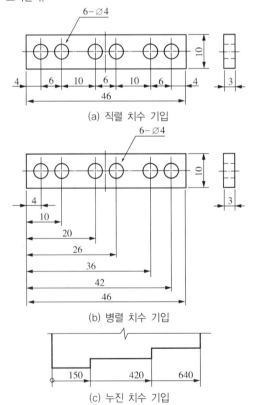
(a) 직렬 치수 기입

(b) 병렬 치수 기입

(c) 누진 치수 기입

19 제도에 있어서 치수 기입요소가 아닌 것은?

① 치수선   ② 치수 숫자

③ 가공기호   ④ 치수보조선

해설
치수 기입요소 : 치수선, 치수보조선, 지시선, 치수 숫자, 화살표

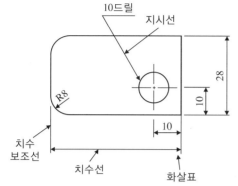

20 다음 치수 기입방법 중 호의 길이로 옳은 것은?

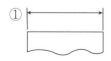 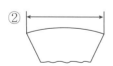

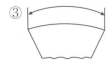 

해설
① 변의 길이 치수
② 현의 길이 치수
④ 각도 치수

21 다음 중 대칭도를 나타내는 기호는?

①   ②

③   ④

해설
기하공차의 종류와 기호

공차의 종류		기 호
모양공차	진직도	———
	평면도	▱
	진원도	○
	원통도	⌭
	선의 윤곽도	⌒
	면의 윤곽도	⌓
자세공차	평행도	//
	직각도	⊥
	경사도	∠
위치공차	위치도	⊕
	동축도(동심도)	◎
	대칭도	═
흔들림 공차	원주 흔들림	↗
	온 흔들림	↗↗

22 단면도 표시방법 중 다음 그림과 같이 도시하는 단면도의 명칭은?

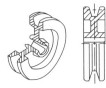

① 전단면도
② 한쪽단면도
③ 부분단면도
④ 회전도시단면도

단면도의 종류

단면도	설 명	비 고
전단면도 (온단면도)	물체 전체를 둘로 절단해서 그림 전체를 단면으로 나타낸 단면도이다.	
한쪽단면도	상하 또는 좌우 대칭인 물체는 1/4을 떼어 낸 것으로 보고 기본 중심선을 경계로 1/2은 외형, 1/2은 단면으로 동시에 나타낸다. 외형도의 절반과 온단면도의 절반을 조합하여 표시한 단면도이다.	
부분단면도	필요한 일부분만을 파단선에 의해 그 경계를 표시하고 나타낸 단면도이다.	
회전도시 단면도	핸들, 벨트풀리, 기어 등과 같은 바퀴의 암, 림, 리브, 훅, 축, 구조물의 부재 등의 절단면을 회전시켜 표시한다.	

23 다음 그림과 같은 입체도를 화살표 방향에서 본 투상도로 가장 옳은 것은?(단, 해당 입체는 화살표 방향으로 볼 때 좌우대칭 구조이다)

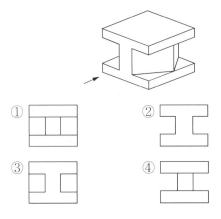

①
②
③
④

24 미끄럼 베어링의 윤활방법이 아닌 것은?

① 적하 급유법
② 패드 급유법
③ 오일링 급유법
④ 충격 급유법

윤활제의 급유방법
• 적하 급유법(Drop Feed Oiling) : 마찰면이 넓거나 시동되는 횟수가 많을 때, 저속 및 중속 축의 급유에 사용된다.
• 패드 급유법(Pad Oiling) : 무명이나 털 등을 섞어 만든 패드 일부를 오일통에 담가 저널의 아랫면에 모세관현상으로 급유하는 방법이다.
• 오일링 급유법(Oiling) : 고속 주축에 급유를 균등하게 할 목적으로 사용한다.
• 강제 급유법(Circulating Oiling) : 순환펌프를 이용하여 급유하는 방법으로, 고속회전할 때 베어링 냉각효과에 경제적인 방법이다.

25 바이트의 끝 모양과 이송이 표면거칠기에 미치는 영향 중 이론적인 표면거칠기값($H_{\max}$)을 구하는 식으로 옳은 것은?(단, r = 바이트 끝 반지름, S = 이송거리이다)

① $H_{\max} = \dfrac{8r}{S}$ ② $H_{\max} = \dfrac{S^2}{8r}$

③ $H_{\max} = \dfrac{S}{8r}$ ④ $H_{\max} = \dfrac{8r}{S^2}$

해설
가공면의 이론적인 표면거칠기 이론값

$H_{\max} = \dfrac{S^2}{8r}$

표면거칠기를 양호하게 하려면, 노즈 반지름(r)을 크게, 이송(S)을 느리게 하는 것이 좋다. 그러나 노즈 반지름이 너무 커지면 절삭저항이 증대되고, 바이트와 가공물 사이에 떨림이 발생하여 가공 표면이 더 거칠어지게 되므로 주의해야 한다.

26 A3 도면의 크기로 맞는 것은?

① 210 × 297 ② 297 × 420

③ 841 × 1,189 ④ 594 × 841

해설
도면의 크기와 윤곽선의 치수(KS B 0001)

(단위 : mm)

크기의 호칭	도면의 윤곽선			
	$a \times b$	c(최소)	d(최소)	
			철하지 않을 때	철할 때
A0	841×1,189	20	20	25
A1	594×841	20	20	25
A2	420×594	10	10	25
A3	297×420	10	10	25
A4	210×297	10	10	25

27 다음 그림은 연강을 절삭할 때 일반적인 칩 형태의 범위를 나타낸 것이다. (A), (B), (C)에 해당하는 칩 형태를 바르게 짝지은 것은?

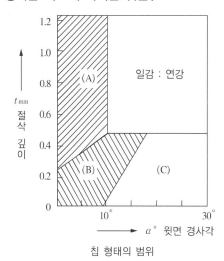

칩 형태의 범위

① (A) : 경작형, (B) : 유동형, (C) : 전단형
② (A) : 경작형, (B) : 전단형, (C) : 유동형
③ (A) : 전단형, (B) : 유동형, (C) : 균열형
④ (A) : 유동형, (B) : 균열형, (C) : 전단형

해설
칩의 종류
• 유동형 칩 : 칩이 경사면 위를 연속적으로 원활하게 흘러 나가는 모양으로 연속형 칩이다.
• 전단형 칩 : 칩이 경사면 위를 원활하게 흐르지 못해서 절삭공구가 칩을 밀어내는 압축력이 커지면서 발생하여 칩이 연속적으로 가공되기는 하지만 분자 사이에 전단이 일어나는 형태의 칩이다.
• 경작형(열단형) 칩 : 점성이 큰 가공물을 경사각이 작은 절삭공구로 가공할 때, 절삭 깊이가 클 때 발생하기 쉬운 칩의 형태이다.
• 균열형 칩 : 주철과 같이 메진재료를 저속으로 절삭할 때 발생하는 칩의 형태로서, 순간적인 균열이 발생하여 생기는 칩이다.

유동형 칩	전단형 칩
경작형(열단형) 칩	균열형 칩

28 공작기계의 기본운동에 해당되지 않는 것은?

① 절삭운동　　② 치핑운동
③ 이송운동　　④ 위치조정운동

> **해설**
> 공작기계 기본운동
> • 절삭운동
> • 이송운동
> • 위치조정운동

29 공작기계에서 일감을 회전운동시켜서 가공하는 것은?

① 선 반　　② 드릴링
③ 플레이너　　④ 밀 링

> **해설**
> 선반은 일감을 회전운동시키고, 공구는 직선운동한다.
> 공구와 공작물의 상대운동 관계

종 류	상대 절삭운동	
	공작물	공 구
밀링작업	고정하고 이송	회전운동
연삭작업	회전, 고정하고 이송	회전운동
선반작업	회전운동	직선운동
드릴작업	고 정	회전운동

30 밀링에서 날 1개당 이송 $f_z = 0.01$mm, 날수 $z = 6$, 회전수 $n = 500$rpm일 때 이송속도 f(mm/min)는?

① 3,000mm/min

② 1,200mm/min

③ 120mm/min

④ 30mm/min

> **해설**
> 테이블 이송속도$(f) = f_z \times z \times n$
> $\qquad\qquad\qquad = 0.01\text{mm} \times 6 \times 500\text{rpm}$
> $\qquad\qquad\qquad = 30\text{mm/min}$
> 여기서, f_z : 1개의 날당 이송(mm)
> $\qquad\quad z$: 커터의 날수
> $\qquad\quad n$: 커터의 회전수(rpm)

31 끼워맞춤 치수공차 기호 중 헐거운 끼워맞춤은?

① ⌀50H7/p6　　② ⌀50H7/g6
③ ⌀50H7/js6　　④ ⌀50H7/m6

> **해설**
> • ⌀50H7/g6 : 구멍기준식 헐거운 끼워맞춤
> • ⌀50H7/p6 : 구멍기준식 억지 끼워맞춤
> • ⌀50H7/js6 : 구멍기준식 중간 끼워맞춤
> • ⌀50H7/m6 : 구멍기준식 중간 끼워맞춤
> 상용하는 구멍기준식 끼워맞춤

기준구멍	축의 공차역 클래스																					
	헐거운 끼워맞춤						중간 끼워맞춤					억지 끼워맞춤									
	b	c	d	e	f	g	h	js	k	m	n	p	r	s	t	u	x
H6						g5	h5	js5	k5	m5							
					f6	g6	h6	js6	k6	m6	n6	p6					
H7					f6	g6	h6	js6	k6	m6	n6	p6	r6	s6	t6	u6	x6
				e7	f7		h7	js7									
H8							f7		h7								
				e8	f8		h8										
H9			d9	e9													
			d8	e8			h8										
H10		c9	d9	e9			h9										
	b9	c9	d9														

32 분할 핀에 관한 설명으로 틀린 것은?

① 핀 전체가 두 갈래로 되어 있다.

② 너트의 풀림 방지에 사용된다.

③ 핀이 빠져 나오지 않도록 하는 데 사용된다.

④ 테이퍼 핀의 일종이다.

해설

분할 핀 : 한쪽 끝이 두 가닥으로 갈라진 핀으로, 나사 및 너트의 이완을 방지하거나 축에 끼워진 부품이 빠지는 것을 막고, 핀을 때려 넣은 뒤 끝을 굽혀서 늦춰지는 것을 방지하는 핀이다. 분할 핀 호칭 지름은 분할 핀 구멍의 지름이다.

분할 핀을 사용한 너트의 풀림 방지

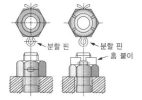

핀의 용도와 호칭방법

핀의 종류	핀의 모양	핀의 용도	핀의 호칭방법
평행 핀 (KS B ISO 2338)		기계 부품 조립, 고정 및 위치결정용으로 사용되며 끝면의 모양에 따라 A형과 B형이 있다.	표준 명칭 또는 표준번호, 호칭지름, 공차, 호칭길이, 재료 예 평행핀(또는 KS B ISO 2338)-6 m6×30-St
테이퍼 핀 (KS B ISO 2339)		축에 보스를 고정시킬 때 주로 사용되며 테이퍼의 허용차에 따라 1급, 2급이 있다.	표준 명칭, 표준번호, 등급, 호칭 지름 × 호칭길이, 재료 예 호칭지름 6mm 및 호칭 길이 30mm인 A형 비경화 테이퍼 핀 테이퍼 핀 KS B ISO 2339-A-6× 30-St
분할 테이퍼 핀 (KS B 1323)		축에 보스를 고정시킬 때 사용되며 한쪽 끝이 갈라진 테이퍼 핀이다.	표준번호 또는 표준 명칭, 호칭지름 × 호칭길이, 재료 및 지정사항 예 KS B 1323 6 × 70 St 분할 테이퍼 핀 10 × 80 STS 303 분할 깊이 25

핀의 종류	핀의 모양	핀의 용도	핀의 호칭방법
분할 핀 (KS B ISO 1234)		너트의 풀림 방지나 핀이 빠지는 것을 방지하는 데 사용된다.	표준 명칭, 표준번호, 호칭지름×호칭길이, 재료 예 강으로 제조한 분할 핀 호칭지름 5mm, 호칭길이 50mm →분할핀 KS B ISO1234-5× 50-ST

※ d : 호칭 지름, l : 호칭 길이

33 절삭저항의 3분력에 포함되지 않는 것은?

① 표면분력   ② 주분력

③ 이송분력   ④ 배분력

해설

절삭저항 3분력

절삭저항 3분력	설 명	3분력의 크기
주분력(F_1)	칩이 발생하면서 바이트 윗면을 누르는 힘에 의해 받는 저항으로, 가장 크게 나타난다.	10
배분력(F_2)	바이트의 앞면이 받는 저항으로, 공작물과 여유면의 마찰에 의하여 발생한다.	2~4
이송분력(F_3)	바이트의 옆면이 받는 저항으로, 공작물과 여유면의 마찰에 의해 발생한다.	1~2

선반가공에서 발생하는 절삭저항의 3분력

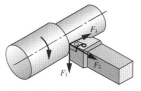

• 주분력(F_1) : 절삭 진행 방향에서 작용하는 절삭저항
• 배분력(F_2) : 절살 깊이 방향에서 작용하는 절삭저항
• 이송분력(F_3) : 이송 방향에서 작용하는 절삭저항

34 엔드밀로 홈가공 시 절삭력에 의해 휘어지는 문제가 발생하는데, 이 휨의 방지법으로 적합한 것은?

① 가능한 한 엔드밀을 짧게 고정한다.
② 절삭량을 많이 준다.
③ 이송속도를 빠르게 한다.
④ 주축 회전수를 빠르게 한다.

해설

엔드밀을 이용하여 가공할 때 홈이 센터와 직각 방향으로 다소 변위되어 절삭되는 문제점이 있다. 이러한 현상은 절삭이 시작될 때 절삭력에 의하여 엔드밀이 휘어지기 때문이다. 따라서 가능한 한 엔드밀을 짧게 고정하고 절삭량을 적게 하여 가공하면 방지할 수 있다.

35 호빙머신에서 절삭할 수 있는 기어로 거리가 먼 것은?

① 스퍼 기어
② 헬리컬 기어
③ 웜 기어
④ 래크 기어

해설

호빙머신(Hobbing Machine) : 호브(Hob)라는 공구를 사용하여 기어를 절삭하는 방법으로 스퍼 기어, 헬리컬 기어, 웜 기어를 절삭할 수 있다. 호브와 가공물의 상대운동은 다음 그림과 같이 호브를 웜(Worm), 가공물 소재를 웜 기어라고 하여 절삭한다.

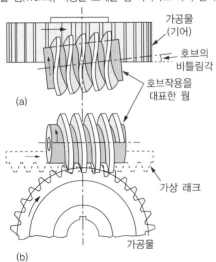

36 선반가공법의 종류로 거리가 먼 것은?

① 외경 절삭가공
② 드릴링 가공
③ 총형 절삭가공
④ 더브테일 가공

해설

선반가공법과 밀링가공법의 종류

선반가공
외경, 단면, 절단(홈), 테이퍼, 드릴링, 보링, 수(암)나사, 정면, 곡면, 총형, 널링 등

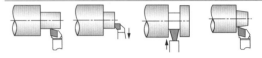

(a) 외경 절삭 (b) 단면 절삭 (c) 절단(홈)작업 (d) 테이퍼 절삭

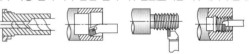

(e) 드릴링 (f) 보 링 (g) 수나사 절삭 (h) 암나사 절삭

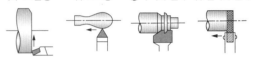

(i) 정면 절삭 (j) 곡면 절삭 (k) 총형 절삭 (l) 널링 작업

밀링가공
평면, 단가공, 홈가공, 드릴, T홈, 더브테일, 곡면, 보링 등

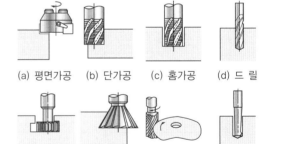

(a) 평면가공 (b) 단가공 (c) 홈가공 (d) 드 릴

(e) T홈가공 (f) 더브테일 가공 (g) 곡면 절삭 (h) 보 링

37 마이크로미터의 원리에 대한 설명으로 옳은 것은?

① 어떤 길이의 변화를 나사의 회전각과 지름에 의해 확대시켜 만든 것이다.

② 어떤 길이의 변화를 롤러 및 게이지 블록을 이용하여 만든 것이다.

③ 어떤 길이의 변화를 기포관 내의 기포 위치를 확대시켜 만든 것이다.

④ 어떤 길이의 변화를 광파장에 의해 확대시켜 만든 것이다.

해설
마이크로미터는 길이 변화를 나사의 회전각과 지름에 의해 확대시켜 만든 것으로, 나사의 피치가 0.5mm, 심블의 원주 눈금이 50등분되어 있으므로 스핀들 이동량(M)은

$M = 0.5 \times \dfrac{1}{50} = 0.01mm$로 최소 측정값은 0.01mm이다.

마이크로미터의 원리

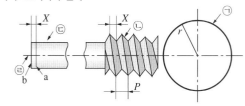

㉠ : 눈금면
㉡ : 나사
㉢ : 스핀들
㉣ : 측정면
X : 회전 방향의 이동량(mm)
P : 나사의 피치(mm)
r : 눈금면의 반지름(mm)

38 래핑작업의 장점에 대한 설명으로 틀린 것은?

① 가공면이 매끈한 거울면을 얻을 수 있다.

② 정밀도가 높은 제품을 가공할 수 있다.

③ 가공면은 윤활성 및 내마모성이 좋다.

④ 작업이 깨끗하고 먼지가 적다.

해설
래핑가공의 장단점

장 점	단 점
• 가공면이 매끈한 거울면을 얻을 수 있다. • 정밀도가 높은 제품을 가공할 수 있다. • 가공면은 윤활성 및 내마모성이 좋다. • 가공이 간단하고 대량 생산이 가능하다. • 평면도, 진원도, 직선도 등의 이상적인 기하학적 형상을 얻을 수 있다.	• 가공면에 랩제가 잔류하기 쉽고, 제품을 사용할 때 잔류한 랩제가 마모를 촉진시킨다. • 고도의 정밀 가공은 숙련이 필요하다. • 작업이 지저분하고 먼지가 많다. • 비산하는 랩제는 다른 기계나 가공물을 마모시킨다.

래핑(Lapping)의 원리

39 절삭 날과 자루가 분리되고, 엔드밀의 지름이 큰 경우에 사용되는 엔드밀은?

① 평 엔드밀
② 라프 엔드밀
③ 볼 엔드밀
④ 셸 엔드밀

해설
④ 셸 엔드밀(Shell Endmill) : 엔드밀의 지름이 큰 경우에는 절삭 날과 자루가 분리되고, 사용할 때 조립하여 사용함
② 라프 엔드밀 : 거친 절삭에 사용함
③ 볼 엔드밀 : R가공이나 구멍가공에 편리함

40 입도가 작고 연한 숫돌에 작은 압력으로 가압하면서 가공물에 이송을 주고, 동시에 숫돌에 진동을 주어 표면거칠기를 향상시키는 가공법은?

① 이온가공

② 쇼트피닝

③ 슈퍼피니싱

④ 배럴가공

해설

- 슈퍼피니싱 : 입도가 작고, 연한 숫돌에 작은 압력으로 가압하면서 가공물에 이송을 주고, 동시에 숫돌에 진동을 주어 표면거칠기를 좋게 하는 가공방법이다. 다듬질된 면은 평활하고, 방향성이 없으며, 가공에 의한 표면 변질층이 극히 미세하다. 가공시간이 짧다(작은 압력 + 이송 + 진동).

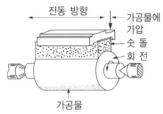

※ 슈퍼피니싱의 핵심 단어는 **작은 압력 + 이송 + 진동**이다.

★ **핵심 단어 필히 암기 요망**

- 배럴가공 : 충돌가공(주물귀, 돌기 부분, 스케일 제거), 회전하는 상자 속에 공작물과 미디어, 콤파운드(유지+직물), 공작액 등을 넣고 회전과 진동을 주어 표면을 다듬질(회전형, 진동형)하는 방법이다.

- 쇼트피닝 : 표면을 타격하는 일종의 냉간가공으로 철강의 작은 볼(Shot)을 공작물 표면에 분사하여 강재의 화학조성을 변화시키지 않고 표면을 매끈하게 하여 피로강도 및 기계적 성질을 향상시킨다.

41 열에 민감한 가공물, 연질가공물, 두께가 얇은 판 등을 변형 없이 가공하는 데 적합한 가공법은?

① 전주가공

② 전해연삭

③ 전해연마

④ 초음파가공

해설

② 전해연삭 : 전해연삭은 연삭숫돌에 의한 접촉방식으로 전해작용과 기계적인 연삭가공을 복합시킨 가공방법으로, 열에 민감한 가공물, 연질가공물, 두께가 얇은 판 등을 변형 없이 가공하는 데 적합하다.

① 전주가공 : 도금을 응용한 방법이다.

③ 전해연마 : 전기도금의 반대 현상으로 가공물을 양극(+), 전기저항이 작은 구리, 아연을 음극(-)으로 연결하고, 전해액 속에서 1A/cm^2 정도의 전기를 통하면 전기에 의한 화학적인 작용으로 가공물의 표면이 용출되어 필요한 형상으로 가공하는 방법이다.

④ 초음파가공 : 초음파를 이용한 전기적 에너지를 기계적인 에너지로 변환시켜 금속, 비금속 등의 재료에 관계없이 정밀가공을 하는 방법이다.

42 연삭숫돌의 결합제 중 주성분이 점토와 장석인 결합제는?

① 비트리파이드 결합제

② 실리케이트 결합제

③ 레지노이드 결합제

④ 셸락 결합제

해설

결합제의 종류

- 비트리파이드(V) : 주성분 점토와 장석, 무기질 결합제
- 실리케이트(S) : 대형 숫돌에 적합, 무기질 결합제
- 셸락(E) : 절단용, 유기질 결합제
- 레지노이드(B) : 절단용, 유기질 결합제

43 다음 그림에 대한 설명으로 맞지 않는 것은?

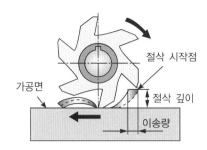

① 그림의 절삭방법은 하향 절삭이다.
② 그림의 절삭방법은 가공면이 깨끗하다.
③ 그림의 절삭방법은 기계에 무리를 주지 않는다.
④ 그림의 절삭방법은 백래시가 발생한다.

해설
상향 절삭과 하향 절삭의 특징

구 분	상향 절삭	하향 절삭
특 징	• 공작물을 들어 올리는 가공으로 기계에 무리를 주지 않는다. • 칩의 두께는 얇게 시작하여 점점 두꺼워진다. • 칩이 커터 날의 절삭을 방해하지 않고, 가공면에 쌓이지 않는다. • 절삭력과 이송력이 반대로 작용하므로 백래시가 제거된다.	• 칩은 두껍게 시작하여 점점 얇게 발생한다. • 절삭된 칩이 가공면에 쌓이므로 가공할 면이 잘 보인다. • 칩이 커터 날을 방해하지 않는다. • 절삭력과 이송력이 같은 방향으로 작용하여 백래시가 발생한다.
장 점	• 칩이 절삭을 방해하지 않는다. • 백래시가 제거된다. • 날이 부러질 염려가 작다. • 기계에 무리를 주지 않는다.	• 공작물 고정이 간단하다. • 커터의 마모와 동력 소비가 작다. • 가공면이 깨끗하다. • 가공할 면을 잘 볼 수 있다.
단 점	• 공작물을 견고히 고정해야 한다. • 커터의 마모와 동력 소비가 많다. • 가공면이 매끈하지 않다. • 가공할 면의 시야 확보가 좋지 않다.	• 칩이 절삭을 방해한다. • 백래시 제거장치가 없으면 가공이 어렵다. • 커터 날이 부러질 염려가 있다. • 기계에 무리를 줄 수 있다.
그 림		

44 게이지블록의 모양에 따른 종류가 아닌 것은?

① 캐리형
② 요한슨형
③ 호크형
④ 웨이브형

해설
블록게이지의 구조
• 요한슨형 : 직사각형의 단면을 가짐
• 호크형 : 중앙에 구멍이 뚫린 정사각형의 단면을 가짐
• 캐리형 : 원형으로 중앙에 구멍이 뚫림

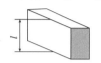

(a) 요한슨(Johanson)형　(b) 호크(Hoke)형　(c) 캐리(Cary)형

45 밀링작업에서 분할대를 이용하여 직접 분할이 가능한 가장 큰 분할수는?

① 40　　　　　　② 32
③ 24　　　　　　④ 15

해설
분할가공 방법
• 직접분할법 : 분할대 주축 앞면에 있는 직접 분할판을 이용하여 단순 분할(24의 약수, 즉 24, 12, 8, 6, 4, 3, 2등분 가능)
• 단식분할법 : 직접분할법으로 불가능하거나 분할이 정밀해야 할 경우(2~60 사이의 모든 정수, 60~120 사이의 2와 5의 배수 등)
• 차동분할법 : 직접, 단식분할법으로 분할할 수 없는 분할(단식분할법으로 분할할 수 없는 61 이상의 소수나 특수한 수의 분할을 2종 운동의 복합운동으로 분할하는 방법이다. 127은 차동분할법으로 분할 가능)

46 외주와 정면에 절삭 날이 있고, 주로 수직밀링에서 사용하는 커터로 절삭능력과 가공면의 표면거칠기가 우수한 초경 밀링커터는?

① 슬래브 밀링커터
② 총형 밀링커터
③ 더브테일 커터
④ 정면 밀링커터

해설
정면 밀링커터 : 외주와 정면에 절삭 날이 있는 커터이며, 주로 수직밀링에서 사용하는 커터로 평면가공에 이용된다. 정면 밀링커터는 절삭능률과 가공면의 표면거칠기가 우수한 초경 밀링커터를 주로 사용하며, 구조적으로 최근에는 스로어웨이(Throw Away) 방식을 많이 사용한다.

밀링커터	그 림
정면 밀링커터	
더브테일 커터	
총형 밀링커터	
슬래브 밀링커터	

47 커터의 지름이 100mm이고, 커터의 날수가 10개인 정면 밀링커터로 길이 300mm의 가공물을 절삭할 때 가공시간은?(단, 절삭속도 100m/min, 1날당 이송은 0.1mm로 한다)

① 1분
② 1분 15초
③ 1분 30초
④ 1분 45초

해설
밀링가공시간

$$T = \frac{L}{f} = \frac{400\text{mm}}{318\text{mm/min}} = 1.25786\text{min}$$

$$\therefore \ 1.25786\text{min} \times 60 = 75\text{sec} = 1\text{분} 15\text{초}$$

여기서, L : 테이블의 이송거리(mm)
　　　　　f : 테이블의 이송속도(mm/min)

• 테이블의 이송거리
$$L = l + D = 300\text{mm} + 100\text{mm} = 400\text{mm}$$
　여기서, l : 가공물의 길이(mm)
　　　　　　D : 커터의 지름(mm)

• 테이블의 이송속도
$$f = f_z \times z \times n = f_z \times z \times \frac{1,000 \times v}{\pi \times D}$$
$$= 0.1\text{mm} \times 10\text{개} \times \frac{1,000 \times 100\text{m/min}}{\pi \times 100\text{mm}} = 318\text{mm/min}$$

여기서, f_z : 1개 날당 이송(mm)
　　　　　z : 커터의 날수
　　　　　n : 커터의 회전수(rpm)
　　　　　v : 절삭속도(m/min)

48 범용 밀링에서 원주를 10°30′ 분할할 때 맞는 것은?

① 분할판 15구멍열에서 1회전과 3구멍씩 이동

② 분할판 18구멍열에서 1회전과 3구멍씩 이동

③ 분할판 21구멍열에서 1회전과 4구멍씩 이동

④ 분할판 33구멍열에서 1회전과 4구멍씩 이동

해설

다음 어떤 식을 이용해도 같은 결론에 도달하므로 계산이 편리한 방법을 이용한다.

각도 분할	도로 표시	도 및 분으로 표시	도 및 분, 초로 표시
	$\frac{h}{H} = \frac{D°}{9}$	$\frac{h}{H} = \frac{D'}{540}$	$\frac{h}{H} = \frac{D''}{32,400}$

여기서, h : 1회 분할에 필요한 분할판의 구멍수

　　　H : 분할판의 구멍수

　　　D : 분할 각도(°, ′, ″,)

• 도로 분할하는 경우

$$\frac{h}{H} = \frac{D°}{9} = \frac{10.5}{9} = \frac{21}{18} = 1\frac{3}{18}$$

※ 10°30′ = 10.5°

• 분으로 분할하는 경우

$$\frac{h}{H} = \frac{D'}{540} = \frac{630}{540} = \frac{21}{18} = 1\frac{3}{18}$$

※ 10°30′ = 630′

∴ 브라운샤프 No1 분할판 18구멍열에서 1회전하고 3구멍씩 전진하여 가공하면 원주를 10°30′으로 등분할 수 있다.

49 직접 측정의 장점에 해당되지 않는 것은?

① 측정기의 측정범위가 다른 측정법에 비하여 넓다.

② 측정물의 실제 치수를 직접 읽을 수 있다.

③ 수량이 적고, 종류가 많은 제품 측정에 적합하다.

④ 측정자의 숙련과 경험이 필요 없다.

해설

직접 측정은 측정자의 숙련과 경험이 필요하다.

• 비교 측정 : 측정값과 기준 게이지값의 차이를 비교하여 치수를 계산하는 측정방법(블록게이지, 다이얼 테스트 인디케이터, 한계게이지 등)

• 직접 측정 : 측정기에 표시된 눈금에 의해 직접 측정물의 치수를 읽는 방법(버니어캘리퍼스, 마이크로미터, 측장기 등)

• 간접 측정 : 나사, 기어 등과 같이 기하학적 관계를 이용하여 측정(사인바에 의한 각도 측정, 테이퍼 측정, 나사의 유효지름 측정 등)

50 나사의 유효지름 측정방법에 해당하지 않는 것은?

① 나사 마이크로미터에 의한 유효지름 측정방법

② 삼침법에 의한 유효지름 측정방법

③ 공구현미경에 의한 유효지름 측정방법

④ 사인바에 의한 유효지름 측정 방법

해설

나사의 유효지름 측정방법 : 나사 마이크로미터, 삼침법, 광학적 방법(공구현미경 등)

51 CNC 프로그램의 어드레스(Address)와 그 기능이 틀린 것은?

① 준비기능 : G

② 이송기능 : F

③ 주축기능 : S

④ 휴지기능 : T

해설

프로그램의 주소(Address)

기 능	주 소	의 미
프로그램 번호	O	프로그램 번호
전개번호	N	전개번호(작업 순서)
준비기능	G	이동형태(직선, 원호 등)
좌표어	X, Y, Z	각 축의 이동 위치 지정(절대방식)
이송기능	F	이송속도, 나사 리드
보조기능	M	기계 각 부위 지령
주축기능	S	주축속도, 주축 회전수
공구기능	T	공구번호, 공구보정번호
휴 지	X, P, U	휴지시간(Dwell)
프로그램번호 지정	P	보조프로그램 호출번호

52 밀링작업에서 T홈 절삭을 하기 위해서 선행해야 할 작업은?

① 엔드밀 홈 작업
② 더브테일 홈 작업
③ 나사 밀링커터 작업
④ 총형 밀링커터 작업

해설
밀링작업에서 T홈을 절삭하기 위해서는 먼저 엔드밀을 이용하여 홈을 절삭하고 T홈 커터를 이용하여 절삭을 완성한다.

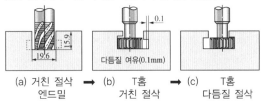

(a) 거친 절삭   ➡   (b)   T홈   ➡   (c)   T홈
엔드밀   거친 절삭   다듬질 절삭

53 다음 그림과 같이 이동하는 머시닝센터 프로그램에서 증분방식으로 지령할 경우 올바른 지령은?

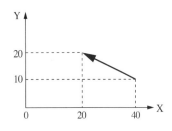

① G00 G90 X20. Y20.;
② G00 G90 X-20. Y10.;
③ G00 G91 X-20. Y10.;
④ G00 G91 X20. Y20.;

해설
• 증분지령(G91) : G00 G91 X-20. Y10.;
• 절대지령(G90) : G00 G90 X20. Y20.;

54 CNC 공작기계가 한 번의 동작을 하는 데 필요한 정보가 담겨 있는 지령단위는?

① 어드레스(Address)
② 데이터(Data)
③ 블록(Block)
④ 프로그램(Program)

해설
블록(Block) : 한 개의 지령단위를 블록이라고 하며 각각의 블록은 기계가 한 번의 동작을 한다.

55 CNC 공작기계의 운전 시 일상 점검사항이 아닌 것은?

① 공구의 파손이나 마모 상태 확인
② 가공할 재료의 성분 분석
③ 공기압이나 유압 상태 확인
④ 각종 계기의 상태 확인

56 보조기능을 프로그램을 제어하는 보조기능과 기계 보조장치를 제어하는 보조기능으로 나눌 때 프로그램을 제어하는 보조기능은?

① M03 ② M05
③ M08 ④ M30

해설
M코드 ★ 자주 출제/반드시 암기

M코드	기 능	M코드	기 능
M00	프로그램 정지	M08	절삭유 ON
M01	프로그램 선택 정지	M09	절삭유 OFF
M02	프로그램 끝	M30	프로그램 끝 & 리셋
M03	주축 정회전	M98	보조프로그램 호출
M04	주축 역회전	M99	보조프로그램 종료
M05	주축 정지		

57 머시닝센터에서 테이블에 고정된 공작물의 높이를 측정하고자 할 때 가장 적당한 것은?

① 다이얼게이지
② 한계게이지
③ 하이트게이지
④ 사인바

해설
하이트게이지(Height Gauge)
- 대형 부품, 복잡한 모양의 부품 등을 정반 위에 올려놓고 정반면을 기준으로 하여 높이를 측정하거나 스크라이버 끝으로 금긋기 작업을 하는 데 사용한다.
- 머시닝센터에서 테이블에 고정된 공작물의 높이를 측정하고자 할 때 사용한다.
- 하이트게이지의 기본 구조는 스케일과 베이스 및 서피스게이지를 한데 묶은 구조이다.
- HM형, HB형, HT형의 3종류가 대표적이다.

58 CNC 프로그램에서 공구 길이 보정과 관계없는 준비기능은?

① G42 ② G43
③ G44 ④ G49

해설
- G42 : 공구인선 반지름 우측 보정
- G43 : 공구 길이 보정(+)
- G44 : 공구 길이 보정(−)
- G49 : 공구 길이 보정 취소

59 여러 대의 CNC 공작기계를 한 대의 컴퓨터에 연결해 데이터를 분배하여 전송함으로써 동시에 운전할 수 있는 방식은?

① NC ② CNC
③ DNC ④ CAD

해설
DNC(Distributed Numerical Control) : CAD/CAM시스템과 CNC 기계를 근거리 통신망(LAN)으로 연결하여 한 대의 컴퓨터에서 여러 대의 CNC공작기계에 데이터를 분배하여 전송함으로써 동시에 운전할 수 있는 방식

60 CNC 작업 중 기계에 이상이 발생하였을 때 조치사항으로 적당하지 않은 것은?

① 알람내용을 확인한다.
② 경보등이 점등되었는지 확인한다.
③ 간단한 내용은 조작 설명서에 따라 조치하고 안 되면 전문가에게 의뢰한다.
④ 기계가공이 안 되기 때문에 무조건 전원을 끈다.

해설
무조건 전원을 끄는 것이 적당한 조치사항은 아니다.

01 Cu 3.5~4.5%, Mg 1~1.5%, Si 0.5~1.0%, 나머지는 Al인 합금으로 무게를 중요시하는 항공기나 자동차에 사용되는 고강도 Al합금은?

① 두랄루민
② 하이드로날륨
③ 알드레이
④ 내식 알루미늄

해설
• 두랄루민 : 단조용 알루미늄 합금으로, 가벼워서 항공기나 자동차 등에 사용되는 고강도 Al합금[Al + Cu + Mg + Mn(알구마망)]
• 고강도 Al합금 : 두랄루민, 초두랄루민, 초강 두랄루민
• 내식성 Al합금 : 하이드로날륨, 알민, 알드레이
• Y합금 : Al + Cu + Ni + Mg의 합금으로, 내열성이 좋아 내연기관 실린더에 사용한다(알구니마).

02 니켈-크롬강에서 나타나는 뜨임취성을 방지하기 위해 첨가하는 원소는?

① 크롬(Cr)　　　② 탄소(C)
③ 몰리브덴(Mo)　④ 인(P)

해설
• Ni-Cr강에 나타나는 뜨임취성은 소량의 Mo(몰리브덴)을 첨가하여 방지한다.
• 뜨임취성 및 방지 : 담금질 뜨임 후 재료에 나타나는 취성
• Cr : 내마멸성을 증가시키는 원소
• Mo : W효과의 2배, 뜨임취성 방지, 담금질 깊이 증가

03 Cu에 60~70%의 Ni 함유량을 첨가한 Ni-Cu계의 합금이며, 내식성이 좋아 화학공업용 재료로 많이 쓰이는 것은?

① Y합금
② 니크롬
③ 모넬메탈
④ 콘스탄탄

해설
① Y합금 : Al-Cu-Ni-Mg의 합금으로 대표적인 내열용 합금이다(알구니마).
③ 모넬메탈 : Cu에 60~70%의 Ni 함유량을 첨가한 Ni-Cu계의 합금이며, 내식성이 좋아 화학공업용 재료로 많이 사용한다.
④ 콘스탄탄 : Cu에 40~50% Ni을 첨가한 합금으로, 전기저항이 크고 온도계수가 낮아 저항선, 전열선 등에 사용한다.

04 상온취성(Cold Shortness)의 주된 원인이 되는 물질로 가장 적합한 것은?

① 탄소(C)　　　② 규소(Si)
③ 인(P)　　　　④ 황(S)

해설
상온취성(Cold Shortness)
• 상온에서 충격치가 현저히 낮고, 취성이 있는 성질
• 인(P)을 많이 함유하는 재료에 나타나는 특수한 성질
탄소강에 함유한 각 원소의 영향
• 규소 : 0.2% 정도를 함유시켜 단접성과 냉간가공성을 유지시킴
• 인 : 상온취성의 원인, 절삭성 개선, 강도와 경도 증가
• 황 : 적열취성의 원인, 절삭성 향상
• 몰리브덴 : 뜨임취성 방지

05 강과 비교한 주철의 특성이 아닌 것은?

① 주조성이 우수하다.

② 복잡한 형상을 생산할 수 있다.

③ 주물제품을 값싸게 생산할 수 있다.

④ 강에 비해 강도가 비교적 높다.

해설

주철의 장단점

장 점	단 점
• 강보다 용융점이 낮아 유동성이 커 복잡한 형상의 부품도 제작이 쉽다. • 주조성이 우수하다. • 마찰저항이 우수하다. • 절삭성이 우수하다. • 압축강도가 크다. • 고온에서 기계적 성질이 우수하다.	• 충격에 약하다(취성이 크다). • 인장강도가 작다. • 굽힘강도가 작다. • 소성(변형)가공이 어렵다.

06 황(S)이 적은 선철을 용해하여 주입 전에 Mg, Ce, Ca 등을 첨가하여 제조한 주철은?

① 펄라이트주철

② 구상흑연주철

③ 가단주철

④ 강력주철

해설

• 구상흑연주철 : 강도와 연성 등을 개선하기 위하여 용융 상태의 주철 중에 마그네슘(Mg), 세륨(Ce) 또는 칼슘(Ca) 등을 첨가하여 편상흑연을 구상화한 것으로 노듈러주철, 덕타일주철 등으로 불린다.

• 가단(Malleable)주철 : 주철의 결점인 여리고 약한 인성을 개선하기 위하여 열처리에 의하여 편상흑연을 괴상화하여 강도와 연성을 향상시킨 것이다.

• 칠드(Chilled)주철 : 보통주철보다 규소(Si) 함유량을 적게 하고 적당량의 망간을 첨가한 쇳물을 금형 또는 칠 메탈이 붙어 있는 모래형에 주입하여 필요한 부분만 급랭시켜 표면만 단단하게 되고 내부는 회주철이 되므로 강인한 성질을 가지는 주철

• 미하나이트(Meehanite)주철 : 약 3% C, 1.5% Si의 쇳물에 칼슘실리케이트(Ca-Si)나 페로실리콘(Fe-Si)을 접종시켜 미세한 흑연을 균일하게 분포시킨 펄라이트 주철이다. 주물의 두께차나 내외에 상관없이 균일한 조직을 얻을 수 있고, 강인하다.

07 강의 표면경화법으로 금속 표면에 탄소(C)를 침입 고용시키는 방법은?

① 질화법 ② 침탄법

③ 화염경화법 ④ 쇼트피닝

해설

• 침탄법 : 금속 표면에 탄소(C)를 침입 고용시키는 방법

• 질화법 : 암모니아가스를 침투시켜 질화층을 만들어 강의 표면을 경화하는 방법

표면경화 방법

• 물리적 방법 : 화염경화법, 고주파경화법, 금속용사법 등

• 화학적 방법 : 침탄법, 질화법, 침탄질화법 등

열처리의 분류

일반 열처리	항온 열처리	표면경화 열처리
• 담금질(Quenching) • 뜨임(Tempering) • 풀림(Annealing) • 불림(Normalizing)	• 마켄칭 • 마템퍼링 • 오스템퍼링 • 오스포밍 • 항온풀림 • 항온뜨임	• 침탄법 • 질화법 • 화염경화법 • 고주파경화법 • 청화법

08 비틀림 각이 30°인 헬리컬기어에서 잇수가 40이고, 축 직각 모듈이 4일 때 피치원의 직경은 몇 mm 인가?

① 160 ② 170.27

③ 158 ④ 184.75

해설

헬리컬기어의 피치원지름

$$D = \frac{mZ}{\cos\beta} = \frac{4 \times 40}{\cos 30°} ≒ 184.75$$

여기서, m : 모듈

Z : 잇수

β : 비틀림 각

※ 스퍼기어 피치원지름 : $D = mZ$

09 다음 그림에서 $W = 300\text{N}$의 하중이 작용하고 있다. 스프링 상수가 $k_1 = 5\text{N/mm}$, $k_2 = 10\text{N/mm}$라면, 늘어난 길이는 몇 mm인가?

① 15
② 20
③ 25
④ 30

전체 스프링 상수 $k = \dfrac{W}{\delta} = \dfrac{하중}{늘어난 \ 길이}$

∴ 늘어난 길이 $\delta = \dfrac{W}{k} = \dfrac{W}{k_1 + k_2} = \dfrac{300\text{N}}{15\text{N/mm}} = 20\text{mm}$

스프링의 조합(직렬, 병렬)

직렬연결	병렬연결
$k = \dfrac{1}{k_1} + \dfrac{1}{k_2} \cdots$	$k = k_1 + k_2 \cdots$

10 V벨트는 단면 형상에 따라 구분되는데 가장 단면이 큰 벨트의 형상은?

① A
② C
③ E
④ M

V벨트의 사이즈 표
V벨트는 KS규격에서 단면의 형상에 따라 여섯 종류로 규정하고 있으며, M형을 제외한 다섯 종류가 동력전달용으로 사용된다. 단면이 가장 큰 벨트는 E형이다.

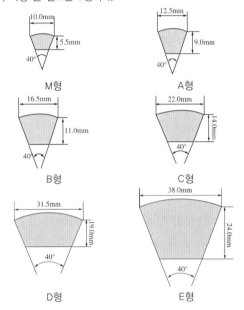

11 미터나사에 대한 설명으로 옳은 것은?

① 나사산의 각도는 60°이다.

② ABC나사라고도 한다.

③ 운동용 나사이다.

④ 피치는 1인치당 나사산의 수로 나타낸다.

해설
• 미터나사
  – 호칭지름과 피치를 mm 단위로 나타냄
  – 나사산의 각이 60°인 미터계 삼각나사
  – M호칭지름으로 표시(예 M8)
• 미터가는나사
  – M호칭지름×피치(예 M8×1)
  – 나사의 지름에 비해 피치가 작아 강도를 필요로 하는 곳, 공작기계의 이완 방지용 등에 사용한다.
• 유니파이나사
  – 영국, 미국, 캐나다의 협정에 의해 만들어진 나사
  – ABC나사라고도 함
  – 나사산의 각이 60°인 인치계 나사
• 운동용 나사
  – 힘을 전달하거나 물체를 움직이게 할 목적으로 사용하는 나사
  – 사각나사, 사다리꼴나사, 톱니나사, 볼나사 등
※ 피치(Pitch) : 서로 인접한 나사산과 나사산 사이의 축 방향의 거리

12 가공재료의 단면에 수직 방향으로 작용하는 하중은?

① 전단하중

② 굽힘하중

③ 인장하중

④ 비틀림하중

해설
• 인장하중 : 재료의 축선 방향으로 늘어나게 하려는 하중(재료의 단면에 수직 방향으로 작용)
• 압축하중 : 재료의 축선 방향으로 재료를 누르는 하중(재료의 단면에 수직 방향으로 작용)
• 전단하중 : 재료를 가위로 자르려는 것과 같은 형태의 하중
• 굽힘하중 : 재료를 구부려 휘어지게 하는 형태의 하중
• 비틀림하중 : 재료를 비트는 형태로 작용하는 하중

13 볼 베어링에서 볼을 적당한 간격으로 유지시켜 주는 베어링 부품은?

① 리테이너

② 레이스

③ 하우징

④ 부 시

해설
볼베어링의 구성요소 : 내륜, 외륜, 리테이너

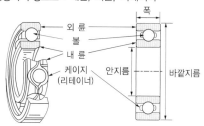

[볼 베어링의 구조와 명칭]

14 직선운동을 회전운동으로 변환하거나 회전운동을 직선운동으로 변환하는 데 사용되는 기어는?

① 스퍼기어   ② 베벨기어

③ 헬리컬기어   ④ 래크와 피니언

해설

래크와 피니언 : 회전운동을 직선운동으로 바꾸는 데 사용한다.

축의 상대적 위치에 따른 기어의 분류

15 단면적이 100mm²인 강재에 300N의 전단하중이 작용할 때 전단응력(N/mm²)은?

① 1   ② 2

③ 3   ④ 4

해설

$$전단응력(\tau) = \frac{전단하중(P_s)}{단면적(A)} = \frac{300\text{N}}{100\text{mm}^2} = 3\text{N/mm}^2$$

16 치수 숫자와 함께 사용되는 기호로 45° 모따기를 나타내는 기호는?

① C   ② R

③ K   ④ M

해설

치수 보조기호

구 분	기 호	읽 기	사용법
지름	∅	파 이	지름 치수의 치수 수치 앞에 붙인다.
반지름	R	알	반지름 치수의 치수 수치 앞에 붙인다.
구의 지름	S∅	에스파이	구의 지름 치수의 치수 수치 앞에 붙인다.
구의 반지름	SR	에스알	구의 반지름 치수의 치수 수치 앞에 붙인다.
정사각형의 변	□	사 각	정사각형의 한 변 치수의 치수 수치 앞에 붙인다.
판의 두께	t	티	판 두께의 치수 수치 앞에 붙인다.
원호의 길이	⌒	원 호	원호의 길이 치수의 치수 수치 위에 붙인다.
45° 모따기	C	시	45° 모따기 치수의 치수 수치 앞에 붙인다.
이론적으로 정확한 치수	▭	테두리	이론적으로 정확한 치수의 치수 수치를 둘러싼다.
참고 치수	( )	괄 호	참고 치수의 치수 수치(치수 보조기호 포함)를 둘러싼다.

17 바퀴의 암(Arm)이나 리브(Rib)의 단면 실형을 회전도시단면도로 도형 내에 그릴 경우 사용하는 선은?(단, 단면부 전후를 끊지 않고 도형 내에 겹쳐서 그리는 경우)

① 가는 실선 　② 굵은 실선

③ 가상선 　④ 절단면

회전도시 단면도
- 핸들, 벨트풀리, 기어 등과 같은 바퀴의 암, 림, 리브, 훅, 축, 구조물의 부재 등의 절단면은 회전시켜 표시한다.
- 도형 내에 그릴 경우 : 가는 실선(a)
- 주투상도 밖으로 끌어내어 그릴 경우 : 굵은 실선(b)

(a) 암의 회전도시 단면도　　(b) 훅의 회전도시 단면도
　　(투상도 안)　　　　　　　　(투상도 밖)

18 나사의 호칭이 'L 2줄 M50 × 2−6H'로 표시된 나사에 6H가 표시하는 것은?

① 줄 수 　② 암나사의 등급

③ 피 치 　④ 나사 방향

나사의 표시방법

L	2줄	M50 × 2	6
나사산의 감김 방향	나사산의 줄수	나사의 호칭	나사의 등급

- 나사산의 감김 방향 : L(왼나사)
- 나사산의 줄수 : 2줄(2줄 나사)
- 나사의 호칭 : M50×2(미터가는나사/피치2mm)
- 나사의 등급 : 6H(대문자로 암나사)

19 표면의 결 도시방법에서 제거가공을 허락하지 않는 것을 지시하고자 할 때 사용하는 제도기호가 옳은 것은?

① 　②

③ 　④

제거가공을 허락하지 않을 것을 지시할 때는 보기 ①과 같이 면의 지시기호의 내접하는 원을 그려서 사용한다. 이 기호는 이미 제거가공 또는 다른 방법으로 얻어져 있는 전 가공의 상태를 그대로 남기는 것만을 지시하기 위하여 사용해도 좋다.
제거가공의 지시기호

종 류	의 미
	제거가공의 필요 여부를 문제 삼지 않는다.
	제거가공을 필요로 한다.
	제거가공을 해서는 안 된다.

20 기계제도에서 굵은 1점쇄선을 사용하는 경우로 가장 적합한 것은?

① 대상물의 보이는 구분의 겉모양을 표시하기 위하여 사용한다.

② 치수를 기입하기 위하여 사용한다.

③ 도형의 중심을 표시하기 위하여 사용한다.

④ 특수한 가공 부위를 표시하기 위하여 사용한다.

해설

굵은 1점쇄선은 특수 지정선으로 특수한 가공을 하는 부분 등 특별한 요구사항을 적용할 수 있는 범위를 표시하는 데 사용한다.

선의 종류에 의한 용도

용도에 의한 명칭	선의 종류	선의 용도
외형선	굵은 실선	• 대상물의 보이는 부분의 모양을 표시하는 데 쓰인다.
치수선	가는 실선	• 치수를 기입하기 위해 쓰인다.
치수 보조선		• 치수를 기입하기 위해 도형으로부터 끌어내는 데 쓰인다.
지시선		• 기술·기호 등을 표시하기 위해 끌어내는 데 쓰인다.
회전 단면선		• 도형 내에 그 부분의 끊은 곳을 90° 회전하여 표시하는 데 쓰인다.
중심선	가는 실선	• 도형의 중심선을 간략하게 표시하는 데 쓰인다.
수준면선		• 수면, 유면 등의 위치를 표시하는 데 쓰인다.
숨은선	가는 파선 또는 굵은 파선	• 대상물의 보이지 않는 부분의 모양을 표시하는 데 쓰인다.
중심선	가는 1점쇄선	• 도형의 중심을 표시하는 데 쓰인다. • 중심이 이동한 중심궤적을 표시하는 데 쓰인다.
기준선		• 특히 위치 결정의 근거가 된다는 것을 명시할 때 쓰인다.
피치선		• 되풀이하는 도형의 피치를 취하는 기준을 표시하는 데 쓰인다.
특수 지정선	굵은 1점쇄선	• 특수한 가공을 하는 부분 등 요구사항을 적용할 수 있는 범위를 표시하는 데 사용한다.

용도에 의한 명칭	선의 종류	선의 용도
가상선	가는 2점쇄선	• 인접 부분을 참고로 표시하는 데 사용한다. • 공구, 지그 등의 위치를 참고로 나타내는 데 사용한다. • 가공 부분을 이동 중의 특정한 위치 또는 이동한계의 위치로 표시하는 데 사용한다. • 가공 전 또는 가공 후의 모양을 표시하는 데 사용한다. • 되풀이하는 것을 나타내는 데 사용한다. • 도시된 단면의 앞쪽에 있는 부분을 표시하는 데 사용한다.
무게 중심선		• 단면의 무게중심을 연결한 선을 표시하는 데 사용한다.
파단선	불규칙한 파형의 가는 실선	• 대상물의 일부를 파단한 경계 또는 일부를 떼어낸 경계를 표시하는 데 사용한다.
	지그재그선	
절단선	가는 1점쇄선으로 끝부분 및 방향이 변하는 부분을 굵게 한 것	• 단면도를 그리는 경우, 그 절단 위치를 대응하는 그림에 표시하는 데 사용한다.
해 칭	가는 실선으로 규칙적으로 줄을 늘어놓은 것	• 도형의 한정된 특정 부분을 다른 부분과 구별하는 데 사용한다. 예를 들어 단면도의 절단된 부분을 나타낸다.
특수한 용도의 선	가는 실선	• 외형선 및 숨은선의 연장을 표시하는 데 사용한다. • 평면이란 것을 나타내는 데 사용한다. • 위치를 명시하는 데 사용한다.
	아주 굵은 실선	• 얇은 부분의 단선 도시를 명시하는 데 사용한다.

선의 용도에 따른 사용 보기(KS B 0001)

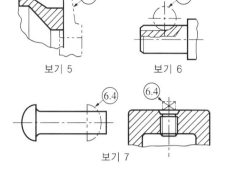

보기 5   보기 6

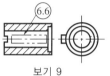

보기 7

보기 8   보기 9

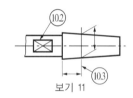

보기 10

보기 11

---

21 다음 그림에서 기준 치수 ∅50 기둥의 최대실체치수 (MMS)는 얼마인가?

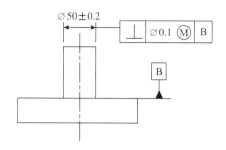

① ∅50.2   ② ∅50.3
③ ∅49.8   ④ ∅49.7

해설
축(외측 형체)은 최대실체치수(MMS)가 상한 치수로 ∅50.2이다.
최대실체 공차방식

부품 형체	상한 치수	하한 치수	비 고
외측 형체	최대실체치수 (MMS)	최소실체치수 (LMS)	축, 핀
내측 형체	최소실체치수 (LMS)	최대실체치수 (MMS)	구멍, 홈

• 축은 큰 것이 MMS이고, 구멍은 작은 것이 MMS이다.
• 최대실체치수 = 최대실체조건 = 최대재료치수
  최소실체치수 = 최소실체조건 = 최소재료치수

---

22 다음 도면과 같이 위치도를 규제하기 위하여 B치수에 이론적으로 정확한 치수를 기입한 것은?

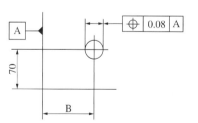

① (100)   ② <u>100</u>
③ ~~100~~   ④ ☐100

해설
• C : 45° 모따기
• ( ) : 참고 치수
• ☐40 : 이론적으로 정확한 치수

23 기계제도에서 도형 생략에 관한 설명으로 틀린 것은?

① 대칭도형을 생략할 경우 대칭중심선의 한쪽 도형만 그리고, 그 대칭중심선의 양끝 부분에 가는 선으로 동그라미(대칭기호)를 그린다.

② 대칭도형을 생략할 경우 대칭중심선의 한쪽 도형을 대칭중심선을 조금 넘은 부분까지 그릴 수 있다. 다만 이 경우 대칭기호를 생략할 수 있다.

③ 같은 종류, 같은 모양의 것이 다수 줄지어 있는 반복도형을 생략하는 경우 실형 대신 그림기호를 피치선과 중심선의 교점에 기입한다.

④ 중간 부분을 생략할 경우 생략된 중간 부분을 파단선으로 나타내서 생략할 수 있으며, 요점만 도시하는 경우 혼동될 염려가 없을 때는 파단선을 생략해도 된다.

해설

대칭도형의 생략 : 대칭중심선의 한쪽 도형만 그리고, 그 대칭중심선의 양끝 부분에 짧은 2개의 나란한 가는 선을 그린다.

 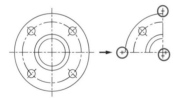

(a) 대칭 그림 기호로 도형을 생략

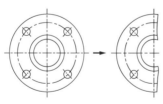

(b) 파단선으로 도형을 생략

24 표면의 줄무늬 방향기호에 대한 설명으로 맞는 것은?

① X : 가공에 의한 컷의 줄무늬 방향이 투상면에 직각

② M : 가공에 의한 컷의 줄무늬 방향이 투상면에 평행

③ C : 가공에 의한 컷의 줄무늬 방향이 중심에 동심원 모양

④ R : 가공에 의한 컷의 줄무늬 방향이 투상면에 교차 또는 경사

해설

줄무늬 방향 기호

기 호	기호의 뜻	설명 그림과 도면 기입 보기
=	가공에 의한 커터의 줄무늬 방향이 기호를 기입한 그림의 투상면에 평행 [보기] 셰이핑면	커터의 줄무늬 방향
⊥	가공에 의한 커터의 줄무늬 방향이 기호를 기입한 그림의 투상면에 직각 [보기] 셰이핑면(옆으로부터 보는 상태) 선삭, 원통 연삭면	커터의 줄무늬 방향
X	가공에 의한 커터의 줄무늬 방향이 기호를 기입한 그림의 투상면에 경사지고 두 방향으로 교차 [보기] 호닝 다듬질면	커터의 줄무늬 방향
M	가공에 의한 커터의 줄무늬 방향이 여러 방향으로 교차 또는 무방향 [보기] 래핑 다듬질면, 슈퍼피니싱면, 가로 이송을 한 정면 밀링 또는 엔드밀 절삭면	M
C	가공에 의한 커터의 줄무늬가 기호를 기입한 면의 중심에 대하여 대략 동심원 모양 [보기] 끝면 절삭면	C
R	가공에 의한 커터의 줄무늬 방향이 기호를 기입한 면의 중심에 대하여 대략 레이디얼 모양	R

25 다음 그림과 같은 도면에서 대각선으로 교차한 가는 실선 부분이 나타내는 것은?

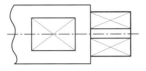

① 취급 시 주의 표시
② 다이아몬드 형상을 표시
③ 사각형 구멍 관통
④ 평면이란 것을 표시

대각선이 교차한 가는 실선 : 평면임을 나타내는 표시

26 다음 그림의 (A), (B), (C)에 해당하는 공작기계로 적당한 것은?

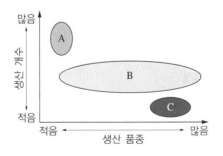

① (A) : 범용기계, (B) : 전용기계, (C) : CNC 공작기계
② (A) : 범용기계, (B) : CNC 공작기계, (C) : 전용기계
③ (A) : 전용기계, (B) : 범용기계, (C) : CNC 공작기계
④ (A) : 전용기계, (B) : CNC 공작기계, (C) : 범용기계

27 공작기계를 가공능률에 따른 분류 시 다음 보기에서 설명하는 공작기계는?

┤보기├

특정한 제품을 대량 생산할 때 적합한 공작기계로서 소량 생산에는 적합하지 않다. 사용범위가 한정되고, 기계의 크기도 가공물에 적합한 크기로 되어 있으며, 구조가 간단하고 조작이 편리하다.

① 만능공작기계
② 단능공작기계
③ 전용공작기계
④ 범용공작기계

공작기계 가공능률에 따라 분류

가공 능률	설 명	공작기계
범용 공작기계	가공할 수 있는 기능이 다양하고, 절삭 및 이송속도의 범위도 크기 때문에 제품에 맞추어 절삭조건을 선정하여 가공할 수 있다.	선반, 드릴링머신, 밀링머신, 셰이퍼, 플레이너, 슬로터, 연삭기 등
전용 공작기계	특정한 제품을 대량 생산할 때 적합한 공작기계로서 소량 생산에는 적합하지 않다. 사용범위가 한정되고, 기계의 크기도 가공물에 적합한 크기로 되어 있으며, 구조가 간단하고, 조작이 편리하다.	트랜스퍼 머신, 차륜 선반, 크랭크축 선반 등
단능 공작기계	단순한 기능의 공작기계로서, 한 가지 공정만 가능하여 생산성과 능률은 매우 높으나 융통성이 작다.	공구연삭기, 센터링 머신 등
만능 공작기계	여러 가지 종류의 공작기계에서 할 수 있는 가공을 한 대의 공작기계에서 가능하도록 제작한 공작기계이다.	선반, 드릴링, 밀링 머신 등의 공작기계를 하나의 기계로 조합

28 절삭유를 사용하는 목적으로 거리가 먼 것은?

① 공구 상면과 칩(Chip) 사이의 마찰을 줄여 절삭을 원활히 한다.
② 가공물과 공구를 냉각시켜 열에 의한 정밀도 저하를 방지하고 공구의 수명을 증대시킨다.
③ 구성인선의 발생을 촉진하여 표면거칠기를 향상시킨다.
④ 칩을 씻어 주어 절삭을 원활히 한다.

해설
절삭유제의 사용목적
- 구성인선의 발생을 방지한다.
- 공구의 인선을 냉각시켜 공구의 경도 저하를 방지한다.
- 가공물을 냉각시켜 절삭열에 의한 정밀도 저하를 방지한다.
- 공구의 마모를 줄이고 윤활 및 세척작용으로 가공 표면을 양호하게 한다.
- 칩을 씻어 주고 절삭부를 깨끗이 닦아 절삭작용을 쉽게 한다.
구성인선(빌트 업 에지, Built-up Edge) : 연강이나 알루미늄 등과 같은 연한 금속의 공작물을 가공할 때 칩과 공구의 윗면 경사면 사이에 높은 압력과 마찰저항이 발생한다. 이로 인해 높은 절삭열이 발생하고, 칩의 일부가 매우 단단하게 변질된다. 이 칩이 공구 날 끝에 달라붙어 절삭 날과 같은 작용을 하면서 공작물을 절삭하는데, 이것을 구성인선이라고 한다.

29 일반적으로 절삭온도를 측정하는 방법이 아닌 것은?

① 칩의 색깔에 의한 방법
② 열전대에 의한 방법
③ 칼로리미터에 의한 방법
④ 방사능에 의한 방법

해설
절삭온도 측정법
- 칩의 색깔에 의한 방법
- 가공물과 절삭공구를 열전대로 하는 방법
- 삽입된 열전대에 의한 방법
- 칼로리미터(Calorimeter)에 의한 방법
- 복사고온계에 의한 방법
- 시온도료를 이용하는 방법
- PbS 셀(Cell) 광전지를 이용하는 방법

30 불수용성 절삭유로서 광물성유에 속하지 않는 것은?

① 스핀들유
② 기계유
③ 올리브유
④ 경 유

해설
- 광물성유(광유) : 경유, 머신오일(기계유), 스핀들유, 석유 및 기타의 광유 또는 혼합유로 윤활성은 좋으나 냉각성이 작아 주로 경절삭에 사용한다.
- 식물성유 : 종자유, 콩기름, 올리브유, 면실유, 피마자유 등(윤활성은 좋고 냉각성은 좋지 않다)
수용성 절삭유와 불수용성 절삭유의 비교

구 분	혼합 여부	냉각성	절 삭
수용성 절삭유	광물성유 원액과 물을 혼합하여 사용한다.	점성이 낮고 비열이 커서 냉각효과가 크다.	고속절삭 및 연삭가공
불수용성 절삭유	원액만 사용한다.	냉각성이 작다.	경절삭

31 마찰면이 넓은 부분 또는 시동 횟수가 많을 때 사용하고 저속 및 중속축의 급유에 사용되는 급유방법은?

① 담금 급유법
② 패드 급유법
③ 적하 급유법
④ 강제 급유법

해설
윤활제의 급유 방법
- 적하 급유법(Drop Feed Oiling) : 마찰면이 넓거나 시동되는 횟수가 많을 때, 저속 및 중속축의 급유에 사용된다.
- 패드 급유법(Pad Oiling) : 무명이나 털 등을 섞어 만든 패드 일부를 오일통에 담가 저널의 아랫면에 모세관현상으로 급유하는 방법이다.
- 오일링 급유법(Oiling) : 고속 주축에 급유를 균등하게 할 목적으로 사용한다.
- 강제 급유법(Circulating Oiling) : 순환펌프를 이용하여 급유하는 방법으로 고속회전할 때, 베어링 냉각효과에 경제적인 방법이다.

32 다음 입체도의 정면도로 가장 적합한 것은?

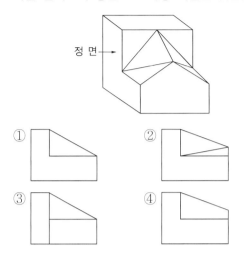

정면 →

① ② ③ ④

33 연삭숫돌의 입도를 선택하는 조건으로 적합하지 않은 것은?

① 거칠게 연삭을 할 때에는 거친 입도
② 접촉면이 클 때에는 거친 입도
③ 경도가 높은 일감에는 거친 입도
④ 연성재료에는 거친 입도

해설

연삭조건에 따른 입도의 선정 방법

거친 입도의 연삭숫돌	고운 입도의 연삭숫돌
• 거친 연삭, 절삭 깊이와 이 송량이 클 때 • 숫돌과 가공물의 접촉 면적 이 클 때 • 연하고 연성이 있는 재료의 연삭	• 다듬질 연삭, 공구 연삭 • 숫돌과 가공물의 접촉 면적 이 작을 때 • 경도가 크고 메진 가공물의 연삭

34 브로칭머신으로 가공할 수 없는 것은?

① 스플라인 홈
② 다각형의 구멍
③ 둥근 구멍 안의 키홈
④ 베어링용 볼

해설

브로칭머신(Broaching Machine) : 가늘고 긴 일정한 단면 모양을 가진 공구에 많은 날을 가진 브로치(Broach)라는 절삭공구를 사용하여 가공물의 내면이나 외경에 필요한 형상의 부품을 가공하는 절삭방법을 브로칭(Broaching)이라고 한다. 가공방법에 따라 키홈, 스플라인 홈, 원형이나 다각형의 구멍 등의 내면 형상을 가공하는 내면 브로칭머신과 세그먼트 기어, 홈, 특수한 외면의 형상을 가공하는 외경 브로칭머신 등이 있다.

35 일반적으로 바이스의 크기를 나타내는 것은?

① 바이스 전체의 중량
② 물건을 물릴 수 있는 조의 폭
③ 물건을 물릴 수 있는 최대 거리
④ 바이스의 최대 높이

해설

일반적인 바이스의 크기는 물건을 물릴 수 있는 조의 폭이다.

36 밀링머신의 부속장치가 아닌 것은?

① 분할대   ② 래크 절삭장치

③ 아 버   ④ 에이프런

해설

에이프런(Apron)은 선반의 부속장치로, 왕복대는 크게 새들(Saddle)과 에이프런(Apron)으로 나눈다.

선반의 부속장치	밀링의 부속장치
센터, 면판, 돌림판과 돌리개, 방진구, 맨드릴, 척 등	바이스, 분할대, 회전테이블, 스로팅장치, 수직밀링장치, 래크 절삭장치, 아버 등

37 수기가공 시 금긋기용 공구에 해당되지 않는 것은?

① V블록   ② 서피스게이지

③ 직각자   ④ 스크레이퍼

해설

금긋기용 공구 : 금긋기용 정반, 금긋기용 바늘, 서피스 게이지, 펀치, 컴퍼스와 편퍼스, V블록, 직각자, 평행대 등

※ 스크레이퍼(Scraper) : 공작기계로 가공된 평면, 원통면을 스크레이퍼로 더욱 정밀하게 다듬질하는 가공을 스크레이핑(Scraping)이라고 한다. 공작기계의 베드, 미끄럼면, 측정용 정밀정반 등 최종적인 마무리 가공에 사용된다.

38 드릴(Drill)에 대한 설명으로 맞는 것은?

① 웨브(Web)는 드릴 끝쪽으로 갈수록 두꺼워진다.

② 드릴의 외경은 자루쪽으로 갈수록 커진다.

③ 표준 드릴의 날끝각은 100°, 웨브각은 145°, 여유각은 8°이다.

④ ⌀13mm 이상의 드릴은 슬리브(Sleeve)나 소켓(Socket)에 끼워 사용한다.

해설

⌀13mm 이상의 드릴은 슬리브(Sleeve)나 소켓(Socket)에 끼워 사용한다. 드릴의 지름이 ⌀13mm 이상이면 드릴의 자루부는 테이퍼로 제작된다. 드릴의 테이퍼 자루와 주축 테이퍼 구멍의 크기가 같을 경우에는 드릴머신의 주축에 직접 고정하여 사용한다. 드릴 자루의 크기가 주축 테이퍼 구멍보다 작을 때는 슬리브와 드릴 척 생크를 드릴 자루에 먼저 조립하여 주축의 테이퍼 구멍과 같은 크기로 하여 주축 테이퍼 구멍에 고정하여 사용한다. ⌀13mm 이하의 작은 드릴은 자루가 직선으로 이루어져 주축 테이퍼 구멍에 고정하여 사용할 수 없으므로 드릴 척(Drill Chuck)을 먼저 주축 테이퍼 구멍에 고정하고, 주축에 고정된 드릴 척에 드릴을 고정하여 사용한다.

39 표면을 매끈하게 다듬은 공구를 일감 구멍에 압입하여 구멍 내면을 매끈하게 다듬는 방법은?

① 버 핑   ② 블라스팅

③ 버니싱   ④ 텀블링

해설

버니싱 : 원통형 내면에 강철 볼형의 공구를 압입해 통과시켜 매끈하고 정도가 높은 면을 얻는 가공법

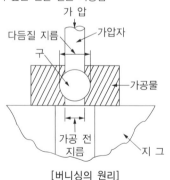

[버니싱의 원리]

40 마이크로미터 구조의 명칭으로 올바른 것은?

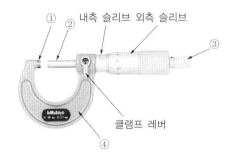

① 앤 빌   ② 래칫스톱
③ 프레임   ④ 스핀들

해설
마이크로미터의 구조

41 'WA46KmV'로 표시한 숫돌에서 결합제를 의미하는 것은?

① WA   ② K
③ m   ④ V

해설
일반적인 연삭숫돌 표시방법

WA	· 60 ·	K	· M ·	V
연삭숫돌입자	· 입도 ·	결합도 ·	조직 ·	결합제

• 연삭숫돌입자(WA : 백색 알루미나)
• 입도(46 : 중간 눈)
• 결합도(L : 중)
• 조직(6 : 중간 조직)
• 결합제(V : 비트리파이드)

42 큰 일감을 고정시키고 주축의 드릴 부분을 움직여서 드릴링의 위치를 결정하고 구멍을 뚫는 드릴머신의 종류는?

① 직접드릴링머신   ② 탁상드릴링머신
③ 다축드릴링머신   ④ 레이디얼 드릴링머신

해설
레이디얼 드릴링머신 : 대형 제품이나 무거운 제품에 구멍가공을 하기 위해서 가공물은 고정시키고, 드릴이 가공 위치로 이동할 수 있도록 제작된 드릴링머신

드릴링머신의 종류 및 용도

종류	설명	용도	비고
탁상 드릴링 머신	드릴머신을 작업대 위에 설치하여 사용하는 소형의 드릴링머신	소형 부품 가공에 적합	φ13mm 이하의 작은 구멍 뚫기
직립 드릴링 머신	탁상 드릴링 머신과 유사	비교적 대형 가공물 가공	주축 역회전장치로 탭가공 가능
레이디얼 드릴링 머신	구멍가공을 하기 위해 가공물은 고정시키고, 드릴이 가공 위치로 이동할 수 있는 머신(드릴을 필요한 위치로 이동 가능)	대형 제품이나 무거운 제품에 구멍가공	암(Arm)을 회전, 주축 헤드 암을 따라 수평 이동
다축 드릴링 머신	한 대의 드릴링 머신에 다수의 스핀들을 설치하고 여러 개의 구멍을 동시에 가공	1회에 여러 개의 구멍 동시 가공	
다두 드릴링 머신	직립드릴링머신의 상부기구를 한 대의 드릴머신 베드 위에 여러 개를 설치한 형태	드릴가공, 탭가공, 리머가공 등의 여러 가지의 가공을 순서에 따라 연속 가공	
심공 드릴링 머신	깊은 구멍가공에 적합한 드릴링머신	총신, 긴 축, 커넥팅 로드 등과 같이 깊은 구멍가공	

43 다음 그림에서 나타내는 드릴링 머신을 이용한 가공방법은?

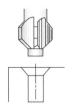

① 리 밍　　　　② 보 링
③ 카운터 보링　④ 카운터 싱킹

해설
드릴가공의 종류

드릴가공의 종류	내 용	비 고
드릴링	드릴에 회전을 주고 축 방향으로 이송하면서 구멍을 뚫는 절삭방법이다.	
리 밍	구멍의 정밀도를 높이기 위해 구멍을 다듬는 작업이다.	
태 핑	공작물 내부에 암나사 가공, 태핑을 위한 드릴가공은 나사의 외경-피치로 한다.	
보 링	뚫린 구멍을 다시 절삭하여 구멍을 넓히고 다듬질하는 작업이다.	
스폿 페이싱	볼트나 너트를 체결하기 곤란한 경우에 볼트나 너트가 닿는 구멍 주위의 부분만 평탄하게 가공하여 체결이 잘 되도록 하는 가공방법이다.	

드릴가공의 종류	내 용	비 고
카운터 보링	볼트의 머리 부분이 돌출되면 곤란한 경우 볼트 또는 너트의 머리 부분이 가공물 안으로 묻히도록 드릴과 동심원의 2단 구멍을 절삭하는 방법이다.	
카운터 싱킹	나사머리의 모양이 접시 모양일 때 테이퍼 원통형으로 절삭하는 가공방법이다.	

44 일반적으로 연성재료를 저속 절삭으로 절삭할 때, 절삭 깊이가 클 때 많이 발생하며 칩의 두께가 수시로 변하게 되어 진동이 발생하기 쉽고 표면거칠기도 나빠지는 칩의 형태는?

① 전단형 칩　　② 경작형 칩
③ 유동형 칩　　④ 균열형 칩

해설
칩의 종류

종 류	유동형 칩	전단형 칩	경작형 칩	균열형 칩
정 의	칩이 경사면 위를 연속적으로 원활하게 흘러 나가는 모양으로 연속형 칩	경사면 위를 원활하게 흐르지 못할 때 발생하는 칩	가공물이 경사면에 점착되어 원활하게 흘러 나가지 못하여 가공재료 일부에 터짐이 일어나는 현상 발생	균열이 발생하는 진동으로 인하여 절삭공구 인선에 치핑 발생
재 료	연성재료(연강, 구리, 알루미늄) 가공	연성재료(연강, 구리, 알루미늄) 가공	점성이 큰 가공물	주철과 같이 메진재료
절삭 깊이	작을 때	클 때	클 때	–
절삭 속도	빠를 때	작을 때	–	작을 때
경사각	클 때	작을 때	작을 때	–
비 고	가장 이상적인 칩	진동이 발생하고, 표면거칠기가 나빠짐	–	순간적으로 공구날 끝에 균열 발생

45 절삭가공을 할 때 열이 발생하는 이유와 가장 관계가 적은 것은?

① 칩과 공구의 경사면이 마찰할 때
② 공구의 여유면을 따라 칩이 일어날 때
③ 전단면에서 전단 소성변형이 일어날 때
④ 공구 여유면과 공작물 표면이 마찰할 때

해설
절삭열의 발생원인과 분포

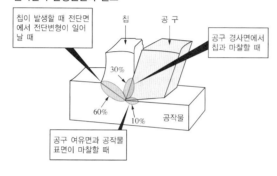

46 1.5초 동안 일시정지(G04) 기능의 명령이다. 틀린 것은?

① G04 U1.5;
② G04 X1.5;
③ G04 P1.5;
④ G04 P1500;

해설
• G04 P1.5; → G04 P1500; (P는 소수점을 사용할 수 없다.)
• G04 : 지령한 시간 동안 이송이 정지되는 기능을 휴지(Dwell, 일시정지)기능이라고 한다. 어드레스 X, U 또는 P와 정지하려는 시간을 수치로 입력한다. P는 소수점을 사용할 수 없으며, X와 U는 소수점 이하 세 자리까지 유효하다.
• 1.5초 정지시키려면 G04 X1.5; 또는 G04 U1.5; 또는 G04 P1500;

47 무거운 기계와 전동기 등을 달아 올릴 때 로프, 체인 또는 훅 등을 거는 데 적합한 볼트는?

① 스테이볼트
② 전단볼트
③ 아이볼트
④ T볼트

해설
• 아이볼트 : 볼트의 머리부에 핀을 끼울 구멍이 있어 자주 탈착하는 뚜껑의 결합에 사용된다. 무거운 물체를 달아 올리기 위하여 훅(Hook)을 걸 수 있는 고리가 있는 볼트이다.
• 스테이볼트 : 간격 유지 볼트로, 두 물체 사이의 거리를 일정하게 유지한다.
• T볼트 : 공작기계 테이블의 T홈에 물체를 용이하게 고정시키는 볼트이다.
• 나비볼트 : 스패너 없이 손으로 조이거나 풀 수 있다.
• 기초볼트 : 기계, 구조물 등을 콘크리트 기초에 고정시키기 위하여 사용하는 볼트이다.

특수용 볼트

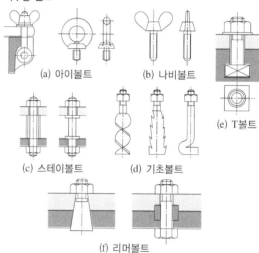

(a) 아이볼트 (b) 나비볼트 (e) T볼트
(c) 스테이볼트 (d) 기초볼트
(f) 리머볼트

48 복합형 고정 사이클 G76 코드를 이용하여 'M30×1.5' 2줄 나사 가공 시 (   ) 안에 들어갈 적합한 내용은?

```
G50 X150.0 Z200.0 T0700 M41;
G97 S400 M03;
G00 X32.0 Z2.0 T0707 M08;
G76 X28.22 Z-32.0 K0.89 D350 (   ) A60;
G00 X150.0 Z200.0 T0700 M09;
M01;
```

① F1.0
② F1.5
③ F2.0
④ F3.0

- G76 X28.22 Z-32.0 K0.89 D350 (F3.0) A60;
- ※ G76에서 F는 나사의 리드를 지령한다.
  - 나사의 리드(L) = 피치(p) × 줄수(n) = 1.5 × 2 = 3.0 → F3.0
  - 미터가는나사의 호칭 'M30 × 1.5'에서 피치 1.5임을 알 수 있다.
- ※ 복합고정형 나사절삭 사이클(G76)

```
G76 X_ Z_ I_ K_ D_ F_ A_ P_;
```

- X_ Z_ : 나사 끝지점 좌표
- I_ : 나사 절삭 시 나사 끝지점 X값과 나사 시작점 X값의 거리(반지름 지령)
- ※ I = 0이면 평행나사이며 생략할 수 있다.
  - K_ : 나사산 높이(반지름 지령)
  - D_ : 첫 번째 절입량(반지름 지령) – 소수점 사용 불가
  - F_ : 나사의 리드
  - A_ : 나사의 각도
  - P_ : 절삭방법(생략하면 절삭량 일정, 한쪽 날 가공 수행)

49 다음 그림에서 A(10, 20)에서 시계 방향으로 360° 원호가공을 하려고 할 때, 옳게 명령한 것은?

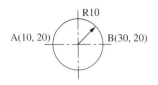

① G02 X10. R10.;
② G03 X10. R10.;
③ G02 I10.;
④ G03 I10.;

문제의 그림은 시계 방향 원호가공이므로 G02이며, 원호가공 시 작점에서 원호 중심까지 벡터값은 I10.이 된다. → G02 I10.
- A(시작점)에서 시계 방향 원호가공 → G02 I10.;
- B(시작점)에서 시계 방향 원호가공 → G02 I-10.;
- ※ I, J는 원호의 시작점에서 원호 중심까지의 벡터값이다.

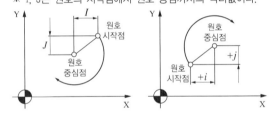

50 컴퓨터에 의한 통합 생산시스템으로 설계, 제조, 생산, 관리 등을 통합하여 운영하는 시스템은?

① CAM ② FMS
③ DNC ④ CIMS

51 머시닝센터 작업에서 같은 지름의 구멍이 동일 평면상에 여러 개 있을 때 공구를 R점 복귀 후 이동하여 가공하는 것은?

① G99 ② G49
③ G97 ④ G96

해설
- G99 : 고정 사이클 R점 복귀
- G49 : 공구 길이 보정 무시
- G97 : 주속 일정제어 무시
- G96 : 주속 일정제어

52 다음 머시닝센터 가공용 CNC 프로그램에서 G80의 의미는?

N10 G80 G40 G49

① 공구경 보정 취소
② 고정 사이클 취소
③ 공구 길이 보정 취소
④ 위치결정 취소

해설
- G80 : 고정 사이클 취소
- G40 : 공구경 보정 취소
- G49 : 공구 길이 보정 취소

53 다음은 공구 길이 보정프로그램이다. 빈칸에 알맞은 것은?

⋮
G90 G00 G43 Z100. ___;
⋮

① D01
② H01
③ S01
④ M01

해설
- G90 G00 G43 Z100. H01;
- 공구 길이 보정 시 공구 길이 보정번호를 같이 지령한다.

54 밀링머신에서 절삭량 $Q[\text{cm}^3/\text{min}]$를 나타내는 식은?(단, 절삭폭 : $b[\text{mm}]$, 절삭 깊이 : $t[\text{mm}]$, 이송 : $f[\text{mm/min}]$)

① $Q = \dfrac{b \times t \times f}{10}$

② $Q = \dfrac{b \times t \times f}{100}$

③ $Q = \dfrac{b \times t \times f}{1,000}$

④ $Q = \dfrac{b \times t \times f}{10,000}$

55 다음은 머시닝센터의 고정 사이클 프로그램이다. 설명으로 맞는 것은?

> G90 <u>G83</u> <u>G98</u> Z-25. <u>R3.</u> <u>Q6.</u> F100. M008;

① R3 : 일감의 절삭 깊이
② G98 : 공구의 이송속도
③ G83 : 초기점 복귀 동작
④ Q6 : 일감의 1회 절삭 깊이

<u>해설</u>
• G98 : 고정 사이클 초기점 복귀
• G83 : 심공 드릴사이클
• R3 : 구멍가공 후 R점(구멍가공 시작점) 지령
• Q6 : 일감의 1회 절삭 깊이

56 다음은 머시닝센터 프로그램의 일부를 나타낸 것이다. ( ) 안에 알맞은 것은?

> G90 G92 X0. Y0. Z100.;
> (Ⓐ)1500 M03;
> G00 Z3.;
> G42 X25.0 Y20. (Ⓑ)07 M08;
> G01 Z-10. (Ⓒ)50;
> X90. F160;
> (Ⓓ) X110. Y40. R20.;
> X75. Y89. 749 R50;
> G01 X30. Y55.;
> Y18.;
> G00 Z100. M09;

① F, M, S, G02
② S, D, F, G01
③ S, H F, G00
④ S, D, F, G03

<u>해설</u>
• Ⓐ 블록의 M03(주축 정회전) 앞에 주축 회전수 S가 지령되어야 한다. → S1500
• Ⓑ 블록의 G42(공구지름 보정 우측)로 인해 공구보정번호를 나타내는 D가 지령되어야 한다. → D07
• Ⓒ 블록의 G01(직선보간)로 인해 이송속도 F가 지령되어야 한다. → F50
• Ⓓ 블록은 반지름값 R500이 있으니 원호절삭인 G02 또는 G030이 지령되어야 한다. → G03

57 CNC 선반 조작판에서 새로운 프로그램을 작성하고 메모리에 등록된 프로그램을 편집(삽입, 수정, 삭제)할 때 선택하는 모드는?

① MDI(반자동)

② AUTO(자동)

③ EDIT(편집)

④ MPG(수동펄스발생기)

해설
- MDI : 반자동모드라고 하며 1~2개 블록의 짧은 프로그램을 입력하고 바로 실행할 수 있는 모드로 간단한 프로그램을 편집과 동시에 시험적으로 시행할 때 사용한다.
- JOG : JOG 버튼으로 공구를 수동으로 이송시킬 때 사용한다.
- EDIT : 새로운 프로그램을 작성하고, 메모리에 등록된 프로그램을 편집(삽입, 수정, 삭제)할 수 있다.
- AUTO : 프로그램을 자동운전할 때 사용한다.
- MPG(수동펄스발생기) : 공구대를 수동으로 X축 또는 Z축으로 미세 이송시킬 때 사용한다.

58 다음 측정기기의 명칭 중 각도 측정에 사용되는 것은?

① 스트레이트 에지

② 마이크로미터

③ 사인바

④ 버니어 캘리퍼스

해설
사인바(Sine Bar) : 길이를 측정하여 직각삼각형의 삼각함수를 이용한 계산에 의하여 임의각의 측정 또는 임의각을 만드는 기구이다. 블록게이지로 양단의 높이를 조절하여 각도를 구하는 것으로 정반 위에서 높이를 H, h 라 하면, 정반면과 사인바의 상면이 이루는 각은 다음 식으로 구한다.

$$\sin\phi = \frac{H-h}{L}$$

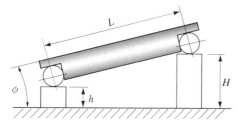

※ 각도 측정기기 : 각도게이지(요한슨식, NPL식), 사인바, 수준기, 콤비네이션 세트, 베벨각도기, 광학식 클리노미터, 광학식 각도기, 오토콜리미터 등

59 일반적인 버니어 캘리퍼스로 측정할 수 없는 것은?

① 나사의 유효지름

② 지름이 30mm인 둥근 봉의 바깥지름

③ 안지름이 35mm인 파이프의 안지름

④ 두께가 10mm인 철판의 두께

해설
- 버니어 캘리퍼스의 측정범위 : 바깥지름, 안지름, 깊이, 두께, 계단 측정
- 나사의 유효지름 측정 : 나사 마이크로미터, 삼침법, 광학적인 방법(공구현미경 등)

60 머시닝센터 프로그래밍에서 G73, G83 코드에서 매회 절입량을, G76, G87 지령에서 후퇴(시프트)량을 지정하는 어드레스는?

① R
② O
③ Q
④ P

해설
머시닝센터 고정 사이클

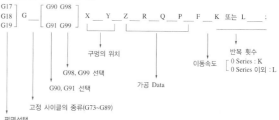

- 가공 데이터
  - Z : R점에서 구멍 바닥까지의 거리를 증분지령에 의한 구멍 바닥의 위치를 절대지령으로 지정
  - R : 가공을 시작하는 Z 좌표치(Z축 공작물 좌표계 원점에서의 좌표값)
  - Q : G73, G83 코드에서 매회 절입량 또는 G76, G87 지령에서 후퇴량(항상 증분지령)
  - P : 구멍 바닥에서 휴지시간
  - F : 절삭 이송속도
  - K 또는 L : 반복 횟수(0M에서는 K, 0M 이외에는 L로 지정하며, 횟수를 생략할 경우 1로 간주한다) 만일 0을 지정하면 구멍가공 데이터는 기억하지만 구멍가공은 수행하지 않는다.

01 탄소 공구강 및 일반 공구재료의 구비조건이 아닌 것은?

① 열처리성이 양호할 것

② 내마모성이 클 것

③ 고온 경도가 클 것

④ 부식성이 클 것

해설

절삭공구재료의 구비조건
- 절삭유를 사용하기 때문에 부식성이 작아야 한다(내식성 클 것).
- 피절삭제보다는 경도와 인성이 클 것
- 고온에서 경도가 감소되지 않을 것
- 내마모성, 내충격성이 클 것
- 절삭저항을 받으므로 강도가 클 것
- 형상을 만들기 용이하고 가격이 저렴할 것

02 단위를 단면적에 대한 힘의 크기로 나타내는 것은?

① 응 력　　　② 변형률

③ 연신율　　　④ 단면 수축

해설

물체에 하중을 작용시키면 물체 내부에는 이에 대응하는 저항력이 발생하여 균형을 이루는데 이 저항력을 응력(Stress)이라고 한다. 일반적으로 단위면적당 힘의 크기를 나타내며, 단위는 N/mm^2이다. 응력의 종류에는 인장응력, 압축응력, 전단응력 등이 있다.

$$응력 = \frac{하중(W)}{단면적(A)} (N/mm^2)$$

03 스테인리스강을 조직상으로 분류한 것 중 틀린 것은?

① 마텐자이트계　　② 오스테나이트계

③ 시멘타이트계　　④ 페라이트계

해설

스테인리스강의 종류(★ 페-오-마)
- 페라이트계 스테인리스강(고크롬계)
- 오스테나이트계 스테인리스강(고크롬, 고니켈계)
- 마텐자이트계 스테인리스강(고크롬, 고탄소계)

04 다음 그림과 같은 스프링에서 스프링 상수는?(단, k_1 = 3kgf/cm, k_2 = 2kgf/cm, k_3 = 5kgf/cm이다)

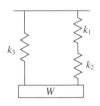

① 8.5kgf/cm

② 5kgf/cm

③ 6.2kgf/cm

④ 5.83kgf/cm

해설

k_1, k_2 : 직렬연결, $k_{1 \cdot 2}$, k_3 : 병렬연결

직렬연결 $\dfrac{1}{k_{1 \cdot 2}} = \dfrac{1}{k_1} + \dfrac{1}{k_2} = \dfrac{1}{3} + \dfrac{1}{2} = \dfrac{1}{0.83} \rightarrow k_0 = 1.2kgf/cm$

병렬연결 $k = k_{1 \cdot 2} + k_3 = 1.2 + 5 = 6.2kgf/cm$

∴ 스프링 상수 = 6.2kgf/cm

05 피치 × 나사의 줄 수 = ( )의 공식에서 ( ) 안에 들어갈 적합한 용어는?

① 리 드　　　② 유효지름

③ 호 칭　　　④ 지름피치

해설

리드(L) = 피치(p) × 나사의 줄수(n)
- 리드 : 나사가 1회전할 때 축 방향의 이동거리
- 리드(Lead) : 나사 곡선을 따라 축의 둘레를 한 바퀴 회전하였을 때 축 방향으로 이동하는 거리
- 피치(Pitch) : 서로 인접한 나사산과 나사산 사이의 축 방향의 거리

06 베어링 합금의 구비조건으로 틀린 것은?

① 녹아 붙지 않아야 한다.

② 열전도율이 커야 한다.

③ 내식성이 있고, 충분한 인성이 있어야 한다.

④ 마찰계수가 크고, 저항력이 작아야 한다.

해설

베어링 합금의 구비조건

• 하중에 견딜 수 있는 경도와 인성, 내압력을 가져야 한다.

• 마찰계수가 작아야 한다.

• 비열 및 열전도율이 커야 한다.

• 주조성과 내식성이 우수해야 한다.

• 소착에 대한 저항력이 커야 한다.

07 핀의 용도에 대한 설명으로 틀린 것은?

① 2개 이상의 부품을 결합하는 데 사용한다.

② 나사 및 너트의 이완을 방지한다.

③ 분해 조립할 부품의 위치를 결정한다.

④ 핸들을 축에 고정하는 등 큰 힘이 걸리는 부품을 설치할 때 사용한다.

해설

핀의 용도

• 2개 이상의 부품을 결합할 때 사용한다.

• 나사 및 너트의 이완을 방지한다.

• 핸들을 축에 고정시킬 때 사용한다.

• 핸들을 축에 고정하는 등 작은 힘이 걸리는 부품을 설치할 때 사용한다.

08 알루미늄(Al) 특성에 관한 설명으로 틀린 것은?

① 내식성이 우수하다.

② 합금이 어려운 재료의 특성이 있다.

③ 압접이나 단접이 비교적 용이하다.

④ 전연성이 우수하고, 복잡한 형상의 제품을 만들기 쉽다.

해설

알루미늄(Al)

• 비중 : 2.7

• 주조가 용이하다(복잡한 형상의 제품을 만들기 쉽다).

• 다른 금속과 잘 합금되어 상온 및 고온가공이 쉽다.

• 전연성이 우수한 전기, 열의 양도체이며 내식성이 강하다.

• 전기전도율은 구리의 60% 이상이다.

09 평벨트의 이음방법 중 이음효율이 가장 좋은 것은?

① 이음쇠 이음

② 가죽끈 이음

③ 철사 이음

④ 접착제 이음

해설

평벨트는 반드시 연결해서 사용해야 하는데 접착제로 압착하여 붙이는 방법, 가죽끈이나 철사로 잇는 방법, 클램프(Clamp) 이음 방법, 앨리게이터를 이용하는 방법 등이 있다. 이 중 이음효율이 가장 좋은 방법은 접착제 이음이다.

이음효율

이음의 종류	접착제 이음	철사 이음	이음쇠 이음	가죽끈 이음
이음효율	75~90%	60%	40~70%	40~50%

10 청동에 탈산제인 P를 1% 이하로 첨가하여 용탕의 유동성을 좋게 하고, 합금의 경도와 강도가 증가하며 내마멸성과 탄성을 개선시키는 것은?

① 망간 청동

② 인 청동

③ 알루미늄 청동

④ 규소 청동

해설

• 인 청동 : 청동에 탈산제인 P을 0.05~0.5% 첨가하면 용탕의 유동성이 좋아지고 합금의 경도와 강도가 증가한다. 이러한 목적으로 청동에 1% 이하의 P를 첨가한 합금을 인 청동이라 한다.

• 알루미늄 청동 : 12% 이하의 Al을 첨가한 합금, 내식성, 내열성, 내마멸성이 황동 또는 청동에 비하여 우수하여 선박용 추진기 재료로 활용된다. 큰 주조품은 냉각 중에 공석 변화가 일어나 자기풀림현상이 나타난다.

11 동력 전달을 직접전동법과 간접전동법으로 구분할 때 직접전동으로 분류되는 것은?

① 체인 전동　　② 벨트 전동

③ 마찰차 전동　④ 로프 전동

해설
• 직접전동법 : 마찰차, 기어 등
• 간접전동법 : 벨트, 로프, 체인 등

12 브레이크의 용량을 결정하는 인자와 관계가 먼 것은?

① 브레이크의 형상

② 브레이크 압력

③ 마찰계수

④ 드럼의 원주속도

해설
브레이크의 용량을 결정하는 인자는 브레이크 압력, 마찰계수, 드럼의 원주속도 등이다.

13 주철의 특성에 대한 설명으로 틀린 것은?

① 주조성이 우수하다.

② 내마모성이 우수하다.

③ 강보다 탄소 함유량이 적다.

④ 인장강도보다 압축강도가 크다.

해설
주철은 강보다 탄소 함유량이 많다(강 : 탄소량 2.11% 이하, 주철 : 탄소량 2.11~6.67%).
주철의 장단점

장 점	단 점
• 강보다 용융점이 낮고, 유동성이 커 복잡한 형상의 부품도 제작이 쉽다. • 주조성이 우수하다. • 마찰저항이 우수하다. • 절삭성이 우수하다. • 압축강도가 크다. • 고온에서 기계적 성질이 우수하다. • 주물 표면은 단단하고, 녹이 잘 슬지 않는다.	• 충격에 약하다(취성이 크다). • 인장강도가 작다. • 굽힘강도가 작다. • 소성(변형)가공이 어렵다.

14 철강을 열처리하는 목적에 해당하지 않는 것은?

① 일반적으로 조직을 미세화시킨다.

② 내부응력을 증가시킨다.

③ 표면을 경화시킨다.

④ 기계적 성질을 향상시킨다.

해설
철강을 열처리하는 목적은 내부응력 제거 및 감소이다.
• 담금질 : 재료를 단단하게 할 목적으로 강을 오스테나이트 조직으로 될 때까지 가열한 후 물이나 기름에 급랭시켜 재질을 경화시키는 조작
• 뜨임 : 재질에 적당한 인성을 부여하기 위해 담금질 온도보다 낮은 온도에서 일정 시간을 유지한 후 냉각시키는 조작
• 풀림 : 재료를 연하게 하거나 내부응력을 제거할 목적으로 강을 오스테나이트 조직으로 될 때까지 가열한 후 노나 재 속에서 서서히 냉각시키는 조작
• 불림(노멀라이징) : 재료의 내부응력 제거 및 균일한 결정조직을 얻기 위해 높은 온도로 가열하여 균일한 오스테나이트 조직으로 한 후 공기 중에서 냉각시키는 조작

열처리	목 적	냉각방법
담금질	경도와 강도 증가	급랭(유랭)
풀 림	재질의 연화	노 랭
불 림	결정조직의 균일화(표준화)	공 랭

15 열가소성 수지가 아닌 것은?

① 멜라민 수지

② 폴리에틸렌 수지

③ 초산비닐 수지

④ 폴리염화비닐 수지

해설
플라스틱(합성수지)의 종류

열가소성 수지	열경화성 수지
• 폴리에틸렌 수지 • 아크릴 수지 • 염화비닐 수지 • 폴리스티렌 수지	• 페놀 수지 • 멜라민 수지 • 에폭시 수지 • 요소 수지

16 기계제도 도면에 사용되는 가는 실선의 용도로 틀린 것은?

① 치수보조선

② 치수선

③ 지시선

④ 피치선

> **해설**
> • 가는 실선은 치수선, 치수보조선, 지시선, 해칭선, 파단선에 사용한다.
> • 피치선은 가는 1점쇄선을 사용한다.
> **용도에 따른 선의 종류**
>
> | 명 칭 | 선의 종류 | 선의 용도 |
> |---|---|---|
> | 외형선 | 굵은 실선 | • 대상물이 보이는 부분의 모양을 표시하는 데 사용한다. |
> | 치수선 | 가는 실선 | • 치수를 기입하기 위하여 사용한다. |
> | 치수보조선 | | • 치수를 기입하기 위하여 도형으로부터 끌어내는 데 사용한다. |
> | 지시선 | | • 기술, 기호 등을 표시하기 위하여 끌어내는 데 사용한다. |
> | 숨은선 | 가는 파선 | • 대상물의 보이지 않는 부분의 모양을 표시하는 데 사용한다. |
> | 중심선 | 가는 1점쇄선 | • 도형의 중심을 표시하는 데 사용한다.
• 중심이 이동한 중심 궤적을 표시하는 데 사용한다. |
> | 특수지정선 | 굵은 1점쇄선 | • 특수한 가공을 하는 부분 등 특별한 요구사항을 적용할 수 있는 범위를 표시하는 데 사용한다(열처리). |

17 실제 길이가 50mm인 것을 1 : 2 로 축적하여 그린 도면에서 치수 기입은 얼마로 해야 하는가?

① 25

② 50

③ 100

④ 150

> **해설**
> 도면에 기입하는 치수는 척도에 관계없이 실제 치수를 기입한다 (실제 길이 50mm).

18 30° 사다리꼴나사의 종류를 표시하는 기호는?

① Rc

② Rp

③ TW

④ TM

> **해설**
> 나사의 종류를 표시하는 기호 및 나사의 호칭에 대한 표시방법
>
> | 구 분 | 나사의 종류 | | 종류 기호 | 나사의 호칭방법 |
> |---|---|---|---|---|
> | ISO 규격에 있는 것 | 미터 보통나사 | | M | M8 |
> | | 미터 가는나사 | | | M8×1 |
> | | 미니추어 나사 | | S | S0.5 |
> | | 유니파이 보통나사 | | UNC | 3/8-16 UNC |
> | | 유니파이 가는나사 | | UNF | No.8-36 UNF |
> | | 미터 사다리꼴나사 | | Tr | Tr10×2 |
> | | 관용 테이퍼 나사 | 테이퍼 수나사 | R | R3/4 |
> | | | 테이퍼 암나사 | Rc | Rc3/4 |
> | | | 평행 암나사 | Rp | Rp3/4 |
> | ISO 규격에 없는 것 | 관용 평행나사 | | G | G1/2 |
> | | 29° 사다리꼴나사 | | TW | TW20 |
> | | 30° 사다리꼴나사 | | TM | TM18 |
> | | 관용 테이퍼 나사 | 테이퍼 수나사 | PT | PT7 |
> | | | 평행 암나사 | PS | PS7 |

19 다음 그림과 같은 입체의 투상도를 제3각법으로 그렸을 때 정면도는?

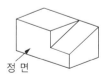

정면

①

②

③

④

20 도면의 표현방법 중에서 스머징(Smudging)을 하는 이유는?

① 물체의 표면이 거친 경우
② 물체의 표면을 열처리하고자 하는 경우
③ 물체의 단면을 나타내는 경우
④ 물체의 특정 부위를 비파괴검사하고자 하는 경우

해설

물체의 단면을 나타낼 때 절단된 부분은 해칭과 스머징으로 나타낸다.

- 해칭(Hatching) : 주된 중심선에 대하여 45°의 가는 실선을 3~5mm 간격의 나란한 선으로 긋는 방법이다. 간격은 해칭하려는 단면부의 면적에 따라 좁거나 넓게 그을 수 있으며, 외형선과 평행하거나 수직되지 않도록 그린다.
- 스머징(Smudging) : 절단하지 않은 면과 명확히 구분하기 위하여 외형선 내부의 일부 또는 전체를 색칠하는 방법이다.

해 칭	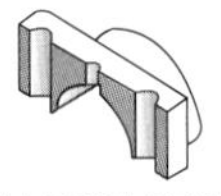 (a) 물체의 절단면	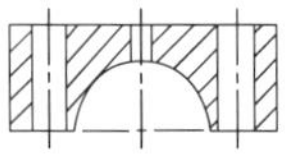 (b) 물체의 해칭
스머징	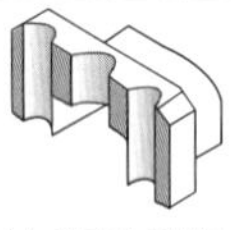 (a) 물체의 절단면	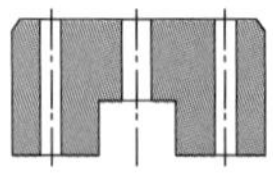 (b) 물체의 스머징

21 형상공차 중 데이텀 기호가 필요 없는 것은?

① 경사도 ② 평행도
③ 평면도 ④ 직각도

해설

기하공차의 종류와 기호

형 체	공차의 종류		기 호	표기 예	적용 부위	비 고
단독 형체 (데이텀 불필요)	모양 공차	진직도 공차	—	[— | 0.008], [— | ϕ0.008]	평행 핀	원통 형상에 진직도가 적용되면 중심 축선을 규제하게 되므로 공차값에 ∅를 붙인다.
		평면도 공차	▱	[▱ | 0.009]	정반의 표면	-
		진원도 공차	○	[○ | 0.011]	서로 조립되는 중요 부위인 테이퍼가공된 축의 부분이나 진원이 필요한 부품	-
		원통도 공차	⌭	[⌭ | 0.013]	왕복 · 미끄럼 운동을 하는 둥근 축	데이텀이 필요하지 않고, 원통면을 규제하므로 공차값에 ∅를 붙이지 않는다.
단독 형체 또는 관련 형체	모양 공차	선의 윤곽도 공차	⌒	[⌒ | 0.008], [⌒ | 0.008 | A]	캠의 곡선	-
		면의 윤곽도 공차	⌓	[⌓ | 0.009], [⌓ | 0.009 | B]	캠의 곡면	-
관련 형체	자세 공차	평행도 공차	//	[// | 0.013 | A], [// | ϕ0.013 | A]	구름베어링이 설치되어 있는 본체의 구멍(베어링의 외륜과 닿는 부분)	평면을 규제할 경우에는 공차값에 ∅를 붙이지 않고, 축 직선(축심)을 규제할 경우에는 공차값에 ∅를 붙인다.
		직각도 공차	⊥	[⊥ | 0.011 | D], [⊥ | ϕ0.011 | D]	구름베어링이 설치되어 있는 본체의 구멍(베어링의 측면과 닿는 부분)	
		경사도 공차	∠	[∠ | 0.013 | C]	더브테일 홈과 같은 경사면, 경사가 있는 구멍	-
	위치 공차	위치도 공차	⌖	[⌖ | 0.011 | A | B], [⌖ | ϕ0.011 | A | B]	금형 부품(펀치와 다이의 조립부)	평면을 규제할 경우에는 공차값에 ∅를 붙이지 않고, 축 직선(축심)을 규제할 경우에는 공차값에 ∅를 붙인다.
		동축도 공차 또는 동심도 공차	◎	[◎ | ϕ0.013 | C]	구름베어링이 양쪽에 설치되어 있는 본체의 구멍→한 번에 두 구멍을 동시에 가공하기 어려워 돌려 물려서 가공해야 하는 부분(2개 베어링의 외륜과 닿는 부분에 동축도 지시)	동축도는 축 직선(축심)을 규제하기 때문에 공차값에 ∅를 붙인다.
		대칭도	⌯	[⌯ | 0.009 | A]	중심 평면을 기준으로 기능상 대칭이 되어야 하는 부품	-
	흔들림 공차	원주 흔들림 공차	↗	[↗ | 0.011 | D]	회전체인 축, 기어, V벨트풀리 등에 적용	각 단면에 해당하는 측정 평면이나 원통면을 규제하기 때문에 공차값에 ∅를 붙이지 않는다.
		온 흔들림 공차	⌰	[⌰ | 0.013 | B]	두 개의 베어링과 면이 접촉되는 축의 측면 부분	

20 ③ 21 ③ **정답**

22 다음 그림과 같이 축에 가공되어 있는 키홈의 형상을 투상한 투상도의 명칭으로 가장 적합한 것은?

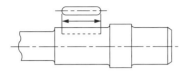

① 회전투상도   ② 국부투상도
③ 부분 확대도   ④ 대칭투상도

해설
• 국부투상도 : 대상물의 구멍, 홈 등 한 국부만의 모양을 도시하는 것으로 충분한 경우에는 그 필요한 부분만을 국부투상도로 나타낸다.
• 회전투상도 : 대상물의 일부가 어느 각도를 가지고 있기 때문에 그 실제 모양을 나타내기 위해서는 그 부분을 회전해서 실제 모양을 나타낸다. 또한 잘못 볼 우려가 있다고 판단될 경우에는 작도에 사용한 선을 남긴다.

23 헐거운 끼워맞춤인 경우 구멍의 최소허용치수에서 축의 최대허용치수를 뺀 값은?

① 최소틈새   ② 최대틈새
③ 최소죔새   ④ 최대죔새

해설
헐거운 끼워맞춤
구멍과 축이 결합될 때 구멍지름보다 축지름이 작으면 틈새가 생겨서 헐겁게 끼워 맞춰진다. 제품의 기능상 구멍과 축이 결합된 상태에서 헐겁게 결합되는 것을 헐거운 끼워맞춤이라고 하며, 어떤 경우이든 틈새가 있다(구멍의 최소허용치수 − 축의 최대허용치수 = 최소틈새).

끼워맞춤 상태	구 분	구멍	축	비 고
헐거운 끼워맞춤	최소틈새	최소허용치수	최대허용치수	틈새만
	최대틈새	최대허용치수	최소허용치수	
억지 끼워맞춤	최소죔새	최대허용치수	최소허용치수	죔새만
	최대죔새	최소허용치수	최대허용치수	

24 가공에서 생긴 줄무늬 방향기호의 설명으로 틀린 것은?

① = : 가공으로 생긴 컷의 줄무늬 방향이 기호를 기입한 그림의 투상면에 평행
② C : 가공으로 생긴 컷의 줄무늬 방향이 기호를 기입한 그림의 투상면에 직각
③ X : 가공으로 생긴 컷의 줄무늬 방향이 기호를 기입한 그림의 투상면에 경사지고 두 방향으로 교차
④ M : 가공으로 생긴 컷의 줄무늬가 여러 방향으로 교차 또는 무방향

해설
줄무늬 방향기호

기 호	커터의 줄무늬 방향	적 용	표면 형상
=	투상면에 평행	셰이핑	
⊥	투상면에 직각	선삭, 원통연삭	
X	투상면에 경사지고 두 방향으로 교차	호닝	
M	여러 방향으로 교차 되거나 무방향이 나타남	래핑, 슈퍼피니싱, 밀링	
C	중심에 대하여 대략 동심원	끝면 절삭	
R	중심에 대하여 대략 레이디얼 모양	일반적인 가공	

25 공작물 통과방식 센터리스 연삭의 특징으로 틀린 것은?

① 긴 홈이 있는 공작물은 연삭할 수 없다.
② 가늘고 긴 공작물은 연삭할 수 없다.
③ 공작물의 지름이 크거나 무거운 경우 연삭이 어렵다.
④ 연속가공이 가능하며 대량 생산에 적합하다.

해설
센터리스 연삭의 특징
• 센터가 필요하지 않아 센터 구멍을 가공할 필요가 없다.
• 중공의 가공물을 연삭할 때 편리하다[중공(中空) : 속이 빈 축].
• 연삭 여유가 작아도 된다.
• 가늘고 긴 가공물의 연삭에 적합하다.
• 긴 홈이 있는 가공물의 연삭은 불가능하다.
• 대형이나 중량물의 연삭은 불가능하다.
• 연속가공이 가능하며 대량 생산에 적합하다.
• 자생작용이 있다.

26 기어의 도시법으로 옳은 것은?

① 잇봉우리원 : 굵은 실선
② 피치원 : 가는 2점쇄선
③ 이골원 : 가는 1점쇄선
④ 잇줄 방향 : 파단선

해설
기어 도시법
• 이끝원(잇봉우리원) : 굵은 실선
• 이뿌리원(이골원) : 가는 실선
• 피치원 : 가는 1점쇄선
• 잇줄 방향은 일반적으로 3개의 선 중에 이골원은 가는 실선, 잇봉우리원은 굵은 실선, 중앙선은 1점쇄선으로 표시한다.

27 다음 중 래핑(Lapping)에 대한 설명으로 틀린 것은?

① 가공면은 윤활성 및 내마모성이 좋다.
② 랩은 원칙적으로 가공물의 경도보다 재질이 강한 것을 사용한다.
③ 게이지 블록, 한계 게이지 등의 게이지류 가공에 이용된다.
④ 일반적인 작업방법은 습식 가공 후 건식 가공을 한다.

해설
래핑(Lapping)
래핑의 랩은 원칙적으로 가공물의 경도보다 재질이 약한 것을 사용한다. 일반적으로 강을 래핑할 때는 주철을 사용하며, 특수한 경우에는 구리합금 또는 연강을 사용한다.
래핑의 장점
• 가공면이 매끈한 거울면을 얻을 수 있다.
• 정밀도가 높은 제품을 가공할 수 있다.
• 가공면은 윤활성 및 내마모성이 좋다.
• 가공이 간단하고 대량 생산이 가능하다.
• 평면도, 진원도, 직선도 등의 이상적인 기하학적 형상을 얻을 수 있다.

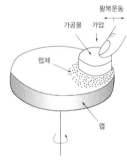

[래핑의 원리]

28 아베의 원리에 어긋나는 측정 게이지는?

① 외측 마이크로미터   ② 버니어 캘리퍼스
③ 다이얼 게이지   ④ 나사 마이크로미터

해설
아베(Abbe)의 원리 : 측정기에서 표준자의 눈금면과 측정물이 동일선상에 배치되었을 때 측정오차가 가장 작다는 이론이다. 즉, 동일선상에 있어 아베의 원리를 만족하는 측정기는 외측 마이크로, 측장기 등이 있다. 반면, 버니어 캘리퍼스는 동일선상에 있지 않아 아베의 원리에 어긋난다.

29 선반에서 다음 그림과 같은 가공물의 테이퍼를 가공하려고 한다. 심압대의 편위량(e)은 몇 mm인가? (단, D = 35mm, d = 25mm, L = 400mm, l = 200mm)

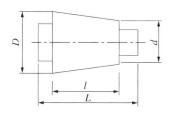

① 5   ② 10
③ 20   ④ 40

해설
심압대를 편위시키는 방법(테이퍼가 작고 길이가 긴 경우에 사용하는 방법)
• 심압대 편위량 구하는 계산식

$$e = \frac{(D-d) \times L}{2l} = \frac{(35-25) \times 400\text{mm}}{2 \times 200\text{mm}} = 10\text{mm}$$

$\therefore\ e = 10\text{mm}$

　　여기서, L : 가공물의 전체 길이, e : 심압대의 편위량
　　　　　　　D : 테이퍼의 큰 지름, d : 테이퍼의 작은 지름
　　　　　　　l : 테이퍼의 길이
선반에서 테이퍼를 가공하는 방법
• 복식 공구대를 경사시키는 방법
• 심압대를 편위시키는 방법
• 테이퍼 절삭장치를 이용하는 방법
• 총형 바이트를 이용하는 방법

30 연삭숫돌에 'WA · 46 · L · 6 · V'라고 표시되어 있다면 L이 의미하는 것은?

① 결합도   ② 결합제
③ 조 직   ④ 입 자

해설
일반적인 연삭숫돌 표시방법

WA	· 60 ·	K	· M ·	V
연삭숫돌입자	·입도·	결합도	·조직·	결합제

• 연삭숫돌입자(WA : 백색 알루미나)
• 입도(46 : 중간 눈)
• 결합도(L : 중)
• 조직(6 : 중간 조직)
• 결합제(V : 비트리파이드)

31 선반에서 바이트의 윗면 경사각에 대한 일반적인 설명으로 틀린 것은?

① 경사각이 크면 절삭성이 양호하다.
② 단단한 피삭재는 경사각을 크게 한다.
③ 경사각이 크면 가공 표면거칠기가 양호하다.
④ 경사각이 크면 인선강도가 약해진다.

해설
단단한 피삭재는 경사각을 작게 해야 한다. 경사각이 크면 절삭성과 가공된 면의 표면거칠기가 좋아지지만 날 끝이 약해져서 바이트의 수명이 단축되므로, 절삭조건에 적절한 경사각을 사용해야 한다.

32 선반 인서트 팁(Insert Tip)에서 칩을 인위적으로 짧게 끊어지도록 하는 것은?

① 윗면 경사각
② 여유각
③ 구성인선
④ 칩브레이커

해설
칩브레이커(Chip Breaker) : 유동형 칩은 가공물에 휘말려 가공된 표면과 바이트를 상하게 하거나, 작업자의 안전을 위협하거나, 절삭유의 공급과 절삭가공을 방해한다. 이러한 경우 기계를 자주 정지시켜 칩을 처리해야 하는데 이 작업은 비능률적이므로, 칩이 인위적으로 짧게 끊어지도록 칩 브레이커를 이용한다.

33 다음 보기에서 설명하는 공구재료는?

┌─ 보기 ─────────────────────────────┐
- 산화알루미늄(Al_2O_3) 분말에 규소(Si) 및 마그네슘 (Mg) 등의 산화물과 그 밖에 다른 원소를 첨가하여 소결한 절삭공구이다.
- 고온에서도 경도가 높고, 내마멸성이 좋으며, 다듬 질가공에는 적합하지만 충격에는 약하다.
└──────────────────────────────────┘

① 탄소 공구강   ② 초경합금
③ 다이아몬드   ④ 세라믹

해설
④ 세라믹 : 산화알루미늄(Al_2O_3) 분말을 주성분으로 마그네슘, 규소 등의 산화물과 소량의 다른 원소를 첨가하여 소결한 절삭 공구이다. 고온에서 경도가 높고, 내마모성이 좋아 초경합금보다 빠른 절삭속도로 절삭이 가능하다. 백색, 분홍색, 회색, 흑색 등이 있으며, 초경합금보다 가볍다.
① 탄소 공구강 : 고온경도가 낮고 공구의 인선이 300℃가 되면 경도가 저하되고 사용이 곤란하여 최근에는 많이 사용하지 않는다.
② 초경합금 : W, Ti, Mo, Zr 등의 경질합금 탄화물 분말을 Co, Ni을 결합제로 하여 1,400℃ 이상의 고온으로 가열하면서 프레스로 소결성형한 절삭공구이다.

34 일반적으로 절삭온도를 측정하는 방법이 아닌 것은?

① 칩의 색깔에 의한 방법
② 열전대에 의한 방법
③ 칼로리미터에 의한 방법
④ 방사능에 의한 방법

해설
절삭온도 측정법
- 칩의 색깔에 의한 방법
- 칼로리미터에 의한 방법
- 공구에 열전대를 삽입하는 방법
- 시온 도료를 사용하는 방법
- 공구와 일감을 열전대로 사용하는 방법
- 복사고온계에 의한 방법

35 시준기와 망원경을 조합한 것으로 미소 각도를 측정하는 광학적 측정기는?

① 오토 콜리메이터
② 사인바
③ 콤비네이션 세트
④ 측장기

해설
오토 콜리메이터 : 시준기와 망원경을 조합한 것으로, 미소 각도를 측정하는 광학적 측정기이다. 평면경 프리즘 등을 이용한 정밀 정반의 평면도, 마이크로미터의 측정면 직각도, 평행도, 공작기계 안내면의 진직도, 직각도, 안내면의 평행도, 그 밖에 작은 각도의 변화 차이 및 흔들림 등의 측정에 사용된다.
※ 각도 측정 : 각도 게이지(요한슨식, NPL식), 사인바, 수준기, 콤비네이션 세트, 베벨각도기, 광학식 클리노미터, 광학식 각도기, 오토 콜리메이터 등

36 밀링작업의 분할법 종류가 아닌 것은?

① 직접 분할법
② 간접 분할법
③ 단식 분할법
④ 차동 분할법

해설
밀링작업 분할법 : 직접 분할법, 단식 분할법, 차동 분할법
분할가공의 방법
- 직접 분할법 : 분할대 주축 앞면에 있는 직접 분할판을 이용하여 단순 분할(24의 약수, 즉 24, 12, 8, 6, 4, 3, 2등분 가능)
- 단식 분할법 : 직접 분할법으로 불가능하거나 분할이 정밀해야 할 경우(2~60 사이의 모든 정수, 60~120 사이의 2와 5의 배수 등)
- 차동 분할법 : 직접, 단식 분할법으로 분할할 수 없는 분할(단식 분할법으로 분할할 수 없는 61 이상의 소수나 특수한 수의 분할을 2종 운동의 복합운동으로 분할하는 방법이다. 127은 차동 분할법으로 분할 가능)

37 밀링머신에서 절삭량 $Q[\text{cm}^3/\text{min}]$를 나타내는 식은?(단, 절삭폭 : $b[\text{mm}]$, 절삭 깊이 : $t[\text{mm}]$, 이송 : $f[\text{mm/min}]$)

① $Q = \dfrac{b \times t \times f}{10}$

② $Q = \dfrac{b \times t \times f}{100}$

③ $Q = \dfrac{b \times t \times f}{1,000}$

④ $Q = \dfrac{b \times t \times f}{10,000}$

38 절삭공구인선의 파손원인 중 절삭공구의 측면과 피삭재 가공면과의 마찰에 의하여 발생하는 것은?

① 크레이터 마모
② 플랭크 마모
③ 치 핑
④ 백래시

해설
• 플랭크 마모(Flank Wear) : 절삭공구의 절삭면에 평행하게 마모되는 것을 의미하며, 측면과 절삭면의 마찰에 의해 발생한다.
• 크레이터 마모(Creater Wear) : 칩이 처음으로 바이트 경사면에 접촉하는 접촉점은 절삭공구의 인선에서 약간 떨어져서 나타나며, 이 접촉점에서 마찰력이 작용하여 절삭공구의 상면 경사면이 오목하게 파이는 현상이다.
• 치핑(Chipping) : 절삭공구인선의 일부가 미세하게 탈락되는 현상이다.

39 밀링머신의 부속품에 해당하는 것은?

① 면 판
② 방진구
③ 맨드릴
④ 분할대

해설
• 밀링 부속품 : 분할대, 바이스, 회전 테이블, 슬로팅 장치 등
• 선반 부속품 : 방진구, 맨드릴, 센터, 면판, 돌림판과 돌리개, 척 등

40 공구가 회전운동과 직선운동을 함께하면서 절삭하는 공작기계는?

① 선 반
② 셰이퍼
③ 브로칭 머신
④ 드릴링 머신

41 드릴을 시닝(Thinning)하는 주된 목적은?

① 절삭저항을 증대시킨다.
② 날의 강도를 보강해 준다.
③ 절삭효율을 증대시킨다.
④ 드릴의 굽힘을 증대시킨다.

해설
시닝(Thinning) : 무뎌진 웨브를 연삭하는 것으로 드릴의 섕크쪽으로 갈수록 웨브의 두께가 증가하여 절삭성이 나빠진다. 시닝의 주목적은 절삭효율을 증대시키는 것이다.

42 재질이 연한 금속의 공작물을 가공할 때 칩과 공구의 윗면 경사면 사이에는 높은 압력과 마찰저항이 크게 생긴다. 이러한 압력과 마찰저항으로 높은 절삭열이 발생하고, 칩의 일부가 매우 단단하게 변질된다. 이 칩이 공구의 날끝 앞에 달라붙어 절삭날과 같은 작용을 하면서 공작물을 절삭하는 것을 무엇이라 하는가?

① 빌트업에지
② 가공경화
③ 재료의 소성 가공성
④ 청열 메짐

해설
빌트업에지(Built-up Edge, 구성인선) : 연강이나 알루미늄 등과 같은 연한 금속의 공작물을 가공할 때 칩과 공구의 윗면 경사면 사이에 높은 압력과 마찰저항이 발생한다. 이로 인해 높은 절삭열이 발생하고, 칩의 일부가 매우 단단하게 변질된다. 이 칩이 공구 날 끝에 달라붙어 절삭 날과 같은 작용을 하면서 공작물을 절삭하는데, 이것을 구성인선이라고 한다.

43 머시닝센터에서 공구를 교환할 때 자동공구 교환 위치인 제2원점으로 복귀할 때 사용되는 G코드는?

① G27   ② G28
③ G29   ④ G30

해설
• G27 : 원점 복귀 확인
• G28 : 자동원점 복귀
• G29 : 원점으로부터 자동 복귀
• G30 : 제2원점 복귀

44 마이크로미터 사용 시 일반적인 주의사항이 아닌 것은?

① 측정 시 래칫 스톱은 1회전 반 또는 2회전 돌려 측정력을 가한다.
② 눈금을 읽을 때는 기선의 수직 위치에서 읽는다.
③ 사용 후에는 각 부분을 깨끗이 닦아 진동이 없고 직사광선을 잘 받는 곳에 보관한다.
④ 대형 외측 마이크로미터는 실제로 측정하는 자세로 0점 조정을 한다.

해설
마이크로미터는 사용 후 각 부분을 깨끗이 닦아 녹이 슬지 않도록 하고, 보관할 때는 습기나 먼지가 없고 온도 변화가 작은 곳에 보관해야 한다.

마이크로미터 측정 시 주의점
• 100mm 이하의 측정 길이에서는 래칫 스톱을 1.5~2회전 돌려 측정력을 가한다.
• 마이크로터의 눈금을 읽을 때 시차에 의한 오차를 없애기 위해서 기선의 수직 위치에서 읽는다.
• 중형(300~500mm), 대형(500mm 이상)의 마이크로미터에서는 지지하는 자세가 변하는 경우에는 0점이 변화한다. 이것에 의한 오차를 줄이기 위해서 외측 마이크로미터는 실제로 측정하는 자세와 같은 자세로 0점을 조정해야 한다.
• 25mm 이상의 마이크로미터는 0점 조정 시 기준봉이 인체로부터 온도의 영향을 받아 팽창하기 때문에 방열 커버 부분을 잡고 조정해야 한다.

45 CNC 공작기계의 일반적인 특징이 아닌 것은?

① 제품의 균일성을 유지할 수 있다.
② 작업자의 피로를 줄일 수 있다.
③ 특수공구비가 많이 들어간다.
④ 생산성을 향상시킬 수 있다.

해설
CNC공작기계는 범용 공작기계에 비해 특수공구가 많이 필요하지 않다.

46 다음은 머시닝센터의 고정 사이클 프로그램이다. 내용 설명으로 맞는 것은?

> G90 <u>G83</u> <u>G98</u> Z−25. <u>R3.</u> <u>Q6.</u> F100. M008;

① R3 : 일감의 절삭 깊이
② G98 : 공구의 이송속도
③ G83 : 초기점 복귀 동작
④ Q6 : 일감의 1회 절삭 깊이

해설
• G98 : 고정 사이클 초기점 복귀
• G83 : 심공 드릴 사이클
• R3 : 구멍가공 후 R점(구멍가공 시작점)을 지령
• Q6 : 일감의 1회 절삭 깊이

47 머시닝센터 조작판에서 새로운 프로그램을 작성하고, 메모리에 등록된 프로그램을 편집(삽입, 수정, 삭제)할 때 선택하는 모드는?

① MDI(반자동)
② AUTO(자동)
③ EDIT(편집)
④ MPG(수동펄스발생기)

해설
• EDIT : 새로운 프로그램을 작성하고, 메모리에 등록된 프로그램을 편집(삽입, 수정, 삭제)할 수 있다.
• MDI : 반자동모드라고 한다. 1~2개 블록의 짧은 프로그램을 입력하고 바로 실행할 수 있는 모드로, 간단한 프로그램을 편집과 동시에 시험적으로 시행할 때 사용한다.
• JOG : JOG 버튼으로 공구를 수동으로 이송시킬 때 사용한다.
• AUTO : 프로그램을 자동운전할 때 사용한다.
• MPG(수동펄스발생기) : 공구대를 수동으로 X축 또는 Z축으로 미세 이송시킬 때 사용한다.

48 NC 기계의 움직임을 전기적인 신호로 표시하는 회전 피드백 장치는?

① 리졸버(Resolver)
② 서보모터(Servo Moter)
③ 컨트롤러(Controller)
④ 지령 테이프(NC Tape)

해설
• 리졸버(Resolver) : CNC 기계의 움직임의 상태를 표시하는 것으로 기계적인 운동을 전기적인 신호로 바꾸는 피드백 장치
• 인코더(Encoder) : CNC 기계에서 속도와 위치를 피드백하는 장치
• 볼 스크루(Ball Screw) : 서보모터의 회전을 받아 테이블을 구동시키는 데 사용되는 나사
• 서보모터(Servo Moter) : 사람의 손과 발에 해당되며, 정보처리부의 명령에 따라 수치제어 공작기계의 주축, 테이블 등을 움직이는 장치
• 지령 테이프(NC Tape) : 천공 테이프라고 하며, 초기에는 천공 테이프에 기억시키고 테이프 리더(Tape Reader)로 입력하였으나 요즘은 사용하지 않는다.

49 다음 중 수평 밀링머신의 긴 아버(Long Arber)를 사용하는 절삭공구가 아닌 것은?

① 플레인 커터
② T홈 커터
③ 앵귤러 커터
④ 사이드 밀링커터

해설
수직 밀링머신과 수평 밀링머신의 절삭공구

구 분	수직 밀링머신	수평 밀링머신
절삭공구	• 엔드밀 • 정면 밀링커터 • T홈 커터 • 더브테일 커터 등	• 평면 밀링커터(Plane Cutter) • 측면 밀링커터(Side Milling Cutter) • 메탈 슬리팅 소(Metal Slitting Saw) • 각 밀링커터(Angle Milling Cutter) • 슬래브 밀링커터(Slab Milling Cutter) • 총형 밀링커터(Form Milling Cutter)

50 다음 중 테이퍼 핀의 호칭 치수는?

① 굵은 쪽의 지름

② 가는 쪽의 지름

③ 중앙부의 지름

④ 테이퍼 핀 구멍의 지름

해설

테이퍼핀(Taper Pin)은 1/50의 테이퍼를 가지며 작은 쪽 지름을 호칭지름으로 한다. 보통 1/50의 테이퍼를 가지는 것으로 끝이 갈라진 것과 갈라지지 않은 것이 있다.

핀의 용도와 호칭방법

종 류	핀의 모양	핀의 용도	핀의 호칭방법
평행 핀 (KS B ISO 2338)		기계 부품 조립, 고정 및 위치결정용으로 사용되며 끝면의 모양에 따라 A형과 B형이 있다.	표준 명칭 또는 표준번호, 호칭지름, 공차, 호칭길이, 재료 예 평행핀(또는 KS B ISO 2338)-6 m6×30-St
테이퍼 핀 (KS B ISO 2339)		축에 보스를 고정시킬 때 주로 사용되며 테이퍼의 허용차에 따라 1급, 2급이 있다.	표준 명칭, 표준번호, 등급, 호칭지름 × 호칭길이, 재료 예 호칭지름 6mm 및 호칭길이 30mm인 A형 비경화 테이퍼 핀 테이퍼 핀 KS B ISO 2339-A-6× 30-St
분할 테이퍼 핀 (KS B 1323)		축에 보스를 고정시킬 때 사용하며 한쪽 끝이 갈라진 테이퍼 핀이다.	표준번호 또는 표준 명칭, 호칭지름 × 호칭길이, 재료 및 지정사항 예 KS B 1323 6 × 70 St 분할 테이퍼 핀 10 × 80 STS 303 분할 깊이 25
분할 핀 (KS B ISO 1234)		너트의 풀림 방지나 핀이 빠지는 것을 방지하는 데 사용된다.	표준 명칭, 표준번호, 호칭지름 × 호칭길이, 재료 예 강으로 제조한 분할 핀 호칭지름 5mm, 호칭길이 50mm →분할핀 KS B ISO1234-5× 50-ST

51 일반 CNC 공작기계에서 많이 사용되는 다음 그림과 같은 NC 서보기구의 종류는?

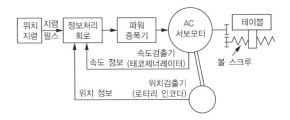

① 개방회로방식 ② 반폐쇄회로방식

③ 폐쇄회로방식 ④ 반개방회로방식

해설

서보기구

구 분	내용/그림
개방회로 방식	피드백 장치 없이 스테핑 모터를 사용한 방식으로 실용화되었으나, 피드백 장치가 없기 때문에 가공 정밀도에 문제가 있어 현재는 거의 사용되지 않는다.
폐쇄회로 방식	모터에 내장된 태코제너레이터에서 속도를 검출하고, 기계의 테이블에 부착한 스케일(Scale)에서 위치를 검출(로터리 인코더)하여 피드백시키는 방식이다.
반폐쇄회로 방식	모터에 내장된 태코제너레이터(펄스제너레이터)에서 속도를 검출하고, 인코더에서 위치를 검출하여 피드백하는 제어방식이다.
복합회로 방식	반폐쇄회로방식과 폐쇄회로방식을 결합하여 고정밀도로 제어하는 방식으로, 가격이 고가이므로 고정밀도를 요구하는 기계에 사용된다.

★ 서보기구는 자주 출제되므로 내용과 그림을 반드시 암기할 것

52 머시닝센터의 공구 길이 보정과 관련이 없는 것은?

① G40   ② G43

③ G44   ④ G49

해설

① G40 : 공구 지름 보정 취소
② G43 : 공구 길이 보정 +
③ G44 : 공구 길이 보정 −
④ G49 : 공구 길이 보정 취소

53 CAD/CAM 시스템의 입력장치에 해당하는 것은?

① 스캐너   ② 플로터

③ 프린터   ④ 모니터(CRT)

해설

• 입력장치 : 스캐너, 마우스 등
• 출력장치 : 플로터, 프린터, 모니터 등

54 CNC 기계의 일상 점검 중 매일 점검해야 할 사항은?

① 유량 점검
② 각부의 필터(Filter) 점검
③ 기계 정도 점검
④ 기계 레벨(수평) 점검

해설

매일 점검사항 : 외관 점검, 유량 점검, 압력 점검, 각부의 작동검사

55 여러 대의 CNC 공작기계를 한 대의 컴퓨터에 연결해 데이터를 분배하여 전송함으로써 동시에 운전할 수 있는 방식은?

① NC   ② CNC

③ DNC   ④ CAD

해설

DNC(Distributed Numerical Control) : CAD/CAM 시스템과 CNC 기계를 근거리 통신망(LAN)으로 연결하여 한 대의 컴퓨터에서 여러 대의 CNC 공작기계에 데이터를 분배하여 전송함으로써 동시에 운전할 수 있는 방식

56 CNC 작업 중 기계에 이상이 발생하였을 때 조치사항으로 적당하지 않은 것은?

① 알람내용을 확인한다.
② 경보등이 점등되었는지 확인한다.
③ 간단한 내용은 조작설명서에 따라 조치하고 안되면 전문가에게 의뢰한다.
④ 기계가공이 안 되기 때문에 무조건 전원을 끈다.

57 CNC 공작기계가 한 번의 동작을 하는 데 필요한 정보가 담겨져 있는 지령 단위는?

① 어드레스(Address)
② 데이터(Data)
③ 블록(Block)
④ 프로그램(Program)

해설

블록(Block) : 한 개의 지령단위를 블록이라 하며, 각각의 블록은 기계가 한 번의 동작을 한다.

58 밀링작업에서 T홈 절삭을 하기 위해서 선행해야 할 작업은?

① 엔드밀 홈 작업

② 더브테일 홈 작업

③ 나사 밀링커터 작업

④ 총형 밀링커터 작업

밀링작업에서 T홈을 절삭하기 위해서는 먼저 엔드밀을 이용하여 홈을 절삭하고 T홈 커터를 이용하여 절삭을 완성한다.

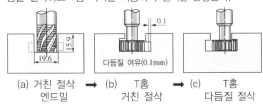

(a) 거친 절삭 ➡ (b) T홈 ➡ (c) T홈
엔드밀   거친 절삭   다듬질 절삭

59 범용 밀링에서 원주를 10°30′ 분할할 때 맞는 것은?

① 분할판 15구멍열에서 1회전과 3구멍씩 이동

② 분할판 18구멍열에서 1회전과 3구멍씩 이동

③ 분할판 21구멍열에서 1회전과 4구멍씩 이동

④ 분할판 33구멍열에서 1회전과 4구멍씩 이동

다음 어떤 식을 이용해도 같은 결론에 도달하므로 편리한 계산방법을 이용한다.

각도 분할	도로 표시	도 및 분으로 표시	도 및 분, 초로 표시
	$\dfrac{h}{H}=\dfrac{D^\circ}{9}$	$\dfrac{h}{H}=\dfrac{D'}{540}$	$\dfrac{h}{H}=\dfrac{D''}{32,400}$

여기서, h : 1회 분할에 필요한 분할판의 구멍수

     H : 분할판의 구멍수

     D : 분할 각도(°, ′, ″)

• 도로 분할하는 경우

$$\frac{h}{H}=\frac{D^\circ}{9}=\frac{10.5}{9}=\frac{21}{18}=1\frac{3}{18}$$

  ※ 10°30′=10.5°

• 분으로 분할하는 경우

$$\frac{h}{H}=\frac{D'}{540}=\frac{630}{540}=\frac{21}{18}=1\frac{3}{18}$$

  ※ 10°30′=630′

∴ 브라운샤프 No1 분할판 18구멍열에서 1회전하고 3구멍씩 전진하여 가공하면 원주를 10°30′으로 등분할 수 있다.

60 커터의 지름이 100mm이고, 커터의 날수가 10개인 정면 밀링커터로 길이 300mm의 가공물을 절삭할 때 가공시간은?(단, 절삭속도 100m/min, 1날당 이송은 0.1mm로 한다)

① 1분

② 1분 15초

③ 1분 30초

④ 1분 45초

밀링가공시간

$$T=\frac{L}{f}=\frac{400mm}{318mm/min}≒1.25786min$$

∴ 1.25786min × 60 ≒ 75sec ≒ 1분 15초

여기서, L : 테이블의 이송거리(mm)

     f : 테이블의 이송속도(mm/min)

• 테이블의 이송거리

  $L=l+D=300mm+100mm=400mm$

  여기서, l : 가공물의 길이(mm)

       D : 커터의 지름(mm)

• 테이블의 이송속도

$$f=f_z×z×n=f_z×z×\frac{1,000×v}{\pi×D}$$

$$=0.1mm×10개×\frac{1,000×100m/min}{\pi×100mm}≒318mm/min$$

  여기서, f_z : 1개 날당 이송(mm)

      z : 커터의 날수

      n : 커터의 회전수(rpm)

      v : 절삭속도(m/min)

※ $T=1.25786$을 정리하면, 정수는 그대로 분(min)으로 적용된다. 따라서 1분 소수 0.25786은 1분=60초로 적용하기 위하여 0.25786 × 60 = 15.4716

따라서 약 15초이다.

01 훅의 법칙 '재료의 비례한도 내에서 A와 B는 비례한다.'에서 A와 B에 해당하는 알맞은 용어는?

① A : 응력, B : 탄성
② A : 안전율, B : 변형률
③ A : 응력, B : 변형률
④ A : 안전율, B : 탄성

해설

훅의 법칙 : 응력이 작용하면 응력과 변형률은 비례하여 다음 그림과 같이 일직선으로 되고, 비례한도 이내에서 응력과 변형률은 비례한다는 법칙이다.

$$E = \frac{응력(\sigma)}{변형률(\varepsilon)}$$

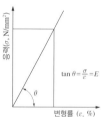

[응력-변형률 선도]

02 속도비가 1 : 5, 모듈이 3, 피니언의 잇수가 60인 한 쌍의 외접 표준 평기어의 중심거리는?

① 270 mm   ② 540 mm
③ 1,080 mm   ④ 2,160 mm

해설

• 속도비$(i) = \dfrac{N_1}{N_2} = \dfrac{Z_2}{Z_1} = \dfrac{1}{5} = \dfrac{60}{Z_1}$ ※ $Z_1 = 300$

• 중심거리$(C) = \dfrac{D_1 + D_2}{2} = \dfrac{m(Z_1 + Z_2)}{2} = \dfrac{3(300 + 60)}{2}$
  $= 540\text{mm}$

여기서, N_1 : 기어의 회전수, N_2 : 피니언 회전수
   Z_1 : 기어의 잇수, Z_2 : 피니언 잇수
   D_1 : 기어의 피치원지름, D_2 : 피니언 피치원지름
   m : 모듈

03 하드필드 망간강이라고도 하며 내마멸성이 우수하고 경도가 커서 각종 광산기계의 파쇄장치, 기차레일의 교차점, 칠드롤러 등 내마멸성이 요구되는 곳에 이용되는 강은?

① 튜 콜
② 림드강
③ 고망간강
④ 고력강도강

해설

• 고망간(Mn)강 : 내마멸성과 내충격성 우수하다. 특히 인성이 우수하여 각종 광산기계의 파쇄장치, 임펠러 플레이트, 기차레일의 교차점, 칠드롤러 등의 재료로 쓰인다.
• 저망간(Mn)강 : 강하고 연신율이 양호하여 조선, 차량, 건축, 교량 등에 쓰이는 일반 구조용 강이다.

04 나사의 풀림을 방지하는 것으로 사용되지 않는 것은?

① 스프링 와셔
② 캡너트
③ 철 사
④ 로크너트

해설

캡너트는 너트의 한쪽을 관통되지 않도록 만든 것으로, 나사면을 따라 증기나 기름 등이 누출되는 것을 방지하는 부위 또는 외부로부터 먼지 등의 오염물 침입을 막는 데 주로 사용한다.
볼트와 너트의 풀림 방지법
• 로크너트에 의한 방법
• 자동 죔 너트에 의한 방법
• 분할핀에 의한 방법
• 스프링 와셔에 의한 방법
• 멈춤나사에 의한 방법
• 철사를 이용하는 방법

05 탄소강을 변태점 이상으로 가열한 후에 수중 담금질 속도를 매우 빠르게 냉각시킬 때 생성되는 조직은?

① 소르바이트
② 펄라이트
③ 트루스타이트
④ 마텐자이트

해설
마텐자이트 : 탄소강을 물속에서 담금질할 때 얻어지는 조직으로, 철강조직 중에서 경도가 가장 높다.
강의 담금질 조직 경도 크기 : 마텐자이트 > 트루스타이트 > 소르바이트 > 펄라이트 > 오스테나이트 > 페라이트

06 우드러프 키(Woodruff Key)라도 하며, 키와 키의 홈가공이 쉬워 테이퍼축에 편리하게 사용하는 키?

① 반달키
② 접선키
③ 원뿔키
④ 성크키

해설
반달키(Woodruff Key) : 반월상의 키로서 축의 홈이 깊게 되어 축의 강도가 약해지지만 축과 키홈의 가공이 쉽고, 키가 자동적으로 축과 보스 사이에 자리를 잡을 수 있어 자동차, 공작기계 등의 60mm 이하의 작은 축이나 테이퍼축에 사용된다.

키(Key)의 종류

키	정 의	그 림	비 고
새들 키 (안장 키)	축에는 키 홈을 가공하지 않고 보스에만 테이퍼진 키 홈을 만들어 때려 박는다.		축의 강도 저하가 없다.
원뿔 키	축과 보스와의 사이에 2~3곳을 축 방향으로 쪼갠 원뿔을 때려 박아 고정시킨다.		
반달 키	축에 반달모양의 홈을 만들어 반달 모양으로 가공된 키를 끼운다.		축의 강도 약함
스플라인	축에 여러 개의 같은 키 홈을 파서 여기에 맞는 한짝의 보스 부분을 만들어 서로 잘 미끄러져 운동할 수 있게 한 것		키보다 큰 토크 전달

※ 묻힘(Sunk) 키 : 축과 보스의 양쪽에 모두 키 홈을 가공

07 1,600℃ 이상에서 점토를 소결하여 만들어진 공구로, 성분의 대부분은 산화알루미늄으로 절삭 중에는 열을 흡수하지 않아 공구를 과열시키지 않는다. 고속 정밀가공에 적합한 것은?

① 탄소 공구강
② 합금 공구강
③ 고속도강
④ 세라믹 공구강

해설
세라믹 : 산화알루미늄(Al_2O_3) 분말을 주성분으로 마그네슘, 규소 등의 산화물과 소량의 다른 원소를 첨가하여 소결한 절삭공구이다. 고온에서 경도가 높고, 내마모성이 좋아 초경합금보다 빠른 절삭속도로 절삭이 가능하다. 백색, 분홍색, 회색, 흑색 등이 있으며, 초경합금보다 가볍다.

절삭공구재료 핵심 키워드

절삭공구 재료	문제 핵심 키워드 (1)	문제 핵심 키워드 (2)	출제 경향
탄소 공구강	고온경도는 낮고, 공구인선 300℃가 되면 경도 저하	–	자주 출제 안 됨
합금 공구강	탄소 공구강보다 절삭성 우수	–	자주 출제 안 됨
고속도강	고온경도 600℃까지 유지	표준고속도강 W(18%)-Cr(4%)-V(1%)	자주 출제됨
초경합금	탄화물 분말을 1,400℃ 고온으로 가열하면서 프레스로 소결	취성이 커서 진동이나 충격에 약함	자주 출제됨
주조 경질합금	스텔라이트가 대표적이고, 고속도강보다 고속절삭용	단조나 열처리가 되지 않음	자주 출제됨
세라믹	산화알루미늄 분말을 주성분으로함	용접이 곤란하고, 취성이 커서 충격이나 진동에 매우 약함	–
서 멧	세라믹과 메탈의 복합어로, 세라믹의 취성 보완	고속절삭에 적합하나 중절삭에는 부적합	–
다이아몬드	경도가 가장 높음	취성이 커서 잘 깨짐	–

08 전동용 기계요소가 아닌 것은?

① 벨 트　　　　② 로 프

③ 코 터　　　　④ 마찰차

해설
• 코터 : 한쪽 또는 양쪽에 기울기를 갖는 평판 모양의 쐐기로서 인장력이나 압축력을 받는 2개의 축을 연결하는 결합용 기계요소이다.

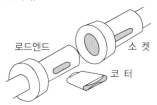

로드엔드　　소 켓

코 터

• 전동용 기계요소 : 벨트, 로프, 마찰차, 기어 등
• 결합용 기계요소 : 키, 나사, 코터 등

09 표준 성분이 Cu 4%, Ni 2%, Mg 1.5% 나머지가 알루미늄인 내열용 알루미늄 합금의 한 종류로, 열간 단조 및 압출가공이 쉬워 단조품 및 피스톤에 이용되는 것은?

① Y합금　　　　② 하이드로날륨

③ 두랄루민　　　④ 알클래드(Alclad)

해설
• Y합금 : Al + Cu + Ni + Mg의 합금으로 내연기관 실린더에 사용한다(알구니마).
• 두랄루민 : Al + Cu + Mg + Mn의 합금으로 가벼워서 항공기나 자동차 등에 사용된다(알구마망).
• 실루민 : Al + Si의 합금으로 주조성은 좋으나 절삭성은 나쁘다.

10 알루미늄 청동에 관한 설명으로 옳은 것은?

① 알루미늄 8~12%를 함유하는 구리−알루미늄 합금이다.

② 구리, 주석 등이 주성분으로 주조, 단조, 용접성이 좋다.

③ 청동에 탈산제로 인을 첨가한 후 알루미늄을 첨가한 것으로 상온에서 $\alpha + \beta$ 공정조직을 갖고 있다.

④ 자기풀림현상이 없어 딱딱하고 매우 강한 성질로 된다.

해설
알루미늄 청동 : 12% 이하의 Al을 첨가한 구리−알루미늄 합금이다. 내식성, 내열성, 내마멸성이 황동 또는 청동에 비하여 우수하여 선박용 추진기 재료로 활용된다. 큰 주조품은 냉각 중에 공석변화가 일어나 자기풀림현상이 나타난다.

11 밀링 절삭공구가 아닌 것은?

① 엔드밀(Endmill)　　② 맨드릴(Mandrel)

③ 메탈 소(Metal Saw)　④ 슬래브 밀(Slab Mill)

해설
• 선반 절삭공구 및 부속장치 : 바이트, 방진구, 맨드릴 등
• 밀링 절삭공구 및 부속장치 : 엔드밀, 메탈 소, 슬래브 밀, 분할대 등

12 도면에서 두 종류 이상의 선이 같은 장소에 겹치게 될 경우 우선순위는?

① 외형선, 숨은선, 절단선, 중심선, 무게중심선

② 외형선, 중심선, 절단선, 숨은선, 무게중심선

③ 외형선, 중심선, 숨은선, 무게중심선, 절단선

④ 외형선, 절단선, 숨은선, 무게중심선, 중심선

해설
투상선의 우선순위 ★ 반드시 암기(자주 출제)
숫자, 문자, 기호 및 화살표 → 외형선(굵은 실선) → 숨은선(파선) → 절단선 → 중심선 → 무게중심선 → 파단선 → 치수선 또는 치수 보조선 → 해칭선
★ 암기팁 : 외·숨·절·중·무·파·치·해. 숫자. 문자. 기호는 제일 우선

13 길이가 100mm인 스프링의 한 끝을 고정하고, 다른 끝에 무게 40N의 추를 달았더니 스프링의 전체 길이가 120mm로 늘어났다. 이때 스프링 상수[N/mm]는?

① 0.5　　② 1
③ 2　　④ 4

해설
전체 스프링 상수

$$K = \frac{W}{\delta} = \frac{\text{하중}}{\text{늘어난 길이}} = \frac{40\text{N}}{20\text{mm}} = 2\text{N/mm}$$

14 치차의 표면만 경화하고자 할 경우 적당한 열처리 방법은?

① 고주파경화법　　② 풀 림
③ 불 림　　④ 뜨 임

해설
치차의 표면만 경화하는 열처리는 표면경화 열처리로 고주파경화법이 적당하다.
열처리의 분류

일반 열처리	항온 열처리	표면경화 열처리
• 담금질(Quenching) • 뜨임(Tempering) • 풀림(Annealing) • 불림(Normalizing)	• 마퀜칭 • 마템퍼링 • 오스템퍼링 • 오스포밍 • 항온 풀림 • 항온 뜨임	• 침탄법 • 질화법 • 화염경화법 • 고주파경화법 • 청화법

15 베어링 호칭번호가 6205인 레이디얼 볼 베어링의 안지름은?

① 5mm　　② 25mm
③ 62mm　　④ 205mm

해설
6205 : 6 – 형식번호, 2 – 치수기호, 05 – 안지름 번호
• 안지름 20mm 이내 : 00–10mm, 01–12mm, 02–15mm, 03–17mm, 04–20mm
• 안지름 20mm 이상 : 안지름 숫자에 5를 곱한 수가 안지름 치수가 된다.
예 05=25mm(5×5=25), 20=100mm(20×5=100)

16 치수공차의 용어 정의로 가장 적합한 것은?

① 최대허용치수 – 기준치수
② 기준치수 – 최소허용치수
③ 최대허용치수 – 최소허용치수
④ 최대허용치수 – 아래치수허용차

해설
치수공차 = 최대허용치수 – 최소허용치수

17 다음 기하공차 중 온 흔들림 공차는?

① ⏤
② ⌯
③ ↗
④ ⌰

해설
기하공차의 종류와 기호

형 체	공차의 종류		기 호	표기 예	적용 부위	비 고
단독 형체 (데이텀 불필요)	모양 공차	진직도 공차	⏤	⏤ | 0.008 ⏤ | φ0.008	평행 핀	원통 형상에 진직도가 적용되면 중심 축선을 규제하게 되므로 공차값에 ∅를 붙인다.
		평면도 공차	⏥	⏥ | 0.009	정반의 표면	–
		진원도 공차	○	○ | 0.011	서로 조립되는 중요 부위인 테이퍼 가공된 축의 부분이나 진원이 필요한 부품	–
		원통도 공차	⌭	⌭ | 0.013	왕복·미끄럼운동을 하는 둥근 축	데이텀이 필요하지 않고, 원통면을 규제하므로 공차값에 ∅를 붙이지 않는다.
단독 형체 또는 관련 형체	모양 공차	선의 윤곽도 공차	⌒	⌒ | 0.008 ⌒ | 0.008 | A	캠의 곡선	–
		면의 윤곽도 공차	⌓	⌓ | 0.009 ⌓ | 0.009 | B	캠의 곡면	–

13 ② 14 ① 15 ② 16 ③ 17 ④ **정답**

형 체	공차의 종류		기 호	표기 예	적용 부위	비 고
관련 형체	자세 공차	평행도 공차	//	// 0.013 A // ∅0.013 A	구름베어링이 설치되어 있는 본체의 구멍(베어링의 외륜과 닿는 부분)	평면을 규제할 경우에는 공차값에 ∅를 붙이지 않고, 축 직선(축심)을 규제할 경우에는 공차값에 ∅를 붙인다.
		직각도 공차	⊥	⊥ 0.011 D ⊥ ∅0.011 D	구름베어링이 설치되어 있는 본체의 구멍(베어링의 측면과 닿는 부분)	
		경사도 공차	∠	∠ 0.013 C	더브테일 홈과 같은 경사면 경사가 있는 구멍	–
	위치 공차	위치도 공차	⊕	⊕ 0.011 A B ⊕ ∅0.011 A B	금형 부품(편치와 다이의 조립부)	평면을 규제할 경우에는 공차값에 ∅를 붙이지 않고, 축 직선(축심)을 규제할 경우에는 공차값에 ∅를 붙인다.
		동축도 공차 또는 동심도 공차	◎	◎ ∅0.013 C	구름베어링이 양쪽에 설치되어 있는 본체의 구멍 →한 번에 두 구멍을 동시에 가공하기 어려워 돌려 물려서 가공해야 하는 부분(2개 베어링의 외륜과 닿는 부분에 동축도 지시)	동축도는 축 직선(축심)을 규제하기 때문에 공차값에 ∅를 붙인다.
		대칭도	⊨	⊨ 0.009 A	중심 평면을 기준으로 기능상 대칭이 되어야 하는 부품	–
	흔들림 공차	원주 흔들림 공차	↗	↗ 0.011 D	회전체인 축, 기어, V벨트 풀리 등에 적용	각 단면에 해당하는 측정 평면이나 원통면을 규제하기 때문에 공차값에 ∅를 붙이지 않는다.
		온 흔들림 공차	↗↗	↗↗ 0.013 B	두 개의 베어링과 면이 접촉되는 축의 측면 부분	

18 다음 그림과 같은 KS 구름 베어링 제도법(상세한 간략 도시방법)으로 제도되어 있는 경우 베어링의 종류는?

① 단열 깊은 홈 볼 베어링
② 복열 깊은 홈 볼 베어링
③ 복열 자동 조심 볼 베어링
④ 단열 앵귤러 콘택트 분리형 볼 베어링

19 다음 그림과 같은 경사면부가 있는 대상물에서 그 경사면의 실형을 나타낼 필요가 있는 경우에 그리는 투상도로 가장 적합한 것은?

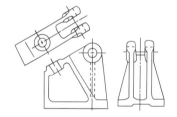

① 보조투상도
② 부분투상도
③ 국부투상도
④ 회전투상도

해설
① 보조투상도 : 경사면의 실제 모양을 표시할 필요가 있을 때 보이는 부분의 전체 또는 일부분을 나타낸다.
② 부분투상도 : 그림의 일부만 도시하는 것으로 충분한 경우에는 그 필요한 부분만 투상하여 나타낸다.
③ 국부투상도 : 대상물의 구멍, 홈 등 한 국부만의 모양을 도시하는 것으로 충분한 경우에는 그 필요한 부분만 국부투상도로 나타낸다.
④ 회전투상도 : 대상물의 일부가 각도를 갖고 있을 때 실제 모양을 나타내기 위해 그 부분을 회전시켜 실제 모양을 나타낸다.

20 코일 스프링 제도에 관한 설명으로 틀린 것은?

① 코일 스프링은 일반적으로 무하중인 상태로 그린다.

② 그림에 기입하기 힘든 사항은 요목표에 일괄하여 표시한다.

③ 코일 부분의 중간을 생략할 때는 생략한 부분의 소선지름의 중심선을 가는 1점쇄선으로 나타낸다.

④ 스프링의 종류 및 모양만을 간략도로 도시할 때는 재료의 중심선만 가는 2점쇄선으로 도시한다.

해설

스프링의 종류 및 모양만 간략도로 도시할 때는 재료의 중심선만 굵은 실선으로 그린다.

21 스퍼기어의 피치원을 도시하는 선은?

① 굵은 실선

② 가는 실선

③ 가는 파선

④ 가는 1점쇄선

해설

기어의 도시
• 이끝원 : 굵은 실선
• 이뿌리원 : 가는 실선
• 피치원 : 가는 1점쇄선
• 헬리컬 기어의 잇줄 방향 : 가는 2점쇄선

22 ISO 규격에 있는 미터 사다리꼴나사의 표시기호는?

① M
② Tr
③ UNC
④ R

해설

나사의 종류를 표시하는 기호 및 나사의 호칭에 대한 표시방법

구 분	나사의 종류		종류 기호	나사의 호칭방법
ISO 규격에 있는 것	미터 보통나사		M	M8
	미터 가는나사			M8×1
	미니추어 나사		S	S0.5
	유니파이 보통나사		UNC	3/8-16 UNC
	유니파이 가는나사		UNF	No.8-36 UNF
	미터 사다리꼴나사		Tr	Tr10×2
	관용 테이퍼 나사	테이퍼 수나사	R	R3/4
		테이퍼 암나사	Rc	Rc3/4
		평행 암나사	Rp	Rp3/4
ISO 규격에 없는 것	관용 평행나사		G	G1/2
	29° 사다리꼴나사		TW	TW20
	30° 사다리꼴나사		TM	TM18
	관용 테이퍼 나사	테이퍼 수나사	PT	PT7
		평행 암나사	PS	PS7
	관용 평행나사		PF	PF7

23 다음 그림과 같은 입체도의 화살표 방향이 정면일 때 정면도로 가장 적합한 것은?

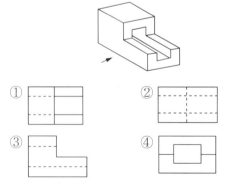

① ② ③ ④

20 ④ 21 ④ 22 ② 23 ③ **정답**

24 리베팅이 끝난 뒤에 리벳머리의 주위 또는 강판의 가장 자리를 정으로 때려 그 부분을 밀착시켜 틈을 없애는 작업은?

① 시 밍　　　　② 코 킹
③ 커플링　　　　④ 해머링

해설
코킹(Caulking) : 리베팅에서 기밀을 유지하기 위한 작업으로 리베팅이 끝난 뒤에 리벳머리의 주위 또는 강판의 가장자리를 정으로 때려 그 부분을 밀착시켜서 틈을 없애는 작업

25 기계제도 도면에서 치수가 '50 H7/g6'으로 표시되어 있을 때의 설명으로 옳은 것은?

① 구멍기준식 헐거운 끼워맞춤
② 축기준식 중간 끼워맞춤
③ 구멍기준식 억지 끼워맞춤
④ 축기준식 억지 끼워맞춤

해설
50 H7/g6
• 구멍기준식 헐거운 끼워맞춤이다.
• 축과 구멍의 호칭 치수가 모두 ∅50인 ∅50H7의 구멍과 ∅50g6 축의 끼워맞춤이다.
자주 사용하는 구멍기준 끼워맞춤

기준 구멍	축의 공차역 클래스													
	헐거운 끼워맞춤				중간 끼워맞춤				억지 끼워맞춤					
H6			g5	h5	js5	k5	m5							
		f6	g6	h6	js6	k6	m6	n6	p6					
H7		f6	g6	h6	js6	k6	m6	n6	p6	r6	s6	t6	u6	x6
	e7	f7		h7	js7									

26 수직 밀링머신에서 공작물을 전후로 이송시키는 부위는?

① 테이블　　　　② 새 들
③ 니　　　　　　④ 칼 럼

해설
• 새들 : 수직 밀링머신에서 공작물을 전후로 이송
• 테이블 : 좌우로 이송
• 니 : 기둥의 슬라이드면을 따라 상하로 이송

27 주어진 절삭속도가 40m/min이고, 주축 회전수가 70rpm이면 절삭되는 일감의 지름은 약 몇 mm인가?

① 82　　　　　② 182
③ 282　　　　④ 382

해설
$$V = \frac{\pi D N}{1,000}$$
$$D = \frac{1,000\,V}{\pi N}$$
$$= \frac{1,000 \times 40\text{m/min}}{\pi \times 70\text{rpm}}$$
$$= 181.9\text{mm}$$
$$\fallingdotseq 182\text{mm}$$
여기서, V : 절삭속도(m/min), D : 일감지름(mm)
　　　　　N : 주축 회전수(rpm)

28 공작물이 회전하면서 바깥지름, 안지름, 절단, 단사, 테이퍼가공 등을 주로 할 수 있는 대표적인 공작기계는?

① 선 반　　　　　② 플레이너
③ 밀링머신　　　　④ 드릴링머신

해설
선반 : 주축 끝단에 부착된 척에 가공물을 고정하여 회전시키고, 공구대에 설치된 바이트로 절삭 깊이와 이송을 주어 가공물을 주로 원통형으로 절삭하는 공작기계

29 탭작업 중 탭의 파손원인으로 가장 관계가 먼 것은?

① 구멍이 너무 작거나 구부러진 경우
② 탭이 소재보다 경도가 높은 경우
③ 탭이 구멍 바닥에 부딪혔을 경우
④ 탭이 경사지게 들어간 경우

해설
탭 파손의 원인
• 구멍이 너무 작거나 구부러진 경우
• 탭이 경사지게 들어간 경우
• 탭의 지름에 적합한 핸들을 사용하지 않는 경우
• 너무 무리하게 힘을 가하거나 빠르게 절삭할 경우
• 막힌 구멍의 밑바닥에 탭 선단이 닿았을 경우
※ 탭가공 시 드릴의 지름
　　$d = D - p$(여기서, D : 수나사 지름, p : 나사피치)

30 다음은 연삭숫돌의 표시법이다. 각 항에 대한 설명으로 틀린 것은?

WA 46 H 8 V

① V : 결합제　　　② 46 : 조직
③ H : 결합도　　　④ WA : 연삭숫돌입자

해설
일반적인 연삭숫돌 표시방법

WA	· 60 ·	K ·	M ·	V
연삭숫돌입자	·입도 ·	결합도 ·	조직 ·	결합제

• 연삭숫돌입자(WA : 백색 알루미나)
• 입도(46 : 중간 눈)
• 결합도(L : 중)
• 조직(6 : 중간 조직)
• 결합제(V : 비트리파이드)

31 래핑(Lapping)의 특징에 대한 설명으로 틀린 것은?

① 가공면은 윤활성이 좋다.
② 가공면은 내마모성이 좋다.
③ 정밀도가 높은 제품을 가공할 수 있다.
④ 가공이 복잡하여 소량 생산을 한다.

해설
래핑(Lapping)
래핑의 랩은 원칙적으로 가공물의 경도보다 재질이 약한 것을 사용한다. 일반적으로 강을 래핑할 때는 주철을 사용하며, 특수한 경우에는 구리합금 또는 연강을 사용한다.
래핑의 장점
• 가공면이 매끈한 거울면을 얻을 수 있다.
• 정밀도가 높은 제품을 가공할 수 있다.
• 가공면은 윤활성 및 내마모성이 좋다.
• 가공이 간단하고 대량 생산이 가능하다.
• 평면도, 진원도, 직선도 등의 이상적인 기하학적 형상을 얻을 수 있다.

32 밀링머신의 부속품과 부속장치 중 원주를 분할하는 데 사용되는 것은?

① 슬로팅 장치
② 분할대
③ 수직축 장치
④ 래크 절삭장치

해설
분할대 : 테이블에 분할대와 심압대로 가공물을 지지하거나 분할대의 척에 가공물을 고정시켜 사용한다. 필요한 등분이나 필요한 각도로 분할할 때 사용하는 밀링 부속장치이다.

33 수평 밀링머신의 프레인 커터작업에서 상향 절삭과 하향 절삭에 대한 설명으로 틀린 것은?

① 상향 절삭은 절삭 방향과 공작물의 이송 방향이 같다.

② 상향 절삭에서는 이송기구의 백래시가 자연스럽게 없어진다.

③ 하향 절삭은 절삭된 칩이 이미 가공된 면 위에 쌓이므로 가공할 면을 잘 볼 수 있다.

④ 하향 절삭은 커터날이 공작물을 누르며 절삭하므로 일감의 고정이 간편하다.

해설

상향 절삭과 하향 절삭의 차이점

구 분	상향 절삭	하향 절삭
방 향	커터 회전 방향과 공작물 이송 방향이 반대이다.	커터 회전 방향과 공작물 이송 방향이 동일하다.
백래시	절삭에 별 지장이 없다.	백래시를 제거해야 한다.
기계의 강성	강성이 낮아도 무관하다.	가공할 때 충격이 있어 높은 강성이 필요하다.
가공물의 고정	절삭력이 상향으로 작용하여 고정이 불리하다.	절삭력이 하향으로 작용하여 가공물 고정이 유리하다.
인선의 수명	절입할 때, 마찰열로 마모가 빠르고 공구수명이 짧다.	상향 절삭에 비하여 공구수명이 길다.
마찰저항	마찰저항이 커서 절삭공구를 위로 들어 올리는 힘이 작용한다.	절입할 때, 마찰력은 작으나 하향으로 충격력이 작용한다.
가공면의 표면 거칠기	광택은 있으나, 상향에 의한 회전저항으로 전체적으로 하향 절삭보다 나쁘다.	가공 표면에 광택은 적으나, 저속 이송에서는 회전저항이 발생하지 않아 표면거칠기가 좋다.

34 마이크로미터 측정면의 평면도를 검사하는 데 사용하는 것은?

① 옵티미터 　　② 오토 콜리메이터
③ 옵티컬 플랫 　　④ 사인바

35 다음 중 수나사를 가공하는 가구는?

① 탭 　　② 줄
③ 리 머 　　④ 다이스

해설

• 탭 : 암나사 가공
• 다이스 : 수나사 가공

36 공구의 마모를 나타내는 것 중 공구인선의 일부가 미세하게 탈락하는 것은?

① 플랭크 마모(Flank Wear)

② 크레이터 마모(Creater Wear)

③ 치핑(Chipping)

④ 글레이징(Glazing)

해설

• 크레이터 마모(Creater Wear) : 칩이 처음으로 바이트 경사면에 접촉하는 접촉점은 절삭공구의 인선에서 약간 떨어져서 나타나며, 이 접촉점에서 마찰력이 작용하여 절삭공구의 상면 경사면이 오목하게 파이는 현상이다.
• 플랭크 마모(Flank Wear) : 절삭공구의 절삭면에 평행하게 마모되는 것을 의미하며, 측면과 절삭면의 마찰에 의해 발생한다.

37 피측정물을 측정한 후 그 측정량을 기준 게이지와 비교한 후 차이 값을 계산하여 실제 치수를 인식할 수 있는 측정법은?

① 직접 측정 　　② 간접 측정
③ 비교 측정 　　④ 합계 측정

해설

• 비교 측정 : 측정값과 기준 게이지값의 차이를 비교하여 치수를 계산하는 측정방법(블록게이지, 다이얼 테스트 인디케이터, 한계 게이지 등)
• 직접 측정 : 측정기에 표시된 눈금에 의해 직접 측정물의 치수를 읽는 방법(버니어 캘리퍼스, 마이크로미터, 측장기 등)
• 간접 측정 : 나사, 기어 등과 같이 기하학적 관계를 이용하여 측정(사인바에 의한 각도 측정, 테이퍼 측정, 나사의 유효지름 측정 등)

38 불수용성 절삭유로서 광물성유에 속하지 않는 것은?

① 스핀들유   ② 기계유

③ 올리브유   ④ 경 유

• 광물성유(광유) : 경유, 머신오일(기계유), 스핀들유, 석유 및 기타의 광유 또는 혼합유로 윤활성은 좋으나 냉각성이 작아 주로 경절삭에 사용한다.
• 식물성유 : 종자유, 콩기름, 올리브유, 면실유, 피마자유 등(윤활성은 좋고 냉각성은 좋지 않다)

39 리머를 모양에 따라 분류할 때 날을 교환할 수 있고 날을 조정할 수 있어 수리공장에서 많이 사용하는 것은?

① 솔리드 리머   ② 셸 리머

③ 조정 리머   ④ 랜드 리머

40 절삭가공에서 공작물을 깎아 낼 때 매우 중요한 절삭조건의 3대 요소에 해당하지 않은 것은?

① 절삭속도   ② 표면거칠기

③ 절삭 깊이   ④ 이송량

절삭조건 3요소 : 절삭속도, 절삭 깊이, 이송량

41 일감을 테이블 위에 고정시키고, 수평 왕복운동시켜서 큰 공작물의 평면부를 가공하는 공작기계로서 선반의 베드, 대형 정반 등의 가공에 편리한 공작기계는?

① 세이퍼

② 플레이너

③ 슬로터

④ 밀링머신

플레이너 : 테이블 수평 길이 방향 왕복운동과 공구는 테이블의 가로 방향으로 이송하며, 주로 평면을 가공하는 공작기계이다. 선반의 베드, 대형 정반 등의 대형물 가공에 적합하다. 플레이너의 크기는 테이블의 크기(길이×폭), 공구대의 이송거리, 테이블의 윗면에서 공구대 사이의 최대 높이로 표시한다. 플레이너의 종류로는 쌍주식, 단주식, 피트 플레이너 등이 있다.

42 서로 다른 직교하는 3개의 축을 가지고 공간에서 한 점의 위치를 직각 좌표계의 X, Y, Z 축의 좌표값으로 표시하여 측정물의 치수, 위치, 윤곽, 형상 등을 입체적으로 측정하는 측정기는?

① 투영기

② 콤퍼레이터

③ 측장기

④ 3차원 측정기

3차원 측정기 : 3개의 축을 가지고 공간에서 한 점의 위치를 직각 좌표계의 X, Y, Z 축의 좌표값으로 표시하여 측정물의 치수, 위치, 윤곽, 형상 등을 입체적으로 측정하는 측정기

43 휴지(Dwell)시간 지정을 의미하는 어드레스가 아닌 것은?

① P   ② Q
③ U   ④ X

해설
- 휴지(Dwell/일시 정지) : 지령한 시간 동안 이송이 정지되는 기능으로, 홈 가공이나 드릴작업 등에서 사용한다.
- G04 : 휴지기능, 어드레스 X, U 또는 P와 정지하려는 시간을 수치로 입력한다. P는 소수점을 사용할 수 없으며, X, U는 소수점 이하 세 자리까지 유효하다.
- 0.5초 동안 정지시키기 위한 프로그램
  - G04 X0.5;   G04 U0.5;   G04 P500;

44 드릴의 홈을 따라서 만들어진 좁은 날로, 드릴을 안내하는 역할을 하는 것은?

① 몸 통   ② 웨 브
③ 마 진   ④ 섕 크

해설
드릴 각부의 명칭
- 웨브 : 트위스트 드릴 홈 사이의 좁은 단면 부분이다.
- 마진 : 드릴의 홈을 따라서 만들어진 좁은 날로, 드릴을 안내하는 역할을 한다.
- 자루 : 드릴을 드릴 머신에 고정하는 부분(곧은 자루, 테이퍼 자루)이다.
- 탱 : 자루가 테이퍼인 드릴의 끝 부분을 납작하게 한 부분으로 드릴이 미끄러져 헛돌지 않고, 테이퍼 부분을 상하지 않도록 하면서 회전력을 주는 부분이다.

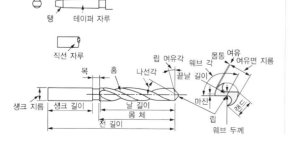

45 밀링머신에서 깎을 수 없는 기어는?

① 하이포이드 기어   ② 스파이럴 기어
③ 베벨기어   ④ 스퍼기어

해설
밀링머신으로 깎을 수 없는 기어 : 하이포이드 기어
※ 기어가공은 밀링머신에서 총형커터를 이용하여 기어를 가공하는 방법으로 호빙머신이 나오기 전까지는 많이 사용하였으나 기어 절삭기계에 비하여 능률이 떨어지고, 정밀도가 떨어져 현재는 많이 사용하지 않는다.

46 전해연마의 특징이 아닌 것은?

① 가공변질층이 있다.
② 가공면에 방향성이 없다.
③ 내부식성이 향상된다.
④ 평활한 가공면을 얻을 수 있다.

해설
전해연마의 특징
- 가공변질층이 없고, 평활한 가공면을 얻을 수 있다.
- 복잡한 형상의 제품도 전해연마가 가능하다.
- 가공면에 방향성이 없다.
- 내마모성, 내부식성이 향상된다.
- 연질의 알루미늄, 구리 등도 쉽게 광택면을 가공할 수 있다.

47 3줄 나사에서 피치가 2mm일 때 나사를 6회전시키면 이동하는 거리는 몇 mm인가?

① 6   ② 12
③ 18   ④ 36

해설
- 나사의 리드 : 나사가 1회전했을 때 나사가 진행한 거리
- $L = p \times n \times 6$회전 $= 2\text{mm} \times 3 \times 6$회전 $= 36\text{mm}$
  여기서, L : 리드, p : 피치, n : 줄수

48 밀링커터 날수가 14개, 지름은 100mm, 1개의 날 이송량이 0.2mm이고 회전수가 600rpm일 때, 테이블 이송속도는?

① 1,480mm/min

② 1,585mm/min

③ 1,680mm/min

④ 1,785mm/min

해설

밀링 머신에서 테이블 이송속도(f)

$f = f_z \times n \times z = 0.2 \times 600 \times 14 = 1,680\text{mm/min}$

여기서, f : 테이블 이송속도, f_z : 1날당 이송량, n : 회전수, z : 커터의 날수

49 정면 밀링커터에 주로 사용하는 공구재료로 가장 적합한 것은?

① 초경합금

② 산화알루미늄

③ 시효경화합금

④ 탄소 공구강

해설

정면 밀링커터는 절삭능률과 가공면의 표면거칠기가 우수한 초경합금 밀링커터를 사용한다. 요즘에는 사용이 편리하고 공구관리의 간소화를 위해 스로어웨이(Throw Away) 밀링커터를 많이 사용한다.

[정면 밀링커터]

50 수직 밀링작업 시 기본적으로 가장 많이 사용되며, 원주면과 단면에 날이 있는 형태로 지름에 비해 길이가 긴 커터는?

① 플레인 커터　　② 메탈 소

③ 엔드밀　　④ 헬리컬 커터

해설

• 엔드밀(End Mill) : 원주면과 단면에 날이 있는 형태로, 가공물의 홈과 좁은 평면, 윤곽가공, 구멍가공 등에 사용한다.

• 메탈 소 : 절단 및 홈 가공 시 사용한다.

51 다음 머시닝센터 가공용 CNC 프로그램에서 G80의 의미는?

```
N10  G80  G40  G49
```

① 공구경 보정 취소

② 고정 사이클 취소

③ 공구 길이 보정 취소

④ 위치결정 취소

해설

• G80 : 고정 사이클 취소

• G40 : 공구경 보정 취소

• G49 : 공구 길이 보정 취소

52 CNC 선반의 기계 일상 점검 중 매일 점검사항이 아닌 것은?

① 유량 점검　　② 압력 점검

③ 수평 점검　　④ 외관 점검

해설

매일 점검 : 외관 점검, 유량 점검, 압력 점검, 각부의 작동검사

53 CNC 공작기계의 여러 가지 동작을 위한 각종 모터를 제어하며 주로 ON/OFF을 수행하는 기능으로 옳은 것은?

① 주축기능 　　　 ② 준비기능
③ 보조기능 　　　 ④ 공구기능

해설
- 보조기능(M) : 스핀들 모터를 비롯한 기계의 각종 기능을 수행하는 데 필요한 보조장치의 ON/OFF를 수행하는 기능
- 준비기능(G) : 제어장치의 기능을 동작하기 위한 준비를 하는 기능
- 주축기능(S) : 주축의 회전속도를 지령하는 기능
- 공구기능(T) : 공구를 선택하는 기능
- 이송기능(F) : 이송속도를 지령하는 기능

54 KS 재료기호가 'STC'일 경우, 이 재료는?

① 냉간 압연 강판 　　 ② 크롬 강재
③ 탄소 주강품 　　　 ④ 탄소 공구강 강재

해설
- 탄소 공구강(STC), 탄소 주강품(SC)
- 탄소 공구강재 – STC1 ~ STC7

55 머시닝센터에서 공구 길이 보정 시 보정번호를 나타낼 때 사용하는 것은?

① A 　　　　　 ② C
③ D 　　　　　 ④ H

해설
- H : 공구 길이 보정 시 보정번호를 나타낼 때 사용한다(예 G00 G43 Z10. H12;).
- D : 공구 지름 보정 시 보정번호를 나타낼 때 사용한다.
- ※ 공구 길이 보정 : 머시닝센터에 사용되는 공구는 길이가 각각 다르므로, 기준이 되는 공구와 각각의 공구 길이의 차이를 공구 길이 보정란(오프셋 화면)에 입력해 두고, 프로그램에서 각 공구의 보정값을 불러들여 보정하여 사용함으로써 공구 길이의 차이를 해결할 수 있도록 하는 것
  - G43 : +방향 공구 길이 보정(기준 공구보다 긴 경우 보정값 앞에 +부호를 붙여 입력)
  - G44 : −방향 공구 길이 보정(기준 공구보다 짧은 경우 보정값 앞에 −부호를 붙여 입력)
  - G49 : 공구 길이 보정 취소

56 CNC 프로그램에서 단어(Word)의 구성은?

① 어드레스(Address) + 어드레스(Address)
② 수치(Data) + 수치(Data)
③ 블록(Block) + 수치(Data)
④ 어드레스(Address) + 수치(Data)

해설
- 단어(Word) : 주소(Address)와 수치(Data)로 구성되어 있다.
- 주소(Address) : 영문 대문자(A~Z) 중 한 개로 나타낸다.
- 수치(Data) : 주소(Address)의 기능에 따라 2자리, 4자리 수로 나타낸다.
- 지령절(Block) : 몇 개의 단어(Word)가 모여 구성된 하나의 지령 단위를 나타낸다.

57 머시닝센터 프로그래밍에서 G73, G83 코드에서 매회 절입량을, G76, G87 지령에서 후퇴(시프트)량을 지정하는 어드레스는?

① R 　　　　　 ② O
③ Q 　　　　　 ④ P

해설
Q : G73, G83 코드에서 매회 절입량 또는 G76, G87 지령에서 후퇴량을 지정하는 어드레스(항상 증분 지령)
머시닝센터 고정 사이클

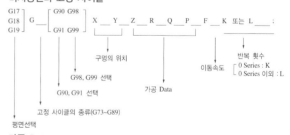

가공 Data
- Z : R점에서 구멍 바닥까지의 거리를 증분지령에 의한 구멍 바닥의 위치를 절대지령으로 지정
- R : 가공을 시작하는 Z좌표치(Z축 공작물 좌표계 원점에서의 좌표값)
- Q : G73, G83 코드에서 매회 절입량 또는 G76, G87 지령에서 후퇴량(항상 증분 지령)
- P : 구멍 바닥에서 휴지시간
- F : 절삭 이송속도
- K 또는 L : 반복 횟수(0M에서는 K, 0M 이외에는 L로 지정하며, 횟수를 생략할 경우 1로 간주), 만약 0을 지정하면 구멍가공 데이터는 기억하지만 구멍가공은 수행하지 않는다.

58 CAM 시스템이 곡면 가공방법에서 Z축 방향의 높이가 같은 부분을 연결하여 가공하는 방법은?

① 주사선 가공

② 등고선 가공

③ 펜슬가공

④ 방사형 가공

59 머시닝센터 작업에서 같은 지름의 구멍이 동일 평면상에 여러 개 있을 때 공구를 R점 복귀 후 이동하여 가공하는 것은?

① G99   ② G49

③ G97   ④ G96

해설

- G99 : 고정사이클 R점 복귀
- G49 : 공구 길이 보정 무시
- G97 : 주속 일정제어 무시
- G96 : 주속 일정제어

60 다음은 머시닝센터 프로그램의 일부를 나타낸 것이다. ( ) 안에 알맞은 것은?

```
G90 G92 X0. Y0. Z100.;
( ㉠ ) 1500 M03;
G00 Z3.;
G42 X25.0 Y20. ( ㉡ ) 07 M08;
G01 Z-10. ( ㉢ ) 50;
X90. F160;
( ㉣ ) X110. Y40. R20.;
X75. Y89. 749 R50;
G01 X30. Y55.;
Y18.;
G00 Z100. M09;
```

	㉠	㉡	㉢	㉣
①	F	M	S	G02
②	S	D	F	G01
③	S	H	F	G00
④	S	D	F	G03

해설

㉠ 블록의 M03(주축 정회전) 앞에 주축 회전수 S가 지령되어야 한다. → S1500

㉡ 블록의 G42(공구지름 보정 우측)로 인해 공구보정번호를 나타내는 D가 지령되어야 한다. → D07

㉢ 블록의 G01(직선보간)로 인해 이송속도 F가 지령되어야 한다. → F50

㉣ 블록은 반지름값 R50이 있으므로 원호 절삭인 G02 또는 G030이 지령되어야 한다. → G03

01 도면에서 두 종류 이상의 선이 같은 장소에 겹치게 될 경우, 순위가 가장 낮은 선은?

① 중심선
② 숨은선
③ 치수보조선
④ 절단선

해설

투상선의 우선순위

숫자, 문자, 기호 및 화살표 → 외형선(굵은 실선) → 숨은선(파선) → 절단선 → 중심선 → 무게중심선 → 파단선 → 치수선 또는 치수보조선 → 해칭선

★ 선의 우선순위는 자주 출제되니 반드시 암기

★ 암기팁 : '외·숨·절·중·무·파·치·해' 숫자, 문자, 기호는 제일 우선

02 실물 길이가 100mm인 형상을 1 : 2로 축척하여 제도한 경우의 설명으로 옳은 것은?

① 도면에 그려지는 길이는 50mm이고, 치수는 100mm로 기입한다.

② 도면에 그려지는 길이는 100mm이고, 치수는 50mm로 기입한다.

③ 도면에 그려지는 길이는 50mm이고, 치수는 50mm로 기입한다.

④ 도면에 그려지는 길이는 100mm이고, 치수는 100mm로 기입한다.

해설

• 실물 길이가 100mm인 형상을 1 : 2로 축척하면 도면에 그려지는 길이는 50mm이고, 치수는 100mm로 기입한다.

• 도면에 기입하는 치수는 척도에 관계없이 모두 실제 치수를 기입한다(실제 길이 100mm).

03 다음 치수 기입방법으로 옳은 것은?

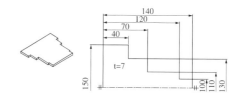

① 직렬치수기입
② 병렬치수기입
③ 누진치수기입
④ 좌표치수기입

해설

치수 기입법

치수 기입법	설 명
직렬 치수 기입	직렬로 나란히 연결된 각각의 치수에 주어진 일반 공차가 차례로 누적되어도 상관없는 경우에 사용한다.
병렬 치수 기입	한곳을 중심으로 치수를 기입하는 방법으로, 각각의 치수공차는 다른 치수의 공차에 영향을 주지않는다. 기준이되는 치수보조선의 위치는 기능, 가공 등의 조건을 고려하여 알맞게 선택한다.
누진 치수 기입	치수의 기준점에 기점 기호(o)를 기입하고, 한 개의 연속된 치수선에 치수를 기입하는 방법이다. 치수공차와 관련된 내용은 병렬치수기입법과 동일하며, 치수보조선과 만나는 곳마다 화살표를 붙인다.
좌표 치수 기입	치수를 좌표형식으로 기입하는 방법으로, 프레스 금형 설계와 사출 금형 설계에서 많이 사용하는 방법이다.

구분	x	y	φ
A	10	40	16
B	40	40	24
C	10	10	10
D	40	10	14

04 기계가공 도면에서 기계가공방법의 기호 중 줄 다듬질 가공기호는?

① FJ   ② FP

③ FF   ④ JF

해설

가공방법의 기호(KS B 0107)

가공방법	기 호	가공방법	기호
선반가공	L	호닝가공	GH
드릴가공	D	액체호닝가공	SPLH
보링머신가공	B	배럴연마가공	SPBR
밀링가공	M	버프 다듬질	SPBF
평삭(플레이닝)가공	P	블라스트 다듬질	SB
형삭(셰이핑)가공	SH	랩 다듬질	GL
브로칭가공	BR	줄 다듬질	FF
리머가공	DR	스크레이퍼 다듬질	FS
연삭가공	G	페이퍼 다듬질	FCA
벨트연삭가공	GBL	정밀 주조	CP

05 다음 그림과 같이 대상물의 구멍, 홈 등의 한곳만의 모양을 도시하는 것으로 충분한 경우 그 필요 부분만 도시하는 투상도는?

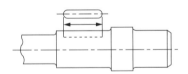

① 한쪽투상도

② 회전투상도

③ 국부투상도

④ 보조투상도

해설

국부투상도 : 대상물의 구멍, 홈 등과 같이 한 부분의 모양을 도시하는 것으로 충분한 경우에는 그 필요한 부분만 국부투상도로 도시한다. 또한, 투상관계를 나타내기 위하여 원칙적으로 주투상도에 중심선, 기준선, 치수보조선 등으로 연결한다.

06 다음 치수 기입방법 중 호의 길이로 옳은 것은?

해설

③ 호의 길이 치수

② 현의 길이 치수

① 변의 길이 치수

④ 각도 치수

07 치수 기입 시 사용되는 기호와 설명으로 옳지 않은 것은?

① C : 45° 모따기

② ϕ : 지름

③ SR : 구의 반지름

④ ◇ : 정사각형

해설

치수 보조기호

기 호	구 분	기 호	구 분
ϕ	지 름	□	정사각형
$S\phi$	구의 지름	C	45° 모따기
R	반지름	t	두 께
SR	구의 반지름	p	피 치

08 단면도의 표시방법 중 다음 그림과 같이 도시하는 단면도의 명칭은?

① 전단면도
② 한쪽단면도
③ 부분단면도
④ 회전도시단면도

단면도의 종류

단면도	설 명	비 고
전단면도 (온단면도)	물체 전체를 둘로 절단해서 그림 전체를 단면으로 나타낸 단면도이다.	
한쪽단면도	상하 또는 좌우 대칭인 물체는 1/4을 떼어 낸 것으로 보고 기본 중심선을 경계로 1/2은 외형, 1/2은 단면으로 동시에 나타낸다. 외형도의 절반과 온단면도의 절반을 조합하여 표시한 단면도이다.	
부분단면도	필요한 일부분만을 파단선에 의해 그 경계를 표시하고 나타낸 단면도이다.	
회전도시 단면도	핸들, 벨트풀리, 기어 등과 같은 바퀴의 암, 림, 리브, 훅, 축, 구조물의 부재 등의 절단면을 회전시켜 표시한다.	

09 다음 중 대칭도를 나타내는 기호는?

①   ② //

③  ④ ═

기하공차의 종류와 기호

종 류		기 호
모양공차	진직도	──
	평면도	▱
	진원도	○
	원통도	⌀
	선의 윤곽도	⌒
	면의 윤곽도	◠
자세공차	평행도	//
	직각도	⊥
	경사도	∠
위치공차	위치도	⊕
	동축도(동심도)	◎
	대칭도	═
흔들림 공차	원주 흔들림	↗
	온 흔들림	↗↗

10 측정오차에 대한 설명으로 옳지 않은 것은?

① 측정기오차 : 측정기 자체의 오차
② 우연오차 : 외부적 환경요인에 따른 오차
③ 개인오차 : 측정하는 사람에 따라 발생되는 오차
④ 시차(Parallax) : 시간의 경과에 따라 발생되는 오차

해설

측정오차의 종류
• 측정기오차(계기오차) : 측정기의 구조, 측정압력, 측정온도, 측정기의 마모 등에 따른 오차
• 우연오차 : 기계에서 발생하는 소음이나 진동 등과 같은 주위 환경에서 오는 오차 또는 자연현상의 급변 등으로 생기는 오차
• 개인오차 : 측정하는 사람에 따라 발생되는 오차
• 시차 : 측정자의 눈의 위치에 따라 눈금의 읽음값에 오차가 생기는 경우

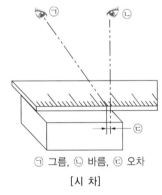

㉠ 그름, ㉡ 바름, ㉢ 오차

[시 차]

11 제도에 있어서 치수 기입 요소로 틀린 것은?

① 치수선
② 치수 숫자
③ 가공기호
④ 치수보조선

해설

치수 기입 요소 : 치수선, 치수보조선, 지시선, 치수 숫자, 화살표

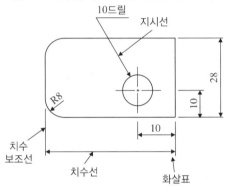

12 측정방법 중 표준게이지와 피측정물의 차를 비교하여 피측정물 치수를 구하는 방법은?

① 직접 측정   ② 간접 측정
③ 비교 측정   ④ 절대 측정

해설

③ 비교 측정 : 측정값과 기준게이지값의 차이를 비교하여 치수를 계산하는 측정방법(블록게이지, 다이얼 테스트 인디케이터, 한계게이지, 측장기 등)
① 직접 측정 : 측정기에 표시된 눈금에 의해 직접 측정물의 치수를 읽는 방법(버니어캘리퍼스, 마이크로미터 등)
② 간접 측정 : 나사, 기어 등과 같이 기하학적 관계를 이용하여 측정하는 방법(사인바에 의한 각도 측정, 테이퍼 측정, 나사의 유효지름 측정 등)

13 나사의 유효지름 측정방법에 해당하지 않는 것은?

① 나사 마이크로미터에 의한 유효지름 측정방법

② 삼침법에 의한 유효지름 측정방법

③ 공구현미경에 의한 유효지름 측정방법

④ 사인바에 의한 유효지름 측정방법

해설

나사의 유효지름 측정방법

• 삼침법에 의한 방법

• 나사 마이크로미터에 의한 방법

• 광학적인 방법(공구현미경, 투영기 사용)

※ 사인바(Sine Bar) : 길이를 측정하여 직각삼각형의 삼각함수를 이용한 계산에 의하여 임의각 측정 또는 임의각을 만드는 기구이다. 블록게이지로 양단의 높이를 조절하여 각도를 구하는 것으로, 정반 위에서 높이를 H, h라고 하면, 정반면과 사인바의 상면이 이루는 각을 구하는 식은 다음과 같다.

$$\sin\phi = \frac{H-h}{L}$$

14 버니어캘리퍼스를 이용하여 측정하기 곤란한 것은?

① 원통의 외경

② 원통의 내경

③ 손잡이의 윤곽

④ 축 단의 길이

해설

• 버니어캘리퍼스 : 외경, 내경, 깊이, 축 단의 길이 측정 가능

• KS에 규정된 버니어캘리퍼스 종류 : M1형, M2형, CB형, CM형

버니어 캘리퍼스 측정의 예

길이 측정	내측 측정	단차 측정	깊이 측정

15 일반적으로 정반의 크기를 표시하는 것은?

① 중 량

② 폭×두께×중량

③ 폭

④ 가로×세로×높이

해설

정반의 크기 : 가로×세로×높이

석정반(정밀정반)				
일반적인 표시방법 (가로× 세로× 높이)	제품번호	사이즈(mm)	무게 (kg)	평탄도 (μm)
	KP-03030-02	300 × 300 × 80	22	4
	KP-04030-02	450 × 300 × 80	32	4
	KP-05051-02	500 × 500 × 100	75	4.5
	KP-06041-02	600 × 450 × 100	80	5
	KP-06061-02	600 × 600 × 100	110	5
	KP-07051-02	750 × 500 × 130	145	5
	KP-09061-02	900 × 600 × 150	240	5.5
	KP-10071-02	1,000 × 750 × 150	340	5.5
	KP-10102-02	1,000 × 1,000 × 200	600	6
	KP-12092-02	1,200 × 900 × 200	650	7
	KP-15102-02	1,500 × 1,000 × 230	900	8
	KP-20102-02	2,000 × 1,000 × 250	1,500	9
	KP-20152-02	2,000 × 1,500 × 250	2,250	10
	KP-24122-02	2,400 × 1,200 × 250	2,160	10.5

16 다이얼게이지의 특징에 대한 설명으로 옳지 않은 것은?

① 소형, 경량으로 취급이 용이하다.

② 연속된 변위량 측정이 불가능하다.

③ 눈금과 지침에 의해서 읽기 때문에 읽음오차가 작다.

④ 많은 개소의 측정을 동시에 할 수 있다.

해설

다이얼게이지의 특징

• 소형, 경량으로 취급이 용이하다.

• 측정범위가 넓다.

• 눈금과 지침에 의해서 읽기 때문에 오차가 작다.

• 연속된 변위량의 측정이 가능하다.

• 많은 개소의 측정을 동시에 할 수 있다.

• 부속품의 사용에 따라 광범위하게 측정할 수 있다.

17 수기가공 시 금긋기용 공구에 해당되지 않는 것은?

① V-블록   ② 서피스게이지

③ 직각자   ④ 스크레이퍼

해설

• 금긋기용 공구 : 금긋기용 정반, 금긋기용 바늘, 서피스게이지, 펀치, 컴퍼스와 편퍼스, V-블록, 직각자, 평해대 등

• 스크레이퍼(Scraper) : 공작기계로 가공된 평면, 원통면을 스크레이퍼로 더욱 정밀하게 다듬질하는 가공을 스크레이핑(Scraping)이라고 한다. 공작기계의 베드, 미끄럼면, 측정용 정밀정반 등 최종적인 마무리 가공에 사용된다.

18 견고하고 금긋기에 적당하며, 비교적 대형으로 영점 조정이 불가능한 하이트게이지는?

① HT형   ② HB형

③ HM형   ④ HC형

해설

① HT형 : 표준형으로 본척의 이동 영점 조정이 가능하다.

② HB형 : 경량 측정에 적당하지만, 금긋기용으로는 적당하지 않다.

하이트게이지(Height Gauge)

• 대형 부품, 복잡한 모양의 부품 등을 정반 위에 올려 놓고 정반면을 기준으로 하여 높이를 측정하거나 스크라이버 끝으로 금긋기 작업을 하는 데 사용한다.

• 하이트게이지의 기본 구조는 스케일과 베이스 및 서피스게이지를 한데 묶은 구조이다.

• 하이트게이지는 HM형, HB형, HT형의 3종류가 대표적이다.

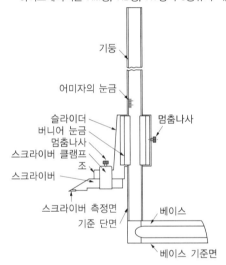

19 제1각법으로 A를 정면도로 할 때 옳은 것은?

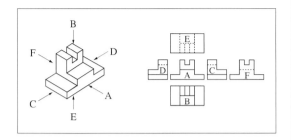

① B : 좌측면도
② C : 우측면도
③ F : 배면도
④ D : 저면도

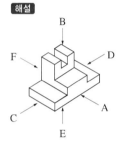

A. 정면도
B. 평면도
C. 좌측면도
D. 우측면도
E. 저면도
F. 배면도

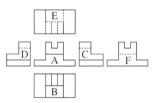

(a) 제1각법

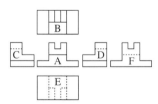

(b) 제3각법

20 밀링에 관한 설명으로 옳지 않은 것은?

① 만능밀링머신은 테이블을 임의의 각도로 선회시킬 수 있다.
② 니(Knee)형 밀링머신은 호칭번호로 규격을 표시하며, 테이블 좌우 이송량이 100mm 증가할 때마다 호칭번호가 커진다.
③ 플레이너형 밀링머신은 플래노 밀러라고도 하며, 대형 중량물의 강력 절삭에 적당하다.
④ 상향 절삭이란 밀링커터의 회전 방향과 반대로 일감을 이송하는 절삭이다.

밀링머신의 크기는 여러 가지가 있으나 니(Knee)형 밀링머신의 크기는 일반적으로 Y축을 기준으로 한 호칭번호로 표시한다.
밀링머신의 크기

호칭번호		0호	1호	2호	3호	4호	5호
테이블의 이송거리 (mm)	전 후	150	200	250	300	350	400
	좌 우	450	550	700	850	1,050	1,250
	상 하	300	400	450	450	450	500

21 밀링작업에서 분할대를 사용하여 직접 분할할 수 없는 것은?

① 3등분
② 4등분
③ 6등분
④ 9등분

분할가공방법
• 직접 분할법 : 분할대 주축 앞면에 있는 24구멍의 직접 분할판을 이용하여 단순 분할(24의 약수, 즉 24, 12, 8, 6, 4, 3, 2등분 가능)
• 단식 분할법 : 직접 분할법으로 불가능하거나 분할이 정밀해야 할 경우(2~60 사이의 모든 정수, 60~120 사이의 2와 5의 배수 등)
• 차동 분할법 : 직접·단식 분할법으로 분할할 수 없는 분할(단식 분할법으로 분할할 수 없는 61 이상의 소수나 특수한 수의 분할을 2종 운동의 복합운동으로 분할하는 방법, 127은 차동 분할법으로 분할 가능)

22 주축이 수평이며 칼럼, 니, 테이블 및 오버암 등으로 되어 있고, 새들 위에 선회대가 있어 테이블을 수평면 내에서 임의의 각도로 회전할 수 있는 밀링머신은?

① 모방밀링머신

② 만능밀링머신

③ 나사밀링머신

④ 수직밀링머신

해설
② 만능밀링머신(Universal Milling Machine) : 수평밀링머신과 유사하지만, 차이점은 새들 위에 선회대가 있어 수평면 내에서 일정한 각도로 테이블을 회전시켜 각도를 변환시키는 것과 테이블을 상하로 경사시킬 수 있는 것이다.
① 모방밀링머신(Copy Milling Machine) : 모방장치를 이용하여 단조, 프레스, 주조형 금형 등의 복잡한 형상을 능률적으로 가공할 수 있다.
③ 나사밀링머신(Thread Milling Machine) : 나사 절삭 전용 밀링머신으로, 가공물에 회전을 주고 일정한 비율의 이송을 주어, 나사를 절삭하는 전용 밀링머신이다.
④ 수직밀링머신(Vertical Milling Machine) : 정면 밀링커터와 엔드밀을 사용하여 평면가공, 홈가공 등을 하는 작업에 가장 적합하다.

23 밀링 공작기계에서 스핀들의 회전운동을 수직 왕복운동으로 변환시켜 주는 부속 장치는?

① 수직밀링장치

② 슬로팅장치

③ 만능밀링장치

④ 래크밀링장치

해설
슬로팅장치 : 니형 밀링머신의 칼럼 앞면에 주축과 연결하여 사용한다. 주축의 회전운동을 공구대 램의 직선 왕복운동으로 변환시켜 바이트로 직선 절삭이 가능하다(키, 스플라인, 세레이션, 기어 가공 등).

24 밀링커터 날수가 14개, 지름은 100mm, 1개의 날 이송량이 0.2mm이고, 회전수가 600rpm일 때 테이블 이송속도는?

① 1,480mm/min

② 1,585mm/min

③ 1,680mm/min

④ 1,785mm/min

해설
밀링머신에서 테이블 이송속도
$f = f_z \times n \times z = 0.2 \times 600 \times 14 = 1,680 \text{mm/min}$
여기서, f : 테이블 이송속도
f_z : 1날당 이송량
n : 회전수
z : 커터의 날수

25 수직 밀링작업 시 기본적으로 가장 많이 사용되며, 원주면과 단면에 날이 있는 형태로 지름에 비해 길이가 긴 커터는?

① 플레인커터　　② 메탈소

③ 엔드밀　　④ 헬리컬커터

해설
• 엔드밀(End Mill) : 원주면과 단면에 날이 있는 형태로, 가공물의 홈과 좁은 평면, 윤곽가공, 구멍가공 등에 사용한다.
• 메탈소 : 절단 및 홈가공

26 정면밀링커터에 주로 사용하는 공구재료로 가장 적합한 것은?

① 초경합금
② 산화알루미늄
③ 시효경화합금
④ 탄소 공구강

해설

정면밀링커터 : 정면밀링커터는 절삭능률과 가공면의 표면거칠기가 우수한 초경합금 밀링커터를 사용한다. 요즘에는 사용이 편리하고 공구관리의 간소화를 위해 주로 스로어웨이(Throw Away) 밀링커터를 사용한다.

27 밀링머신에서 깎을 수 없는 기어는?

① 하이포이드기어
② 스파이럴기어
③ 베벨기어
④ 스퍼기어

해설

밀링머신으로 깎을 수 없는 기어 : 하이포이드기어
※ 기어가공은 밀링머신에서 총형커터를 이용하여 기어를 가공하는 방법으로 호빙머신이 나오기 전까지는 많이 절삭하였으나, 기어 절삭기계에 비하여 능률이 떨어지고, 정밀도가 떨어져 현재는 많이 사용하지 않는 가공방법이다.

28 절삭가공에서 공작물을 깎아 낼 때 매우 중요한 절삭조건의 3대 요소에 해당하지 않은 것은?

① 절삭속도
② 표면거칠기
③ 절삭 깊이
④ 이송량

해설

절삭조건 3요소 : 절삭속도, 절삭 깊이, 이송량

29 밀링가공에서 생산성을 향상시키기 위한 절삭속도의 선정방법으로 옳지 않은 것은?

① 커터의 수명 연장을 위해 추천 절삭속도보다 약간 높게 설정하는 것이 좋다.
② 가공물의 경도, 강도, 인성 등의 기계적 성질을 고려하여 설정한다.
③ 거친 절삭에는 속도를 느리게, 이송은 빠르게 하고 절삭 깊이를 크게 선정한다.
④ 커터날이 빠르게 마모되면 절삭속도를 좀 더 낮추어 선정한다.

해설

커터의 수명을 연장하기 위해서는 추천 절삭속도보다 절삭속도를 약간 낮게 설정하여 절삭하는 것이 좋다.
생산성을 향상시키기 위한 절삭속도 선정방법
• 가공물의 경도, 강도, 인성 등의 기계적 성질을 고려한다.
• 커터의 날이 빠르게 마모되거나 손상되는 현상이 발생하면, 절삭속도를 좀 더 낮추어 절삭한다.

구 분	절삭속도	이 송	절삭 깊이
거친 절삭	느리게	빠르게	크 게
다듬질 절삭	빠르게	느리게	작 게

30 밀링가공에서 커터의 지름이 40mm이고, 회전수가 500rpm일 때 절삭속도는 약 몇 m/min인가?

① 15.75 ② 31.44

③ 47.12 ④ 62.83

해설

절삭속도를 구하는 공식

$$v = \frac{\pi d n}{1,000} = \frac{\pi \times 40\text{mm} \times 500\text{rpm}}{1,000} = 62.83 \text{ m/min}$$

∴ 절삭속도(v) ≒ 62.8m/min

여기서, v : 절삭속도(m/min)

　　　 d : 공작물지름(mm)

　　　 n : 주축 회전수(rpm)

32 머시닝센터에서 G43 기능을 이용하여 공구 길이 보정을 하려고 한다. 다음 설명 중 옳지 않은 것은?

공구 번호	길이 보정 번호	게이지 라인으로부터 공구 길이(mm)	비 고
T01	H01	100	
T02	H02	90	기준 공구
T03	H03	120	
T04	H04	50	
T05	H05	150	
T06	H06	80	

① 1번 공구의 길이 보정값은 10mm이다.

② 3번 공구의 길이 보정값은 30mm이다.

③ 4번 공구의 길이 보정값은 40mm이다.

④ 5번 공구의 길이 보정값은 60mm이다.

해설

4번 공구는 기준 공구보다 짧아 보정값은 −40mm이다.

• G43 : +방향 공구 길이 보정(+방향으로 이동)

• G44 : −방향 공구 길이 보정(−방향으로 이동)

• G49 : 공구 길이 보정 취소

• 기준 공구와의 길이 차이값을 입력시키는 방법에는 +보정(G43)과 −보정(G44)의 두 가지가 있다. 일반적으로 G43을 많이 사용하며, 기준 공구보다 짧은 경우 보정값 앞에 −부호를, 기준 공구보다 길 경우 보정값 앞에 +부호를 붙여 입력한다.

31 다음과 같은 입체도에서 화살표 방향이 정면도 방향일 경우 투상된 평면도로 옳은 것은?

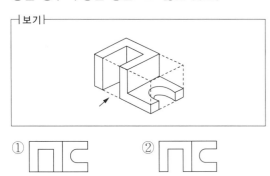

33 주프로그램(Main Program)과 보조 프로그램(Sub Program)에 관한 설명으로 옳지 않은 것은?

① 보조 프로그램에서는 좌표계 설정을 할 수 없다.
② 보조 프로그램의 마지막에는 M99를 지령한다.
③ 보조 프로그램 호출은 M98 기능으로 보조 프로그램 번호를 지정하여 호출한다.
④ 보조 프로그램은 반복되는 형상을 간단하게 프로그램하기 위하여 많이 사용한다.

해설
- 보조 프로그램 : 프로그램 중에 어떤 고정된 형태나 계속 반복되는 패턴이 있을 때 이것을 미리 보조 프로그램으로 작성하여 메모리에 등록하여 두고 필요시 호출하여 사용하여 프로그램을 간단히 할 수 있다.
- M98 : 보조 프로그램 호출
- M99 : 보조 프로그램 종료(보조 프로그램에서 주프로그램으로 돌아간다)
- 보조 프로그램은 주프로그램과 같으나 마지막에 M99로 프로그램을 종료한다.
- 보조 프로그램은 자동운전에서만 호출하여 사용한다.
- 보조 프로그램에서는 좌표계 설정을 할 수 있다.

34 CNC 선반의 드라이 런 기능에 관한 설명으로 옳은 것은?

① 드라이 런 스위치가 ON 되면 이송속도가 빨라진다.
② 드라이 런 스위치가 ON 되면 프로그램에서 지정된 이송속도를 무시하고 조작판에서 이송속도를 조절할 수 있다.
③ 드라이 런 스위치가 ON 되면 이송속도의 단위가 회전당 이송속도로 변한다.
④ 드라이 런 스위치가 ON 되면 급속속도가 최고속도로 바뀐다.

해설
드라이 런(Dry Run) : 스위치가 ON 되면 프로그램의 이송속도를 무시하고 조작판의 이송속도로 이송한다. 이 기능을 이용하여 모의가공을 할 수 있다.

35 머시닝센터의 자동공구교환장치에서 지정한 공구번호에 의해 임의로 공구를 주축에 장착하는 방식은?

① 랜덤 방식
② 팰릿 방식
③ 시퀀스 방식
④ 컬립형 방식

해설
랜덤 방식(Random Type) : 지정한 공구번호에 의해 임의로 공구를 주축에 장착하는 방식이다.
자동 공구교환장치(ATC) : 공구를 교환하는 ATC 암과 많은 공구가 격납되어 있는 공구 매거진으로 구성되어 있다. 매거진의 공구를 호출하는 방법에는 순차방식(Sequence Type)과 랜덤방식(Random Type)이 있다.
- 순차방식(Sequence Type) : 매거진의 포트번호와 공구번호가 일치하는 방식이다.
- 랜덤방식(Random Type) : 지정한 공구번호와 교환된 공구번호를 기억할 수 있도록 하여 매거진의 공구와 스핀들의 공구가 동시에 맞교환되므로, 매거진 포트번호에 있는 공구와 사용자가 지정한 공구번호가 다를 수 있다.

36 다음 중 기계원점에 관한 설명으로 옳지 않은 것은?

① 기계상의 고정된 임의의 지점으로 기계 조작 시 기준이 된다.
② 프로그램 작성 시 기준이 되는 공작물 좌표의 원점이다.
③ 조작판상의 원점 복귀 스위치를 이용하여 수동으로 원점복귀할 수 있다.
④ G28을 이용하여 프로그램상에서 자동원점 복귀시킬 수 있다.

해설
프로그램 작성 시 기준이 되는 공작물 좌표의 원점은 프로그램 원점이다. 도면상의 임의의 점을 프로그램상의 절대좌표의 기준점으로 정한 점이다.
- 기계원점 : 기계 제작사가 일정한 위치에 정한 기계의 기준점
- G28 : 기계원점으로 자동원점 복귀

37 머시닝센터 작업 시 발생하는 알람 메시지의 내용으로 틀린 것은?

① LUBR TANK LEVEL LOW ALARM : 절삭유 부족
② EMERGENCY STOP SWITCH ON : 비상정지 스위치 ON
③ P/S___ ALARM : 프로그램 알람
④ AIR PRESSURE ALARM : 공기압 부족

해설
• LUBR TANK LEVEL LOW ALARM : 유압유 부족 알람
• TOOL LARGE PFFSET NO : 공구 보정번호가 너무 크다.
• +OVERTRAVEL : +방향 이동 중에 금지 영역으로 이동

38 다음은 머시닝센터 프로그램이다. 프로그램에서 사용된 평면은?

```
G17 G40 G49 G80;
G91 G28 Z0.;
        G28 X0. Y0.;
G90 G92 X400. Y250. Z500.;
T01 M06;
    :
```

① Z–Z 평면
② Y–Z 평면
③ Z–X 평면
④ X–Y 평면

해설
프로그램에서 G17를 지령으로 X–Y 평면을 사용하였다.
• G17 : X–Y 평명
• G18 : Z–X 평면
• G19 : Y–Z 평면

39 컴퓨터에 의한 통합가공시스템(CIMS)으로 생산관리시스템을 자동화할 경우의 이점이 아닌 것은?

① 짧은 제품 수명주기와 시장 수요에 즉시 대응할 수 있다.
② 더 좋은 공정 제어를 통하여 품질의 균일성을 향상시킬 수 있다.
③ 재료, 기계, 인원 등의 효율적인 관리로 재고량을 증가시킬 수 있다.
④ 생산과 경영관리를 잘할 수 있으므로 제품비용을 낮출 수 있다.

해설
CIMS : 컴퓨터에 의한 통합생산시스템으로 설계, 제조, 생산, 관리 등을 통합하여 운영하는 시스템이다.
• Life Cycle Time이 짧은 경우에 유리하다.
• 품질의 균일성을 향상시킨다.
• 재고를 줄임으로써 비용이 절감된다.
• 생산과 경영관리를 효율적으로 하여 제품비용을 낮출 수 있다.

40 CNC 공작기계에 사용되는 서보모터가 구비하여야 할 조건이 아닌 것은?

① 빈번한 시동, 정지, 제동, 역전 및 저속 회전의 연속 작동이 가능해야 한다.
② 모터 자체의 안정성이 작아야 한다.
③ 가혹 조건에서도 충분히 견딜 수 있어야 한다.
④ 감속 특성 및 응답성이 우수해야 한다.

해설
서보모터 자체의 안전성이 커야 한다.

41 다음 중 주축 회전수를 1,000rpm으로 지령하는 블록은?

① G28 S1000;　　② G50 S1000;

③ G96 S1000;　　④ G97 S1000;

해설

G97 S1000; → 주축 회전수를 1,000rpm으로 일정하게 유지
- G28 : 자동원점 복귀
- G50 : 공작물 좌표계 설정, 주축 최고 회전수 설정
- G96 : 절삭속도(m/min) 일정제어
- G97 : 주축 회전수(rpm) 일정제어

42 다음 중 CNC 선반 프로그램에서 단일형 고정 사이클에 해당되지 않는 것은?

① 내외경 황삭 사이클(G90)

② 나사 절삭 사이클(G92)

③ 단면 절삭 사이클(G94)

④ 정삭 사이클(G70)

해설

CNC 선반가공에서 거친 절삭 또는 나사 절삭 등은 1회의 절삭으로 불가능하므로 여러 번 반복 동작을 해야 한다. 사이클 가공은 이와 같이 반복되는 동작의 프로그램을 한 블록 또는 두 블록으로 프로그램을 간단히 할 수 있도록 만든 G코드이다.
- 단일형 고정 사이클 : 변경된 수치만 반복하여 지령
  - G90 : 안・바깥지름 절삭 사이클
  - G92 : 나사 절삭 사이클
  - G94 : 단면 절삭 사이클
- 복합형 반복 사이클 : 한 개가 블록으로 지령
  - G70 : 정삭 사이클
  - G74 : Z방향 홈가공 사이클(팩 드릴링)
  - G75 : X방향 홈가공 사이클
  - G76 : 나사 절삭 사이클

43 다음 중 CNC 제어시스템의 기능이 아닌 것은?

① 통신 기능

② CNC 기능

③ AUTOCAD 기능

④ 데이터 입출력 제어 기능

44 다음 그림은 머시닝센터의 가공용 도면이다. 절대 명령에 의한 이동지령으로 옳은 것은?

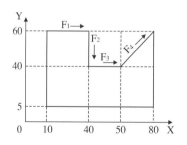

① F_1 : G90 G01 X40. Y60. F100;

② F_2 : G91 G01 X40. Y40. F100;

③ F_3 : G90 G01 X10. Y0 F100;

④ F_4 : G91 G01 X30. Y60. F100;

해설

	절대명령(G90)	증분명령(G91)
F_1	G90 G01 X40. Y60. F100;	G91 G01 X30. Y0. F100;
F_2	G90 G01 X40. Y40. F100;	G91 G01 X0. Y−20. F100;
F_3	G90 G01 X50. Y40. F100;	G91 G01 X10. Y0. F100;
F_4	G90 G01 X80. Y60. F100;	G91 G01 X30. Y20. F100;

45 다음 그림과 같이 M10×1.5 탭가공을 위한 프로그램을 완성시키고자 한다. ( ) 안에 들어갈 내용으로 옳은 것은?

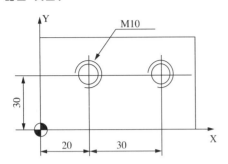

```
N10 G90 G92 X0. Y0. Z100.;
N20 ( ⓐ ) M03;
N30 G00 G43 H01 Z30.;
N40 ( ⓑ ) G90 G99 X20. Y30.
      Z-25. R10. F300;
N50 G91 X30.;
N60 G00 G49 G80 Z300. M05;
N70 M02;
```

① ⓐ S200, ⓑ G84   ② ⓐ S300, ⓑ G88
③ ⓐ S400, ⓑ G84   ④ ⓐ S600, ⓑ G88

해설

탭 사이클의 회전수

$$n(\text{회전수}) = \frac{v(\text{이송속도})}{p(\text{피치})} = \frac{300\text{mm/min}}{1.5} = 200\,\text{rpm}$$

$$\therefore \ n = 200\text{rpm}$$

- 200rpm : ⓐ = S200
- N40블록에서 G99(분당이송) : F300 = 300mm/min
- G84 : 태핑 사이클(ⓑ)

46 고용체에서 공간격자의 종류가 아닌 것은?

① 치환형   ② 침입형
③ 규칙격자형   ④ 면심입방격자형

해설

고용체에서 공간격자의 종류 : 치환형, 침입형, 규칙격자형
금속의 대표적인 결정격자
- 면심입방격자 금속 : 금, 구리, 니켈 등
- 체심입방격자 금속 : 크롬, 몰리브덴 등
- 조밀육방격자 금속 : 코발트, 마그네슘, 아연 등

47 가단주철의 종류에 해당하지 않는 것은?

① 흑심 가단주철
② 백심 가단주철
③ 오스테나이트 가단주철
④ 펄라이트 가단주철

해설

가단주철 : 주철의 결점인 여리고 약한 인성을 개선하기 위하여 인성 또는 연성을 증가시킨 주철이다.
가단주철의 종류(침탄처리방법에 따라)
- 백심 가단주철 : 파단면이 흰색
- 흑심 가단주철 : 파단면이 검은색
- 펄라이트 가단주철 : 입상 펄라이트 조직

48 강의 담금질 조직에 따라 분류한 것 중 옳지 않은 것은?

① 시멘타이트   ② 오스테나이트
③ 마텐자이트   ④ 트루스타이트

해설

- 강의 담금질 조직 : 마텐자이트, 트루스타이트, 소르바이트, 오스테나이트 등
- 탄소강의 표준 조직 : 시멘타이트
강의 담금질 조직 경도의 크기
마텐자이트 > 트루스타이트 > 소르바이트 > 펄라이트 > 오스테나이트 > 페라이트

49 구리에 대한 설명으로 옳지 않은 것은?

① 전연성이 좋아 가공이 쉽다.
② 화학적 저항력이 작아 부식이 잘된다.
③ 전기 및 열의 전도성이 우수하다.
④ 광택이 아름답고 귀금속적 성질이 우수하다.

해설
구리의 성질
• 비중 : 8.96
• 용융점 : 1,083℃
• 비자성체, 내식성이 철강보다 우수하다.
• 전기 및 열의 양도체(전기전도율과 열전도율은 금속 중 Ag 다음)
• 전연성이 좋아 가공이 용이하다.
• 화학적 저항력이 커서 부식이 잘되지 않는다.

50 철강의 5대 원소에 포함되지 않는 것은?

① 탄 소   ② 규 소
③ 아 연   ④ 망 간

해설
탄소강에 함유된 5대 원소 : 탄소(C), 규소(Si), 망간(Mn), 인(P), 황(S)

51 단조나 주조품에 볼트 또는 너트를 체결할 때 접촉부가 밀착되게 하기 위하여 구멍 주위를 평탄하게 하는 가공방법은?

① 스폿 페이싱   ② 카운터 싱킹
③ 카운터 보링   ④ 보 링

해설
스폿 페이싱 : 볼트나 너트를 체결하기 곤란한 경우 볼트나 너트가 닿는 구멍 주위 부분만 평탄하게 가공하여 체결이 잘되도록 하는 가공방법
드릴가공의 종류
• 카운터 싱킹 : 나사머리가 접시 모양일 때 테이퍼 원통형으로 절삭하는 가공
• 카운터 보링 : 볼트의 머리 부분이 돌출되면 곤란한 부분인 경우 볼트 또는 너트의 머리 부분이 가공물 안으로 묻히도록 드릴과 동심원의 2단 구멍을 절삭하는 방법
• 탭핑 : 공작물 내부에 암나사 가공, 태핑을 위한 드릴가공은 나사의 외경-피치로 함
• 보링 : 뚫린 구멍을 다시 절삭하여 구멍을 넓히고 다듬질하는 것
• 리밍 : 구멍의 정밀도를 높이기 위해 구멍을 다듬는 작업

52 소성가공이 아닌 것은?

① 단 조   ② 호 빙
③ 압 연   ④ 인 발

해설
• 소성가공의 종류 : 단조, 압연, 프레스가공, 인발 등
• 비절삭가공 : 주조, 소성가공, 용접, 방전가공 등
• 절삭가공 : 선삭, 평삭, 형삭, 브로칭, 줄작업, 밀링, 드릴링, 연삭, 래핑, 호빙 등

53 피니언 커터를 이용하여 상하 왕복운동과 회전운동을 하는 창성식 기어절삭을 할 수 있는 기계는?

① 마그 기어 셰이퍼
② 브로칭 기어 셰이퍼
③ 펠로스 기어 셰이퍼
④ 호브 기어 셰이퍼

해설
③ 펠로스 기어 셰이퍼(Fellows Gear Shaper) : 피니언 커터를 이용하여 상하 왕복운동과 회전운동을 하는 창성식 기어절삭을 할 수 있는 기계이다(헬리컬 기어가공).
① 마그 기어 셰이퍼(Maag Gear Shaper) : 래크형 공구를 사용하여 절삭하는 것으로, 필요한 관계운동은 변환기어에 연결된 나사 봉으로 조절한다.

54 센터리스 연삭의 장점에 대한 설명으로 옳지 않은 것은?

① 센터가 필요하지 않아 센터 구멍을 가공할 필요가 없다.
② 연삭 여유가 작아도 된다.
③ 대형 공작물의 연삭에 적합하다.
④ 가늘고 긴 공작물의 연삭에 적합하다.

해설
센터리스 연삭의 특징
• 센터가 필요하지 않아 센터 구멍을 가공할 필요가 없다.
• 중공(中空, 속이 빈 축)의 가공물을 연삭할 때 편리하다.
• 연삭 여유가 작아도 된다.
• 가늘고 긴 가공물의 연삭에 적합하다.
• 긴 홈이 있는 가공물의 연삭은 불가능하다.
• 대형이나 중량물의 연삭은 불가능하다.
• 연속가공이 가능하며, 대량 생산에 적합하다.
• 자생작용이 있다.

55 절삭 공구재료의 구비조건으로 옳지 않은 것은?

① 마찰계수가 클 것
② 고온경도가 클 것
③ 인성이 클 것
④ 내마모성이 클 것

해설
절삭 공구재료의 구비조건
• 피절삭재보다는 경도와 인성이 클 것
• 고온에서 경도가 감소되지 않을 것
• 내마모성, 내충격성이 클 것
• 절삭저항을 받으므로 강도가 클 것
• 형상을 만들기 용이하고, 가격이 저렴할 것
• 마찰계수가 작을 것

56 다수의 절삭 날을 일직선상에 배치한 공구를 사용해서 공작물 구멍의 내면이나 표면을 여러 가지 모양으로 절삭하는 공작기계는?

① 브로칭 머신   ② 슈퍼피니싱
③ 호빙머신   ④ 슬로터

해설
① 브로칭(Broaching) 머신 : 가늘고 긴 일정한 단면 모양을 가진 공구에 많은 날을 가진 브로치(Broach)라는 절삭공구를 사용하여 가공물의 내면이나 외경에 필요한 형상의 부품을 가공하는 절삭법(가공방법에 따라 키 홈, 스플라인 홈, 원형이나 다각형의 구멍 등 내면의 형상을 가공)
② 슈퍼피니싱 : 연한 숫돌에 작은 압력으로 가압하면서, 가공물에 이송을 주고 동시에 숫돌에 진동을 주어 표면거칠기를 높이는 가공방법(작은 압력 + 이송 + 진동)
③ 호빙머신 : 호브공구를 이용하여 기어를 절삭하기 위한 공작기계
④ 슬로터 : 구멍에 키홈을 가공하는 공작기계

57 줄의 크기 표시방법으로 가장 옳은 것은?

① 줄 눈의 크기를 호칭 치수로 한다.
② 줄 폭의 크기를 호칭 치수로 한다.
③ 줄 단면적의 크기를 호칭 치수로 한다.
④ 자루 부분을 제외한 줄의 전체 길이를 호칭 치수로 한다.

해설
줄의 크기는 자루 부분을 제외한 줄의 전체 길이를 호칭한다.

58 다음 중 밀링커터의 절삭속도를 가장 빠르게 할 수 있는 것은?

① 주 철
② 황 동
③ 저탄소강
④ 고탄소강

해설
밀링커터의 절삭속도는 공작물의 재질과 공구의 재질에 영향을 받는다. 그중 공작물의 경도가 작으면 그만큼 절삭속도를 빠르게 할 수 있다. 문제에서 황동의 경도가 작아 절삭속도를 가장 빠르게 할 수 있다.

59 머시닝센터 작업 중 회전하는 엔드밀 공구에 칩이 부착되어 있는 경우, 이를 제거하기 위한 방법으로 옳은 것은?

① 입으로 불어서 제거한다.
② 장갑을 끼고 손으로 제거한다.
③ 기계를 정지시키고 칩 제거도구를 사용하여 제거한다.
④ 작업을 계속 수행하고 가공이 끝난 후에 제거한다.

해설
칩은 칩 제거도구를 사용하여 제거한다.
★ 자주 출제되는 안전사항이다.

60 공작기계의 안전 및 유의사항으로 옳지 않은 것은?

① 주축 회전 중에는 칩을 제거하지 않는다.
② 정면밀링커터 작업 시 칩 커버를 설치한다.
③ 공작물 설치 시는 반드시 주축을 정지시킨다.
④ 측정기와 공구는 기계 테이블 위에 올려놓고 작업한다.

해설
테이블 위에는 측정기나 공구를 올려놓지 않는다.

01 나사의 기호 표시로 옳지 않은 것은?

① 미터계 사다리꼴나사 : TM
② 인치계 사다리꼴나사 : TW
③ 유니파이보통나사 : UNC
④ 유니파이가는나사 : UNF

해설

나사의 종류 및 호칭에 대한 표시방법

구 분	나사의 종류		나사 기호	호칭 표기
ISO 표준 나사	미터보통나사		M	M8
	미터가는나사			M8×1
	미니추어나사		S	S0.5
	유니파이 보통나사		UNC	3/8-16UNC
	유니파이 가는나사		UNF	No. 8-36UNF
	미터사다리꼴나사		Tr	Tr10×2
	관용 테이퍼 나사	테이퍼 수나사	R	R3/4
		테이퍼 암나사	Rc	Rc3/4
		평행 암나사	Rp	Rp3/4
	관용 평행나사		G	G1/2
ISO 표준에 없는 나사	29° 사다리꼴나사		TW	TW20
	관용 테이퍼 나사	테이퍼 나사	PT	PT7
		평행 암나사	PS	PS7
	관용 평행나사		PF	PF7

※ 사다리꼴나사산 각이 미터계(Tr)는 30°, 인치계(TW)는 29°

02 코일 스프링의 제도방법으로 옳지 않은 것은?

① 코일 스프링의 정면도에서 나선 모양 부분은 직선으로 나타내면 안 된다.
② 코일 스프링은 일반적으로 하중이 걸린 상태에서 도시하지 않는다.
③ 스프링의 모양만 간략도로 나타내는 경우에는 스프링 재료의 중심선만 굵은 실선으로 그린다.
④ 코일 부분의 양끝을 제외한 동일한 모양 부분의 일부를 생략할 때는 선지름의 중심선을 가는 1점 쇄선으로 나타낸다.

해설

코일 스프링의 제도방법
• 코일 스프링의 정면도에서 나선 모양 부분은 직선으로 나타낸다.
• 코일 스프링은 일반적으로 무하중인 상태로 그리고, 겹판 스프링은 일반적으로 스프링 판이 수평인 상태에서 그린다.
• 코일 스프링의 종류와 모양만 간략도로 나타내는 경우에는 재료의 중심선만 굵은 실선으로 도시한다.
• 코일 부분의 중간 부분을 생략할 때에는 생략한 부분을 가는 1점 쇄선으로 표시하거나 가는 2점 쇄선으로 표시해도 좋다.

03 정면, 평면, 측면을 하나의 투상면 위에서 동시에 볼 수 있도록 두 개의 옆면 모서리가 수평선에 30°가 되고, 세 개의 축 간 각도가 120°가 되는 투상도는?

① 등각투상도 ② 정면투상도

③ 입체투상도 ④ 부등각투상도

해설

투상도의 종류

• 등각투상도 : 정면, 평면, 측면을 하나의 투상면 위에 동시에 볼 수 있도록 두 개의 옆면 모서리가 수평선과 30°가 되게 하여 세 축이 120°의 등각이 되도록 입체도로 투상한 투상법

• 정투상도 : 투상선이 평행하게 물체를 지나 투상면에 수직으로 닿고 투상된 물체가 투상면에 나란하기 때문에 어떤 물체의 형상도 정확하게 표현할 수 있는 투상법

• 사투상도 : 투상선이 투상면을 사선으로 평행하도록 무한대의 수평 시선으로 얻은 물체의 윤곽을 그리면, 육면체의 세 모서리는 경사축이 α각을 이루는 입체도가 되는 투상법

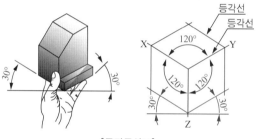

[등각투상도]

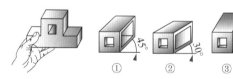

[사투상도의 원리]   [경사축 α각의 선정]

04 다음 그림과 같은 단면도로 표시된 물체의 부품은 모두 몇 개인가?

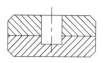

① 1개 ② 2개

③ 3개 ④ 4개

해설

단면으로 나타낸 것을 분명하게 할 필요가 있을 때는 해칭(Hatching) 또는 스머징(Smudging)을 한다. 인접한 단면의 해칭은 문제의 그림과 같이 선의 방향 또는 각도를 변경하거나 그 간격을 변경하여 구별한다. 즉, 문제에서 단면으로 표시된 부품은 위와 아래 2개이다.

05 다음 입체도에서 화살표 방향을 정면으로 할 때, 평면도로 가장 적합한 것은?

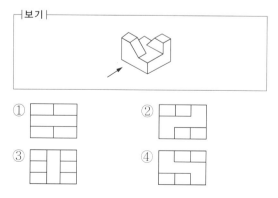

06 다음 설명 및 그림이 나타내는 볼트는?

설 명	그 림
관통시킬 수 없는 경우 한쪽에만 구멍을 뚫고 다른 한쪽에는 중간 정도까지만 구멍을 뚫은 후 탭으로 나사산을 파고 볼트를 끼우는 것	

① 기초볼트   ② 관통볼트

③ 탭볼트   ④ 스터드 볼트

해설

볼트의 종류	내 용	비 고
관통볼트 (Through Bolt)	관통볼트는 연결할 두 부분에 구멍을 뚫고 볼트를 끼운 후 반대쪽에 너트로 조인다.	
탭볼트 (Tap Bolt)	탭볼트는 관통을 시킬 수 없는 경우 한쪽에만 구멍을 뚫고 다른 한쪽에는 중간 정도까지만 구멍을 뚫은 후 탭으로 나사산을 파고 볼트를 끼운다.	
스터드 볼트 (Stud Bolt)	스터드 볼트는 봉의 양 끝에 나사가 절삭되어 있는 형태의 볼트이다. 자주 분해·조립하는 부분에서 사용하며, 양 끝에 나사산을 파고 나사 구멍에 끼우고 연결할 부품을 관통시켜 합친 후 너트로 조인 것이다. 자동차 엔진 등에서 한쪽은 실린더 블록의 나사 구멍에 끼우고, 반대쪽에는 실린더 헤드를 너트로 사용하여 체결하는 경우도 있다.	

07 다음 도면의 스퍼기어 잇수와 피치원 지름은?

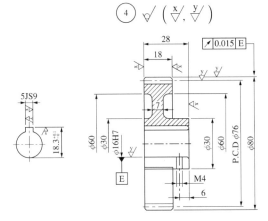

스퍼기어 요목표		
구 분	품 번	4
기어치형		표 준
공구	치 형	보통이
	모 듈	2
	압력각	20°
잇 수		㉠
피치원 지름		㉡
다듬질방법		호브절삭
정밀도		KS B 1405, 5급

	㉠	㉡		㉠	㉡
①	30	$\phi60$	②	40	$\phi80$
③	30	$\phi76$	④	38	$\phi76$

해설

• 도면에서 피치원지름은 PCD $\phi76$이다.

• $m(모듈) = \dfrac{D(피치원지름)}{Z(잇수)} \rightarrow Z(잇수) = \dfrac{D}{m} = \dfrac{76}{2} = 38$

∴ $Z(잇수) = 38$

08 표면거칠기 지시방법에서 '제거가공을 허용하지 않는다.'는 것을 지시하는 기호는?

① ② ③ 6.3 ④ 6.3

종 류	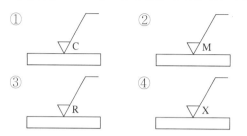		
의 미	제거가공의 필요 여부를 문제 삼지 않는다.	제거가공을 필요로 한다.	제거가공을 해서는 안 된다(전 가공의 상태를 그대로 남겨 두는 것 지시).

09 핸들이나 암 및 림, 리브, 훅 등의 절단면을 다음 그림과 같이 나타내는 단면도는?

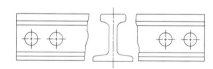

① 계단단면도
② 회전도시단면도
③ 부분단면도
④ 전단면도

해설
• 회전도시단면도 : 핸들, 벨트풀리, 기어 등과 같은 바퀴의 암, 림, 리브, 훅, 축과 주로 구조물에 사용하는 형강 등의 절단한 모양을 90°로 회전시켜 투상도의 안이나 밖에 그리는 것이다.
• 온단면도(전단면도) : 물체 전체를 둘로 절단해서 그림 전체를 단면으로 나타낸 것이다.
• 부분단면도 : 필요한 일부분만 파단선에 의해 그 경계를 표시하고 나타낸다.

10 표면의 결 도시기호에서 가공에 의한 컷의 줄무늬가 여러 방향으로 교차 또는 무방향으로 도시된 기호는?

① C ② M ③ R ④ X

해설
줄무늬 방향의 기호

기 호	기호의 뜻	그림과 도면 기입 보기
=	가공에 의한 커터의 줄 무늬 방향이 기호를 기입한 그림의 투상면에 평행 [보기] 셰이핑면	
⊥	가공에 의한 커터의 줄 무늬 방향이 기호를 기입한 그림의 투상면에 직각 [보기] 셰이핑면(옆으로부터 보는 상태), 선삭, 원통 연삭면	
X	가공에 의한 커터의 줄 무늬 방향이 기호를 기입한 그림의 투상면에 경사지고 두 방향으로 교차 [보기] 호닝 다듬질면	
M	가공에 의한 커터의 줄 무늬 방향이 여러 방향으로 교차 또는 무방향 [보기] 래핑 다듬질면, 슈퍼피니싱면, 가로 이송을 한 정면 밀링 또는 엔드 밀 절삭면	
C	가공에 의한 커터의 줄 무늬가 기호를 기입한 면의 중심에 대하여 대략 동심원 모양 [보기] 끝면 절삭면	
R	가공에 의한 커터의 줄 무늬가 기호를 기입한 면의 중심에 대하여 대략 레이디얼 모양	

11 게이지블록의 모양에 따른 종류가 아닌 것은?

① 캐리형　　　　② 요한슨형

③ 호크형　　　　④ 웨이브형

블록게이지의 구조
- 요한슨형 : 직사각형의 단면을 가진다.
- 호크형 : 중앙에 구멍이 뚫린 정사각형의 단면을 가진다.
- 캐리형 : 원형으로 중앙에 구멍이 뚫려 있다.

(a) 요한슨(Johanson)형　(b) 호크(Hoke)형　(c) 캐리(Cary)형

12 직접 측정의 장점이 아닌 것은?

① 측정기의 측정범위가 다른 측정법에 비하여 넓다.

② 측정물의 실제 치수를 직접 읽을 수 있다.

③ 수량이 적고, 많은 종류의 제품 측정에 적합하다.

④ 측정자의 숙련과 경험이 필요 없다.

- 비교 측정 : 측정값과 기준게이지값의 차이를 비교하여 치수를 계산하는 측정방법이다(블록게이지, 다이얼 테스트 인디케이터, 한계게이지 등).
- 직접 측정 : 측정기에 표시된 눈금에 의해 직접 측정물의 치수를 읽는 방법으로 측정자의 숙련과 경험이 필요하다(버니어캘리퍼스, 마이크로미터, 측장기 등).
- 간접 측정 : 나사, 기어 등과 같이 기하학적 관계를 이용하여 측정한다(사인바에 의한 각도 측정, 테이퍼 측정, 나사의 유효지름 측정 등).

13 나사의 유효지름 측정방법에 해당하지 않는 것은?

① 나사마이크로미터에 의한 유효지름 측정방법

② 삼침법에 의한 유효지름 측정방법

③ 공구현미경에 의한 유효지름 측정방법

④ 사인바에 의한 유효지름 측정방법

나사의 유효지름 측정방법 : 나사 마이크로미터, 삼침법, 광학적 방법(공구현미경, 투영기 등)

14 다음 도면에서 ㉠~㉤의 선의 명칭이 모두 옳게 짝 지어진 것은?

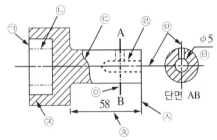

㉮ 가상선	㉯ 기준선
㉰ 파단선	㉱ 중심선
㉲ 숨은선	㉳ 수준면선
㉴ 지시선	㉵ 치수선
㉶ 치수보조선	㉷ 외형선
㉸ 해칭선	㉹ 절단선

① ㉠-㉷, ㉡-㉷, ㉢-㉮, ㉣-㉰, ㉤-㉱

② ㉠-㉷, ㉡-㉮, ㉢-㉰, ㉣-㉲, ㉤-㉱

③ ㉠-㉹, ㉡-㉷, ㉢-㉰, ㉣-㉲, ㉤-㉱

④ ㉠-㉷, ㉡-㉮, ㉢-㉰, ㉣-㉲, ㉤-㉱

㉠-외형선, ㉡-가상선, ㉢-파단선, ㉣-숨은선, ㉤-중심선

15 스핀들과 앤빌의 측정명이 원추형으로 드릴의 홈이나 나사의 골지름 등을 측정하는 데 주로 사용되는 마이크로미터는?

① 그루브 마이크로미터
② 포인트 마이크로미터
③ 지시 마이크로미터
④ 기어 마이크로미터

16 밀링가공 시 분할대를 사용하여 분할하는 방법이 아닌 것은?

① 직접분할법   ② 간접분할법
③ 차동분할법   ④ 단식분할법

17 수직형 밀링머신에서 사용하는 절삭공구가 아닌 것은?

① 엔드밀
② T홈 커터
③ 더브테일 커터
④ 플레인 밀링커터

해설
플레인 밀링커터는 수평형 밀링머신 공구이다.

18 일반적으로 축과 보스에 자동으로 조정되어 테이퍼축의 회전체를 결합할 때 사용되는 키(Key)는?

① 원뿔키
② 패더키
③ 반달키
④ 평 키

해설
반달키(Woodruff Key) : 반월상의 키로서 축의 홈이 깊어 축의 강도가 약해지지만 축과 키홈의 가공이 쉽고, 키가 자동으로 축과 보스 사이에 자리를 잡을 수 있어 자동차, 공작기계 등의 60mm 이하의 작은 축이나 테이퍼축에 사용된다.

19 다음 보기에서 설명하는 것은?

┌─보기─────────────────────────────────┐
2개의 축이 평행하지만 축 선의 위치가 어긋나 있을
때 사용한다. 한 개의 원판 앞뒤에 서로 직각 방향으
로 키 모양의 돌기를 만들어 이것을 양 축 사이의
플랜지 사이에 끼워 놓아 한쪽의 축을 회전시키면
중앙의 원판이 홈을 따라서 미끄러지며 다른 쪽의
축에 회전력을 전달시키는 축 이음방법이다.
└─────────────────────────────────────┘

① 플렉시블 커플링
② 유니버설 커플링
③ 올덤 커플링
④ 마찰 클러치

20 아이볼트에 로프를 걸어 20kN의 물체를 들어 올릴
때 아이볼트 나사의 크기로 가장 적당한 것은?(단,
나사는 미터보통나사를 사용하며, 허용 인장응력
은 48N/mm²이다)

① M26   ② M30
③ M36   ④ M42

해설

$$d = \sqrt{\frac{2W}{\sigma}} = \sqrt{\frac{2 \times 20000N}{48N/mm^2}} = 28.9 \fallingdotseq M30$$

21 탄소강의 경도를 높이기 위하여 실시하는 열처리는?

① 불 림   ② 풀 림
③ 담금질   ④ 뜨 임

해설

③ 담금질 : 재료를 단단하게 할 목적으로 강을 오스테나이트 조직
으로 될 때까지 가열한 후 물이나 기름에 급랭하는 조작
① 불림 : 재료의 내부응력 제거 및 균일한 결정조직을 얻기 위해
높은 온도로 가열하여 균일한 오스테나이트 조직으로 한 후
공기 중에서 냉각시키는 조작
② 풀림 : 재료를 연하게 하거나 내부응력을 제거할 목적으로 강을
오스테나이트 조직으로 될 때까지 가열한 후 노나 재 속에서
서서히 냉각시키는 조작
④ 뜨임 : 재질에 적당한 인성을 부여하기 위해 담금질 온도보다
낮은 온도에서 일정시간 유지한 후 냉각시키는 조작

열처리	목 적	냉각방법
담금질	경도와 강도를 증가	급랭(유랭)
풀 림	재질의 연화	노 랭
불 림	결정조직의 균일화(표준화)	공 랭

22 금속침투법(Cementation) 중 크롬을 확산 침투시
키는 표면경화법은?

① 세라다이징(Sheradizing)
② 크로마이징(Chromizing)
③ 칼로라이징(Calorizing)
④ 패턴팅(Patenting)

해설

금속침투법
• 세라다이징(Sheradizing) : 아연(Zn) 침투
• 칼로라이징(Calorizing) : 알루미늄(Al) 침투
• 크로마이징(Chromizing) : 크롬(Cr) 침투
• 실리코나이징 : 규소(Si) 침투
★ 암기방법 : 아/세. 알/칼. 크/크. 실/규

23 다음 그림에서 $W = 300N$의 하중이 작용하고 있다. 스프링 상수가 $k_1 = 5N/mm$, $k_2 = 10N/mm$라면 늘어난 길이는 몇 mm가?

① 15
② 20
③ 25
④ 30

• 병렬로 스프링을 연결할 경우의 전체 스프링 상수
$$K = k_1 + k_2 = 5N/mm + 10N/mm = 15N/mm$$

• 전체 스프링 상수 $K = \dfrac{W}{\delta} = \dfrac{하중}{늘어난 \ 길이}$

• 늘어난 길이 $\delta = \dfrac{W}{K} = \dfrac{300N}{15N/mm} = 20mm$

• 병렬연결 $K_{병렬} = K_1 + K_2 \cdots$

• 직렬연결 $K_{직렬} = \dfrac{1}{K_1} + \dfrac{1}{K_2} \cdots$

스프링의 조합(직렬, 병렬)

직렬연결	병렬연결
$k = \dfrac{1}{k_1} + \dfrac{1}{k_2} \cdots$	$k = k_1 + k_2 \cdots$

24 '밀링에 사용하는 엔드밀의 재료는 일반적으로 SKH2를 사용한다.'에서 SKH가 나타내는 KS 기호는?

① 일반구조용 압연강재
② 고속도 공구강재
③ 기계구조용 탄소강재
④ 탄소공구강재

• 일반 구조용 압연강재 : SS330, SS400, SS490, SS540
• 고속도 공구강재 : SKH
• 기계구조용 탄소강재 : SM10C~SM58C, SM9CK,
• 탄소공구강재 : STC1~STC7

25 주철의 성질에 관한 설명으로 옳지 않은 것은?

① 절삭가공이 쉽다.
② 취성이 크다.
③ 압축강도는 작지만, 인장강도 및 굽힘강도가 크다.
④ 주조성이 우수하며, 크고 복잡한 것도 제작이 용이하다.

주철의 장단점

장 점	단 점
• 강보다 용융점이 낮고, 유동성이 커 복잡한 형상의 부품도 제작이 쉽다.	• 충격에 약하다(취성이 크다).
• 주조성이 우수하다.	• 인장강도가 작다.
• 마찰저항이 우수하다.	• 굽힘강도가 작다.
• 절삭성이 우수하다.	• 소성(변형)가공이 어렵다.
• 압축강도가 크다.	
• 주물의 표면은 단단하고, 녹이 잘 슬지 않는다.	

26 절삭공구로 사용되는 재료가 아닌 것은?

① 페 놀　② 서 멧
③ 세라믹　④ 초경합금

해설
페놀수지는 열경화성 합성수지이다.
절삭공구재료 : 탄소공구강, 합금공구강, 고속도강, 초경합금, 주조경질합금, 세라믹, 서멧, 다이아몬드, 입방정 질화붕소(CBN), 피복 초경합금 등

27 구리 4%, 마그네슘 0.5%, 망간 0.5%, 나머지가 알루미늄인 고강도 알루미늄 합금은?

① 실루민
② 두랄루민
③ 라우탈
④ 로우엑스

해설
두랄루민(고강도 Al합금)
- 단조용 알루미늄 합금으로, Al + Cu + Mg + Mn의 합금이다.
- 가벼워서 항공기나 자동차 등에 사용되는 고강도 Al합금이다.

★ 두랄루민의 표준 조성은 반드시 암기한다(알-구-마-망). 실루민은 Al+Si의 합금으로 주조성은 좋지만, 절삭성이 나쁘다.

28 베어링재료의 구비조건이 아닌 것은?

① 융착성이 좋을 것
② 피로강도가 클 것
③ 내식성이 강할 것
④ 내열성을 가질 것

해설
베어링재료의 구비조건
- 충격하중 및 내식성이 강할 것
- 가공이 쉽고, 내열성을 가질 것
- 부식 및 내식성이 강할 것
- 마모가 적고, 피로강도가 클 것
- 융착성이 좋지 않을 것

29 기계요소를 사용기능에 따라 분류한 내용 중 틀린 것은?

① 결합용 기계요소 : 나사, 볼트, 너트, 키, 핀, 코터
② 축용 기계요소 : 축, 커플링, 베어링
③ 전동용 기계요소 : 벨트, 로프, 체인, 마찰차, 기어
④ 제동 및 완충용 기계요소 : 관 이음쇠, 밸브와 콕

해설
- 제동 및 완충용 기계요소 : 브레이크, 스프링
- 관용 기계요소 : 압력용기, 파이프, 관 이음쇠, 밸브와 콕

26 ① 27 ② 28 ① 29 ④ 정답

30 원주피치(P)와 모듈(m)의 관계로 옳은 것은?

① $P = \pi m$

② $P = \dfrac{P}{\pi}$

③ $P = 2\pi m$

④ $P = \dfrac{m}{\pi}$

해설

재 료	기 호	P 기준	m 기준	Pd 기준
원주피치	P	$\dfrac{\pi D}{Z}$	πm	$\dfrac{25.4\pi}{Pd}$
모 듈	m	$\dfrac{P}{\pi}$	$\dfrac{D}{Z}$	$\dfrac{25.4}{Pd}$
지름피치	Pd	$\dfrac{25.4\pi}{P}$	$\dfrac{25.4}{m}$	$\dfrac{D}{Z}$

31 원통형 코일 스프링의 지수가 9이고, 코일의 평균 지름이 180mm이면 소선의 지름은 몇 mm인가?

① 9 ② 18
③ 20 ④ 27

해설

스프링지수(C) = $\dfrac{\text{스프링 전체의 평균지름}(D)}{\text{소선의 지름}(d)}$

$d = \dfrac{D}{C} = \dfrac{180}{9} = 20$

∴ 소선의 지름(d) = 20

32 다음 그림과 같은 나사 도면에서 M12×16 / ∅10.2×20으로 표시된 치수 기입의 도면 해독으로 옳은 것은?

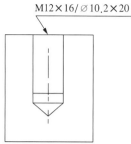

M12×16/ ∅10.2×20

① 암나사를 가공하기 위한 구멍가공 드릴지름은 ∅12mm이다.

② 암나사를 가공하기 위한 구멍가공 드릴지름은 ∅16mm이다.

③ 암나사를 가공하기 위한 구멍가공 드릴지름은 ∅10.2mm이다.

④ 암나사를 가공하기 위한 구멍가공 드릴지름은 ∅20mm이다.

해설
• 암나사를 가공하기 위한 구멍가공 드릴지름은 ∅10.2mm이고, 깊이는 20mm이다.
• M12탭 깊이는 16mm이다.

33 날 눈의 세워진 방식에 따라서 분류한 줄의 종류에 해당하지 않는 것은?

① 단 목 ② 복 목
③ 귀 목 ④ 유 목

해설
날 눈의 세워진 방식의 종류 : 단목(홑줄날), 복목(겹줄날), 파목(곡선줄날), 귀목(파임형)

34 기어 절삭방법에 해당하지 않는 것은?

① 형판을 이용한 방법
② 총형 커터를 이용한 방법
③ 복식 공구대를 이용한 방법
④ 창성법을 이용한 방법

기어 절삭방법
• 형판을 이용한 방법
• 총형 공구에 의한 방법
• 창성에 의한 절삭방법
선반에서 테이퍼 가공방법
• 복식 공구대를 경사시키는 방법(테이퍼 각이 크고 길이가 짧은 가공물)
• 심압대를 편위시키는 방법(테이퍼가 작고 길이가 긴 경우 사용)
• 테이퍼 절삭장치를 이용하는 방법(넓은 범위의 테이퍼를 가공)
• 총형 바이트를 이용하는 방법

35 숫돌입자의 기호 중 경도가 가장 높은 것은?

① A   ② B
③ WA   ④ GC

GC(녹색 탄화규소) : 경도가 최대이지만 인성이 떨어진다. 주철, 황동, 경합금, 초경합금 등을 연삭하는 데 적합하다.

36 래핑의 일반적인 특징에 대한 설명으로 옳지 않은 것은?

① 가공면이 매끈한 거울면을 얻을 수 있다.
② 정밀도가 높은 제품을 가공할 수 있다.
③ 가공이 복잡하고, 대량 생산이 불가능하다.
④ 작업이 지저분하고 먼지가 많다.

래핑가공의 장단점

장 점	단 점
• 가공면이 매끈한 거울면을 얻을 수 있다. • 가공면은 윤활성 및 내마모성이 좋다. • 가공이 간단하고, 대량 생산이 가능하다. • 평면도, 진원도, 직선도 등의 이상적인 기하학적 형상을 얻을 수 있다.	• 작업이 지저분하고 먼지가 많다. • 비산하는 랩제는 다른 기계나 가공물을 마모시킨다. • 가공면에 랩제가 잔류하기 쉽고, 잔류 랩제로 인하여 마모가 촉진된다.

37 다음 보기의 설명에 해당하는 좌표계의 종류는?

┌보기┐

상대값을 가지는 좌표로 정확한 거리의 이동이나 공구 보정 시에 사용되며, 현재의 위치가 좌표계의 원점이 되고 필요에 따라 그 위치를 0(Zero)으로 설정할 수 있다.

① 공작물좌표계   ② 극좌표계
③ 상대좌표계   ④ 기계좌표계

38 CAD/CAM 시스템의 입출력장치가 아닌 것은?

① 프린터　　　② 마우스

③ 키보드　　　④ 중앙처리장치

해설
- 중앙처리장치 : 컴퓨터 시스템에서 가장 핵심이 되는 장치로, 인간의 뇌에 해당하며 시스템 전체 상태를 총괄하고 제어 및 처리 데이터에 대해 연산을 수행한다.
- 입력장치 : 마우스, 키보드 등
- 출력장치 : 프린터, 플로터 등

40 머시닝센터 프로그램에서 고정 사이클을 취소하는 준비기능은?

① G76　　　② G80

③ G83　　　④ G87

해설
① G76 : 정밀 보링 사이클
③ G83 : 심공 드릴 사이클
④ G87 : 백보링 사이클

39 다음 그림에서 a에서 b로 가공할 때, 원호보간 머시닝센터 프로그램으로 옳은 것은?

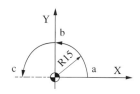

① G02 G90 X0. Y15. R15. F100. ;

② G03 G91 X-15. Y15. R15. F100. ;

③ G03 G90 X15. Y15. R15. F100. ;

④ G03 G91 X0. Y15. R-15. F100. ;

해설
- a에서 b로 가공하는 것은 반시계 방향 원호가공이다.

절대지령 a → b	증분지령 a → b
G03 G90 X0. Y15. R15. F100. ;	G03 G91 X-15. Y15. R15. F100. ;

- 절대지령(G90), 증분지령(G91)
- 시계 방향 원호가공 : G02
- 반시계 방향 원호가공 : G03

41 미터나사에 대한 설명으로 옳은 것은?

① 나사산의 각도는 60°이다.

② ABC 나사라고도 한다.

③ 운동용 나사이다.

④ 피치는 1인치당 나사산의 수로 나타낸다.

해설
- 미터나사
  - 호칭지름과 피치를 mm 단위로 나타낸다.
  - 나사산의 각이 60°인 미터계 삼각나사이다.
  - M호칭지름으로 표시한다(예 M8).
- 미터가는나사
  - M호칭지름 × 피치(예 M8 × 1)
  - 나사의 지름에 비해 피치가 작아 강도가 필요한 곳, 공작기계의 이완방지용 등에 사용한다.
- 유니파이나사
  - 영국, 미국, 캐나다의 협정에 의해 만들어진 나사이다.
  - ABC 나사라고도 한다.
  - 나사산의 각이 60°인 인치계 나사이다.
- 운동용 나사
  - 힘을 전달하거나 물체를 움직이게 할 목적으로 사용하는 나사이다.
  - 사각나사, 사다리꼴나사, 톱니나사, 볼나사 등이 있다.
- ※ 피치(Pitch) : 서로 인접한 나사산과 나사산 사이의 축 방향의 거리

42 볼 베어링에서 볼을 적당한 간격으로 유지시켜 주는 베어링 부품은?

① 리테이너　　　② 레이스
③ 하우징　　　　④ 부 시

> **해설**
>
> 리테이너 : 베어링 볼의 간격을 일정하게 유지해 주는 요소이다.
> 볼 베어링의 구조와 명칭

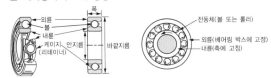

43 다음 마이크로미터 구조의 명칭으로 옳은 것은?

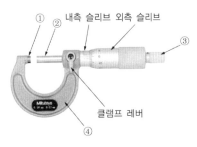

① 앤 빌　　　　② 래칫스톱
③ 프레임　　　　④ 스핀들

> **해설**
>
> 마이크로미터의 구조

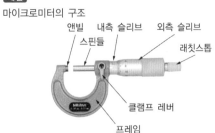

44 직선운동을 회전운동으로 변환하거나 회전운동을 직선운동으로 변환하는 데 사용되는 기어는?

① 스퍼기어　　　② 베벨기어
③ 헬리컬기어　　④ 래크와 피니언

> **해설**
>
> 래크와 피니언 : 회전운동을 직선운동으로 바꾸는 데 사용한다.

축의 상대적 위치에 따른 기어의 분류

평행축 기어	스퍼기어	래크와 작은 기어	내접기어
	헬리컬기어	헬리컬래크	더블 헬리컬기어
교차축 기어	직선베벨기어	스파이럴 베벨기어	
	제롤 베벨기어	크라운 베벨기어	
엇갈림 축 기어	원통 웜기어	장고형 웜기어	
	나사기어	하이포이드 기어	

45 절삭가공을 할 때 열이 발생하는 이유와 가장 관계가 적은 것은?

① 칩과 공구의 경사면이 마찰할 때

② 공구의 여유면을 따라 칩이 일어날 때

③ 전단면에서 전단 소성 변형이 일어날 때

④ 공구 여유면과 공작물 표면이 마찰할 때

해설
절삭열의 발생원인과 분포

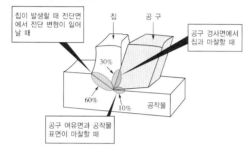

46 1.5초 동안 일시정지(G04) 기능의 명령으로 틀린 것은?

① G04 U1.5; ② G04 X1.5;

③ G04 P1.5; ④ G04 P1500;

해설
휴지(Dwell)

지령한 시간 동안 이송이 정지되는 기능이다. 이 기능은 홈가공이나 드릴작업 등에서 간헐이송으로 칩을 절단하거나 목표점에 도달한 후 즉시 후퇴할 때 생기는 이송량만큼의 단차를 제거함으로써 진원도의 향상 및 깨끗한 표면을 얻기 위하여 사용한다. 어드레스 X, U 또는 P와 정지하려는 시간을 수치로 입력한다. P는 소수점을 사용할 수 없으며, X, U는 소수점 이하 세 자리까지 유효하다.

$$정지시간(초) = \frac{60 \times 공회전수(회)}{스핀들\ 회전수(rpm)} = \frac{60 \times n(회)}{N(rpm)}$$

예 1.5초 동안 정지시키려면 G04 X1.5; , G04 U1.5; , G04 P1500;

47 다음 그림에서 A(10, 20)에서 시계 방향으로 360° 원호가공을 하려고 할 때, 옳게 명령한 것은?

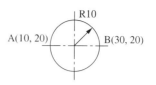

① G02 X10. R10.;

② G03 X10. R10.;

③ G02 I10.;

④ G03 I10.;

해설
문제의 그림은 시계 방향 원호가공이므로 G02이며, 원호가공 시 시작점에서 원호 중심까지 벡터값은 I10.이 된다. → G02 I10.
• A(시작점)에서 시계 방향 원호가공 → G02 I10.;
• B(시작점)에서 시계 방향 원호가공 → G02 I−10.;
※ I, J는 원호의 시작점에서 원호 중심까지의 벡터값이다.

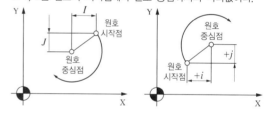

48 머시닝센터 작업에서 같은 지름의 구멍이 동일한 평면상에 여러 개 있을 때 공구를 R점 복귀 후 이동하여 가공하는 것은?

① G99 ② G49

③ G97 ④ G96

해설
② G49 : 공구 길이 보정 무시
③ G97 : 주속 일정제어 무시
④ G96 : 주속 일정제어

49 다음은 공구 길이 보정 프로그램이다. 빈칸에 알맞은 것은?

```
      ⋮
G90 G00 G43 Z100.     ;
      ⋮
```

① D01　　　　　② H01
③ S01　　　　　④ M01

해설
G43 : 공구 길이 보정으로, 지령 시 공구 길이 보정번호(H01)와 함께 지령한다.

50 밀링머신에서 절삭량 $Q[\mathrm{cm^3/min}]$를 나타내는 식은?(단, 절삭폭 : $b[\mathrm{mm}]$, 절삭깊이 : $t[\mathrm{mm}]$, 이송 : $f[\mathrm{mm/min}]$)

① $Q = \dfrac{b \times t \times f}{10}$

② $Q = \dfrac{b \times t \times f}{100}$

③ $Q = \dfrac{b \times t \times f}{1,000}$

④ $Q = \dfrac{b \times t \times f}{10,000}$

51 다음은 머시닝센터의 고정 사이클 프로그램이다. 내용 설명으로 맞는 것은?

```
G90 G83 G98 Z-25. R3. Q6. F100. M008;
```

① R3 : 일감의 절삭 깊이
② G98 : 공구의 이송속도
③ G83 : 초기점 복귀 동작
④ Q6 : 일감의 1회 절삭 깊이

해설
• G98 : 고정 사이클 초기점 복귀
• G83 : 심공 드릴 사이클
• R3 : 구멍가공 후 R점(구멍가공 시작점)을 지령
• Q6 : 일감의 1회 절삭 깊이

52 다음은 머시닝센터 프로그램의 일부를 나타낸 것이다. (　) 안에 알맞은 내용은?

```
G90 G92 X0. Y0. Z100.;
(  Ⓐ  )1500 M03;
G00 Z3.;
G42 X25.0 Y20. (  Ⓑ  )07 M08;
G01 Z-10. (  Ⓒ  )50;
X90. F160;
(  Ⓓ  ) X110. Y40. R20.;
X75. Y89. 749 R50;
G01 X30. Y55.;
Y18.;
G00 Z100. M09;
```

① F, M, S, G02　　② S, D, F, G01
③ S, H F, G00　　④ S, D, F, G03

해설
• Ⓐ 블록의 M03(주축 정회전) 앞에 주축 회전수 S가 지령되어야 한다. → S1500
• Ⓑ 블록의 G42(공구지름 보정 우측)로 인해 공구 보정번호를 나타내는 D가 지령되어야 한다. → D07
• Ⓒ 블록의 G01(직선보간)로 인해 이송속도 F가 지령되어야 한다. → F50
• Ⓓ 블록은 반지름값 R500이 있으므로 원호절삭인 G02 또는 G03이 지령되어야 한다. → G03

53 머시닝센터 프로그래밍에서 G73, G83 코드에서 매회 절입량을, G76, G87 지령에서 후퇴(시프트)량을 지정하는 어드레스는?

① R

② O

③ Q

④ P

머시닝센터 고정 사이클

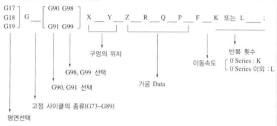

• 가공 데이터
- Z : R점에서 구멍 바닥까지의 거리를 증분지령에 의한 구멍 바닥의 위치를 절대지령으로 지정
- R : 가공을 시작하는 Z 좌표치(Z축 공작물 좌표계 원점에서의 좌표값)
- Q : G73, G83 코드에서 매회 절입량 또는 G76, G87 지령에서 후퇴량(항상 증분지령)
- P : 구멍 바닥에서 휴지시간
- F : 절삭 이송속도
- K 또는 L : 반복 횟수(0M에서는 K, 0M 이외에는 L로 지정하며, 횟수를 생략할 경우 1로 간주한다)로, 만일 0을 지정하면 구멍 가공 데이터는 기억하지만 구멍가공은 수행하지 않는다.

54 분할핀에 관한 설명으로 옳지 않은 것은?

① 핀 전체가 두 갈래로 되어 있다.

② 너트의 풀림 방지에 사용된다.

③ 핀이 빠져 나오지 않게 하는 데 사용된다.

④ 테이퍼 핀의 일종이다.

• 분할핀 : 한쪽 끝이 두 가닥으로 갈라진 핀으로, 나사 및 너트의 이완을 방지하거나 축에 끼워진 부품이 빠지는 것을 막고, 핀을 때려 넣은 뒤 끝을 굽혀서 늦춰지는 것을 방지한다.
• 분할핀 호칭지름은 분할핀 구멍의 지름이다.
• 분할핀을 사용한 너트의 풀림 방지

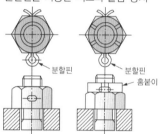

• 핀의 호칭방법

명 칭	호칭방법	보 기
평행핀 (KS B 1320)	규격번호(명칭), 종류, 형식, 호칭지름, 공차 ×호칭 길이, 재료	KS B 1320 6m6 ×30-St
스플릿 테이퍼핀 (KS B 1323)	규격번호(명칭), 호칭 지름×호칭 길이, 재료, 지정사항	스플릿 테이퍼핀 6×70-St 갈라짐의 깊이 10
분할핀 (KS B 1321)	규격번호(명칭), 호칭 지름×길이, 재료	분할핀 5×50-St

• 핀의 종류(d : 호칭지름)

55 CNC 프로그램의 어드레스(Address)와 그 기능이 틀린 것은?

① 준비기능 : G
② 이송기능 : F
③ 주축기능 : S
④ 휴지기능 : T

해설

프로그램의 주소(Address)

기 능	주 소	의 미
프로그램 번호	O	프로그램 번호
전개번호	N	전개번호(작업 순서)
준비기능	G	이동형태(직선, 원호 등)
좌표어	X, Y, Z	각 축의 이동 위치 지정(절대방식)
이송기능	F	이송속도, 나사 리드
보조기능	M	기계 각 부위 지령
주축기능	S	주축속도, 주축 회전수
공구기능	T	공구번호, 공구 보정번호
휴 지	X, P, U	휴지시간(Dwell)
프로그램번호 지정	P	보조 프로그램 호출번호

56 밀링작업에서 T홈 절삭을 하기 위해서 선행해야 할 작업은?

① 엔드밀 홈 작업
② 더브테일 홈 작업
③ 나사 밀링커터 작업
④ 총형 밀링커터 작업

해설

밀링작업에서 T홈을 절삭하기 위해서는 먼저 엔드밀을 이용하여 홈을 절삭하고 T홈 커터를 이용하여 절삭을 완성한다.

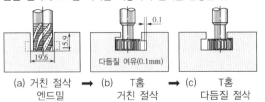

(a) 거친 절삭 ➡ (b)   T홈   ➡ (c)   T홈
    엔드밀   거친 절삭   다듬질 절삭

57 CNC 공작기계가 한 번의 동작을 하는 데 필요한 정보가 담긴 지령단위는?

① 어드레스(Address)
② 데이터(Data)
③ 블록(Block)
④ 프로그램(Program)

해설

블록(Block) : 한 개의 지령단위를 블록이라 하며, 각각의 블록은 기계가 한 번의 동작을 한다.

58 CNC 공작기계의 운전 시 일상 점검사항이 아닌 것은?

① 공구의 파손이나 마모 상태 확인
② 가공할 재료의 성분 분석
③ 공기압이나 유압 상태 확인
④ 각종 계기의 상태 확인

해설

재료의 성분 분석은 일상 점검사항이 아니다.

59 여러 대의 CNC 공작기계를 한 대의 컴퓨터에 연결해 데이터를 분배하여 전송함으로써 동시에 운전할 수 있는 방식은?

① NC   ② CNC
③ DNC   ④ CAD

해설

DNC(Distributed Numerical Control) : CAD/CAM시스템과 CNC 기계를 근거리 통신망(LAN)으로 연결하여 한 대의 컴퓨터에서 여러 대의 CNC공작기계에 데이터를 분배하여 전송함으로써 동시에 운전할 수 있는 방식

60 CNC 작업 중 기계에 이상이 발생하였을 때 조치사항으로 옳지 않은 것은?

① 알람내용을 확인한다.
② 경보등이 점등되었는지 확인한다.
③ 간단한 내용은 조작설명서에 따라 조치하고 안 되면 전문가에게 의뢰한다.
④ 기계가공이 안 되기 때문에 무조건 전원을 끈다.

해설

기계 이상 시 무조건 전원을 끄는 것이 적당한 조치사항은 아니다.

01 다음 중 탄소 공구강 및 일반 공구재료의 구비조건이 아닌 것은?

① 열처리성이 양호할 것
② 내마모성이 클 것
③ 고온 경도가 클 것
④ 부식성이 클 것

해설
일반 공구재료는 절삭유를 사용하기 때문에 부식성이 작아야 한다(내식성 클 것).

공구재료의 구비조건
• 고온경도 : 고온에서 경도가 저하되지 않고 절삭할 수 있는 고온 경도가 필요하다.
• 내마모성 : 절삭공구와 가공재료의 마찰에 의하여 절삭공구의 표면이 미세하게 소모되는 마모에 대한 강도가 필요하다.
• 강인성 : 절삭공구는 외력에 의해 파손되지 않고 잘 견딜 수 있는 강인성이 필요하다.
• 저마찰 : 마찰계수가 작을수록 경제적이고 효율성이 높은 절삭을 할 수 있다.
• 성형성 : 쉽게 원하는 모양으로 제작이 가능해야 한다.
• 경제성 : 가격이 저렴해야 한다.

02 스테인리스강을 조직상으로 분류한 것 중 틀린 것은?

① 마텐자이트계
② 오스테나이트계
③ 시멘타이트계
④ 페라이트계

해설
스테인리스강의 종류(페-오-마)
• 페라이트계 스테인리스강(고크롬계)
• 오스테나이트계 스테인리스강(고크롬, 고니켈계)
• 마텐자이트계 스테인리스강(고크롬, 고탄소계)

03 베어링 합금의 구비조건으로 옳지 않은 것은?

① 녹아 붙지 않아야 한다.
② 열전도율이 커야 한다.
③ 내식성이 있고, 충분한 인성이 있어야 한다.
④ 마찰계수가 크고, 저항력이 작아야 한다.

해설
베어링 합금의 구비조건
• 하중에 견딜 수 있는 경도와 인성, 내압력을 가져야 한다.
• 마찰계수가 작아야 한다.
• 비열 및 열전도율이 커야 한다.
• 주조성과 내식성이 우수해야 한다.
• 소착에 대한 저항력이 커야 한다.

04 알루미늄(Al)에 특성에 관한 설명으로 틀린 것은?

① 내식성이 우수하다.
② 합금이 어려운 재료의 특성이 있다.
③ 압접이나 단접이 비교적 용이하다.
④ 전연성이 우수하고 복잡한 형상의 제품을 만들기 쉽다.

해설
알루미늄(Al)
• 비중 : 2.7
• 주조가 용이하다(복잡한 형상의 제품 만들기 쉽다).
• 다른 금속과 잘 합금되어 상온 및 고온가공이 쉽다.
• 전연성이 우수한 전기, 열의 양도체이며 내식성이 강하다.
• 전기전도율은 구리의 60% 이상이다.

05 주철의 특성에 대한 설명으로 옳지 않은 것은?

① 주조성이 우수하다.

② 내마모성이 우수하다.

③ 강보다 탄소 함유량이 적다.

④ 인장강도보다 압축강도가 크다.

해설

주철은 강보다 탄소 함유량이 많다(강 : 탄소량 2.11% 이하, 주철 : 탄소량 2.11~6.67%).

주철의 장단점

장 점	단 점
• 강보다 용융점이 낮고, 유동성이 커 복잡한 형상의 부품도 제작하기 쉽다. • 주조성이 우수하다. • 마찰저항이 우수하다. • 절삭성이 우수하다. • 압축강도가 크다. • 고온에서 기계적 성질이 우수하다. • 주물 표면은 단단하고, 녹이 잘 슬지 않는다.	• 충격에 약하다(취성이 크다). • 인장강도가 작다. • 굽힘강도가 작다. • 소성(변형)가공이 어렵다.

06 30° 사다리꼴나사의 종류를 표시하는 기호는?

① Rc   ② Rp

③ TW   ④ Tr

해설

사다리꼴 나사산 각이 미터계(Tr)는 30°, 인치계(TW)는 29°이다.

① Rc : 관용 테이퍼나사(테이퍼 암나사)

② Rp : 관용 테이퍼나사(평행 암나사)

07 철강을 열처리하는 목적에 해당하지 않는 것은?

① 일반적으로 조직을 미세화시킨다.

② 내부 응력을 증가시킨다.

③ 표면을 경화시킨다.

④ 기계적 성질을 향상시킨다.

해설

표면을 경화시키는 목적의 열처리는 표면경화 열처리이다.

일반 열처리

• 담금질 : 재료를 단단하게 할 목적으로 강을 오스테나이트 조직으로 될 때까지 가열한 후 물이나 기름에 급랭하는 조작

• 뜨임 : 재질에 적당한 인성을 부여하기 위해 담금질 온도보다 낮은 온도에서 일정시간 유지 후 냉각시키는 조작

• 풀림 : 재료를 연하게 하거나 내부응력을 제거할 목적으로 강을 오스테나이트 조직으로 될 때 까지 가열한 후 노나 재 속에서 서서히 냉각시키는 조작

• 불림 : 재료의 내부응력 제거 및 균일한 결정조직을 얻기 위해 높은 온도로 가열하여 균일한 오스테나이트 조직으로 한 후 공기 중에서 냉각시키는 조작

열처리	목 적	냉각방법
담금질	경도와 강도 증가	급랭(유랭)
풀 림	결정조직의 균일화(표준화)	노 랭
불 림	재질의 연화	공 랭

열처리의 분류

일반 열처리	항온 열처리	표면경화 열처리
• 담금질(Quenching) • 뜨임(Tempering) • 풀림(Annealing) • 불림(Normalizing)	• 마퀜칭 • 마템퍼링 • 오스템퍼링 • 오스포밍 • 항온 풀림 • 항온 뜨임	• 침탄법 • 질화법 • 화염경화법 • 고주파경화법 • 청화법

08 다음 중 열가소성 수지가 아닌 것은?

① 멜라민 수지
② 폴리에틸렌 수지
③ 초산비닐 수지
④ 폴리염화비닐 수지

> **해설**
> 플라스틱(합성수지)의 종류

열가소성 수지	열경화성 수지
• 폴리에틸렌 수지	• 페놀 수지
• 아크릴 수지	• 멜라민 수지
• 염화비닐 수지	• 에폭시 수지
• 폴리스티렌 수지	• 요소 수지

09 원주피치를 P, 원주율을 π라 할 때, 모듈 m을 구하는 식으로 옳은 것은?

① $m = \pi / P$ ② $m = P / \pi$
③ $m = \pi P$ ④ $m = 2\pi P$

> **해설**
> $$모듈(m) = \frac{P}{\pi} = \frac{D}{Z}$$
> 여기서, D : 피치원지름
> Z : 잇수

10 벨트풀리의 설계에서 림(Rim)의 중앙부를 약간 높게 만드는 이유는?

① 제작이 용이하기 때문에
② 풀리의 강도 증대와 마모를 고려하여
③ 벨트가 벗겨지는 것을 방지하기 위하여
④ 벨트의 착탈이 용이하도록 하기 위하여

> **해설**
> 벨트풀리의 형상은 다음 그림 (b)와 같이 평탄한 것도 있으나 중앙부를 높게(Crown처리) 한 것도 있다. 림의 중앙을 높게 한 이유는 그림 (a)와 같은 풀리에 감긴 벨트가 회전하면 점 A에서 점 B로 움직이므로 벨트가 원추풀리의 지름이 큰 쪽으로 이동하는 경향이 있어 벨트가 풀리의 중앙에 오게 되어 벗겨지지 않는다. 또한, 림면의 형상을 (c)와 같이 하면 벨트가 상하기 쉬우므로 (d)와 같이 하는 것이 좋다.

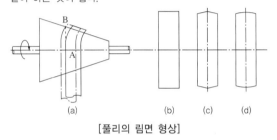

[풀리의 림면 형상]

11 절구 베어링이라고도 하며, 세워져 있는 축에 의하여 추력을 받을 때 사용되는 것은?

① 피벗 베어링
② 칼라 베어링
③ 단일체 베어링
④ 분할 베어링

> **해설**
> ② 칼라 베어링 : 수평으로 된 축이 스러스트 하중을 받을 때 사용한다.
> ③ 단일체 베어링 : 경하중의 저속용에 사용하며, 구조가 간단하다.
> ④ 분할 베어링 : 중하중의 고속용에 사용한다.

12 소선의 지름이 8mm, 스프링 전체의 평균 지름이 80mm인 압축코일 스프링의 스프링 지수는?

① 10   ② 40

③ 64   ④ 72

해설

스프링 지수$(C) = \dfrac{\text{스프링 전체의 평균 지름}(D)}{\text{소선의 지름}(d)}$

$= \dfrac{80\text{mm}}{8\text{mm}} = 10\text{mm}$

13 길이가 200mm인 스프링의 한 끝을 천장에 고정하고, 다른 한 끝에 무게 100N의 물체를 달았더니 스프링의 길이가 240mm로 늘어났다. 이때 스프링 상수(N/mm)는?

① 1   ② 2

③ 2.5   ④ 4

해설

스프링 상수 $K = \dfrac{W}{\delta} = \dfrac{\text{하중}}{\text{늘어난 길이}} = \dfrac{100\text{N}}{40\text{mm}} = 2.5\text{N/mm}$

14 다음 중 핀에 대한 설명으로 잘못된 것은?

① 테이퍼핀의 기울기는 1/50이다.
② 분할핀은 너트의 풀림 방지에 사용된다.
③ 테이퍼핀은 굵은 쪽의 지름으로 크기를 표시한다.
④ 핀의 재질은 보통 강재이고 황동, 구리, 알루미늄 등으로 만든다.

해설

테이퍼핀은 작은 쪽의 지름으로 크기를 표시한다.

15 기계운동을 정지 또는 감속 조절하여 위험을 방지하는 장치는?

① 기 어   ② 커플링

③ 마찰차   ④ 브레이크

해설

기계 부분의 운동에너지를 열에너지나 전기에너지 등으로 바꾸어 흡수함으로써 운동속도를 감소시키거나 정지시키는 장치를 제동장치라 한다. 제동장치에서 가장 널리 사용되는 것은 마찰 브레이크이다.

16 도면에서 두 종류 이상의 선이 같은 장소에 겹치게 될 경우 우선순위로 옳은 것은?

① 외형선, 숨은선, 절단선, 중심선, 무게중심선
② 외형선, 중심선, 절단선, 숨은선, 무게중심선
③ 외형선, 중심선, 숨은선, 무게중심선, 절단선
④ 외형선, 절단선, 숨은선, 무게중심선, 중심선

해설

투상선의 우선순위

숫자, 문자, 기호 및 화살표 → 외형선(굵은 실선) → 숨은선(파선) → 절단선 → 중심선 → 무게중심선 → 파단선 → 치수선 또는 치수보조선 → 해칭선

★ 선의 우선순위는 자주 출제되므로 반드시 암기한다.

17 KS 기하공차 기호 중 원통도 표시기호는?

① ○　　② ⌭

③ ⌖　　④ ∅

해설

① 진원도
③ 위치도
④ 지 름

18 기계제도 도면에서 치수가 ∅ 50H7/p6라 표시되어 있을 때의 설명으로 옳은 것은?

① 구멍기준식 헐거운 끼워맞춤
② 축기준식 중간 끼워맞춤
③ 구멍기준식 억지 끼워맞춤
④ 축기준식 억지 끼워맞춤

해설

상용하는 구멍기준식 끼워맞춤

기준 구멍	축의 공차역 클래스																
	헐거운 끼워맞춤						중간 끼워맞춤					억지 끼워맞춤					
	b	c	d	e	f	g	h	js	k	m	n	p	r	s	t	u	x
H6						g5	h5	js5	k5	m5							
					f6	g6	h6	js6	k6	m6	n6	p6					
H7					f6	g6	h6	js6	k6	m6	n6	p6	r6	s6	t6	u6	x6
				e7	f7		h7	js7									
H8					f7		h7										
				e8	f8		h8										
H9			d9	e9													
			d8	e8			h8										
H10		c9	d9	e9			h9										
	b9	c9	d9														

19 3줄 나사의 피치가 3mm일 때, 리드는 얼마인가?

① 1mm　　② 3mm

③ 6mm　　④ 9mm

해설

리드(L) = 줄수(n) × 피치(p) = 3 × 3 = 9mm

20 롤러 베어링의 호칭번호 6302에서 베어링 안지름 호칭을 표시하는 것은?

① 6　　② 63

③ 0　　④ 02

해설

- 02 → 베어링 안지름 호칭 표시
- 6302 : 6–형식번호, 3– 치수기호, 02–안지름 번호

※ • 안지름 20mm 이내 : 00–10mm, 01–12mm, 02–15mm, 03–17mm, 04–20mm
 • 안지름20mm 이상 : 안지름 숫자에 5를 곱한 수가 안지름 치수가 된다.
 예 06=30mm(6×5=30), 20=100mm(20×5=100)

베어링 안지름 번호

안지름 범위(mm)	안지름 치수	안지름 기호	예
10mm 미만	안지름이 정수인 경우 안지름이 정수가 아닌 경우	안지름 /안지름	2mm이면 2 2.5mm이면 /2.5
10mm 이상 20mm 미만	10mm 12mm 15mm 17mm	00 01 02 03	
20mm 이상 500mm 미만	5의 배수인 경우 5의 배수가 아닌 경우	안지름을 5로 나눈 수 /안지름	40mm이면 08 28mm이면 /28
500mm 이상		/안지름	560mm이면 /560

17 ② 18 ③ 19 ④ 20 ④ 정답

21 다음 그림과 같은 도면에서 ( ) 안에 들어갈 치수는?

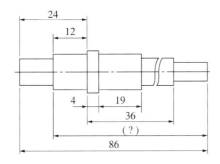

① 74
② 70
③ 62
④ 60

86 − 24 + 12 = 74

22 치수에 사용되는 치수 보조기호의 설명으로 틀린 것은?

① S∅ : 원의 지름
② R : 반지름
③ □ : 정사각형의 변
④ C : 45° 모따기

치수 보조기호

기 호	설 명	기 호	설 명
∅	지 름	S∅	구의 지름
R	반지름	SR	구의 반지름
C	45° 모따기	□	정사각형
P	피 치	t	두 께

23 다음 도시된 단면도의 명칭은?

① 전단면도
② 한쪽단면도
③ 부분단면도
④ 회전도시단면도

단면도의 종류

종 류	설 명	비 고
전단면도 (온단면도)	물체 전체를 둘로 절단해서 그림 전체를 단면으로 나타낸 단면도이다.	
한쪽단면도	상하 또는 좌우대칭인 물체는 1/4을 떼어 낸 것으로 보고 기본 중심선을 경계로 1/2은 외형, 1/2은 단면으로 동시에 나타낸다. 외형도의 절반과 온단면도의 절반을 조합하여 표시한 단면도이다.	
부분단면도	필요한 일부분만 파단선에 의해 그 경계를 표시하여 나타낸 단면도이다.	
회전도시 단면도	핸들, 벨트풀리, 기어 등과 같은 바퀴의 암, 림, 리브, 훅, 축, 구조물의 부재 등의 절단면을 회전시켜 표시한다.	

24 기계제도 도면에서 파단선에 관한 설명으로 가장 옳은 것은?

① 되풀이하는 것을 나타내는 선

② 전단면도를 그릴 경우 그 절단 위치를 나타내는 선

③ 물체의 보이지 않은 부분을 가정해서 나타내는 선

④ 물체의 일부를 떼어낸 경계를 표시하는 선

해설

용도에 따른 선의 종류

명 칭	기호명칭	기 호	설 명
외형선	굵은 실선	——————	대상물이 보이는 모양을 표시하는 선
치수선	가는 실선	——————	치수 기입을 위해 사용하는 선
치수 보조선			치수를 기입하기 위해 도형에서 인출한 선
지시선			지시, 기호를 나타내기 위한 선
숨은선	가는 파선(파선)	— — — —	대상물의 보이지 않는 부분의 모양을 표시
중심선	가는 1점쇄선	—·—·—·—	도형의 중심을 표시하는 선
특수 지정선	굵은 1점쇄선	—·—·—·—	특수한 가공이나 특수 열처리가 필요한 부분 등 특별한 요구사항을 적용할 범위를 표시할 때 사용하는 선

25 다음 보기의 설명을 만족하기 위하여 그림의 빈칸에 들어갈 내용으로 옳은 것은?

┌ 보기 ┐

지시선의 화살표로 나타낸 축선은 데이텀 중심 평면 A-B에 대칭으로 0.08mm의 간격을 갖는 평행한 두 개의 평면 사이에 있어야 한다.

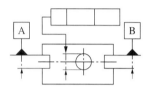

① | 0.08 | A - B | ═ |

② | ⊥ | 0.08 | A - B |

③ | ═ | 0.08 | A - B |

④ | ═ | A - B | 0.08 |

해설

• 보기의 내용은 대칭도에 대한 설명이다.

• 공차기입 틀의 순서

기하공차의 종류	공차값	데이텀 문자기호
═	0.08	A - B

기하공차의 종류와 기호

공차의 종류		기 호
모양공차	진직도	——————
	평면도	▱
	진원도	○
	원통도	⌭
	선의 윤곽도	⌒
	면의 윤곽도	⌓
자세공차	평행도	//
	직각도	⊥
	경사도	∠

공차의 종류		기 호
위치공차	위치도	⊕
	동축도(동심도)	◎
	대칭도	≡
흔들림 공차	원주 흔들림	↗
	온 흔들림	↗↗

27 연삭가공의 일반적인 특징에 대한 설명으로 옳지 않은 것은?

① 치수 정밀도가 높다.

② 칩의 크기가 매우 작다.

③ 가공면의 표면거칠기가 불량하다.

④ 경화된 강과 같은 단단한 재료를 가공할 수 있다.

해설

연삭가공은 정밀도가 높고, 표면거칠기가 우수한 다듬질면을 가공할 수 있다.

26 밀링머신의 부속품과 부속장치 중 원주를 분할하는 데 사용하는 것은?

① 슬로팅 장치　　　② 분할대

③ 수직축 장치　　　④ 래크 절삭장치

해설

분할대 : 테이블에 분할대와 심압대로 가공물을 지지하거나 분할대의 척에 가공물을 고정시켜 사용하며, 필요한 등분이나 필요한 각도로 분할할 때 사용하는 밀링 부속장치이다.

분할가공 방법

• 직접 분할법 : 분할대 주축 앞면에 있는 24구멍의 직접 분할판을 이용하여 단순 분할(24의 약수, 즉 24, 12, 8, 6, 4, 3, 2등분 가능)

• 단식 분할법 : 직접 분할법으로 불가능하거나 또는 분할이 정밀해야 할 경우(2~60 사이의 모든 정수, 60~120 사이의 2와 5의 배수 등)

• 차동 분할법 : 직접, 단식 분할법으로 분할할 수 없는 분할(단식 분할법으로 분할할 수 없는 61 이상의 소수나 특수한 수의 분할을 2종 운동의 복합운동으로 분할하는 방법이다. 127은 차동 분할법으로 분할 가능)

28 다음 중 각도 측정용 게이지가 아닌 것은?

① 옵티컬 플랫

② 사인바

③ 콤비네이션 세트

④ 오토 콜리메이터

해설

• 각도 측정 : 각도 게이지(요한슨식, NPL식), 사인바, 수준기, 콤비네이션 세트, 베벨각도기, 광학식 클리노미터, 광학식 각도기, 오토 콜리메이터 등

• 옵티컬 플랫(Optical Flat/광선정반) : 마이크로미터 측정면의 평면도 측정 및 검사

29 수평 밀링머신의 플레인 커터작업에서 하향절삭의 장점이 아닌 것은?

① 공작물의 고정이 쉽다.
② 날의 마멸이 적고, 수명이 길다.
③ 날 자리의 간격이 짧고, 가공면이 깨끗하다.
④ 백래시 제거장치가 필요 없다.

상향절삭과 하향절삭의 차이점

구 분	상향절삭	하향절삭
백래시	절삭에 별 지장이 없다.	백래시를 제거해야 한다.
기계의 강성	강성이 낮아도 무관하다.	가공할 때 충격이 있어 높은 강성이 필요하다.
가공물의 고정	절삭력이 상향으로 작용하여 고정이 불리하다.	절삭력이 하향으로 작용하여 가공물 고정이 유리하다.
인선의 수명	절입할 때 마찰열로 마모가 빠르고, 공구수명이 짧다.	상향절삭에 비하여 공구수명이 길다.
마찰저항	마찰저항이 커서 절삭공구를 위로 들어 올리는 힘이 작용한다.	절입할 때 마찰력은 작으나 하향으로 충격력이 작용한다.
가공면의 표면거칠기	광택은 있으나, 상향에 의한 회전저항으로 전체적으로 하향절삭보다 나쁘다.	가공 표면에 광택은 적으나, 저속 이송에서는 회전저항이 발생하지 않아 표면거칠기가 좋다.

30 밀링커터를 매분 220rpm으로 회전시켜 절삭속도 110m/min로 공작물을 절삭하려 할 때 밀링커터의 직경은 약 몇 mm인가?

① 150
② 160
③ 170
④ 180

$$V = \frac{\pi D N}{1,000}$$
$$D = \frac{1,000\,V}{\pi N}$$
$$= \frac{1,000 \times 110\text{m/min}}{\pi \times 220\text{rpm}}$$
$$= 159.2\text{rpm}$$
$$\therefore \ D \fallingdotseq 160\text{rpm}$$

31 절삭가공할 때 절삭온도를 측정하는 방법이 아닌 것은?

① 손으로 측정한다.
② 열전대로 측정한다.
③ 칩의 색깔로 측정한다.
④ 칼로리미터로 측정한다.

절삭온도 측정법
• 칩의 색깔에 의한 방법
• 칼로리미터에 의한 방법
• 공구에 열전대를 삽입하는 방법
• 시온 도료를 사용하는 방법
• 공구와 일감을 열전대로 사용하는 방법
• 복사 고온계에 의한 방법

32 연삭가공 중 숫돌바퀴의 질이 균일하지 못하거나 일감의 영향을 받으면 숫돌바퀴의 모양이 점차 변한다. 이렇게 변형된 숫돌을 정확한 모양으로 바르게 고치는 작업은?

① 드레싱　　　　　② 밸런싱
③ 채터링　　　　　④ 트루잉

④ 트루잉(Truing) : 연삭숫돌을 성형하거나 성형연삭으로 인하여 숫돌 형상이 변화된 것을 부품의 형상으로 바르게 고치는 가공
① 드레싱(Dressing) : 숫돌 표면에 무디어진 입자나 기공을 메우고 있는 칩을 제거하여 본래의 형태로 숫돌을 수정하는 방법
③ 채터링(Chattering) : 연삭 중 떨림이 발생하는 현상

연삭숫돌의 수정요인

수정 요인	설 명	그 림
눈메움 (Loading)	숫돌 표면의 기공에 칩이 용착되어 메워지는 현상이다.	
눈무딤 (Glazing)	연삭입자가 자생작용이 일어나지 않고 무뎌지는 현상으로, 연삭숫돌의 결합도가 지나치게 단단하면 입자의 날이 닳아서 절삭저항이 커져도 입자는 떨어져 나가지 않는다.	
입자 탈락 (Shedding)	연삭숫돌의 결합도가 약할 때 발생한다. 숫돌입자의 파쇄가 충분하게 일어나기 전 결합제가 파쇄되어 숫돌입자가 떨어져 나가는 현상이다.	

33 측정량이 증가 또는 감소하는 방향이 달라서 생기는 동일 치수에 대한 지시량의 차는?

① 개인오차　　　　② 우연오차
③ 후퇴오차　　　　④ 접촉오차

측정오차의 종류

측정오차의 종류	내 용
측정기의 오차(계기오차)	측정기의 구조, 측정압력, 측정온도, 측정기의 마모 등에 따른 오차
시차(개인오차)	측정기가 정확하게 치수를 지시하더라도 측정자의 부주의 때문에 생기는 오차로, 측정자의 눈의 위치에 따라 눈금의 읽음값에 오차가 생기는 경우
우연 오차	기계에서 발생하는 소음이나 진동 등과 같은 주위 환경에서 오는 오차 또는 자연현상의 급변 등으로 생기는 오차
후퇴 오차	동일한 측정량에 대하여 지침의 측정량이 증가하는 상태에서의 읽음값과 반대로 감소하는 상태에서의 읽음값의 차

34 일반적으로 드릴링 머신에서 가공하기 곤란한 작업은?

① 카운터 싱킹　　　② 스플라인 홈
③ 스폿 페이싱　　　④ 리 밍

드릴가공의 종류
• 리밍 : 구멍의 정밀도를 높이기 위해 구멍을 다듬는 작업
• 태핑 : 공작물 내부에 암나사 가공, 태핑을 위한 드릴가공은 나사의 외경-피치로 한다.
• 스폿 페이싱 : 볼트나 너트를 체결하기 곤란한 경우 볼트나 너트가 닿는 구멍 주위의 부분만 평탄하게 가공하여 체결이 잘되도록 하는 가공방법
• 카운터 싱킹 : 나사머리가 접시모양일 때 테이퍼 원통형으로 절삭하는 가공
• 카운터 보링 : 볼트의 머리 부분이 돌출되면 곤란한 경우 볼트 또는 너트의 머리 부분이 가공물 안으로 묻히도록 드릴과 동심원의 2단 구멍을 절삭하는 방법
• 보링 : 뚫린 구멍을 다시 절삭하고, 구멍을 넓히고 다듬질하는 것
※ 스플라인 홈 가공 : 브로칭(Broaching) 머신

35 화학적 가공의 일반적인 특징에 대한 설명으로 옳지 않은 것은?

① 가공경화나 표면의 변질층이 생긴다.

② 재료의 표면 전체를 동시에 가공할 수 있다.

③ 재료의 경도나 강도에 관계없이 가공할 수 있다.

④ 변형이나 거스러미가 발생하지 않는다.

해설

화학적 가공의 특징
- 강도나 경도에 관계없이 사용할 수 있다.
- 변형이나 거스러미가 발생하지 않는다.
- 가공경화 또는 표면 변질층이 발생하지 않는다.
- 복잡한 형상과 관계없이 표면 전체를 한 번에 가공할 수 있다.
- 한 번에 여러 개를 가공할 수 있다.

36 소재의 불필요한 부분을 칩(Chip)의 형태로 제거하여 원하는 최종 형상을 만드는 가공법은?

① 소성가공법

② 접합가공법

③ 절삭가공법

④ 분말야금법

해설

- 절삭가공법 : 소재의 불필요한 부분을 칩의 형태로 제거하여 원하는 최종 형상을 만드는 가공법
- 소성가공법 : 재료에 하중을 가하여 재료를 영구 변형시켜 원하는 형상을 얻는 가공법(단조, 프레스 가공, 압연, 인발 등)

37 다음 등각투상도를 화살표 방향으로 투상한 정면도는?

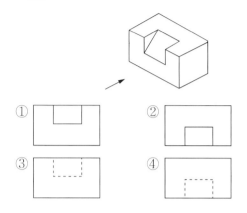

① ② ③ ④

38 슬로팅 절삭장치를 설치하기 가장 적당한 곳은?

① 니형 밀링머신의 테이블

② 니형 밀링머신의 새들

③ 니형 밀링머신의 주축

④ 니형 밀링머신의 칼럼면

해설

슬로팅 장치 : 니형 밀링머신의 칼럼 앞면에 주축과 연결하여 사용한다. 주축의 회전운동을 직선 왕복운동으로 변화시키고 가공물의 안지름에 키홈, 스플라인, 세레이션 등을 가공할 수 있다.

39 다음 중 공작기계를 절삭운동 방식에 따라 분류할 때 일감의 운동이 다른 것은?

① 선 반　　　　② 보링머신
③ 밀링머신　　　④ 플레이너

해설

공작기계 절삭운동 방식

구 분	공 구	일감(공작물)
선 반	직선운동	회전운동
보링머신	회전운동	직선운동
밀링머신	회전운동	직선운동
플레이너	직선운동	직선운동

40 다음 중 수나사를 가공하는 공구는?

① 탭　　　　　② 줄
③ 리 머　　　　④ 다이스

해설

• 탭 : 암나사 가공
• 다이스 : 수나사 가공

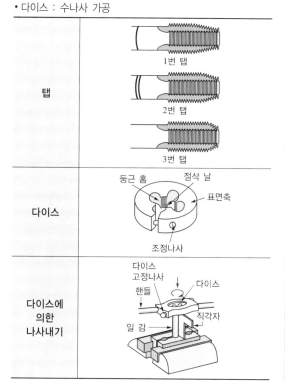

41 센터리스 연삭기의 장점이 아닌 것은?

① 연삭 여유가 작아도 된다.
② 대형이나 중량물의 연삭에 적합하다.
③ 대량 생산에 적합하다.
④ 긴 축 재료의 연삭이 가능하다.

해설

센터리스 연삭의 특징
• 센터가 필요하지 않아 센터 구멍을 가공할 필요가 없다.
• 중공의 가공물을 연삭할 때 편리하다(중공(中空) : 속이 빈 축).
• 연삭 여유가 작아도 된다.
• 가늘고 긴 가공물의 연삭에 적합하다.
• 긴 홈이 있는 가공물의 연삭은 불가능하다.
• 대형이나 중량물의 연삭은 불가능하다.
• 연속가공이 가능하며 대량 생산에 적합하다.
• 자생작용이 있다.

42 다음 중 윤활제의 사용목적이 아닌 것은?

① 냉각작용　　　② 마모작용
③ 방청작용　　　④ 청정작용

해설

윤활제의 사용 목적 : 윤활작용, 냉각작용, 밀폐작용, 청정작용, 방청작용

43 다음 표는 머시닝센터의 공구를 나타낸 것이다. CNC 프로그램에서 H02 보정값으로 알맞은 것은?

공구번호	공구 길이	보정번호	비 고
T01	90mm	H01	기준공구
T02	60mm	H02	
T03	110mm	H03	

> G91 G30 Z0 T02 M06;
> G43 G00 Z100. S990 M03 H02 F118;

① −30mm　　　② 20mm
③ 30mm　　　④ 50mm

G43이 (+)보정이므로, 60 − 90 = −30mm이다.
※ 기준공구(T01)의 공구 길이는 90mm이다.

44 다음 중 CAD/CAM 시스템의 하드웨어에 해당하는 것은?

① 운영체제(OS)
② 입출력장치
③ 응용 소프트웨어
④ 데이터베이스 시스템

하드웨어 구성 : 입력장치, 출력장치, 제어장치, 기억장치, 연상장치

45 머시닝센터의 고정 사이클 지령방법 `G_ X_ Y_ Z_ R_ Q_ P_ F_ K_ 또는 L_;`에서 `K 또는 L`의 의미는?

① 고정 사이클 반복 횟수 지정
② 절삭 이송속도 지정
③ 구멍 바닥에서 드웰시간 지정
④ 초기점의 위치 지정

머시닝센터 고정 사이클

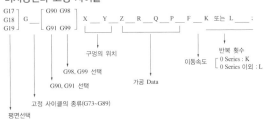

- 가공 데이터
  - Z : R점에서 구멍 바닥까지의 거리를 증분 지령에 의한 구멍 바닥의 위치를 절대 지령으로 지정
  - R : 가공을 시작하는 Z 좌표치(Z축 공작물 좌표계 원점에서의 좌표값)
  - Q : G73, G83 코드에서 매회 절입량 또는 G76, G87 지령에서 후퇴량(항상 증분 지령)
  - P : 구멍 바닥에서 휴지시간
  - F : 절삭 이송속도
  - K 또는 L : 반복 횟수(0M에서는 K, 0M 이외에는 L로 지정하며, 횟수를 생략할 경우 1로 간주한다)로, 만일 0을 지정하면 구멍 가공 데이터는 기억하지만 구멍가공은 수행하지 않는다.

46 다음 중 NC의 서보기구에 대한 설명으로 옳은 것은?

① NC 기계의 움직임을 전기적 신호로 표시하는 회전 피드백 장치
② NC Tape에 기록된 언어(정보)를 받아서 펄스화시키는 기구
③ 구동모터의 회전속도와 위치를 피드백시켜 입력량과 출력량이 같아지도록 제어할 수 있는 구동기구
④ 여러 대의 NC 공작기계를 한 대의 컴퓨터에 결합시켜 제어하는 시스템

해설
• 서보기구 : 구동모터의 회전속도와 위치를 피드백시켜 입력량과 출력량이 같아지도록 각 축을 제어하는 역할을 한다.
• DNC : 여러 대의 NC 공작기계를 한 대의 컴퓨터에 결합시켜 제어하는 시스템이다.

47 CNC 프로그램의 끝과 관련이 없는 보조기능은?

① M99   ② M02
③ M30   ④ M98

해설
M코드   ★ 반드시 암기(자주 출제)

M코드	기 능	M코드	기 능
M00	프로그램 정지	M08	절삭유 ON
M01	프로그램 선택 정지	M09	절삭유 OFF
M02	프로그램 끝	M30	프로그램 끝 & 리셋
M03	주축 정회전	M98	보조프로그램 호출
M04	주축 역회전	M99	보조프로그램 종료
M05	주축 정지		

48 G코드에 대한 설명으로 옳지 않은 것은?

① G코드가 다른 그룹(Group)이면 몇 개라도 동일 블록에 지령하여 실행시킬 수 있다.
② 동일 그룹에 속하는 G코드는 같은 블록에 2개 이상 지령하면 나중에 지령한 G코드만 유효하거나 경보가 발생한다.
③ 00 그룹의 G코드는 연속 유효(Modal) G코드이다.
④ G코드 일람표에 없는 G코드를 지령하면 경보가 발생한다.

해설

구 분	의 미	그 룹	G코드
원숏 G코드	명령된 블록에 한해서 유효	00 그룹	G04, G28, G30, G50 등
모달 G코드	동일 그룹의 다른 G코드가 나올 때까지 유효	00 이외의 그룹	G03, G40, G41, G42 등

49 CNC 공작기계에서 이송기능에 사용되는 주소(Address)는?

① M   ② G
③ T   ④ F

해설
• 이송기능(F) : 이송속도를 지령하는 기능
• 보조기능(M) : 스핀들 모터를 비롯한 기계의 각종 기능을 수행하는 데 필요한 보조장치의 ON/OFF를 수행하는 기능
• 준비기능(G) : 제어장치의 기능을 동작하기 위해 준비하는 기능
• 주축기능(S) : 주축의 회전속도를 지령하는 기능
• 공구기능(T) : 공구를 선택하는 기능

50 CNC 공작기계에서 전원을 투입한 후 일반적으로 제일 처음하는 것은?

① 좌표계 설정
② 기계원점 복귀
③ 제2원점 복귀
④ 자동 공구 교환

51 머시닝센터에서 ∅12-2날 초경합금 엔드밀을 이용하여 절삭속도 35m/min, 이송 0.05mm/날, 절삭 깊이 7mm의 절삭조건으로 가공하고자 할 때 다음 프로그램의 ( ) 안에 들어갈 적합한 데이터는?

G01 G91 X200.0 F(   );

① 12.25
② 35.0
③ 92.8
④ 928.0

해설

$f = f_z \times z \times n$

$= 0.05 \times 2 \times \dfrac{1,000 \times 35}{\pi \times 12}$

$= 92.8 \text{mm/min}$

∴ 테이블 이송속도(f) $= 92.8\text{mm/min} \to$ F 92.8

여기서, f : 테이블 이송속도(mm/min)

f_z : 1날당 이송(mm/날)

z : 엔드밀 날수

n : 엔드밀 회전수(rpm)

52 머시닝센터 프로그램에 관한 설명으로 옳지 않은 것은?

① 절대 명령은 G90으로 지령한다.
② 증분 명령은 G92로 지령한다.
③ 증분 명령은 공구 이동 시작점부터 끝점까지의 이동량(거리)으로 명령하는 방법이다.
④ 절대 명령은 공구 이동 끝점의 위치를 공작물 좌표계의 원점을 기준으로 명령하는 방법이다.

해설

• 절대 명령(G90) : 공구 이동 끝점의 위치를 공작물 좌표계의 원점을 기준으로 명령하는 방법
• 증분 명령(G91) : 공구 이동 시작점부터 끝점까지의 이동량(거리)으로 명령하는 방법

53 CNC 기계가공 중 충돌사고가 발생할 위험이 있을 때, 응급처리로 가장 옳은 것은?

① 선택적 정지(Optional Stop) 버튼을 누른다.
② 원상 복귀(Reset) 버튼을 누른다.
③ 가공 시작(Cycle Start) 버튼을 누른다.
④ 비상 정지(Emergency Stop) 버튼을 누른다.

54 머시닝센터 프로그램에서 고정 사이클을 취소하는 준비기능은?

① G76
② G80
③ G83
④ G87

해설

① G76 : 정밀 보링 사이클
③ G83 : 심공 드릴 사이클
④ G87 : 백보링 사이클

55 CNC 프로그램에서 EOB의 뜻은?

① 블록의 종료

② 프로그램의 종료

③ 주축의 정지

④ 보조기능의 정지

해설

블록의 구성

몇 개의 단어(Word)가 모여 구성된 한 개의 지령단위를 지령절(Block)이라고 한다. 지령절과 지령절은 EOB(End Of Block)으로 구분되며, 제작 회사에 따라 ';' 또는 '#'과 같은 부호로 간단히 표시한다.

N_	G_	X_	Z_	F_	S_	T_	M_	;
전개 번호	준비 기능	좌푯값		이송 기능	주축 기능	공구 기능	보조 기능	EOB

56 공구의 최후 위치만 제어하는 것으로, 도중의 경로는 무시되는 G코드는?

① G00   ② G01

③ G02   ④ G03

해설

② G01 : 직선보간(절삭 이송)

③ G02 : 원호보간(시계 방향)

④ G03 : 원호보간(반시계 방향)

57 CNC 공작기계에서 정보 흐름의 순서가 옳은 것은?

① 지령 펄스열 → 서보 구동 → 수치 정보 → 가공물

② 지령 펄스열 → 수치 정보 → 서보 구동 → 가공물

③ 수치 정보 → 지령 펄스열 → 서보 구동 → 가공물

④ 수치 정보 → 서보 구동 → 지령 펄스열 → 가공물

58 머시닝센터 조작판에서 'DRY RUN' 기능에 대한 설명으로 옳은 것은?

① 'DRY RUN' 스위치가 ON 되면 회전당 이송속도로 변한다.

② 'DRY RUN' 스위치가 ON 되면 이속속도가 약간 빨라진다.

③ 'DRY RUN' 스위치가 ON 되면 프로그램의 이송속도를 무시하고 조작판의 이송속도로 이송한다.

④ 'DRY RUN' 스위치가 ON 되면 이송속도가 최고 속도로 변한다.

해설

'DRY RUN' 스위치가 ON 되면 프로그램의 이송속도를 무시하고, 조작판의 이송속도로 이송한다.

59 기계가공을 하고자 할 때 유의사항으로 옳지 않은 것은?

① 복장을 단정히 한다.
② 공작물을 기계에 단단히 고정시킨다.
③ 정밀가공은 문을 열고 한다.
④ 기계를 사용하기 전에 이상 유무를 확인한다.

해설
기계가공 시 문을 열고 가공하면 위험하다.

60 다음 중 CNC 공작기계의 안전에 관한 사항으로 옳지 않은 것은?

① 절삭가공 시 절삭조건을 알맞게 설정한다.
② 공정도와 공구 세팅 시트를 작성 후 검토하고 입력한다.
③ 공구경로 확인은 보조기능(M기능)이 작동(ON)된 상태에서 한다.
④ 기계 가동 전에 비상 정지 버튼의 위치를 반드시 확인한다.

해설
공구경로 확인은 보조기능(M기능)이 정지(OFF)된 상태에서 한다.

01 황동의 기계적 성질과 물리적 성질에 대한 설명으로 틀린 것은?

① 30% Zn 부근에서 최대의 연신율을 나타낸다.

② 45% Zn에서 인장강도가 최대로 된다.

③ 50% Zn 이상의 황동은 취약하여 구조용재에는 부적합하다.

④ 전도도는 50% Zn에서 최소가 된다.

해설
- 황동의 전기전도율은 열전도율과 같이 40% Zn까지의 α고용체 범위에서는 고용체 특유의 강하를 하다가 그 이상이 β되어 상이 나오면 전기전도율은 올라가 50% Zn에서 최댓값이 된다.
- 7-3황동 : 연신율이 가장 크다(Cu-70%, Zn-30%).
- 6-4황동 : 아연(Zn)이 많을수록 인장강도가 증가한다. 아연(Zn)이 45%일 때 인장강도가 가장 크다.

황동의 기계적 성질

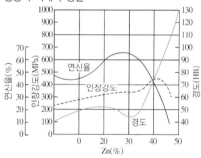

02 청동은 주석의 함유량이 몇 % 정도일 때, 연신율이 최대가 되는가?

① 4~5%
② 11~15%
③ 16~19%
④ 20~22%

해설
연신율은 4~5% Sn 부근에서 최댓값이 되고, 그 뒤로는 Sn의 양에 따라 적어진다. 25% Sn 이상에서는 메짐성이 생긴다.

03 용융온도가 3,400℃ 정도로 높은 고용융점 금속으로 전구의 필라멘트 등에 쓰이는 금속재료는?

① 납
② 금
③ 텅스텐
④ 망 간

04 금속에 있어서 대표적인 결정격자와 관계없는 것은?

① 체심입방격자
② 면심입방격자
③ 조밀입방격자
④ 조밀육방격자

해설
금속 결정격자
- 면심입방격자 금속 : 금, 구리, 니켈 등
- 체심입방격자 금속 : 크롬, 몰리브덴 등
- 조밀육방격자 금속 : 코발트, 마그네슘, 아연 등

05 재료를 상온에서 다른 형상으로 변형시킨 후 원래 모양으로 회복되는 온도로 가열하면 원래 모양으로 돌아오는 것은?

① 제진합금

② 형상기억합금

③ 비정질합금

④ 초전도합금

해설

② 형상기억합금
- 소성변형된 것이 특정 온도 이상으로 가열하면 변형되기 이전의 원래 상태로 돌아가는 합금이다.
- 형상기억효과를 나타내는 합금은 마텐자이트 변태를 한다.
- 어떠한 모양을 기억할 수 있는 합금으로 우주선의 안테나, 치열 교정기, 브래지어 와이어, 센서 등에 이용된다.

① 제진합금 : 공진, 진폭, 진동속도를 감소시키는 재료이다.
③ 비정질합금 : 원자 배열이 불규칙한 상태이다.

06 탄소강에 인(P)이 주는 영향이 아닌 것은?

① 연신율 증가

② 충격치 감소

③ 강도 및 경도 증가

④ 가공 시 균열

해설

인 : 인(P)은 강의 입자를 조대하게 하고, 경도와 인장강도를 다소 증가시키나 연신율은 줄고, 상온에서의 충격값이 작아져서 가공할 때 균열이 생기기 쉽다. 이것을 상온메짐이라 한다.

07 일반 탄소강보다 P, S의 함유량을 많게 하거나 Pb, Se, Zr 등을 첨가하여 제조한 강은?

① 스프링 강

② 쾌삭강

③ 구조용 탄소강

④ 탄소 공구강

해설

쾌삭강 : 가공재료의 피삭성을 높이고, 절삭공구의 수명을 길게 하기 위하여 요구되는 성질을 개선한 구조용 강
- 칩(Chip)처리 능률을 높인다.
- 가공면 정밀도, 표면거칠기를 향상시킨다.
- 강에 황(S), 납(Pb)을 첨가한다(황쾌삭강, 납쾌삭강).

08 3,140N · mm의 비틀림 모멘트를 받는 실체 축의 지름은 약 몇 mm인가?(단, 허용전단응력 T_a = 2N/mm²이다)

① 10mm　　② 12.5mm

③ 16.7mm　　④ 20mm

해설

$$d=\sqrt[3]{\frac{16T}{\pi\tau_a}}=\sqrt[3]{\frac{5.1T}{\tau_a}}=\sqrt[3]{\frac{5.1\times 3,140\mathrm{N\cdot mm}}{2\mathrm{N/mm^2}}}=20\mathrm{mm}$$

09 수나사 중심선의 편심을 방지하는 목적으로 사용되는 너트는?

① 플레이트 너트

② 슬리브 너트

③ 나비 너트

④ 플랜지 너트

해설

슬리브 너트 : 수나사 중심선의 편심 방지

5 ② 6 ① 7 ② 8 ④ 9 ② 정답

10 안전율(S) 크기의 개념에 대한 식으로 옳은 것은?

① $S > 1$ ② $S < 1$

③ $S \geq 1$ ④ $S \leq 1$

해설

안전율(S) $= \dfrac{\text{기준강도}}{\text{허용응력}} > 1$

11 모듈이 2이고, 잇수가 각각 36, 74개인 두 기어가 맞물려 있을 때 축간거리는 몇 mm인가?

① 100mm   ② 110mm

③ 120mm   ④ 130mm

해설

중심거리(C) $= \dfrac{(Z_1 + Z_2)\mathrm{m}}{2} = \dfrac{(36 + 74) \times 2}{2} = 110\text{mm}$

12 유체가 나사의 접촉면 사이의 틈새나 볼트의 구멍으로 흘러나오는 것을 방지할 필요가 있을 때 사용하는 너트는?

① 캡 너트   ② 홈붙이 너트

③ 플랜지 너트   ④ 슬리브 너트

해설

① 캡 너트 : 너트의 한쪽을 관통되지 않도록 만든 것으로, 나사면을 따라 증기나 기름 등이 누출되는 것을 방지하는 부위 또는 외부로부터 먼지 등의 오염물 침입을 막는 데 사용한다.

③ 플랜지 너트 : 볼트 구멍이 클 때, 접촉면을 거칠게 다듬질했을 때, 큰 면압을 피할 때 사용한다.

② 홈붙이 너트 : 너트의 윗면에 6개의 홈이 파여 있으며 이곳에 분할핀을 끼워 너트가 풀리지 않도록 하기 위해 사용한다.

④ 슬리브 너트 : 수나사 중심선의 편심을 방지한다.

와셔붙이 너트   캡 너트   스프링판 너트

[너트의 종류]

13 키의 너비만큼 축을 평행하게 가공하고, 안장키보다 약간 큰 토크 전달이 가능하게 제작된 키는?

① 접선키   ② 평 키

③ 원뿔키   ④ 둥근키

해설

평키 : 납작키라고도 하며 키에는 기울기가 없다. 키의 너비만큼 축을 평평 하게 깎고 보스에 기울기 1/100의 테이퍼진 키홈을 만들어서 때려 박는다.

14 다음 보기의 내용은 무엇에 대한 설명인가?

┌─ 보기 ─────────────────────────┐
2개의 축이 평행하지만 축 선의 위치가 어긋나 있을 때 사용한다. 한 개의 원판 앞뒤에 서로 직각 방향으로 키 모양의 돌기를 만들어 이것을 양 축 사이의 플랜지 사이에 끼워 놓아 한쪽의 축을 회전시키면 중앙의 원판이 홈에 따라서 미끄러지며 다른 쪽의 축에 회전력을 전달시키는 축 이음방법이다.
└───────────────────────────────┘

① 셀러 커플링　　　② 유니버설 커플링

③ 올덤 커플링　　　④ 마찰 클러치

해설
• 올덤 커플링 : 두 축이 평행하고 축의 중심선이 약간 어긋났을 때 각속도의 변동 없이 토크를 전달하는 데 사용하는 축 이음
• 유니버설 커플링 : 두 축의 중심선이 어느 각도로 교차되는 축 이음
• 플랜지 커플링 : 고정 커플링으로 축과 커플링은 볼트나 키를 사용하여 결합한 커플링

15 다음 그림과 같은 제3각법 정투상도에서 우측면도로 가장 적합한 것은?

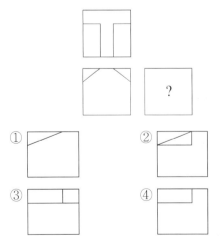

16 기준 원 위에서 원판을 굴릴 때 원판 위의 1점이 그리는 궤적으로 나타내는 선은?

① 쌍곡선　　　　　② 포물선

③ 인벌류트 곡선　　④ 사이클로이드 곡선

해설
치형곡선
• 사이클로이드 곡선 : 작은 구름원이 피치원의 바깥 둘레(안쪽 둘레)를 미끄럼 없이 굴러갈 때 구름 원주상의 한 점이 그리는 궤적
• 인벌류트 곡선 : 원통면(기초원)에 실을 감아서 팽팽하게 잡아당기면서 풀어나갈 때 실의 한 점이 그리는 궤적

사이클로이드 치형과 인벌류트 치형의 비교

종류/ 성질	사이클로이드 치형	인벌류트 치형
압력각	압력각 변화	압력각 일정
미끄 럼률/ 마모	일정하다/마모 균일	변화가 많다. 피치점에서 미끄럼률은 0이다. /마모 불균일, 치형 변화
절삭 공구	사이클로이드 곡선이어야 하고, 구름원에 따라 여러 가지의 커터가 필요하다.	직선(사다리꼴)으로, 제작이 쉽고 값이 저렴하다.
공작 방법	빈 공간이라도 치수가 극히 정확해야 하고 전위 절삭이 불가능하다.	빈 공간은 다소 치수의 오차가 있어도 되며, 전위 절삭이 가능하다.
중심 거리/ 조립	정확해야 한다./어렵다.	약간의 오차가 있어도 무방하다./쉽다.
언더컷	발생하지 않는다.	발생한다.
호환성	원주피치와 구름원이 모두 같아야 한다.	압력각과 모듈이 모두 같아야 한다.
용 도	정밀시계(시계, 계기류)	전동용이며, 일반적으로 쓰인다.
곡 선	에피사이클로이드 곡선 피치원 · 구름원 · 하이퍼사이클로이드 곡선	피치원 · 기초원

17 기어를 제도할 때 피치원을 표시하는 선은?

① 가는 1점쇄선 　　② 가는 파선
③ 가는 2점쇄선 　　④ 가는 실선

해설

스퍼기어 제도

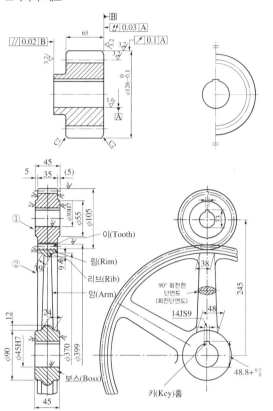

스퍼기어

구 분	피니언	기 어
기어 치형	표준공구	
치 형	보통이	
모 듈	3.5	
압력각	20°	
잇 수	28	112
기준 피치원지름	98mm	392mm

• 치형을 생략하여 표시하는 간략법이다.
• 이끝원 : 굵은 실선
• 피치원 : 가는 1점쇄선
• 이뿌리원 : 가는 실선 또는 굵은 실선
• 요목표를 만들어 기입한다(치형, 모듈, 압력각, 피치원지름 등).

18 스프링의 도시법에서 스프링의 종류 및 모양만 간략도로 도시하는 경우에 사용하는 스프링 재료의 중심선은?

① 가는 1점 쇄선 　　② 가는 2점 쇄선
③ 가는 실선 　　④ 굵은 실선

해설

스프링의 도시법

• 코일 스프링의 종류와 모양만 간략도로 나타내는 경우에는 재료의 중심선만 굵은 실선으로 도시한다.
• 코일 부분의 양 끝을 제외한 동일 모양 부분의 일부를 생략할 때는 생략한 부분의 선지름 중심선을 가는 1점쇄선 또는 가는 2점쇄선으로 도시한다.
• 코일 스프링은 일반적으로 무하중인 상태로 그린다.
• 그림 안에 기입하기 힘든 사항은 요목표에 표시한다.

코일의 중앙부 생략	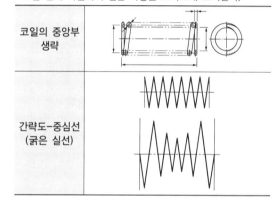
간략도-중심선 (굵은 실선)	

19 다음 그림에서 a는 표면거칠기의 지시사항 중 어느 것에 해당하는가?

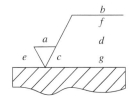

① 가공방법
② 줄무늬 방향의 기호
③ 표면거칠기의 지시값
④ 표면파상도

해설

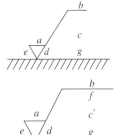

a : 산술 평균 거칠기의 값
b : 가공 방법의 문자 또는 기호
c : 컷 오프값
c' : 기준 길이
d : 줄무늬 방향의 기호
e : 다듬질 여유
f : 산술 평균 거칠기 이외의 표면거칠기값
g : 표면파상도

20 다음 중 자세공차의 종류로만 짝지어진 것은?

① 진직도 공차, 진원도 공차
② 평행도 공차, 경사도 공차
③ 원통도 공차, 대칭도 공차
④ 윤곽도 공차, 온 흔들림 공차

해설

기하공차의 종류와 기호 ★ 반드시 암기(자주 출제)

공차의 종류		기 호	데이텀 지시
모양공차	진직도	───	없 음
	평면도	▱	없 음
	진원도	○	없 음
	· 원통도	⌀/	없 음
	선의 윤곽도	⌒	없 음
	면의 윤곽도	◠	없 음
자세공차	평행도	//	필 요
	직각도	⊥	필 요
	경사도	∠	필 요
위치공차	위치도	⊕	필요 또는 없음
	동축도(동심도)	◎	필 요
	대칭도	═	필 요
흔들림 공차	원주 흔들림	↗	필 요
	온 흔들림	↗↗	필 요

21 기계제도에서 가는 실선이 사용되지 않는 것은?

① 외형선　　　　② 치수선

③ 지시선　　　　④ 치수보조선

용도에 따른 선의 종류

명 칭	기호 명칭	기 호	설 명
외형선	굵은 실선	———————	대상물이 보이는 모양을 표시하는 선
치수선	가는 실선	———————	치수 기입을 위해 사용하는 선
치수 보조선			치수를 기입하기 위해 도형에서 인출한 선
지시선			지시, 기호를 나타내기 위한 선
숨은선	가는 파선(파선)	— — — —	대상물의 보이지 않는 부분의 모양을 표시
중심선	가는 1점쇄선	—·—·—·—	도형의 중심을 표시하는 선
특수 지정선	굵은 1점쇄선	━·━·━	특수한 가공이나 특수 열처리가 필요한 부분 등 특별한 요구사항을 적용할 범위를 표시할 때 사용하는 선

22 다음 중 보조투상도를 사용해야 될 곳으로 가장 적합한 경우는?

① 가공 전후의 모양을 투상할 때 사용한다.

② 특정 부분의 형상이 작아 이를 확대하여 자세하게 나타낼 때 사용한다.

③ 물체 경사면의 실형을 나타낼 때 사용한다.

④ 물체에 대한 단면은 90° 회전하여 나타낼 때 사용한다.

보조투상도 : 경사면을 지니고 있는 물체를 정투상도로 그리면 그 물체의 실제 모형을 나타낼 수 없는데, 이 경우에는 보이는 부분의 전체 또는 일부분을 보조투상도로 나타낸다.
① 가공 전과 후의 모양 표시는 가는 2점쇄선으로 그린다.
② 부분 확대도
④ 회전도시단면도

23 개개의 치수에 주어진 치수공차가 축차로 누적되어도 좋은 경우에 사용하는 치수의 배치법은?

① 직렬치수기입법

② 병렬치수기입법

③ 좌표치수기입법

④ 누진치수기입법

치수기입법

치수 기입법	설 명
직렬 치수 기입	직렬로 나란히 연결된 각각의 치수에 주어진 일반 공차가 차례로 누적되어도 상관없는 경우에 사용한다.
병렬 치수 기입	한곳을 중심으로 치수를 기입하는 방법으로, 각각의 치수공차는 다른 치수의 공차에 영향을 주지 않는다. 기준이되는 치수보조선의 위치는 기능, 가공 등의 조건을 고려하여 알맞게 선택한다.
누진 치수 기입	치수의 기준점에 기점 기호(o)를 기입하고, 한 개의 연속된 치수선에 치수를 기입하는 방법이다. 치수공차와 관련된 내용은 병렬치수기입법과 동일하며, 치수보조선과 만나는 곳마다 화살표를 붙인다.
좌표 치수 기입	치수를 좌표형식으로 기입하는 방법으로, 프레스 금형 설계와 사출 금형 설계에서 많이 사용한다.

구분	x	y	∅
A	10	40	16
B	40	40	24
C	10	10	10
D	40	10	14

24 축과 구멍의 끼워맞춤에서 최대틈새는?

① 구멍의 최대허용치수 − 축의 최소허용치수

② 구멍의 최소허용치수 − 축의 최대허용치수

③ 축의 최대허용치수 − 축의 최소허용치수

④ 구멍의 최소허용치수 − 구멍의 최대허용치수

해설

틈 새	최소틈새	구멍의 최소허용치수 − 축의 최대허용치수
	최대틈새	구멍의 최대허용치수 − 축의 최소허용치수
죔 새	최소죔새	축의 최소허용치수 − 구멍의 최대허용치수
	최대죔새	축의 최대허용치수 − 구멍의 최소허용치수

25 도형이 대칭인 경우 대칭 중심선의 한쪽 도형만 작도할 때 중심선의 양 끝부분의 작도방법은?

① 짧은 2개의 평행한 굵은 1점쇄선

② 짧은 2개의 평행한 가는 1점쇄선

③ 짧은 2개의 평행한 굵은 실선

④ 짧은 2개의 평행한 가는 실선

해설

대칭 도형의 생략 : 대칭 중심선의 양 끝부분에 짧은 2개의 나란한 가는 선을 그린다.

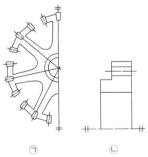

ⓒ　　　　　ⓛ

26 다음 중 절삭공구용 재료가 가져야 할 기계적 성질 중 옳은 것을 모두 고르면?

> ㉠ 고온경도(Hot Hardness)
> ㉡ 취성(Brittleness)
> ㉢ 내마멸성(Resistance To Wear)
> ㉣ 강인성(Toughness)

① ㉠, ㉡, ㉢　　　　② ㉠, ㉡, ㉣

③ ㉠, ㉢, ㉣　　　　④ ㉡, ㉢, ㉣

해설

절삭공구의 구비조건

• 고온경도 : 고온에서 경도가 저하되지 않고 절삭할 수 있는 고온 경도가 필요하다.

• 내마모성 : 절삭공구와 가공재료의 마찰에 의하여 절삭공구의 표면이 미세하게 소모되는 마모에 대한 강도가 필요하다.

• 강인성 : 절삭공구는 외력에 의해 파손되지 않고 잘 견딜 수 있는 강인성이 필요하다.

• 저마찰 : 마찰계수가 작을수록 경제적이고 효율성이 높은 절삭을 할 수 있다.

• 성형성 : 원하는 모양으로 쉽게 제작이 가능해야 한다.

• 경제성 : 가격이 저렴해야 한다.

※ 취성(Brittleness) : 깨지기 쉬운 성질

27 다음 중 게이지 블록과 함께 사용하여 삼각함수 계산식을 이용하여 각도를 구하는 것은?

① 수준기

② 사인바

③ 요한슨식 각도게이지

④ 콤비네이션 세트

해설

• 사인바(Sine Bar) : 게이지 블록과 함께 사용하며 길이를 측정하여 직각삼각형의 삼각함수를 이용한 계산으로 임의각의 측정 또는 임의각을 만드는 기구이다. 블록게이지로 양단의 높이로 조절하여 각도를 구하는 것으로, 정반 위에서 높이를 H, h라 하면 정반면과 사인바의 상면이 이루는 각은 다음 식으로 구한다.

$$\sin \phi = \frac{H-h}{L}$$

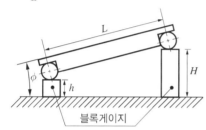

• 수준기 : 기포관 내의 기포의 위치에 의하여 수평면에서 기울기를 측정하는 데 사용되는 액체식 각도 측정기로서 기계의 조립, 설치 등의 수평, 수직을 조사할 때 사용한다.

28 다음 중 일반적으로 절삭유제에서 요구되는 조건이 아닌 것은?

① 유막의 내압력이 높을 것

② 냉각성이 우수할 것

③ 가격이 저렴할 것

④ 마찰계수가 높을 것

해설

절삭유는 마찰계수가 작아야 한다.

29 다음 중 연삭숫돌의 구성요소가 아닌 것은?

① 숫돌입자   ② 결합제

③ 기 공   ④ 드레싱

해설

드레싱(Dressing) : 연삭숫돌은 눈메움이나 눈무딤이 발생하면 절삭성이 나빠진다. 드레싱은 눈메움이나 눈무딤이 발생한 숫돌입자를 제거하고, 새로운 옷을 입히는 것과 같이 예리한 절삭날을 숫돌 표면에 새롭게 생성하여 절삭성을 회복시키는 작업이다. 이때 사용하는 공구를 드레서라고 한다.

숫돌바퀴의 구성요소

• 숫돌입자 : 절삭공구 날의 역할을 하는 입자

• 결합제 : 입자와 입자를 결합시키는 것

• 기공 : 입자와 결합제 사이의 빈 공간

30 다음 중 전주가공의 일반적인 특징이 아닌 것은?

① 가공 정밀도가 높은 편이다.

② 복잡한 형상 또는 중공축 등을 가공할 수 있다.

③ 제품의 크기에 제한을 받는다.

④ 일반적으로 생산시간이 길다.

해설

전주가공의 특징

• 가공 정밀도가 높다.

• 복잡한 형상, 중공축 등을 가공할 수 있다.

• 제품의 크기에 제한을 받지 않는다.

• 생산시간이 길다(플라스틱 성형용 2~3주).

• 가격이 비싸다.

• 모형 전체 면에 일정한 두께로 전착하기는 어렵다.

• 전주가공 재료에 제한을 받는다.

31 밀링커터 중 절단 또는 좁은 홈파기에 가장 적합한 것은?

① 총형 커터(Formed Cutter)
② 엔드밀(End Mill)
③ 메탈 슬리팅 소(Metal Slitting Saw)
④ 정면 밀링커터(Face Milling Cutter)

해설

총형 커터 (Formed Cutter)	측면커터 평면커터 가공면
엔드밀 (End Mill)	엔드밀 가공 측면
메탈 슬리팅 소 (Metal Slitting Saw)	메탈 소
정면 밀링커터 (Face Milling Cutter)	정면 밀링커터 가공 평면

32 나사머리가 접시모양일 때, 테이퍼 원통형으로 절삭가공하는 것은?

① 리밍(Reaming)
② 카운터 보링(Counter Boring)
③ 카운터 싱킹(Counter Sinking)
④ 스폿 페이싱(Spot Facing)

해설
드릴가공의 종류
• 카운터 싱킹 : 나사머리가 접시모양일 때 테이퍼 원통형으로 절삭하는 가공
• 카운터 보링 : 볼트의 머리 부분이 돌출되면 곤란한 경우, 볼트 또는 너트의 머리 부분이 가공물 안으로 묻히도록 드릴과 동심원의 2단 구멍을 절삭하는 방법
• 리밍 : 구멍의 정밀도를 높이기 위해 구멍을 다듬는 작업
• 태핑 : 공작물 내부에 암나사 가공, 태핑을 위한 드릴가공은 나사의 외경−피치로 한다.
• 스폿 페이싱 : 볼트나 너트를 체결하기 곤란한 경우, 볼트나 너트가 닿는 구멍 주위의 부분만 평탄하게 가공하여 체결이 잘되도록 하는 가공방법
• 보링 : 뚫린 구멍을 다시 절삭하고, 구멍을 넓히고 다듬질하는 것

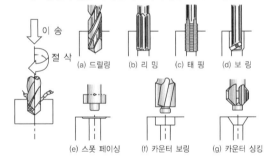

이 송
절삭

(a) 드릴링 (b) 리 밍 (c) 태 핑 (d) 보 링
(e) 스폿 페이싱 (f) 카운터 보링 (g) 카운터 싱킹

33 다음 중 정면 밀링커터와 엔드밀을 사용하여 평면 가공, 홈가공 등의 작업에 가장 적합한 밀링머신은?

① 공구밀링머신
② 특수밀링머신
③ 모방밀링머신
④ 수직밀링머신

해설

밀링머신의 종류

종 류	설 명	기 계
수직 밀링 머신	주축이 테이블에 수직으로 되어 있으며, 정면 밀링커터, 엔드밀 등을 주축에 고정하여 절삭하는 밀링머신이다.	
수평 밀링 머신	주축이 수평으로 되어 있고, 주축에 아버와 밀링커터를 설치하여 절삭하는 기계이다. 칼럼 상부에 오버 암을 설치하여 주축과 평행 방향으로 이동하며, 아버 및 부속장치를 지지한다.	
만능 밀링 머신	구조는 수평밀링머신과 같지만 새들과 테이블 사이에 회전판이 있어 테이블을 회전시킬 수 있다. 비틀림 홈, 헬리컬 기어, 스플라인축을 가공할 수 있어 수평밀링머신보다 광범위하게 작업할 수 있다.	

34 특정한 모양이나 같은 치수의 제품을 대량 생산하는 데 적합하도록 만든 공작기계로서, 사용범위가 한정되어 있고 다품종, 소량의 제품 생산에는 적합하지 않으며 조작이 쉽도록 만든 공작기계는?

① 표준공작기계
② 만능공작기계
③ 범용공작기계
④ 전용공작기계

해설

공작기계 가공능률에 따라 분류

분 류	공작기계	설 명
범용 공작기계	선반, 밀링, 드릴링머신, 셰이퍼, 플레이너, 슬로터, 연삭기 등	가공기능이 다양하고 용도가 보편적인 공작기계이다.
전용 공작기계	트랜스퍼 머신, 크랭크축 선반, 차륜 선반 등	특정한 모양이나 치수의 제품을 대량 생산한다.
단능 공작기계	공구연삭기, 센터링 머신 등	한 가지 가공만 할 수 있는 공작기계이다.
만능 공작기계	선반, 드릴링, 밀링머신 등의 공작기계를 하나의 기계로 조합	여러 가지 가공을 할 수 있는 공작기계이다.

35 액체호닝(Liquid Honing)에 대한 설명으로 옳지 않은 것은?

① 가공시간이 짧다.

② 형상이 복잡한 일감은 가공이 어렵다.

③ 일감 표면의 산화막이나 도료 등을 제거할 수 있다.

④ 공작물에 피로강도를 향상시킬 수 있다.

액체 호닝(Liquid Honing) : 연마제를 가공액과 혼합하여 가공물 표면에 압축공기를 이용하여 고압과 고속으로 분사시켜 가공물 표면과 충동시켜 표면을 가공하는 방법이다.

• 가공시간이 짧다.
• 가공물의 피로강도를 10% 정도 향상시킨다.
• 형상이 복잡한 것도 쉽게 가공한다.
• 가공물 표면의 산화막이나 거스러미를 제거하기 쉽다.

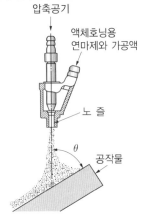

압축공기

액체호닝용 연마제와 가공액

노 즐

θ

공작물

36 연삭가공에서 공작물 1회전마다의 이송은 숫돌의 폭 이하로 하여야 한다. 일반적으로 다듬질 연삭 시 이송속도는 대략 몇 m/min 정도로 하여야 하는가?

① 5~10　　　② 1~2

③ 0.2~0.4　　④ 0.01~0.05

일반적으로 거친 연삭의 이송속도는 1~2m/min, 다듬질 연삭에서는 0.2~0.4m/min의 범위가 적당하다.

37 다음 중 자루와 날의 부위가 별개로 되어 있는 리머는?

① 조정 리머

② 팽창 리머

③ 솔리드 리머

④ 셸 리머

② 팽창 리머 : 몸통을 팽창시켜 지름을 약간 조정할 수 있는 리머
③ 솔리드 리머 : 자루와 날부가 같은 소재로 된 리머

38 축 지름의 치수를 직접 측정할 수는 없으나 기계 부품이 허용공차 안에 들어 있는지를 검사하는 데 가장 적합한 측정기기는?

① 한계게이지

② 버니어 캘리퍼스

③ 외경 마이크로미터

④ 사인바

한계게이지 : 기계 부품이 허용공차 안에 들어 있는지를 검사하는 측정기기

• 구멍용 : 플러그게이지, 테보게이지, 봉게이지 등
• 축용 : 스냅게이지, 링게이지 등

39 공구의 수명에 관한 설명으로 옳지 않은 것은?

① 일감을 일정한 절삭조건으로 절삭하기 시작하여 깎을 수 없게 되기까지의 총절삭시간을 분(min)으로 나타낸 것이다.

② 공구의 수명은 마멸이 주된 원인이며, 열 또한 원인이다.

③ 공구의 윗면에서는 경사면 마멸, 옆면에서는 여유면 마멸이 나타난다.

④ 공구의 수명은 높은 온도에서 길어진다.

해설
절삭 온도의 상승은 절삭공구의 수명을 감소시키는 원인이 되며, 마모가 발생하면 절삭저항이 증가한다.

41 연삭숫돌의 결합도 선정 기준으로 틀린 것은?

① 숫돌의 원주속도가 빠를 때는 연한 숫돌을 사용한다.

② 연삭 깊이가 얕을 때는 경한 숫돌을 사용한다.

③ 공작물의 재질이 연하면 연한 숫돌을 사용한다.

④ 공작물과 숫돌의 접촉 면적이 작으면 경한 숫돌을 사용한다.

해설
결합도에 따른 경도의 선정 기준

결합도가 높은 숫돌 (단단한 숫돌)	결합도가 낮은 숫돌 (연한 숫돌)
• 연질 가공물의 연삭	• 경도가 큰 가공물의 연삭
• 숫돌차의 원주속도가 느릴 때	• 숫돌차의 원주속도가 빠를 때
• 연삭 깊이가 작을 때	• 연삭 깊이가 클 때
• 접촉 면적이 작을 때	• 접촉면이 클 때
• 가공면의 표면이 거칠 때	• 가공물의 표면이 치밀할 때

42 내경이 20mm이고, 깊이가 50mm인 공작물의 안지름을 가장 정확하게 측정할 수 있는 기기는?

① 실린더게이지

② 사인 바

③ 블록게이지

④ M형 버니어 캘리퍼스

해설
실린더게이지 : 원통 내면에 넣어 축 방향의 최소 치수를 구한다.
※ 안지름 측정기의 종류 : 실린더게이지(㉠), 스몰홀게이지(㉡), 텔레스코핑게이지(㉢) 등

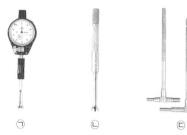

㉠   ㉡   ㉢

40 드릴의 표준 날끝 선단각은 몇 도인가?

① 118°   ② 135°

③ 163°   ④ 181°

해설
드릴의 표준 날끝 선단각 : 118°

43 프로그램 구성에서 단어(Word)는 무엇으로 구성 되어 있는가?

① 주소 + 수치(Address + Data)
② 주소 + 주소(Address + Address)
③ 수치 + 수치(Data + Data)
④ 수치 + EOB(Data + End Of Block)

해설
- 주소(Address) : 영문 대문자(A~Z) 중 한 개로 표시한다.
- 수치(Data) : 주소(Address)의 기능에 따라 2자리, 4자리 수로 표시한다.
- 단어(Word) : 주소(Address)와 수치(Data)로 구성된다.
- 지령절(Block) : 몇 개의 단어(Word)가 모여 구성된 하나의 지령 단위이다.

블록의 구성
몇 개의 단어(Word)가 모여 구성된 한 개의 지령단위를 지령절 (Block)이라고 한다. 지령절과 지령절은 EOB(End Of Block)으로 구분되며, 제작 회사에 따라 ';' 또는 '#'과 같은 부호로 간단히 표시한다.

N_	G_	X_	Z_	F_	S_	T_	M_	;
전개 번호	준비 기능	좌푯값		이송 기능	주축 기능	공구 기능	보조 기능	EOB

44 다음 중 머시닝센터 작업 시에 일시적으로 좌표를 '0'(Zero)으로 설정할 때 사용하는 좌표계는?

① 기계 좌표계
② 극좌표계
③ 상대 좌표계
④ 잔여 좌표계

해설
- 상대 좌표계 : 일시적으로 좌표를 '0'(Zero)으로 설정할 때 사용한다.
- 기계 좌표계 : 기계 제작사가 일정한 위치에 정한 기계의 기준점, 기계원점을 기준으로 하는 좌표계, 전원 공급 후 수동 원점 복귀를 하면 이루어진다.
- 잔여 좌표계 : 자동 실행 중 블록의 나머지 이동거리를 표시해 준다.
- 공작물 좌표계 : 프로그램 작성자가 임의로 정할 수 있다.

45 다음 중 백래시(Backlash) 보정기능의 설명으로 옳은 것은?

① 축의 이동이 한 방향에서 반대 방향으로 이동할 때 발생하는 편차값을 보정하는 기능
② 볼 스크루의 부분적인 마모현상으로 발생된 피치 간의 편차값을 보정하는 기능
③ 백보링 기능의 편차량을 보정하는 기능
④ 한 방향 위치결정기능의 편차량을 보정하는 기능

46 다음 중 CNC 공작기계 제어방식의 종류가 아닌 것은?

① 직선절삭 제어
② 위치결정 제어
③ 원점절삭 제어
④ 윤곽절삭 제어

해설
CNC 공작기계 제어방식
- 위치결정 제어 : 공구의 최후 위치만 제어하는 것 → 드릴링, 스폿용접
- 직선절삭 제어 : 기계 이동 중에 절삭을 행할 수 있는 제어 → 선반, 밀링, 보링머신
- 윤곽절삭 제어 : 곡선 등의 복잡한 형상을 연속 제어하는 것 → 2차원, 3차원 이상의 제어

47 다음 머시닝센터 프로그램에서 G98의 의미로 옳은 것은?

> G17 G90 G98 G83 Z-25.0 R3.0 Q2.0 F120;

① 보조프로그램 호출
② 1회 절입량
③ R점 복귀
④ 초기점 복귀

해설
• G98 : 초기점 복귀
• G99 : R점 복귀

48 머시닝센터의 NC프로그램에서 T02를 기준 공구로 하여 T06 공구를 길이 보정하려고 한다. G43 코드를 이용할 경우 T06 공구의 길이 보정량으로 옳은 것은?

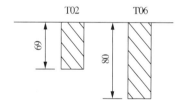

① 11
② -11
③ 80
④ -80

해설
기준공구(T02)보다 T06이 11이 길어 G43을 사용하고 보정량은 +11이다.
• G43 : (+)방향 공구길이 보정(+ 방향으로 이동)
• G44 : (-)방향 공구길이 보정(- 방향으로 이동)
• G44 : 공구길이 보정 취소
• 기준공구와의 길이 차이값을 입력시키는 방법에는 (+)보정(G43)과 (-)보정(G44)의 두 가지가 있다. 일반적으로 G43을 많이 사용하며, 기준공구보다 짧은 경우 보정값 앞에 (-)부호를 붙여 입력한다.

49 와이어 컷 방전가공의 와이어 전극 재질로 적합하지 않은 것은?

① 황 동
② 구 리
③ 텅스텐
④ 납

해설
와이어 전극 재질 : 황동, 구리, 텅스텐 등을 사용

50 다음 중 머시닝센터 고정 사이클에서 태핑 사이클로 적당한 G기능은?

① G81
② G82
③ G83
④ G84

해설
① G81 : 드릴링 사이클
② G82 : 카운터 보링 사이클
③ G83 : 심공드릴 사이클

51 프로그램을 편리하게 하기 위하여 도면상에 있는 임의의 점을 프로그램상의 절대좌표 기준점으로 정한 점을 무엇이라 하는가?

① 제2원점
② 제3원점
③ 기계원점
④ 프로그램 원점

해설
프로그램 원점 : CNC 공작기계는 절대좌표에 의하여 주로 제어가 이루어지고, 이 절대좌표의 기준을 원점으로 잡아서 모든 위치의 값을 그 점을 기준으로 프로그램을 작성하는 방식으로 그 점을 프로그램 원점이라고 한다. 그 점을 기준으로 부호를 갖는 수치로 좌표값을 표시하여 프로그램을 입력한다.

52 곡면 형상의 모델링에서 임의의 곡선을 회전축을 중심으로 회전시킬 때 발생하여 얻어진 면은?

① 회전 곡면
② 로프트(Loft) 곡면
③ 룰드(Ruled) 곡면
④ 메시(Mesh) 곡면

54 다음 중 복합가공기와 가장 유사한 방식은?

① CNC
② FMC
③ FMS
④ CIMS

해설
- FMC(Flexible Manufacturing Cell) : 하나의 CNC 공작기계에 공작물을 자동으로 공급하는 장치 및 가공물을 탈착하는 장치(자동화된 치공구, 로봇 등), 필요한 공구를 자동으로 교환하는 장치이다. 가공된 제품을 자동 측정하고 감시하며 보정하는 장치 및 이들을 제어하는 장치를 갖추고 있어 소수의 작업자만 있으면 무인운전으로 요구하는 부품을 해당 장치 안에서 가공할 수 있는 기계이다.
- DNC(Direct Numerical Control) : CAD/CAM 시스템과 CNC 기계를 근거리 통신망(LAN)으로 연결하여 한 대의 컴퓨터에서 여러 대의 CNC 공작기계에 데이터를 분배하여 전송함으로써 동시에 운전할 수 있는 방식이다.
- FMS(Flexible Manufacturing System) : CNC 공작기계와 핸들링 로봇, APC, ATC, 무인 운반차, 제품을 셀과 셀에 자동으로 이송 및 공급하는 장치, 자동화된 창고 등을 갖추고 있는 제조공정을 중앙 컴퓨터에서 제어하는 유연생산시스템이다.
- CIMS(Computer Integrated Manufacturing System) : 컴퓨터에 의한 통합생산시스템으로 설계, 제조, 생산, 관리 등을 통합하여 운영하는 시스템이다.

53 다음 중 머시닝센터에서 원호보간 시 사용되는 I, J의 의미로 옳지 않은 것은?

① I는 X축 보간에 사용된다.
② J는 Y축 보간에 사용된다.
③ 원호의 시작점에서 원호 끝점까지의 벡터값이다.
④ 원호의 시작점에서 원호 중심까지의 벡터값이다.

해설
I, J는 원호의 시작점에서 원호 중심까지의 벡터값이다.

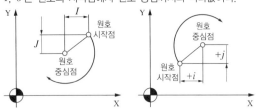

55 다음 중 수치제어밀링에서 증분 명령(Incremental) 으로 프로그래밍한 것은?

① G90 X20. Y20. Z50.;
② G90 U20. V20. W50.;
③ G91 X20. Y20. Z50.;
④ G91 U20. V20. W50.;

해설
- G91 X20. Y20. Z50.; → 증분 명령으로 프로그래밍
- 수치제어밀링에서 절대지령은 G90, 증분지령은 G91을 사용한다.
- G91 U20. V20. W50. → U, W은 CNC 선반의 어드레스며, 머시닝센터에서는 X, Y, Z을 사용한다.

56 다음은 머시닝센터 프로그램의 일부를 나타낸 것이다. ( ) 안에 내용을 옳게 나열한 것은?

```
G90 G92 X0. Y0. Z100.;
( ㉠ )1,500 M03;
G00 Z3.;
( ㉡ ) X25.0 Y20. D07 M08;
G01 Z-10. ( ㉢ )50;
X90. F160;
( ㉣ ) X110. Y40. R20.;
X75. Y89.749 R50.;
G01 X30. Y55.;
Y18.;
G00 Z100. M09;
```

① ㉠ F, ㉡ M, ㉢ S, ㉣ G02
② ㉠ F, ㉡ G42, ㉢ S, ㉣ G01
③ ㉠ S, ㉡ H, ㉢ F, ㉣ G00
④ ㉠ S, ㉡ G42, ㉢ F, ㉣ G03

해설
• (S)1,500 M03; → 1,500rpm으로 정회전(M03)이 있으므로 주축 기능 S 사용)
• (G42) X25.0 Y20. D07 M08; → D07인 공구보정번호가 있으므로 공구 반경 우측 보정 G42를 사용
• G01 Z-10. (F)50; → 직선보간인 G01이 있으므로 직선가공에 대한 이송값인 F50을 지령
• (G03) X110. Y40. R20.; → R20.이 있으므로 원호보간인 G03을 사용

57 머시닝센터에서 M10×1.5 탭 가공을 하기 위한 다음 프로그램에서 이송속도는 얼마인가?

```
G43 Z50. H03 S300 M03;
G84 G99 Z-10. R5. F;
```

① 150mm/min
② 300mm/min
③ 450mm/min
④ 600mm/min

해설
• S300 → 회전수 300rpm
• M10×1.5 → 피치 1.5
∴ 탭 사이클의 이송속도는 회전수 × 피치 = 300rpm × 1.5
= 450mm/min

58 다음 중 밀링작업에 관한 안전사항으로 적절하지 않은 것은?

① 엔드밀 작업 시 절삭유는 비산하므로 사용하면 안 된다.
② 공작물 고정 시 높이를 맞추기 위하여 평행블록을 사용한다.
③ 엔드밀과 드릴의 돌출 길이는 되도록 짧게 고정한다.
④ 작업 중 위험한 상황이 발생되면 비상정지버튼을 누른다.

해설
엔드밀 작업 시 절삭유를 사용한다. 절삭유를 사용하지 않으면 절삭저항이 커져 엔드밀이 파손된다.

59 머시닝센터에서 ∅10 엔드밀로 40 × 40 정사각형 외곽 가공 후 측정하였더니 41 × 41로 가공되었다. 공구지름 보정량이 5일 때 얼마로 수정하여야 하는가?(단, 보정량은 공구의 반지름값을 입력한다)

① 5   ② 4.5

③ 5.5   ④ 6

해설
- 보정값(D) = 엔드밀의 반지름 − (공차/4) − 외측 양쪽 가공
- 보정값(D) = 5 − (2/4) = 4.5

60 다음 중 머시닝센터의 기계 일상 점검에 있어 매일 점검사항이 아닌 것은?

① 각부의 유량 점검

② 각부의 압력 점검

③ 각부의 필터 점검

④ 각부의 작동 상태 점검

교육이란 사람이 학교에서 배운 것을 잊어버린 후에 남은 것을 말한다.

– 알버트 아인슈타인 –

참 / 고 / 문 / 헌

- 송요풍, 기계요소설계, 2010

- 홍장표, 기계설계 이론과 실제, 교보문고, 2008

- 이영식, CNC공작법, 2006

- 이수용, 기계공작법, 2005

- 기계제도, 교육부

- 기계공작법, 교육부

- 재료일반, 강원도교육청

Win-Q 컴퓨터응용선반 · 밀링기능사 필기

개정10판1쇄 발행	2025년 01월 10일 (인쇄 2024년 10월 17일)
초 판 발 행	2015년 01월 15일 (인쇄 2014년 12월 03일)
발 행 인	박영일
책 임 편 집	이해욱
편 저	박병욱
편 집 진 행	윤진영, 최 영
표지디자인	권은경, 길전홍선
편집디자인	정경일, 조준영
발 행 처	(주)시대고시기획
출 판 등 록	제10-1521호
주 소	서울시 마포구 큰우물로 75 [도화동 538 성지 B/D] 9F
전 화	1600-3600
팩 스	02-701-8823
홈 페 이 지	www.sdedu.co.kr

I S B N	979-11-383-8077-5(13550)
정 가	33,000원

기술직 공무원 건축계획
별판 | 30,000원

기술직 공무원 전기이론
별판 | 23,000원

기술직 공무원 전기기기
별판 | 23,000원

기술직 공무원 생물
별판 | 20,000원

기술직 공무원 임업경영
별판 | 20,000원

기술직 공무원 조림
별판 | 20,000원

※도서의 이미지와 가격은 변경될 수 있습니다.